LEHRBÜCHER UND MONOGRAPHIEN
AUS DEM GEBIETE DER
EXAKTEN WISSENSCHAFTEN

REIHE DER
EXPERIMENTELLEN BIOLOGIE
BAND I

PFLANZLICHE INFEKTIONSLEHRE

LEHRBUCH DER ALLGEMEINEN PFLANZENPATHOLOGIE FÜR BIOLOGEN, LANDWIRTE, FÖRSTER UND PFLANZENZÜCHTER

VON

ERNST GÄUMANN

O. PROFESSOR FÜR SPEZIELLE BOTANIK
AN DER EIDG. TECHN. HOCHSCHULE IN ZÜRICH

Mit 467 Abbildungen und 107 Tabellen im Text

Zweite, umgearbeitete Auflage

Springer Basel AG

1951

Ursprünglich erschienen bei Verlag Birkhäuser AG., Basel 1951.
Softcover reprint of the hardcover 2nd edition 1951

ISBN 978-3-0348-6793-1 ISBN 978-3-0348-6806-8 (eBook)
DOI 10.1007/978-3-0348-6806-8

VORWORT

Dieses Lehrbuch ist aus Vorlesungen entstanden, die der Verfasser seit mehr als zwanzig Jahren an der Eidgenössischen Technischen Hochschule in Zürich hält. Es möchte in die pflanzliche Infektionslehre einführen, also in einige biologische Probleme, die dem pflanzlichen Kranksein zu Grunde liegen, nicht aber in die spezielle Pflanzenpathologie, in die Kenntnis der einzelnen Krankheiten; es ergänzt somit den pflanzenpathologischen Unterricht nach der theoretischen Seite hin.

Es sucht die allgemeinen parasitologischen und epidemiologischen Gesichtspunkte an Hand ausgewählter Beispiele darzustellen und die Fachausdrücke, die zum Teil schon in den täglichen Sprachgebrauch übergegangen sind, zu umschreiben. Manche von ihnen entstammen der Humanmedizin, haben jedoch beim Übergang in die Botanik eine Wandlung erfahren; soweit notwendig werden deshalb die Abweichungen unseres pflanzenpathologischen Denkens vom medizinischen kurz angedeutet.

Die erste Auflage wurde während des zweiten Weltkrieges geschrieben, als die Schweiz vom geistigen Leben der übrigen Welt abgeschlossen war. Die vorliegende 2. Auflage mußte deshalb das gesamte Schrifttum der letzten zehn Jahre neu berücksichtigen; mehrere Abschnitte wurden umgearbeitet, manche Abbildungen und Tabellen ausgewechselt und 156 Abbildungen und 17 Tabellen neu hinzugefügt.

Naturgemäß bleibt dem persönlichen Ermessen in der Umgrenzung des Rahmens und in der Auswahl der Beispiele ein weiter Spielraum; der Verfasser ist deshalb für Hinweise und Ratschläge herzlich dankbar.

Zürich 6
Universitätsstraße 2
1. März 1950

Prof. Dr. E. Gäumann
Direktor des Institutes für spezielle Botanik
der Eidg. Techn. Hochschule

INHALTSÜBERSICHT

EINLEITUNG

Der Zustand der Erkrankung läßt sich weder in der Humanmedizin noch in der Pflanzenpathologie knapp und erschöpfend umschreiben. Jedenfalls liegt aber ein Wesenszug der Erkrankung im Eintreten einer augenfälligen, manifesten Reaktion des betroffenen Organismus; bleibt diese aus, so wird man (ausgenommen bei symptomlosen Erkrankungen) eher von einer Schädigung sprechen; wenn zum Beispiel phanerogamische Parasiten (die Schuppenwurz, *Lathraea Squamaria* L.) oder Halbparasiten (der Augentrost, *Euphrasia*, oder der Wachtelweizen, *Melampyrum*) ihren Wirten Stoffe entziehen, ohne daß die befallenen Individuen darauf sichtbar (oder höchstens durch ein gewisses Zurückbleiben im Wuchs) reagieren, so ist dies nicht eine Erkrankung, sondern bloß eine Schwächung oder Schädigung derselben.

Die augenfälligen Reaktionen des Wirtes werden Krankheitssymptome genannt. Die Lehre von den Symptomen heißt Symptomatik. Die Diagnostik schließt aus den Symptomen auf die Art der Erkrankung; ihre Bestimmungsschlüssel arbeiten nach der Methode der Differentialdiagnose. Mit den Krankheitsursachen befaßt sich die Ätiologie, mit der Heilung die Therapie und mit dem Vorbeugen die Hygiene und die Prophylaxe. Die Medizin bezeichnet die Vorgeschichte eines Krankheitsfalles als seine Anamnese, seine Entwicklung als die Pathogenese.

Nach der Natur der krankheitsauslösenden Einwirkungen zerfallen die Pflanzenkrankheiten in physiologische und in Infektionskrankheiten.

Die physiologischen Krankheiten werden oft negativ als «nicht parasitäre Krankheiten» bezeichnet; sie gehen zum Beispiel auf innere Störungen zurück (Pathologie des Stoffwechsels, der Bildung von Wuchsstoffen, von organogenen Wirkstoffen usw.) oder auf übermäßige Einwirkung der Außenwelt (Hitze, Kälte, Fabrikgase usw.) oder auf partielle Unterernährung (Mangelkrankheiten, zum Beispiel Mangel an P, N, K, Ca oder an Spurenelementen; Darstellung der letzteren bei Scharrer, 1941).

Die Infektionskrankheiten werden durch Ansteckung ausgelöst und sind ihrerseits in der Regel wieder ansteckungsfähig, übertragbar, infektiös. Als Erreger kommen in Betracht:

a) Parasitische Pilze (pilzliche Infektionskrankheiten, Mykosen). Im Gegensatz zu den Infektionskrankheiten des Menschen und der warmblütigen Tiere, die überwiegend durch pathogene Bakterien und nur in geringem Maße durch pathogene Pilze hervorgerufen werden, dominieren bei den pflanzlichen Infektionskrankheiten aus später zu besprechenden Gründen die Pilze als Erreger; von 162 wirtschaftlich wichtigen Infektionskrankheiten der landwirtschaftlichen Kulturpflanzen Mitteleuropas, die BRAUN und RIEHM (1945) behandeln, sind 135 (83%) pilzlichen und nur 12 (7%) bakteriellen Ursprungs; von den rund 450 Krankheitserregern an den Waldbäumen der Union, welche BOYCE (1948) erwähnt, sind etwa 440 oder über 97% Pilze, 10 (2%) Bakterien und 3 oder weniger als 1% Viren. Zusammenfassende Darstellung der Pilze bei GÄUMANN (1949).

b) Parasitische Bakterien (bakterielle Infektionskrankheiten, Bakteriosen), und zwar vorwiegend Nichtsporenbildner. Darstellung der pflanzenpathogenen Bakterien bei STAPP (1928), ELLIOT (1930), SAVULESCU (1947) und DOWSON (1949), dem wir auch in nomenklatorischer Hinsicht gefolgt sind.

c) Virus-Arten (Einzahl das Virus, eigentlich das «Gift», Mehrzahl die Viren; Viruskrankheiten = Virosen). Von den oben genannten 162 landwirtschaftlichen Infektionskrankheiten sind nur 15 (9%) sichere Virosen; doch geht ihre Bedeutung zum Beispiel für den Kartoffelbau weit über diesen zahlenmäßigen Anteil hinaus. Darstellung der Virosen bei KENNETH SMITH (1937, 1948), BAWDEN (1943) und COOK (1947).

d) Parasitische Blütenpflanzen, zum Beispiel Convolvulaceen (*Cuscuta*, Kleeseide), Orobanchaceen (*Orobanche*, Kleeteufel) und Loranthaceen (Mistel; *Viscum album* L.). Sie stehen alle auf der Grenze zwischen Krankheitserregern und bloßen Schädlingen.

e) Parasitische Tiere (Nematoden, gallenbildende Insekten usw.). Im Gegensatz zum Englischen (diseases and pests) und zum Holländischen (ziekten en plagen) werden im deutschen Sprachgebrauch die durch Tiere erzeugten Schädigungen (und gelegentlichen Erkrankungen; Entomologie) nicht immer von den eigentlichen infektiösen und physiologischen Pflanzenkrankheiten (Pflanzenpathologie) getrennt; so behandelt SORAUERS Handbuch der Pflanzenkrankheiten (1934–41) beide Gebiete. Die vorliegende Darstellung beschränkt sich auf die echten Infektionskrankheiten (Mykosen, Bakteriosen und Virosen).

Die pflanzliche Infektionslehre hat sich in der ersten Hälfte des 19. Jahrhunderts aus der Gedankenwelt der Humanmedizin entwickelt (WEHNELT, 1943); UNGER, EHRENBERG, LINK, MARTIUS, MEYEN, NEES VON ESENBECK, PERSOON, RUDOLPHI, WILLDENOW, DE BARY, um nur die bedeutendsten zu nennen, waren von Haus aus Mediziner. Doch steht die Pflanzenpathologie in ihrer wissenschaftlichen Vertiefung hinter der Humanmedizin zurück.

Die Ursache liegt vor allem in der Weite des Arbeitsgebietes mit ihrer Lockung zu extensiver Arbeit. Im Mittelpunkt der Humanmedizin steht ja eine einzige biologische Art, der Mensch. Die Pflanzenpathologie beschäftigt sich dagegen mit Dutzenden von wirtschaftlich wichtigen Kulturpflanzen und darüber hinaus mit Tausenden von wildwachsenden Pflanzenarten. Fast jede dieser Arten leidet unter Dutzenden und zum Teil unter Hunderten von besonderen Erkrankungen. Aus diesem Grunde können wir auch nicht von einem Verhalten der Pflanzen im allgemeinen sprechen und es dem Verhalten des

Menschen gegenüberstellen; denn fast für jedes Beispiel läßt sich von einem andern pflanzlichen Objekt ein Gegenbeispiel heranholen.

Diese ungeheure Materialbreite zwingt anderseits den Pflanzenpathologen immer mehr, sich zu spezialisieren, nur nicht, wie der Mediziner, auf bestimmte Organe oder Organgruppen (Augen, Herz, Stoffwechsel) oder auf bestimmte Methoden (Chirurgie), sondern auf bestimmte Arten oder Artgruppen (Getreide, Kartoffeln, Weinrebe usw.), oder auf bestimmte Erregergruppen (Mykosen, Virosen); aber selbst bei einem scheinbar simpeln Gegenstand wie den Kartoffeln vermag heute ein einzelner das gesamte Krankheitswissen (über 300 Mykosen, Bakteriosen und Virosen) kaum mehr zu überblicken.

Nicht nur die Zahl der zu betreuenden Arten, sondern auch die Einstellung zum einzelnen Objekt ist in der Humanmedizin und der Pflanzenpathologie verschieden. Der praktische Human- und meistens auch Veterinär-Mediziner sorgt sich in erster Linie um das einzelne Individuum (Individualmedizin); selbst wenn er sich von gruppenmedizinischen Erwägungen leiten läßt (das sind solche, die das Wohlergehen größerer Lebensgemeinschaften im Auge haben), wie bei der Pockenschutzimpfung oder bei der Reihendurchleuchtung im Kampf gegen die Tuberkulose, steht doch das einzelne Individuum im Mittelpunkt seiner Maßnahmen. Wenn der Mediziner von Konstitution spricht, so meint er die Konstitution eines bestimmten Individuums; Reaktionsbesonderheiten sind für ihn individuelle Reaktionen eines bestimmten Patienten. Diese enge Blickführung wird durch die ungemein mannigfaltige Reaktionsmöglichkeit des menschlichen Körpers bedingt (kaum zwei Menschen reagieren gleich, so daß sich der Reaktionsablauf nur in groben Zügen voraussagen läßt), ferner durch die ethische und meist auch wirtschaftliche Bedeutung des einzelnen menschlichen Lebens.

Anders in der Pflanzenpathologie. Die einzelne Pflanze besitzt nur selten einen Persönlichkeitswert. Auch ihr wirtschaftlicher Wert ist gering, etwa 0,03 Rp. (1,5 g Körner, 3 g Stroh) bei einer Weizenpflanze, etwa 4 Rp. (0,5 kg Knollen) bei einer Kartoffelstaude. Anatomisch ist ihr Körper, im Vergleich zum menschlichen, primitiv gebaut; entsprechend gleichförmig verlaufen seine Reaktionen. Kleine Besonderheiten im Verhalten eines bestimmten pflanzlichen Individuums beschäftigen deshalb den Pflanzenpathologen meist wenig; er differenziert nicht, wie der Mediziner, nach Individuen, sondern sucht im Reaktionsablauf Tausender oder Zehntausender von Individuen, die der gleichen systematischen Einheit (Rasse, Sorte, Art) angehören, das Gemeinsame. Ihn interessiert die Individualität der Sorte, nicht die Individualität des einzelnen Individuums; so ist «konstitutionell bedingte Krankheitsempfänglichkeit» für ihn die erbbedingte Empfänglichkeit bestimmter Sorten, nicht bestimmter Individuen.

An die Stelle des Individuums in der Humanmedizin tritt deshalb in der Pflanzenpathologie die Sorte oder Rasse; Gegenstand ihrer praktischen Maßnahmen sind ganze Bestände, Felder usw. Die Voraussetzungen der Pflanzenpathologie entsprechen also denen der Gruppenmedizin. Wegen des geringen wirtschaftlichen Wertes und der geringen Variabilität der einzelnen pflanzlichen Individuen kann anderseits der Pflanzenpathologe seine Versuche mit weit geringern Schwierigkeiten als der Mediziner an einer großen Zahl gleichartiger Individuen ausführen und die Ergebnisse statistisch auswerten.

Trotz dieser Verschiedenheiten im Material und in den Voraussetzungen beschäftigen sich die Medizin und die Pflanzenpathologie mit ähnlichen biologischen Problemen; ihre gemeinsamen Grundfragen lauten:

1. Wie gelangt der Erreger in den Wirt hinein? (1. Kapitel. Die Infektion).
2. Wie gelangt der Erreger zum Wirte hin? (2. Kapitel. Die Infektketten).
3. Welches sind die Voraussetzungen für das Zustandekommen des parasitischen Verhältnisses
   a) auf seiten des Erregers? (3. Kapitel. Die parasitische Eignung der Erreger).
   b) auf seiten des Wirtes? (4. Kapitel. Die Krankheitsbereitschaft des Wirtes).
4. Wie manifestiert sich das parasitische Verhältnis? (5. Kapitel. Die Erkrankung); und
5. Wie kann der Mensch den Infektionskrankheiten entgegentreten? (6. Kapitel. Die Bekämpfung der pflanzlichen Infektionskrankheiten).

1. KAPITEL

Die Infektion

Allen Infektionskrankheiten ist gemeinsam, daß sie im günstigen Falle fünf Phasen oder Stadien durchlaufen; es sind dies

1. Phase: Die Infektion. Sie reicht von der Keimung des Erregers bis zum Zeitpunkt, da dieser mit seinem Wirt in ein stabiles parasitisches Verhältnis getreten ist.

2. Phase: Die Inkubation. Sie umfaßt den parasitologisch entscheidenden Abschnitt zwischen der Infektion und dem Auftreten der ersten Krankheitssymptome (dem «Ausbruch» der Krankheit).

3. Phase: Die eigentliche Erkrankung mit ihren Allgemeinreaktionen, Organmanifestationen usw.

4. Phase: Die Heilung, die Wiederherstellung des Organismus, die Vernarbung bzw. das Abgrenzen des Trümmerfeldes; und

5. Phase: Der Ausgleich, die Rückkehr des Organismus zum Wohlbefinden, zur Harmonie.

Das Krankheitsgeschehen verläuft somit im idealen Falle bilateral; Infektion und Inkubation führen als aufsteigender Ast zum Kulminationspunkt, der eigentlichen Erkrankung, auf den als absteigender Ast die Heilung und der Ausgleich folgen.

Der vorliegende Abschnitt beschäftigt sich mit der ersten Phase der infektiösen Erkrankungen, mit der Infektion. Diese ist (im ursprünglichen Sinne des Wortes inficere) das Hineintragen des Krankheitskeimes von außen her in den Wirt; sie umfaßt den Angriff des Parasiten auf den Wirt bis zu seiner Stabilisierung, d.h. bis sich zwischen den beiden Partnern ein Gleichgewichtszustand oder zum mindesten eine enge Beziehung herausgebildet hat; erst dann haftet sie.

Die Infektion steht im Pflanzenreich normalerweise am Anfang einer infektiösen Erkrankung: ohne Infektion keine Infektionskrankheit. Doch braucht nicht jede Besiedlung eines Wirtes durch einen Mikroorganismus unmittelbar zu seiner Erkrankung zu führen; die Leitbündel der Kartoffelknollen sind von den Stolonen her dauernd von Bakterien besiedelt, ohne Symptome zu zeigen (Tervet und Hollis, 1948); bringt man jedoch die

Knollen zu 30°, so wird das Gleichgewicht zwischen Erreger und Wirt verschoben, und einige mikrobielle Gäste, so *Bacillus vulgatus* Trev. und *Bac. subtilis* Cohn, leiten eine akute Infektionskrankheit und einen Gewebezerfall (Naßfäule) ein (VAN HALL, 1902).

Derartige infektiöse Erkrankungen ohne unmittelbar vorangehende Infektion stellen in der Pflanzenpathologie einen Sonderfall dar. In der Humanmedizin liegen dagegen die Verhältnisse ungleich komplizierter. Hier braucht einer infektiösen Erkrankung durchaus nicht immer eine Infektion unmittelbar voranzugehen, sondern das pathogene Agens kann lange Zeit symptomlos, schlummernd im Körper vorhanden sein, und die Erkrankung wird bloß durch eine Verschiebung des Gleichgewichtes Erreger–Wirt ausgelöst, so durch eine Veränderung des Standortes des Erregers (zum Beispiel typhöse Coli-Infektion des Darmes von den Gallenwegen her) oder durch eine Zustandsänderung des Erregers (symptomlos vorhandene Diphtheriebazillen können plötzlich aggressiv werden und den Organismus unvermittelt erkranken lassen) oder durch eine Umstimmung des Wirtes (eine Erkältung kann bewirken, daß eine bestehende Pneumokokkeninfektion zu einer Lungenentzündung führt).

In der Regel siedelt sich während der Infektion ein niedrigstehender Organismus (ein Mikroorganismus) in einem höher organisierten (dem Makroorganismus) an, wächst und vermehrt sich in ihm. Seltener siedelt sich Gleiches auf Gleichem an, so Blütenpflanzen auf Blütenpflanzen (zum Beispiel Loranthaceen, Misteln, auf Laub- und Nadelhölzern, oder Pilze auf Pilzen). Parasiten auf parasitischen Lebewesen, zum Beispiel parasitische Imperfekten auf ihrerseits parasitischen Erysiphaceen (echten Mehltaupilzen) und auf Rostpilzen, werden Hyperparasiten genannt.

Wird ein von einem Infekt geheilter Wirt später durch denselben Erreger wieder infiziert, so spricht man von einer Reinfektion. Bei einer Superinfektion wird ein vorerkrankter Wirt während des Bestehens des Primärinfektes durch denselben oder durch einen verwandten Erreger aufs neue infiziert. Mehrdeutig ist der Ausdruck Sekundärinfektion; im klinischen Sinne bedeutet er, daß ein Wirt während des Bestehens eines Primärinfektes von einem andersartigen Erreger superinfiziert wird; im epidemiologischen Sinne meint er das Gegenteil: daß ein Primärherd streut, auf demselben oder auf einem andern Individuum neue, «sekundäre» Herde setzt und dadurch eine Kette gleichartiger Infektionen einleitet. Eine Mischinfektion liegt vor, wenn ein Gemisch von mehreren Erregern gemeinsam einen Wirt besiedelt.

Mit dem Vorgang der Infektion sind im Pflanzenreich sechs Problemgruppen verknüpft:

1. In welcher Weise gelangt der Erreger in das Innere des Wirtes? (§ 1. Der Mechanismus der Infektion; Seite 17).
2. Unter welchen äußern Bedingungen erfolgt eine Infektion? (§ 2. Die Umweltbedingungen der Infektion; Seite 34).

3. Welche Zeit braucht die Infektion, um zu haften bzw. um sich durchzusetzen? (§ 3. Infektionszeit, Inkubationszeit, Fruktifikationszeit; Seite 54).
4. Welche Zahl von Erregern ist notwendig, damit eine Infektion haftet? (§ 4. Die Infektionsdichte; Seite 59).
5. Auf welchem Wege gelangt der Erreger in das Innere des Wirtes? (§ 5. Der Infektionsweg; Seite 66); und
6. In welcher Weise erfolgt die Besitzergreifung des Wirtes durch den Erreger? (§ 6. Die Besiedlung des Wirtes; Seite 86).

§ 1. Der Mechanismus der Infektion

Der Mechanismus der Infektion ist je nach der Art des Erregers, ob Pilz, Blütenpflanze, Bakterium oder Virus, bis zu einem gewissen Grade verschieden.

a) Der Infektionsvorgang bei einer Mykose

Als Modell diene die Infektion eines Laubblattes durch *Botrytis cinerea* Pers., einem unspezifischen Parasiten, der zum Beispiel in schlecht gelüfteten Gewächshäusern ein fäulnisartiges Absterben der Laubblätter und jungen Triebe, auf Kernobst eine Graufäule und auf reifen Weintrauben die Edelfäule verursacht.

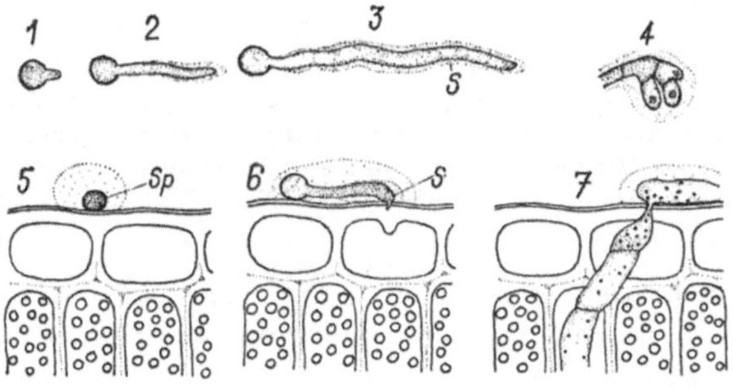

Abb. 1

Der Infektionsvorgang bei *Botrytis cinerea* Pers. auf Blättern von *Vicia Faba* L. Erklärung im Text. Vergr. 300. (Nach Blackman und Welsford, 1916, und Gäumann, 1933.)

Abb. 1, *5* zeigt einen schematischen Querschnitt durch die Außenseite eines Laubblattes: *G* Grundgewebe, *E* Epidermis, *K* Kutikula der Blattober- bzw. kutinisierte Schicht der Blattunterseite, darauf ein Regen- oder Tautropfen und in diesem die Spore *Sp* eines parasitischen Pilzes. Wir nehmen an, der Wassertropfen bleibe infolge hoher Luftfeuchtigkeit (Taubildung, Nebel, Regen) einige Stunden auf der Kutikula liegen. Er wird während dieser Zeit chemisch verändert; auf der Kutikula hat sich nämlich seit dem letzten Regen ein schwach alkalisch (pH 7,2–7,8) reagierender Transpirationsrückstand gebildet;

er besteht zur Hauptsache aus Karbonaten von Kalium, Kalzium usw., dei im Transpirationsstrom aus dem Körperinnern herausdiffundierten (ARENS, 1934; ENG EL,1939). Ein Teil dieser Salze geht im Wassertropfen allmählich in Lösung; daneben diffundieren wohl auch andere Stoffe, zum Beispiel Phosphatide und Wuchsstoffe, in minimalen Mengen unmittelbar aus der Blattoberfläche heraus (ARENS, 1929). Je länger deshalb der Tropfen auf dem Blatte liegen bleibt, um so größer wird sein Salzgehalt.

Diese Salze bilden für die Spore *Sp* eine Art Nährlösung; sie wirken stimulierend auf ihre Keimung und ihr ferneres Wachstum; je stärker sie sich im Wassertropfen anreichern, um so größer ist die Wachstumsgeschwindigkeit der Keimschläuche. In Abb. 2 wurde als Maßstab für den Salzgehalt des Wassertropfens seine elektrische Leitfähigkeit verwendet; in destilliertem Wasser mit einer Leitfähigkeit von 0,8 Einheiten wachsen die Keimschläuche sehr

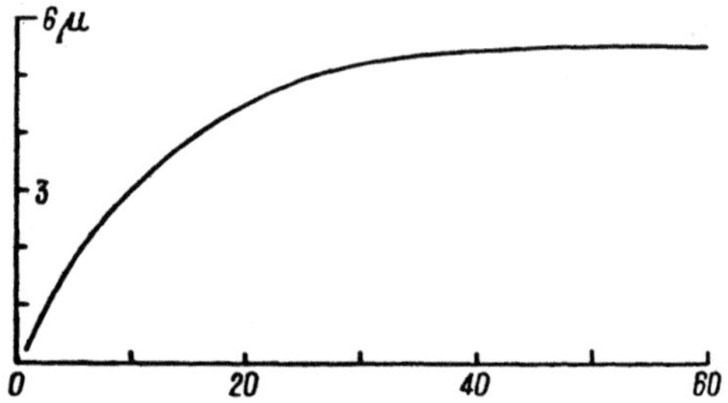

Abb. 2

Die Stimulation des Parasiten (*Botrytis cinerea* Pers.) durch exosmierte Stoffe des Wirtes (*Cereus «spectabilis»*, wohl *Cereus speciosus* (Cav.) Schum.). Abszisse: Elektrische Leitfähigkeit des Wassertropfens in willkürlichen Einheiten, die, ausgedrückt als Widerstand, etwa in der Größenordnung von 10^{-6} Ohm liegen. Ordinate: Länge in μ, welche die Keimschläuche der Sporen in 16 Stunden erreichen. (Nach BROWN, 1922.)

langsam; je mehr die Leitfähigkeit des Tropfens steigt, je mehr Stoffe sich also in ihm gelöst haben, um so mehr nimmt die Wachstumsgeschwindigkeit des Parasiten bis zu einem gewissen Optimum zu; bei diesem wachsen die Keimschläuche etwa 25mal rascher als in reinem Wasser.

Das Laubblatt stimuliert also durch seine eigenen Ausscheidungen die Keimung des ihm kongenialen parasitischen Pilzes, der auf seiner Oberfläche liegt und es gleich angreifen wird; dieselbe wachstumsfördernde Wirkung auf diesen Pilz haben zum Beispiel flüchtige (gasförmige) Substanzen, die von Äpfeln, Apfelblättern usw. ausgeschieden werden (wogegen die entsprechenden gasförmigen Ausscheidungen von Kartoffelknollen, Zwiebeln usw. sein Wachstum hemmen). Der pflanzliche Körper begünstigt somit seinen eigenen Krankheitsbefall.

Der Humanmedizin ist ein derart bizarrer Zustand fremd; unsere analoge Körperausscheidung, der Schweiß mit seinen 1–2‰ Harnstoff und 1–3‰ Kochsalz, stimuliert das Wachstum der Mikroorganismen nicht; im Gegenteil, er hemmt es in manchen Fällen allein schon durch seine saure Reaktion (Säuremantel der Haut).

Der Transpirationsrückstand und die herausdiffundierenden Stoffe stimulieren jedoch nicht nur das Wachstum des auf der Kutikula liegenden parasitischen Pilzes, sondern ziehen ihn überdies chemotropisch, reizphysiologisch an, so daß nun sein Keimschlauch in der Richtung des Diffusionsgefälles dieser Stoffe gegen die Pflanze hinwächst. Dies ist, neben einem negativen Phototropismus, wohl der Grund, warum die Keimschläuche nicht wirr in dem Wassertropfen umherirren, sondern zielstrebig auf die Pflanze hinwachsen, gleichgültig in welcher Lage sich das Blatt und der Wassertropfen befinden.

Wo die Hyphenspitze auf die Kutikula trifft, schwillt sie in der Regel an und bildet in etwa 2–4 Stunden eine Haftscheibe, ein Appressorium. Dieser Vorgang wird durch bloßen Kontaktreiz ausgelöst (Dickinson, 1949); er ist von der Natur der Unterlage unabhängig und erfolgt zum Beispiel auch auf einer Glasplatte. Hinter der Hyphenspitze können Seitenäste auswachsen, die sich wieder anpressen (Abb. 1, *4*), wodurch das Appressorium die Gestalt einer handförmigen Quaste bekommt. Bei manchen andern Pilzen bleiben dagegen die Appressorien klein und unverzweigt.

Die Wand der jüngsten Hyphenpartien verquillt zu einer Schleimkappe (Abb. 1, *S*) und klebt den Keimschlauch oft derart innig an der Kutikula fest, daß auch strömendes Wasser, zum Beispiel ein Platzregen, ihn nicht mehr zu entfernen vermag.

Mit der Bildung des Appressoriums ist die Sporenkeimung abgeschlossen, und es beginnt nunmehr die eigentliche Infektion, das ist das weitere Vordringen des Parasiten in den Wirt hinein. Auch dieses wird zur Hauptsache durch Kontaktreiz ausgelöst; denn dieselben Vorgänge rollen ab, wenn die *Botrytis*-Sporen auf formalingehärteter Gelatine oder auf Paraffinscheibchen auskeimen (Brown und Harvey, 1927).

Im Fall der Abb. 1 muß der Keimschlauch, um in das Innere des Laubblattes zu gelangen, zwei Schichten passieren, die Kutikula und die Epidermis-Außenwand.

Die Kutikula ist meist etwa 0,5–1 μ dick und besteht chemisch zur Hauptsache aus Kutin, in welches Wachsplatten eingelagert sind. Sie ist praktisch gesprochen flüssigkeitsundurchlässig; deshalb können die Blattgewebe nicht durch vorausdiffundierende Enzyme des keimenden Pilzes korrodiert, noch durch seine Toxine geschwächt werden; erst muß der Parasit die Kutikula passiert haben, ehe er mit dem Wirt in unmittelbaren Kontakt tritt. Die Pilze vermögen die Kutikula auch nicht aufzuweichen oder zu verquellen oder gar aufzulösen; nur sehr wenige Pilze (und Bakterien) sind nämlich imstande, kutin- und suberinartige Substanzen durch ihre Enzyme abzubauen, sie also, gleich dem Holz, zu «vermorschen». Dies ist ein großes Glück; denn aus diesem Grunde können wir unsere Weinflaschen jahrzehntelang ungesorgt mit einem Korkzapfen verschließen; wenn ihn die Käfer nicht fressen, die Pilze können ihm meistens nicht viel anhaben, obschon die Existenzbedingungen für sie optimal wären.

Der Keimschlauch kann somit in Abb. 1, *5* die Kutikula nicht in der Weise durchdringen, daß er durch seine Enzyme ein kleines Loch herauslöst, sondern er muß die Kutikula mechanisch, gewaltsam, durchbrechen. Er ist ja festgeklebt und bildet nun einen Seitenast, die Infektionshyphe, die in Gestalt eines spitzen Fortsatzes mit großem Druck, bis zu 7 Atmosphären, die Kutikula durchbohrt, perforiert. Zur Veranschaulichung dieser Leistung sei daran erinnert, daß der mittlere Gasdruck im Zylinder eines modernen Hochleistungs-Flugzeugmotors etwa 7 Atmosphären beträgt.

Die Fähigkeit der Pilze, derartige Drucke aufzuwenden, ist einerseits experimentell durch unmittelbare Messungen nachgewiesen worden; so hat MIYOSHI (1895) Keimschläuche von *Botrytis cinerea* durch Goldfolien, Kollodiumhäutchen usw. dringen lassen und den von ihnen aufgewendeten Druck im Modellversuch nachgeprüft. Anderseits ergibt sich die Tatsache der aktiven Durchbohrung der Kutikula mittelbar aus dem Umstand, daß, wie wir später sehen werden, bei gewissen Krankheiten die Befallshäufigkeit mit zunehmender Dicke der Kutikula abnimmt.

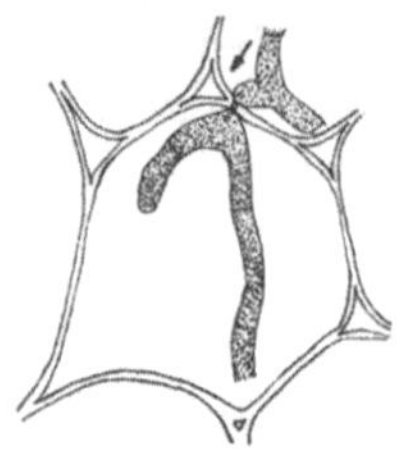

Abb. 3
Eine Hyphe von *Gibberella Saubinetii* (Mont.) Sacc., dem Erreger einer Keimlingskrankheit bei Weizen und Mais, nach der Perforation einer leicht angeschwollenen Zellwand im Mesokotyl. Vergr. 590. (Nach PEARSON, 1931.)

Nachdem der Infektionskeil der jungen Hyphe im Falle der Abb. 1 die Kutikula durchbohrt hat, gelangt er an das zweite Hindernis, die Außenwand der Epidermiszelle, und muß, um in das Zellinnere zu gelangen, noch diese passieren.

Die pflanzlichen Zellwände sind etwa 1 μ, an der Außenseite der Epidermis bis etwa 4 μ dick und bestehen in den Laubblättern chemisch zur Hauptsache aus Zellulose, einem hochpolymeren Kohlehydrat. Sie werden durch die Ausscheidungen des Infektionskeiles stärker hydratisiert, verquellen (Abb. 1, *6*) und nehmen Lamellenstruktur an; dann löst die vordringende Infektionshyphe mittels ihrer Enzyme aus dem angeschwollenen Pfropfen einen Kanal heraus und dringt durch diesen in das Innere der Epidermiszelle vor; hinter der Perforationsstelle gewinnt sie wieder ihre volle Breite zurück. Von der Epidermiszelle aus wächst sie mit dem gleichen Mechanismus in die tiefergelegenen Gewebe weiter, durchbricht immer wieder die Zellwände mittels einer schmalen Spitze und weist deshalb an der Durchtrittsstelle jeweils eine charakteristische Einschnürung auf (Abb. 3).

Wegen der Geschwindigkeit, mit der die Hyphen eine Zellulosewand durchbohren (bei *Pythium de Baryanum* Hesse auf Kartoffelknollen in etwa 5 Minuten), steht zu vermuten, daß der Durchbruch nicht rein chemisch, durch Herauslösen eines Porus, erfolgt, sondern daß sich die Hyphen überdies auch mechanisch, aus eigener Kraft (wie bei der Kutikula) durch den verquollenen Zellulosepfropfen hindurchzwängen.

Auf jeden Fall setzt aber der Durchbruch durch die zellulosischen Zellwände der Wirtspflanze auf seiten des Parasiten eine neue Fähigkeit voraus, nämlich die Ausscheidung von Zellulase und von ähnlichen zellwandlösenden

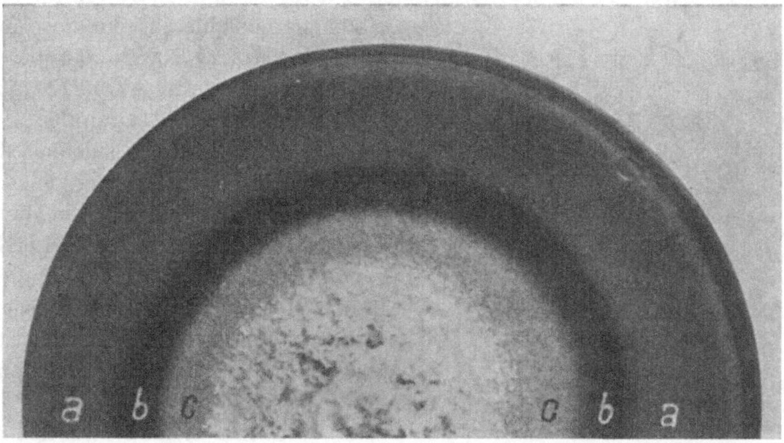

Abb. 4

Die Ausbildung einer Wirkungssphäre beim Hausschwamm, *Merulius domesticus* Falck. Der Pilz läßt auf einem kupferkarbonathaltigen Nährboden vor sich her einen farblosen Hof entstehen, in welchem er das Kupferkarbonat umgesetzt hat. *a* Blaues Kupferkarbonat. *b* Farbloser Hof. *c* Pilzmyzel. Nat. Gr. Orig. Phot. Inst. ETH.

Enzymen: um in das Zellinnere zu gelangen, muß der Pilz durch seine Enzyme die ihm im Wege stehenden Zellwände chemisch abbauen oder derart aufweichen, daß er sie durchstoßen kann.

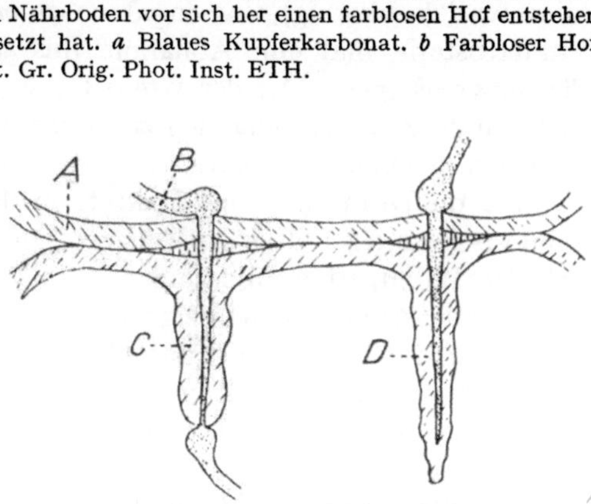

Abb. 5

Lignituberbildungen in den Wurzeln einer Weizenkeimpflanze nach Infektion durch *Ophiobolus graminis* Sacc., dem Erreger einer Fußkrankheit. *A* Zellwand. *B* Invadierende Hyphe. *C* Lignituber, der von der Hyphe durchbrochen wurde. *D* Lignituber, in dem die Hyphe aufgefangen wurde. Vergr. 3000. (Nach Fellows, 1928.)

Die zwei Isolierschichten der Laubblätter, die Kutikula und die Zellwände, verkörpern somit zwei unterschiedliche Ausleseprinzipien; dasjenige der Kutikula ist mechanischer Natur (Fähigkeit zur mechanischen Perforation), dasjenige der Zellwände ist überdies auch chemischer Natur (Fähigkeit zum enzymatischen Abbau der Zellulose usw.). Nur jene Pilze, die im Freien auf der Blattoberfläche keimen und beide Bedingungen, die mechanische und die chemische, erfüllen, vermögen nach dem Schema der Abb. 1 in das Blattinnere zu dringen.

Wenn der Infektionskeil die Epidermiswand zu durchbrechen beginnt, wird das dynamische Gleichgewicht der Zelle gestört: das Zellinnere gerät in Aufruhr. Es geht somit dem Erreger eine Wirkungssphäre voraus. Ihr Ausmaß *in vitro* läßt sich an zwei Modellbeispielen ablesen. In Abb. 4 setzt ein kupfertoleranter Pilz ein wasserunlösliches Kupfersalz mehrere Millimeter weit vor sich her in eine für ihn unschädliche organische Kupferverbindung um und entgiftet es dadurch. In Abb. 318 läßt ein Mykorrhizenpilz einer Orchidee gewisse Reizstoffe (Antigene) vor sich her diffundieren; sie veranlassen die Orchideenknolle, bestimmte Hemmungsstoffe reichlicher zu bilden, die nun ihrerseits den Mykorrhizenpilz einige Millimeter vor der Knolle aufhalten. *In vivo* sind die dem Erreger vorauseilenden zellularpathologischen Störungen sowohl beim Plasma als bei den Kernen zu beobachten.

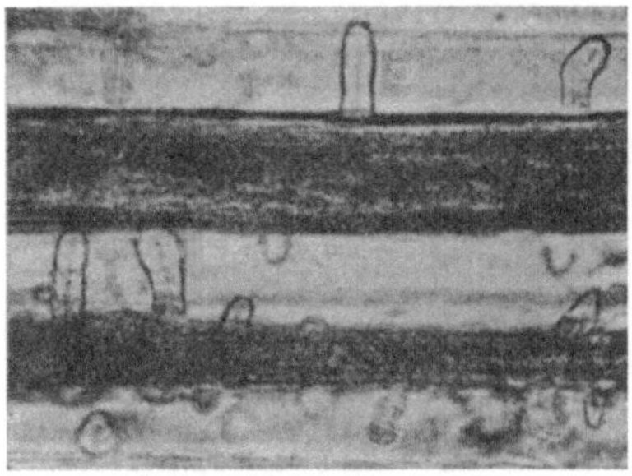

Abb. 6

Lignituberbildung in einer Weizenkoleoptile nach Infektion durch *Alternaria ribis* Bub. et Ran. Jeder Lignituber schließt eine Infektionshyphe ein. Vergr. 360. (Nach YOUNG, 1926.)

Das Plasma erfährt im allgemeinen (wir betrachten hier nicht nur *Botrytis cinerea*) eine Änderung seiner Struktur (diese wird grobkörnig), eine Zunahme seiner Speicherungsfähigkeit für basische Vitalfarbstoffe und eine Abnahme (bis zur schließlichen Aufhebung) seiner Plasmolysierbarkeit. An der Grenzfläche mit der Infektionshyphe beginnt es zuweilen zu gerinnen oder sich zusammenzuballen, so daß der eingedrungene Parasit von einer kompakten Scheide oder Kappe umschlossen wird, die offenbar die Diffusion seiner Exkrete in das Zellinnere hemmt. Durch hemizellulosische und zellulosische Einlagerungen können diese Scheiden – fast nach Art der Wundperidermbildung – noch verstärkt und zu einem eigentlichen Lignituber (Abb. 5 und 6) umgebildet werden, der unter Umständen die Infektionshyphe abzukapseln vermag.

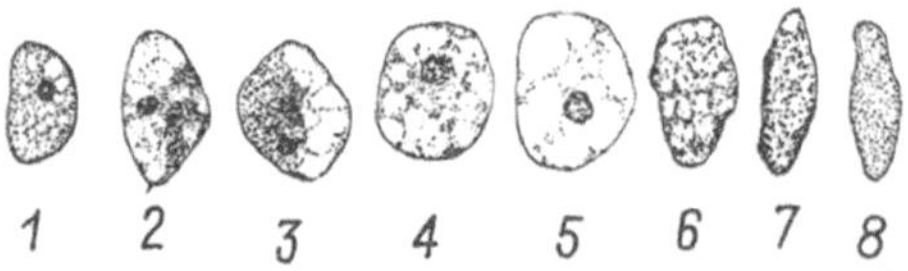

Abb. 7

Die Degeneration des Wirtskernes in hochanfälligen Weizenblättern bei Infektion durch den Schwarzrost, *Puccinia graminis tritici* Erikss. Vergr. 750. (Nach ALLEN, 1923.)

Auch der Kern nimmt an der allgemeinen Reaktion der Zelle teil. Er wandert in manchen Fällen der eindringenden Infektionshyphe entgegen; er wird also von der Verletzung als dem Ort der größten physiologischen Wirksamkeit angezogen (Traumatotaxis), legt sich an die Infektionshyphe, plattet sich ab und schwillt unter Vergrößerung des Nucleolus auf fast das Doppelte an (Abb. 7, *4*). Diese traumatotaktische Reizwirkung kann der Infektionshyphe weit vorauseilen; so dringt in Abb. 8 eine Hyphe der Seite 20 genannten *Gibberella Saubinetii* von unten her durch die Gewebe eines Maiskeimlings empor und ist bis zum

Pfeil bei *C* gelangt. Wenn in den Wirtsgeweben der Zellkern auf die dem Parasiten zugewandte Seite gewandert war, so wurde dies in Abb. 8 durch einen Punkt in der 1. Spalte vermerkt; lag er auf der entgegengesetzten Seite, dann durch einen Punkt in der 7. Spalte. Die dazwischenliegenden Spalten geben die intermediären Fälle wieder; jeder Punkt entspricht somit einer Wirtszelle. Die Abb. 8 läßt erkennen, daß nicht nur die Kerne in der unmittelbaren Nachbarschaft der Hyphe traumatotaktisch gereizt wurden, sondern in einem weiten Abstand vor ihr her. Ihre Wirkungssphäre erstreckt sich in Abb. 8 auf mindestens 20 Zellagen; denn eine normale Anordnung der Kerne in der Zellmitte besteht eigentlich erst wieder im Bereich von *A*.

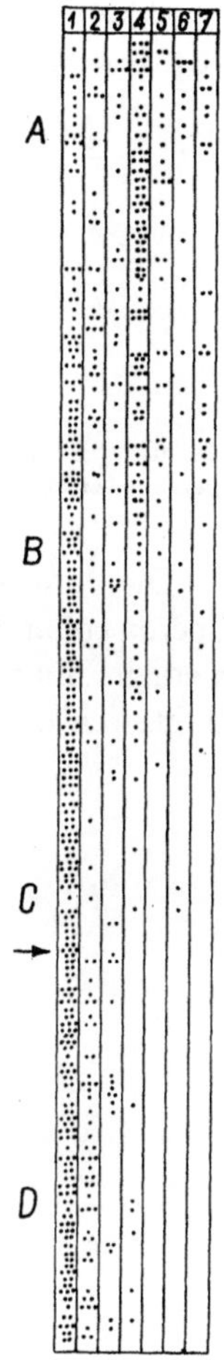

Abb. 8
Die traumatotaktische Anziehung der Zellkerne durch eine vordringende Infektionshyphe. Erklärung im Text. (Nach PEARSON, 1931.)

Einige Tage später beginnt in Abb. 7 der Kern der unmittelbar invadierten Wirtszelle eine deutliche Schädigung zu zeigen und sein Chromatinnetz zu verlieren (Abb. 7, *5*); dann kollabiert er und degeneriert etwa am 14. Tage zu einer homogenen, gleichmäßig färbbaren Masse (Abb. 7, *8*). Ein ähnliches Schicksal erfahren die Plastiden; sie schrumpfen und zerfallen.

Nachdem der Widerstand der Wirtszellen überwunden ist, bildet die Pilzhyphe in ihrem Innern besonders gestaltete, stecknadelkopfartige oder fingerförmige usw. Seitenäste, Haustorien (Abb. 10), die zu gleicher Zeit als Aufschluß- und als Absorptionsorgane (Nährstoffaufnahme) dienen. Sobald sie angelegt sind, darf die Ansteckung als gesichert gelten. Zwischen Parasit und Wirt besteht nunmehr ein stabiles Verhältnis; die Abwehr des Wirtes ist örtlich durchbrochen, der Infektionsvorgang ist zu Ende, die Infektion haftet.

Die Einzelheiten des Infektionsvorganges entsprechen naturgemäß nicht bei allen Mykosen genau dem hier geschilderten Modellbeispiel. Sie können je nach der Pilzart und je nach der Art und der Anfälligkeit des Wirtes ändern; so kann die Infektionshyphe, statt unmittelbar in das Innere einer Epidermiszelle zu dringen, ihren Weg zwischen den Epidermiszellen durch (Abb. 9) in die Mittellamellen nehmen und erst von hier aus die Haustorien in das Zellinnere entsenden (Abb. 10), also erst von hier aus zum eigentlichen Angriff auf die Wirtszellen übergehen.

Ferner gibt es, neben dem direkten Durchbruch durch die Kutikula, noch andere Infektionswege, Spaltöffnungen usw., die uns in § 5 beschäftigen werden. Bei allen ist jedoch der Mechanismus der Infektion grundsätzlich gleich: der parasitische Pilz greift seinen Wirt aktiv an; er wächst aktiv aus dem Infektionstropfen gegen die unversehrte Körperoberfläche hin und durchbricht aktiv die Zellwände der Gewebe. Der Infektionsablauf bei den Mykosen, also bei den häufigsten pflanzlichen Infektionskrankheiten, beruht somit auf einem wirklichen Angriff des Parasiten auf den Wirt.

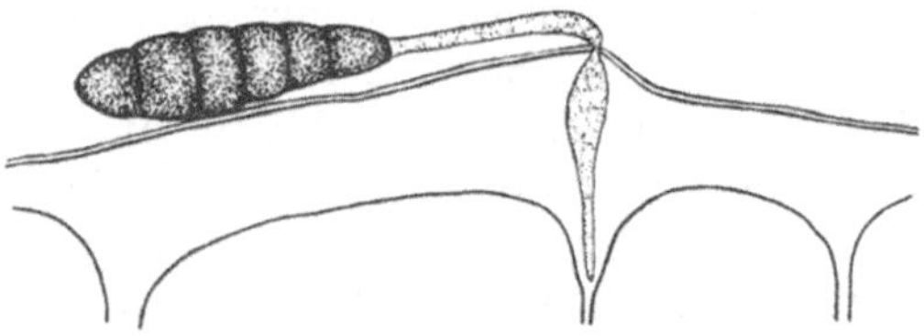

Abb. 9

Keimhyphe und Infektionshyphe beim Erreger der Schrotschußkrankheit, *Clasterosporium carpophilum* (Lév.) Aderh., auf einem Mandelblatt. Vergr. 450. (Nach SAMUEL, 1927.)

Die Voraussetzungen des Infektionsvorganges liegen deshalb bei den wichtigeren pflanzlichen Infektionskrankheiten ungünstiger als in der Humanmedizin. Es ist für die menschliche Infektionslehre wohl ausgeschlossen, daß Bakterien oder Sporen von Tuberkulose, Milzbrand, Starrkrampf, in einem

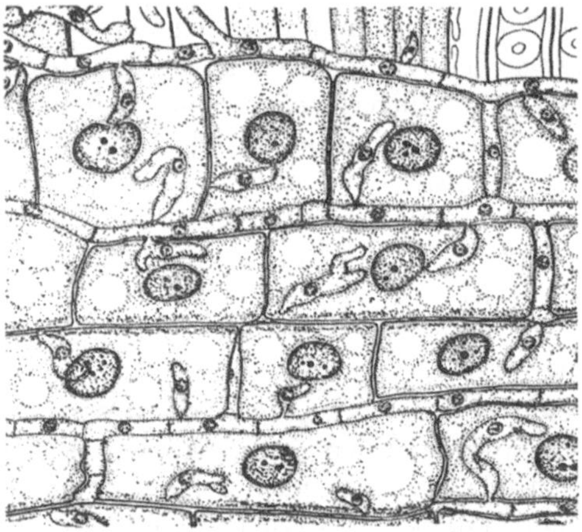

Abb. 10

Interzelluläre Hyphen des Blasenrostes der Weymouthskiefer, *Cronartium ribicola* J.C. Fisch., die ihre Haustorien in das Innere der Parenchymzellen entsenden. Vergr. 500. (Nach COLLEY, 1918.)

Tropfen Wasser auf unsere unversehrte Haut gebracht, anfangen zu wachsen und selbsttätig, aktiv, in unsern Körper eindringen; sondern der Infektionsvorgang ist bei uns, von der Seite des Parasiten her betrachtet, normalerweise ein passiver Vorgang; der Parasit kann sich nicht von der Körperoberfläche her selbständig in das Körperinnere einbohren, sondern er wird ohne sein Zutun durch die Körperöffnungen oder durch Wunden in das Innere unseres

Körpers verschleppt, und erst wenn er passiv auf die ihm zusagenden Gewebe gelangt ist, beginnt er seine Entwicklung und seine pathogene Wirkung.

Diese günstige Ausgangslage verdankt unser Körper zunächst dem chemischen Schutz durch den Säuremantel usw. und dem mechanischen Schutz durch das verhornte Epithel der Epidermis. Aber ebensosehr verdankt er sie dem Zufall, daß die Infektionskrankheiten des menschlichen Körpers aus später zu besprechenden Gründen vorwiegend durch parasitische Bakterien verursacht werden, nicht durch parasitische Pilze; denn das soeben besprochene aktive Einbohren kommt normalerweise nur den parasitischen Pilzen zu.

Wegen dieses unterschiedlichen Mechanismus besitzt der Infektionsvorgang in der Pflanzenpathologie und in der Humanmedizin ein unterschiedliches Gewicht. Für den praktischen Pflanzenpathologen steht er im Mittelpunkt des Denkens und der Vorkehren; denn die häufigsten pflanzlichen Krankheitserreger, die Pilze, können sich im schlimmsten Falle von allen Seiten her aktiv in den pflanzlichen Körper, zum Beispiel das Laubwerk, hineinzwängen. Der Pflanzenpathologe muß deshalb schon ihre Keimung an der Körperoberfläche zu verhindern suchen; wenn sie keimen, so wächst die Infektionshyphe von selbst in das Innere des Wirtes. Deshalb überzieht der Pflanzenpathologe zum Beispiel bei Reben die gesamte anfällige Körperoberfläche, Laubwerk, junge Schosse und Gescheine, prophylaktisch mit einem Desinfektionsstoff (zum Beispiel Bespritzen mit Bordeauxbrühe).

Anders der Mediziner. Für ihn ist die Infektion nicht derart entscheidend; denn seine wichtigsten Krankheitserreger, die Bakterien, bohren sich nicht von der gesamten intakten Körperoberfläche her aktiv in den Organismus hinein. Gewiß sucht der Mediziner durch hygienische u.ä. Maßnahmen die Infektionschancen herabzumindern; aber es kommt für ihn nicht in Frage, den ganzen Körper seines Patienten auf Vorrat mit einem Giftstoff zu überziehen, sondern er läßt den Patienten höchstens mit einem Desinfiziens gurgeln; im übrigen wartet er ab, bis die Infektion erfolgt ist und bekämpft dann die Erkrankung.

Wegen dieser andern Blickführung liegt auch das Schwergewicht für die Bekämpfung der Infektionskrankheiten (6. Kapitel) in den beiden Arbeitsgebieten an unterschiedlicher Stelle: der Pflanzenpathologe bekämpft vorwiegend die Infektion, der Mediziner die Erkrankung.

b) Der Infektionsvorgang bei parasitischen Blütenpflanzen

Die Infektion durch parasitische oder halbparasitische Blütenpflanzen (Loranthaceen und Tubifloren) verläuft ähnlich wie der soeben besprochene Angriff der parasitischen Pilze. Bei manchen Arten, so bei *Lathraea clandestina* L., *Melampyrum pratense* L. und *Melampyrum silvaticum* L., die freilich alle drei nicht ausgesprochen pathogen sind, werden die Samen, wie die Sporen der parasitischen Pilze, durch die Ausscheidungen der ihnen kongenialen Wirte in der Keimung gefördert (HEINRICHER, 1930); bei den wirklich pathogenen Arten dürften die Verhältnisse ähnlich liegen. Auch das Eindringen in den Wirt be-

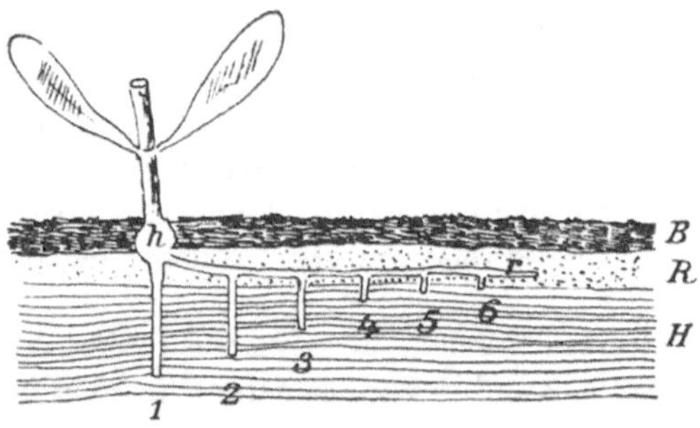

Abb. 11
Schematische Darstellung des Eindringens einer Mistel in einen Wirtszweig. Das zur Haftscheibe umgewandelte Hypokotyl *h* hat im ersten Jahr die primäre Wurzel *1* und im folgenden Jahr die seitliche Rindenwurzel *r* gebildet, welche die sekundären Senker *2–6* in den Holzkörper *H* dringen läßt. *B* Borke. *R* Grüne Rinde. (Nach NEGER, 1924.)

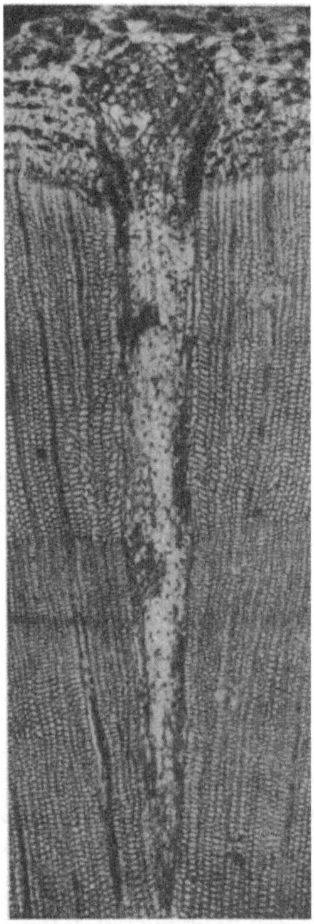

ruht bei den parasitischen Blütenpflanzen, wie bei den Pilzen, auf einem aktiven Mechanismus.

Bei der Mistel (*Viscum album* L.) gelangen die Samen mit dem Darminhalt der Drosseln usw. auf die Zweige unserer Laub- und Nadelhölzer oder werden von ihnen beim Abwetzen der klebrigen Beerenteile mit dem Schnabel auf die Rinde geschmiert. In beiden Fällen werden sie durch den klebrigen Schleim (Viscin) auf dem Zweige festgehalten und keimen, wobei sich das Hypokotyl zu einer Haftscheibe (ähnlich aussehend wie bei der Jungfernrebe, *Ampelopsis Veitchii* Ht.) verbreitert; auch diese Haftscheibe wird durch den Schleim festgekittet. Von ihr aus bohrt sich die primäre Wurzel in Gestalt eines Senkers mechanisch in die Rinde und später in den Holzteil ein und sprengt oder spaltet diesen durch ihr Dickenwachstum sukzessive auf, ähnlich wie Wurzeln Steine sprengen, in deren Ritzen sie eingedrungen sind.

Im folgenden Jahr bildet die primäre Wurzel Seitenzweige (Abb. 11, «Rindenwurzeln»), die in

Abb. 12. In der Rinde eines Kiefernsprosses ist eine Rindenwurzel von *Viscum album* L. vorgedrungen (quer durchschnitten) und hat in den Holzteil einen sekundären Senker eingebohrt. Vergr. etwa 50. (Nach v. TUBEUF, 1923.)

der Rinde seitlich weiterdringen und nach innen auf mechanischem Wege sekundäre Senker (Abb. 12) in den Holzkörper (und in diesem bis in das Mark) vortreiben.

Einige Zellen des Senkers bilden sich in Gefäßbündel (Tracheen) um, treten mit den Gefäßbündeln des Wirtes in offene Verbindung und werden nun aus

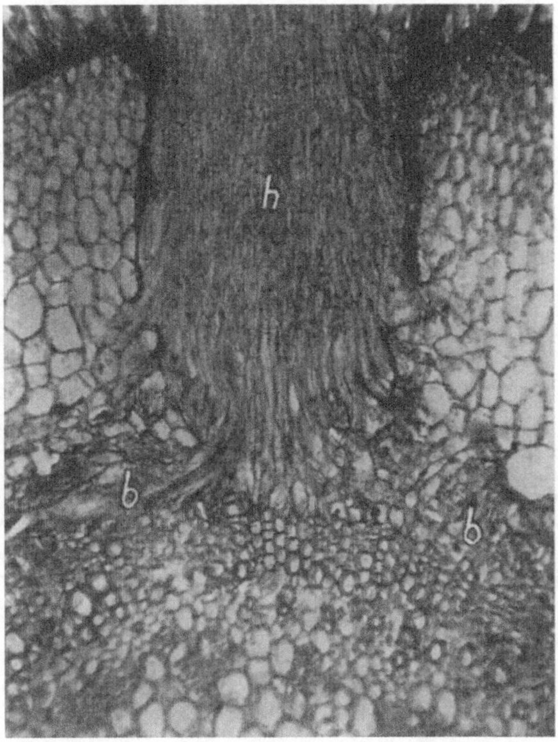

Abb. 13

Längsschnitt durch ein Haustorium *h* von *Cuscuta subinclusa* Dur. et Hilg. in einem Stengel von *Nicotiana tabacum*. Die Haustorialzellen (Hapteren) *b* sind mit dem äußern Phloëm in Verbindung getreten. Vergr. rund 120. (Nach LACKEY, 1949.)

dem Holzkörper des Wirtes mit Wasser und den darin gelösten Salzen versorgt, während der extramatrikale grüne Teil seine Kohlehydrate und Eiweißkörper selbst aufbaut (Halbparasit).

Ähnliche keilförmige Senker («Haustorialkörper») werden von den *Orobanche*-Arten gebildet; von ihnen gehen hyphenartige Haustorialzellen aus, die sich in den Gefäßbündeln des Wirtes empordrängen (SCHUMACHER und HALBSGUTH, 1939).

Auch die Flachsseide, *Cuscuta europaea* L., fixiert sich auf den Stengeln ihrer Wirtspflanzen zunächst durch eine Haftscheibe, die jedoch kutinisiert ist und daher selbst keine Nahrung aufnehmen kann. Sie wird von einer senkerartigen Adventivwurzel durchbrochen, die mechanisch in den Wirt eindringt und die im Wege stehenden Zellen zerdrückt (Abb. 13); ihr Scheitel ist von einem Epithel bedeckt, dessen Zellen zu eigentlichen Haustorialzellen (Hapteren) auswachsen: langen, nicht septierten Zellfäden, die durch enzymatische Auflösung der Pektine und Zellulosen weit in die Wirtsgewebe, bis in die Gefäßbündel (insbesondere den Siebteil), vordringen und den Zellinhalt, Plasma, Stärkekörner usw. auflösen und resorbieren (Abb. 14).

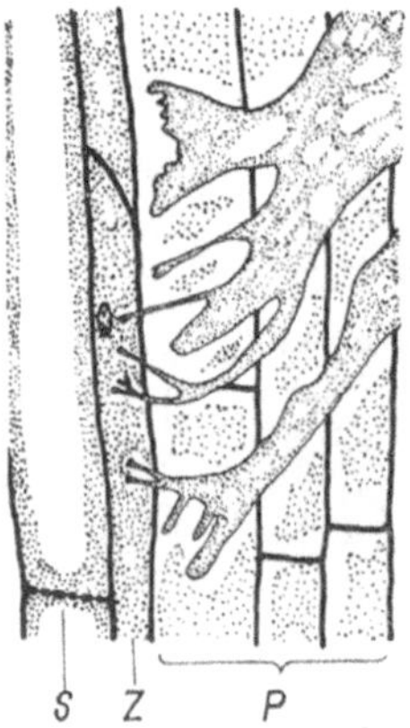

Abb. 14
Haustorialzellen von *Cuscuta europaea* L. in einem Gefäßbündel von *Vicia sepium* L. *S* Siebröhre, *Z* Geleitzelle, *P* Phloëmparenchym. Vergr. etwa 150. (Nach ZENDER, 1924.)

c) Der Infektionsvorgang bei Bakteriosen

Im Gegensatz zu den bis jetzt besprochenen pathogenen Pilzen und Blütenpflanzen vermögen die pflanzenpathogenen Bakterien die kutinisierten Außenschichten des pflanzlichen Körpers, Kutikula, Periderm usw., nicht mechanisch zu durchbohren, da ihnen schon aus anatomischen Gründen die Möglichkeit zur Bildung einer Haftscheibe fehlt. Der pflanzliche Körper ist somit durch seine Kutikula, wie wir Menschen durch unser verhorntes Epithel, gegen eine Invasion von pathogenen Bakterien geschützt.

Für eine bakterielle Infektion stehen deshalb nur zwei Wege offen,

1. ein aktiver Angriff durch nichtkutinisierte Körperstellen, Wurzelhaare, Narben usw., ferner durch die später zu besprechenden Wunden, und

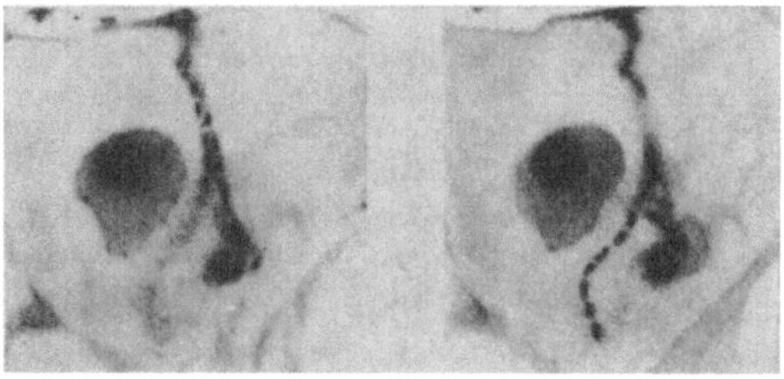

Abb. 15
Bakterienkette des *Rhizobium leguminosarum* Frank, die in der Nähe des Zellkernes aus einem Infektionsfaden heraustritt. Links und rechts dasselbe Bild bei verschiedener Einstellung. Wirtspflanze *Neptunia oleracea* Lour., eine tropische, wasserbewohnende Mimosacee. Vergr. 1350. (Nach SCHAEDE, 1940.)

2. eine Umgehung der kutinisierten Außenschichten, indem die pathogenen Bakterien durch die Körperöffnungen aktiv eindringen oder passiv in das Körperinnere eingesogen werden.

Das aktive Eindringen der Bakterien durch nichtkutinisierte Körperstellen erfolgt wohl ausschließlich auf dem Wege der Masseninfektion. Beim *Rhizobium leguminosarum* Frank (*Bacterium radicicola* Beij.), das in vielen Kleinarten und Rassen die Wurzelknöllchen der Leguminosen (Abb. 282)

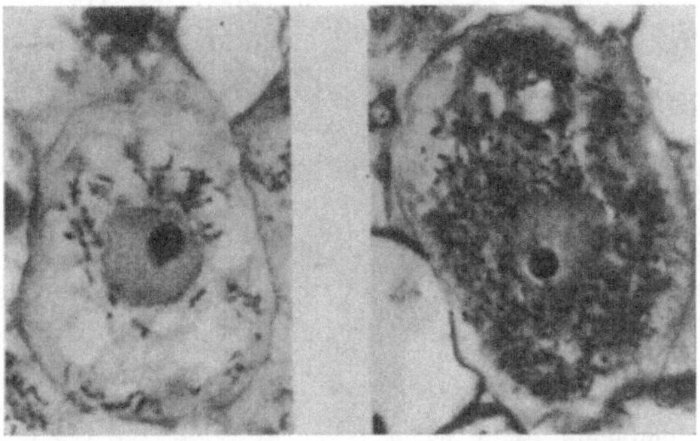

Abb. 16
Die Vermehrung des *Rhizobium leguminosarum* Frank im Zytoplasma der Wurzelrindenzellen von *Neptunia oleracea* Lour. Vergr. 900. (Nach SCHAEDE, 1940.)

hervorruft, bildet sich am Scheitel eines Wurzelhaares (bei der Lupine an beliebiger Stelle der Wurzelspitze) zunächst eine schleimige Bakterienkolonie (Zoogloea), welche die Zellwand auflöst und dann in Gestalt eines vielfach

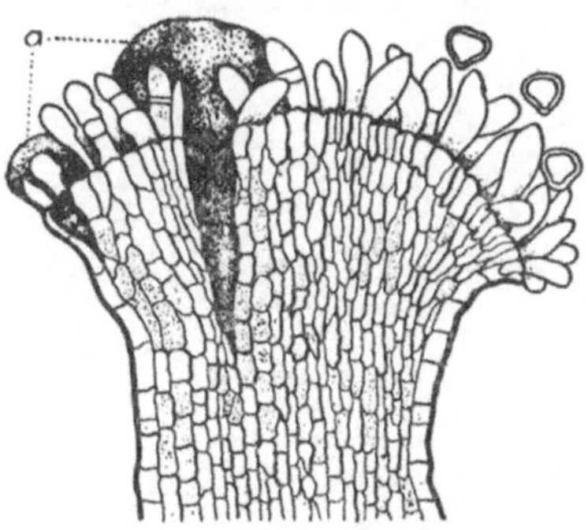

Abb. 17

Abb. 18

Abb. 17. Narbe einer Birnblüte mit zwei Zooglöen *a* des *Bacterium amylovorum* (Burr.) Trev., die im Begriffe sind, sich einen Weg durch den Griffel zu bahnen. Schematisch. Vergr. rund 180. (Nach HILDEBRAND, 1937, aus LEACH, 1940.)

Abb. 18. Das Nektarium einer Birnblüte wird vom *Bacterium amylovorum* (Burr.) Trev. durch eine Spaltöffnung hindurch infiziert. Schematisch. Vergr. rund 480. (Nach HILDEBRAND, 1937.)

gekrümmten und sich verzweigenden Infektionsfadens oder «Infektionsschlauches» (Abb. 15) in das Innere des Wurzelhaares und von hier in die Wurzelrinde bis in die Nähe der Endodermis vordringt. Um diesen Infektionsfaden legt sich bei den meisten Leguminosen, ähnlich dem Lignituber (Abb. 5), ein Mantel aus Zellulose und Pektinen; er wird offenbar von den Wirtszellen als Abwehrreaktion gebildet und führt unter Umständen zu einer völligen Abkapselung und Unschädlichmachung des Parasiten.

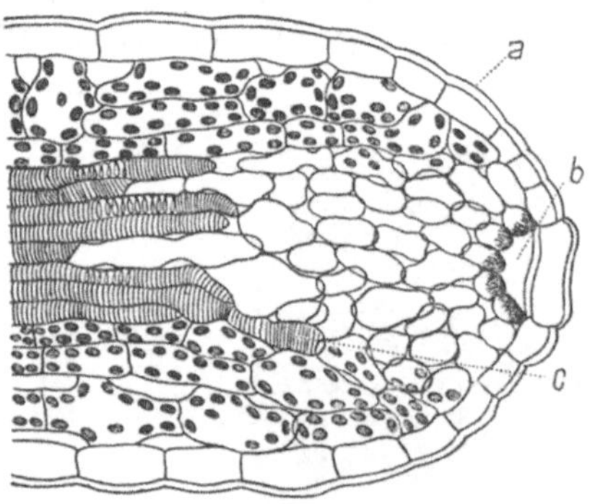

Abb. 19
Schematischer Schnitt durch eine Hydathode. *a* Epidermis, *b* Hohlraum, *c* Endigung der Tracheen. Vergr. rund 330. (Nach LEACH, 1940.)

An Rißstellen des Mantels treten die Bakterien kettenartig in den freien Zellraum hinaus und vermehren sich hier im Zytoplasma (Abb. 16). Einzig bei den Lupinen wird die Infektion nur in den Anfangsstadien durch die Infektionsfäden weitergetragen; später werden die im Zellplasma lebenden Bakterien bei der Zellteilung von der Mutterzelle an die Tochterzellen weitergegeben, als ob sie zum normalen Zellinventar gehörten. Unter der Reizwirkung der Bakterien bildet sich im Rindengewebe ein sekundäres Meristem, dessen Teilungsprodukte schließlich zu den bekannten Tumoren, den Wurzelknöllchen (Abb. 282), führen.

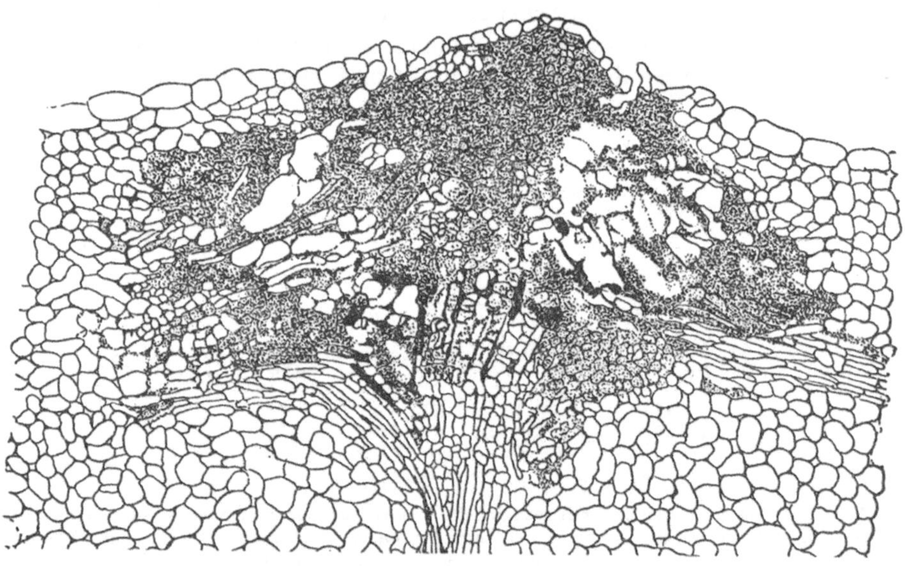

Abb. 20
Flächenschnitt durch die Randpartie eines Kohlblattes, das durch eine Hydathode von *Xanthomonas campestris* (Pamm.) Dows. befallen wurde. Die Bakterien haben bereits die letzten Verzweigungen zweier Gefäßbündel erreicht. Vergr. 100. (Nach E. F. SMITH, 1911.)

Beim *Bacterium amylovorum* (Burr.) Trev. = *Erwinia amylovora* (Burr.) Winsl., dem Erreger des gefürchteten Feuerbrandes (fire blight) der Obstbäume in Nordamerika, werden die pathogenen Bakterien durch die bestäubenden Insekten auf die Narben und Nektarien der Blüten verschleppt und vermehren sich hier zunächst saprophytisch. Von den Narbenpapillen her bahnen sich die Zooglöen ihren Weg aktiv durch die Zwischenzellräume des Griffels (Abb. 17); bei den Nektarien (die hier von einer Epidermis bedeckt sind) schwärmen die Bakterien kraft ihrer eigenen Lokomotion im Nektartropfen durch den Spaltenmund in die Atemhöhle hinunter (Abb. 18); in beiden Fällen besiedeln die Bakterien von der Blüte aus sukzessive den ganzen Baum.

Die Körperöffnungen der Pflanzen dienen vor allem dann den pathogenen Bakterien als Eingangspforte, wenn sie mit Wasser gefüllt sind, bei den

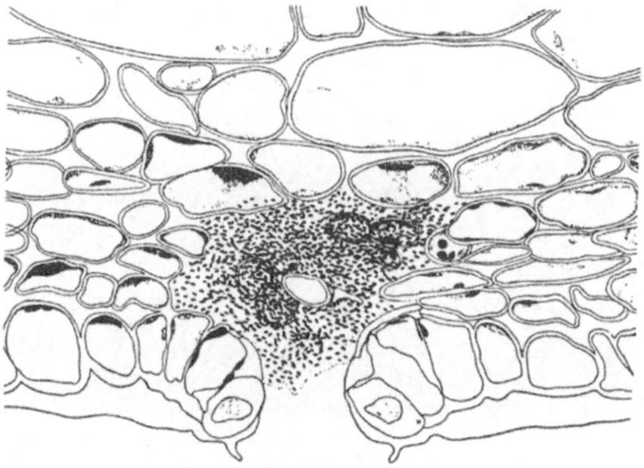

Abb. 21

Frühes Stadium der Fleckenbakteriose bei grünen Pflaumen. Das Bakterium, *Pseudomonas pruni* E.F.S., ist durch eine Spaltöffnung in die Atemhöhle gedrungen und beginnt, interzellular weiterzuwandern. Vergr. 500. (Nach E. F. Smith, 1905.)

Hydathoden infolge Guttation und bei den Spaltöffnungen infolge Regen, Tau oder innerer Wasserstauung. In beiden Fällen können die begeißelten Bakterien aktiv in die Atemhöhle und die Zwischenzellräume wandern oder (in windgeschüttelten Blättern) passiv in sie eingesogen werden.

Eine aktive oder passive Infektion durch die Hydathoden erfolgt z.B. bei *Xanthomonas campestris* (Pamm.) Dows. = *Pseudomonas campestris* (Pam.) E.F.S., dem Erreger der Schwarznervigkeit (Trockenfäule) des Kohles. Die Bakterien können durch Insekten in die Guttationstropfen der Kohlblätter verschleppt und beim Rückgang der Transpiration in den Hohlraum *b* der Hydathoden (Abb. 19) eingesogen werden; von hier aus überschwemmen sie die benachbarten Gewebe (Abb. 20), dringen aktiv in die Gefäße ein, durchwuchern ihr Xylem (Abb. 92) und bewirken ein Vergilben der Blätter unter gleichzeitiger Braun- bis Schwarzfärbung ihrer Nervatur (Abb. 91).

Eine aktive oder passive Infektion durch die Spaltöffnungen erfolgt z.B. bei *Pseudomonas pruni* E.F.S., dem Erreger einer Blattfleckenkrankheit des

Steinobstes; das Bakterium dringt bei Blättern und Früchten mit unverletzter Epidermis durch die Spaltöffnungen in die Atemhöhle und von hier in die Interzellularen und die Mittellamellen hinaus (Abb. 21–22). Dasselbe geschieht bei zwei wichtigen Bakteriosen des Tabaks, dem Wildfeuer, verursacht durch *Pseudomonas tabaci* (W. et F.) Stapp = *Bacterium tabacum* Wolf et Foster, und der eckigen Blattfleckenkrankheit, verursacht durch *Pseudomonas angulata* (F. et M.) Stapp = *Bacterium angulatum* Fr. et M.; deshalb setzt ihr epidemisches Auftreten stürmisches, regnerisches Wetter, Schlagregen oder Hagel, voraus (Böning, 1930); aus demselben Grunde

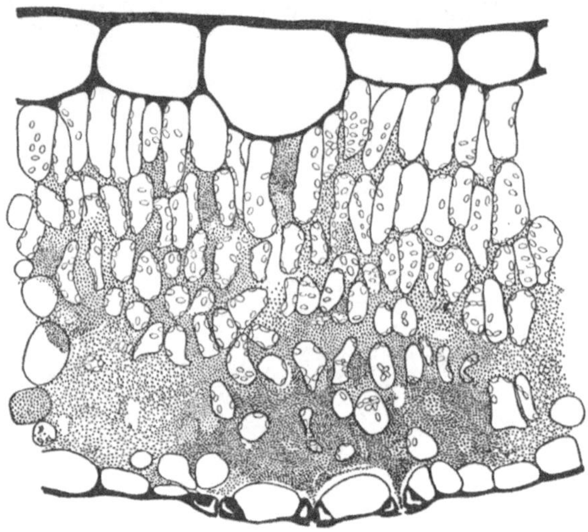

Abb. 22
Späteres Stadium der Fleckenbakteriose auf einem Pflaumenblatt. Das Bakterium, *Pseudomonas pruni* E.F.S., hat das Mesophyll überschwemmt und dringt nunmehr zwischen die Palisadenzellen ein. Die chlorotische Infektionsstelle erinnert makroskopisch an einen Ölfleck. Vergr. rund 140. (Nach E. F. Smith, 1905.)

stehen sowohl die Befallshäufigkeit als auf den einzelnen Blättern die Befallsareale in einer engen Beziehung zur Öffnungsweite des Spaltenmundes und zur wassereinsaugenden Kraft der Blätter (Clayton, 1936, 1937; J. Johnson, 1937; Diachun und Valleau, 1939).

d) Der Infektionsvorgang bei Virosen

Die Viren sind «filtrierbare» (durch die Poren feinster anorganischer Filter gehende), submikroskopisch kleine, nukleinsäurehaltige Eiweißkörper. Beim Ringfleckenvirus (Abb. 339) und beim Rüben-Gelbmosaik-Virus (Abb. 23) besitzen sie Kugelform, einen Durchmesser von 19–20 $\mu\mu$ und (im erstern Falle) ein Molekulargewicht von rund 3,4 Millionen, beim Tabakmosaikvirus (Abb. 61) Stäbchengestalt (Abb. 24), eine Länge von 300 $\mu\mu$, eine Breite von

15 $\mu\mu$ und ein Molekulargewicht von rund 23 Millionen. Sie haben in charakteristischen Fällen die Fähigkeit, an geeigneten Wirten typische Erkrankungen

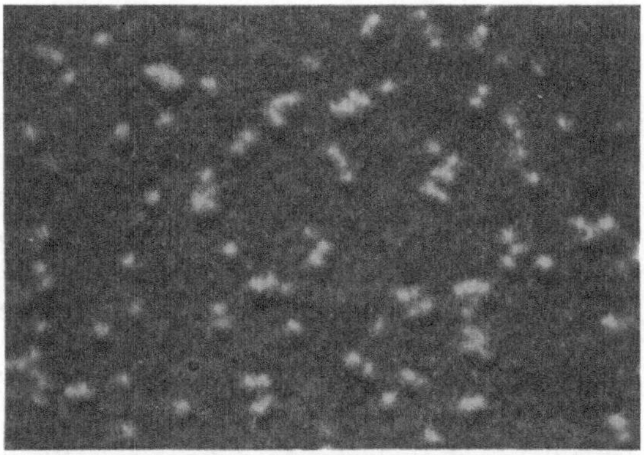

Abb. 23
Elektronenoptische Aufnahme der kugelförmigen Teilchen des Rüben-Gelbmosaik-Virus. Vergr. rund 83000. (Nach MARKHAM und KENNETH SMITH, 1949.)

Abb. 24
Elektronenoptische Aufnahme der stäbchenförmigen Teilchen des Tabakmosaikvirus. Vergr. 30000. (Nach RAWLINS, ROBERTS und UTECH, 1946.)

und die Bildung von Antikörpern auszulösen, ferner wahrscheinlich auch die Fähigkeit, die Wirtszellen zur Neubildung von Vorstufen des Virusproteins anzuregen.

Ihre Verimpfung erfolgt ausschließlich passiv (d.h. ohne ihr eigenes Zutun), und zwar, wie wir später sehen werden, unmittelbar von der Mutterpflanze auf die Tochterindividuen oder durch Wunden oder durch saugende Insekten direkt in den Zellsaft.

§ 2. Die Umweltbedingungen der Infektion

Bei den meisten Krankheitserregern der Humanmedizin setzt die Entwicklung erst ein, nachdem sie auf ihnen zusagende Gewebe der Mundhöhle und des Körperinnern gelangt sind; hier siedeln sie sich unter optimalen, konstanten Lebensbedingungen, zum Beispiel optimaler Temperatur und optimaler Feuchtigkeit, an. Der Mechanismus der Ansiedlung des Parasiten im Wirt wird deshalb in der Humanmedizin nur selten durch Faktoren der Umwelt, zum Beispiel durch die Witterung, wesentlich beeinflußt, sondern diese Faktoren wirken sich zur Hauptsache mittelbar auf die Krankheitsdisposition des Wirtes aus.

Anders in der Pflanzenpathologie. Nur die durch Wundinfektion übertragenen Keime werden hier unmittelbar in das Körperinnere der anzusteckenden Individuen eingebettet und dadurch der Mitwirkung der Umwelt entzogen. Die übrigen Krankheitserreger beginnen ihre Entwicklung an der Körperoberfläche der zu befallenden Pflanzen, also praktisch gesprochen im Freien (denn die Pflanzen besitzen keine Eigentemperatur). Hier draußen in der freien Natur müssen sie in erster Linie keimen, um dann von der Außenwelt her in den Wirt einzudringen. Die Gegenwart des Krankheitserregers genügt also noch nicht für einen Krankheitsbefall, sondern es müssen bestimmte äußere Voraussetzungen erfüllt sein, damit der Erreger seine Aktivität überhaupt entfalten kann.

Das Schwergewicht der äußern Voraussetzungen der Infektion liegt deshalb in der Humanmedizin und in der Pflanzenpathologie an unterschiedlicher Stelle. Beim Menschen muß eine (in diesem Falle umweltgeschaffene) Disposition vorhanden sein, damit die Infektion zum Haften kommt. Bei den pflanzlichen Infektionskrankheiten müssen dagegen die Umweltbedingungen dem Erreger das Eindringen in den Wirt gestatten; die Disposition schwankt bei den Pflanzen in einem engern Rahmen als beim Menschen.

Die conditio sine qua non einer Infektion ist demnach bei den meisten pflanzlichen Infektionskrankheiten, daß die Umweltbedingungen dem Erreger die Keimung und die erste Entwicklung gestatten. Die Umwelt, d.h. eine Faktorengruppe, die außerhalb des Parasit-Wirt-Verhältnisses steht, entscheidet somit über das Zustandekommen des parasitischen Verhältnisses.

Selbstverständlich verschieben die Umweltfaktoren auch bei den Pflanzen, wie beim Menschen, die Krankheitsanfälligkeit (Disposition; 4. Kapitel); aber ehe die Frage der Disposition überhaupt aktuell wird, lassen die Umweltfaktoren die Infektion erfolgen oder nicht. Da anderseits die wichtigsten unter ihnen, Feuchtigkeit, Temperatur usw., durch die Witterung gesteuert werden, so besitzt bei den pflanzlichen Infektionskrankheiten die Witterung eine unmittelbare entscheidende Bedeutung für die Infektionshäufigkeit. Auf Grund des Ganges der Witterung läßt sich bei einigen von ihnen, so beim falschen Mehltau der Reben, die Infektionshäufigkeit zuweilen voraussagen.

Bei einigen andern pflanzlichen Infektionskrankheiten decken sich dagegen die biologisch wirksamen Umweltbedingungen nur teilweise mit den grobsinnlichen meteorologischen und edaphischen (bodenkundlichen) Wahrnehmungen; denn sie werden hier in der blattnahen bzw. wurzelnahen Umwelt entscheidend modifiziert. Wenn sich zum Beispiel das Staudendach über einem Kartoffelfeld oder einem Hopfengarten (ZATTLER, 1932) schließt, so entsteht unter ihm ein neues, gegenüber dem meteorologischen Klima bis zu einem gewissen Grade verschobenes Sonderklima (Lokalklima, Mikroklima; GEIGER, 1942); desgleichen schaffen die Wurzeln um sich her eine besondere Rhizosphäre. Das Makroklima gibt also in diesen Fällen nur die groben Umrisse an, innerhalb derer das Mikroklima weiter differenziert: die Infektionen werden hier durch den Gang der Witterung nur noch mittelbar gesteuert.

In dem komplexen Faktorenfeld, das wir Umwelt nennen, können wir nur jene Faktoren herausgreifen und gesondert betrachten, die sich physikalisch-chemisch definieren lassen, zum Beispiel Feuchtigkeit, Temperatur, Lichtgenuß, Kohlensäuregehalt der Luft, Azidität der Keimungslösung.

Daneben bestehen aber noch zahlreiche andere Faktoren, die wir zur Zeit nicht zu isolieren vermögen und deshalb als Imponderabilien bezeichnen. So der Luftdruck: die Zoosporangien des falschen Mehltaues der Kartoffeln (Abb. 305), *Phytophthora infestans* (Mont.) deBy., keimen bei Föhn nur halb so reichlich wie bei normalem Barometerstand (FISCHER und GÄUMANN, 1929). Die durch das *Bacterium carotovorum* verursachte Naßfäule der Kartoffeln und Karotten (Abb. 412) breitet sich bei einem sprunghaften Übergang von einem barometrischen Tief zum Hoch in den Knollengeweben besonders stark aus, beim umgekehrten Wetterverlauf besonders schwach usw. (BORTELS, 1940, 1949).

Von lebenden Geweben geht zuweilen eine stimulierende Fernwirkung aus. Gewebestückchen irgendwelcher Pflanzen, in Petrischalen gebracht, in welchen Brandsporen des Maisbrandes (Abb. 239), *Ustilago zeae* (Beckm.) Ung., auf Objektträgern zum Keimen angesetzt sind, lassen die Keimungshäufigkeit von rund 40 auf 60–80% steigen (PLATZ, DURRELL und HOWE, 1927). Die Keimung der Basidiosporen der Hymenomyceten, die oft große Schwierigkeiten bereitet, wird zuweilen beschleunigt, wenn man neben den Flüssigkeitstropfen ein Stückchen aus dem betreffenden Fruchtkörper legt (tissue culture method; FERGUSON, 1902).

Geschlämmte Erde fördert die Keimung der Brandsporen des Weizensteinbrandes, *Tilletia tritici* (Bjerk.) Wint., sei es wegen einer noch nicht definierten Ionenwirkung der Bodenlösung oder wegen eines Synergismus mit andern Mikroorganismen (VOLKART, 1906). Bei der Prüfung von Pflanzenschutzmitteln empfiehlt es sich daher, die Objektträgerkeimversuche auf einer dünnen Unterlage von geschlämmter Ackererde anzusetzen.

Bei allen diesen «Imponderabilien» bleibt es zukünftiger Forschung vorbehalten, die ausschlaggebenden Momente herauszuarbeiten.

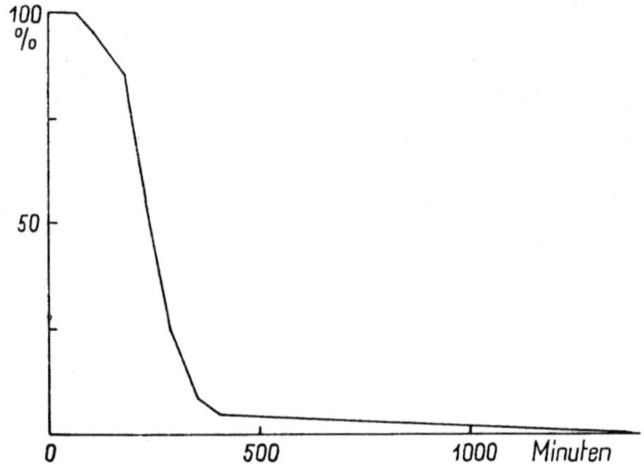

Abb. 25

Der Einfluß feuchter Wärme (37°) auf die Keimfähigkeit der Konidien von *Botrytis cinerea* Pers. Abszisse: Dauer der Einwirkung der Temperatur in Minuten. Ordinate: % Konidien, welche die Behandlung überlebten, also noch keimfähig waren. (Nach HENDERSON SMITH, 1923.)

Auch wenn wir uns auf die eben genannten definierbaren Faktoren beschränken, so erweist sich ihre Mitwirkung beim Zustandekommen einer Infektion als um so komplizierter, je weiter die Analyse fortschreitet. Zunächst gestalten sie die Voraussetzungen, unter denen der Erreger keimt und in den Wirt eindringt; dies ist der Aspekt, der uns hier beschäftigt. Zu gleicher Zeit beeinflussen sie aber auch die später zu besprechende Vitalität und parasitische Eignung des Erregers (3. Kapitel) und die Krankheitsbereitschaft des Wirtes (4. Kapitel) und endlich den Verlauf der Erkrankung (5. Kapitel), wobei diese verschiedenartigen Einwirkungen unzertrennbar ineinander verflochten sind und zum Teil gegensinnig verlaufen.

Dazu kommt, daß nicht alle Sporen genau gleich auf einen bestimmten Faktor ansprechen, sondern ihm gegenüber eine gewisse Individualität bewahren. Die erste Schwierigkeit liegt deshalb auf methodologischem Gebiet: Was drücken unsere zahlenmäßigen Angaben eigentlich aus?

Wir betrachten als Beispiel den Einfluß letaler Lufttemperaturen auf die Keimfähigkeit der Konidien von *Botrytis cinerea* Pers. Versuchsfrage: Wo liegt die thermische Tötungsgrenze bei feuchtigkeitsumgebenen Konidien? Objektträger mit Nähragar werden mit Konidien besät und im Falle der Abb. 25 in einen Thermostaten von 37° gestellt. Nach einer gewissen Zeit (Abszisse) werden einige Objektträger herausgenommen und zur Keimung in die optimale Temperatur von 24–25° gebracht. Während ein Aufenthalt von

60 Minuten noch keine sichtbaren Schädigungen auslöst, keimen nach einem Aufenthalt von 23 Stunden keine Sporen mehr.

Wird derselbe Versuch bei höheren Temperaturstufen wiederholt, so verkürzen sich die Einwirkungszeiten immer mehr (Abb. 26). Ein zweiminutiger Aufenthalt bei 44,3° genügt, um die Keimfähigkeit auf 96,2% herabzusetzen,

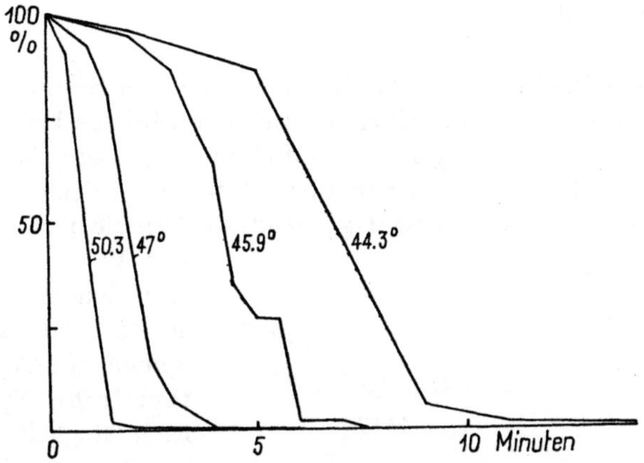

Abb. 26

Der Einfluß feuchter Wärme auf die Keimfähigkeit der Konidien von *Botrytis cinerea* Pers. Abszisse: Dauer der Einwirkung in Minuten. Ordinate: % keimfähig gebliebene Konidien. (Nach HENDERSON SMITH, 1923.)

ein vierzigminutiger Aufenthalt, um sie auf 0,1% sinken zu lassen. Nach einem zweiminutigen Aufenthalt bei 50,3° überleben noch 0,3% der Sporen, nach 5 Minuten noch 0,05%, und 6 Minuten wirken zu 100% tödlich.

Wo liegt nun die thermische Tötungsgrenze der Konidien von *Botrytis cinerea* in einem feuchten Milieu? Offenbar sind für den Einfluß der Temperatur auf die Keimfähigkeit der Konidien drei Bereiche auseinanderzuhalten. Zunächst der günstige Lebensbereich, in welchem die Konidien, ohne Schaden zu nehmen, beliebig lange verweilen können; seine obere Grenze liegt bei etwa 33°. Auf ihn folgt ein thermischer Störungsbereich, in welchem die Konidien zwar mutmaßlicherweise eine gewisse, nicht manifeste Schwächung oder Schädigung erfahren, aber sich wieder erholen, wenn sie zur Keimung in günstige Temperaturen zurückgebracht werden; dieser Bereich erstreckt sich etwa von 33–36°. Über ihm liegt der letale Bereich, in welchem irreversible Schädigungen manifest zu werden beginnen. Er setzt allmählich ein; bei 37° muß der noxische (schädigende) Versuchsfaktor lange einwirken; mit steigender Temperatur nehmen die Einwirkungszeiten ab, und es scheiden sukzessive immer mehr Konidien aus, so daß die Kurven in Abb. 26 immer steiler verlaufen. Irgendwo wird dann die absolute Tötungsgrenze erreicht, wo augenblicklich der Tod sämtlicher Konidien eintritt.

Die Frage nach der thermischen Tötungsgrenze der Konidien von *Botrytis cinerea* läßt sich deshalb, trotz ihrer scheinbaren Einfachheit, nicht bündig beantworten; denn die thermische Tötungsgrenze entspricht nicht einem Punkt (sie liegt beispielsweise nicht «bei 37⁰»), sondern einem breiten Temperaturband zwischen 37⁰ und 51⁰, innerhalb dessen andere Faktoren, Einwirkungsdauer usw., den Ausschlag geben. Man arbeitet deshalb in der Toxikologie häufig mit der 50%-Grenze (mittlere letale Dosis, MLD oder LD_{50}), d.i. die Dosis, bei der 50% der Sporen abgetötet werden oder zum mindesten keimungsunfähig sind.

Dieselben methodischen Schwierigkeiten wie bei der Bestimmung der letalen Temperatur bestehen für die Umgrenzung irgendeines Umweltfaktors. Bei den ökologischen Kardinalpunkten (Minimum, Optimum, Maximum) behilft man sich in der Regel mit Durchschnittswerten; doch sind epidemiologisch meist nicht diese ausschlaggebend, sondern die niedersten oder höchsten Werte, z.B. die schnellsten Keimungen oder die zähesten, widerstandsfähigsten Sporen. In Abb. 27 besitzen sämtliche Sporen dieselbe Keimfähigkeit von über 90%; bei 25⁰ erreichen sie jedoch den maximalen Betrag schon innerhalb 10 Stunden, also in einer Nacht, bei 5⁰ dagegen erst nach mehr als 80 Stunden.

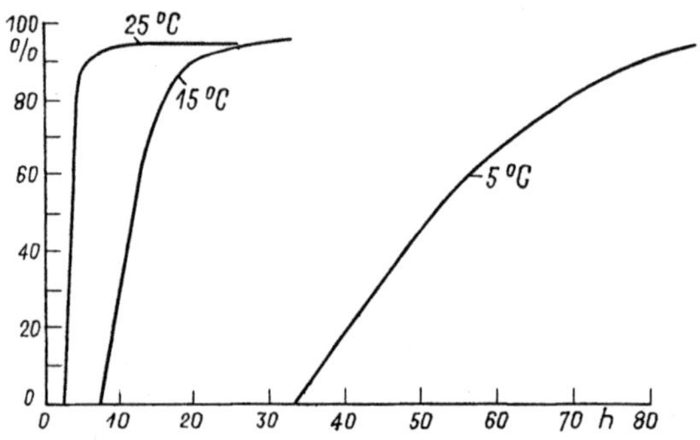

Abb. 27
Die Keimungsgeschwindigkeit der Ascosporen von *Nectria galligena*, dem Erreger des Apfelbaumkrebses. Abszisse: Stunden nach Aussaat. Ordinate: % Keimung. (Nach MUNSON, 1939.)

Der Einfluß der einzelnen Umweltfaktoren auf die Keimung und das Wachstum der Erreger läßt sich auch deshalb oft schwer erfassen, weil die innern Voraussetzungen für den Anlauf der Keimung andere sein können als für die Fortsetzung derselben; so kann sich der Wuchsstoffbedarf eines Pilzes während seiner Entwicklung ändern. *Rhizopus suinus* Nielsen braucht Mesoinosit nur während der Keimung seiner Sporen und während der ersten Entwicklung des Myzels, später nicht mehr (SCHOPFER, 1942). Offenbar kann er diesen Wuchsstoff in frühester Jugend nicht, oder nicht in genügender Menge, herstellen und muß ihn deshalb vom Substrat geliefert erhalten; von einer gewissen Vitalitätsstufe an vermag er ihn dann selbst zu synthetisieren, oder er braucht ihn nicht mehr.

Ferner wird die Keimung mancher Dauersporen (meist Überwinterungssporen, zum Beispiel der Teleutosporen der Rost- und der Brandsporen der Brandpilze) durch abwechselndes Einfrieren und Auftauen (oder durch abwechselndes Befeuchten und Eintrocknen) angeregt; nach erfolgter Anregung liegt jedoch das thermische Optimum der Keimung bei etwa 16⁰, also weit vom Optimum der Keimungsanregung entfernt. Auch Wärme, zum

Beispiel ein 20minutiger Aufenthalt bei 52–54°, kann die Keimruhe zum Beispiel von Ascosporen unterbrechen und die Keimung stimulieren (GODDARD und SMITH, 1938). Für das optimale Angehen einer Infektion muß somit der jahreszeitliche Gang der Witterung zunächst die Bedingungen der Keimungsanregung und hernach die Bedingungen der unmittelbaren Sporenkeimung durchlaufen.

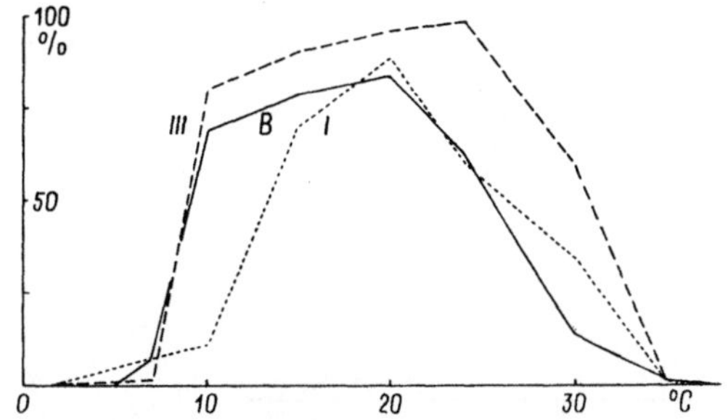

Abb. 28

Der Einfluß der Lufttemperatur auf die Keimungshäufigkeit der Aecidiosporen (Kurve I), der Teleutosporen (Kurve III) und der Basidiosporen (Kurve *B*) des *Gymnosporangium globosum* Farl., dem Erreger eines Gitterrostes auf Apfelbäumen in den Oststaaten der Union. (Nach MACLACHLAN, 1936.)

Sodann weichen die Umweltansprüche der verschiedenen Sporenformen desselben Erregers, zum Beispiel der Oosporen und der Konidien des falschen Mehltaues oder der Aecidio-, Uredo- und Teleutosporen der Rostpilze (Abb. 28), zuweilen voneinander ab, wodurch sich die Ansprüche der Erreger an den jährlichen Gang des Klimas noch weiter verfeinern.

Ferner können die Umweltbedingungen für die Keimungshäufigkeit und die Keimungsgeschwindigkeit der Sporen und für das spätere vegetative Wachstum des Erregers verschieden sein. Beim Erreger der Schrotschußkrankheit des Steinobstes (Abb. 324), *Clasterosporium carpophilum* (Lév.) Aderh., spricht die Keimungshäufigkeit der Konidien auf die Lufttemperatur nur wenig an und verläuft zwischen 9 und 27° zu 90–96% (Abb. 29). Die Keimungsgeschwindigkeit desselben Pilzstammes besitzt jedoch ein ausgeprägtes Optimum bei 18,4° (Abb. 30) und sein vegetatives Wachstum ein solches bei 21,8° (Abb. 31). Für das optimale Angehen einer Infektion muß demnach die Umwelttemperatur zunächst einen kühlern Abschnitt für die Keimung der Sporen und für das erste Wachstum der Keimschläuche durchlaufen (zum Beispiel während der Nacht) und hernach einen wärmern Abschnitt für die vegetative Ausbreitung des Parasiten im Wirt (zum Beispiel den Tag).

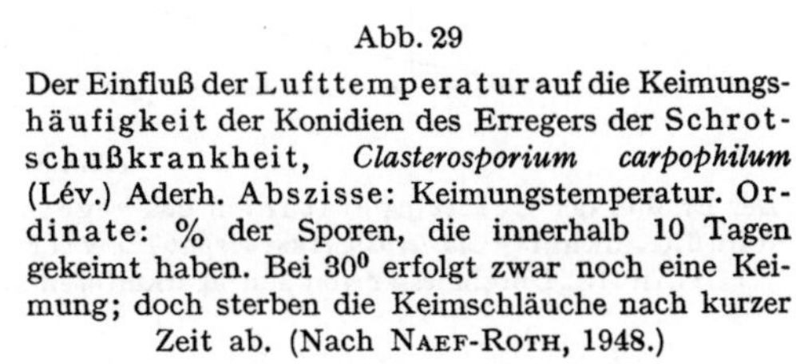

Abb. 29

Der Einfluß der Lufttemperatur auf die Keimungshäufigkeit der Konidien des Erregers der Schrotschußkrankheit, *Clasterosporium carpophilum* (Lév.) Aderh. Abszisse: Keimungstemperatur. Ordinate: % der Sporen, die innerhalb 10 Tagen gekeimt haben. Bei 30° erfolgt zwar noch eine Keimung; doch sterben die Keimschläuche nach kurzer Zeit ab. (Nach NAEF-ROTH, 1948.)

Auch wenn aber die Sporen des Erregers keimen und wenn die Keimschläuche wachsen, so brauchen sie noch nicht unbedingt infektionstüchtig zu sein; denn der Erreger ist im Randgebiet, im Grenzbereich

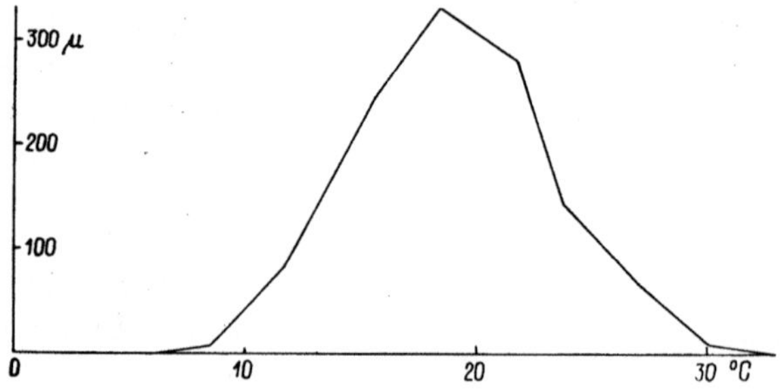

Abb. 30

Der Einfluß der Lufttemperatur auf die Keimungsgeschwindigkeit der Konidien des Erregers der Schrotschußkrankheit, *Clasterosporium carpophilum* (Lév.) Aderh. Abszisse: Keimungstemperatur. Ordinate: Länge der Keimschläuche, 30 Stunden nach dem Ansetzen der Sporen zur Keimung. (Nach NAEF-ROTH, 1948.)

des betreffenden Umweltfaktors (in der Nähe des Minimums bzw. des Maximums) meist wenig vital: er ist noch keimfähig, aber nicht mehr infektionstüchtig. Die Spanne zum Beispiel der thermisch bedingten Infektionstüchtigkeit ist deshalb, wie wir im 3. Kapitel (Die parasitische Eignung der Erreger) näher verfolgen werden, erheblich enger als die thermische Spanne für

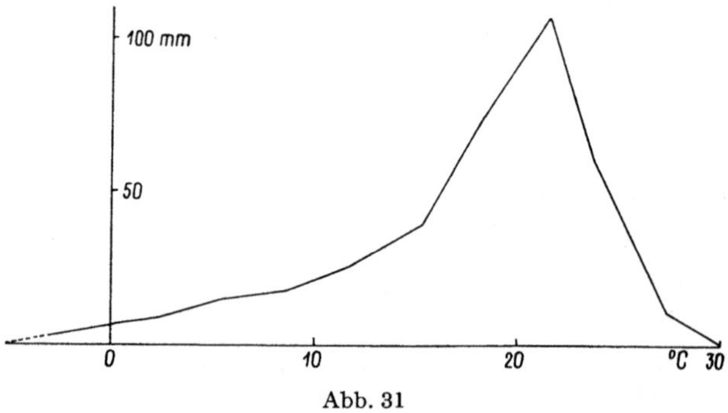

Abb. 31

Der Einfluß der Lufttemperatur auf das vegetative Wachstum des Erregers der Schrotschußkrankheit, *Clasterosporium carpophilum* (Lév.) Aderh. Abszisse: Wachstumstemperatur. Ordinate: Durchmesser von Malzagarkulturen nach 30 Tagen. (Nach NAEF-ROTH, 1948.)

die Lebensfunktionen schlechthin (Wachstum, Stoffumsatz usw.). Der Schwellenwert, unterhalb bzw. oberhalb dessen die Infektionen nicht mehr haften, wird der kritische Punkt genannt; so vermag der Erreger des bakteriellen Pflanzenkrebses, *Bacterium tumefaciens* Sm. et T., zwar bei 37⁰ noch kümmerlich zu gedeihen; seine kritische Temperatur liegt indessen bei 28–30°; oberhalb dieser Grenze gehen die Infektionen nicht mehr an.

Doch besitzen alle diese Angaben nicht den Charakter von absoluten Werten, sondern sie gelten immer nur für die Umstände, unter denen sie gewonnen wurden; denn das Gewicht eines Faktors wird im Zusammenspiel mit sämtlichen übrigen Faktoren verschoben: die Umweltfaktoren sind bis zu einem gewissen Grade gegenseitig austauschbar (Interferenzwirkung, Faktorenersatz). So gilt die Temperaturkurve der Abb. 30 nur für optimale Keimungsbedingungen: tropfbar flüssiges, sauerstoffreiches Wasser ohne hemmende Ionen. Wird jedoch eine dieser Voraussetzungen suboptimal, wie dies in der freien Natur meistens der Fall ist, so schrumpft auch der thermische Keimungsbereich zusammen. Dasselbe gilt für die Infektionstüchtigkeit; ist die Feuchtigkeit optimal, so kann der Infektionserfolg auch bei einer suboptimalen Temperatur groß sein; anderseits kann eine suboptimale Temperatur durch eine massive Infektion ausgeglichen werden usw.

Wegen all dieser Komplikationen und Diskrepanzen können Laboratoriumsergebnisse nicht ohne weiteres auf die natürlichen Verhältnisse übertragen werden. Sicher ist jeweils nur, daß außerhalb des laboratoriumsmäßig festgestellten Grenzbereiches die Infektionen nicht angehen; aber wie die einzelnen Faktoren innerhalb des Grenzbereiches zusammenspielen und inwiefern zum Beispiel ihr Randbereich noch ausgenützt wird, läßt sich nur schwer beurteilen, um so mehr als ja, wir wiederholen es, die klimatischen und edaphischen Umweltfaktoren nicht nur die Aktionsintensität des Parasiten, sondern auch die Reaktionsintensität des Wirtes beeinflussen.

Anderseits machen, wiederum wegen all dieser Schwierigkeiten und Einschränkungen, die wirklichen Infektionen immer nur einen kleinen Teil der möglichen Infektionen aus; nicht nur wegen der Widerstandsfähigkeit der Wirte und wegen der geringen Chancen der Sporen, auf empfängliche Organe einer anfälligen Pflanze zu gelangen, sondern ganz besonders wegen der Begrenztheit der Infektionsbedingungen.

Einen Erreger, der an die Umwelt nur geringe Ansprüche für die Infektion stellt (z. B. Abb. 35, *2*) und in einem breiten Band der ökologischen Voraussetzungen zum Haften kommt, nennt man euryözisch. Ist er dagegen in seinen Voraussetzungen für die Infektion wählerisch und sind die ökologischen Bedingungen, unter denen er eine Infektion zuwege bringt, sehr eng (z. B. Abb. 35, *1*), so nennt man ihn stenözisch.

Wir besprechen im folgenden den Einfluß 1. der Feuchtigkeitsverhältnisse, 2. der Temperatur, 3. des Lichtes, und 4. der Reaktion der Keimungslösung auf den Gang der Infektion. Die Einwirkung dieser Umweltfaktoren auf die Erhaltung, die Fruktifikation und die parasitische Eignung der Erreger, auf die Krankheitsbereitschaft der Wirte und auf den Verlauf des parasitischen Verhältnisses wird uns dagegen erst später beschäftigen.

1. Der Einfluß der Feuchtigkeitsverhältnisse auf den Gang der Infektion

Die Keimung der Sporen und die erste Entwicklung des Erregers ist bei den meisten pflanzlichen Infektionskrankheiten an das Vorhandensein einer gewissen Feuchtigkeit gebunden; deshalb ist eine hinreichende Luftfeuchtigkeit bei den meisten aerogenen (von der Luft her eindringenden) und eine hinreichende Bodenfeuchtigkeit bei den meisten chthonogenen (vom Erdboden her eindringenden) Infekten die Vorbedingung für die Einleitung einer Infektion.

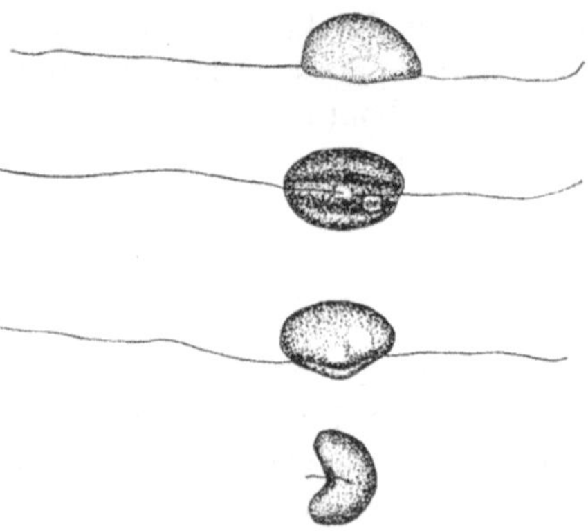

Abb. 32
Zoosporen des falschen Mehltaues der Reben, *Plasmopara viticola* (B. et C.) Berl. et de Toni. Vergr. etwa 800. (Nach ARENS, 1929.)

Bei den allermeisten aerogenen Erregern deckt sich das Feuchtigkeitsoptimum mit dem Feuchtigkeitsmaximum: d.h. es kann ihnen nie zu feucht sein; die Infektion gelingt deshalb bei ihnen stets optimal nach dem Schema der Abb. 1 in einem richtiggehenden Wassertropfen, also bei Regen, Nebel, Tau usw. Insbesondere ist tropfbar flüssiges Wasser notwendig für begeißelte Bakterien und für die Zoosporen von *Pythium de Baryanum* (dem Erreger des Wurzelbrandes, z. B. bei Zuckerrübenkeimlingen), *Phytophthora infestans* und *Plasmopara viticola* (Abb. 32), dem falschen Mehltau der Kartoffeln bzw. der Reben usw.; doch können die Konidien des falschen Mehltaues auch bloß in feuchter Luft suboptimal mit Keimschläuchen keimen (direkte Keimung im Gegensatz zur indirekten durch Zoosporen, die sich erst mit einer Membran umgeben müssen, ehe sie einen Infektionsschlauch bilden).

Vor allem dem Tau kommt epidemiologisch eine größere Bedeutung zu als gelegentlich vermutet wird. Die Laubblätter unterkühlen sich ja infolge ihrer Transpiration (Entzug der Verdunstungswärme) um einige Zehntelsgrade. Wenn nach Sonnenuntergang die direkte Wärmeeinstrahlung aufhört und die Lufttemperatur bei klarem Himmel (nächtliche Ausstrahlung) sinkt, so wird an der Blattoberfläche der Sättigungspunkt unterschritten, und es kommt bei Windstille zur Kondensation von Wasserdampf. Ihr Ausmaß wechselt nach der Neigung der Blätter, nach ihrer gegenseitigen Bedeckung usw., dürfte sich aber in Mitteleuropa je Taunacht in der Größenordnung von etwa 0,1 mm bewegen (JAAG, 1945); in den Tropen ist sie ausgiebiger.

Da in Mitteleuropa während der Vegetationszeit rund die Hälfte der Nächte Taunächte sind, so bildet der Tau in unserem Klima wohl die häufigste Feuchtigkeitsquelle für die Infektion. Gewiß halten die Tautröpfchen nur wenige (vielleicht 5–8) Stunden vor. Da aber die Infektion durch propagative Sporen, wie wir in § 3 (Die Infektionszeit) sehen werden, schon innerhalb dieser Zeit abgeschlossen sein kann, so reicht die Taudauer bei den meisten pflanzlichen Infektionskrankheiten für die Ausbildung eines neuen Infektionsschubes zeitlich aus. Beim falschen Mehltau der Kartoffeln und der Reben genügen zum Beispiel 4 Stunden Tau und eine Temperatur über 10°, damit

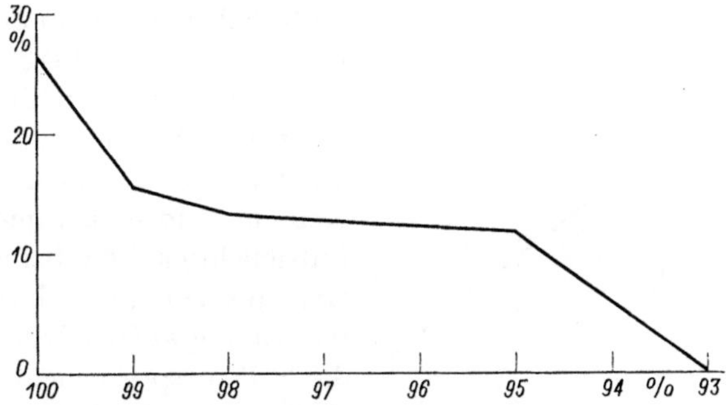

Abb. 33

Der Einfluß der Luftfeuchtigkeit auf die Keimungshäufigkeit der Brandsporen der *Ustilago nuda* (Jens.) K. et S. Abszisse: Relative Luftfeuchtigkeit. Ordinate: % Keimungen bei 20°C nach 48 Stunden auf Objektträgern. (Nach Clayton, 1942.)

die Infektionen haften; denn entscheidend sind die am schnellsten keimenden Sporen.

Nicht nur Regen und Nebel, sondern auch schöne Witterung, windstille, warme, strahlende Sommernächte können bei pflanzlichen Infektionskrankheiten die Vorbedingung für eine Infektion schaffen. Deshalb sind unsere Kulturen eigentlich stets infektionsgefährdet, bei schlechtem Wetter wegen der Nässe und bei schönem Wetter wegen des Taues.

Eine Ausnahme von dieser Regel, wonach die Pilzsporen am willigsten in tropfbar flüssigem Wasser keimen, bilden zum Beispiel gewisse Brandpilze und echte Mehltaupilze; so keimen die Brandsporen der *Ustilago nuda* (Jens.) K. et S., des Flugbrandes der Gerste, in Wasser nur zu 2%, dagegen reichlich in feuchtigkeitsgesättigter Luft (Abb. 33), die Konidien der *Erysiphe graminis* DC. von Hafer in Wasser zu etwa 8%, in feuchtigkeitsgesättigter Luft zu 47%, bei einer relativen Luftfeuchtigkeit von 90% noch zu 1% und bei 85% überhaupt nicht mehr (Grainger, 1947); andere Mehltauarten, so die *Erysiphe Martii* Lév. auf *Trifolium pratense*, zeigen sogar ein Keimungsoptimum unterhalb der

Feuchtigkeitssättigung, nämlich bei 90% (Abb. 34; Keimung auf der Wasseroberfläche 6%).

Doch stößt die Feststellung der Luftfeuchtigkeitsschwelle für die Keimung der Sporen auf Schwierigkeiten, weil sich diese Schwelle je nach Art des Substrates verschiebt. In Tabelle 1 fallen die Keimungen auf Objektträgern schon bei der relativen Luftfeuchtigkeit von 96% steil ab, wogegen sie in Tabelle 2 auf Laubblättern noch bei einer relativen Feuchtigkeit von 24–22% reichlich erfolgten. Dies hängt einerseits mit der unterschiedlichen Hygroskopizität des Substrates zusammen, anderseits mit der kutikularen (und zum Teil stomatären) Transpiration, die bewirkt, daß die Dampfdichte der blattnahen Luftschicht um einige Prozente höher ist als in der umgebenden Luft (GÄUMANN, 1942). Diese beiden Faktoren schaffen in der blattnahen Luftschicht ein feuchteres Sonderklima und ermöglichen dadurch die Keimung noch bei meteorologischen Luftfeuchtigkeiten, bei welchen sie auf Glas ausbleibt; überdies wird die Sporenkeimung auf den Laubblättern durch die S. 17 besprochenen Transpirationsrückstände gefördert.

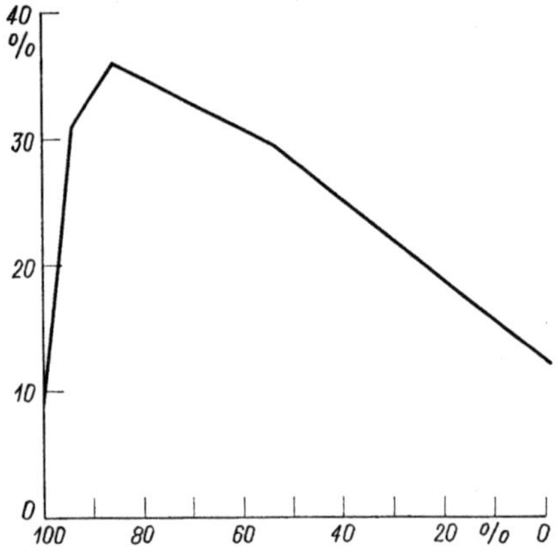

Abb. 34

Der Einfluß der Luftfeuchtigkeit auf die Keimungshäufigkeit der Konidien der *Erysiphe Martii* Lév., des echten Mehltaus des Klees. Abszisse: Relative Luftfeuchtigkeit. Ordinate: % Keimungen nach 24 Stunden bei 20° C auf Objektträgern. (Nach CLAYTON, 1942.)

Wenn jenen aerogenen Erregern, die für die Sporenkeimung tropfbar flüssiges Wasser vorziehen, keine Wassertropfen zur Verfügung stehen, so können ihre Sporen in der Regel auch noch suboptimal in feuchter Luft keimen; die Laubblätter brauchen also nicht triefend naß zu sein, sondern es bildet sich wegen der transpiratorischen Unterkühlung ihrer Gewebe offenbar auch noch bei 98% relativer Feuchtigkeit um die Sporen und die Keimschläuche herum eine dünne Schicht von Kondenswasser. Doch fällt bei diesen Arten die Keimungshäufigkeit meist ziemlich steil mit der Luftfeuchtigkeit ab (Abb. 35).

Ferner bleibt bei diesen Feuchtluftinfektionen zu bedenken, daß in ihrem Randgebiet die S. 41 besprochene Diskrepanz zwischen noch möglicher Keimung und noch ausreichender Vitalität für eine Infektion besteht; nicht jede Feuchtluftkeimung ist deshalb infektionsgefährdend. Wo der Befall aus anderweitigen Gründen auf Schwierigkeiten stößt, muß die Luftfeuchtigkeit möglichst optimal sein; wo er dagegen leicht abrollt, kann sich die Luftfeuchtigkeit weiter vom Optimum entfernen. Die untere Feuchtigkeitsgrenze, bei der unter den verschiedenen Umweltsbedingungen eine Infektion noch in Frage kommt, muß deshalb für jede einzelne Krankheit durch Infektionsversuche ermittelt werden; so ist, um ältere Rebenblätter mit dem falschen Mehltau zu infizieren, eine relative Luftfeuchtigkeit von 80–100% erforderlich, wogegen bei jungen Blättern 70–80% genügen.

Tabelle 1

Der Einfluß der Luftfeuchtigkeit auf die Keimung der Konidien des Rosenmehltaues, *Sphaerotheca pannosa* (Wallr.) Lév., auf Objektträgern bei der Lufttemperatur von 25,2°. (Nach LONGRÉE, 1938.)

Relative Feuchtigkeit %	Keimung %
99,0	97,8
98,0	90,4
96,9	98,4
94,9	2,8

Tabelle 2

Der Einfluß der Luftfeuchtigkeit auf die Keimung der Konidien des Rosenmehltaues, *Sphaerotheca pannosa* (Wallr.) Lév., auf abgetrennten Blättern der Rosensorte Excelsa bei der Lufttemperatur von 21,0°. (Nach LONGRÉE, 1938.)

Relative Feuchtigkeit %	Keimung %
98–95	99,2
93–91	87,5
89–85	82,0
79–76	68,0
51–48	50,3
30–28	53,5
24–22	37,5

Cladosporium fulvum Cke., der Erreger der lästigen Braunfleckenkrankheit der Tomaten, keimt bei einer relativen Feuchtigkeit von 90% noch reichlich. Bei der Lufttemperatur von 18° darf deshalb, wenn man in Gewächshäusern die Krankheit indirekt durch eine Regulation der Luftfeuchtigkeit bekämpfen will, die Luftfeuchtigkeit nicht über 80% betragen, bei der Lufttemperatur von 22° nicht über 70% (SMALL, 1930). Dies ist sehr kostspielig; denn die Luftfeuchtigkeit läßt sich in Gewächshäusern nur mit großen Wärmeverlusten niedrig halten.

Die meisten chthonogenen Infekte verhalten sich ähnlich wie jene aerogenen Erreger, welche tropfbar flüssiges Wasser meiden. Ein zu hoher Wassergehalt des Bodens ist für die meisten vom Erdboden her eindringenden pathogenen Mikroorganismen eher schädlich, weil er ihre Sauerstoffversorgung erschwert, saprophytische Konkurrenten begünstigt und die Entwicklung des Wirtes beschleunigt; ein zu niedriger Wassergehalt verzögert oder verunmöglicht anderseits ihre eigene Keimung; der Steinbrand des Weizens liefert einen Befall von 55,3%, wenn der Boden normal feucht ist (40% der Wasserkapazität), 10,7% Befall in sehr feuchtem (80%) und 22,3% in sehr trockenem (20%) Boden (Rabien, 1927). Die Feuchtigkeitsansprüche verteilen sich somit bei den chthonogenen Infekten über eine bilaterale Kurve mit einem Minimum, einem Optimum und einem Maximum.

2. Der Einfluß der Umwelttemperatur auf den Gang der Infektion

Die Bedeutung der Umwelttemperatur für das Gelingen der Infektion tritt in der Pflanzenpathologie hinter dem Feuchtigkeitsfaktor weit zurück. Während

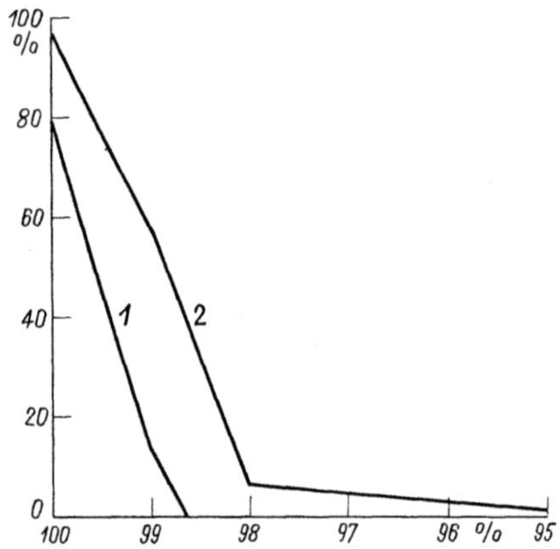

Abb. 35

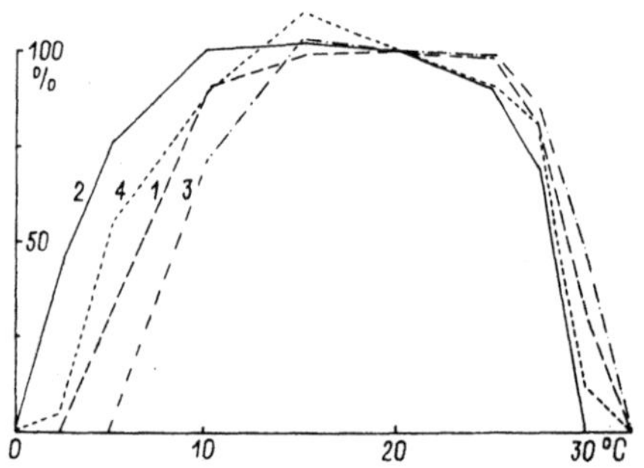

Abb. 36

Abb. 35. Der Einfluß der Luftfeuchtigkeit auf die Keimungshäufigkeit der Konidien von *Endostigme inaequalis* (Cke.) Syd., dem Erreger des Apfelschorfes (Kurve 1; Keimung in Wasser 96%) und der Uredosporen der *Puccinia graminis tritici* E. et H., des Schwarzrostes des Weizens (Kurve 2; Keimung in Wasser 99%). Abszisse: Relative Luftfeuchtigkeit. Ordinate: Keimungshäufigkeit auf Glas bei 20°C innerhalb 24 Stunden. (Nach Clayton, 1942.)

Abb. 36. Der Einfluß der Lufttemperatur auf die Keimungshäufigkeit der Uredosporen einiger Getreideroste. (Nach Stock, 1931.)
Kurve 1: *Puccinia triticina* Erikss., Braunrost des Weizens.
Kurve 2: *Puccinia dispersa* Erikss., Braunrost des Roggens.
Kurve 3: *Puccinia lolii avenae* Erikss., Kronenrost des Hafers.
Kurve 4: *Puccinia graminis tritici* Erikss., Schwarzrost des Weizens.

dieser die unerläßliche Vorbedingung bildet, wirkt die Temperatur bloß differenzierend, beschleunigend oder verzögernd.

Die Angaben der Literatur über die Lage der thermischen Kardinalpunkte (Minimum, Optimum, Maximum) widersprechen sich gelegentlich, weil mit Sporenmaterial von ungleichem Alter gearbeitet wurde. Junge, lebensstarke Sporen besitzen in der Regel die größte Keimkraft und werden dementsprechend durch die Keimungstemperatur wenig beeinflußt; deshalb verläuft zum Beispiel in Abb. 39 die Kurve I sehr flach. Ältere Sporen büßen dagegen allmählich ihre Vitalität und damit ihre Lebensselbständigkeit ein und sprechen dann auf die Umweltbedingungen stärker an (Abb. 39, Kurve II).

Es handelt sich also bei den experimentell gewonnenen Temperaturkurven, wie bei den Feuchtigkeitskurven, nicht um absolute Werte, sondern die Ergebnisse gelten bis zu einem gewissen Grade wiederum nur für die Bedingungen, unter denen sie gewonnen wurden.

Sodann ist zu beachten, daß unser «Maximum» nur die thermische Keimungs- bzw. Wachstumsgrenze, nicht die thermische Tötungsgrenze darstellt. Diese dürfte bei den pflanzenpathogenen Bakterien ähnlich liegen wie bei den saprophytischen und humanpathogenen Bakterien. Bei den pflanzenpathogenen Pilzen ist sie dagegen noch wenig untersucht worden, weil eine thermische Abtötung von Sporen (thermische Desinfektion, «Sterilisation») in der Pflanzenpathologie kaum in Frage kommt; nur intramatrikale Myzelien werden auf diesem Wege unschädlich gemacht (Warmwasser- bzw. Heißluftbeize).

Die Umwelttemperatur wirkt sich im Gang der Infektion nach drei Richtungen aus, auf die Keimungshäufigkeit der Sporen, auf die Keimungsgeschwindigkeit der Sporen und auf die Wachstumsgeschwindigkeit der Keimschläuche. Ihr Einfluß auf die Vitalität und Aggressivität der Erreger wird uns dagegen erst im 3. Kapitel (Die parasitische Eignung der Erreger) beschäftigen.

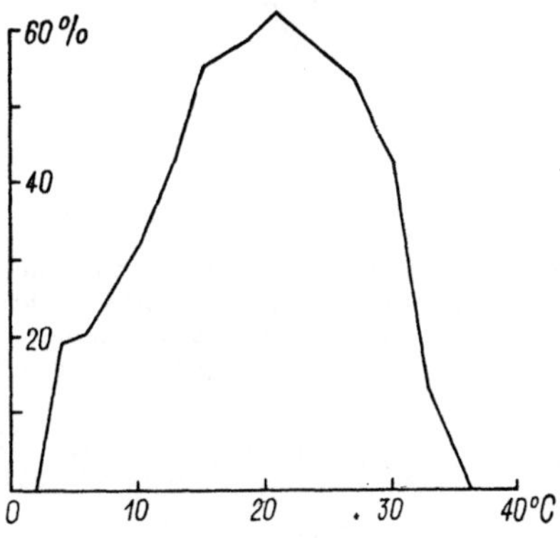

Abb. 37

Der Einfluß der Lufttemperatur auf die Keimungshäufigkeit der Oidien des echten Mehltaues der Rosen, *Sphaerotheca pannosa* (Wallr.) Lév. Dauer der Keimungsversuche 48 bzw. 96 Stunden. (Nach LONGRÉE, 1938.)

Der Einfluß der Umwelttemperatur auf die Keimungshäufigkeit der Sporen ist sehr unterschiedlich. Die Konidien von *Clasterosporium carpophilum* (Abb. 29) sind thermisch indolent, euryözisch, und keimen in einem breiten Band zwischen 9 und 27° zu 90–96%; erst in der Nähe des Minimums und des Maximums fallen die Keimprozente steil ab. Auch die Uredosporen der Getreideroste sprechen auf die Keimungstemperatur nur wenig an (Abb. 36); immerhin liegt das Optimum beim Kronenrost des Hafers deutlich höher als zum Beispiel beim Braunrost des Weizens.

Die Keimungshäufigkeit der Oidien des echten Mehltaues der Rosen, *Sphaerotheca pannosa* (Wallr.) Lév., reagiert dagegen auf die Lufttemperatur recht empfindlich (Abb. 37) und besitzt ein Minimum bei 3°, ein Optimum zwischen 18 und 24° (mit einem ausgeprägten Gipfel über 21°) und ein Maximum bei 36°.

Im Gegensatz zur Keimungshäufigkeit spricht die Keimungsgeschwindigkeit der Sporen wohl bei sämtlichen pflanzenpathogenen Pilzen stark auf die Umwelttemperatur an. Das Minimum liegt im allgemeinen bei etwa 1–2°, das

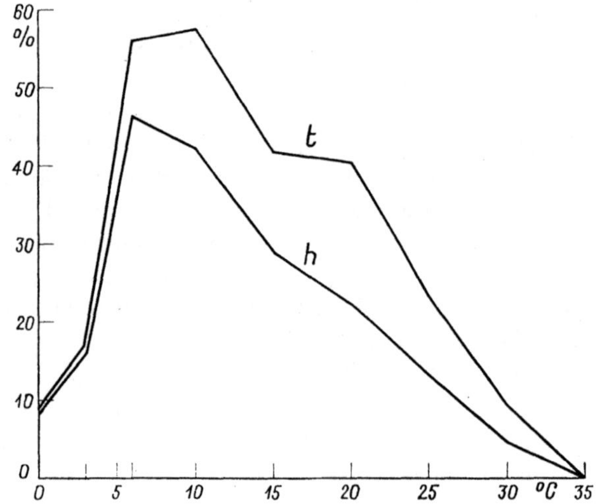

Abb. 38

Der Einfluß der Lufttemperatur auf die Keimungsgeschwindigkeit der Konidien der *Erysiphe graminis* DC., von Weizen (Kurve *t*) und von Gerste (Kurve *h*). Abszisse: Versuchstemperatur. Ordinate: Anzahl Konidien, die in feuchtigkeitsgesättigter Luft innerhalb 24 Stunden gekeimt haben. (Nach CHEREWICK, 1944.)

Abb. 39

Der Einfluß der Lufttemperatur auf die Keimungsgeschwindigkeit der Konidien des falschen Mehltaues des Hopfens, *Pseudoperonospora humuli* (Miy. et Tak.) Wils. Kurve I: Konidien, die unmittelbar nach ihrer Abschnürung geerntet und zum Keimen angesetzt wurden. Kurve II: Konidien, die nach der Abschnürung 5 Tage trocken aufbewahrt wurden. Abszisse: Keimungstemperatur. Ordinate: Für die Schwärmerbildung benötigte Zeit in Stunden. (Nach ZATTLER, 1931.)

Maximum bei etwa 30–36°. Das Optimum ist dagegen bei den verschiedenen Arten in oft charakteristischer Weise verschieden. Dies sei an einem Beispiel des echten und an drei Beispielen des falschen Mehltaues kurz besprochen.

Der echte Mehltau der Getreide, *Erysiphe graminis* DC., ist für die Keimungsgeschwindigkeit seiner Konidien ausgesprochen kälteliebend und besitzt ein Optimum bei 6–10° C (Abb. 38).

Auch der falsche Mehltau des Hopfens, *Pseudoperonospora humuli* (Miy. et Tak.) Wils., ist noch verhältnismäßig kühleliebend; seine Konidien keimen immerhin mit optimaler Geschwindigkeit erst bei 17–18° (Abb. 39); sie keimen aber noch zwischen 0 und 1,5°; nur brauchen sie hier rund 20 Stunden gegenüber 2–3 Stunden im Bereich des Optimums; dafür sind anderseits die Zoosporen bei tiefen Temperaturen länger lebensfähig als bei hohen (Abb. 40). Die obere Grenze für die Keimung der Konidien und für das Schwärmen der Zoosporen (rund 30°) liegt erheblich unter der Lufttemperatur, die an warmen Sommertagen im Innern der Hopfengärten herrscht; der Erreger kann deshalb wohl taufeuchte Nächte, aber nicht schwüle Gewittertage optimal ausnützen;

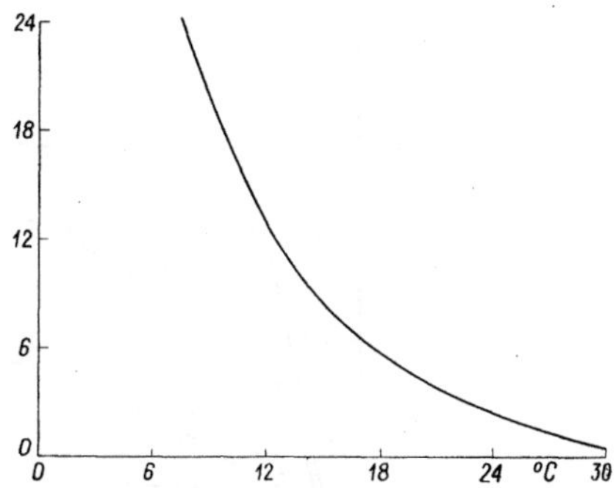

Abb. 40

Der Einfluß der Lufttemperatur auf die Dauer der Beweglichkeit der Zoosporen der *Pseudoperonospora humuli*. Ordinate: Zeit in Stunden. (Nach ZATTLER, 1931.)

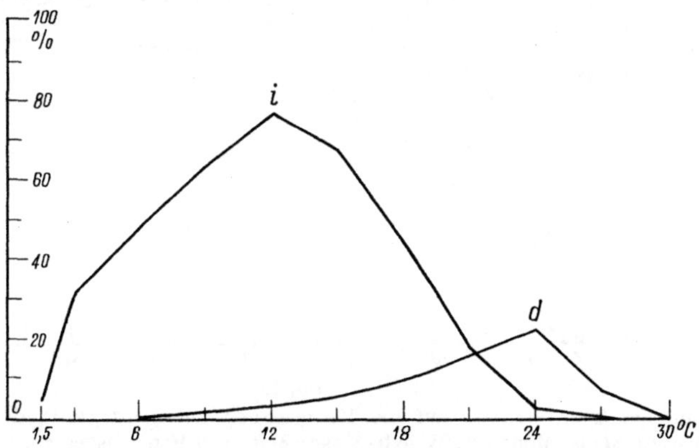

Abb. 41

Der Einfluß der Temperatur auf die Art der Keimung der Sporangien (Konidien) der *Phytophthora infestans* (Mont.) de By. *i* Indirekte Keimung mittels Zoosporen. *d* Direkte Keimung mit Keimschlauch. Abszisse: Keimungstemperatur. Ordinate: % Keimung nach 50 Stunden. (Nach CROSIER, 1934.)

die Kardinalpunkte für die Infektion decken sich denn auch im wesentlichen mit den Kardinalpunkten für die Keimung, ausgenommen beim Minimum, das für die Infektion bei etwa 4° liegt.

Komplizierter liegen die Verhältnisse beim falschen Mehltau der Kartoffeln, *Phytophthora infestans*, weil hier die Sporangien (Konidien) je nach der Keimungstemperatur indirekt mit Zoosporen oder direkt mit einem Keimschlauch keimen (Abb. 41). Die indirekte Keimung erfolgt nicht nur häufiger, sondern auch viel rascher als die direkte; sie ist kühleliebend; bei

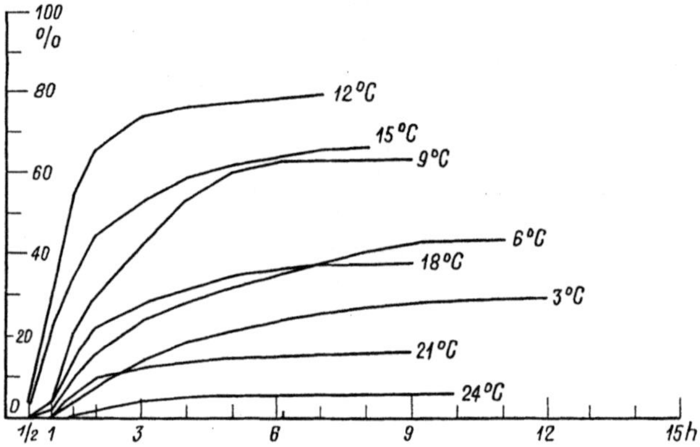

Abb. 42

Der Einfluß der Temperatur auf die Keimungsgeschwindigkeit der Sporangien (Konidien) der *Phytophthora infestans* (Mont.) deBy. bei indirekter Keimung (Zoosporenbildung). Abszisse: Zeit nach Versuchsbeginn. Ordinate: Zahl der Sporangien, die bei der betr. Temperatur schon Zoosporen gebildet haben. (Nach CROSIER, 1934.)

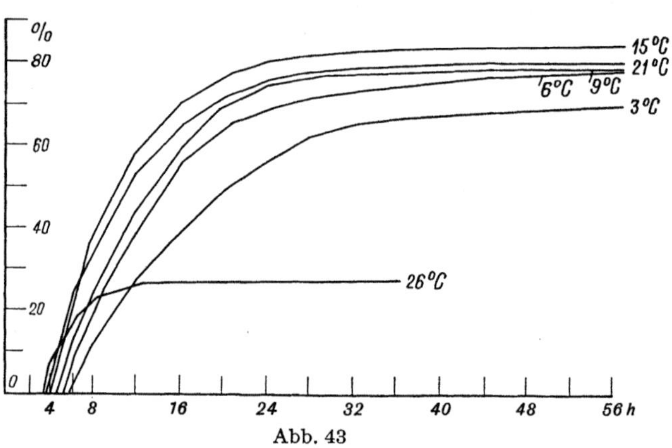

Abb. 43

Der Einfluß der Temperatur auf die Keimungsgeschwindigkeit der Zoosporen der *Phytophthora infestans* (Mont.) deBy. Abszisse: Zeit nach Versuchsbeginn, bei welchem die Zoosporen zu den verschiedenen Temperaturen gebracht wurden. Ordinate: Zahl der Zoosporen, die sich mit einer Zellwand umgeben und einen Keimschlauch gebildet haben. (Nach CROSIER, 1934.)

12°C, also in kühlen Sommernächten, sind schon nach drei Stunden rund 75% der Sporangien gekeimt (Abb. 42); die Zoosporen schwärmen, wie bei der *Pseudoperonospora humuli*, bei niedern Temperaturen länger als bei höhern; ihre Keimung ist dagegen temperaturindifferent und verläuft zwischen 3 und 21° ungefähr gleich rasch (Abb. 43); dementsprechend ist auch die Infektionshäufigkeit auf dem Laubwerk der Kartoffeln bei den Lufttemperaturen zwischen 10 und 25° ungefähr gleich groß. Die direkte Keimung mittels Keimschlauch ist ihrerseits ausgesprochen wärmeliebend mit einem Optimum bei 24°; sie verläuft langsam; nach 24 Stunden haben auch bei der optimalen Temperatur erst etwa 18% der Sporangien einen Keimschlauch gebildet (Abb. 44).

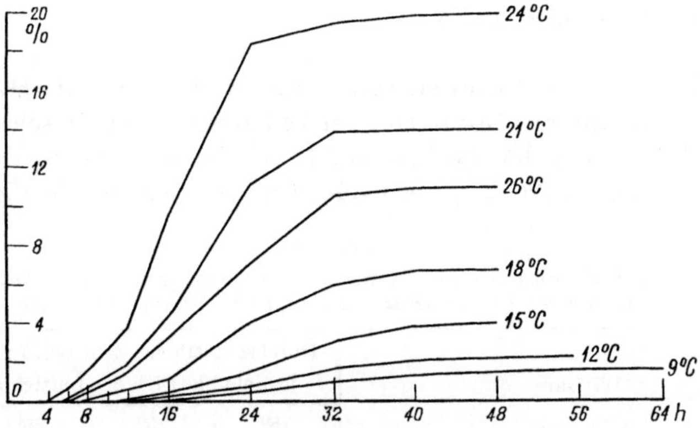

Abb. 44

Der Einfluß der Temperatur auf die Keimungsgeschwindigkeit der Sporangien (Konidien) der *Phytophthora infestans* (Mont.) deBy. bei direkter Keimung (mittels Keimschlauch). Abszisse: Zeit nach Versuchsbeginn. Ordinate: Zahl der Sporangien (Konidien), die bei der betr. Temperatur schon einen Keimschlauch gebildet haben. (Nach CROSIER, 1934.)

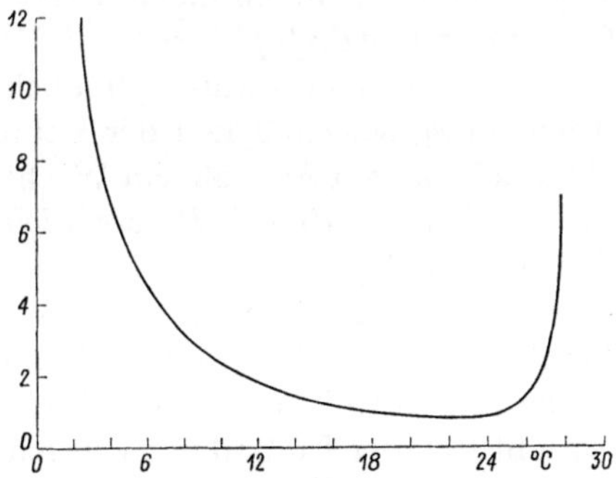

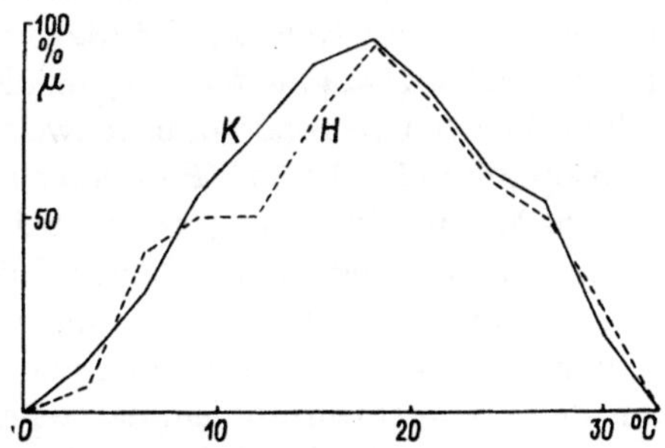

Abb. 45 Abb. 46

Abb. 45. Der Einfluß der Lufttemperatur auf die Keimungsgeschwindigkeit der Konidien (Zoosporangien) des falschen Mehltaues der Reben, *Plasmopara viticola*. Ordinate: Benötigte Zeit in Stunden. (Nach MÜLLER und SLEUMER, 1934, und MAIER, 1941.)

Abb. 46. Der Einfluß der Lufttemperatur auf die Keimungshäufigkeit der Konidien (Kurve *K*) und auf die Wachstumsgeschwindigkeit der Keimschläuche (Länge in μ nach 5 Tagen; Kurve *H*) bei *Diplocarpon rosae* (Lib.) Wolf, dem Erreger des Sternrußtaues der Rosen. (Nach FRICK, 1943.)

Ebenfalls thermophil ist endlich der falsche Mehltau der Reben, *Plasmopara viticola*; er besitzt ein Optimum zwischen 16 und 24° und in Abb. 45 ein Maximum, nach einer scharfen Umbiegung, bei 28°. Doch ist dies nur der obere

Grenzwert für die Zoosporenbildung; bei 30° ist noch direkte Keimung der Konidien mit Keimschlauch möglich, ein Keimungsmodus, der bei den Lufttemperaturen unter 25° praktisch keine Rolle spielt. Auch beim falschen Mehltau der Reben sind die Zoosporen bei niedern Temperaturen länger lebensfähig; so schwärmen sie bei 6–7° während 20–28 Stunden, bei 15° 10–16 Stunden, bei 20–22° 4–10 Stunden, bei 27° 2–3 Stunden und bei 32° bloß noch 15–60 Minuten (ARENS, 1929).

Auch der Einfluß der Umwelttemperatur auf die Wachstumsgeschwindigkeit der Keimschläuche ist zum Teil artspezifisch verschieden. Im allgemeinen decken sich die Kardinalpunkte für die Wachstumsgeschwindigkeit der Keimschläuche in großen Zügen mit denjenigen für die Keimungs-

Tabelle 3

Der Einfluß der Lufttemperatur auf die Befallshäufigkeit dreier *Triticum*-Arten bei Infektion durch Uredosporen der *Puccinia graminis tritici* Biotyp III. (Nach PELTIER, 1923.)

Wirtsart	Durchschnittliche Zahl der Infektionsstellen je Keimblatt bei der Lufttemperatur von			
	15°	20°	25°	30°
Triticum vulgare Vill., Sorte Little Club	5—10	5—25	25—50	1—10
Triticum monococcum L.	5—25	10—25	über 50	1—10
Triticum dicoccum Schrank.	5—10	10—25	über 50	1—10

häufigkeit der Sporen (Abb. 46). Doch bestehen gelegentlich kleine Diskrepanzen; so ist das Hyphenwachstum von *Clasterosporium carpophilum* (Abb. 31), im Gegensatz zur Keimungshäufigkeit (Abb. 29), sehr temperaturempfindlich; ferner besitzt *Puccinia dispersa* für die Wachstumsgeschwindigkeit der Keimschläuche der Uredosporen, in teilweiser Abweichung von Abb. 36, ein Wachstumsoptimum bei 10–15°, *Puccinia triticina* ebenfalls bei 10–15°, *Puccinia lolii* bei 15–20° und *Puccinia graminis* bei 20° (STOCK, 1931).

Da die drei hier besprochenen Faktorengruppen, die Keimungshäufigkeit und -geschwindigkeit der Sporen und die Wachstumsgeschwindigkeit der Keimschläuche, unter sich divergieren und überdies nur einen kleinen Ausschnitt aus dem Temperaturproblem darstellen, so läßt sich der Einfluß der Umwelttemperatur auf den Infektionserfolg nicht voraussagen, sondern er muß von Fall zu Fall experimentell festgelegt werden; in Tabelle 3 liegt zum Beispiel das Infektionsoptimum für den Weizenschwarzrost, im Gegensatz zu Abb. 36, scharf ausgeprägt bei der Lufttemperatur von 25°.

3. Der Einfluß des Lichtes auf den Gang der Infektion

Der Einfluß des diffusen Tageslichtes (nicht der direkten Sonnenbestrahlung) auf die Keimung der Sporen und das erste Wachstum der Keimschläuche ist, wie bei der Samenkeimung der Phanerogamen, unterschiedlich. Die Oosporen von *Plasmopara viticola*, dem falschen Mehltau der Reben

(ARENS, 1929), die Konidien des *Colletotrichum Lindemuthianum* (Sacc. et Magn.) Bri. et Cav., dem Erreger der Brennfleckenkrankheit der Bohnen (LAURITZEN, 1919), und die Uredosporen der *Puccinia dispersa, triticina* und *lolii* (STOCK, 1931) keimen in Licht und Dunkelheit gleich gut; sie sind also lichtunempfindlich.

Tabelle 4

Der Einfluß der Helligkeit auf die Keimung der Brandsporen der *Tilletia tritici* (Bjerk.) Wint., dem Erreger des Weizensteinbrandes. (Nach HAHNE, 1925.)

Nach Tagen	sehr hell %	hell %	halbdunkel %	dunkel %
3	4	0	0	0
5	61	30	0	0
12	92	81	10	8
17	92	84	35	20

Tabelle 5

Der Einfluß von Dunkelheit und Licht auf die Keimung der Konidien der *Erysiphe graminis* DC. in feuchtigkeitsgesättigter Luft. (Nach CHEREWICK, 1944.)

Keimungstemperatur °C	Keimungshäufigkeit			
	Weizenmehltau		Gerstenmehltau	
	Dunkelheit %	Licht %	Dunkelheit %	Licht %
10	63	77	41	46
15	51	64	28	39
20	31	45	21	26
25	28	39	25	22
30	11	5	6	2
35	1	Spuren	Spuren	Spuren

Die Uredosporen des Weizenschwarzrostes, *Puccinia graminis tritici*, werden dagegen durch das Tageslicht deutlich gehemmt (DILLON WESTON, 1932) und keimen reichlicher und rascher im Dunkeln; anderseits wird die Keimung der Brandsporen des Weizensteinbrandes (Tabelle 4) und in geringerem Maße auch der Konidien des Getreidemehltaues (Tabelle 5) durch das Tageslicht stimuliert («fakultative Lichtkeimer»), was bei der Prüfung von Pflanzenschutzmitteln zu berücksichtigen ist.

4. Der Einfluß der Reaktion der Keimungslösung auf den Gang der Infektion

Da der auf den Laubblättern liegende Infektionstropfen im allgemeinen schwach alkalisch reagiert (Seite 17), so würde man in diesem Reaktionsbereich ein Keimungsoptimum der Erreger erwarten; doch sind die Sporen der parasitischen Pilze gegenüber den H- und OH-Ionen auffallend indifferent, sofern man sie auf natürlichen Substraten mit entsprechenden Puffersystemen keimen läßt; denn die Ionenwirkung hängt stark von der Zusammensetzung des Substrates ab. In Abb. 47 keimen zum Beispiel die Uredosporen von vier Getreiderosten optimal in einem breiten Band zwischen pH 4,6 und etwa 7,5; sie ziehen also immerhin eine schwach saure Reaktion vor.

Eine Ausnahme bildet *Ustilago zeae*, der Maisbrand, freilich nicht aus Gründen der Keimung der Brandsporen, sondern wegen der Kopulation der Sporidien (siehe 3. Kap., § 2, Abschnitt 3); diese ist eng an eine Reaktion von

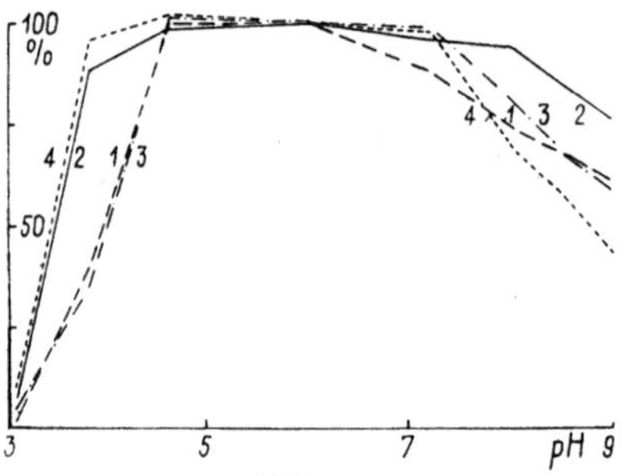

Abb. 47

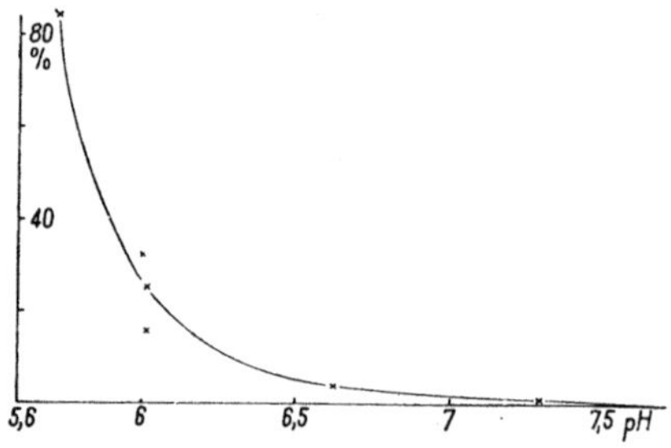

Abb. 48

Abb. 47. Der Einfluß der Wasserstoffionenkonzentration des Substrates auf die Keimungshäufigkeit der Uredosporen einiger Getreideroste. Kurve 1: *Puccinia triticina* Erikss. Kurve 2: *Puccinia dispersa* Erikss. Kurve 3: *Puccinia lolii avenae* Erikss. Kurve 4: *Puccinia graminis tritici* Erikss. (Nach STOCK, 1931).

Abb. 48. Der Einfluß der Bodenreaktion auf das Auftreten der Kohlhernie (*Plasmodiophora brassicae* Wor.). Abszisse: Wasserstoffionenkonzentration. Ordinate: % erkrankte Pflanzen. (Nach CHUPP, 1928.)

pH 7,2–7,5, wie sie an den pflanzlichen Oberflächen wohl stets besteht, gebunden (SLEUMER, 1932). Nur in diesem Reaktionsbereich kann deshalb unter natürlichen Verhältnissen eine Infektion erfolgen.

Empfindlicher als die von einer Zellulosewand umgebenen Sporen und Keimschläuche sprechen nackte Zellen, insbesondere Zoosporen, auf die Azidität der Keimungslösung an; so sinkt in Abb. 48 die Infektionshäufigkeit bei der Kohlhernie (Abb. 216), verursacht durch *Plasmodiophora brassicae* Wor., in dem engen Bereich zwischen pH 5,7 und 6,2 steil von 100 auf 20% hinab. Eine stark alkalische Bodenreaktion (pH 7,8) verhindert das Schwärmen der Zoosporen vollkommen; deshalb kann die Krankheit durch eine starke Kalkung des Pflanzlandes bekämpft werden: die Zoosporen gehen dann unmittelbar nach dem Auskeimen zugrunde, und die Infektion unterbleibt.

§ 3. Infektionszeit, Inkubationszeit, Fruktifikationszeit

Die pflanzliche Infektionslehre mißt den zeitlichen Ablauf des Parasit-Wirt-Verhältnisses an Hand der Infektionszeit, der Inkubationszeit und der Fruktifikationszeit.

Die Infektionszeit ist das Zeitmaß für das Zustandekommen des parasitischen Verhältnisses. Sie umfaßt die Zeitspanne vom Beginn der Keimung des Erregers bis zum Abschluß der Infektion, d.h. bis die Infektion derart haftet (Seite 23), daß auch eine Änderung der Umweltbedingungen oder eine Desinfektionsmaßnahme sie nicht mehr unterbrechen kann.

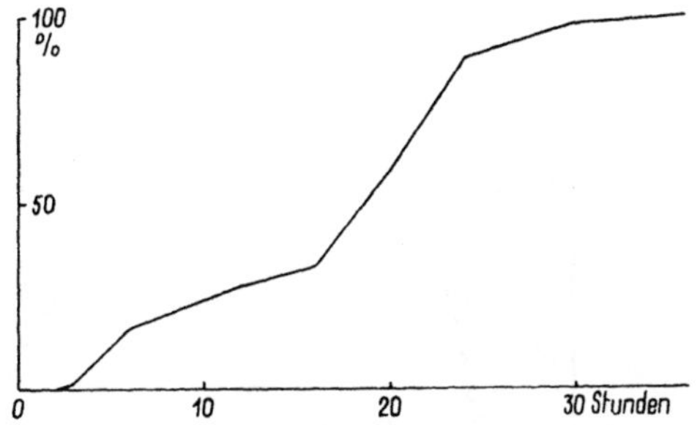

Abb. 49

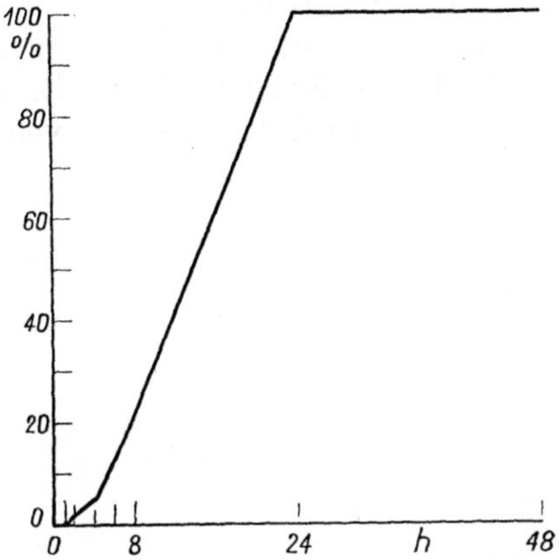

Abb. 50

Abb. 49. Die Dauer der Infektionszeit beim Schwarzrost des Weizens, *Puccinia graminis tritici* Erikss. Biotyp XXI, auf der Weizensorte Little Club bei der Lufttemperatur von rund 24°. Erklärung im Text. (Nach PELTIER, 1925.)

Abb. 50. Die Dauer der Infektionszeit beim Maisrost, *Puccinia sorghi* Schw. Abszisse: Zeit, nach welcher die Blätter scharf abgetrocknet wurden. Ordinate: Zahl der Infektionsstellen (500 Infektionsstellen je Keimpflanze = 100%). Orig. (Nach H. KOBEL.)

Sie stellt, wie die thermische Tötungsgrenze (Seite 38), nicht einen Punkt dar, sondern einen Schwankungsbereich: im Anfang, wenn die Keimungs- und Entwicklungsbedingungen des Erregers erst seit kurzer Zeit realisiert sind, haften nur wenige Infektionen, nämlich nur die schnellsten unter ihnen; wird dem Erreger mehr Zeit gelassen, gelingen deren immer mehr und schließlich im idealen Falle 100%. In Abb. 49 wurden die Laubblätter von sieben Tage alten Keimpflanzen mit einer Uredosporensuspension besprüht und sodann in bestimmten Intervallen (Abszisse) scharf abgetrocknet. Die Ordinate gibt die Zahl der infizierten Pflanzen wieder. Es tritt kein Befall ein, wenn die Infektionstropfen 1 oder 2 Stunden nach Versuchsbeginn eliminiert werden, 1,7%, wenn das Abtrocknen 3 Stunden nach Versuchsbeginn erfolgt, 28% nach 12 Stunden, 59% nach 20 Stunden, 89% nach 24 Stunden und 100% nach 36 Stunden. Eine Uredospore des Schwarzrostes des Weizens kann somit innerhalb 3 Stunden keimen und mit den Wirtszellen in ein derart stabiles Verhältnis treten, daß ein Wechsel der äußern Bedingungen den Infektionsvorgang nicht mehr unter allen Umständen unterbricht (1,7% Befall); die minimale Infektionszeit beträgt also unter den geprüften Bedingungen 3 Stunden. Für einen 100%igen Befall sind dagegen 36 Stunden notwendig.

Dieselben minimalen Infektionszeiten (etwa 2 Stunden) bestehen beim Maisrost (Abb. 50) und beim falschen Mehltau der Reben und der Kartoffeln (*Plasmopara viticola* und *Phytophthora infestans*). Beim später zu besprechenden Flugbrand des Weizens geht dagegen der eigentlichen Infektion eine komplizierte Überbrückungsinfektion voraus, so daß die erstere frühestens 4 Wochen nach dem Auskeimen der Brandsporen zum Haften kommt.

Diese Zeitspannen gelten nur für die Bedingungen, unter denen sie gewonnen wurden, also im vorliegenden Falle für optimale Keimungs- und Infektionsbedingungen. Wenn dagegen in Abb. 45 die Konidien der *Plasmopara viticola* bei der Lufttemperatur von 5⁰ allein schon für ihre Keimung 6 Stunden

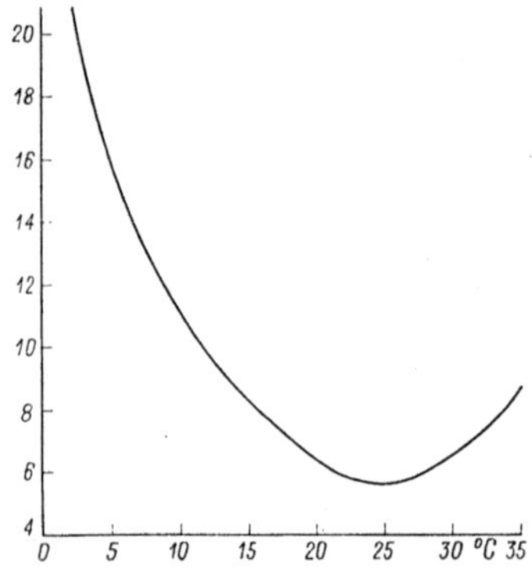

Abb. 51

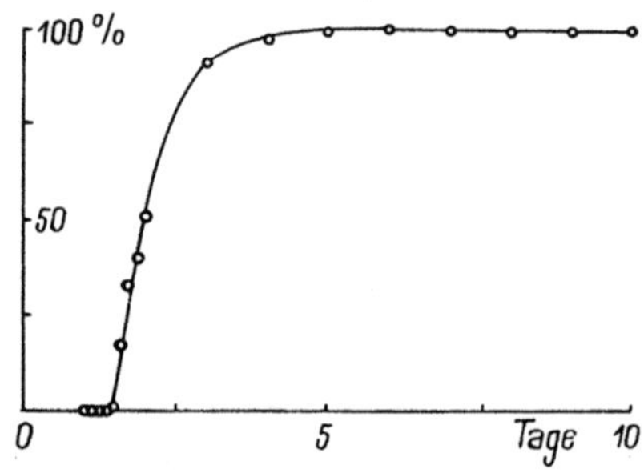

Abb. 52

Abb. 51. Der Einfluß der Lufttemperatur auf die Dauer der Inkubationszeit beim Weizenbraunrost, *Puccinia triticina*. Abszisse: Lufttemperatur. Ordinate: Inkubationszeit in Tagen bei mittlerer Luftfeuchtigkeit. Bei 35⁰ abortieren die Infektionen. (Nach NAUMOVA aus CHESTER, 1946.)

Abb. 52. Die Inkubationszeit des Tabakmosaikvirus auf *Nicotiana glutinosa* L. bei der Lufttemperatur von rund 24⁰. Abszisse: Tage nach der Infektion. Ordinate: Zahl der Läsionen. (Nach HOLMES, 1932.)

benötigen, so wird der gesamte Infektionsvorgang nicht vor 9 Stunden zu Ende sein; die minimale Infektionszeit dürfte demnach bei der Lufttemperatur von 5⁰ etwa 9 Stunden betragen, das sind rund viermal mehr als beim Temperaturoptimum.

Das zweitgenannte Zeitmaß, die Inkubationszeit, ist ein Maßstab für den Verlauf des parasitischen Verhältnisses, und zwar betrachtet sie ihn vom Standpunkt des Wirtes aus. Sie umfaßt die Zeitspanne zwischen dem Beginn der Infektion (das ist der beginnenden Keimung des Erregers) und der Überschreitung des pathogenen Schwellenwertes, die ihrerseits zu einem Manifestwerden der Erkrankung führt. Während dieses symptomlosen Intervalls erfolgt im Organismus jene physiologische Umstimmung, die hernach im Krankheitsbild zum Ausdruck kommt. Die Inkubation bereitet somit die Erkrankung vor. Nach Ablauf der Inkubationszeit hat sich der

Erreger durchgesetzt, und der Wirt beginnt für uns Menschen wahrnehmbare Zeichen einer funktionellen Störung zu zeigen: es treten die ersten klinischen Erscheinungen auf (Inkubation = Ausbrütung). Während der Inkubation besteht in der Regel keine Ansteckungsfähigkeit (Gesetz von der Gebundenheit des Infektes während der Inkubation).

Die Länge der Inkubation wird, wie die Infektions- und die Fruktifikationszeit, durch die Umwelt, zum Beispiel durch die Lufttemperatur (Abb. 51) beeinflußt, schwankt jedoch bei den meisten pflanzlichen Infektionskrankheiten innerhalb bestimmter, charakteristischer Grenzen; sie beträgt in der Regel 10–14 Tage. Bei der Tabaknekrose (Abb. 104) genügen schon 18 Stunden (Price, 1938), beim Tabakmosaik (Abb. 52) 1–2 Tage, beim echten Mehltau der Getreide, *Erysiphe graminis*, 5–7 Tage; die Nadelschütte der Kiefern braucht dagegen, um manifeste Symptome auszulösen, 2–3 Monate und der Erreger des Weißtannenhexenbesens (Abb. 350) rund 4 Monate.

In der Regel entspricht das Manifestwerden der Erkrankung, das die Inkubation abschließt, zeitlich nicht einem Punkt, sondern einem Streuungsband, während dessen Ablauf die Zahl der Erkrankungsstellen (Abb. 52) und die Ausprägung in der Schwere der Krankheitssymptome dauernd zunimmt; gegebenenfalls muß somit definiert werden, was unter «Beginn der Erkrankung» verstanden sein soll.

Bei einer Reihe von pflanzlichen Infektionskrankheiten, insbesondere von Mykosen, läßt sich jedoch der Begriff der «Inkubationszeit» überhaupt nur schwer verwenden. Die Humanmedizin (von der er herstammt) stellt häufig auf Störungen im Allgemeinbefinden (Unwohlsein) oder auf subjektive Wahrnehmungen (Schmerz) oder auf unspezifische Allgemeinreaktionen (Fieber) ab. Diese Möglichkeiten fehlen der Pflanzenpathologie. Stein- oder flugbrandkranke Weizenpflanzen sind zeitlebens infiziert und sind auch monatelang krank, zeigen erhöhte Atmung, gestörten Eiweiß-Stoffwechsel usw. Da aber der Botaniker, im Gegensatz zu den Medizinern, nicht von einem subjektiven Befund ausgehen kann: wann sich die Pflanzen krank zu fühlen beginnen, so vermag er bei Stein- und Flugbrand das Ende der Inkubationszeit und den Beginn der eigentlichen Erkrankung nicht zu fixieren.

In derartigen Fällen pflegt der Pflanzenpathologe das Verhalten des Erregers heranzuziehen. Dies geschieht mit dem drittgenannten Zeitmaß, der Fruktifikationszeit.

Die Fruktifikationszeit ist, wie die Inkubationszeit, ein Maßstab für den Verlauf des parasitischen Verhältnisses; nur betrachtet sie ihn vom Standpunkte des Erregers aus. Sie umfaßt die Zeitspanne zwischen dem Beginn der Infektion und dem Erscheinen der ersten Fruktifikationen des Erregers, d.h. vom Beginn der Infektion bis zu dem Augenblick, da der Wirt und die Umweltbedingungen dem Erreger die Fortpflanzung gestatten. Parasitologisch besitzt deshalb die Fruktifikationszeit einen völlig andern Charakter als die Inkubationszeit. War der Erreger während der Inkubation im

Wirte gefangen, so tritt er zu Beginn der Fruktifikation mit seinen Fortpflanzungsorganen meist ins Freie und beginnt zu streuen.

Das zeitliche Verhältnis von Inkubations- und Fruktifikationszeit ist bei den verschiedenen pflanzlichen Infektionskrankheiten verschieden. In seltenen Ausnahmen ist die letztere kürzer als die erstere; so brechen unter optimalen Temperatur- und Feuchtigkeitsbedingungen die Konidienträgerrasen des falschen Mehltaues, *Peronospora brassicae* Gm., auf der Unterseite der Kotyledonen der Kohlkeimlinge hervor, ehe anderweitig sichere Krankheitssymptome zu erkennen sind; diese folgen erst nach. Ähnliches geschieht beim falschen Mehltau des Goldlacks, *Cheiranthus Cheiri* L. (*Peronospora cheiranthi* Gm.).

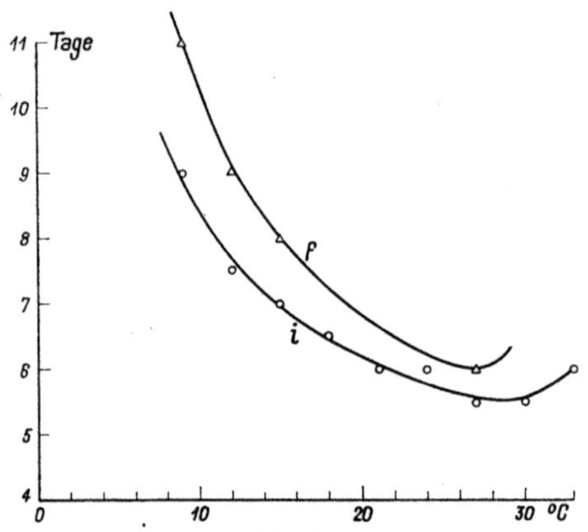

Abb. 53

Die Zeitspanne zwischen Inkubationszeit und Fruktifikationszeit beim Maisrost, *Puccinia sorghi* Schw. Abszisse: Versuchstemperatur. Ordinate: Anzahl Tage, nach welchen die ersten chlorotischen Flecken (Inkubationszeit; Kurve *i*) oder die ersten Uredolager auftreten (Fruktifikationszeit; Kurve *f*). Orig. (Nach H. Kobel.)

In der Regel fruktifiziert jedoch der Erreger erst nach der Inkubation, also nach dem Auftreten der Krankheitssymptome, und zwar in einem für die verschiedenen Krankheiten meist charakteristischen zeitlichen Abstand. Beim oben genannten echten Mehltau der Getreide beträgt unter optimalen Außenbedingungen die Phasenverschiebung zwischen der Gelbfärbung der Blattgewebe und dem Hervorbrechen der Oidien nur einen Tag. Beim falschen Mehltau der Reben, *Plasmopara viticola*, liegt zwischen dem Ende der Inkubationszeit (gekennzeichnet durch das Auftreten der «Ölflecken», das ist der chlorotischen Primärsymptome auf den Laubblättern) und dem Beginn der Fruktifikation (dem Hervorbrechen der Konidienträgerrasen auf der Unterseite der erkrankten Blattgewebe) unter optimalen Bedingungen ein Intervall von 1–2 Tagen; dies ist der letzte Zeitpunkt für das Bespritzen der Reben, wenn man den Erreger abfangen will. Auch bei den Getreiderosten verspätet sich die Fruktifikationszeit (das Aufbrechen der Uredolager) gegenüber der Inkubationszeit (dem Auftreten der anfänglich chlorotischen, später gelben und hernach braunen Verfärbungen der infizierten Gewebe) meist um 1–2 Tage (Abb. 53).

Bei andern Mykosen ist dagegen die Phasenverschiebung erheblich größer. Bei der Nadelschütte der Kiefern (*Lophodermium pinastri*) erfolgt die Infektion meist Ende Mai oder anfangs Juni; die charakteristischen gelben Bänderungen der Nadeln erscheinen im September (Ende der Inkubation), die ersten

Fruktifikationen, die Pyknidien, jedoch erst im folgenden Vorfrühling, also rund ein halbes Jahr später.

Beim Hexenbesen der Weißtannen (Abb. 350) findet die Infektion der ausschlagenden Triebe etwa Ende Mai statt. Die ersten Anschwellungen der infizierten Sproßachse zeigen sich im Herbst (Ende der Inkubation), die ersten Fruktifikationen, die Spermogonien und Aecidien auf den Nadeln des jungen Hexenbesens, frühestens im folgenden Frühsommer, also rund nach dreiviertel Jahren. Bei den Blasenrosten der *Pinus*-Arten (Abb. 78) beträgt die Fruktifikationszeit sogar 2 Jahre, und bei baumbewohnenden, holzzerstörenden Hymenomyceten verzögert sich die Anlage der Konsolen meist noch länger.

Die Dauer sowohl der Inkubations- als der Fruktifikationszeit kann durch die Anfälligkeit des Wirtes und durch die Umweltbedingungen verschoben werden (Phänotypische Verschiebungen im Zeitpunkt des Auftretens der Krankheitssymptome und der Fruktifikationen). Diese Fragen werden uns erst später in der Epidemiologie (2. Kapitel), ferner beim Einfluß der Umwelt auf die parasitische Eignung der Erreger (3. Kapitel) und bei der umweltbedingten Disposition des Wirtes (4. Kapitel) beschäftigen.

§ 4. Die Infektionsdichte

Die Dichte der Sporenaussaat auf dem künftigen Wirt bezeichnet man als die Schwere der Infektion oder etwas mißverständlich als die Infektionsdichte; sie besitzt, wie die Aussaatdichte im Pflanzenbau, bei manchen Erregern ein Minimum, ein Optimum und ein Maximum.

Das Minimum der infizierenden Keimmenge wird die numerische Infektionsschwelle genannt: wie viele Individuen des Erregers sind notwendig, damit unter günstigen Umständen eine Infektion haftet? Diese formell richtige Definition versagt jedoch meistens bei der praktischen Arbeit; die Infektionsherde müssen ja zerstört werden, um mikroskopisch das Haften festzustellen. Der Pathologe stellt deshalb in der Regel nicht auf das Gelingen der Infektion ab, sondern auf den Erfolg der Infektion: Wieviele Individuen des Erregers sind notwendig, um unter günstigen Umständen eine Erkrankung auszulösen? Denn wo ein Organismus erkrankt, da hat die Infektion sicher gehaftet. Nicht jede Infektion braucht aber zu einer Erkrankung zu führen; aus diesem Grunde ist zur Vermeidung von Mißverständnissen jeweils darauf zu achten, welche der beiden Schwellen, die echte Infektionsschwelle oder die Erkrankungsschwelle, von dem betreffenden Autor bestimmt wurde.

In der Human- und Veterinärmedizin genügt zum Beispiel bei Milzbrand ein einziges Bakterium, um bei Mäusen in 28% der Fälle eine tödlich verlaufende Infektion einzuleiten; 20 Keime wirken bei 100% der Mäuse tödlich. Ähnliches ist bei Pneumokokken (Erreger der Lungenentzündung) auf Kaninchen und bei Tuberkelbazillen auf Meerschweinchen der Fall, wogegen Ziegen 0,01 mg Tuberkelbazillen inhalieren müssen, um eine Tuberkulose zu fassen.

Die Lage der numerischen Infektionsschwelle hängt somit nicht nur vom Infektionsvermögen des Erregers, sondern auch von der Widerstandsfähigkeit des Wirtes ab; auf anfälligen Wirten ist jedoch das Infektionsvermögen dieser drei Bakterien außerordentlich hoch, bzw. liegt die numerische Infektionsschwelle sehr niedrig. Bei mäßig virulenten Typhusbazillen sind dagegen rund 30000 Individuen notwendig, um bei 80% der behandelten Mäuse einen tödlichen Ausgang zu erzielen, und bei Meningokokken (den Erregern der Meningitis, einer Hirnhautentzündung) auf Mäusen beträgt die tödliche Dosis mehrere Milligramm Bakterienkultur (ZINSSER, ENDERS und FOTHERGILL, 1939); bei diesen zwei Erregern ist somit das Infektionsvermögen gering, bzw. liegt die numerische Infektionsschwelle sehr hoch.

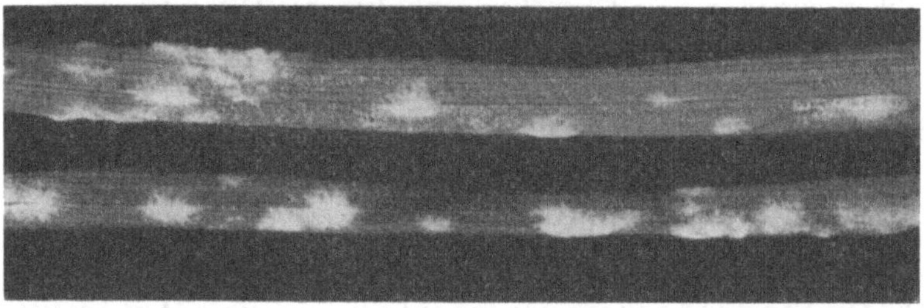

Abb. 54
Befallsbild der *Erysiphe graminis tritici* March. auf Huronweizen. Vergr. 2,5. (Nach MEYER, 1950.)

Dieselben Verhältnisse bestehen in der Pflanzenpathologie. Auch hier gibt es eine erste Gruppe von Infektionskrankheiten, bei welchen eine Spore genügt, um eine Infektion haften zu lassen; so kann eine Uredospore eines Rostpilzes oder eine Konidie eines echten Mehltaupilzes (Erysiphaceen; Abb. 54) auf einem hochanfälligen Wirt eine normal verlaufende Infektion einleiten. Aus diesem Grunde ist es überhaupt möglich, bei diesen obligaten (auf künstlichen Substraten nicht kultivierbaren) Parasiten Einsporkulturen herzustellen und die verschiedenen Biotypen (Erregerrassen) voneinander zu trennen.

Auch bei den Virosen kann die minimale Infektionsdosis sehr niedrig sein; so wird das Virus der Tabaknekrose (Abb. 104) in Gewächshäusern mit dem Gießwasser verschleppt, falls infizierte Pflanzenreste in den Vorratsbehälter fielen; seine Infektiosität ist derart groß, daß es genügt, virushaltiges Wasser in die Luft zu zerstäuben, um später Infektionen in den Tabakwurzeln zu erhalten (KENNETH SMITH, 1937; PRICE, 1938); dies entspricht dem Mechanismus der «Tröpfcheninfektion» bei der menschlichen Influenza, nur mit dem Unterschied, daß bei den Pflanzen der Spender nicht spricht oder hustet und der Empfänger nicht inhaliert.

Das Tabakmosaikvirus (Abb. 61 und 24) ist noch in der Menge von 10^{-13} g Protein (d.s. rund 300 Molekel) je cm^3 Lösung wirksam; dies entspricht einer Verdünnung des virushaltigen Zellsaftes von etwa 1:10⁶. Angesichts dieser enormen Infektiosität versteht man die Übertragung des Tabakmosaikvirus durch Arbeiter, die auf den Plantagen infizierten Tabak kauen: durch Ausspucken oder durch Spuren von tabaksafthaltigem Speichel an ihren Händen infizieren sie wieder die jungen Tabakkulturen; Abhilfe: man versorgt die Arbeiter mit sterilisiertem Kautabak. Auch Zigaretten- und Pfeifentabak kann trotz des Beizprozesses virulentes Tabakmosaikvirus enthalten, so daß Forscher, die über diese Probleme arbeiten, auf das Rauchen verzichten müssen.

Beim *N*-Stamm der Kartoffel-*X*-Virusgruppe (Abb. 243) liegt dagegen die untere Verdünnungsgrenze des virushaltigen Zellsaftes erst bei $1:10^5$, beim *G*- und beim *S*-Stamm bei $1:10^4$ und beim *H*-Stamm bei 1:3000 (Salaman, 1938).

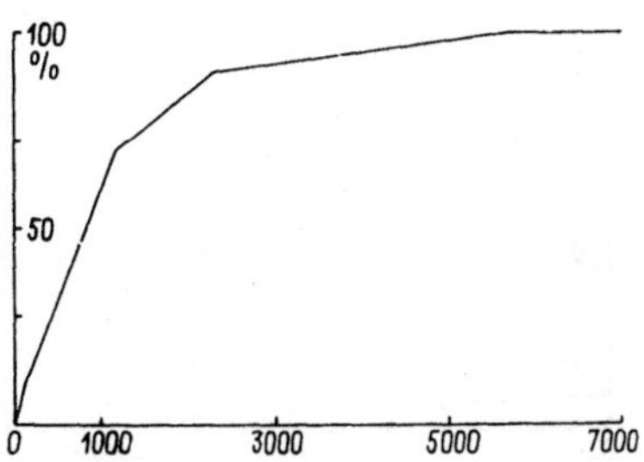

Abb. 55

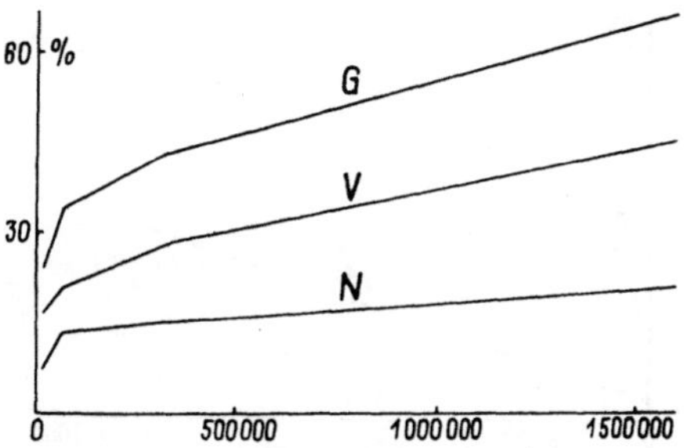

Abb. 56

Abb. 55. Der Einfluß der Infektionsdichte auf die Erkrankungshäufigkeit beim Kartoffelkrebs, verursacht durch *Synchytrium endobioticum* (Schilb.) Perc. Abszisse: Ungefähre Zahl der Dauersporen je Gramm Erde. Ordinate: Zahl der erkrankten Pflanzen. (Nach Glynne, 1925.)

Abb. 56. Der Einfluß der Infektionsdichte auf die Erkrankungshäufigkeit der Weizenkeimlinge an Schneeschimmel, verursacht durch *Gibberella Saubinetii* (Mont.) Sacc. Abszisse: Zahl der Konidien je cm^3 der Infektionslösung, in welche die Körner vor der Aussaat 10 Minuten eingetaucht wurden. Ordinate: Zahl der Keimlinge, die vor dem Auflaufen (Kurve *V*) bzw. nach dem Auflaufen (Kurve *N*) heftig erkrankten. Kurve *G*: Gesamter Ausfall an Keimlingen. (Nach Dickson, 1923.)

Bei dieser ersten Erregergruppe kann somit durch eine Spore oder durch einige Virusmolekel eine Infektion ausgelöst werden, doch nur unter optimalen Bedingungen; deshalb ist die Erfolgswahrscheinlichkeit in diesem untern Grenzbereich gering.

Bei einer zweiten Gruppe von pflanzlichen Infektionskrankheiten vermag dagegen eine Spore auch unter optimalen Umständen keine Infektion auszulösen; hier haftet erst die Masseninfektion: das Haften wird durch eine massive Infektion erzwungen. Die Infektion ist also in diesem Falle nicht mehr eine Angelegenheit eines einzelnen parasitischen Individuums, sondern sie wird zu einem Kollektivphänomen.

Die numerische Infektionsschwelle liegt bei den verschiedenen Infektionskrankheiten dieser Gruppe verschieden hoch. Beim Kartoffelkrebs (Abb. 55) sind etwa 200 Dauersporen je Gramm Erde notwendig, um eine Erkrankung auszulösen, bei manchen Bakteriosen (Abb. 88) dagegen ganze Zooglöen und beim Schneeschimmel des Weizens (Abb. 56) nicht weniger als 10000 Konidien je cm³ Infektionslösung. Der steinbrandanfällige Clubweizen (Abb. 57) erkrankt schon unterhalb 100 Brandsporen je Weizenkorn, der widerstandsfähige Marquisweizen erst zwischen 500 und 5000 Brandsporen.

Mindestens 4 Faktorengruppen wirken zusammen, um bei diesen Erregern die jeweilige Lage der numerischen Infektionsschwelle zu bestimmen:

1. die Trefferwahrscheinlichkeit, das ist die statistische Wahrscheinlichkeit, daß die Sporen des Erregers im richtigen Augenblicke keimen und im richtigen Augenblicke eine anfällige Stelle des zu befallenden Individuums erreichen. Sie wird in sämtlichen 3 Beispielen (und vor allem in Abb. 56 und 57)

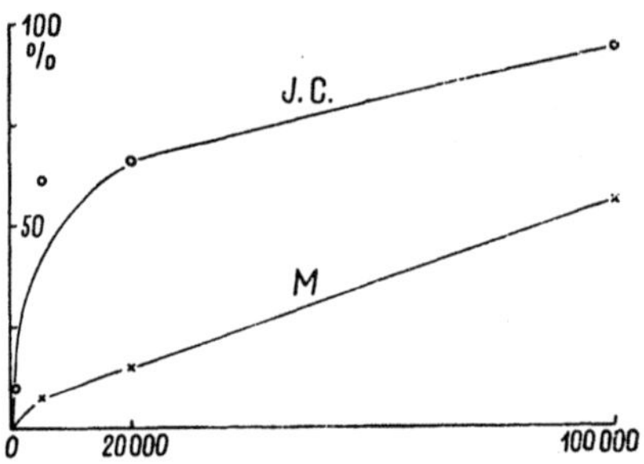

Abb. 57

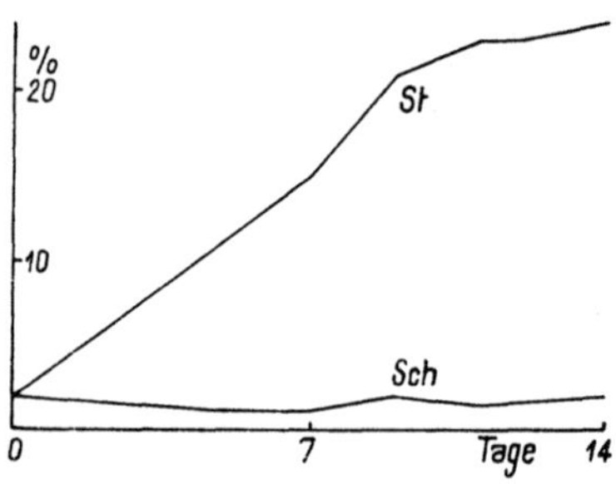

Abb. 58

Abb. 57. Der Einfluß der Infektionsdichte auf die Erkrankungshäufigkeit beim Weizensteinbrand, verursacht durch *Tilletia tritici* (Bjerk.) Wint. Abszisse: Ungefähre Zahl der Brandsporen je Weizenkorn. Ordinate: Zahl der erkrankten Pflanzen beim anfälligen Jenkins Clubweizen (Kurve *J. C.*) und beim widerstandsfähigen Marquisweizen (Kurve *M*). (Nach HEALD, 1921.)

Abb. 58. Der Einfluß der Impfdichte auf das Wachstum von *Ustilago violacea* (Pers.) Fckl., dem Erreger des Antherenbrandes der Caryophyllaceen, in einer wuchsstofffreien synthetischen Nährlösung. Kurve *Sch:* Schwache Impfung (ein Tropfen Sproßzellsuspension je Versuchskolben). Kurve *St:* 200mal stärkere Impfung. Abszisse: Versuchsdauer in Tagen. Ordinate: Wachstumsintensität, gemessen an Hand der nephelometrischen Trübung. (Nach SCHOPFER und BLUMER, 1938.)

zweifelsohne im Übermaß erfüllt; denn jedes Krümelchen Erde und jedes keimende Korn wurde hier reichlich mit Sporen besät, so daß zahlreiche Keimschläuche zu jeder Versuchspflanze gelangten.

2. die Weite des Keimungsraumes: Wenn der Infektionstropfen oder die Menge der Infektionslösung im Vergleich zur Sporenzahl zu groß ist, so werden die aus der Keimhyphe hinausdiffundierenden Enzyme und Wuchsstoffe zu sehr verdünnt, und der Erreger verhungert; umgekehrt reichern sie sich mit zunehmender Dichte der Sporenaussaat im Infektionstropfen an und wirken dann in geometrischer Progression immer stärker. *Ustilago violacea* kann sich in Abb. 58 bei schwacher Impfung ohne Zugabe eines Wuchsstoffes nicht entwickeln, wohl aber bei starker Impfung.

3. die pathogene Leistungsfähigkeit des einzelnen Erregerindividuums. Eine Infektionsstelle durch eine Zoospore von *Synchytrium endo-*

bioticum löst noch keinen Kartoffelkrebs (Abb. 294) aus; dafür ist der von ihr ausgehende morphogene Reiz zu schwach; sondern für eine Erkrankung, das ist für eine manifeste funktionelle Störung des Wirtes, ist eine große Zahl von Infektionsherden, eben eine Massenwirkung des Erregers notwendig. Auch bei den Fusarien verpufft eine Infektionsstelle (das ist eine eindringende Hyphe) wirkungslos: ihre pathogene Leistungsfähigkeit ist zu gering. Die Erkrankungshäufigkeit ist also bei diesen Erregern weit geringer als die Infektionshäufigkeit.

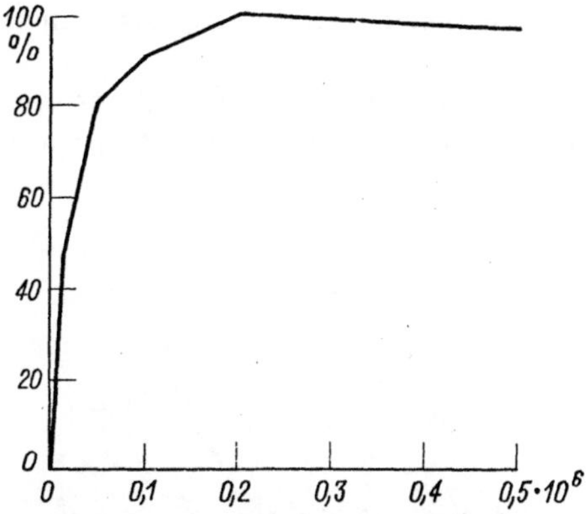

Abb. 59

Infektionsdichte und Infektionserfolg bei der Ährenfusariose des Weizens, verursacht durch *Gibberella Saubinetii* (= *Fusarium graminearum* Schwabe). Abszisse: Durchschnittliche Zahl der Konidien, die auf eine Weizenähre aufgetragen wurden. Ordinate: Zahl der erkrankten Ährchen. (Nach Andersen, 1948.)

4. die Widerstandsfähigkeit des Wirtes: In Abb. 57 wurden beide Weizensorten zu gleicher Zeit und unter denselben äußern Bedingungen mit der gleichen Sporenmenge bestäubt; die statistische Trefferwahrscheinlichkeit und mit ihr die Befallshäufigkeit im engern Sinne des Wortes (die Zahl der eindringenden Keimschläuche, das ist der lokalen Infektionsherde) ist also wahrscheinlich in beiden Versuchsreihen gleich groß. Dennoch sind, um eine Erkrankung zu erzielen, beim anfälligen Clubweizen nur etwa 100 Brandsporen notwendig, beim widerstandsfähigen Marquisweizen rund zehnmal mehr: es braucht bei

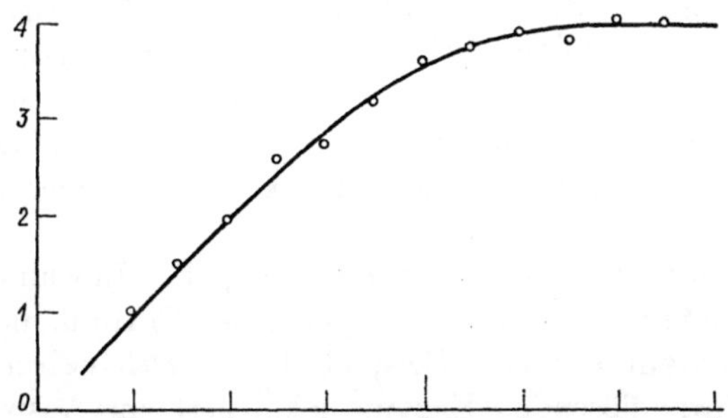

Abb. 60

Der Einfluß der Infektionsdichte auf den Infektionserfolg bei einem Bohnenmosaik («southern bean mosaic»). Abszisse: Konzentration des Virus. Ordinate: Zahl der Läsionen je Oberflächeneinheit. Da die Darstellung der Ergebnisse im gewöhnlichen Maßstab zu einer einseitigen Häufung der Kurvenpunkte führen würde, sind nach dem Vorschlage von Youden, Beale und Guthrie (1935) Abszisse und Ordinate als Exponenten des natürlichen Logarithmus (Basis *e*) aufgetragen. (Nach Price und Holt, 1948.)

ihm eine zehnmal größere Massenwirkung, um den Widerstand seiner Gewebe zu brechen.

Da sich das Gewicht dieser vier Faktorengruppen je nach den äußern Umständen verschiebt, sind bei den hier zur Diskussion stehenden Erregern allgemeingültige Regeln über die Lage der numerischen Infektionsschwelle kaum möglich.

Wird die Menge des Inoculums über die numerische Infektionsschwelle hinaus gesteigert, so wächst die Wahrscheinlichkeit, daß eine Infektion haftet, und mit ihr die Erkrankungshäufigkeit bis zu einem Optimum (Abb. 59 und 60). Dieses Optimum der Infektionsdichte liefert die Höchstzahl der Erkrankungsfälle, die durch den betreffenden Erreger unter den gegebenen Umständen auf dem betreffenden Wirt möglich sind. Sie liegt je nach der parasitischen Eignung des Erregers und je nach der Krankheitsbereitschaft des Wirtes an verschiedener Stelle; in Abb. 55 erkranken 100% der Individuen, in Abb. 56 und beim Marquisweizen in Abb. 57 maximal 60%. Diese Höchstwerte stellen das Maximum des überhaupt möglichen parasitischen Erfolges dar, aber nicht das Optimum der zweckmäßigen Ausnützung des Infektionsmaterials; denn alle Kurven der genannten Abbildungen verlaufen asymptotisch: es braucht unverhältnismäßig viel Infektionsmaterial, um von 90% Erkrankungen auf 100% zu kommen.

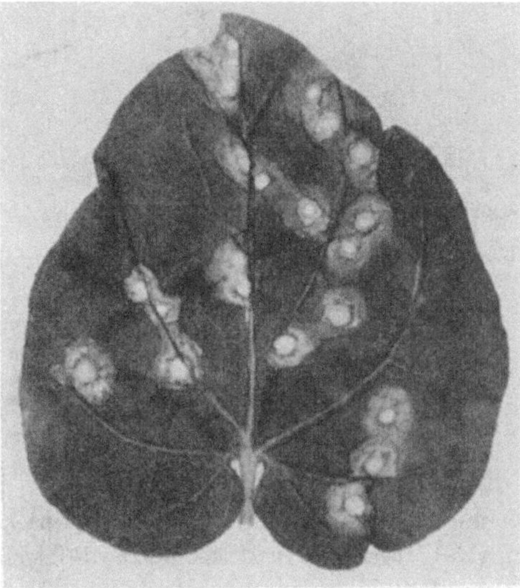

Abb. 61
Primärläsionen des Tabakmosaiks auf einem Blatt von *Nicotiana glutinosa*, 9 Tage nach der Infektion. (Nach SAMUEL und BALD, 1933.)

Im allgemeinen wächst mit steigender Menge des Inoculums nicht nur die Häufigkeit, sondern auch die Heftigkeit der Erkrankung. Diese Massenwirkung beruht darauf, daß zum Beispiel die von zahlreichen Hyphen ausgeschiedenen zellwandlösenden Enzyme lokalisiert zur Auswirkung gelangen (wobei ja die Enzymwirkung etwa mit der 1,5-ten Potenz der Enzymkonzentration wächst) und daß die von zahlreichen Hyphen ausgeschiedenen toxischen Stoffe sich summieren, wodurch ihre Wirkungsschwelle örtlich überschritten und die Widerstandskraft des Wirtes örtlich gebrochen wird.

Diese Regel gilt auch für jene Virosen, welche distinkte, auszählbare Primärläsionen verursachen, so für das Tabakmosaik (Abb. 61) und für das südliche

Bohnenmosaik (Abb. 60). Bei andern Virosen dagegen, welche zunächst größere Teile des Wirtskörpers überschwemmen und erst dann Symptome auslösen (z. B. den X-Viren der Kartoffeln, Abb. 243, und bei der Ringfleckennekrose des Tabaks, Abb. 339), wächst dagegen mit der Menge des Inoculums bloß die Wahrscheinlichkeit, daß eine Infektion haftet; ferner nimmt mit der Menge des Inoculums die Dauer der Inkubationszeit ab: massive Infektionen brauchen weniger Zeit, um systemische Symptome auszulösen als minimale Infektionen; aber die Heftigkeit der Erkrankung erfährt durch die Menge des Inoculums keine Steigerung; sie ist von ihr unabhängig: wenn die Infektion haftet, so rollt die Erkrankung in der für das betreffende Erreger-Wirt-Verhältnis charakteristischen Heftigkeit ab.

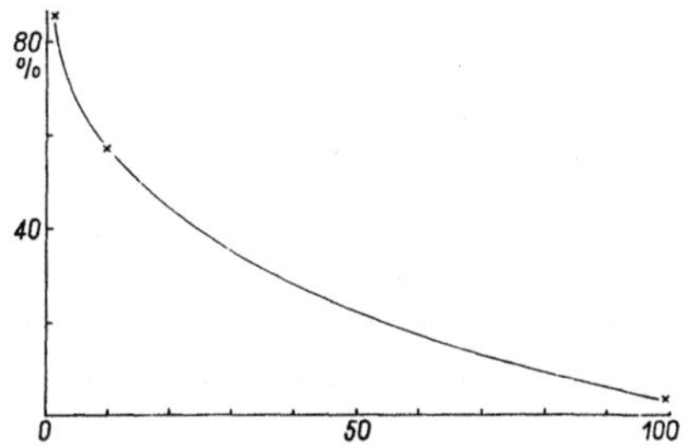

Abb. 62

Der Einfluß der Infektionsdichte auf den Infektionserfolg bei den Konidien von *Botrytis cinerea* Pers. auf den Blütenblättern der Sweet peas, *Lathyrus odoratus* L. Abszisse: Relative Dichte der Sporenaussaat. Ordinate: % gelungene Infektionen. (Nach Brown, 1922.)

Erfährt die Menge des Inoculums eine weitere Steigerung über das Optimum hinaus, so ist dies in seltenen Fällen, zum Beispiel bei den eben genannten Virosen, belanglos: die Häufigkeit der Erkrankungsfälle bleibt hier weiterhin optimal. In der Regel nimmt jedoch der Infektionserfolg bei einer Übersteigerung der Infektionsdichte ab (Abb. 62 und Tabelle 91, erste Zeile).

Daran mag der Sauerstoffmangel und die gegenseitige Behinderung durch Stoffwechselprodukte schuld sein, in manchen Fällen auch bloß die Nährstoffkonkurrenz; denn der scharfe Kurvenabfall der Abb. 62 gilt nur für schwach exosmierende Substrate wie die Blütenblätter von *Lathyrus odoratus*, dagegen nicht in diesem Ausmaß für die stark ausscheidenden Blütenblätter von *Cereus spectabilis* (Abb. 2).

Der Kampf um die Nährstoffbasis ist jedoch bei übersteigerter Infektionsdichte mit dem Eindringen in den Wirt noch nicht zu Ende, sondern wird im Wirte selbst fortgesetzt. Beim Kartoffelkrebs (Abb. 63) läßt eine zu dichte Aussaat die Mehrzahl der eingedrungenen Erreger

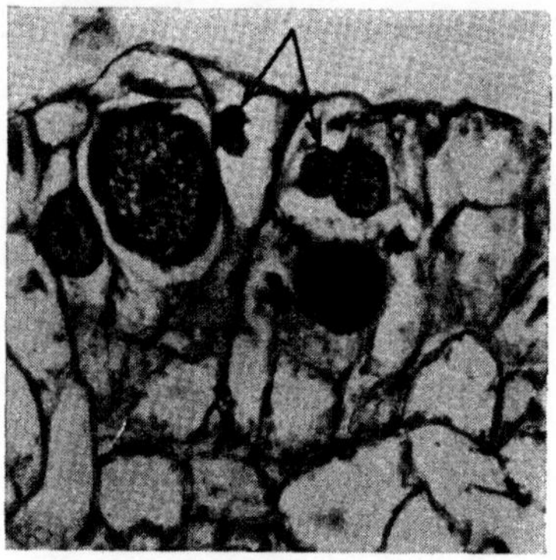

Abb. 63

Die Verkümmerung der eingedrungenen Parasiten bei übersteigerter Infektionsdichte. In ein junges Blatt der Kartoffelsorte Wohltmann sind zu zahlreiche Zoosporen von *Synchytrium endobioticum* (Schilb.) Perc., dem Erreger des Kartoffelkrebses, eingedrungen. Die Mehrzahl von ihnen (durch Pfeile bezeichnet) war zur Zeit der Aufnahme, 14 Tage nach der Beimpfung, bereits verkümmert. Links von der Mitte ein großes (normales) halbreifes Dauersporangium. Vergr. 310. (Nach Köhler, 1931.)

verkümmern; die Parasiten ernähren sich offensichtlich nicht nur aus dem Material der unmittelbar invadierten Wirtszellen, sondern überdies aus Nährstoffen, die aus den Nachbarzellen herandiffundieren; sind diese ebenfalls besiedelt, so reicht die zur Verfügung stehende Nährstoffmenge nicht für alle.

§ 5. Der Infektionsweg

Der vorliegende Abschnitt betrachtet bloß den Weg in den Wirt hinein, nicht den Weg zum Wirt hin; diesen werden wir erst im nächsten Kapitel (Epidemiologie) besprechen. Die wichtigsten Eintrittspforten, durch die der Erreger in seinen Wirt eindringt, sind

a) bei Befall des unversehrten Körpers,
  1. die intakte Körperhaut;
  2. die Körperöffnungen (Spaltöffnungen, Lentizellen usw.; Seite 67);
  3. privilegierte Organe (Narben, Wurzelhaare usw.; Seite 73); oder

b) bei Befall durch schadhafte Stellen,
  4. Wunden, die von mechanisch-physikalischen Einwirkungen herrühren (Seite 81);
  5. Wunden, die durch andere Parasiten verursacht wurden (Seite 85); und
  6. Wunden, die durch den Überträger der Krankheitskeime geschaffen wurden (Seite 86).

Die unter a) genannten Eingangspforten sind «natürliche», die unter b) genannten sind «künstliche» Infektionswege. Aus jeder der sechs Gruppen seien einige Beispiele kurz besprochen.

1. Der Befall durch die intakte Körperhaut

Dieser Infektionsweg wird von den pflanzenpathogenen Pilzen häufig benützt (Seite 20). Modellbeispiel: das aktive Eindringen von *Botrytis cinerea* durch die Kutikula usw. in das Innere der Laubblätter; doch spielt sich der Vorgang in ähnlicher Weise auch bei Organen ab, die von andern Schutzschichten als der Kutikula bedeckt sind. So können zwar die im Erdboden wuchernden Stränge (Rhizomorphen) des Hallimasches, *Armillaria mellea* (Vahl) Quél., unmittelbar durch Wunden in die Wurzeln und den Wurzelhals unserer Laub- und Nadelhölzer eindringen; fehlen aber die Wunden, so kleben sich die Rhizomorphen mittels der schleimigen Substanz, von der sie unmittelbar hinter ihrer weißen, wachsenden Spitze umhüllt werden, an einer unversehrten Wurzel fest; überdies können einige Hyphen aus der Strangspitze in die Außenschichten der Wurzelrinde hinüberwachsen und dadurch den Strang noch nachhaltiger in der Wurzel verankern. An der Berührungsstelle bildet der Strang einen Seitenast, der auf mechanischem Wege, ähnlich den Senkern der Mistel (Abb. 11), einfach durch Eindrücken der Wirtszellen, die Epidermis und das Periderm durchbricht (Abb. 64, *a*). Die Infektion unversehrter Baumwurzeln durch *Armillaria mellea* erfolgt also nicht durch einzelne Hyphen, sondern durch einen massiven Angriff der Stränge selbst.

Nach dem Passieren der Korkschicht gelangen toxische Substanzen, die vom Hyphenstrang ausgeschieden werden, zur Auswirkung. Als Reaktion hierauf beginnen die Zellen des Rindenparenchyms in weitem Abstand vor dem eindringenden Hyphenstrang sich zu verändern; ihr Inhalt wird plasmolysiert und stark färbbar; desgleichen werden die Zellwände und der Zellkern tiefer färbbar; schließlich sterben die Zellen ab und füllen sich mit Wundgummi (Abb. 64, *b*). Der Infektionskeil bildet dann, bei anfälligen Wirten, Seitenzweige zweiter Ordnung, welche seitlich in die durch die Toxine abgetöteten Rinden- und Kambiumpartien vordringen und binnen kurzem die endgültige Vergiftung und Erkrankung des Baumes einleiten.

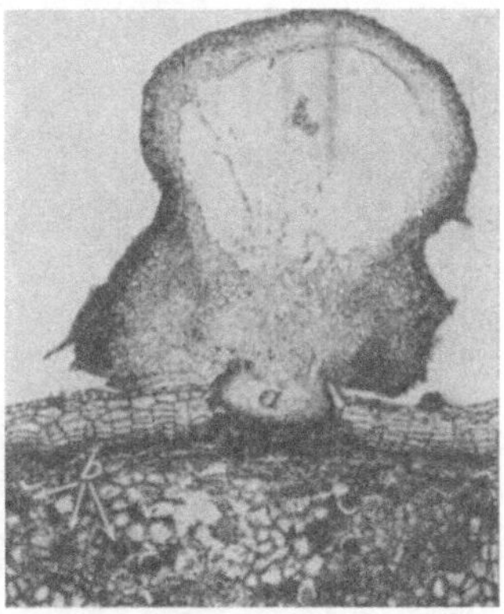

Abb. 64
Das Eindringen eines Myzelstranges des Hallimasches, *Armillaria mellea* (Vahl) Quél., in eine unversehrte Wurzel der Walnuß, *Juglans regia* L. *a* Infektionskeil, *b* Reaktionszone. Vergr. 41. (Nach Thomas, 1934.)

2. Der Befall durch Körperöffnungen

Die Körperöffnungen (Spaltöffnungen, Lentizellen usw.) dienen den Pflanzenparasiten wohl ebenso häufig als Eintrittspforte wie die intakte Körperhaut. Im ganzen gesehen kommt ihnen jedoch eine geringere Bedeutung zu als den Körperöffnungen des Menschen; bei diesem bilden ja der Mund und die Nase den wichtigsten Infektionskanal, einerseits wegen der Eigenart unseres Atmungsvorganges (wir saugen die Luft aktiv in unsern Respirationsapparat ein und reißen dabei die in ihr enthaltenen pathogenen Keime mit: Inhalation der pathogenen Keime), und anderseits wegen der Eigenart unserer Nahrungsaufnahme (der Mund bildet den Eingang zum Verdauungsapparat und läßt mit Speise und Trank die allfällig darin enthaltenen pathogenen Keime in den Körper eintreten).

Diese beiden Gesichtspunkte spielen bei den pflanzlichen Körperöffnungen, insbesondere bei den Spaltöffnungen, eine geringe Rolle. Die Spaltöffnungen sind zwar ungemein zahlreich (Größenordnung 5–20000 je cm^2 Blattfläche), dagegen sehr klein (in der Größenordnung etwa 10 μ lang und im Lichte 0,5–3 μ weit offen), so daß sie die meisten Sporen filtrieren, mechanisch fernhalten. Dazu kommt, daß der pflanzliche Gasstoffwechsel passiv verläuft, nicht durch alternierendes Einsaugen und Auspressen der Luft, sondern durch ruhige physikalische Diffusion auf Grund des Diffusionsgefälles; ein Mitreißen von Infektionskeimen ist deshalb wenig wahrscheinlich. Ferner fehlt den Pflanzen die Verkoppelung von Infektion und Nahrungsaufnahme, weil die letztere ausschließlich durch Zellwände hindurch auf osmotischem Wege geschieht.

Der Mechanismus des Eindringens durch die Körperöffnungen ist je nach Art der Erreger verschieden. Bei den pflanzenpathogenen Bakterien erfolgt der Befall durch die Spaltöffnungen aktiv oder passiv (S. 28). Bei den Lentizellen, bei denen man vermuten sollte, daß sie wegen der Verkor-

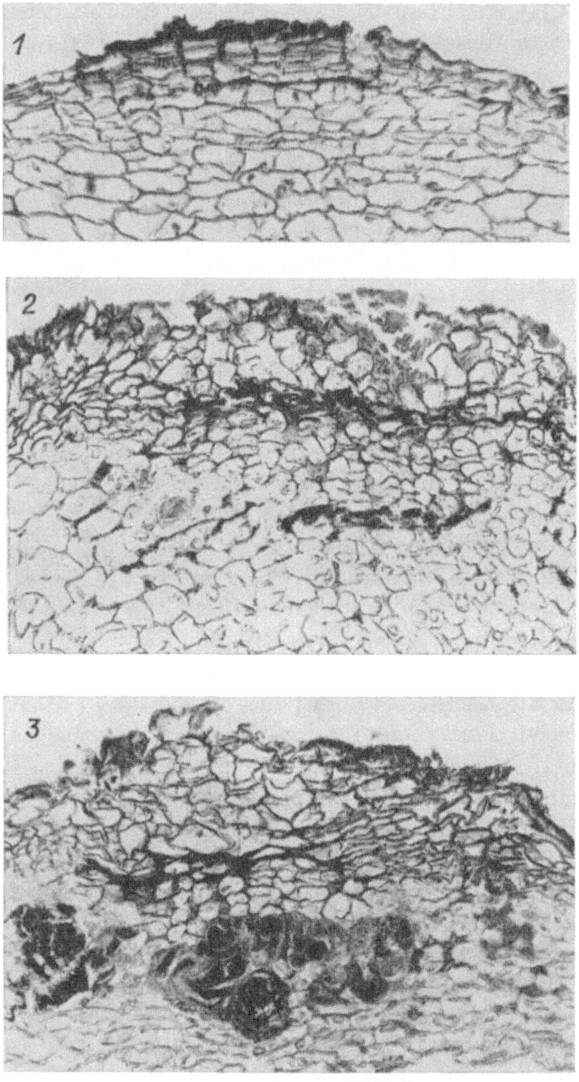

Abb. 65

Die Infektion von Frühkartoffeln durch das *Bacterium carotovorum* (Jon.) L. et N. *1* Schnitt durch eine normale Lentizelle. *2* Schnitt durch eine Lentizelle, 24 Stunden nach der Infektion: die dunkeln Massen sind Bakterien. *3* Schnitt durch eine 48 Stunden alte Infektion; die Wirtspflanze hat, wie in *2*, erfolglos begonnen, ein Wundperiderm zu bilden. Vergr. 170 (Nach SMITH und RAMSEY, 1947.)

kung ihrer Zellwände kaum als Eingangspforten für Bakterien in Betracht kommen, können gewisse Bakterien zwischen den Zellwänden, also interzellular, in die tiefer gelegenen Wirtsgewebe hinunterwuchern; so erfolgt die Infektion der Frühkartoffeln durch das *Bacterium carotovorum* (Jon.) L. et N., dem Erreger einer Naßfäule, durch die Lentizellen hindurch (Abb. 65); von hier drängen sich die Bakterienmassen interzellular durch das Grundgewebe (Abb. 66).

Bei den pflanzenpathogenen Pilzen drängen sich die Keimschläuche, ähnlich ihrem Einbohren durch die Kutikula, vor allem auf Grund ihres Chemo- oder Hydrotropismus (Abb. 67) durch den Spaltenmund oder durch die

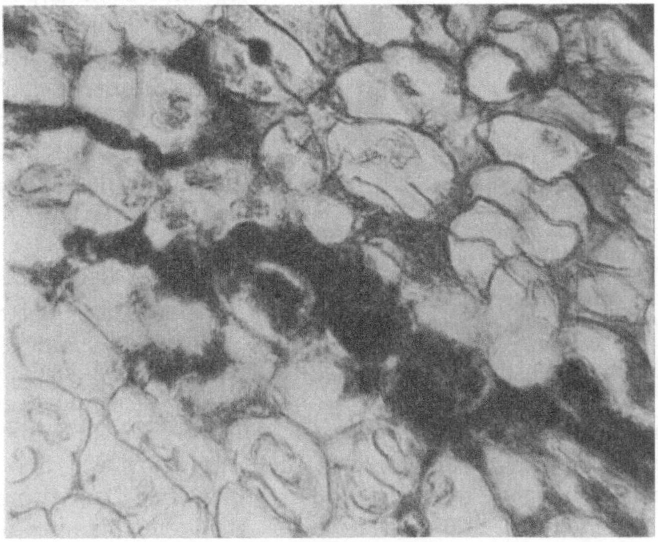

Abb. 66
Die interzellulare Ausbreitung des *Bacterium carotovorum* im Grundgewebe einer Kartoffelknolle. Detailbild aus Abb. 65, 2. Vergr. 275. (Nach SMITH und RAMSEY, 1947.)

Lentizellen. Deshalb ist bei ihnen die Öffnungsweite des Spaltenmundes nur insofern von Bedeutung, als dadurch der hydrotropische Reiz gesteuert wird; so sind die Infektionen von *Cladosporium album* Dows. auf den Blättern von *Lathyrus odoratus* bei «offenen» Spaltöffnungen zehnmal häufiger als bei «geschlossenen» Spaltöffnungen (GOOD, 1947). In mechanischer Beziehung ist dagegen die Öffnungsweite des Spaltenmundes ziemlich unwesentlich; die Keimschläuche zwängen sich, ähnlich dem eingeschnürten Infektionskeil in Abb. 1, auch durch enge Spalten. Aus diesem Grunde erfolgen Spaltöffnungsinfektionen auch bei Nacht; denn «geschlossene» Spaltöffnungen schließen nie vollkommen dicht.

Die Zoosporen von *Plasmopara viticola* (B. et C.) Berl. et de Toni, dem falschen Mehltau der Reben (Abb. 32), schwimmen zunächst mit ihren Geißeln im Infektionstropfen umher oder rutschen auf ihrer Furchenseite über die Epidermis hin; gelangen sie in die Nähe einer Spaltöffnung, so beginnen sie ausgesprochen zielstrebige, taktische Reaktionsbewegungen gegen den Spaltenmund hin auszuführen (Abb. 68, *1*); sie suchen also den Infektionsort aktiv auf; haben sie ihn erreicht, so setzen sie sich fest (Abb. 68, *2*), runden sich ab, umgeben sich mit einer Zellwand und treiben unter günstigen Umständen schon innerhalb 12 Minuten einen Keimschlauch in die Atemhöhle hinunter.

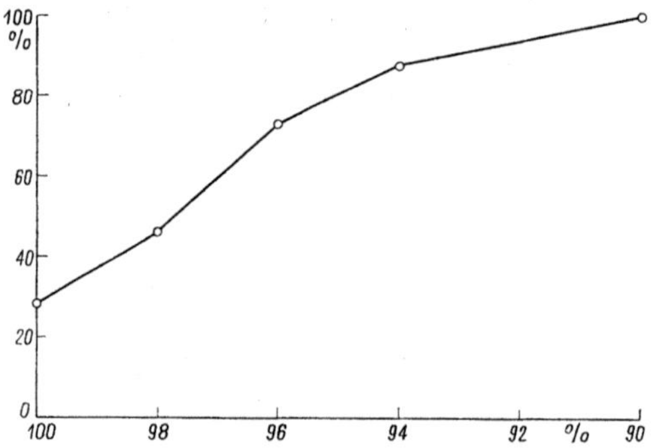

Abb. 67

Der Einfluß des hydrotropischen Reizes auf die Häufigkeit des Eindringens der Keimschläuche von *Cladosporium album* in künstlich geschaffene Poren einer Aluminiumfolie. Abszisse: Relative Feuchtigkeit in der Umgebung der Keimschläuche, wobei unterhalb der Aluminiumfolie Feuchtigkeitssättigung herrscht. Ordinate: Eindringungshäufigkeit, wenn der bei 90% relativer Feuchtigkeit erreichte Wert zu 100% gesetzt wird. (Nach GOOD, 1947.)

Eine ähnliche chemotropische Anziehung läßt sich bei jenen Pilzen beobachten, die unmittelbar mit einem Keimschlauch auskeimen; so kriechen die Keimschläuche der Uredosporen des Kronenrostes des Hafers (*Puccinia coronata* Cda.) erst scheinbar ziellos über die Blattoberfläche hin. Sind sie bei einer Spaltöffnung angelangt, so werden sie offenbar durch den Gasstoffwechsel angeregt, sammeln das Plasma in ihrer Spitze und lassen diese über dem Spaltenmund zu einem Appressorium (Abb. 69, *B*) anschwellen. Die Kerne teilen sich, und das Appressorium enthält infolgedessen meist 4 oder mehr Kerne. Dann dringt ein feiner Fortsatz zwischen den Schließzellen in die Atemhöhle hinunter und schwillt

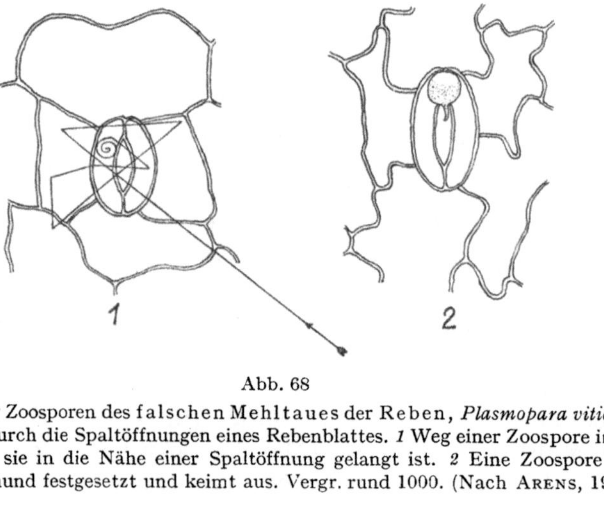

Abb. 68

Die Anziehung der Zoosporen des falschen Mehltaues der Reben, *Plasmopara viticola* (B. et C.) Berl. et de Toni, durch die Spaltöffnungen eines Rebenblattes. *1* Weg einer Zoospore im Infektionstropfen, nachdem sie in die Nähe einer Spaltöffnung gelangt ist. *2* Eine Zoospore hat sich am Spaltenmund festgesetzt und keimt aus. Vergr. rund 1000. (Nach ARENS, 1929.)

dort erneut zu einer Blase *C*, der substomatalen Blase, an, welche meist etwa 8 Kerne enthält. Von ihr wachsen Hyphenäste, die eigentlichen Infektionshyphen *D* und *E*, strahlenförmig nach allen Richtungen und treten in die Interzellularen ein. Auf diese Weise können die Keimschläuche von mehreren Sporen die gleiche Spaltöffnung benützen.

Dasselbe Bild zeigt Abb. 70: zwei Keimschläuche *K* von *Lophodermium pinastri* (Schrad.) Chev., dem Erreger der Nadelschütte (Nadelröte) der Kiefern, sind durch den Vorhof *V* in eine Spaltöffnung eingedrungen und dort zu einer Blase angeschwollen und haben dann Seitenäste gebildet, welche die Schließzellen *SZ* befallen und außer Funktion setzen, hernach seitlich in der Hypodermis *H* weiterwachsen und die zwischen ihnen liegenden Partien der Epidermis *E* desorganisieren (*DE*). In der Atemhöhle *A* verzweigen sie sich erneut, dringen interzellular in das Mesophyll *M* vor und lösen dort die Mittellamellen und schließlich die Zellwände auf (in Auflösung begriffenes Mesophyll *AM* mit gestrichelten Zellwänden). Der Endodermisring *EN* kann nicht durchbrochen, sondern nur in den Mittellamellen passiert werden, wobei sich die Zellwände der angrenzenden Endodermiszellen, offenbar als Wundreaktion, stark verdicken. Hernach ist der Pilz auf kürzestem Wege durch die dünnwandigen Elemente des Transfusionsgewebes *T* in die Gefäßbündel gewachsen, wo er das Phloem *P*, die Markstrahlen *MS* und das Holzparenchym *xP* durchwuchert, dagegen die eigentlichen Gefäße und Tüpfelzellen des Xylems *x* meidet.

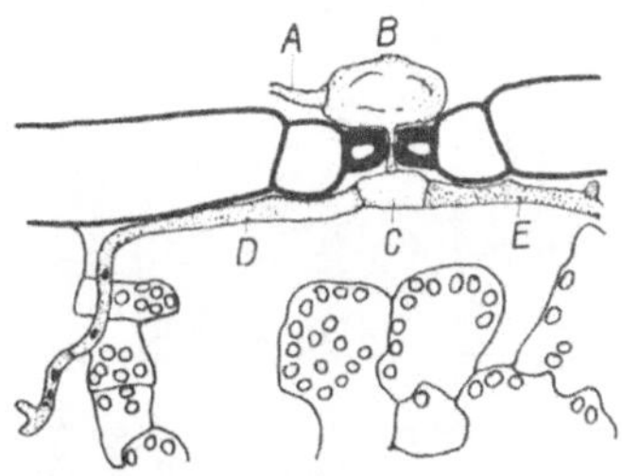

Abb. 69
Das Eindringen des Keimschlauches von *Puccinia coronata* Cda. in eine Spaltöffnung von *Avena sativa* L. *A* Überrest des Keimschlauches, *B* Überrest des Appressoriums, *C* Entleerte substomatale Blase, *D* und *E* Infektionshyphen, die in das Mesophyll hinausdringen. Vergr. 360. (Nach Ruttle und Fraser, 1927.)

Bei andern Nadelkrankheiten ist dagegen der stomatäre Infektionsmodus etwas komplizierter; so bilden die Infektionshyphen von *Herpotrichia nigra* Hartig (Abb. 106), dem braunen Schneeschimmel der Legföhren (*Pinus montana* Mill.), und von *Phaeocryptopus Gäumanni* (Rohde) Petrak (syn. *Adelopus Gäumanni* Rohde), dem Erreger der Schweizer Douglasienschütte, zunächst im Vorhof der betreffenden Spaltöffnungen einen knäueligen Myzelpfropfen; erst dieser dient als Ausgangspunkt für die eigentliche endoparasitische Besiedlung des Wirtes, welche bei *Herpotrichia* seitlich durch die epidermalen und hypodermalen Zellen erfolgt, also unter Umgehung der Atemhöhlen (Gäumann, Roth und Anliker, 1934), bei *Phaeocryptopus* dagegen auf geradem Wege durch die Atemhöhle, wobei der Myzelpfropf später zur Fruchtkörperanlage heranwächst (Abb. 71).

Der Entscheid, ob ein Erreger die Körperöffnungen als Eingangspforte benützt oder die Kutikula perforiert, hängt in gewissen Fällen von ihm selbst ab; so nehmen die Keimschläuche der Basidiosporen der meisten Rostpilze von den neben ihnen liegenden Spaltöffnungen keine Notiz und durchbrechen eigensinnig die Kutikula; dasselbe geschieht bei manchen Arten des echten Mehltaues (Erysiphaceen; Abb. 112), beim Erreger des Rotbrenners der Reben, *Pseudopeziza tracheiphila* Müll. Thurg., und bei den sogenannten Kutikulaspezialisten wie dem Erreger des Apfelschorfes, *Endostigme inaequalis* (Abb. 109) und dem Sternrußtau der Rosen, *Diplocarpon rosae* (Abb. 111): ihre Keimschläuche bohren sich einen Weg durch die Kutikula, weil sie müssen und die Körperöffnungen offenbar nicht zu benützen wissen.

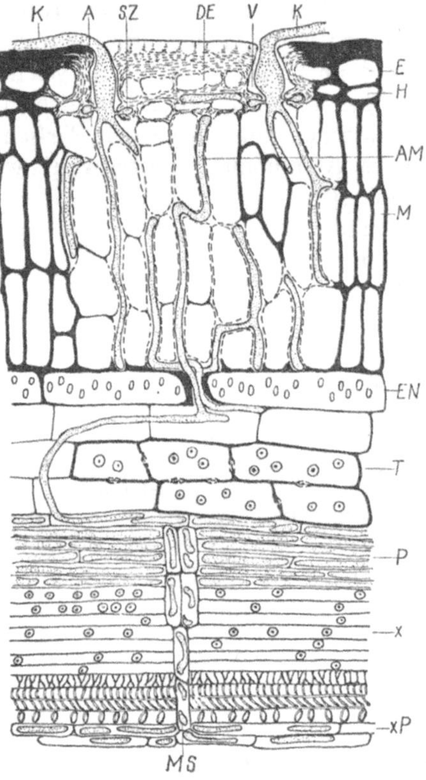

Abb. 70

Der Befall einer Kiefernnadel durch *Lophodermium pinastri* (Schrad.) Chev. Erklärung im Text. Vergr. etwa 750. (Nach S. G. Jones, 1935.)

Umgekehrt sind andere Pilze auf die Körperöffnungen angewiesen, weil ihnen die Fähigkeit zur mechanischen Perforation der abdichtenden Körperschichten fehlt; sie dringen dort ein, wo sie können; so vermögen die Keimschläuche der Uredosporen der meisten Rostpilze selbst schwach kutinisierte Schichten nicht zu durchbrechen und treten infolgedessen ausschließlich von der Spaltöffnungsseite her in die Blätter ein (Abb. 69); verletzt man aber die Kutikula, so infizieren sie das Blatt auch von der Oberseite her. Desgleichen bleibt dem Erreger des Pulverschorfes der Kartoffelknollen, *Spongospora subterranea* (Wallr.) Johns., und dem Erreger des echten Kartoffelschorfes, *Actinomyces scabies* (Thaxt.) Güß. (Abb. 72), gar nichts anderes übrig, als die Lentizellen zu benützen, da sie das Periderm nicht zu durchbrechen vermögen; auch die Keimschläuche von *Lophodermium* müssen in Abb. 70 wohl oder übel den Spaltöffnungen folgen; denn die bis 4 μ dicke Kutikula läßt sich mechanisch nicht perforieren; ein Infektionsmodus nach Art des echten Mehltaues (Abb. 112) kommt hier gar nicht in Frage.

Noch andere Erreger sind endlich wenig wählerisch und benützen irgendeinen Weg; so befallen die Keimschläuche der Zoosporen der *Phytophthora infestans* das Kartoffelkraut sowohl durch die Kutikula als durch die Spaltöffnungen und die Kartoffelknollen sowohl durch die Lentizellen als durch Wunden. *Sclerotinia cinerea* Schroet., der Polsterschimmel des halbreifen Steinobstes, *Botrytis cinerea* Pers., der Grauschimmel der Lageräpfel, und

Nectria cinnabarina (Fr.) Tode, der Erreger der Rotpustelkrankheit der Alleebäume, besiedeln ihren Wirt je nach den Umständen durch die Lentizellen oder (wenn sie schwach ist) durch die Kutikula oder durch Wunden.

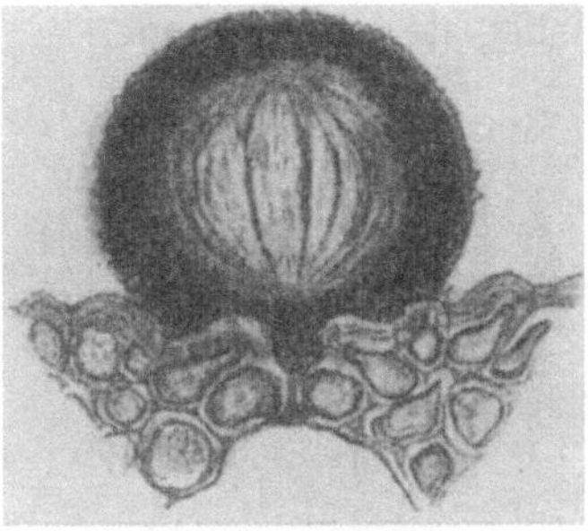

Abb. 71
Schnitt durch ein Pseudothecium von *Phaeocryptopus Gäumanni* (Rohde) Petr., das sich aus einem Infektionspfropfen entwickelt hat. Die Asci sind erst halbreif. Vergr. etwa 400. (Nach Rohde, 1937.)

Zuweilen hängt die Wahl des Infektionsweges auch nur vom Gesundheitszustand des Wirtes ab; so vermag *Botrytis cinerea* gesunde Blätter von *Vicia Faba* L. nur durch die Kutikula hindurch zu infizieren (Abb. 1); sind jedoch die Blätter geschwächt oder schon anderweitig erkrankt, so nehmen die Keimschläuche ihren Weg durch die Spaltöffnungen.

3. Der Befall durch privilegierte Organe

Einige Erreger von pflanzlichen Infektionskrankheiten benützen bestimmte Organe, ohne sie weiter zu schädigen, bloß als Eintritts- und Durchgangspforte in den unversehrten Wirtskörper, durchwandern ihn dann in der Richtung nach ganz andern Or-

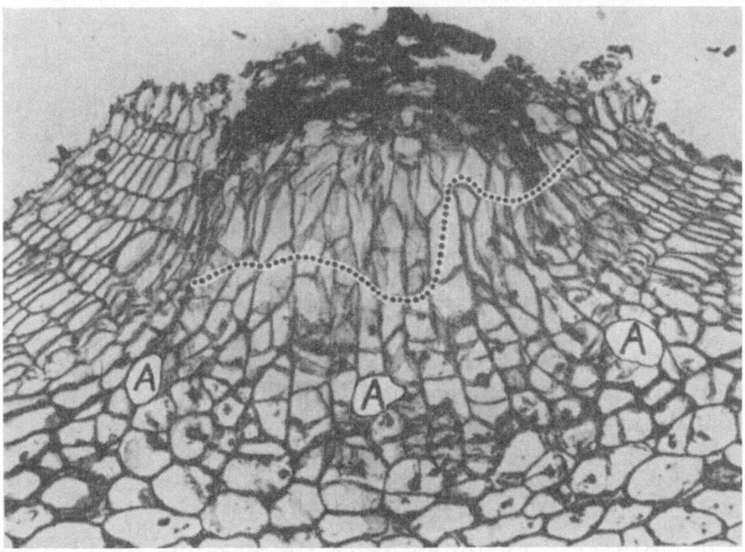

Abb. 72
Lentizellinfektion beim Kartoffelschorf. Eine jugendliche Lentizelle wurde bis zur gestrichelten Linie hinunter durch *Actinomyces scabies* (Thaxt.) Güss. infiziert und ist peripher bereits abgestorben. *A–A* Lentizellmeristem. Vergr. 100. (Nach Jones, 1931.)

ganen hin und rufen erst in diesen die eigentliche Erkrankung hervor bzw. fruktifizieren erst dort. Die Bedeutung dieser spezifischen Infektionswege ist zuerst von der Humanmedizin erkannt worden: Cholera- und Typhusbazillen vermögen nicht Fuß zu fassen, wenn sie in unsere Körperhaut eingebracht werden, wohl aber in den Schleimhäuten unseres Verdauungstraktes, von wo sie, vor allem beim Typhus, in das Zirkulationssystem übertreten.

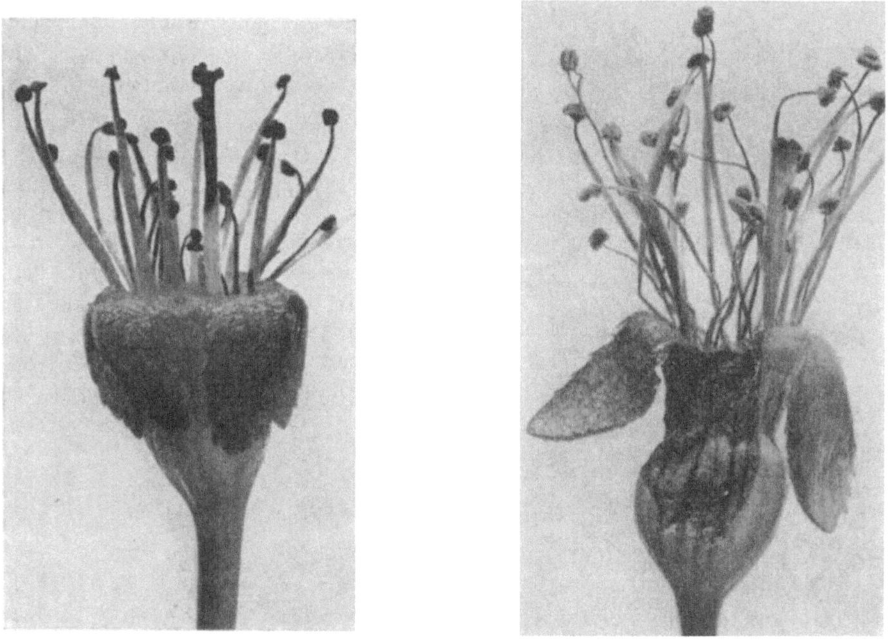

a Abb. 73 *b*

Der Infektionsweg der *Sclerotinia laxa* Ad. et Ruhl. auf Sauerkirschen (*Prunus Cerasus* L.). *a* Die Konidien haben die Narbe infiziert; ihre Keimschläuche sind bereits eine Strecke weit durch den Griffel hinuntergewachsen. *b* Die Infektion hat vom Fruchtknoten auf die Blütenachse und den Kelch übergegriffen. Vergr. etwa 4. (Nach CALAVAN und KEITT, 1948.)

Als derartige trojanische Eintrittspforten können bei den pflanzlichen Infektionskrankheiten insbesondere die Blüten, Keimlinge, Knospen, Nadeln und Wurzelhaare dienen.

a) Blüteninfektion

Bei den Blüteninfektionen bieten vor allem die Narben durch ihre Sekrete und ihre besondere Struktur den parasitischen Mikroorganismen ein günstiges Keimungssubstrat und Leitgewebe. Sehr häufig sind derartige Narbeninfektionen bei den Obstbaum-Sklerotinien, welche eine bekannte Blüten- und Zweigdürre und den «Polsterschimmel» der betreffenden

Früchte verursachen, so *Sclerotinia cinerea* Schroet. (syn. *Monilia cinerea* Bon.) und *Scl. laxa* Ad. et Ruhl. auf verschiedenen Steinobstarten und *Scl. Linhartiana* Prill. et Delacr. auf Quitten. Die Konidien keimen, wie die Pollenkörner, auf den Narbenpapillen und lassen ihren Keimschlauch gleich dem Pollen-

Abb. 74
Der Infektionsweg der *Sclerotinia laxa* Ad. et Ruhl. auf Sauerkirschen. Die Infektion ist von der (nunmehr verschrumpften) Blüte links außen durch den Blütenstiel hinuntergedrungen und greift von unten her auf den Stiel der beiden andern Blüten über. Vergr. etwa 4. (Nach CALAVAN und KEITT, 1948.)

schlauch durch den Griffel in den Fruchtknoten dringen (Abb. 73); von hier aus zerstören die Hyphen die ganze Blüte und wachsen dann durch den Blütenstiel in den Zweig hinunter (Abb. 74), wo sie nach etwa 3–4 Wochen ein plötzliches Welken des ganzen Zweiges samt den Blättern hervorrufen (M. SCHMIDT, 1938; CALAVAN und KEITT, 1948).

Denselben Infektionsweg benützt offenbar das *Fusarium avenaceum* (Fr.) Sacc. = *Fus. herbarum* (Cda.) Fr., der Erreger einer Kernhausfäule (Herzfäule) unserer Lageräpfel. Die Konidien werden wahrscheinlich von den Narben aufgefangen; ihre Hyphen durchwachsen den Griffel, wuchern bei Sorten, deren Kelchröhre nicht dicht schließt (z.B. Danziger Kant, Goldparmäne, Boskoop), in den Fruchtknoten hinunter und verursachen dort eine Kernhausfäule. Unter ungünstigen Lagerungsbedingungen können sie auf das benachbarte Fruchtfleisch übergreifen und dort eine charakteristische braune Fruchtfäule (Abb. 75) einleiten.

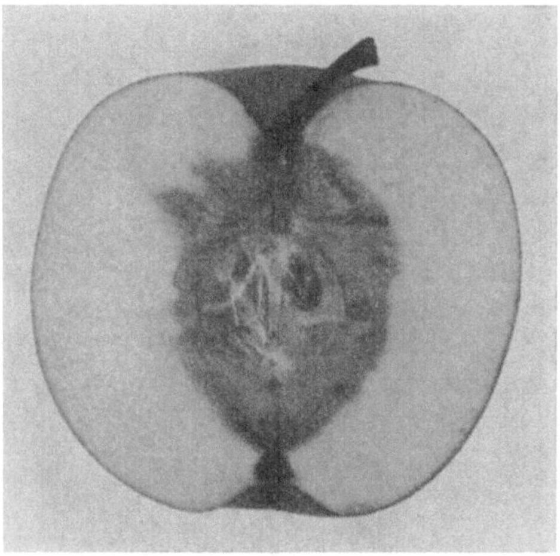

Abb. 75

Kernhausfäule bei einem Apfel (Schöner von Boskoop). Der Infektionsweg führte (auf dem Bild von unten her) durch die nicht dicht schließende Kelchröhre; der Pilz beginnt auf das Fruchtfleisch überzugreifen. $^{3}/_{4}$ nat. Gr. Orig. Eidg. Versuchsanstalt, Wädenswil.

Neben der legalen Infektion durch die Narben können bei diesen sämtlichen Pilzen auch kleine Verletzungen, Frostschäden der Knospen usw. als Eingangspforte dienen; ferner können Spätinfektionen der Früchte direkt durch die Lentizellen erfolgen. Die Narben stellen somit nur den bevorzugten, nicht den ausschließlichen Infektionsweg dar; sie sind bloß der *locus minoris resistentiae*.

Außer durch die Narben erfolgen die Blüteninfektionen in seltenen Fällen auch durch die Nektarien; denn diese sind von keiner kutinisierten Schicht bedeckt und bilden (wie die Narben) mit ihrem süßen Sekret einen günstigen Nährboden für die Mikroorganismen. Diesen Infektionsweg benützt unter anderem das *Bacterium amylovorum* (Burr.) Chest., der Erreger des fire blight (Abb. 17 und 18). Die Bakterien werden durch die Bienen bei der Bestäubung auf die Nektarien gebracht, befallen von hier aus den Fruchtknoten und verhindern seine Entwicklung, greifen dann unmittelbar auf die jungen Zweige und die stärkern Äste über, an denen die toten Blätter mitten im Sommer braun oder schwarz, wie versengt, niederhängen (daher der Name!), dringen schließlich in den Stamm und die Wurzeln und zerstören den ganzen Baum. Ferner kann das Bakterium durch die Stichkanäle zellsaftsaugender Insekten auf die Laubblätter übertragen werden oder durch Wunden in die Zweige gelangen und wiederum zentripetal eine progressive Erkrankung des ganzen Baumes einleiten.

Der Befall durch die Blüten, also durch die Fortpflanzungsorgane, ist somit auch beim fire blight, wie bei den *Sclerotinia*-Zweigdürren, nicht der einzig mögliche, sondern nur der bevorzugte bzw. der wirkungsvollste Infektionsweg; eine Parallele zu diesem Infektionsablauf bilden die Geschlechtskrankheiten des Menschen.

Die bis jetzt besprochenen Blüteninfektionen stellen gewissermaßen direkte Infektionen dar: die Fortpflanzungsorgane bilden den spezifischen, natürlichen Infektionsweg in den Organismus, dem sie angehören; dieser erkrankt. Bei einer besondern Form der Blüteninfektion dienen dagegen die Fortpflanzungsorgane der Mutterpflanze nur der Aufnahme und Weiterleitung der Krankheitskeime; die Mutterpflanze, deren Blüten den Keim aufnahmen, erkrankt selbst nicht, sondern gibt den Keim symptomlos an ihre Nachkommen, die Tochterpflanzen, weiter; erst diese erkranken.

Diese indirekten Infektionen werden uns erst im nächsten Kapitel (Epidemiologie) beschäftigen, und zwar einerseits bei den Überbrückungsinfektionen (zum Beispiel Blüten-Keimlings-Infektionen beim Flugbrand des Hafers und bei der Streifenkrankheit der Gerste) und anderseits bei der germinativen Keimübertragung (Ansteckung von der Mutter her, zum Beispiel beim Flugbrand des Weizens und der Gerste); denn es handelt sich bei ihnen nicht um den Weg in den Wirt hinein, sondern um den Weg zum eigentlichen Wirte hin.

b) Keimlingsinfektion

Bei der zweiten Gruppe von spezifischen Infektionswegen, den Keimlingsinfektionen, wird die Keimpflanze infiziert; im Gegensatz zu den echten Keimlingskrankheiten erkrankt sie jedoch nicht, sondern trägt den Keim symptomlos in sich, wächst in normaler Weise zu einer Pflanze heran und gibt ihn an diese weiter. Erst in dieser bricht die Krankheit nach Monaten, oft erst zur Zeit der Blühreife, an einer ganz andern Stelle aus, so in den weiblichen oder den männlichen Organen oder in der Blütenkrone.

Keimlingsinfektion mit Krankheitsausbruch in den weiblichen Organen liegt beim Steinbrand des Weizens (Abb. 76) vor. Die Brandsporen des Erregers, *Tilletia tritici* (Bjerk.) Wint., haften am Bart des Weizenkornes und gelangen mit ihm in den Erdboden oder sind schon dort vorhanden, keimen zu gleicher Zeit wie das Korn und lassen die Hyphen normalerweise interzellular durch die Koleoptile in den jungen Keimling eintreten; hier drängen sie sich interzellular zum Vegetationspunkt vor, wachsen während der ganzen Vegetationszeit hinter ihm her und von seinen Wülsten in die jungen Blätter hinaus und verursachen bei der befallenen Pflanze eine Reihe von schwachen, unspezifischen Allgemeinsymptomen, die wir später im 5. Kapitel (Die Erkrankung) besprechen werden.

Schließlich befallen die Hyphen die Blütenanlagen, dringen in die Samenanlagen ein, verzehren die Reservestoffe des jungen Endosperms, zerstören den Embryo und gehen dann zur Sporenbildung über, so daß das Brandkorn nur noch eine von der Fruchtwand umschlossene übelriechende Sporenmasse darstellt («Stinkbrand»). Der Ort der Infektion ist somit der Keimling, der Ort des Krankheitsausbruches die Ähre bzw. der Same; wenn sich die befallene Pflanze durch günstige Lebensbedingungen besonders rasch entwikkelt, so enteilt der Vegetationspunkt dem Parasiten, läßt ihn in den Halmen und Blättern zurück, und die Krankheit bleibt latent, d.h. sie bricht nicht aus.

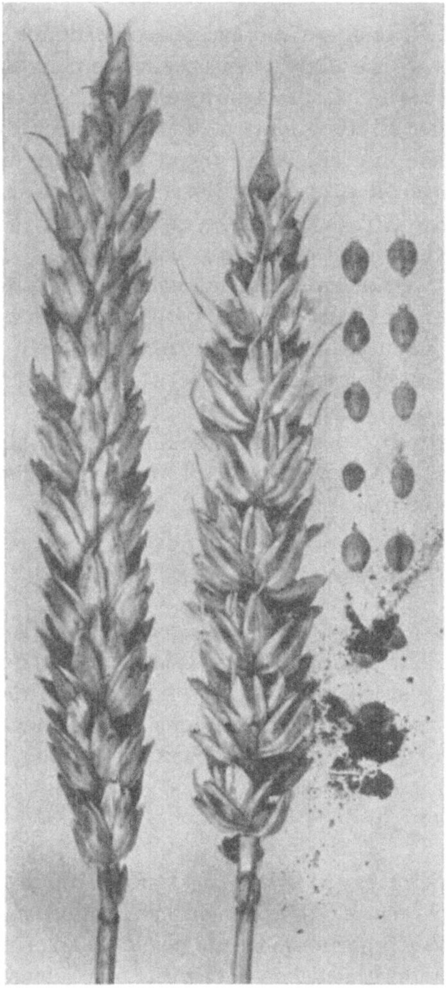

Abb. 76
Stein- oder Stinkbrand des Weizens, verursacht durch *Tilletia tritici*. Links gesunde, Mitte erkrankte Ähre; rechts Brandbutten (Brandkörner), wovon die beiden untern zerschlagen sind und das dunkle Sporenpulver entlassen. (Nat. Gr. Orig. Eidg. Landw. Versuchsanstalt Zürich-Oerlikon.)

Keimlingsinfektion mit Krankheitsausbruch in den männlichen Organen besteht beim Antherenbrand der Caryophyllaceen, *Ustilago violacea* (Pers.) Fckl. Wie beim Weizensteinbrand nimmt die Infektion auch hier ihren Weg normalerweise durch den Keimling; daneben ist aber auch Triebinfektion möglich, das ist eine Ansteckung durch jugendliche Gewebe und Knospen wachsender Sprosse. Die Hyphen wuchern, wie beim Steinbrand, bis zur Blühreife hinter dem Vegetationspunkt her und in die sich bildenden Zweige und Blätter hinaus und bewirken wieder bei der befallenen Pflanze eine Reihe von unspezifischen Allgemeinsymptomen: Zurückbleiben im Wuchs und in der Wurzelbildung, gelblichgrüne Färbung infolge Störung des Chlorophyllapparates, verstärkte Bestockung, vermehrte Behaarung, dagegen Hemmung in der Differenzierung der Blattgewebe, so daß Palissaden- und Schwammparenchym in extremen Fällen überhaupt nicht zu unterscheiden sind (Blumer, 1941).

Schließlich dringen die Hyphen in die Staubbeutel ein und gelangen in diesen, also, im Gegensatz zum Weizensteinbrand, in den männlichen Organen, zur Fruktifikation und zur vollen pathogenen Auswirkung. Der männliche

Apparat wird sterilisiert, die Pollenbildung verhindert, und statt ihrer bildet der Parasit in den Pollenkammern seine Brandsporen aus. Die äußern Antherenzellen bleiben zunächst intakt und die braunviolette Sporenmasse wird später durch ihr Aufreißen frei und zerstäubt. Das Myzel perenniert in den befallenen Stöcken, so daß sich die Zerstörung der Staubbeutel bei ihnen alljährlich wiederholt.

Keimlingsinfektion mit Krankheitsausbruch in der Krone besteht endlich mutmaßlicherweise bei einigen falschen Mehltau-Arten, insbesondere bei der *Peronospora Radii* de By. auf der Blumenkrone verschiedener Kompositen (*Achillea, Anthemis, Chrysanthemum* und *Matricaria*) und bei der *Peronospora corollae* Tranzschel auf der Krone von *Campanula persicifolia* L. und von *Linaria vulgaris* L. (GÄUMANN, 1923).

Der Erreger dringt offenbar im Frühjahr aus überwinterten Oosporen (Dauersporen) in den Keimling ein, wächst bis zur Blütenbildung symptomlos hinter dem Vegetationspunkt her und fruktifiziert dann in der Krone; erst und nur in dieser erfolgt der Krankheitsausbruch, also nicht in den männlichen Organen wie beim Antherenbrand, sondern in den Derivaten derselben.

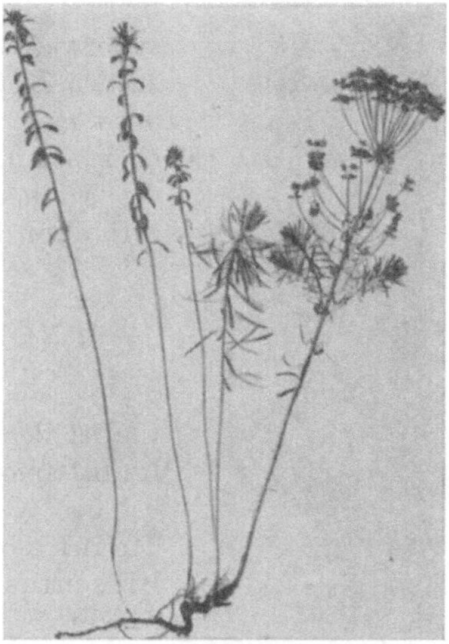

Abb. 77
Rechts gesunder, blühender Sproß der Wolfsmilch, *Euphorbia Cyparissias* L., links Sprosse, die durch den *Uromyces pisi* (Pers.) Wint. deformiert wurden. 1/5 nat. Gr. Orig.

c) Knospeninfektion

Bei der dritten Gruppe der spezifischen Infektionswege, bei den Knospeninfektionen, führt die Ansteckung, wie bei den Keimlingsinfektionen, nur dann zu einer Erkrankung, wenn sie früh genug erfolgt, daß der Erreger noch den Vegetationspunkt erreicht; durch andere Gewebe kann er wohl eindringen, aber seine spezifische pathogene Wirkung nicht auslösen. *Taphrina cerasi* (Fckl.) Sadeb. befällt die Knospen der Kirschbäume und reizt sie zu abnormem Wachstum: statt normaler Triebe entstehen bis 2 m hohe Hexenbesen, die sich durch eine übersteigerte Verzweigung, durch das Fehlen von Blütenknospen (Sterilisation) und durch negativen Geotropismus auszeichnen. Die Knospen sind also hier zugleich die Eingangspforte und der Ausgangspunkt der pathogenen Wirkung.

Dasselbe ist bei den Rostpilzen aus dem Formenkreis des *Uromyces pisi* (Pers.) Wint. der Fall, welche in der ungeschlechtlichen Generation auf Schmetterlingsblütlern, in der geschlechtlichen Generation auf Wolfsmilcharten leben;

die Hyphen dringen in die eben sich entfaltenden Rhizomknospen der Wolfsmilch ein, durchwuchern die aus ihnen sich entwickelnden Triebe und bewirken eine gelbliche Färbung und eine stärkere Streckung derselben, eine breitere und kürzere Gestalt der Blätter und ein Ausbleiben der Verzweigung und der Blütenbildung (Abb. 77).

Endlich beruht auch der Kartoffelkrebs (Abb. 294) auf einer Knospeninfektion. Die Kartoffelknollen sind in ihre Schale gehüllt wie der gehörnte Siegfried in seine Hornhaut: die Zoosporen des Erregers vermögen nicht in sie einzudringen. Es gibt bei ihnen nur eine schwache Stelle, die Knospen (Augen) und ihre unmittelbarste Umgebung; werden sie nachhaltig genug befallen, so entwickeln sie sich zu deformierten Sproßsystemen, eben zu den Krebswucherungen. Daneben kann der Erreger auch in grüne oberirdische Teile, Stengel, Blätter usw. eindringen; doch bleibt hier die spezifische Reaktion des Wirtes aus; diese erfolgt nur bei Benützung des spezifischen Infektionsweges.

Abb. 78
Aecidien des Rindenblasenrostes der Föhre, verursacht durch *Cronartium asclepiadeum* (Willd.) Fr. (Original; nat. Gr.)

d) Nadeln als spezifische Eintrittspforten der Erreger

Bei den Erregern, welche die Nadeln als spezifische Eintrittspforten benützen, wachsen die Hyphen nicht, wie bei den Keimlings- und Knospeninfektionen, den Trieb hinauf, sondern durch ihn hinunter; so dringen beim Blasenrost der Weymouthskiefer, *Cronartium ribicola* J.C. Fisch., und wohl auch beim Rindenblasenrost der Föhre, *Cronartium asclepiadeum* (Willd.) Fr., die Keimschläuche der Basidiosporen im Sommer durch die Kutikula oder durch die Spaltöffnungen in die dies- oder die vorjährigen Nadeln ein, wachsen im Verlauf mehrerer Monate durch deren Gefäßbündel in die Zweige und später in den Stamm hinunter, durchwuchern das Phloem und bilden auf der Zweig- oder Stammrinde nach zwei Jahren Spermogonien und nach einem weitern Jahr die ersten blasenförmigen, hell goldgelben Aecidien, welche die Rinde durchbrechen (Abb. 78). Der Ort des Krankheitsausbruches ist also wieder gegenüber dem Ort der Ansteckung organisch vollkommen verschoben.

e) Wurzelhaare als Eintrittspforten der Erreger

Die Wurzelhaare und die sie bildenden jüngsten Epidermiszellen sind nicht kutinisiert und deshalb auch Parasiten zugänglich, welche die Kutikula nicht zu perforieren vermögen und sonst auf Wunden angewiesen wären; so dringen die Knöllchenbakterien der Leguminosen (Abb. 284) und die Zoosporen der Kohlhernie, *Plasmodiophora brassicae* Wor. (Abb. 79), durch die Wurzelhaare (und die jüngsten Epidermiszellen) in ihren Wirt ein. Dieser Infektionsweg ist ferner bei Fusariosen, Bakteriosen usw. praktisch wichtig, doch wegen methodischer Schwierigkeiten nicht immer einwandfrei festzustellen; Abb. 80, *1* veranschaulicht ihn für *Fusarium conglutinans* Woll., dem Erreger der nordamerikanischen Kohlwelke, *2* für *Fusarium lini* Boll., dem Erreger der Flachswelke, und *4* für *Phymatotrichum omnivorum* (Shear) Dugg., dem Erreger der Texas-Wurzelfäule. Daneben können freilich die Hyphen auch die Epidermiszellen jüngster Wurzelpartien unmittelbar durchbohren (Abb. 80, *3*) oder (bei den Fusariosen) in den oberirdischen Teilen die Spaltöffnungen benützen; die Wurzelhaare sind somit bei ihnen, im Gegensatz zu den Knöllchenbakterien und dem Erreger der Kohlhernie, nicht die einzig mögliche, sondern bloß die bevorzugte Eintrittspforte.

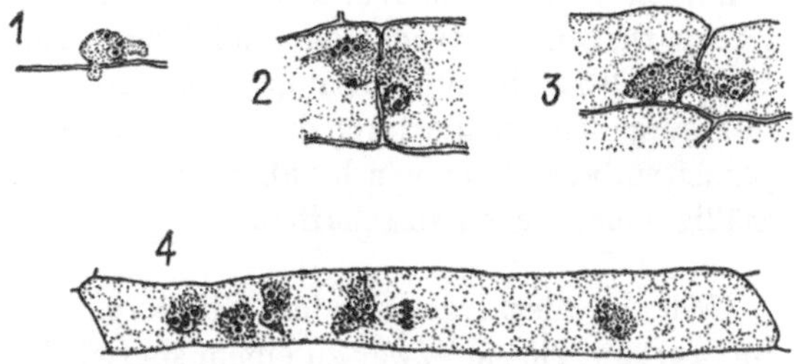

Abb. 79

Die Infektion der Wurzeln einer Kohlpflanze durch den Erreger der Kohlhernie, *Plasmodiophora brassicae* Wor. *1* Eine Zoospore hat aus der Wand eines Wurzelhaares oder einer Epidermiszelle eine kleine Öffnung herausgelöst und läßt ihren nackten Protoplasten in das Zellinnere treten. *2* und *3* Ein Plasmodium schlüpft durch eine antikline Zellwand. *4* Infizierte Kambiumzelle mit einigen Plasmodien. Der Kern der Wirtszelle ist in Teilung begriffen. Vergr. 560. (Nach KUNKEL, 1918.)

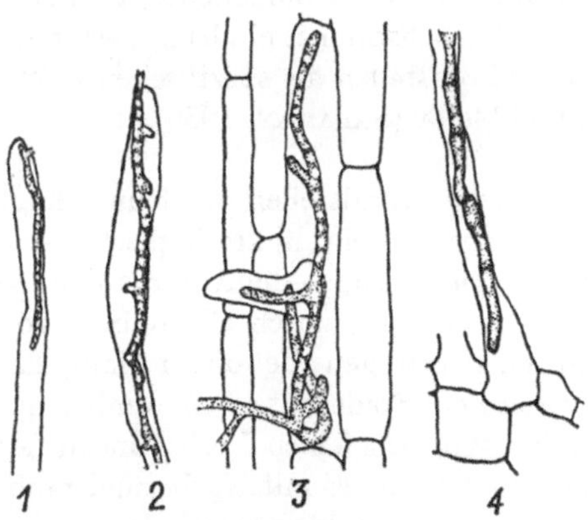

Abb. 80

Das Eindringen der Hyphen in die Wurzelhaare und die Wurzelepidermis. Erklärung im Text. Vergr. *1–3* rund 100, *4* 240. (Nach TISDALE, 1917, und WATKINS, 1938.)

4. Verletzungen als Eintrittspforten der Erreger

Infektionen, die ihren Weg durch Wunden nehmen, werden Wundinfektionen oder traumatische Infektionen genannt, ihre Erreger Wundparasiten. Doch ist dieser Ausdruck nicht sehr glücklich; ein echter Wundparasit ist in der Humanmedizin der Tetanusbazillus, der Erreger des Starrkrampfes, der ausschließlich in der Wunde anaerob lebt und von hier aus die Nervenbahnen schädigt; in diesem Sinne kann unter den Pflanzenparasiten der aerobe Erreger des bakteriellen Krebses, *Bacterium tumefaciens*, mit gewissen, im

5. Kapitel zu besprechenden Einschränkungen als Wundparasit angesprochen werden, weil er unmittelbar von der Wundstelle aus die lokale Krebsgeschwulst auslöst und entlegene Gewebe des Wirtes nicht überschwemmt. Die übrigen hier in Betracht fallenden pflanzenpathogenen Mikroorganismen benützen dagegen die Wunden nur als Eintritts- und Durchgangspforte; ihre pathogene Entwicklung erfolgt zum Teil in ganz anderen Körperteilen. Sie sind also nicht Wundparasiten im strengen Sinne des Wortes, sowenig man Mikroorganismen, die durch die Körperöffnungen eindringen, als Spaltöffnungsparasiten bezeichnen würde; aber der Ausdruck besteht, und es wäre unzweckmäßig, einen neuen zu schaffen.

Manche hierhergehörenden Mikroorganismen sind fakultative Wundparasiten: sie sind zwar zu einem spezialisierten Angriff, zum Beispiel durch die Körperhaut oder durch die Spaltöffnungen imstande, benützen aber bequemlichkeitshalber auch die Breschen in der Körperhaut, eben die Wunden; so vermag *Botrytis cinerea*, das Modellbeispiel der mechanischen Perforation der Kutikula (Abb. 1), seinen Weg auch durch Wunden zu nehmen.

Wieder andere Mikroorganismen sind obligate Wundparasiten, so die gleich zu besprechenden Stammparasiten unserer Waldbäume; sie können die abdichtenden Außenschichten, Kutikula, Periderm usw., nicht durchbrechen und sind deshalb auf Wunden angewiesen.

Daneben ist auch der umgekehrte Fall möglich, daß ein Erreger nicht durch Wunden zum Haften kommt; so lassen sich gewisse Mischvirosen der Kartoffeln (u. a. der *ZX*- und der *ZY*-Komplex; Abb. 252) durch Nadelstichinfektionen in ihre Bestandteile zerlegen, weil die eine Komponente, zum Beispiel das *X*-Virus, durch die Wunden in die Versuchspflanze eindringt, während die andere Komponente, das *Z*-Virus, auf Pfropfstellen als spezifischen Infektionsweg angewiesen ist und deshalb zurückbleibt (SALAMAN, 1930).

Hinsichtlich ihres Ausmaßes brauchen die Wundstellen nicht unbedingt als grobe Verletzungen dem bloßen Auge sichtbar zu sein; mikroskopisch kleine Risse, Ritzungen, Stiche usw. genügen. Manche Viren, so die *X*-Virus-Gruppe der Kartoffeln und das Tabakmosaikvirus, lassen sich durch «Einreiben» von virushaltigem Zellsaft auf gesunde Pflanzen übertragen; bei dieser Manipulation brechen die Haare ab, und die verletzten Epidermiszellen werden der Wundinfektion zugänglich. Dieselben mikroskopisch feinen Verletzungen der Epidermiszellen erhält man durch Bestreuen der Finger mit Karborundstaub.

Das Vorhandensein von derartigen mikroskopisch kleinen «Verletzungen» sowohl beim Spender als beim Empfänger müssen wir im Pflanzenreich auch bei den sogenannten Kontaktinfektionen annehmen; so wird das Kartoffel-*X*-Virus (Abb. 243) von einer infizierten Kartoffelstaude auf benachbarte gesunde Individuen übertragen, falls die Stauden sich berühren, insbesondere dann, wenn der Wind über sie hinweht, so daß die Schosse sich reiben; dabei genügt schon eine Windgeschwindigkeit von 3 m/sec, um 8 von 27 Versuchspflanzen erkranken zu lassen (LOUGHNANE und MURPHY, 1938); unter Umständen genügt für eine Übertragung des *X*-Virus sogar der unterirdische Kontakt der Wurzeln (ROBERTS, 1948).

Den extremen Fall einer Virusinfektion durch mikroskopisch feine Verletzungen bildet endlich die Tabaknekrose (Abb. 104): die Haarwurzeln des Tabaks verletzen sich beim Vordringen am mechanischen Bodenskelett, und das Virus dringt infolgedessen aus dem Erdreich in die Wurzeln ein, während unverletzte Wurzeln in Nährlösungen nicht infiziert werden (KENNETH SMITH, 1937; PRICE, 1938).

Dieselben mikroskopisch kleinen Verletzungen, die den eben genannten Viren den Eintritt ermöglichen, öffnen auch die Pforte für gewisse pathogene Pilze und Bakterien. *Phytophthora infestans*, der Erreger der Krautfäule (Abb. 305), und *Alternaria solani*, der Erreger der Dörrfleckenkrankheit des Kartoffelkrautes (Abb. 331), ferner *Plasmopara viticola*, der falsche Mehltau der Reben, benützen zwar normalerweise die Spaltöffnungen der Blattunterseite als Eingangspforte, wachsen aber auch von der Blattoberseite her durch Ritzen in der Kutikula in das Blattinnere hinein; die beiden ersteren können auch bei den Knollen kleine Risse im Periderm als Infektionsweg verwenden; desgleichen dringt das *Bacterium carotovorum* (Jon.) L. et N. = *Bacillus atrosepticus* van Hall = *Bac. phytophthorus* Appel, der Erreger der Schwarzbeinigkeit der Kartoffelstauden (Abb. 441) und einer Naßfäule der Knollen, vorwiegend durch Verletzungen im Bereich der Lentizellen, seltener durch die Augen, in die Knollen ein, weil im Bereich der Lentizellen durch den gegenseitigen Druck der Knollen beim Lagern leicht Beschädigungen der Zellwände erfolgen.

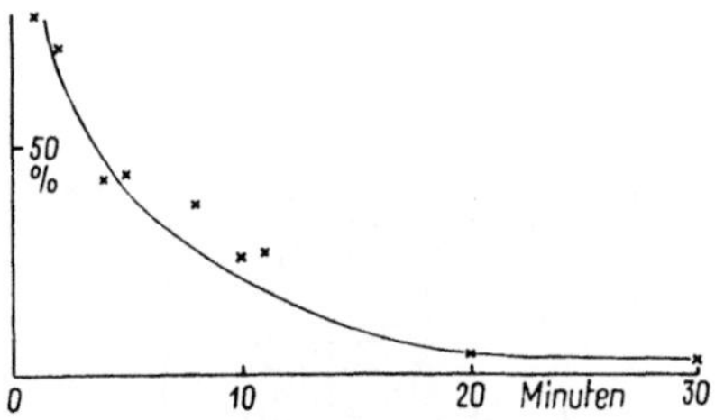

Abb. 81
Die Dauer der Durchlaßfähigkeit kleinster Wunden für das Aucubamosaikvirus. Erklärung im Text. (Nach SHEFFIELD, 1936.)

Ist somit das Ausmaß der Verletzung an sich nicht wesentlich, so besitzt es doch indirekt eine Bedeutung, weil kleine Wunden rascher heilen und dem Erreger weniger lang offen stehen als große; die soeben besprochenen abgebrochenen Haare verlieren dementsprechend ihre Durchlaßfähigkeit für das einzureibende Virus schon nach wenigen Minuten. In Abb. 81 wurden Blätter von *Nicotiana glutinosa* L. mit dem Finger gerieben; die eine Hälfte wurde sogleich mit Aucubamosaikvirus besprüht, die andere Hälfte erst nach 1, 2, ... bis 30 Minuten (Abszisse). Die Ordinaten geben die Zahl der Infektionsstellen bei verzögerter Besprühung an, bezogen auf die Zahl der bei frischer Besprühung gelungenen Infektionen. Schon nach 2 Minuten gelingen nur noch 72%, nach 5 Minuten 44%, nach 30 Minuten noch 2,8% der Infektionen.

Als Ursache der traumatischen Eintrittspforten kommen vor allem mechanisch-physikalische Verletzungen durch Hagelschlag, Tierfraß und durch den Menschen in Betracht.

Coniella diplodiella (Speg.) Petr. et Syd. = *Coniothyrium diplodiella* (Speg.) Sacc., der Erreger der Weißfäule der Weintrauben, wird in der Westschweiz Hagelpilz, champignon de la grêle, genannt; selbstverständlich muß nicht jedes Hagelwetter, das in heranreifende Trauben niedergeht, von einer Weißfäuleepidemie gefolgt sein; daß aber der Rebbauer auf Grund seiner örtlichen Beobachtungen in Hagelzügen die beiden Erscheinungen im Namen der Krankheit verknüpft, spricht für die schädigende Wirkung, die er dem Hagel als Wegbereiter des *Coniothyrium* beimißt. Auch der Befall reifer Kirschen durch *Monilia cinerea* Bon., dem gefürchteten Fäulniserreger, und der Weißtannen durch *Cylindrocarpon cylindroides* Wollenw., dem Erreger eines Zweigkrebses, wird durch Hagelschlag begünstigt; daneben können naturgemäß überhaupt alle «Wundparasiten» die Hagelwunden als Angriffsstelle benützen.

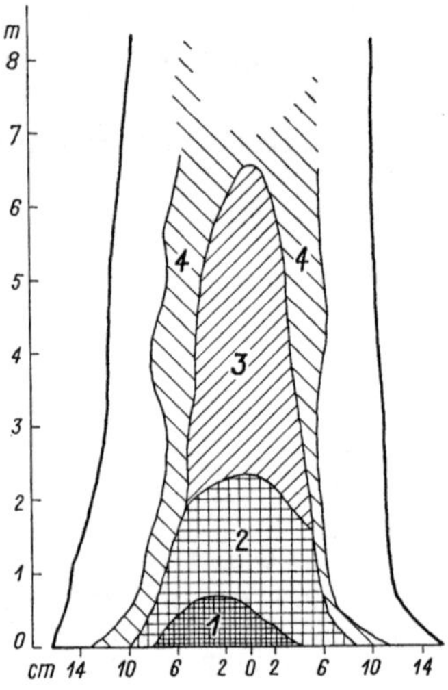

Abb. 82

Der Befall eines Fichtenstammes durch *Trametes radiciperda* von den Wurzeln her (sogenannte Rotfäule oder Trockenröte des Stammes). *1* Zone der Naßfäule. *2* Schwere trokkene Destruktionsfäule. *3* Leichte trockene Destruktionsfäule. *4* Korrosionsfäule. Abszisse: Durchmesser. Ordinate: Stammhöhe. (Nach Björkman, Samuelson c.s., 1949.)

Fraß an Fichten- und Kiefernwurzeln durch Nagetiere (und wohl auch Schälwunden an Stämmen durch Rotwild) schaffen die Angriffsstellen für den Erreger der trockenen Rotfäule oder Stockfäule, *Trametes radiciperda* Hartig. Die Fraßstellen des olivenbraunen Fichtenrindenwicklers, *Grapholita pactolana*, erleichtern (neben Hagelschlag und Frost) den Befall durch *Nectria cucurbitula* (Tode) Fr., dem Erreger einer Gipfeldürre der Fichten.

Die Wunden, die der Mensch schafft, können zum Beispiel Schürfwunden sein; diese entstehen im ungleichaltrigen Hochwald, wenn geschlagene Bäume beim Niedergehen jüngere, noch stehende Stämme streifen (Fällungsschäden); sie bilden eine Eintrittspforte für die eben genannte Rotfäule, ferner für den Erreger der Ringschäle der Fichten und Kiefern, *Trametes pini* (Brot.) Fr. (Abb. 437) und für manche anderen holzzerstörenden Pilze. Auch die waldschädigende Wirkung des Streuesammelns beruht nicht nur auf dem Entzug von humusbildenden Stoffen, sondern überdies auf der mechanischen Verletzung der flach liegenden Fichtenwurzeln durch eiserne Rechen (Befall durch *Trametes radiciperda*, Abb. 82 und 435).

Künstliche Schnittwunden, die den beiden *Trametes*-Arten den Befall erleichtern, entstehen beim «grünen Aufasten», wenn wegen schlechter natürlicher Astreinigung noch lebende Fichten- und Kiefernäste abgesägt werden; die gleiche Wirkung hat Schneebruch solcher Äste, ferner das grüne Aufasten von Eichen: Befall durch *Daedalea quercina* (L.) Pers. Ferner können die beim

Pfropfen und Okulieren der Obstbäume geschaffenen Schnittwunden dem Erreger des bakteriellen Krebses (Abb. 421), *Bacterium tumefaciens*, das Angehen ermöglichen.

Endlich verursacht der Mensch die für den Parasitenbefall notwendigen Verletzungen auch bei der Ernte und beim Transport von Früchten, Zuckerrüben und Kartoffeln (zum Beispiel bakterielle Naßfäule der letzteren durch Verletzung beim Graben).

5. Parasitogene Schadstellen als Eintrittspforten der Erreger

Ein primärer Parasit kann durch seinen lokalen Krankheitsherd eine Schadstelle schaffen, die einem zweiten, sekundären Parasiten, dem Folgeparasiten als Eingangspforte und vielleicht auch als saprophytische Vorstufe dient; er gibt ihm dadurch die Möglichkeit, in den Wirtsorganismus einzudringen und, vom primären Herd ausgehend, die gesund gebliebenen Wirtsgewebe anzugreifen. In andern Fällen schafft der primäre Erreger dem sekundären nicht die Eintrittspforte, sondern er schwächt den Wirt in entscheidender Weise: er setzt seine Widerstandskraft herab und ermöglicht dadurch dem sekundären Erreger, dem Schwächeparasiten, das Angehen. Diesen zweiten Fall werden wir erst im 4. Kapitel im Zusammenhang mit der Disposition des Wirtes besprechen; wir beschränken uns hier auf den ersten Fall, auf die parasitogen geschaffenen Eintrittspforten.

Fusarium coeruleum (Lib.) Sacc., der Erreger einer Weißfäule der Kartoffelknollen, vermag die unverletzte Schale (Periderm) der Kartoffelknollen nicht zu durchbrechen; auch kleine Risse in der Schale vermag es kaum zu benützen, da ihm der unmittelbare Übergang von der Sporenkeimung zur parasitischen Lebensweise nur schwer gelingt; sind dagegen die Kartoffelknollen durch Braunfäule (Abb. 385, falscher Mehltau, *Phytophthora infestans*, die ihrerseits durch die Lentizellen oder durch kleine Schalenrisse in den Knollen Fuß faßt) vorerkrankt, so findet das *Fusarium coeruleum* in den braunfaulen Geweben die Eingangspforte und den notwendigen Start, um allmählich das gesamte Knollenfleisch zu befallen und es in eine verpilzte Mumie zu verwandeln. Die Häufigkeit der Weißfäule steht deshalb oft in einem unmittelbaren Zusammenhang mit der Befallshäufigkeit durch die Braunfäule.

Nectria galligena Bres., der Erreger des Zweigkrebses der Apfelbäume (Abb. 420), vermag zwar unmittelbar durch Wunden in die Rinde einzudringen; in ausgesprochenen Krebslagen benützt er jedoch mit Vorliebe die alten Schorfstellen («Grind», *Endostigme inaequalis*) als Eintrittspforte; durch eine Bekämpfung des Schorfes wird deshalb mittelbar auch der Krebs verdrängt.

Die Hexenbesen der Weißtanne, verursacht durch *Melampsorella caryophyllacearum* (Abb. 350), sind an sich harmlos und mehr ein naturgeschichtliches Kuriosum. Wenn jedoch die Infektion nahe beim Haupttrieb erfolgt, so wächst das Myzel in seine Rinde und sein Kambium zurück und löst dort im Laufe der Jahre einen rissigen Stammkrebs aus, der seinerseits den sekundären Holzzerstörern, vor allem *Polyporus Hartigii* All., dem Erreger einer

Weißfäule, und *Agaricus adiposus* Fr., dem Erreger eines charakteristischen Muschelbruches, als Eintrittspforte dient. Die durch diese Folgeparasiten bewirkten Stamm- bzw. Holzkrankheiten sind es, welche den Weißtannenhexenbesen ihre große waldbauliche Bedeutung verleihen.

6. Der Befall durch Wunden, die von Vektoren geschaffen wurden

Verhältnismäßig zahlreiche Krankheitskeime, welche unversehrte Pflanzen nicht befallen können, werden durch Insekten bei der Nahrungsaufnahme (Saug- oder Fraßstellen) von kranken Individuen auf neue, gesunde Individuen übertragen (Wundübertragung). Es handelt sich also um eine besondere Form der Wundinfektion, bei der das Insekt, das die Wunde schafft, zugleich als Vektor den Parasiten herträgt und in den neuen Wirt einbringt. Wir werden diese Gruppe erst im nächsten Kapitel (Epidemiologie) im Zusammenhang mit der entomochoren Ausbreitung der Krankheitserreger besprechen.

§ 6. Die Besiedlung des Wirtes

Die Besiedlung des Wirtes durch den Erreger leitet die zweite Phase der infektiösen Erkrankung (Seite 15), die Inkubation, ein. Während dieser Zeit breitet sich der Erreger von der Infektionspforte her mehr oder weniger weit im Wirtsorganismus aus: er schreitet von der Infektion zur Generalisation. Nur wenn die Besiedlung gelingt, bildet die Infektion den ersten Schritt zur Pathogenese; nur dann kann sie zu einer Erkrankung führen; andernfalls abortiert sie.

Der Vorgang der Besiedlung stellt in der Pflanzenpathologie unter anderem die folgenden Fragen:

1. Wie geht der Erreger bei der Besiedlung des Wirtes vor? (1. Die Art der Besiedlung des Wirtes; Seite 86).
2. Auf welchem Wege breitet sich der Erreger im Wirte aus? (2. Die Ausbreitungswege der Erreger im Wirt; Seite 91).
3. In welcher Zeit dringt der Erreger im Wirte vor? (3. Die Ausbreitungsgeschwindigkeit der Erreger im Wirt; Seite 99.)
4. Wie weit breitet sich der Erreger im Wirte aus? (4. Lokalinfektion und Allgemeininfektion; Seite 101); und
5. Wohin wandert der Erreger im Wirte? (5. Die elektive Besiedlung des Wirtes; Seite 105.)

1. Die Art der Besiedlung des Wirtes

Die meisten Erreger von pflanzlichen Infektionskrankheiten stellen sich während ihres Angriffes auf den Wirt von der saprophytischen auf die parasitische Lebensweise um. Auch die Keimschläuche der in den Infektionstropfen keimenden Sporen (Abb. 1) leben zunächst halb saprophytisch;

denn sie beziehen nur einen Teil ihrer Nahrung von der Mutterzelle, den Rest aus dem Infektionstropfen. Erst die Infektionshyphe leitet den Übergang zur parasitischen Ernährung, d.h. zur Ernährung aus der Substanz des Wirtes, ein.

Manche Erreger vollziehen diese Umstellung mühelos; ihre Vitalität ist groß genug, um die intakte Wirtspflanze, ohne sie vorher durch Toxine usw. entscheidend zu schädigen, unmittelbar anzugreifen (direkter Angriff des Erregers). Sie ernähren sich dementsprechend von der lebenden Substanz des Wirtes, d. h. sie sind biotroph.

So schwärmen die Zoosporen der *Phytophthora infestans*, dem Erreger der Krautfäule der Kartoffeln, zunächst eine Zeitlang im Infektionstropfen umher, kommen dann zur Ruhe, umgeben sich mit einer Zellwand, treiben einen Keimschlauch, perforieren (falls sie nicht eine Spaltöffnung benützen) nach dem Schema der Abb. 1 die Epidermisaußenwand und beginnen den Inhalt der invadierten Zelle zu verzehren. Nach kurzer Zeit koaguliert deren Plasma. Die Infektionshyphe durchbohrt hierauf die innere Zellwand der Epidermiszelle, wächst nunmehr bis auf weiteres in der Mittellamelle zwischen den Zellen weiter (Abb. 83, *1*) und treibt jeweils feine Haustorien in die angrenzenden Wirtszellen hinein. Nach kurzer Zeit bräunt sich deren Inhalt: die Zellen sind abgestorben.

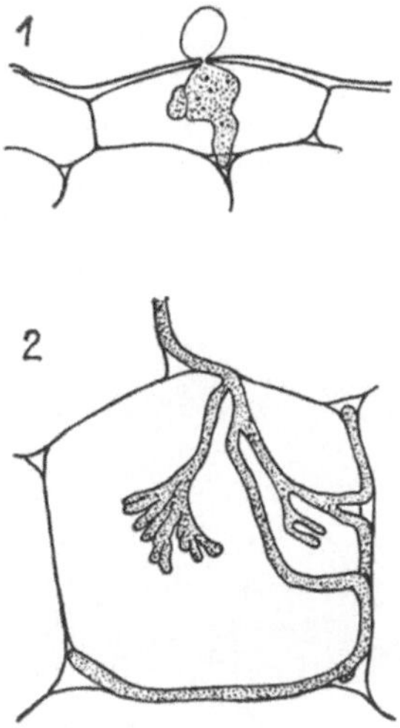

Abb. 83
Die Ausbreitung der *Phytophthora infestans* (Mont.) de By., dem Erreger der Krautfäule der Kartoffeln, in Tomatengeweben. *1* Eine Zoospore hat auf einem Laubblatt gekeimt und ist nach 5 Stunden bereits durch die Epidermiszelle in das Interzellularsystem vorgedrungen. *2* Intrazelluläre Verzweigung und interzelluläre Ausbreitung einer Infektionshyphe im Fruchtfleisch einer Tomate. *1* Vergr. 500, *2* 340. (Nach Röder, 1935.)

Dem Angriff dieses Pilzes geht somit kein längeres saprophytisches Vorstadium und keine besondere, vorbereitende Fernwirkung voran, sondern er erfolgt unmittelbar aus der keimenden Spore heraus.

Einer zweiten Gruppe von Krankheitskeimen, und zwar wiederum manchen pathogenen Pilzen, gelingt dieser unmittelbare Übergang von der Sporenkeimung zur parasitischen Lebensweise nur schlecht; sie müssen erst auf dem plasmatischen Zellinhalt, der bei Verletzung der Gewebe ins Freie tritt, oder auf Geweben, die infolge Quetschung usw. abgestorben sind, saprophytisch Fuß fassen; während dieser saprophytischen Vorstufe erstarken sie und erlangen die nötige Vitalität, um hernach den Widerstand des Wirtes zu überwinden und auf oder in ihm echt parasitisch zu leben.

Auch sie greifen also, wie die Erreger der ersten Gruppe, die Wirtszellen direkt an, ohne vor sich her eine manifeste Schädigungszone zu schaffen; auch sie sind biotroph; deshalb grenzen am Infektionsherd intakte Zellen unmittelbar an die pilzbefallene, erkrankte bzw. abgetötete Partie (Abb. 84). Nur gelingt ihnen der parasitische Start nicht unmittelbar von der Sporenkeimung aus, sondern sie müssen sich erst saprophytisch kräftigen (direkter Angriff mit saprophytischer Vorstufe).

In diese Gruppe gehören gewisse Wundparasiten (Seite 81). Bei künstlichen Infektionsversuchen pflegt man bei ihnen die für den Start notwendige saprophytische Vorstufe durch Abtöten kleiner, lebensunwichtiger Gewebepartien zu schaffen, sei es durch Anbrennen mit einem glühenden Kupferdraht

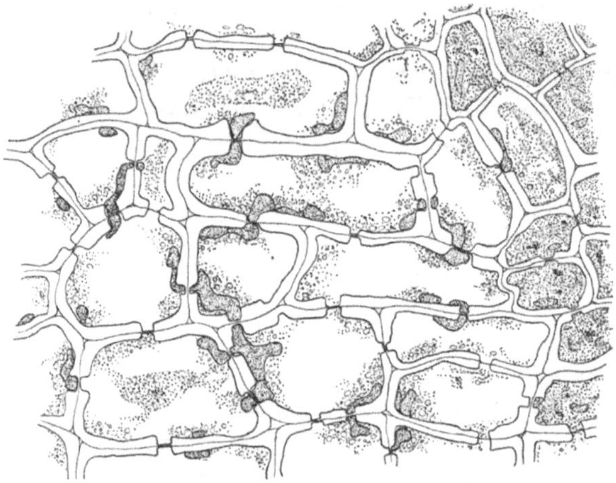

Abb. 84
Schnitt durch einen 4–5jährigen, von *Hysterographium fraxini* (Pers.) de Not. befallenen Eschenzweig. Abgetötete, von Pilzhyphen besiedelte, entleerte Zellen der primären Rinde, rechts inhaltsreiche, gesunde Zellen. Vergr. 750. (Nach Zogg, 1943.)

oder durch Erfrieren mittels flüssiger Luft; nach dieser Vorbehandlung haften Infektionen mühelos, die sonst nur launisch gelingen, so beim eben genannten *Hysterographium* auf Eschen und bei *Coniothyrium diplodiella* (Seite 84) auf Zweigen der Weinrebe.

Eine dritte Gruppe von Erregern kommt endlich überhaupt nie, oder fast nie, dazu, sich unmittelbar von lebender pflanzlicher Substanz zu ernähren; denn ihre Hyphen lassen durch toxische Stoffe die Wirtszellen vor sich her absterben (indirekter Angriff des Erregers); sie ernähren sich also von der abgetöteten Substanz des Wirtes, sie sind nekrotroph.

So bildet *Corticium vagum* B. et C. (syn. *Rhizoctonia solani* Kühn), der Wurzeltöter der Kartoffeln, ähnlich wie in Abb. 86 der Weizenhalmtöter, auf den Wurzeln oberflächliche Hyphenauflagerungen, die sich appressorienartig der Epidermis anschmiegen. Die darunterliegenden Epidermiszellen werden durch die vorausdiffundierenden Stoffwechselprodukte des Parasiten vergiftet, erkranken und sterben ab (Abb. 85, Stadium I), worauf der Pilz in sie eindringt. Dieser Vorgang wiederholt sich in den tiefern Zellagen des Rindenparenchyms usw. (Stadium II–IV), so daß der Pilz sukzessive durch den Gefäßbündelring hindurch bis in das Markparenchym wuchert.

Während ihres Vordringens in den Wirtsgeweben sind somit diese Erreger stets von einem Hof toter Zellen umgeben; sie ernähren sich infolgedessen von Anfang bis Ende saprophytisch und fruktifizieren ausschließlich auf toten Geweben. Ihre Wirkungssphäre ist zuweilen mikroskopisch auch an der Lockerung (Mazeration) des Zellverbandes zu erkennen, da nicht nur ihre Toxine, sondern auch ihre zellwand- usw. lösenden Enzyme vor ihnen her diffundieren und die Gewebe abbauen.

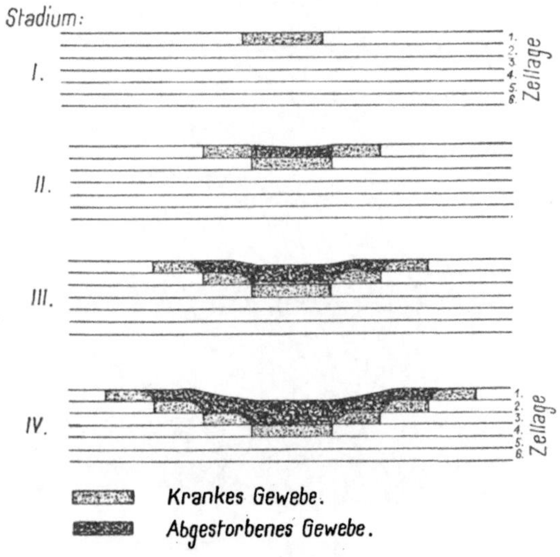

Abb. 85

Der Infektionsmodus des *Corticium vagum* B. et C. auf den Wurzeln einer Kartoffelstaude. Erklärung im Text. (Nach K. O. Müller, 1924.)

Diese Perthophyten (das sind Erreger, die die Wirtsgewebe zuerst abtöten und hernach besiedeln; Münch, 1929) agieren somit nach Art toxigener bzw. pathogener Saprophyten. In Wirklichkeit sind sie ja Saprophyten bzw. Nekrobionten. Inmitten des lebenden Wirtsorganismus bilden ihre Infektionsherde Inseln toten Gewebes, auf denen sie sich saprophytisch ernähren und von denen aus sie auf die intakten Nachbargewebe übergreifen. Da sie auch ihre Fruktifikationen nie auf lebenden Pflanzenteilen, sondern stets nur auf absterbenden oder abgestorbenen Organen, Zweigen usw. ausbilden, wurden sie zuweilen für harmlose Saprophyten gehalten; in Wirklichkeit sind sie jedoch Perthophyten, die vor sich her die Wirtsgewebe abtöten und sie dann nekrobiontisch bewohnen.

Hierher gehört eine große Zahl pflanzenpathogener Pilze, und zwar sowohl von wundenbenützenden als von direkt angreifenden Arten, unter ihnen *Leucostoma Persooni* (Nit.) Tog. [syn. *Valsa leucostoma* (Pers.) Fr.], *Leucostoma cincta* (Fr.) v. H. und *Leucostoma nivea* (Pers.) Aut., die Erreger der Apoplexie der Aprikosen-, Kirschbäume usw., und verschiedene *Nectria*-Arten, die Erreger der Rotpustelkrankheit mancher Laub- und Nadelhölzer. Das Haften der Infektion wird in der Regel auch bei ihnen durch vorheriges Abtöten kleiner Gewebepartien erleichtert.

Bei den menschenpathogenen Erregern kommt dieser dritten Gruppe nur geringe Bedeutung zu. Ein echter toxigener Saprophyt ist das *Clostridium botulinum* (v. E.) Holl., der Erreger der Wurstvergiftungen, der saprophytisch auf totem Fleisch lebt und seine giftigen Stoffwechselprodukte in unsern Verdauungstraktus gelangen läßt, ein Perthophyt, das *Clostridium tetani* (Fl.) Holl., der Erreger des Wundstarrkrampfes, der sich zunächst anaerob im

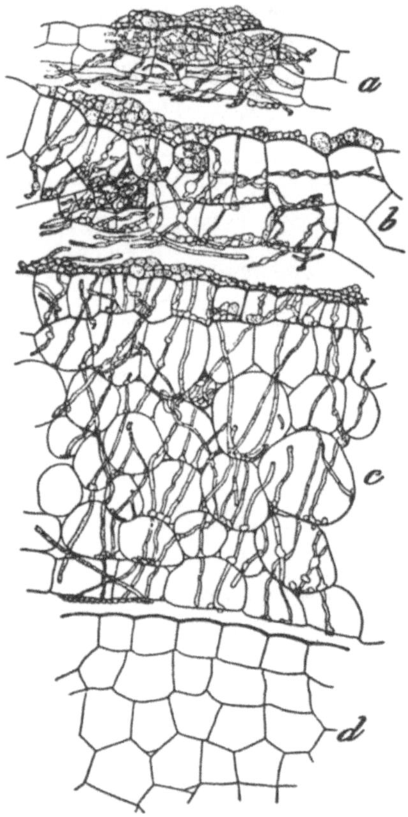

Abb. 86

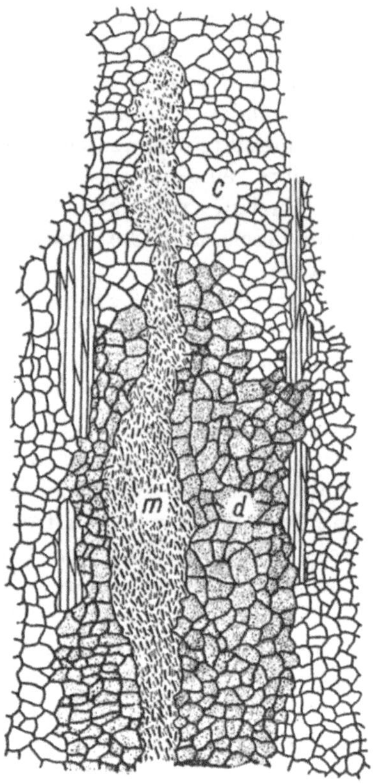

Abb. 87

Abb. 86. Die Besiedlung eines Weizenschosses durch den Erreger des Halmbruches (Augenfleckenkrankheit), *Cercosporella herpotrichoides* Fron. Querschnitt, 7 Wochen nach der Infektion. Der Pilz hat bereits die Blattscheiden *a*, *b* und *c* durchwuchert, indem er auf jeder von ihnen zuerst eine stromatische Myzelplatte bildete und hernach in die Tiefe drang. Vergr. 500. (Nach Sprague und Fellows, 1934.)

Abb. 87. Schnitt durch eine Myzelmatte *m* von *Endothia parasitica* (Murr.) And., die sich durch die Rinde *c* von *Castanea dentata* (Marsh.) Borkh. empordrängt. Unmittelbar hinter ihrem Scheitel sind die Rindenzellen gelbbraun verfärbt (punktierte Zone, *d*). Vergr. rund 200. (Nach Bramble, 1936, aus Boyce, 1948.)

Wundgewebe ansiedelt, von hier aus den Wirtsorganismus schädigt und erst dann in ihm weiterwuchert, soweit seine Anaerobie es ihm gestattet.

Diese drei Formen des Verhaltens sind naturgemäß nur im idealen Falle, bei den Modellbeispielen, scharf voneinander geschieden. In Wirklichkeit können sich die meisten Erreger, je nach ihrer Vitalität, den äußeren Umständen und der Reaktionsbereitschaft des Wirtes bald mehr nach dieser oder nach jener Art betätigen; so gibt es (4. Kapitel) bei ein und derselben Getreiderostrasse eine lückenlose Reihe vom nichttoxischen Effekt (erste Erregergruppe) auf anfälligen Getreidesorten zum extrem toxischen Effekt (dritte Erregergruppe) auf überempfindlichen Sorten.

2. Die Ausbreitungswege der Erreger im Wirt

Primitive Parasiten, vor allem manche Perthophyten, folgen keiner vorbestimmten Ausbreitungsbahn, sondern durchwuchern die Wirtsgewebe ohne

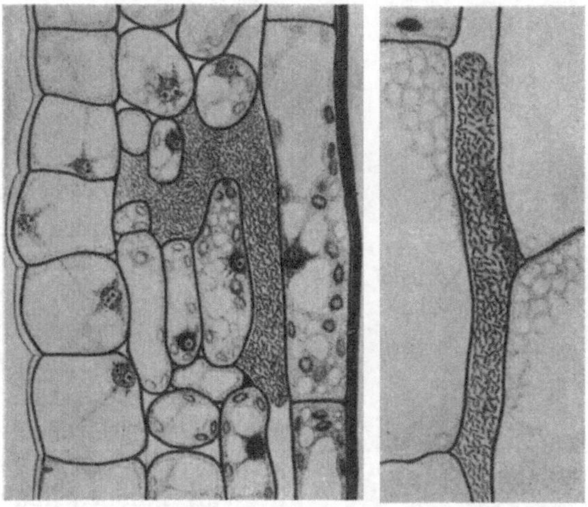

1 2

Abb. 88

Der Ausbreitungsweg des *Bacterium tumefaciens* Sm. et T., dem Erreger des bakteriellen Pflanzenkrebses, in einem Tomatenstengel. *1* Zoogloea, die sich in der Hypodermis durch die Zwischenzellräume zwängt; rechts außen beginnt das dickwandige Kollenchym. *2* Zoogloea in einem Zwischenzellraum des Markes. Vergr. 830. (Nach Hill, 1928.)

Rücksicht auf ihre histologische Differenzierung und breiten sich somit ungeordnet aus. Einen Eindruck dieses Vorgehens vermittelt Abb. 87, wo sich eine Matte von *Endothia*-Hyphen auf Grund ihrer Massenwirkung durch Kastanienrinde hinaufzwängt.

Mit der Verfeinerung der parasitischen Fähigkeiten der Erreger differenziert sich auch ihr Verhalten gegenüber (*a*) den Wirtszellen und (*b*) den Wirtsgeweben.

a) Unterschiedliches Verhalten der Erreger gegenüber den Wirtszellen. Manche Erreger breiten sich ausschließlich in den Wirtszellen, intrazellulär, aus, bzw. leben nur in diesen, so die Viren und die Erreger des Kartoffelkrebses (Abb. 294) und der Kohlhernie (Abb. 216). Die Plasmodien des Kartoffelkrebses verlassen die Zellen, die sie einmal besiedelt haben, überhaupt nicht mehr; diejenigen der Kohlhernie (Abb. 79) dringen dagegen unmittelbar von Zelle zu Zelle weiter, indem sie die Zellwände perforieren. Die Viren benützen wahrscheinlich die Plasmodesmen als Durchgangsweg; denn die Schließzellen der Spaltöffnungen, von denen keine Plasmodesmen zu den Nebenzellen führen, werden vom Tabakmosaikvirus nicht befallen (SHEFFIELD, 1936); vielleicht vermögen die Viren auch durch die submikroskopischen Hohlräume der Zellwände zu dringen, die ja bis etwa 10 $\mu\mu$ weit sind. Die parasitischen Pilze folgen endlich, vor allem in verholzten Geweben, mit Vorliebe den Tüpfeln (Abb. 84).

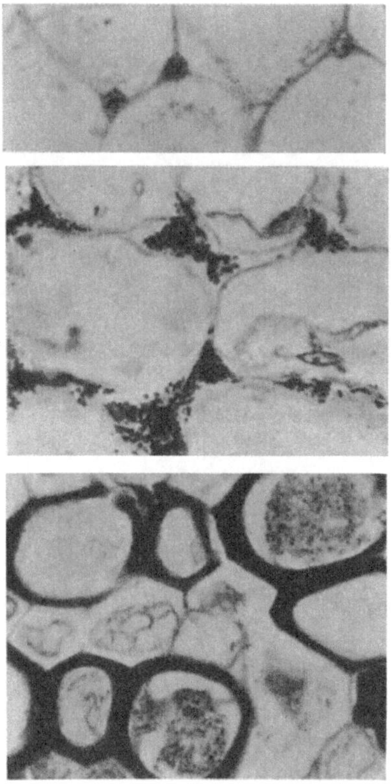

a

b

c

Abb. 89
Infektionsstadien des *Xanthomonas malvacearum* (E.F.S.) Dows., dem Erreger der eckigen Blattfleckenkrankheit der Baumwollsträucher. *a* Initialstadium mit Bakterien nur in den Interstitien. *b* Späteres Stadium mit Bakterien auch in den Mittellamellen zwischen den Zellen. *c* Spätstadium einer schweren Infektion; die Bakterien sind in die Stengeltracheiden eingedrungen. Vergr. rund 500. (Nach STOUGHTON aus GÄUMANN, 1932.)

Andere Erreger wählen ihren Weg ausschließlich zwischen den Zellen, interzellulär, indem sie die Pektine der Mittellamellen auflösen (zum Beispiel Abb. 10 und 88). Wieder andere breiten sich in den Anfangsstadien der Infektion interzellulär aus, dringen jedoch in den Spätstadien der Erkrankung auch in das Innere der Wirtszellen ein (zum Beispiel Abb. 89); umgekehrt leben zum Beispiel die Wurzelknöllchenbakterien der Leguminosen (Abb. 284) in den Primärstadien intra- und in den Spätstadien interzellulär.

Noch andere Erreger, zum Beispiel *Pythium de Baryanum* Hesse, ein Erreger des Wurzelbrandes (damping off) mancher Keimlinge, sind in dieser Hinsicht vollkommen indifferent und wuchern je nach Art und Alter der Gewebe und je nach Vitalität des Wirtes beliebig in oder zwischen den Zellen.

b) Unterschiedliches Verhalten der Erreger gegenüber den Wirtsgeweben. Manche Erreger, unter ihnen *Pythium de Baryanum* und *Phytophthora infestans*, breiten sich wahllos durch alle Gewebearten des Wirtes, Haut-, Grund-, Leitungs-, Speicher- usw. Gewebe, aus. Andere Erreger benützen dagegen mit Vorliebe bestimmte Bahnen, insbesondere die Gefäßbündel, als Leitungskabel oder Infektionsschiene; sie bilden eine Parallele zu jenen menschenpathogenen Mikroorganismen, die zum Beispiel unser Zirkulationssystem als Transportmittel und als Ausbreitungsweg benützen; und wie manche dieser Mikroorganismen entweder das Blut- oder das Lymph-

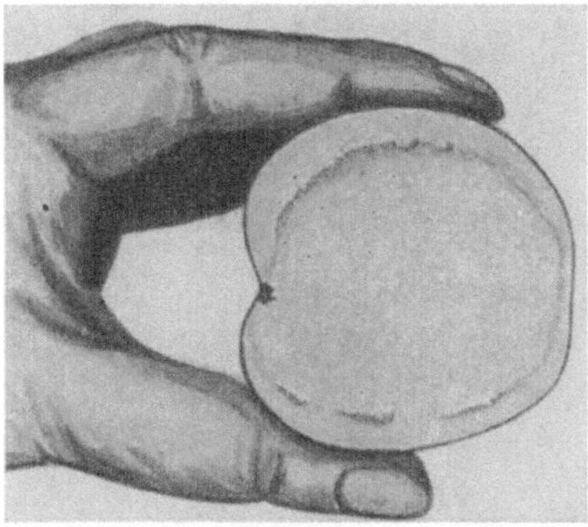

Abb. 90

Abb. 91

Abb. 90. Frühstadium der Bakterienringfäule der Kartoffelknollen, verursacht durch das *Corynebacterium sepedonicum* (Spieck. et Kotth.) Skap. et Burkh. Durch den Druck der Hand wurde ein Teil der Faulmasse aus der Gefäßbündelzone herausgepreßt. (Nach STAPP, 1933.)

Abb. 91. Adernschwärze des Kohles, verursacht durch *Xanthomonas campestris* (Pam.) Dows. Ausschnitt aus einem kranken Kohlblatt, aufgenommen im durchfallenden Lichte. Die Bakterien haben zunächst nach Art der Abb. 20 die Grundgewebe durchwuchert; sobald sie die Gefäßbündel erreichen, benützen sie sie fast ausschließlich als weitern Ausbreitungsweg. Etwa nat. Gr. (Nach STAPP, 1939.)

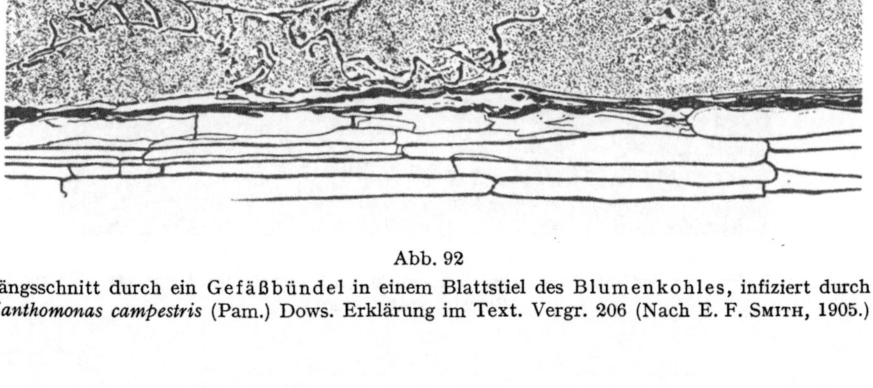

Abb. 92

Längsschnitt durch ein Gefäßbündel in einem Blattstiel des Blumenkohles, infiziert durch *Xanthomonas campestris* (Pam.) Dows. Erklärung im Text. Vergr. 206 (Nach E. F. SMITH, 1905.)

Abb. 93. Bahnspur der *Ophiostoma ulmi*, dem Erreger des Ulmensterbens, in einem Ulmenast. Die weitlumigen Gefäße des Frühjahrsholzes haben der Ausbreitung des Pilzes gedient und sind verfärbt. Vergr. etwa 2. (Nach PEACE, 1947.)

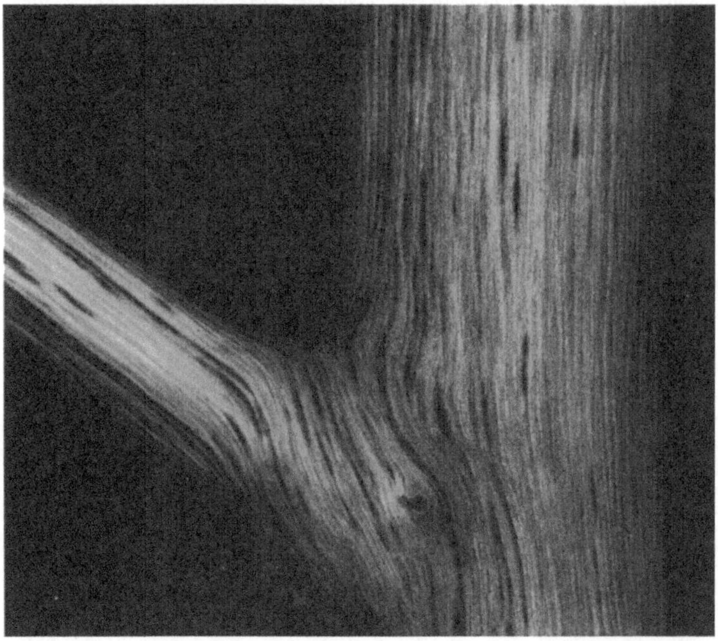

Abb. 94. Bahnspur der *Ophiostoma ulmi* in einem jungen Ulmenstamm. Vergr. etwa 3. Orig. Imp. Forestry Inst. Oxford.

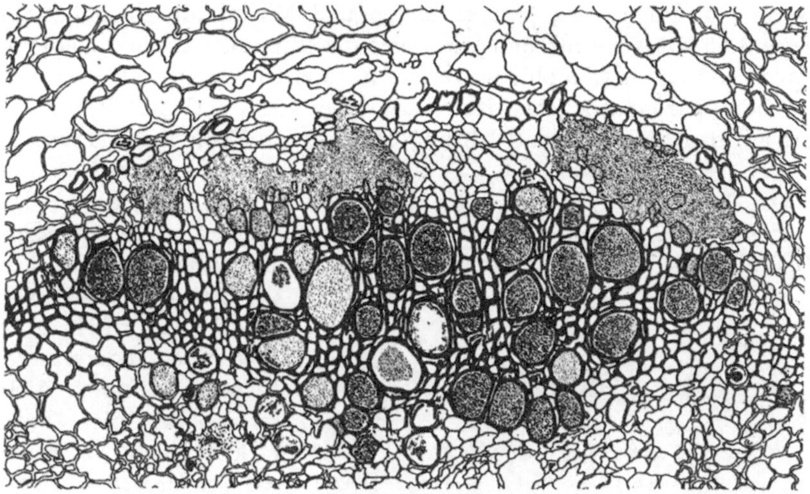

Abb. 95

Schnitt durch eine junge Infektionsstelle des *Pseudomonas solanacearum* E.F.S. in einem Kartoffelstengel. Die Bakterien sind durch das Xylem hinaufgewandert, an vier Stellen in das Phloem hinausgetreten und haben dort je eine kleine Kavität herausgelöst. Vergr. 100. (Nach E. F. SMITH, 1914.)

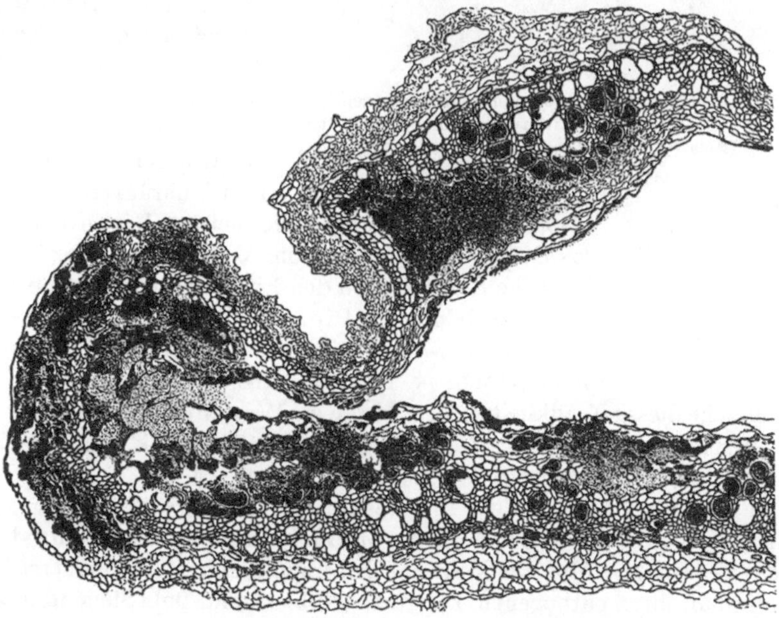

Abb. 96

Schnitt durch ein spätes Infektionsstadium des *Pseudomonas solanacearum* in einem Kartoffelstengel. Die Bakterien haben das gesamte Markgewebe und große Teile des Stengelparenchyms aufgelöst. Vergr. 75. (Nach E. F. SMITH, 1911.)

system bevorzugen (bei Streptokokken und Milzbrandbazillen besteht vorwiegend hämatogene Streuung, wogegen das Tetanustoxin und das Poliomyelitisvirus durch die Lymphbahn verfrachtet werden), so spezialisieren sich auch manche pflanzenpathogenen Keime entweder auf den Gefäßteil (das Xylem) oder auf den Siebteil (das Phloem) als spezifischen Ausbreitungsweg.

Das Xylem bevorzugen unter den Pilzen (Tracheomykosen, Hadromykosen) zum Beispiel das *Fusarium lycopersici* Sacc., der Erreger einer Welkekrankheit der Tomaten, und *Verticillium alboatrum* Rke. et Berth., der Erreger einer Welkekrankheit der Kartoffeln (Abb. 359, 418) und anderer krautiger Pflanzen (RUDOLPH, 1931), unter den Bakterien (Tracheobakteriosen) zum Beispiel das *Corynebacterium sepedonicum,* der Erreger der Bakterienringfäule der Kartoffeln (Abb. 90), *Xanthomonas campestris* (Pam.) Dows., der Erreger der Adernschwärze des Kohles (Abb. 91), und *Pseudomonas solanacearum* (E.F.S.) Dows., der Erreger der Schleimkrankheit des Tabaks und zahlreicher anderer tropischer Kulturpflanzen und Unkräuter.

Abb. 97
Sukzessive Besiedlung von Tabakblättern durch den Us-Stamm der Kartoffel-*X*-Virusgruppe vom Blattstiel her. Etwa ⅓ nat. Gr. (Nach KÖHLER, 1942.)

Dem Phloem, also dem Siebteil, folgen die meisten Viren (Abb. 97), so bei den Kartoffeln das Blattrollvirus und die *X*-Viren, eine Spezialisierung, die offenbar durch ihre enge Beziehung zu den Eiweißverbindungen des Wirtes gegeben ist. Eine Ausnahme bildet die Piercesche Krankheit des Weinstockes in Kalifornien (Nebenwirt *Medicago sativa* mit Zwergwuchs), deren Virus dem Xylem folgt (HOUSTON, ESAU und HEWITT, 1947).

Manche dieser Krankheitserreger lassen als Wegspur oder Bahnspur eine Braunfärbung und teilweise Zerstörung der Gefäße zurück (Abb. 93 und 94), die meist schon von bloßem Auge zu erkennen ist.

In den spätern Stadien des Infektes treten alle diese Erreger, Pilze, Bakterien und Viren, aus ihren spezifischen Ausbreitungsbahnen in die Grundgewebe des Wirtes hinaus und entfalten meist erst hier das Höchstmaß ihrer pathogenen Tätigkeit (Abb. 95 und 96). Sie sind also nicht auf die Gefäßbündel lokalisiert; sie stellen nicht eine spezifische Erkrankung der Gefäßbündel, nicht eine «Gefäßbündelkrankheit» im strengen Sinne des Wortes dar (etwa entsprechend der Malaria als einer spezifischen Erkrankung des Blutes), sondern sie bevorzugen bloß die Leitungsbahnen des Wirtes als ihren schnellsten und wirkungsvollsten Ausbreitungsweg bei der Streuung im Innern des Wirtsorganismus.

Die bevorzugte Ausbreitungsrichtung im Innern dieser spezifischen Besiedlungswege ist durch die Richtung des Saftstromes vorgezeichnet. Pilze und Bakterien wandern in der Regel rascher akropetal (scheitelwärts), weil sie in den Gefäßen durch den aufsteigenden Saftstrom begünstigt bzw. mitgeschleppt werden, Viren dagegen im allgemeinen mit dem absteigenden Assimilatstrom des Phloems rascher basipetal (Abb. 98); doch gibt es von dieser Regel manche Ausnahmen.

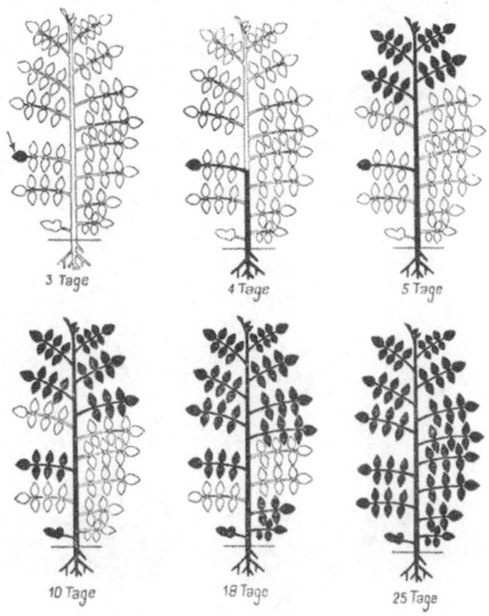

Abb. 98

Der Ausbreitungsweg des Tabakmosaikvirus (schwarz getönt) in einer etwa 45 cm hohen Tomatenpflanze. Das primärinfizierte Fiederblatt ist durch einen Pfeil bezeichnet. (Nach SAMUEL, 1934.)

Der Mechanismus, der die Infektionskeime ihren Ausbreitungsweg zurücklegen läßt, beruht entweder auf einem aktiven, fortschreitenden Wachstum des Erregers oder auf einer passiven Verschleppung durch den Wirt.

Bei der ersten Gruppe (sie umfaßt vor allem die Hyphenpilze) durchwächst der Erreger den Wirt aus eigener Kraft, und zwar auf Grund eines ähnlichen Penetrationsmechanismus wie bei der Infektion (Abb. 1); sie ist in der Pflanzenpathologie, im Gegensatz zur Humanmedizin, die zahlenmäßig größere.

Bei der zweiten Gruppe ist dagegen die «treibende Kraft» der Wirt, und zwar entweder sein Saftstrom oder sein Zellteilungsmechanismus oder eine spezifische Gewebewucherung.

Ein rein mechanischer Transport durch den Saftstrom des Xylems erfolgt bei manchen Bakterien und einigen Pilzen. Selbst das *Bacterium tumefaciens* wird unter optimalen Bedingungen in einer Stunde bis 5 cm (DE ROPP, 1948) und innert weniger Wochen 120 cm weit verfrachtet; deshalb bietet beim Wurzelkropf der Obstbäume das Wegschneiden der befallenen Wurzelpartien keine Gewähr für eine endgültige Entfernung des Infektes; unter Umständen können sich noch immer bis zu 35% der Bäumchen als befallen erweisen und neue Tumore bilden (STAPP und MÜLLER, 1938). – Die Konidien der *Ophiostoma ulmi*, dem Erreger des Ulmensterbens, werden in den weitlumigen Gefäßen des Frühjahrsholzes mit dem Saftstrom innert 24 Stunden sogar bis 5 m weit getragen (BANFIELD, 1941).

Der Zellteilungsmechanismus der invadierten Wirtszellen gibt zum Beispiel die Plasmodien der Kohlhernie (Abb. 79) und die Wurzelknöllchenbakterien gewisser Leguminosen ohne ihr eigenes Zutun unmittelbar von der Mutterzelle auf die Tochterzellen weiter.

Eine passive Verfrachtung des Erregers durch spezifische Gewebewucherungen (Zellsträhnen, Proliferationsstränge) des Wirtes besteht unter anderem beim bakteriellen Pflanzenkrebs. Falls nämlich der Primärtumor in jungen, nicht verholzten Partien des Wirtes angelegt wird, können in seiner Xylemregion Gewebepartien zu wuchern beginnen, sich durch gleitendes Wachstum zwischen den Wirtsgeweben (insbesondere in den Gefäßbündeln) hindurchzwängen und in einiger Entfernung neue, sekundäre Tumore setzen; so wurde in Abb. 99 der Stengel einer Winteraster, *Chrysanthemum indicum* L., bei *x–x* durch Nadelstiche mit dem *Bacterium tumefaciens* infiziert und zur Bildung des Primärtumors *t* veranlaßt. Von diesem wuchs eine Krebssträhne (tumor strand) in die Blattregion hinauf; beim unmittelbar benachbarten Blatt entstand nur bei *A* ein kleiner randständiger Sekundärtumor. Beim 2 cm entfernten obern Blatt wuchs dagegen die Strähne durch die Mittelrippe weiter (äußerlich an der Schwielenbildung erkennbar), spaltete sich bei der Gabelung des Blattes und löste im ganzen 6 kleinere Sekundärtumore aus (*B*, *X*, *Y* usw.), deren äußerster 9,5 cm vom Stengel entfernt war. Abb. 100, *1* zeigt den Scheitel einer nach oben drängenden großzelligen Krebssträhne bei *A* (der Abb. 99), Abb. 100, *2* einen Strähnenabschnitt aus einer andern Versuchspflanze.

Abb. 99
Primär- und Sekundärtumore auf *Chrysanthemum indicum* L., verursacht durch *Bacterium tumefaciens* Sm. et T. Erklärung im Text. Etwa ¼ nat. Gr. (Nach SMITH, BROWN und McCULLOCH, 1912.)

Diese innere Streuung durch Proliferation, d.h. durch (meist) bakterienführende Zellsträhnen, hat wegen ihrer teilweisen Analogie zur Metastasenbildung beim Karzinom des Menschen einer regen Diskussion gerufen; wir werden im 5. Kapitel, im Zusammenhang mit dem Krebsproblem, auf sie zurückkommen.

Noch unsicher ist endlich der Mechanismus der Wanderung bei den Viren. Sie werden wahrscheinlich zum Teil im Phloem durch den Nährstoffstrom verschleppt; so hängt die Geschwindigkeit der akropetalen Wanderung des Tabakmosaikvirus in den Stengeln von *Nicotiana tabacum* mit der Intensität des Nährstofftransportes zusammen (Abb. 101). Die passive Verfrachtung im Innern des Wirtes erfolgt zuweilen diskontinuierlich: das Virus haftet streckenweise nicht, so daß bis 50 cm lange Stengelpartien virusfrei bleiben können (STAPP und MARCUS, 1943; CAPOOR, 1949). In andern Fällen, so in Parenchy-

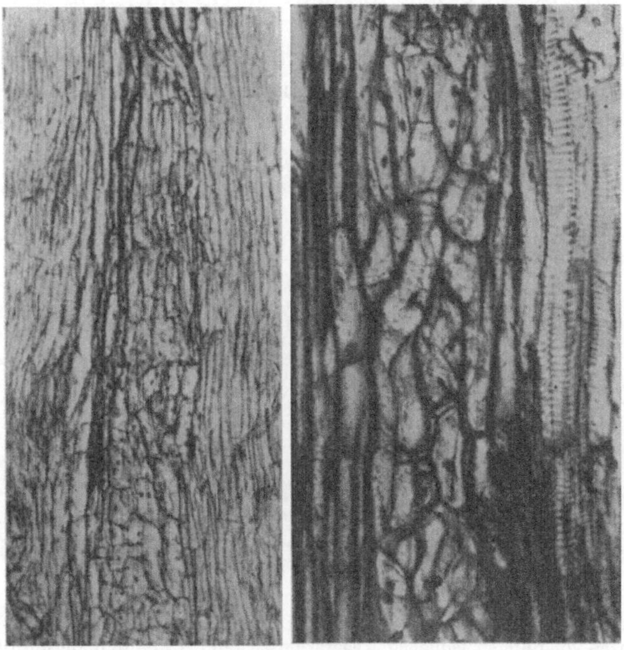

1 Abb. 100 *2*

Krebssträhnen in den Gefäßbündeln von *Chrysanthemum indicum* L. Vergr. *1* etwa 120, *2* etwa 200. (Nach SMITH, BROWN und MCCULLOCH, 1912.)

men, wandern (diffundieren) möglicherweise die Virusteilchen überhaupt nicht, sondern wachsen in Gestalt langer Polymerisationsketten durch die Plasmodesmen hin.

3. Die Ausbreitungsgeschwindigkeit der Erreger im Wirt

Die Ausbreitung des Erregers im Wirt verläuft bei den zwei eben besprochenen Gruppen, bei den durch fortschreitendes Wachstum aktiv vordringenden und bei den durch den Wirt passiv verschleppten Erregern, verschieden rasch.

Bei den aktiv vordringenden Erregern, also zumeist bei den parasitischen Hyphenpilzen, steht die Ausbreitungsgeschwindigkeit in einer unmittelbaren

Beziehung zur Wachstumsgeschwindigkeit der Hyphen. Rasch wachsende Pilze besitzen an sich die Möglichkeit, auch im Innern des Wirtes rasch voranzukommen; so wächst der Hallimasch, *Armillaria mellea*, mit seinen Rhizomorphen auf künstlichen Nährböden (und wohl auch in unterliegenden Stämmen) bis 18 mm im Tag, *Stereum purpureum* Pers., der Erreger einer Weißfäule, im Innern von Pappeln bis 13 mm im Tag, wogegen *Trametes pini* (Abb. 437) im Innern der Kiefernstämme im Jahresdurchschnitt bloß 18 cm zurücklegt (BAVENDAMM, 1928; MÜNCH, 1932).

Anderseits vermögen sich zuweilen die pflanzenpathogenen Bakterien in weitlumigen Gefäßen erstaunlich rasch aktiv auszubreiten; so beträgt die Wanderungsgeschwindigkeit des *Pseudomonas solanacearum*, des Erregers der

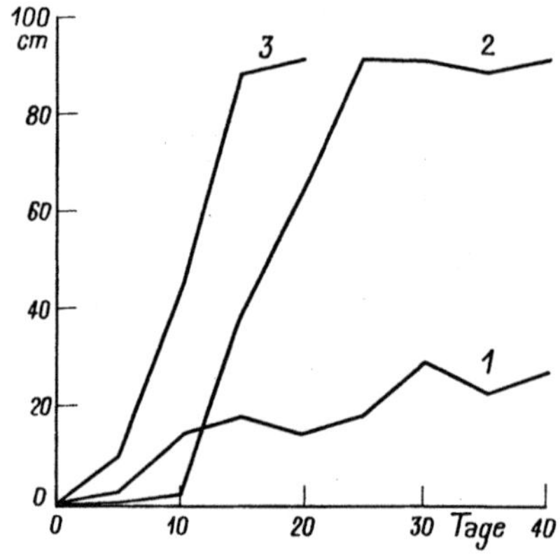

Abb. 101

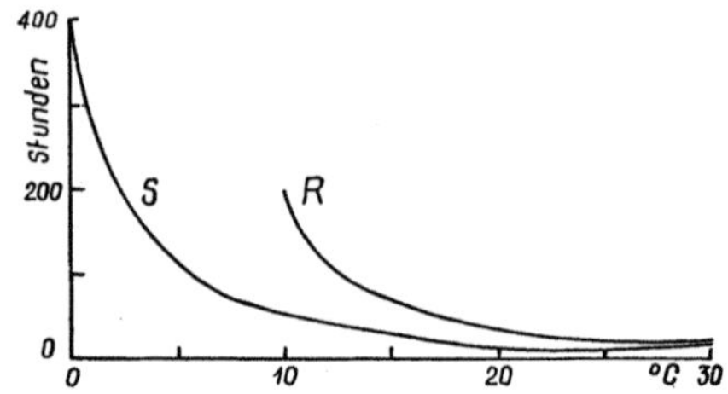

Abb. 102

Abb. 101. Die Geschwindigkeit der akropetalen Wanderung des Tabakmosaikvirus in Tabakpflanzen von unterschiedlichem Vegetationszustand. *1* Pflanzen, die am Blühen verhindert wurden. *2* Pflanzen, bei denen die ersten Blüten offen stehen. *3* Pflanzen mit voller Entwicklung der Samenkapseln. Abszisse: Zeit, die für die Wanderung des Virus zur Verfügung stand. Ordinate: Durchschnittlich zurückgelegter Weg. (Nach BENNETT, 1940.)

Abb. 102. Die Ausbreitungsgeschwindigkeit von *Sclerotinia fructigena* Schroet. (Kurve *S*) und von *Rhizopus nigricans* Ehrenb. (Kurve *R*) im Fleisch von Pfirsichen bei unterschiedlicher Lagerungstemperatur. Ordinate: Zeit in Stunden, bis die Fäulnis die wirtschaftliche Grenze überschritten hat. Bei 3° C kann sich der Transport im Kühlwagen über eine Rollzeit von 10 Tagen hinziehen; bei der sommerlichen Temperatur von 25° muß dagegen die Ware schon am folgenden Tag auf den Markt gebracht werden. (Nach BROOKS und COOLEY, 1928.)

Schleimkrankheit des Tabaks, der Tomaten usw. in feuchten tropischen und subtropischen Böden, bei der Temperatur von 23° C rund 5 mm pro Stunde in Kartoffelstengeln und 2,2 mm in Tomatenstengeln, und zwar aufwärts und abwärts, also unabhängig vom Saftstrom (GRIEVE, 1943).

Wie die Wachstumsgeschwindigkeit dieser Mikroorganismen auf künstlichen Nährböden, so ist auch ihre Ausbreitungsgeschwindigkeit im Innern des Wirtes stark temperaturgebunden (zum Beispiel Abb. 102); wir werden auf diese Frage im 3. Kapitel beim Einfluß der Temperatur auf die parasitische Eignung der Erreger zurückkommen.

Bei den passiv verschleppten Erregern ist zu unterscheiden zwischen dem Ferntransport in den spezifischen Leitungsbahnen einerseits und der intensiven Besiedlung zum Beispiel der Grundgewebe anderseits.

Der Ferntransport in den spezifischen Leitungsbahnen erfolgt, entsprechend der Geschwindigkeit der Plasmaströmung, zuweilen erstaunlich rasch, jedenfalls weit rascher als das aktive Vordringen der parasitischen Pilze; so legt das curly-top-Virus der Zuckerrüben im Mittel 152 cm je Stunde zurück (BENNETT, 1934), das Streifenmosaik des Mais 20 cm (STOREY, 1928) und das Tabakmosaik und das Kartoffel-*X*-Virus in Tomatenstengeln etwa 8–18 cm (KUNKEL, 1939; CAPOOR, 1949). In derselben Größenordnung liegen die Ausbreitungsgeschwindigkeiten der pathogenen Bakterien, Viren usw. in den Körpersäften des Menschen; Spirochäten und Trypanosomen sind schon einige Minuten nach der Applikation in den regionären Drüsen nachzuweisen; Milzbrandbazillen, durch Hautwunden infiziert, gelangen schon innert einer Stunde in Lunge, Leber und Milz der Versuchstiere.

Die Nahinfektion von Zelle zu Zelle kommt dagegen bei den eben genannten Viren nur langsam vorwärts, beim Kartoffel-*X*-Virus im Parenchym von Tabakblättern etwa 10 μ in der Stunde (KÖHLER, 1947), einerseits wegen der geringen Zahl der Plasmodesmen, anderseits weil sie unmittelbar von der Vermehrung des Virus abhängt. Die Verhältnisse im Tierreich lassen sich hier nicht zum Vergleich heranziehen, da die betreffenden Zellen nicht von einer starren, undurchlässigen Zellulose- usw. Wand umschlossen sind.

4. Lokalinfektion und Allgemeininfektion

Wie weit breitet sich der Erreger im Wirte aus? Hier sind im Extrem zwei Fälle möglich, Lokalinfektion und Allgemeininfektion.

Bei der Lokalinfektion siedelt sich der Erreger lediglich an der Eintrittspforte an und bleibt auf diese und auf die unmittelbar benachbarten Gewebe beschränkt. Nach der Dauer der infektiösen Erkrankung und nach der Reichweite ihrer pathogenen Wirkung zerfallen die Lokalinfektionen in Lokalinfekte s. str. und in Herdinfekte.

Bei den Lokalinfekten im strengen Sinne des Wortes liegt ein einmaliges, meist akutes Krankheitsgeschehen vor, dessen pathogene Wirkung nicht wesentlich über den Ansiedlungsbezirk des Erregers hinausreicht (Nahwirkung). Beispiele sind die Rostkrankheiten der Getreide (Abb. 265), der falsche Mehltau der Kartoffeln und der Reben (Abb. 305), die Blattfleckenkrankheiten (Abb. 330 und 331), der Beulenbrand des Mais (Abb. 239) und die Kohlhernie (Abb. 216).

Die Lokalinfekte stellen im Pflanzenreich den häufigsten Fall dar, im Gegensatz zur Humanmedizin, wo die Allgemeininfektion die normale Verteilungsform des Erregers bildet. Echte Lokalinfekte sind in der Humanmedizin selten; sie kommen bei gewissen Hautkrankheiten (Trichophytien) vor.

Die pflanzlichen Krankheitserreger dringen also in der Regel nicht weit über ihre Eintrittspforte hinaus. Bei gewissen Krankheiten, so beim Beulenbrand und bei der Kohlhernie, bleiben sie überhaupt endgültig, zeitlebens, auf den primären Befallsherd beschränkt. Bei andern Infektionskrankheiten, so bei den drei ersten oben genannten Beispielen, können sie dagegen streuen, d.h. neue Infektionsherde setzen. Diese Streuung erfolgt jedoch außen herum, extramatrikal: der Erreger schnürt an der primären Infektionsstelle extramatrikale Sporen ab (Abb. 140), die durch den Wind oder den Regen auf benachbarte Blätter, Zweige usw. gelangen und dort neue lokale Infektionsherde bilden. Der Wirt kann auf diese Weise auch bei lokalen Infekten vollkommen verseucht und erkrankt sein (zum Beispiel eine Kartoffelstaude durch die Krautfäule, Abb. 305), aber nicht als Allgemeinerkrankung, sondern durch eine Häufung von aerogenen Lokalinfekten.

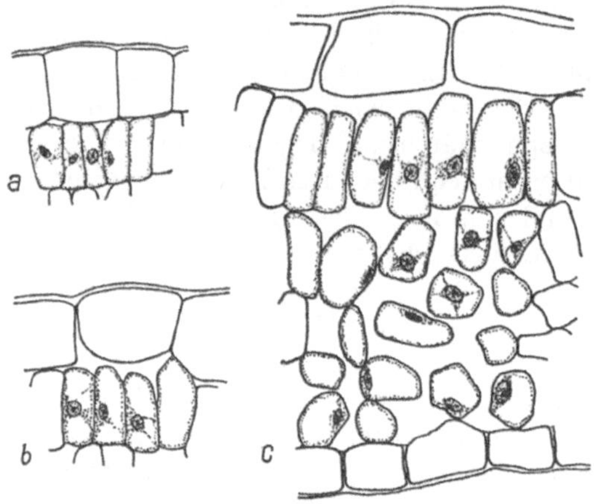

Abb. 103
Die Ablösung der Epidermis bei silberglanzkranken Pflaumenblättern der Sorte Victoria. *a* Primärstadium mit zytologischen Defekten in den Palisadenzellen. *b* Die Epidermis beginnt sich abzuheben. *c* Spätstadium eines bereits chlorotisch gewordenen Blattes. Die Chloroplasten wurden überall weggelassen. Vergr. rund 300. (Nach TETLEY, 1932.)

Durch diese örtliche Beschränkung (Lokalisierung) des Parasit-Wirt-Verhältnisses wird zweifelsohne die generelle Infektion des gesamten pflanzlichen Körpers erschwert; anderseits wird auch die Abwehr und die humorale Immunisierung des ganzen Körpers erschwert.

Die Herdinfekte beruhen ihrerseits auf einem chronischen Krankheitsgeschehen: von einem langewährenden, oft unauffälligen lokalen Herd werden dauernd toxische Stoffe und zuweilen schubweise auch die Erreger selbst nach Art der Fernwirkung in entfernte Teile des Organismus verfrachtet und rufen dort krankhafte Störungen hervor.

Ein klassisches Beispiel ist der Milch-, Blei- oder Silberglanz der Pflaumen- und mancher anderer Laubbäume (*Acer-*, *Carpinus-*, *Sorbus-* usw. Arten), verursacht durch *Stereum purpureum* Pers. Erfolgt an den Wurzeln oder am Stamm eine lokale Infektion, so werden die Toxine des Erregers und die nekrogenen Stoffe der lädierten Gewebe von diesem Herd aus mit dem Saftstrom viele Meter weit über die distalen Stammteile und die Krone hin verfrachtet und verursachen frühestens ein Jahr nach der Infektion als Fernwirkung (nach Art des Tetanus) die eigentliche Erkrankung, nämlich eine

Bräunung der Holzgewebe und zellularpathologische Veränderung im Blattwerk (Silberglanzeffekt). Die beiden Symptomgruppen werden durch unterschiedliche chemische Prinzipien ausgelöst, die Bräunung der Gewebe durch ein thermostabiles und der Silberglanzeffekt durch ein thermolabiles Prinzip (Brooks und Brenchley, 1931).

Die Epidermiszellen der Blätter beginnen unter der Einwirkung des thermolabilen Prinzips von den Nerven gegen die Interkostalfelder hin anzuschwellen und sich vom Palisadengewebe abzuheben, so daß ein lufterfüllter Hohlraum, eben die Ursache des «Silberglanzes», entsteht (Abb. 103). Dieser Effekt wird noch durch ein Auswachsen der Schwammparenchymzellen und durch eine Vergrößerung ihrer Interzellularen verstärkt; daneben gehen auch pathologische Veränderungen der Zellkerne, des Plasmas und der Chloroplasten einher, die in schweren Fällen innert weniger Jahre zum Tod der betreffenden Bäume führen.

Abb. 104

Das Virus der Tabaknekrose, auf Blätter von Bohnenpflanzen (*Phaseolus vulgaris* L.) verimpft, verursacht ausschließlich Lokalinfektionen. Erklärung im Text. Etwa 1/3 nat. Gr. (Nach Kenneth Smith, 1937.)

Der Herd der Erkrankung liegt somit an der Stammbasis, das geschädigte Organ, das Laubwerk, dagegen peripher. Verbindungsbahn sind die Gefäße (ähnlich dem Blutweg beim Menschen).

In diese Gruppe der Herdinfekte gehören unter anderem auch die Seite 96 erwähnten Welkekrankheiten. Ihre Erreger siedeln sich primär in den Gefäßbündeln an und wandern allmählich durch sie hinauf; aber ihre toxischen Agenzien werden weit vor ihnen her verschleppt und lösen in den peripheren Bezirken, wiederum vor allem im Laubwerk, die entscheidenden pathologischen Erscheinungen aus, lange bevor der Erreger selbst in die betreffenden Grundgewebe gelangt ist; er besiedelt sie vielmehr erst nach ihrem physiologischen Zusammenbruch.

Im Gegensatz zu den bis jetzt besprochenen Lokalinfekten, die zeitlebens auf die nähere oder weitere Umgebung der Eintrittspforte beschränkt bleiben und nur außen herum streuen, setzen die Erreger der Allgemeininfektionen die Besiedlung des Wirtes unmittelbar nach ihrem Haften fort und lassen auf die Infektion sogleich eine ausgiebige Generalisation folgen: ihr Primärherd streut intramatrikal im Innern des Wirtsorganismus.

Diese Allgemeininfektionen werden in der Pflanzenpathologie meist systemische Infektionen genannt; Beispiele sind der *Uromyces pisi* (Abb. 77) und manche Verticilliosen (Abb. 359, 418), Bakteriosen (Abb. 89) und Virosen (Abb. 252); sie besiedeln schließlich den ganzen Körper mit Ausnahme der Vegetationspunkte. Auf die Allgemeininfektion folgt bei ihnen

Abb. 105

Das Virus der Tabaknekrose breitete sich bei einer spontan durch die Wurzeln infizierten Tabakpflanze nur bis in das unterste Blatt aus; nur dieses (links außen) zeigt infolgedessen Symptome (Nekrosen). Erklärung im Text. Nat. Gr. (Nach KENNETH SMITH und BALD, 1935.)

in der Regel auch eine Allgemeinerkrankung; spezialisiert ist höchstens der anfängliche Ausbreitungsweg des Erregers. Bei einer Sondergruppe der Allgemeininfektionen ist dagegen die Manifestation des Allgemeininfektes auf bestimmte Gewebe oder Organe beschränkt (Lokalmanifestation); mit dieser Gruppe werden wir uns nun gleich im 5. Abschnitt beschäftigen.

Zwischen den beiden Extremen der Lokal- und der Allgemeininfektion bestehen naturgemäß alle möglichen Übergänge: Infekte, die nicht streng lokalisiert und doch auf bestimmte Teile des pflanzlichen Körpers beschränkt sind. Beispiel: die Tabaknekrose. Wird das Virus durch Einreiben oder durch Nadelstiche in die Blätter verimpft, so verursacht jeder Infektionsherd eine ausschließlich lokale Nekrose (Abb. 104, ähnlich dem Tabakmosaik, Abb. 61, nur daß bei diesem das Virus allmählich durch den gesamten Körper wandert, während es bei der Tabaknekrose auf die Infektionsstelle im Laubblatt beschränkt bleibt). Wird dagegen das Virus in die Wurzeln verimpft, so breitet es sich in diesen und in der Sproßbasis (und nur in dieser) systemisch aus und verursacht deshalb auch bei sensiblen Wirten nur an den untersten Blättern die charakteristischen Nekrosen (Abb. 105). Bei den Blättern als Eintrittspforte führt also das Nekrosevirus zu Lokalinfektionen, bei den Wurzeln als Eintrittspforte dagegen zu einer Allgemeininfektion, aber doch nur in zirkumskripten Partien des Wirtes (KENNETH SMITH, 1937).

5. Die elektive Besiedlung des Wirtes

Wo siedelt sich der Erreger im Wirte an, bzw. wohin breitet er sich im Wirte aus? Welches ist das Gewebespektrum des Erregers? Die räumliche Verbreitung oder Verteilung des Krankheitserregers im Wirt, also des Mikro- im Makroorganismus, ist ebensosehr ein Problem der spezifischen Anfälligkeit bestimmter Wirtsgewebe (und Organe) als der elektiven Bevorzugung (Prädilektion) bestimmter Gewebe durch den Erreger. Die beiden Aspekte lassen sich nicht voneinander trennen.

Manche Erreger, so *Botrytis cinerea* Pers. (Abb. 1) und *Corticium vagum* B. et C. (Abb. 348), besiedeln und verzehren vollkommen undifferenziert und wahllos alle möglichen Gewebe und Organe (und auch alle möglichen Wirte), sofern ihnen die äußeren Umstände den Befall gestatten. Auch der Apfelschorf, *Endostigme inaequalis*, kann die verschiedensten Organe seines Wirtes, Zweige, Blätter und Früchte, befallen. Wir empfinden einen derartigen Parasitismus als primitiv, obschon die betreffenden Erreger systematisch unter Umständen einer hochstehenden Gruppe angehören, *Botrytis cinerea* und *Endostigme inaequalis* zu den Ascomyceten, *Corticium vagum* zu den Basidiomyceten.

Andere Erreger – wir empfinden sie als parasitisch hochstehend – zeigen dagegen eine bestimmte Affinität zu bestimmten Geweben und Organen des Wirtes; ihre Infektionskeime häufen sich oder fixieren sich normalerweise an derselben Stelle (innere Lokalisation des Erregers bzw. der Krankheit): es kommt zu einer bevorzugten regionären Ansiedlung des Erregers. Die bei den pflanzlichen Infektionskrankheiten bis jetzt geklärten Fälle gruppieren sich um vier Teilfragen, a) intra- und extramatrikale, b) gewebespezifische, c) organspezifische und d) organotrope und histotrope Besiedlung des Wirtes.

a) Intra- und extramatrikale Besiedlung des Wirtes

In der überwiegenden Mehrzahl der Fälle siedeln sich die Erreger pflanzlicher Infektionskrankheiten im Innern ihrer Wirtspflanzen an, also intramatrikal, endophytisch, endoparasitisch. Einige Erregergruppen, zum Beispiel die Viren und Bakterien, kennen überhaupt nur diese Ansiedlungsform.

Gewisse parasitische Pilze leben dagegen ganz oder teilweise an der Körperoberfläche ihrer Wirtspflanzen, also extramatrikal, ektoparasitisch, wobei sich eine lückenlose Reihe von fakultativen Ektoparasiten zu obligaten epiphytischen Parasiten bilden läßt.

Am Anfang dieser Reihe stehen Formen mit Luftmyzel, deren Hyphen unter geeigneten Umweltbedingungen durch den freien Luftraum wachsen, die Wirtspflanze umspinnen und sie immer wieder außen herum infizieren, so unter dem Schnee der braune Schneeschimmel der Koniferen (Abb. 106) und der (weiße) Schneeschimmel des Wintergetreides (*Fusarium nivale* [Fr.] Ces. usw.).

Schon enger an ihren Wirt schmiegen sich die Hyphen von *Corticium vagum* (Abb. 85), die im lockern Erdreich oder in feuchtigkeitsgesättigter Luft die Kartoffelstengel an ihrer Basis umspinnen und sukzessive zerstören (Weißhosigkeit). Auch bei *Ophiobolus graminis* Sacc., dem Erreger einer Fußkrankheit des Weizens (Abb. 137), erfolgt die Primärinfektion meist nicht an der geschädigten Halmbasis, sondern an einer mehr oder weniger weit entfernten Stelle des Wurzelsystems; von hier wächst der Pilz durch Laufhyphen (Abb. 107, *1*) längs der Wurzeln, also extramatrikal, zur Halmbasis hinauf, wo endgültig die endophytische Lebensweise einsetzt (Sekundärinfektion; Abb. 107, *2*).

Abb. 106
Zweig einer Legföhre, *Pinus montana* Mill., befallen vom braunen Schneeschimmel, *Herpotrichia nigra* Hart. Sommerlicher Aspekt. 1/3 nat. Gr. (Nach GÄUMANN, ROTH und ANLIKER, 1934.)

Parasitisch eine Stufe höher stehen die Kutikulaspezialisten. Es sind dies Erreger, die zu Lebzeiten der Laubblätter ektoparasitisch zwischen der Epidermisaußenwand und der Kutikula, also subkutikular wuchern, und die Laubblätter erst bei oder nach ihrem Absterben intramatrikal zu besiedeln vermögen, so *Endostigme inaequalis* (Cke.) Syd., der Erreger des Apfelschorfes (Abb. 108 und 109), *Endostigme pirina* (Aderh.) Syd., der Erreger des Birnschorfes, und *Diplocarpon rosae* (Lib.) Wolf, der Sternrußtau der Rosen (Abb. 110 und 111). Obschon die Hyphen dieser Parasiten streng subkutikular leben und normalerweise keine Haustorien in die Epidermiszellen senden, entziehen sie ihnen auf osmotischem Wege doch genügend Nährstoffe, um schon in der ektoparasitischen Phase reichlich fruktifizierende subkutikulare Konidienlager (die Nebenfruchtform) zu bilden. Die Fruchtkörper der Hauptfruchtform, die Pseudothecien, werden dagegen intramatrikal, im Innern der (vermodernden) Wirtsgewebe, angelegt.

Parasitisch noch höher sind die Erysiphaceen (echten Mehltaupilze) und die tropischen Perisporiaceen zu stellen, die ausschließlich an der Oberfläche ihres Wirtes haften und nur dort fruktifizieren. Das extramatrikale, meist hyaline Myzel der Erysiphaceen läßt seine Haustorien vorwiegend in die Epidermiszellen dringen (Abb. 112); seltener gelangen Hyphenäste in das Blattinnere (Abb. 113).

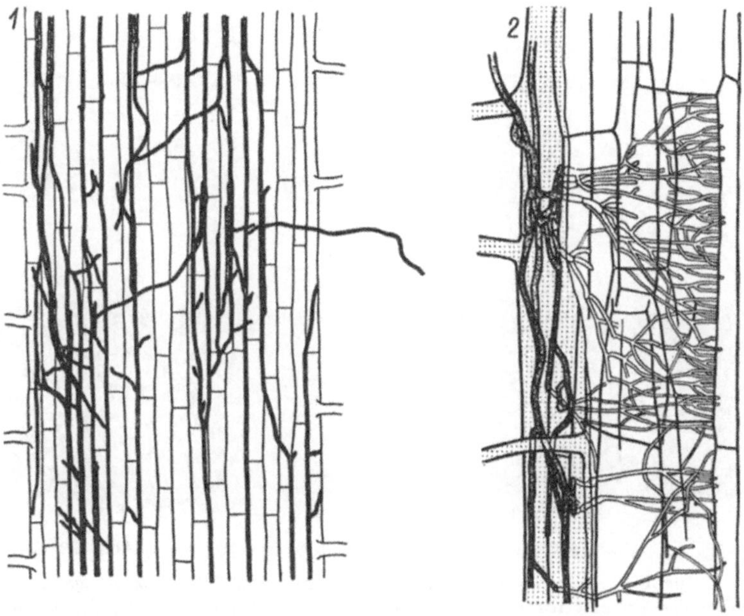

Abb. 107
Überbrückungsinfektion bei der Fußkrankheit des Getreides, verursacht durch *Ophiobolus graminis* Sacc. *1* Laufhyphen an der Oberfläche einer Haarwurzel des Weizens. *2* Seitenäste der extramatrikalen Laufhyphen dringen in das Wirtsgewebe ein. *1* Vergr. rund 80, *2* rund 150. Erklärung im Text. (Nach SAMUEL aus GARRETT, 1934.)

In ähnlicher Weise gehen die höheren Pseudosphaeriales unter Reduktion des intramatrikalen Myzels zur epiphyllen Lebensweise über und nehmen dabei einen besondern asterinoiden Habitus an. Ihr braunes Myzel wächst meist strahlig-radiär über die Blattfläche hin und heftet sich durch kurze, meist einzellige, oft gesetzmäßig angeordnete, appressorienartige Seitenzweige, die Hyphopodien (Abb. 115), an der Blattoberfläche fest. Andere Seitenzweige, die Stomatopodien (Abb. 114), dringen durch die Spaltöffnungen in das Mesophyll, verästeln sich hier und bilden, ähnlich den Senkern von *Phyllactinia*, zahlreiche Haustorien. Bei der häufigsten dieser Gattungen, bei *Meliola* (Abb. 115), die in etwa 300 Arten auf den Blättern und Früchten, seltener auf den Zweigen tropischer und subtropischer Pflanzen parasitiert, ist der asterinoide Habitus so stark ausgeprägt, daß man ihre Vertreter wiederholt für saprophytische Epiphyten hielt; sie sind indessen epiphytische Parasiten.

b) Gewebespezifische Besiedlung des Wirtes

Gewisse Erreger zeigen innerhalb der endoparasitischen Lebensform eine noch weitergehende topographische Spezialisierung, indem sie auch im Innern des Wirtsorganismus aus noch unbekannten Gründen vorwiegend bestimmte Gewebe besiedeln oder in bestimmten Geweben fruktifizieren (Gewebespezifität, Gewebespektrum).

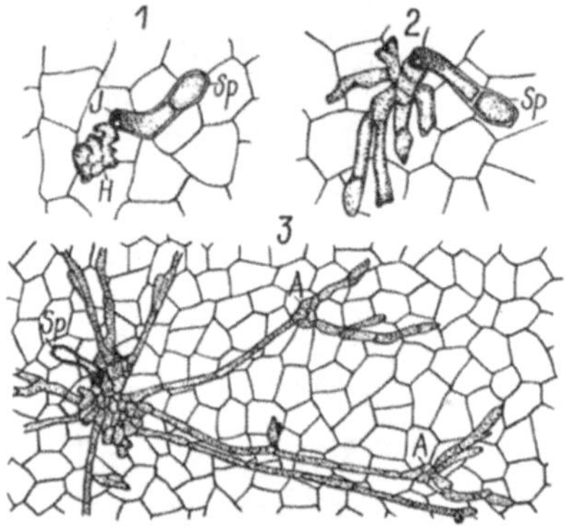

Abb. 108

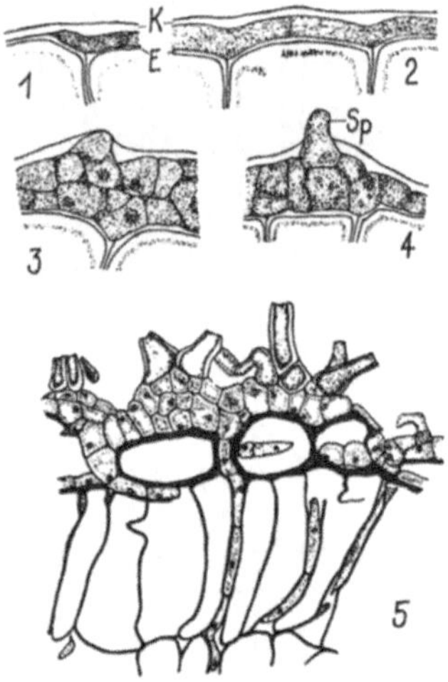

Abb. 109

Abb. 108. Aufsichtsbilder der ersten Besiedlungsstadien von *Endostigme inaequalis* (Cke.) Syd., dem Erreger des Apfelschorfes. *1* Die Konidie *Sp* hat gekeimt und bei *J* durch einen feinen, mikroskopisch kaum sichtbaren Porus die Infektionshyphe *H* unter die Kutikula dringen lassen. *2* Ausläuferartige Hyphen, die subkutikular von der Infektionsstelle ausstrahlen. *3* Die Hyphen beginnen sich bei *A* subkutikular zu konidienbildenden Lagern (Acervuli) zu verflechten. *1* und *2* Vergr. 450, *3* 200. (Nach Nusbaum und Keitt, 1938.)

Abb. 109. Die ersten Besiedlungsstadien von *Endostigme inaequalis* (Cke.) Syd., dem Erreger des Apfelschorfes, im Querschnitt. *1* Eine Ausläuferhyphe bahnt sich ihren Weg zwischen der Kutikula *K* und der Epidermisaußenwand *E*. *2* Späteres Stadium einer subkutikularen Hyphe. *3* Die subkutikularen Hyphen beginnen sich zu einem Konidienlager zu verflechten. *4* Die Kutikula wird von einem Hyphenast, der eine Konidie *Sp* abzuschnüren beginnt, durchbrochen. *5* Spätstadium, in welchem die Kutikula abgeblättert ist und die Hyphen inter- und intrazellulär in die geschädigten Blattgewebe hinunterwachsen. *1–4* Vergr. 530, *5* 310. (Nach Nusbaum und Keitt, 1938, und Wilson, 1928.)

Die Rostpilze besiedeln nur assimilierendes, nicht verholztes Grundgewebe, *Synchytrium endobioticum*, der Erreger des Kartoffelkrebses, und die Erysiphaceen meist nur die Epidermiszellen der Blätter und Stengel, *Pseudopeziza tracheiphila* Müll. Thurg., der Erreger des Rotbrenners der Reben, nur die Gefäße der Blätter, *Phytophthora cambivora* Petri, der Erreger der Tintenkrankheit der Kastanien, vorwiegend das Kambium der Wurzeln und Stämme, und die mitteleuropäischen Hymenomyceten nur das Holz der Stämme, nie grünes, assimilierendes Gewebe, wobei sie sich ihrerseits in Splint- und in

Kernspezialisten scheiden: bloß das Jung- bzw. Splintholz zerstört *Lenzites heteromorpha* Fr., der Erreger der Flammung des Holzes bei geschlagenen, aber noch lebenden Nadelholzstämmen, die in der Rinde bzw. im Saft liegen blieben; *Trametes pini* (Abb. 437) besiedelt dagegen an stehenden Stämmen nur das Reif- bzw. Kernholz.

Einige Erreger, so *Pseudopeziza tracheiphila*, wachsen im Wirt mehr oder weniger zielstrebig an ihren spezifischen Ansiedlungsort hin: die Infektion erfolgt irgendwo in den Epidermiszellen, worauf die jungen Hyphen auf verhältnismäßig kurzem Wege in die Gefäße vordringen, dort lokalisiert bleiben und nach Art der Herdinfektion durch ihre toxischen Ausscheidungen das Palisaden- und Schwammparenchym schädigen (Rotfärbung der Zellwände, Verkrümelung der Chloroplasten usw.) und vorzeitig absterben lassen.

Von dieser hohen Stufe der Gewebespezifität führt nur ein kleiner Schritt zur Organspezifität (Abschnitt c) und zur Organotropie (Abschnitt d).

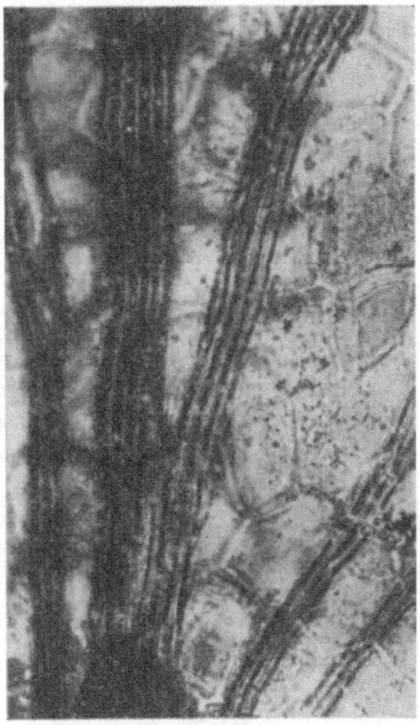

Abb. 110
Parallelstränge von ausläuferartigen, subkutikularen Hyphen von *Diplocarpon rosae* (Lib.) Wolf, die an der Oberseite von Rosenblättern radiär ausstrahlen und durch ihre dendritische Anordnung das Krankheitsbild des Sternrußtaues bewirken. Vergr. 450. (Nach Frick, 1943.)

c) Organspezifische Besiedlung des Wirtes

Bei der organspezifischen Besiedlung sind überhaupt nur bestimmte Organe des Wirtes für den Erreger empfänglich; nur in ihnen vermag er Fuß zu fassen und sich zu entwickeln.

Modellbeispiel ist der Pilz des Mutterkorns, *Claviceps purpurea* (Fr.) Tul., der ausschließlich in den weiblichen Geschlechtsorganen der Gräser lebt. Die Ascosporen infizieren zur Blütezeit die Narben; die Hyphen wachsen in den Fruchtknoten hinunter, durchwuchern ihn und verwandeln ihn in eine schmutzigweiße, weiche, gefurchte Pilzpseudomorphose (Abb. 116, *1*). An der Oberfläche der Furchen schnüren dichtgedrängte Hyphenenden eine Unmenge hyaliner Konidien ab, die, in eine süße Flüssigkeit eingebettet, aus der Ähre abtropfen (Honigtau). Nach Erschöpfung dieser Fruktifikationsform bildet sich der Gewebekörper von der Basis gegen den Scheitel hin in ein dunkelviolettes, hornartiges Dauermyzel (Sklerotium) um, das Mutterkorn (Abb. 117), das infolge eines starken interkalaren Wachstums aus der Ähre herausragt, während der Reife der Wirtspflanze zu Boden fällt, hier überwintert und im folgenden Frühsommer mit Ascusfruchtkörpern auskeimt.

Gegen diese strenge Organspezifität des Mutterkornpilzes schienen die mutterkornartigen Gebilde zu sprechen, die gelegentlich an Halmen oder Halmknoten entstehen; sie beruhen jedoch auf einer traumatischen Infektion

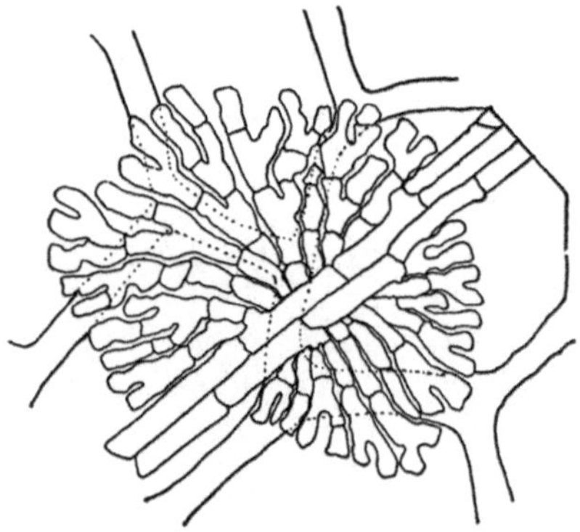

Abb. 111

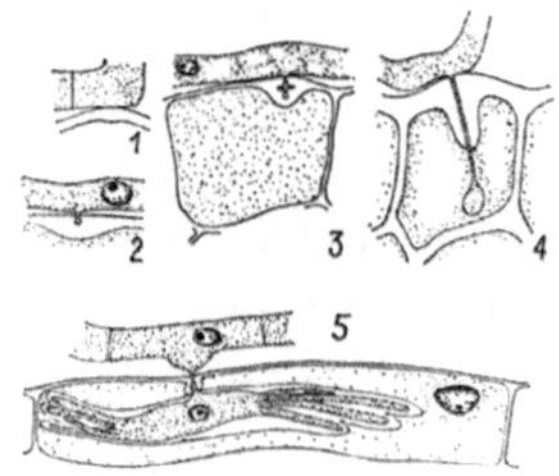

Abb. 112

Abb. 111. Von einem subkutikularen Parallelstrang von *Diplocarpon rosae* (Lib.) Wolf strahlen handförmig gelappte Hyphenäste radiär aus und bilden die erste Anlage eines Sommerkonidienlagers (subkutikularer Acervulus). Vergr. 700. (Nach FRICK, 1943.)

Abb. 112. *1–4* Die Besiedlung der Epidermiszellen von *Geranium maculatum* L. durch den echten Mehltau, *Sphaerotheca fugax* Penz. et Sacc. *5* Haustorium der *Erysiphe graminis* DC. in einer Epidermiszelle von *Poa pratensis* L. Vergr. 600. (Nach SMITH aus GÄUMANN, 1926.)

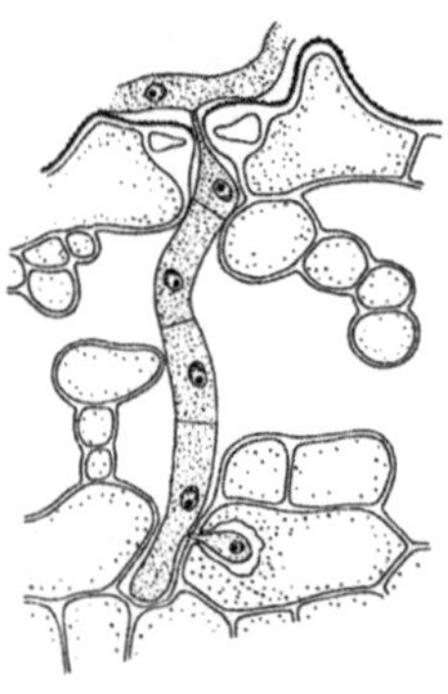

Abb. 113

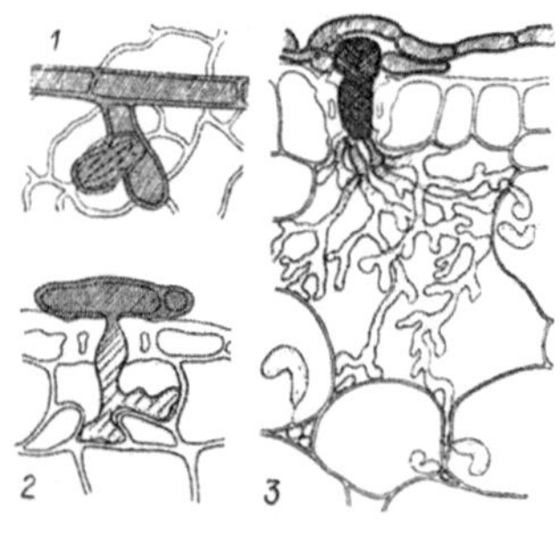

Abb. 114

Abb. 113. Hyphenzweig des echten Mehltaues, *Phyllactinia suffulta* (Reb.) Sacc., der in das Mesophyll von *Cornus stolonifera* Michx. vordringt. Vergr. 450. (Nach SMITH aus GÄUMANN, 1926.)

Abb. 114. Besiedlungsstufen tropischer *Pseudosphaeriales*. *1* und *2* Junges Stomatopodium von *Parodiopsis Stevensii* Arn., von oben gesehen und im Längsschnitt. *3 Parodiopsis megalospora* (Sacc. et Ber.) Arn. im Längsschnitt, mit extra- und intramatrikalem Myzel. *1* und *2* Vergr. 335, *3* 265. (Nach ARNAUD aus GÄUMANN, 1926.)

schlummernder Anlagen von sekundären Blütenständen, die dort – wohl entsprechend den blattachselständigen kleistogamen Blüten bei *Diplachne serotina* (L.) Link – unter den Scheiden liegen; derartige halmbürtige Sklerotien können denn auch künstlich erzeugt werden (Abb. 118).

Das Mutterkorn stellt also wirklich eine streng organspezifische Infektionskrankheit der weiblichen Geschlechtsorgane der Gräser dar. Die Humanmedizin kennt keine spezifischen Infektionskrankheiten nur der weiblichen Organe; die Spezifität ist also in dieser Hinsicht bei den pflanzlichen Infektionskrankheiten schärfer ausgeprägt. In Parasitismus und Minne sind die Pflanzen überhaupt feiner geartet als der Mensch; denn eine geschlechtsgebundene Spezifität besteht auch bei jenen pflanzlichen Infektionskrankheiten, bei denen die weibliche Rasse des Parasiten nur die männlichen Individuen des Wirtes und die männliche Rasse des Parasiten nur die weiblichen Individuen des Wirtes befällt, so bei niedern Pilzen (Mucoraceen): der Pilz *Parasitella* + befällt nur den Pilz *Absidia* –, und der Pilz *Parasitella* – nur den Pilz *Absidia* + (BURGEFF, 1920).

Ähnliche organspezifische Bindungen bestehen zum Beispiel beim Rost des Wintergrüns, *Chrysomyxa pyrolatum* (Schw.) Wint. und der Traubenkirsche, *Thekopsora areolata* (Fr.) Magn., die beide ihre Aecidien nur auf den Zapfenschuppen, also auf mutmaßlich weiblichen Geweben, von Fichten, zum Beispiel unserer *Picea excelsa* (Lam.) Lk., ausbilden, ferner bei *Taphrina Johansoni* Sad. und *Taphrina alni-incanae* (Kühn) Magn., die auf den Deckschuppen und Fruchtknoten von Pappeln bzw. von Erlen bis 3 cm lange blasige Auftreibungen hervorrufen.

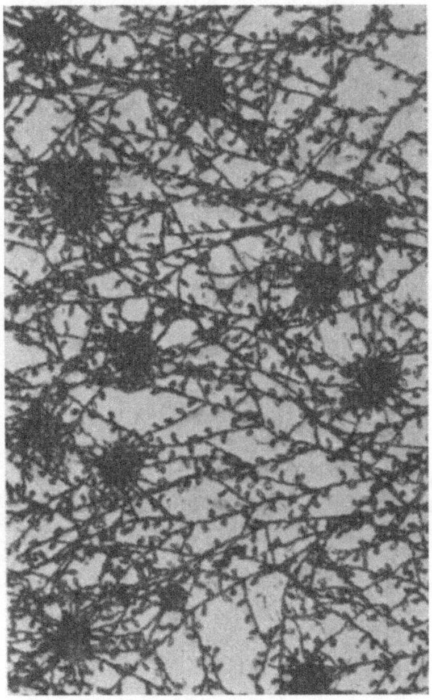

Abb. 115
Ektoparasitisches Myzel von *Meliola guianensis* Stev. et Dow. mit Hyphopodien und Fruchtkörpern auf Kakaoblättern. Vergr. rund 200. (Nach STEVENS und DOWELL, 1923.)

Ein gewisser Ansatz zu einer organspezifischen Besiedlung des Wirtes ist sodann bei den Obstbaum-Sclerotinien vorhanden, bei *Sclerotinia Linhartiana* Prill. et Del. auf Quitten, *Sclerotinia fructigena* Schroet. auf dem übrigen Kernobst (Abb. 180), *Sclerotinia laxa* Aderh. et Ruhl. auf Aprikosen und *Sclerotinia cinerea* Schroet. auf dem übrigen Steinobst; sie befallen zwar sowohl die Blätter und Zweige als die Früchte ihrer Wirtspflanzen, bilden aber auf den ersteren bloß ihre Nebenfruchtform, die Konidien, aus (Organe mit Nebenwirtcharakter), die Hauptfruchtform, die Apothecien, dagegen nur auf den Früchten (Organe mit Hauptwirtcharakter). Die verschiedenen Organe besitzen somit für den Erreger eine unterschiedliche biologische Wertigkeit.

Eine negative Organspezifität liegt endlich bei den Rostpilzen vor; sie vermögen die Mikrosporophylle (Staubblätter) und ihre Derivate, die Kronblätter der Blütenpflanzen, nicht zu befallen, wohl aber, neben den Laubblättern, Stengeln usw., die Makrosporophylle (Fruchtblätter, Fruchtknoten) und die Perigon- bzw. Kelchblätter (umgewandelte Hochblätter).

d) Organotrope und histotrope Besiedlung des Wirtes

Bei einer Reihe von pflanzlichen Infektionskrankheiten führt zwar die Generalisation zunächst zu einer Allgemeininfektion: der gesamte Wirtsorganismus wird vom Erreger überschwemmt bzw. durchzogen. Im weitern

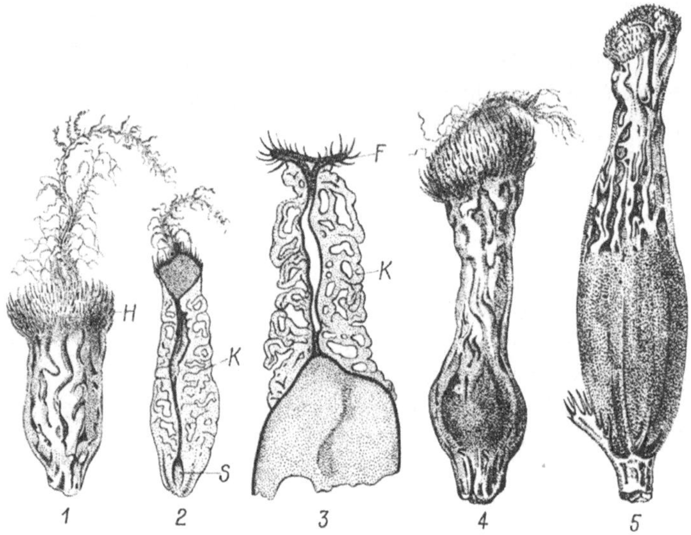

Abb. 116

Die Entwicklung des Mutterkorns, *Claviceps purpurea* (Fr.) Tul. *1* Außenansicht eines jungen Roggenfruchtknotens, an der Oberfläche (ausgenommen am Scheitel) vom gelblichweißen, gefurchten, konidienbildenden Myzel des Parasiten überzogen; am Scheitel die Fruchtknotenhaare *H* (das spätere Bärtchen) und die welkende Narbe. *2* Schnitt durch das vorhergehende Stadium; die Fruchtknotenhöhlung ist fast völlig vom kavernösen, konidienbildenden Myzelgeflecht *K* ausgefüllt; an der Basis in Gestalt eines kleinen Kornes die Anlage *S* des spätern Sklerotiums. *3* Das junge Sklerotium hat sich weiter entwickelt und das Myzelgeflecht *K* zusammengedrängt; am Scheitel einige Überreste des Fruchtknotens *F*. *4* Außenansicht des Stadiums *3*; an der Basis das heranwachsende Sklerotium, in der Mitte die Überreste des konidienbildenden Myzelgeflechtes, am Scheitel als «Mützchen» die Überreste des Fruchtknotens, des Griffels, der Narben und der Staubgefäße. *5* Halbreifes Sklerotium, das spätere «Mutterkorn», *Secale cornutum*, der Apotheken; die konidienbildenden Hyphengeflechte sind an den tiefen Furchen erkennbar geblieben. *1*, *2*, *4* und *5* Vergr. etwa 15, *3* etwa 30. (Nach TULASNE, 1853.)

Verlauf des Infektes reichern sich jedoch die Krankheitskeime normalerweise an einer vorbestimmten Stelle, in bestimmten Organen oder in bestimmten Geweben, an; hier fixieren sie sich nachträglich; hier gelangen sie zur optimalen Entwicklung und (bei den Mykosen) zur Fruktifikation.

Die Allgemeininfektion stellt somit bei diesen Erregern bloß ein Durchgangsstadium dar; sie wandern gewissermaßen durch den gesamten

Wirtsorganismus hin, bis sie den Ort ihrer Prädilektion, ihrer Wahl gefunden haben; dementsprechend werden sie als organotrop bezeichnet, wenn sie eine besondere Affinität für bestimmte Organe zeigen, und als histotrop, wenn ihre Bevorzugung bestimmten Geweben gilt.

Ist es der Wirt, der die Erreger in diese besondern Partien als dem locus minoris resistentiae abdrängt, oder sind es die Erreger, die gerade diese Partien des Wirtsorganismus bevorzugen? Wir wissen es nicht; wahrscheinlich trifft bei den pflanzlichen Infektionskrankheiten vorwiegend die zweite Eventualität zu. Sofern sich nämlich die betreffenden Erreger auf künstlichen Substraten kultivieren lassen, bilden sie auf ihnen die sexuelle Hauptfruchtform nicht aus; hierfür stellen sie offenbar bestimmte, eng umgrenzte Ansprüche, die sie nur an ihrer Prädilektionsstelle erfüllt finden.

Abb. 117
Roggenähre mit Sklerotien des Mutterkornes, *Claviceps purpurea* (Fr.) Tul. Etwa $^2/_3$ nat. Gr. (Nach Stoll und Brack, 1944.)

Wegen des Bestehens dieser spezifischen Organ- bzw. Gewebe-Affinität der Erreger führt die Allgemeininfektion bei dieser Gruppe von Infektionskrankheiten nicht zu einer Allgemeinerkrankung. Der Erreger besitzt somit in den nichtprivilegierten Wirtsgeweben keinen durchschlagenden parasitischen Erfolg und löst in ihnen höchstens unspezifische und meist auch undeutliche Allgemeinsymptome aus; die Allgemeininfektion wird deshalb nahezu symptomlos als latentes Durchgangsstadium durchlaufen.

Die Krankheit bricht vielmehr erst in vorbestimmten, privilegierten Organen oder Geweben aus. Erst in dieser Lokalisation findet die betreffende Infektionskrankheit ihren typischen Ausdruck, ihr typisches Krankheitsbild. Auf die Allgemeininfektion, auf die Verseuchung des gesamten Organismus, folgt somit bei dieser Gruppe von Infektionskrankheiten gesetzmäßig ein örtlicher Krankheitsausbruch, eine Lokalmanifestation (Lokalisation der Läsionen). Sie werden deshalb zyklische Infektionskrankheiten genannt: der Krankheitsablauf führt gesetzmäßig von der Infektion über die Generalisation zur Lokalmanifestation, statt, wie sonst üblich, von der Infektion über die Generalisation zur Allgemeinerkrankung.

In der menschlichen Infektionslehre entsprechen zahlreiche wichtige Infektionskrankheiten grosso modo dem zyklischen Schema: zunächst Infektion durch die Mundhöhle; sodann Generalisation durch das Kreislaufsystem unter Allgemeinsymptomen, zum Beispiel Schüttelfrost; nachher Lokalmanifestation, zum Beispiel organotrope Fixierung in der Lunge (croupöse

Lobärpneumonie) oder histotrope Fixierung im Nervensystem (neurotrope Viren, zum Beispiel Poliomyelitis) oder in der Hirnhaut (Meningokokken) oder in der Körperhaut (dermatotrope Viren, zum Beispiel Masern, Röteln, Pocken).

In der Pflanzenpathologie sind dagegen zyklische Infektionskrankheiten selten. Dies mag damit zusammenhängen, daß die Organ- und Gewebedifferenzierung des pflanzlichen Organismus überhaupt auf einer tieferen Stufe steht als im menschlichen Körper.

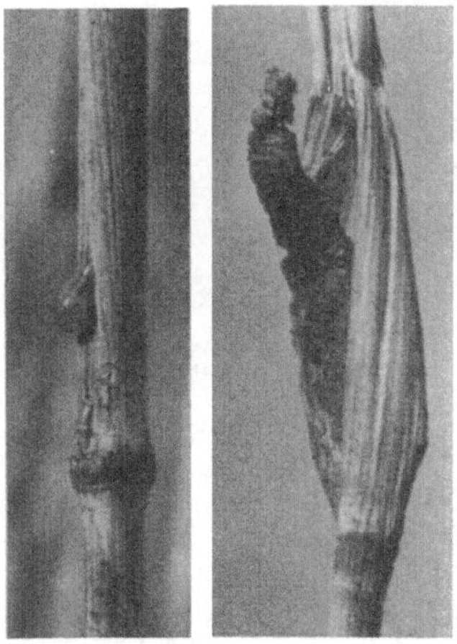

1 Abb. 118 *2*
Experimentelle Auslösung von Mutterkornsklerotien an den obersten Halmknoten des Roggens. *1* Austretender Honigtautropfen, 4 Wochen nach der Infektion. *2* Halmbürtiges Mutterkornsklerotium. Etwa nat. Gr. (Nach STOLL und BRACK, 1944.)

Beispiele von organotropen Erregern sind zunächst die Seite 77 und folgend besprochenen Parasiten, die ihren Weg durch den Keimling nehmen (so der Weizensteinbrand [Abb. 76] und der Antherenbrand der Nelkengewächse), ferner der Flugbrand des Hafers, des Weizens (Abb. 145) und der Gerste (Abb. 146). Bei ihnen allen befällt der Erreger normalerweise den Wirtsorganismus in seiner frühesten Jugend (Embryo oder Keimling), dringt dann zum Vegetationspunkt vor, durchzieht (unter Auslösung diffuser Allgemeinsymptome) systemisch alle Schosse, Blätter usw. und fixiert sich schließlich in der Blütenregion: in den weiblichen Organen beim Weizensteinbrand, in den männlichen Organen beim Antherenbrand und in der gesamten Blütenanlage bei den Flugbrandarten.

Die Allgemeininfektion muß jedoch bei ihnen nicht unbedingt zu einer Lokalmanifestation in den spezifischen Organen führen. Werden zum Beispiel die befallenen Gerstenpflanzen künstlich am Schossen verhindert, so bildet der Flugbrand (*Ustilago nuda*, Abb. 146) seine Brandlager vikariierend in den Laubblättern aus (LANG, 1913). Diese innere Regulation ist noch rätselhaft; es sind ja andere Hyphen des Erregers, die in den Blättern, statt in den Fruchtknoten, zur Sporenbildung schreiten. Der Mediziner würde in analogen Fällen sagen, daß der Organismus den Erreger normalerweise nach dem Ort des geringsten Widerstandes, in diesem Falle nach den Blüten hin, abdrängt; durch die Unterdrückung des Schossens wird jedoch dem Erreger bloß die spezifische Prädilektionsstelle vorenthalten, weshalb nun der Krankheitsausbruch an einer beliebigen andern, unspezifischen Stelle erfolgt. Nur kann man sich im pflanzlichen Organismus, der ja in weit geringerem Maße eine Ganzheit darstellt als der menschliche Körper, diesen Vorgang nicht recht vorstellen.

In funktioneller Beziehung fällt auf, daß bei allen diesen Beispielen die «Abdrängung des Erregers» (oder wie man sich den Mechanismus vorstellen will) nach den Geschlechtsorganen des Wirtes hin erfolgt, während umgekehrt beim Menschen gerade diese Lokalisationsform fehlt; nur sind eben die Geschlechtsorgane fast die einzigen ausgeprägt individualisierten Organe des pflanzlichen Körpers. Will man, um den Gegensatz zur Humanpathologie herauszuarbeiten, den Ausdruck «Geschlechtskrankheiten» verwenden, so sind diese im Pflanzenreich durch drei Typen vertreten, nämlich durch

1. Geschlechtskrankheiten im Sinne der Humanmedizin. Hier bilden die Geschlechtsorgane bloß den bevorzugten Infektionsweg, von dem aus die Erreger den ganzen Organismus überschwemmen. Botanische Parallelbeispiele sind das *Bacterium amylovorum* (Abb. 17) und die Zweig-*Monilia* (Abb. 73 und 74).

2. Organspezifische Geschlechtskrankheiten, bei welchen ausschließlich die Geschlechtsorgane befallen werden und erkranken. Modellbeispiel der Botanik: *Claviceps purpurea* auf den weiblichen Organen der Gräser. Dieser Typus fehlt der Humanmedizin.

3. Organotrope Geschlechtskrankheiten, bei welchen, wie soeben besprochen, eine systemische Allgemeininfektion gesetzmäßig mit einer Lokalmanifestation in den Geschlechtsorganen, und nur in diesen, endet. Auch dieser Typus fehlt der Humanmedizin.

Abb. 119
Blattrandbürtige Sporenlager der *Ustilago marginalis* (DC.) Schroet. auf *Polygonum Bistorta* L., als Beispiel einer histotropen Besiedlung des Wirtes. Nat. Gr. Original.

Beispiele von histotropen Erregern sind die Streifenkrankheit der Gerste, der Blattbrand des Schlangenknöterichs und die Phloemnekrose der Kartoffeln.

Das Myzel der Streifenkrankheit der Gerste, verursacht durch *Helminthosporium gramineum* Rabh., durchzieht vom Keimling her (Abb. 133) systemisch die ganze Pflanze, fruktifiziert aber vorwiegend auf den Blättern in charakteristischen streifenförmigen Läsionen (daher der Name). Dasselbe geschieht beim Streifenbrand des Weizens, *Urocystis tritici* Koern., und der Gräser, *Ustilago striaeformis* (West.) Nießl und *Ustilago longissima* (Sow.) Tul.

Beim Blattbrand des Schlangenknöterichs, *Polygonum Bistorta* L., verursacht durch *Ustilago marginalis* (DC.) Schroet., perenniert das Myzel im

Rhizom und durchzieht alljährlich sämtliche Triebe und Blätter, fruktifiziert aber nur am Rand der letzteren, so daß sie gewissermaßen einen Trauerrand tragen (Abb. 119).

Abb. 120
Streakvirus-Infektion auf einer jungen Tabakpflanze. Etwa ½ nat. Gr.
(Nach KENNETH SMITH, 1935.)

Die Viren der Blattrollkrankheit der Kartoffeln und der Kräuselkrankheit der Zuckerrüben überschwemmen systemisch die ganze Staude, bleiben aber vorwiegend am Phloem haften und rufen dort die spezifischen Schädigungen hervor (Phloemnekrose, Abb. 410).

Die Ursachen dieser typischen Lokalisationen, warum zum Beispiel *Ustilago marginalis* ausgerechnet den Blattrand als den Ort seiner intensivsten Entwicklung vorzieht, sind noch unklar.

2. KAPITEL

Die Infektketten

Wie gelangt der Erreger zum Wirte hin? In einem Handbuch wäre dieser Vorgang im ersten Kapitel zu besprechen; denn er liegt zeitlich und logisch vor der Infektion. In einem Lehrbuch muß dagegen die Darstellung der Infektion vorangehen, weil sie eine Reihe grundlegender Begriffe vermittelt.

Eine Infektionskrankheit kann sich nur durch dauernde Neuinfektionen auf Grund von Infektketten halten; reißen diese ab, so erlischt sie. Unter einer Infektkette verstehen wir die fortgesetzte, reihenweise Übertragung eines Infektionsstoffes von Wirt zu Wirt. Der infizierte Wirt heißt Spender, der noch nicht infizierte Wirt Empfänger. Die einzelnen Glieder der Infektkette werden Generationen genannt.

Die Infektketten können hinsichtlich ihrer Kontinuität und hinsichtlich der Artzugehörigkeit ihrer Glieder verschieden beschaffen sein; deshalb § 1. Die Beschaffenheit der Infektketten.

Ihren Anfang nehmen die Infektketten an der Infektionsquelle; deshalb § 2. Die Infektionsquellen (Seite 123): wo halten sich die Krankheitskeime außerhalb des zu infizierenden Wirtes auf?

Von der Infektionsquelle gelangen die Krankheitskeime irgendwie auf den zu infizierenden Wirt. Den Mechanismus ihrer Ausbreitung schildert § 3: Die Übertragung der Krankheitserreger (Seite 151).

Und zum Schluß stellt sich die Frage, unter welchen Voraussetzungen die Infektketten zu gehäuften Erkrankungen führen können: § 4. Die Epidemiologie der pflanzlichen Infektionskrankheiten (Seite 199).

§ 1. Die Beschaffenheit der Infektketten

Die Infektketten können hinsichtlich ihrer Kontinuität kontinuierlich oder diskontinuierlich verlaufen.

Kontinuierliche Infektketten führen stets, ununterbrochen und unmittelbar von einem Wirt zum andern. Die Humanmedizin kennt sie in großer Zahl, so bei Masern, Scharlach, Diphtherie. Die Kontinuität der Infektkette ist hier für den Erreger eine Lebensnotwendigkeit; denn er bildet weder Sporen noch sonstige Dauerzustände, noch vermag er sich saprophytisch in der freien Natur zu halten; er erlischt deshalb, wenn ihm nicht dauernd neu zu infizierende Kettenglieder zur Verfügung stehen.

Derartig obligat kontinuierliche Infektketten bestehen unter den pflanzlichen Infektionskrankheiten der gemäßigten Zone nur bei den Virosen, zum Beispiel beim Kartoffelmosaik (Abb. 243). Den normalen Fall stellt in unserem Florengebiet vielmehr die diskontinuierliche Infektkette dar, bei der ein wirtsloser Abschnitt, zum Beispiel der Winter, die reihenweise Übertragung des Erregers von Wirt zu Wirt zeitweilig unterbricht; das Ausbleiben eines zusagenden Kettengliedes wird bei diesen Erregern durch eine saprophytische Phase oder durch eine Ruhezeit (durch Dauersporen oder ähnliche Dauerzustände) überbrückt. Auch die pflanzenpathogenen Bakterien, die ja in der Regel keine Sporen bilden und bei denen man deshalb, analog der Diphtherie, kontinuierliche Infektketten erwarten könnte, entwickeln sich in unserem Florenbereich meist diskontinuierlich und leben zwischen den parasitischen Abschnitten eine gewisse Zeit saprophytisch im Erdboden.

Hinsichtlich der Artzugehörigkeit ihrer Glieder sind die Infektketten homogen oder heterogen (Doerr, 1941, 1942).

Bei den homogenen Infektketten wird der Krankheitskeim, das Kontagium, immer an Wirte der gleichen Art oder Artgruppe, also von Kartoffelstaude zu Kartoffelstaude, von Apfelbaum zu Apfelbaum, weitergegeben; die betreffenden Parasiten sind wirtstreu oder autoecisch. Die heterogenen Infektketten bauen sich dagegen aus Wirten von verschiedener Artzugehörigkeit auf; die betreffenden Parasiten sind wirtswechselnd oder heteroecisch.

1. Homogene Infektketten (wirtstreue Erreger)

Die meisten Infektketten der Pflanzenpathologie sind homogen. Als Beispiel diene der Apfelschorf, *Endostigme inaequalis*. Er überwintert (sofern er seinem Schema gehorcht) mit seinen Fruchtkörperanlagen in vermodernden Apfelblättern auf dem Erdboden, bildet im Frühjahr seine sexuelle Fruchtform, die Ascosporen, infiziert mit ihnen die jungen Laubblätter und breitet sich dann im Laufe des Sommers und Herbstes mit Hilfe seiner asexuellen propagativen Sporen, den Konidien (Abb. 109), in einer langen Kette von Generationen von Blatt zu Blatt und von den Blättern auf die jungen Zweige und Früchte (Abb. 122–128) aus, bis er im Herbst durch den Stillstand der Vegetation zum Abschluß seiner diesjährigen Entwicklung und zur Einleitung seiner sexuellen Hauptfruchtform veranlaßt wird.

Nicht die Sporenform entscheidet also über die Homogenität der Infektkette, sondern die systematische Zugehörigkeit des Wirtes: der Krankheitserreger muß ausschließlich auf ein und derselben Wirtsart oder Wirtsgruppe parasitieren. Die Sporenform entscheidet nur über die Kontinuität der Infektkette: die Konidien führen den kontinuierlichen Abschnitt weiter, die Ascosporenfruchtkörper leiten dagegen den diskontinuierlichen

Abschnitt ein. Die Infektkette des Apfelsch orfes ist somit, wie die meisten pflanzlichen Infektketten, homogen, aber diskontinuierlich.

Bei einem gestaffelten Entwicklungsrhythmus der verschiedenen Organe eines Wirtes oder der verschiedenen Haupt- und Nebenwirte können innerhalb einer homogenen Infektkette regelmäßige, im Verlaufe einer Vegetationszeit alljährlich sich wiederholende Abstufungen in der Aufeinanderfolge der zu besiedelnden Wirtsorgane oder Wirte entstehen.

Im einfachsten Falle äußern sich diese Abstufungen in einem Organwechsel auf ein und demselben Wirt; so befällt der Apfelschorf zu Beginn der Vegetationszeit die Laubblätter und später die jungen Früchte; dasselbe geschieht bei den Seite 111 genannten Obstbaumsclerotinien.

Wenn sich die Staffelung der parasitologisch verschiedenwertigen Organe auf unterschiedliche Wirtsarten verteilt, so geht der Organwechsel in einen Wirtswechsel über. Beispiel: *Sclerotinia rhododendri* Fisch. auf Alpenrosen. Die mumifizierten Früchte fallen im Herbst zu Boden und überwintern dort. Im Mai wachsen aus ihnen die becherförmigen Apothecien hervor (Hauptfruchtform). Die ausgeworfenen Ascosporen vermögen jedoch die Alpenrosenblätter nicht anzustecken; wohl aber infizieren sie die jungen, eben ausschlagenden Blätter der Heidelbeere, *Vaccinium Myrtillus* L., und der Rauschbeere, *Vaccinium uliginosum* L., zwei Nebenwirten, auf denen der Erreger nur bis zur Bildung der Nebenfruchtform, der Konidien, gelangt. Die Konidien befallen im Laufe des Sommers die Blüten der Alpenrose, treiben dort ihre Keimschläuche durch die Narbe und den Griffelkanal in den Fruchtknoten hinunter und verwandeln die Frucht in eine Mumie (Sklerotium), die zu Boden fällt und im folgenden Frühjahr wieder zur Anlage der Hauptfruchtform, der Apothecien, schreitet (Hauptwirt).

Der Wirtswechsel der *Sclerotinia rhododendri* ist somit, von der Seite des Erregers aus gesehen, bloß fakultativ; denn er wird nicht durch entwicklungsgeschichtliche Gesetzmäßigkeiten des Erregers, sondern durch den unterschiedlichen Entwicklungsrhythmus der verschiedenen vikariierenden Wirte bedingt; diese sind denn auch, im Gegensatz zu den gleich zu besprechenden Rostpilzen, nahe miteinander verwandt: sie gehören derselben Familie an.

In noch andern Fällen ist der Entwicklungsrhythmus desselben Organes auf den verschiedenen Wirtsarten verschieden (zum Beispiel die Blühreife), wodurch innerhalb der homogenen Infektkette wiederum eine gesetzmäßige Sukzession der Kettenglieder entsteht. Beispiel: *Claviceps purpurea* f. sp. *brachypodii* Stäger, eine besondere Rasse des Mutterkornes (Abb. 117).

Die auf der Waldzwenke, *Brachypodium silvaticum* (Huds.) Pal., gebildeten Sklerotien keimen im April oder Mai; zu dieser Zeit sind jedoch die Rispen von *Brachypodium silvaticum* noch tief in die Blattscheiden gehüllt und jeglicher Infektion entzogen. Dafür steht die Waldhirse, *Milium effusum* L., blühend zur Verfügung. Die Ascosporen infizieren die Narben dieses Grases, und das Myzel bildet auf den Fruchtknoten wochenlang massenhaft Konidien

(Honigtau), aber merkwürdigerweise nur in den seltensten Fällen oder nie normale Sklerotien: *Milium effusum* ist nur Nebenwirt. Auf der Waldhirse geht die Infektkette während 2–3 Monaten kontinuierlich von Blüte zu Blüte weiter. Ende Juli/Anfang August blüht *Brachypodium silvaticum* auf und wird nun durch die Konidien von *Milium effusum* her infiziert. Erst auf diesem Wirt (eben dem Hauptwirt) gelangt der Parasit zur vollen Entwicklung und zur Ausbildung von Sklerotien. Das Mutterkorn auf *Brachypodium silvaticum* kann sich deshalb nur dort halten, wo dieses Gras mit *Milium effusum* vergesellschaftet auftritt; die Infektkette, die von der diskontinuierlichen Infektionsquelle, den Sklerotien, ausgeht, wird unter dieser Voraussetzung durch einen Nebenwirt, die Waldhirse, weitergetragen (Überbrückungsinfektion), bis der Hauptwirt, die Zwenke, das anfällige Entwicklungsstadium erreicht hat. Auch hier ist, wie bei *Sclerotinia rhododendri*, der Wirtswechsel, von der Seite des Erregers aus gesehen, fakultativ und sind die vikariierenden Wirte miteinander nahe verwandt: sie gehören wieder derselben Familie an.

b) Heterogene Infektketten (wirtswechselnde Erreger)

Bei den heterogenen Infektketten (Seite 118) wird die Generationenfolge unter bestimmten innern Voraussetzungen durch einen Übergang auf einen Wirt von anderer Artzugehörigkeit unterbrochen. Dieser Übergang auf den andersgearteten Wirt kann bis zu einem gewissen Grade fakultativ erfolgen, oder aber obligat, d.h. gesetzmäßig alternierend.

aa. Fakultativ heterogene Infektketten. Fakultativ heterogen ist zum Beispiel die Infektkette beim Schwarzrost der Getreide, *Puccinia graminis* Pers. Die Teleutosporen überwintern auf den vertrockneten Halmen und Blättern der Gräser und keimen im Frühjahr mit Basidien, in welchen sich die Reduktionsteilung vollzieht. Die auf ihnen entstehenden haploiden Basidiosporen sind nicht mehr imstande, die Teleutosporenwirte, auf denen sie gebildet wurden, also die Gramineen, zu infizieren, sondern ihre Aggressivität ist auf junge Blätter von Berberidaceen, also einer systematisch völlig verschiedenen Familie, beschränkt, bei uns insbesondere auf den Sauerdorn, *Berberis vulgaris* L. Die Reduktionsteilung und die hierdurch bedingte Wiederherstellung der einfachen Chromosomenzahl hat also bei diesem Rost eine Veränderung der Wirtswahl zur Folge: während die Dikaryophase auf Gramineen lebte, vermag sich die Haplophase nur vom Sauerdorn zu ernähren.

Auf diesem bildet das haploide Myzel auf der Blattoberseite Spermogonien, auf der Blattunterseite Aecidien; hier spielen sich die Sexualakte ab, als deren Folge die dikaryontischen (paarkernigen) Aecidiosporen entstehen; diese sind ihrerseits nicht imstande, den Aecidienwirt, auf dem sie gebildet wurden, also den Sauerdorn, zu besiedeln; sondern ihre parasitische Leistungsfähigkeit ist auf die Blätter der Gramineen beschränkt. Der Sexualakt und die von ihm eingeleitete Verdoppelung der Kernzahl hat also bei der *Puccinia graminis* eine rückläufige Veränderung der Wirtszahl, zur Folge: während die Haplophase auf Berberidaceen lebte, muß die neu entstandene Dikaryophase ihre Entwicklung auf den Gramineen (von denen der Pilz in unserem Beispiel herkam) fortsetzen.

Das dikaryontische Myzel, das nunmehr auf den Gramineen aus den Aecidiosporen entsteht, bildet zunächst asexuelle Konidien, Uredosporen; sie gehören, wie die Aecidiosporen, der Paarkernphase an und vermögen deshalb, wie diese, auch wieder den gleichen Wirt, also die Gramineen, anzustecken; sie propagieren infolgedessen den Schwarzrost von einem Gramineenindividuum zum andern. Durch die Ausbildung von Uredosporen entsteht zwischen der Haplophase und der Dikaryophase eine Gleichgewichtsstörung; die erstere vermag sich ja auf den Berberidaceen nicht von einem Individuum zum andern auszubreiten, da ihre einzige pathogene Sporenform, die Aecidiosporen, infolge ihrer Paarkernigkeit zwangsläufig den Wirtswechsel vollziehen müssen; fehlt der alternierende Wirt (in diesem Fall die Gramineen), so stirbt der Parasit aus; der Wirtswechsel der Haplophase ist deshalb obligat. Die Dikaryophase vermag sich dagegen, sofern die klimatischen Verhältnisse es gestatten, auf den Gramineen unabhängig vom Sauerdorn zu halten, indem sie durch die Uredosporen in einer unbeschränkten Zahl von Generationen von einer Graminee zur andern übergeht. Ein Aussterben der Dikaryophase braucht also aus Gründen des Wirtswechsels nicht einzutreten; der Wirtswechsel der Dikaryophase ist deshalb fakultativ.

Gegen den Herbst hin entstehen auf dem dikaryontischen Myzel, das in der Zwischenzeit nur Uredosporen bildete, die Teleutosporen, das sind die eigentlichen Ruhesporen, mit denen der Schwarzrost an den vertrockneten Halmen und Blättern überwintert. In ihnen vollzieht sich die Kernverschmelzung, die Karyogamie, und sie keimen, wie oben ausgeführt, im Frühjahr mit einer Basidie, wobei die gleichzeitig sich abspielende Reduktionsteilung wieder zu einem Wirtswechsel, nämlich zur Rückkehr auf Berberidaceen, dem ursprünglichen Wirt der Haplophase, zwingt.

Die Infektkette der *Puccinia graminis* verläuft somit vom Getreide über Dauersporen zum Sauerdorn und dann durch Aecidiosporen zurück zum Getreide und durch Uredosporen vom Getreide weiter zu Getreide... Getreide... Getreide... usw. und schließlich über Dauersporen wieder zurück zum Sauerdorn. Sie ist somit diskontinuierlich, weil der Entwicklungszustand des Wirtes oder die klimatischen Verhältnisse die Anlage von Dauersporen einleiten, mit denen der Erreger die wirtslose Zeit überbrückt (also monatelang ohne Wirt lebt); sie ist heterogen, weil auf die Dauersporen ein neuer Wirt, der Sauerdorn, folgen muß, und sie ist fakultativ heterogen, weil dieser Wirtswechsel nur für die Haplophase, nicht für die Dikaryophase, gilt; in dieser folgen sich vielmehr beliebig zahlreiche vegetative Generationen auf Individuen derselben Art.

Da der Kernphasenwechsel des Erregers in dieser Beispielsgruppe die Heterogenität der Infektkette bedingt, so kann die Infektkette durch eine Durchbrechung des Kernphasenwechsels homogenisiert werden; so wechselt der Rindenblasenrost der Kiefern, *Cronartium asclepiadeum* (Abb. 78), normalerweise von Kiefern (Aecidienwirt, entsprechend dem Sauerdorn) obligat zur Schwalbenwurz, *Vincetoxicum officinale* usw. (Teleutosporenwirt, entsprechend dem Getreide) hinüber. Unterbleibt dagegen bei Entwicklungsstörungen in den Aecidien die somatogame Kopulation, so kann der morphologische Entwicklungsrhythmus kopulationslos, apomiktisch, weitergehen; nur sind dann die Aecidiosporen einkernig; ein derartiges Verhalten wurde für einige andere Rostpilze zytologisch verfolgt (GÄUMANN, 1949, Seite 319). Diese einkernigen Aecidiosporen infizieren wieder Kiefern, so daß die Infektkette, wie Forstmeister HAACK auf Grund praktischer Beobachtungen schon vor einem Menschenalter vermutete, in pathologischer Weise homogen von Kiefer zu Kiefer geht, auch wenn der Zwischenwirt, der in diesem Falle nicht mehr nötig ist, fehlt (homogenisierte Infektkette).

Abb. 121
Gallenbildung des Gitterrostes der Birnbäume, *Gymnosporangium Sabinae* (Dicks.) Wint., auf einem Zweig des Sevibaumes, *Juniperus Sabina* L. ½ nat. Gr. (Nach FISCHER und GÄUMANN, 1929.)

bb. Obligat heterogene Infektketten. Bei den obligat heterogenen Infektketten ist der Krankheitserreger aus Gründen des Entwicklungsganges (des Kernphasenwechsels) und weil ihm asexuelle, rein propagative Sporen fehlen, einem steten Wirtswechsel unterworfen (Beispiel: der Gitterrost der Birnbäume).

Beim Gitterrost der Birnbäume, verursacht durch *Gymnosporangium Sabinae* (Dicks.) Wint., perenniert das dikaryontische Myzel im Bast des Sevibaumes, *Juniperus Sabina* L., und reizt das Kambium zu gesteigertem Wachstum (Anschwellungen der Stämme und Zweige; Abb. 121). Jedes Frühjahr bildet das Myzel goldgelbe Gallertmassen von Teleutosporen, in denen die Dikaryophase durch die Karyogamie ihren Abschluß findet. Die Teleutosporen keimen sogleich unter Reduktion ihrer Chromosomenzahl mit Basidien aus. Die haploiden Basidiosporen vermögen den Wirt, auf dem sie entstanden, *Juniperus Sabina*, nicht mehr zu infizieren, sondern nur junge Blätter des Birnbaumes, *Pirus communis* L. Hier wachsen sie zu einem haploiden, die Gewebe leicht deformierenden Myzel aus und führen zur Anlage von Spermogonien und Aecidien (Gitterrost). Infolge der Plasmogamie sind die Aecidiosporen dikaryontisch und vermögen die Wirtspflanze, auf der sie entstanden, die Birnblätter, nicht mehr zu infizieren, sondern nur wieder *Juniperus Sabina;* vom Wirt der Haplophase, dem Birnbaum, muß deshalb der Gitterrost obligat auf den Wirt der Dikaryophase, den Sevibaum, zurückwechseln, ansonst die Aecidiosporen als solche auslöschen. Aber auch auf dem Wirt der Dikaryophase geht die Infektkette, im Gegensatz zum Schwarzrost, nicht unmittelbar weiter, weil dem Gitterrost die Uredosporen fehlen; sondern sie führt vom Sevibaum obligat zum Birnbaum zurück.

Die Infektkette verläuft somit beim Gitterrost kontinuierlich (denn sie wird durch keine Dauerzustände usw. unterbrochen), jedoch obligat heterogen (denn sie führt gesetzmäßig vom Birnbaum zum Sevibaum und von diesem zum Birnbaum zurück). Eine Übertragung von Birnbaum zu Birnbaum oder von Sevibaum zu Sevibaum ist normalerweise ausgeschlossen.

Das Bestehen und der Mechanismus der heterogenen Infektketten stellen den Biologen vor interessante Probleme; denn drei Organismen, ein Wirt, ein Zwischenwirt und ein Mikroorganismus, haben sich hier zwangsläufig zu einer Lebensgemeinschaft mit eigenen Gesetzmäßigkeiten zusammengeschlossen.

In räumlicher Beziehung setzt eine derartige Lebensgemeinschaft eine unmittelbare Nachbarschaft der beiden alternierenden Wirte voraus: sie müssen soziologisch derselben oder zwei unmittelbar benachbarten Vegetationseinheiten (Pflanzengesellschaften, Biozönosen usw.) angehören. Dies gilt vor allem für Parasiten, die in bezug auf ihren Zwischenwirt monophag sind wie der Gitterrost der Birnbäume, während die soziologische Bindung der in bezug auf ihren Zwischenwirt polyphagern Parasiten wie des *Cronartium asclepiadeum* (Willd.) Fr., des Rindenblasenrostes der Waldkiefern, der als Zwischenwirt außer auf *Vincetoxicum officinale* auch auf *Paeonia officinalis, Pedicularis palustris* usw. schmarotzt, weniger streng zu sein braucht.

Ferner können heterogene Infektketten im allgemeinen (einige durch den Menschen geschaffene Ausnahmen werden wir bei der Epidemiologie der Pflanzenkrankheiten besprechen) nur mit und in der Lebensgemeinschaft wandern, der beide Wirte angehören; so sind die wirtswechselnden Rostpilze an bestimmte Pflanzengesellschaften gebunden und wandern und verharren in diesen (Baxter und Wadsworth, 1939). Dies erklärt den Reichtum der Reliktflorengebiete an derartigen Rostpilzen.

Und endlich stellt sich die Frage nach der phylogenetischen Entwicklung und dem geologischen Alter der heterogenen Infektketten. Über ihre phylogenetische Entwicklung wissen wir wenig. Auch über ihr geologisches Alter sind wir bloß auf indirekte Schlußfolgerungen angewiesen. Die Wirtswechsel mancher Rostpilze reichen wahrscheinlich weit in das Mesozoicum zurück (Dietel, 1918); auch für modernere Wirtswechsel, die sich in geographisch disjunkten Arealen vorfinden (zum Beispiel in alpinen und zirkumpolaren Gebieten), ist unzweifelhaft, daß sie voreiszeitlich, schon vor dem Aufbrechen ihres ursprünglich geschlossenen Areales, bestanden haben müssen (Fischer und Gäumann, 1929).

§ 2. Die Infektionsquellen

Wo hält sich der Erreger außerhalb des Empfängers auf? Als Reservoir, aus dem die Infektketten immer wieder ihren Ursprung nehmen, kommen bei den pflanzlichen Infektionskrankheiten hauptsächlich in Betracht: a) ein infizierter Wirt; b) saprophytische Entwicklungszustände des Erregers außerhalb des Wirtes, zum Beispiel in abgestorbenen Teilen desselben oder im Erdboden, und c) Dauersporen und ähnliche Dauerzustände des Erregers. Es fehlt somit der Pflanzenpathologie die Reservoirbildung in warmblütigen

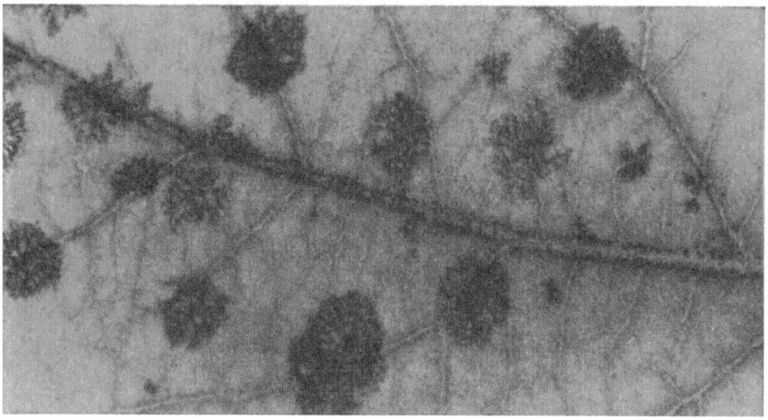

Abb. 122
Primärinfektionen (Blattschorf) auf einem Apfelblatt, verursacht durch *Endostigme inaequalis* (Cke.) Syd. Vergr. rund 10. Original CH. HADORN, Sandoz AG., Basel.

Tieren, wie sie die Humanmedizin bei der Pest und beim Fleckfieber kennt (Reservoire sind hier Nagetiere, von denen der Krankheitsstoff durch Zwischenträger, Insekten, auf den Menschen überbracht wird).

Das erste Glied der Infektkette, dessen Keim unmittelbar aus dem Reservoir, also in unserem Klima meist aus dem Überwinterungsherd, stammt, nennt man die Primärinfektion, die folgenden Glieder die Sekundärinfektionen; Ascosporeninfektionen bedeuten deshalb zum Beispiel beim Mutterkorn (Seite 109) stets Primär-, Honigtauinfektionen stets Sekundärinfektionen, Keimlingserkrankungen bei Getreidefusariosen meist Primär-, Körnererkrankungen stets Sekundärinfektionen.

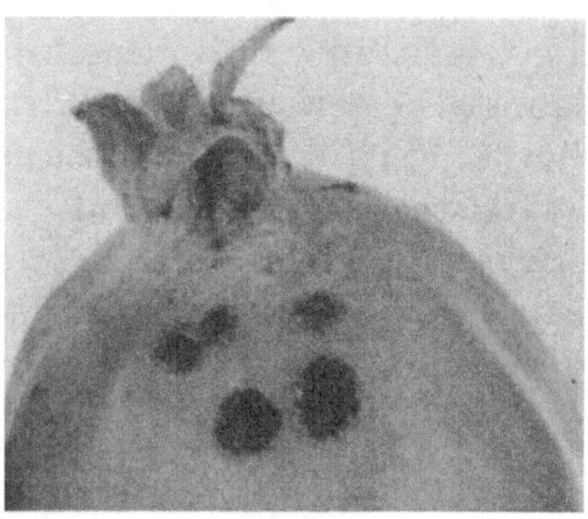

Abb. 123
Frühschorf auf jungen Äpfeln der Sorte Gravensteiner aus den Monaten Mai und Juni. Vergr. etwa 3mal. (Original Eidgenössische Versuchsanstalt, Wädenswil.)

Doch werden diese beiden Bezeichnungen, außer im epidemiologischen Sinne, auch zur Unterscheidung von bloßen Folgeinfektionen, Fernherden, auf denselben Organen verwendet; so nennt man Primärinfektionen beim Apfelschorf (Seite 118) nicht nur die frühjahrlich erste, aus dem Überwinterungsherd stammende

Infektion des Laubes (Abb. 122), sondern auch die frühsommerlich ersten Infektionen auf den Äpfeln (Frühschorf; Abb. 123). Sekundärinfektionen sind in diesem Falle die auf den heranwachsenden Früchten auftretenden Fern-

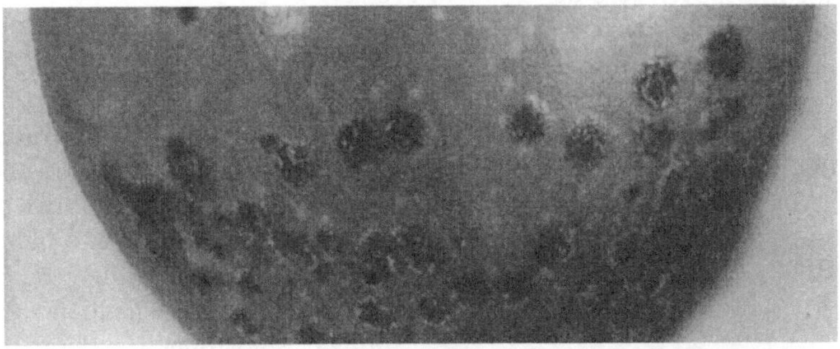

Abb. 124

Der Frühschorf hat sich auf dem jungen Apfel weiter ausgebreitet. Vergr. 2mal. Orig. CH. HADORN, Sandoz AG., Basel.

herde (Spätschorf; Abb. 126 und 127), und Tertiärinfektionen die wirtschaftlich wichtigen, erst nach der Ernte sich entwickelnden Spätherde (Lagerschorf; Abb. 128).

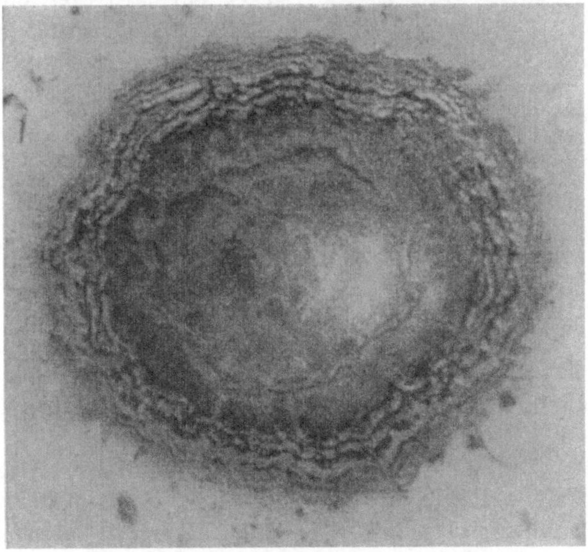

Abb. 125

Lupenbild eines vernarbten (verkorkten) Frühschorffleckens Ende Juli. In der Randzone lebt der Pilz weiter, bildet dauernd Sommersporen (Konidien), die vom Regen verbreitet werden und Spätschorfinfektionen (Sekundärinfekte) verursachen. Ohne Frühschorf kein Spätschorf. Vergr. rund 10mal. Original CH. HADORN, Sandoz AG., Basel.

Entsprechend den drei oben genannten wichtigsten Formen der Erhaltung der pflanzenpathogenen Parasiten außerhalb des Empfängers gliedern wir den vorliegenden Paragraphen in drei Abschnitte, 1. der infizierte Wirt, 2. saprophytische Entwicklungszustände des Erregers, und 3. Dauerzustände des Erregers als Keimreservoire.

1. Der infizierte Wirt als Infektionsquelle

Der infizierte Wirt ist in der Pflanzenpathologie, wie in der Humanmedizin, die bei weitem häufigste Infektionsquelle; auf ihn sind vor allem jene Erreger angewiesen, die sich nur von lebender Substanz zu ernähren vermögen; es sind dies die später (3. Kapitel, § 1) zu besprechenden «obligaten» (obligat biotrophen) Parasiten. Für einige von ihnen, so für die meisten Viren, bildet der infizierte Wirt sogar das ausschließliche Keimreservoir (obligat kontinuierliche Infektkette).

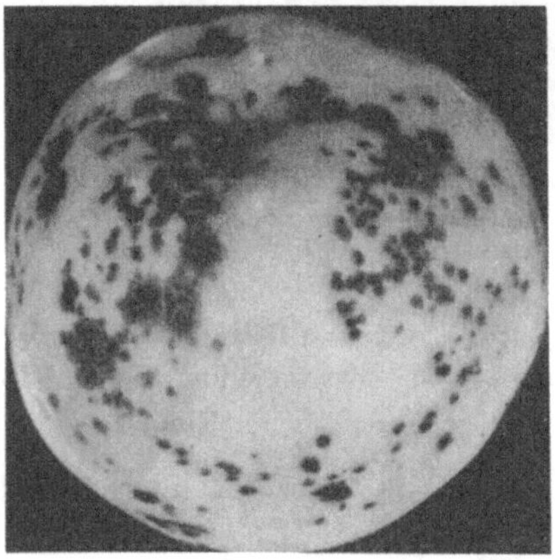

Abb. 126
Die großen, rissigen, vernarbten (verkorkten) Stellen des Frühschorfes (Abb. 123) haben gestreut und ringsum die zunächst noch kleinen Fernherde des Spätschorfes gesetzt. Die Frucht wächst weiter, die Qualität ist verloren. Nat. Gr. (Original Eidgenössische Versuchsanstalt Wädenswil.)

In der Pflanzenpathologie ist der Spender meist nicht nur infiziert, sondern auch erkrankt; beherbergt er dagegen einen Erreger, ohne Symptome zu zeigen, so nennt man ihn Zwischenträger, carrier; so ist der schwarze Nachtschatten, *Solanum nigrum*, ein symptomloser Zwischenträger für mehrere Kartoffelviren; auch Kulturpflanzen, die für bestimmte Viren tolerant sind, können als carrier dienen.

Eine besondere Funktion als Keimreservoir erfüllt der infizierte Wirt in den gemäßigten Klimaten in jenen Fällen, wo er den Erreger in sich überwintern läßt, ihn also lebend über die vegetationslose Zeit hinüberrettet. Der Sprachgebrauch unterscheidet hier zwischen überwintern s. str. und perennieren, obschon die beiden Formen der Erhaltung ineinander übergehen.

Eine bloße Überwinterung durch lebendes Myzel erfolgt in unserem Klima häufig auf winterannuellen Pflanzen; so bildet der Gelbrost des Getreides, *Puccinia glumarum*, in feuchten Klimaten meist keine Teleutosporen; sein Aecidienwirt ist unbekannt und in Mittel- und Nordeuropa für die Erhaltung der Art bedeutungslos; der Pilz rettet sich in diesen Gebieten durch sein dikaryontisches Myzel im Innern der winterharten Blätter der Wintergetreide und wildwachsenden Gräser von einer Vegetationszeit auf die nächste hinüber; das Keimreservoir überwintert also nicht unter allen Umständen auf dem Hauptwirt selbst, sondern zuweilen auf nebensächlichen, leicht zu übersehenden Nebenwirten (z.B. Unkräutern). Das dikaryontische Myzel bildet dann auf den grünen, überwinterten Blättern sogleich nach dem Ausapern

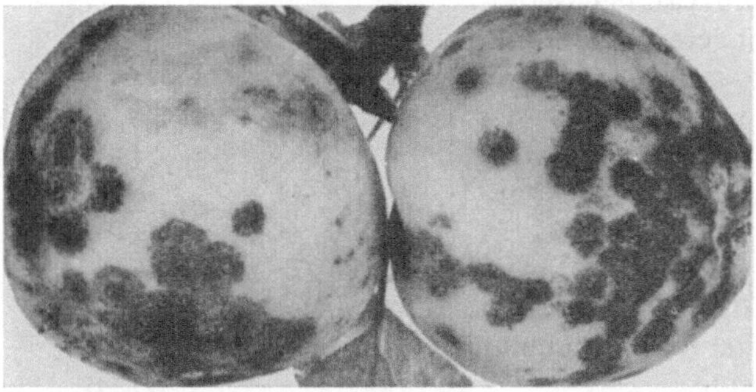

Abb. 127

Spätschorf (Sommerschorf) auf Landsberger Reinette. ¾ nat. Gr. (Original Eidgenössische Versuchsanstalt Wädenswil.)

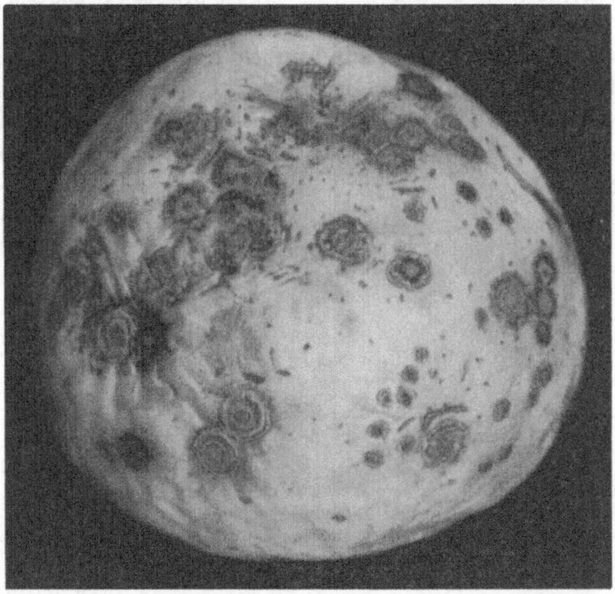

Abb. 128

Spät- und Lagerschorf auf einem Glockenapfel. Die Spätschorfflecken haben bereits ein rasches Schrumpfen der Frucht eingeleitet. Nat. Gr. Original CH. HADORN, Sandoz AG., Basel.

wieder Uredosporen, die den Erreger während des Sommers in stets neuen Generationen auf den Getreidefeldern propagieren, im Herbst die jungen

Wintersaaten infizieren, hier wieder mit dem Myzel überwintern und dadurch die Infektkette in das folgende Jahr hinüber fortsetzen.

Derselbe Überwinterungsmodus in Wintersaaten mittels Myzel, das nach der Schneeschmelze wieder zur Bildung von Konidien übergeht, besteht beim echten Mehltau der Getreide, insbesondere der Gerste, *Erysiphe graminis hordei* (Abb. 129); wegen Frühbefall der benachbarten Sommergerstenfelder nahmen die Mehltauepidemien zum Beispiel in Dänemark derartige Dimensionen an, daß der Anbau von Wintergerste eingeschränkt werden mußte.

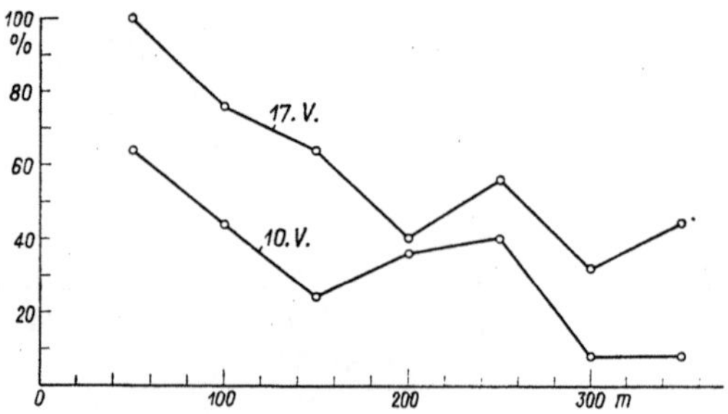

Abb. 129

Der Befall von Sommergerste durch *Erysiphe graminis hordei* aus dem überwinterten Keimreservoir auf einem benachbarten Feld von Wintergerste. Abszisse: Abstand vom Wintergerstenfeld in Metern. Ordinate: Zahl der erkrankten Individuen der Sommergerste, ausgezählt am 10. Mai bzw. am 17. Mai. (Nach PAPE und RADEMACHER, 1934.)

Statt in winterharten Blättern können die Überwinterungsherde in den Knollen lokalisiert sein; so spielen beim falschen Mehltau der Kartoffeln, *Phytophthora infestans*, die Dauersporen (Oosporen) praktisch für die Überwinterung keine Rolle, sondern diese erfolgt vegetativ im Pflanzgut (Abb. 385 und 130); deshalb können Abfallkartoffeln, die auf dem Felde oder in seiner Nähe zurückgelassen werden, epidemiologisch wichtige Überwinterungsherde für die *Phytophthora* bilden (BONDE u. SCHULTZ, 1943; HÄNNI, 1949). Auch die Kartoffelviren und der Erreger der Bakterienringfäule (Abb. 90) überwintern und erhalten sich vorwiegend in den Knollen.

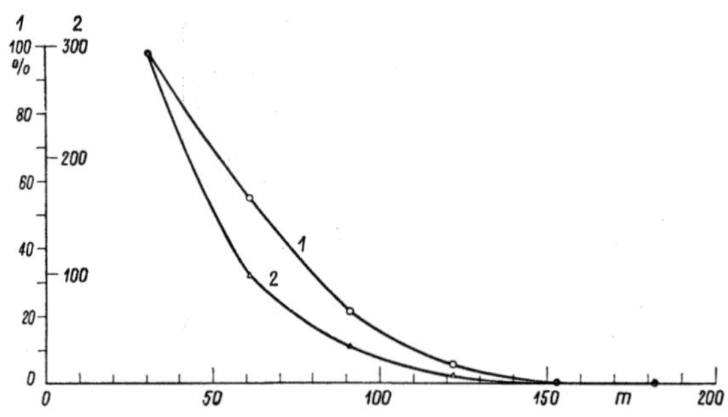

Abb. 130

Der Krankheitsgradient bei *Phytophthora infestans* auf einem Kartoffelfelde in der Nähe von überwinterten *phytophthora*kranken Kartoffelknollen. Abszisse: Abstand von dem Haufen Abfallkartoffeln. Ordinate: Anzahl erkrankte Kartoffelstauden (Kurve 1) bzw. Anzahl Infektionsstellen auf je 100 Stauden (Kurve 2), ausgezählt am 12. Juli. (Nach BONDE und SCHULTZ, 1943.)

Wieder andere Erreger überwintern in lokalen Infektionsherden auf den Zweigen, so in gewissen Gebieten der Apfelschorf, *Endostigme inaequalis* («grindige» Zweige), oder in den Zweigen und Knospenschuppen, so *Glomerella rufomaculans*, der Erreger der Bitterfäule der Kirschen (Abb. 131 und 132), und zwar sowohl auf den Haupt- als auf den Nebenwirten; von hier führt dann die Infektkette auf die jungen Blätter und von den Blättern auf die Früchte hinüber.

Bei noch andern Erregern, so bei *Microsphaera alphitoides* (Eichenmehltau), *Sphaerotheca pannosa* (Rosenmehltau), *Sphaerotheca mors-uvae* (Stachelbeermehltau), *Podosphaera leucotricha* (Apfelmehltau) und *Uncinula necator* (echter

Abb. 131

Habitusbild der Bitterfäule der Weichselkirschen, verursacht durch *Glomerella rufomaculans* (Berk.) Schr. et Sp. = *Gloeosporium fructigenum* Berk. Links junge, einsinkende Infektionsstelle, rechts fortgeschrittenes Befallsstadium. Nat. Gr. (Nach Böhni, 1949.)

Mehltau der Reben), bleibt das Myzel häufig auf den Knospenschuppen zurück, befällt im folgenden Frühjahr während des Ausschlagens den grünen Sproß unterhalb der Knospe und die äußern Blätter, bildet hier die ersten Konidien und setzt dadurch die Infektkette fort.

Alle diese Überwinterungsformen sind mehr oder weniger fakultativ; so können die Mehltauarten und der Apfelschorf den Winter auch ohne Mithilfe ihres Wirtes durch ihre sexuelle Hauptfruchtform, die Perithecien und Pseudothecien, überdauern; das vegetative Überwintern im Innern des Wirtes ist jedoch epidemiologisch die bei weitem wirkungsvollste Form, weil die betreffenden Pilze beim Einsetzen günstiger Bedingungen gleich wieder zu fruktifizieren beginnen, Frühinfektionen auslösen und dadurch im Laufe der Vegetationszeit eine entsprechend lange Generationenfolge ermöglichen. Der Wirkungsgrad der vegetativen Überwinterung ist insbesondere dem Beispiel der *Microsphaera alphitoides* zu entnehmen; dieser Pilz breitete sich von 1907 an durch ganz Europa und das westliche Asien aus; doch wurden Perithecien

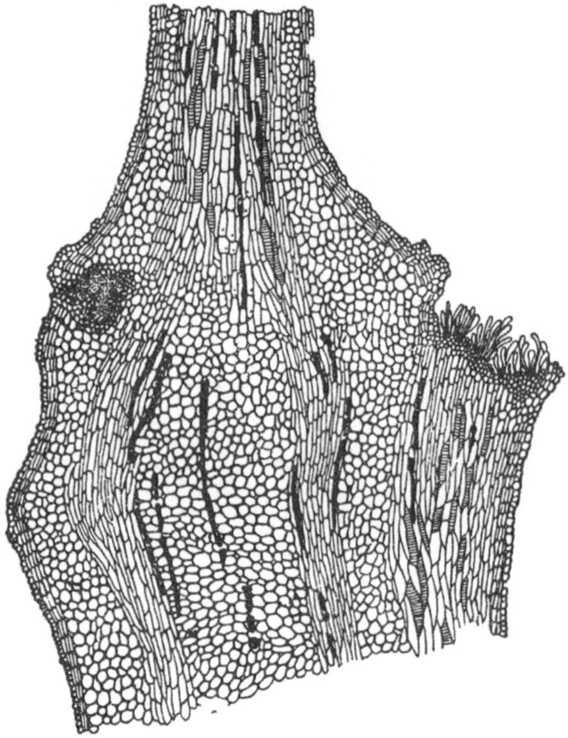

Abb. 132
Ein überwintertes Keimreservoir der Bitterfäule der Kirschen auf Holder, *Sambucus nigra* L. Radialer Längsschnitt durch eine verdorrte Zweigspitze mit Blattstielansatz (oben) und Blattstielnarbe (rechts). Die Hyphen des Erregers sind schwarz gehalten. Vergr. 9. (Nach Böhni, 1949.)

erst 1911 gefunden; sie sind auch seither sehr selten geblieben: die Überwinterung erfolgt ausschließlich vegetativ durch das Myzel.

Von einem eigentlichen Perennieren des Erregers spricht man zum Beispiel beim dikaryontischen Myzel des Gitterrostes auf dem Sevibaum (Abb. 121) oder beim *Uromyces pisi* (Abb. 77), dessen Myzel im Rhizom der Zypressenwolfsmilch überwintert, die jungen Rhizomknospen besiedelt und hernach die Sprosse systemisch durchzieht. Auch *Melampsorella caryophyllacearum*, der Erreger der Weißtannenhexenbesen (Abb. 350), perenniert mit seinem haploiden Myzel jahrzehntelang in den Hexenbesen und mit seinem dikaryontischen Myzel ebenfalls jahrelang in den Trieben mancher befallener Caryophyllaceen und schnürt in jeder Vegetationszeit aufs neue extramatrikale propagative Sporen ab.

Von einem Perennieren des Myzels spricht man aber auch bei *Rosellinia quercina* Hart., dem Eichenwurzeltöter; dieser kann mit seinen Ascusfrüchten und Sklerotien auf oder im Erdboden überwintern; aber am gefährlichsten ist er, wenn sein Myzel im Wurzelwerk älterer Eichen überdauert und von diesen symptomlos ertragen wird. Falls nun der Forstmann in unmittelbarer Nähe dieser Altbestände Pflanzgärten oder Schonungen anlegt (weil der Nachwuchs in der Regel dort am besten gedeiht, wo die betreffende Baumart schon heimisch war), so bricht der Pilz aus seinem chronischen Infektionsherd hervor und richtet die Jungpflanzen zugrunde.

Epidemiologisch spielen die Wirte, die einen perennierenden Erreger beherbergen, dieselbe Rolle wie die Dauerausscheider in der Humanmedizin.

Besonders unerwünscht sind diese parasitisch perennierenden Infektionen, wenn sie zur Bildung von Infektionsreservoiren auf unspezifischen Wirten (Nebenwirten) führen, von denen aus der Infekt stets wieder auf den Hauptwirt zurückgreift. Die Zahl der praktisch zu berücksichtigenden Wirte ist ja meist kleiner als die Zahl der möglichen Wirte, und so wird man sich bei Bekämpfungsmaßnahmen leicht mit einer Ausrottung des Erregers auf dem Hauptwirt begnügen und die Nebenwirte vernachlässigen; doch können gerade diese das dauernde Infektionsreservoir darstellen.

So bilden die Krebsträger unter den wildwachsenden Solanaceen ein leicht zu übersehendes perennierendes Keimreservoir für den Krebs der benachbarten Kartoffelfelder. Desgleichen bilden die zahlreichen, für die Schleimkrankheit (*Pseudomonas solanacearum*) anfälligen wildwachsenden Pflanzen das perennierende Keimreservoir für die Tabakkulturen (Smith, 1939), so daß die Krankheit nicht durch Fruchtwechsel oder durch Brache ausgemerzt werden kann. *Medicago sativa*, die Luzerne, und der Wiesenklee sind in Kunstwiesen häufig von *Helicobasidium purpureum* Pat. = *Rhizoctonia crocorum* (Pers.) DC. = *Rhizoctonia violacea* Tul. befallen, erleiden aber nur geringen Schaden (Keimreservoir); wird jedoch die Wiese umgebrochen, so befällt der Pilz epidemieartig die als erste Frucht gepflanzten Zuckerrüben oder Kartoffeln. In ähnlicher Weise bildet das Wiesenschaumkraut, *Cardamine pratensis* L., das perennierende Keimreservoir für *Plasmodiophora brassicae*, den Erreger der Kohlhernie (Abb. 216), der nach dem Umbruch der Wiese epidemisch auf die Rüben (*Brassica Napus* L. und *Brassica Rapa* L.) übergeht. In besonders gravierender Weise stellt sich endlich dieses Problem in der Kolonialwirtschaft bei der Neuanlage von Rubber- und Teeplantagen; hier kann z.B. *Fomes lignosus* Klotsch von den Urwaldbäumen her in den Stöcken und Wurzeln persistieren und von da aus die Neupflanzungen hartnäckig befallen (Petch, 1921).

2. Saprophytische Entwicklungszustände des Erregers als Infektionsreservoire

Die hier zu betrachtenden Erreger sind «fakultative» Parasiten: sie vermögen sich sowohl parasitisch von lebender als saprophytisch von toter Substanz zu ernähren. Sie sind deshalb nicht auf eine unbedingte Kontinuität der Infektkette angewiesen; wenn diese abreißt, so können sie sich fakultativ saprophytisch weiterentwickeln und in diesem Zustand sogar Nebenfruchtformen bilden. Ihre saprophytischen Keimreservoire dienen deshalb nicht bloß ihrer Erhaltung im vegetativen Zustand, sondern überdies ihrer vegetativen Vermehrung (Weiterentwicklung, Propagation) außerhalb des Wirtsorganismus. Durch dieses extramatrikale Weiterwachsen des Erregers unterscheiden sich die saprophytischen Infektionsreservoire von den im nächstfolgenden Abschnitt zu besprechenden Dauersporen usw., die den wirtslosen Abschnitt passiv, untätig, überdauern.

Wie bei den humanpathogenen, so kann der extramatrikale saprophytische Entwicklungsabschnitt auch bei den pflanzenpathogenen Erregern entweder a) an der Oberfläche des künftigen Wirtes, oder b) im Erdboden usw. verbracht werden.

a) Saprophytische Entwicklungszustände an der Oberfläche des künftigen Wirtes als Infektionsquellen

Ähnlich wie der Mensch dauernd eine spezifische Hautflora beherbergt, von der einige Elemente, Staphylokokken und Streptokokken, ihm als Erreger von Wundeiterungen lästig werden können, so tragen auch die Pflanzen stets eine epiphytische Bakterienflora von charakteristischer Zusammensetzung (Burri, 1903), von der mindestens ein Bestandteil, das *Bacterium herbicola aureum* Düggeli (1904), als typischer Begleiter angesprochen werden darf. Nur ist diese epiphytische Bakterienflora der Pflanzen vollkommen harmlos und vermag, im Gegensatz zu der entsprechenden Flora des Menschen, auch durch Wunden keine Infektionen einzuleiten.

Das Problem der saprophytischen Keimherde auf der Oberfläche des künftigen Wirtes stellt sich deshalb in der Pflanzenpathologie nur in besonders gelagerten Fällen, die man mit einem nicht völlig zutreffenden Ausdruck als Überbrückungsinfektionen zusammenfaßt; wir besprechen hier zwei Typen, die Kräuselkrankheit der Pfirsiche und sodann den Flugbrand des Hafers und die Streifenkrankheit der Gerste.

Taphrina deformans (Berk.) Tul., der Erreger der Kräuselkrankheit der Pfirsiche, parasitiert in den jungen Blättern, treibt sie auf und verstümmelt sie. Im Frühsommer legt er unter der Kutikula der Blattoberseite seine Asci an, welche Ascosporen bilden und sie ausschleudern; hernach stirbt der Pilz ab, und die erkrankten Blattgewebe erschlaffen. Die Ascosporen keimen zu einem einkernigen Sproßmyzel aus, das, weil junge, anfällige Blattgewebe nicht mehr zur Verfügung stehen, zunächst nur saprophytisch auf den Schuppen der nächstjährigen Knospen und auf der Rinde der Zweige weiterlebt, dort überwintert und dadurch die Infektkette in das folgende Frühjahr hinüberrettet; vor der Entfaltung der Blätter, noch ehe diese ein Schwammgewebe entwickelt haben, gelangen die Sproßzellen (sie werden in der pathologischen Literatur häufig, zu Unrecht, «Konidien» genannt) auf die Unterseite der Blätter, treiben einen Keimschlauch (also eine Hyphe) in die Mittellamelle zwischen den Epidermiszellen (Abb. 434) und wachsen dann interzellulär durch das junge Blattgewebe und unter Umständen durch den Blattstiel hinunter und eine kurze Strecke weit in den Zweig hinein (Mix, 1935).

Im Entwicklungsgang der *Taphrina deformans* rollt somit ein biologisch (nicht karyologisch) bedingter Gestaltwechsel zwischen einer Sproßmyzel- und einer Hyphenphase ab. In der Sproßmyzelphase lebt der Parasit vom Sommer bis zum folgenden Frühjahr saprophytisch auf den Zweigen und Knospenschuppen seines Wirtes; doch könnte er zweifelsohne auch auf den Zweigen anderer Bäume gedeihen. Wären die Sproßzellen nicht zwischen den Knospenschuppen versteckt und deshalb der chemischen Behandlung schwer zugänglich, so ließe sich die Infektkette in diesem extramatrikalen saprophytischen Abschnitt durch entsprechende Bekämpfungsmaßnahmen leicht unterbrechen. Dieser saprophytische Abschnitt bildet das überwinternde Keimreservoir für die Infektionen des folgenden Frühjahrs, nach deren Gelingen der Parasit während etwa 3 Monaten parasitisch in seinem Wirt lebt und hier sexuell fruktifiziert.

Er ist also zweifelsohne ein echter Parasit, obschon er drei Viertel des Jahres saprophytisch auf seinem Wirt zubringt; denn er vermag seine sexuelle Hauptfruchtform nur während des parasitischen Abschnittes auszubilden. Die lange dauernde saprophytische Phase ist unfreiwillig und wird ihm durch die klimatisch bedingte Entwicklung des Wirtes aufgezwungen: wegen des Wechsels der Jahreszeiten stehen zur Zeit der Ausschleuderung der Ascosporen keine jugendlichen Blätter mehr zur Verfügung, auf denen die Infektkette kontinuierlich fortgesetzt werden könnte; der Pilz muß deshalb fakultativ saprophytisch zuwarten, bis im jahreszeitlichen Rhythmus des Wirtes wieder anfällige Organe zur Entwicklung gelangen; daß er dies an der Oberfläche des Wirtes selbst tun kann, ist für ihn ein großer Vorteil und steigert seine Infektionschancen.

Bei der zweiten Beispielsgruppe, beim Nackt- oder Flugbrand des Hafers, *Ustilago avenae* (Pers.) Jens. (Kolk, 1930), und bei der Streifenkrankheit der Gerste, *Pyrenophora graminea* (Hst. et N.) Drechsl. = *Helminthosporium gramineum* Rabh., bestehen ähnliche saprophytische Überbrückungsinfektionen; nur sind sie hier topographisch scharf lokalisiert.

Die Sporen (Brandsporen bei *Ustilago avenae*, Konidien bei *Helminthosporium gramineum*) werden durch den Wind auf die klebrigen Narbenäste geweht und keimen hier aus; die Hyphen wachsen teils längs der Narbenäste, teils in diesen gegen den Fruchtknoten hinunter und nisten sich insbesondere in dem der Karyopse anliegenden Parenchym der Deckspelzen, ferner in und an der Epidermis der Karyopse und in und auf den vertrockneten Resten der Staubbeutel usw. saprophytisch ein. Am stärksten ist der Befall bei Infektion unmittelbar vor dem Aufblühen (Tabelle 6).

Tabelle 6

Beziehungen zwischen dem Zeitpunkt der Infektion der Gerste und ihrem Befall durch *Helminthosporium gramineum* Rabh. (Nach GENAU, 1928.)

Zeit der Infektion	% Befall	
	bei Mahndorfer Hannagerste	bei Heines verbesserter Chevalier-Gerste
Kurz vor dem Aufblühen	46,6 ± 12,9	50,0 ± 11,2
Während der Blüte	16,3 ± 5,6	34,9 ± 7,0
Unmittelbar nach der Blüte . . .	16,3 ± 4,0	34,7 ± 4,8
2 Tage nach der Blüte	9,1 ± 3,3	11,5 ± 3,1

Schließlich bilden sich die Hyphen, vor allem in der Scheitelregion des Kornes, zu einem derbwandigen Dauermyzel um, das auf und mit dem Korn überwintert. Es ist äußerst langlebig, konnte doch PAXTON (1922) noch an 16 Jahre altem Herbarmaterial von *Helminthosporium gramineum* in der feuchten Kammer die Bildung keimfähiger Konidien beobachten.

Nach der Aussaat keimt mit dem Korn auch das Dauermyzel (Abb. 133), befällt die junge Keimpflanze direkt oder nach Infektion des feuchten Bodens von diesem her, durchdringt sie systemisch und bewirkt bei *Ustilago avenae* eine Brandkrankheit wie in Abb. 145, bei *Helminthosporium gramineum* eine streifenartige gelbe, dann braune Verfärbung und später ein Zerfasern der Laubblätter und ein Stocken der Entwicklung der Ähren bzw. ein Taubwerden der Körner. Bei *Helminthosporium* kann zwar die Infektkette auch von Ascosporen ausgehen, die auf den überwinternden Stoppeln in Ascusfruchtkörpern gebildet werden und im Frühjahr unmittelbar vom Erdboden her die jungen Laubblätter befallen; doch tritt diese Möglichkeit, wegen des Fruchtwechsels, gegenüber der eben geschilderten saprophytischen Überbrückungsinfektion an der Oberfläche der Spelzen und der Körner zurück.

Beim Infektionsablauf dieser zweiten Beispielsgruppe sind somit zwei Phasen zu unterscheiden, die saprophytische Überbrückungsinfektion, die zur Bildung eines überwinternden, saprophytischen Keimherdes, zu einer Kontamination der Oberfläche der Körner führt, und die eigentliche Infektion der jungen Keimpflanze selbst. Die Überbrückungsinfektion schafft, wie die Sproßmyzelphase bei *Taphrina deformans*, bloß den saprophytischen Ausgangspunkt an der Oberfläche des später zu infizierenden Wirtes, bringt den Parasiten in die unmittelbare Nähe der zu befallenden Organe und hilft ihm, den Zeitpunkt zu erwarten, da die für die Infektion bevorzugten Gewebe zur Entwicklung gelangen.

Sachlich wird jedoch mit dieser Kontamination über den endgültigen Befall der Keimpflanzen noch nicht entschieden, sondern nur die Chancen des Befalls werden erhöht. Wegen dieses bloß subsidiären Charakters der Überbrückungsinfektion kann die Kette zwischen der saprophytischen und der parasitischen Phase durch Bekämpfungsmaßnahmen unterbrochen werden. Behandelt man nämlich die befallenen Körner vor der Aussaat mit quecksilberhaltigen Beizmitteln oder mit heißer Luft oder warmem Wasser (zum Beispiel während 5 Minuten bei 60° oder während 20 Minuten bei 55°), so wird das Dauermyzel des Parasiten getötet, ohne daß die Keimkraft der Körner wesentlichen Schaden nimmt, und der Befall der Keimpflanzen unterbleibt.

Die eigentliche Infektion des Wirtes erfolgt somit in den aufgehenden Keimpflanzen, nicht in der Blüte; durch die Bildung eines saprophytischen Keimherdes an der Korn- und Spelzenoberfläche, dessen Infektionsweg ursprünglich durch die Blüte (die Narben) führte, wird jedoch die Infektion der Keimpflanzen entscheidend begünstigt. Deshalb bezeichnet die praktische Pflanzenpathologie diesen Besiedlungstypus als unechte Blüteninfektion bzw. als Blüten-Keimlingsinfektion.

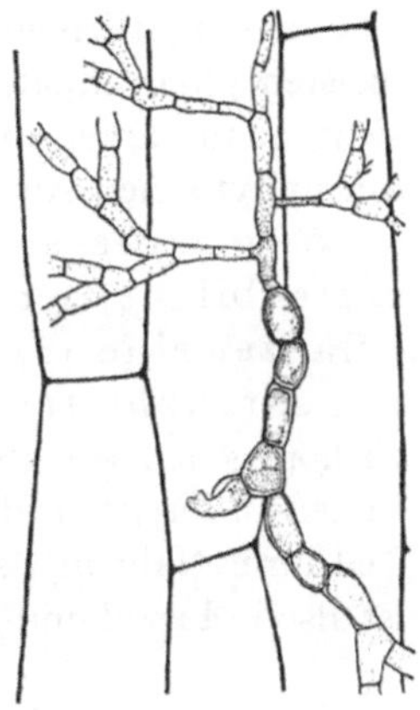

Abb. 133
Auskeimendes dickwandiges Dauermyzel von *Helminthosporium gramineum* Rabh. auf der Epidermis der Fruchtwand der Gerste. Vergr. 350. (Nach VOGT, 1923.)

b) Saprophytische Entwicklungszustände im Erdboden als Infektionsquellen

Wie der eben besprochene saprophytische Entwicklungsabschnitt auf der Körperoberfläche des künftigen Wirtes, so besitzt auch die saprophytische Phase der Erreger im Erdboden, im Kompost usw. ausschließlich fakultativen Charakter; sie ist nicht entwicklungsgeschichtlich bedingt, sondern durch die Zufälligkeiten der parasitischen Laufbahn: mit den infizierten, zerstörten Teilen des Wirtes gelangt der Parasit in den Erdboden und lebt nun hier unter Umständen eine gewisse Zeit saprophytisch weiter; so stehen den Erregern der Fuß-, der Halmbruch- usw. Krankheit des Getreides (*Ophiobolus graminis*, Abb. 137; *Cercosporella herpotrichoides*, Abb. 138, usw.) nach der Getreideernte, also nach dem Absterben des Hauptwirtes, drei Wege zu ihrer Erhaltung offen, entweder 1. unmittelbar von Wurzel zu Wurzel weiterzugehen und die Infektkette parasitisch auf Nebenwirten, dem Auflaufgetreide und den als Unkräutern wild wachsenden Gräsern, kontinuierlich fortzusetzen, oder diskontinuierlich 2. auf den Stoppeln im Verlauf der folgenden Jahre die Ascusfruchtkörper, die Pseudothecien, zu bilden, oder aber 3. eine saprophytische Phase einzuleiten und ihr Leben vorübergehend im Myzelzustand auf den Stoppeln zu fristen, bis die neue Saat zu keimen beginnt; in allen drei Fällen entsteht in den verseuchten Äckern ein mehrjähriger Infektionsherd für die nachfolgenden Kulturen.

Uns interessiert hier nur die dritte Eventualität. Die Krankheitserreger werden selbstverständlich das saprophytische Exil im Erdboden nur dann überdauern, wenn sie nach Möglichkeit wuchsstoffautotroph sind, sich mit einem geringen Nährstoffgehalt ihres Substrates und mit beliebigen Außentemperaturen zufriedenstellen und sich überdies im Konkurrenzkampf gegen die echt saprophytischen Mikroorganismen des Erdbodens behaupten. Die dem Laien bekannten pathogenen Bakterien der Humanmedizin sind in dieser Hinsicht meist zu anspruchsvoll (Eiweißernährung, Temperaturoptimum von rund 37° usw.); deshalb bilden unter ihnen eigentlich nur die Bakterien der Coli-Gruppe (Erreger typhöser Erkrankungen) und die Gasbrandbazillen im Erdboden Entwicklungsherde im botanischen Sinne: herstammend von fäkalen Verunreinigungen, können sie sich eine beschränkte Zeit, die erstern einige Tage oder Monate, die letztern immerhin einige Jahre, saprophytisch im Erdboden usw. halten, vermehren und dann wieder auf den Menschen übergehen. Die meisten pflanzenpathogenen Pilze und Bakterien sind dagegen in dieser Hinsicht genügsamer und deshalb für einen mehr oder weniger unfreiwilligen saprophytischen Aufenthalt im Erdboden besser geeignet.

Wegen dieser häufigen saprophytischen Entwicklungsreservoire bildet der Erdboden für die Infektionskrankheiten der Pflanzen eine ungleich nachhaltigere Keimquelle als für die Infektionskrankheiten des Menschen; der letztere hat an saprophytischen chthonogenen Infekten (Seite 42) eigentlich nur die Coli- und Gasbrandinfektionen zu fürchten; die Pflanze bezieht dagegen aus dem Boden nicht nur einen Teil ihrer Nahrung, sondern auch eine große Zahl ihrer Krankheitskeime; sie ist also in Freud und Leid mit dem Erdreich enger verwurzelt als wir Menschen.

Falls dieselbe Kulturpflanze mehrere Jahre auf demselben Grundstück angebaut wird, so findet meist eine progressive Anreicherung der saprophytischen Keimreservoire im Erdboden statt, die ihrerseits zu gehäuften Erkrankungen und zu «Ermüdungs»erscheinungen führt, zum Beispiel zur Kartoffel- oder Rübenmüdigkeit bestimmter Felder; so wurden in Abb. 134 vom Jahre 1936 an auf einem Acker, der früher keine Kartoffeln, sondern Honigklee, Mais, Zuckerrüben und Weizen getragen hatte, dauernd Kartoffeln gepflanzt. Die im Erdboden persistierenden Keime von *Corticium vagum* verursachten im ersten Jahr nur unbedeutende Erkrankungen; der akkumulierende Effekt der Dauerkultur erreichte jedoch schon im dritten Jahr einen Höhepunkt.

Wegen dieser akkumulierenden Wirkung des wiederholten Anbaues derselben Kulturpflanze muß in der Landwirtschaft und Gärtnerei bei der Wahl der Fruchtfolge oft in erster Linie auf persistierende Keimherde früherer Infektionskrankheiten Rücksicht genommen werden; so pflanzt der Landwirt in fußkranken Böden nach Mais oder Weizen nicht ohne weiteres wieder Weizen, selbst wenn dies aus ernährungsphysiologischen Gründen anginge; denn Weizen ist für die Fußkrankheit meist hochanfällig; wohl aber kann er Roggen oder Hafer folgen lassen, die gegen die Fußkrankheit ziemlich widerstandsfähig sind.

Doch gilt diese Regel des Fruchtwechsels (Rotation) in ihrer imperativen Form nur für Gebiete mit intensiver Landwirtschaft. Wird nämlich auf einem Acker dauernd dasselbe Getreide gepflanzt, so bringen, wie Abb. 135

anzudeuten versucht, nur die ersten Jahre Mißernten; später stellt sich das für den betreffenden Boden charakteristische biologische Gleichgewicht der Mikroorganismen wieder ein: die sensibeln Fußkrankheitserreger werden zurückgedrängt, und der Ertrag strebt einem konstanten Endwert zu. Da jedoch der kapitalintensiv wirtschaftende Landwirt alljährlich Höchsterträge erzielen muß, so wird er, wenn er zum Beispiel auf einem bestimmten Felde Weizen gepflanzt hat, erst nach Ablauf einer bestimmten Karenzzeit wieder zu Weizen zurückkehren.

Die Dauer dieser Karenzzeit hängt (falls keine Infektketten auf Nebenwirten zu berücksichtigen sind) von der Art des Krankheitserregers, von den edaphischen Faktoren und von den übrigen bodenbewohnenden Mikroorganismen ab (GARRETT, 1944).

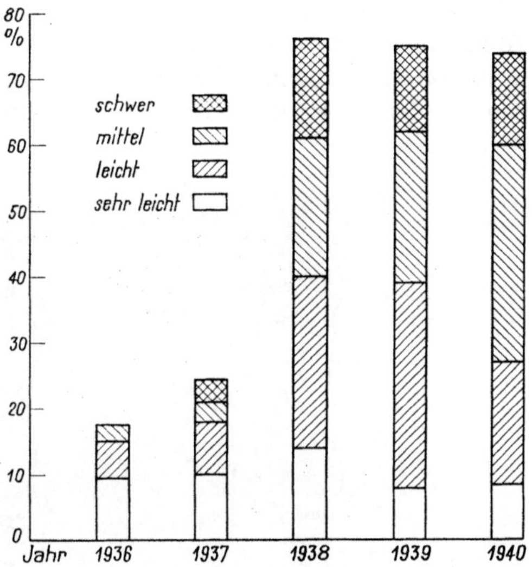

Abb. 134

Die akkumulierende Wirkung der Dauerkultur bei Kartoffeln. Abszisse: Anbaujahr. Ordinate: % Erkrankungen, die an den unterirdischen Teilen der Kartoffelstengel durch *Corticium vagum* B. et C. verursacht wurden. Erklärung im Text. (Nach AFANASIEV und MORRIS, 1948.)

Was zunächst die Art des Krankheitserregers betrifft, so ist bei den verschiedenen fakultativen Pflanzenparasiten die Eignung und die Geneigtheit zur saprophytischen Lebensweise verschieden groß. Im einen Extrem stehen die eigentlichen bodenbewohnenden Mikroorganismen, ausgesprochene Saprophyten, die sich in zerfallenden Wirtsgeweben und im Humus des Erdbodens unbeschränkt halten und vermehren und hier ihre sämtlichen Sporenformen bilden; sie befallen nur beiläufig gewisse Wirtsindividuen, die infolge Schwächung hierfür außergewöhnlich disponiert sind; so bildet der Erreger der

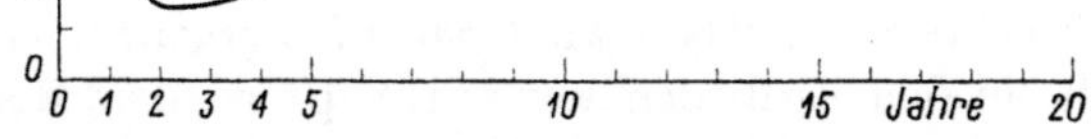

Abb. 135

Der mutmaßliche Verlauf der Ertragskurve bei Dauerkultur von Getreide. Abszisse: Jahre. Ordinate: Mutmaßlicher Ertrag. *a* Normaler Ertrag bei gutem Fruchtwechsel; *b* Mißernten, wenn begonnen wird, mehrere Jahre hintereinander dasselbe Getreide anzubauen; *c* befriedigende Erträge bei ständigem Getreidebau. Erklärung im Text.

Rotfäule der Fichten, *Trametes radiciperda*, in den Stöcken und im Humus der erkrankten Bestände chronische saprophytische Keimreservoire und fruktifiziert hier; er ist also primär ein Saprophyt, geht aber bei Eintritt einer besondern Erkrankungsbereitschaft auch auf intakte Bäume über. Ähnliches dürfte bei den Erregern des Wurzelbrandes mancher Keimlinge, *Pythium de Baryanum, Fusarium moniliforme, Corticium vagum* usw. der Fall sein, in der Forstwirtschaft eine der wichtigsten Ursachen des Ausbleibens

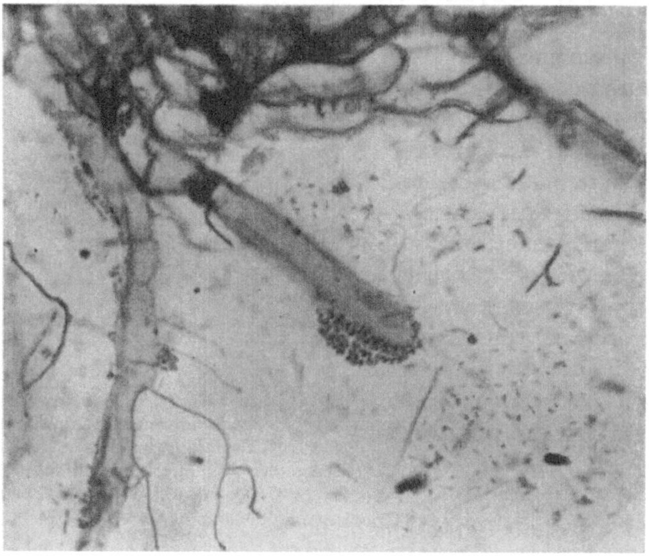

Abb. 136
Die Eliminierung von *Ophiobolus graminis* im Erdboden durch saprophytische Konkurrenten; seine Hyphen sind von Actinomyceten und Bakterienkolonien dicht besiedelt und beginnen zu zerfallen. Vergr. 550. (Nach WINTER, 1948.)

der natürlichen Verjüngung der Wälder, in der Landwirtschaft und Gärtnerei die Erreger des epidemischen Umfallens der Zuckerrüben-, Gemüse- usw. Keimlinge: auch hier leben die Parasiten primär saprophytisch im Erdboden; dieser ist deshalb von ihnen chronisch verseucht und durch Kulturmaßnahmen nur schwer zu entkeimen (desinfizieren).

Das andere Extrem bilden echte Parasiten wie *Ophiobolus graminis*, die durch zerfallende Wirtsgewebe in den Erdboden verschleppt werden, dort nur widerwillig ihr Leben saprophytisch fristen, nicht zur Entwicklung ihrer höhern (sexuellen) Fruchtform gelangen (dies geschieht nur auf den abgestorbenen, erschöpften Organen des Wirtes) und im Erdboden nach verhältnismäßig kurzer Zeit auslöschen (Abb. 136), wenn sie sich ihrem Exil nicht rechtzeitig durch eine Flucht auf den Wirt entziehen können. Diese Flucht auf den Wirt umschließt ein Problem der fremddienlichen

Zweckmäßigkeit: der Wirt errettet den Erreger vor dem Untergang, obschon ihn dieser sogleich wird erkranken lassen.

Dazwischen stehen ungezählte andere Krankheitserreger, bei denen es von der Rasse und den örtlichen Verhältnissen abhängt, ob vorübergehend mehr ihr saprophytischer oder mehr ihr parasitischer Charakter zum Durchbruch kommt.

Bei der zweiten Faktorengruppe, den edaphischen Faktoren, wirken zum Beispiel die physikalischen Bodeneigenschaften, der Humusgehalt des Bodens, die Bodenreaktion und die Feuchtigkeitsverhältnisse fördernd oder hemmend auf die Erhaltung der saprophytischen Keimreservoire (GARRETT, 1938, 1939). Der Landwirt sucht sie unter anderem durch die Bodenbearbeitung günstig zu gestalten. Da die Keimdichte des Edaphons meist mit Hilfe der elektiven Methode geprüft wird (man pflanzt anfällige Individuen in die verseuchten Böden und schließt aus der unterschiedlichen Stärke der Infektion und der Erkrankung auf den Grad der Erhaltung der pathogenen Mikroorganismen), so ist es nicht immer leicht, den Einfluß der edaphischen Faktoren auf das Persistieren und die Aggressivität des Erregers von ihrem Einfluß auf die Anfälligkeit des Wirtes zu trennen.

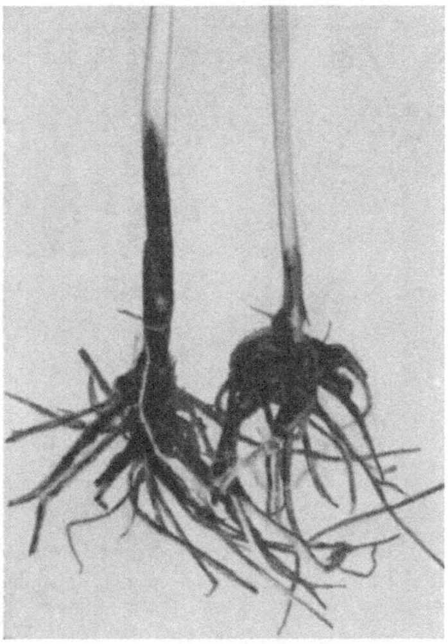

Abb. 137
Die Fußkrankheit (take-all disease) des Weizens, verursacht durch *Ophiobolus graminis* Sacc. Krankheitsbild an der Halmbasis und an den Blattscheiden Mitte Mai. Etwa ½ nat. Gr. (Nach OORT, 1936.)

Physikalische Bodeneigenschaften: Unter den Getreidekrankheiten zieht die Halmbruchkrankheit (Abb. 138), verursacht durch *Cercosporella herpotrichoides*, schwere Böden vor (OORT, 1936), *Ophiobolus graminis*, der Erreger der Fußkrankheit (Abb. 137) im engern Sinne, dagegen leichte Böden (Tabelle 7). Eine Verfestigung (Verkrustung) des Bodens wirkt somit auf die beiden im Krankheitsbild nahe verwandten Erreger gegensätzlich.

Humusgehalt des Bodens: Ein gewisser Mindestgehalt des Bodens an organischer Substanz, d.h. an abbaubaren Stoffen, ist naturgemäß bei allen Erregern für die saprophytische Erhaltung notwendig; darüber hinaus werden jedoch unter den Kartoffelkrankheiten der Schorf (*Actinomyces scabies*) und die Pocken (*Corticium vagum*) durch Gaben organischen Materials (Stroh, Kompost, Gründüngung) gehemmt (wahrscheinlich durch die Nährstoffkonkurrenz vitalerer Saprophyten oder durch die fungistatische Wirkung ihrer Stoffwechselprodukte), der Weizensteinbrand (*Tilletia tritici*) und die Welkekrankheit der Tomaten usw. (*Verticillium albo-atrum*) dagegen begünstigt.

Bodenreaktion: Die Ergebnisse der Laboratoriumsversuche auf synthetischen Nährmedien können nicht ohne weiteres auf das Erdreich übertragen werden, weil sich die Wasserstoffionenkonzentration je nach Art des Substrates verschieden auswirkt. *Pythium de Baryanum* (Seite 138) und *Armillaria mellea* (Seite 66) ziehen saure Böden vor, *Corticium vagum* (Tabelle 8) neutrale und *Ophiobolus graminis* (Tabelle 9) alkalische Böden.

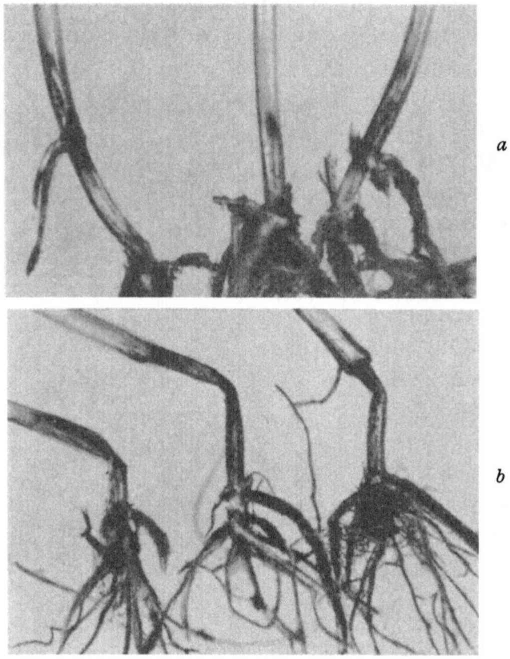

Abb. 138
Die Halmbruchkrankheit (Augenfleckenkrankheit) des Weizens, verursacht durch *Cercosporella herpotrichoides* Fron. *a* Krankheitsbild an der Halmbasis Ende Juni; *b* Lagerfrucht Ende Juli. Etwa ½ nat. Gr. (Nach Oort, 1936.)

Bodenfeuchtigkeit: Die bodenbewohnenden pathogenen Phycomyceten (die ja noch Zoosporen bilden), so *Pythium de Baryanum*, persistieren länger in feuchten Böden, *Actinomyces scabies*, der Erreger des Kartoffelschorfes, dagegen länger bei mäßiger Bodenfeuchtigkeit.

Wegen dieser Ambivalenz sämtlicher edaphischer Faktoren ist eine Gesundung verseuchter Böden bloß durch eine Verschiebung der Umweltfaktoren schwer zu erreichen: man läuft stets Gefahr, optimale Bedingungen für einen neuen Erreger zu schaffen, also den Teufel mit dem Beelzebub auszutreiben.

Die dritte Faktorengruppe, welche die Lebensdauer der saprophytischen Keimherde im Erdboden mitbestimmt, umfaßt die übrigen Mikroorganismen des Erdbodens, das Edaphon mit allen seinen komplizierten synökologischen Problemen. Nach dem Charakter der gegenseitigen Beziehungen lassen sich drei Gruppen von Partnern auseinanderhalten, Konkurrenten, Synergisten und Antagonisten.

Den häufigsten Fall bildet die simple, primitive Konkurrenz: Wie zwischen den Makroorganismen an der Bodenoberfläche, so besteht auch zwischen den Mikroorganismen im Innern des Erdbodens ein scharfer Wettstreit um die Nährstoffe, ohne daß sie sich im übrigen durch ihre Stoffwechselprodukte fördern oder benachteiligen; in dieser Hinsicht sind sie indifferent. So vermag *Ophiobolus graminis* im Erdboden nur so lange saprophytisch zu bestehen, bis die Stoppeln zersetzt und deren Nährstoffe ausgeschöpft sind; hernach geht er zugrunde und verschwindet. Er hält sich deshalb in den für die Ausbreitung (Tabelle 7) ungünstigen Böden am längsten, weil hier auch die konkurrieren-

Tabelle 7

Die Wachstumsgeschwindigkeit von *Ophiobolus graminis* Sacc. längs Weizenwurzeln in einem Sand-Lehm-Gemisch. Versuchsdauer rund 2 Wochen. (Nach GARRETT, 1936.)

Volumteile Sand: Lehm. . .	Sand	1:16	1:8	1:4	1:2	1:1
Wachstums-geschwindigkeit des Pilzes in mm .	53 ± 1,9	40 ± 2,3	16 ± 2,4	18 ± 1,8	6 ± 1,2	5 ± 1,4

den Mikroorganismen stark gehemmt werden (GARRETT, 1938). Anderseits dienen alle Maßnahmen, die eine üppige Entwicklung der echten Saprophyten und mit ihr einen raschen Zerfall der Stoppeln begünstigen, so ein flaches Schälen des Ackers nach der Ernte, mittelbar der Abkürzung der Karenzzeit.

Tabelle 8

Der Einfluß der Bodenreaktion auf die Wachstumsgeschwindigkeit von *Corticium vagum* B. et C. (*Rhizoctonia solani* Kühn) in einem lehmigen Boden von der Wasserkapazität von etwa 35%. Versuchsdauer 5 Tage. (Nach BLAIR, 1943.)

Bodenreaktion pH	3,0	4,5	5,8	6,3	7,1	7,4	8,1	8,7
Wachstums-geschwindigkeit der Hyphen in mm . . .	0	1,4	34	35	45	32	29	5

In ähnlicher Weise nimmt der Schorfbefall der Kartoffeln, verursacht durch *Actinomyces scabies* (Thaxt.) Güss., rasch ab, wenn der infizierten Erde steigende Gaben von *Actinomyces praecox*, einem obligaten Saprophyten, beigemischt werden. Auch die Zahl der Individuen des Parasiten in der Erde

Tabelle 9

Der Einfluß der Bodenreaktion auf die Wachstumsgeschwindigkeit von *Ophiobolus graminis* Sacc. längs Weizenwurzeln. Versuchsdauer etwa 2 Wochen. (Nach GARRETT, 1936.)

Bodenreaktion pH	4,8	4,9	6,8	7,2	7,7	8,0
Wachstums-geschwindigkeit des Pilzes in mm	8 ± 1,1	11 ± 1,0	13 ± 0,6	20 ± 0,9	25 ± 1,0	28 ± 1,3

sinkt sogleich nach Zusatz des Saprophyten (MILLARD und TAYLOR, 1927). Da sich die beiden Mikroorganismen in Kultur gut vertragen, beruht ihre Disharmonie im Erdboden auf einer reinen Futterkonkurrenz: der vitalere Saprophyt hungert den Parasiten aus und verdrängt ihn, falls er sich nicht in sein Asyl, den Wirt, zurückziehen kann.

Im Vergleich zu dieser häufigen Futterkonkurrenz sind Synergismen bei den bodenbewohnenden pflanzenpathogenen Mikroorganismen wenig untersucht. Die Förderung kann darauf beruhen, daß gewisse Mikroorganismen vorübergehend mehr organisches Material abbauen als sie im Augenblick selbst benötigen (Luxusabbau) und dadurch den enzymatisch weniger leistungsfähigen Begleitern das Leben erleichtern; so bildet *Melanospora destruens* Shear, ein Parasit auf *Vaccinium*-Arten, seine Perithecien mit Vorliebe in gemeinsamer Kultur mit andern Pilzen, Penicillien, *Physalospora obtusa* (Schw.) Cke. (= *Sphaeropsis malorum*) usw., die wegen ihrer größern enzymatischen Leistungsfähigkeit das Substrat für ihn aufschließen (HAWKER, 1948).

Abb. 139
Reife Koremien der *Sphaerocybe concentrica* Magr. et Marn. Vergr. 9. (Nach MAGROU und MARNEFFE, 1945.)

Wichtiger als diese primitive Pionierarbeit ist die synergistische Wuchsstoffspende. Die meisten pflanzenpathogenen Pilze sind zwar auf die Lieferung von Wuchsstoffen nicht angewiesen; sie sind also, entgegen manchen Angaben der Literatur, nicht wuchsstoffheterotroph (oder nur bedingt, nur bei bestimmter Ernährung heterotroph); aber sie werden durch Wuchsstoffgaben gefördert und vermögen deshalb auf wuchsstoffarmen oder wuchsstofffreien Böden besser zu gedeihen, wenn ihnen von dritter Seite ein Zuschuß an Wuchsstoffen zur Verfügung gestellt wird. Diese Förderung kann unter Umständen bis zur Beeinflussung der Gestalt hinaufreichen. *Sphaerocybe concentrica* Magr. et Marn., ein saprophytischer Bodenbewohner, bildet seine Koremien (Abb. 139) nur bei Anwesenheit von Aneurin oder Thiazol. Da die Hefe *Rhodotorula rubra* ihm das Thiazol zur Verfügung stellt, so löst sie bei ihrem Partner einen morphogenen Effekt aus (MAGROU und MARNEFFE, 1945; MAGROU und MARIAT, 1948).

Wirkliche obligate Wuchsstoffheterotrophie ist bei den pflanzenpathogenen Pilzen selten. So benötigt *Ophiobolus graminis* einen Wuchsstoff aus der Biosgruppe; dieser fehlt dem Erdboden, ist dagegen im Wirtsorganismus vorhanden. Die Flucht auf den Wirt hat also bei *Ophiobolus* nicht nur eine negative Seite, der Konkurrenz der Saprophyten zu entrinnen, sondern auch eine positive, den unentbehrlichen Wuchsstoff zu finden; dennoch kann *Ophiobolus* auch im Erdboden gedeihen, sofern dort andere Mikroorganismen, zum Beispiel bestimmte Bakterien (PADWICK, 1936), den betreffenden Wuchsstoff synthetisieren.

Für zahlreiche andere Erreger, die wir im 4. Kapitel (Abschnitt 4; Der Wuchsstoffgehalt der Wirtszellen als Faktor ihrer Ausbreitungsresistenz) näher besprechen werden, sind die Wuchsstoffe der Aneuringruppe fördernd oder lebenswichtig; sie müssen deshalb Aneurin im Erdboden vorfinden. Als Aneurinspender kommen in der freien Natur vor allem bodenbewohnende Algen in Betracht; so vermochten sämtliche 18 bodenbewohnenden Algen, die GÄUMANN und JAAG (1950) untersuchten, Aneurin zu synthetisieren und dadurch den mehr oder weniger aneurinheterotrophen Testpilzen die Entwicklung auf dem wuchsstofffreien Substrat zu ermöglichen oder zu erleichtern; das Verhältnis zwischen Pilz und Alge entspricht somit bei den höhern Pflanzen dem der ebenfalls chlorophyllosen Wurzeln zu den Laubblättern, die ja auch ihrerseits den Wurzeln das Aneurin liefern.

In seltenen Fällen sind Wuchsstoffspender und -empfänger unmittelbar aufeinander abgestimmt oder fördern sich sogar gegenseitig (Satellitenverhältnis); so brauchen *Mucor Ramannianus* Möll. und *Rhodotorula rubra* (Demme) Lodd. beide für ihre Entwicklung Aneurin; *Mucor Ramannianus* vermag nur die eine Spalthälfte desselben, das Pyrimidin, zu synthetisieren und muß die andere, das Thiazol, geliefert erhalten. *Rhodotorula rubra* synthetisiert dagegen nur das Thiazol und ist pyrimidinheterotroph. In gemeinsamer Kultur ergänzen sich die beiden Pilze und besiedeln deshalb Substrate, die ihnen als Einzelgänger verschlossen wären (UTIGER, 1942). Da somit beide Partner aus ihrer Lebensgemeinschaft eine Förderung erfahren, wird man diese als mutualistische Symbiose bezeichnen.

Bei der dritten Gruppe von Mikroorganismen, bei den Antagonisten, tritt das Gegenteil der mutualistischen Symbiose ein: einer hemmt oder schädigt die andern durch seine Stoffwechselprodukte (Antibiose, Allelopathie; WAKSMAN, 1947). Die entwicklungshemmenden Stoffe werden als fungistatisch bzw. bakteriostatisch bezeichnet, die abtötenden Stoffe als fungizid bzw. bakterizid. Zur laboratoriumsmäßigen Prüfung auf Antagonismus werden je zwei Partner in einem gewissen Abstand auf Agarplatten geimpft; beim Bestehen eines Antagonismus bildet sich zwischen den beiden Kolonien eine Hemmungszone, in welcher der Empfänger vom Spender aufgehalten wird.

Die Fähigkeit zur Bildung von Stoffwechselprodukten, welche andere Mikroorganismen schädigen, ist bei den bodenbewohnenden Mikroorganismen derart verbreitet, daß eine große Zahl der heute bekannten Antibiotica gerade von bodenbewohnenden Mikroorganismen stammt; eine kleine Auswahl ist in den Tabellen 10 bis 12 zusammengestellt, ferner in den Tabellen 13 und 14 eine Übersicht über die Wirksamkeit zweier derartiger Antibiotica (Patulin und Viridin) auf einige pflanzenpathogene Pilze, die sich dauernd oder vorübergehend im Erdboden aufhalten. Gewiß steht die Frage noch offen, ob die betreffenden Antibiotica auch unter den Ernährungs- usw. Verhältnissen des Erdbodens

Tabelle 10

Einige Antibiotica, gebildet durch bodenbewohnende Bakterien. (Ergänzt nach BRIAN, 1949.)

Organismus	Antibioticum	Wirkung bakteriostatisch (b) oder fungistatisch (f)	Hemmungsgrenze
Bacillus brevis Mig.	Gramicidin	b	*Diplococcus pneumoniae* Weichs. 1:2000000
	Tyrocidin	b	*Diplococcus pneumoniae* Weichs. 1:2000000 *Escherichia coli* (Mig.) Cast. 1:20000
Bacillus licheniformis (Weig.) Chest.	Licheniformin	b	*Mycobacterium phlei* Lehm. et Neum. 1:5000000
Bacillus polymyxa (Praz.) Mig.	Polymyxin (Aerosporin)	b	*Escherichia coli* (Mig.) Cast. 1:50000000
Bacillus subtilis Cohn	Bacitracin	b	*Streptococcus pyogenes* Rosenb. 1:200000000
	Subtilin	b	*Mycobacterium tuberculosis* (Schr.) Lehm. et Neum. 1:100000
Pseudomonas aeruginosa (Schr.) Mig.	Pyocyanin	b	*Bacillus subtilis* Cohn 1:300000

Tabelle 11

Einige Antibiotica, gebildet durch bodenbewohnende Actinomyceten. (Ergänzt nach BRIAN, 1949.)

Organismus	Antibioticum	Wirkung bakteriostatisch (b) oder fungistatisch (f)	Hemmungsgrenze
Streptomyces griseus (Kr.) W. et H.	Grisein	b	*Salmonella pullorum* (Rettg.) Bergey et al. 1:30000000
	Actidion	f	*Erysiphe polygoni* DC. 1:1000000
	Streptomycin	b	*Escherichia coli* (Mig.) Cast. 1:4000000
Streptomyces venezuelae Burkh.	Chloromycetin	b, f	*Escherichia coli* (Mig.) Cast. 1:3000000 *Candida albicans* (R.) Berkh. 1:5000000
Nocardia Gardneri W.	Proactinomycin	b	*Corynebacterium sepedonicum* (Sp. et K.) Skapt. et Burkh. 1:160000
Actinomyces lavendulae W. et C.	Streptothricin	b, f	*Escherichia coli* (Mig.) Cast. 1:3000000 *Fusarium* sp. 1:100000
Proactinomyces cyaneus-antibioticus Gause	Litmocidin	b	*Staphylococcus aureus* Rosenb. 1:4000000

Tabelle 12

Einige Antibiotica, gebildet durch bodenbewohnende Pilze. (Ergänzt nach BRIAN, 1949.)

Organismus	Antibioticum	Wirkung bakteriostatisch (b) oder fungistatisch (f)	Hemmungsgrenze
Aspergillus flavus Link	Aspergillsäure	b, f	*Corynebacterium sepedonicum* (Sp. et K.) Skapt. et Burkh. 1:320000 *Cladosporium herbarum* (Pers.) Link 1:20000
Aspergillus terreus Thom	Citrinin	b	*Bacillus subtilis* Cohn 1:50000
Penicillium brevi-compactum Dierckx	Mycophenolsäure	b, f	*Corynebacterium michiganense* (Sm.) Jensen 1:320000 *Stereum purpureum* Fr. 1:80000
Penicillium chrysogenum Thom	Penicillin	b	*Bacillus subtilis* Cohn 1:30000000
Penicillium griseofulvum Dierckx *Penicillium Janczewskii* Zal.	Griseofulvin	f	*Botrytis allii* Munn. 1:200000
Penicillium patulum Bain.	Patulin	b, f	*Xanthomonas malvacearum* (Sm.) Dowson 1:320000 *Pythium ultimum* Trow 1:800000
Fusarium oxysporum Schlecht.	Enniatin	b, f	*Bacillus subtilis* Cohn 1:300000 *Calonectria graminicola* Wr. 1:100000
Trichoderma viride Pers.	Gliotoxin	b, f	*Corynebacterium sepedonicum* (Spieck. et K.) Skapt. et Burk. 1:1800000 *Stereum purpureum* Fr. 1:70000
	Viridin	f	*Fusarium coeruleum* (Lib.) Sacc. 1:300000000

Tabelle 13

Die antibiotische Wirkung von Patulin auf einige pflanzenpathogene Pilze. (Nach GILLIVER, 1946, und G. SMITH, 1947.)

Testobjekt	Absolute Hemmungsgrenze
Pythium ultimum Trow	1:320000
Phytophthora erythroseptica Pethybr.	1:320000
Ceratostomella pini Muench	1:20000
Helminthosporium gramineum Rabh.	1:20000
Helminthosporium monoceras Drechsl.	1:10000
Helminthosporium sativum P. K. et B.	1:5000
Helicobasidium purpureum Pat.	1:5000
Corticium vagum B. et C.	1:40000
Sclerotium Rolfsii Sacc.	1:20000
Botrytis cinerea Pers.	unterhalb 1:5000
Trichoderma viride Pers.	1:5000
Verticillium albo-atrum R. et B.	1:10000
Verticillium dahliae Kleb.	1:5000

Tabelle 14

Die antibiotische Wirkung von Viridin auf einige pflanzenpathogene Pilze. (Nach BRIAN, CURTIS, HEMMING und McGOWAN, 1946.)

Testobjekt	Absolute Hemmungsgrenze für die Keimung der Konidien
Aspergillus niger v. Tiegh.	1:300000
Botrytis allii Munn	1:150000000
Cladosporium herbarum Link	1:5000000
Colletotrichum lini (West.) Troch.	1:300000000
Fusarium coeruleum (Lib.) Sacc.	1:300000000
Fusarium culmorum (W. S.) Sacc.	1:5000000
Trichoderma viride Pers.	1:20000
Trichothecium roseum Link	1:50000000

Tabelle 15

Der Einfluß verschiedener bodenbewohnender Mikroorganismen auf die Pathogenität von *Ophiobolus graminis* Sacc. (Nach LAL, 1939.)

Pathogener Pilz	Zusätzlicher, meist saprophytischer Pilz	Infektionen der Primärwurzeln %
Ophiobolus graminis	—	100
	Botrytis cinerea Pers.	100
	Acrostalagmus spec.	90
	Penicillium D.	81
	Aspergillus B.	63
	Penicillium F.	30
	Rhizoctonia spec.	24
	Pythium spec.	8
	Trichoderma spec.	0
	Fusarium A.	0
Kontrolle	—	0

gebildet werden, da ihre Produzenten in künstlicher Kultur zuweilen äußerst fein auf die Ernährung ansprechen. Ferner wird noch zu prüfen sein, wie lange sich die chemisch meist wenig stabilen Antibiotica im Erdboden zu halten vermögen (man denke an die enzymatische Zerstörung des Penicillins durch die von andern Mikroorganismen gebildete Penicillinase). Immerhin ist für einen Fall, für das Patulin (Clavacin, Claviformin) experimentell nachgewiesen worden, daß Boden, der mit zerkleinertem Stroh vermischt und hernach mit *Penicillium patulum* infiziert wurde, erhebliche Mengen eines Antibioticums, also wahrscheinlich Patulin, enthielt (GROSSBARD, 1948).

Auch sonst lassen sich die auf synthetischen Nährböden gewonnenen Ergebnisse nicht ohne weiteres auf die Umweltbedingungen des Erdbodens übertragen; so wird *Ophiobolus graminis* in Reinkultur durch das *Penicillium F* vollständig gehemmt, befällt aber im Erdboden, weil vielleicht die Hemmungsstoffe durch andere Mikroorganismen abgebaut werden oder weil unter natürlichen Verhältnissen die Mikroorganismen der *Rhizosphäre* eine abschirmende Wirkung gegenüber den entferntern Mikroorganismen des Erdbodens ausüben (HARLEY, 1948; KATZNELSON, LOCHHEAD und TIMONIN, 1948; WINTER, 1949), trotz Anwesenheit des *Penicilliums* (Tabelle 15) noch 30% der Weizenpflanzen; deshalb muß der laboratoriumsmäßig festgestellte Wirkungsgrad des Antagonismus durch praktische Infektionsversuche überprüft werden. In Tabelle 15 wurde steriler Boden mit *Ophiobolus graminis* für sich allein und gemeinsam mit je einem saprophytischen Bodenpilz infiziert und hernach mit sterilisiertem Weizen bepflanzt. Während gewisse Pilze, so *Botrytis cinerea*, die Entwicklungsfähigkeit bzw. die Pathogenität von *Ophiobolus* nicht beeinflussen, wirken andere, zum Beispiel eine bestimmte *Trichoderma*-Art, prohibitiv.

In ähnlicher Weise kann der Wurzelbrand der *Citrus*-Keimlinge, verursacht durch *Corticium vagum* B. et C., durch eine Superinfektion des Bodens mittels Konidien von *Trichoderma viride* Pers. = *Trich. lignorum* (Tode) Harz, einem Bodensaprophyten, eingedämmt werden: die Hyphen bilden Gliotoxin und Viridin (Tab. 12 und 14), von denen letzteres z.B. auf die Konidien von *Fusarium coeruleum* (Lib.) Sacc., einem wichtigen Weißfäuleerreger der Lagerkartoffeln, noch in der Verdünnung von 1:300000000 keimungshemmend wirkt (Sublimat 1:4000000).

Angesichts der zahlreichen Antagonisten und Konkurrenten wird man sich die Lebenslage der pflanzenpathogenen Parasiten während ihrer saprophytischen Phase im Erdboden nicht zu rosig vorstellen dürfen. Der Schauplatz des Kampfes wird einfach aus dem Wirt in das saprophytische Keimreservoir hinausverlegt; diesen neuen Verhältnissen sind jedoch die meisten echten Parasiten derart schlecht gewachsen, daß für sie der Wirt auf die Dauer ein Asyl bildet: die Wirte und die Krankheiten sind notwendig, damit diese Krankheitserreger nicht aussterben.

3. Dauerzustände des Erregers als Infektionsquellen

Die pflanzenpathogenen Viren kennen keine Dauerzustände und vermögen sich deshalb nur in wenigen Fällen (z.B. Tabaknekrose und einige Mosaikkrankheiten) und auch dann nur ausnahmsweise einige Zeit außerhalb des Wirtes, z.B. im Erdboden, zu halten (THUNG, 1949). Der Erdboden spielt deshalb als Keimreservoir für pflanzenpathogene Viren bloß eine untergeordnete Rolle.

Auch die pflanzenpathogenen Bakterien sind (im Gegensatz zum Tetanus, Milzbrand usw. in der Humanmedizin) meist asporogen und erhalten sich außerhalb des Wirtes meist saprophytisch (Abschnitt 2b). Unter geeigneten Bedingungen können sie jedoch längere Zeiten auch in einer Art Vegetationsruhe überdauern; so bleiben Fire-blight-Bakterien (Abb. 17) im eingetrockneten Exsudat von erkrankten Birnen bis 25 Monate lang entwicklungsfähig und virulent (HILDEBRAND, 1939).

Unter den Erregern der pflanzlichen Infektionskrankheiten besitzen nur die Pilze Dauersporen und ähnliche Dauer- und Ruhezustände; da sie jedoch die große Mehrzahl der pflanzlichen Infektionskrankheiten hervorrufen, so spielt das Überbrücken des wirtslosen Abschnittes (vor allem des Winters) durch Dauersporen usw. trotz dieser Beschränkung auf die Pilze in der Pflanzenpathologie eine entscheidende Rolle; denn auch jene Pilze, die saprophytische Keimherde im Erdboden zurücklassen, besitzen daneben meist noch persistierende Dauerzustände, mit deren Hilfe sie die Infektkette während der wirtslosen Zeit, da Spender und Empfänger zur Winterruhe eingegangen sind, diskontinuierlich fortsetzen.

Die morphologische Natur dieser Dauerzustände ist je nach der systematischen Stellung des Pilzes verschieden; uns beschäftigen hier Dauersporen, persistierende Fruchtkörperanlagen und Dauermyzelien.

Durch Dauersporen überbrücken die überwiegende Mehrzahl der Archimyceten (zum Beispiel Kartoffelkrebs, Kohlhernie), der Oomyceten (Oosporen, zum Beispiel der falsche Mehltau der Reben), der Ustilagineen (Brandsporen) und der Uredineen (Teleutosporen) ihre wirtslose Zeit (meist den Winter).

Das Beispiel des falschen Mehltaues der Reben, *Plasmopara viticola*, mag den Verlauf einer durch Dauersporen unterbrochenen Infektkette veranschaulichen (Abb. 140). Dieser Pilz überwintert, im Gegensatz zum falschen Mehltau der Kartoffeln, auf dem Erdboden in Rebblättern durch dickwandige Dauersporen (Oosporen), die von einer Oogonwand, einem Exospor und einem Endospor umschlossen sind. Sie werden im Laufe des Herbstes in den Blattgeweben in großer Zahl (bis zu 200 je mm^2) angelegt, gelangen mit den abfallenden Blättern auf den Erdboden und werden dort im Laufe des Winters durch den Zerfall der Blattgewebe frei.

Sie keimen in der zweiten Hälfte Mai oder später, wenn während eines kräftigen Regens (etwa 10 mm) die Lufttemperatur mindestens 11° beträgt, mit einem Keimschlauch (Konidienträger), der innert 3–6 Stunden 1–2 große Primärkonidien bildet, welche je mit 60 oder mehr Zoosporen auskeimen; diese gelangen durch Regentropfen oder Spritzer auf die Unterseite der untersten Blätter der Rebstöcke, treiben dort ihren Keimschlauch durch die Spaltöffnungen in die Blattgewebe und führen zu Primärinfektionen; diese sind zunächst als gelbgrüne «Ölflecken» zu erkennen, auf deren Unterseite einige Tage später die weißen Rasen der Konidienträger hervorbrechen, die ihrerseits die üblichen kleineren Konidien abschnüren. Diese werden durch den Wind oder durch Regentropfen auf neue Blätter übertragen (Beginn der Sekundärinfektionen) und leiten dadurch den kontinuierlichen Abschnitt der Infektkette ein, der bis zum Herbst (Vorbereitung der Überwinterung durch Bildung von Oosporen) dauert. Während dieser Zeit stellen die infizierten Wirte die alleinige Infektionsquelle dar. Der Parasit greift in jeder folgenden Generation progressiv weiter um sich und leitet dadurch die hochsommerliche *Plasmopara*-Epidemie ein.

Morphologisch kennzeichnen sich die Dauersporen meist durch eine dicke, mehrschichtige, kutinisierte und skulptierte Wand (Abb. 141), ferner durch ihren Vorrat an fetten Ölen (Öltropfen). Sie entstehen im Entwicklungsgang der betreffenden Erreger jeweils an einer vorbestimmten Stelle, nämlich im unmittelbaren oder mittelbaren Zusammenhang mit einem Geschlechtsvorgang; sie sind deshalb in der Regel diploid. Seltener überwintern Konidien, so beim Sternrußtau der Rosen, *Diplocarpon rosae*, dessen Hauptfruchtform überhaupt nur aus Nordamerika bekannt ist.

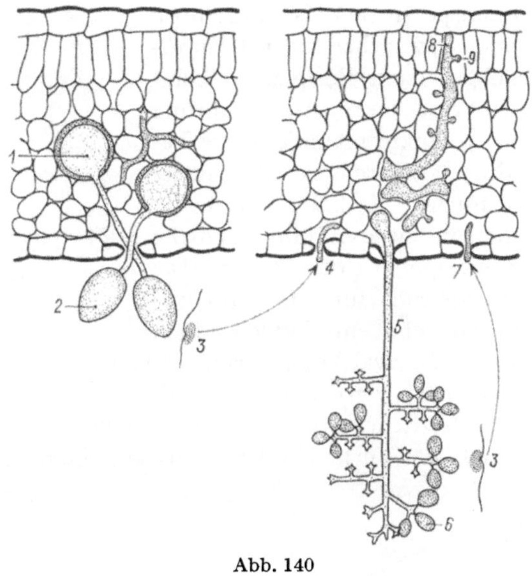

Abb. 140

Die Infektkette bei *Plasmopara viticola*, dem falschen Mehltau der Reben. *1* Dauerspore (Oospore) in einem überwinterten, zerfallenden Blatt; *2* Primärkonidie; *3* Zoospore; *4* Primärherd in einem jungen Blatt; *5* Konidienträger; *6* Konidie; *7* Sekundärherd; *8* Myzel; *9* Haustorium. (Schematisch nach Darpoux, 1943.)

Biologisch sind die Dauersporen kältewiderstandsfähig (so bleiben die Oosporen von *Plasmopara viticola* bei -20 bis $-26°$ 5 Tage lang am Leben), trockenheitsfest (deshalb kann Erde und Getreide nicht durch bloßes Trocknenlassen desinfiziert werden) und durch ihre kutinisierte Aussenwand sowohl gegen Mikroorganismen (sie überdauern das Kompostieren; daher in Kleinbetrieben die Gefahr der Sporenverschleppung durch den Kompost bei Maisbrand, Kartoffelkrebs, Kohlhernie usw.) als auch gegen Chemikalien sehr widerstandsfähig (und deshalb auf chemischem Wege schwer zu bekämpfen). Ihre Keimfähigkeit wird durch den Wechsel von Kälte und Wärme, Trockenheit und Feuchtigkeit gefördert.

Abgesehen von den Brandsporen einiger Ustilagineen machen sie keine obligate Ruhezeit durch, sondern können unter zusagenden Bedingungen (die naturgemäß in unserem Klima im Freien nicht realisiert sind) gleich nach ihrer Entstehung, also meist schon im Spätherbst, wieder keimen; nur erfolgt ihre Keimung zu Anfang des Winters meist schwer und langsam und geht dann mit zunehmender innerer Reife immer leichter (Abb. 142). Ihre Winterruhe ist also nicht autonom, sondern klimatisch bedingt.

Ihre Lebensdauer hängt in hohem Maße von den äußern Umständen ab, ist aber zuweilen erstaunlich groß; die Dauersporen von *Synchytrium endobioticum* passieren unversehrt den Darmkanal der Schweine und bleiben dann noch etwa 10 Jahre lang im Erdboden keimfähig, so daß der Kartoffelkrebs bei Verfütterung roher krebskranker Kartoffeln durch den Kot verbreitet wird. Die Dauersporen von *Plasmodiophora brassicae*, dem Erreger der Kohlhernie, bleiben dagegen (falls die Unkräuter keine Überbrückungswirte stellen) im Erdboden nur etwa 3 Jahre lang keimfähig. Die Brandsporen der Ustilagineen können zwar bei laboratoriumsmäßiger (zum Beispiel vollkommen trockener) Aufbewahrung ihre Keimkraft einige Jahre behalten, verlieren sie aber unter natürlichen Verhältnissen meist schon im zweiten Jahr. Und die Teleutosporen der Rostpilze sind vollends für Umweltbedingungen sehr empfindlich; auch sie können zwar laboratoriumsmäßig lange Zeit (bis 6 Jahre; JOHNSON, 1941) aufbewahrt werden, verlieren aber ihre Keimfähigkeit unter der Einwirkung saprophytischer Mikroorganismen schon nach wenigen Monaten; sie ertragen deshalb das Verfaulen ihrer Wirtsgewebe meist schlecht.

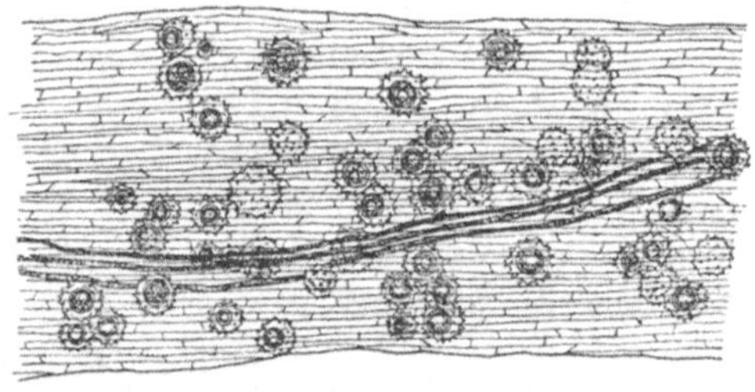

Abb. 141

Dauersporen (Oosporen) von *Pythium megalacanthum* de By., dem Erreger des Flachswurzelbrandes, in zerstörten Flachswurzeln. Vergr. rund 50. (Nach BUISMAN, 1927.)

Die Erreger von pflanzlichen Infektionskrankheiten retten sich deshalb durch ihre Dauersporen unter natürlichen Verhältnissen meist nur über eine beschränkte Karenzzeit hinüber, auch im günstigen Fall meist nur über zwei Jahre.

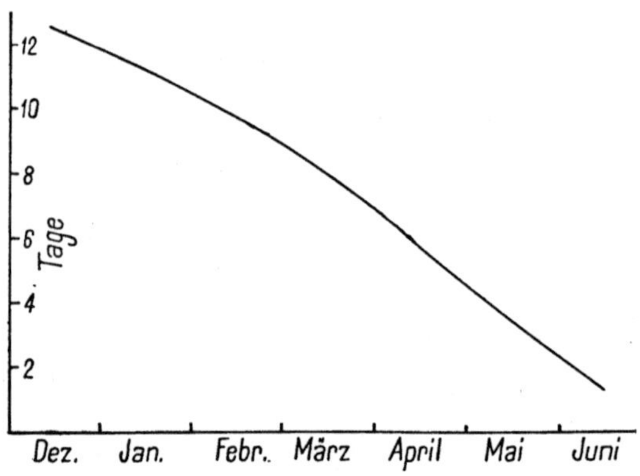

Abb. 142

Beziehungen zwischen dem Alter der Oosporen von *Plasmopara viticola* (Berk. et Curt.) Berl. et de Toni und der Zeit, die sie auf feuchtem Filtrierpapier bei der Temperatur von 18–20° für ihre Keimung benötigen. (Leicht schematisiert nach ARENS, 1929.)

Die zweite Form der überwinternden Dauerzustände, die persistierenden Fruchtkörperanlagen, sind eine Besonderheit mancher höheren Ascomyceten, so von *Rhytisma acerinum*, dem Ahornrunzelschorf, *Lophodermium pinastri*, dem Kiefernritzenschorf, *Endostigme inaequalis*, dem Apfelschorf, und ihrer Verwandten. Die Geschlechtsvorgänge spielen sich meist schon im Herbst im Innern eines stromatischen Dauergeflechtes, eben der Fruchtkörperanlage, im verfaulenden Gewebe der abgestorbenen und zu Boden gefallenen Laubblätter ab und führen zur Bildung primärer ascogener Hyphen, die überwintern und im folgenden Frühjahr sekundäre ascogene Hyphen (GÄUMANN, 1949) und auf ihnen Ascosporen bilden; diese leiten dann die Primärinfektionen ein. Es sind somit nicht die Ascosporen, die überwintern, sondern die Fruchtkörperanlagen mit dem in ihnen ruhenden primären dikaryontischen Myzel.

Tabelle 16

Der Einfluß der Kältewirkung (– 1°C) und der darauffolgenden Temperatur auf die Keimung der Sklerotien des Mutterkorns, *Claviceps purpurea* (Fr.) Tul. (Nach KREBS, 1936.)

Dauer der Kältewirkung in Wochen	Keimungserfolg in %			
	Keimungstemperatur nach der Kühllagerung			
	9°	12°	15°	18° und höher
2	100	98	0	0
3	100	98	0	0
4	96	92	0	0
6	82	78	0	0
8	66	62	26	0
10	34	86	46	0

Bei der dritten Überdauerungsform endlich, bei den Dauermyzelien, entstehen zuweilen morphologisch distinkte Gebilde, die unter Umständen auch noch passiv verbreitet werden können, so die Sklerotien des Mutterkorns (Abb. 117; Tabelle 16) und gewisser Sklerotinien und die Bulbillen mancher Corticiaceen (*Sclerotium Rolfsii* usw.); in andern Fällen, so beim Hallimasch, *Armillaria mellea,* sind sie bloß als braunberindete Hyphenstränge (Rhizomorphen) entwickelt, die sich von den Stöcken der zerstörten Bäume im humosen Erdreich ausbreiten, hier jahrelang persistieren und bei Eintritt einer Erkrankungsdisposition die Wurzeln neuer Bäume befallen. In noch andern Fällen, so beim *Corticium vagum,* können wahrscheinlich die gewöhnlichen vegetativen Hyphen eine Art Trockenstarre durchmachen; diese Erscheinung ist bei einigen Fäulniserregern des Bauholzes, z. B. *Polyporus vaporarius,* bekannt, deren Myzel im befallenen Holz sogar bei 2–3% rel. Feuchtigkeit bis zu 1½ Jahre ungeschwächt durchzuhalten vermag (SCHULZE und THEDEN, 1949).

§ 3. Die Übertragung der Krankheitserreger

Welches sind die Wege des infektiösen Agens? Auf welche Weise gelangt der Krankheitskeim vom Spender zum Empfänger?

Alle Infektionskrankheiten sind übertragbar; sonst würden sie mit dem erkrankten Individuum wieder auslöschen. Manche von ihnen bezeichnet man überdies als ansteckend und meint damit eine besonders hohe Infektiosität oder eine besonders leichte Übertragbarkeit. Die Abgrenzung dieser beiden Begriffe ergibt sich aus dem Beispiel der Blattrollkrankheit der Kartoffeln;

diese ist nicht ansteckend, denn ihr Virus kann weder durch Saft noch durch propagative Einheiten unmittelbar von einer Kartoffelstaude zur andern über-übergehen; dagegen ist es durch Blattläuse leicht übertragbar. Eine Parallele hierzu bildet die Malaria des Menschen.

Im vorliegenden Kapitel betrachten wir bloß den Vorgang der Übertragung; seine letzte Phase, das Auftreffen der Keime auf den gesunden Organismus, haben wir bereits im 1. Kapitel beim Infektionsvorgang vorweggenommen.

Die Keimübertragung erfolgt direkt vom Spender zum Empfänger oder indirekt durch Einschaltung eines Transportmittels; dementsprechend gliedern wir diesen Abschnitt in zwei Unterkapitel: 1. direkte, 2. indirekte Keimübertragung.

1. Die direkte Keimübertragung

Nach den verwandtschaftlichen Beziehungen zwischen Spender und Empfänger und nach den Besonderheiten des Übertragungsweges scheiden wir die direkte in eine

a) germinative Keimübertragung; hier wird der junge Embryo unmittelbar von der Mutterpflanze her infiziert;

b) vegetative Keimübertragung; hier übernehmen die vegetativen Nachkommen (Stecklinge, Knollen usw.) den Krankheitskeim unmittelbar aus der Mutterpflanze; und

c) adhärente Keimübertragung; hier gelangt der Krankheitskeim von der Mutterpflanze auf die Oberfläche ihrer Fortpflanzungseinheiten, Früchte, Samen usw., wird auf und mit diesen verschleppt und befällt dann bei ihrer Keimung das sich aus ihnen entwickelnde junge Individuum.

Die germinative und die vegetative Keimübertragung bedingen zyklische Infektionen, das sind Infektionen, die zwangsläufig, im geschlossenen Kreis, von den Vorfahren auf die Nachkommen weitergegeben werden; die betreffenden Nachkommen sind, um einen mißverständlichen Ausdruck zu verwenden, erbkrank. Im Gegensatz hiezu bewirken die adhäsiv und insbesondere die indirekt übertragenen Keime spontane Infektionen, das sind Neuinfektionen von außen her.

a) Die germinative Keimübertragung

Bei der germinativen Keimübertragung werden die Nachkommen unmittelbar in der Mutterpflanze und von dieser her angesteckt, so daß der Krankheitskeim durch die Samen verbreitet wird (Saatgutübertragung der Infektionskrankheit).

Im idealen Fall geht das werdende Individuum bereits aus einer infizierten Eizelle hervor; so werden gewisse endobiontische Bakterien und Pilze, die beispielsweise in den Darmausstülpungen von Zikaden, Schildläusen usw. leben und für ihre Wirte offenbar als Vitamin- und Enzymspender lebenswichtig sind, teilweise durch Infektion der Ovarialeier auf die Nachkommen übertragen; hier gelangen sie nach dem Prinzip der organotropen Infektion auf komplizierten Wegen wieder in die ihnen vorbestimmten Organe, zum Beispiel in bestimmte Darmpartien (BUCHNER, 1940). Derartige Möglichkeiten sind auch für einige pflanzliche Virosen und Bakteriosen erwogen, doch nie schlüssig bewiesen worden.

Unsere Kenntnisse beschränken sich deshalb auf jene Krankheitstypen, bei welchen die Embryonen in der Mutterpflanze und von dieser her infiziert werden; dieser Ablauf entspricht der intrauterinen Infektion in der Medizin.

In diesem Sektor sind im Pflanzenreich zwei Möglichkeiten realisiert, aa) das erkrankte Mutterindividuum steckt den jungen Embryo an; und bb) das infizierte Mutterindividuum gibt den Krankheitskeim, ohne selbst zu erkranken, an den jungen Embryo weiter.

aa) Das erkrankte Mutterindividuum steckt die jungen Embryonen an. Hierfür als Beispiele eine Virose und eine Mykose.

Virose: Das Bohnenmosaik kann, außer durch Insekten usw., durch das Saatgut übertragen werden (HARRISON, 1935): das hochinfektiöse Virus, derart infektiös, daß es auch durch die Pollenkörner von den kranken Pflanzen auf die Narben gesunder Individuen übergeht, dringt offenbar von der viruskranken Mutterpflanze her durch den Funiculus in die Samenanlagen ein und infiziert dort den jungen Embryo. Auf diese Weise führt eine germinative Infektkette zyklisch, zwangsläufig, von der Mutter zu den Tochterpflanzen. Bei andern Virosen dagegen, so beim *X*- und beim *Y*-Virus der Kartoffeln und des Tabaks, werden zwar die Embryonen von der erkrankten Mutterpflanze her angesteckt und tragen das Virus eine gewisse Zeit in sich; später wird es während der Reifung, Lagerung und Keimung der Samen wieder inaktiviert, so daß die erkrankten Mutterpflanzen, trotz der vorübergehenden Infektion der Embryonen, ausnahmslos gesunde Sämlinge liefern (STELZNER, 1942).

Mykose: Manche Individuen von *Lolium temulentum* L., dem Taumellolch, werden systemisch von zwei parasitischen Pilzen, *Alternaria lolii temulenti* Agost. und *Chaetomium Kunzeanum* Zopf, durchzogen, ohne manifest auf sie zu reagieren. Die Hyphen wachsen von der infizierten Mutterpflanze her in die Samenanlagen und später in den jungen Keimling hinein, so daß dieser den Parasiten schon vor der Keimung in sich trägt (zyklische Verseuchung). Neuinfektionen gesunder Pflanzen erfolgen bei beiden Pilzen durch die Narben der Mutterpflanze; von hier aus wachsen die Hyphen nach dem Schema der gleich zu besprechenden Gruppe bb) in den Embryo, also in das junge Tochterindividuum, hinunter und durchziehen dann dieses systemisch (KATZ, 1949).

bb) Die infizierte Mutterpflanze gibt den Krankheitskeim, ohne selbst zu erkranken, an den jungen Embryo weiter. Die wirtschaftlich wichtigsten Beispiele sind der Nackt- oder Flugbrand des Weizens, *Ustilago tritici* (Pers.) Jens. (Abb. 145), und der Gerste, *Ustilago nuda* (Jens.) Kell. et

Swingle (Abb. 146). Die Brandsporen werden durch den Wind von den brandigen Ähren auf die Narben der gesunden Pflanzen getragen, bleiben an den Papillen haften und keimen innerhalb 24 Stunden mit einer Basidie; diese

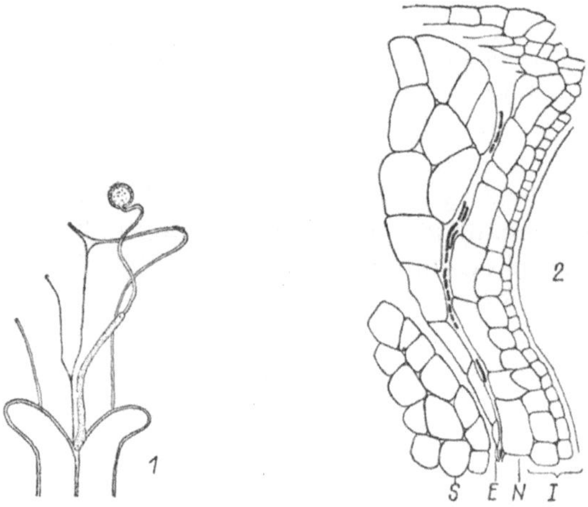

Abb. 143

Ustilago tritici (Pers.) Jens. *1* Keimschlauch, der zwischen die Papillen eines turgeszenten Narbenästchens einer Weizenblüte einzudringen versucht; *2* Samenanlage von Sommerweizen, 3 Wochen nach der Infektion. *S* Scutellum, *E* Endosperm, *N* Überreste des Nucellus, *I* Integument, auf der Außenseite bereits stark kutinisiert. Zwischen Endosperm und Samenschale (Integument) die schwarz dargestellten Hyphen. Vergr. 180. (Nach LANG, 1910.)

wächst gleich zu Hyphen aus, die in die Papillen einzudringen suchen (Abb. 143, *1*). Solange die Papillen frisch und turgeszent sind, gelingt ihnen dies schlecht. Wenn dagegen die Narbenästchen zu welken beginnen (Abb. 144) und ihr Zellgefüge sich lockert, wird es den Hyphen leichter möglich, interzellular in den Griffelkanal und, diesem folgend, in 7–10 Tagen zur Mikropyle zu gelangen. Da diese in der befruchteten Samenanlage bereits geschlossen ist, wachsen sie durch das innere Integument (das äußere wird kurz nach der Befruchtung resorbiert) in den Nucellus und zwischen diesem und dem jungen Endosperm (Abb. 143, *2*) in das Scutellum und dann zwischen den Saugzellen hindurch in den jungen Embryo hinein.

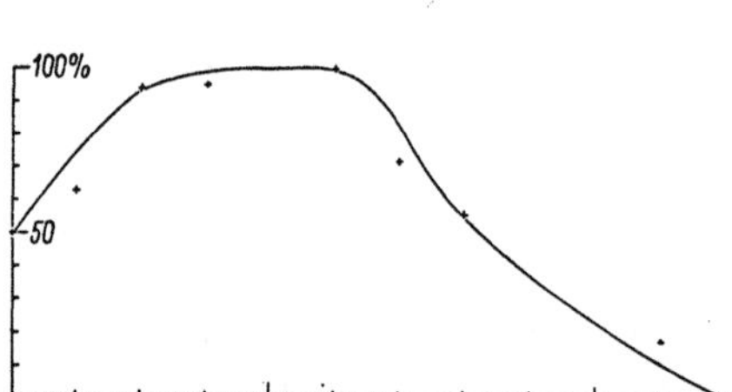

Abb. 144

Die Beziehungen zwischen dem Alter der Blüte bei Rümkers Sommerdickkopfweizen und ihrer Anfälligkeit für *Ustilago tritici* (Pers.) Jens. Abszisse: Anzahl Tage nach Beginn des Aufblühens; der erste Tag ist der Tag des Aufblühens selbst. Ordinate: Prozentualer Krankheitsbefall. Schematisiert. (Nach PIEKENBROCK, 1927.)

Sie erreichen ihn etwa vier Wochen nach der Infektion und durchziehen ihn und das Scutellum während des folgenden Monats in allen Teilen (mit Ausnahme der Wurzelanlage) bis zum Scheitel des Vegetationspunktes. Jetzt erst ist die Ansteckung gesichert; denn bis dahin konnte das Myzel bei warmtrockener Witterung im Griffel oder in der Samenschale vorzeitig von der Austrocknung überrascht werden. Im reifenden Korn schwellen die Pilzzellen stark an und verdicken ihre Wände: die Dauerform ist erreicht.

Abb. 145
Brandige Weizenähre, befallen von *Ustilago tritici* (Pers.) Jens. Nat. Gr. Orig.

Abb. 146
Nackt- oder Flugbrand der Gerste, verursacht durch *Ustilago nuda* (Jens.) K. et Sw. Links gesunde, rechts brandige Ähre. Nat. Gr. Orig. Eidg. Landwirtsch. Versuchsanstalt Zürich-Oerlikon.

Beim Keimen des Weizen- oder Gerstenkorns wächst der Parasit interzellular hinter dem Vegetationspunkt her in die Halme, Blätter, Ährenanlagen und selbst in die Wurzeln hinaus. Er bewirkt bei den befallenen Pflanzen keine manifeste Schädigung und dementsprechend auch keine besondern Krankheitssymptome, nur eine stärkere Entwicklung der Interzellularen, der Gefäßbündel, der Spaltöffnungen und der Internodien und eine erhöhte Transpiration und Atmung. Erst während der Blühreife der Wirtspflanze geht er in den jungen Ähren zur Sporenbildung über (organotrope Lokalisation; Seite 114) und verursacht nun den eigentlichen Krankheitsausbruch: die aus der obersten Blattscheide hervortretenden Ähren sind brandig (Abb. 145), in allen Blütenteilen zerstört und durch eine dunkelbraune Sporenmasse ersetzt, die später durch Zerreißen des feinen, silbergrauen Häutchens ins Freie und wieder auf neue Narben gelangt.

Die primäre Eintrittspforte des Krankheitskeimes sind somit normalerweise die welkenden Narben der Mutterpflanze; nehmen diese den Keim nicht an, so reißt die Infektkette ab; nehmen sie ihn an, so erkrankt die Mutterpflanze selbst nicht (bloße Überbrückungsinfektion), sondern gibt den Keim symptomlos an ihre Nachkommen weiter: der Parasit gelangt nun durch den Griffel usw., d.h. durch die Organe der Mutterpflanze, hinunter in den jungen Embryo, also in das Tochterindividuum. Dieses wird, um den medizinischen Ausdruck zu gebrauchen, intrauterin vom Mutterindividuum her angesteckt (eigentliche entscheidende Infektion des später erkrankenden Individuums). In diesem Stadium kann die Infektkette, wie bei der saprophytischen Keimübertragung, auf Grund der unterschiedlichen Temperaturempfindlichkeit des Erregers und des Wirtes durch Warmwasser- oder Heißluftbehandlung des Saatgutes (Seite 135) zum Abreißen gebracht werden.

Das befallene Tochterindividuum zeigt auch seinerseits nicht sogleich manifeste Symptome, sondern macht während seiner gesamten Entwicklungszeit einen latenten Infektionszustand durch, in welchem es allseitig vom Parasiten durchzogen wird. Die eigentliche manifeste Krankheit bricht erst ein volles Jahr nach der primären Ansteckung der Mutterpflanze aus, nämlich erst bei der Anlage der Blüten, also der Geschlechtsorgane der Tochterpflanze.

Die Eintrittspforte des Krankheitskeimes (die weiblichen Organe der Mutterpflanze) und der Ort des Krankheitsausbruches (ein Jahr später in den Blüten der Tochterpflanze) sind somit örtlich und zeitlich diskongruent; ferner wird die Tochterpflanze schon im embryonalen Zustand intramatrikal von der infizierten, aber nicht manifest erkrankenden Mutterpflanze her angesteckt. Die Humanmedizin kennt diese paradoxe Art der Keimübertragung nicht.

b) Die vegetative Keimübertragung

Die vegetative Keimübertragung ist eine spezifisch pflanzliche Form der direkten Keimübertragung, weil nur bei den Pflanzen neue Individuen in einem wirtschaftlichen Ausmaße auf vegetativem Wege durch Knollen, Stecklinge, Ausläufer, Pfropfreiser usw. gewonnen werden. Die systemischen Virosen und Bakteriosen (zum Beispiel das *Corynebacterium sepedonicum*, Abb. 90) überfluten ja den gesamten mütterlichen Organismus und verseuchen dementsprechend auch die Knollen, Stecklinge usw. schon vor ihrer Ablösung, so daß aus ihnen kranke Klone hervorgehen und die Ernten von Jahr zu Jahr progressiv schlechter werden. Mit Rücksicht auf diese zyklische Verseuchung der Nachkommen werden Saatkartoffeln zuweilen vorzeitig geerntet, um bei Neuansteckung des Laubes durch ein Virus seiner Ausbreitung in die Knollen hinunter zuvorzukommen. Die Infektkette läßt sich bei dieser vegetativen Keimübertragung nur dadurch unterbrechen, daß die angesteckten Individuen als Pflanz- und Saatgut ausgeschaltet werden: der Landwirt darf nicht mehr sein eigenes Saatgut zurückbehalten, sondern muß neue, gesunde Knollen anbauen.

Am Beispiel der vegetativen Keimübertragung läßt sich auch der Unterschied zwischen einer chronischen und einer zyklischen Infektion erkennen. Die chronische Infektion ist ein Begriff der Individualmedizin und bedeutet ein Persistieren eines Infektes in einem bestimmten Individuum. Der Ausdruck zyklische Infektion ist dagegen doppelsinnig; als Begriff der Individualmedizin bedeutet er einen bestimmten, gesetzmäßigen Ablauf der Keimausbreitung im Innern eines Individuums (Seite 103), als Begriff der Epidemiologie dagegen eine bestimmte, zwangsläufige Form der Keimübertragung.

Im epidemiologischen Sinne zyklisch infizierte Individuen sind meist auch chronisch infiziert (so die Kartoffelstauden durch ihre Viren); doch geben nicht alle chronisch infizierten Individuen ihren Krankheitskeim zyklisch weiter: die Zypressenwolfsmilch (Abb. 77) ist durch den *Uromyces pisi* chronisch infiziert, überträgt aber den Infekt nicht durch die Samen (falls solche ausnahmsweise gebildet werden), also nicht zyklisch, auf ihre Nachkommen.

Welche bizarren Verhältnisse sich im Bereiche der vegetativen Keimübertragung herausbilden können, zeigt das King-Edward-Phänomen. Die Kartoffelsorte King Edward, eine der in Großbritannien meistgebauten Speisekartoffeln, entstand aus einem Sämling, also einer Keimpflanze aus einem Samen, die wegen ihrer hohen wirtschaftlichen Qualitäten vegetativ durch Knollen vermehrt wurde. Die Sorte schien virusfrei zu sein; denn sie ist auf dem Felde stets symptomlos und auch andere Kartoffelsorten, die auf benachbarten Feldern gebaut werden, erfahren von ihr her keine Infektion. Auch mit ihrem Zellsaft läßt sich weder über Insekten noch durch Wundinfektion eine Ansteckung auf andern Kartoffelsorten erzielen. Die dennoch vorhandene symptomlose Infektion durch das *Z*-Virus wäre deshalb unentdeckt geblieben, wenn nicht bei anders gerichteten Versuchen zufällig eine Komplexwirkung zutage getreten wäre: werden nämlich Sprosse von King Edward zum Beispiel auf die Kartoffelsorte Arran Victory aufgepfropft, so erkrankt die Unterlage, falls sie mit dem *Y*-Virus superinfiziert wird, an einer komplexen Virose, nämlich einem Crinkle (Abb. 252, links), an Zwergwuchs mit heftigem Mosaik und Deformationen der Fiederblätter (SALAMAN und LE PELLEY, 1930). Da alle Individuen und alle Provenienzen von King Edward dieses symptomlose *Z*-Virus chronisch enthalten, so war es offenbar schon im Ausgangssämling vorhanden (ist vielleicht in diesem durch eine Mutation spontan entstanden) und hat nun durch zyklische Keimübertragung die gesamte

Nachkommenschaft verseucht: sämtliche Individuen der Rasse (Sorte) King Edward sind durch das Z-Virus symptomlos infiziert!

c) Die adhärente Keimübertragung

Bei der adhärenten, anhaftenden Keimübertragung befinden sich die zu übertragenden Krankheitskeime unmittelbar auf oder an der Oberfläche der Verbreitungseinheiten des Wirtes (Früchte, Samen usw.), werden mit diesen verschleppt und bleiben deshalb stets in unmittelbarer Nähe der später zu befallenden jungen Individuen. Die adhärente Keimübertragung ist daher in Wirklichkeit eine Form der indirekten Keimübertragung; denn die Fortpflanzungseinheiten des Spenders dienen als unfreiwilliges Transportmittel der Krankheitskeime. Sie nimmt aber insofern eine Sonderstellung ein, als sie in ihrem Effekt der germinativen Keimübertragung nahesteht und oft auch mit ihr verwechselt wird. In beiden Fällen wird den unmittelbaren Nachkommen der Krankheitskeim mit auf den Lebensweg gegeben, bei der germinativen Keimübertragung als echte Infektion in den Nachkommen, bei der adhärenten Keimübertragung als bloße Kontamination auf denselben, wobei die eigentliche klinische Infektion, welche die Erkrankung einleitet, erst später im jugendlichen Individuum bei seiner Keimung erfolgt. Um diesen innern Zusammenhang zu wahren, besprechen wir die adhärente Keimübertragung bei den direkten Übertragungen.

Abb. 147
Habitusbild des Gerstenhartbrandes, *Ustilago hordei* (Pers.) Kell. et Sw. Links gesunde, rechts brandige Ähre. Nat. Gr. Original Eidg. Landw. Versuchsanstalt Zürich-Oerlikon.

In der einen Gruppe von Fällen erfolgt die adhärente Keimübertragung durch bloße Kontamination der Oberfläche der Fortpflanzungseinheiten des Wirtes (der Früchte, Samen usw.), in der andern Gruppe durch inapparente lokale Infektionen z.B. der Samenschale; doch gehen die beiden Typen zuweilen ineinander über.

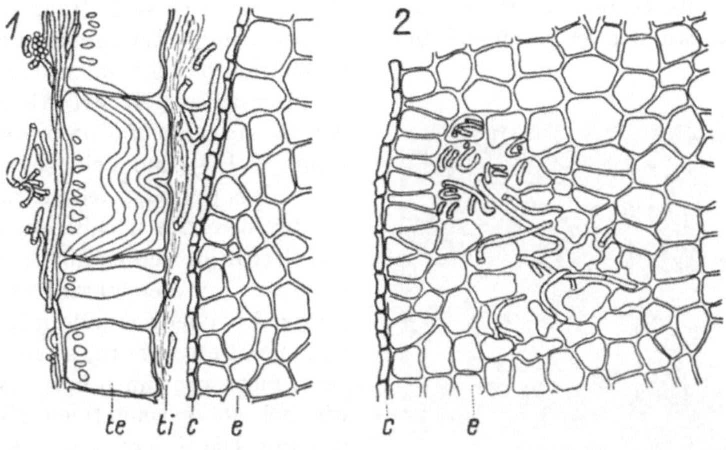

Abb. 148

Die Verschleppung des *Corticium vagum* B. et C. in den Samen von *Capsicum frutescens* L. *1* Ruhende Hyphen auf der Außen- und Innenseite der Samenschale; *2* Hyphen im Endosperm; *te* äußere, *ti* innere Schicht der Samenschale; *c* Außenschicht des Endosperms; *e* Endosperm. Vergr. 170. (Nach BAKER, 1947.)

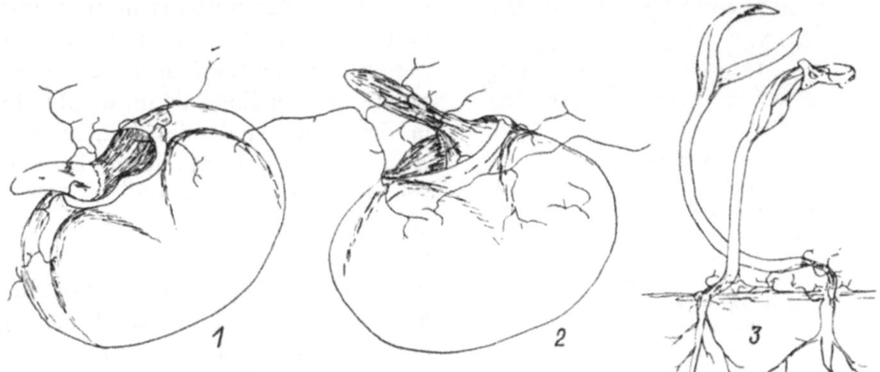

Abb. 149

Die Verschleppung von *Corticium vagum* B. et C. in den Samen von *Capsicum frutescens* L. an der Ansatzstelle des Funiculus. *1* Beginnende Keimung; *2* Abtötung des Keimlings während des Aufgehens; *3* Abtötung des Keimlings nach dem Aufgehen (Wurzelbrand). *1* und *2* Vergr. 9; *3* Vergr. 2. (Nach BAKER, 1947.)

Durch bloße Kontamination wird der Weizensteinbrand, *Tilletia tritici*, übertragen. Die Brandsporen haften am Bärtchen der Weizenkörner, werden mit ihnen verschleppt, gelangen mit ihnen auf das Feld zurück und infizieren dort später die junge Keimpflanze. Ähnliches geschieht beim Gerstenhartbrand (gedeckter Gerstenbrand), *Ustilago hordei* (Abb. 147). Das betreffende Saatgut ist deshalb insofern «infiziert» (in Wirklichkeit kontaminiert), als es den künftigen Krankheitserreger auf sich trägt (nicht im Embryo wie bei der germinativen Keimübertragung). Ein Grenzfall der Kontamination besteht sodann bei der früher besprochenen Streifenkrankheit der Gerste (*Helminthosporium gramineum*, S. 134) und beim Flugbrand des Hafers (*Ustilago avenae*, S. 133).

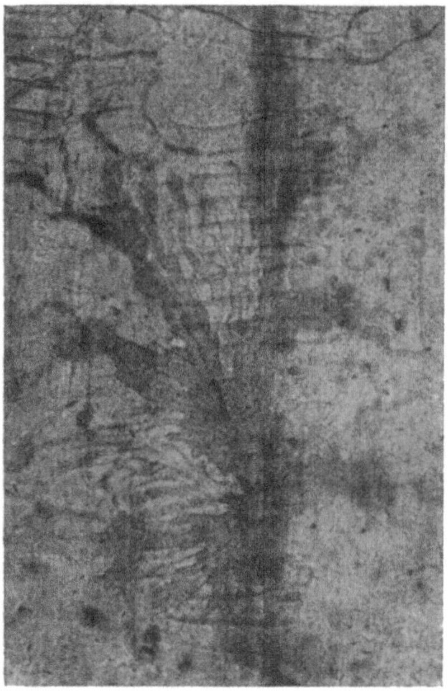

Abb. 150
Schlummerndes Myzel von *Helminthosporium sativum* Pam., King et Bak., dem Erreger einer Streifenkrankheit des Getreides, in der Fruchtwand eines Gerstenkornes. Die Hyphen sind unregelmäßig, dunkel gefärbt, dickwandig. Vergr. 350. (Nach MEAD, 1942.)

Bei den oberflächlichen lokalen Infektionen werden die Früchte, Samen usw. von der erkrankten Mutterpflanze her oder aus andern Keimreservoiren außen herum, aerogen, infiziert, nicht von innen her, systemisch, wie bei der germinativen Keimübertragung. Die Fruchtwand oder Samenschale enthält dann nach Art der Überbrückungsinfektionen belanglose sekundäre Infektionsherde aus ruhenden Myzelien, belanglos für sie selbst, aber entscheidend für die Nachkommen, die dadurch wieder in die Infektkette eingeschaltet werden. In Abb. 148 persistieren die Hyphen in der Samenschale und im Endosperm, in Abb. 149 in der Ansatzstelle des Funiculus, in Abb. 150 und 151 auf oder in den Spelzen und der Fruchtwand. Sie keimen zu gleicher Zeit wie der Wirt, infizieren im Falle der Abb. 152, wenn der Embryo seinen Weg an den Infektionsherden vorbei ins Freie bahnt, die Plumula und Radicula und verstümmeln schon die Keimpflanzen.

Adhärente Keime können unter Umständen jahrelang entwicklungsfähig bleiben, im Falle der Abb. 153 bis zu 6 Jahren, im Falle der Abb. 150 bis zu 5 Jahren. Sie bewirken, wie die germinative Keimübertragung, eine ausgiebige Verschleppung der Erreger durch das Saatgut (GROVES und SKOLKO, 1944–46), können aber, weil peripher statt systemisch gelagert, leichter als bei der germinativen Keimübertragung durch eine mykologische Überwachung des Saatgutes (DOYER, 1938; NEERGARD, 1940) und durch Saatgutdesinfektion (z. B. durch Beizung desselben) bekämpft werden.

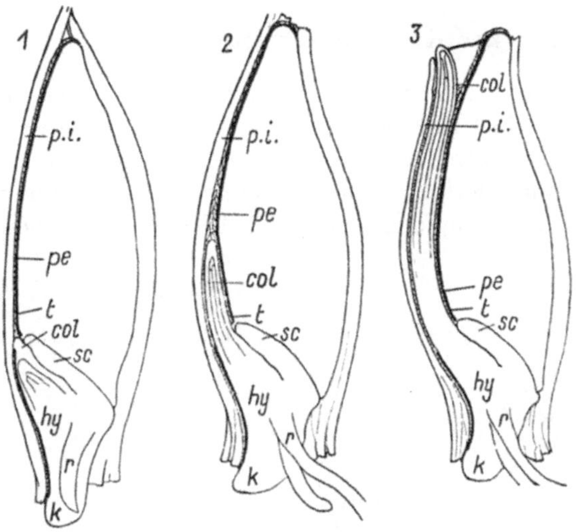

Abb. 151. Die adhärente Keimübertragung bei *Helminthosporium sativum*. Ein Gerstenkorn trägt in der Fruchtwand *pe*, in der Deckspelze *p. i.* und zwischen den beiden Organen schlummerndes Myzel des Parasiten; der junge Keimling infiziert sich deshalb schon auf seinem Weg ins Freie. *1* 2½ Tage, *2* 3½ Tage, *3* 5½ Tage nach Beginn der Keimung. *t* Samenschale; *col* Koleoptile; *sc* Scutellum; *hy* Hypokotyl; *r* Primärwurzel; *k* Koleorhiza. Vergr. 7. (Nach MEAD, 1942.)

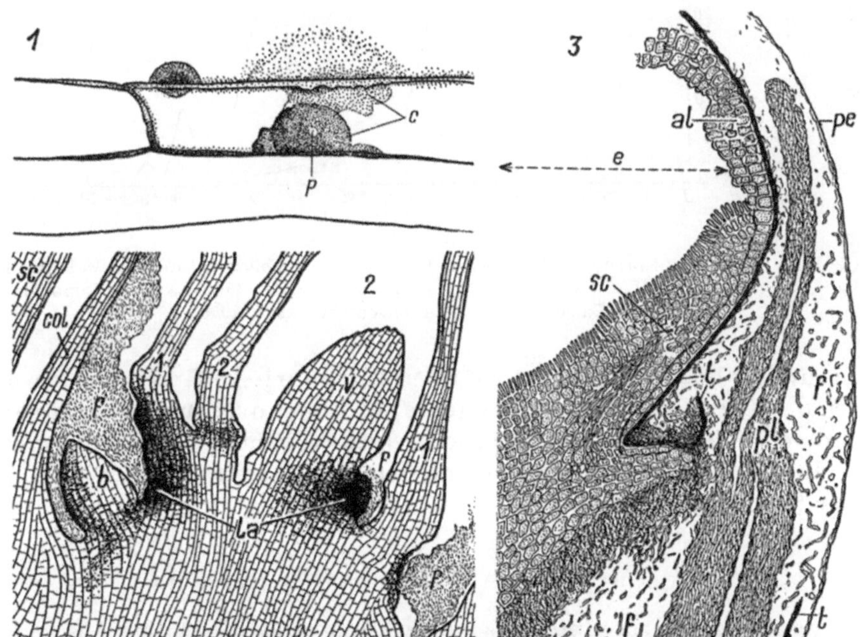

Abb. 152

Ein junger Gerstenkeimling wird schon im Innern des Kornes durch *Helminthosporium sativum* infiziert. *1* Infizierte Koleoptilzelle mit Schwellungen der Zellwand; bei *p* ist eine Hyphe durchgedrungen; *c* kallusartige Anlagerungen; *2* Schnitt durch den Vegetationskegel des Keimlings, die Läsionen *la* und in den Blattachseln die Pilzmassen *f* zeigend; *v* Vegetationspunkt; *b* Seitenknospe; *1* und *2* erstes und zweites Blatt; *col* Koleoptile; *3* die Plumula *pl* hat die pilzundurchlässige Samenschale *t* durchbrochen und tritt in den Bereich der pilzverseuchten Fruchtwand *pe* hinaus; *sc* Scutellum; *al* Aleuronschicht; *e* Endosperm. Vergr. *1* 1250; *2* 165; *3* 130. (Nach MEAD, 1942.)

2. Die indirekte Keimübertragung

Abgesehen von den wenigen Fällen, wo bei den pflanzlichen Infektionskrankheiten der Erreger aktiv, selbsttätig, den Weg zu den neu zu besiedelnden Individuen zurücklegt, [a) autonome Ausbreitung des Erregers], werden seine Verbreitungseinheiten normalerweise durch bestimmte Zwischenträger, Vehikel, vom Spender zum Empfänger gebracht. Diese Vehikel können

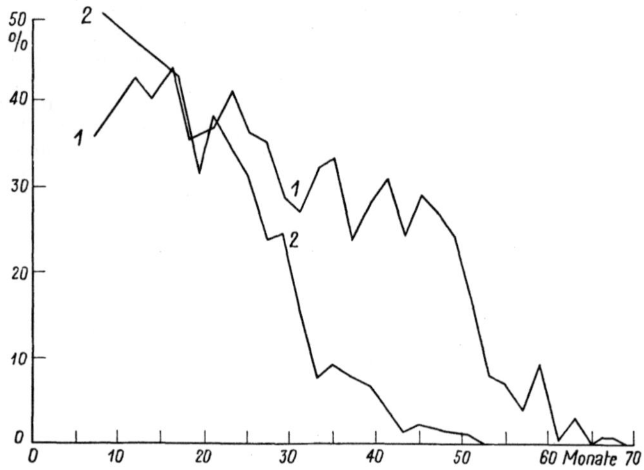

Abb. 153

Die Lebensdauer adhärenter Keime auf Flachssamen. *1 Colletotrichum linicola* Pethybr. et Laff.; *2 Polyspora lini* Laff. Abszisse: Monate nach der Ernte. Ordinate: % kontaminierte Samen. (Nach COLHOUN und MUSKETT, 1948.)

der unbelebten Welt angehören, b) Anemochorie, c) Hydrochorie, oder der belebten Welt, d) Phytochorie, e) Zoochorie und f) Anthropochorie; in den beiden letztern Fällen werden die Vehikel Vektoren genannt.

Entsprechend diesen sechs wichtigsten Möglichkeiten gliedern wir dieses Kapitel in sechs Abschnitte.

a) Autonome Ausbreitung des Erregers

Im Gegensatz zur Entomologie, die häufig eine selbsttätige Ausbreitung eines Schädlings auf weite Strecken hin ins Auge fassen muß, beschränkt sich die aktive Ausbreitung der pflanzenpathogenen Mikroorganismen auf die unmittelbarste Umgebung des Streuherdes. Selbst wo pflanzliche Krankheitserreger eine gewisse Lokomotion besitzen, wie begeißelte Bakterien und Zoosporen, dürfte die Wegstrecke, die sie selbständig in der Außenwelt zurücklegen, makroskopisch gemessen verschwindend klein sein; ihre Übertragung erfolgt vielmehr hydrochor durch das Wasser, in welchem sie sich schwimmend aufhalten.

Die autonome Ausbreitung der pflanzenpathogenen Keime geschieht deshalb zur Hauptsache nur in der Form des aktiven Wachstums von Hyphen und Hyphensträngen; so strahlen die Rhizomorphen von *Armillaria mellea*, dem Hallimasch, vom Stock eines abgetöteten Nadelholzes unter zusagenden äußern Bedingungen einige Dutzend Meter weit radial nach allen Seiten hin, gelangen auf diese Weise zu neuen Wirten und lassen in einem durch lokale Disposition geschaffenen Befallsnest oft kein einziges Individuum unversehrt.

Ähnliches gilt für die Myzelien von *Corticium vagum* (Abb. 154), *Sclerotium Rolfsii, Phymatotrichum omnivorum* usw. Bei *Herpotrichia nigra* (Abb. 106) wachsen die extramatrikalen Infektionshyphen durch die Luft.

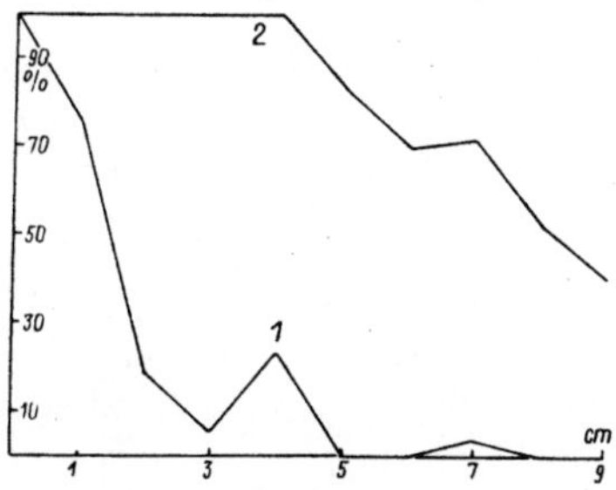

Abb. 154
Die Geschwindigkeit der aktiven Ausbreitung der Hyphen von *Rhizoctonia solani* Kühn (*Corticium vagum* B. et C.) in einem tonigen Lehm mit einer Wasserkapazität von 43% und einer Reaktion von pH 6,8. Abszisse: Abstand von der Infektionsstelle in cm. Ordinate: % abgetötete Radieschenkeimlinge. Kurve 1: nach 8 Tagen; Kurve 2: nach 16 Tagen. (Nach BLAIR, 1943.)

b) Anemochorie

Der Wind ist der wichtigste Überträger pflanzenpathogener Keime, doch nur bei den Mykosen, weniger bei den Bakteriosen und Virosen. Manche Pilze besitzen nämlich die Fähigkeit zur Bildung extramatrikaler, sogleich keimfähiger Verbreitungseinheiten, insbesondere Konidien (zum Beispiel Abb. 155), die den Luftströmungen überantwortet und von diesen weitergetragen werden (aerogene Ansteckung; Seite 42). Es ergeben sich hier drei Teilfragen:

1. In welcher Weise gelangen die Pilzsporen in die Luftströmungen hinaus?
2. Welches sind die physikalischen Voraussetzungen für den Lufttransport der Sporen? Und
3. In welchem Abstand ist die anemochore Propagation wirksam?

1. Wie werden die Pilzsporen den Luftströmungen überantwortet? Dieser Vorgang kann von seiten des Pilzes passiv oder aktiv erfolgen.

In passiver Weise rollt er dort ab, wo der Pilz seine Sporen bloß abschnürt (oder sie sonstwie anlegt), aber keine Einrichtungen besitzt, um sie selbsttätig wegzuschleudern. So wird das trockene Pulver der Brandsporen beim Flugbrand (Abb. 145) des Getreides ganz einfach durch das Schütteln der Getreidehalme im Winde, ohne Hinzutun des Pilzes, weggestäubt oder, da die Ähren in den freien Luftraum emporragen, durch die Saugwirkung des Windes unmittelbar erfaßt und fortgetragen.

Bei andern Pilzen, so beim Apfelschorf, *Endostigme inaequalis*, und beim Erreger des Ulmensterbens, *Ophiostoma ulmi*, werden die Konidien (Abb. 109) durch die vom Winde gepeitschten Regentropfen oder Spritzer mechanisch von ihren Trägern abgerissen und mitsamt den Tropfen 10 oder 20 m weit im Winde weitergefegt. Auch einige pflanzenpathogene Bakterien, so die Erreger des Wildfire und der eckigen Blattfleckenkrankheit des Tabaks (Seite 32), ferner der eckigen Blattfleckenkrankheit der Baumwollsträucher (*Xanthomonas malvacearum* (E.F.S.) Dows.; FAULWETTER, 1917), können durch schwere, sturmgepeitschte Gewitterregen verfrachtet werden. Dadurch entsteht gewissermaßen, wie in der Humanmedizin, eine Tröpfcheninfektion; nur sind ihre mechanischen Voraussetzungen beim Menschen völlig anders: Beim Sprechen usw. sprühen – Speichel usw. Tröpfchen, in welchen die Krankheitskeime suspendiert sind, in den Luftraum hinaus und werden vom Empfänger wieder inhaliert. Die Tröpfcheninfektion des Menschen beruht somit auf einer aktiven Mitwirkung des Spenders und des Empfängers, bei den Pflanzen dagegen ausschließlich auf meteorologischen Verumständungen. Auch mikrobiologisch liegen die Verhältnisse etwas anders, da beim Menschen vorwiegend Bakterien und Viren auf dem Luftweg, durch Tröpfcheninfektion, vom Spender zum Empfänger gelangen, bei den Pflanzen vorwiegend Pilzsporen.

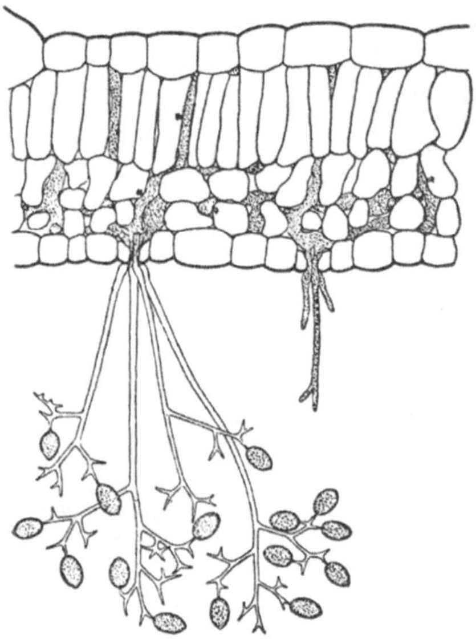

Abb. 155

Querschnitt durch ein von der *Pseudoperonospora humuli* (Miy. et Tak.) Wils., dem falschen Mehltau des Hopfens, infiziertes Hopfenblatt mit jungen und ausgebildeten Konidienträgern und Konidien. Vergr. rund 130. (Nach ARENS, 1930.)

Bei der Großzahl der bodennahen, zwischen Kraut und Blättern eingeschlossenen pflanzenpathogenen Pilze sind jedoch die Chancen, daß Saugwirbel oder Regenspritzer sie mitnehmen, gering; denn die Windgeschwindigkeit ist in der Erd- und Blattnähe, wie an jeder Oberfläche, stets gleich Null; deshalb haben sich jene Formen am besten erhalten, die ihre Sporen durch aktive Abschleuderung über die windstille oberflächennahe Luftschicht emporheben.

Diese aktive Abschleuderung der Sporen ist für zahlreiche Phyco-, Asco- und Basidiomyceten nachgewiesen worden; sie beruht bei den exogen auf Sterigmen abgeschnürten Sporen (Konidien, Basidiosporen, dann auch bei Oidien, Aecidiosporen usw.) und bei den endogen in den Asci gebildeten Ascosporen je auf einem besondern Mechanismus.

An der Basis der exogen abgeschnürten Sporen erscheint einige Sekunden vor der Abschleuderung ein Flüssigkeitströpfchen, worauf das feine Verbindungsstück zwischen Sterigma und Spore (das Hilum) platzt und die Spore samt dem Tröpfchen etwa einen Millimeter weit oder auch nur Bruchteile eines solchen weggeworfen wird (Abb. 155–157). Auch die Aecidiosporen werden gleich nach ihrer Reifung aktiv aus ihren Bechern ejakuliert, so daß man zum Beispiel bei der *Puccinia graminis* oft Mühe hat, die für Infektionsversuche notwendige Sporenmenge zu ernten.

Wie bei den Konidien und Basidiosporen, so dienen auch bei den endogen erzeugten Sporen, vor allem bei den Ascosporen, unmittelbar die Mutterzellen, also meist die reifen Asci, als Wurfapparat.

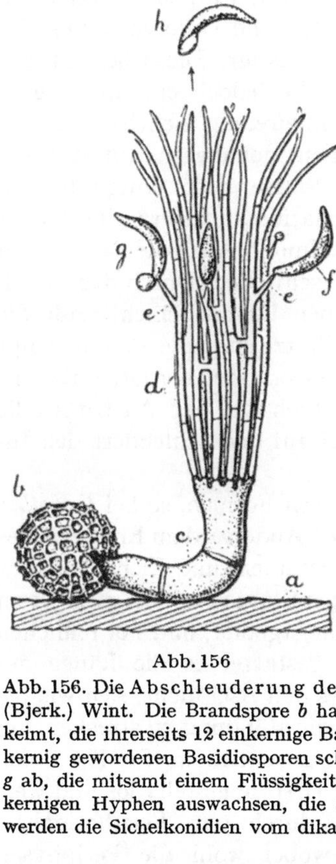

Abb. 156

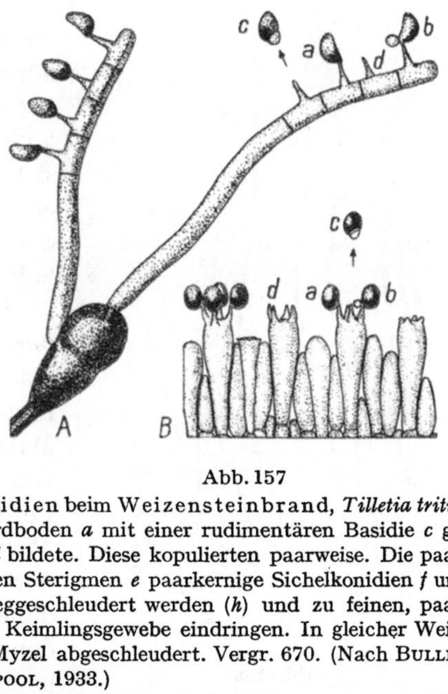

Abb. 157

Abb. 156. Die Abschleuderung der Sichelkonidien beim Weizensteinbrand, *Tilletia tritici* (Bjerk.) Wint. Die Brandspore *b* hat auf dem Erdboden *a* mit einer rudimentären Basidie *c* gekeimt, die ihrerseits 12 einkernige Basidiosporen *d* bildete. Diese kopulierten paarweise. Die paarkernig gewordenen Basidiosporen schnüren auf den Sterigmen *e* paarkernige Sichelkonidien *f* und *g* ab, die mitsamt einem Flüssigkeitströpfchen weggeschleudert werden (*h*) und zu feinen, paarkernigen Hyphen auswachsen, die in die zarten Keimlingsgewebe eindringen. In gleicher Weise werden die Sichelkonidien vom dikaryontischen Myzel abgeschleudert. Vergr. 670. (Nach Buller und Vanterpool, 1933.)

Abb. 157. Die sukzessive Abschleuderung der Basidiosporen beim Schwarzrost des Hafers, *Puccinia graminis avenae* Erikss. et Henn. (*A*), und beim Champignon, *Psalliota campestris* L. (*B*). *a–d* Stadien der Abschleuderung. Vergr. 440. (Nach Buller, 1924.)

Bei Beginn der Ejakulationsperiode streckt sich ein Ascus nach dem andern über das Hymenium empor (Abb. 158*a* und *b*) und schleudert bei den operkulaten Formen die Ascosporen durch einen Porus weg (Abb. 158*c*), bei den inoperkulaten durch ein Platzen des Scheitels. Die Wurfhöhe des Projektils (meist sind sämtliche Ascosporen unter sich verklebt) erreicht mitunter erstaunliche Werte, vor allem wenn man bedenkt, daß die Fruchtkörper meist kaum 1 mm hoch sind; bei *Pleurage fimiseda* Zopf werden unter zusagenden

Temperatur- und Feuchtigkeitsverhältnissen Wurfhöhen von 15 cm, bei *Pleurage curvicolla* (Wint.) Ktze. (beides sind saprophytische bzw. koprophile Pilze) solche von 45 cm angegeben.

Bei andern Ascomyceten, so bei *Pleospora herbarum* (Pers.) Rabh., einem polyphagen Blatt- und Stengelparasiten und Saprophyten (ATANASOFF, 1919), und bei *Hysterographium fraxini* (Pers.) de Not., dem Erreger eines Eschen- und Ölbaumsterbens (ZOGG, 1943), wird die Ejakulation durch eine anatomische Differenzierung der Ascuswand begünstigt. Diese besteht aus zwei Schichten, die jedoch erst im Augenblick der Sporenbefreiung sichtbar werden, einer steifern, nicht dehnbaren, kutinisierten äußern, die im Wasser nicht aufquillt, und einer dickern, gelatinösen innern, die Wasser aufnimmt und aufquillt. Auch die Paraphysen können etwas anschwellen. Durch den Druck der aufgequollenen innern Schicht reißt die äußere an der Spitze auf, die innere stülpt sich samt den Ascosporen hervor, reißt mit einem Ruck seitlich an der Austrittsstelle oder am Scheitel auf und schleudert den Inhalt weg.

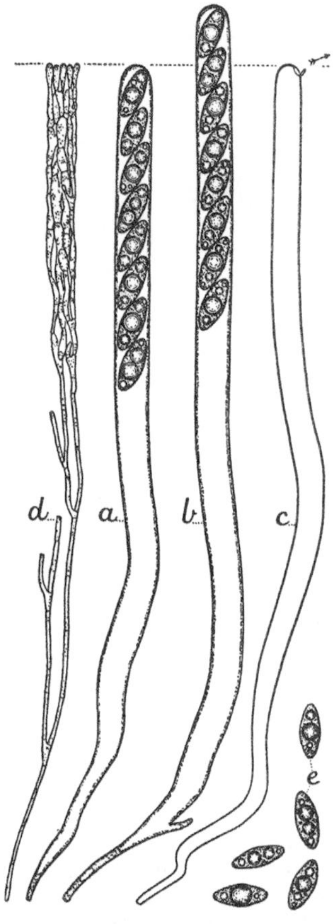

Abb. 158
Die Ausschleuderung der Ascosporen bei *Sarcoscypha protracta* Fr. Der reife Ascus *a* streckt sich über das Hymenium *b* empor, schleudert seinen Inhalt weg und kollabiert hernach. *c*, *d* verzweigte Paraphysen; *e* Ascosporen. Vergr. 180. (Nach BULLER, 1934.)

Bei noch andern Formen, so bei *Endothia parasitica* (Murr.) Anders., dem Erreger eines epidemischen Kastanien- und Eichensterbens in den Vereinigten Staaten und in geringerem Maße im Mittelmeergebiet, und bei manchen Gnomoniaceen, gestattet es die Länge des Perithecienhalses den Asci nicht, sich wie bei *Pleurage* bis an die Mündung zu strecken, um dort ihre Sporen zu entleeren. Sie lösen sich daher von ihrer Ursprungsstelle los und werden allmählich durch den Perithecienhals hinausgepreßt, wobei wohl die Periphysen eine aktive Rolle spielen. Beim Eintrocknen des Perithecienhalses werden die Asci zusammengepreßt, bis sie unter dem seitlichen Druck platzen und die Sporen ausschleudern. Der Mechanismus der Ejakulation ruht also hier in der Perithecienmündung; wird diese weggeschnitten, so hört, wenigstens bei *Endothia parasitica*, die Ausschleuderung der Ascosporen auf (HEALD und WALTON, 1914).

Die Sporenwolke in Abb. 159, aufgenommen bei einer Expositionszeit von einer Hundertstelsekunde, gibt eine Vorstellung von der Intensität des Sporenstäubens bei *Sclerotinia sclerotiorum* (Lib.) Sacc. et Trott. (= *Scl. Libertiana* Fckl.), dem Erreger zahlreicher «Botrytis»-Erkrankungen auf Speicherorganen, Rhizomen, Zuckerrüben, Kartoffeln usw. Doch bestehen ähnliche Verhältnisse auch bei andern Krankheitserregern, so bei *Endostigme inaequalis*, dem Erreger des Apfelschorfes; FREY und KEITT (1925) fingen an einem klimatisch günstigen Maitag rund 1 m über dem Erdboden während 8½ Stunden bei einer Windgeschwindigkeit von 6–8 m/sec durchschnittlich 2½ Ascosporen je Liter Luft auf, die aus den am Boden vermodernden Laubblättern ejakuliert worden waren.

Abb. 159
Sporenwolke, herrührend von der Ausschleuderung der Ascosporen aus den Apothecien von *Sclerotinia sclerotiorum* (Lib.) Sacc. et Trott. Etwa $^2/_3$ nat. Gr. (Nach DICKSON und FISHER, 1923.)

Die Zeitdauer, während der ein Fruchtkörper Ascosporen ausstößt, ist unterschiedlich; bei *Endothia parasitica* kann sie unter günstigen Feuchtigkeitsverhältnissen 168 Tage betragen (HEALD und WALTON, 1914). Doch wird sie unter praktischen Verhältnissen erheblich kürzer sein; so dürfte sich der Hauptascosporenflug bei *Endostigme inaequalis* unter mitteleuropäischen Verhältnissen auf die Zeit von Mitte Mai bis Anfang Juni beschränken.

2. Die physikalischen Voraussetzungen für den Lufttransport der Pilzsporen. Die Probleme des Lufttransportes der Sporen setzen, wie eben angedeutet, in der Regel erst mit dem Augenblick ein, da die Sporen die unbewegte oberflächennahe Luftschicht verlassen haben, also meist über diese hinausgeschleudert worden sind.

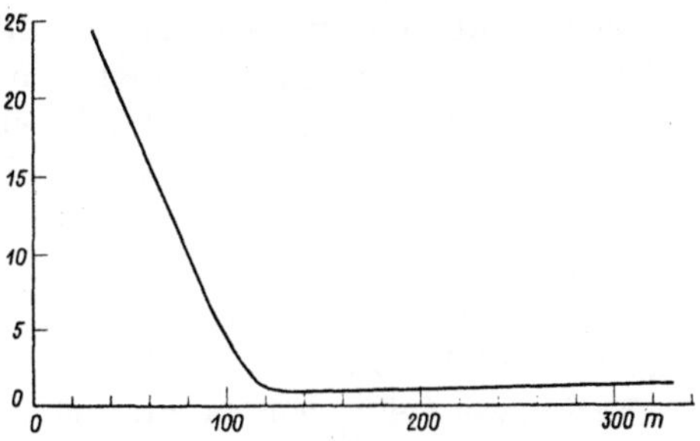

Abb. 160
Die Mikrobiologie der höheren Luftschichten: die Verteilung der Mikroorganismen (Pilzsporen, Bakterien usw.) in verschiedenen Lufthöhen über Nashville, Tennessee. Abszisse: Höhe über dem Erdboden. Ordinate: Zahl der im Flugzeug aufgefangenen Keime je m³ Luft. (Nach WOLF, 1943.)

Zwei Bewegungen wirken sich beim Sporenflug entgegen, der Lufttransport und die Fallbewegung. Der beim Lufttransport zurückgelegte Weg ist bei niedern und bei hohen Windgeschwindigkeiten verschieden. Bei niedern Windgeschwindigkeiten, z.B. bei den durch das Temperaturgefälle erzeugten Konvektionsströmungen, bewegen sich die Luftteilchen turbulent, ungeordnet, wirbeln die Sporen gleich den Staubkernen in höhere Luftschichten empor (Abb. 160) und verfrachten sie dort vielleicht über Kontinente (Abb. 161 *B*). Bei hohen Windgeschwindigkeiten ist dagegen die Luftbewegung vorwiegend laminar, geordnet, so daß die Sporen wohl eher in der Erd- und Pflanzennähe verbleiben (Abb. 161 *A*) und auf kurzen Abstand zum Haften kommen. Das Ausmaß der Fallbewegung endlich folgt zur Hauptsache dem STOKESschen Gesetz.

Doch führt die physikalische und aerodynamische Betrachtung des individuellen Weges der einzelnen Spore zu wenig greifbaren Ergebnissen; denn physikalisch sind der Verbreitung der Pilzsporen in der atmosphärischen Luft sozusagen keine Grenzen gesetzt; es genügt der geringste Luftzug, ein physikalisch kaum meßbarer Windhauch, um sie erneut emporzuwirbeln; deshalb beträgt, rein physikalisch betrachtet, die mittlere Flugweite der sehr kleinen Basidiosporen des Bovistes, *Lycoperdon Bovista*, rund 460000 km, also reichlich elfmal den Erdumfang (SCHMIDT, 1925). Fruchtbarer ist die Betrachtung der Sporenwolke als Aerosol, als Sporensuspension, die während ihres Lufttransportes dauernd durch die Luftwirbel verdünnt wird (GREGORY, 1945, 1948). Sie gestattet die Ableitung mathematischer Formeln für die Sporenverbreitung, die gut mit den gleich zu besprechenden wirklichen Reichweiten übereinstimmen.

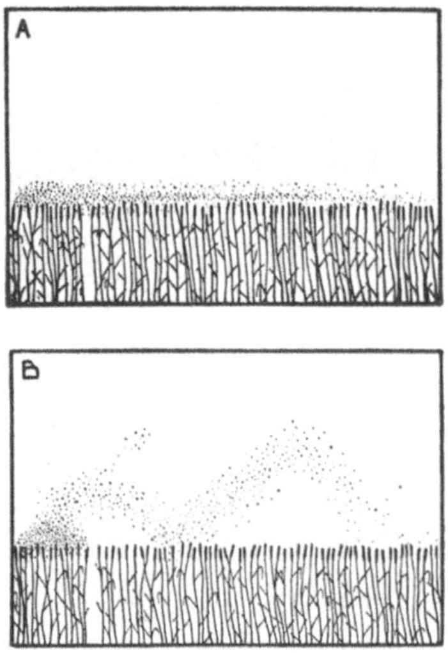

Abb. 161
Schematische Darstellung der anemochoren Verbreitung der Brandsporen beim Weizenflugbrand, *Ustilago tritici* (Pers.) Jens., über einem Weizenfeld. Der Wind weht von links nach rechts. *A* Kräftiger Wind, *B* schwacher Wind. (Nach OORT, 1940.)

3. Die praktische Reichweite der anemochoren Propagation. Bei den menschlichen Infektionskrankheiten ist die Seite 164 besprochene Tröpfcheninfektion im Freien nur auf einen geringen Abstand zwischen Spender und Empfänger wirksam; sie bedingt deshalb zur Hauptsache Nahinfektionen. Bei den pilzlichen Pflanzenkrankheiten sind dagegen, nach dem vorangehenden Alinea, in zahlreichen Fällen Streuungen über weite Abstände, also Ferninfektionen, möglich.

Das Problem ihrer Reichweite umschließt zwei Teilfragen, die zwar häufig vermischt werden, jedoch in ihren Schlußfolgerungen gegensätzlich lauten:

a) Wie groß ist die privatwirtschaftliche Reichweite der einzelnen Keimquelle? Und

b) wie weit reicht epidemiologisch das erste Glied der von einer Keimquelle ausgehenden Infektkette?

Zu a). Die privatwirtschaftliche Reichweite der einzelnen Keimquelle. Es ist unzweifelhaft, daß die Streudichte der Sporen mit dem Abstand zwischen Spender und Empfänger anfänglich steil abnimmt; es braucht schon eine ungeheure Sporenmenge, um nur auf 100 m Abstand vom Streuungsort 1 Laubblatt mit einer noch faßbaren Wahrscheinlichkeit zu treffen. Bei der Nahinfektion erreicht deshalb die größtmögliche Menge des Inoculums den Empfänger, und dementsprechend ist sie auch in der Pflanzenpathologie weit wirksamer als die Ferninfektion: eine pflanzliche Infektionskrankheit pflegt ceteris paribus rings um ihre Keimquelle in der größten Dichte und Heftigkeit aufzutreten.

In Abb. 162 wurde für den Blasenrost der Weymouthskiefer, *Cronartium ribicola* J. C. Fischer, die Abnahme der Infektionsdichte mit zunehmender Entfernung vom lokalen Keimherd auf Grund mehrjähriger Feldversuche in

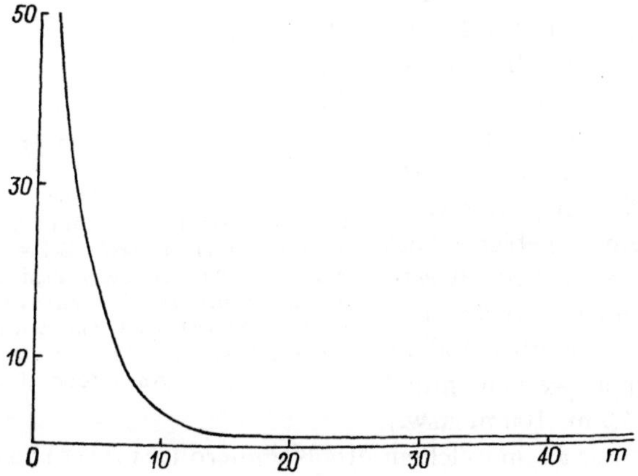

Abb. 162
Die privatwirtschaftliche Streuweite eines Keimherdes (Nahinfektionen) beim Weymouthskiefern-Blasenrost, *Cronartium ribicola* J.C.Fisch. Erklärung im Text. (Nach BUCHANAN und KIMMEY, 1938.)

geschlossenen Kiefernbeständen in Idaho graphisch dargestellt. Als Keimherd dienten schwer infizierte Büsche von *Ribes lacustre* (Pers.) Poir. und *Ribes viscosissimum* Pursh., auf deren Blättern die Teleutosporen überwinterten. Die Keimhyphen der Basidiosporen infizierten im Spätsommer oder Herbst die Nadeln von *Pinus monticola* Dougl., der Western white pine, die, wie die Weymouthskiefer, für den Blasenrost hochanfällig ist, und wuchsen dann in die Rinde der Zweige und Stämme hinunter (Seite 71).

Die Abszisse entspricht dem Abstand der Kiefern vom Mittelpunkt der *Ribes*büsche. Die Ordinaten geben an, wie viele Rindenkrebse auf eine Million Pinusnadeln angingen (also die Zahl der erfolgreichen, haftenden Infektionen). Im Abstand von 1,5 m wurden auf 1 Million Nadeln 46 Krebse gezählt, im Abstand von 10 m noch deren 5 und im Abstand von 15 m nur noch einer. Von da an blieb die Erkrankungsrate im Radius von etwa 50 m ungefähr konstant. Obschon also der Blasenrost auf den Ribesblättern ungeheure Mengen von Teleutosporen bildet und diese überdies mit der vierfachen Zahl von Basidiosporen auskeimen, so sinkt doch die Streudichte und die Trefferwahrscheinlichkeit der Sporen schon im Abstand von bloß 15 m vom Keimherd steil auf einen untern Grenzwert ab. Ähnliche Verhältnisse ergeben sich aus Abb. 163 und 164.

Falls dagegen bestimmte Winde vorherrschen, wie in Grabentälern oder an Küstenniederungen, da wird naturgemäß die Streuung der Sporen gelenkt und reicht dann in einer schmalen Garbe erheblich weiter. In Holland wurde inmitten großer Weizenfelder ein quadratförmiger Infektionsherd von flugbrandkrankem Weizen angelegt. Der Wind trug die Brandsporen auf die gesunden Pflanzen hinüber; diese wurden geerntet und im folgenden Frühjahr, um den Infektionserfolg festzustellen, gruppenweise ausgesät. Abb. 165 zeigt, daß in dem betreffenden Anbaugebiet unter den vorherrschenden Nordwestwinden mit einem ernsthaften Infektionsband von über 100 m Länge gerechnet werden muß. Diese Zahlen, 15 m, 100 m usw., geben den Umkreis an, in welchem ein Keimherd unmittelbaren wirtschaftlichen Schaden zu stiften vermag.

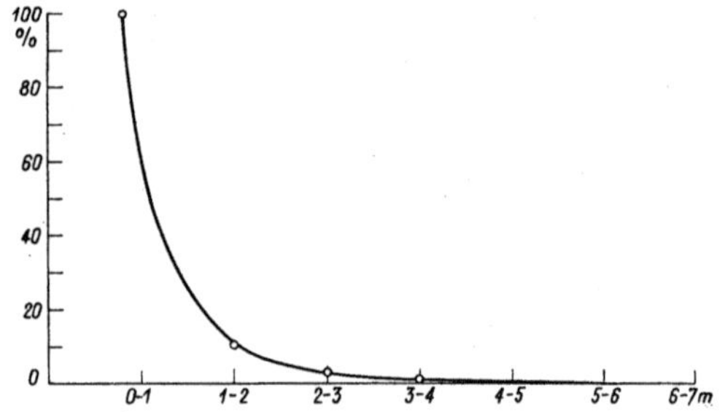

Abb. 163

Die Streuweite der Aecidiosporen des Maisrostes, *Puccinia sorghi* Schw., auf freiem Felde. Abszisse: Abstand der Maispflanzen von den Aecidien auf *Oxalis stricta* L. Ordinate: Zahl der Primärinfektionen, wobei die Zahl der Uredolager je Pflanze für den Abstand 0–1 m gleich 100% gesetzt wurde. (Nach ZOGG, 1948.)

Ganz anders lautet jedoch die zweite Teilfrage:

Zu b). Die epidemiologische Reichweite einer Keimquelle. Auf welchen Abstand kann ein Infektionsherd eine Infektkette anemochor weitergeben?

Dies ist ein Kernproblem der progressiven Epidemien. Hier entscheidet nicht der Knickpunkt des steil abfallenden Kurvenabschnittes in Abb. 162, nicht der innere Streuungskreis, in welchem die Streudichte noch hoch genug ist, um den Betriebsinhaber unmittelbar zu schädigen, sondern hier entscheidet der Endpunkt des flach auslaufenden, rechten Kurvenabschnittes in

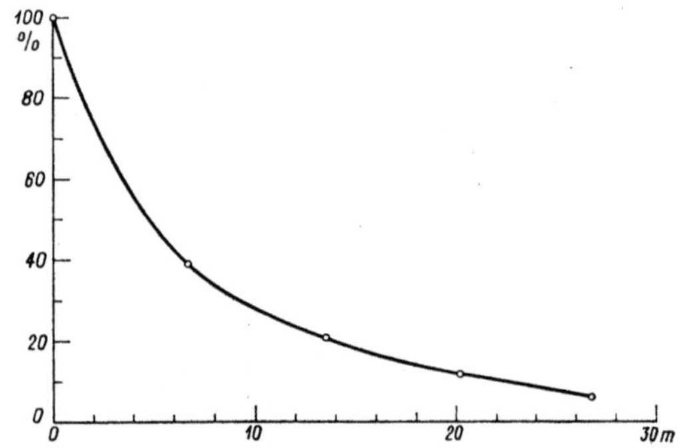

Abb. 164

Der Krankheitsgradient bei *Sclerotinia laxa* Ad. et R. auf Aprikosenbäumen. Abszisse: Abstand der untersuchten Bäume vom Keimreservoir. Ordinate: Zahl der infizierten Aprikosenblüten (Primärinfektionen), wenn die Erkrankungshäufigkeit am Keimherd gleich 100% gesetzt wird. (Nach WILSON und BAKER, 1946.)

Abb. 166; er entspricht dem Grenzwert der Sporenstreuung. Nicht die Millionen Sporen, die unterwegs zugrunde gehen, sind epidemiologisch wesentlich, sondern die wenigen, die an der Peripherie des

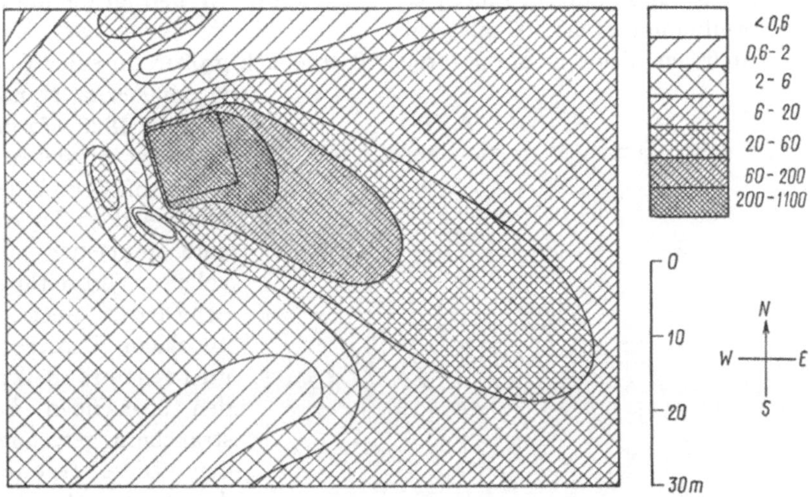

Abb. 165
Die anemochore Infektion eines Weizenfeldes durch den Weizenflugbrand, *Ustilago tritici* (Pers.) Jens., unter vorherrschenden Nordwestwinden. Quadrat: Infektionsherd. Isobaren: Anzahl infizierte Ähren je 100 m². Erklärung im Text. (Nach OORT, 1940.)

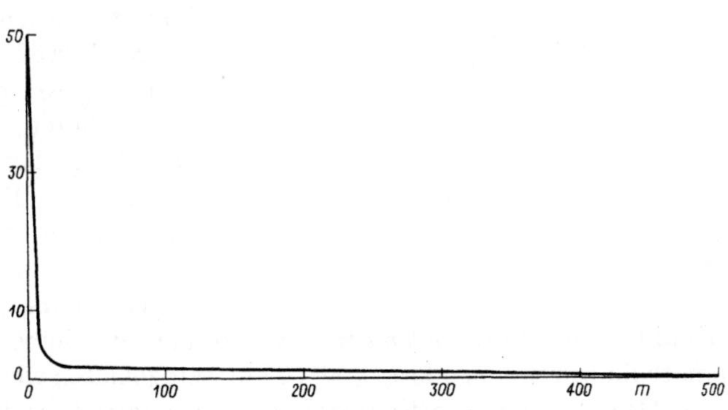

Abb. 166
Die epidemiologische Streuweite (Ferninfektionen) beim Weymouthskiefernblasenrost, *Cronartium ribicola* J.C.Fisch., im Waldesinnern. Erklärung im Text. Schematisch.

Streuungsgebietes noch infektionstüchtig ein Ziel erreichen. Für den Besitzer der betreffenden Pflanzen sind die Infektionen, die sie auslösen, zunächst unerheblich; aber epidemiologisch sind die spärlichen Ferninfektionen wichtig, weil sie die Infektkette in großen Sprüngen weitergeben.

Da somit bei den progressiven Epidemien die maximale Reichweite der keimfähigen Sporen entscheidet, so bewegen sich die Zahlenwerte der epidemiologisch möglichen anemochoren Sporenstreuung in ganz andern Dimensionen als die Abb. 162 und 165. Beim Blasenrost der Weymouthskiefer (Abb. 166), also im Innern von Waldbeständen, beträgt die maximale Streuweite mindestens 500 m.

Auf freiem Felde ist sie naturgemäß erheblich größer. In einer Gemeinde in Minnesota standen im Sommer 1922 175 *Berberis*sträucher in sieben Gruppen. Auf Grund des Verteilungsbildes der Abb. 167 muß mit einer wirkungsvollen Verbreitung der Schwarzrost-Aecidiosporen in einem Umkreis von mindestens 3 km von den streuenden *Berberis*sträuchern gerechnet werden. Diese Grenzwerte der epidemiologisch möglichen Sporenstreuung sind wichtig, wenn eine Epidemie durch Ausrottung der Zwischenwirte bekämpft werden soll.

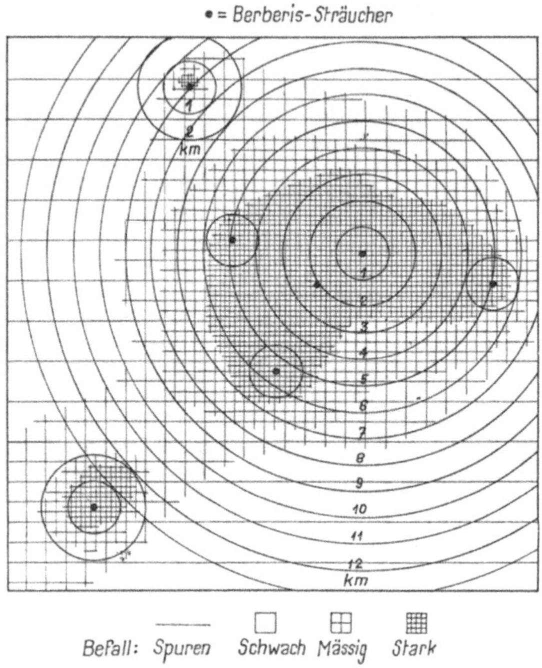

Abb. 167

Die Befallsdichte beim Weizenschwarzrost in der Umgebung von 7 *Berberis*gruppen. Erklärung im Text. (Nach Stakman, Kempton und Hutton, 1927.)

Noch größere epidemiologische Reichweiten der anemochoren Sporenverfrachtung bestehen dort, wo sich das Keimreservoir über riesige Anbaugebiete erstreckt und das Sporenangebot entsprechend groß wird. Die Konidien der *Phytophthora infestans* können im Gebiet der Kartoffel- und Tomatenkulturen von Florida 50–60 km weit geblasen werden (Harrison, 1947). – Als sich das *Cronartium ribicola* in den zwanziger Jahren dieses Jahrhunderts durch den nordamerikanischen Kontinent ausbreitete, wurden in einem Jahr auf *Ribes*sträuchern Sprünge bis zu 500 km beobachtet. – In den nordamerikanischen Weizengebieten ist der gesamte Luftraum mit einem Aeroplankton von Pollenkörnern und Uredosporen des Schwarz- und Braunrostes verseucht. So wurden über dem Mississippital durch Flugzeuge noch auf 4950 m Höhe Uredosporen der *Puccinia triticina*, des Weizenbraunrostes, aufgefangen, auf 3150 m nicht näher bestimmbare *Alternaria*sporen und auf 2100 m noch Aecidio- und Uredosporen der *Puccinia graminis*, des

Schwarzrostes. Alle diese Sporen waren keimfähig (Stakman, Henry c.s., 1923); die betreffenden Roste können deshalb in den südlichen Staaten überwintern und im Frühjahr immer wieder durch die höhern Luftschichten in die nördlichen Weizenanbaugebiete getragen werden.

Abb. 168 schildert diese Verhältnisse für die Schwarzrostepidemie des Jahres 1935, die allein in den Staaten Minnesota und Nord- und Süddakota einen Ertragsausfall von rund 3,7 Millionen Tonnen Weizen verursachte. Die Biotypen 11, 34, 56 usw. (Biotyp 56 war bisher harmlos gewesen; Abb. 212) überwinterten auf Winterweizen im südlichen Texas und verursachten dort die übliche schwache frühjahrliche Epidemie (Abb. 200). Infolge starker Niederschläge im Mai 1935 brachen sie jedoch aus, wurden durch Südwinde bis nach Oklahoma getragen und bewirkten dort schon anfangs Juni einen sechsmal stärker als normalen Rostbefall. Ein Teil der Uredosporen wurde aus diesem primären Streuungsherd in den höhern Luftschichten direkt nach Norden verfrachtet; ein anderer Teil rückte schrittweise nach Kansas und Nebraska vor und erzeugte dort wegen klimatischer Zufälligkeiten einen Zwischenherd mit einem zusätzlichen Sporenangebot, das wieder durch Südwinde nach den Nordstaaten und nach Kanada geblasen wurde. Hier brach wegen des Zusammentreffens mit außergewöhnlichen Witterungsverhältnissen eine katastrophale Epidemie aus. In Fargo wurden je Quadratdezimeter in 24 Stunden am 14. Juni 36, am 22. Juni 1610, am 2. Juli 10130 und am 25. Juli 105500 Uredosporen aufgefangen. Ein förmlicher Sprühregen von Uredosporen ging somit über die Weizenfelder nieder.

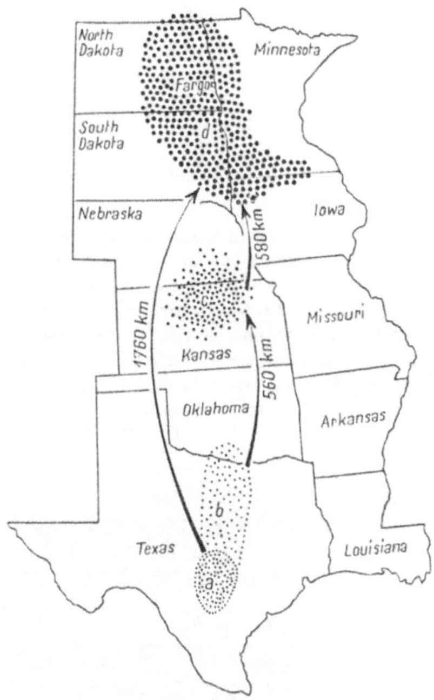

Abb. 168
Der Weg der Infektionskeime beim Seuchenzug des Weizenschwarzrostes im Jahre 1935 von Texas nach Minnesota. *a* Keimreservoir auf Winterweizen; *b* primärer Streuungsherd; *c* Zwischenherd; *d* eigentliches Seuchengebiet. (Nach Stakman, 1947.)

c) Hydrochorie

Reine Hydrochorie, also Verschleppung von Krankheitskeimen durch fließendes Wasser (nicht durch Regenspritzer wie auf Seite 163), ist bei den pflanzlichen Infektionskrankheiten selten. Sie dürfte nach sommerlichen Platzregen in einem engen Umkreis bei bodenbewohnenden Pythien, Fusarien, pflanzenpathogenen Bakterien usw. zu erwarten sein. Auf größere Abstände hin erfolgt eine Verschleppung gewisser Erreger durch das Irrigationswasser (Abb. 169).

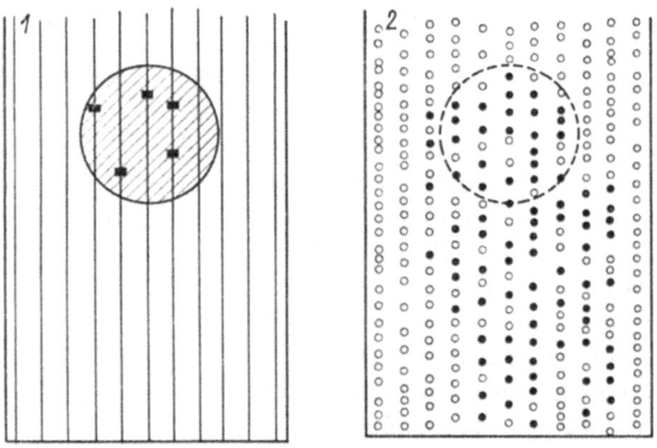

Abb. 169. Die Verschleppung des Erregers der eckigen Blattfleckenkrankheit der Baumwollsträucher, *Xanthomonas malvacearum* (E. F. S.) Dows., durch das Irrigationswasser. Fünf infizierte Baumwollpflanzen, in Bild 1 durch schwarze Rechtecke angedeutet, bildeten das Keimreservoir. Am 12. Mai wurde eine rotierende Beregnungsanlage in Funktion gesetzt; zehn Tage später war in ihrem Bereich (durch einen Kreis angedeutet) die Mehrzahl der jungen Baumwollpflanzen an *Xanthomonas* erkrankt. Am 22. Mai wurde das ganze Feld von der Bewässerungsanlage her (im Bild von oben her) während etwa einer Stunde unter Wasser gesetzt; am 2. Juni waren unterhalb des Infektionsherdes mehr als die Hälfte der Pflanzen erkrankt (ausgefüllte Kreise in Bild 2). (Nach King und Brinkerhoff, 1949.)

Abb. 170. Übertragung des Tabakmosaik-Virus durch *Cuscuta campestris* Yunk. Die *Cuscuta*-Fäden schaffen eine Infektionsbrücke zwischen der ältern, erkrankten Tabakpflanze rechts und der jüngern, gesunden Tabakpflanze links. (Nach F. Johnson, 1941.)

Beim Mutterkorn auf Wasser- und Sumpfgräsern (*Glyceria, Molinia, Phalaris, Phragmites*) sind die Sklerotien infolge der in ihnen eingeschlossenen Luft schwimmfähig und werden durch das Wasser verbreitet (STÄGER, 1922). Den *Claviceps*-Formen auf Landgräsern fehlt dagegen eine solche Schwimmfähigkeit, und ihre Sklerotien sinken sogleich unter.

Abb. 171

Das Virus der Falschblütigkeit (Gigantismus) der Preiselbeere, durch *Cuscuta campestris* auf *Nicotiana glutinosa* übertragen, ruft auch auf diesem Wirt Falschblütigkeit hervor; *Nicotiana* ist jedoch versuchstechnisch dem Experiment leichter zugänglich als die Preiselbeere. Links normale Blüten einer gesunden Pflanze; rechts erkrankte Pflanze mit vergrößerten, mißbildeten, vergrünten Blüten. (Nach KUNKEL, 1943.)

d) Phytochorie

Eine spezifisch pflanzliche Form der indirekten Keimübertragung wird durch die Gattung *Cuscuta* (Kleeseide usw.) geschaffen, von der einige Arten auf den verschiedensten Blütenpflanzen parasitieren. Ihre Hapteren dringen bis in das Phloem vor (Abb. 13); ein *Cuscuta*faden, der auf mehreren Wirtsindividuen schmarotzt (Abb. 170), schafft deshalb zwischen ihnen eine lebende Brücke, über die, falls eines der Individuen viruskrank ist, das Virus im Verlauf von etwa 12–20 Tagen auf die übrigen Individuen bzw. Arten der Kette hinüberwandert (BENNETT, 1944; F. JOHNSON, 1941).

Diese Beobachtung hat für jene Viren wichtige Arbeitsmöglichkeiten eröffnet, die nicht durch Saft, Insekten oder Pfropfung auf andere, für die experimentelle Forschung besser geeignete Wirte übertragen werden können: man läßt nun die in Frage stehenden Wirte durch die entsprechende *Cuscuta*art gemeinsam befallen und kann dadurch zum Beispiel die Falschblütigkeit der Preiselbeere auf Tabak (Abb. 171) und die Pfirsich-Rosettenkrankheit auf Tomaten übertragen (Abb. 172).

Abb. 172
Das Virus der Pfirsich-Rosettenkrankheit, durch *Cuscuta campestris* auf eine Tomatenpflanze übertragen, ruft wieder einen gestauten Wuchs hervor, kann aber auf dieser mühelos kultivierbaren Pflanze versuchstechnisch leichter bearbeitet werden. (Nach KUNKEL, 1943.)

Die Rolle der *Cuscuta*, ob Zwischenträger oder Zwischenwirt, ist je nach dem Virus verschieden. *Cuscuta campestris* Yunk. dient für das Tabakmosaikvirus bloß als Zwischenträger; denn das Virus vermehrt sich in ihr nicht (F. JOHNSON, 1941), *Cuscuta subinclusa* Dur. et Hilg. ist dagegen für das Kürbismosaik nicht nur Zwischenträger, sondern auch Zwischenwirt, da sich das Virus in ihr deutlich vermehrt (COSTA, 1944).

e) Zoochorie

Tiere sind als Vektoren spezifisch, wenn sie nur eine Art von Krankheitskeimen übertragen, und unspezifisch, wenn sie deren mehrere mitnehmen oder wenn mehrere Insektenarten dasselbe Virus übertragen.

Die Zwergzikade *Aceratagallia sanguinolenta* Prov. ist ein spezifischer Vektor für die New-York-Rasse des gelben Zwergmosaiks der Kartoffeln (Abb. 197); denn sie überträgt nur diese Rasse, nicht die New-Jersey-Rasse, die ihrerseits durch die Zwergzikade *Agallia constricta* v. Duz. verschleppt wird (BLACK, 1944). In ähnlicher Weise überträgt die Zwergzikade *Eutettix tenellus* nur die nordamerikanische Rasse der Kräuselkrankheit der Zuckerrüben (Abb. 342), nicht die argentinische Rasse; ihr Vektor ist *Agalliana ensigera* Oman (BENNETT, CARSNER, COONS und BRANDES, 1946).

Anderseits ist die Pfirsichblattlaus, *Myzodes persicae*, zum Beispiel für das Kartoffel-*Y*-Virus, das sich in Strichelnekrose längs der Blattrippen (Abb. 173), «Himbeer»-Blättrigkeit (Abb. 174), Wachstumsstockungen und Vertrocknen der Blätter an der Staude äußert, für das *A*-Virus (schwache Mosaikfleckung durch Nervenaufhellung), das *F*-Virus (Gelbflecken- oder Aucuba-Mosaik; Netznekrose im Knollenfleisch), das Blattrollvirus (Abb. 194) usw. ein unspezifischer Vektor; denn sie überträgt 25 verschiedene Viren und ruft entsprechende Mischinfektionen hervor; anderseits wird das Blattrollvirus, außer durch *Myzodes persicae*, u.a.

Abb. 173

Abb. 174

Abb. 173. Erst-Jahrs-Symptome des *Y*-Virus auf der Kartoffelsorte Majestic (Adernekrose; leaf-drop-streak). Schwach verkl. Orig. F. C. BAWDEN.

Abb. 174. Zweit-Jahrs-Symptome des *Y*-Virus auf der Kartoffelsorte Majestic (Runzelmosaik: Sprenkelung, Gewelltheit, Runzelung; rugose mosaic). Schwach verkl. Orig. F. C. BAWDEN.

auch durch *Aphis fabae*, *Aphis rhamni* und *Macrosiphum gei* übertragen; immerhin ist unter ihnen *Myzodes persicae* der leistungsfähigste Vektor.

Nach dem Ort (zum Beispiel der Körperstelle), wo die Krankheitskeime am Vektor haften, erfolgt die zoochore Keimübertragung epizoisch (epizoochor) oder endozoisch (endozoochor). Bei der epizoischen Verschleppung kleben die Krankheitskeime nach Art einer simpeln Verschmutzung (Kontamination) irgendwo an der Körperoberfläche des Hilfstieres und werden von diesem ohne weiteres zum Empfänger gebracht. Bei der endozoischen Übertragung beherbergt dagegen das Hilfstier die Krankheitskeime in seinem Körperinnern und ernährt sie vielleicht sogar zeitweilig; die Lebensgemeinschaft zwischen Hilfstier und Krankheitskeim ist also hier ungleich enger. Dementsprechend sind die epizoischen Vektoren meist unspezifisch, die endozoischen dagegen oft für bestimmte Krankheitskeime spezifisch.

Nach der Art (dem Mechanismus), wie der Vektor den Krankheitskeim dem Empfänger abliefert, unterscheiden wir Kontaktübertragung, bei der das Hilfstier bloß Transportdienste leistet und den Empfänger nicht beschädigt, sondern ihm einfach den Krankheitskeim oberflächlich überantwortet, und Wundübertragung, bei der das Hilfstier überdies den Empfänger verletzt und durch die Wunde den Krankheitskeim in ihn einimpft. Die Vektoren der Wundübertragung sind also schon ihrerseits Pflanzenschädlinge; ihre eigene Schadwirkung wird aber beiläufig noch dadurch erhöht, daß sie die zu schädigenden Wirtspflanzen überdies mit Krankheitskeimen infizieren.

Obschon diese örtlichen und mechanischen Möglichkeiten der Keimübertragung in Wirklichkeit nicht immer so scharf getrennt sind, wie dem Wortlaut der Definition entsprechen würde, so ergeben sich doch aus ihrer Kombination vier Fixpunkte, um die sich die charakteristischen Fälle gruppieren lassen. Wir gliedern deshalb das vorliegende Kapitel in 1. epizoische Kontaktübertragung; 2. endozoische Kontaktübertragung; 3. epizoische Wundübertragung und 4. endozoische Wundübertragung.

1. Epizoische Kontaktübertragung von Krankheitskeimen. Die epizoische Kontaktübertragung der pflanzenpathogenen Keime steht meist mit der Nahrungsaufnahme des Vektors in Beziehung. Das bekannteste Beispiel einer derartigen beiläufigen Verschleppung bildet die Mistel, *Viscum album* L. Die Misteldrossel, *Turdus viscivorus* L., und andere Zugvögel kehren im Nachwinter oder Frühjahr aus Nordafrika zurück und nähren sich unterwegs unter anderem von den Mistelbeeren, die im Laufe des Winters herangereift sind. Manche Samen bleiben während der Mahlzeit durch den Viscinschleim am Ständer oder am Gefieder kleben; andere werden verschluckt und passieren unversehrt den Darmkanal; beide gelangen, wenn ihr Träger neue Bäume anfliegt, auf die Zweige und keimen dort aus (Abb. 11). Da die Misteldrossel in wenigen Stunden an die 100 km zurücklegt, so verschleppt sie die Samen in einem nachwinterlichen Zuge über weite Strecken; ihre Bedeutung für die Verfrachtung der Mistelsamen ergibt sich aus der überraschenden Koinzidenz zwischen ihren Zugstraßen und der geographischen Verbreitung der Mistel zum Beispiel in der Süd- und Westschweiz (TUBEUF, 1923).

Beim Mutterkorn der Gräser, *Claviceps purpurea*, scheidet die Wirtspflanze (der Spender) die zuckerhaltigen Säfte, die sie nicht mehr für den Aufbau des (durch den Parasiten zerstörten) Endosperms verwenden kann, als Honigtau (Abb. 118) aus und lockt dadurch allerhand unspezifische Vektoren, Fliegen, Mücken usw. an, welche die im Honigtau suspendierten Pilzkonidien beim Naschen mitnehmen und auf neue Narben verschleppen. Dieser Transport kann äußerlich erfolgen oder innerlich, indem die Konidien aufgenommen und später noch keimfähig aus dem Verdauungskanal wieder ausgeschieden werden.

In andern Fällen, so beim fire blight des Kernobstes und bei der Endosepsis der Eßfeigen, steht die Kontamination im Zusammenhang mit dem Bestäubungsvorgang. Beim fire blight (Abb. 175) sind es die bestäubenden Bienen, Fliegen usw., welche die Nektarien der erkrankten Apfelbäume besuchen und infolgedessen mit den Pollenkörnern auch das *Bacterium amylovorum* weitertragen. Bei der Endosepsis der Eßfeigen in Kalifornien überträgt die Feigengallwespe, *Blastophaga psenes* L., bei der Kaprifikation die

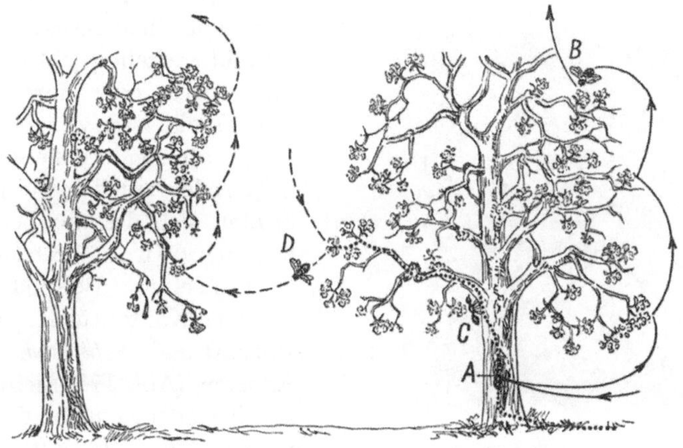

Abb. 175

Der Weg der Keimverschleppung beim fire blight des Kernobstes, verursacht durch das *Bacterium amylovorum*. *A* Chronischer Infektionsherd am Stamm. Vom Erdboden her kommen Ameisen *C* und verschleppen die Bakterien auf die Blüten; von hier werden sie durch Fliegen *B* oder Bienen *D* auf neue Blüten weitergetragen. (Nach Thomas und Ark, 1934.)

Konidien des *Fusarium moniliforme* Sheld. mitsamt den Pollenkörnern von den Wildfeigen auf die Edelfeigen, wo sie eine Fäulnis des Fleisches von innen her («Endosepsis») einleiten (Smith und Hansen, 1931).

In wieder andern Fällen sind es bloß Wohlgerüche, welche die Insekten zum Besuch der Infektionsquelle, zur oberflächlichen Kontamination und dadurch zur Verschleppung des pathogenen Agens veranlassen; so duften die Konidienlager der Ericaceenbewohnenden Sklerotinien (Seite 119) nach Mandelblüten. Ein ähnlicher süßer Duft geht von den Spermogonien mancher Rostpilze aus, lockt die Insekten an und erleichtert dadurch die Dikaryotisierung und die Weiterentwicklung des betreffenden Rostes.

In noch andern Fällen erfolgt von seiten des Parasiten bzw. seines Wirtes (des Spenders) weder eine Anlockung noch irgendeine Gegenleistung, sondern der Transportdienst wird vom Hilfstier vollkommen unabsichtlich besorgt, indem es sich eben beiläufig irgendwo mit Sporen usw. beschmutzt; so fanden HEALD und STUDHALTER (1914) auf 19 von 36 Vogelarten, die sich auf oder in der Nähe von erkrankten *Castanea*-Individuen aufhielten, Sporen der *Endothia parasitica* (Seite 166), bei einzelnen bis über 700000. Die Kulturen, die von einzelnen Vögeln gemacht wurden, enthielten 2–14mal mehr lebensfähige *Endothia*-Konidien als von allen andern Pilzen zusammen. Auch für die Perithecien von Erysiphaceen, so des Stachelbeermehltaues, *Sphaerotheca mors-uvae*, werden Vögel als Verbreiter angegeben.

2. Endozoische Kontaktübertragung von Krankheitskeimen. Die endozoische Kontaktübertragung ist in der Pflanzenpathologie selten realisiert; denn die innerlich infizierten Hilfstiere, vor allem Insekten, geben den Krankheitskeim nicht einfach durch ihre Faeces oder durch Erbrechen usw. an einen unversehrten Empfänger ab, sondern sie verletzen, benagen oder besiedeln ihn zugleich und ordnen sich deshalb bei den endozoischen Wundübertragungen ein.

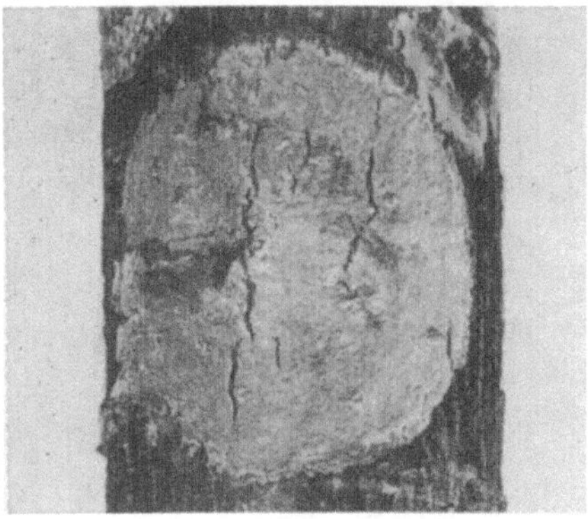

Abb. 176
Kruste von *Septobasidium bogoriense* Pat. auf *Erythrina microcarpa* Koord. et Val. Nat. Gr. (Nach GÄUMANN, 1922.)

Ein seltenes Beispiel einer endozoischen Kontaktübertragung ist die Pilzgattung *Septobasidium*, deren Krusten (Abb. 176) sich solitär nur spärlich oder gar nicht, dagegen üppig in Gemeinschaft mit bestimmten Schildläusen entwickeln.

Septobasidium Burtii Lloyd lebt gemeinsam mit der Schildlaus *Aspidiotus osborni* New. et Ckll. auf Eichen in Nordamerika; verwandte Arten kommen bei uns auf andern Laubbäumen vor und bilden auf der Rinde Krusten von mehreren Zentimetern Durchmesser, die nur lose haften und leicht zu entfernen sind außer an den Stellen, wo sich Insekten befinden; diese liegen einerseits im Pilzgeflecht (Abb. 177) eingebettet und strecken anderseits ihr Saugrohr in die Rinde hinein. Die Befestigung des Pilzes auf der Unterlage erfolgt somit durch die Saugorgane des Insektes: der Pilz parasitiert primär auf der Schildlaus und erst sekundär (und überdies halb epiphytisch) auf der Wirtspflanze; bei Massenentwicklung können jedoch die Pilzkrusten auf tropischen *Thea*- und *Cinchona*pflanzungen sehr lästig werden.

Die Infektion der jungen Tiere durch die keimenden Basidiosporen erfolgt zum Beispiel an der Basis der Borsten; die Hyphen und Sproßzellen werden zunächst durch die Blutbahn (das Hämocöl) verschleppt und entwickeln sich während der verschiedenen Häutungen in komplizierter Weise (COUCH, 1938); schließlich dringen sie wieder ins Freie und verflechten sich auf der Rinde zu einer dichten, bei den verschiedenen Arten charakteristisch gebauten, später fruktifizierenden Pilzkruste. Die vom Pilz parasitierten Tiere bleiben in der

Entwicklung zurück, bilden meistens keinen Schild und werden selten fortpflanzungsfähig; dagegen halten sich in den Kammern und Gängen des Pilzgeflechtes Hunderte von nichtinfizierten Schildläusen auf und überwintern hier.

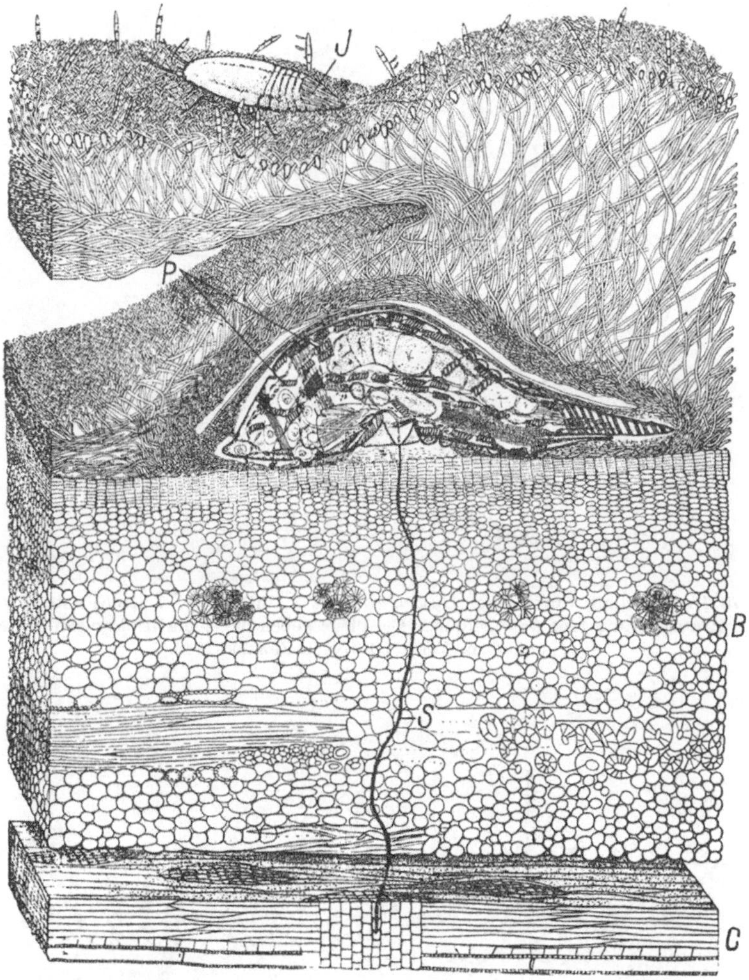

Abb. 177

Ausschnitt aus einer Kolonie von *Septobasidium Burtii* Lloyd auf Eichenrinde; sie trägt in ihrer Deckschicht Probasidien und Basidien. Das Saugrohr *S* des Insektes ragt durch die Rinde *B* bis in das Kambium *C* hinunter. Der Pilz *P* bildet im Innern des Wirtstieres, *Aspidiotus osborni* New. et Ckll., zahlreiche Hyphenspiralen und verflicht sich auf der Rinde zu einer dichten Kruste, in der junge Schildläuse *J* herumkriechen und sich mit Basidiosporen infizieren. Halbschematisch. Vergr. 100. (Nach Couch, 1938.)

Sowohl der Pilz als die Schildlauskolonie ziehen aus dieser helotischen Verbindung gewisse Vorteile. Der Pilz, indem er den parasitierten Insekten

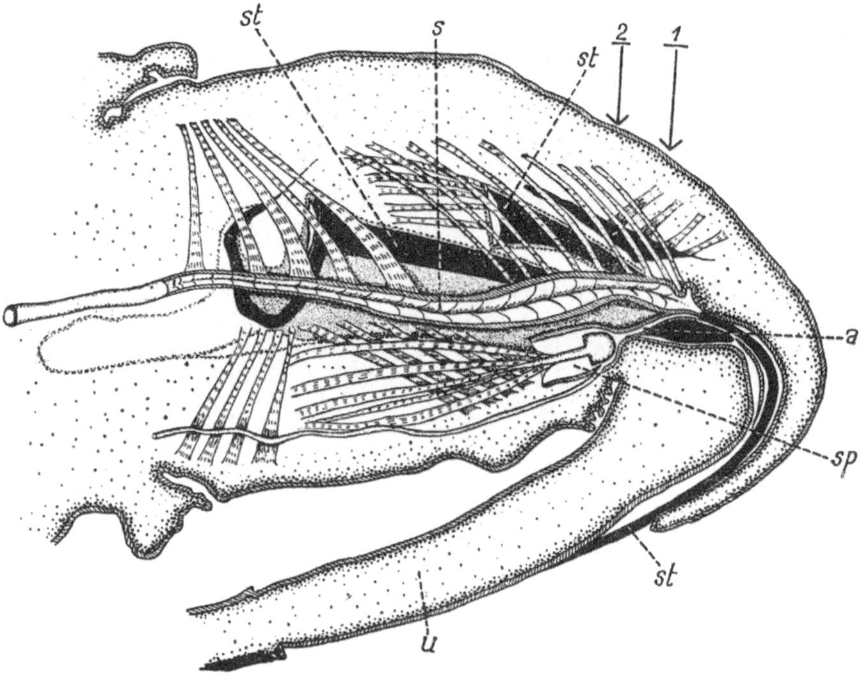

Abb. 178. Medianschnitt durch einen *Dysdercus*-Kopf. *u* Unterlippe; *st* Stechborsten; *sp* Speicheldrüse mit Ausführungsgang *a*; *s* Schlund. Die Pfeile geben die Schnittrichtungen der Abb. 179, *1* und *2* an. Vergr. 54. (Nach FRAZER, 1944.)

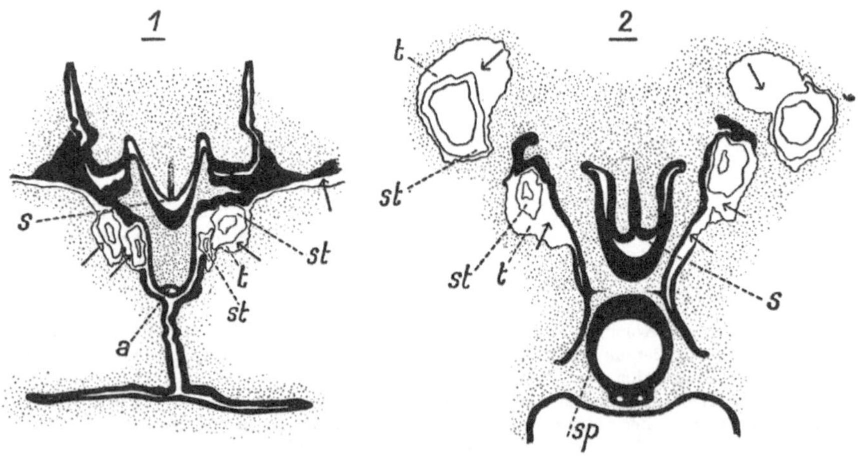

Abb. 179. Querschnitte durch einen *Dysdercus*-Kopf (Schnittrichtungen siehe Abb. 178). *st* Stechborsten in den Borstentaschen *t*; *s* Schlund; *sp* Speicheldrüse mit Ausführungsgang *a*. Die Lage der *Ashbya*-Sporen ist durch Pfeile bezeichnet. Vergr. 140. (Nach FRAZER, 1944.)

Nahrung entnimmt, die diese ihrerseits aus der Wirtspflanze aufgesogen und weiter verarbeitet haben. Die Schildlauskolonie, indem sie zwar einige Individuen opfert, hingegen für die zahlreichen andern, nichtparasitierten Individuen eine Wohnung erhält, in der sie vor Hitze, Trockenheit, Vögeln und Schlupfwespen geschützt sind. Bei der Frage, warum der Pilz solche eigenartige Behausungen für die Insekten baut, erinnert man sich an die nahe Verwandtschaft der Schildläuse mit gallenerregenden Insekten; die Behausungen werden nur in Gegenwart von lebenden Insekten gebaut; eine Stimulation durch das Tier selbst mag die Ursache sein.

Ein ähnlicher Mechanismus der Keimübertragung besteht wahrscheinlich bei den Wespen, die im Sommer an *Monilia*kranken Stellen des heranreifenden Stein- und Kernobstes ihre Freßwerkzeuge beschmutzen, hernach unversehrte Früchte anfliegen, wieder benagen und in die Wunden die *Monilia*-Konidien einimpfen, gewissermaßen in ein Keimbeet aussäen (Abb. 180).

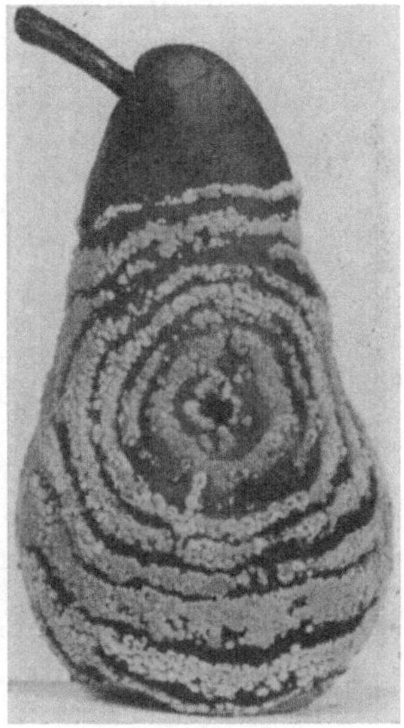

Abb. 180
Epizoische Wundübertragung bei *Sclerotinia fructigena* Schroet. auf reifen Birnen. Die Infektionsstelle ist durch einen schwarzen Tupfen gekennzeichnet. Der Pilz hat in konzentrischen Ringen seine grauen Polster von *Monilia*-Konidien ausgebildet. Etwa $^2/_3$ nat. Gr. Original Eidgenössische Versuchsanstalt Wädenswil.

3. Epizoische Wundübertragung von Krankheitskeimen. Als Beispiel dieser dritten Art der Keimübertragung, bei der der Vektor bloß oberflächlich durch die Sporen des Erregers kontaminiert wird und sie dennoch in das Innere des neuen Wirtes einbringt, sei der Pilz *Ashbya gossypii* (Ashb. et Now.) Guill. : *Nematospora gossypii* Ashb. et Now. besprochen, der im Innern von Baumwollkapseln usw. parasitiert und dort Verfärbungen und andere Schädigungen verursacht.

Als Vektoren dienen Wanzen aus der Gattung *Dysdercus* (Frazer, 1944). Ober- und Unterkiefer der Wanze sind als Stechborsten *st* (Abb. 178) ausgebildet und umschließen einen dorsalen Saugkanal und einen ventralen Speichelkanal; sie liegen in einer Rinne der Unterlippe *u* und stecken in chitinösen Taschen *t*. Wenn das Insekt eine infizierte Baumwollkapsel ansticht, gelangen die Pilzsporen mit der Nahrung durch den Saugkanal in den Schlund *s* und durch seitliche Spalten in die Borstentaschen *t* (Abb. 179). Die Sporen dringen nicht in lebende Gewebe des Insektes ein; bei der Häutung werden sie mit den Chitinwänden der Borstentaschen abgestoßen und das Insekt muß sich von neuem infizieren. Daneben gelangen auch Sporen in den Darmkanal; doch bleiben sie hier nicht lebensfähig und kommen für die Übertragung nicht in Betracht. Beim Anstechen einer neuen Baumwollkapsel werden die Sporen aus den Borstentaschen ausgepreßt und gelangen durch den Speichelkanal in die Kapselwand. Der Vektor besorgt also an seiner Körperoberfläche (als äußerliche Verunreinigung seiner Mundteile) den Transport der Sporen und zugleich (durch den Stich bzw. durch die Freßtätigkeit) die Wegbahnung für sie.

Ähnliches mag bei der Rotpustelkrankheit der Fichte, verursacht durch *Nectria cucurbitula* (Tode) Fr., geschehen, die nach heftigem Befall der Bestände durch den Fichtenwickler in epidemischen Herden auftritt.

Abb. 181
Larven und Fraßgänge des kleinen Ulmensplintkäfers, *Eccoptogaster multistriatus* Mrsh. Ungefähr ½ nat. Gr. Original.

4. Endozoische Wundübertragung von Krankheitskeimen. Diese Form der zoochoren Keimübertragung bietet biologisch ein besonderes Interesse, setzt sie doch ein inniges Zusammenspiel oder gar Zusammenleben eines bestimmten Parasiten mit einem spezifischen Vektor voraus; dieser ist nicht nur, wie bei der epizoischen Wundübertragung, der Überträger und Wegbereiter der Krankheitskeime, sondern zugleich ein dauerndes Reservoir, gewissermaßen ein Nebenwirt, für dieselben. Die Infektkette kann deshalb nur durch eine erfolgreiche Bekämpfung des reservoirbildenden Vektors unterbrochen werden.

Im Gegensatz zu *Septobasidium Burtii* sind die uns hier interessierenden Erreger für ihre Vektoren nicht pathogen; diese leiden nicht unter ihnen, sondern ziehen in manchen Fällen aus ihnen einen entscheidenden Vorteil: Die zu übertragenden Keime sind für ihre Ernährung oder ihr Wachstum lebenswichtig, werden deshalb von ihnen gehegt und gezüchtet oder sonstwie begünstigt, besitzen aber nebenbei die wirtschaftlich wesentliche Eigenschaft, für die Wirtspflanzen ihrer Vektoren pathogen zu sein. In diesem Sinne stellt die endozoische Wundübertragung einen kleinen Aus-

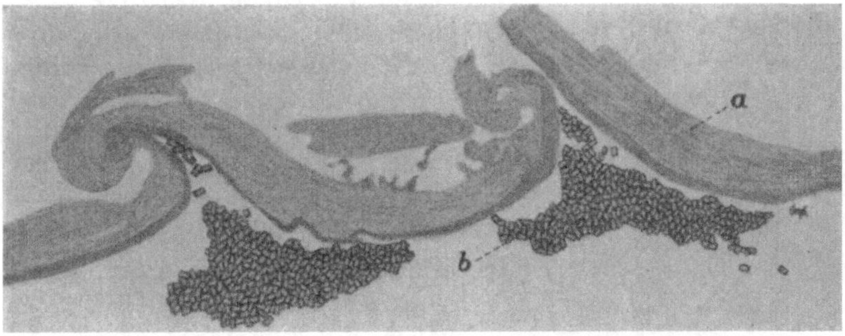

Abb. 182

Ascosporen von *Ceratostomella ips* Rumb. auf dem Abdomen eines Kiefernborkenkäfers (*Ips pini* Say). *a* Skelett, *b* Ascosporenhäufchen. Vergr. rund 400. (Nach LEACH, ORR und CHRISTENSEN, 1934.)

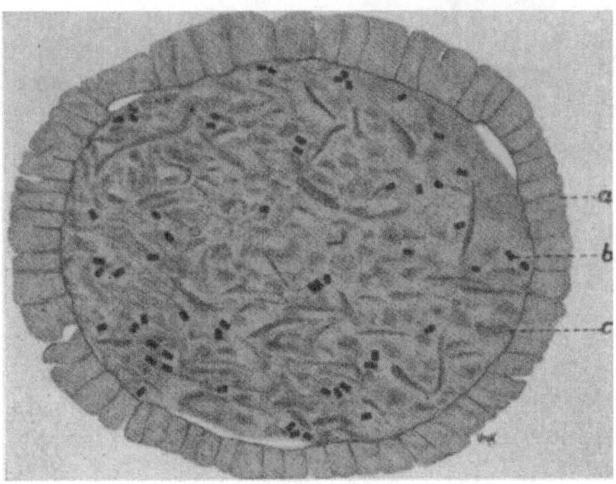

Abb. 183

Schnitt durch den Verdauungskanal eines Kiefernborkenkäfers. *a* Wand des Darmkanals, *b* Ascosporen der *Ceratostomella ips* Rumb., *c* teilweise verdaute Holzfragmente. Vergr. rund 400. (Nach LEACH, ORR und CHRISTENSEN, 1934.)

schnitt, einen Sonderfall, aus dem weiten Gebiet der Insekten und der sie bewohnenden Mikroorganismen dar (BUCHNER, 1930; STEINHAUS, 1947). Nur in verhältnismäßig wenigen Fällen scheinen die endozoisch überimpften Krankheitskeime für ihren Vektor vollkommen bedeutungslos zu sein.

Der Ernährung ihrer Vektoren dienen zum Beispiel gewisse Pilze, die in den Bohrlöchern und Fraßgängen gewisser Borkenkäfer wuchern und offenbar von der Brut als Nahrung oder als vitaminreiche «Futterhefe» aufgenommen werden; einige von ihnen sind jedoch für die Wirtspflanzen ihrer Vektoren pathogen. So wird *Ophiostoma ulmi* (Schwarz) Nannf. von den Ulmensplintkäfern, *Eccoptogaster Scolytus* F. und *Ecc. multistriatus* Mrsh. (Fransen, 1939), in ihre Brutkammern (Abb. 181) verschleppt, löst aber beiläufig durch seine toxischen Stoffwechselprodukte das Ulmensterben aus. Andere *Ophiostoma*- (bzw. *Ceratostomella*- und *Graphium*-) Arten werden von Borkenkäfern der Koniferen gezogen und bewirken eine Blaufäule des stehenden und des geschlagenen Koniferenholzes.

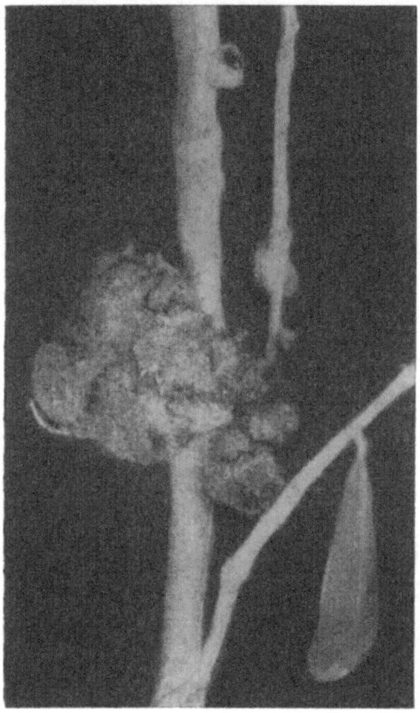

Abb. 184
Tuberkeln des Ölbaumes, ausgelöst durch *Pseudomonas Savastanoi*. $^2/_3$ nat. Gr. Orig. Ant. Ciccarone.

Beide Pilzgruppen sind weder für den Transport noch für die Wegbahnung obligat auf ihre Vektoren angewiesen; ihre Sporen können auch durch Regen und Wind verschleppt werden und durch Verletzungen oder Frostwunden haften; die wirkungsvollste Verbreitung erfolgt jedoch durch die genannten Vektoren. In den erkrankenden Ulmen rollt offenbar ein circulus vitiosus ab: die Primärinfektion erfolgt wahrscheinlich aerogen-anemochor durch mechanische oder Frostwunden; so sind die Schneitelulmen im Wallis von den Schnittwunden her, zunächst noch ohne wesentlichen Käferbefall, weitgehend mit *Ophiostoma* verseucht (Terrier, 1945). Die primären Infektionsherde bilden sodann Welketoxine, welche die Bäume schwächen und für die nunmehr einsetzende Masseninvasion der Splintkäfer disponieren. Hand in Hand mit dieser Käferinvasion werden die Bäume sekundär mit *Ophiostoma* überschwemmt und gehen daran zugrunde.

Während also die Übertragung der Blaufäulepilze (auch der Ulmenpilz ist ein Blaufäuleerreger) von der Seite des Erregers aus gesehen bloß fakultativ durch die Insekten erfolgt, scheinen umgekehrt die Vektoren obligat auf diese Pilze (vielleicht als Wuchsstofflieferanten) angewiesen zu sein; denn ihre pilzfreie Aufzucht gelang unter sterilen Verhältnissen bis jetzt nicht. Dennoch ist die Verbindung zwischen Vektor und Mikroorganismus nicht sehr innig; die jungen Borkenkäfer werden nicht etwa schon im Mutterleib von den Pilzsporen infiziert, sondern erst in den Brutkammern von außen her; sie tragen dann die Pilzsporen entweder unter ihrem Skelett (Abb. 182) oder in ihrem

Verdauungsapparat (Abb. 183) zu den neuen Brutstätten hin und scheiden sie dort mit den Exkreten in voller Keimfähigkeit wieder aus.

Ebenfalls in ernährungsphysiologischer Beziehung, nämlich wegen ihrer diätetischen Wirkung, scheinen die krebserregenden Bakterien des Ölbaumes für die Olivenfliege lebenswichtig zu sein. Der Ölbaum, *Olea europaea* L., wird im Mittelmeergebiet und in Kalifornien häufig von krebsartigen Tumoren, sogenannten «Tuberkeln», befallen, verursacht durch *Pseudomonas Savastanoi* (E. F. S.) Stev. (Abb. 184 und 185).

Abb. 185
Tuberkeln des Ölbaumes, ausgelöst durch *Pseudomonas Savastanoi*.
Nat. Gr. Orig. Phot. Inst. ETH.

Dieses Bakterium wird anthropochor durch Schnittwunden und ähnliche Verletzungen übertragen; unter natürlichen Verhältnissen ist jedoch sein obligater Vektor die Olivenfliege, *Dacus oleae* (Rossi) Gmel. Von der Entwicklung der Larve aus dem Ei bis zum Puppenstadium haust in den vier Blindschläuchen des Mitteldarmes dauernd eine große Bakterienkolonie (Abb. 186, *B*), und zwar derart zwischen der Peritrophica und der Chitinhaut des Proventriculus angeordnet (Abb. 187), daß sie auch während der Häutung nicht mehr hinausgedrängt werden kann. Die Bakterien vermehren sich unausgesetzt; ihr Überschuß wird hin und wieder durch die Afteröffnung ausgestoßen.

Sie überdauern die histolytischen und histogenetischen Prozesse des Puppenstadiums und finden sich in der Imago zum Beispiel in der Schlunddrüse wieder. Von hier verbreiten sie sich in den Mitteldarm hinunter, ferner bei den Weibchen in die kurz vor der Afteröffnung gelegenen Analdrüsen. Die letzten Abdominalsegmente sind zu einem Legeapparat umgewandelt (Abb. 188); in ihm vereinen sich der dorsal gelegene Darm mit den Analdrüsen und die ventrale Vagina zu einem gemeinsamen Ausgang (Abb. 189), wodurch die dauernde Kontamination der Eier mit den Bakterien sichergestellt wird.

Im vollendeten Insekt ist die Entwicklung der Bakterien, im Gegensatz zu den eben genannten *Ophiostoma*- und *Ceratostomella*-Arten, von der Nahrungsaufnahme vollkommen unabhängig und im wesentlichen nur abhängig vom physiologischen Zustand des Vektors, insbesondere vom Reifungsvorgang seiner Geschlechtsorgane. Während der Eiablage (Abb. 190) werden aus den Analdrüsen einige Bakterien abgesondert, gelangen auf das Ei, vermehren sich während der Entwicklung des Embryos rasch um den Mikropylapparat (Abb. 191), dringen durch die Luftröhren in das Ei-Innere und siedeln sich schließlich wieder im Proventriculus an, womit der Zyklus geschlossen ist.

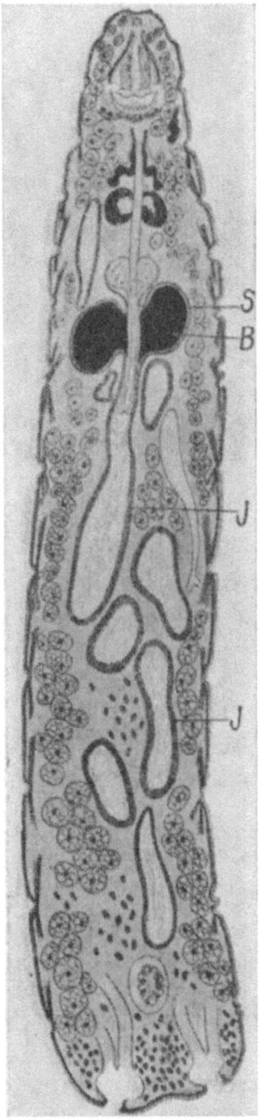

Abb. 186
Halbschematischer Längsschnitt durch eine erwachsene Larve der Olivenfliege. *J* Mitteldarm, *S* Blindschläuche des Mitteldarmes, *B* Kolonien des *Pseudomonas Savastanoi* (E.F.S.) Stev. (Nach PETRI, 1909.)

Die Olivenfliege wird somit von *Pseudomonas Savastanoi* dauernd, zyklisch, bewohnt. Sie scheint von ihrem Gast wuchsstoffphysiologisch einen entscheidenden Nutzen zu ziehen; denn die bakterienfreie Aufzucht der Embryonen ist bisher mißglückt. Anderseits werden die Bakterien von der Olivenfliege beherbergt, ernährt und (als ihrem Vektor) auf neue Wirte übertragen, wo sie wieder die bekannten Tumore auslösen. Die Lebensgemeinschaft zwischen Bakterium und Vektor ist somit obligat: ohne Bakterium keine Entwicklung des Vektors, ohne Vektor keine Weiterverbreitung des Bakteriums.

Die phylogenetische Entwicklung derartiger mutualistischer Lebensgemeinschaften kann nicht auf Grund dieser zufällig pflanzen- (oder tier- und menschen-) pathogenen Beispiele verstanden werden, sondern muß vom Gesamtproblem des Tieres und seiner endozoischen Mikroorganismen ausgehen.

War die Kontamination mit *Ophiostoma* für den Vektor lebensnotwendig und diejenige mit *Pseudomonas Savastanoi* für den Vektor und den Erreger, so scheint die Kontamination mit pflanzenpathogenen Viren bloß für den Erreger von vitaler Bedeutung zu sein.

Die pflanzenpathogenen Viren werden, im Gegensatz zu den humanpathogenen Viren, zur Hauptsache durch Insekten, und zwar durch blattsaugende Arten, übertragen; nur für wenige Viren, so für die *X*-Virus-Gruppe der Kartoffeln (Abb. 243) und für das Tabakmosaikvirus (Abb. 61), ist kein Vektorinsekt bekannt. Von seiten des Insektes geschieht diese Übertragung rein beiläufig, ohne daß ihm hieraus ein sichtbarer Nutzen oder Schaden erwächst, dies zum Unterschied von der Malaria, die auch für das Vektorinsekt eine Infektionskrankheit darstellt (die

Ookineten veranlassen zum Beispiel eine Zystenbildung an der Außenseite der Magenwand). Wegen dieser Unfähigkeit der Viren, selbst zu streuen, und wegen ihrer Bindung an bestimmte Insekten (Blattläuse, Zikaden usw.) als Vektoren ist die natürliche Streuweite der pflanzenpathogenen Viren meist gering. Beim Blattrollvirus (Abb. 194) beträgt sie nur etwa 10–20 Reihen oder etwa 20 Stauden in der Reihe (Abb. 192); denn die Blattläuse klammern sich bei starkem Wind an ihrer Unterlage fest. Auch beim Rüben-Gelbmosaik, das u.a.

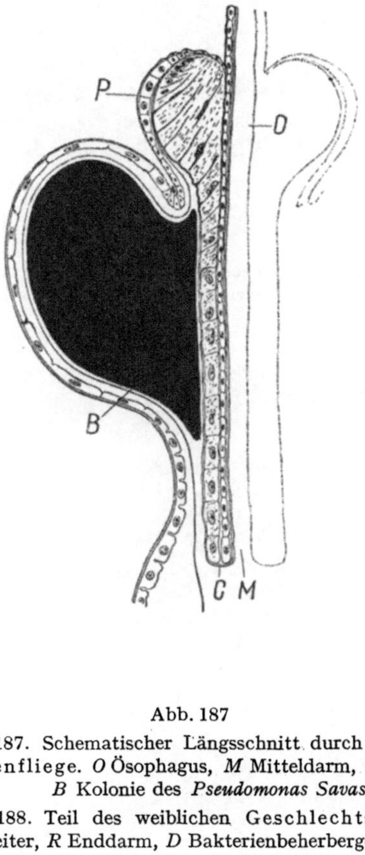

Abb. 187

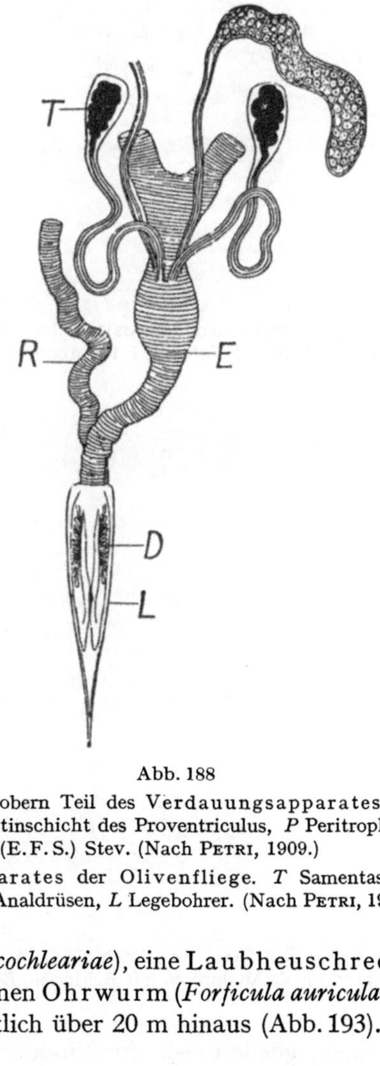

Abb. 188

Abb. 187. Schematischer Längsschnitt durch den obern Teil des Verdauungsapparates der Olivenfliege. *O* Ösophagus, *M* Mitteldarm, *C* Chitinschicht des Proventriculus, *P* Peritrophica, *B* Kolonie des *Pseudomonas Savastanoi* (E. F. S.) Stev. (Nach PETRI, 1909.)

Abb. 188. Teil des weiblichen Geschlechtsapparates der Olivenfliege. *T* Samentasche, *E* Eileiter, *R* Enddarm, *D* Bakterienbeherbergende Analdrüsen, *L* Legebohrer. (Nach PETRI, 1909.)

durch den Meerrettichkäfer (*Phaedon cochleariae*), eine Laubheuschrecke (*Leptophyes punctatissima*) und den gemeinen Ohrwurm (*Forficula auricularia*) übertragen wird, reicht sie kaum wesentlich über 20 m hinaus (Abb. 193).

Das Verhältnis zwischen Virus und Insekt ist bei den pflanzenpathogenen Viren derart verschieden und undurchsichtig, daß zur Zeit noch kein ungezwungenes Schema aufgestellt werden kann. Um doch zu einer Darstellung zu

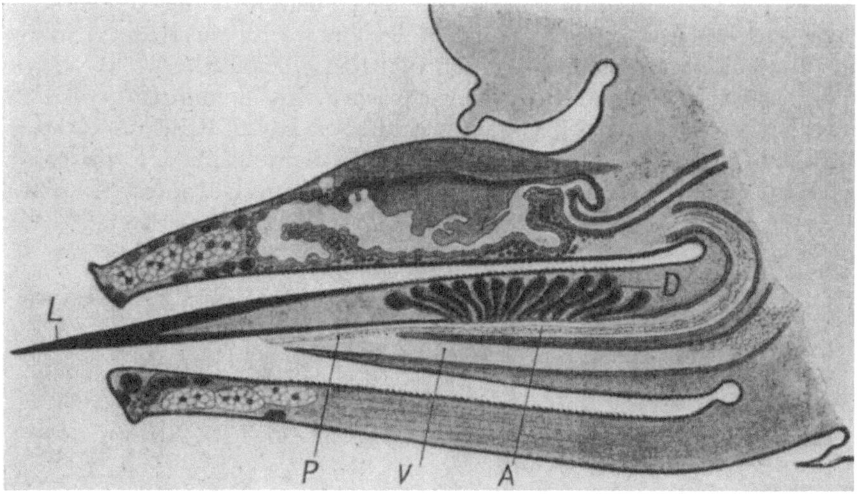

Abb. 189

Längsschnitt durch den Ovipositor der Olivenfliege. *L* Legestachel, *D* Analdrüsen mit den Bakterien, *A* Anus, *V* Scheide, *P* Peritrophica mit herausgetriebenen Bakterien. (Nach PETRI, 1909).

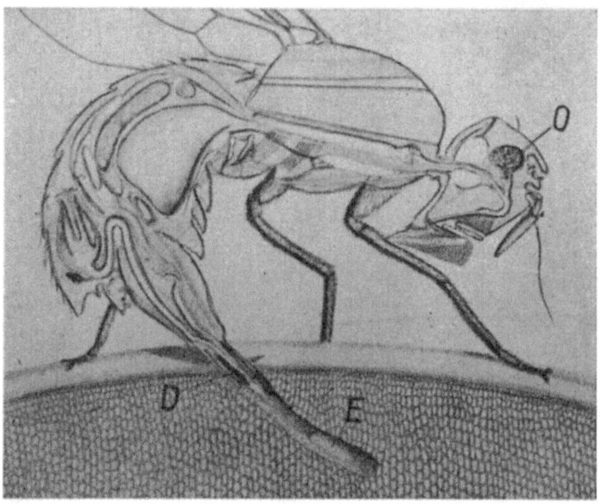

Abb. 190

Ablage eines infizierten Eies durch die Olivenfliege. *O* Diverticulum des Ösophagus, gefüllt mit Bakterien, *D* Analdrüsen mit Bakterien, *E* infiziertes Ei. Schematisch. (Nach PETRI, 1909.)

gelangen, gliedern wir die Viren im Anschluß an BAWDEN (1943) in zwei Gruppen. Bei der Gruppe *a* ist das Vektorinsekt unmittelbar nach der Fütterung auf einer infizierten Pflanze ansteckungsfähig; es behält jedoch seine Ansteckungsfähigkeit nur während kurzer Zeit (weniger als 24 Stunden);

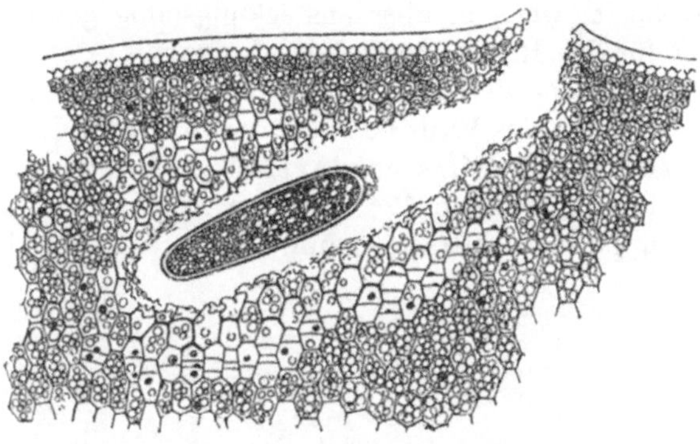

Abb. 191

Schnitt durch die Randpartie einer Olive mit einem Ei der Olivenfliege, an dessen Mikropylarende sich die Bakterien der Ölbaumtumore vermehren. (Nach PETRI, 1909.)

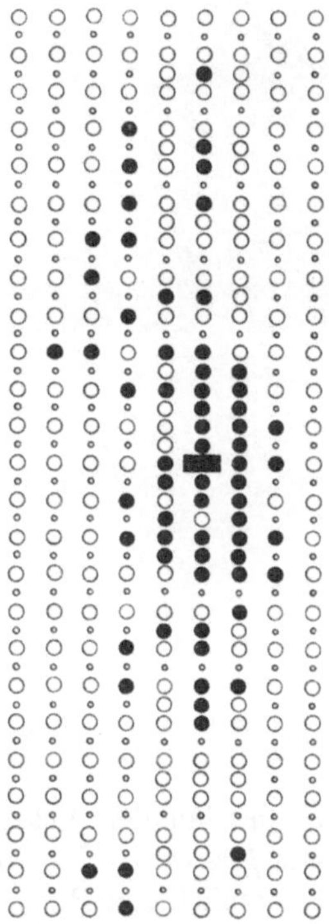

Abb. 192

Abb. 192. Die epidemiologische Streuweite des Blattrollvirus von einer infizierten Kartoffelstaude aus (schwarzes Viereck) im Laufe eines Sommers (Ausschnitt aus einem Versuchsfeld). Die schwarz gehaltenen Stauden erwiesen sich als infiziert, die weißen Stauden als nichtinfiziert; die durch kleine Kreise angedeuteten Stauden wurden nicht geprüft. (Nach DONCASTER und GREGORY, 1948.)

Abb. 193. Die epidemiologische Streuweite des Rüben-Gelbmosaiks auf freiem Felde im Laufe eines Sommers. Abszisse: Abstand der Parzellen eines gesunden Rübenfeldes von einem erkrankten Feld. Ordinate: % der je Parzelle erkrankten Pflanzen. (Nach MARKHAM und KENNETH SMITH, 1949.)

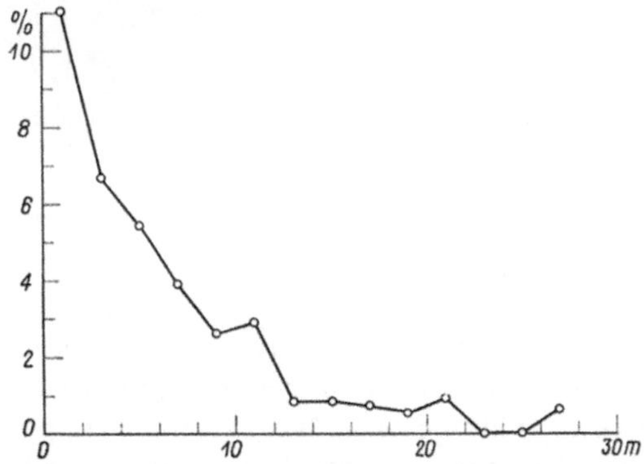

Abb. 193

je rascher also ein kontaminiertes Insekt gesundes Gewebe anfliegt, um so größer sind die Infektionschancen. Bei der Gruppe *b* ist dagegen das Vektorinsekt nicht unmittelbar nach der Fütterung auf einer infizierten Pflanze ansteckungsfähig, sondern erst nach Ablauf einer bestimmten Latenz- oder

Zirkulationszeit; wenn es aber ansteckungsfähig geworden ist, bleibt es lange Zeit, oft für den Rest seines Lebens, kontagiös.

Das unterschiedliche Verhalten der Gruppen *a* und *b* wird nicht durch den Vektor, sondern durch das Virus bedingt; denn dasselbe Insekt kann beiderlei Viren übertragen, so die Pfirsichblattlaus, *Myzodes persicae*, sowohl die *Y*-Viren der Kartoffeln (Abb. 174; Gruppe *a*) als auch das Blattrollvirus (Abb. 194; Gruppe *b*). Anderseits kann das unterschiedliche Verhalten der

Abb. 194

Blattrollkranke Staude der Kartoffelsorte Paul Krüger. Etwa ¼ nat. Gr. Orig. E. Köhler.

beiden Gruppen dazu benützt werden, Mischkontaminationen auf dem Vektorinsekt voneinander zu trennen, zum Beispiel auf *Myzodes persicae* die *Y*-Viren (Gruppe *a*) vom Blattrollvirus (Gruppe *b*). Läßt man nämlich eine Pfirsichblattlaus zunächst eine Stunde auf einer Kartoffelstaude saugen, die mit beiden Viren infiziert ist, und bringt sie dann nacheinander auf eine Reihe von gesunden Stauden, so werden die in den ersten 12 Stunden besiedelten Stauden nur das *Y*-Virus eingeimpft erhalten (denn das Blattrollvirus ist noch nicht bis in die Speicheldrüsen gelangt), die nach 24 Stunden besiedelten Stauden dagegen nur noch das Blattrollvirus (denn die *Y*-Viren sind inzwischen im Körper des Insektes inaktiviert worden).

a) Viren, deren Vektor sogleich, aber nur für kurze Zeit kontagiös ist (nichtpersistenter Typus). Hierher gehören zum Beispiel das *Y*-Mosaik der Kartoffeln (Abb. 174), das *Hyoscyamus*-III-Mosaik und das Selleriemosaik. Diesen Viren ist gemeinsam, daß sie nicht obligat, sondern bloß fakultativ durch Insekten (ausschließlich Aphiden) verschleppt werden; außer durch die Vektorinsekten lassen sie sich nämlich auch durch den Zellsaft (experimentell durch mechanische Verletzungen, durch Einreiben oder Nadelstiche) übertragen.

Abb. 195
Beginnende Krankheitssymptome bei der Blattrollkrankheit der Kartoffeln. Nat. Gr. Orig. E. Köhler.

Der Mechanismus der Virusübertragung durch das Insekt ist noch dunkel. Jedenfalls wird man sich nicht vorstellen dürfen, daß die Tiere einfach beim Saugvorgang ihre Mundwerkzeuge gleich einer Hohlnadel mit virushaltigem Zellsaft beschmutzen, ihn epizoisch weitertragen und dann beim Anstechen von gesunden Geweben nur in diesen abwischen; dies mag zwar vorkommen; in andern Fällen muß aber mit der Übertragung irgendein endozoischer Mechanismus verbunden sein (innere statt äußere Kontamination).

Hierfür spricht zunächst die Tatsache der Spezialisierung des Vektorinsektes. Würde das Virus einfach nach Art der Hohlnadel übertragen, so müßten alle ähnlich saugenden Insekten in gleicher Weise als Vektoren dienen können, nur daß diejenigen mit größern Mundwerkzeugen etwas mehr Virus aufnehmen. Dies ist jedoch nicht der Fall. Die Pfirsichblattlaus, *Myzodes persicae*, ist ein leistungsfähigerer Vektor für das *Hyoscyamus*-III-Virus als der nahe verwandte *Myzodes circumflexus* (Watson, 1938).

Sodann müßten jene Viren, die sich im Laboratorium durch Nadelstiche mühelos überimpfen lassen, auch durch Insekten leicht übertragen werden; dies ist wieder nicht der Fall: Die Kartoffel-*X*-Viren und das Tabakmosaikvirus lassen sich zwar durch den Zellsaft leicht übertragen, aber nicht durch Insekten, auch wenn diese auf infizierten Pflanzen füttern. Das Insekt agiert also nicht bloß als Hohlnadel, sondern inaktiviert diese beiden Viren, was kaum möglich wäre, wenn sie bloß an der Chitinoberfläche der Mundwerkzeuge haften würden.

Ferner wird die infektiöse Leistungsfähigkeit des Vektorinsektes erhöht, wenn es vor dem Besuch der virustragenden Pflanze eine Fastenzeit durchmacht. Läßt man zum Beispiel die Blattläuse zunächst 6 Stunden fasten, setzt sie dann zu einem zweiminutigen Saugen auf kranke Tabakpflanzen (*Hyoscyamus*-III-Virus) und bringt sie hernach auf gesunde Tabakkeimpflanzen, so erzeugen sie durchschnittlich 72% Infektionen gegen nur 17% ohne vorheriges Fasten (WATSON, 1938). Da die Läuse in beiden Fällen gleich lang auf den kranken Pflanzen gefüttert haben, so muß die Beschmutzung ihrer Mundwerkzeuge gleich groß gewesen sein; aber ihr «Appetit» war im erstern Fall größer, sie haben mehr virushaltigen Zellsaft aufgenommen. Läßt man nun die kontaminierten Insekten fasten, so verlieren diejenigen, die schon vorher fasten mußten, ihre Infektiosität erst nach 12 Stunden, die andern dagegen schon nach 1 Stunde. Es wäre schwer zu verstehen, warum das Virus an den Mundwerkzeugen der Fastentiere länger haften sollte als an den andern.

Endlich läßt sich der Reservoircharakter der Vektorinsekten auch auf Grund von Versuchen vermuten, bei welchen die Fütterung und das spätere Verhalten jeder einzelnen Blattlaus überwacht wurde (WATSON, 1936). Zunächst wächst, was nicht weiter überrascht, die Wahrscheinlichkeit der Infektion mit der Zahl der kontaminierten Blattläuse, die auf einer Pflanze saugen. Wird auf 100 gesunde Tabakkeimpflanzen je eine mit dem *Hyoscyamus*-III-Virus kontaminierte Blattlaus gesetzt, so erkrankten in einem bestimmten Versuch 18% der Pflanzen, bei 5 Blattläusen je Pflanze 60%, bei 10 Blattläusen 81% und bei 20 Blattläusen 94%. Aber die Wahrscheinlichkeit der Infektion wächst auch mit der Länge der Zeit, während der man die kontaminierten Blattläuse auf den gesunden Pflanzen saugen läßt (Tab. 17). Dies wäre nicht zu verstehen, wenn das Vektorinsekt bloß seine Mundwerkzeuge auf den gesunden Pflanzen «abwischen» würde.

Ein ähnlicher Abfall, der auf Grund der Hohlnadelvorstellung ebenfalls nicht zu verstehen wäre, erfolgt, wenn man ein und dieselbe kontaminierte Blattlaus nacheinander zwei gesunde Tabakpflanzen besaugen läßt; füttert sie auf der ersten Pflanze bloß 2 oder 5 Minuten, so hat dies auf den Infektionserfolg bei der zweiten Pflanze keinen Einfluß; beläßt man sie dagegen auf der ersten Pflanze mehr als eine Stunde, so erkrankt die zweite Pflanze in der Regel nicht mehr (WATSON, 1936). Dieser Abfall gilt jedoch nur für das *Hyoscyamus*-III-Virus und ist nicht allgemeingültig; beim Zuckerrübenmosaik kann dieselbe Blattlaus, genügend kräftige Kontamination vorausgesetzt, nacheinander vier Pflanzen infizieren (WATSON, 1940).

Das Virus wandert also offenbar mit dem Zellsaft in den Magen des Vektorinsektes und wird später bei erneutem Saugen mit dem Speichel wieder abgesondert. Trotz dieser engen Verbindung handelt es sich aber bloß um eine innere

Kontamination, nicht um eine Infektion des Insektes, da weder das Insekt noch das Virus als Folge ihrer Lebensgemeinschaft eine Veränderung oder Umstimmung erfahren.

Tabelle 17

Der Einfluß der Zeit, während der die kontaminierten Blattläuse auf gesunden Tabakkeimpflanzen belassen werden, auf den Prozentsatz der Infektionen durch das *Hyoscyamus*-III-Virus. (Nach WATSON, 1936.)

Fütterungszeit der kontaminierten Blattläuse auf den gesunden Tabakpflanzen h	Prozentsatz infizierter Tabakpflanzen bei Verwendung von			
	1 Blattlaus je Pflanze %	5 Blattläusen je Pflanze %	10 Blattläusen je Pflanze %	20 Blattläusen je Pflanze %
3	6,6	41,6	68,1	81,8
6	16,5	45,1	71,1	79,7
12	22,6	48,2	72,7	85,5
24	25,5	47,1	76,5	86,3
48	27,8	55,7	82,5	89,3

b) Viren, deren Vektor erst nach Ablauf einer Latenz- oder Zirkulationszeit kontagiös wird und längere Zeit kontagiös bleibt (persistenter Typus). Als Beispiel diene die Blattrollkrankheit der Kartoffeln (Abb. 194), die bösartige Wachstumsstockungen, einen steifen, sparrigen Wuchs der Stauden und chlorotische Verfärbungen des Laubes, unter Einwärtsrollen oder Auffalten der Blätter und Fiedern (daher der Name) verursacht. Ihr Virus kann nicht laboratoriumsmäßig durch den Zellsaft auf neue Kartoffelpflanzen übertragen werden, sondern muß den Leib bestimmter, spezifischer Blattläuse, so der Pfirsichblattlaus, *Myzodes persicae*, oder einer verwandten Art, passieren (Fremdpassage) und dann von diesen wieder in das Phloem der neu zu infizierenden Pflanze eingebracht werden (Abb. 196); dagegen geht es von der Mutterpflanze auf die Knollen über und dringt von diesen wieder in die jungen Stauden hinauf; desgleichen wandert es durch Pfropfstellen; nur ein unbelebtes Medium (ein Messer, eine nekrotische Wundfläche usw.) kann es nicht passieren.

Der Weg und der Aufenthaltsort des Blattrollvirus im Innern des alternierenden Wirtes, also des Insektes, sind erst näherungsweise bekannt. Bei andern Virosen derselben Gruppe, so bei der Kräuselkrankheit der Zuckerrüben und beim Mais-Streifenmosaik, gelangt das Virus aus dem Verdauungsapparat in die Blutbahn und von hier in die Speicheldrüsen und mit dem Speichel während der Nahrungsaufnahme wieder in das Phloem der zu infizierenden Pflanze.

An diesem Entwicklungsgange sind drei Merkmale wesentlich: 1. das Bestehen einer Latenz- oder Zirkulationszeit; 2. der obligate Charakter der Fremdpassage, und 3. der spezifische Charakter des Vektorinsektes.

1. Das Bestehen einer Latenz- oder Zirkulationszeit. Die Pfirsichblattlaus vermag das Blattrollvirus nicht unmittelbar nach seiner Aufnahme

wieder erfolgreich weiterzugeben; sie ist also nicht unmittelbar nach dem Saugen auf einer infizierten Pflanze schon kontagiös, sondern erst nach einer bestimmten Zeit, während deren Ablauf sie auf gesunden Pflanzen beliebig füttern kann, ohne sie zu infizieren. Diese Zwischenzeit wird gelegentlich als Inkubationszeit bezeichnet; glücklicher ist der Ausdruck Zirkulationszeit,

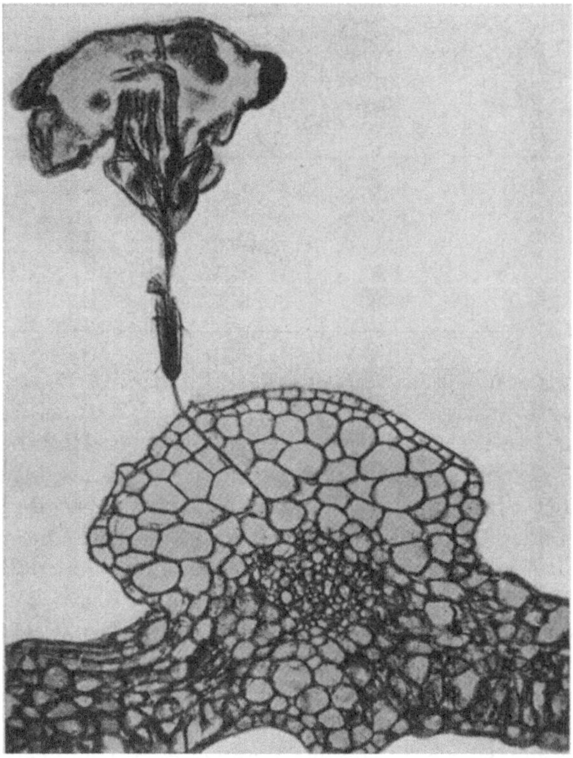

Abb. 196
Schnitt durch ein Kartoffelblatt, aus dessen Phloem ein Exemplar von *Myzodes pseudosolani* Theob. Nahrung aufnimmt. Vergr. 80. (Nach DYKSTRA und WHITAKER, 1938.)

weil er eine Verwechslung mit der echten Inkubationszeit auf der Kartoffelpflanze ausschaltet. Im Falle des Blattrollvirus beträgt die Zirkulationszeit 12–48 Stunden, bei der Kräuselkrankheit der Zuckerrübe, übertragen durch die Zwergzikade *Eutettix tenellus* Bak., mindestens 4 Stunden, beim gelben Astermosaik, übertragen durch eine andere Zwergzikade, *Cicadula sexnotata* Fall., mindestens 10 Tage. Ihre Dauer scheint durch die Menge des aufgenommenen Virus nicht beeinflußt zu werden; dagegen scheinen hohe Temperaturen sie zu verkürzen.

Die Ursache dieser Latenzzeit ist umstritten. Die eine Gruppe von Forschern (z. B. BAWDEN, 1943) nimmt an, daß die Latenzzeit einfach der Wanderungszeit entspreche, die das Virus braucht, um im Insekt aus dem Magen durch das Blut in die Speicheldrüsen zu gelangen. Nur hält es dann schwer, zu erklären, warum bei den verschiedenen Viren die minimale Wanderungszeit derart verschieden ist, 30 Minuten beim Zuckerrüben-Gelbmosaik und 10 Tage beim Astern-Gelbmosaik.

Eine andere Gruppe von Forschern (z.B. BLACK, 1941) stellt sich vor, daß das saugende Insekt bloß eine subminimale Virusmenge aufnimmt und daß sich deshalb das Virus erst in seinem Körper vermehren muß, ehe seine Konzentration die Wirksamkeitsschwelle überschreitet. Die persistenten Viren würden sich also nicht nur auf Kosten ihrer spezifischen pflanzlichen Wirte, sondern auch auf Kosten ihrer spezifischen Vektorinsekten vermehren; das Vektorinsekt wäre in diesem Falle nicht bloß Zwischenträger, sondern zugleich auch Zwischenwirt im strengen Sinne des Wortes. Die methodischen Schwierigkeiten auf diesem Forschungsgebiet sind jedoch derart groß, daß die beobachteten Tatsachen stets mehrere Deutungen zulassen. Jedenfalls besteht zur Stunde noch kein zwingender Grund, um eine Vermehrung des Virus im Insektenkörper anzunehmen.

2. Der obligate Charakter der Insektenpassage (Fremdpassage). Bei der Übertragung des Blattrollvirus von einer Kartoffelstaude zur andern alternieren die beiden Glieder der Infektkette, die Kartoffelpflanze und die Pfirsichblattlaus, wie beim Gitterrost der Birnbaum und der Sevibaum (S.122), gesetzmäßig: Kartoffelstaude – Blattlaus – Kartoffelstaude – Blattlaus – Kartoffelstaude; dagegen geht die Infektkette nicht von einer Kartoffelstaude unmittelbar zu einer andern; sie verläuft somit, wie beim Gitterrost, kontinuierlich (weil keine Ruhepause eingeschaltet ist) und obligat heterogen (weil der Wechsel bei jedem Verlassen des Wirtes erfolgen muß).

Die betreffenden Viren können also nur durch die betreffenden Insekten vom Spender zum Empfänger gelangen. Dies zeigt drastisch der Fall des *Abutilon*-Mosaik: die Buntblättrigkeit von *Abutilon Thompsoni* André geht in unsern Gewächshäusern nicht von einer Pflanze auf die andere über, sondern nur von der erkrankten Unterlage auf das Pfropfreis; in der Heimat der Pflanze, Westindien, wird dagegen das Virus durch dort heimische Insekten unmittelbar von einem Individuum zum andern übertragen (BAWDEN, 1939); durch den Export kranker Stöcke in andere Klimate, wo diese Insekten fehlen, wurde die natürliche Infektkette abgerissen.

Immerhin gibt es von dieser obligaten Insektenpassage der persistenten Viren vereinzelte Ausnahmen; so kann das Virus der Kräuselkrankheit (curly top) der Zuckerrüben mit dem Zellsaft durch tiefe Injektion mittels der Injektionsspritze direkt von Zuckerrübe zu Zuckerrübe übertragen werden, ferner das Gelb-Zwergmosaik der Kartoffeln ebenfalls im Zellsaft durch Einreiben (wie bei den nichtpersistenten Viren). Warum den übrigen persistenten Viren dieser direkte Weg versagt ist, entzieht sich unserer Kenntnis; vielleicht ist es deshalb, weil das Virus unmittelbar in das Phloem eingebracht werden muß.

3. Der spezifische Charakter des Vektorinsektes. Das Blattrollvirus kann nur durch bestimmte Insekten übertragen werden, obschon andere durch ihren anatomischen Bau und ihre Lebensweise hierfür als ebenso qualifiziert erscheinen würden. Dennoch scheinen die Ursachen dieser Spezialisierung in gewissen Fällen in bloßen anatomischen Besonderheiten des Vektorinsektes zu liegen. Bei der ostafrikanischen Zwergzikade *Cicadulina mbila* Naude, die das Streifenmosaik des Maises überträgt, bestehen zwei Rassen, eine «aktive», die das Virus zu übertragen vermag, und eine hierzu unfähige «inaktive» Rasse (STOREY, 1932, 1933, 1939). Die Vektorfähigkeit wird durch einen einfachen, dominanten Mendelschen Faktor vererbt. Die Individuen beider Rassen nehmen beim Füttern auf infizierten Pflanzen das Virus auf; bei den «aktiven» Individuen tritt es, wie üblich, aus dem Verdauungsapparat in das Blut über und wandert mit diesem in die Speicheldrüsen; bei den «inaktiven» Individuen bleibt dagegen das Virus auf den Verdauungsapparat lokalisiert, weil dessen Wände virusundurchlässig sind. Wird die Magen-Darm-Wand eines inaktiven Insektes kurz vor oder nach der Fütterung perforiert, dann wird das Tier zum Vektor, desgleichen wenn kontaminiertes Blut von aktiven Individuen in inaktive eingespritzt wird. Der Hemmungsfaktor, der die Übertragungsunfähigkeit der inaktiven Individuen steuert, liegt also bloß in der mangelnden Virusdurchlässigkeit der Magenwände begründet.

Ähnliche mechanische Hindernisse scheinen auch bei andern Insekten zu bestehen. Pfirsichblattläuse, Heuschrecken usw. enthalten, nachdem sie auf erkrankten Zuckerrüben gefüttert haben, in ihrem Verdauungsapparat aktives Virus des curlytop (BENNETT und WALLACE, 1938); aber sie übertragen es beide nicht auf neue Zuckerrüben; also steht irgend etwas im Insekt der Übertragung im Wege.

Andere Insekten scheinen die Fähigkeit zur chemischen Inaktivierung der Viren zu besitzen. Doch steht die Erforschung all dieser Probleme erst am Anfang.

f) Anthropochorie

In der Humanpathologie bildet die anthropochore Keimübertragung den häufigsten Fall; in Mittel- und Westeuropa bestehen überhaupt fast nur noch anthropochor streuende Infektionskrankheiten. Der Mensch ist mobil und überbringt als Spender das Kontagium selbst zum Empfänger; dieser steckt sich hauptsächlich durch Tröpfcheninhalation, bei der Nahrungsaufnahme und durch leiblichen Kontakt an. Es ist somit nicht der Erreger, der sich vom Spender aus propagiert, sondern es ist der Spender, der ihn weiterträgt und weitergibt.

In der Pflanzenpathologie spielt dagegen die anthropochore Keimübertragung nur eine geringe Rolle. Bei der unmittelbaren Übertragung ist der menschliche Körper selbst der Vektor; so wird das *Corynebacterium michiganense*, der Erreger der bakteriellen Tomatenwelke, durch Gärtner beim Ausgeizen der Tomatentriebe mit dem Messer oder den Fingernägeln übertragen; dasselbe geschieht bei Viren und pathogenen Bakterien der Kartoffeln beim Zerschneiden des Saatgutes: Zerschneidet man gesundes Kartoffelsaatgut mit einem *X*-Virus-kontaminierten Messer, so erkranken bei einem milden Virusstamm rund 3% der Tochterindividuen, bei einem heftigen Virusstamm bis 50% (MAI, 1947).

Wichtiger als die unmittelbare ist die mittelbare Übertragung der Pflanzenkrankheiten durch den Menschen: er verfrachtet durch seinen Saat- und Pflanzgutverkehr kontaminierte oder infizierte Pflanzenteile oder Pflanzen und schafft dadurch neue Infektionsherde, gewissermaßen neue Orte der Initialzündung, von denen aus die betreffende Krankheit weiter um sich greift; so werden Brand- und Streifenkrankheiten der Getreide durch kontaminiertes Saatgut, Kartoffelvirosen, Kartoffelkrebs, Pulverschorf usw. durch verseuchte Pflanzknollen von Betrieb zu Betrieb, von Landesteil zu Landesteil verschleppt. Die schottische Douglasienschütte, verursacht durch *Rhabdocline pseudotsugae* Syd., war südlich des Main unbekannt, bis sie durch einen Baumschulbesitzer mit Pflanzmaterial aus Schleswig-Holstein in die Westschweiz eingeführt wurde und von hier aus rasch streute (TERRIER, 1942).

Durch den Welthandel reicht die mittelbare anthropochore Keimverschleppung von Kontinent zu Kontinent; so stammen einige der wichtigsten Infektionskrankheiten der europäischen Kulturpflanzen aus Amerika oder Ostasien und wurden mit der Intensivierung des Verkehrs nach Europa gebracht: der falsche Mehltau (die Krautfäule) der Kartoffeln, verursacht durch *Phytophthora infestans* (Mont.) de By. (seit etwa 1830 in Europa bekannt, seit 1845 epidemisch auftretend), der echte Mehltau der Weinrebe, *Uncinula necator* (Schw.) Burr. (1845 zum erstenmal in England beobachtet), der Blasenrost der Weymouthskiefer, *Cronartium ribicola* J. C. Fisch. (seit etwa 1865 aus dem Baltikum und aus Finnland bekannt), der falsche Mehltau der Reben, *Plasmopara viticola* (Berk. et Curt.) Berl. et de Toni (1878 zuerst im südwestlichen Frankreich beobachtet), der amerikanische Stachelbeermehltau, *Sphaerotheca mors-uvae* (Schw.) Berk. (um 1890 zuerst im westlichen Rußland beobachtet) usw.

§ 4. Die Epidemiologie der pflanzlichen Infektionskrankheiten

Ergreift eine Erkrankung innerhalb einer Population einzelne Individuen ohne innern Zusammenhang, so nennt man ihr Auftreten verstreut, sporadisch. Zeigt sie dagegen örtlich und zeitlich eine Häufung, so spricht man von einer Seuche, einer Epidemie. Unter einer Epidemie verstehen wir somit das gehäufte Auftreten, die örtliche Konzentration einer Infektionskrankheit innerhalb eines begrenzten Zeitintervalls.

Wenn eine Epidemie von altersher in einem Gebiet heimisch, endemisch ist (zum Beispiel in Mitteleuropa der Schwarzrost des Getreides, *Puccinia graminis* Pers., oder die Rotfäule der Fichte, verursacht durch *Trametes radiciperda*), so spricht man von einer Endemie. Das Verbreitungsbild

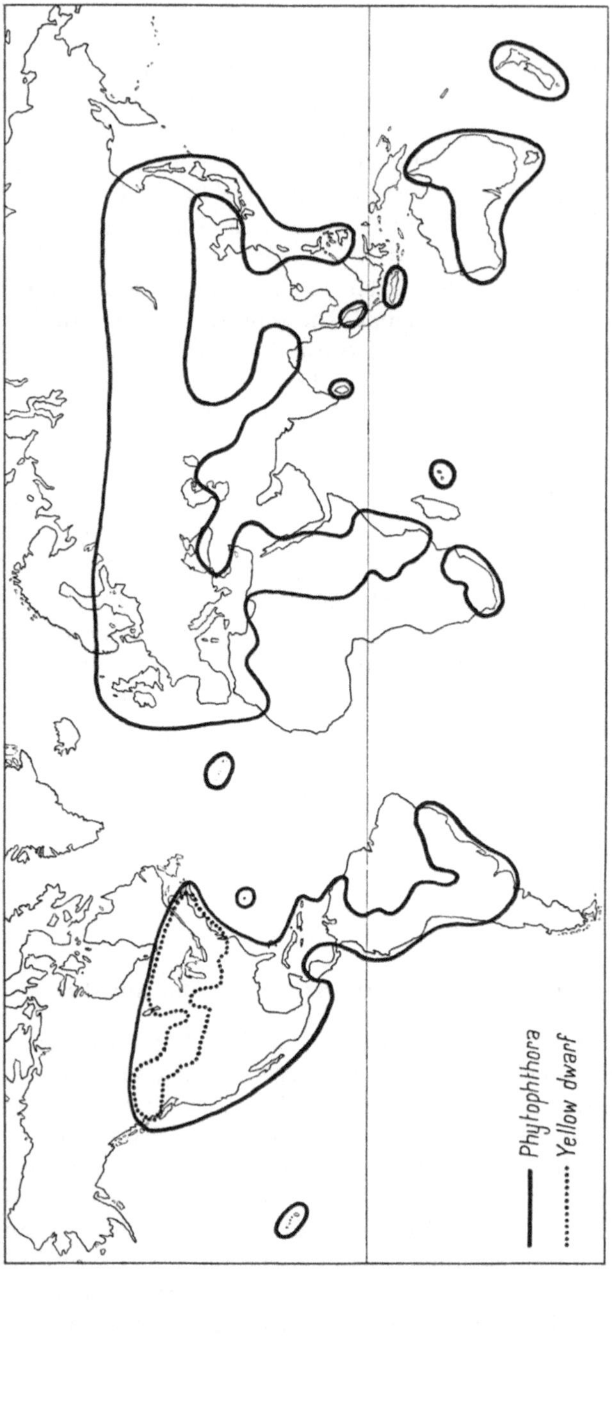

Abb. 197

Das Verbreitungsgebiet zweier infektiöser Kartoffelkrankheiten, Stand 1946. Ausgezogenes Areal: Falscher Mehltau, *Phytophthora infestans*. Punktiertes Areal: Gelb-Zwergmosaik. (Nach dem Kartenwerk des Commonwealth mycolog. Inst. Kew).

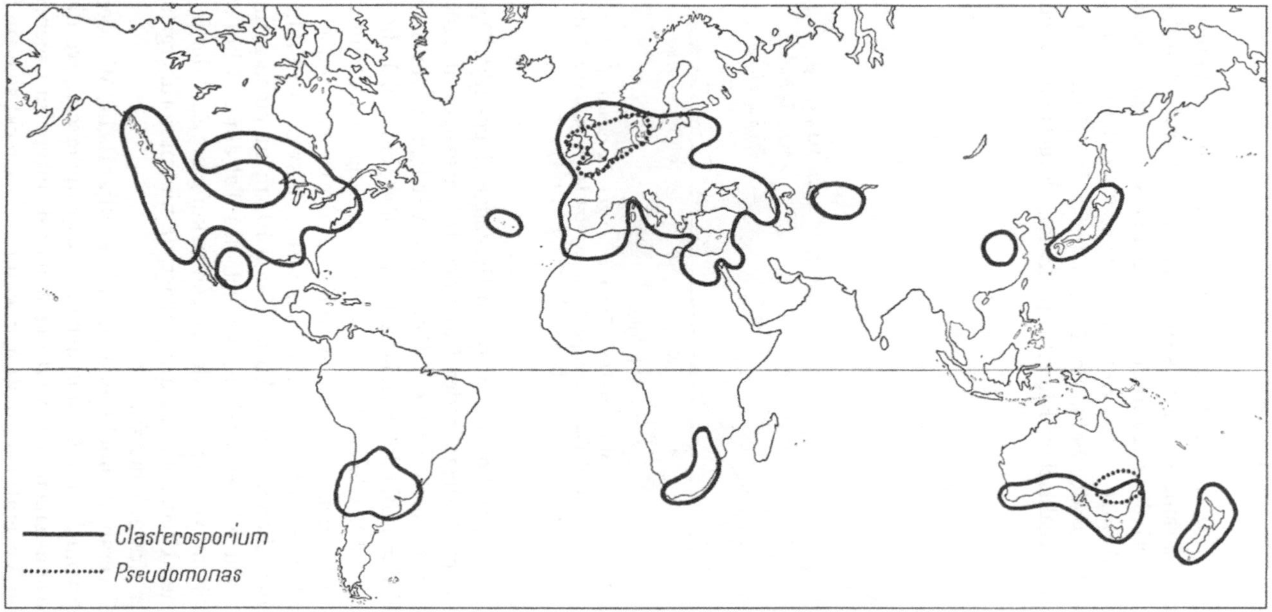

Abb. 198

Das Verbreitungsgebiet zweier Infektionskrankheiten des Steinobstes. Ausgezogenes Areal: Schrotschußkrankheit, verursacht durch *Clasterosporium carpophilum*, Stand 1949. Punktierte Areale: Kirschenkrebs, verursacht durch *Pseudomonas mors-prunorum* Worm., Stand 1947. (Nach dem Kartenwerk des Commonwealth mycolog. Inst. Kew).

derartiger endemischer oder endemisch gewordener Infektionskrankheiten zeigt zuweilen überraschende Unterschiede (zum Beispiel Abb. 197 und 198), die wir zur Zeit noch nicht verstehen.

Falls eine in einem bestimmten Gebiet heimische Infektionskrankheit ausbricht und unter Auslösung von Massenerkrankungen rasch auf ein neues Gebiet übergreift, so erhält die Eroberung des neuen Areals den Charakter einer progressiven Epidemie, eines Seuchenzuges. Als Beispiel einer lokalen Epidemie ist in Abb. 199 der Befall des Maises durch den Maisrost, *Puccinia sorghi* Schw., im sanktgallischen Rheintal (Schweiz) dargestellt, einem 2–8 km

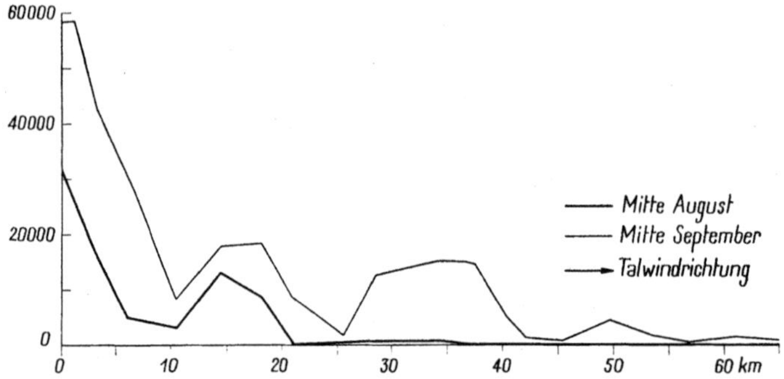

Abb. 199

Der jährliche Seuchenzug des Maisrostes, *Puccinia sorghi*, in einem alpinen Muldental. Abszisse: Abstand vom Primärherd, der als Nullpunkt eingesetzt ist. Ordinate: Mittlere Anzahl Uredolager je Maispflanze. (Nach Zogg, 1948.)

breiten Muldental, etwa 500 m tief zwischen Bergzüge eingesenkt. Der Primärherd mit *Oxalis stricta* L. liegt in der Nähe des Talausganges, in Abb. 199 als Nullpunkt bezeichnet. Nur dort steht *Oxalis* zur Verfügung, um im Frühjahr die Infektkette wieder aufflackern zu lassen. Ende Mai finden sich die Aecidien, Mitte Juni die ersten Uredolager, welche die Streuung und damit den etwa 60–70 km weit reichenden Seuchenzug einleiten. Dieser fällt jedoch steil ab: obschon der Wind zu etwa 65% talaufwärts weht, sinkt die Krankheitsdichte auch im Spätherbst schon in einem Abstand von 10 km auf einen geringfügigen Betrag hinunter; nur an den Stellen, wo sich das Tal auf 2–3 km verengert (bei km 15 und 35) und wo nach Art der Düsenwirkung die Zahl der je Flächeneinheit angebotenen Uredosporen stark wächst, da nimmt vorübergehend auch die Heftigkeit der Erkrankung zu.

Die Abb. 199 veranschaulicht einerseits die alljährliche Wanderung der Maisrostepidemie vom Keimreservoir her und zeigt anderseits, wo die Infektketten ihre Grenzen haben: wie weit der Maisrost unter den gegebenen Verhältnissen in einer Vegetationszeit streuen kann. – Erstreckt sich ein Seuchenzug über mehrere Kontinente und verursacht hier ein Massensterben (Abb. 204), so spricht man von einer Pandemie.

Jede Epidemie verläuft eigengesetzlich, ändert ihren Charakter, schwillt an und wird bösartig, klingt ab und wird milder: sie besitzt ihr eigenes Gesicht, ihre eigene Morphologie, ihren eigenen genius epidemicus; deshalb Abschnitt 1, Das Bild der Epidemien.

In den typischen Fällen ist eine Epidemie doppelseitig begrenzt; sie besitzt zeitlich und räumlich einen Anfang und ein Ende; deshalb Abschnitt 2, Die Voraussetzungen für das Zustandekommen einer Epidemie (S. 209), und Abschnitt 3, Die Voraussetzungen für das Abklingen einer Epidemie (S. 248).

1. Das Bild der Epidemien

Der jeweilige Stand einer Epidemie wird auf Grund statistischer Erhebungen bestimmt. Als Anhaltspunkt dient quantitativ die Häufigkeit der Erkrankungen und qualitativ die Heftigkeit des Krankheitsverlaufes.

Als Maßstab für die Häufigkeit der Erkrankungen wird in der Pflanzenpathologie die Zahl der erkrankten Individuen in einem bestimmten Gebiet oder die Zahl der Infektionsstellen an einem bestimmten Testobjekt verwendet, als Maßstab für die Heftigkeit des Krankheitsverlaufes der mengenmäßige Ertragsausfall, die Mortalität (das ist die Zahl der Todesfälle, bezogen auf die Gesamtzahl der Individuen) oder die Letalität (das ist die Zahl der Todesfälle, bezogen auf die Zahl der erkrankten Individuen).

Durch graphisches Abtragen der statistischen Ergebnisse während eines bestimmten Zeitabschnittes entstehen Seuchenkurven, die einen bestimmten zeitlichen Verlauf erkennen lassen. Wenn eine Epidemie periodisch, in bestimmten Zeitintervallen, abrollt, zum Beispiel alljährlich aufflammt und wieder erlischt, so nennt man ihr Erscheinen zyklisch. Hinsichtlich ihres Rhythmus bestehen zwei extreme Typen, Explosiv- und Tardivepidemien. Explosivepidemien sind durch einen steilen Anstieg, durch einen kurzen, scharf ausgeprägten Höhepunkt und durch einen steilen Abfall gekennzeichnet (zum Beispiel Abb. 200 und 201). Tardivepidemien verlaufen langsam, schleppend, ohne paroxystischen Kulminationspunkt (Abb. 202).

Erstreckt sich die graphische Abtragung der statistischen Ergebnisse über ein Kalenderjahr bzw. über eine Vegetationszeit, so entsteht das Bild der annuellen Seuchenkurven (annueller Zyklus), durch fortgesetzte Erhebungen während langer Zeiträume das Bild der säkularen Seuchenkurven (säkularer Zyklus).

a) Annuelle Schwankungen der Epidemien

Die meisten pflanzlichen Epidemien zeigen in unserem Klima einen charakteristischen jahreszeitlichen Verlauf, einen annuellen Zyklus, eine annuelle Periodizität: sie setzen während des Frühjahres oder des Sommers ein, streben einem Kulminationspunkt zu und klingen dann wieder

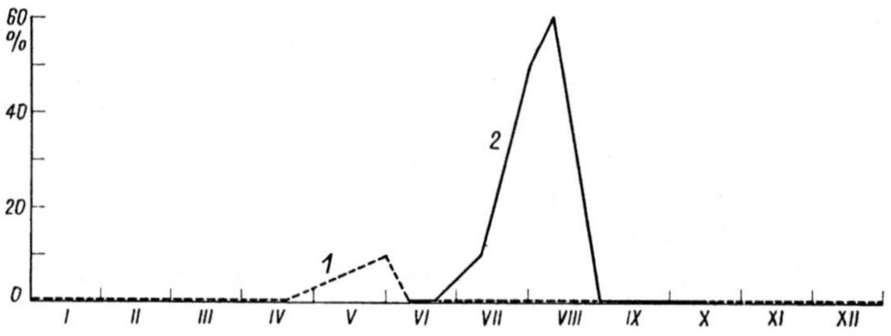

Abb. 200

Der jährliche Zyklus des Schwarzrostes, *Puccinia graminis*, in zwei Getreideanbaugebieten der Vereinigten Staaten. Kurve 1: Südliches Texas, mit einem schwachen, frühjahrlichen Höhepunkt der Epidemie. Kurve 2: Süd- und Nord-Dakota und Minnesota mit einem ausgeprägten Kurvengipfel im Hochsommer. Abszisse: Monate. Ordinate: Heftigkeit des Befalls. (Nach LAMBERT, 1929.)

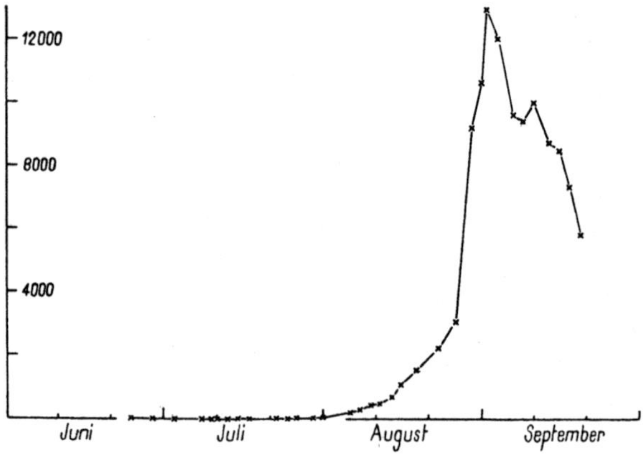

Abb. 201

Die Zahl der Infektionsstellen (Blattflecken), verursacht durch *Cercospora beticola* Sacc., auf den Blättern einer einzigen Zuckerrübe vom 24. Juni bis 19. September. (Nach POOL und McKAY, 1916.)

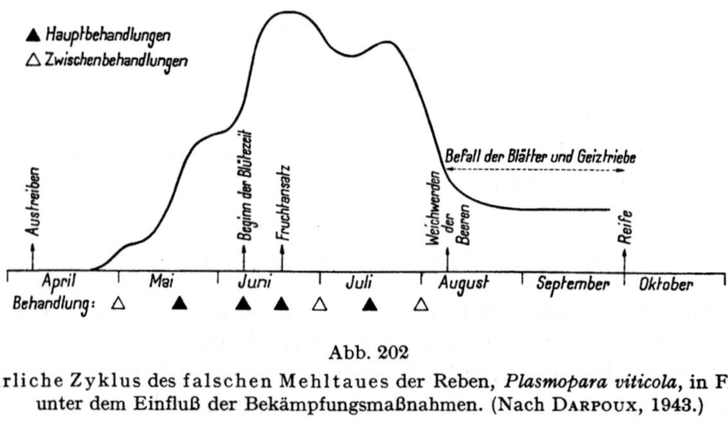

Abb. 202

Der jährliche Zyklus des falschen Mehltaues der Reben, *Plasmopara viticola*, in Frankreich unter dem Einfluß der Bekämpfungsmaßnahmen. (Nach DARPOUX, 1943.)

aus. Die annuellen Kurven der betreffenden Epidemien verlaufen somit eingipflig (Abb. 200–202); doch kommt der rechte, absteigende Kurvenschenkel meist nicht voll zur Geltung, weil er durch die Ernte vorzeitig unterbrochen wird.

Verwickelter gestaltet sich epidemiologisch der annuelle Rhythmus bei jenen Infektionskrankheiten, die zeitlich gestaffelt mehrere wirtschaftlich ungleich wichtige Organe befallen (S. 119) und deshalb in mehreren Schüben verlaufen, so der Apfelschorf (*Endostigme inaequalis*) das Laubwerk, die Früchte und eventuell die Zweige, der falsche Mehltau der Reben (*Plasmopara viticola*) das Laubwerk und die Gescheine, die Krautfäule der Kartoffeln (*Phytophthora infestans*) das Laubwerk und die Knollen.

Der Apfelschorf mag als Beispiel dienen. Die alljährliche Epidemie setzt in den Monaten April und Mai mit den Primärinfektionen (Blattschorf; Frühschorf des Laubes; S. 124) ein, die sich in zahlreichen Konidiengenerationen ausbreiten, bis zum Herbst fast sämtliche Blätter des Baumes erfassen (Sekundärinfektionen; Spätschorf des Laubes), einen vorzeitigen Laubfall bewirken und dadurch die assimilierende Blattmasse vermindern. Würde man beim Blattschorf die Zahl der Neuinfektionen graphisch abtragen, so entstände wahrscheinlich eine ähnlich sattelförmige Kurve wie in Abb. 201.

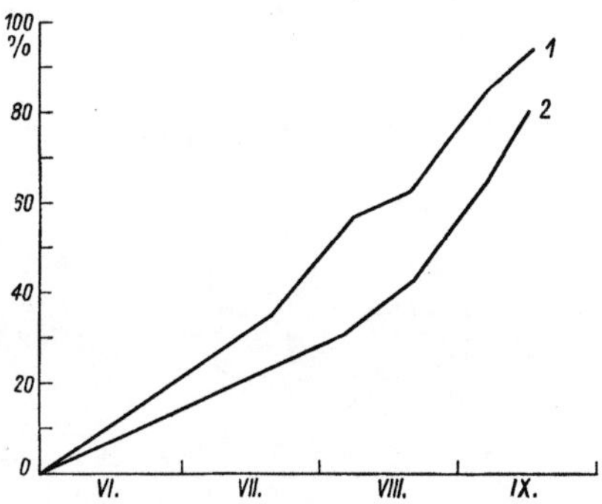

Abb. 203
Die Zunahme des Schorfbefalles auf Äpfeln im Laufe einer Vegetationszeit. Ordinate: % erkrankte Früchte bei Goldparmäne (Kurve 1) und bei Cox Orange (Kurve 2). (Nach KÜTHE, 1937.)

Unmittelbar nach der Blüte setzt auf den jungen Früchten ein neuer Infektionsschub ein, dessen Keime vom Spätschorf der Laubblätter geliefert werden (Frühschorf der Früchte, Abb. 123); er greift bis zur Ernte stetig um sich (Abb. 127), so daß ihm unter natürlichen Verhältnissen (ohne Bekämpfungsmaßnahmen) zuweilen 100% der Früchte zum Opfer fallen (Spätschorf der Früchte). Der Rhythmus dieses zweiten epidemischen Schubes, des Fruchtschorfes, verläuft nach Abb. 203 völlig anders als beim Blattschorf, nämlich einseitig steigend.

Nach der Ernte kann während des Transportes oder während der Lagerung ein dritter epidemischer Schub anheben, der Lagerschorf (Abb. 128), der von schorfigen Früchten (Sekundärinfektionen) ausgeht und wirtschaftlich schwere Schäden bewirkt. Sein zeitlicher Rhythmus weicht seinerseits von den beiden andern annuellen Rhythmen vollkommen ab; er ist, im Gegensatz zum *Cercospora*-Beispiel, mit der Ernte nicht zu Ende, sondern setzt erst dann ein.

Die genaue Kenntnis dieser drei jährlichen Rhythmen bildet die Grundlage für die chemische Bekämpfung des Apfelschorfes. Gelingt es zum

Beispiel, die Infektkette auf den Laubblättern schon beim Frühschorf (Primärinfektionen) abzufangen, so ist damit auch der Spätschorf weitgehend eingedämmt: ohne Frühschorf auf den Laubblättern kein Spätschorf; desgleichen ohne Spätschorf auf den Früchten kein Lagerschorf usw.

b) Säkulare Schwankungen der Epidemien

Die säkulare Periodizität der progressiven und der endemischen Epidemien ist verschieden.

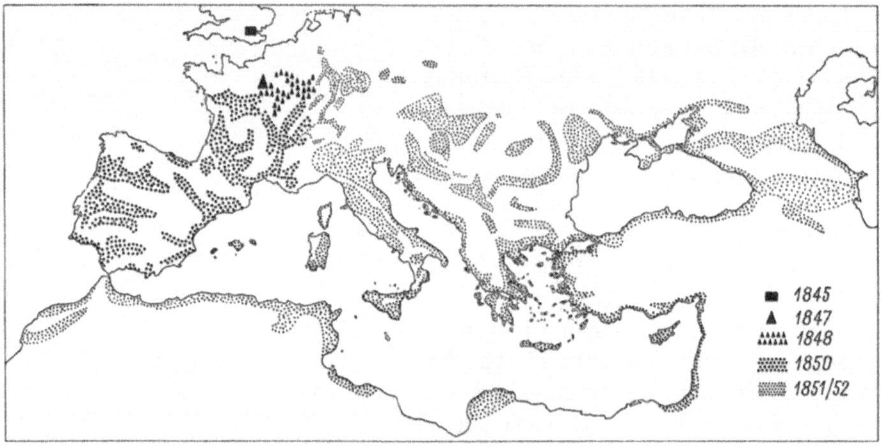

Abb. 204

Der Seuchenzug des echten Mehltaues der Reben, *Uncinula necator*, an Freilandreben in Europa und Nordafrika. Erklärung im Text. Orig. S. BLUMER.

Progressive Epidemien, die neu in ein Gebiet einbrechen, verlaufen in der Regel bilateral, greifen in den ersten Jahren verheerend um sich und flauen in spätern Jahrzehnten zu einem konstanten Wert ab.

Dieser säkulare Zyklus läßt sich zum Beispiel bei der Besiedlung des europäischen Rebareals durch den echten Mehltau der Reben, *Uncinula necator* (Schwein.) Burr. (= *Oidium Tuckeri* Berk.), verfolgen. Der Pilz stammt aus Nordamerika oder Ostasien (Japan) und wurde 1845 erstmals mit Sicherheit in England beobachtet (Abb. 204). Er griff unmittelbar auf den Kontinent über und trat hier einen eigentlichen Seuchenzug an. 1848 nur in der Umgebung von Paris festgestellt, hatte er sich 1850 bereits über Südfrankreich und Spanien ausgebreitet. Im folgenden Jahr sprang er auf Nordafrika (einschließlich Madeira) und die östlichen Mittelmeerländer über, 1866 auf Australien, später auf Südafrika und 1891 auf Brasilien. Heute ist er wohl in allen Weinbaugebieten vorhanden.

Entscheidend sind die Jahre 1848–1852, in welchen er explosionsartig in die Rebbaugebiete Europas und Nordafrikas einbrach. Während dieser Zeit eroberte er nicht nur ein ungeheures Areal, sondern besaß überdies eine ungeheure Pathogenität: so ließ er in den Jahren 1850–1854 den durchschnittlichen Ernteertrag von ganz Frankreich (also verseuchte und nichtverseuchte Gebiete ineinandergerechnet) auf unter einen Viertel sinken (Tab. 18), nämlich von 20,7 hl je Hektare auf 4,9 hl, eine wirtschaftliche Katastrophe für das ganze Land.

Mit dem Jahre 1854, also 6 Jahre nach dem Einbruch, überschritt die Mehltauepidemie in Frankreich ihren Höhepunkt; sie klang in den folgenden Jahrzehnten ab und erreichte gewissermaßen einen Gleichgewichtszustand, einen konstanten Wert; sie wurde in Frankreich (und in allen übrigen

Tabelle 18

Der Rückgang des Weinertrages in Frankreich als Folge der Invasion des echten Mehltaues, *Uncinula necator* (Schwein.) Burr. (Nach K. Müller, 1918.)

Jahr	Weinertrag	
	absolut, in Millionen hl	je ha Areal, in hl
1850	45,3	20,7
1851	39,4	18,1
1852	28,6	13,2
1853	22,7	10,4
1854	10,8	4,9

Weinbaugebieten) endemisch, jedoch in einer mildern Form, so daß sie mit chemischen Mitteln bekämpft werden konnte. An diesem Abflauen sind nicht nur äußere Ursachen, wie die Bekämpfungsmaßnahmen mit schwefelhaltigen Mitteln, schuld, sondern zweifelsohne auch innere Ursachen, auf die wir in Abschnitt 3 (Die Voraussetzungen für das Abklingen einer Epidemie) kurz zurückkommen werden.

Eine ähnliche säkulare Periodizität: Alarmierendes Einbrechen in neue Gebiete, Anstieg der Schadwirkung zu einem Höhepunkt und spätere Milderung des Charakters der Epidemie bis zu einem konstanten Wert, besteht beim falschen Mehltau (Krautfäule) der Kartoffeln, *Phytophthora infestans*. Die zeitgenössischen Berichte lassen vermuten, daß sie vor 100 Jahren, im Anfang ihres epidemischen Auftretens (S. 199), ungleich heftiger wütete, als wir sie heute kennen. In Irland brach eine Hungersnot aus, an deren Folgen (Typhus, Dysenterie, Cholera) rund eine Viertelmillion Menschen starben. 1851 betrug die Bevölkerung wegen Tod und Auswanderung statt 9 Millionen nur 6,5 Millionen, und rund 84000 Familien wurden wegen Zahlungsunfähigkeit von Haus und Hof vertrieben (Salaman, 1949). Man lese ferner die zeitgenössische Schilderung bei Jeremias Gotthelf, Käthi die Großmutter (Eugen-Rentsch-Verlag, Erlenbach, S. 117ff.) nach; die Großmutter hörte im Dorf von der neuen Seuche an den Erdäpfeln, eilte nach Hause und beim Einnachten hinaus aufs Feld, in der einen Hand das flackernde Windlicht, an der andern ihren Enkel Johannesli: «Jetzt sah Käthi im Lampenscheine die grause, schwarze Pestilenz an allen ihren Erdäpfeln, und es war ihr, als werde, je mehr sie zünde, die Pestilenz immer schwärzer und grausiger. Da überwältigte der Jammer die alte Frau. Sie setzte sich an die Furche und weinte bitterlich, und Johannesli setzte sich neben sie und weinte noch weit bitterlicher, aber nicht wegen den Erdäpfeln, sondern weil die Großmutter so bitterlich weinte und ihm nicht sagen wollte, warum.» Der Schaden wurde überdies durch die Unsicherheit vergrößert, ob man befallene Kartoffeln essen dürfe, ohne selbst die

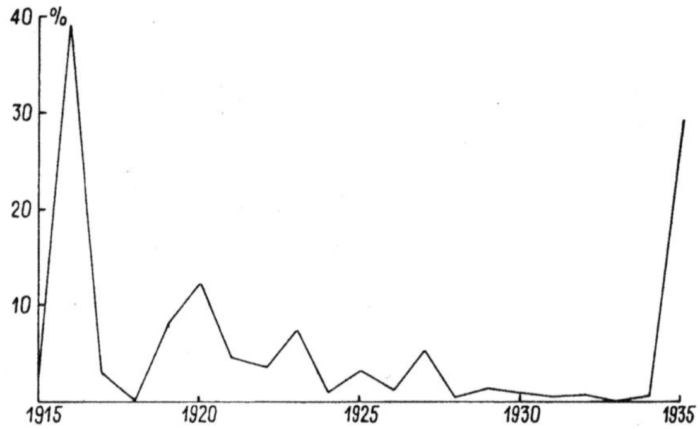

Abb. 205

Der mutmaßliche Ernteverlust bei (Sommer- und Winter-) Weizen, verursacht durch den Schwarzrost, *Puccinia graminis tritici* Erikss., im hauptsächlichen Weizenanbaugebiet der Vereinigten Staaten während der Jahre 1915–1935. (Nach STEVENS und WOOD, 1937.)

«Seuche» zu bekommen. «Die Erdäpfel haben Pestilenzflecken, und wer davon ißt, Mensch oder Vieh, muß sterben.» Heute ist der durch *Phytophthora* verursachte Ertragsausfall zwar immer noch bedeutend, geht aber wohl nur selten über 20–30% hinaus.

Eine Ausnahme von diesem zyklischen Verlauf der progressiven Epidemien macht der falsche Mehltau der Reben, *Plasmopara viticola*, der 1878 in Südwestfrankreich eingeschleppt wurde, sich seither, ähnlich dem echten Mehltau, über den ganzen Kontinent ausbreitete, doch jahraus, jahrein in der gleichen Heftigkeit auftritt, sofern die klimatischen Bedingungen es ihm gestatten. Diese Epidemie hat somit noch keine Milderung ihres Charakters erfahren; wir wissen deshalb noch nicht, ob sich der absteigende Kurvenschenkel auch bei ihr einmal einstellen wird.

Völlig anders als bei den bis jetzt besprochenen progressiven Epidemien, die neu in ein Areal einbrechen, gestaltet sich das säkulare Verhalten bei jenen Krankheiten, die in einem Gebiet heimisch, endemisch, sind und Jahr für Jahr wieder stärker oder schwächer aufflackern (Endemien). Hier besteht kein säkularer Zyklus mit Anstieg und Abstieg, sondern die Endemie scheint gewissermaßen (abgesehen von meteorologisch bedingten Schwankungen) einen konstanten Wert erreicht zu haben.

Abb. 205 stellt den mutmaßlichen Ernteausfall dar, der durch den Schwarzrost, *Puccinia graminis tritici* Erikss., in den Jahren 1915–35 im hauptsächlichen Weizenanbaugebiet der Vereinigten Staaten verursacht wurde, Abb. 206 den Ertragsausfall bei Winterweizen infolge Fußkrankheit und Halmbruch (*Cercosporella herpotrichoides*) in drei Nordweststaaten der Union. Der Verlauf beider Kurven zeigt nicht eine eigene säkulare Periode, sondern läßt bloß die Gunst und Ungunst der Witterung der betreffenden Jahre erkennen (zum Beispiel Abb. 207).

Die Heftigkeit der endemischen pflanzlichen Infektionskrankheiten nimmt deshalb in historischer Zeit, sofern man die Krankheit auf einem Kontinent als Ganzes betrachtet, nicht meßbar zu oder ab; nur ihre wirtschaftliche Bedeutung wird dauernd größer.

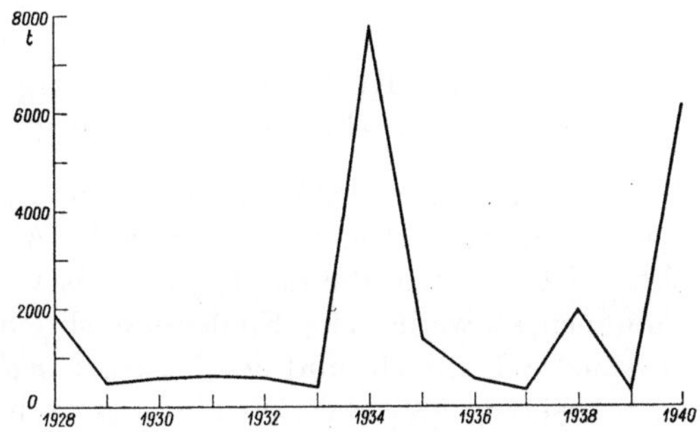

Abb. 206

Der mutmaßliche Ernteverlust bei Winterweizen infolge Fußkrankheit und Halmbruch (*Cercosporella herpotrichoides*) in den Staaten Washington, Oregon und Idaho in den Jahren 1928–40. Ordinate: Mutmaßlicher Ernteverlust in Tonnen. (Nach N. und R. STEVENS, 1941.)

2. Die Voraussetzungen für das Zustandekommen einer Epidemie

Unter welchen Voraussetzungen entsteht aus einer Infektion eine Epidemie? Damit ein Infektionsherd zu einer Epidemie anschwellen kann, müssen auf seiten des Wirtes, auf seiten des Erregers und auf seiten der Umweltbedingungen gleichzeitig eine Reihe von Bedingungen erfüllt sein, insbesondere

auf seiten des Wirtes ein reichliches Angebot anfälliger Individuen, verursacht durch

a) eine Häufung der anfälligen Individuen (S. 210);
b) eine erhöhte Krankheitsbereitschaft der Wirte (S. 211), und
c) die Anwesenheit geeigneter Zwischenwirte (S. 215);

auf seiten des Erregers das Bestehen einer Seuchenfähigkeit, das ist eines großen epidemischen Potentials, bedingt durch

d) die Anwesenheit eines aggressiven Erregers (S. 220);
e) eine große Reproduktionskraft des Erregers (S. 228);
f) eine leichte Ausstreubarkeit des Erregers (S. 232);
g) euryözische Entwicklungsansprüche des Erregers (S. 235), und

auf seiten der Umweltbedingungen

h) optimale Witterungsverhältnisse für die Entwicklung des Erregers (Meteoropathologie; S. 236).

Die Hauptschwierigkeit für die Entstehung einer Epidemie liegt in der Synchronisierung dieser Voraussetzungen: alle diese acht Faktorenkomplexe müssen an einem bestimmten Orte zu gleicher Zeit realisiert sein; gerät einer von ihnen in Verzug, so wird der Verlauf der Epidemie in Frage gestellt. Darum ist die Zahl der epidemiogenen Parasiten, gemessen an der Gesamtzahl der parasitischen Mikroorganismen, gering.

Wir besprechen diese acht Faktorenkomplexe und ihre Konsequenzen kurz der Reihe nach und betrachten zum Schluß in einem neunten Abschnitt die Frage, worauf die Zunahme der Heftigkeit einer Epidemie während ihres ansteigenden Kurvenastes beruht.

a) Die Häufung anfälliger Wirtsindividuen als Voraussetzung einer Epidemie

Da mit wachsender Entfernung vom Spender die Trefferwahrscheinlichkeit bei der Keimausstreuung steil abfällt (Abb. 162), würde man vermuten, daß bei Wirtspflanzen, die nur spontan als vereinzelte Individuen im Freien vorkommen, schwerlich eine Epidemie ausbricht. Die Erfahrungen mit der *Puccinia Komarovi* Tranzsch. und der *Puccinia malvacearum* Mont. lehren jedoch, daß die Ausbreitungs- bzw. Wanderungsgeschwindigkeit eines Erregers auch auf wildwachsenden Pflanzen erstaunlich groß sein kann.

Puccinia Komarovi, ein Rostpilz, bewohnt das kleinblütige Springkraut, *Impatiens parviflora* DC., ein Unkraut der Wegränder und Schuttstellen, und einige verwandte *Impatiens*-Arten. Er wurde von TRANZSCHEL (1904) aus Zentralasien (Turkestan, Dsungarei, Altai) und dem nördlichen Himalaja beschrieben. Mutmaßlicherweise während des Ersten Weltkrieges brach er aus seinem Areal aus und trat eine Wanderung nach Westen an, die ihn beispielsweise innert fünf Jahren durch ganz Mitteleuropa führte: 1921 Ukraine, 1933 Mark Brandenburg, 1935 Schlesien, Hessen, Baden, Bayern, 1936 Schweiz, 1938 Ungarn, und zwar folgte er seinem Wirt in diesen Gebieten bis in die entlegensten Winkel; so fand ihn der Verfasser 1941 in einer einsamen Waldrunse im Domleschg (Graubünden)!

Die Malvaceen-, insbesondere *Malva*- und *Althaea*-Arten bewohnende *Puccinia malvacearum* Mont. stammt aus Chile, erschien auf dem europäischen Kontinent erstmals 1869 in Spanien, wurde 1873 in Frankreich beobachtet und schon 1874 in England, Dänemark, Deutschland und Italien. Auch bei diesem Parasiten, der doch bloß Garten- und wildwachsende Pflanzen befällt, haben somit 5 Jahre genügt, um ihn ganz West- und Mitteleuropa erobern zu lassen.

Man wird deshalb, eine ausreichende Reproduktionskraft des Erregers vorausgesetzt, die Ausbreitungs- und Wanderungsgeschwindigkeit eines Parasiten auf einzelwachsenden Pflanzen nicht unterschätzen dürfen.

Um wieviel größer muß die Gefährdung durch eine Epidemie dort sein, wo in landwirtschaftlicher oder forstlicher Großkultur (Monokultur) ungeheure Flächen mit ein und derselben anfälligen Wirtsart dicht bepflanzt werden; so dehnt sich das Weizenanbaugebiet in Nordamerika ohne jede natürliche Grenze in einem geschlossenen Areal von Südmexiko bis Nordkanada auf eine Länge von rund 3000 km aus. Ähnliches gilt für das Reisareal in Südostasien und für die Fichten- bzw. Kiefernwälder Europas und Nordamerikas. Hier entsteht aus wirtschaftlichen Gründen eine Häufung anfälliger Individuen und damit die Möglichkeit zu einer Keimstreuungs- und Erkrankungsdichte, wie sie die Humanmedizin auch bei stärkster Agglomeration (Großstädte, Heeresdienst) niemals erreicht.

Tabelle 19

Die Zahl der Uredosporen des Weizenschwarzrostes, *Puccinia graminis tritici*, die an einer Beobachtungsstation der Provinz Manitoba im Verlauf von 10 Tagen je cm^2 Fläche aus der Luft aufgefangen wurden. Die Zahlen stellen die arithmetischen Mittel aus den je 8 Beobachtungsjahren dar. (Nach PETURSON, 1949.)

Expositionsintervall	1931–38	1939–46
1.–10. Juni	5,4	1,2
11.–20. Juni	7,6	3,6
21.–30. Juni	15,2	14,6
1.–10. Juli	60,8	33,2
11.–20. Juli	1242,6	85,4
21.–30. Juli	8881,9	436,3

Anfällige Individuen erkranken ja nicht nur rascher bzw. heftiger als widerstandsfähige, sondern sie streuen auch stärker und wirken deshalb doppelt nachteilig. Als Anhaltspunkt für das Ausmaß der Keimstreudichte bei einer Häufung anfälliger Individuen sind in Tab. 19 einige Messungen aus der Provinz Manitoba (Kanada) zusammengestellt. In den Jahren 1931–38 wurden dort schwarzrostanfällige Weizensorten angebaut, in den Jahren 1939–46 vorwiegend schwarzrostwiderstandsfähige Sorten. Die Verseuchung des Luftraumes mit Sporenplankton ist im Durchschnitt der ersten 8 Jahre rund 20mal so groß. Entsprechend dichter fallen die Infektionen und entsprechend weiter reicht ihre Streuung.

b) Eine erhöhte Krankheitsbereitschaft des Wirtes als Voraussetzung einer Epidemie

Wenngleich eine Epidemie auch bei einer durchschnittlichen Krankheitsbereitschaft der Wirtsindividuen ausbrechen kann, so wird ihre Entwicklung doch durch eine gesteigerte Krankheitsbereitschaft des Wirtes begünstigt. Diese erhöhte Krankheitsbereitschaft kann erbbedingt oder umweltbedingt sein.

Erbbedingt ist vor allem die später im 4. Kapitel zu besprechende ontogenetische Verschiebung der Krankheitsbereitschaft, zum Beispiel der Übergang von der Jugendwiderstandsfähigkeit zur Altersanfälligkeit;

so nimmt die Anfälligkeit des Kartoffelkrautes für die Krautfäule, *Phytophthora infestans*, der Apfelblätter für den Apfelschorf, *Endostigme inaequalis*, und der Rosenblätter für den Sternrußtau, *Diplocarpon rosae*, mit dem Alter, also mit der Vegetationszeit, zu; dementsprechend nimmt ihre Seuchenfestigkeit im Laufe der Vegetationszeit ab; von seiten des Wirtes sind somit die Voraussetzungen für die betreffenden Epidemien anfangs September in der Regel günstiger als anfangs Juni.

Umgekehrt wächst die Seuchenfestigkeit der Pfirsichbäume für die Kräuselkrankheit (S. 132) im Laufe der Vegetationszeit.

Da sich diese ontogenetischen Verschiebungen der Krankheitsbereitschaft in unserem Klima alljährlich im gleichen Rhythmus zwangsläufig wiederholen, so spricht man von einer zyklischen Disposition des Wirtes für die betreffenden Epidemien.

Unter den umweltbedingten Steigerungen der Krankheitsbereitschaft treten epidemiologisch drei Gruppen hervor, die wir ebenfalls später im 4. Kapitel noch eingehender betrachten werden, nämlich die Erhöhung der Anfälligkeit des Wirtes: a) durch eine generelle Herabsetzung seiner Vitalität, b) durch die Außentemperatur, und c) durch die Ernährung.

Auf einer generellen Herabsetzung der Vitalität des Wirtes beruht unter anderem das epidemische Triebsterben der Arven, *Pinus Cembra* L., der aufrechten Bergföhre, *Pinus montana* Mill., und der Schwarzföhre, *Pinus austriaca* Höß, in Aufforstungen.

Die Ascosporen bzw. Konidien des Erregers, *Crumenula abietina* Lagerb., gelangen im Herbst auf die Ansatzstelle der Endknospen der Zweige (bevorzugte Infektionsstelle). Das Myzel wächst während der winterlichen Vegetationsruhe in die betreffenden Knospen, tötet sie, und wuchert dann durch die Rinde in den Zweigen weiter; unterwegs dringt es von der Basis her ein Stück weit in alle Nadeln hinein, so daß sich diese im folgenden Frühjahr von unten nach oben in charakteristischer Weise bräunen; schließlich geht der Baum zugrunde (Ettlinger, 1945).

Die Krankheit ist auch in natürlichen Beständen allgemein verbreitet, jedoch hier bedeutungslos. Ihr Erreger ist somit ein Ubiquist.

Verheerend kennt man das Triebsterben nur aus Aufforstungen, so in den achtziger Jahren des vorigen Jahrhunderts aus den Schwarzkiefernaufforstungen der Heiden und Dünen Dänemarks und Norwegens und in neuerer Zeit aus alpinen Aufforstungen. Die örtliche Häufung der Krankheitsfälle und ihr vernichtender Verlauf müssen also an bestimmte Voraussetzungen gebunden sein, nämlich in erster Linie an eine Verminderung der Vitalität der eingepflanzten Bäume. In den Jahrhunderten zwischen der Rodung des ursprünglichen Waldes und der Wiederaufforstung entwickelten sich ja die betreffenden Böden regressiv; sie degenerierten und wurden ausgelaugt, bis sie auch als Weideböden nicht mehr taugten; dann gab man sie dem Forstmann zurück, um aus ihnen «Wald» zu machen.

In derartigen degenerierten Böden ist aber jede Holzart unstandortsgemäß; denn die betreffenden Böden sind keine Waldböden mehr. Die ausgewählten Saatgutprovenienzen mögen zwar regional, für die betreffende Gegend, standortsgemäß sein, aber sie sind es sicherlich nicht für den zur Aufforstung bestimmten degenerierten Berghang. Infolge der vorangegangenen Auslaugung des Bodens werden die eingepflanzten Jungbäume partiell unterernährt und beginnen nach 20 Jahren, wenn die Vorräte endgültig erschöpft sind, zu hungern. Durch dieses Ungenügen des Bodens, durch die Konkurrenz der spontanen Magerkeitspflanzen und wohl auch durch anormale lokalklimatische Verhältnisse wird die Vitalität der eingepflanzten Bäume derart vermindert, daß eine starke Befalls- und Erkrankungsdisposition für *Crumenula* entsteht.

Zu dieser standortsgebundenen Disposition tritt noch eine entwicklungsgeschichtliche Begünstigung des Erregers: er vermag die Winterruhe des Wirtes auszunützen und vermag unter der Schneedecke auch noch bei Temperaturen zu wachsen, bei denen die Wirtsgewebe gewissermaßen passiv in einer «Kältestarre» verharren und keine Abwehrreaktionen mehr zeigen; deshalb wird der Pilz in alpinen Aufforstungen vorwiegend schneebedeckten Zweigen und Individuen gefährlich; außerhalb der Schneedecke sind die winterlichen Temperaturen auch für ihn zu niedrig. Diese Voraussetzung wird jedoch gerade bei jungen, weniger als mannshohen Aufforstungen auf weite Strecken hin erfüllt.

In dritter Linie liegt es im Wesen jeder Aufforstung, eine örtliche Häufung gleichaltriger Individuen zu schaffen; deshalb unterschreitet die Depression der Vitalität im ganzen Bestand ungefähr zu gleicher Zeit die kritische Grenze: es entsteht eine örtliche Häufung anfälliger und erkrankender Individuen, und diese führt sukzessive zu einer Steigerung der Keim- und Infektionsdichte und dadurch zum bekannten verheerenden Verlauf der Krankheit.

Wo diese drei epidemiologischen Voraussetzungen gleichzeitig verwirklicht sind, da geht der Erreger von den natürlichen Beständen auf die künstlichen Pflanzungen über, verliert seinen harmlosen Charakter und löst eine lokale, stationäre Epidemie aus. Entsprechend der örtlichen Begrenztheit der Voraussetzungen greift die Epidemie trotz ihres alarmierenden Auftretens nicht wesentlich auf die benachbarten natürlichen Waldbestände zurück.

Dieselbe Problemlage, einerseits ein ubiquistischer Erreger, anderseits eine örtlich beschränkte Disposition des Wirtes, besteht auch bei manchen Infektionskrankheiten des Menschen und des Tierreiches: trotz der Seuchenfähigkeit des Erregers kommt es deshalb nicht zu einer progressiven Epidemie; so ist der Erreger der Nosemakrankheit der Bienen, die darmepithelbewohnende Sporozoe *Nosema apis* Zand., in den Bienenvölkern allgegenwärtig, braucht jedoch, um wirklich pathogen zu werden («Nosemaseuche»), eine Depression der Vitalität der Völker (MORGENTHALER, 1944).

Eine zyklische Steigerung der Bereitschaft zu Epidemien durch die Außentemperatur erfolgt z.B. auch beim Schwarzrost des Getreides. In der annuellen Seuchenkurve äußert sich dies in einem alljährlichen Anstieg der Schwarzrostepidemie gegen den Hochsommer hin; denn die Widerstandsfähigkeit der Getreidepflanzen gegen den Schwarzrost nimmt im allgemeinen mit steigender Temperatur ab. Im gleichen Maße wächst die Sporenproduktion und dadurch das Streupotential des Erregers (Abb. 214 und Tab. 19). Das Zusammenwirken dieser beiden gegenläufigen Komponenten, der Abnahme der Widerstandsfähigkeit des Wirtes und der Zunahme der Infektionsdichte, führt zu einer progressiven Epidemie. Entsprechend dieser Temperaturbindung

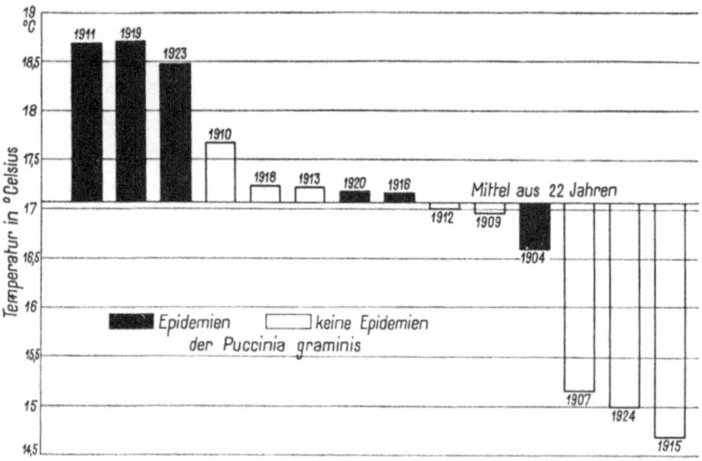

Abb. 207

Beziehungen zwischen dem Temperaturmittel der Monate Mai, Juni und Juli in den vorwiegend Sommerweizen bauenden Staaten der Union (Minnesota, Nord- und Süd-Dakota) und den während der Jahre 1904–25 aufgetretenen Schwarzrostepidemien. (Nach STAKMAN und LAMBERT aus FISCHER und GÄUMANN, 1929.)

sind in der säkularen Seuchenkurve warme Jahre meist Schwarzrostjahre. Die mitten durch die Abb. 207 verlaufende Horizontalachse entspricht dem Temperaturmittel der drei wichtigsten Vegetationsmonate im Sommerweizengebiet der Vereinigten Staaten. Die schwarzen Säulen sind Rostjahre, die weißen rostschwache Jahre; im allgemeinen bedingen hohe mittlere Temperaturen starke Schwarzrostepidemien, niedere Temperaturen schwache Schwarzrostepidemien: unter einem Mittel von 16,5° trat überhaupt keine Schwarzrostepidemie mehr auf.

Ernährungsbedingte Steigerungen der Bereitschaft zu Epidemien wurden zwar bei den Kulturpflanzen wegen der Düngung mit chemischen Nährsalzen oft vermutet, aber nie bewiesen. Die Krankheitsbereitschaft der einzelnen Pflanze oder des einzelnen Ackers läßt sich zweifelsohne, wie wir im 4. Kapitel noch sehen werden, durch einseitige Ernährung entscheidend verschieben; für die Epidemiologie eines ganzen Landes oder eines Erdteiles sind jedoch derartige Einzelfälle bedeutungslos.

Möglicherweise hat bei diesen Mutmaßungen eine unrichtige Analogie zu den Verhältnissen beim Menschen mitgespielt. Beim Menschen kann die saisonbedingte Avitaminose in den Vorfrühlingsmonaten eine zyklische Disposition zum Beispiel für Grippe auslösen oder kann in Kriegszeiten die Ernährung der überwiegenden Zahl der Individuen ganzer Länder oder Erdteile gemeinsam und gleichsinnig über die pathogene Schwelle hinausgeschoben werden, so daß eine ernährungsbedingte Disposition der betreffenden Länder oder Erdteile für bestimmte Seuchen entsteht (Nachkriegsseuchenzüge).

Bei den Pflanzen liegen jedoch die Verhältnisse anders; die Grundration ihrer Ernährung ist ihnen ja von vorneherein durch das Erdreich gewährleistet; zur Diskussion steht nur die zum Zwecke der Ertragssteigerung verabreichte Zusatzration, die schon aus wirtschaftlichen Gründen nur in einzelnen, epidemiologisch bedeutungslosen Fällen unharmonisch oder überdimensioniert sein kann. Der Gedanke, daß die Kulturpflanzen durch die künstliche Düngung schlechthin für Epidemien anfälliger geworden seien, ist deshalb abwegig.

c) Die Anwesenheit geeigneter Zwischenwirte als Voraussetzung einer Epidemie

Die Bedeutung des alternierenden Wirtes für das Zustandekommen einer Epidemie hängt vom Grad der Zwangsläufigkeit des Wirtswechsels ab.

Bei den obligat heterogenen Infektketten, so beim Gitterrost der Birnbäume (S. 122), genügt es, den alternierenden Wirt, *Juniperus Sabina*, zu eliminieren, um die Epidemie erlöschen zu lassen; denn die Teleutosporen streuen nur etwa 100 m weit; deshalb sehen die Flurgesetze mancher Obstbaugebiete die Vernichtung erkrankter Sevibäume vor.

Auch Epidemien mit fakultativ heterogenen Infektketten, so der Schwarzrost (*Puccinia graminis* Pers.) und der Kronenrost (*Puccinia coronata* Cda. und *Pucc. lolii* Niels.) der Getreide, lassen sich durch Eliminierung der alternierenden Wirte (*Berberis*arten beim Schwarzrost, *Rhamnus*arten beim Kronenrost) eindämmen; deshalb wurden die *Berberis*sträucher in den wichtigern Getreideanbaugebieten der Vereinigten Staaten systematisch ausgerottet (Abb. 208), im Verlauf der Jahre 1918–48 insgesamt 363538752 Stück.

Doch hängt der Erfolg derartiger Bekämpfungsmaßnahmen weitgehend vom Bestehen örtlicher vegetativer Keimherde ab. Beide Getreideroste können nämlich mit ihren dikaryontischen Myzelien auf den Wintersaaten (S. 126) oder auf wildwachsenden Gräsern überwintern und können dort im folgenden Frühjahr, ohne den Umweg über die Teleutosporen und den Zwischenwirt, die Infektkette auf den Getreidefeldern kontinuierlich fortsetzen. Dennoch lohnt sich das Ausrotten der Zwischenwirte unter allen Umständen, und zwar wegen ihrer indirekten Auswirkung: Fehlen die Zwischenwirte, so unterbleibt bei diesen Erregern die später zu besprechende Bastardierung.

Die Geschichte der Pflanzenpathologie kennt aber auch den umgekehrten Fall, daß der Mensch aus wirtschaftlichen Erwägungen einen hochanfälligen Zwischenwirt neu in einem Gebiet anpflanzte und dadurch die Voraussetzungen für das Ausbrechen einer bisher endemischen Rostkrankheit schuf. Ein instruktives Beispiel liefert der Blasenrost der Weymouthskiefer, *Cronartium ribicola* J.C. Fischer.

Er entwickelt sich in der Haplophase auf fünfnadligen *Pinus*arten und bildet auf deren Stämmen Spermogonien und Aecidien (Blasenrost, insbesondere der Weymouthskiefer); in der Dikaryophase bewohnt er *Ribes*arten

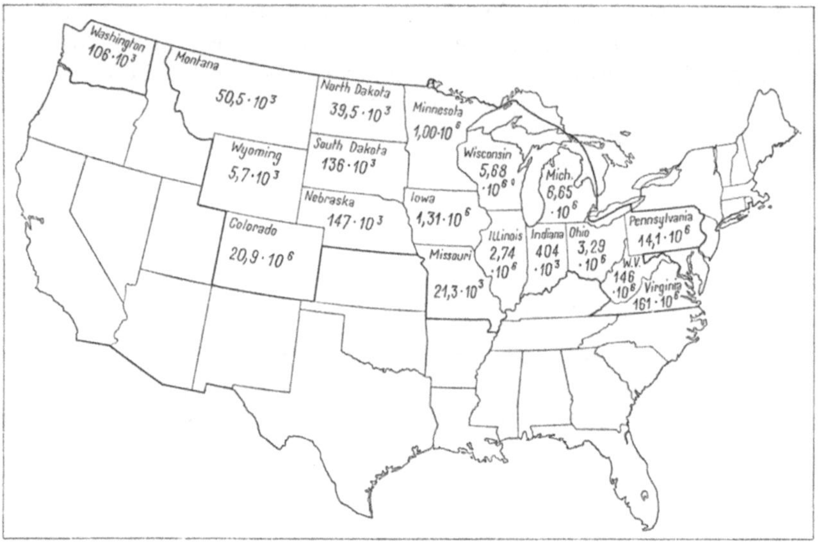

Abb. 208

Die Zahl der *Berberis*sträucher und Keimpflanzen, die in den Jahren 1918–48 in 18 getreidebauenden Staaten der Union ausgerottet wurden. Orig. U. S. Dept. of Agriculture.

und bildet auf deren Blättern die Uredo- und Teleutosporenkrusten (Blattrost der Johannisbeeren usw.). Sein Entwicklungsgang entspricht also demjenigen der *Puccinia graminis* (S. 120): Er infiziert im Frühsommer mit seinen Aecidiosporen junge *Ribes*blätter, greift im Laufe des Sommers durch seine Uredosporen auf den *Ribes*sträuchern immer weiter um sich und bildet auf ihnen neben den Uredo- auch Teleutosporen. Diese sind sogleich keimfähig. Die Basidiosporen infizieren fünfnadelige *Pinus*arten (S. 80). Von diesen aus setzt sich der Zyklus zwei Jahre später wieder auf *Ribes* fort. Der Pilz kann somit während der Vegetationszeit von *Ribes* zu *Ribes* übergehen, aber nicht von *Pinus* zu *Pinus*; von *Pinus* aus muß er *Ribes* befallen, und von *Ribes* aus muß er, da *Ribes* seine Blätter abwirft, eine Passage über eine fünfnadlige *Pinus* durchmachen. Der Wirtswechsel ist also an sich fakultativ, aber zu Beginn und am Ende der Vegetationszeit obligat; deshalb kann der Blasenrost nur dort auftreten, wo beide Wirte gemeinsam vorkommen.

Von Natur aus ist er in den Alpen und in Ostrußland und Sibirien endemisch (Abb. 209, *A* und *S*) und wechselt dort von der Arve, ***Pinus Cembra*** L., auf wildwachsende *Ribes*arten hinüber. Das Bestehen dieser zwei geographisch getrennten (disjunkten) Areale bestätigt die S. 123 gestreifte Regel, wonach wirtswechselnde Parasiten meist nur mit ihrer Pflanzengesellschaft wandern. Die spättertiär nordische Arve drang im Verlauf der Eiszeiten in die Alpen ein und bildete dort nach dem Zurückweichen der Gletscher ein reliktisches Teilareal, in welchem sich auch der Blasenrost zu halten vermochte. Auf diese Weise entstanden in Eurasien die zwei genannten Blasenrostareale, das alpine und das ostrussisch-sibirische. Die wirtschaftliche Bedeutung des alpinen Areals ist jedoch wegen der hohen Widerstandsfähigkeit der alpinen Arvenrasse gering; dagegen scheinen die sibirischen Rassen erheblich anfälliger zu sein.

Die spätere Blasenrostepidemie wurde durch das Zusammenwirken einer natürlichen und einer anthropogenen Voraussetzung bedingt.

Die natürliche Voraussetzung lag in dem Umstand, daß der weite europäische Raum zwischen den beiden auseinanderweichenden Blasenrostherden seit den Eiszeiten mit zahlreichen wildwachsenden und kultivierten *Ribes*arten erfüllt blieb, so mit *Ribes Grossularia* L., der Stachelbeere, *Ribes nigrum* L., der schwarzen Johannisbeere, und *Ribes rubrum* L., der roten Johannisbeere. Doch konnte der Blasenrost nicht in diesen Raum einbrechen, weil auf den laubabwerfenden *Ribes*sträuchern keine Uredoüberwinterung (also keine dauernde homogene Infektkette) möglich war und weil anderseits der Zwischenwirt für die heterogene Infektkette, die anfällige fünfnadlige *Pinus*art, fehlte.

Beide Voraussetzungen für eine Epidemie, die Anwesenheit von anfälligen fünfnadligen *Pinus*arten und ein zusammenhängendes Areal von *Ribes*sträuchern, waren dagegen jenseits des Ozeans in den nördlichen Staaten der Union und in Kanada spontan erfüllt. Doch fehlte hier (offenbar aus erdgeschichtlichen Gründen) der Erreger und mit ihm die Krankheit.

In dieses labile Gleichgewicht des europäischen und des nordamerikanisch-kanadischen Raumes griff nun der Mensch mit seinen wirtschaftlichen Maßnahmen ein.

Zunächst der europäische Raum. Die Forstleute importierten aus den Oststaaten der Union die Weymouthskiefer, *Pinus Strobus* L., eine wegen ihres weichen, astfreien Holzes und wegen ihrer Vorwüchsigkeit wertvolle Holzart, und pflanzten sie seit Beginn des 18. Jahrhunderts in ganz Europa nördlich der Alpen in großem Maßstab an. Hierzu hielten sie sich um so mehr für berechtigt, als die Weymouthskiefer in ihrer Heimat außer dem Hallimasch keine ernsthaften Feinde besaß. Durch diese Anpflanzungen wurde in Europa nördlich der Alpen künstlich eine neue Vergesellschaftung einer fünfnadligen *Pinus*art mit *Ribes*sträuchern geschaffen, so daß nun vier derartige Areale bestanden:

1. das natürliche inneralpine Arven-*Ribes*-Areal mit endemischem Blasenrost;

2. das ostrussisch-sibirische Arven-*Ribes*-Areal, ebenfalls mit endemischem Blasenrost;

3. das natürliche nordamerikanische Weymouthskiefer-*Ribes*-Areal, noch ohne Blasenrost, und

4. das anthropogene mittel- und nordeuropäische Weymouthskiefern-*Ribes*-Areal, ebenfalls noch ohne Blasenrost.

Durch die künstliche Schaffung eines fünfnadligen *Pinus-Ribes*-Raumes in unmittelbarer Nähe der endemischen alpinen und ostrussisch-sibirischen Krankheitsareale entstand für die Weymouthskiefer in der gesamten nördlichen Hemisphäre eine ernsthafte latente Gefährdung; aber noch fehlte im Weymouthskiefernraum der Erreger und mit ihm die Krankheit.

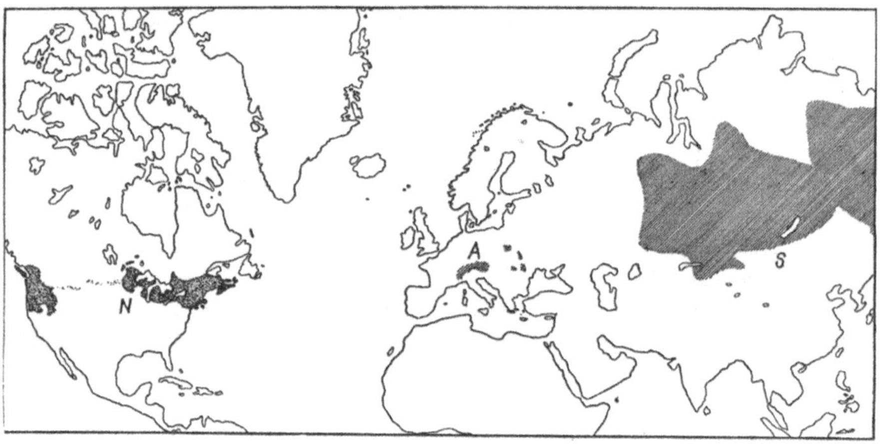

Abb. 209

Epidemiologische Voraussetzungen des Blasenrostes der Weymouthskiefer. *A* und *S* endemisches alpines und russisch-sibirisches Blasenrostareal auf der Arve, *N* neu entstandener nordamerikanischer Blasenrostgürtel in den natürlichen Kiefern-*Ribes*-Beständen. Original.

Diese konnte erst epidemisch auftreten, nachdem das europäische *Pinus Strobus*-Areal hinlänglich in sich geschlossen war und den ostrussisch-sibirischen Arven-Blasenrostraum berührte. Dieser Zustand wurde offenbar vor bald 100 Jahren erreicht. Der Rost ging infolgedessen auf den neuen, bisher ihm und der Wissenschaft unbekannten Wirt, die Weymouthskiefer, über und trat einen in Abb. 209 nicht eingezeichneten Seuchenzug nach Westen an, wurde 1865 im Baltikum beobachtet und verursachte zwischen 1865 und 1879 Epidemien in Finnland, Dänemark und Deutschland, 1880 in Schweden, 1885 in Holland, 1889 in Frankreich, 1892 in Großbritannien, 1894 in Belgien und 1895 in der Schweiz. Überall brach er mit einer Heftigkeit in die Anbaugebiete ein, daß in den ersten Jahren das Schicksal der Strobe besiegelt schien.

Bemerkenswert ist, daß der Seuchenzug nicht vom geographisch näher gelegenen alpinen, sondern vom fernen ostrussisch-sibirischen Herd ausging. Die geringe Erkrankungsdichte und geringe Erkrankungsheftigkeit im alpinen Arvenraum, die Areallücke von vielleicht 30 km Luftlinie zwischen diesem und dem mitteleuropäischen Strobenraum und die Höhe des Gebirgswalles bildeten offenbar ein unüberwindliches Hindernis für das Schließen der Infektkette zwischen dem endemisch-alpinen Arven-*Ribes*-Raum zum neugeschaffenen mitteleuropäischen *Strobus-Ribes*-Areal.

Im europäischen *Strobus-Ribes*-Raum schädigt der Parasit die Weymouthskiefer und die *Ribes*sträucher in gleicher Weise. Die Benennung und Bewertung der Epidemie hängt deshalb von der beruflichen Blickrichtung ab; der Forstmann spricht vom Weymouthskiefern-Blasenrost und denkt böse über den *Ribes*besitzer, der ihm den «Zwischenwirt» stellt; und der Gärtner spricht vom *Ribes*blattrost und verübelt dem Forstmann dieses Geschenk.

Nachdem der Blasenrost innert 30 Jahren den künstlich geschaffenen europäischen *Strobus*raum epidemisch durchschritten hatte, wurde er 1909 mit jungen Bäumen in die Nordoststaaten der Union eingeschleppt. Er brach damit in den natürlichen *Pinus Strobus-Ribes*-Raum und in die Heimat dieses Baumes, nicht nur in ein künstlich geschaffenes Areal desselben, ein. Hier standen ihm neben *Pinus Strobus*, der Eastern white pine, im Osten des Kontinentes, und *Pinus monticola* Dougl., der Western white pine, im Westen desselben, noch andere anfällige fünfnadlige *Pinus*arten, *Pinus flexilis* James, *Pinus parviflora* Sieb. et Zucc. usw., wildwachsend und geschlossene Bestände bildend, zur Verfügung, so daß die Blasenrostepidemie in Nordamerika (Abb. 209, *N*) zu einer Pandemie anschwoll.

Durch großzügige Vernichtung aller anfälligen *Ribes*sträucher im natürlichen Verbreitungsgebiet von *Pinus Strobus* und *Pinus monticola* (auf Grund der Abb. 209) und durch ein systematisches Ausschlagen aller infizierten Stämme wird seit 1922 versucht, die Krankheit einzudämmen.

Das Beispiel des Blasenrostes der Weymouthskiefer zeigt, wie eine harmlose, endemisch schlummernde Krankheit zu einer weltumspannenden, Millionenwerte vernichtenden Pandemie auswachsen kann, wenn in einen latent gefährdeten Raum, im vorliegenden Falle in das natürliche *Ribes*areal, ein anfälliger Zwischenwirt eingebracht wird.

Epidemiologisch ist an diesem Beispiel wichtig, daß der Blasenrost durch den Export von *Pinus Strobus* aus Nordamerika nach Europa gewissermaßen gegenläufig aus seiner alten Heimat, Europa, in ein neues Areal, Nordamerika, herübergeholt wurde: durch das massenhafte Einpflanzen eines anfälligen Zwischenwirtes in den gefährdeten europäischen *Ribes*raum wurde anthropogen eine neue Infektkette geschlossen und damit eine Brücke vom ostrussisch-sibirischen Reliktherd nach Westen um die ganze Erde herum bis zur Ost- und später Westküste Nordamerikas geschlagen.

Es ist einleuchtend, daß derartige Erfahrungen nicht nur gegen den Import fremder Pflanzenarten, sondern ebensosehr gegen den Export eigener Pflanzenarten sprechen.

d) Die Anwesenheit eines aggressiven Erregers als Voraussetzung einer Epidemie

Die Voraussetzung einer Epidemie ist der Infekt. Ohne Keim kann keine Infektionskrankheit und keine Epidemie ausbrechen, selbst wenn die Bedingungen hierzu gegeben wären. Doch ist der Keim nur die Voraussetzung, nicht die Ursache der Epidemie; die Ursache liegt im zeitlichen und örtlichen Zusammentreffen der acht auf S. 209 genannten Bedingungen, also in der gleichzeitigen Realisierung der Gesamtheit aller Ursachenkomplexe in einem bestimmten Gebiet.

Die Bedingung, daß ein aggressiver Erreger in einem bestimmten Gebiet anwesend sein muß, kann epidemiologisch auf fünf Arten erfüllt werden:

aa) Ein Erreger fehlt aus florengeschichtlichen Ursachen einem bestimmten Gebiet und greift später auf dieses über.

Spezialisierte Parasiten sind in der Regel geologisch jünger als ihre Wirte. Wenn ein geschlossenes tertiäres Florenareal wie das eurosibirisch-nordamerikanische aus erdgeschichtlichen Gründen (Einstürzen der Landbrücken) in zwei selbständige Florengebiete auseinanderbricht, so geht in den neuen Teilgebieten nicht nur die Weiterentwicklung der phanerogamischen Wirte, sondern nach ihr auch die Differenzierung ihrer Parasiten eigene Wege.

Bei der phanerogamischen Wirtsflora führt die nunmehr getrennte Weiterentwicklung zur Ausbildung vikariierender Arten, die den entsprechenden Arten des andern Florengebietes systematisch und biologisch nahestehen; aber sie haben den letzten Abschnitt der Erdgeschichte selbständig zurückgelegt und sind insbesondere durch die Krankheitserreger, die erst seit der geologischen Trennung in ihrer Heimat entstanden, durchseucht worden. Die Auslese durch diese Erreger hat die hochanfälligen Individuen von der Fortpflanzung ausgeschlossen und dadurch die entsprechenden Erbmassen eliminiert. Jede Seuche ist deshalb in ihrer endemischen Heimat verhältnismäßig milde.

Greift nun ein Erreger, der mutmaßlicherweise nach der Trennung der beiden Florengebiete entstand, auf das andere Teilgebiet über, so holt er dort auf den vikariierenden Arten innert weniger Jahrzehnte die Durchseuchung nach, die er in seiner Heimat während geologischer Zeiträume vollzog. Der Seuchenzug durch derartige Adventiverreger erreicht infolgedessen während der ersten Jahrzehnte eine Heftigkeit, die auf Grund der Beobachtungen im alteingesessenen Florengebiet niemals hätte vermutet werden können.

Es ist also nicht ein Zufall, sondern florengeschichtlich bedingt, daß Europa die Erreger einiger Seuchenzüge des letzten Jahrhunderts aus Nordamerika bezog; umgekehrt hat Nordamerika einige seiner Pandemien aus Europa eingetauscht. In beiden Fällen darf man vermuten, daß es sich um Parasiten handelt, die erst nach dem Aufbrechen des eurosibirisch-nordamerikanischen Florenareals entstanden sind und deshalb noch keine Gelegenheit hatten, die hochanfälligen Sippen der vikariierenden Arten auszumerzen.

Für beide Gefällsrichtungen, Nordamerika–Europa und Europa–Nordamerika, seien je zwei Beispiele genannt.

Die Gattung *Vitis* besitzt in Nordamerika zahlreiche Arten, die offenbar durch zwei dort heimische Parasiten, den echten Mehltau, *Uncinula necator*, und den falschen Mehltau, *Plasmopara viticola*, durchseucht und deshalb heute für beide verhältnismäßig schwach anfällig sind. Man könnte sich zwar vorstellen, alle Arten seien zufällig von Natur aus hochwiderstandsfähig gewesen; doch würde es schwer halten, sich hierfür eine Erklärung zurechtzulegen. – Europa besitzt eine einzige Art, *Vitis vinifera* L., die Weinrebe. Sie ist für die beiden nordamerikanischen Erreger nicht durchseucht; als diese deshalb im vergangenen Jahrhundert nach Europa einbrachen, (S. 199 und 206) wurde diese Durchseuchung in Gestalt der bekannten Epidemien nachgeholt.

Der Stachelbeermehltau, *Sphaerotheca mors-uvae*, ist seit 100 Jahren in Nordamerika als eine gefährliche *Ribes*krankheit bekannt; die besseren europäischen Stachelbeersorten konnten seinetwegen dort überhaupt nicht angebaut werden; denn sie wurden durch ihn vernichtet, ausgeseucht. Nach seinem Einbruch in Europa gegen Ende des letzten Jahrhunderts holte er auch hier die mangelnde Durchseuchung der europäischen Stachelbeerpopulationen in Gestalt einer perniziösen Epidemie nach.

Die umgekehrte Entwicklung: harmlos als endemischer Parasit in der durchseuchten Alten Welt und fulminant als neuer Krankheitserreger auf den nichtdurchseuchten Wirten der Neuen Welt, hat zunächst der eben besprochene Weymouthskiefern-Blasenrost, *Cronartium ribicola*, eingeschlagen.

Als zweites Beispiel sei ein Ascomycet, *Endothia parasitica* (Murr.) Anders., genannt, der im Mittelmeerbecken und in Ostasien Cupuliferen bewohnt. Er hat sie offenbar von altersher durchseucht und verursacht deshalb zum Beispiel auf der Edelkastanie, *Castanea sativa* Mill., nur den verhältnismäßig harmlosen Kastanienkrebs. Etwa 1904 wurde er in Nordamerika eingeschleppt und breitete sich hier auf den spontanwachsenden und den kultivierten *Castanea*- und zum Teil *Quercus*arten in Gestalt einer wilden Pandemie (chestnut blight) aus, die weite Waldstrecken zum Absterben brachte und deren Schaden schon in die Milliarden geht. Gewiß ist es wahrscheinlich, daß während dieser Pandemie aggressivere und stärker pathogene Rassen entstanden sind; aber die Pandemie wäre als solche überhaupt nicht ausgebrochen, wenn der Erreger die *Castanea*bestände der Neuen Welt (wie diejenigen der Alten) während geologischer Zeiten hätte durchseuchen können.

Die Vereinigten Staaten haben bis 1919 mindestens 120 pflanzliche Infektionskrankheiten von wirtschaftlicher Bedeutung aus dem Ausland eingeführt. Die Zahl derer, die noch nicht eingeschleppt sind, ist naturgemäß weit größer; so waren im Jahre 1943 allein auf dem Gebiete des Kartoffelbaues 93 ausländische Infektionskrankheiten noch nicht in die Vereinigten Staaten verschleppt (McCubbin, 1946).

Auf Grund dieser Erfahrungen stellt sich die Frage, welche Epidemien wir wegen derartiger florengeschichtlicher Differenzierungen in Europa noch zu erwarten und dementsprechend durch Quarantänemaßnahmen usw. abzuwehren haben. Diese Voraussage ist schwierig, weil ja endemische Krankheiten in ihren durchseuchten Heimatgebieten einen harmlosen Charakter anzunehmen pflegen und erst nach ihrem Ausbrechen ihre ursprüngliche Pathogenität wiedergewinnen.

Immerhin besteht für Europa eine unmittelbare latente Gefährdung durch eine Epidemie, die schon heute in Nordamerika großen Schaden stiftet und deshalb als solche zu erkennen ist, nämlich durch den fire-blight der Pomoideen, insbesondere der Apfel- und Birnbäume, verursacht durch *Bacterium amylovorum* (S. 30).

bb) Eine Kulturpflanze erfährt durch die Weltwirtschaft eine künstliche Erweiterung ihres Areals und enteilt dadurch zunächst ihren heimischen Parasiten; diese folgen ihr später nach.

Die Nutzpflanzen der Land- und Forstwirtschaft werden meist durch Samen, seltener durch vegetative Organe, Knollen usw., in ihre neuen Anbaugebiete gebracht. Die Gefahr, daß sie schon auf ersten Anhieb auch ihre Parasiten mit verschleppen, ist gering; denn für solche Zwecke wird normalerweise das beste und gesundeste Saatgut ausgesucht. Auf diese Weise entsteht im neuen Anbaugebiet ein disjunktes Areal des Wirtes, das die angestammten Krankheitserreger der Heimat nicht mehr kennt.

Derartige Importpflanzen werden deshalb von Nichtsachkundigen oft den bresthaften einheimischen Kulturpflanzen als Vorbilder gegenübergestellt; zu Unrecht. Es ist hier wie im menschlichen Leben; bei alten Dienstboten kennt man die Fehler; neue Besen kehren gut. Die Importpflanzen bleiben ja für die Infektionskrankheiten ihrer Heimat anfällig, nur daß vorläufig der Erreger fehlt (und sie sind überdies, wie wir noch sehen werden, auch anfällig für neue Krankheiten, die im neuen Anbaugebiet auf sie übergehen). Die Krankheitserreger folgen aber ausnahmslos ihren vorauseilenden Wirtspflanzen nach und brechen früher oder später in das unverseuchte neue Anbaugebiet ein. Zur Diskussion steht deshalb bloß die Länge der Phasenverschiebung: Wie lange dauert es, bis ein Krankheitserreger seinen Wirt eingeholt hat? Hierfür drei Beispiele.

Die Kartoffelpflanze wurde in der zweiten Hälfte des 16. Jahrhunderts aus Südamerika in Europa eingeführt und war damals offenbar ein Muster von Gesundheit; ihr Laub muß bis weit in den Herbst hinein grün und kräftig gestanden haben. Im Verlaufe des 18. Jahrhunderts wurde ihre Kultur in Mittel- und Westeuropa vor allem in Hungerjahren stark ausgedehnt; denn sie gibt kalorienmäßig je Oberflächeneinheit einen doppelt so hohen Ertrag wie die Brotfrucht; freilich eine kulinarisch geringwertige Nahrung, wenn die nötigen Zutaten fehlen. Die neue Eßgewohnheit, den Kohlehydratbedarf durch Kartoffeln statt durch Mus (Brei) und Brot zu decken, blieb aber auch außerhalb der Hungerjahre bestehen und mit ihr das große, blühend gesunde Kartoffelareal.

Im Jahre 1830 wurde gleichzeitig in Nordamerika und Europa auf den Kartoffelfeldern die Krautfäule (Abb. 305), verursacht durch *Phytophthora infestans* (Mont.) de By., wahrgenommen. 1835 war sie in Großbritannien, 1840–42 in ganz Europa allgemein verbreitet. Der eigentliche pandemische Seuchenzug, die Erdäpfelseuche, ging jedoch erst im naßkalten Sommer 1845 über das europäische Kartoffelgebiet weg (S. 207) und holte innert weniger Jahre die mangelnde Durchseuchung nach. Die Phasenverschiebung zwischen dem vorauseilenden Wirt und dem nachfolgenden Krankheitserreger beträgt somit in diesem Falle, wenn man den Großanbau der Kartoffeln betrachtet, etwa 80 Jahre.

Zweites Beispiel: Die Douglasie, *Pseudotsuga Douglasii* Carr. Sie wurde um die Mitte des letzten Jahrhunderts in ihren verschiedenen Kleinarten aus den Weststaaten der Union nach Europa gebracht und später als Ersatz für die unter dem Blasenrost zusammenbrechende Weymouthskiefer stark propagiert. Auch sie gab zu den schönsten Hoffnungen Anlaß und «besaß keine Feinde»; aber diese folgten ihr nach.

Die Schottische Douglasienschütte, verursacht durch einen Ascomyceten, *Rhabdocline pseudotsugae* Syd., erstmals 1911 in den Nordweststaaten der Union beobachtet, sprang wahrscheinlich schon vor dem ersten Weltkrieg nach Schottland hinüber, trat aber erst 1922 epidemisch auf und ist seither auf einem Seuchenzug durch ganz Europa begriffen.

Zu ihr gesellt sich eine zweite Nadelkrankheit, die Schweizer Douglasienschütte, verursacht durch einen andern Ascomyceten, *Phaeocryptopus Gäumanni* (Rohde) Petr. (Abb. 71). Seit etwa 1927 aus Irland, England und der Schweiz bekannt, hat sie seither pandemisch ganz Europa erobert und in manchen Gebieten die Douglasienkultur in Frage gestellt.

Damit ist der Traum der makellosen Douglasie zu Ende. Die Phasenverschiebung zwischen dem vorauseilenden Wirt und den nachfolgenden Krankheitserregern beträgt hier etwa 60 Jahre.

Drittes Beispiel: die S. 210 genannte *Puccinia Komarovi* Tranzsch. auf *Impatiens parviflora* DC.; es ist deshalb lehrreich, weil hier bei der Verschleppung des Erregers der Welthandel sicher nicht mitgewirkt hat. Die Wirtspflanze stammt aus dem südlichen Sibirien und der Mongolei, ist nach 1837 aus den botanischen Gärten Genf und Dresden ausgebrochen und seither als Gartenflüchtling bei uns verwildert. Der Rost folgte ihr erst gegen Ende des letzten Weltkrieges spontan nach (S. 210); der Vorsprung des Wirtes wurde somit nach 80 Jahren aufgeholt.

Man darf demnach im allgemeinen mindestens ein Menschenalter rechnen, bis epidemische Krankheitserreger ihre vorauseilenden Wirte eingeholt haben. Die Nutzpflanzen liefern während dieser Latenzzeit ungehindert ihren schönsten Ertrag; sie nach Möglichkeit zu verlängern, ist Zweck der Quarantänemaßnahmen.

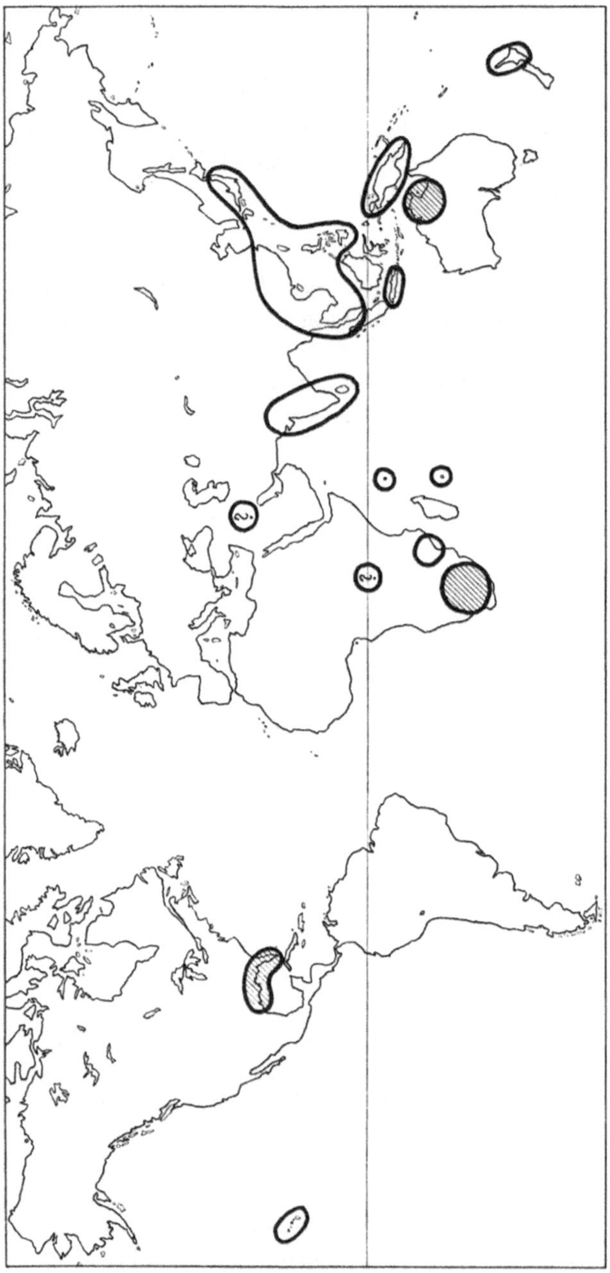

Abb. 210

Das Verbreitungsgebiet des *Citrus*krebses, *Xanthomonas citri* (Hasse) Dows. Die Sekundärherde, die durch Bekämpfungsmaßnahmen ausgelöscht wurden, sind schraffiert. (Nach dem Kartenwerk des Commonwealth mycolog. Inst. Kew.)

Diese können, wenn rigoros durchgeführt, bei Erregern mit einer geringen Streukraft zu einem nachhaltigen Erfolg führen. So ist der *Citrus*krebs, verursacht durch *Xanthomonas citri*, vor dem ersten Weltkrieg mit Pflanzmaterial aus Ostasien nach Texas und den übrigen Golfstaaten der Union eingeschleppt worden und insbesondere in Florida zu einer Pandemie ausgewachsen (Abb. 210). Mangels besserer Bekämpfungsmittel wurden die erkrankten Bäume einfach mit Petroleum übergossen und im Wert von 1 oder 2 Dutzend Millionen Dollar verbrannt. Auf diese Weise und durch strenge interne Quarantänemaßnahmen gelang es aber, die Seuche von Kalifornien fernzuhalten, und zwar hauptsächlich deshalb, weil Bakteriosen nicht aerogen streuen.

Es war somit beim *Citrus*beispiel der Mensch, der ihn verschleppte, und auch wieder der Mensch, der ihn ausrottete. Ohne derartige anthropogene Verschleppungen durch Pflanzmaterial (S. 199) wären manche Seuchen erst viel später in die neuen Räume eingebrochen. Der Pflanzenpathologe steht deshalb den Bestrebungen, möglichst zahlreiche fremde Florenelemente (der Forstmann nennt sie «Exoten») versuchsweise in neue Anbaugebiete einzuführen, zurückhaltend gegenüber. Gewiß verdanken wir zwei wichtige landwirtschaftliche Kulturpflanzen, die Kartoffel und den Mais, der überseeischen Einfuhr; aber dies berechtigt nicht zu jedem wilden Import. Wegen der eben besprochenen «Phasenverschiebung» wird zwar das Gewicht der epidemiologischen Argumente oft gering geachtet; erst die Enkel erleben ihre Richtigkeit.

Der einzige fruchtbare Weg zur Gewinnung leistungsfähiger Pflanzen führt auf lange Sicht in der Land- wie in der Forstwirtschaft über die Auslese und die systematische Züchtung auf Grund des angestammten, seit Jahrtausenden bei uns durch die Natur selektionierten und durchseuchten Pflanzenmaterials («Landsorten»).

cc) Eine Kulturpflanze enteilt vorübergehend ihren Krankheitserregern, weil von ihr widerstandsfähige Sorten angebaut werden.

Es ist dies der gleiche Vorgang, den wir soeben für die Gruppe bb) schilderten, nur mit dem Unterschied, daß aus bestehenden Kulturformen durch züchterische Maßnahmen krankheitswiderstandsfähige Sorten geschaffen und angebaut werden, die durch ihre Krankheitswiderstandsfähigkeit den betreffenden Erregern vorübergehend enteilen.

Aber auch hier folgen die Krankheitserreger den vorauseilenden Wirtspflanzen nach. Ein Feld mit einer krankheitswiderstandsfähigen Sorte übt auf die ganze Nachbarschaft eine Selektionswirkung aus. Die neue Sorte wählt aus den Populationen der schon vorhandenen oder neu entstehenden pathogenen Biotypen jene aus, die auf ihr zu gedeihen vermögen (Filtereffekt); ihr Krankheitsbefall ist deshalb anfänglich gering (Tab. 20) und steigt dann von Jahr zu Jahr in dem Ausmaß, wie sich die ihr kongenialen Biotypen fortpflanzen.

«So ist die Rasse 2 von *Ustilago tritici* (Abb. 145) bis 1925 in Norddeutschland nur ganz selten auf der Sommerweizensorte Grüne Dame gefunden worden.

Als dann 1926 die Sommerweizensorte Peragis in rascher Folge flächenmäßig ausgedehnt wurde, fand diese Rasse plötzlich rasch zunehmende Vermehrungsgelegenheit auf Peragis (einer Kreuzungssorte zwischen Grüne Dame × Blaue Dame). Nun nahm das Auftreten von Rasse 2 rasch zu, ihr Anteil an der in der Luft herumschwebenden Sporenmenge stieg von Jahr zu Jahr und verdrängte anteilmäßig Rasse 1, die vorwiegend auf dem Bordeaux-Sommerweizen gedeiht, der früher 90%, heute aber nur 35% der deutschen Sommerweizenfläche stellt.»

«Wir finden in Mitteldeutschland seit 5 Jahren ein starkes Zunehmen der Rasse 7 von *Puccinia glumarum tritici* durch Ausdehnung des Winterweizens Carsten V. Diese Sorte war mehrere Jahre auch in Holland frei von Gelbrost,

Tabelle 20

Die Selektionswirkung (Filtereffekt) einer neuen Wirtssorte auf eine Population des Weizensteinbrandes, *Tilletia tritici* (Bjerk.) Wint. (Nach ROEMER, FUCHS und ISENBECK, 1938.)

Weizensorte	% Befall in den Jahren					
	1929	1930	1932	1933	1934	1935
Ridit	0,4	14,8	7,4	36,6	32,2	46,6
Heils Dickkopf	—	32,0	37,9	82,2	68,7	91,8
Svalöfs Panzer III	57,4	70,0	68,7	93,6	78,9	86,3

ebenso wie zuerst auch in Deutschland; 1934 wurde in Holland zum erstenmal Gelbrost auf Carsten V gefunden, und 1936 war er über und über voll von Uredosporen. Würde er aus diesem Grunde aus dem Anbau zurückgezogen und nach fünfjähriger Unterbrechung wieder angebaut, so bliebe er zunächst frei von Rost, bis die Rasse 7 wieder die Oberhand in der Population gewönne» (ROEMER, FUCHS und ISENBECK, 1938).

Je mehr Biotypen eine Population von Krankheitserregern in einem bestimmten Gebiet enthält, um so größer ist die Wahrscheinlichkeit, daß eine Rasse des Erregers auf die neue Wirtssorte einbricht.

Dieser Vorgang spielt sich unsichtbar auch zwischen den verschiedenen Ländern und Kontinenten ab; so sind gewisse nordamerikanische Weizensorten für bestimmte mitteleuropäische *Tilletia*biotypen hochanfällig; würden diese letzteren in Nordamerika eingeschleppt, so würde die betreffende Züchtungsarbeit dahinfallen. Deshalb darf nicht argumentiert werden: der Weizensteinbrand ist schon in einem bestimmten Land vorhanden und somit ist nichts mehr zu verderben, sondern entscheidend sind die einzelnen Biotypen des Erregers. Ein neuer Biotyp kann epidemiologisch wie ein neuer Erreger wirken.

dd) Eine Kulturpflanze wird in einem neuen Anbaugebiet von einer neuen Krankheit befallen, weil ein dort heimischer Krankheitserreger auf sie übergeht.

Die kosmopolitischen Massenkulturen der landwirtschaftlichen Kulturpflanzen stellen ein Sammelbecken dar, das die Krankheiten von den verschiedensten Wirten her auffängt; so ist es, um das Beispiel der Kartoffeln zu betrachten, nicht wahrscheinlich, daß die Wildformen der Anden schon sämtliche 300 Mykosen, Bakteriosen und Virosen kannten, welche heute auf dem ganzen Erdball die Kulturkartoffeln befallen. Wir müssen vielmehr annehmen, daß die Kartoffelgroßkultur auf dem ganzen Erdball von überall, insbesondere von den wildwachsenden Solanaceen und von allen sonstigen Nebenwirten her, die Erreger magnetisch anzog: was überhaupt auf der Kartoffel Fuß fassen konnte, ging spontan auf sie über und wanderte in ihrem geschlossenen Areal von Kontinent zu Kontinent (Sammeleffekt). Es gibt somit neue Infektionskrankheiten der Kulturpflanzen, auch abgesehen von der später zu besprechenden Entstehung neuer Erreger.

Ein derartiger Zuwachs des Krankheitsinventars ist u.a. für eine der neuesten Kartoffelseuchen mit großer Wahrscheinlichkeit belegt, für den Kartoffelkrebs (Abb. 294), verursacht durch *Synchytrium endobioticum* (Schilb.) Perc. Er begann in den siebziger Jahren des vorigen Jahrhunderts in England und Schottland aufzutreten. Im Ursprungsland der Kartoffel ist er unbekannt; es ist deshalb nicht anzunehmen, daß er mit erkrankten Wildknollen nach Europa verschleppt wurde, sondern er muß erst hier seinen Ursprung genommen haben; er mag hier, ohne Beachtung zu finden, auf Unkräutern, die wir heute als Nebenwirte betrachten, *Solanum nigrum* L., dem schwarzen Nachtschatten, oder *Solanum Dulcamara* L., dem Bittersüß, gelebt haben und ist dann in den siebziger Jahren in Großbritannien als eine «neue Krankheit» auf die in den benachbarten Feldern gebauten Kartoffeln übergegangen.

In den folgenden Jahrzehnten dehnte er sich, obschon eine Verbreitung nur unmittelbar durch erkranktes Saatgut (S. 158) möglich ist, über die Alte und die Neue Welt aus, 1896 Ungarn, 1908 Deutschland, 1909 Neufundland, 1918 Vereinigte Staaten, 1921 Südamerika usw. Es handelt sich also wirklich um eine neue Krankheit der Kartoffeln, die erst durch das Zusammentreffen der Kulturkartoffeln mit erkrankten Unkräutern anthropogen «geschaffen» wurde und seither den Erdball eroberte.

ee) Ein Erreger erfährt eine spontane Änderung seiner parasitischen Eigenschaften und wird dadurch zum Ausgangspunkt einer neuen Epidemie.

Diese Teilfrage setzt biologische Vorgänge voraus, die wir erst im nächsten (3.) Kapitel (Die Änderungen der parasitischen Eignung der Erreger) besprechen werden. Durch Umgewöhnung, Bastardierung, Saltation oder Mutation kann nämlich aus einem Erregerstamm vorübergehend oder dauernd ein neuer Stamm, also ein neuer Erreger, entstehen, der entsprechend den eben betrachteten Abschnitten aa) und bb) eine neue Epidemie auszulösen vermag. Anfangs der zwanziger Jahre dieses Jahrhunderts entstand in den Vereinigten Staaten die Weizen-Schwarzrostrasse 38 wahrscheinlich durch Bastardierung. Im Jahre 1926 war sie von zwei Stellen bekannt (Abb. 211). Von hier brach sie aus, schwoll zu einer neuen Epidemie an und hatte schon zwei Jahre später fast das gesamte Weizenanbaugebiet samt Mexiko überschwemmt.

Schon von 1934 an verlor sie jedoch an Bedeutung (Abb. 212); an ihre Stelle trat ein Wellenberg von Biotyp 56, der an der Epidemie des Jahres 1935 einen entscheidenden Anteil hatte (Abb. 168); auf ihn folgte ein entsprechender Anstieg von Biotyp 17. Die neuen Schwarzrostrassen rollen deshalb gleich Wellenkämmen unter der Decke der säkularen Schwankungen (Abb. 207) über das Weizenareal dahin.

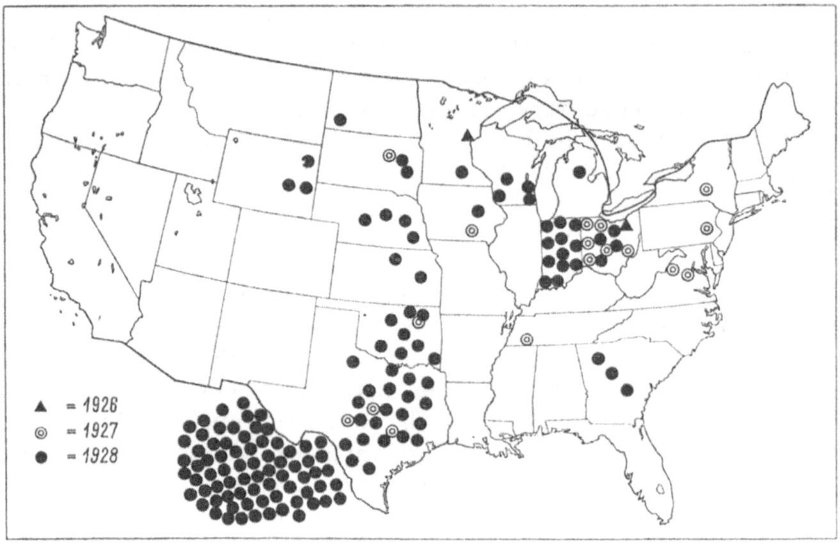

Abb. 211

Die epidemische Ausbreitung der *Puccinia graminis tritici* Biotyp 38 in den Vereinigten Staaten während der Jahre 1926–28. (Nach WALLACE, 1932.)

e) Eine große Reproduktionskraft des Erregers als Voraussetzung einer Epidemie

Da eine Epidemie definitionsgemäß in einer zeitlichen und örtlichen Häufung von infektiösen Erkrankungsfällen besteht, so sind nur Erreger mit einer großen Reproduktionskraft seuchenfähig.

Das Ausmaß der Reproduktionskraft eines Erregers wird aa) durch seine numerische Fruchtbarkeit, bb) durch seine numerische Infektionsschwelle, und cc) durch den Rhythmus seiner Generationenfolge bestimmt.

aa) Die numerische Fruchtbarkeit des Erregers (Die Zahl seiner Ausbreitungseinheiten). Die pflanzenpathogenen Bakterien und Viren besitzen keine besondern Ausbreitungseinheiten; die erstern werden unmittelbar durch ihre vegetativen Zellen, die letztern durch infektiöse Partikel übertragen; deshalb besteht das Problem der Zahl der propagativen Einheiten nur bei den pflanzenpathogenen Pilzen.

Seuchenfähig sind nur pflanzenpathogene Pilze mit einer enormen numerischen Fruchtbarkeit; *Corticium vagum* B. et C. (S. 89), das selten fruktifiziert, kann deshalb keine progressiven Epidemien auslösen; wohl aber vermag es mit seinen kutinisierten Hyphen zu persistieren, wo es einmal Fuß gefaßt hat. Die epidemiologisch notwendige ungeheure Sporenmenge wird von den betreffenden Pilzen in der Weise produziert, daß sie die propagativen Sporen mit einem geringen technischen Aufwand ganz einfach vegetativ abschnüren (zum Beispiel Abb. 109 und 155), also nicht in Verbindung mit einem sexuellen Vorgang, zum Beispiel einer Karyogamie.

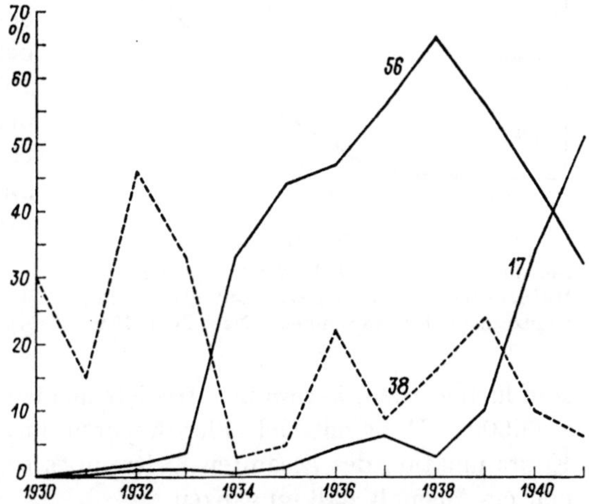

Abb. 212

Die Schwankungen in der prozentualen Zusammensetzung der Weizen-Schwarzrostflora (*Puccinia graminis tritici*) in den Vereinigten Staaten während der Jahre 1930–41. Ordinate: Zahl der Isolierungen, die dem betreffenden Biotyp angehörten, bezogen auf die Gesamtzahl der Isolierungen des betreffenden Jahres. (Nach STAKMAN, LOEGERING, CASSELL und HINES, 1943.)

MILLARDET (zit. nach RIEHM, 1928) stellte in einem stark vom falschen Mehltau, *Plasmopara viticola*, befallenen Rebberg Glasplatten auf, die mit Vaseline bestrichen waren, und zählte schon nach 26 Stunden durchschnittlich 32000 Konidien je cm², von denen jede mit 6–8 Zoosporen auskeimt.

Sclerospora philippinensis West., der falsche Mehltau des Maises, bildet auf einer einzigen Maispflanze mittlerer Größe (Blattfläche 3,5 dm²) in einer einzigen Nacht rund 252 Millionen Konidien, auf einem großen Exemplar von 26,3 dm² rund 2 Milliarden Konidien (WESTON, 1923). Um wieviel mehr in einer ganzen Vegetationszeit!

Auf einer einzigen Maispflanze steigt die Zahl der Uredolager des Maisrostes, *Puccinia sorghi* Schw., im Laufe des Sommers auf etwa 70000 (Abb. 213); jedes Lager bildet etwa 50000 Uredosporen. Dementsprechend wächst schon bei einem kleinen Infektionsherd (2–3 km²; Nullpunkt der Abb. 199) die Zahl der produzierten Uredosporen bis zur Dimension 10^{16} (Abb. 214).

Der Schwarzrost des Getreides, *Puccinia graminis* Pers., erzeugt in einem Frühjahr auf einem Berberisstrauch von mittlerer Größe rund 64 Milliarden, also $6{,}4 \cdot 10^{10}$ Aecidiosporen (LEVINE, 1928); dies ist wohl über 30mal die Bevölkerung der Erde. Unter günstigen Bedingungen führen diese Sporen innerhalb 10 Tagen auf den Getreidepflanzen zur Bildung von Uredolagern; wenn von jeder Aecidiospore nur ein Uredolager ausgeht und wenn ein Uredolager durchschnittlich 200000, also 2 · 10^5 Uredosporen abschnürt, haben wir nach 10 Tagen 1,28 · 10^{16} Uredosporen. Bis Ende Juli können weitere 6 Generationen folgen, wodurch die Uredosporenzahl bei der Dimension 10^{46} anlangt. Dies ist eine astronomische Zahl; nach O. THOMAS, Astronomie, gibt der Radius des Weltraumes dividiert durch den Durchmesser des Protons «nur» 10^{40}. Die Masse des Pfeifferschen Influenzabazillus beträgt 10^{-15} g, diejenige der Erde 10^{28} g; also ist die Erde «nur» 10^{43} mal schwerer als der Influenzabazillus. Und zu denken, daß die Zahl 10^{46} nur für die Abkömmlinge eines Berberisstrauches gilt!

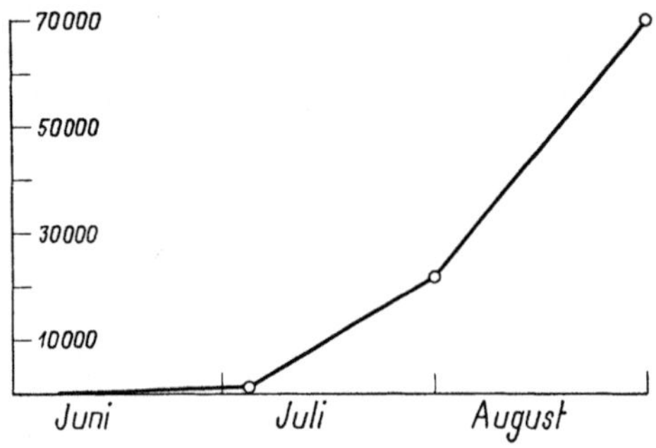

Abb. 213
Die durchschnittliche Zahl der Uredolager des Maisrostes, *Puccinia sorghi*, auf einer Maispflanze im Laufe eines Sommers. (Nach ZOGG, 1948.)

Auch wenn selbstverständlich noch so viele Glieder der Schneeballkette ausfallen, so läßt diese ungeheure Progression doch verständlich werden, warum in getreidebauenden Ländern der ganze Luftraum bis auf 4000 m Höhe mit Getreiderostsporen durchsetzt ist (S. 172). Wegen dieser Kontamination des gesamten Luftraumes erreicht die Trefferwahrscheinlichkeit ein Ausmaß, daß im ganzen Anbaugebiet sicherlich jede Getreidepflanze mehrmals infiziert wird.

bb) Die numerische Infektionsschwelle. Erreger mit einer niedern numerischen Infektionsschwelle (S. 59) besitzen wegen dieser Eigenart epidemiologisch eine größere Reproduktionskraft als solche mit einer hohen. Wenn eine Brandspore von *Ustilago tritici* (S. 155) vom Wind 500 m weit getragen wird, dort eine Weizennarbe trifft und auf ihr keimt, so ist dies epidemiologisch gleichgültig; denn sie vermag für sich allein keine Infektion auszulösen; dagegen haften bei den Aecidiosporen von *Cronartium ribicola* (S. 171) auf *Ribes*blättern und von *Puccinia graminis* (S. 172) auf Getreideblättern schon Einsporinfektionen.

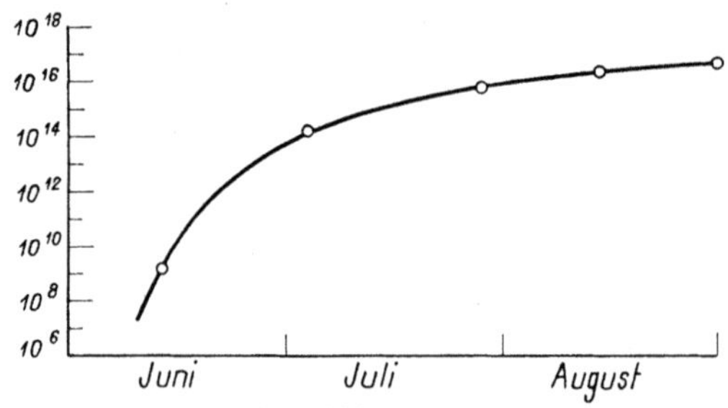

Abb. 214
Die epidemiologische Leistungsfähigkeit eines 2–3 km² großen Infektionsherdes des Maisrostes, *Puccinia sorghi*. Ordinate: Zahl der im Herdgebiet produzierten Uredosporen. (Nach ZOGG, 1948.)

cc) Der Rhythmus der Generationenfolge (Die Umlaufzeit). Beim falschen Mehltau der Reben, *Plasmopara viticola*, sind trotz der eben besprochenen numerischen Fruchtbarkeit 3–4 Generationen nötig, um eine Epidemie beginnen zu lassen (ZILLIG, 1942). Bei den übrigen pflanzlichen Infektionskrankheiten dürften die Verhältnisse ähnlich liegen. Da aber die Vegetationszeit in den gemäßigten Klimaten beschränkt ist und da den Parasiten überdies nur ein Teil derselben zur Verfügung steht (meist höchstens 5 Monate), so bildet die Raschheit der Generationenfolge eines der entscheidenden Kriterien für die epidemiologische Eignung eines Krankheitserregers.

Die Raschheit der Generationenfolge wird auf seiten des Erregers durch seine Fruktifikationszeit und durch die für die Bildung und die Keimung seiner propagativen Sporen notwendige Zeit bestimmt.

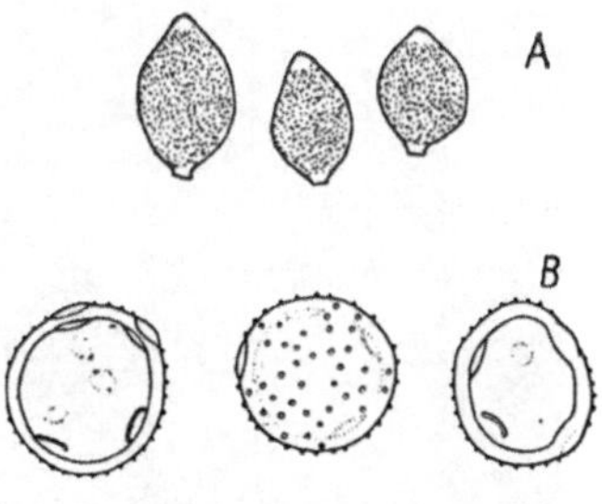

Abb. 215
Unmittelbar keimfähige propagative Pilzsporen. *A* Konidien (Zoosporangien) der Krautfäule der Kartoffeln, *Phytophthora infestans* (Mont.) de By., mit einer scheitelständigen Keimpapille. *B* Uredosporen des Drahtschmielenrostes, *Uromyces airae flexuosae* (Liro) Ferd. et Winge, mit feinwarzig skulptiertem Exospor und einigen Keimporen; diese sind mit einer wahrscheinlich pektinartigen Substanz gefüllt, die sich nach außen und oft auch nach innen papillenartig verwölbt. Vergr. *A* 330, *B* 440. (Nach KRÜGER, 1939, und GUYOT, 1938.)

Die Fruktifikationszeit (S. 57). Zwei Beispiele von extrem langer Fruktifikationszeit sind der Weizenflugbrand (S. 153) und der Gitterrost der Birnbäume (S. 122); beim erstern dauert sie ein Jahr, beim letztern auf dem Sevibaum sogar mehrere Jahre; beide sind deshalb schlecht geeignet, eine progressive Epidemie auszulösen; sie bewirken nur eine lokale, stationäre Häufung von Erkrankungen. Epidemiologisch sehr geeignet sind dagegen der echte Mehltau in seinen verschiedenen Arten (Fruktifikationszeit 6–8 Tage), der falsche Mehltau der Kartoffeln und der Reben und die Getreideroste (Fruktifikationszeit etwa 10 Tage) usw.; hier folgen sich schon innerhalb eines Monates mehrere Generationen mit einer dem Schneeballsystem entsprechenden Progression der Sporenbildung.

Die Raschheit der Bildung der propagativen Sporen. Da die propagativen Sporen, im Gegensatz zu den Dauersporen, asexuell (also ohne den langen Umweg über Kopulation und Kernverschmelzungen) erzeugt werden, so können sie bei günstiger Temperatur und hoher Luftfeuchtigkeit innert weniger Stunden entstehen. Der Volksmund sagt, der falsche Mehltau breche «über Nacht» hervor und kennzeichnet dadurch zwei Erscheinungen, nämlich daß Licht die Bildung der asexuellen Fruktifikationen meistens hemmt und daß die paar Stunden einer warmen Sommernacht für die Ausbildung neuer Konidienträgerrasen genügen.

Die Raschheit der Keimung der propagativen Sporen. Hier spielen zwei Momente zusammen: 1. seuchenfähig sind nur jene Pilze, bei denen mindestens eine Sporenform sogleich, ohne Ruhezeit, keimfähig ist; und 2. deren Keimung innert weniger Stunden abrollt. Die Erfüllung dieser Bedingungen wird ihnen durch ihre dünne Wand und zuweilen durch die Ausbildung vorbestimmter Keimungsstellen, so einer terminalen Keimpapille bei den Konidien des falschen Mehltaues (Abb. 215, *A*) oder besonderer Keimporen bei den Uredosporen der Rostpilze (Abb. 215, *B*) erleichtert.

f) Leichte Ausstreubarkeit des Erregers als Voraussetzung einer Epidemie

Das epidemische Potential eines Erregers wird nicht nur durch die Zahl seiner propagativen Einheiten, sondern überdies durch ihre Ausstreubarkeit bestimmt. Die Übertragung erfolgt bei den epidemiogenen Mykosen meist anemochor, bei den Bakteriosen und Virosen entomochor. Wir betrachten hier nur die Seuchenfähigkeit der Mykosen, weil nur die Pilze besondere propagative Verbreitungseinheiten bilden.

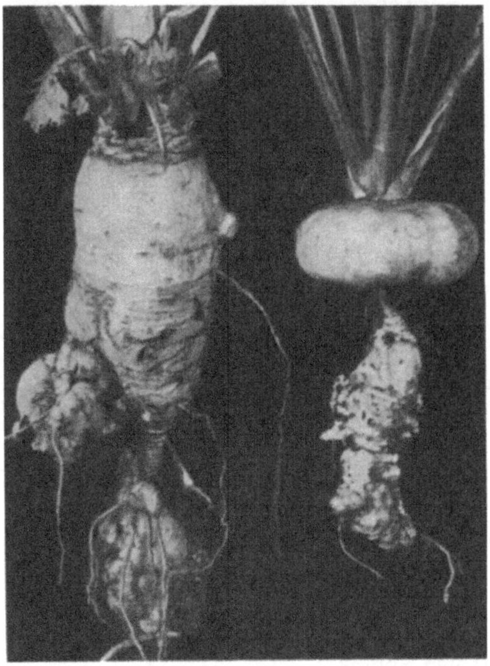

Abb. 216
Weißrüben (*Brassica Rapa* L.) mit Tumoren der Kohlhernie *Plasmodiophora brassicae* Wor. Etwa ¼ nat. Gr. Original Eidgenössische Versuchsanstalt Wädenswil.

Diese propagativen Verbreitungseinheiten, Konidien, Uredosporen usw., müssen sich physikalisch für den anemochoren Transport eignen und müssen ihn biologisch überstehen.

Die erste physikalische Voraussetzung für den anemochoren Transport der Pilzsporen ist, daß sie leicht in die Windbahn gelangen; seuchenfähig sind deshalb nur jene pflanzenpathogenen Pilze, die ihre propagativen Sporen an der Körperoberfläche des Wirtes, also extramatrikal, abschnüren (zum Beispiel Abb. 155) oder die Sporen sonstwie ins Freie gelangen lassen (zum Beispiel Pyknidien). Intramatrikal fruktifizierende Pilze, und wäre ihre Sporenzahl noch so groß wie bei der Kohlhernie (Abb. 216) und beim Maisbrand (Abb. 239), können nur stationäre, aber nicht eigentlich progressive Epidemien auslösen.

Die zweite physikalische Voraussetzung für die anemochore Ausstreuung, daß sich die Sporen gewichtsmäßig für den Ferntransport eignen, wird bei allen Pilzsporen durch ihre kleinen Dimensionen erfüllt (S. 167).

Mit der biologischen Eignung, daß die propagativen Sporen den anemochoren Transport auch wirklich keimfähig und infektionstüchtig überstehen, ist es dagegen schlechter bestellt; die propagativen Pilzsporen werden ja, wie

Tabelle 21

Der Einfluß des Alters auf die Keimfähigkeit und die Keimungsgeschwindigkeit der Konidien beim Sternrußtau der Rosen, *Diplocarpon rosae* (Lib.) Wolf. (Nach FRICK, 1943.)

Lebenszeit in Tagen	% Keimungen	Beginn der Keimung in Stunden
3	92	14
6	88	14
9	71	24
14	66	36
19	45	48
23	17	60
27	6	72
31	0	—

soeben geschildert, meist rasch und mit einem geringen Materialaufwand erzeugt und oft nur mit einer zarten Außenwand versehen; dementsprechend ist ihre Lebensdauer und ihre Widerstandsfähigkeit gegen äußere Einflüsse, jedenfalls verglichen mit den Dauersporen (S. 148), gering: sie besitzen bloß ephemeren Charakter.

Immerhin behalten die Konidien ihre Keimfähigkeit in der Regel einige Tage, unter optimalen Bedingungen sogar mehrere Monate, wobei freilich mit dem Alter oft die Raschheit ihrer Keimung abnimmt (Tab. 21); sie kommen dann leicht zu spät und können sonst günstige Umweltbedingungen nur ungenügend ausnützen. Ihr größter Feind ist die Trokkenheit der atmosphärischen Luft, in der sie schweben; so beträgt die Lebensdauer der Konidien des falschen Mehltaues der Reben und der Kartoffeln (*Plasmopara viticola* und *Phytophthora infestans*) bei schöner, sommerlicher Witterung nur wenige Tage; dagegen können sie beim falschen Mehltau der Kartoffeln im feuchten Boden bis 2 Monate und in Moorboden über 2 Jahre (DE BRUIJN, 1922) keimfähig bleiben; ob sie dann noch infektionstüchtig sind, ist freilich nicht bekannt. Eine Ausnahme von

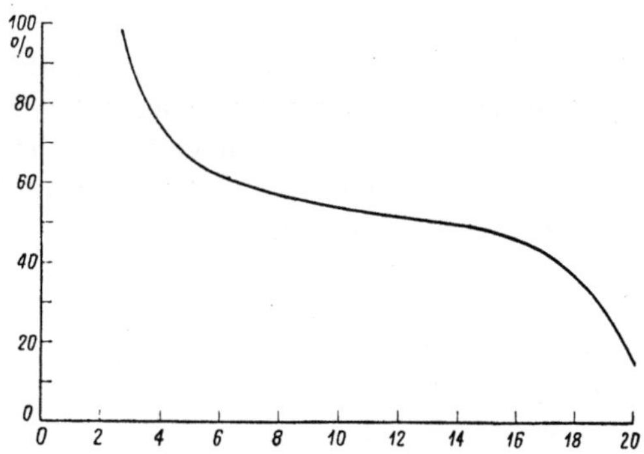

Abb. 217

Der Einfluß der Luftfeuchtigkeit auf die Lebensdauer der Ascosporen von *Ashbya gossypii* bei 24°. Abszisse: Zeit in Wochen, nach welcher die Ascosporen noch keimfähig sind. Ordinate: Relative Luftfeuchtigkeit. (Nach FRAZER, 1944.)

dieser Regel bilden die Ascosporen der subtropischen *Ashbya gossypii* (S. 182), die trockene Luft vorziehen (Abb. 217).

Die Konidien des echten Mehltaues des Weizens und der Gerste, *Erysiphe graminis tritici* und *hordei*, büßen dagegen unter natürlichen Umweltbedingungen ihre Infektionsfähigkeit schon nach 48 Stunden ein (METZGER, 1942); nur unter künstlichen Laboratoriumsbedingungen, bei hoher Luftfeuchtigkeit (95%), verbunden mit tiefer Temperatur (rund 0°, um das Keimen zu verhindern), bleibt sie beim Weizenmehltau während 70 Tagen, beim Gerstenmehltau während 51 Tagen bestehen. Manchmal sind die Wände bei einzelnen Konidien aus ungeklärten Ursachen erheblich dicker als üblich, so daß man vermuten möchte, sie seien auch dauerhafter als sonst (Gemmen).

Tabelle 22

Die ungefähre Dauer der Infektionstüchtigkeit der Uredosporen des Weizenschwarzrostes, *Puccinia graminis tritici*, Biotyp III, bei verschiedenen Temperaturen und relativen Luftfeuchtigkeiten. (Nach PELTIER, 1922.)

Ungefähre relative Luftfeuchtigkeiten %	Aufbewahrungstemperatur				
	5°	10°	15°	20°	25°
	Tage	Tage	Tage	Tage	Tage
90	7	< 7	< 7	< 7	< 7
81	14	14	7	7	< 7
70	112	112	14	7	< 7
61	112	98	98	< 7	14
49	112	112	105	7	14
38	105	98	98	7	< 7
30	28	21	7	7	< 7
22	28	14	7	< 7	< 7
11	< 7	< 7	7	< 7	< 7

Innerhalb dieser allgemeinen Kurzlebigkeit der Konidien gibt es selbstverständlich manche Ausnahmen: Konidien, die unter Umständen erstaunlich lebensstark sind; so vermögen diejenigen des Mutterkornes, *Claviceps purpurea* auf Roggen, im «Mützchen» der Sklerotien (Abb. 116) zu überwintern (STÄGER, 1912).

Die Uredosporen zum Beispiel der Getreideroste sind trotz ihres ebenfalls propagativen Charakters dauerhafter als die eben besprochenen Konidien. Sie werden beim Weizenbraunrost (*Puccinia triticina*), beim Roggenbraunrost (*Puccinia dispersa*) und beim Kronenrost des Hafers (*Puccinia lolii avenae*) durch vierstündige direkte Besonnung nicht geschädigt, wohl aber beim Weizengelbrost, *Puccinia glumarum tritici* (GASSNER und STRAIB, 1928).

Das Feuchtigkeitsoptimum für die Erhaltung ihrer Lebensdauer liegt meist bei etwa 40–60% relativer Feuchtigkeit, das ist die Luftfeuchtigkeit schöner Sommertage in atlantischen Klimaten. Beim Gelbrost, *Puccinia glumarum*, bewahren die Uredosporen ihre Keimfähigkeit bei 40% relativer Feuchtigkeit und einer Temperatur von 0° während 433 Tagen, bei 5° 179 Tage und bei 15° etwa 50 Tage (BECKER, 1928); die Dauer ihrer Keimfähigkeit nimmt also mit steigender Temperatur rasch ab. Dasselbe gilt für die Infektionstüchtigkeit (Tab. 22). Da aber in höheren Luftschichten niedere Temperaturen herrschen, so vermögen sie dort sozusagen während der ganzen Vegetationszeit infektionstüchtig zu bleiben; daher die große Gefahr der anemochoren Propagation der Getreideroste (S. 172) in den höhern Luftschichten.

Wie sehr die Lebensdauer und Lebenshärte der propagativen Sporen einen Grenzfaktor für ihre epidemiologische Eignung bildet, mag zum Schluß das Beispiel des Apfelschorfes, *Endostigme inaequalis*, zeigen (HERBST, 1941). Seine Ascosporen sind gegen äußere Einflüsse widerstandsfähig und können deshalb nach erfolgter Ausschleuderung (S. 167) beliebig weit verfrachtet werden und dort die Infektkette fortsetzen.

Anders die Konidien. Es nützt ihnen wenig, wenn sie meilenweit verweht werden; denn sie sind gegen Trockenheit und Wärme derart empfindlich, daß sie unterwegs ihre Keimkraft einbüßen. Ihre einzige Verbreitungsmöglichkeit liegt in Wassertröpfchen im windgepeitschten Regen; sie beschränkt sich deshalb auf einen Umkreis von etwa 10–20 m vom Mutterbaum (S. 163).

Physikalisch sind also die Voraussetzungen für die anemochore Propagation beider Sporenarten gleich; doch vermögen nur die Ascosporen wegen ihrer größern Lebenshärte eine progressive Epidemie auszulösen, während die Konidien ausschließlich der Nahinfektion dienen.

g) Euryözische Entwicklungsansprüche des Erregers als Voraussetzung einer Epidemie

Unkraut vergeht nicht, weil es sich in allen Lebenslagen zurechtfindet. Die epidemiogenen Erreger sind derartiges Unkraut. Sie können epidemisch auftreten, weil sie nicht wählerisch sind, sondern bei jedem der 8 Bedingungskomplexe (S. 209) einen breiten Schwankungsbereich besitzen: sie sind in ihren verschiedensten ökologischen Ansprüchen euryözisch (S. 41).

Zum Glück findet sich eine derartige vielseitige Euryözie, wie sie zur Erlangung der Seuchenfähigkeit notwendig ist, bei den pflanzlichen Krankheitserregern nur selten realisiert; deshalb sind verhältnismäßig wenige Erreger von Pflanzenkrankheiten seuchenfähig und deshalb leben die Wirtspflanzen noch. Hierfür ein Beispiel.

Der Zunderschwamm, *Polyporus fomentarius* L., vermag auf den Buchen eine tödlich verlaufende Weißfäule hervorzurufen. Seine numerische Fruchtbarkeit ist enorm; ein Fruchtkörper bildet in einer Vegetationszeit etwa 9000–18000 Milliarden, das sind $9–18 \cdot 10^{12}$ Basidiosporen (BUCHWALD, 1938), und vermag dies während 50–100 Jahren alljährlich zu wiederholen. Nach dem Ausmaß seiner Keimausstreuung müßte er also unsere Buchenwälder seuchenhaft überschwemmen. Und doch ist er in Mitteleuropa selten geworden; seine Sporen stellen offenbar derart enge, stenözische Entwicklungsansprüche, büßen ihre Keimfähigkeit bald ein, besitzen eine hohe numerische Infektionsschwelle und selten verwirklichte Infektionsbedingungen usw., daß das Ausschlagen der erkrankten Stämme durch den Forstmann genügte, um die Krankheit zum Verschwinden zu bringen; bei der Kartoffel*phytophthora* mit ihrer hohen Ansteckungswahrscheinlichkeit würde eine derartige Maßnahme nicht zum Ziele führen.

h) Optimale Witterungsverhältnisse für die Entwicklung des Erregers als Voraussetzung einer Epidemie (Meteoropathologie)

Die Meteoropathologie untersucht den Zusammenhang zwischen Witterung und Epidemie. In der Humanmedizin gründet sie sich vorwiegend auf die Daten der meteorologischen Beobachtungsstationen; in der Pflanzenpathologie werden diese, im Hinblick auf die bodennahe Luftschicht, durch mikroklimatische Messungen ergänzt, genügt doch in manchen Fällen schon die nächtliche Bildung von Tau, um, verbunden mit einer genügend hohen Lufttemperatur, eine Infektion zu ermöglichen; deshalb spielen in der pflanzlichen Epidemiologie örtliche Besonderheiten, kühle nächtliche Fallwinde am Ausgang von Seitentälern, starke nächtliche Strahlung über dunkeln Torffeldern usw., oft eine entscheidende Rolle.

Auch der Schwerpunkt, wo die Witterung in das epidemische Geschehen eingreift, liegt in der Medizin und der Botanik an unterschiedlicher Stelle.

Die medizinische Meteoropathologie beschäftigt sich im präinfektionellen Sektor zur Hauptsache mit dem Einfluß der Witterung auf die Disposition des Wirtes; so kann bei den vorfrühjahrlichen Infektionsschüben von Grippe und Masern der Erreger als allgegenwärtig, als ubiquitär, vorausgesetzt werden, und die erkrankenden Individuen waren oft schon lange vor der manifesten Erkrankung symptomlos infiziert (S. 16); den Ausschlag für das Auftreten einer Massenerkrankung gibt im wesentlichen die bei der ganzen Bevölkerung durch die jahreszeitliche Mangelernährung (zyklische Avitaminose) und durch die Witterung geschaffene Erkrankungsbereitschaft des Wirtes.

Dasselbe gilt postinfektionell für den Krankheitsverlauf. Der Erreger ist im menschlichen Körper bei konstanter Temperatur und Feuchtigkeit eingebettet und dadurch dem unmittelbaren Einfluß der Witterung entzogen. Diese wirkt sich wiederum bloß auf den Wirt aus; so zeigt die schwere neurotrope Lähmungsform der Poliomyelitis (Kinderlähmung) eine ausgesprochene Häufung im Hochsommer, offenbar bedingt durch eine klimatische Verschiebung der Reaktionsnorm der befallenen Individuen.

Anders in der Pflanzenpathologie. Die Witterung vermag die Krankheitsbereitschaft der Pflanzen, wie wir später im 4. Kapitel sehen werden, nicht wesentlich zu verschieben; denn die extremen Verhältnisse des Winters und Vorfrühlings scheiden bei ihnen meist von selbst aus, weil zu jener Zeit Vegetationsruhe herrscht.

Überdies kann der Erreger in der Pflanzenpathologie nur in den seltensten Fällen (S. 230) und auch da erst auf dem Höhepunkt des Seuchenzuges als allgegenwärtig vorausgesetzt werden; sondern normalerweise strahlt er nach Art der Reihenerkrankung von einem Primärherd aus: dieser muß, begünstigt durch optimale äußere Umstände, an der Oberfläche des Wirtes reichlich fruktifizieren und sodann streuen; die betreffenden Infektionen müssen wieder, begünstigt durch optimale Infektionsbedingungen, reichlich angehen und dann wieder fruktifizieren und streuen und wieder erneute Infektionen auslösen usw., bis nach einigen Generationen das Ausmaß einer Epidemie erreicht ist. Der Schwerpunkt der meteoropathologischen Betrachtung liegt deshalb in der Botanik nicht bei der Krankheitsdisposition des Wirtes, sondern bei der witterungsmäßigen Begünstigung des Erregers, insbesondere in der Begünstigung seiner Reproduktion – Intensität seiner Sporenbildung (Fruktifikation) und Raschheit seiner Generationenfolge (Inkubation) – und in der Begünstigung der Infektion (insbesondere der Sporenkeimung). Nicht nur die Pflanzen, sondern auch ihre Krankheitserreger leben viel mehr nach außen als der Mensch; dementsprechend spielen in der pflanzlichen Epidemiologie unter den klimatischen Faktoren die Lufttemperatur und die Luftfeuchtigkeit (einschließlich der Niederschläge in ihrer tages- und jahreszeitlichen Verteilung) die Hauptrolle.

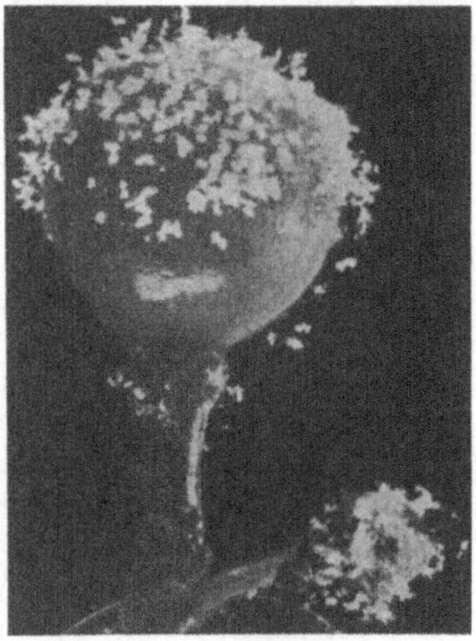

Abb. 218

Junge Weinbeere mit Konidienträgerrasen der *Plasmopara viticola* (Berk. et Curt.) Berl. et de Toni. Vergr. etwa 12 mal. (Nach MÜLLER und SLEUMER, 1934.)

Je nach Art des Erregers können die epidemiologischen Bedingungen für seine Reproduktion und für die Infektion identisch sein oder voneinander abweichen.

In der überwiegenden Zahl der Fälle sind sie identisch, indem sowohl die Reproduktion als die Infektion durch eine hohe Luftfeuchtigkeit (durch Abendregen, Nebel – der die Blätter allseitig durchnäßt – und Tau) begünstigt werden. Als Beispiel diene der falsche Mehltau der Reben, *Plasmopara viticola* (S. 148).

Das im Blattinnern lebende Myzel stellt bei Temperaturen unter 10–12° und über 30° sein Wachstum ein, wird aber weder durch Frost noch durch 43° unmittelbar geschädigt, sondern setzt nachher sein Wachstum wieder fort. Die optimale Lufttemperatur für die Üppigkeit und Raschheit der Reproduktion liegt bei 22–24° (Abb. 219); hier brechen die Konidienträgerrasen (Abb. 218) schon vier Tage nach der Infektion reichlich aus den Spaltöffnungen der Laubblätter und Gescheine hervor, aber nur in Dunkelheit, vorwiegend kurz nach Mitternacht, zwischen 1 und 3 Uhr morgens. Bei der Lufttemperatur von 15° dauert die Fruktifikationszeit schon 8 Tage, so daß die Infektkette nur noch mit halber Geschwindigkeit weiterrollt.

Die Entwicklung und Abschnürung der Konidien wird außer durch die hohe nächtliche Lufttemperatur durch eine hohe Luftfeuchtigkeit begünstigt (100%; Taubildung!); schon bei einer relativen Feuchtigkeit von 80–90% dauert die Fruktifikationszeit ceteris paribus 2–4 Tage länger. Unterhalb einer relativen Feuchtigkeit von 60% fruktifiziert der Erreger überhaupt nicht: die Infektionen bleiben steril und die Infektkette reißt ab.

Dieselben ökologischen Faktoren wie die Reproduktion fördern beim falschen Mehltau die Keimung der Konidien und das Zustandekommen der Infektion, liegt doch das Temperaturoptimum für die Keimung bei 18–24° (Abb. 45); hier erfolgt sie schon innert 1–2 Stunden. Wenn somit nachts um 2 Uhr die bis dahin aus den Spaltöffnungen hervorgebrochenen Konidienträger die Abschnürung ihrer Konidien vollendet haben, so sind unter optimalen Umweltbedingungen die Keimung der Konidien und die Infektion noch vor Tagesanbruch vollzogen. Vier Tage später wird unter denselben äußern Voraussetzungen die Infektkette um ein neues Glied progressiv gewachsen sein: innert dreier Wochen schwillt auf diese Weise ein lokaler Keimherd zu einer Epidemie an.

Die entscheidenden meteorologischen Voraussetzungen für eine *Plasmopara*-Epidemie sind demnach warmfeuchte Nächte mit starker Taubildung (oder Nebel, Land- bzw. Abendregen). Ihre Wirkung wird durch eine geringe Sonnenscheindauer verstärkt, weil dann das Laubwerk und das Erdreich langsamer trocknen.

Auf Grund dieser meteorologischen Gegebenheiten bemüht sich der phänologische Pflanzenschutzdienst um die Vorhersage der *Plasmopara*-Epidemien: Wann sind optimale Witterungsbedingungen für die Fruktifikation des Erregers und für die Infektion neuer Wirte erfüllt, wann kann somit eine Epidemie ausbrechen und wann müssen deshalb (Spritzkalender) die chemischen Bekämpfungsmaßnahmen in vollem Umfange einsetzen?

So undankbar derartige Prophezeiungen, wie die Witterungsprognosen der Wetterwarten, im einzelnen auch sein mögen, so erreichen sie bei Beschränkung auf kurzfristige örtliche Prognosen doch eine praktisch brauchbare Trefferwahrscheinlichkeit, vor allem in niederschlagsarmen Gebieten und auch hier vor allem beim Übergang von der Primär- zu den Sekundärinfektionen.

Die beiden ersten Spalten der Tab. 23 geben die langjährigen durchschnittlichen meteorologischen Lufttemperaturen von Karlsruhe wieder; in der dritten Spalte wurde an Hand von Abb. 219 die auf Grund der meteorologischen Durchschnittstemperaturen zu erwartende Dauer der Fruktifikationszeit eingesetzt, und in der vierten Spalte die durch Feldbeobachtungen ermittelte tatsächliche Fruktifikationszeit. Von Mitte Juni bis Ende August stimmen die beiden Werte gut miteinander überein; hier kann also die Vorhersage der Fruktifikationszeit mit hinreichender Genauigkeit auf Grund der Temperaturmittel erfolgen. Vor Mitte Juni sind dagegen die tatsächlichen Fruktifikationszeiten erheblich länger als die meteorologisch zu vermutenden, weil kühle Nächte mit Temperaturen unter 12° das Myzelwachstum stillegen; es braucht dann jeweils für seine Weiterentwicklung eine neue Anlaufzeit, was zu einer entsprechenden Verlängerung der Fruktifikationszeit führt.

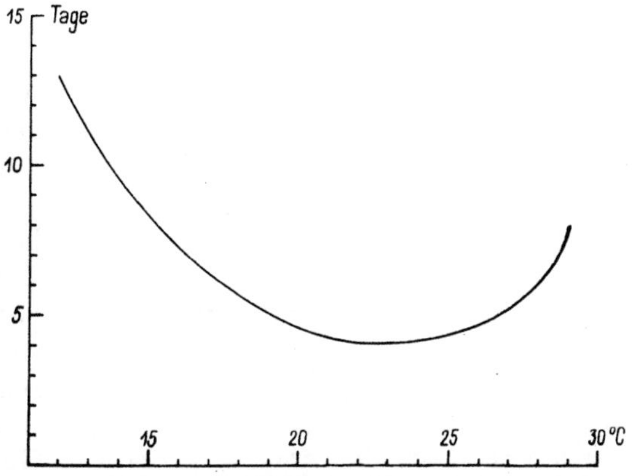

Abb. 219
Der Einfluß der Lufttemperatur auf die Fruktifikationszeit des falschen Mehltaues der Reben, *Plasmopara viticola* (Berk. et Curt.) Berl. et de Toni. (Nach MÜLLER und SLEUMER, 1934.)

Tabelle 23
Die durchschnittlichen meteorologischen Lufttemperaturen und die mutmaßlichen und tatsächlichen Fruktifikationszeiten der *Plasmopara viticola* (Berk. et Curt.) Berl. et de Toni in einem bestimmten Anbaugebiet. (Nach MÜLLER und SLEUMER, 1934.)

Zeitabschnitt	Lufttemperatur °C	Mutmaßliche Fruktifikationszeit Tage	Tatsächliche Fruktifikationszeit Tage
11.–20. Mai	13–14	10	15–18
21.–31. Mai	15–15,5	8	12–15
1.–10. Juni	17–17,2	6–7	10–13
11.–20. Juni	16,2–16,5	7–8	8–10
21.–30. Juni	15,7–18,5	6–7	6–7
Juli und August . . .	18–19,5	5–6	5–6

Die Tab. 23 bildet somit die Grundlage für die Vorhersage einer *Plasmopara*epidemie im Gebiet von Karlsruhe; der Betriebsleiter kann mit ihrer Hilfe abschätzen, innerhalb welcher Frist nach erfolgter Infektion eine neue *Plasmopara*generation hervorbrechen wird, falls zu jener Zeit feuchtes

Wetter herrscht; innerhalb dieser Frist muß er spätestens seine Reben prophylaktisch gespritzt haben, um den neuen Infektionsschub gleich beim Hervorbrechen der Konidienträgerrasen abzufangen und die Infektkette nach Möglichkeit abreißen zu lassen.

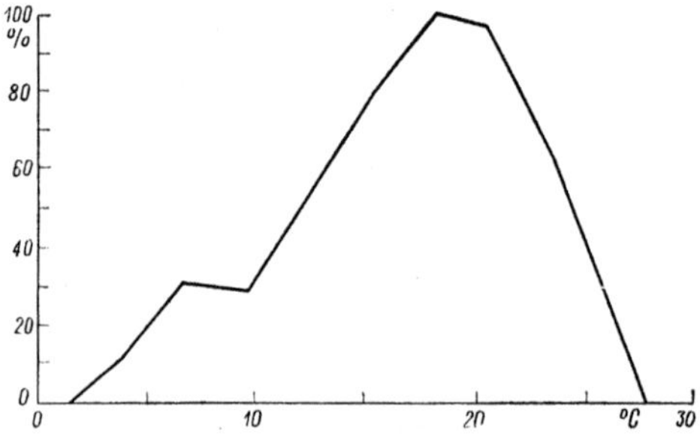

Abb. 220

Der Einfluß der Lufttemperatur auf die Reifungsgeschwindigkeit der Ascosporen von *Endostigme inaequalis* (Cke.) Syd., dem Erreger des Apfelschorfes. Abszisse: Lufttemperatur. Ordinate: % Asci mit reifen Ascosporen auf im Freien gesammelten Apfelblättern. (Nach WILSON, 1928.)

Ähnliche Umweltbedingungen wie für die *Plasmopara*-Epidemien gelten für die meisten übrigen Mykosen.

Optimale Lufttemperaturen beschleunigen auch bei ihnen die Entwicklung und Reifung der winterlichen Keimherde (zum Beispiel Abb. 220) und damit das Angehen der Primärinfektionen; doch ist dies nur eine Regel, nicht ein Gesetz; denn die Erreger besitzen im Rahmen der Umwelttemperatur auch ihren eigenen, autonomen Rhythmus; so fällt das Maximum der Ascosporenausschleuderung bei *Nectria galligena* (Abb. 221) im atlantischen Klima (England) auf die Monate Januar und Februar, das Maximum der Konidienausschleuderung bei *Rhabdospora ramealis* (Desm. et Rob.) Sacc., dem Erreger einer Rutenkrankheit der Brombeeren, im subatlantischen Klima des

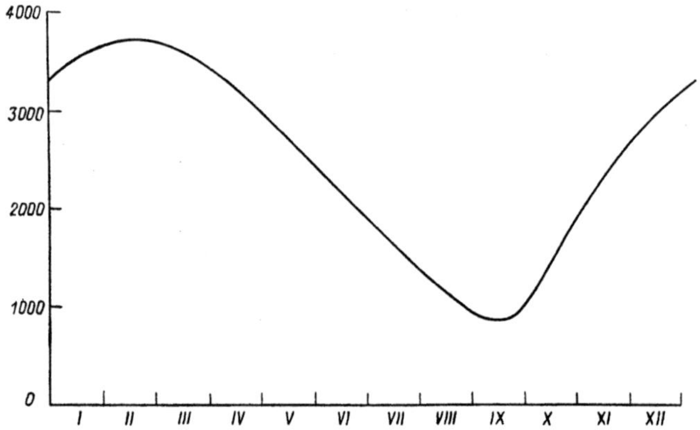

Abb. 221

Der annuelle Rhythmus der Ascosporenausschleuderung bei *Nectria galligena*. Abszisse: Monate. Ordinate: Durchschnittliche Zahl der Ascosporen, die je 24 Stunden je cm^2 Fläche aufgefangen wurden. Die Auszählungen erfolgten das ganze Jahr hindurch in Intervallen von 15 Tagen. (Nach MUNSON, 1939.)

schweizerischen Mittellandes auf die Monate Mai und Juni (Abb. 222). Ferner begünstigen optimale Lufttemperaturen die Reichlichkeit der Fruktifikation und verkürzen die Fruktifikationszeit (zum Beispiel Tab. 24); deshalb folgen sich im Frühsommer mit steigender Lufttemperatur die Infektionswellen immer enger.

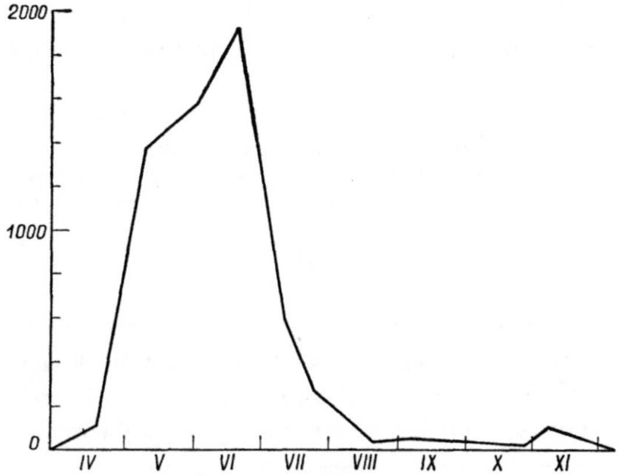

Abb. 222

Der annuelle Rhythmus der Sporenausschleuderung bei den Pyknidien von *Rhabdospora ramealis*. Abszisse: Monate. Ordinate: Durchschnittliche Zahl der Konidien, die in 24 Stunden je cm² Fläche aufgefangen wurden. (Nach KOELLREUTER, 1950.)

Auch das Optimum der Luftfeuchtigkeit liegt für die Sporenbildung der meisten übrigen pilzlichen Krankheitserreger bei 100% relativer Feuchtigkeit (Abb. 223). Aus diesem Grunde wirkt der Regen epidemiologisch gegenläufig: er schlägt einerseits die in der Luft schwebenden propagativen Pilzsporen nieder, schafft aber anderseits optimale Bedingungen für die Bildung neuer Sporen.

Ähnliches wie bei *Plasmopara viticola* gilt für das Licht: es tritt hinter der Lufttemperatur und der Luftfeuchtigkeit zurück, scheint aber wiederum auf die Anlage der propagativen Sporen eher hemmend zu wirken; die propagativen Sporen der meisten Pilze (zum Beispiel Abb. 224–226) werden deshalb vorwiegend bei Nacht gebildet und weggeschleudert. Dagegen wird in gewissen Fällen die Ausgestaltung und Reifung der Pilzsporen durch das Licht gefördert. *Fusarium bulbigenum* C. et M. var. *batatas* Woll., der Erreger einer Batatenwelke, bildet im Licht vorwiegend 4–5zellige, im Dunkeln zweizellige Konidien (HARTER, 1941); bei *Fusarium coeruleum* (Lib.) Sacc., dem Erreger einer Kartoffelweißfäule, sind die dreizelligen Konidien, wenn die Kulturen dem freien Sonnenlicht ausgesetzt waren, im

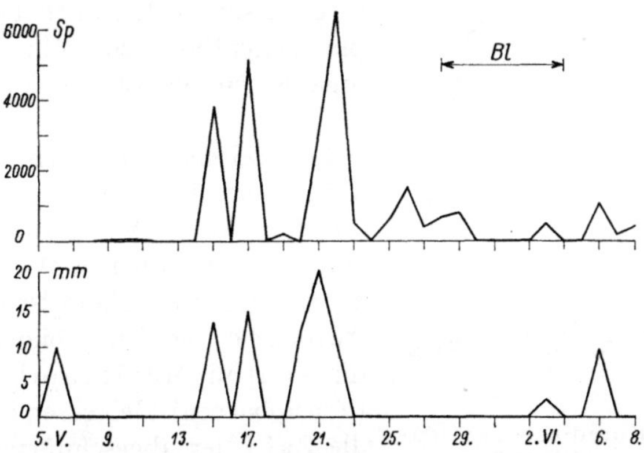

Abb. 223

Der Einfluß des Regens auf die Bildung und Ausschleuderung der Ascosporen des Apfelschorfes, *Endostigme inaequalis*. Ordinate: Regenfall je Tag in mm bzw. Zahl der Ascosporen *Sp*, die von den Fruchtkörpern (auf den überwinterten Laubblättern auf dem Erdboden) ausgeschleudert und je cm² Fläche im Verlauf von 24 Stunden aufgefangen wurden. *Bl* Blütezeit. (Nach KEITT und JONES, 1926.)

Mittel 42,2 ± 0,23 μ lang, gegen 35,5 ± 0,26 μ, wenn sie täglich von 9–12 dem Tageslicht ausgesetzt und sonst im Dunkeln gehalten wurden, und gegen 29,5 ± 0,17 μ, wenn sie in dauernder Dunkelheit heranwuchsen (HARTER, 1939). Die durch das Licht bewirkten Verschiebungen in Septierung und Größe der Konidien gehen somit weit über die morphologischen Artgrenzen hinaus,

Tabelle 24

Der Einfluß der Lufttemperatur auf die mittlere Fruktifikationszeit von drei Getreiderosten, gemessen am Hervorbrechen der ersten Uredolager. (Nach GASSNER und APPEL, 1927.)

Rostart	Lufttemperatur		
	10° Tage	15° Tage	20° Tage
Puccinia dispersa Erikss., Braunrost des Roggens .	15,3	9,2	6,7
Puccinia triticina Erikss., Braunrost des Weizens . .	19,0	11,7	8,0
Puccinia lolii Niels., Kronenrost des Weizens . . .	19,0	11,1	7,8

und es ist dementsprechend möglich, daß sich Kulturen, die dauernd im Dunkeln (zum Beispiel in Thermostaten) standen, unter Umständen auch in ihrer Aggressivität anders verhalten als beim natürlichen Wechsel von Dunkelheit und Licht. Einen Fingerzeig in dieser Richtung gibt das Mutterkorn des Roggens, *Claviceps purpurea* Tul., das im Sonnenlicht mehr Farbstoffe und Ergosterin produziert als im Dunkeln (McCREA, 1931). Man darf sich deshalb vorstellen, daß das Tageslicht nicht nur bei Warmblütern die Umsetzung lebenswichtiger Stoffe beeinflußt (zum Beispiel die Aktivierung des Provitamins D), sondern ähnliche Vorgänge in gewissen Fällen auch bei pflanzenpathogenen Mikroorganismen auslöst.

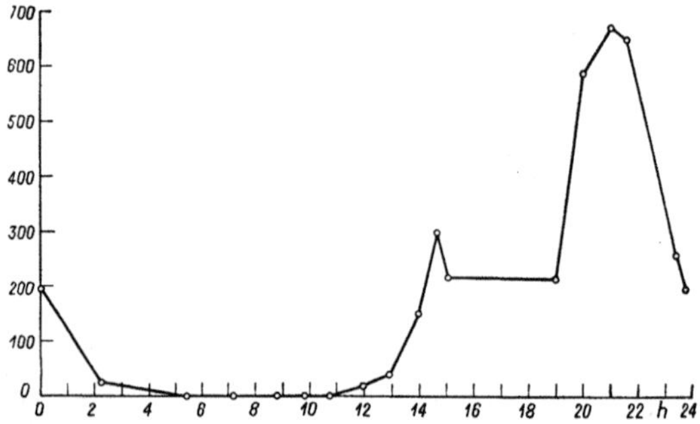

Abb. 224

Der tägliche Rhythmus der Konidienausschleuderung bei einem Konidienstroma von *Epichloë typhina*. Abszisse: Tageszeit. Ordinate: Zahl der Sporen, die in der Minute je cm² aufgefangen wurden. (Nach INGOLD, 1948.)

Ein seltenes Gegenbeispiel, bei welchem die Reproduktion des Erregers und die Infektion der neuen Wirte abweichende ökologische Ansprüche stellen, bilden die echten Mehltaupilze (Erysiphaceen). Bei diesen ist die Zahl der abgeschnürten Konidien und deren Keimkraft bei Entwicklung im grellen Sonnenlicht größer als bei regnerischem, trübem Wetter (Tab. 25 und 26).

Der tägliche Rhythmus ihrer Sporenbildung (Sporulation) verläuft dementsprechend anders als in Abb. 226. Vom frühen Nachmittag weg beginnen zwar auch bei ihnen die Mutterzellen, wie bei den übrigen Pilzen, neue Tochterzellen abzuschnüren, so daß die Zellenzahl der Konidienketten bis zum andern Morgen wächst (Abb. 227). Die Abgliederung, Abrundung und Abschleuderung der einzelnen Konidien erfolgt jedoch über Tag, am liebsten bei

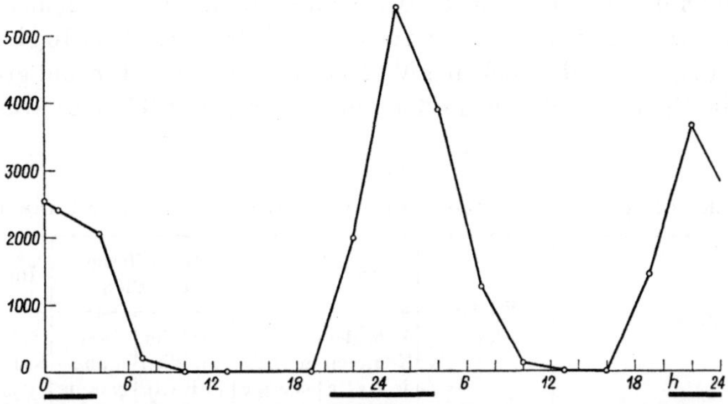

Abb. 225

Der tägliche Rhythmus der Ascosporenausschleuderung bei einem Fruchtkörper von *Daldinia concentrica* Ces. et de Not., einem Perthophyten auf Esche. Abszisse: Tageszeit; der Zeitabschnitt zwischen Sonnenuntergang und Sonnenaufgang ist dick unterstrichen. Ordinate: Zahl der Sporen, die in 15 Sekunden je cm² aufgefangen wurden. (Nach Ingold, 1946.)

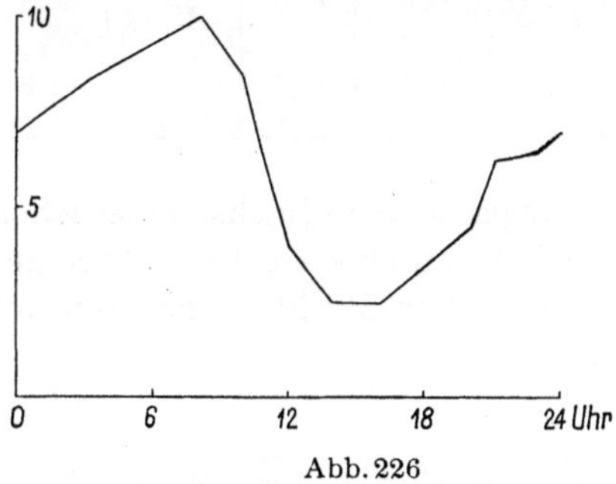

Abb. 226

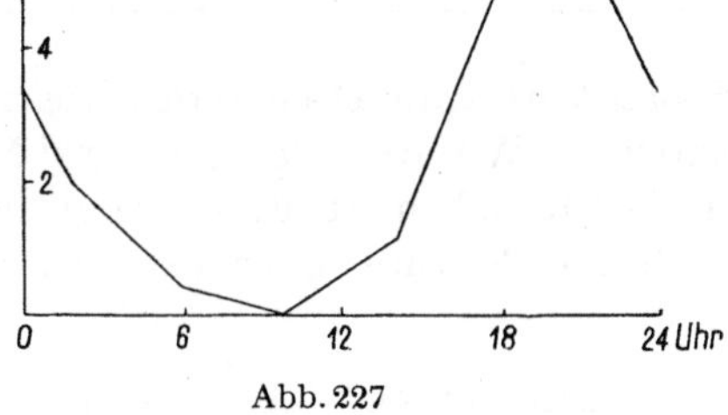

Abb. 227

Abb. 226. Der tägliche Rhythmus der Ascosporenausschleuderung beim Erreger der Kräuselkrankheit der Pfirsiche, *Taphrina deformans* (Berk.) Tul. Abszisse: Tageszeit. Ordinate: Durchschnittliche Zahl der Ascosporengruppen, die je Stunde auf einer Objektträgerfläche von 34 mm² aufgefangen wurden. (Nach Yarwood, 1941.)

Abb. 227. Der tägliche Rhythmus der Zellenzahl der Konidienketten beim echten Mehltau der Rosen, *Sphaerotheca pannosa* (Wallr.) Lév. Abszisse: Tageszeit. Ordinate: Durchschnittliche Zellenzahl der Konidienketten. (Schematisiert nach Childs, 1940.)

trockener Witterung im direkten Sonnenlicht; die Zellenzahl der Konidienketten fällt deshalb im Laufe des Vormittags steil ab (Abb. 227). In Dunkelheit verzögert sich die Abgliederung, so daß die Konidienzahl je Kette bei Lichtentzug größer ist als im Lichte (Tab. 25).

Wegen dieser Steigerung der Lebensenergie durch das direkte Sonnenlicht befällt der Rosenmehltau die Spalierrosen an der sonnigen Hauswand heftiger als die Freilandrosen, der Eichenmehltau die Stockausschläge am sonnigen Waldrand heftiger als im Bestandesinnern.

Für ihre Keimung sind dagegen die Konidien des echten Mehltaues wie sämtliche andern Pilze auf tropfbar flüssiges Wasser, also zum mindesten auf eine starke Taubildung angewiesen.

Ein epidemischer Befall durch den echten Mehltau setzt dementsprechend das Zusammenwirken zweier gegensätzlicher meteorologischer Faktoren voraus, einerseits trockenes Wetter, hohe Temperatur und grelle Belichtung für die Sporenbildung, und anderseits tropfbar flüssiges Wasser für die

Tabelle 25

Der Einfluß des Lichtes auf die Vitalität einiger Erysiphaceen. (Nach HAMMARLUND, 1925.)

Pilzart	Wirtspflanze	Im Dunkeln		Im diffusen Tageslicht		Im Sonnenlicht	
		Zahl der Konidien je Kette	Keimungsenergie	Zahl der Konidien je Kette	Keimungsenergie	Zahl der Konidien je Kette	Keimungsenergie
Sphaerotheca pannosa (Wallr.) Lév.	*Rosa* sp.	8,7	0	6,5	50,4	6,0	66,3
Podosphaera leucotricha (E. et E.) Salm.	*Pirus Malus* L.	9,0	0	6,7	76,6	6,2	86,9
Erysiphe graminis DC.	*Avena sativa* L.	9,3	3,7	8,2	38,7	8,1	45,8

Sporenkeimung. Doch werden diese beiden Gegensätze im Hochsommer schon durch den Wechsel von Tag und Nacht erfüllt, durch klare, heiße Tage mit starker Konidienbildung, die zu klaren, taufrischen Strahlungsnächten mit reichlicher Keimung der Konidien überleiten.

i) Die Ursache der progressiven Heftigkeit der Epidemien

Weshalb nimmt die Wucht und die Nachhaltigkeit der annuellen und der säkularen Epidemien anfänglich zu, und zwar sowohl quantitativ in der Zahl der erkrankenden Individuen als qualitativ in der Heftigkeit der Erkrankung? Hierfür mögen zur Hauptsache zwei Ursachen ausschlaggebend sein.

aa) Die progressive Keimausstreuung. Die pflanzlichen Epidemien strahlen, wie S. 237 ausgeführt, normalerweise nach dem Prinzip der Reihenerkrankung von lokalen Keimherden aus; nur in seltenen Fällen ist der Keim allgegenwärtig und wird die Epidemie durch eine dispositionelle Steigerung der Krankheitsbereitschaft des Wirtes ausgelöst.

Die Keimzahl der Kettenglieder jeder von einem lokalen Keimherd ausstrahlenden Epidemie wächst aber in geometrischer Progression: zuerst wenig

Keime, die kaum die numerische Infektionsschwelle überschreiten; dann Zunahme der Keimausstreuung → Zunahme der Zahl der erkrankenden Individuen → erneute Zunahme der Keimausstreuung usw., wie dies S. 229 für den Schwarzrost verfolgt wurde. Im selben Maße wächst das epidemische Potential des Erregers.

Auf dem Höhepunkt der Epidemie erreicht die Progression der Keimausstreuung ein Ausmaß, daß nicht nur jedes Individuum in dem fraglichen Gebiet durch die Krankheitskeime erreicht wird (Steigerung der Streudichte bis

Tabelle 26

Der Einfluß von Lufttemperatur und Luftfeuchtigkeit auf die Reproduktionskraft und auf die Vitalität der Konidien des Rosenmehltaues, *Sphaerotheca pannosa* (Wallr.) Lév. auf *Rosa* sp. (Nach HAMMARLUND, 1925.)

Lufttemperatur während der Entwicklung °C	Zahl der Konidien je Kette		Keimungsenergie bei 18°	
	trockene Luft	feuchte Luft	trockene Luft	feuchte Luft
5	4,3	—	9,1	—
10	9,3	4,8	27,6	3,6
15	13,7	—	58,5	—
20	14,6	7,3	89,6	14,2
25	15,9	8,4	84,3	39,8
30	15,0	—	91,6	31,8
35	11,8	5,1	45,3	9,5

zur Trefferwahrscheinlichkeit von 100%), sondern daß überdies jedes Individuum eine massive Infektion erfährt, die weit über der Infektionsschwelle liegt (Steigerung der infektiösen Dosis bis zur Masseninfektion).

Diese Steigerung der Streudichte und der Menge des Kontagiums wirkt sich sowohl quantitativ als qualitativ aus.

Quantitativ: Da die Infektionen immer dichter und immer massiver fallen, erliegen ihnen schließlich auch die verhältnismäßig widerstandsfähigen Individuen, die bislang standhielten; dadurch gewinnt die Epidemie ihren summarischen Charakter: sämtliche in ihrem Bereich liegenden Individuen, sowohl die anfälligen wie die halbwegs widerstandsfähigen, fallen ihr schließlich zum Opfer.

Qualitativ: Durch die Steigerung der Menge des Kontagiums wird dem Erreger der Start immer mehr erleichtert; neben der Häufigkeit der Krankheitsfälle wächst deshalb auch die Heftigkeit des Krankheitsverlaufes bis zu einem Höhepunkt. Die Steigerung der Zahl der erkrankenden Individuen und die zunehmende Bösartigkeit des Krankheitsverlaufes machen aber den Inhalt der hier zu betrachtenden Progression im aufsteigenden Ast der Epidemien aus.

Abb. 228 veranschaulicht diese Verhältnisse für den alljährlichen Seuchenzug der Kräuselkrankheit (curly top) der Zuckerrüben im südlichen Idaho. Am 13. Juni des Stichjahres (1932) begannen die Zwergzikaden (*Eutettix tenellus*) von der Wüste her in das zur Diskussion stehende Zuckerrübenfeld einzuwandern; einige von ihnen brachten aus dem Überwinterungsreservoir der wildwachsenden Wüstenpflanzen das Virus mit; einige dieser spontanen Wirtsarten, so *Sophia longipedicellata* (Fourn.) How., lieferten ihnen das Virus in voller Virulenz; andere Arten, so *Sophia parviflora* (Lam.) Standl. = *Sisymbrium Sophia* L., hatten es zuvor abgeschwächt. Schon am 16. Juni erwiesen sich 12% der Zikaden auf dem Zuckerrübenfeld als virustragend, wovon 3% hochvirulentes Virus (Abb. 342). Bis am 2. August hatte die Kontamination der Zikaden über 90% erreicht. Innerhalb derselben Frist sank auf den Zuckerrüben die Inkubationszeit auf weniger als die Hälfte, weil die Menge des Inoculums mit der Menge der kontaminierten Zikaden zunahm.

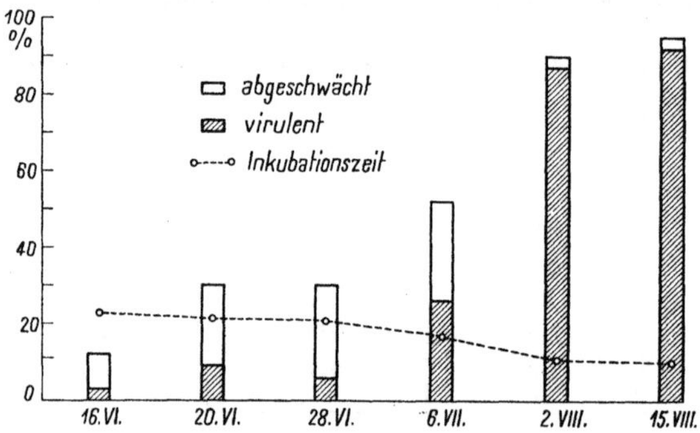

Abb. 228

Die progressive Kontamination der Zwergzikaden mit dem Virus der Kräuselkrankheit auf einem Zuckerrübenfeld im südlichen Idaho. Erklärung im Text. (Nach WALLACE und MURPHY, 1938.)

bb) Die Steigerung der parasitischen Eignung der Erreger. Neben dieser mengenmäßigen Steigerung des Erregers, welche die Infektionen immer dichter und immer massiver fallen läßt, kann im aufsteigenden Ast eines Seuchenzuges, also während der Epidemie, auch eine qualitative Steigerung des Erregers statthaben. Hierbei wirken zwei Teilprobleme zusammen: 1. eine Steigerung der Aggressivität und Pathogenität der einzelnen Erregerstämme, und 2. eine Steigerung der Aggressivität und Pathogenität der Erregerpopulationen.

1. Die Virulenzsteigerung der einzelnen Erregerstämme. Wie die Darstellung des Passageproblems im nächsten Kapitel zeigen wird, nimmt die Virulenz gewisser Erreger bei Passagen über kongeniale Wirte zu; die parasitische Leistungsfähigkeit der betreffenden Klone wächst deshalb während der ersten Generationen einer Epidemie, so daß mit der Progression der Keimausstreuung, und diese unterstützend, auch die parasitische Eignung des Erregers größer wird.

2. Die Virulenzsteigerung der Erregerpopulationen. Epidemien werden im allgemeinen durch Formenschwärme, durch Populationen von Biotypen (Erregerrassen) ausgelöst. Diese Populationen können im Verlauf einer Epidemie entweder durch den Wirt, oder durch die Konkurrenz

der Erregerstämme untereinander, in der Weise entmischt werden, daß die aktiveren Biotypen die Oberhand gewinnen.

Der Wirt entmischt die Biotypen zum Beispiel, wie wir im nächsten Kapitel eingehender besprechen werden, beim Erreger der Krautfäule der Kartoffeln, *Phytophthora infestans.* Zu Beginn eines Seuchenzuges stehen hochanfällige Kartoffelstauden zur Verfügung, die sowohl den stärker als den schwächer aggressiven Biotypen eine üppige Entwicklung gestatten; vielleicht erfährt die Vitalität sämtlicher Stämme durch diese günstigen Passagen sogar eine Steigerung, wodurch die durchschnittliche Virulenz des Biotypengemisches ein Optimum erreicht. Nach der Eliminierung der hochanfälligen Stauden kommen jedoch die widerstandsfähigeren Exemplare an die Reihe. Auf diesen vermögen sich die schwächer aggressiven Biotypen nur ungenügend zu entwickeln; ihre Vitalität sinkt bis zur Lebensuntauglichkeit, und schließlich verschwinden sie. Dadurch entmischt sich die Erregerpopulation zugunsten der leistungsfähigeren Stämme. Die Virulenz der letzteren braucht also an sich nicht einmal höher zu sein als zu Beginn des Seuchenzuges; weil aber die schwächer aggressiven Stämme wegen der Auslese durch den Wirt allmählich ausscheiden, so ist der Durchschnitt der überlebenden Erregerpopulation parasitisch vitaler als der Durchschnitt des Ausgangsgemisches: Die Epidemie nimmt dementsprechend gegen ihren Höhepunkt hin an Heftigkeit zu.

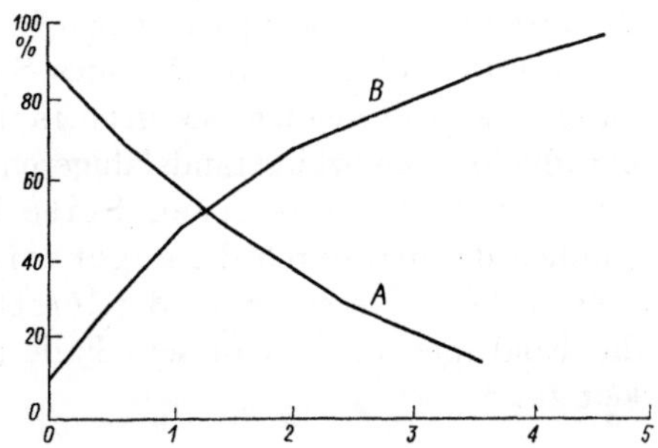

Abb. 229
Der Einfluß des Wirtes auf die prozentuale Zusammensetzung eines Infektionsgemisches des *Xanthomonas Stewartii* (E.F.S.) Dows. Abszisse: Zeitdauer in Monaten. Ordinate: Anteil des Gemisches an stark bzw. schwach pathogenen Bakterien. Erklärung im Text. (Nach LINCOLN, 1940.)

Die Virulenzverschiebung betrifft also in diesem Falle nur die Erregerpopulation, nicht die einzelnen Biotypen; sie beruht auf einer Entmischung des Parasitenschwarmes durch den Wirt nach der positiven Seite hin (Filtereffekt des Wirtes).

Der gegenseitige Konkurrenzkampf entmischt den Biotypenschwarm zum Beispiel im Falle des *Xanthomonas Stewartii* (E.F.S.) Dows., des Erregers der nordamerikanischen Welkekrankheit des Mais. Wie wir wieder im folgenden Kapitel sehen werden, liegen hier die Voraussetzungen als seltene Ausnahme umgekehrt wie bei *Phytophthora,* weil anfällige Maispflanzen den Erreger schwächen, widerstandsfähige ihn stimulieren. Dementsprechend ist die selektionierende Wirkung anfälliger und widerstandsfähiger Maispflanzen auf eine Erregerpopulation gegensätzlich.

Wird eine Suspension aus 90% einer morphologisch erkennbaren stark pathogenen Rasse und 10% einer ebenfalls morphologisch erkennbaren schwach pathogenen Rasse hergestellt und in Exemplare einer verhältnismäßig anfälligen Maissorte injiziert, und wird dann das Erregergemisch von den erkrankenden Individuen aus immer wieder auf neue Individuen derselben Sorte übertragen, so verschiebt sich der proportionale Anteil des stark pathogenen Stammes im Verlauf von 4 Passagen von 90 auf 15% (Abb. 229, Kurve *A*). Der stärker pathogene Stamm wurde somit in einem anfälligen Wirt von den schwächer pathogenen, saprophytischeren Individuen verdrängt. Für den ansteigenden linken Kurvenast einer Epidemie ist dieser Vorgang belanglos, weil unter natürlichen Verhältnissen der stark aggressive Stamm die anfälligen Wirtsindividuen längst abgetötet hat.

Wichtiger für unsere Fragestellung ist der Gegenversuch, in welchem ein Gemisch von 10% stark und 90% schwach pathogener Bakterien in eine widerstandsfähige Maissorte verimpft wurde; nach 5 Passagen ergaben die Isolationen nur noch 2% schwach pathogener Bakterien (Abb. 229, Kurve *B*); sie waren vom stärker pathogenen Stamm fast völlig überwuchert worden.

Wenn somit im Verlaufe eines Seuchenzuges die anfälligen Maispflanzen durch Tod ausscheiden, so entmischt sich der Erregerschwarm in den übrigbleibenden widerstandsfähigeren Individuen, wie beim *Phytophthora*beispiel, nach der positiven Seite hin, nur auf einer andern Grundlage, nämlich diesmal durch die gegenseitige Konkurrenz der Erregerstämme. Wegen dieses Dominierens der leistungsfähigeren Erregerstämme nimmt die Epidemie auch in diesem Falle gegen ihren Höhepunkt hin an Heftigkeit zu.

Falls sich nun zu Beginn eines Seuchenzuges diese verschiedenen Faktorenkomplexe, die Progression der Keimausstreuung, die echte Virulenzsteigerung der einzelnen Erregerstämme und die durch Entmischung bewirkte durchschnittliche Virulenzsteigerung der Erregerpopulationen, summieren, so nimmt die Heftigkeit der Epidemie anfänglich zu.

Anderseits läßt die Komplexheit aller dieser Faktoren verstehen, warum eine Prognose über den Verlauf einer eben beginnenden Epidemie so schwer zu stellen ist.

3. Die Voraussetzungen für das Abklingen einer Epidemie

Weshalb beginnt eine Epidemie bei der höchsten Ausbreitung des Infektes abzuklingen, einen milderen Charakter anzunehmen und sich einem untern Grenzwert zu nähern?

Bei den annuellen Seuchenkurven dürften vorwiegend klimatische Einflüsse schuld sein, genügen doch im Spätsommer schon einige kühle Nächte, um dem Erreger die weitere Progression zu erschweren oder zu verunmöglichen.

Beim Abklingen der säkularen Seuchenkurven wirken dagegen mindestens drei Ursachenkomplexe zusammen: a) die wachsende Durchseuchung der Bestände; b) die Abnahme der Krankheitsbereitschaft der Wirte; und c) die Abnahme der Vitalität des Erregers.

a) Die wachsende Durchseuchung der Bestände als Voraussetzung für das Abklingen einer Epidemie

Wenn sich ein Florenelement, sei es wildwachsend oder kultiviert, in Abwesenheit eines bestimmten Krankheitserregers entwickelt, so besteht keine Möglichkeit zur dauernden spontanen Auslese der widerstandsfähigen Individuen durch den betreffenden Erreger. Vielleicht gewinnen sogar die anfälligen Individuen wegen ihrer Wuchsfreudigkeit die Oberhand und werden wirtschaftlich bevorzugt; so fehlte vor 1830 in Europa die Möglichkeit, die Kartoffelbestände auf ihre *Phytophthora*festigkeit hin zu selektionieren; es ist deshalb nicht ausgeschlossen, daß gerade die anfälligeren krautigen Sorten wegen ihrer größern Erträge bevorzugt wurden.

Die Seuchenzüge holen diese mangelnde Selektion nach ihrem einseitigen Gesichtspunkte hin nach, eliminieren im «idealen» Falle sämtliche anfälligen und halbwegs widerstandsfähigen Individuen und hinterlassen nur noch wirklich widerstandsfähige Wirtspopulationen: die Bestände sind durchseucht, sie sind seuchenfest geworden.

Der Ausdruck Durchseuchung besitzt somit in der Botanik einen engern Inhalt als in der Human- und Veterinärmedizin. Die endemischen «Kinder»-krankheiten (Masern, Scharlach, Diphtherie) haben uns Erwachsene durchseucht, indem sie 1. die hochanfälligen Individuen schon im jugendlichen Alter eliminierten, und 2. bei uns Überlebenden eine lebenslängliche erworbene Immunität zurückließen. Das Schwergewicht liegt dabei auf dem zweiten Gesichtspunkt, der erworbenen Immunität.

Bei den pflanzlichen Infektionskrankheiten besteht dagegen, wie wir im 4. Kapitel sehen werden, keine erworbene Immunität im medizinischen Sinne. Das Schwergewicht der Durchseuchung liegt deshalb bei ihnen auf dem ersten Gesichtspunkt, auf der Auslese, der Eliminierung aller Minusvarianten, der Vernichtung sämtlicher anfälligen Individuen.

Der Grad der Durchseuchung pflegt bei wildwachsenden und bei Kulturpflanzen verschieden hoch zu sein.

Bei den wildwachsenden Pflanzen geht die natürliche Selektion in der Regel sehr weit; denn die Auslese wirkt hier ununterbrochen während langer geologischer Zeiträume. Die anfälligen Individuen erkranken schon in der Jugend, werden von ihren Konkurrenten erdrückt, von der Fortpflanzung ausgeschlossen und erstehen nicht wieder; ihre Erbmasse bleibt ausgemerzt. Deshalb haben Florenelemente, die sich im und seit dem Tertiär gemeinsam mit ihren Krankheitserregern entwickelten, meist mit diesen Erregern einen Gleichgewichtszustand erlangt: der Erreger und die Krankheit sind endemisch geworden; sie bestehen noch in einer mildern Form, berühren aber die vitalen Belange der überlebenden, selektionierten Wirte nicht mehr und erscheinen infolgedessen als harmlos (zum Beispiel *Endothia* im Mittelmeerbecken; S. 221).

Anders bei den Kulturpflanzen. Hier kommt die rigorose Selektion durch den Erreger kaum je voll zur Geltung; denn der Mensch durchkreuzt sie: in wohlbehüteten Saatgutbetrieben zieht er ertragsmäßig hochwertige, aber mehr oder weniger krankheitsanfällige Nachkommen heran, die im Nachbau periodisch durch frisches Saatgut ersetzt werden müssen. Durch dieses Auffüllen der Bestände aus einer künstlichen Zuchtquelle entzieht er die Kulturpflanzen der natürlichen Selektion.

Um die Sachlage extrem zu veranschaulichen: eine für Wurzelbrand (Abb. 348) oder ähnliche Keimlingskrankheiten hochanfällige wildwachsende Pflanzenart wird schon im Keimlingsstadium eliminiert und verschwindet. Eine Zuckerrübensorte mag aber noch so wurzelbrandanfällig sein: sie wird durch die Kulturmaßnahmen dem freien Spiel der Kräfte entzogen und überdies in Saatgutbetrieben künstlich vermehrt.

Ein zweiter Grund, warum die Durchseuchung der Kulturpflanzen kaum jene hohe Stufe erreichen wird wie bei der wildwachsenden Flora, liegt in der chemischen Bekämpfung. Als Enkel mag man sich fragen, ob es nicht für den Weinbau ein Glück war, daß es seinerzeit gegen den echten Mehltau, *Uncinula necator* (S. 206), keine Bekämpfungsmittel gab; dadurch wurde der gesamte Rebenbestand, zum ungeheuren Schaden der damals Lebenden, spontan durchseucht und «gereinigt», so daß die Krankheit heute verhältnismäßig harmlos ist. Der falsche Mehltau, *Plasmopara viticola*, konnte dagegen sogleich durch Bespritzen mit Bordeauxbrühe usw. bekämpft werden: die spontane Durchseuchung unterblieb, und unsere Reben sind heute wohl noch so *plasmopara*anfällig wie vor 50 Jahren.

b) Die Abnahme der Krankheitsbereitschaft der Wirtspflanzen als Voraussetzung für das Abklingen einer Epidemie

Die Krankheitsbereitschaft eines Wirtes nimmt ab, wenn seine Disposition schwindet oder wenn er eine Immunität erwirbt. Beide Momente spielen in der menschlichen Epidemiologie eine entscheidende Rolle. Zyklische Epidemien des Menschen werden oft durch eine vorübergehende Steigerung der Disposition ausgelöst; wenn deshalb im Frühjahr die zyklische Avitaminose erlischt (S. 236), so klingt mit ihr, trotz Allgegenwart des Erregers, auch die Vorfrühjahrs-Grippewelle ab. Anderseits lassen, wie eben angedeutet, manche epidemischen Erkrankungen, so die «Kinder»krankheiten, eine dauernde Immunität zurück, die vor einer Wiederholung der Erkrankung schützt; mit der Zunahme der Zahl der Immunisierten klingt deshalb eine derartige Epidemie, wenn sie in ein neues Gebiet einbricht (Färöer, Südsee-Inseln), sukzessive auf ihren untern Grenzwert ab.

Eine ähnliche Problemstellung besteht in der Pflanzenpathologie bei gewissen Infektionskrankheiten mit zyklischem Ablauf; so erzeugt das Necroticringspot-Virus auf *Prunus*arten (*Prunus Cerasus, Pr. insititia, Pr. domestica* und *Pr. Persica*) in den Nordstaaten der Union und in Kanada ein heftiges akutes und ein mildes oder symptomloses chronisches Stadium (Berkeley und WILLISON, 1948). In den ersten zwei Jahren nach der Infektion treten als Primärläsionen (Primärsymptome) schrotschußartige Nekrosen an den Blättern auf (ähnlich Abb. 324), die zur Entblätterung und zum Zurücksterben der Triebe führen. In der anschließenden chronischen Phase ist dagegen das Virus maskiert, und die Bäume zeigen keine oder nur noch unauffällige Symptome; so sind, wie man erst in den letzten zehn Jahren erkannte, zum Beispiel im Staate Michigan 90% der betreffenden Obstbäume von dieser Krankheit befallen, in den Baumschulen sogar noch mehr.

Bricht ein derartiger Infekt neu in ein Areal ein, so wirkt er zunächst verheerend. Schon nach zwei Jahren ist jedoch der später zu besprechende Zustand der Toleranz erreicht: die befallenen Bäume bleiben zwar infiziert, bleiben Virusträger, zeigen aber keine Symptome mehr. Die alarmierend hereingebrochene Epidemie ist deshalb abgeklungen, doch nicht, weil die Infektionsdichte abgenommen hat, sondern weil die Bereitschaft der Bäume, krankhaft zu reagieren und Symptome zu zeigen, abnahm.

c) Die Abnahme der Vitalität des Erregers als Voraussetzung für das Abklingen einer Epidemie

Mit wachsender Durchseuchung der Bestände scheiden die dem Erreger zusagenden anfälligen Individuen allmählich aus und er muß sich notgedrungen in steigendem Maße mit widerstandsfähigeren Exemplaren auseinandersetzen. Durch Passagen über nichtkongeniale Wirte wird er aber (siehe nächstes Kapitel) in der überwiegenden Zahl der Fälle geschwächt; insbesondere wird aa) seine Vitalität und bb) seine Fähigkeit zur Keimausstreuung vermindert.

aa) Die Depression der Vitalität. Wird ein Stamm der *Phytophthora infestans* in die Knollen einer widerstandsfähigen Kartoffelsorte verimpft und auf diesen immer weiter übertragen, so verliert er innert weniger Wochen seine Vitalität und geht nach 5–11 Generationen zugrunde (K. O. MÜLLER, 1936). Krankheitserreger dieses Typus müssen demnach mit steigender Durchseuchung der Bestände eine Schwächung erfahren, die zu einem Abklingen des betreffenden Seuchenzuges führt. — Eine ähnliche Depression ihrer parasitischen Leistungsfähigkeit im Verlaufe ihres epidemischen Auftretens erfahren im Erdboden jene Pilze, die dort nur vorübergehend aufflackern (soil invaders) und hernach von den autochthonen bodenbewohnenden Konkurrenten (soil inhabitants; GARRETT, 1944) in eine Gleichgewichtslage zurückgedrängt werden (Abb. 135).

bb) Die Regression der Keimausstreuung. Mit den wachsenden Lebensschwierigkeiten nimmt nicht nur die Qualität, die Lebenskraft, der Keime des Erregers ab, sondern überdies auch ihre Zahl: mit sinkender Üppigkeit seiner Entwicklung fruktifiziert er immer spärlicher; infolgedessen verläuft die im aufsteigenden Ast des Seuchenzuges progressive Reihe jetzt regressiv: Abnahme der Zahl der Keime → Abnahme der infektiösen Dosen → Abnahme der Heftigkeit der Erkrankung → erneute Abnahme der Zahl der Keime usw.

bis zu einem untern Grenzwert. Dieser quantitative Rückgang der Keimausstreuung wird noch durch ein topographisches Moment verstärkt: wegen der fortgesetzten Eliminierung beginnt die Häufung der anfälligen Individuen zu schwinden; das anfällige Areal wird infolgedessen aufgebrochen und gelichtet: das keimausstreuende Reservoir verliert seine Dichte und Geschlossenheit und damit seine Streuungspotenz.

Wenn somit eine pflanzliche Epidemie ihren Charakter ändert und abklingt, so tragen sowohl Wirt als Erreger dazu bei. Der Wirt ändert seinen Charakter, weil wegen der wachsenden Durchseuchung der Bestände immer widerstandsfähigere Exemplare zurückbleiben und weil vielleicht seine Krankheitsbereitschaft allgemein sinkt, und der Erreger ändert seinen Charakter, weil bei ihm die Infektiosität und die Möglichkeit der Keimausstreuung progressiv abnehmen.

Durch das Zusammenspiel dieser beiden Faktoren, der Auslese der widerstandsfähigen Wirtsindividuen und der dadurch bedingten Schwächung des Erregers, erhält jede Epidemie mit wachsender Durchseuchung einen harmlosen Charakter. Die Behinderung des Erregers braucht sich jedoch nicht genotypisch auszuwirken; sie kann bloß phänotypisch sein; wird er deshalb in günstigere Gebiete verschleppt, so wandelt sich die regressive Entwicklung wieder in eine progressive: der Erreger flammt wieder auf, wird wieder vital, und der säkulare Rhythmus beginnt von vorn.

3. KAPITEL

Die parasitische Eignung der Erreger

Die parasitische Eignung eines Erregers ist, wie alle Äußerungen des Lebens, nicht eine konstante, selbständige Größe, sondern abhängig von innern und äußern Bedingungen; deshalb

§ 1. Die angeborenen, konstitutionellen Verschiedenheiten in der parasitischen Eignung.

§ 2. Die Veränderungen der parasitischen Eignung der Erreger (S. 274); und

§ 3. Die Voraussetzungen der parasitischen Eignung (S. 328).

§ 1. Die angeborenen, konstitutionellen Verschiedenheiten in der parasitischen Eignung der Erreger

Der vorliegende Abschnitt stellt sich drei Fragen:

1. Wie groß sind die quantitativen Verschiedenheiten in der Stärke, der Intensität, der parasitischen Leistungsfähigkeit der Erreger? (1. Affinität, Aggressivität, Pathogenität).

2. Welches sind die qualitativen Unterschiede, die Verschiedenheiten in der Breite des parasitischen Angriffsvermögens? (2. Die Wirtswahl; S. 258). Und

3. In welcher Weise verteilen sich die parasitischen Fähigkeiten auf die verschiedenen systematischen Einheiten der Erreger? (3. Die Spezialisierung der Erreger; S. 264).

1. Affinität, Aggressivität, Pathogenität

Wir sind geneigt, die parasitische Lebensweise als anspruchsvoller, die saprophytische als tieferstehend zu betrachten. Um eine Wirtspflanze zu besiedeln, muß ja der Erreger eine Reihe von besondern Eigenschaften besitzen, die ihn zur parasitischen Laufbahn befähigen.

In erster Linie muß er sich von seiner Wirtspflanze chemotropisch angezogen fühlen; er muß zu ihr eine Affinität und den entsprechenden Tropismus besitzen. Nur dann reagiert er auf sie; nur dann macht er überhaupt den Versuch, in sie einzudringen. In diesem Sinne gilt die Schilderung der Abb. 1 nur für ein kongeniales Erreger-Wirt-Paar. Wenn sich zum Beispiel eine Rostspore auf eine Buche verirrt, so erlischt sie ohne eine ernsthafte Anstrengung zur Infektion: diese beiden Partner sind nicht affin.

Die Zahl der Erreger, die auf eine bestimmte Wirtsart ansprechen, ihre Keimschläuche zum Beispiel durch die Spaltöffnungen in die Atemhöhlen dringen lassen und somit einen Versuch zur Besiedlung dieses Wirtes machen, ist wohl einige Dutzend Mal größer als die jeweilige Zahl der für diesen Wirt wirklich parasitischen Erreger (z. B. Cook, 1937); so dringen die Keimschläuche der Zoosporen des falschen Mehltaues der Reben, *Plasmopara viticola*, in die bizarrsten Wirte, auf denen sie niemals Fuß zu fassen vermögen, ein, in Liliaceen, Polygonaceen, Labiaten, Leguminosen, Compositen usw. (Arens, 1929). Auch innerhalb der Gattung *Vitis* suchen sie die Laubblätter anfälliger und widerstandsfähiger Arten gleichermaßen zu besiedeln (Abb. 230). Die Tatsache, daß sich ein Keimschlauch in eine Nährpflanze eindrängt, beweist deshalb noch nichts über den Erfolg der Infektion.

Abb. 230
Das Eindringen des falschen Mehltaues der Reben, *Plasmopara viticola* (B. et C.) Berl. et de Toni, in die Laubblätter einer nichtkongenialen Wirtsart, *Vitis riparia* Michx. (*1*), und einer kongenialen Wirtsart, *Vitis vinifera* L. (*2*). Entwicklungszustand nach 3 Tagen. Vergr. etwa 900. (Nach Arens, 1929.)

Die Affinität zwischen den Blütenpflanzen und den als Parasiten möglichen Mikroorganismen ist somit wenig spezifisch und ihre selektive Wirkung auf die letztern gering.

Fehlt die Affinität, so spricht der Erreger auf die Wirtspflanze nicht an, sondern wächst gleichgültig, indifferent, wie über ein neutrales Substrat über sie hin; die betreffende Pflanze existiert für ihn überhaupt nicht.

In zweiter Linie muß der Erreger die Fähigkeit besitzen, seinen Wirt anzugreifen (ihn zu infizieren), ihn zu bewohnen (in ihm zu leben), seinen Widerstand zu überwinden, ihn zur eigenen Ernährung zu benützen und sich in oder auf ihm zu vermehren. Diese Fähigkeit wird Aggressivität oder Befallsenergie genannt; sie macht das Wesen des Parasiten aus.

Die Aggressivität kennzeichnet also einerseits die Leichtigkeit, mit der eine Infektion angeht (das Infektionsvermögen, die Infektionstüchtigkeit, die Ansteckungsenergie, die Fähigkeit, Infektionen zu erzeugen) und anderseits die Leichtigkeit, mit der sich ein Erreger im Wirte, nachdem er ihn befallen hat, ausbreitet und in ihm heimisch wird (Fähigkeit zur

Generalisation). Als Maßstab der Aggressivität werden in reziprokem Sinne zum Beispiel verwendet:

a) Die numerische Infektionsschwelle (S. 59): Ein Rostpilz, der mit einer einzigen keimenden Spore zum Haften kommt, ist aggressiver als ein *Fusarium*, welches das gleiche Ziel nur mit dem Einsatz von 10000 Sporen erreicht (Abb. 56).

b) Die Infektionszeit (S. 55): Der falsche Mehltau der Reben, der unter optimalen Bedingungen in 2–3 Stunden mit dem Wirt in ein stabiles parasitisches Verhältnis tritt, ist aggressiver als ein Wundparasit aus der *Valsa*-Gruppe (S. 89), der hierzu auch im günstigsten Falle eines mehrtägigen Kampfes bedarf.

c) Die Dauer der Inkubationszeit (das ist die Schnelligkeit, mit der ein Parasit Symptome erzeugt; S. 56): der Braunrost des Roggens, *Puccinia dispersa* Erikss., ist bei der Lufttemperatur von 20°, bei der die Inkubationszeit nur etwa 6 Tage beträgt, aggressiver als bei der Lufttemperatur von 10°, wo sie sich auf etwa 15 Tage erstreckt.

d) Die Zahl der Erkrankungsfälle: Ein Stamm von *Pythium de Baryanum* Hesse, der unter bestimmten äußern Bedingungen 100% der Fichtenkeimlinge an Wurzelbrand erkranken läßt, ist zehnmal aggressiver als ein anderer, der unter denselben Bedingungen nur 10% Befall hervorruft.

Fehlt die Aggressivität, so kann der Erreger den Versuch zur Besiedlung der betreffenden Wirtspflanze nicht zu Ende führen: die Infektion abortiert; so besitzt *Plasmopara viticola* eine Affinität sowohl für die Reben als für die Fliederblätter, eine wirkliche Aggressivität aber nur für die ersteren; nur auf ihnen gelangt sie zur Bildung von Haustorien (Abb. 230, *2*).

Wenn ein aggressiver Erreger stark streut oder eine niedere Infektionsschwelle besitzt (und deshalb leicht angeht), so nennt man ihn infektiös oder kontagiös, «ansteckend»; so ist das Tabaknekrosevirus infektiöser als der H-Stamm der Kartoffel-X-Virusgruppe (S. 60).

Eine bestimmte Rasse (Biotyp II) des Zwergrostes der Gerste, *Puccinia hordei* Otth. [syn. *Puccinia simplex* (Koern.) Erikss. et Henn.] haftet in Einsporinfektionen sowohl auf Gerste (*Hordeum vulgare* L.) als auf Sandhafer (*Avena strigosa* Schreb.) als auf Mäusegerste (*Hordeum murinum* L.); sie ist also für alle drei Wirte gleich infektiös. Auf Gerste erzeugt sie aber (Hassebrauk, 1932) den richtigen Zwergrost mit Uredo- und Teleutosporen (Hauptwirt), auf Sandhafer nur vereinzelte Pusteln, die schon im Uredostadium stehen bleiben (Nebenwirt) und auf Mäusegerste nur nekrotische, steril bleibende Flecken (Subinfektionen). Die Aggressivität des Zwergrostes, seine Fähigkeit zur Besiedlung des Wirtes, ist also nach der in diesem Buch verwendeten Terminologie, bei gleicher Infektiosität, für die drei Wirtsarten verschieden groß.

In dritter Linie besitzen manche Parasiten die Fähigkeit, ihren Wirt zu schädigen und bei ihm eine Erkrankung auszulösen. Diese Erkrankung

(5. Kapitel) ist zweifelsohne vom Erreger, der doch nichts anderes «will» als sich auf Kosten des Wirtes ernähren und vermehren, gar nicht «beabsichtigt»; daß der Wirt auf seine Gegenwart anspricht und womöglich sogar eingeht, ist zweifelsohne ein ungewollter und oft sogar unerwünschter Nebenerfolg, durch den unter Umständen das individuelle Leben des Erregers abgeschlossen wird (4. Kapitel, parabiontische Parasit-Wirt-Paare).

Die krankmachende Fähigkeit eines Erregers nennt man seine Pathogenität (von πάθος, das Leiden) oder seine Expressivität (seine Fähigkeit, Symptome zu erzeugen). Unter der Pathogenität verstehen wir somit die Fähigkeit eines Erregers, seinen Wirt zu schädigen und ihn zu abwegigen Reaktionen zu drängen, zum Beispiel zu Störungen in der Gestalt oder in der Funktion: Die Pathogenität kennzeichnet die parasitische Wirksamkeit des Erregers, seinen parasitischen Effekt; entscheidet die Aggressivität des Erregers über den Befall des Wirtes, so entscheidet die Pathogenität des Erregers über die Erkrankung des Wirtes. Fehlt die krankmachende Wirkung, so ist der Erreger apathogen; so sind Schwärzepilze, zum Beispiel *Cladosporium herbarum* (Pers.) Lk., die oft an fußkrankem Getreide auftreten, zwar aggressiv (denn sie vermögen die Wirtspflanzen zu besiedeln und zu ihrer Ernährung zu benützen), aber apathogen: ihre Schadwirkung beschränkt sich auf den vollkommen belanglosen Nährstoffentzug.

Oft wird die parasitische Leistungsfähigkeit eines Erregers statt als Pathogenität als Virulenz (von virus, das Gift) bezeichnet. Leider ist dieser Ausdruck zu sehr in den täglichen Sprachgebrauch übergegangen und dadurch mehrdeutig geworden.

In einem weitern Sinne, den vor allem die Mediziner pflegen, umschließt er eine hohe Aggressivität und eine hohe Pathogenität des Erregers, also seine gesamte parasitische Leistungsfähigkeit, seine parasitische Aktivität, sein parasitisches Potential schlechthin.

In einem engern Sinne wird die Virulenz gleich der Pathogenität gesetzt; in diesem Falle ist der *Bacillus tetani* ein für den Menschen hochvirulentes Bakterium; denn er löst bei genügender Menge des Inoculums 100% Todesfälle aus.

In einem andern Sinne bezeichnet jedoch die Virulenz bloß die Fähigkeit des Erregers, sich in seinem Wirt zu vermehren. Tetanusbazillen sind in diesem Falle (im Gegensatz zu vorhin) avirulent; denn sie vermögen sich im Innern des befallenen Organismus nicht auszubreiten; dagegen sind sie hochgradig toxisch, hochgradig pathogen.

Die gegenseitigen Beziehungen von Aggressivität, Pathogenität und Virulenz sind mannigfaltig.

Bei den Perthophyten (S. 89) ist die Pathogenität die Voraussetzung der Aggressivität: ein hochpathogener Erreger ist hier zugleich hoch aggressiv.

Bei den biotrophen Erregern ist dagegen die Aggressivität die Voraussetzung der Pathogenität: erst muß der Erreger den Wirt besiedeln, ehe er ihn erkranken läßt. In ihrem Ausmaß sind jedoch die beiden Größen voneinander unabhängig: hohe Aggressivität kann mit niederer Pathogenität und geringe Aggressivität mit hoher Pathogenität gepaart sein.

In der Medizin sind die Masern hochgradig infektiös, aber wenig pathogen. In der Botanik sind die Knöllchenbakterien der Leguminosen (Abb. 282) stark aggressiv (denn sie vermögen den Wirt leicht zu besiedeln), aber sozusagen apathogen (denn sie lösen keine eigentliche Erkrankung aus).

Milzbrand kann auf Mäusen mit einem einzigen Keim haften (S. 59), während auf Schafen ceteris paribus 100000 Bakterien injiziert werden müssen. Der Endeffekt, der Tod, ist in beiden Fällen gleich; somit ist der Erreger für beide Wirte gleich pathogen; dagegen wird man ihn wegen seiner niedrigern Infektionsschwelle als für Mäuse aggressiver bzw. «virulenter» bezeichnen. *Fusarium vasinfectum* Atk., der Erreger der Welkekrankheit der Baumwollsträucher, und *Fusarium cubense* E. F. S., der Erreger der Panamakrankheit der Bananen, sind wenig aggressiv; denn sie besitzen, wie die übrigen Fusarien (Abb. 56 und 59), eine hohe Infektionsschwelle; dagegen sind sie stark pathogen und führen meist zum Tod oder mindestens zur Sterilität der befallenen Pflanzen.

Die Unbestimmtheit in der Verwendung aller dieser Bezeichnungen ist ihrerseits ein Ausdruck für die unendliche Mannigfaltigkeit des parasitischen Lebens, die sich nie restlos mit einem Wort ausschöpfen läßt. Die sprachliche Nuancierung der einzelnen Tatbestände bleibt deshalb stets dem Ermessen des Einzelnen anheimgestellt.

Falls sich ein Erreger nur von lebender Substanz zu ernähren vermag und sich deshalb nicht laboratoriumsmäßig auf künstlichen Substraten kultivieren läßt, so bezeichnet ihn der Botaniker als einen obligaten bzw. obligat biotrophen Parasiten. Hierher gehören unter den Archimyceten *Synchytrium* (Abb. 294) und *Plasmodiophora* (Abb. 216), unter den Oomyceten die Endformen der falschen Mehltaureihe, *Plasmopara* (S. 148) und *Peronospora* (S. 58), unter den Basidiomyceten die Rostpilze (Uredineen), unter den Blütenpflanzen die Mistel, und endlich sämtliche Viren. Haben diese obligaten Parasiten ihren Wirt abgetötet, so verhungern sie, bzw. müssen sie ihren Lebenszyklus durch die Bildung von Dauersporen abschließen; dagegen ist es Morel (1948) gelungen, den falschen und den echten Mehltau der Reben (*Plasmopara viticola* und *Uncinula necator*), das *X*- und das *Y*-Virus der Kartoffeln (Abb. 312 und 174) und das Tabakmosaikvirus (Abb. 61) in vitro in Gewebekulturen zu züchten.

Die fakultativen bzw. fakultativ biotrophen Parasiten im botanischen Sinne vermögen sich dagegen in den wirtslosen Intervallen auch saprophytisch, so auf abgestorbenen oder von ihnen getöteten Pflanzenteilen, zu ernähren und können deshalb laboratoriumsmäßig in Reinkulturen auf künstlichen Nährböden gezogen werden. Sie umfassen die meisten pflanzenpathogenen Pilze und sämtliche pflanzenpathogenen Bakterien.

Die Humanmedizin kennt obligate Parasiten im botanischen Sinne (abgesehen von den Malariaplasmodien, von den Viren und den meisten Rickettsien, zum Beispiel dem Erreger des Fleckfiebers, die sich nur in Gewebekulturen vermehren lassen) nicht; als obligate Parasiten bezeichnet sie Mikroorganismen, die zwar der saprophytischen Kultur auf künstlichen Nährböden zugänglich sind, sich jedoch außerhalb des Wirtskörpers nicht spontan vermehren, zum Beispiel Tuberkelbazillen, Spirochäten; fakultative Parasiten im medizinischen Sinne können sich dagegen sowohl außer- als innerhalb des Wirtes vermehren (zum Beispiel Colibakterien).

Bei den im botanischen Sinne fakultativen Parasiten hängt die Form der Ernährung, ob saprophytisch oder parasitisch, nicht nur vom Erreger, sondern auch vom Wirt ab. Darmbakterien aus der Coligruppe sind harmlose Kommensalen, solange sie bloß im und vom Darminhalt leben; gestattet ihnen jedoch der Anfälligkeitszustand des Wirtes den Befall der Darmschleimhaut, so werden sie zu Parasiten (typhöse Erkrankungen); trotzdem empfindet der Laie die parasitische und die saprophytische Lebensform eines Erregers als gegensätzlich, wie in der deutschen Sprache die feine Differenzierung des biologischen Holzabbaues in «Ersticken» («Verstocken») und «Vermorschen» zeigt.

Der Ausdruck Ersticken des Holzes hat zwar im Deutschen eine doppelte Bedeutung. Einerseits bezeichnet er jenen Zerfall des toten, aufgeschnittenen Holzes, bei welchem das Holz wegen Luftabschluß scheinbar von selbst «erstickt», weil man die Hyphen des Erregers, z.B. *Coniophora cerebella* (Pers.) Schroet., makroskopisch nicht immer sieht.

Anderseits und hauptsächlich bezeichnet aber Ersticken den pilzlichen Abbau des noch lebenden Holzes, vor allem in Stämmen, die zwar geschlagen, aber noch am Leben sind. Gefällte Stämme sterben ja nicht sogleich, sondern kommen, wenn sie den Winter über in der Rinde liegen bleiben, im folgenden Frühjahr nochmals in den Saft, treiben wieder aus und sterben erst mit der beginnenden Austrocknung. Ihre Vitalität ist jedoch in geschlagenem Zustand herabgesetzt, und so werden sie den Winter über durch spezifische Parasiten, zum Beispiel Buchen durch *Polystictus*arten, Fichten und Tannen durch *Lenzites heteromorpha* Fr., den Erreger des geflammten Holzes, befallen und zum Ersticken gebracht (Gäumann, 1930, 1936).

Als Vermorschen bezeichnet dagegen der Laie generell den biologischen Abbau des toten Holzes durch die Dutzende von unspezifischen Korrosions- und Destruktionspilzen.

2. Die Wirtswahl

Die parasitischen Mikroorganismen und Viren vermögen nicht wahllos irgendwelche Pflanzenarten zu besiedeln, sondern der Kreis der Arten, die sie auswerten können, ist in der Regel mehr oder weniger beschränkt: die betreffenden Erreger sind für ihre Entwicklung an bestimmte Wirtsarten gebunden. Diese Erscheinung nennt man ihre Wirtswahl und den Kreis ihrer Wirtsarten oder Nährpflanzen ihren Wirtskreis oder ihr Wirtsspektrum.

Der Ausdruck Wirtswahl ist nicht glücklich. Eine Wahl setzt voraus, daß innerhalb eines Angebotes frei entschieden werden kann. Die Wirtswahl ist dagegen meist negativ umschrieben, eine Verlegenheits«wahl» dessen, was der Parasit infolge seiner beschränkten Fähigkeiten überhaupt zu befallen vermag; er hat nur die Wahl, die eine Türe aufzuschließen, die er öffnen kann, oder zugrunde zu gehen. Der Erreger wird somit gewählt bzw. toleriert, nicht der Wirt. Widerstandsfähige Wirte lassen nur virulente Erreger aufkommen; sie selektionieren sie und entmischen dadurch die Erregerpopulation. Der Ausdruck Wirts«wahl» macht also aus der Not eine Tugend; doch wäre es unzweckmäßig, ihn heute zu ersetzen.

Der Umfang der Wirtswahl, die Breite des Wirtsspektrums, ist bei den verschiedenen Erregern verschieden groß, ohne daß eine nahe Verwandtschaft der Erreger auf eine ähnliche parasitische Leistungsfähigkeit schließen lassen würde. Sehr weit ist sie bei manchen Gelegenheits- und Schwächeparasiten; so vermag *Botrytis cinerea* Pers. (Abb. 1) im Gewächshaus und im Freien auf die verschiedensten Organe und Teile von Tausenden von Arten aus den verschiedensten Gattungen, Familien und Reihen, die unter sich keinen innern Zusammenhang aufweisen, überzugehen, sofern sie sich nur in einem empfänglichen, d.h. geschwächten Zustande befinden; in ungenügend gelüfteten Anzuchtkästen befällt dieser Pilz Keimlinge wohl aller gärtnerischen Kulturpflanzen; dann besiedelt er auch Stengel (Begonien, Gurken, Kartoffeln usw.), Früchte (Birnen, Äpfel, Tomaten, Orangen, Früchte von Dahlien, Edelfäule der Weintrauben usw.), ferner Eß- und Blumenzwiebeln, Kartoffelknollen usw. Derartige Parasiten, deren Wirtswahl gewissermaßen wahllos ist, werden omnivor, allesfressend, genannt.

Unter den Erregern, die vollkräftige Wirtspflanzen befallen, ist dagegen der Wirtskreis nie derart verwischt, sondern er läßt stets gewisse Grenzen erkennen. Falls der Erreger Wirte aus verschiedenen Gattungen oder Familien besiedelt, nennt man ihn plurivor, multivor, pleophag, polyphag oder euryxen. Diese Ausdrücke sind nicht alle genau gleichbedeutend; doch wird auch hier die Nuancierung dem Sprachgefühl des einzelnen überlassen.

Plurivor ist zum Beispiel der Wirtelpilz, *Verticillium albo-atrum* R. et B., der auf über 70 Pflanzengattungen, Waldbäumen, Obstbäumen, Sträuchern, Hackfrüchten (Abb. 359, 418), Gemüsepflanzen, Unkräutern usw. eine Welkekrankheit verursacht, wobei grundsätzlich jede der geprüften Pilzherkünfte auf jede andere Wirtspflanze übergeht (Donandt, 1932).

Plurivor ist auch *Corticium vagum* B. et C. (Abb. 348), ein niederer Basidiomycet, der unter mehreren Namen, oft als *Rhizoctonia solani* Kühn, wohl über 200 Arten aus den heterogensten Monokotylen- und Dikotylenfamilien befällt (Braun, 1930) und auf ihnen die verschiedenartigsten Krankheitsbilder erzeugt, zum Beispiel die Filzkrankheit der Kartoffelstengel, die Pocken der Kartoffelknollen und einen Wurzelbrand der Zuckerrüben- und Koniferenkeimlinge.

Eng umschrieben ist dagegen der Wirtskreis beim Schwarzrost des Weizens, *Puccinia graminis tritici* Erikss., der unter den Zehntausenden von Pflanzenarten seines Lebensraumes im wesentlichen nur die botanische Gattung *Triticum* L., den Weizen, also eine einzige Gattung, zu besiedeln vermag; er ist somit auf die Gattung *Triticum* beschränkt, auf sie spezialisiert. Derartige Erreger werden stenoxen, «engwirtig», genannt.

Doch sind eng und weit relative Begriffe, die von der Blickrichtung abhängen. Wer von *Botrytis cinerea* herkommt, wird das *Corticium vagum* als spezialisiert empfinden; wer dagegen mit Schwarzrostrassen zu arbeiten gewohnt ist, dem erscheint *Corticium* als erstaunlich plurivor.

Wenn sich zwei Wirtsspektren überschneiden, so werden die gemeinsamen Wirte Sammelwirte genannt; in Abb. 231 ist der Zuckerahorn ein Sammelwirt für die Laubholz- und die Tannenmistel. Auf Sammelwirten besteht stets die Gefahr von Mischinfektionen.

Wirte, die nur einem Wirtskreis angehören, können als Differentialwirte dienen. Passagen über Differentialwirte haben eine selektive oder Filterwirkung; denn sie trennen, entmischen die Mischinfektion. So kann ein Gewirr von Mistelbüschen auf dem Zuckerahorn durch je eine Passage über den Apfelbaum (Differentialwirt für die Laubholzmistel) bzw. über die Weißtanne (Differentialwirt für die Tannenmistel) in seine beiden Komponenten zerlegt werden.

Differentialwirte, die bestimmte Symptome besonders charakteristisch entwickeln, werden wegen dieser Reaktionsbereitschaft als Testpflanzen oder Indikatorpflanzen verwendet. Sie sind besonders wichtig für die Identifizierung von Viren, die ja nicht mikroskopisch diagnostiziert werden können: die Testpflanzen sprechen auf ein bestimmtes Virus in charakteristischer Weise an, und durch diese spezifische Reaktion wird das Virus als dieses und kein anderes identifiziert. – Wirte, die man nur aus dem Laboratorium kennt, werden (im Gegensatz zu den natürlichen Wirten) experimentelle Wirte genannt.

Wie der Umfang, so sind auch die Grenzen der Wirtswahl bei den verschiedenen Erregern verschieden ausgeprägt.

Unscharf, unbestimmt ist die Umgrenzung des Wirtskreises bei *Phytophthora infestans*, die laboratoriumsmäßig, unter extremen Bedingungen, auch auf Keimpflanzen zum Beispiel von Buchen, Ahorn und Koniferen übergeht und bei der es sich deshalb zuweilen schwer entscheiden läßt, ob ein bestimmter Wirt aus dem Randgebiet des Spektrums unter «natürlichen» Verhältnissen noch befallen werden kann oder nicht.

Äußerst scharf ist dagegen die Abgrenzung des Wirtskreises beim Rindenblasenrost (Abb. 78) der Waldkiefern, *Cronartium asclepiadeum* (Willd.) Fr., der in der Uredo- und Teleutosporengeneration zwar scheinbar planlos die abseitigsten Blütenpflanzen, so bestimmte Vertreter der Ranunculaceen (*Paeonia*arten, zum Beispiel die Pfingstrose, *Paeonia officinalis* L.), der

Scrophulariaceen (zum Beispiel das Sumpfläusekraut, *Pedicularis palustris* L.), der Balsaminaceen (zum Beispiel die Balsamine, *Impatiens Balsamina* L.), der Tropaeolaceen (zum Beispiel eine Kapuzinerkresse, *Tropaeolum majus* L.), der Asclepiadaceen (zum Beispiel die Schwalbenwurz, *Vincetoxicum officinale* Mönch) usw. befällt, doch immer nur diese Arten, aber nicht ihre nächsten Verwandten; seine Grenzen lassen sich also, im Gegensatz zur *Phytophthora infestans*, nicht experimentell, durch Schaffung außergewöhnlicher Bedingungen, ausweiten.

Zwischen diesen beiden Extremen, der Vagheit und der Schärfe, bestehen naturgemäß mannigfache Übergänge. *Phymatotrichum omnivorum* (Shear) Duggar, die Konidienform der gefürchteten Texaswurzelfäule in Nordamerika, befällt die unterirdischen Organe von nicht weniger als 1708 Dikotylen- und Gymnospermenarten, dagegen merkwürdigerweise keine einzige Monokotyle, zum Beispiel keine Gräser (Ezekiel und Fudge, 1938): einerseits wildeste Pleophagie, anderseits eine unerwartet scharfe Beschränkung.

In ihrem Aufbau können die Wirtsspektren homogen oder heterogen sein, und zwar sowohl in qualitativer Beziehung nach der systematischen Zugehörigkeit der Wirte als quantitativ nach der Angriffsfähigkeit der Erreger.

Bei Wirtsspektren, die nach der systematischen Zugehörigkeit der Wirte homogen zusammengesetzt sind, zeigen die verschiedenen Wirtsarten unter sich eine innere Beziehung und sind zum Beispiel miteinander verwandt; so befällt *Phytophthora infestans*, der Erreger der Krautfäule der Kartoffeln, spontan nur Solanaceen, also eine systematisch einheitliche Gruppe. In ähnlicher Weise befallen die Mutterkornarten (zum Beispiel *Claviceps purpurea*, Abb. 117) und die Erstickungsschimmel (*Epichloë*arten) nur Gräser, *Epichloë typhina* Lév. unsere europäischen Gräser, *Epichloë bambusae* Pat. die Bambusaceen, aber keine Carices noch andere Phanerogamen. Rostpilze aus den Gattungen *Phragmidium* und *Gymnosporangium* (zum Beispiel der Gitterrost, S. 122) besiedeln nur Rosaceen; findet man ein Blatt, das einen Parasiten aus diesen zwei Gattungen trägt, so muß es zu einer Rosacee gehören.

In diesen Fällen geht also mit der systematischen Verwandtschaft der Wirte auch eine physiologische oder biologische Verwandtschaft einher, die sich in einem ähnlichen Krankheitsverhalten gegenüber bestimmten Erregern äußert (Moritz, 1932; Buhr, 1937). Die Ursache dieser positiven Bindungen wurde u.a. in der Eiweißverwandtschaft der Wirte gesucht; das mag zum Teil zutreffen; doch ist nicht zu übersehen, daß die Eiweißverwandtschaft nur eine Komponente unter vielen andern darstellt und daß serologisch nur jene Eiweiße erfaßt werden, die bei der betreffenden Methodik reagieren; ähnliches gilt für die Kohlehydratverwandtschaft.

Heterogen, unzusammenhängend, ist dagegen das Wirtsspektrum des eben genannten *Corticium vagum* und des *Verticillium albo-atrum*, die beide auf alle möglichen Wirte übergehen, ferner des *Cronartium asclepiadeum* (S. 260).

Die Ursache dieses scheinbar willkürlichen Befalls, warum zum Beispiel unser einheimisches *Cronartium asclepiadeum* unter sich wildfremde Angiospermen, die südafrikanische Scrophulariacee *Nemesia versicolor* E. Mey., die peruanische Verbenacee *Verbena erinoides* Lam. und die chilenische Loasacee *Grammatocarpus volubilis* Presl., lauter experimentelle Neuwirte, denen es sicher in seiuem Leben noch nie begegnete, zu besiedeln und

Tabelle 27

Die morphologische und biologische Differenzierung der zwei Sklerotinien auf Steinobst. (Nach ADERHOLD und RUHLAND, 1905.)

Art	Ausmaße der Asci μ	Ausmaße der Ascosporen μ	Hauptwirte	Nebenwirte
Sclerotinia cinerea (Bon.) Schroet.	90–110 × 6–8	6–9 × 3–5	Kirschen, Pflaumen, Pfirsiche usw.	Aprikosen
Sclerotinia laxa (Ehrenb.) Aderh. et Ruhl. . . .	120–150 × 8–12	11–14 × 5–7	Aprikosen	Kirschen Pflaumen, Pfirsiche usw.

zur eigenen Ernährung zu benützen vermag, aber nur diese und keine andern, auch nicht die nächstverwandten Gattungen oder Arten, ist völlig unbekannt; hier steht die Forschung noch nicht einmal am Anfang.

In der Regel besteht zwischen der Zusammensetzung und dem Umfang des Wirtsspektrums eine Beziehung, indem weite Wirtsspektren oft heterogen, enge Wirtsspektren meist homogen sind. Doch gibt es hier manche Ausnahmen, so das *Cronartium asclepiadeum:* sein Wirtsspektrum ist eng, aber heterogen.

Bei Wirtsspektren, die nach der Virulenz des Erregers homogen sind, besitzt der Erreger für sämtliche Wirte dieselbe Aggressivität und Pathogenität; so befällt *Nectria cinnabarina* (Tode) Fr., der Erreger der Rotpustelkrankheit, sozusagen unsere sämtlichen Laubbäume und Sträucher und bringt nach Art der Perthophyten ihre Äste zum Absterben; die verschiedenen *Nectria*-rassen verhalten sich jedoch innerhalb dieses weiten Wirtsspektrums gleich: eine stark pathogene Provenienz ist für sämtliche Wirtsarten stark pathogen, eine schwach pathogene für sämtliche Wirte schwach pathogen; somit besteht innerhalb des breiten Wirtsspektrums keine wesentliche Prädilektion für spezifische Wirte (URI, 1948). Dieser Fall kommt im Pflanzenreich selten vor.

In der Regel ist die Virulenz des Erregers im Innern seines Wirtsspektrums und vor allem gegen dessen Rand hin abgestuft, das Wirtsspektrum also in quantitativer Beziehung heterogen; so vermag der Polsterschimmel der Kirschen, Pflaumen usw. zwar unter besondern Verhältnissen auch Aprikosen zu befallen (Tab. 27); das spezifische Krankheitsbild und den heftigen Krankheitsverlauf der Zweigdürre löst er aber nur auf den erstern aus. – Das Virus der Ringfleckigkeit des Tabaks wirkt auf Bohnen, *Phaseolus vulgaris* L., tödlich; auf Tabak ruft es dagegen nur örtliche Nekrosen (Abb. 339) und auf Honigklee, *Melilotus officinalis* (L.) Lam., der gelegentlich im Fruchtwechsel mit Tabak angebaut wird, überhaupt keine Symptome hervor (symptomloser Zwischenträger, carrier).

Diese Erscheinung, daß ein plurivorer Parasit bestimmte Arten seines Wirtskreises leichter bzw. stärker zu besiedeln vermag als die übrigen, bezeichnet man als sein spezifisches Infektionsvermögen für diese Wirtsart. Die bevorzugte Wirtsart nennt man den Hauptwirt, die weniger kongenialen Wirtsarten die Nebenwirte. Nebenwirte, die nur ausnahmsweise, unter selten realisierten Voraussetzungen, befallen werden, heißen Gelegenheitswirte.

Doch ist der Sprachgebrauch, wie in so manchen biologischen Dingen, von der Fülle der Tatsachen durchbrochen worden, so daß die Abstufung zwischen Haupt- und Nebenwirten auch nach andern Gesichtspunkten erfolgt, zum Beispiel:

a) Nach wirtschaftlichen Gesichtspunkten. Die Kartoffel, *Solanum tuberosum* L., bezeichnet man schon deshalb als den Hauptwirt des Kartoffelkrebses, *Synchytrium endobioticum* (Schilb.) Perc. (Abb. 294), weil sie den wirtschaftlich wichtigen Wirt darstellt, unbekümmert darum, ob sie stärker oder schwächer als die übrigen Arten des Wirtskreises, *Solanum Commersonii* Dun., *Sol. Dulcamara* L., *Sol. guaranticum* Haßl. (syn. *Sol. Chacoense* Bitt.), *Sol. Jamesii* Torr., *Sol. Lycopersicum* L., *Sol. nigrum* L. usw. befallen wird und unbekümmert darum, daß sie historisch nicht einmal den primären Wirt des Kartoffelkrebses darstellt (S. 227).

b) Nach der Häufigkeit ihres Vorkommens. Die Schwalbenwurz, *Vincetoxicum officinale* Moench., bezeichnet man in Mitteleuropa als den Hauptzwischenwirt des oben genannten Rindenblasenrostes der Waldkiefern (Abb. 78), weil sie den weitaus häufigsten Wirt darstellt; die übrigen Arten sind, unabhängig von ihrer stärkern oder schwächern Anfälligkeit, für die Übertragung der Krankheit nur «Nebenwirte».

c) Nach der Fruktifikationsintensität des Parasiten. Auf der schwarzen Johannisbeere, *Ribes nigrum* L., bildet der Blasenrost der Weymouthskiefer, *Cronartium ribicola* J.C. Fisch., etwa 2600000 Basidiosporen je cm² infizierter Blattfläche, und auf der bei uns als Zierstrauch gepflanzten goldblütigen Johannisbeere, *Ribes aureum* Pursh., etwa 900000, dagegen unter denselben äußern Bedingungen auf zwei nordamerikanischen Wildarten, *Ribes setosum* Lindl. und *Ribes lacustre* (Pers.) Poir., nur etwa 120000 bzw. 45000 (Taylor, 1922). *Ribes nigrum* und *Ribes aureum* zählen deshalb zu den Haupt-,

Ribes setosum und *Ribes lacustre* zu den Neben (Zwischen-) wirten des Blasenrostes.

d) Nach dem Entwicklungsgang des Parasiten. Wirtsarten, auf denen der Parasit seine Hauptfruchtform ausbildet (das ist bei den Pilzen jene Fruktifikationsform, in welcher sich die Kernverschmelzung, die Karyogamie, abspielt), bezeichnet man als Hauptwirte, jene Wirtsarten dagegen, auf welchen er nur zur Ausbildung der Nebenfruchtformen gelangt (das sind bei den Pilzen die asexuellen Sporenformen, Konidien, Uredosporen usw.), als Nebenwirte. Gerste ist der Hauptwirt des S. 255 genannten Zwergrostes, *Puccinia hordei* Otth, weil dieser Pilz auf ihr Teleutosporen entwickelt und dadurch seinen Entwicklungsgang abschließt; Sandhafer ist dagegen nur ein Nebenwirt, weil der Pilz auf ihm nur Uredolager anlegt. Oder: die verschiedenen mittel- und südeuropäischen *Quercus*arten sind Hauptwirte des Eichenmehltaues, *Microsphaera alphitoides* Griff. et Maubl., weil dieser auf ihnen bis zur Perithecienbildung gelangt, *Fagus silvatica* L. und *Castanea sativa* Mill. sind bloß Nebenwirte, weil der Pilz auf ihnen nur Konidien entwickelt.

3. Die Spezialisierung der Erreger

Ursprünglich nahm man an, daß jede morphologisch umschriebene Erregerart sowohl morphologisch als biologisch eine Einheit darstelle und daß insbesondere ihre sämtlichen Individuen im wesentlichen dieselben parasitischen Fähigkeiten besitzen. Dieser Voraussetzung entsprechen heute nur noch wenige Mikroorganismen, so der falsche Mehltau der Reben, *Plasmopara viticola*, und der Erreger der Kohlhernie (Abb. 216), des Kartoffelkrebses (Abb. 294) und der Kartoffelräude (*Spongospora subterranea*).

In der überwiegenden Zahl der Fälle teilten die Erreger vielmehr in noch gesteigertem Maße das Schicksal ihrer Wirte: Wie bei diesen die Linnéschen Arten durch die Verfeinerung der morphologischen und biologischen Analyse in Jordansche Arten und schließlich in Sippen und Lokalrassen aufgespalten wurden, so führte bei den Erregern die Verfeinerung der biologischen Experimentiertechnik von etwa 1890 an zunächst zu einer Zerlegung der Linnéschen Arten in kleinere systematisch-biologische Einheiten, Formengruppen oder Formenbündel, die sich durch ihre Wirtswahl und oft auch durch untergeordnete morphologische Besonderheiten voneinander unterscheiden. Sie wurden biologische Arten oder formae speciales (Einzahl forma specialis, abgekürzt f. sp., meist mit dem Genitiv des Hauptwirtes) genannt.

So bestehen innerhalb der Mistel, *Viscum album* L., mindestens drei biologische Arten, die Laubholzmistel, f. sp. *mali* Tub., die Tannenmistel, f. sp. *abietis* Tub., und die Föhrenmistel, f. sp. *pini* Tub.

Die Laubholzmistel, *Viscum album* L. f. sp. *mali* Tub., hat von allen drei den weitesten Wirtskreis und bewohnt alle möglichen Laubhölzer, aber nur solche; Tubeuf (1923) zählt nicht weniger als 36 Wirtsgattungen auf. Sie vermag auch auf Individuen ihrer eigenen Art zu parasitieren, zum Beispiel männliche Individuen auf weiblichen, was zur irrigen Ansicht verleitete, es gebe Mistelbüsche mit männlichen und weiblichen Blüten. Möglicherweise zerfällt sie noch in biologische Rassen, da die Lindenmistel wahrscheinlich ein spezifisches Infektionsvermögen für Linden, die Pappelmistel ein solches für Pappeln besitzt.

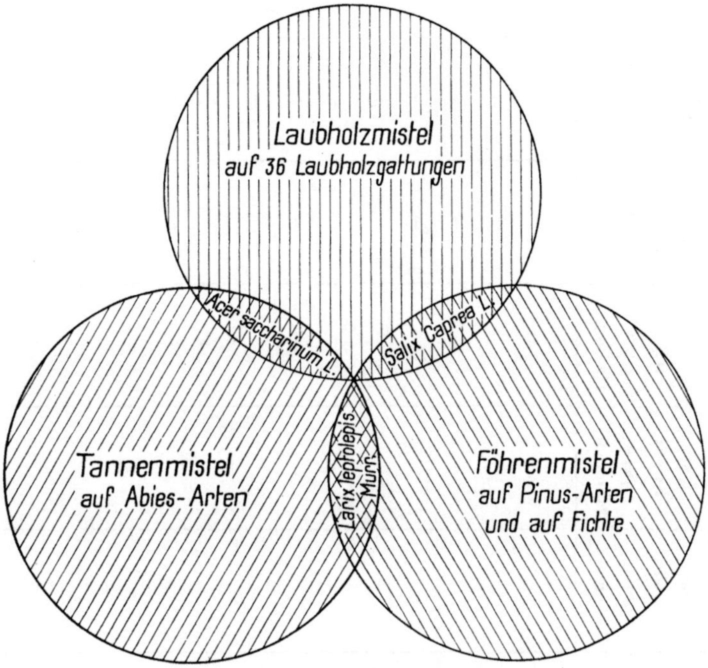

Abb. 231
Das Überschneiden der Wirtskreise der drei biologischen Arten der Mistel, *Viscum album* L.

Die Tannenmistel, *Viscum album* f. sp. *abietis* Tub., bewohnt als Hauptwirte die *Abies*arten, bei uns die Weißtanne, *Abies pectinata* DC., in Griechenland *Abies cephalonica* Loud., im Kaukasus *Abies Nordmanniana* (Stev.) Spach usw.; sie geht nicht auf die Kiefer über, wohl aber auf den nordamerikanischen Silberahorn, *Acer saccharinum* L. (syn. *Acer dasycarpum* Ehrh.), ferner *Acer rubrum* L. und auf die Japanlärche *Larix leptolepis* Murr. Die beiden *Acer*arten sind somit Sammelwirte für die Laubholz- und die Tannenmistel.

Die Föhrenmistel, *Viscum album* f. sp. *pini* Tub., besitzt als Hauptwirte die *Pinus*arten und geht gelegentlich auf die Fichte, *Picea excelsa* (Lam.) Link, *Larix leptolepis* Murr. und die Salweide, *Salix Caprea* L., über, sonst aber weder auf Laubhölzer noch auf die Weißtanne. *Larix leptolepis* ist somit ein Sammelwirt für die Tannen- und die Föhrenmistel, *Salix Caprea* für die Laubholz- und die Föhrenmistel; dagegen ist noch kein Sammelwirt für

Tabelle 28

Die Spezialisierung der ***Erysiphe Martii*** Lév. innerhalb der Gattung ***Trifolium***.
(Nach BLUMER, 1933.)

Infektionsmaterial von		*Tr. procumbens*	*Tr. agrarium*	*Tr. repens*	*Tr. hybridum*	*Tr. medium*	*Tr. pratense*	*Tr. incarnatum*
gebracht auf		f. sp. *trifolii procumbentis* Blumer	f. sp. *trifolii agrarii* Hammarl.	f. sp. *trifolii repentis* Hammarl.	f. sp. *trifolii hybridi* Hammarl.	f. sp. *trifolii medii* Blumer	f. sp. *trifolii pratensis* Salmon	f. sp. *trifolii incarnati* Neger
Sektion	Art							
Chronosemium	*Tr. procumbens* L.	+				−	−	
	Tr. agrarium L.	+	+	−	−	−	−	
	Tr. badium Schreb.	−				−	−	
Euamoria	*Tr. montanum* L.	+				−	+	
	Tr. repens L.	−	−	+	−	−	−	−
	Tr. hybridum L.	+	−	−	+	+	+	
Lupinaster	*Tr. alpinum* L.						−	
Galearia	*Tr. fragiferum* L.	+				−	+	
Eulagopus	*Tr. medium* Huds.	−	−	−	?	+	+	
	Tr. pratense L.	+	−	−	−	+	+	−
	Tr. alpestre L.	+				+	−	
	Tr. rubens L.					−	−	
	Tr. incarnatum L.						−	+
	Tr. arvense L.	−	−	−	−	−	−	

sämtliche drei biologischen Arten bekannt. Abb. 231 stellt die drei sich überschneidenden Wirtskreise graphisch dar.

Als Beispiel biologischer Arten aus dem Reich der Mikroorganismen führt Tabelle 28 den echten Mehltau des Klees auf, der in mindestens sieben biologische Arten zerfällt; die eine von ihnen, die Form auf dem roten Mattenklee, die f. sp. *trifolii pratensis* Salmon, ist verhältnismäßig polyphag und besiedelt selbst Vertreter verschiedener Sektionen, während die f. sp. *trifolii repentis* Hammarlund auf den Weißklee beschränkt, also eng auf diesen spezialisiert ist.

Tabelle 28 zeigt aber auch schon die praktischen Schwierigkeiten dieser Gliederung; denn die Wirtswahlcharaktere sind nach Art eines Netzwerkes ineinander verflochten (Retikulation der biologischen Merkmale); so trägt der rote Mattenklee nicht nur (als Hauptwirt) die eben genannte f. sp. *trifolii pratensis*, sondern (als Nebenwirt) auch noch die fae. sp. *trifolii procumbentis* und *trifolii medii;* gegebenenfalls müssen also die Mischinfektionen durch Passagen über Differentialwirte auseinandergelesen werden.

Von etwa 1915 an leitete die Methode der Einspor- bzw. Einzellkultur (Mikromanipulator!) die Zerstäubung oder Zerfaserung der biologischen Arten in ihre letzten systematischen Einheiten, nämlich in Einsporkulturen bzw. -isolierungen, ein. Abimpfungen von derartigen Einsporkulturen werden Subkulturen genannt. Sie gelten als rein, wenn sie Klone, das sind vegetative Abkömmlinge eines Individuums bzw. einer Zelle, darstellen. Im biologischen Sinne sind sie Individuen, die wegen ihrer vegetativen Vermehrung in einer beliebigen Zahl von Abimpfungen, «Kulturen», «Exemplaren» gezogen, wiederholt werden können. Die Abkömmlinge aus der sexuellen Fortpflanzung dieser Klone sind naturgemäß mit ihren Eltern biologisch nicht mehr identisch und stellen deshalb neue Klone dar.

Doch ist, wie wir später in dem Abschnitt über Kernentmischung sehen werden, nicht jede Einspor- bzw. Einzellkultur wirklich rein. Einsporkulturen können vielmehr wegen Mehrzelligkeit der Ausgangsspore, Einzellkulturen wegen Mehrkernigkeit der Ausgangszelle, uneinheitlich sein und müssen dann noch weiter zerlegt werden, bis sie genetisch einheitliche Individuen darstellen.

Diese vegetativ propagierten Individuen der Erreger bilden heute die systematischen Einheiten des Parasitologen. Sie werden Rassen, Stämme, Formen oder Biotypen genannt und mit Laufnummern, Buchstaben oder nach einem charakteristischen Wirt oder nach ihrer geographischen Herkunft usw. bezeichnet.

Leider bedeutet Rasse in diesem Falle etwas anderes als in der Phanerogamensystematik, d.h. als in der Systematik der Wirte. Bei diesen ist die Rasse eine Population von Individuen (zum Beispiel eine «Lokalrasse»), bei den Erregern dagegen ein vegetativ vermehrtes Individuum, d. h. ein Klon.

Nach ihrem morphologischen und biologischen Gewicht unterscheiden sich die Rassen der verschiedenen Erreger in mannigfachster Weise.

Vorwiegend morphologische Rassen bei ungefähr gleichen parasitischen Fähigkeiten bestehen beim Sternrußtau der Rosen (sogenannte Morphotypen). Gewiß lassen sich im Randgebiet seines Wirtsspektrums bei sorgfältiger Methodik kleine Auszackungen feststellen, so im Infektionsvermögen einzelner Klone gegenüber *Rosa arvensis* und *Rosa glauca* (Tab. 29). Im wesentlichen ist jedoch ihre Wirtswahl identisch (starker Befall der Kulturrosen, schwächerer Befall zum Beispiel von *Rosa pomifera* und *eglanteria* unter den Caninae); auch ihre physiologischen (zum Beispiel Temperatur-) Ansprüche sind gleich. Zuverlässig verschieden sind nur die Ausmaße der Konidien: morphologische Rassen, wie es ja auch verschieden große Menschen gibt.

Tabelle 29

Die morphologische und biologische Aufspaltung des Sternrußtaues der Rosen, *Diplocarpon rosae* (Lib.) Wolf. (Nach FRICK, 1943.)

Pilzstamm Nr.	Farbe der Kulturen	Sommerkonidien		Befallsstärke*) auf						
		Länge μ	Breite μ	Etoile de Hollande	W. E. Chaplin	*Rosa lutea* Mill.	*Rosa arvensis* Huds.	*Rosa glauca* Pourr.	*Rosa pomifera* Herrm.	*Rosa eglanteria* L.
6	dunkelbraun m. ockerfarbenen Zonen	18,2 ± 1,8	6,7 ± 0,6	14,2	13,5	2,0	0	0	3,6	8,9
20	dunkelbraun oder ockerfarben	20,3 ± 2,2	5,6 ± 0,9	9,4	10,6	2,2	0	2,9	4,8	7,7
25	ockerfarben	16,9 ± 1,5	5,4 ± 0,6	11,3	13,2	2,5	1,9	5,1	3,6	9,4

*) Durchschnittliche Zahl der Infektionsstellen je Fiederblatt.

Bloß im kulturellen Habitus voneinander abweichende Rassen (d.h. eigentlich Individuen) wurden zum Beispiel bei zahlreichen Brandpilzklonen beobachtet; sie zeigen auf demselben Nährboden kleine Abweichungen in Wuchs, Konsistenz, Farbe und Randbeschaffenheit der Kolonien, ferner auch in den Temperaturansprüchen (zum Beispiel RODENHISER, 1928), alles minutiöse Eigentümlichkeiten, die zwar in der Routine des täglichen Laboratoriumsbetriebes ein sofortiges Wiedererkennen der einzelnen Isolierungen gestatten, dem Außenstehenden dagegen in Worten schwer zu erklären sind.

Physiologische (ernährungsphysiologische) Rassen bei morphologischer und parasitologischer Identität bestehen beim Mutterkorn des Roggens, *Claviceps purpurea:* bestimmte Stämme gedeihen besonders gut auf Malzagar und zeichnen sich dort durch reichliche Myzel- und Konidienbildung aus, wogegen andere Stämme auf diesem Substrat nur spärlich oder gar nicht wachsen und Rohrzucker-Asparagin-Agar vorziehen (KREBS, 1936). Sie differieren zum Teil auch stoffwechselphysiologisch (zum Beispiel in ihrer Fähigkeit zur Bildung von Ergotamin und andern Alkaloiden).

Tabelle 30

Einige kulturelle Merkmale (auf Rohrzucker-Pepton-Agar) von drei Biotypen der *Endostigme inaequalis* (Cke.) Syd., die von einem einzigen Blatt der Sorte «Schöner von Boskoop» isoliert wurden. (Nach M. SCHMIDT, 1935.)

Biotyp Nr.	Rand der Kolonie	Farbe des Luftmyzels	Struktur der Hyphen	Konidienbildung	Oidienbildung
1	leicht strahlig	dunkelgrau	vorwiegend glatt	keine	sehr reichlich
4	leicht strahlig	hellgrau	leicht gewellt	ziemlich reichlich	schwach
5	glatt	dunkelgrau	glatt, seitliche Auswüchse	keine	sehr schwach

Bloße Aggressivitätsunterschiede sind zum Beispiel für *Pythium de Baryanum* nachgewiesen worden, bei dem es neben hochaggressiven Stämmen, die 100% der Fichtenkeimlinge an Wurzelbrand erkranken lassen, andere rein saprophytische Rassen gibt, die unter denselben äußern Bedingungen keinen Befall bewirken, also nicht aggressiv (im medizinischen Sprachgebrauch avirulent) sind. Bei derartigen Parasitengruppen genügt es somit nicht, die Anwesenheit eines bestimmten Erregers festzustellen, sondern es muß überdies der Nachweis der wirklichen Aggressivität (und Pathogenität) der betreffenden Isolierungen erbracht werden.

In der Regel unterscheiden sich jedoch die verschiedenen Biotypen nicht nur durch eines der eben genannten Merkmale, sondern durch eine Kombination derselben; so isolierte RUDLOFF (1935) von Blättern verschiedener Apfelsorten aus Deutschland und der Schweiz 172 Einsporkulturen (also eigentlich Individuen) des Apfelschorfes, *Endostigme inaequalis* (Cke.) Syd. = *Venturia inaequalis* (Cke.) Wint. = *Fusicladium dendriticum* (Wallr.) Fckl., von denen nicht zwei in Wuchsform, Wachstumsenergie, Färbung und Struktur des Myzels, Konidienbildung, dann auch im Ausmaß der Konidien, in der Aggressivität und der Wirtswahl miteinander übereinstimmten; und von 473 Einsporkulturen aus verschiedenen Teilen Deutschlands, die M. SCHMIDT (1937) untersuchte, waren volle 448 definierbar voneinander verschieden, also kaum zwei miteinander identisch; ein einziges Blatt der Sorte «Schöner von Boskoop» trug nicht weniger als 8 Biotypen (SCHMIDT, 1935); Tab. 30 schildert für drei von ihnen einige kulturelle Besonderheiten. Tab. 31 stellt das Verhalten derartiger Biotypen gegenüber einigen Testsorten (das ist ihre Wirtswahl) dar.

Tabelle 31

Die Wirtswahl von sieben Biotypen der *Endostigme inaequalis* (Cke.) Syd. (Nach M. SCHMIDT, 1937.)
+ normaler Befall, (+) Subinfektionen, — kein Befall.

Nr. Biotyp von / übertragen auf	Wintergoldparmäne	Cox' Orange	Landsberger Reinette	Berner Rosenapfel	Schöner von Boskoop	Gravensteiner	Jakob Lebel
M 1 Wintergoldparmäne	+	+	+	+	—	+	+
M 28 Cox' Orange	+	+	+	+	+		+
M 31 Landsberger Reinette . . .	+	+	+	+	—	+	
M 40 Berner Rosenapfel	+	+	+	+		—	+
M 46 Schöner von Boskoop . . .	+	+	+	—	+	—	+
M 51 Gravensteiner	+	+	+	+		+	+
M 59 Jakob Lebel	(+)	+	+	+	+	+	+

Ähnliche Verhältnisse bestehen bei *Helminthosporium gramineum* Rabh., dem Erreger der Streifenkrankheit der Gerste, bei dem CHRISTENSEN und

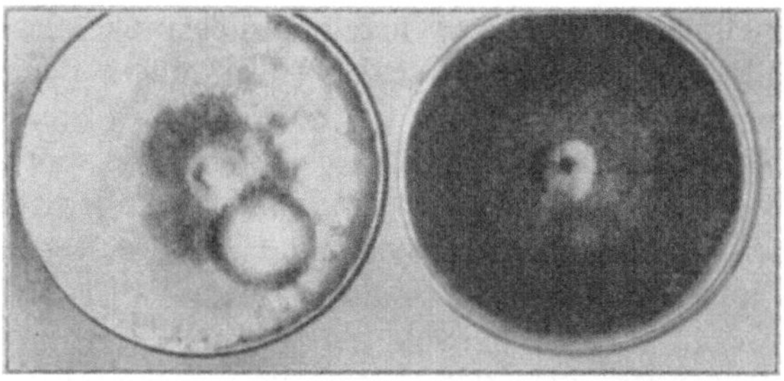

Abb. 232

Zwei Rassen des *Helminthosporium gramineum* Rabh., die aus demselben Gerstenblatt isoliert wurden. Links eine weiße Rasse mit einer Saltationsstelle rechts unten, rechts eine rote Rasse. Etwa ⅓ nat. Gr. (Nach CHRISTENSEN und GRAHAM, 1934.)

GRAHAM (1934) auf Grund von etwa 1200 Einsporkulturen aus der Alten und der Neuen Welt vorläufig über 125 definierbare Rassen unterschieden, die in ihrem Wuchs und ihrer Farbe auf bestimmten Nährböden (schwarz, purpur, grau, hell- oder dunkelrot, olivegrün usw.; Abb. 232), in der Septierung und im Ausmaß ihrer Konidien (bei der einen Rasse im Mittel $101{,}4 \pm 0{,}21\ \mu$ lang, bei einer andern nur $65{,}7 \pm 0{,}74\ \mu$) und in ihrer Aggressivität (Zahl der erkrankten Individuen bei der einen Rasse 0%, bei einer andern 76%) voneinander abweichen. Dabei kann die Zahl dieser Rassen durch weitere Isolierungen noch fast beliebig vergrößert werden. Auch *Botrytis cinerea* Pers. ist weitgehend in Stämme aufgespalten, die sich zum Beispiel durch ihre Neigung zur Bildung von Myzel oder von Konidien oder von Sklerotien oder durch die Art ihres Wachstums auf bestimmten Differentialnährböden oder durch die Ausmaße ihrer Konidien oder durch ihre Aggressivität, Pathogenität und Wirtswahl voneinander unterscheiden (PAUL, 1929). Man hat derartige Stämme morphologisch-physiologische Rassen genannt.

Bei der Formgattung *Fusarium* (Erreger von Welkekrankheiten, Trockenfäulen usw.) und bei einigen andern kritischen Gattungen ist einerseits die Zahl der Vertreter und anderseits die morphologische und biologische Zerstäubung derart groß, daß die einzelnen Isolierungen überhaupt nicht mehr im Sinne der klassischen Systematik in diskrete systematische Einheiten eingeordnet, sondern nur noch durch erfahrene Spezialisten um gewisse Mittelpunkte gruppiert werden können: «Formen vom Typus des *Fusarium*...» (WOLLENWEBER, 1926–35, 1931; SNYDER und HANSEN, 1945).

Ähnlich wie die Physik durch die Betrachtung kleinster Objekte zur Unbestimmtheitsrelation und zur Auflösung des klassischen Kausalitätsbegriffes gelangte, so wurden die Mikrobiologen durch die Verengerung ihres Blickfeldes auf die einzelnen parasitischen Individuen (Klone) zur Einführung eines neuen Artbegriffes gezwungen. Sie verzichteten auf die klassische Forderung, wonach die Arten durch ihre Definition als distinkte Einheiten umgrenzt sein sollen: in die eine Schublade diese, in die andere Schublade jene Art; denn sämtliche Merkmale, Größe und Form der Sporen, Wuchsform, Farbe der Kulturen, Pathogenität usw. zerfließen nach allen Richtungen. Bei dem neuen, ad hoc für die kritischen Erregergruppen geschaffenen Artbegriff sind nicht mehr die Artgrenzen das Wesentliche (denn sie existieren nicht), sondern die Artmittelpunkte samt ihrem Streuungsbereich (Typisierung der Erreger). In den Randgebieten (bei den «atypischen» Individuen) gehen die einzelnen Isolierungen gleitend in benachbarte Arten über und überschneiden sich mit ihnen, so daß es zu einer bloßen Ermessensfrage wird, welcher Art, d.h. welchem Mittelpunkt die betreffende Isolierung zugeordnet werden soll. Die einzig mögliche Aussage lautet: eine Form «vom Typus des *Fusarium*...».

Am weitestgehenden ausgebaut (mit Rücksicht auf die praktische Bedeutung für die Immunitätszüchtung) wurde die Biotypenanalyse bei den Rost- und Brandpilzen und dem echten Mehltau auf einjährigen landwirtschaftlichen Kulturpflanzen; kann doch ein neuer Erregerbiotyp unter Umständen einen neuen Erreger bedeuten (S. 226). Wie beim Apfelschorf die Wirts«sorten» nur Teile eines Leibes darstellen, die als Reiser vegetativ vermehrt und auf heterogene Unterlagen gepfropft wurden, so sind die Wirtssippen auch bei den annuellen Kulturpflanzen nicht mehr im botanischen Sinne, sondern nur noch subbotanisch als «Züchtungen» umschrieben.

Tab. 32 deutet an, in welcher Weise mit Hilfe von Standardsorten eine Populationsanalyse durchgeführt wird. STAKMAN, LEVINE, CHRISTENSEN und ISENBECK (1935) geben Bestimmungsschlüssel für nicht weniger als 144 Biotypen des Weizenschwarzrostes, *Puccinia graminis tritici*.

Derartige Biotypenschlüssel dienen vor allem der Gegenwart; wenn die Testsorten in 50 Jahren nicht mehr rein vorhanden sind (oder wenn sie überhaupt genetisch nicht vollkommen rein waren), so haben die Schlüssel nur noch historischen Wert. Anderseits beweist das Bestehen einer derart extremen biologischen Spezialisierung der Parasiten, daß auch die feinsten landwirtschaftlichen Züchtungen, die sich morphologisch kaum mehr eindeutig umschreiben lassen, eben doch biologische Realitäten darstellen.

Tabelle 32

Bestimmungsschlüssel für sieben biologische Rassen des Weizenflugbrandes, *Ustilago tritici* (Pers.) Jens. (Nach GREVEL, 1930.)

Weizensorten, die als Differentialwirte dienen	Biotyp
Grüne Dame anfällig	
Rimpaus Roter Schlanstedter anfällig	
Grüne Dame X Rimpaus Roter Schlanstedter, Stamm 9500, anfällig .	3
Grüne Dame X Rimpaus Roter Schlanstedter, Stamm 9500, widerstandsfähig	7
Rimpaus Roter Schlanstedter widerstandsfähig	2
Grüne Dame widerstandsfähig	
Rimpaus Roter Schlanstedter anfällig	
Grüne Dame X Rimpaus Roter Schlanstedter, Stamm 9500, anfällig .	5
Grüne Dame X Rimpaus Roter Schlanstedter, Stamm 9500, widerstandsfähig	
Grüne Dame X Rümkers Sommerdickkopf, Stamm 9357, anfällig .	4
Grüne Dame X Rümkers Sommerdickkopf, Stamm 9357, widerstandsfähig	1
Rimpaus Roter Schlanstedter widerstandsfähig	6

Dies ist wichtig für die Frage des gesetzlichen Züchtungsschutzes. In der Rechtsordnung mancher Staaten besteht ja insofern eine Lücke, als Neuschöpfungen von verhältnismäßig geringer Erfindungshöhe auf technischem Gebiet staatlichen, d.h. patentamtlichen Schutz genießen, wogegen Neuzüchtungen landwirtschaftlicher und gärtnerischer Kulturpflanzen, in denen unter Umständen eine jahrzehntelange Arbeit und Kapitalinvestition steckt, dem unerlaubten Nachbau fast vogelfrei ausgeliefert sind.

Um diesem Unfug zu steuern, hat der Reichsnährstand im Jahre 1934 für das Deutsche Reich ein Sortenregister angeordnet, in das nur geprüfte und als selbständig befundene Sorten eingetragen werden; nur von diesen darf Saatgut in den Handel gebracht werden. Mit Hilfe des Differentialtestes durch hochspezialisierte Parasitenrassen, zum Beispiel durch Rostbiotypen, läßt sich in gewissen Zweifelsfällen eine Neuzüchtung auch dann wiedererkennen, wenn sie als Pseudoneuheit unter fremdem Namen läuft und auf Grund sonstiger Merkmale kaum juristisch einwandfrei agnosziert werden kann. Die Feinheit dieses Testes kommt gelegentlich dem serologischen Identitätsnachweis gleich.

Das Beispiel des Schwarzrostes der Getreide und Gräser mag zum Schluß die heute geltende Gliederung eines Erregers nochmals verdeutlichen. Der Schwarzrost wurde ursprünglich von PERSOON (1797) auf «Getreide» als *Puccinia graminis* Pers. beschrieben. Im 19. Jahrhundert gesellten sich zu seinem Wirtskreis stets neue Getreidearten und dann auch Gräser, so daß er über 100 verschiedene Gramineen umfaßte. Auch das wirtschaftliche Interesse für ihn erwachte, verursacht er doch in leichten Rostjahren Ernteausfälle von etwa 20%, in schweren Rostjahren von 50% und mehr; der durch sämtliche Rostkrankheiten bedingte jährliche Ernteverlust wird allein für Deutschland auf durchschnittlich rund 200 Millionen DM veranschlagt.

Im Jahre 1896 zerlegten ihn ERIKSSON und HENNING in sechs biologische Arten, die f. sp. *tritici*, den Weizenschwarzrost mit Hauptwirt *Triticum*, die f. sp. *secalis*, den Roggenschwarzrost mit Hauptwirt *Secale cereale* L., die f. sp. *avenae*, den Haferschwarzrost mit Hauptwirt *Avena* usw., wobei diese biologischen Arten auch kleine morphologische Unterschiede aufweisen; so sind die Uredosporen der f. sp. *secalis* bei ungefähr gleicher Breite (13–18 μ) deutlich länger als die der zwei andern genannten Formen, nämlich etwa 31–44 μ lang gegen 21–35 bzw. 23–35 μ.

Im 20. Jahrhundert ging das Wissen über den Schwarzrost rasch in die Tiefe und in die Breite; so zählt das Schwarzrostbuch von LEHMANN, KUMMER und DANNEMANN (1937) 584 Seiten und zitiert rund 1900 Arbeiten. Die Erikssonschen biologischen Arten, die formae speciales, wurden allmählich in biologische Kleinstarten, Rassen, Biotypen, zerlegt, so die f. sp. *tritici* in über 300 Biotypen, wobei das Ende dieser Zerfaserung noch nicht abzusehen ist und wohl auch nie erreicht wird. Einzelne dieser Biotypen weisen auch ihrerseits kleine morphologische Unterschiede auf, die manchmal fast so groß sind wie die zwischen den formae speciales; so sind die Uredosporen des Weizenschwarzrostes, Biotyp 1, auf einem kongenialen Wirt $34{,}8 \pm 0{,}22\ \mu$ lang und $20{,}2 \pm 0{,}08\ \mu$ breit, diejenigen von Biotyp 29 auf einem ebenfalls kongenialen Wirt nur $28{,}7 \pm 0{,}19\ \mu$ lang und $19{,}4 \pm 0{,}07\ \mu$ breit, also kürzer und rundlicher.

Die bisherige nomenklatorische Stufenleiter wurde als Folge dieser Zerstäubung für den praktischen Sprachgebrauch zu umständlich und mußte um eine Einheit verschoben werden. Die alte *Puccinia graminis* Pers. bildet nunmehr einen Formenkreis bzw. eine Artgruppe, eine Sammelart oder Kollektivart oder Linnésche Art. Die bisherigen formae speciales *tritici*, *secalis* usw. werden zu Kleinarten oder Jordanschen Arten erhoben und erhalten, um Neutaufen zu vermeiden, ternäre Namen (was sonst verpönt ist), nämlich *Puccinia graminis tritici* Eriksson, *Puccinia graminis secalis* Eriksson usw.; man drückt sich so aus: die *Puccinia graminis tritici* Eriksson ist eine

Kleinart aus dem Formenkreis der *Puccinia graminis* Persoon. Die systematische Stellung der einzelnen Biotypen, d.h. der einzelnen Erreger-Individuen, die ja praktisch im Mittelpunkt des Interesses stehen, wird dagegen von diesen Verschiebungen nicht berührt; sie bilden unveränderlich die biologischen Einheiten des Parasitologen.

§ 2. Die Veränderungen der parasitischen Eignung der Erreger

Die Lehre von den Infektionskrankheiten ist groß geworden durch den Grundsatz von der Spezifität der Infektionsstoffe: Die Übertragung eines Infektionsstoffes erzeugt immer wieder dieselbe Krankheit, von der er abstammt, und nur diese. Erst die letzten Jahrzehnte haben in steigendem Maße gezeigt, daß es von dieser Regel manche Ausnahmen gibt: Die parasitische Eignung eines Erregers ist nicht unbedingt eine konstante Größe, sondern sie kann sich (a) aus innern oder (b) aus äußern Ursachen ändern.

a) Innere Ursachen. Lange Zeit wurde angenommen, daß Einspor- und Einzellkulturen von Mikroorganismen in einer beliebigen Zahl von Überimpfungen («Generationen») konstant seien, und diese Konstanz diente direkt als Prüfstein für die Reinheit der betreffenden Kulturen (Theorie von der Konstanz der Erreger, entsprechend der Konstanz der Wirte). Erst die Mikromanipulatortechnik erbrachte den Nachweis, daß die Mikroorganismen aus innern Ursachen und deshalb im Prinzip irreversibel sprunghafte Veränderungen ihrer parasitischen Eignung erfahren.

Diese innern Ursachen sind entweder vegetativer Natur und beruhen (Abschnitt 1) auf Kernentmischungen (Segregationen) oder (Abschnitt 2) auf einer vegetativen Kernmischung. In beiden Fällen nennt man die sprunghafte Veränderung Saltation und ihre Produkte saltierende Klone oder Saltanten.

Oder die innern Ursachen sind sexueller Natur und beruhen (Abschnitt 3) auf einer sexuellen Kernmischung, infolge Paarung konträrer Geschlechter (Kernphasenwechsel).

Oder die innern Ursachen sind vererbungsmechanischer Natur und bedingen deshalb eine echt genotypische Umgestaltung des Erregers, nämlich (Abschnitt 4) infolge Bastardierung (Bastarde) oder (Abschnitt 5) durch echte Mutation (Mutanten).

b) Äußere Ursachen. Die genetische Struktur eines Erregers zwingt ihm nicht ein bestimmtes Verhalten auf, sondern umgrenzt bloß einen Schwankungsbereich, eine Variationsbreite, in deren Rahmen er je nach den äußern Umständen verschieden agiert. Innerhalb dieses Schwankungsbereiches entscheidet der momentane Zustand des Angreifers und des Befallenen, d.h. auf seiten des Erregers seine Vitalität, seine parasitische Disposition, und auf seiten des Wirtes seine Disposition, als Wirt zu dienen, über das Zustandekommen und den Verlauf des parasitischen Verhältnisses. Die innerhalb dieses Schwankungsbereiches auftretenden Verschiebungen sind deshalb bloß phänotypisch bestimmt und dementsprechend reversibel. Sie erfolgen in der Regel nicht sprunghaft, sondern allmählich, gleitend.

Diese äußern Ursachen wirken entweder präinfektionell und modifizieren die Vitalität des Erregers schon vor der Infektion; dies geschieht insbesondere (Abschnitt 6) durch die präinfektionelle Ernährung des Erregers und (Abschnitt 7) durch eine Modifikation seiner parasitischen Eignung durch den vorangehenden Wirt (das Passageproblem).

Oder die äußern Ursachen wirken erst während und nach der Infektion; dies geschieht insbesondere (Abschnitt 8) durch die übrige Mikroflora (der Einfluß von Mischinfektionen) und (Abschnitt 9) durch die Umwelttemperatur.

Nicht zur Diskussion steht dagegen hier der Einfluß der Menge des Inoculums, der Schwere der Infektion, auf den Verlauf derselben (S. 64); denn hierbei wird nicht die parasitische Eignung des Erregers verschoben, sondern in der Regel bloß die Erfahrung bestätigt, daß viele Hunde des Hasen Tod sind.

1. Die Veränderung der parasitischen Eignung der Erreger durch Kernentmischung (Segregation)

Bei einer großen Zahl pflanzenpathogener Pilze sind die Zellen der Hyphen mehrkernig. Diese Erscheinung kann auf verschiedene Ursachen zurückgehen; entweder waren a) schon die sie bildenden Sporen mehrkernig; oder b) die Sporen (Zoosporen, Konidien, Ascosporen usw.) waren zwar einkernig, aber es fanden bei ihrer Keimung Kernteilungen statt, denen keine Wandbildung folgte; oder c) die Mehrkernigkeit kam durch die später zu besprechende Kernmischung zustande. Bei gewissen Pilzen, so bei *Phytophthora infestans* mit ihren scheidewandlosen, vielkernigen, coenocytischen Hyphen, gehen sämtliche drei Fälle nebeneinander her; keimen ihre Zoosporangien (Konidien) direkt mit einem Keimschlauch, so tritt der Fall a) ein, bei Keimung mit Zoosporen der Fall b) und bei Hyphenanastomosierungen der Fall c).

Stimmen alle Kerne in ihrer Erbmasse überein, so ist die Mehrkernigkeit der Hyphenzellen an sich bedeutungslos; denn dann verhalten sich die betreffenden Einsporkulturen auch in ihren Nachkommen stets gleichförmig (stabile, konstante Stämme, Homotypen). Sind dagegen nicht alle Kerne genetisch gleich [was im Falle a) und c) ohne weiteres möglich ist und im Falle b) bei somatischer Genmutation eintreten kann], liegt also Kernungleichheit, Heterokaryose, vor, so können sich die ungleichartigen Kerne spontan entmischen und dadurch in Einsporkulturen trotz gleichbleibender äußerer Bedingungen immer wieder zu sprunghaften Neubildungen, Saltanten, führen (instabile, labile Stämme, Heterotypen). Einsporkulturen brauchen also hier nicht Reinkulturen zu sein.

Diese vegetativen Kernentmischungen erfolgen entweder durch bloßen Zufall, z. B. durch die Verteilung ungleichartiger Kerne an der Abzweigungsstelle einer Hyphe; oder sie werden durch eine gewisse Inkompatibilität der sich fremden Kerne begünstigt; daher die besondere Neigung zur Entmischung, d.h. zu Instabilität, bei gewissen Klonen.

Der Ort der spontanen Kernentmischung liegt in den Verzweigungsstellen der Hyphen oder in den Sporen.

Die Kernentmischungen in den Verzweigungsstellen der Hyphen sind visuell die auffälligeren; sie äußern sich meist in der Bildung von Sektoren mit abweichendem Wuchs oder abweichender Färbung, die plötzlich in Einsporkulturen, in einiger Entfernung von der Mitte, auftreten (Abb. 233), zum Beispiel weißen (Albinismus) oder heller gefärbten Sektoren in dunkeln Kolonien; sie werden im Laboratoriumssprachgebrauch zuweilen als «Knospenmutanten» bezeichnet (Sektortypus). Seltener entstehen aberrante Myzelflecken inselartig über die Kolonie zerstreut (Inseltypus; Abb. 232, Kultur links).

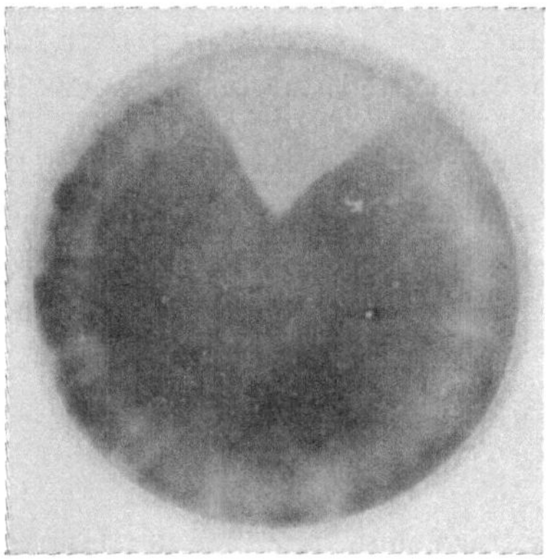

Abb. 233
Sektorenweise Entmischung einer *Fusarium*einsporkultur. Etwa ⅓ nat. Gr. (Nach BROWN, 1926.)

Derartige vegetative Segregationen lassen sich experimentell in der Weise nachahmen, daß man junge Hyphen in kleine Stückchen zerschneidet und diese einzeln kultiviert; auf diese Weise zerlegte DAS GUPTA (1934) eine Einsporkultur von *Diaporthe perniciosa* March., dem Erreger eines Rindenkrebses und einer Fruchtfäule des Steinobstes, in drei durch Wuchs und Verzweigung voneinander abweichende Stämme; die schwarzen, gestrichelten und punktierten Partien in Abb. 234 geben die jeweilige Lage der verschieden determinierten Hyphenabschnitte wieder.

Bei der Kernentmischung anläßlich der Bildung der Sporen auf heterokaryotischen Hyphen sind drei Fälle möglich: 1. einzellige Sporen enthalten je einen Kern; 2. einzellige Sporen enthalten mehrere Kerne, und 3. die Sporen sind mehrzellig.

1. Einzellig-einkernige Sporen. Falls die Konidien, die auf heterokaryotischen Myzelien entstehen, einkernig sind, so kann ein und derselbe Konidienträger ungleichwertige Konidien liefern. Die Hyphenzellen von *Aspergillus niger* v. Tiegh. sind zum Beispiel vielkernig, die Konidien dagegen normalerweise einkernig. In den heterokaryotischen Klonen findet deshalb bei der Abschnürung der Konidien immer wieder eine Entmischung des größten Teiles der Kerne statt: die Konidien eines einzigen derartigen Trägers ergaben bei der Einsporaussaat zum Beispiel zimtfarbene, braune, schwarze und in Sektoren aufspaltende Kolonien (GOSSOP und YUILL, 1940). Man kann

sich also bei der praktischen Arbeit nicht darauf verlassen, einheitliche Kulturen zu erhalten, wenn man von mehreren Sporen eines Konidienträgers statt von einer einzigen einkernigen Konidie ausgeht.

Eine ähnliche Entmischung wurde von DAS GUPTA (1930) in den Pyknidien von *Cytosporina ludibunda* Sacc., einem Fäulniserreger auf Äpfeln, beobachtet; auch bei dieser sind unter Umständen die Pyknosporen aus ein und derselben Pyknidie verschiedenwertig.

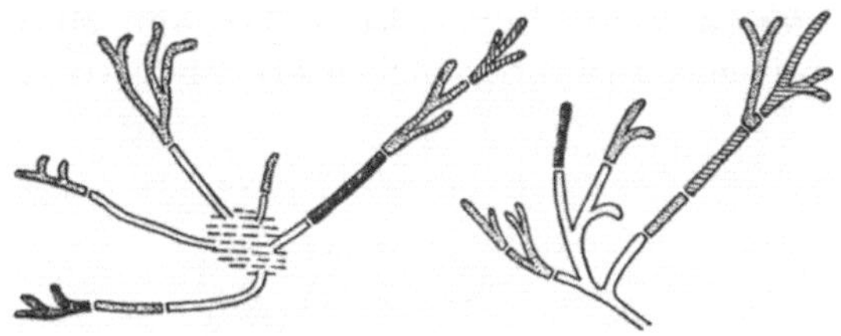

Abb. 234
Die Lage der verschieden determinierten Abschnitte in den heterokaryotischen Hyphen von *Diaporthe perniciosa* March. (Nach DAS GUPTA, 1934.)

2. Einzellig-mehrkernige Sporen. Das klassische Beispiel der Kernentmischung in einzellig-mehrkernigen Sporen sind die heterothallischen *Mucor-Rhizopus*-Arten, bei welchen je nach der zufälligen Zerklüftung des Sporangieninhaltes Sporangiosporen mit positiven und negativen Kernen und gelegentlich auch solche nur mit positiven oder nur mit negativen Kernen entstehen. Als parasitologische

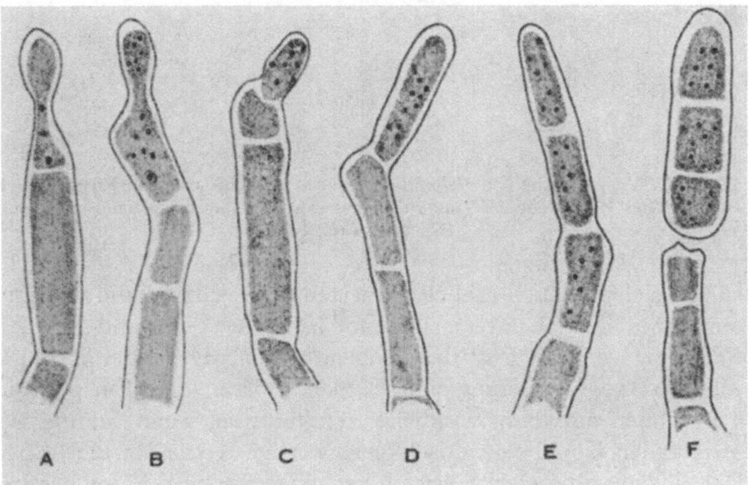

Abb. 235
Die Bildung und Abschnürung einer mehrzellig-mehrkernigen Konidie von *Helminthosporium gramineum* Rabh. Vergr. rund 1000. (Nach GRAHAM, 1935.)

Parallele seien die heterokaryotischen Stämme von *Botrytis cinerea* Pers. genannt, bei welchen die S. 271 aufgezählten Merkmale sich bei Einsporabimpfung der Konidien (die etwa 6–18 Kerne enthalten) stets wieder sprunghaft verändern (BRIERLEY, 1931); bei diesen ist also eine wirkliche genotypische Reinkultur nur durch Zufall möglich.

3. Mehrzellige Sporen. Falls die mehrzelligen Konidien der Gattungen *Fusarium* (LEONIAN, 1929; ULLSTRUP, 1935; WELLMAN und BLAISDELL, 1941), *Helminthosporium* (CHRISTENSEN, 1926; MITRA, 1930; Abb. 236), *Clasterosporium* usw. auf heterokaryotischen Myzelien entstehen, so ist jeweils zu prüfen, ob sie ursprünglich als einzellig-einkernige Gebilde abgeschnürt

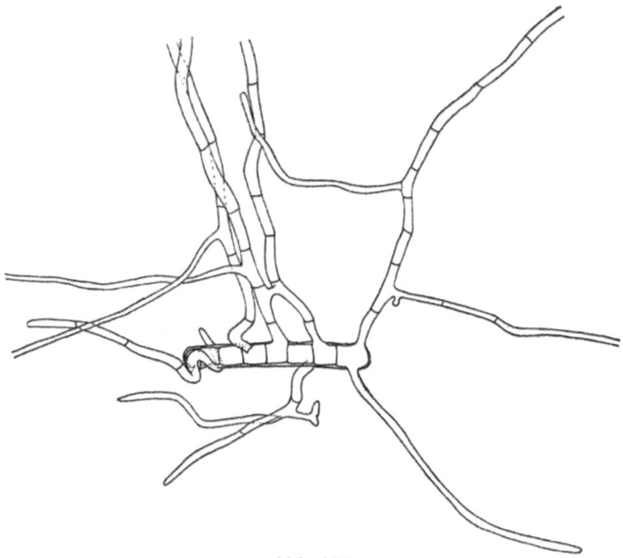

Abb. 236

Keimende mehrzellige Konidie von *Helminthosporium avenae* Eidam, dem Erreger der Streifenkrankheit des Hafers. Zwei Keimhyphen haben miteinander anastomosiert. Vergr. 280. (Nach DENNIS, 1933.)

wurden und sich erst nachträglich septierten (in welchem Falle sie Geschwisterkerne enthalten) oder ob unter sich fremde Kerne in sie einwanderten (Abb. 235); in diesem letztern Falle liegt das Problem gleich wie bei der S. 276 beschriebenen Hyphenfragmentierung von *Diaporthe perniciosa:* Einsporisolierungen liefern bei ihnen nur dann wirkliche Reinkulturen, wenn zufällig alle Zellen der betreffenden Konidie genetisch gleichwertige Kerne führten; sonst wächst aus einer einzigen Spore ein Gemisch verschiedenartiger Klone heraus.

Der Nachweis, daß bei derartigen Kernentmischungen neben den morphologischen Merkmalen auch die parasitischen Eigenschaften aufspalten, wurde u.a. für *Ophiobolus Miyabeanus* Ito et Kur. (syn. *Helminthosporium oryzae* Breda de Haan), dem Erreger einer Blatt- und Fußkrankheit des Reises, erbracht (HIROE, 1937), bei welchem in einer nach dem Inseltypus saltierenden Einsporkultur 16,3% der Saltanten gleich virulent waren wie die Mutterkultur,

11,3% stärker und 72,5% schwächer virulent, ferner für *Cytosporina ludibunda* (S. 277), bei der ebenfalls einige Saltanten stärker, andere schwächer virulent waren als der Ausgangsstamm (DAS GUPTA, 1933); dabei durchwucherte der stärkst virulente Saltant die Wirtsgewebe etwa 50mal rascher als die schwächste Schwesterkultur.

Neben den bis jetzt besprochenen spontanen Segregationen lassen sich Kernentmischungen bis zu einem gewissen Grade auch experimentell induzieren; auf diesem Wege werden auch heterokaryotische Klone aufgespalten und als solche erkennbar, deren Kerne sich sonst in einem stabilen Gleichgewichtszustand befinden und sich deshalb spontan nicht oder nur selten entmischen.

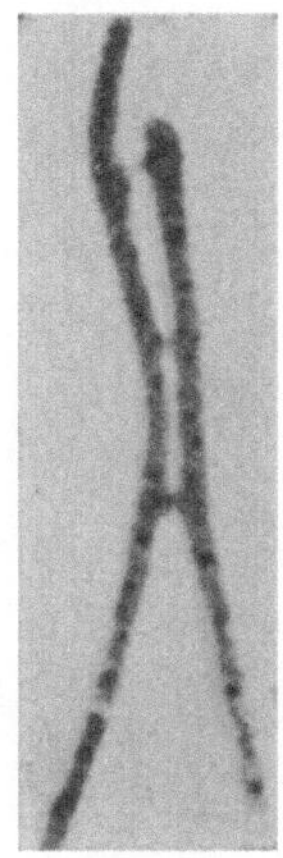

Abb. 237 Anastomosen zwischen den Hyphen zweier Stämme von *Botrytis cinerea* Pers. Einer der Kerne steht im Begriff, in die untere Fusionsbrücke einzutreten. Vergr. etwa 700. (Nach HANSEN und SMITH, 1932.)

Unter den physikalischen Einwirkungsfaktoren erhöhen die Röntgen- und Ultraviolettstrahlen, von denen man aus Analogie zu den Mutationen der Blütenpflanzen einen besondern Wirkungsgrad erwartet hätte, in der Mehrzahl der untersuchten Fälle die Tendenz zur Kernentmischung nur unwesentlich (DAS GUPTA, 1936), wohl aber bestimmte Nährböden (zum Beispiel RICHARDS Nährlösung), hohe Temperaturen und Gifte; so wirkt beim eben genannten *Ophiobolus Miyabeanus* schon eine Erhöhung der Temperatur auf über 28° saltationsstimulierend, mit einem Optimum (je nach dem Nährboden) bei etwa 32° und einem Maximum bei 36°; desgleichen erscheinen bei *Helminthosporium sativum* Pamm., King et Bakke, dem Erreger einer Fuß- und Blattfleckenkrankheit auf Weizen, Gerste usw., die meisten Saltanten bei 30° und keine unterhalb 15° (MITRA, 1931). Bei *Botrytis cinerea* genügt es schon, die Konidien zwei Minuten einer Temperatur von über 48° auszusetzen, um reichliche Saltationen auszulösen (BARNES, 1930).

Unter den Chemikalien wirken beispielsweise 0,01% Kaliumbichromat oder 0,05% Zinksulfat saltationssteigernd, wogegen 0,01% Sublimat oder 0,02% Kupfersulfat wirkungslos sind. Diese Möglichkeit der Begünstigung der Saltation durch schwache Gifte kann bei der chemischen Bekämpfung der Pflanzenkrankheiten zu interessanten Problemen führen.

2. Die Veränderung der parasitischen Eignung der Erreger durch vegetative Kernmischung (Heterokaryose)

Das Schulbeispiel einer experimentell erzeugten vegetativen Kernmischung bei Pilzen sind die Mixochimären von BURGEFF (1915), der mikrochirurgisch Plasma und Kerne der heterokaryotischen fa. *piloboloides* des *Phycomyces nitens* Ktze. in junge Sporangien der homokaryotischen Grundform übertreten ließ, die gemischtkernig gemachten Sporangien zur Sporenreife brachte und dabei die Verteilungsweise der Kerne in den Sporen verfolgte.

Ähnliche somatische Mischungsvorgänge spielen sich spontan in den Hyphenkopulationen zahlreicher pflanzenpathogener Pilze ab; so war bei manchen Ascomyceten und Imperfekten längst bekannt, daß ihre Hyphen untereinander vegetativ anastomosieren; die Ursache scheint vorwiegend in ernährungsphysiologischen Verhältnissen zu liegen. Einen besondern Aspekt erhielt dieser Vorgang erst durch den Nachweis, daß 1. unter Umständen auch die Kerne vom einen Partner in den andern hinüberwandern (Abb. 237 und 238) und

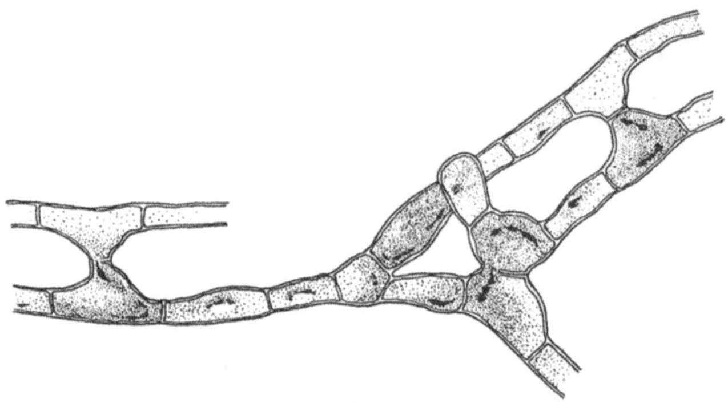

Abb. 238
Hyphenkopulationen bei *Hysterographium fraxini* (Pers.) de Not., dem Erreger eines Triebsterbens der Esche. Links Kopulationsbrücke mit übertretendem Kern. Vergr. 2400. (Nach Zogg, 1943.)

dort eine spontane Heterokaryose einleiten, und daß sich 2. die anastomosierenden Stämme bei einer großen Zahl von Pilzen auf zwei Gruppen verteilen, wobei nur diese miteinander fertil sind, d.h. miteinander kopulieren bzw. anastomosieren (Bipolarität, Dualphänomen). Es ist deshalb wahrscheinlich, daß hier ein letzter Ausklang einer erlöschenden deuterogamen Sexualität vorliegt (Gäumann, 1949).

In manchen Fällen, so bei *Ascochyta pisi* Lib., dem Erreger einer Fleckenkrankheit der Erbsen usw., *Botrytis allii* Munn., dem Erreger einer Halsfäule der Zwiebeln, *Botrytis cinerea* Pers. (Abb. 237) und *Verticillium albo-atrum* Rke. et Berth. (S. 259), ist die vegetative Kernmischung bedeutungslos (zum Beispiel Hansen, 1938), sei es wegen vollkommener Homokaryose oder weil die Mischung bloß zu einer Umkombination der vorhandenen Kerne, nicht zu wirklich neuen Eigenschaften führt. Dieser Fall entspricht mutatis mutandis den wirtstreuen Rostpilzen, bei welchen ja die heterokaryotischen (das sind dikaryontischen) Hyphen ernährungsphysiologisch auch dieselben Ansprüche stellen wie ihre Eltern.

In andern Fällen wurden jedoch im Gefolge der vegetativen Anastomosierungen echte Neubildungen beobachtet, die nicht intermediär liegen, also nicht bloß eine heterokaryotische Summation der beiden Eltern darstellen; sie würden mutatis mutandis dem Wirtswechsel der Uredineen entsprechen; so traten bei dem S. 276 besprochenen *Aspergillus niger*, wenn ein zimtfarbener und ein brauner Stamm miteinander anastomosierten, neben zimtfarbenen und braunen Konidienträgern als Neubildung auch schwarze Konidienträger auf. Ferner ließen HANSEN und SMITH (1935) konträre Einsporkulturen der *Botrytis allii* Munn. (rauchgraues Myzel und ellipsoidische Konidien) mit solchen der *Botrytis ricini* Godfrey (gelblichbraunes Myzel und kugelige Konidien) anastomosieren und erhielten rund drei Viertel der neugebildeten Konidien nach der Art der beiden Eltern, während rund ein Viertel morphologisch intermediär oder völlig neu war, und zwar von den Eltern derart verschieden, daß ein Unbefangener sie als neue Arten beschrieben hätte.

Die vegetative Anastomosierung kann also wirklich Neubildungen schaffen; um diese zu erklären, ist es jedoch nicht notwendig, anzunehmen, daß Kernverschmelzungen eingetreten seien; denn die Heterokaryose kann auch dann, wenn die Kerne morphologisch selbständig bleiben, zu morphologisch und physiologisch neuen Eigenschaften führen. Die wirtswechselnden Rostpilze beweisen das; morphologische Neubildungen: als Folge der Heterokaryose (Dikaryophase) werden bei ihnen neue Sporenformen (Aecidio-, Uredo- und Teleutosporen) und eventuell auch Schnallen an den Hyphen gebildet; physiologische Neubildungen: als Folge der Heterokaryose tritt bei ihnen der Wirtswechsel ein.

Es ist somit möglich, daß bei den durch vegetative Kernmischung hervorgerufenen Neubildungen bloß eine vegetative Bastardierung vorliegt, das ist eine Bastardierung durch Mischung selbständiger Kerne, nicht durch Mischung oder Neukombination ihrer Chromosomen. Ansätze in dieser Richtung wurden bei *Neurospora tetrasperma* Shear et Dodge, einer Sordariacee, experimentell nachgewiesen. Unter bestimmten Voraussetzungen kopulieren bei ihr gewöhnliche vegetative Zellen irgendwo im Myzel draußen und die männlichen Kerne treten in die weiblichen Hyphen hinüber; die gemischtkernig gewordenen Hyphen wachsen vorläufig weiter, als ob nichts geschehen wäre, und bilden erst später Ascogonien oder ähnliche Fruchtkörperanlagen, in denen dann die eigentliche Kernpaarung und die Ausbildung der ascogenen Hyphen erfolgt. Vor der eigentlichen Dikaryophase wird somit ein Entwicklungsabschnitt durchlaufen, in welchem sich die männlichen und die weiblichen Kerne ohne engere Beziehung, gewissermaßen nur vegetativ, nebeneinander in den Zellen der weiblichen Hyphen aufhalten; diese Zellen sind also, wie bei den vegetativen Anastomosierungen, heterokaryotisch, nur mit der Besonderheit, daß die beiden Kernpartner von sicher sexuell konträren Eltern herstammen und später einmal zu richtigen Kernpaaren zusammentreten und dadurch die Dikaryophase (die ascogenen Hyphen) einleiten (GÄUMANN, 1949).

Wie verhalten sich diese, aus sexuellen Voraussetzungen heterokaryotisch gewordenen Myzelien in ihren Lebensäußerungen, verglichen mit den entsprechenden elterlichen Einspormyzelien und verglichen mit Myzelien, die ohne eigentliche sexuelle Polarität, bloß auf Grund des Dualphänomens, heterokaryotisch geworden sind? DODGE (1942) brachte eine Rasse C_4 mit fleischfarbenen Konidien und flockigem Luftmyzel, eine Rasse C_8 mit gelblichorangefarbenen Konidien und weniger ausgeprägtem Luftmyzel und eine durch Röntgenstrahlen experimentell erzeugte Zwergrasse Dwarf 16, die nur gelegentlich einige wenige *monilia*artige Konidien bildet, reihum zusammen und ließ ihre Hyphen kopulieren bzw. anastomosieren.

Die Rasse Dwarf 16 wächst sehr langsam, nur etwa 2 cm in der Woche, und besitzt das Geschlecht *a*. Wird sie mit der Rasse C_4, welche das entgegengesetzte Geschlecht *A* besitzt, zusammengebracht, so entsteht auf Grund der sexuellen Polarität ein heterokaryotisches Myzel, das 2–3mal rascher wächst als die schon an sich gutwüchsige Rasse C_4 und reichlich Konidien bildet. Der auf Grund der sexuellen Polarität entstandene heterokaryotische Mischling zeichnet sich also gegenüber seinen Eltern durch besondere Wuchsfreudigkeit aus.

Bringt man die Rasse Dwarf 16 mit der gleichgeschlechtigen Rasse C_8 zusammen (beide besitzen das Geschlecht *a*), so zeichnet sich das auf Grund der vegetativen Anastomosierungen aus ihnen entstehende heterokaryotische Myzel wieder durch starkes Wachstum und durch reichliche Konidienbildung aus, also durch dieselben Merkmale wie die auf Grund der sexuellen Polarität entstandenen heterokaryotischen Myzelien.

Die größere Lebenskraft des auf sexueller Grundlage heterokaryotisch gewordenen Myzels Dwarf 16 $\times$ C_4 beruht somit nicht auf besondern sexuellen Voraussetzungen, sondern sie geht wahrscheinlich darauf zurück, daß die Rassen C_4 und C_8 vitaminartige Substanzen oder Wuchsstoffe bilden, die, zusammengebracht mit der von der Rasse Dwarf 16 gebildeten Substanz, ein Optimum für Wachstum und für Konidienbildung ergeben. Dabei ist es gleichgültig, ob die Heterokaryose auf Grund einer sexuellen Hyphenkopulation zustande kommt (Dwarf 16 $\times$ C_4) oder bloß durch vegetative Anastomosierung (Dwarf 16 $\times$ C_8).

Die im ersten und zweiten Abschnitt behandelten vegetativen Kernentmischungen und Kernmischungen stellen, neben der gleich zu besprechenden echten Bastardierung, das Grundproblem der Rassenbildung bei manchen parasitischen Pilzen dar und zugleich die Hauptursache für die Zerstäubung der morphologischen Arten in biologische Kleinstformen. Ihre Bedeutung für die praktische Pflanzenpathologie liegt auf der Hand. Dasselbe Gerstenblatt kann zwei verschiedene Rassen des *Helminthosporium gramineum* tragen; wenn diese zufällig interfertil sind, so anastomosieren sie und leiten eine Kette von Neukombinationen ihrer Kerne ein, die sich zum Teil stabil verhalten, zum Teil durch Saltation wieder aufspalten, worauf dieser Vorgang ad infinitum weitergeht. Dadurch wird die Zahl der Rassen Jahr für Jahr ins Ungemessene gesteigert.

3. Die Veränderung der parasitischen Eignung der Erreger durch sexuelle Kernmischung (Kernphasenwechsel)

Unter den Archimyceten ist *Synchytrium endobioticum*, der Erreger des Kartoffelkrebses, ein Beispiel für ein unterschiedliches parasitisches Verhalten der n- und der $2n$-Phase: die (haploiden) Zoosporen verursachen die Krebswucherungen (Abb. 294), die diploide Zygote löst dagegen Teilungen der Wirtszellen aus, durch die sie in tiefere Gewebelagen gedrängt wird.

Komplizierter liegen die Verhältnisse bei gewissen Ascomyceten (zum Beispiel den Taphrinales) und bei den Basidiomyceten; hier führt die somatogame Kopulation der beiden Geschlechter (Plasmogamie) nicht unmittelbar zur Verschmelzung (Karyogamie) der konträren Kerne, sondern bloß zu einer Kernmischung; diese leitet zunächst eine besondere Form der Heterokaryose, die Paarkernphase (Dikaryophase), ein, die aber unter Umständen den größern Teil der Lebensbahn der betreffenden Mikroorganismen umfaßt. Es handelt sich also hier um ein spezifisch mykologisches Problem, das nur nach einem eingehenden Studium der Entwicklungsgeschichte der betreffenden Pilze verstanden werden kann (GÄUMANN, 1949).

Abb. 239
Maisstengel, deformiert durch Beulen des Maisbrandes, *Ustilago zeae* (Beckm.) Ung. Etwa ¼ nat. Gr. Originalphoto R. MAAG.

Die Zellen des dikaryontischen Entwicklungsabschnittes enthalten potentiell Kernpaare, deren Komponenten vom männlichen und vom weiblichen Elter herstammen. Die beiden konträren Kerne sind und bleiben aber morphologisch selbständig, ähnlich wie die von den beiden Eltern herrührenden Chromosomen nach der Kernverschmelzung ihre Selbständigkeit bewahren.

Physiologisch bilden sie dagegen eine Einheit. Sie teilen sich zumeist synchron, konjugiert, und prägen ihren Hyphen neue Eigenschaften auf, und zwar in gesetzmäßiger Weise, als ob der Geschlechtsvorgang bereits zu Ende geführt wäre. Unter diesen physiologischen Umsteuerungen sind im vorliegenden Zusammenhang die ernährungsphysiologischen wichtig, weil sie eine Verschiebung der Erregereigenschaften zur Folge haben. Das Beispiel der Brand- und der Rostpilze mag dies verdeutlichen.

Haploide Stämme von *Ustilago zeae* (Beckm.) Ung., dem Erreger des Beulenbrandes des Maises (Abb. 239), sind in der Regel infektionsuntüchtig und leben saprophytisch; erst in der Paarkernphase vermögen sie normalerweise den Mais zu befallen. Die Kernmischung, die durch die somatogame Kopulation eingeleitet wird, bildet deshalb bei ihnen die Voraussetzung für den Übergang von der saprophytischen zur parasitischen Lebensweise, d.h. zur Veränderung der Aggressivität: erst sie schafft die parasitischen Fähigkeiten, die den

Tabelle 33

Der Infektionserfolg auf Goldenem Bantam-Mais bei Kombination verschiedener, hier mit willkürlichen Buchstaben bezeichneter Stämme des Maisbrandes, *Ustilago zeae* (Beckm.) Ung. (Nach CHRISTENSEN, 1929.)

— kein Befall, ± leichte Infektion, + schwere Infektion.

Stamm \ kombiniert mit Stamm	A	E	F	G	H
A	–	–	±	+	+
B	–	–	+	+	+
C	±	+	–	–	–
D	–	+	–	–	–

beiden elterlichen Partnern abgehen. Die Umstellung von der saprophytischen zur parasitischen Lebensform ist somit bei den Brandpilzen vom Typus des Maisbrandes an das Zusammentreffen zweier heteropolarer Partner gebunden: ein Stamm vermag nur dann den Mais zu besiedeln, wenn er zuvor mit einem sexuell abweichenden Partner kopuliert hat (Tab. 33).

Wegen der Aufspaltung der *Ustilago zeae* in unendlich viele Biotypen von unterschiedlicher Aggressivität und unterschiedlicher Wirtswahl (S. 268) werden nur selten die +- und die –-Individuen desselben Biotyps auf einer Wirtspflanze zusammentreffen und kopulieren, sondern die Kopulationen erfolgen meistens zwischen +- und –-Individuen verschiedener Biotypen und führen infolgedessen zu den willkürlichsten Kernmischungen. Der Brandsporensatz einer einzigen Brandbeule stellt deshalb in der Regel eine wirre Population dar.

Zu besonders komplizierten Verhältnissen hat die sexuelle Kernmischung bei den Rostpilzen (Uredineen) geführt; dies ist an sich nicht verwunderlich, gehen doch die Rostpilze wahrscheinlich bis in das Karbon zurück.

Zunächst ist bei ihnen die Geschlechtsverteilung verschieden, welche die sexuelle Kernmischung steuert. Ein Teil ist homothallisch (einhäusig); hier kann eine Basidiospore selbständig den gesamten Lebenszyklus einleiten. Ein anderer Teil ist dagegen heterothallisch (zweihäusig); hier sind, wie in Tab. 33, für eine erfolgreiche Infektion Mischinfektionen durch zwei Basidiosporen von entgegengesetztem Geschlecht notwendig.

Sodann unterscheiden sich die Rostpilze hinsichtlich der Folgen der sexuellen Kernmischung. Etwa die Hälfte von ihnen ist wirtstreu (S. 118); die sexuelle Kernpaarung löst bei ihnen keine neuen parasitologischen Eigenschaften aus, die beiden Kerne sind offenbar in parasitologischer Hinsicht

Tabelle 34
Der Wirtswechsel einiger Getreideroste

Rostart	Wirte der Dikaryophase	Wirte der Haplophase		
		Arten der Gattung	Familie	Reihe
Puccinia graminis Pers. Schwarzroste	Zahlreiche Gramineen	*Berberis*	Berberidaceen	Polycarpicae
Puccinia triticina Erikss. Braunrost des Weizens	*Triticum*-arten	*Thalictrum*	Ranunculaceen	Polycarpicae
Puccinia hordei Otth Zwergrost der Gerste	*Hordeum*-arten	*Ornithogalum*	Liliaceen	Liliifloren
Puccinia dispersa Erikss. Braunrost des Roggens	*Secale*-arten	*Anchusa* u. *Lycopsis*	Borraginaceen	Tubifloren
Puccinia coronata Cda. s. l. Kronenroste	Zahlreiche Gramineen	*Rhamnus*	Rhamnaceen	Rhamnales
Puccinia glumarum (Schmidt) Erikss. et Henn. Gelbroste	Zahlreiche Gramineen	unbekannt		
Puccinia sorghi Schw. Maisrost	*Zea* und *Euchlaena*	*Oxalis*	Oxalidaceen	Gruinales

gleichwertig. Deshalb ist zum Beispiel beim Bohnenrost, *Uromyces phaseoli* (Pers.) Wint. = *Uromyces appendiculatus* Link, und beim Flachsrost, *Melampsora liniperda* (Koern.) Palm, die Infektkette homogen, aber diskontinuierlich (S. 118); homogen, weil sie als wirtstreue Rostpilze stets nur von Individuen ihrer Wirtsgruppe auf andere Individuen ihrer Wirtsgruppe übergehen; diskontinuierlich, weil sie die wirtslose Winterzeit durch Ruhesporen (Teleutosporen) überbrücken, bei deren Keimung wieder der kontinuierliche Abschnitt der Infektkette einsetzt; in diesem werden aber nicht weniger als drei verschiedene Sporenlager gebildet, Spermogonien, Aecidien und Uredolager.

Die andere Hälfte der Rostpilze (sie umfaßt die wirtschaftlich wichtigen Arten) ist dagegen wirtswechselnd; bei ihnen löst die sexuelle Kernpaarung, die S. 120 unter dem Gesichtswinkel der Epidemienfolge für den Schwarzrost geschildert wurde, gesetzmäßig neue ernährungsphysiologische Ansprüche aus, die nur vom alternierenden Wirt befriedigt werden können. Die beiden bei der Plasmogamie zusammengeführten Kerne sind offenbar in bezug auf ihre parasitologischen Eigenschaften ungleichwertig, so daß die sexuelle Kernmischung zu einer Heterokaryose mit ähnlichen funktionellen Umstimmungen wie bei den hormonal ungleichwertigen Partnern von *Neurospora* (S. 282) führt. Die Infektketten dieser wirtswechselnden Rostpilze sind deshalb heterogen und diskontinuierlich (S. 120).

Aus noch unbekannten Gründen vollzieht sich der Wirtswechsel der Rostpilze nie innerhalb derselben Familie (und auch nie innerhalb derselben Reihe), sondern stets zwischen zwei entfernten Reihen (Tab. 34), wobei der alternierende Zwischenwirt meist als Unkraut derselben Pflanzengesellschaft angehört. In gewissen Fällen lassen sich auf Grund bestimmter Überlegungen (FISCHER und GÄUMANN, 1929, S. 178ff.) Vermutungen über den Wirtswechsel unvollständig bekannter Roste aussprechen; so würde der Verfasser den Aecidienwirt der Gelbroste (*Puccinia glumarum*) als Arbeitshypothese unter den Liliifloren suchen; doch sind derartige Voraussagen bei den Getreiderosten, weil sie aus dem Orient, also aus einem andern Florengebiet stammen, stets gewagt.

Da der Wirtswechsel der Rostpilze mit einem spezifischen Entwicklungsgang derselben gekoppelt ist, so muß er abreißen, wenn dieser durchbrochen wird. Den einen Fall, Apomixis mit Homogenisierung der Infektkette auf dem Aecidienwirt, haben wir schon S. 121 besprochen. Der andere Fall, Verkürzung des Entwicklungsganges mit Homogenisierung der Infektkette ebenfalls auf dem Aecidienwirt, führt zu sogenannten mikrozyklischen Formen; diese müssen in einem Buch über Pilze (z. B. GÄUMANN, 1949, S. 321) nachgelesen werden.

4. Die Veränderung der parasitischen Eignung der Erreger durch Bastardierung

Ähnliche Neuschöpfungen wie durch die somatischen Kernmischungen und -entmischungen entstehen bei der sexuellen Fortpflanzung der Pilze dauernd auf chromosomaler Grundlage; denn zwischen den +- und den –- Individuen der verschiedenen Rassen erfolgen in der Natur zweifelsohne stetsfort spontane Bastardkopulationen, welche auf dem Umweg über die Ascosporen, Basidiosporen usw. ähnliche neue, hybridogene Biotypen ins Leben rufen, wie sie bei den somatischen Hyphenkopulationen auf direktem Wege entstanden.

Die Biotypen erhalten sich deshalb in der Regel nicht über die sexuelle Fortpflanzung hinüber, sondern erlöschen mit dieser, falls nicht dieselbe Erbkombination zufällig wieder neu auftritt; die S. 270 geschilderte Zerstäubung in Biotypen ist infolgedessen nur bei Erregern möglich, die eine asexuelle, vegetative Fortpflanzung durch Konidien, Uredosporen besitzen und dadurch die sexuelle Neukombination ihrer Erbmasse umgehen, bzw. hinausschieben. Fehlen die asexuellen propagativen Sporen und ist deshalb jede Fortpflanzung eine sexuelle Fortpflanzung wie beim Gitterrost des Birnbaumes, *Gymnosporangium Sabinae* (S. 122; in den Aecidien Plasmogamie, in den Teleutosporen Karyogamie), so gelangen die Biotypen gar nicht zur Entfaltung.

Je feiner, sensibler die Wirtswahl, um so stärker wird sie durch den Erbgang verändert. Drei Beispiele, der Apfelschorf, ein Rost- und ein Brandpilz, mögen dies zeigen.

Beim Erreger des Apfelschorfes, *Endostigme inaequalis*, gehören zuweilen kaum zwei Isolierungen derselben Rasse an (S. 269). Fast jede Kopulation (*Endostigme inaequalis* ist heterothallisch) stellt somit eine Bastardkopulation dar und führt zu einer Umkombination der parasitischen Erbmassen und damit zur Entstehung neuer Biotypen. Daß bei der Reduktionsteilung tatsächlich eine Aufspaltung stattfindet, haben KEITT und PALMITER (1938) bewiesen, indem sie die 8 Ascosporen eines einzigen Ascus in Einsporkulturen aufzogen; diese unterscheiden sich sowohl hinsichtlich der S. 269

Tabelle 35

Die Wirtswahl der Einsporkulturen aus den acht Ascosporen eines einzigen Ascus der *Endostigme inaequalis* (Cke.) Syd. (Nach KEITT und PALMITER, 1938.)

\+ kräftige Infektionen mit reichlicher Konidienbildung,
± schwache Infektionen mit geringer Konidienbildung,
— Subinfektionen oder kein Befall.

Testsorte	Isolierung Nr.							
	1	2	3	4	5	6	7	8
Gelber Transparent	+	—	—	+	—	—		+
McIntosh	+	—	—	+	—	—	+	+
Missouri Pippin	±	+	+	±	+	+	±	±
Fameuse	+	+	+	+	+	+	+	+

skizzierten morphologischen und kulturellen Merkmale als auch hinsichtlich ihrer Wirtswahl gegenüber 4 Testsorten (Tab. 35; die Aggressivität für die Sorte Fameuse wird merkwürdigerweise durch die Aufspaltung nicht berührt). Da ferner *Endostigme inaequalis* heterothallisch ist, so spricht die Tab. 35 für eine unterschiedliche Aggressivität der beiden Geschlechter: das eine Geschlecht ist für die beiden erstgenannten Testsorten stark virulent, das andere nahezu avirulent, während sich ihre parasitische Aktivität gegenüber den letztgenannten Testsorten gerade umgekehrt verhält.

Als Beispiel eines bastardierenden Rostpilzes betrachten wir den Schwarzrost des Getreides, *Puccinia graminis* (S. 120). Wir stellen uns einen Strauch des Sauerdornes, *Berberis vulgaris*, inmitten eines schwarzrostbefallenen Getreidefeldes vor.

Die Basidiosporen der verschiedenen biologischen Arten und Biotypen infizieren jedes Frühjahr die jungen Berberisblätter und wachsen zu haploiden, spermogonienbildenden Myzelien aus, welche die Geschlechtsvorgänge einleiten. Neben «legitimen» Kopulationen zwischen den Angehörigen derselben biologischen Art oder derselben biologischen Rasse kopulieren auch die verschiedenen biologischen Arten und Rassen, die sich zufällig auf dem Sammelwirt *Berberis* treffen, miteinander (Bastardkopulationen) und lassen heterokaryotische Bastardaecidiosporen entstehen, von denen sich ein Teil durch ein abweichendes Wirtsspektrum, nämlich durch eine Verengerung oder eine Erweiterung desselben, auszeichnet.

Beispiel einer Verengerung: FLOR (1941) kreuzte beim Flachsrost, *Melampsora liniperda*, auf der Flachssorte Ottawa 770 B die Biotypen 6 und 22. Die aus den Aecidiosporen hervorgehenden F_1-Individuen waren jedoch nicht mehr imstande, diese Sorte, von der die beiden Eltern herstammten und auf der sie selbst entstanden waren, zu infizieren, sondern mußten auf andern Sorten des elterlichen Wirtsspektrums vermehrt werden. Sie hatten also ihr spezifisches Infektionsvermögen für den angestammten Wirt verloren. Vielleicht ist es möglich, sich den Wirtswechsel der Rostpilze auf Grund derartiger Bastardierungsanomalien entstanden zu denken.

In manchen andern Fällen (und das sind die praktisch wichtigen) hat die Bastardierung eine Erweiterung der Wirtswahl zum Gefolge; so führten STAKMAN, LEVINE und COTTER (1930) Kreuzungen zwischen dem Weizenschwarzrost, *Puccinia graminis tritici* Erikss., und dem Windhalmschwarzrost, *Puccinia graminis agrostidis* Erikss., aus und erhielten aus einem einzigen Aecidium nicht weniger als acht zum Teil neue Biotypen, von denen einer sogar imstande war, eine bestimmte Sorte des Emmers, *Triticum dicoccum* Schr., zu befallen; damit wären im Freien die ersten Voraussetzungen für eine neue Epidemie auf diesem Wirt gegeben gewesen.

Bis jetzt können an Hand der Vererbungsregeln keine Voraussagen über die Wirtswahl und die pathogenen Eigenschaften der Hybriden gemacht werden; sondern der Erbgang ist derart kompliziert, daß JOHNSON und NEWTON (1940) und JOHNSON (1946) auf Grund ihrer Kreuzungsversuche mit dem Haferschwarzrost, *Puccinia graminis avenae*, annehmen, es sei eine Diskongruenz der Eltern mit einer plasmatischen Vererbung im Spiele, da jede Bastardaecidiospore vom männlichen Elter nur den Kern, vom weiblichen Elter Kern und Plasma erhält.

Auf jeden Fall schaffen *Berberis*sträucher inmitten eines schwarzrostbefallenen Getreidefeldes stets neue Bastardierungsmöglichkeiten und werden dadurch zu einem Quell dauernder Neuschöpfungen von hybridogenen Rostbiotypen mit neuer Wirtswahl; dies wurde von STAKMAN, LEVINE, COTTER und HINES (1934) sogar statistisch sichergestellt: unter 94 Aecidiosporenisolierungen der *Puccinia graminis tritici* befanden sich 26 Biotypen (darunter 6 neue), d.h. je 1 Biotyp auf 4 Aecidiosporen, wogegen bei 8000 Uredosporenisolierungen, die beliebig im Lande herum gemacht wurden, auf je 100 Isolierungen 1 Biotyp entfiel, das sind 25mal weniger. Die Neuschöpfung von Rostrassen mit neuer Wirtswahl hört also aus den Berberitzen nimmer auf.

Die Ausrottung der Berberitzen (bzw. anderer Zwischenwirte bei andern Rostkrankheiten) in den getreidebauenden Gebieten soll deshalb nicht nur die Infektkette an ihrer heterogenen Stelle zum Abreißen bringen (S. 215), sondern überdies und sogar hauptsächlich dem Erreger die Möglichkeit nehmen, durch Bastardierung neue Biotypen in die Welt zu setzen; denn jeder neue Biotyp ist unter Umständen ein neuer Erreger und erzeugt eine neue Krankheit, welche die bisherige mühevolle Züchtungsarbeit zunichte macht (Abb. 168).

Ähnliche Bastardierungsversuche wie mit Schwarzrost wurden endlich mit Brandpilzen gemacht; so bestehen auf den Aveneen zwei morphologisch nicht unterscheidbare Brandpilze, der Flugbrand des Hafers, *Ustilago avenae* (Pers.) Jens., auf den kultivierten *Avena*arten und der Rispenbrand, *Ustilago perennans* Rostr., auf dem französischen Raygras, *Arrhenatherum elatius* (L.) M. et K. Die Keimschläuche des erstern dringen alljährlich durch die Koleoptile in die Keimpflanzen ein, während das Myzel des letztern im Rhizom perenniert. Die Sporenlager des erstern sind, wie sein Name sagt, in der Regel nackt und stäubend, ausnahmsweise in die Spelzen eingeschlossen; diejenigen des letztern sind dagegen regelmäßig von den teilweise zerstörten Hüllspelzen umgeben.

Was geschieht, wenn man die beiden Pilze kreuzt? Nach HOLTON (1941) und FISCHER und HOLTON (1941) dominieren in den Aufspaltungen die Merkmale nackte und stäubende Sporenlager über bedeckte und verklebte Sporenlager; doch können alle vier Kombinationen, nackt-staubig, nackt-verklebt, bedeckt-staubig und bedeckt-verklebt, hergestellt werden. *Arrhenatherum elatius* ist nicht anfällig für *Ustilago avenae* und auch nicht für die Hybriden *avenae* × *perennans*; dagegen ist *Avena sativa* empfänglich für *Ustilago perennans*. In der Bastardierung war somit die Widerstandsfähigkeit gegen *Ustilago avenae* dominant. Als Nebenwirkung haben diese Versuche zur Folge, daß die *Ustilago perennans* als besondere Art eingezogen und nur als forma specialis der *Ustilago avenae* betrachtet werden muß.

5. Die Veränderung der parasitischen Eignung der Erreger durch Mutation

Wie so viele andere Fachausdrücke der Biologie, so ist auch der Ausdruck Mutation durch die Fülle der Tatsachen gesprengt und verunklärt worden. Ursprünglich wurde unter einer Mutation eine sprunghafte Veränderung der von den Chromosomen getragenen Erbmasse verstanden, die sich im Erbgang als konstant und irreversibel erweist (BEADLE, 1949). Durch diese sprunghafte Veränderung der Chromosomen unterscheidet sich die echte Mutation 1. von der Saltation (S. 274), bei der die Kerne in toto, ohne eine genetische Veränderung zu erfahren, vegetativ neu kombiniert werden, 2. von der Bastardierung (S. 286), die auf einer sexuellen Neukombination der Chromosomen beruht, wieder ohne daß diese eine Veränderung erfahren, und 3. von der Modifikation, die irgendeine geringfügige reversible Änderung des Verhaltens bezeichnet.

Bei den Mikroorganismen mit sexueller Fortpflanzung, so bei den Pilzen, läßt sich die Echtheit einer sprunghaften Neubildung im Erbgang überprüfen; deshalb wird bei den Pilzen der klassische Begriff der Mutation auch heute noch reinlich verwendet. Schwierigkeiten entstehen höchstens durch plasmatisch gelagerte Erbmassen (plasmatische Vererbung, plasmatische Mutationen).

Um nicht einen neuen Ausdruck schaffen zu müssen, übertrug man jedoch den Ausdruck «Mutation» auch auf die Bakterien und Viren und meint bei ihnen irgendeine sprunghafte Veränderung des Verhaltens, selbst wenn sie reversibel ist. Bei den Bakterien und Viren sagt also der Ausdruck Mutation über die Natur der Veränderung nichts aus; sicher ist nur, daß die betreffenden Veränderungen nicht, wie bei den Pilzen und den höhern Organismen, chromosomal gelagert sind. Eine generelle Diskussion über Mutationen bei «Mikroorganismen» führt deshalb leicht zu Mißverständnissen.

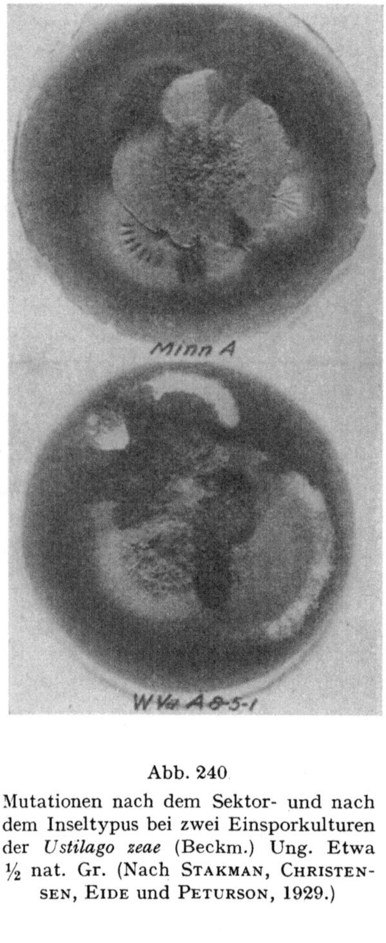

Abb. 240
Mutationen nach dem Sektor- und nach dem Inseltypus bei zwei Einsporkulturen der *Ustilago zeae* (Beckm.) Ung. Etwa ½ nat. Gr. (Nach STAKMAN, CHRISTENSEN, EIDE und PETURSON, 1929.)

Bei den pflanzenpathogenen Pilzen wird durch die Mutation entweder quantitativ die Aggressivität (Beispiel: *Ustilago zeae*) oder qualitativ die Wirtswahl verändert (Beispiel: *Puccinia glumarum*).

Ustilago zeae zerfällt (S. 284) in eine nahezu unbeschränkte Zahl haploider Stämme, die sich durch alle möglichen physiologischen und kulturellen Merkmale unterscheiden. STAKMAN, CHRISTENSEN, EIDE und PETURSON (1929) verfolgten rund 200 Einsporkulturen, also Abkömmlinge einer einzigen einkernigen Basidiospore; die Mehrzahl war genetisch instabil und mutierte nach dem Sektor- und dem Inseltypus (Abb. 240), wobei die Mutanten in Farbe, Konsistenz, Randbeschaffenheit (Abb. 241), Temperaturansprüchen, sexueller Determinierung, Fähigkeit Gelatine zu verflüssigen oder Kasein zu verdauen, Nitrate zu reduzieren usw., voneinander abwichen. Einige Stämme mutierten reichlich (einer bildete im Verlaufe eines Jahres 220 distinkte Mutanten, ein anderer deren 162), wieder andere nur selten. Die Aggressivität dieser Stämme kann normalerweise nicht unmittelbar geprüft werden, da sie, weil haploid, in der Regel kein Infektionsvermögen besitzen (S. 284); durch Kombinationen ließ sich jedoch zeigen, daß manche von ihnen ihre Aggressivität durch die Mutation verloren hatten und auch in der Dikaryophase keine Infektionen mehr hervorriefen, während andere stärker pathogen waren als die Stammform.

Ähnliche einwandfreie Mutationen wurden von DICKINSON (1932) zum Beispiel für *Helminthosporium pedicellatum* Henry, dem Erreger einer Fußkrankheit des Weizens, für *Fusarium fructigenum* Fries, dem Erreger einer Knospen-

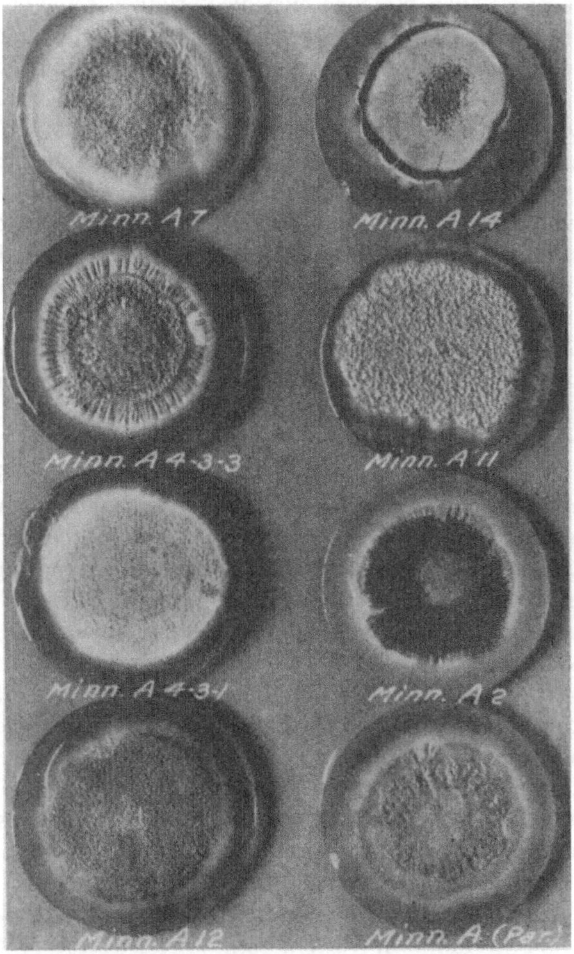

Abb. 241

Die in der obern Hälfte der Abb. 240 dargestellte Einsporkultur der *Ustilago zeae* (Beckm.) Ung. (hier rechts unten, «Par.»), mit sieben Mutanten, die in Farbe, Konsistenz und Randbeschaffenheit der Kultur vom elterlichen Stamm abweichen. Etwa ⅓ nat. Gr. (Nach STAKMAN, CHRISTENSEN, EIDE und PETURSON, 1929.)

und Fruchtfäule der Äpfel, und für *Fusarium vasinfectum* Atk., dem Erreger der nordamerikanischen Baumwollwelke, beschrieben; diese Pilze schnüren die mehrzelligen Konidien ursprünglich als einzellig-einkernige Gebilde ab, so daß echte somatische Mutationen vorliegen müssen; ferner von DAS GUPTA (1930) für die Ascosporen von *Diaporthe perniciosa* (S. 276), von WALTER (1937) für den Erreger des Ulmensterbens, *Ophiostoma ulmi* (Schwarz) Nannf. [syn. *Ceratostomella ulmi* (Schwarz) Buism. = *Graphium ulmi* Schwarz] usw.

In allen diesen Fällen beziehen sich die sprungweisen Veränderungen auf die kulturellen usw. Eigenschaften oder auf die Aggressivität und Pathogenität. Die Wirtswahl erfuhr dagegen eine mutative Ausweitung zum Beispiel bei der Gelbrostrasse «Emersleben» (GASSNER und STRAIB, 1932).

Der Biotyp 9 der *Puccinia glumarum* (Schmidt) Erikss. et Henn., der ursprünglich von Heines Kolben- und v. Rümkers Dickkopfweizen aus Emersleben isoliert worden war, befällt manche Weizensorten, insbesondere manche Dickkopfweizen, die für andere Gelbrostformen sehr anfällig sind, nur schwach, wogegen er Heines Kolben- und v. Rümkers frühen Sommerdickkopfweizen, die beide gegen die übrigen Gelbrostformen hochwiderstandsfähig sind, stark zu infizieren vermag.

Die Einsporkultur 126 verursacht auf der sehr anfälligen Testsorte Heines Kolbenweizen einen starken Befall mit zahlreichen Uredolagern ohne wesentlichen nekrotischen Hof (sogenannter Infektionstypus 4, Abb. 242 *a*), auf der stark widerstandsfähigen Testsorte Strubes Dickkopfweizen bei der Lufttemperatur von 10–20° nur Subinfektionen, das sind nekrotische Flecken, die nicht bis zur Uredobildung gelangen (Infektionstypus 0, Abb. 242 *b*). Sie wurde auf Heines Kolbenweizen vermehrt, wobei zu Beobachtungs- und Kontrollzwecken jedesmal 10–20 Pflanzen von Strubes Dickkopf mitbeimpft wurden. In den ersten vier Generationen traten keine Besonderheiten auf. In der fünften Generation trugen dagegen zwei Individuen des widerstandsfähigen Strubes Dickkopfweizens je eine 2–3 cm lange Gruppe von normal großen Uredolagern, so daß das Befallsbild in diesem Bereich nahezu dem Infektionstypus 4 entsprach (Abb. 242 *c*); außerhalb dieses Bereiches blieb dagegen der bisherige Infektionstypus 0 bestehen.

Einsporabimpfungen dieses neuen Materials ergaben sowohl auf Strubes Dickkopf- als auf Heines Kolbenweizen den Infektionstypus 4 (Abb. 242 *d* und *e*). Es handelt sich also um eine neue Mutante, die sich gegenüber der Stammform durch ihren erweiterten Wirtskreis unterscheidet: sie vermag im Rahmen der oben besprochenen Testsorten auch Strubes Dickkopfweizen zu befallen, der der Stammform verschlossen war. Dieselbe Mutante wurde in der Folgezeit noch über 30mal aus der Einsporkultur 126 gebildet; die Mutationsrate liegt in der Größenordnung von 1:1–200000.

Gegenüber den bisherigen Weizensorten, die vom Biotyp 9 befallen wurden, ist die neue Mutante in gleicher Weise aggressiv; die Mutierung hat also keine Verlusterscheinungen gezeitigt. Ferner bleiben einige Weizensorten, die gegen Biotyp 9 widerstandsfähig waren, es auch gegenüber der Mutante; gegenüber diesen Sorten ist also die Wirtswahl durch die Mutation nicht berührt worden. Die überwiegende Zahl der Weizensorten, die gegen Biotyp 9 widerstandsfähig waren, werden dagegen von der Mutante stark befallen. Durch die Mutation wurde also der Wirtskreis der Mutante nicht nur um Strubes Dickkopfweizen vergrößert, sondern überhaupt um beinahe alle Weizensorten, die gegen den Biotyp 9 widerstandsfähig waren; damit sind die Voraussetzungen gegeben, um auf diesen bisher gegen diese Rostrasse widerstandsfähigen Weizenzüchtungen eine neue Epidemie auszulösen. Ähnliche Mutationen mit Veränderung des Wirtsspektrums wurden u.a. von KEITT, LANGFORD und SHAY (1943) und SHAY und KEITT (1945) beim Erreger des Apfelschorfes, *Endostigme inaequalis*, verfolgt.

Als Beispiel von Mutationen bei pflanzenpathogenen Bakterien sei wieder der *Xanthomonas Stewartii*, der Erreger der S. 247 besprochenen nordamerikanischen Maiswelke, genannt. LINCOLN (1940) injizierte Einzellkulturen in Maispflanzen, machte aus den erkrankten Geweben Isolationen und erhielt bei bestimmten Stämmen Mutationen zum Beispiel hinsichtlich der Farbe der Kolonien (weiß, hell- oder dunkelgelb) oder der Aggressivität. Die Mutationsrate (Zahl der Mutanten zur Gesamtzahl der ausgegossenen Kolonien) bewegte sich mit 1:20000 bis 1:800000 in einem ähnlichen Rahmen wie bei den Genmutationen der höhern Pflanzen. Das Auftreten von Rückmutierungen (häufig von Dunkelgelb zu Hellgelb und zurück, dagegen wohl von Dunkelgelb zu Weiß, aber nie von Weiß zu Gelb) läßt vermuten, daß ein Teil dieser Mutationen nicht als Verlustmutationen zu verstehen ist. Da der Wirt je nach seiner Widerstandsfähigkeit die stärker, bzw. die schwächer virulenten Stämme selektioniert (S. 247), so führen derartige, im Innern der Wirtsgewebe erfolgende Mutationen zu einer völligen Verschiebung der Pathogenität eines ursprünglich reinen und einheitlichen Bakterienstammes.

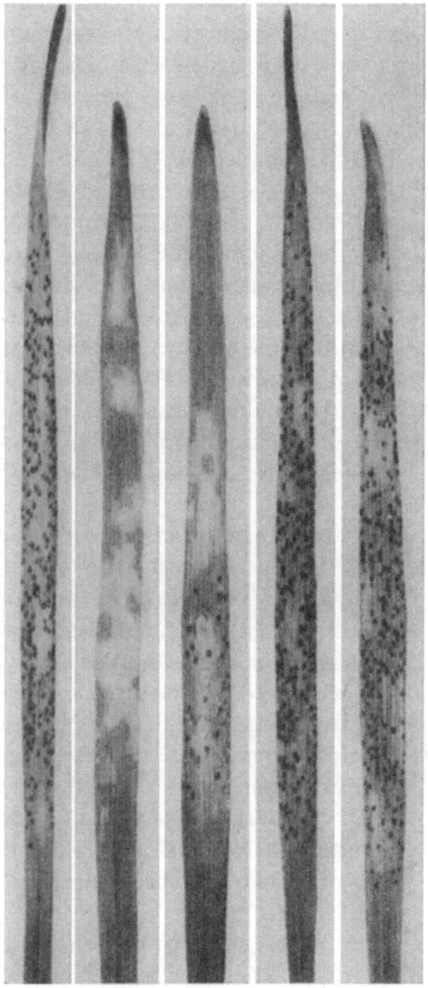

a *b* *c* *d* *e*

Abb. 242
Die Veränderung der Wirtswahl einer Gelbrostrasse durch Mutation. *a* Befallsbild der Einsporkultur 126 auf dem anfälligen Heines Kolbenweizen und *b* auf dem widerstandsfähigen Strubes Dickkopfweizen. *c* Auftreten der Mutante auf Strubes Dickkopfweizen. *d* Befallsbild der Mutante auf Heines Kolbenweizen und *e* auf Strubes Dickkopfweizen. Etwa nat. Gr. (Nach GASSNER und STRAIB, 1932.)

Bei den pflanzenpathogenen Viren können die Mutationen, wie bei den Pilzen und Bakterien, häufig oder selten sein; nur läßt sich ihre Mutationsrate nicht zahlenmäßig fassen, weil die Zahl der Mutanten nicht im Verhältnis zu den übrigen Viruspartikelchen ausgedrückt werden kann. Die bis jetzt geprüften Virusmutationen verschieben vor allem die Faktorengruppe der Aggressivität, insbesondere die Intensität und die Qualität der Symptome.

Preßsaft aus Tabakblättern mit dem Stamm Cs 35 des verhältnismäßig labilen Kartoffel-*X*-Mosaikvirus, der auf Tabakblättern ringförmige chlorotische Flecken, oft mit einer schildpattähnlichen Musterung, erzeugt (Abb. 243 *a*), wurde während 24 Stunden im Thermostaten bei 50° gehalten und hernach auf Tabakblätter eingerieben (Köhler, 1937, 1939, 1941); dabei zeigte es sich, daß eine neue Mutante Cs 36 mit besonders kräftiger Ausprägung des Schildpattmusters entstanden war (Abb. 243 *b*). In einem folgenden Jahr wurde Preßsaft von Cs 35 10 Minuten bei 64° gehalten und lieferte zwei neue Mutanten Cs 64/1 (Abb. 243 *c*) und Cs 64/2 (Abb. 243 *d*), die in bezug auf Symptomstärke dem besonders aggressiven Stamm Cs 36 ähneln, jedoch qualitativ durch die stark nekrotischen Primärläsionen von ihm abweichen. Aus demselben Stamm Cs 35 sind somit innerhalb zweier Jahre drei unter sich weitgehend verschiedene neue Mutanten experimentell gezogen worden.

Die äußern Faktoren, welche das Auftreten von Mutationen bei Pilzen, Bakterien und Viren begünstigen, sind dieselben wie bei den Saltationen:

1. Hohe Temperaturen. Stakman, Christensen, Eide und Peturson, 1929, erhielten, bei einem bestimmten Stamm der *Ustilago zeae* bei 8° und bei 15° überhaupt keine Mutationen, bei 20° eine, bei 26° 8 und bei 31° nicht weniger als 18. – Bei Viren in Preßsäften sind die Temperaturen dicht an der Inaktivierungsgrenze (etwa 66°) am wirksamsten, wogegen sie im Innern der Wirtspflanzen schon bei weit niedrigeren Temperaturen (zum Beispiel 35°) zum Mutieren gebracht werden können.

2. Giftwirkungen, zum Beispiel Zinksalze (Dimock, 1936) und Senfgas (Auerbach, Robson und Carr, 1947), ferner in seltenen Fällen Röntgen- und Ultraviolettstrahlen (Das Gupta, 1936; Rodenhiser und Maxwell, 1941). Und

3. Passagen über nichtkongeniale Wirte. Die Viren der Kartoffel-*X*-Gruppe können durch Passagen über Chenopodiaceen und diejenigen der *Y*-Gruppe durch Passagen über *Schizanthus* zum Mutieren veranlaßt werden (Salaman, 1938).

6. Der Einfluß der Ernährung auf die parasitische Eignung der Erreger

Bevor ein Erreger seinem Wirt Stoffe entziehen kann, muß er dessen Zellwände enzymatisch auflösen und muß den Widerstand der Wirtszellen zunächst ertragen und hernach überwinden; dies ist ja der Inhalt der Aggressivität.

Abb. 243

Induzierte Mutationen bei einem Stamm des **Kartoffel-*X*-Mosaikvirus**. *a* Der Ausgangsstamm Cs 35 mit seinen drei Mutanten *b* (Cs 36), *c* (Cs 64/1) und *d* (Cs 64/2) auf Tabakblättern. Etwa $^2/_3$ nat. Gr. Original. Photo E. KÖHLER.

Erst wenn der Start gelungen ist und die Infektion haftet, kann er sich aus dem Wirt verköstigen.

Diese Anlaufzeit schafft für den Erreger zweierlei Schwierigkeiten. Er muß die nötige Vitalität für den parasitischen Angriff mitbringen; je größer seine Vitalität, um so größer wird ceteris paribus seine Aggressivität sein. Und sodann muß ihm die Umstellung auf die Erfordernisse der parasitischen Lebens- und Ernährungsweise rasch genug gelingen.

Die biotrophen Erreger der ersten auf S. 87 genannten Gruppe geben ihren Sporen genügend Vorräte mit auf den Lebensweg, um den Keimschlauch bis zum Haften der Infektion und bis zur Entwicklung der ersten Haustorien zu ernähren. Der parasitische Start ist deshalb für sie kein Problem.

Anders bei manchen biotrophen Erregern der zweiten Gruppe (S. 87) und bei manchen nekrotrophen Erregern (S. 88); hier reichen die mütterlichen Vorräte nicht bis zur Stabilisierung des parasitischen Verhältnisses aus. Damit die Keimschläuche die notwendige Vitalität erlangen bzw. behalten, müssen ihnen neben den mütterlichen Vorräten noch saprophytische Nährquellen zur Verfügung stehen. Sät man zum Beispiel Sporangiosporen eines Köpfchenschimmels, *Mucor stolonifer* Ehrenb., in Wasser auf Tomatenfrüchte, so gelingt ihnen die Infektion nicht, wohl aber, wenn man sie in Nährlösung auf die Früchte bringt (Nobécourt, 1928). Die Epidermis der Tomaten vermag demnach kümmerlich wachsenden Hyphen von *Mucor stolonifer* zu widerstehen, nicht aber kräftigen Hyphen. Gegenüber *Penicillium «glaucum»* ist dagegen der Schutz der Tomatenepidermis stets ausreichend.

Oft erfolgt die zusätzliche Ernährung der jungen Keimschläuche durch kleine, verfaulende Pflanzenteile, die irgendwie auf die zu befallenden Organe gelangt sind; die Infektion nimmt dann von diesen her ihren Ausgang.

Wenn zum Beispiel Blütenblätter oder Ulmenfrüchte in Gewächshäusern oder bei feuchter Witterung im Freiland auf Laubblätter von Primeln, Pelargonien, Erbsen usw. fallen, dort verfaulen und dann vom Grauschimmel, *Botrytis cinerea*, infiziert werden, so kann der Pilz auf ihnen genügend erstarken, um auf die gesunden Blattgewebe überzugehen, wozu er im direkten Angriff von der keimenden Spore aus nicht imstande gewesen wäre. Daher oft die Erscheinung, daß ein sonst intaktes Laubblatt unter einem derartigen verfaulenden Blütenblatt durch den Pilz braun verfärbt oder gar durchlöchert wird. Aus diesem Grunde, weil die abfallenden Blütenkronen auf den Blättern das Angehen der *Botrytis*fäule einleiten und dadurch das Produkt entwerten, wird der für Deckblattzwecke kultivierte Tabak oft auf dem Felde entgipfelt.

In ähnlicher Weise kann *Botrytis cinerea* absterbende Kotyledonen von Bohnen usw. zum Ausgangspunkt nehmen, von dort auf die gesunden Gewebe übergreifen und zu einer tödlichen Welkekrankheit führen.

Wie bei den keimenden Sporen, so entscheidet der Ernährungszustand auch bei jenen Erregern über den parasitischen Erfolg, die vorübergehend saprophytisch im Erdboden leben und von dort chthonogen ihre Wirte angreifen.

Der Hallimasch, *Armillaria mellea* (Vahl) Quél., hat Mühe, unmittelbar vom Erdboden her kräftige Nadelholzstämme zu befallen; kann er sich dagegen auf benachbarten alten Stöcken reichlicher als bloß im Waldboden ernähren, so wird er kräftig genug, um von hier mit seinen Rizomorphen (S. 163) aktiv in unverletzte Wurzeln einzudringen; Hallimascherkrankungen finden sich deshalb oft in Nestern um alte Stöcke herum.

Ein ähnlicher Fall liegt bei den holzzerstörenden Pilzen vor. Es wäre fast ein Wunder, wenn der Keimschlauch einer Basidiospore oder wenn eine gewöhnliche Hyphe des Mauerschwammes (*Polyporus vaporarius* = *Poria Vaillantii*), der Trockenfäule (*Coniophora cerebella*) oder einer *Lenzites*art selbst unter optimalen Temperatur- und Feuchtigkeitsbedingungen auf gesunden Fichtenbalken oder Brettern angingen; der unmittelbare Start gelingt ihnen hier nur äußerst selten. Bringt man sie dagegen in vermorschtem Holz (also praktisch in Splittern, Spänen usw.) oder laboratoriumsmäßig mit einem Stückchen Agar auf gesundes Holz hinüber, so wird der Start erleichtert und die Infektion kommt zum Haften.

Dieses Startproblem ist eine Grundfrage der Imprägnierung der Leitungsmasten. Die Destruktionspilze vermögen unversehrtes Kernholz von Kiefern, Lärchen und Arven kaum unmittelbar anzugreifen; daher die fast unbeschränkte Dauerhaftigkeit des verbauten, splintfreien Kernholzes dieser Bäume. Stellt man dagegen in den Bergen Leitungsmasten aus diesen Baumarten unbehandelt in den Erdboden, so befallen die Pilze zunächst den Splint, erstarken hier und greifen dann sekundär auf das Kernholz über. Der Zweck der Imprägnierung ist deshalb, durch eine Vergiftung des Splintes den Pilzen den Start am Ort des geringern Widerstandes zu verwehren, woraufhin auch der nichtimprägnierte (und nicht imprägnierbare) Kern dauernd gesund bleibt. Wegen dieser Unfähigkeit der betreffenden Pilze, primär auf dem Kernholz Fuß zu fassen, reicht die Splintimprägnierung der Kiefern- und andern Masten praktisch aus.

Eine besondere Bedeutung erhält endlich das Startproblem der Erreger in der Technik der Laboratoriumskulturen. Die Parasiten werden ja auf künstlichen Substraten fast notgedrungen verwöhnt, einseitig ernährt und mit Kohlehydraten und Stickstoffverbindungen überfüttert. Bei unvermittelter Übertragung auf eine ihnen früher zusagende Wirtspflanze gelingt ihnen deshalb die Umstellung auf die ursprüngliche parasitische Lebensweise nicht immer rasch genug; ihre Aggressivität hat abgenommen und muß vor Versuchsbeginn zum Beispiel durch Kultur auf kargen, leicht sauren Substraten (Pflanzenstengeln usw.) regeneriert werden.

Die parasitische Eignung eines Erregers kann deshalb je nach der Vorkultur des Infektionsmaterials verschieden sein. Bei *Ophiobolus graminis* (S. 138) ist sie nach Vorkultur auf Stroh (Tab. 36) optimal, auf Hafer- und Gerstenkörnern wegen Überernährung meist kleiner und auf Erdboden wegen Unterernährung am kleinsten. Polyporaceen, die in den Stämmen lebender Bäume parasitieren, zum Beispiel *Fomes igniarius* (L.) Gill., der Feuerschwamm auf Apfelbäumen usw., und *Fomes fomentarius* (L.) Gill., der Erreger einer Weißfäule auf Buchenstämmen, sind parasitisch erfolgreicher, wenn sie auf Holz

Tabelle 36

Der Einfluß der Vorkultur von *Ophiobolus graminis* Sacc. auf die Prozentzahl der erkrankenden Weizenpflanzen. (Nach WHITE und MCINTYRE, 1943.)

Nährmedium	Stamm Nr.					Kontrolle
	1	3	4	5	6	
Stroh	10	74	62	89	0	0
Hafer- und Gerstenkörner	0	4	76	3	0	0
Erdboden	0	48	2	0	0	0

der ihnen zusagenden Bäume vorkultiviert werden statt auf Brot oder auf Agar (GROSJEAN, 1942).

Aber auch innerhalb der kohlehydratreichen Nährböden bestehen noch Unterschiede in den Schwierigkeiten der Umstellung; so ruft *Pythium de Baryanum* bei Vorkultur auf Hafermehl nur halb soviel Wurzelbranderkran-

Tabelle 37

Die Virulenz von *Sclerotinia sclerotiorum* (Lib.) S. et T. für Tomatenkeimlinge unter sonst gleichen äußern Bedingungen bei einseitiger Ernährung mit verschiedenartigen Stickstoffverbindungen. (Nach BUNSCHOTEN, 1933.)

Stickstoffquelle	Tote Keimlinge %
0,5% $(NH_4)_2SO_4$ . . .	83,8
0,5% $(NH_4)_3PO_4$ . . .	71,5
0,4% NH_4NO_3	58,3
0,5% NH_4Cl	54,3
0,3% Harnstoff . . .	53,5
1 % KNO_3	44,7
0,5% Asparagin . . .	13,8
2 % Pepton.	2,9

kungen auf *Pinus*keimlingen hervor, als wenn es auf gedämpftem Reis gezogen wurde; desgleichen tötet *Gibberella Saubinetii* bei Vorkultur auf Hafermehl 10% der *Pinus*keimlinge, bei Vorkultur auf gedämpftem Reis, unter sonst gleichen äußern Verhältnissen, deren 50% (RATHBUN, 1925). Ähnliche Aggressivitätsunterschiede ergeben sich bei einseitiger Ernährung mit bestimmten Stickstoffquellen; so wurde in Tab. 37 *Sclerotinia sclerotiorum* (Lib.) Sacc. et Trott. = *Sclerotinia Libertiana* Fckl., ein polyphager Parasit auf allen möglichen

Kulturpflanzen und Gemüsen, ein Jahr lang auf einem Nährsubstrat gehalten, das als Grundsubstanz 2% Saccharose, 0,5% KH_2PO_4, 0,25% $MgSO_4$ und 2% Agar enthielt.

Die Verwöhnung durch die Domestikation und die Entwöhnung als Erreger nehmen naturgemäß bei den hierfür empfindlichen Organismen mit der Dauer der Laboratoriumskultur zu; so wächst nach Tab. 38 die Inkubationszeit beim Sternrußtau der Rosen zwischen dem ersten und dritten Monat der Reinkultur (Malzagar) auf das Doppelte und sinkt der Infektionserfolg auf fast einen Zehntel.

Tabelle 38

Der Einfluß der Dauer der künstlichen Kultur auf die parasitische Eignung von *Diplocarpon rosae* (Lib.) Wolf, dem Sternrußtau der Rosen. Versuchssorte: W. E. Chaplin. (Nach Frick, 1943.)

Sporenmaterial	Inkubationszeit Tage	Erkrankte Fiederblätter %
Frische Sommerkonidien	16	53,2
1 Monat alte Reinkultur	16	50,9
3 Monate alte Reinkultur	31	6,7

Bei jahrelanger einseitiger Kultur im Laboratorium erfahren deshalb gewisse Mikroorganismen derart tiefgreifende Stoffwechselstörungen (zum Beispiel eine Verfettung) oder kommen derart aus der Gewohnheit, Zellulasen zu bilden und Zellwände aufzulösen, daß sie degenerieren, ihre Aggressivität verlieren, parasitisch träge und phänotypisch zu Saprophyten werden; *Pseudomonas solanacearum*, der Erreger der tropischen Schleimkrankheit des Tabaks, büßt sein Infektionsvermögen schon wenige Monate nach der Isolierung restlos ein. Andere Mikroorganismen sind dagegen in dieser Hinsicht sehr tolerant und können jahrelang gleich wachstums- und infektionsfähig bleiben, so *Corticium vagum* B. et C. (S. 259) und das *Bacterium carotovorum* (S. 69) auf neutralem Bouillonagar während mindestens 30 Jahren (Stapp, 1950).

7. Die Veränderung der parasitischen Eignung der Erreger durch den Wirt (Das Passageproblem)

Während der vorangehende Abschnitt den Einfluß der präinfektionellen Ernährung auf die parasitische Eignung der Erreger untersuchte, beschäftigt uns hier die Umstimmung des Erregers während des parasitischen Verhältnisses; im Innern des Wirtes sind ja neben der wirtsspezifischen Ernährung auch noch sämtliche endophytischen Einflüsse einschließlich der Abwehrreaktionen wirksam.

In der überwiegenden Zahl der Fälle erfährt der Erreger durch seinen Wirt keine meßbare Veränderung seiner parasitischen

Eignung. Daneben bestehen jedoch Beispiele, in welchen sich die parasitische Eignung eines Erregers tatsächlich durch Passagen über anfällige Wirte steigern und durch solche über nichtkongeniale Fremdwirte abschwächen, oder umgekehrt durch anfällige Wirte abschwächen und durch nichtkongeniale Wirte steigern ließ. Nur diese labilen Formen sollen uns hier beschäftigen.

Der Passageeffekt wurde zuerst in der Human- und Veterinärmedizin erkannt. Er kann hier in einer Steigerung der Aggressivität bestehen, also in einer Erleichterung und Beschleunigung der Vermehrung der Krankheitskeime im Wirtsorganismus, die ihrerseits zu einer erhöhten Malignität des Erregers führt, oder in einer Steigerung der Pathogenität des Erregers.

Streptokokken, bei welchen, wenn frisch aus einem Menschen isoliert, 1 cm^3 einer 18 Stunden alten Bouillonkultur von einer Maus ertragen wird, können durch Passagen über Mäuse in ihrer Virulenz sukzessive auf das Hunderttausendfache gesteigert werden, so daß schon 10^{-5} cm^3 tödlich wirken. Der umgekehrte Vorgang, Abschwächung der Virulenz durch nichtkongeniale Passagen, spielt eine große Rolle bei der Serumgewinnung.

Wird ferner das Virus der Hundswut von einem Hund («Straßen»virus von PASTEUR) in das Gehirn von Kaninchen verimpft und dann etwa 20–40mal von Kaninchenhirn zu Kaninchenhirn übertragen, so sinkt die Inkubationszeit von rund einem Monat auf die minimale Grenze von 9 Tagen und bleibt hier konstant (daher «Virus fixe» von PASTEUR); die Aggressivität für Kaninchen hat also durch die Kaninchenpassagen stark zugenommen. Zu gleicher Zeit ist auch die Pathogenität für Kaninchen gestiegen; während bei der ersten Übertragung auf Kaninchen zuweilen nur geringfügige Krankheitserscheinungen auftreten, führt das Virus am Schluß der Reihenübertragung regelmäßig zum Tode.

Ähnliche Verschiebungen bestehen bei der Hühnerpest: bei Passagen über Enten nimmt ihre Virulenz für Enten zu, für Hühner dagegen ab. Doch hält es bei den Virosen schwer, das Bestehen einer echten Virulenzänderung einwandfrei nachzuweisen; denn es verbleibt stets der Einwand, daß das Ausgangsvirus ein Gemisch war und durch die Passagen entmischt und einseitig angereichert wurde.

Bei den pflanzenpathogenen Erregern stellt sich das Passageproblem in doppelter Weise: 1. Die Wirkung von Passagen über nachteilig sich auswirkende Organe, und 2. die Wirkung von Passagen über stimulierende oder über nicht zusagende Wirte.

Zunächst die Einwirkung bestimmter Organe. Wenn ein Stamm der *Phytophthora infestans*, des falschen Mehltaues der Kartoffeln, jahrelang, in vielleicht 100 Generationen, auf den Knollen einer ihm sonst zusagenden Sorte lebt (oder gezogen wird), also stets von einer Knolle auf eine andere übergeht, so degeneriert er (ORTH und LEHMANN, 1935); die Keimfähigkeit seiner Sporangien sinkt von etwa 90–92% auf etwa 10–15%, und seine Fähigkeit, das Kraut der betreffenden Sorte zu infizieren, nimmt bis fast zur Befallsuntüchtigkeit ab. Obschon also die Knollen von einer ihm sonst kongenialen Sorte stammen, «verfettet» er durch die dauernde Kohlehydratüberernährung und verkümmert in seiner Aggressivität. Bringt man ihn aber sorgfältig, unter optimalen Infektionsbedingungen, auf die Laubblätter der betreffenden Sorte zurück, so steigt die Keimfähigkeit seiner Sporangien schon in der ersten Passage (Abb. 244) von 20 auf 74 und in der dritten Übertragung auf 89% an, während die auf Knollen gezogenen Kontrollen weiter auf ihrer niedrigen Keimfähigkeit verharren. Zu gleicher Zeit gewinnt der Pilz seine ursprüngliche Pathogenität zurück, so daß sich das Befallsbild nicht mehr von den ständig auf Kartoffelkraut gezogenen Parallelkulturen unterscheidet.

Die dauernde Kultur auf zu günstigen Geweben einer kongenialen Wirtspflanze hat somit den Erreger «verwöhnt», «verweichlicht», und ihn vorübergehend lebensuntüchtig werden lassen.

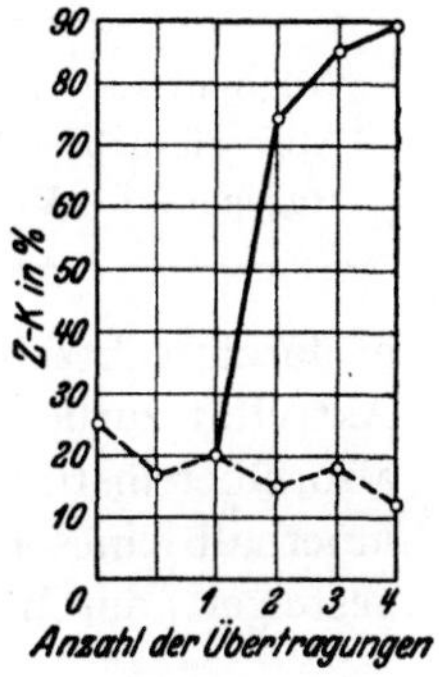

Abb. 244
Die Veränderung der Keimfähigkeit der Sporangien von *Phytophthora infestans* (Mont.) de By. bei dauernder Kultur auf Kartoffelknollen (gestrichelte Kurve) und bei Rückübertragung auf das Kraut derselben Sorte (ausgezogene Linie). Ordinate: Prozentuale Keimfähigkeit (*Z-K* = Zoosporenkeimung). (Nach Orth und Lehmann, 1935.)

Die zweite Teilfrage, die Verschiebung der parasitischen Eignung eines Erregers durch bestimmte Wirte, sei in vier Abschnitte gegliedert: a) die Steigerung der Virulenz des Erregers durch Passagen über kongeniale Wirte; b) ihre Steigerung durch widerstandsfähige Wirte; c) die Verschiebung der Wirtswahl durch Wirtspassagen, und d) das Wesen der durch die Wirtspassagen ausgelösten Verschiebungen.

a) Die Steigerung der Virulenz eines Erregers durch Passagen über kongeniale und ihre Abschwächung durch Passagen über nichtkongeniale Wirte.

Wird das Virus der Kräuselkrankheit (curly top) der Zuckerrüben auf einen Gänsefuß, *Chenopodium murale* L., auf den krausen Ampfer, *Rumex crispus* L., oder auf *Suaeda Moquini* Greene übertragen und von diesen inadäquaten Wirten, auf denen es nur ganz untergeordnete Symptome auslöst, auf Zuckerrüben zurückgebracht, so ist es für diese nur noch schwach infektiös (Tab. 39) und ruft bloß eine milde Form des Curly top hervor (Carsner, 1925; Lackey, 1931). Seine Infektiosität wurde also durch die Fremdpassage stark vermindert und seine Pathogenität nahezu ausgelöscht; noch einen Schritt weiter und die Infektion würde stumm, latent, bleiben. Durch eine Passage über eine wesensfremde Art wie die Sternmiere, *Stellaria media* (L.) Vill., wird jedoch merkwürdigerweise die ursprüngliche Infektiosität und Pathogenität wieder hergestellt (Tab. 39). Der Vorgang ist somit, wie sämtliche echten Passageeffekte, reversibel.

Impft man ferner einen bestimmten Stamm der *Phytophthora infestans* in die Knollen einer widerstandsfähigen Kartoffelsorte und überträgt ihn auf diesen immer weiter, so wird er innert weniger Wochen geschwächt und geht nach 5–11 Generationen zugrunde (K. O. MÜLLER, 1936). Umgekehrt gewinnt

Tabelle 39
Die Abschwächung des Virus des Curly top der Zuckerrüben durch eine Passage über *Chenopodium murale* L. und seine Regeneration durch eine solche über *Stellaria media* (L.) Vill. (Nach LACKEY 1931.)

Art des Virus	Erkrankte Zuckerrüben %	Durchschnittliche Inkubationszeit in Tagen	Heftigkeit der Symptome
Originalvirus	64	9,5	schwer
Abgeschwächtes Virus	25	13,1	sehr mild
Regeneriertes Virus.	74	9,9	schwer

er durch rechtzeitige Rückimpfung auf eine anfällige Sorte seine ursprüngliche Aktivität zurück. Die parasitische Eignung der *Phytophthora infestans* wird also, übereinstimmend mit den allgemeinen Erfahrungen der Humanmedizin, innerhalb eines bestimmten Rahmens durch Passagen über anfällige Sorten gesteigert, durch solche über widerstandsfähige Sorten herabgesetzt.

Abb. 245
Die Pathogenität des *Xanthomonas Stewartii* bei acht aufeinanderfolgenden Passagen über eine widerstandsfähige Maissorte. *a* Kontrolle, *b* erste Infektion mit einer schwach pathogenen Ausgangskultur, *c–f* Krankheitsbild nach der zweiten, vierten, sechsten und achten Passage. (Nach LINCOLN, 1940.)

b) Die Steigerung der Virulenz eines Erregers durch Passagen über widerstandsfähige Wirte. Eine schwach pathogene Einzellkultur des *Xanthomonas Stewartii* (S. 247), des Erregers der nordamerikanischen Welkekrankheit des Maises, ruft bei der ersten Übertragung auf eine widerstandsfähige Sorte nur eine schwache Erkrankung hervor (Abb. 245 *b*); bei jeder folgenden Passage nimmt aber ihre Pathogenität bis zur achten Übertragung zu (Abb. 245 *f*). Injiziert man dagegen dieselbe Einzellkultur in eine anfällige Maissorte, so nimmt ihre Pathogenität bei den sukzessiven Passagen bis zu einer bestimmten untern Grenze ab. Die Aggressivität und Pathogenität des *Xanthomonas Stewartii* werden also, umgekehrt wie bei *Phytophthora infestans*, durch Passagen über anfällige Wirte abgeschwächt, durch solche über widerstandsfähige Wirte erhöht.

c) Die Verschiebung der Wirtswahl durch Passagen. Passagen über nichtkongeniale Wirte setzen bei manchen Erregern die Vitalität herab und machen sie untauglich, die am Rande ihres Spektrums stehenden Nebenwirte noch zu befallen; sie ziehen sich deshalb gewissermaßen auf den Hauptwirt zurück. Die Wirtswahl wird in diesem Falle in negativer Richtung verschoben: partieller Wirtsverlust, Verengerung des Wirtskreises, «Abgewöhnung» bisheriger Wirte.

Bei den Versuchen in positiver Richtung (Wirtsgewinn: kann ein Erreger durch entsprechende Passagen an einen neuen Wirt gewöhnt werden?) sind dagegen die Erfahrungen je nach Art des Erregers verschieden.

Positive Ergebnisse wurden zum Beispiel bei der Übertragung der *Phytophthora infestans* von Kartoffeln auf Tomaten gewonnen. Unmittelbare Infektionen von Tomatenlaub durch die *Phytophthora* von Kartoffelkraut gelingen gelegentlich gut, zuweilen auch nur schwach (Röder, 1935); und doch ist bekannt, daß Tomatenkulturen, die auf der Leeseite von *phytophthora*-kranken Kartoffelfeldern stehen, allmählich und immer heftiger an falschem Mehltau erkranken. Hat sich der Pilz sukzessive an die Tomaten gewöhnt oder haben die Tomaten jene Pilzindividuen selektioniert, die sowohl Tomaten als Kartoffeln zu befallen vermögen?

Mills (1940) übertrug zwei Einzoosporenkulturen der *Phytophthora infestans* von Kartoffeln auf Tomatenpflanzen. Nach 66–72 Stunden entstanden auf den Blättern der letztern, bei der Lufttemperatur von 21°, kleine braune Striche, die sich bald in glasige, ölige Flecken umwandelten. Die jungen, endständigen Blätter waren sehr widerstandsfähig und trugen keine Sporangienträger, während die ältern, tieferstehenden Blätter eine geringe Sporangienbildung aufwiesen (Tab. 40). Werden nun die betreffenden Zoosporen immer wieder auf Tomaten übertragen, so nimmt die Virulenz des Pilzstammes für Tomaten bis zur 7. Passage zu (von der 8.–22. Passage konnte dagegen keine Steigerung mehr beobachtet werden), während anderseits seine Virulenz für Kartoffeln keine Änderung erfährt; *Solanum Lycopersicum* L. ist somit dem Parasiten als neuer, vollwertiger Wirt angewöhnt worden, ohne den bisherigen Wirt, *Solanum tuberosum* L., abzugewöhnen.

Auf diese Weise löst sich auch das Problem der Überwinterung der Tomaten-*phytophthora:* sie entsteht jedes Jahr aufs neue durch Angewöhnung aus der Kartoffel*phytophthora*.

Negative Erfahrungen wurden vor allem mit der Verschiebung der Wirtswahl von obligaten Parasiten gemacht. STAKMAN, PIEMEISEL und LEVINE

Tabelle 40

Die Umgewöhnung von *Phytophthora infestans* (Mont.) de By. von Kartoffeln auf Tomaten. (Nach MILLS, 1940.)

0 = keine Sporangienbildung; 1 = vereinzelte, 2 = zahlreiche, 3 = reichliche, 4 = überreichliche Sporangienträger, so daß die Blattfläche weiß erscheint.

Kultur	Sporangienbildung		Krankheitsbild nach 15 Tagen
	alte Blätter	junge Blätter	
Ausgangs-Kultur	1	0	Vereinzelte trockene, 8–10 mm lange Infektionsstellen
2. Passage	2	1	Wie Ausgangskultur; noch keine Stengelinfektionen
4. Passage	3	2	Starke Blattinfektionen; Stengelinfektionen noch nicht tödlich
7. Passage	4	3	Pflanzen absterbend

(1918) kultivierten den Roggenschwarzrost, *Puccinia graminis secalis*, während drei Jahren auf Gerste, einem Nebenwirt, ohne irgendeine Angewöhnung an diesen Wirt zu beobachten, und den Weizenschwarzrost, *Puccinia graminis tritici*, während 32 Monaten auf Roggen, wieder einem Nebenwirt, mit demselben negativen Verlauf: die Entwicklungsfreudigkeit der Rostpilze

Tabelle 41

Der Einfluß des Entwicklungszustandes des Wirtes auf die Sporengröße der Rostpilze. Uredosporen des Weizenschwarzrostes, *Puccinia graminis tritici* Erikss., Biotyp I, auf normalen und auf etiolierten Weizenpflanzen. (Nach LEVINE, 1928.)

Entwicklungszustand	Länge μ	Breite μ
Normale Pflanzen	34,8 ± 0,22	20,2 ± 0,08
Etiolierte Pflanzen	29,9 ± 0,25	19,9 ± 0,11

kann zwar durch Passagen über nichtkongeniale Wirte gehemmt und geschwächt (zum Beispiel Tab. 41), aber nicht durch Angewöhnung an diese Wirte erhöht werden.

HAMMARLUND (1925) zog einen Klon des Weizenmehltaues, *Erysiphe graminis tritici* Marchal, immer wieder auf jungen Blättern des Haargrases, *Elymus europaeus* L., um zu prüfen, ob er sich allmählich an diesen Nebenwirt anpassen würde; denn von Natur aus beträgt seine Infektionskraft für diesen Wirt nur etwa einen Viertel derjenigen für Weizen, *Triticum vulgare*. Eine Angewöhnung trat jedoch nicht ein; im Gegenteil, die Vitalität des Klones nahm anfänglich langsam, dann rasch ab und erlosch schließlich in der 37. Generation, worauf der Pilz einging.

In einer andern Reihe suchte HAMMARLUND die Umgewöhnung des Weizenmehltaues mit Hilfe des Wundeffektes zu erleichtern. Der Weizenmehltau vermag nämlich die Blätter der mehrzeiligen Gerste, *Hordeum vulgare* L., durch Wunden zu befallen (traumatische Infektion; S. 81). Versuchsfrage: Stellt sich der Klon allmählich auf die neue Nahrung um, wenn er immer wieder durch Wunden aus den Zellinhalten der mehrzeiligen Gerste ernährt wird? Nach der 128. Generation war weder die Vitalität gesunken noch die Infektionskraft für intakte Blätter gewachsen: der Erreger infizierte nach wie vor vollkräftig sämtliche Weizenblätter, aber kein intaktes Gerstenblatt. Eine funktionelle Anpassung ist somit nicht erfolgt.

An Stelle der Wundbesiedlung wurde auch versucht, die Umgewöhnung eines Erregers an einen widerstandsfähigen Wirt durch eine sogenannte Fremdpassage, in diesem Falle durch Einschiebung einer Passage über eine schwach anfällige Wirtsart, zu erleichtern. Versuchsfrage: Läßt sich ein Erreger von der stark anfälligen Wirtsart *A* auf die widerstandsfähige Wirtsart *C*, die er im direkten Angriff nicht zu befallen vermag, übertragen, indem man ihn erst auf der schwach anfälligen Wirtsart *B* umstimmt oder umgewöhnt? Die Wirtsart *B* wird Brückenart, bridging species oder bridging host, genannt.

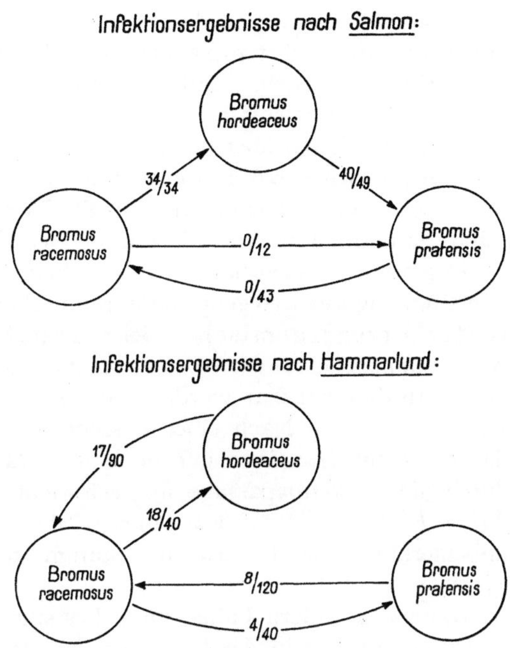

Abb. 246

Schema einer Brückenwirkung bei *Erysiphe graminis* DC. Erklärung im Text. (Nach SALMON, 1904, und HAMMARLUND, 1925.)

In den Versuchen von SALMON (1904) gingen zum Beispiel der echte Mehltau, *Erysiphe graminis* DC. f. sp. *bromi* Marchal, von der traubigen Trespe, *Bromus racemosus* L., nicht auf die Wiesentrespe, *Bromus pratensis* Ehrh. (syn. *Bromus commutatus* Schrad.) über; der Zähler gibt in Abb. 246 an, wie viele Individuen von der Gesamtzahl der infizierten Versuchspflanzen (Nenner) erkrankten; auch die reziproke Infektion gelang nicht. Übertrug er aber Konidien von *Bromus racemosus* erst auf die Gerstentrespe, *Bromus hordeaceus* L., so entwickelt sich der Pilz auf dieser Pflanze gut und befiel dann von ihr aus in weitern Versuchen die Wiesentrespe reichlich. Die Gerstentrespe würde somit eine Brückenart darstellen. Doch kam HAMMARLUND (1925) zu andern Ergebnissen. Es gelang ihm nämlich in wenigen Fällen mit Konidienmaterial von hoher Infektionskraft, den Pilz von *Bromus racemosus* unmittelbar auf *Bromus pratensis* zu übertragen und umgekehrt. Der Umweg über *Bromus hordeaceus* hat also (wie früher unter *a*) bloß den Sinn, daß der Pilz hier eine besonders hohe Vitalität erreicht, wodurch aber nicht Neues geschaffen, sondern nur Bestehendes gesteigert wird.

d) Das Wesen der durch die Wirtspassagen ausgelösten Verschiebungen in der parasitischen Eignung der Erreger. Die bis jetzt besprochenen Virulenz- und Wirtswahlverschiebungen durch den Wirt sind nicht nur epidemiologisch (S. 246) wichtig, sondern haben auch zu grundsätzlichen Diskussionen über das Problem der plasmatischen Vererbung und der Vererbung erworbener Eigenschaften geführt (zum Beispiel LINDEGREN, 1945, 1946; LEDERBERG, 1948). Sie sind zur Stunde noch nicht abgeschlossen und können deshalb nur als Problem umrissen werden.

In gewissen Fällen handelt es sich beim Passageeffekt nicht um eine echte Umstimmung des Erregers, sondern um eine simple Entmischung inapparenter Erregergemische. Beim Tabakmosaik (Abb. 61) kommen auf *Nicotiana* nebeneinander ein hoch- und ein schwachvirulenter Virusstamm vor, ohne daß dies sichtbar würde; denn im Krankheitsbild dominiert der hochvirulente Stamm. Nach einer Passage über *Eryngium aquaticum* L. erzeugt das Virus auf *Nicotiana* nur noch unauffällige Symptome: es ist scheinbar durch die *Eryngium*passage abgeschwächt worden. In Wirklichkeit wurde durch *Eryngium* der hochvirulente Stamm abfiltriert, und der vorher unbemerkte schwach virulente Stamm kam infolgedessen zum Vorschein (J. JOHNSON, 1947).

In einigen andern Fällen (und dies sind ebenfalls die theoretisch weniger interessanten) beruht der Passageeffekt auf einer Entmischung saltierender Klone zugunsten der leistungsfähigen Biotypen. *Escherichia coli* bildet normalerweise keine Lactase; dennoch ist sie imstande, Milchzucker nach einigen Passagen in milchzuckerhaltiger Bouillon rasch zu vergären. Dies kommt dadurch zustande (LEWIS, 1934), daß auch in milchzucker freier Nährlösung infolge von Störungen in der vegetativen Aufspaltung stets einige Zellen (etwa $1:10^6$) entstehen, die Lactase produzieren und dann durch die Kultur auf einem lactosehaltigen Substrat begünstigt werden. Nicht die biochemische Eignung des einzelnen Individuums wird also in diesem Falle verschoben, sondern die heterogenen Nachkommen des betreffenden Individuums werden durch die Passage zugunsten bestimmter Leistungsfähigkeiten selektioniert.

In noch andern Fällen (und dies sind die theoretisch interessanten) muß jedoch die Erklärung des Passageeffektes auf Grund adaptiver Enzyme gesucht werden. Die Enzyme, die ein Organismus produziert, lassen sich nämlich je nach den Voraussetzungen, unter denen er sie bildet, in konstitutive und in adaptive Enzyme einteilen (KARSTRÖM, 1938; DUBOS, 1940).

Die konstitutiven Enzyme werden von dem betreffenden Organismus stets gebildet, unabhängig von der chemischen Zusammensetzung des Substrates; so produzieren *Aspergillus niger* und *Botrytis cinerea* stets Pektinase (dies ist das Enzym, das die Kernsubstanz des Pektins, die partiell veresterte Polygalakturonsäure, angreift, ihre glucosidischen Bindungen löst und sie wie bei einer Säurehydrolyse in Galacturonsäure, Galaktose, Arabinose usw. zerlegt), gleichgültig ob das Nährmedium Pektin enthält oder nicht (GÄUMANN und BÖHNI, 1947).

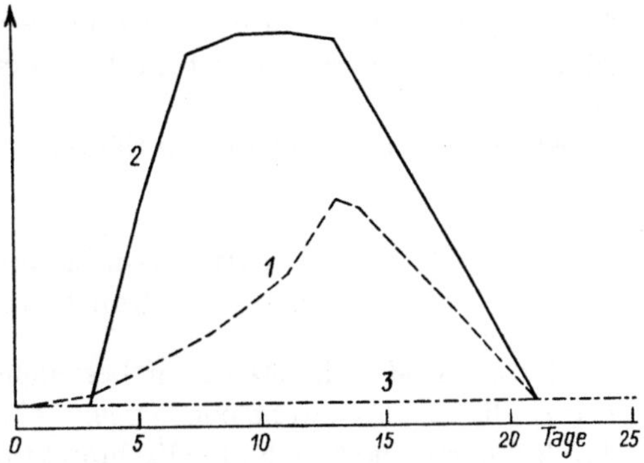

Abb. 247

Der Einfluß des Substrates auf die Pektasebildung von *Aspergillus niger*. Reihe 1 erhielt als Kohlenstoffquelle Pektin + Glukose, Reihe 2 nur Pektin und Reihe 3 nur Glukose. Abszisse: Kulturdauer. Ordinate: Pektaseaktivität in willkürlichen Einheiten. (Nach GÄUMANN und BÖHNI, 1947.)

Die adaptiven Enzyme werden dagegen von dem betreffenden Organismus nur bei Bedarf in meßbarer Weise gebildet; so ist die Pektase (dies ist ein unspezifisches Enzym, das alle möglichen Ester verseift und beim Pektin den Methylalkohol abspaltet und die Carboxylgruppen freisetzt) für die beiden genannten Pilze ein adaptives Enzym: *Aspergillus niger* bildet in einem pektinfreien Medium überhaupt keine Pektase (Abb. 247) und *Botrytis cinerea* (Abb. 248) nur geringe Mengen. Beide Pilze antworten somit auf den Pektingehalt des Substrates mit einer individuellen Anpassung, mit einer Steigerung ihrer individuellen Leistungsfähigkeit, mit der Bildung von neuem Plasma; denn die Produktion eines neuen Enzymes (Pektase) setzt die Bildung von neuem Plasma mit der entsprechenden chemischen Leistungsfähigkeit voraus.

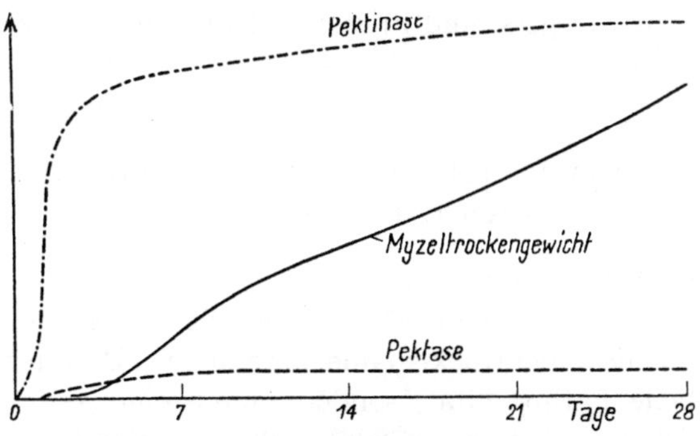

Abb. 248

Die Zunahme des Myzeltrockengewichtes und der Pektinase- und Pektasebildung bei *Botrytis cinerea*, wenn als Kohlenstoffquelle ausschließlich Glukose geboten wird. Abszisse: Kulturdauer. Ordinate: Gemessene Leistung in willkürlichen Einheiten. (Nach GÄUMANN und BÖHNI, 1947.)

Der Kern der Frage ist nun, ob diese individuell erworbenen plasmatischen Fertigkeiten plasmatisch an die vegetativen Nachkommen weitergegeben, also «vererbt» werden können (plasmatische Vererbung erworbener Eigenschaften). In diesem Falle müßten geeignete Passagen die individuelle Leistungsfähigkeit eines Erregerstammes durch Gewöhnung bis zur artspezifischen Grenze steigern oder sie anderseits durch Abgewöhnung (Nichtgebrauch) rückbilden. Entsprechend ihrem somatischen Charakter wären diese Verschiebungen im Prinzip reversibel; im Grenzfall können sie dagegen praktisch irreversibel werden, indem der Erreger, nachdem er eine bestimmte Schwelle der parasitischen Leistungsfähigkeit einmal unterschritten hat, den Weg zurück auf den Wirt nicht mehr findet.

Alle diese Fragen bleiben vorläufig noch offen.

8. Der Einfluß von Mischinfektionen auf den parasitischen Erfolg der Erreger

Bei einer Mischinfektion besiedeln verschiedenartige Erreger gleichzeitig dieselben Gewebe oder Organe eines Wirtes (Simultaninfektion); dadurch unterscheidet sich die Mischinfektion von den Sekundär- oder Folgeinfektionen, bei denen verschiedenartige Erreger nacheinander, und zwar oft in geordneter Reihenfolge, den Wirt besiedeln. Bei den Mischinfektionen entscheidet der Zufall über die Zusammensetzung der invadierenden Mikroflora; bei den Sekundärinfektionen rollen dagegen oft bestimmte Sukzessionen ab.

Biologisch werden bei den Mischinfektionen die Antagonismen und Synergismen, die schon präinfektionell zum Beispiel im Keimreservoir bestanden (S. 143), postinfektionell im Wirte weiter ausgetragen, nur daß jetzt als dritter Partner der Wirt an der Auseinandersetzung teilnimmt. In klinischer Hinsicht bestehen dabei zwei Mischungsmöglichkeiten: a) Mischinfektionen aus verschiedenen Stämmen desselben Erregers, und b) Mischinfektionen aus verschiedenartigen Erregern.

a) Der Wirkungsgrad von Mischinfektionen aus verschiedenen Stämmen desselben Erregers

In seltenen Fällen rollen Mischinfektionen aus verschiedenen Stämmen desselben Erregers ab, als ob der Wirt indifferent wäre; so zerfällt *Diplodia zeae* (Schw.) Lév., der Erreger einer Maiskolbentrockenfäule, in zahlreiche Biotypen, die nicht durch unterschiedliche Pathogenität, sondern durch eine gegenseitige Aversion charakterisiert sind (Hoppe, 1936). Läßt man nämlich auf Agarnährböden Kulturen verschiedener Stämme gegeneinander wachsen, so bleibt schließlich zwischen ihnen eine leere, wachstumsfreie Zone bestehen, während Kulturen desselben Stammes ungehemmt zusammenwachsen und sich vermischen. Diese intraspezifische Aversion kommt nun auch im Wirte zur Entfaltung; infiziert man Maispflanzen mit einem Gemisch mehrerer Stämme, so läßt sich nach sechs Wochen nur noch ein einziger Stamm, derjenige mit der stärksten Hemmungswirkung, aus den kranken Kolben rückisolieren.

Dieser Fall ist eine Ausnahme; in der Regel kommt der zwischen den Infektionspartnern bestehende Antagonismus oder Synergismus auch in der Pathogenese zum Ausdruck. Dies ist praktisch wichtig: Kann die Krankheitswiderstandsfähigkeit einer Neuzüchtung dadurch geprüft werden, daß man diese mit Gemischen der verschieden pathogenen Stämme eines Erregers infiziert, oder muß jeder einzelne Erregerstamm für sich durchgeprüft werden?

Die Humanmedizin nimmt an, der Krankheitsverlauf werde bei Mischinfektionen aus verschiedenen Stämmen desselben Erregers durch den stärkst virulenten Stamm bestimmt. Bei den pflanzlichen Infektionskrankheiten ist diese Dominanz des stärkst pathogenen Stammes nur für jenen Fall festgestellt, wo er auch hinsichtlich der Menge des Inoculums ganz bedeutend über den schwächer pathogenen Stamm dominiert (Abb. 316); im übrigen liegen jedoch die Verhältnisse bei den pflanzlichen Infektionskrankheiten aus noch unbekannten Gründen sehr uneinheitlich.

Vier Beispiele, der Weizensteinbrand, der Weizenflugbrand, die Maiswelke und die Streifenkrankheit der Gerste, mögen dies veranschaulichen.

Beim Weizensteinbrand, verursacht durch *Tilletia tritici* und *Till. laevis*, hängt der Wirkungsgrad eines Biotypengemisches von der jeweiligen Widerstandsfähigkeit des Wirtes ab.

Hohenheimer Weizen ist sehr steinbrandwiderstandsfähig und wird in Tab. 42 nur von den Biotypen 7a und 13 wesentlich angegriffen; 0,5 g Brandsporenmaterial auf 100 g Saatgut geben beim erstern 52,6, beim letztern 36,1% Krankheitsbefall. Werden nun die 0,5 g Infektionsmaterial zu gleichen Teilen, also zu je 0,1 g, aus fünf verschiedenen Brandbiotypen gemischt, so ist der Krankheitsbefall regelmäßig geringer, als dem arithmetischen Mittel der Komponenten entsprechen würde; dasselbe tritt ein, wenn das Infektionsmaterial aus 10, 15 oder 20 verschieden aggressiven Biotypen zu gleichen Teilen zusammengesetzt wird. Infektionsgemische von Steinbrandbiotypen sind also auf dem widerstandsfähigen Hohenheimer Weizen weniger erfolgreich, als dem Durchschnitt der Komponenten entspricht.

Riditweizen ist dagegen erheblich steinbrandanfälliger als Hohenheimer (Tab. 42). Bei Infektion mit Gemischen aus denselben oder aus ähnlichen Biotypen fällt die Erkrankungshäufigkeit regelmäßig rund doppelt so hoch aus als dem Durchschnitt der Komponenten entsprechen würde. Der geringere parasitische Erfolg der Biotypengemische auf Hohenheimer Weizen kann also nicht nur durch die gegenseitige Futterkonkurrenz der einzelnen Biotypen bedingt sein, sondern muß in noch unbekannten Antagonismen begründet liegen.

Ähnlich liegen die Verhältnisse beim Weizenflugbrand (*Ustilago tritici*). In Tabelle 43 wurde die Weizensorte Little Club mit einem Brandsporengemisch der Biotypen 6 und 4 infiziert; Biotyp 6 verursacht eine derart heftige Erkrankung der jungen Pflanzen (ähnlich Abb. 302, links), daß sie meist nicht zur Blühreife gelangen, sondern eingehen; Biotyp 4 wird dagegen im vegetativen

Stadium des Wirtes nahezu symptomlos ertragen (ähnlich Abb. 302, rechts) und verursacht erst zur Zeit der Geschlechtsreife des Wirtes die brandige Er-

Tabelle 42

Die Zahl der Erkrankungen bei Weizensteinbrand, wenn die Infektion mit einzelnen Biotypen oder mit einem Gemisch von Biotypen der *Tilletia tritici* (Bjerk.) Wint. und der *Tilletia laevis* Kühn vorgenommen wird. (Nach HOLTON und HEALD, 1936.)

Stamm	Hohenheimer Weizen %	Stamm	Ridit Weizen %
1	0,5	1	2,4
5	0	5	2,2
6	0	6	1,4
7a	52,6	7	0,6
13	36,1	92a	50,3
19	0	7a	1,0
20	0	8	0,6
21	0	9	0,4
23	0	10	2,8
24	0	13	3,2
26	0	16	6,5
28	0	17	2,2
29	0,4	18	3,0
30	0	19	3,0
31	0	20	2,4
33	0	21	3,8
34	0	22	3,9
71	0	23	7,2
73	0	24	1,8
78	0	26	9,3
Die ersten 5 Stämme	13,7 (17,8)*	..	24,5 (11,4)*
Die ersten 10 Stämme	5,1 (8,9)	..	13,5 (6,5)
Die ersten 15 Stämme	4,8 (6,0)	..	11,8 (5,5)
Alle 20 Stämme	3,2 (4,5)	..	9,1 (5,4)

* Die eingeklammerten Zahlen entsprechen dem arithmetischen Mittel der Erkrankungshäufigkeit bei den betreffenden Stämmen.

krankung der Ähren (Abb. 145). Schon die Beigabe von 1% «milden» Brandsporen setzt die Wirksamkeit von Biotyp 6 um 10% herab, und 50% Sporen der «milden» Rasse vermindern sie auf 39%. Man muß sich wohl vorstellen, daß die «milde» Erregerrasse die Reaktionslage des Wirtes in einem günstigen Sinne verschiebt.

Ebenso undurchsichtig sind die Ergebnisse bei der schon S. 302 genannten nordamerikanischen Maiswelke, verursacht durch *Xanthomonas Stewartii*.

Die befallenen Exemplare zeigen keine charakteristischen äußern Symptome, zum Beispiel keine Verfärbungen, sondern welken einfach von unten nach oben, vertrocknen und gehen oft zugrunde. Die Pathogenität der verschiedenen Einzellkulturen dieses Bakteriums ist sehr verschieden (S. 247) und reicht von

Tabelle 43

Die Herabsetzung der Penetranz eines unverträglichen Flugbrandbiotyps (6) durch Beimischung eines verträglichen Biotyps (4). Erklärung im Text. (Nach OORT, 1947.)

Konzentration des Infektionsgemisches an Biotyp 6	Biotyp 4	Zahl der Individuen, die mit den Merkmalen von Biotyp 6 erkranken %
1		92
1	+ 0,001	92
1	+ 0,01	83
1	+ 0,1	63
1	+ 1	39
0,1	+ 1	22
0,01	+ 1	4
0,001	+ 1	6

schwach pathogenen Stämmen, die eine kaum merkbare Erkrankung hervorrufen, zu stark pathogenen, die innerhalb 4 Tagen zum Tode führen. Als Maßstab ihrer parasitischen Wirksamkeit läßt sich der Indexwert

$$100 - \frac{\text{Grüngewicht der Versuchspflanzen} \cdot 100}{\text{Grüngewicht der Kontrollpflanzen}}$$

verwenden, wobei unter Grüngewicht das Frischgewicht der jüngern Teile, oberhalb des ersten Knotens, 14 Tage nach der Impfung, verstanden wird. Der Index reicht von 0 (avirulent) bis 100 (sämtliche Pflanzen nach 14 Tagen tot und verdorrt).

LINCOLN (1940) stellte in steigender Proportion Gemische aus einem schwach pathogenen (Pathogenitätsgrad etwa 29) und einem stark pathogenen Stamm (Pathogenitätsgrad etwa 77) her und injizierte sie in den ersten Knoten der Halme einer anfälligen Maissorte. Würde der stärker pathogene Stamm den Krankheitsverlauf bestimmen, so müßte jede Mischungsstufe gleich pathogen sein, nämlich so stark wie der stärker pathogene Stamm für sich allein. Dies trifft aber, wie Abb. 249 zeigt, nicht zu. Auf der Abszisse ist das prozentuale Mischungsverhältnis der beiden Suspensionen abgetragen, auf der Ordinate der mittlere Pathogenitätsindex des Gemisches. Bei den niedern Mischungsstufen (bis 20% Anteil des pathogeneren Stammes) steigt die Pathogenität des Gemisches überhöht an, steiler als dem Mischungsverhältnis entspricht; weiter oben stimmt die Pathogenität des Gemisches mit dem prozentualen Anteil der beiden Komponenten überein. Die Deutung dieses Sachverhaltes wird zum Teil wieder darin liegen, daß sich die beiden Komponenten im Kampf um den Lebensraum und um die zur Verfügung stehenden Nährstoffe konkurrenzieren.

Beim vierten Beispiel, der Streifenkrankheit der Gerste, verursacht durch *Helminthosporium gramineum* Rabh. (S. 270), kombinierten CHRISTENSEN und GRAHAM (1934) paarweise 18 Biotypen zu 38 Gemischen und infizierten mit diesen und mit den Ausgangsstämmen zwei Gerstensorten. Der durchschnittliche Krankheitsbefall war bei den meisten Kombinationen gleich groß, wie wenn die Stämme einzeln aufgetragen worden wären; die pathogene Wirkung ihres Gemisches entsprach also dem Durchschnitt der Komponenten. Vier Gemische fielen jedoch aus dem Rahmen; bei ihnen war der Befall größer als bei der stärker virulenten Komponente.

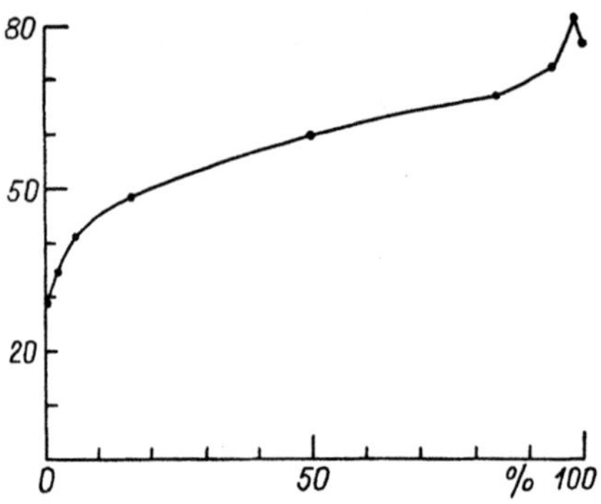

Abb. 249
Die Pathogenität eines Gemisches aus zwei verschieden pathogenen Stämmen des *Xanthomonas Stewartii*. Erklärung im Text. (Nach LINCOLN, 1940.)

Allen diesen Biotypengemischen ist gemeinsam, daß ihr parasitischer Erfolg nie geringer ausfällt als beim schwächst aggressiven Stamm. Im übrigen steht aber die Deutung der verschiedenen Synergismen und Antagonismen noch aus. In Anlehnung an die Erfahrungen der Humanmedizin wird man erwägen müssen, ob es nicht auch unter den pflanzenpathogenen Erregern Stämme gibt, die beim Wirt unverhältnismäßig kräftige Abwehrreaktionen auslösen und somit bei geringer Pathogenität eine hohe Antigenwirkung besitzen. Der verminderte Infektionserfolg der Biotypengemische bei den zwei Brandkrankheiten des Weizens ließe sich vielleicht auf diesem Wege erklären.

b) Der Wirkungsgrad von Mischinfektionen aus verschiedenartigen Erregern

Zur Diskussion stehen hier ausschließlich die echten Mischinfektionen, bei welchen die verschiedenen Erreger ungefähr gleichzeitig in den Wirt eindringen, nicht aber die Folgeinfektionen, bei denen ein primärer Erreger erst das Substrat für einen Folgeparasiten vorbereitet; diese werden uns erst im nächsten Kapitel bei der Verschiebung der Krankheitsbereitschaft des Wirtes durch eine Vorerkrankung beschäftigen.

Hinsichtlich des parasitischen Erfolges von Mischinfektionen aus verschiedenartigen Erregern sind drei Fälle möglich: a) die verschiedenen Erreger gehen unabhängig, indifferent, nebeneinander her; b) der Befallsgrad wird durch die Mischinfektion abgeschwächt, und c) der Befallsgrad wird durch die Mischinfektion verstärkt.

a) Der parasitische Erfolg wird durch die Mischinfektion nicht verändert (Indifferenz). Als Beispiel mögen gewisse Erregerkombinationen

Tabelle 44

Der Einfluß der Mischinfektion verschiedener Erregerarten auf den Infektionserfolg bei der Fußkrankheit des Weizens. (Orig. H. Zogg.)

Erster Erreger	Krankheitsindex %	Zweiter Erreger	Krankheitsindex %	Mischinfektion Krankheitsindex %
a) Keine Beeinflussung des Befallsgrades durch die Mischinfektion				
Ophiobolus graminis	80,2	*Diplodina speltae* Müll.	79,9	83,9
Leptosphaeria eustomoides	59,6	*Wojnowicia graminis*	53,5	60,8
Ophiobolus graminis	66,0	*Fusarium culmorum* v. *cereale*	40,8	67,2
Ophiobolus herpotrichus	45,3	*Leptosphaeria recutita*	21,9	48,9
Ophiobolus herpotrichus	43,9	*Fusarium culmorum*	66,6	67,2
b) Abschwächung des Befallsgrades durch die Mischinfektion				
Ophiobolus herpotrichus	45,3	*Leptosphaeria nigrans*	47,7	28,5
Leptosphaeria eustomoides	59,6	*Helminthosporium gramineum*	52,9	28,1
Ophiobolus graminis	69,8	*Pyrenophora trichostoma*	16,7	50,6
Ophiobolus graminis	69,8	*Pleospora infectoria*	2,8	39,5
Ophiobolus graminis	76,9	*Ascochyta graminicola*	19,2	52,6
c) Verstärkung des Befallsgrades durch die Mischinfektion				
Leptosphaeria recutita	21,9	*Leptosphaeria clavata*	16,1	43,7

bei der Fußkrankheit des Weizens (Abb. 137) dienen, die wohl stets durch ein Gemisch aus verschiedenartigen bodenbewohnenden pathogenen Pilzen verursacht wird. Tabelle 44 zeigt in den zwei ersten Spalten den Infektionserfolg einer Erregerart für sich allein, in der dritten und vierten Spalte den Infektionserfolg einer andern Erregerart für sich allein, und in der letzten Spalte den Infektionserfolg der Kombination der beiden Erreger. Der Krankheitsindex wurde nach dem Schema von S. 341 berechnet.

Uns interessiert zunächst die Gruppe *a*, bei der die beiden Erregerarten indifferent nebeneinander hergehen und als Schicksalsgemeinschaft bloß durch die gemeisame Existenzgrundlage, den Wirt, zusammengehalten werden. Sind beide Erregerarten gleich virulent (die beiden ersten Zeilen der Gruppe *a*), so erzielt auch ihre Mischinfektion denselben Krankheitsindex; sind die beiden Erregerarten verschieden virulent (3.–5. Zeile der Gruppe *a*), so dominiert der stärkere Erreger und bestimmt die Heftigkeit des Krankheitsverlaufes, wie wenn der andere Erreger nicht vorhanden wäre.

b) Der parasitische Erfolg wird durch die Mischinfektion herabgesetzt (Hemmung). Sind die beiden Erregerarten ungefähr gleich virulent (die beiden ersten Zeilen der Gruppe *b* in Tab. 44), so liegt der Infektionserfolg der Mischinfektion unter ihnen; sind dagegen die beiden Erregerarten verschieden virulent (3.–5. Zeile der Gruppe *b*), so liegt der Infektionserfolg der

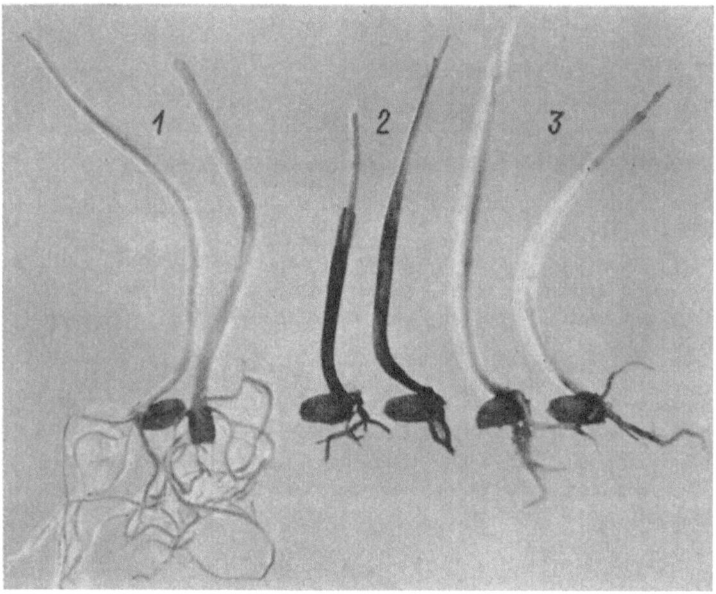

Abb. 250

Der Einfluß der Mischinfektion verschiedenartiger Erreger auf den Infektionserfolg bei der Fußkrankheit des Weizens. *1* Nicht infiziert (Kontrolle). *2* *Ophiobolus graminis* für sich allein. *3* *Ophiobolus graminis* + *Ascochyta graminicola* (Tabelle 44, zweitunterste Zeile). Alter der Weizenpflanzen 17 Tage. Nat. Gr. (Orig. H. Zogg.)

Mischinfektion zwischen ihnen. Abb. 250 veranschaulicht diesen Sachverhalt für die Kombination *Ophiobolus graminis* + *Ascochyta graminicola*.

Die Ursache dieser Depression des parasitischen Erfolges bei der Kombination von zwei ungeeigneten Partnern liegt möglicherweise in der Ausscheidung pilzwidriger Stoffe. Man fragt sich ja immer wieder, warum Kartoffelknollen und ähnliche Speicherorgane nicht ungeordnet faulen, sondern oft fast reine Infekte zum Beispiel von Fusarien aufweisen (Weißfäulen); denn die lädierten Knollen stehen wilden Mischinfektionen offen. Der Grund, warum diese Mischinfektionen nicht immer in rasch verlaufende, destruktive Naßfäulen, sondern oft in milde, charakteristische Gewebeerkrankungen ausmünden, liegt offenbar in einer antibiotischen Hemmung der unterliegenden

Mischinfizienten durch den oder die dominierenden Partner. Antibiotica sind zum Beispiel bei Fusarien in größerer Zahl bekannt (ETTLINGER und PLATTNER, 1951). Doch ist das hier zur Diskussion stehende Problem noch nicht durchgepflügt worden.

Für eine ein- oder gegenseitige Hemmung der beiden Partner im Falle der Fußkrankheiten spricht auch der Umstand, daß der Infektionserfolg bei gewissen Erregerkombinationen verschieden ausfällt, je nachdem die Infektion mit einer Mischkultur oder als echte Mischinfektion der beiden Erreger durchgeführt wird (Abb. 251). Im Falle der Mischkultur schädigen sich die beiden Partner präinfektionell bereits in einer Weise, daß sie in ihrer Gesamtheit nur noch äußerst schwache Infektionen zustande bringen (Abb. 251, *4*). Auch bei der echten Mischinfektion schädigen sie sich, doch erst im Laufe der Zeit, so daß die Infektion zunächst haftet, aber dann an der weitern Entwicklung gehemmt wird: die neu sich bildenden Sekundärwurzeln und der Halmgrund bleiben infolgedessen gesund, weshalb in Abb. 251 die Befallskurve 3 abfällt.

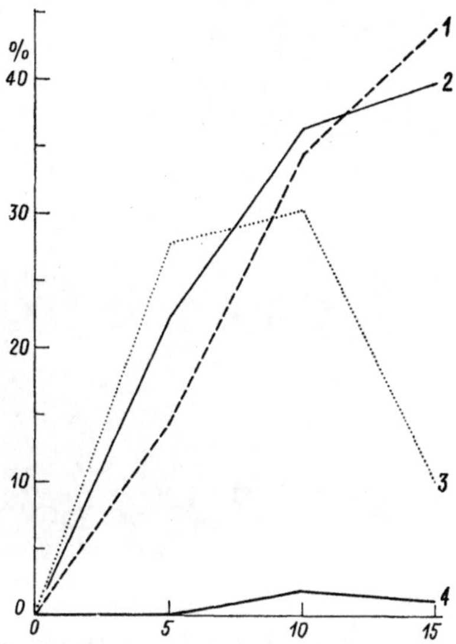

Abb. 251

Der Einfluß der Mischinfektion und der Mischkultur auf den Infektionserfolg zweier Fußkrankheitserreger des Weizens. Abszisse: Anzahl Tage nach der Infektion. Ordinate: Krankheitsindex (K %). Kurve 1: Infektion mit *Helminthosporium gramineum* für sich allein. Kurve 2: Infektion mit *Leptosphaeria eustomoides* für sich allein. Kurve 3: Mischinfektion mit den beiden Pilzen (die beiden Pilze wurden erst im Augenblick der Infektion gemischt, trafen also erst auf dem Wirte zusammen; Tabelle 44, 7. Zeile). Kurve 4: Infektion mit einer drei Wochen alten Mischkultur der beiden Pilze. (Orig. H. ZOGG.)

c) Der parasitische Erfolg wird durch die Mischinfektion verstärkt (Synergismus). In diesem Falle führt das gleichzeitige oder aufeinanderfolgende Wirken der von den verschiedenen Erregern gebildeten Enzyme, Toxine usw. entweder zu einer Steigerung des artgleichen Krankheitserfolges (quantitativer Effekt, Potenzierung) oder es führt zu einer Veränderung des Krankheitsbildes (qualitativer Effekt).

Die Humanmedizin kennt den Potenzierungseffekt von Mischinfektionen zum Beispiel bei der Grippepneumonie. Das Grippevirus ist schon für sich allein pathogen und verursacht Läsionen; desgleichen sind Pneumokokken und pyogene Bakterien (Streptokokken, Staphylokokken) auch für sich allein pathogen; das Zusammenwirken von Virus und Bakterien führt jedoch zur Grippepneumonie mit ihrer hohen Sterblichkeit.

Diese quantitative Steigerung des Krankheitserfolges bei einer Mischinfektion aus verschiedenartigen Erregern ist in der Pflanzenpathologie selten; sie besteht zum Beispiel in der Gruppe *c* der Tabelle 44.

Auch der zweite Fall, die qualitative Neuschöpfung eines Krankheitsbildes durch eine Mischinfektion verschiedenartiger Erreger, scheint in der Pflanzenpathologie nicht häufig vorzukommen; das Zusammenwirken der beiden Partner führt hier zu qualitativ vollkommen neuen klinischen Erscheinungen.

Abb. 252
Die spontane Aufspaltung des Viruskomplexes *ZY* in der Kartoffelsorte Arran Victory. Der Trieb links zeigt noch das ursprüngliche Paracrinkle (Komplex *ZY*), wogegen der Trieb rechts nur noch das symptomlose *Z*-Virus enthält. (Nach SALAMAN, 1932, aus GÄUMANN, 1944.)

Das *Z*-Virus, das symptomlose Virus der Kartoffelsorte King Edward (S. 157), ist für sich selbst apathogen (Tab. 45), verursacht aber in Mischinfektion mit dem *X*-Virus (Abb. 243) ein «Crinkle» und in Mischinfektion mit dem *Y*-Virus (Abb. 174) ein Paracrinkle (Abb. 252), überaus heftige Erkrankungen, die zu einer Sterilisierung und Verkrüppelung der befallenen Individuen führen. Diese zwei Erkrankungsformen stellen zwei distinkte neue Kartoffelkrankheiten dar, die bei derselben Mischinfektion mit den betreffenden Viren regelmäßig, konstant, wiederkehren und bei denen es sich nur durch die experimentelle Analyse erkennen läßt, daß ihr Erreger eigentlich uneinheitlich, die Krankheit also polytop entstanden ist.

Wegen des neuartigen, spezifischen Charakters der durch diese Mischinfektionen ausgelösten Symptome, die quantitativ in keinem Verhältnis zu der Pathogenität der Komponenten stehen und qualitativ völlige Neuschöpfungen darstellen, nimmt man an, die beiden Viren seien einen Komplex eingegangen, sie hätten sich verkettet, wobei das *Z*-Virus eine Aktivatorwirkung ausübte.

Auf Grund der spezifischen Infektionswege können jedoch diese Viruskomplexe wieder entmischt werden; das *Z*-Virus geht nur durch Pfropfung auf neue Individuen über; das *X*-Virus wird dagegen leicht in krankem Zellsaft durch Nadelstiche auf neue Individuen übertragen und läßt dabei das *Z*-Virus zurück.

Dieses Aufbrechen der Viruskomplexe kann auch spontan im Innern der Wirtspflanzen erfolgen. Die Kartoffelknolle in Abb. 252 trug den Viruskomplex des Paracrinkle in sich. Aus ihr gingen zwei Stengel hervor; der Stengel links enthält noch den ursprünglichen Viruskomplex *ZY* und leidet deshalb unter dem vollen Paracrinkle, wogegen in den Stengel rechts nur noch das symptomlose *Z*-Virus einwanderte. Bei Pflanzen, die durch Viruskomplexe infiziert

Tabelle 45
Die Pathogenität von drei komplexbildenden Kartoffelviren. (Nach SALAMAN, 1932.)

Merkmal	*X*-Virus	*Y*-Virus	*Z*-Virus
Übertragbarkeit.	Durch Saft	Durch Saft	Durch Pfropfung
Symptome auf der Kartoffelsorte Präsident	Das übliche milde *X*-Mosaik (Abb. 312)	Die üblichen heftigen *Y*-Nekrosen (Abb. 173)	Keine Symptome (apathogen)
Symptome auf *Nicotiana tabacum* und *Datura Stramonium*	Symptome auf beiden Differentialwirten	Symptome nur auf Tabak	Auf beiden Differentialwirten keine Symptome
Pathogenität	Selbständig	Selbständig	Nur Aktivatorwirkung; vervielfacht die Wirkung von *X* und *Y*

sind, können somit bei Aufspaltung dieser Komplexe «neue» Krankheiten auftreten, nämlich Einzel- (monotope) Krankheiten jeder Viruskomponente; die Virologen sprechen in diesem Falle von Autoinfektion.

9. Der Einfluß der Umwelttemperatur auf die parasitische Eignung der Erreger

Auf S. 46ff. wurde der Einfluß der Umwelttemperatur auf das Gelingen der Infektion besprochen. Der vorliegende Abschnitt schließt hier an und betrachtet ihre Einwirkung auf die parasitische Leistungsfähigkeit der Erreger, nachdem die Infektion gelungen ist und der Erreger im Innern des Wirtes lebt. Es handelt sich hierbei um ein spezifisch botanisches Problem. Die menschenpathogenen Erreger sind ja nach dem Haften der Infektion den Temperatureinflüssen der Umwelt entzogen und wirken im Körperinnern bei konstanter Temperatur wie in einem Brutschrank.

Anders die pflanzenpathogenen Erreger; bei diesen hängt, weil die Pflanzen wechselwarm sind, die Temperatur, unter der sie ihre parasitischen Fähigkeiten im Innern des Wirtes entfalten, von der jeweiligen Luft- bzw. Bodentemperatur und von der eingestrahlten Sonnenwärme ab. Abb. 253 und 254 stellen die Verhältnisse, die sich hierbei ergeben, schematisch dar. 1. ist die Wachstumsgeschwindigkeit des Erregers von der Umwelttemperatur abhängig (Kurve *M*); 2. ist z. B. die Enzymmenge, die er je Einheit Myzelgewicht bildet, von dieser Temperatur abhängig, und zwar anders als das Wachstum (Kurve *P*): die Pilze pflegen bei niedern Temperaturen mehr Enzyme, bezogen auf ihr Körpergewicht, zu bilden als bei wachstumsoptimalen; und 3. ist die Enzymwirkung (Kurve *W*) von der Umwelttemperatur abhängig, und zwar wieder völlig anders als die Kurven *M* und *P*: ihr Optimum liegt in der Regel bei Temperaturen, bei welchen die betreffenden Erreger überhaupt nicht mehr zu gedeihen vermögen.

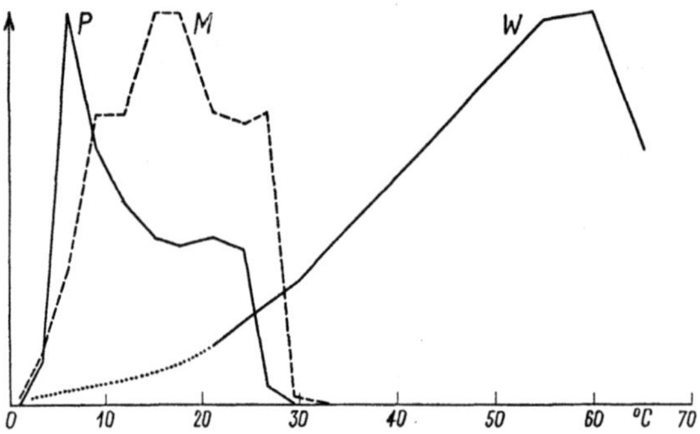

Abb. 253

Der Einfluß der Umwelttemperatur auf die parasitische Leistungsfähigkeit von *Botrytis cinerea* Pers. Kurve *M*: Myzeltrockengewicht des Pilzes bei den verschiedenen Wachstumstemperaturen. Kurve *P*: Pektasemenge, die je Einheit Myzeltrockengewicht bei den verschiedenen Wachstumstemperaturen gebildet wird. Kurve *W*: Wirkungsgrad der Pektase bei den verschiedenen Außentemperaturen, bei kurzer Einwirkungszeit. Abszisse: Wachstums- bzw. Wirkungstemperaturen. Die Ordinate wurde so bemessen, daß die Kurvenscheitel gleich hoch zu liegen kommen. (Nach GÄUMANN und NEF, 1947.)

Wenn wir nun bedenken, daß die Enzymwirkung überdies von der Enzymkonzentration abhängt und daß sich die verschiedenen Funktionswerte nicht arithmetisch summieren, sondern im Sinne von Potenzfunktionen, zum Beispiel $1{,}5^n$, zueinander stehen, und daß bei jedem der mehr als zwei Dutzend hier in Frage kommenden Enzyme alle diese Kurven anders verlaufen, dann werden die Schwierigkeiten einigermaßen deutlich, die der Abklärung auch nur einer Teilfrage, des Einflusses der Umwelttemperatur auf den Enzymsektor des Erregers, entgegenstehen.

Ähnliche Komplikationen bestehen beim Einfluß der Temperatur auf die Toxinproduktion des Erregers (Abb. 255); denn auch bei den Toxinen kann der Wirkungsgrad weitgehend von der Umwelttemperatur abhängen (Abb. 413).

Dazu kommt, daß der Erreger nicht beziehungslos im geometrischen Raum, sondern unter dauernder Wechselwirkung mit dem Wirt arbeitet. Auch dieser wird in seinen Lebensfunktionen durch die jeweilige Umwelttemperatur gesteuert, und zwar wohl meist anders als der Erreger. Es läßt sich deshalb bloß näherungsweise abschätzen, welcher Anteil des bei einer bestimmten Umwelttemperatur erzielten parasitischen Erfolges auf die thermisch bedingte

Leistungsfähigkeit des Erregers entfällt und welcher Anteil auf die thermische Verschiebung der Reaktions- und Erkrankungsbereitschaft des Wirtes. Im vorliegenden Abschnitt besprechen wir nur die erstgenannte Seite der Frage; die zweite wird uns im nächsten Kapitel beschäftigen.

Die Temperaturansprüche zum Beispiel eines pilzlichen Erregers werden in der Laboratoriumstechnik auf Grund der linearen Wachstumsgeschwindigkeit oder des Myzeltrockengewichtes ermittelt. Die beiden Methoden liefern in der Regel übereinstimmende Kardinalpunkte; ausnahmsweise können sie aber divergieren, so in Abb. 256 bei *Trichoderma viride*, einem Bodensaprophyten und Fäulniserreger auf Wurzeln, Früchten usw.

Das Temperaturminimum liegt bei den meisten pflanzenpathogenen Pilzen und Bakterien der gemäßigten Zone um den Gefrierpunkt herum, das Optimum bei etwa 20–28° (das ist ungefähr bei den sommerlichen Nachttemperaturen) und das Maximum bei etwa 33–35°, also unterhalb der Körpertemperatur des Menschen (zum Beispiel Abb. 257). Dieser obere Grenzwert entspricht jedoch bloß dem thermischen Maximum für das vegetative Wachstum, nicht der thermischen Tötungsgrenze; diese schwankt meist zwischen etwa 44° und 52° und hängt zum Teil von der vorangehenden Ernährung des Erregers ab.

Neben diesen, in ihren Temperaturansprüchen durchschnittlichen Erregern bestehen aber

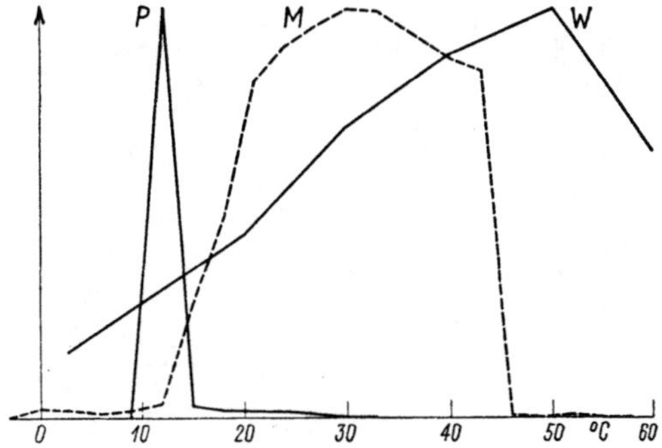

Abb. 254

Der Einfluß der Umwelttemperatur auf die parasitische Leistungsfähigkeit von *Aspergillus niger* v.T. Kurve *M:* Myzelgewicht des Pilzes bei den verschiedenen Wachstumstemperaturen. Kurve *P:* Pektinasemenge, die je Einheit Myzeltrockengewicht bei den verschiedenen Wachstumstemperaturen gebildet wird. Kurve *W:* Wirkungsgrad der Pektinase bei den verschiedenen Außentemperaturen, bei kurzer Einwirkungszeit. Abszisse: Wachstums- bzw. Wirkungstemperaturen. Die Ordinate wurde so bemessen, daß die Kurvenscheitel gleich hoch zu liegen kommen. (Nach GÄUMANN und NEF, 1947.)

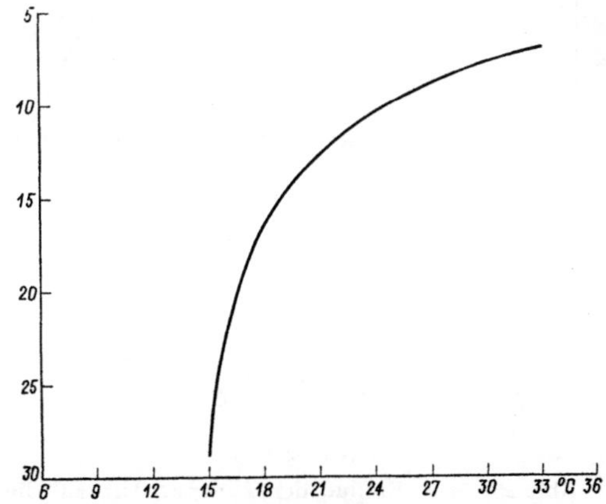

Abb. 255

Der Einfluß der Temperatur auf die Geschwindigkeit der Toxinproduktion (eines Javanicin-ähnlichen Chinons) bei *Fusarium solani*. Abszisse: Wachstumstemperatur. Ordinate: Anzahl Tage, die der Erreger bei der betreffenden Temperatur braucht, um seine optimale Toxinproduktion zu erreichen. (Orig. FR. TUREL.)

einerseits ausgesprochen kälteliebende Erreger, zum Beispiel *Herpotrichia nigra* (Abb. 258), die schon bei 24° ihr Wachstum einstellt, und anderseits ausgesprochen wärmeliebende, thermophile Erreger, so *Gibberella Saubinetii*, der Erreger einer Keimlingskrankheit bei Weizen, Mais usw. (Abb. 367, Kurve *G*), und *Pseudomonas solanacearum* (Abb. 259), der Erreger der Schleimkrankheit mancher Solanaceen (Tabak, Kartoffeln), ferner von Bananen, Ricinus, Baumwolle usw. mit einem Optimum bei 35–37° (STAPP, 1939); in Mitteleuropa ist deshalb die Schleimkrankheit nicht zu fürchten, wohl aber in mediterranen bis tropischen Klimaten.

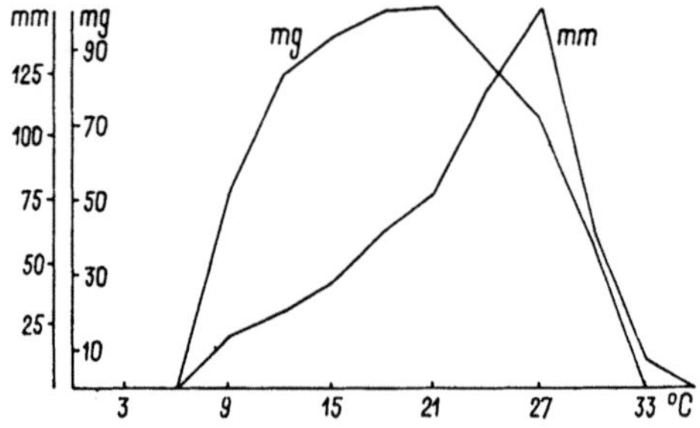

Abb. 256

Der Einfluß der Temperatur auf das lineare Wachstum (Kurve *mm*) und auf den Trockensubstanzertrag (Kurve *mg*) von *Trichoderma viride* Pers. Versuchsdauer rund 20 Tage. (Nach JAARSVELD, 1942.)

Die Spannweite des Temperaturrahmens, das ist die Spanne zwischen dem thermischen Minimum und dem thermischen Maximum für das Wachstum, beträgt bei den pflanzenpathogenen Erregern meist etwa 35°; sie vermögen deshalb die gesamte Temperaturbreite ihres Lebensraumes irgendwie auszunützen. Ist die Spanne enger (zum Beispiel Abb. 259), so wird der Erreger stenotherm genannt

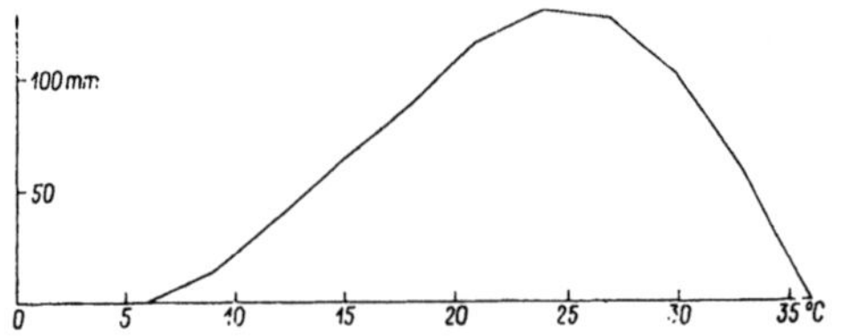

Abb. 257

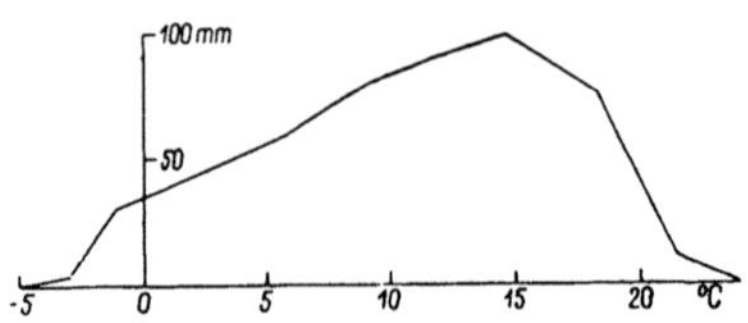

Abb. 258

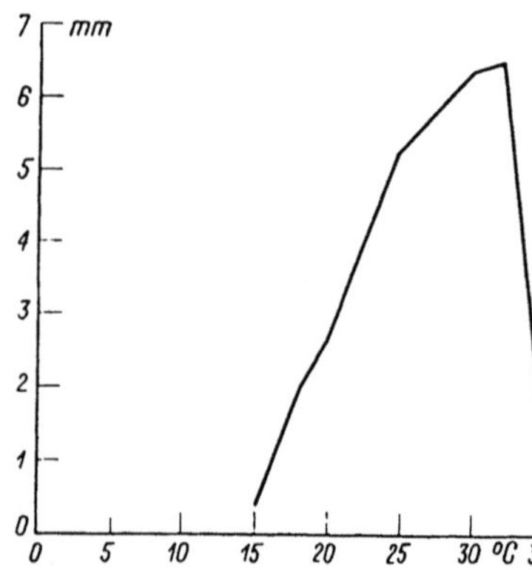

Abb. 259

Abb. 257. Der Einfluß der Temperatur auf die Wachstumsgeschwindigkeit von *Corticium vagum* B. et C. (Seite 259). Mittlerer Durchmesser von Reinkulturen nach 117 Stunden. (Nach ROTH, 1935.)

Abb. 258. Der Einfluß der Temperatur auf die Wachstumsgeschwindigkeit von *Herpotrichia nigra* Hart. (Abb. 106). Mittlerer Durchmesser von Reinkulturen nach 34 Tagen. (Nach GÄUMANN, ROTH und ANLIKER, 1934.)

Abb. 259. Der Einfluß der Temperatur auf die Wachstumsgeschwindigkeit des *Pseudomonas solanacearum* (E. F. S.) Dows. Ordinate: Mittlerer Durchmesser der Kulturen nach sechs Tagen. (Nach GRIEVE, 1943.)

(also ein Sonderfall des stenözischen Verhaltens; S. 41), ist sie weiter (zum Beispiel Abb. 260 und 263), dann heißt er eurytherm.

Bei den meisten Erregern von pflanzlichen Infektionskrankheiten liegt das Temperaturoptimum für die parasitische Leistungsfähigkeit, so-

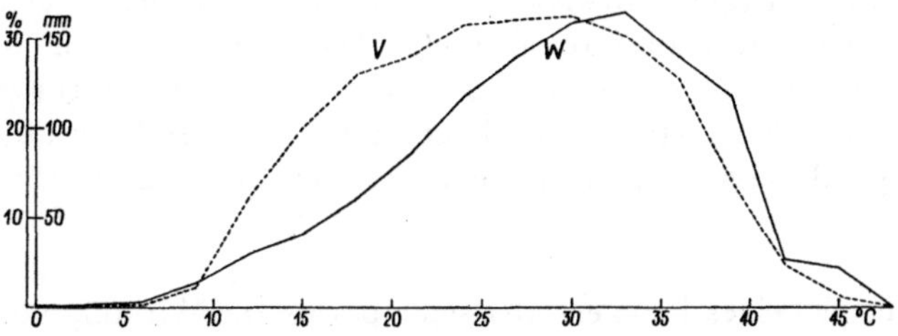

Abb. 260

Der Einfluß der Temperatur auf die Leistungsfähigkeit von *Schizophyllum commune* Fr., dem Erreger einer Weißfäule an stehendem (zum Beispiel sonnenbrandgeschädigtem) und auf geschlagenem Holz. Kurve *W:* Wachstumsgeschwindigkeit, Durchmesser von Agarkulturen nach 10 Tagen. Kurve *V:* Vermorschung von Holzmehl in 105 Tagen. (Nach GÄUMANN, 1939.)

fern sich die übrigen Faktoren im Optimum befinden, in der Nähe des Temperaturoptimums für das vegetative Wachstum; so besteht in Abb. 260 zwischen dem Wachstums- und Leistungsoptimum eine Differenz von bloß 2–3°: *Schizophyllum* baut zwar bei suboptimalen Wachstumstemperaturen das Holz etwas rascher und bei supraoptimalen Temperaturen etwas langsamer ab, als der linearen Wachstumsgeschwindigkeit entspricht; aber im großen und ganzen fallen die Optima doch zusammen; nur das Minimum und das Maximum für die Infektionstüchtigkeit (S. 40) dürften durchwegs etwas enger sein als für das rein vegetative Wachstum. Dieselben Beziehungen ergeben sich in Abb. 262 für die *Gloeosporium*fäule der Äpfel.

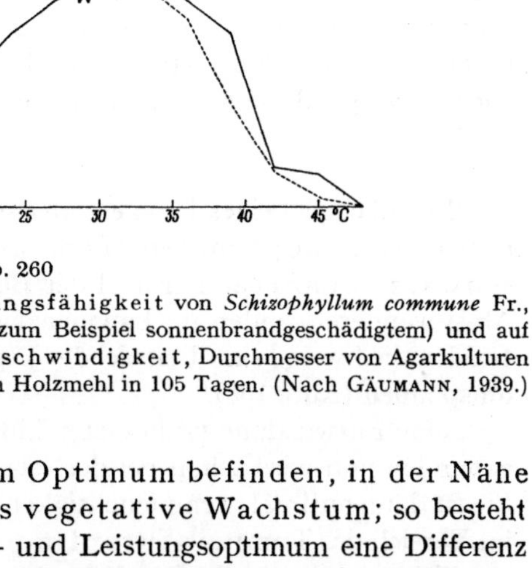

Abb. 261

Der Verlauf der Luft-, Boden- und Schneetemperaturen während eines Kälteeinbruches in Davos, bei einer Schneedecke von 65 cm. Leicht schematisiert. (Nach Messungen von F. LEVI und U. CHORUS aus GÄUMANN, ROTH und ANLIKER, 1934.)

Wegen der besondern Lage des Wachstumsoptimums der pflanzenpathogenen Mikroorganismen (15 bis 25°) und wegen der Koinzidenz des thermischen Wachstums- und des thermischen Leistungsoptimums bildet im mitteleuropäischen Klima der Hochsommer die epidemiologisch günstigste Zeit (Temperaturmittel von Zürich: Juni 15,3°, Juli 18,0°, August 21,1°, September 13,9°).

Bei einer Reihe von andern Krankheitserregern (und sie bilden die biologisch interessantere Gruppe) sind jedoch im Bereich des Temperaturoptimums die sonstigen Entwicklungsbedingungen normalerweise nicht realisiert; sie vermögen deshalb ihre optimalen Temperaturen nicht auszunützen, sondern müssen sich bei sub- oder supraoptimalen Temperaturen parasitisch betätigen. Für beide Extreme, Pathogenität vorwiegend bei sehr niedern oder vorwiegend bei sehr hohen Temperaturen, besprechen wir je zwei Beispiele.

Modellbeispiel eines Erregers, der seine pathogene Wirkung vorwiegend bei niedern, suboptimalen Temperaturen entfaltet, sei zunächst der schwarze Schneeschimmel der Bergkiefern, *Herpotrichia nigra* Hart. Der Alpenwanderer findet in Lawinenzügen, Aufforstungen und an schattigen Halden die Zweige zum Beispiel der Legföhre häufig mit seinem schwarzen Flor umsponnen (Abb. 106).

Seine Entwicklung ist in erster Linie an feuchtigkeitsgesättigte Luft gebunden und wird schon bei der relativen Feuchtigkeit von 90% eingestellt. Sie ist dann optimal, wenn feuchtigkeitsgesättigte Luft während einiger Monate im Bereich des Temperaturoptimums (15°; Abb. 258) zur Verfügung steht, was sich experimentell leicht bewerkstelligen läßt. Unter diesen Voraussetzungen bringt *Herpotrichia* die Koniferen weit rascher zum Absterben als in der freien Natur; die thermische Beeinflussung der Widerstandsfähigkeit des Wirtes spielt somit beim schwarzen Schneeschimmel eine untergeordnete Rolle.

Langdauernde hohe Luftfeuchtigkeit bei optimaler Temperatur findet jedoch der Pilz in unserem Klima nirgends spontan verwirklicht, sondern nur hohe Luftfeuchtigkeit bei niederer Temperatur unter dem Schnee. Wegen der wärmeisolierenden Wirkung (Diathermie) des Schnees ist ja in den Alpen der Erdboden unter der Schneedecke nicht gefroren (Abb. 261), und auch in einer Höhe von 30 cm über dem Erdboden sinkt die Temperatur im Innern der Schneedecke nur bei Kälteeinbrüchen unter −2 bis −3°. Im Bereich dieser Temperaturen vermag jedoch *Herpotrichia* noch zu gedeihen (Abb. 258) und vermag deshalb die feuchtigkeitsgesättigte Atmosphäre, die sich in den Hohlräumen um die Koniferenzweige bildet, auszunützen.

Werden somit Koniferenaufforstungen von der chronischen, persistierenden Infektionsquelle, dem Wacholder, *Juniperus communis* L., her mit *Herpotrichia* infiziert, so richtet dieser Pilz die jungen Bestände unter dem Schnee zugrunde.

Die Voraussetzungen für den *Herpotrichia*befall liegen demnach nicht so, daß der Erreger niedere Temperaturen vorziehen würde; im Gegenteil; aber er erträgt Temperaturen um den Gefrierpunkt herum und kann deshalb den

Grenzfaktor Luftfeuchtigkeit dort ausnützen, wo er sich verwirklicht, nämlich tief genug unter oder in der Schneedecke; dort sind die Infektionsstellen der grimmen winterlichen Kälte entzogen. *Herpotrichia* vermag somit (um es kontrastreich zu formulieren) wegen der Milde des winterlichen Lokal- bzw. Mikroklimas in den Alpen unter dem Schnee epidemisch aufzutreten. (Ähnliche Verhältnisse dürften übrigens auch bei den hochnordischen *Phacidium infestans* – Nadelschütte der Kiefern – bestehen; Björkman, 1948). Im Sommer stellt dagegen *Herpotrichia* ihre Entwicklung wegen der zu hohen Luft- und Besonnungstemperatur und der zu geringen Luftfeuchtigkeit ein.

Umgekehrt fehlt *Herpotrichia* im Vorland, weil hier das Lokalklima im Sommer, wie in den Bergen, zu warm und zu trocken und im Winter bizarrerweise zu rauh ist. Wegen der geringen und kurzen Schneebedeckung kann sich hier im Bereich der Jungpflanzen und der untern Äste nicht ein Lokalklima, losgelöst von den Verhältnissen in der freien Atmosphäre, herausbilden, sondern der winterliche Klimagang überträgt sich in voller Schärfe auf die Bodennähe; somit werden im Vorland beide Voraussetzungen für das Auftreten des schwarzen Schneeschimmels im Winter nicht realisiert: die Luft ist zu trocken und zu kalt, sind doch der Boden und das bodennahe Astwerk wochenlang unter $-10°$ gefroren.

Diese relative Milde des hochalpinen winterlichen Klimas gilt naturgemäß nur für den Lebensraum unter dem Schnee; über der Schneedecke liegen die Verhältnisse, wie später das Beispiel des Lärchenkrebses zeigen wird, gerade umgekehrt.

Auch beim zweiten Modellbeispiel, einer infektiösen Kühllagerkrankheit des Obstes, entwickelt sich der Erreger, *Gloeosporium album*, nur deshalb (notgedrungen) unter abnormen Verhältnissen im Kühlkeller, weil nur hier die sonstigen Entwicklungsbedingungen verwirklicht sind. Es wird gerade ihm möglich, sie auszunützen, weil der linke, suboptimale Schenkel seiner Temperaturkurve, wie bei *Herpotrichia nigra*, weit genug hinabreicht.

Gloeosporium album Osterw., wohl der gefährlichste Kühlhauspilz auf gewissen Apfel- und Birnensorten und, neben *Fusarium avenaceum* (Fr.) Sacc. = *Fus. herbarum* (Cda.) Fr. = *Fus. putrefaciens* Osterw., einer der wichtigsten Fäulniserreger des Lagerobstes überhaupt (Abb. 75), befällt die Äpfel schon am Baum und verursacht dort einige Millimeter große, meist scharf umgrenzte Faulflecken. Sein Wachstumsoptimum liegt bei 21° (Abb. 262), dasjenige von *Fusarium avenaceum* breit zwischen 15 und 25°. Hier entfalten beide Erreger auch ihre optimale parasitische Leistungsfähigkeit (Abb. 262, Kurve *F*), so daß der Verlauf des parasitischen Verhältnisses durch die thermisch gesteuerte Aggressivität des Erregers, nicht durch die thermisch gesteuerte Reaktionsbereitschaft des Wirtes, bedingt wird.

Nur stehen diese optimalen Temperaturen im Herbst und während der winterlichen Lagerung nicht, oder nur vorübergehend, zur Verfügung. Der parasitische Erfolg der beiden Erreger hängt deshalb von ihrer Fähigkeit ab, sich auch bei stark suboptimalen Temperaturen noch zu betätigen.

Fusarium avenaceum ist hiezu nicht imstande; es stellt bei etwa +2° sein Wachstum ein und kann darum durch Kühllagerung des Obstes bekämpft werden.

Gloeosporium album gedeiht dagegen um den Gefrierpunkt herum noch verhältnismäßig kräftig, beträgt doch in Abb. 262 seine Zerstörungsintensität bei 0° noch immer ein volles Drittel des beim Temperaturoptimum erreichten Wertes. Es setzt infolgedessen seine parasitische Tätigkeit auf Früchten, die angesteckt in den Kühlkeller gebracht werden, während der langen Lagerungsmonate ungestört fort, fruktifiziert dort sogar und gibt dadurch die Infektkette weiter.

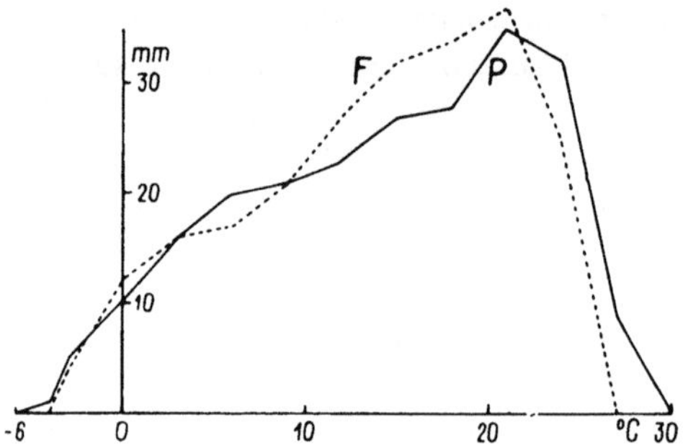

Abb. 262

Die Temperaturansprüche von *Gloeosporium album* Osterw. Kurve *P:* Mittlerer Durchmesser von Agarkulturen nach 30 Tagen. Kurve *F:* Mittlerer Durchmesser der Faulstellen auf Oetwiler Reinetten nach 28 Tagen. (Original. Zur Hauptsache nach M. Gruber.)

Wie der *Herpotrichia*, so ist also auch dem *Gloeosporium album* eine langewährende Entwicklung bei optimaler Temperatur versagt; aber es kann, wie *Herpotrichia* und im Gegensatz zu *Fusarium avenaceum*, noch den extremen untern Schenkel der Temperaturkurve ausnützen und wird eben deshalb im (diesmal anthropogen erzeugten) Lokalklima, dem Kühlkeller, zu einem gefürchteten Schädling.

Bei einer Reihe von andern, an tiefe Temperaturen gebundenen Infektionskrankheiten, so beim Schneeschimmel des Getreides, beim epidemischen Triebsterben in alpinen Aufforstungen (Abb. 396), beim Lärchenkrebs (Abb. 394) und, im inversen Sinne, bei der *Phytophthora*fäule kühl gelagerter Kartoffeln (Abb. 306), vermag zwar der Erreger, wie bei diesen zwei Modellbeispielen, auch wieder den extremen untern Schenkel der Temperaturkurve auszunützen; gleichzeitig wird aber bei ihnen durch die tiefe Umwelttemperatur auch die Reaktionsbereitschaft des Wirtes entscheidend verschoben; wir besprechen sie deshalb erst im nächsten Kapitel im Zusammenhang mit den thermischen Veränderungen der Krankheitsbereitschaft des Wirtes.

Der andere (rechte, supraoptimale) Temperaturschenkel ermöglicht eine Pathogenität des Erregers bei extrem hohen Temperaturen; er tritt zum Beispiel in Erscheinung, wenn pflanzenpathogene Mikroorganismen auf den Menschen und die Warmblüter übergehen.

Die Frage, ob die Erreger von Pflanzenkrankheiten auch den Menschen (und die übrigen Warmblüter) befallen können und umgekehrt, hat die Bevölkerung zeitweilig sehr erregt. Als zum Beispiel vor 100 Jahren die «Kartoffelseuche» (*Phytophthora infestans*) über Europa hereinbrach, kam die Befürchtung auf: wer von der Seuche angesteckte Kartoffeln ißt, wird ebenfalls die «Seuche» bekommen; dadurch wurde der Schaden weit über den unmittelbaren Ertragsausfall hinaus gesteigert (S. 207). Mit derselben Problemstellung beschäftigten sich FRIEDEMANN, BENDIX, HASSEL und MAGNUS (1915), die das *Bacterium tumefaciens* Smith et Towns., den Erreger des bakteriellen Pflanzenkrebses, als Erreger von infektiösen Darmkrankheiten des Menschen nachgewiesen zu haben glaubten, FRIEDEMANN und MAGNUS (1915), die vermeintlich mit einem aus kranken Menschen gezüchteten Bakterienstamm infektiöse Tumore auf Kartoffelpflanzen, Fuchsien, Pelargonien hervorriefen usw.

Eine gemeinsame Besiedlung von Mensch und Pflanze durch denselben Erreger kann jedoch von vorneherein nur als seltenste Ausnahme statthaben; denn in der Regel ist der Mensch gegen die Pflanzenparasiten thermisch und sind die Pflanzen gegen die Krankheitserreger des Menschen chemisch geschützt, und zwar aus den folgenden Gründen.

Die Körpertemperatur des Menschen liegt bei 37°, während das Temperaturmaximum der meisten Pflanzenparasiten 33–35° nicht überschreitet (S. 319). Chemisch würde ihnen unser Körper sicherlich zusagen; das beweist ihr gutes Gedeihen auf Nährbouillon; aber sie werden durch unsere hohe Bluttemperatur von vorneherein (auch abgesehen von unsern Abwehrreaktionen) an der Entwicklung gehindert. Diese Möglichkeit eines thermischen Schutzes hat schon PASTEUR erkannt. Er fragte sich, warum die Hühner auf milzbrandverseuchten Höfen nicht erkranken. Könnte es nicht sein, daß ihre hohe Körpertemperatur (rund 42°) sie schützt? Er ließ Versuchshühner mit dem untern Körperdrittel in Wasser von 25° eintauchen, setzte dadurch ihre Körpertemperatur auf 37–38° hinunter und erhielt nunmehr bei Injektion von Milzbrandbakterien einen tödlichen Krankheitsverlauf. Wurde dagegen das Versuchstier nur bis zum Auftreten der ersten Krankheitssymptome im Wasserbad gehalten und dann herausgenommen und rasch auf 42° erwärmt, so blieb die Krankheit stehen und das Huhn erholte sich (DESCOUR, 1921). Somit ist es wirklich nur die hohe Bluttemperatur, welche die Hühner gegen den Milzbrand schützt.

Wie die Hühner gegen den Milzbrand, so sind also wir Menschen durch unsere Körpertemperatur gegen die meisten Pflanzenparasiten gefeit (thermischer Krankheitsschutz). Die Befürchtung von Käthi der Großmutter bei JEREMIAS GOTTHELF, die Kartoffelseuche könnte auf sie übergehen (S. 208), war somit botanisch nicht begründet.

Die gegenläufige Infektion, daß pathogene Mikroorganismen des Menschen auf Pflanzen übergehen, scheitert ihrerseits in der Regel am enzymatischen Ungenügen der betreffenden Erreger. Um Pflanzen zu befallen und abzubauen, muß ein Mikroorganismus (abgesehen von der Toleranz gegenüber der sauren Reaktion des Zellsaftes usw.) die Fähigkeit besitzen, Zellwände, insbesondere Zellulose, aufzulösen; von dieser Notwendigkeit sind nur jene Korrosionserreger befreit, die nach Art des *Bacterium carotovorum* (Abb. 412) und des *Pseudomonas pruni* (Abb. 22) zunächst vorwiegend die Mittellamellen angreifen. Zu einem enzymatischen Abbau der Zellulose sind jedoch die üblichen pathogenen Mikroorganismen der Human- und Veterinärmedizin nicht imstande; die Pflanzen sind deshalb gegen sie von vorneherein chemisch, durch ihre Zellulosewände, beschirmt.

Wenn jedoch ein Mikroorganismus beide Fähigkeiten, bei 37° zu gedeihen und Zellulose abzubauen, in sich vereinigt, dann besitzt er eine wichtige Voraussetzung, um sowohl Pflanzen als Menschen zu bewohnen. Hierfür zwei Beispiele.

Das erste, obschon allgemein bekannt, ist epidemiologisch noch nicht geklärt; es betrifft jene Strahlenpilze (Actinomyceten), welche die Aktinomykose, den «Knochenfraß» unserer Kieferknochen verursachen. Meist wird angenommen, daß sie außerhalb des Menschen auf Halmen und Spelzen von Getreide und Gräsern leben, und zwar saprophytisch, im Gegensatz zu andern *Actinomyces*arten, die echt pflanzenpathogen sind, zum Beispiel *Actinomyces scabies* (Thaxt.) Güss., der Erreger des Kartoffelschorfes. Beim Kauen von Grashalmen gelangen die menschenpathogenen Actinomyceten (durch kariöse Zähne?) in die Kieferknochen und beginnen hier bei Bluttemperatur ihre parasitische Entwicklung; daher der doppelt so hohe Befall des männlichen Geschlechtes und der höhere Befall der Land- als der Stadtbevölkerung.

Diese Infektkette wird zwar bestritten, und es ist ein wirklicher Beweisnotstand der Humanmedizin, daß sie in derartigen Fällen auf Indizien abstellen muß und nicht, wie der Botaniker, das Experimentum crucis durch Serieninfektion von einigen Tausend Individuen erbringen kann. Die hochvirulenten *Actinomyces*stämme sind nämlich obligate Anaerobier und deshalb auf Grashalmen nicht ohne weiteres zu erwarten; die aeroben bzw. fakultativ anaeroben *Actinomyces*stämme, deren Vorkommen auf Gräsern tatsächlich festgestellt wurde, sind dagegen für den Menschen nur schwach pathogen und liefern bloß atypische Krankheitsbilder. Ihr Bestehen zeigt aber, daß es pflanzenbewohnende *Actinomyces*stämme gibt, deren obere Temperaturgrenze über der Bluttemperatur des Menschen liegt, so daß unser Körper nicht von vorneherein gegen sie thermisch gefeit ist, sondern in einem gewissen Ausmaß erkrankt.

Umstritten ist deshalb bloß die Frage, ob sich auch die obligat anaeroben und für den Menschen stark pathogenen *Actinomyces*-Stämme irgendwie auf Grashalmen und Getreideähren vorübergehend halten können. Der Botaniker empfindet ihre laboratoriumsmäßig obligate Anaerobie nicht unbedingt als einen zwingenden Ausschließungsgrund. Einige Dutzend pflanzenpathogener Bakterien sind bereits als fakultative Anaerobier nachgewiesen; und tierpathogene obligat anaerobe Bakterien lassen sich bei Zusatz von Cystein zum Nährboden aerob kultivieren (Frei und Riedmüller, 1930): der in das Nährmedium eintretende Sauerstoff oxydiert das Cystein und wird so für die Bakterien unschädlich gemacht. In ähnlicher Weise läßt sich die Anwesenheit anaerober Organismen an Stellen des Wirtsorganismus erklären, an denen Sauerstoff in reichlichen Mengen vorhanden ist (Rauschbrandbazillen in der Muskulatur, Tetanusbazillen in oberflächlichen Wunden mit Sauerstoffzutritt): der Sauerstoff wird von reduzierenden Substanzen, zum Beispiel Glutathion, abgefangen. Die gemeinsame Besiedlung von Gräsern (in der saprophytischen Phase) und Menschen (in der parasitischen Phase) durch Strahlenpilze, die sich unter Laboratoriumsbedingungen obligat anaerob verhalten, darf deshalb auch weiterhin als eine Möglichkeit unter andern vermutet werden.

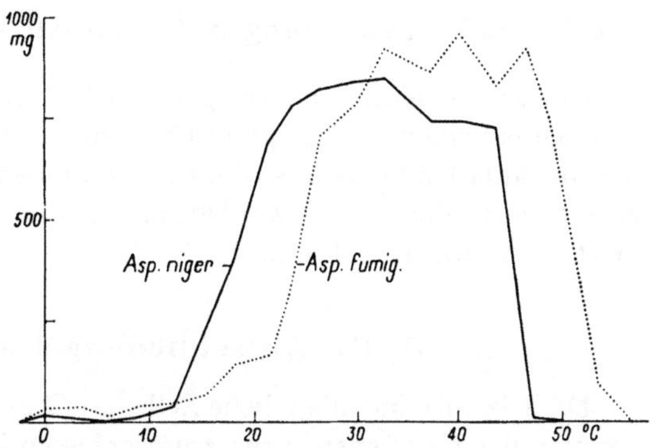

Abb. 263
Der Einfluß der Wachstumstemperatur auf den Ernteertrag (Myzeltrockengewicht) von *Aspergillus fumigatus* Fres. und *Aspergillus niger* v. Tiegh. Versuchsdauer 8 Tage. (Nach Gäumann, 1945.)

Sauberer herausgearbeitet ist das zweite Beispiel. Es betrifft die Aspergillosen, das sind Infektionskrankheiten der Pflanzen, des Menschen und der übrigen Warmblüter, die auf Ascomyceten aus der *Aspergillus*gruppe zurückgehen. *Aspergillus flavus* Link, *Asp. fumigatus* Fres., *Asp. nidulans* Eid., *Asp. niger* v. Tiegh. u.a. rufen beim Menschen und bei den Warmblütern Schimmelerkrankungen der Ohren, der Atmungswege (zum Beispiel Inhalationsmykosen der Lungen) usw. hervor. Die gleichen Arten sind aber auch pflanzenpathogen und verursachen zum Beispiel eine infektiöse Chlorose der heranwachsenden Maispflanzen (*Aspergillus flavus*; Koehler und Woodworth, 1938) und eine Infektionskrankheit der Maiskeimlinge schon im ruhenden Korn. Wenn deshalb Bauernknechte in Ställen schlafen, wo (zufällig infizierter) Futter- oder Bruchmais bzw. Mais, der wegen «Verschimmelung» zu Viehfutter deklassiert wurde, für den folgenden Tag bereitliegt, so ist die Infektkette für eine «Stallkrankheit» geschlossen; dies gilt auch für die einheimische Bevölkerung zum Beispiel von Nordafrika, wo zuweilen die Menschen und die Hühner samt den Maisresten in derselben Küche hausen. Eine derartige unmittelbare Verknüpfung zwischen der Aspergillose des Mais und einer Aspergillose von Hühnern wurde u.a. durch Savage und Isa (1933) in Kanada beobachtet, wo *Aspergillus fumigatus*, mit Maissilage in eine Hühnerfarm eingeschleppt, bei 400 Kücken eine Lungenentzündung mit einer Mortalität von 90% verursachte.

Die thermischen Voraussetzungen für den gemeinsamen *Aspergillus*-Befall von Pflanzen und Warmblütern ergeben sich aus Abb. 263. Nicht nur sind die zwei dort dargestellten Aspergillen extrem eurytherm: Temperaturspanne von *Aspergillus fumigatus* 58°, von *Aspergillus niger* 51°, auch ihr Temperaturoptimum liegt sehr hoch, zwischen 33 und 46° bei *Aspergillus fumigatus* und zwischen 21 und 43° bei *Aspergillus niger*; es umschließt also die Bluttemperatur des Menschen und der Hühner.

Die Aspergillen bilden somit ein sicheres Beispiel jener seltenen Gruppe von Mikroorganismen, gegen welche die Pflanzen nicht chemisch durch ihre Zellwände usw. und die Warmblüter nicht thermisch durch ihre hohe Bluttemperatur gefeit sind und die somit Pflanzen und Warmblüter befallen können.

§ 3. Die Voraussetzungen der parasitischen Eignung der Erreger

Um sich als Krankheitserreger zu betätigen, müssen die pflanzenpathogenen Mikroorganismen die Fähigkeit besitzen, 1. den Wirtskörper aufzuschließen und die anfallenden Nährstoffe zu assimilieren, 2. die Reaktionen des Wirtes zu ertragen oder zu überwinden, und 3. durch ihre Stoffwechselprodukte den Wirt erkranken zu lassen.

1. Die Aufschließung des Wirtskörpers

Da jede einzelne pflanzliche Zelle, im Gegensatz zu den tierischen, unmittelbar von der Gerüstsubstanz umschlossen ist, so muß ein Mikroorganismus, um eine Pflanze anzugreifen, die Zellwände auflösen können; denn normalerweise vermögen nur Viren die etwa 0,1–0,2 μ dicken Plasmodesmen zu passieren. Diese Forderung führte zu einer geistesgeschichtlich interessanten Kontroverse. Weil nämlich nur verhältnismäßig wenige Bakterien Zellulose abbauen und die saure Reaktion des pflanzlichen Zellsaftes (etwa pH 5–6) ertragen, nahm man lange Zeit an, sie könnten überhaupt nicht pflanzenpathogen werden. WAKKER hatte zwar schon 1883 als Erreger des gelben Rotz der Hyazinthen in Holland ein Bakterium, *Xanthomonas hyacinthi* (Wak.) Dows., nachgewiesen; aber man glaubte ihm nicht recht. ALFRED FISCHER führte noch 1897 in seinen Vorlesungen über Bakterien (S. 131) aus, es gebe keine bakteriellen Pflanzenkrankheiten und könne keine geben; die unverletzte Pflanze stehe mit der Außenwelt nur durch die Spaltöffnungen in freier Verbindung; selbst wenn aber Bakterienkeime durch den Spaltenmund in die Interzellularen gelangen würden, so müßten sie dort verhungern; und die verwundete Pflanze grenze die Wundfläche innert kurzer Zeit durch Wundkork ab, worauf die Wundstelle vertrocknet und einschrumpft. «Ihr drohen demnach auch keine Wundinfektionskrankheiten durch Bakterien, deren Weiterverschleppung in der Pflanze gleichfalls unmöglich ist.» Dieser Auffassung trat ERWIN F. SMITH (1899) entgegen, und es entspann sich während einiger Jahre eine Diskussion, die zugunsten von SMITH endete: es gibt bei den Pflanzen echt pathogene Bakterien, welche die saure Reaktion des Zellsaftes ertragen, die zellulosischen Zellwände auflösen und die Zellinhalte assimilieren.

Daß sich aber ein Botaniker vom Ausmaß von ALFRED FISCHER so weit hinauswagte, das Bestehen bakterieller Pflanzenkrankheiten grundsätzlich zu bestreiten, zeigt anderseits, wie scharf die Selektion sein muß, die unter den

Mikroorganismen durch die erste Voraussetzung der Aggressivität, die Fähigkeit, Zellulose abzubauen, ausgeübt wird.

Sind aber die Zellwände einmal aufgeschlossen und beginnt der Abbau der nahrhaftern Zellinhaltstoffe, Kohlehydrate, Eiweiße usw., so brauchen sich die pflanzenpathogenen Mikroorganismen gegenüber den saprophytischen Formen weder durch besondere enzymatische Fähigkeiten noch durch besondere ernährungsphysiologische Ansprüche auszuzeichnen, dies im Gegensatz zu manchen hochgradig spezialisierten humanpathogenen Bakterien.

Zunächst die enzymatischen Fähigkeiten. Die pflanzenpathogenen Mikroorganismen kommen zweifelsohne auch im Innern des Wirtes mit den rund zwei Dutzend landläufigen Enzymen (zum Beispiel MAYO, 1925; SPITZER und DIEHM, 1931) aus, welche die saprophytischen Formen ebenfalls besitzen. Der Beweis hierfür ist zwar schwer zu erbringen; denn manche enzymatischen Fähigkeiten schlummern in ihrem Organismus und werden erst entfaltet, wenn der Erreger eine bestimmte Vitalität erlangt hat und wenn der Bedarf nach dem betreffenden Enzym sich einstellt (adaptive Enzyme; S. 307); die Mikroorganismen können also sicherlich mehr, als sie auf den ersten Blick zeigen.

Dasselbe gilt, falls das enzymatische Besteck für die Aufschließung der Zellinhaltstoffe ausreicht, für die ernährungsphysiologischen Ansprüche der Erreger: können sich die eingedrungenen Erreger auch wirklich aus den Spaltprodukten ernähren, die ihnen beim enzymatischen Abbau der betreffenden Pflanzen anfallen?

Auch diese Ansprüche sind bei den parasitischen Mikroorganismen kaum feiner differenziert als bei den banalen saprophytischen Formen; deshalb lassen sich ja sämtliche Perthophyten und fakultativ biotrophen Pflanzenparasiten (S. 257) im Laboratorium auf denselben organischen Standardnährböden, Malz- oder Hafermehlagar, Bohnen- oder Weizenstroh, gedämpfte Kartoffeln oder Reis, Bouillon usw. kultivieren. Hier gedeihen sie unterschiedslos nebeneinander, gleichgültig auf welche Wirte und wie scharf sie spezialisiert sind; im Gegenteil, sie lassen hier ihre spätere parasitische Spezialisierung nicht einmal ahnen.

Man könnte freilich einwenden, auf den eben genannten Laboratoriumssubstraten seien sämtliche Nährstoffe im Überschuß vorhanden und die wahre ernährungsphysiologische Differenzierung werde erst bei der kärglicheren Ernährung auf dem Wirt aktuell, wo zweifelsohne gewisse Stoffe rasch ins Minimum gelangen. Dieser Einwand gilt jedoch nur für überdüngte Nährböden wie Bouillon, aber nicht für ausgelaugtes Bohnenstroh; nährstoffärmer als dieses kann ein lebender Wirt auch nicht sein.

Gewiß kann der Erreger im Wirtsinnern seine Nahrung nicht mehr wählen, sondern muß sich zufrieden geben mit dem, was er dort findet; aber diese Nahrung ist sicherlich nicht derart fein differenziert, daß sie die Wirtswahl oder gar die biologische Spezialisierung der Erreger erklären könnte.

Es gibt zwar beim Weizen serologisch faßbare Unterschiede zwischen den Globulinen der *Monococcum*- (Einkorn-), *Dicoccum*- (Emmer-) und *Vulgare*- (gewöhnlicher Weizen) Gruppe (EDGECOMBE, 1931); aber es bestehen keine Anhaltspunkte dafür, daß die scharf spezialisierten Helminthosporien (S. 270) auf derartige Feinheiten überhaupt ansprechen: sie spalten mit ihren Enzymen wohl alle diese Globuline ohne Rücksicht auf ihren Feinbau. Die spezifischen Eiweiße und Kohlehydrate sind deshalb nicht das Schloß, das die Helminthosporien bei refraktären Weizensorten nicht aufzuschließen vermögen.

Unsere Vorstellungen bleiben in diesem Sektor wohl zu sehr an den Rostpilzen haften, bei denen als Arbeitshypothese vermutet wurde, sie seien deshalb obligat biotroph und äußerst fein spezialisiert, weil sie nur von spezifischen, ephemeren (labilen) Zwischenprodukten des Assimilationsstoffwechsels leben könnten. Der Verfasser glaubt nicht an diese Deutung. Statt von den Rostpilzen, die sich experimentativ schlecht eignen, gehen wir besser vom Apfelschorf aus; dieser ist mindestens so scharf spezialisiert wie die Getreideroste (S. 269), und doch gedeihen sämtliche Schorfbiotypen saprophytisch auf toten Blättern sämtlicher Apfelsorten einträchtig nebeneinander. Somit sind in den Blättern aller Sorten, gleichgültig, ob ein bestimmter Biotyp sie zu ihren Lebzeiten zu besiedeln vermochte oder nicht, die Nährstoffe vorhanden, deren sämtliche Biotypen bedürfen, und jeder Biotyp besitzt seinerseits, um beim Bild des Schlüssels zu bleiben, enzymatisch einen Passepartout zu sämtlichen Apfelsorten.

Wenn dennoch die Mehrzahl der Biotypen die Blätter der meisten Apfelsorten im lebenden Zustande nicht bewohnen kann, so muß die Ursache anderswo liegen. Die biologische Spezialisierung der pflanzenpathogenen Mikroorganismen wird deshalb nicht in erster Linie durch ihre ernährungsphysiologischen Ansprüche bedingt: die chemische Eignung der Wirtssorten, als Substrat zu dienen, ist weit weniger spezialisiert als die Wirtswahl der Erreger.

2. Die Auseinandersetzung zwischen Erreger und Wirt

Wenn ein Mikroorganismus den enzymatischen Schlüssel besitzt, der zum Schlosse des Wirtes paßt, und wenn er seine ernährungsphysiologischen Ansprüche im Wirte erfüllt findet, so ist er dadurch erst zum Saprophyten auf dem toten, aber noch nicht zum Parasiten auf dem lebenden Wirt geeignet.

Der Pilz des Mutterkornes, *Claviceps purpurea*, wächst üppig auf Bohnenstroh; aber es wird ihm trotz seiner ausreichenden chemischen Fähigkeiten nie gelingen, lebende Bohnenstengel zu bewohnen. Im Zellinnern des lebenden Bohnenstengels müssen somit zusätzlich besondere Verhältnisse herrschen, die der Ansiedlung des Mutterkornpilzes entgegenstehen. Man kann sich hier keine andern Ursachen vorstellen als die im nächsten Kapitel zu besprechenden örtlichen (zellulären) Abwehrreaktionen des Wirtes. Ein Mikroorganismus ist erst dann zum Parasiten auf einem bestimmten Wirt geeignet, wenn er imstande ist, seinen eigenen Stoffwechsel gegenüber den Reaktionen des Wirtes durchzusetzen und insbesondere im Innern des Wirtes seine Proliferation, d.h. sein eigenes Wachstum, die Zellneubildung, also zur Hauptsache die eigene Eiweißsynthese, aufrechtzuerhalten. Erst diese Fähigkeiten lassen ihn zum Parasiten werden und ermöglichen ihm, den lebenden Wirt zu bewohnen.

Die Auseinandersetzung mit dem Wirt ist zweifelsohne mit ein Grund, warum manchen Erregern die Umstellung von der saprophytischen auf die parasitische Lebensweise so schwer fällt (S. 297). Chemisch werden von ihnen nicht wesentlich andere Leistungen und Fähigkeiten gefordert als vorher; aber biologisch begeben sie sich in eine Abhängigkeit von fremdem Leben, gewissermaßen in eine parasitische Gefangenschaft. Nur wenn ihnen die Adaptierung an die Lebensäußerungen des Wirtsorganismus gelingt, wird ihre parasitische Laufbahn erfolgreich sein.

Wir vermögen dieses Zusammenspiel heute noch nicht zu überblicken. War es schon im Enzymsektor schwierig, die potentiellen Möglichkeiten eines bestimmten Erregers richtig abzuschätzen, weil im Verlauf der Pathogenese verborgene, schlummernde Fähigkeiten freigemacht werden, um wieviel komplizierter muß es sein, die Auseinandersetzung zweier belebter Größen aus dem Modellversuch zu rekonstruieren.

Auf Grund dieser Auseinandersetzung mit dem lebenden, agierenden und reagierenden Wirt lassen sich auch die feinern Differenzierungen der Wirtswahl und der biologischen Spezialisierung verstehen.

Es würde schwer fallen, zum Beispiel für jede der vielen Tausend Weizenzuchten präformierte (präinfektionell angelegte), spezifische strukturelle Verschiedenheiten von einer Feinheit namhaft zu machen, daß sie die biologische Spezialisierung der ebenfalls zu Tausenden schon bestehenden und stetsfort neu sich bildenden und in ihren Wirtsspektren wirr sich überschneidenden Rost-, Brand-, Helminthosporium-, Mehltau- usw. Rassen erklären könnten, dies um so mehr, als ja der Befallstypus und der Wirtskreis je nach den äußern Umständen ändert; sondern die biologischen Rassen der Erreger entstehen erst im funktionellen Zusammenspiel mit dem Wirt; darum können sämtliche Apfelschorfrassen auf toten Apfelblättern gemeinsam gedeihen, während sie zu deren Lebzeiten scharf voneinander geschieden waren.

Die funktionelle Abwehr des Wirtes setzt sich schon den Keimschläuchen entgegen. Diese dringen ja oft in nichtkongeniale Pflanzen ein und kommen dann zum Stehen (Abb. 230). Es scheint, als ob sie dort verhungern müßten; und doch gedeihen sie in manchen Fällen auf den betreffenden Geweben in totem Zustande sehr wohl; sie vermögen sie also aufzuschließen und vermögen sich aus den anfallenden Produkten zu ernähren. Der Grund ihres parasitischen Mißerfolges liegt in der funktionellen Abwehr der lebenden Pflanze: dem Erreger geht eine Wirkungssphäre voraus (S. 21), die in ihrem Bereich Abwehrreaktionen auslöst; die Schutzstoffe diffundieren aus den

Protoplasten durch das Zellwandgerüst und «schutzimprägnieren» es, so daß der Erreger im Falle der Abb. 230 schon an den Zellwänden, in der Atemhöhle, aufgehalten wird.

Noch eindrücklicher müssen sich die Abwehrreaktionen des Wirtes auswirken, wenn der Erreger im Zellinnern unmittelbar mit dessen Plasma in Berührung kommt. Erst jetzt, im vollen Spiel und Widerspiel der Kräfte, entfaltet sich die ganze Feinheit der funktionellen Differenzierung von Erreger *und* Wirt. Weder der Erreger noch der Wirt ist der Stempel, der das Bild der biologischen Spezialisierung der pflanzlichen Krankheitserreger prägt, sondern dieses Bild entsteht in der Auseinandersetzung zwischen den beiden Partnern immer wieder aufs neue. Doch rollt diese Auseinandersetzung in einem gewissen Rahmen immer wieder ähnlich ab; denn der Rahmen der betreffenden Fähigkeiten ist auf seiten des Erregers und des Wirtes genetisch bestimmt.

Die Frage nach der Ursache der biologischen Spezialisierung der Erreger: «Wer spezialisiert wen?», der Erreger den Wirt oder der Wirt den Erreger, ist dahin zu beantworten: sie spezialisieren sich gegenseitig im Verlaufe ihrer Auseinandersetzung.

3. Die stofflichen Grundlagen der pathogenen Wirkung der Erreger

Wirkstoffe, durch welche der Erreger den Wirt schädigt, sind nur von Pilzen und Bakterien, dagegen nicht von den Viren bekannt; über den Mechanismus der pathogenen Wirkung der Viren wissen wir wenig.

Nach ihrer chemischen Natur sind die pathogenen Stoffe Enzyme und stehen als solche in unmittelbarer Beziehung zur naturnotwendigen Nährstoffaufnahme des Erregers, oder sie sind beiläufige Stoffwechselprodukte des Erregers (Toxine, Glukosane usw.), die bloß als «unbeabsichtigte» Nebenwirkung beim Wirte pathologische Reaktionen auslösen.

Die kohlehydrat-, eiweiß- usw. spaltenden Enzyme, welche die Wegnahme der Nährstoffe, den Nährstoffentzug, vorbereiten, verursachen direkte Gewebeschädigungen von meist bloß lokaler Natur, die sich aber bis zur Aushöhlung grober Kavitäten (Abb. 437) steigern können. Wir empfinden ihre Art des Eingriffes als primitiv; denn er dient bloß der unmittelbaren Ernährung des Mikroorganismus. Die mikrobiellen Gäste sind zwar an Gesamtmasse dem Makroorganismus nicht vergleichbar, auch nicht am Infektionsherd selbst; aber sie haben wegen ihrer lebhaften Vermehrung (Plasmaneubildung) einen größeren Stoffumsatz (Proliferationsstoffwechsel), also größere Nährstoffbedürfnisse als die weniger aktiven Wirtszellen.

Die krankmachenden beiläufigen Stoffwechselprodukte der Erreger (Toxine, Glukosane usw.) führen meist zu indirekten Gewebeschädigungen, weil sie, einmal ausgegossen, über den Organismus hin verfrachtet werden und weitab vom Focus Krankheitsprozesse einleiten. Sie stehen jedoch, im Gegensatz zu den direkten Schädigungen, mit dem Vorgang des Parasitierens nicht in unmittelbarer Beziehung; denn der Parasit hätte zweifelsohne, menschlich ausgedrückt, nichts lieber als einen Wirt, der ihn beherbergt und nährt, ohne aversive Symptome zu zeigen: er wäre am liebsten aggressiv, ohne pathogen zu wirken. Daß der Wirt auf gewisse nebensächliche Ausscheidungen des Erregers aversiv reagiert, ist eine «unbeabsichtigte» und vorwiegend unerwünschte (weil für den Erreger meist nutzlose) Nebenwirkung der Besiedlung; nur bei den Perthophyten (S. 89) bildet der übersteigerte pathogene Effekt eine unmittelbare Voraussetzung für die parasitische Eignung des Erregers.

Nach ihrer Lokalisierung im Mikroorganismus werden die Toxine in Ektotoxine geschieden, dies sind die eigentlichen Kampfgifte, die unmittelbar nach ihrer Entstehung in die Wirtsgewebe übertreten, und in Endotoxine, die erst nach dem Zerfall der Zellen des Erregers frei werden. Als pflanzenpathogene Ektotoxine sind Peptide und Chinone (einschließlich Laktone) näher untersucht worden, als Endotoxine bloß Peptide (GÄUMANN, 1950). Ein ektotoxisches Peptid ist zum Beispiel das Lycomarasmin, das vom *Fusarium lycopersici* Sacc., dem Erreger einer infektiösen Tomatenwelke, gebildet wird (ein Dipeptid von der Summenformel $C_9H_{15}O_7N_3$ und dem Molekulargewicht 277,3); ein ektotoxisches Chinon ist zum Beispiel das Javanicin, das von saprophytischen und parasitischen Fusarien gebildet wird (ein Naphthochinon von der Summenformel $C_{15}H_{14}O_6$ und dem Molekulargewicht 290,3), ein ungesättigtes Lakton zum Beispiel das Patulin (Clavacin), das von saprophytischen und halbparasitischen Penicillien gebildet wird (Konstitution noch nicht völlig geklärt; Summenformel $C_7H_6O_4$; Molekulargewicht 154,1). Endotoxische Polypeptide sind u.a. die von verschiedenen Fusarien gebildeten Enniatine (zum Beispiel das Enniatin *A* mit der Summenformel $C_{24}H_{42}O_6N_2$ und dem Molekulargewicht 454,6).

Nach ihrer Entstehungsweise sind einige dieser Toxine spezifisch, d.h. für einen Erreger charakteristisch; so wird das Lycomarasmin nur vom *Fusarium lycopersici* gebildet. Andere Toxine sind dagegen unspezifisch und werden von mehreren Erregern produziert, so das Enniatin *A* vom *Fusarium avenaceum* (Fr.) Sacc., *Fus. oxysporum* Schlecht., *Fus. sambucinum* Fckl. und *Fus. scirpi* Lamb. et Fautr. (GÄUMANN, NAEF und ETTLINGER, 1950).

Auch innerhalb derselben botanischen Art des Erregers kann das Toxinbildungsvermögen der verschiedenen Individuen (Stämme) verschieden sein, ohne daß ein Zusammenhang zwischen der Pathogenität in vivo und dem Toxinbildungsvermögen in vitro zu erkennen wäre. Der Stamm R–5–6 des *Fusarium lycopersici* ist zum Beispiel sehr pathogen und läßt innerhalb vier Wochen sämtliche Tomatenpflanzen absterben; der Stamm 257 ist dagegen nur schwach pathogen; er gelangt nur bei 10–20% der Individuen zur Generalisation und löst auch bei diesen nur schwache Vergilbungen einiger Blätter aus. In vitro ist dagegen die Ernte von R–5–6 lycomarasminarm und die Ernte von Stamm 257 sehr lycomarasminreich (GÄUMANN, NAEF und MIESCHER, 1950). Aus der Toxigenität eines Mikroorganismus in vitro kann deshalb nicht auf seine Pathogenität in vivo geschlossen werden.

Die Gründe dieses gegensinnigen Verhaltens in vivo und in vitro liegen wahrscheinlich auf dem Gebiete der Spurenelemente. *Penicillium chrysogenum* und *Pen. notatum* bilden nur dann Penicillin, wenn die Nährlösung Zink enthält; ohne Zink bilden sie Notatin. Gewisse Rassen des *Aspergillus fumigatus* (S. 327) bilden bei kurzer Inkubationszeit Gliotoxin, nach langer Inkubationszeit Helvolsäure (wohl eine pH-Frage), aber beides nur auf Nährlösungen vom CZAPEK-Typus; auf RAULIN bilden sie statt dessen Fumigatin oder Spinulosin oder beides.

Den extremen Fall der Toxigenität in vitro finden wir bei jenen Pflanzenparasiten verwirklicht, die schon präinfektionell saprophytisch im Erdboden genügend Toxin bilden, um den dort wurzelnden Wirt zu schädigen; dieser Vorgang wurde beim *Fusarium vasinfectum*, dem Erreger der Baumwollwelke, und bei *Trichoderma viride*, einem toxigenen Saprophyten im Erdboden (Tabelle 14), beobachtet. Diese toxigenen Saprophyten stellen eine Parallele zum *Botulinus*problem in der Humanmedizin dar.

Nach ihrem pathologischen Effekt erzeugen die bis jetzt untersuchten krankmachenden parasitogenen Stoffe Welkeerscheinungen; sie werden deshalb Marasmine (von *μαραίνω*, verwelken) genannt. Nach ihrem Mechanismus agieren die Toxine chemisch nach Art von Koagulasen und die Glukosane physikalisch durch Verstopfung der Intermizellarräume der Zellwände. Wir werden auf diese Frage im 5. Kapitel (Die Erkrankung) zurückkommen.

Die Wirkungshöhe der pflanzenpathogenen Toxine entspricht in der medizinischen Toxikologie einer mittleren Toxizität. Die Dosis minima oder «wirksame Dosis», dies ist die Giftmenge, die bei einer bestimmten Konzentration je Kilogramm Lebendgewicht notwendig ist, um unter bestimmten äußern Bedingungen ein bestimmtes Ausmaß von irreversiblen Schädigungen, im vorliegenden Falle von irreversibeln Welkesymptomen, auszulösen, beträgt bei reinem Lycomarasmin in der Konzentration von 10^{-2} molar rund 150–200 mg, bei Patulin 20–40 mg je Kilogramm Lebendgewicht. Die wirksame Dosis für Veronal liegt bei 150 mg, und eine Faustregel der pharmazeutischen Industrie bezeichnet 50 mg je Kilogramm Lebendgewicht als mittlere Giftigkeit.

Verglichen mit den berühmten bakteriellen Ektotoxinen der Humanmedizin, Diphtherie- und Tetanustoxin, wo die letale Dosis bei 2γ je Kilogramm Lebendgewicht liegt, erscheinen die pflanzenpathogenen Toxine als wenig giftig. Nur lassen sich die beiden Gruppen wegen ihres unterschiedlichen Mechanismus nicht miteinander vergleichen. Die berühmten bakteriellen Ektotoxine wirken als Enzyme (so das Alphatoxin des *Clostridium Welchii* als Lecithinase) oder als Inhibitoren von wirtseigenen Enzymen. Sie agieren also nach dem Prinzip der Kettenreaktion und verbrauchen sich während ihrer Tätigkeit nicht.

Die pflanzenpathogenen Toxine gehen dagegen mit bestimmten Plasmabestandteilen feste Bindungen ein und werden dadurch inaktiviert und verschwinden. Wenn Tomatenpflanzen weniger als 300 mg Patulin je Kilogramm Lebendgewicht aufnehmen, so ist nach einiger Zeit im Zellsaft kein freies

Patulin mehr nachweisbar: es ist durch die SH-Gruppen gebunden und entgiftet worden. Erst wenn der Vorrat an SH-Gruppen erschöpft ist, kann im Preßsaft freies Patulin nachgewiesen werden; nehmen deshalb die Pflanzen einen Überschuß an Patulin auf, so verschwinden stets nur 300–400 mg (Abb. 264), während der Rest im Zellsaft aktiv vorhanden bleibt (MIESCHER, 1950).

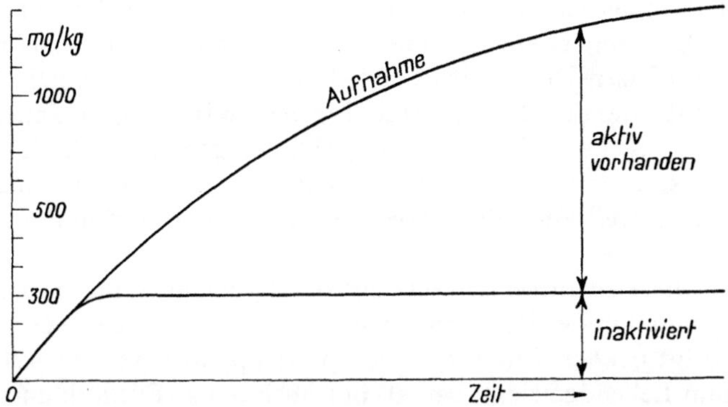

Abb. 264

Die Inaktivierung von Patulin im Zellsaft von Tomatenpflanzen. Abszisse: Aufnahmezeit, als Maßstab für die aufgenommene Menge. Ordinate: Inaktiviertes bzw. überschüssiges Patulin. (Nach MIESCHER, 1950.)

300–400 mg Patulin je Kilogramm Lebendgewicht sind somit die maximale Giftmenge, die eine Tomatenpflanze schädigen kann; dies ist rund die zehnfache minimale Dosis. Das Patulin reagiert vermutlich

Tabelle 46

Der Einfluß der Konzentration auf die Giftigkeit des Lycomarasmins auf Tomatenpflanzen. (Nach GÄUMANN, NAEF und MIESCHER, 1950.)

Konzentration molar	Ungefähre Lage der Dosis minima mg je kg Frischgewicht	Ungefähre Aufnahmezeit h
10^{-2}	150–200	2–3
$10^{-2,5}$	150	3
10^{-3}	100–150	12–17
$10^{-3,5}$	100	50
10^{-4}	50–70	70

mit den Sulfhydrylgruppen des Plasmas und wird deshalb im Überschuß, wenn die freien SH-Gruppen aufgebraucht sind, wirkungslos. Dieses Eingehen fester Bindungen mit den Plasmabestandteilen ist offenbar der Grund, warum die Dosis minima bei den pflanzenpathogenen Toxinen so viel höher liegt als bei den soeben erwähnten bakteriellen Toxinen mit ihrer enzymatischen Wirkungsweise.

Die Frage nach der Wirkungshöhe der pflanzenpathogenen Toxine wird noch kompliziert durch den Umstand, daß zum Beispiel das Lycomarasmin nur dann als reines Lycomarasmin wirkt, wenn die tödliche Dosis auf einmal innert kurzer Zeit in den pflanzlichen Körper eingebracht wird. Läßt man ihm dagegen genügend Zeit, indem man es in Etappen oder in großer Verdünnung (also mit langer Aufnahmezeit; Tabelle 46) in den Körper einführt, dann setzt es sich mit gewissen Eisenverbindungen des Plasmas in den rund zehnmal giftigeren Lycomarasmin-Eisen-Komplex um; die Dosis minima des Lycomarasmin-Eisen-Komplexes beträgt nur noch 10–15 mg je Kilogramm Lebendgewicht (Verstärkertheorie der Giftwirkung im Innern des Wirtes; GÄUMANN, NAEF und MIESCHER, 1950). Wegen dieses Zeitfaktors wirkt das Lycomarasmin in verdünnten Lösungen giftiger als in konzentrierten; dies ist wichtig, weil auch der Erreger sein Gift nur verdünnt in den Wirtskörper ausgießt.

Eine Parallele zu dieser Umsetzung des Lycomarasmins in eine giftigere Verbindung bildet in der Humanmedizin das Colchicin; seine Dosis letalis für Frösche beträgt bei der Raum- bzw. Körpertemperatur von 20° 1300–1500 mg je Kilogramm Lebendgewicht, bei 30° nur noch 3 mg (FÜHNER und BREIPOHL, 1933); das Colchicin ist also bei der Bluttemperatur von 30° 400–500mal giftiger als bei 20°, und zwar offenbar deshalb, weil es im Körper bei erhöhter Temperatur chemisch umgewandelt, nämlich zu Oxydicolchicin oxydiert wird.

Was nun endlich das Wirkungsspektrum der pflanzenpathogenen Toxine betrifft, so ist zu unterscheiden zwischen dem Wirtsspektrum und dem Gewebespektrum.

Lycomarasmin besitzt ein enges, spezifisches Wirtsspektrum; es ruft außer bei Tomaten nur bei wenigen Arten, so bei *Solanum tuberosum, Pelargonium zonale* und *Vitis vinifera* den charakteristischen Welkeeffekt hervor (GÄUMANN und JAAG, 1950). Trotz dieser Enge ist jedoch das Wirkungsspektrum des Toxins weiter als das Wirtsspektrum des Erregers; denn *Fusarium lycopersici* vermag *Pelargonium zonale* und *Vitis vinifera* nicht zu befallen. – Das Wirkungsspektrum des Patulins ist dagegen unspezifisch, universell; es dürfte kaum eine Pflanzenart geben, die ihm widersteht; in ähnlicher Weise wirken auch die Glukosane unspezifisch.

Innerhalb des spezifischen oder unspezifischen Wirtsspektrums kann auch das Gewebespektrum der pflanzenpathogenen Toxine verschieden sein, spezifisch, wenn die krankmachende Substanz sich einen Sonderort für ihre pathogene Wirkung aussucht, und unspezifisch, wenn sie wahllos sämtliche Gewebe schädigt. Wir werden im 5. Kapitel (Bereich der Infektion und Bereich der Erkrankung) auf diese Frage zurückkommen.

4. KAPITEL

Die Krankheitsbereitschaft der Wirte

Jedes pflanzliche Individuum wächst inmitten einer kontaminierten Umwelt heran und kommt dauernd mit krankmachenden Keimen in Berührung. Die Auseinandersetzung mit ihnen ist deshalb eine primitive, phylogenetisch alte Notwendigkeit und beansprucht einen wichtigen Teil des physiologisch-chemischen Stoffwechsels; denn das individuelle Leben geht nur weiter, wenn die Abwehr der pathogenen Einflüsse gelingt.

Warum bleibt ein großer Teil der Pflanzen trotz dieser dauernden Gefährdung am Leben? Betrachtete das vorangehende Kapitel die Voraussetzungen für das Zustandekommen des parasitischen Verhältnisses vom Standpunkte des Erregers aus, so schildern wir sie nunmehr von seiten des Wirtes. Sie verhalten sich in der Mehrzahl paarweise komplementär: den parasitischen Eigenschaften des Erregers entsprechen – wie Matrize und Abguß, Schloß und Schlüssel – gleichsinnige oder entgegengesetzte Eigenschaften des Wirtes; zur Fähigkeit des Erregers, auf den Reiz des Wirtes zu antworten, gehört bilateral die Fähigkeit des Wirtes, den Reiz auszusenden usw.

Deshalb ist auch auf seiten des Wirtes, wie mit einem anderen Vorzeichen auf seiten des Erregers, die Affinität zum kongenialen Erreger (S. 253) die erste Voraussetzung für seine Eignung, als Wirt zu dienen. Nur wenn eine Spore zufällig auf eine affine Pflanze gelangt, macht ja ihr Keimschlauch überhaupt den Versuch, sie zu besiedeln; erst in diesem Falle tritt das Problem der Anfälligkeit und Widerstandsfähigkeit der betroffenen Pflanze überhaupt in Erscheinung; sonst ist die Pflanze für den keimenden Erreger gegenstandslos. Man kann deshalb nicht sagen, die Buche sei gegen den Weizenrost «widerstandsfähig»; denn sie existiert für ihn überhaupt nicht, sowenig wie ein Stein für ihn existiert.

Gelingt der Besiedlungsversuch und kommt die Infektion zum Haften, so bezeichnen wir das betreffende Individuum als infektionsanfällig oder als empfänglich für den Erreger. Leitet die Infektion eine Generalisation des Erregers ein, so bezeichnen wir den Wirt als generalisationsanfällig; und führt die Infektion überdies zur Erkrankung, so bezeichnen wir das Individuum als krankheitsanfällig oder krankheitsbereit; bei stummen Infektionen (zum Beispiel beim Virus des Ringfleckenmosaiks auf *Melilotus officinalis;* S. 263) besitzt dagegen der Wirt bloß eine Infektions- und Generalisationsanfälligkeit, aber nicht eine Krankheitsbereitschaft: er ist gegen den Krankheitserreger tolerant.

Mißlingt der Besiedlungsversuch, während andere Individuen unter denselben Bedingungen befallen werden, so bezeichnen wir das betreffende Individuum als nicht anfällig, unempfänglich, widerstandsfähig oder refraktär. Die beiden Negationen «nicht anfällig» und «unempfänglich» sind

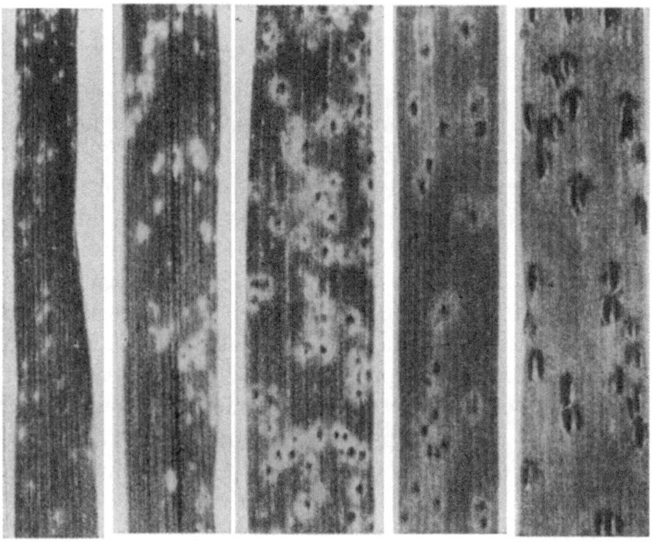

Abb. 265
Die Reaktionstypen verschiedener Weizensorten gegenüber dem Weizenbraunrost, *Puccinia triticina* Erikss., als Maßstab ihrer Krankheitsbereitschaft. Erklärung im Text. Vergr. 3fach. (Nach MAINS und JACKSON, 1926.)

synonym, während sich der Ausdruck «widerstandsfähig» nicht vollinhaltlich mit ihnen deckt. «Anfällig» bedeutet vorwiegend einen passiven Zustand, «widerstandsfähig» dagegen die Bereitschaft zu aktiver Abwehr.

Anfälligkeit bzw. Widerstandsfähigkeit für einen bestimmten Erreger sind überdies nicht eine Alternative für das pflanzliche Verhalten, sondern nur zwei Extreme desselben. Im einen Extrem, bei vollkommener Anfälligkeit, durchwuchert der Erreger den Wirt ungehemmt, als ob dieser ein neutrales, passives Substrat wäre; im andern Extrem, bei vollkommener Widerstandsfähigkeit, kann er sich überhaupt nicht entfalten. Zwischen diesen beiden Extremen liegt eine ganze Stufenleiter der stärkern oder schwächern Anfälligkeit, innerhalb der er sich bloß suboptimal entwickelt.

Ferner ist bei toxigenen Erregern zu unterscheiden zwischen der Anfälligkeit für den Erreger und der Empfindlichkeit für seine Toxine (S. 333).

Als Maßstab für diese quantitativen Verschiedenheiten im Grad der Anfälligkeit dient zum Beispiel:

1. Das Krankheitsbild, der Infektions-, Reaktions- oder Befallstypus. Nach dem Vorgehen von STAKMAN und LEVINE (1922) lassen sich nämlich bei manchen pflanzlichen Infektionskrankheiten die Reaktionsformen des Wirtes in eine Stufenleiter mit bestimmten, jetzt international verwendeten Kennzahlen einordnen (Abb. 265). Naturgemäß muß dieses Bonitierungsschema für jede Krankheit besonders überarbeitet und verfeinert werden; doch dürften die folgenden Stichworte eine ungefähre Vorstellung der Stufenordnung vermitteln:

Typus i: immun oder befallsfrei. Die Infektion kommt nicht zum Haften. Die Gewebe bleiben vollkommen befallsfrei und zeigen makroskopisch keine Spur von Reaktionen oder Verfärbungen; der Ausdruck immun wird also hier in einem allgemeinen Sinne für die höchste Stufe der Befallsfreiheit verwendet, gleichgültig, worauf sie beruht.

Typus 0: hochwiderstandsfähig oder hochresistent. Die Infektion kommt zum Haften und löst als Reaktion des Wirtes chlorotische oder nekrotische Flecken aus, auf denen jedoch der Erreger nicht zur Fruktifikation gelangt (Subinfektionen im Gegensatz zu Vollinfektionen; die Fortpflanzung des Erregers unterbleibt, so daß die befallene Pflanze nicht infektiös wird). Dieser Typus kann weiter unterteilt werden in 0o: Flecken von nahezu mikroskopischem Ausmaß (Punktinfektionen); 0a: Flecken klein, nekrotisch, bräunlich, ohne Vertiefung in der Mitte; 0b: Flecken bis 2 mm groß, in der Mitte einsinkend usw.

Typus 1: widerstandsfähig oder resistent. Der Erreger gelangt in der Mitte der Befallsstelle zu einer sehr spärlichen Fruktifikation, die aber nur aus der Nebenfruchtform besteht: winzige Uredolager bei den Rostpilzen, kleine Konidienpolster beim echten Mehltau usw. 1a: Befallsflecken des Typus 0a, 1b: Befallsflecken des Typus 0b usw.

Typus 2: schwach anfällig. Die Lager der Nebenfruchtform entwickeln sich kräftiger als bei Typus 1, aber noch nicht in voller Größe (zum Beispiel Uredolager etwa 150–300 μ im Durchmesser), meist von einem breiten chlorotischen Hof (Reaktionszone) umgeben.

Typus 3: anfällig. Mittlerer bis starker Besatz durch Lager der Nebenfruchtform; diese in mittlerer Größe, Rostpusteln zum Beispiel etwa 250–500 μ breit, mit chlorotisch-nekrotischen Verfärbungen des Blattes. Bei Abschluß der Vegetationszeit werden einige Lager der Hauptfruchtform (zum Beispiel Teleutosporen bei den Rostpilzen) angelegt.

Typus 4: sehr anfällig. Starker, gleichmäßig über die Blattspreite verteilter Ausbruch von großen Nebenfruchtlagern, die höchstens von einem schwachen chlorotischen Reaktionsring umgeben sind. Üppige Entwicklung der Hauptfruchtform bei Abschluß der Vegetationszeit.

Typus x: labiles Verhalten des Wirtes. Reaktionstypus schlecht definiert: durch einen Einsporstamm des Erregers werden auf derselben Blattspreite Reaktionsstellen von mehr als einem Reaktionstypus ausgelöst.

Dieses Bonitierungsschema liefert den feinsten Maßstab für die Beurteilung der Krankheitsbereitschaft eines Wirtes. Es kombiniert beide Partner, den Krankheitsverlauf, den Grad der Empfindlichkeit (sensitivity) des Wirtes, mit der Penetranz des Erregers, die ihrerseits an Hand der Fruktifikationsintensität gemessen wird. Doch ist es nur bei hochdifferenzierten Erreger-Wirt-Paaren verwendbar, und auch hier eigentlich nur bei Infektion mit reinen Biotypen. Bei weniger fein reagierenden Wirten und bei Biotypengemischen werden deshalb für die Umschreibung der Krankheitsbereitschaft einfachere Maßstäbe verwendet, zum Beispiel:

2. Die numerische Infektionsschwelle: wenn ceteris paribus bei Jenkins Clubweizen rund 5000 Sporen und bei Marquisweizen rund 100000 Sporen je Individuum, also 20mal mehr, notwendig sind, um 60% Steinbrandbefall zu erzielen (Abb. 57), so ist der erstere anfälliger als der letztere.

3. Die Fruktifikationsintensität des Erregers: *Ribes nigrum*, die schwarze Johannisbeere, auf der der Blasenrost je Quadratzentimeter Blattfläche 2600000 Sporen bildet (S. 263), ist anfälliger als *Ribes lacustre* mit nur 45000 Sporen.

4. Die Fruktifikationszeit des Erregers: *Echium vulgare* L., der gemeine Natterkopf, ist für den echten Mehltau der Borraginaceen, *Erysiphe horridula* (Wallr.) Lév. f. sp. *echii-myosotidis* Blumer (1933), am anfälligsten, weil der Pilz auf ihm schon 6 Tage nach der Infektion reichlich Sporen bildet (also nicht etwa Notreife!), gegen 9 Tage auf *Omphalodes linifolia* (L.) Moench, 25 Tage auf *Cerinthe*arten und 4 Wochen auf dem Vergißmeinnicht (*Myosotis*arten). – Eine Kartoffelsorte, auf der die Krautfäule, *Phytophthora infestans*, in 2–3 Tagen fruktifiziert, ist anfälliger als eine andere mit 7–11 Tagen, günstige Umweltbedingungen für den Erreger vorausgesetzt (S. 236).

5. Die Heftigkeit des Krankheitsverlaufes: Tomaten- und Tabakpflanzen, bei denen eine Infektion mit *Pseudomonas solanacearum*, dem Erreger der Schleimkrankheit in wärmeren Klimaten, innerhalb weniger Tage zum Tode führt, sind für diese Krankheit anfälliger als wildwachsende Solanaceen und Unkräuter (Nebenwirte), auf denen der Parasit unter denselben Verhältnissen bloß eine gutartige schleichende Erkrankung hervorruft.

6. Der Ertragsausfall: eine Kartoffelsorte, die durch *Phytophthora*befall eine Ertragseinbuße von 50% erleidet, ist für den falschen Mehltau anfälliger als eine andere, die auf dem Nachbarfeld nur 20% Ausfall zeigt usw.

7. Die Krankheitsindex-Methode (disease index). Bei ihr werden heterogene, qualitativ verschiedenartige Krankheitserscheinungen homogenisiert, d.h. auf denselben Nenner gebracht, so daß sich ihre Gesamtheit quantitativ mit einer Zahl ausdrücken läßt (GREANEY, 1938; ANONYMUS, 1948). Für die Bonitierung des Befallsgrades bei der Fußkrankheit des Getreides werden die Primärwurzeln P, die Sekundärwurzeln S und die Halmbasis H unabhängig voneinander nach dem folgenden Schema punktiert:

0 = gesund (ähnlich Abb. 250, *1*).
1 = schwache gelbliche Verfärbungen.
2 = gelbliche bis bräunliche Verfärbungen, einzelne braune Streifen oder Flecken (ähnlich den Sekundärwurzeln in Abb. 250, *3*).
3 = starke Bräunungen, teilweise Vermorschung (ähnlich dem Halmgrund in Abb. 250, *2*).
4 = abgestorben (ähnlich den Primärwurzeln in Abb. 250, *2*).

Der Krankheitsindex K wird sodann nach der folgenden Formel berechnet:

$$K\% = \frac{\text{Summe aus } P+S+H\left(\dfrac{\text{Anzahl Individuen}}{\text{je Befallsgrad}} \times \text{Befallsgrad}\right)}{12 \times \text{Gesamtzahl der geprüften Individuen}} \times 100,$$

wobei 0% völlig gesunde, 100% völlig abgestorbene Pflanzen zur Zeit der Kontrolle bedeuten; nach diesem Schema wurden zum Beispiel die Befallszahlen der Tabelle 44 berechnet.

Die Angaben über den Grad der Krankheitsbereitschaft gelten in manchen Fällen nicht für eine bestimmte Art oder Sorte, sondern nur für bestimmte Organe oder Teile derselben; so deckt sich bei den Kartoffeln die *Phytophthora*anfälligkeit der Knollen nicht immer mit derjenigen des Laubes; bei der Sorte Flava ist das Kraut anfälliger als die Knollen, bei Ackersegen sind die Knollen anfälliger als das Laub, und bei Bintje sind beide ungefähr gleich anfällig. Ähnliche Divergenzen bestehen bei den Getreidearten hinsichtlich des Befalles ihrer Laubblätter, Halme und Ähren durch Roste, Streifenkrankheit usw.; sie zeigen also nicht eine gesamthafte Anfälligkeit (bestimmter Sorten oder Individuen) für eine bestimmte Parasitenrasse, sondern eine abgestufte, spezifische Anfälligkeit der verschiedenen Teile oder Organe. In derartigen Fällen muß bei der Sortenwahl für den Anbau jeweils entschieden werden, welches Übel man am ehesten in Kauf nehmen will.

Ferner haftet sämtlichen Angaben über den Grad der Krankheitsbereitschaft eines Wirtes eine gewisse Relativität an: sie sind nicht absolute Größen, sondern gelten nur für die Voraussetzungen, unter denen sie gewonnen wurden; denn sowohl der Erreger (S. 317) als der Wirt kann seine Disposition unter bestimmten Umweltbedingungen ändern.

Je feiner der Maßstab, desto empfindlicher ist er für äußere Einflüsse; so liefert das eben besprochene Bonitierungsschema für Rostbiotypen usw. nur unter streng identischen Versuchsbedingungen vergleichbare, reproduzierbare Werte. Für die Beurteilung der Anfälligkeit neuer Züchtungen (und auch der Wirksamkeit neuer Pflanzenschutzmittel usw.) wird deshalb das Testverfahren in seinen äußern Bedingungen und hinsichtlich der zu verwendenden Erregerstämme durch Prüfvorschriften möglichst eindeutig festgelegt.

Um sodann die Übertragung der auf diesem Wege gewonnenen Laboratoriumsergebnisse auf den feldmäßigen Anbau zu erleichtern, sucht man das Testverfahren den praktischen Verhältnissen möglichst anzugleichen. Doch läßt sich diese Absicht nur innerhalb eines bestimmten Rahmens verwirklichen; es kann immer wieder geschehen, daß eine Prüfsorte wohl im Laboratorium erkrankt, aber nicht unter den Verhältnissen eines bestimmten Anbaugebietes und umgekehrt. Laboratoriumsversuche können deshalb bei der Anfälligkeitsprüfung den praktischen Feldversuch unter den klimatischen und edaphischen Bedingungen der verschiedenen Anbaugebiete nicht ersetzen.

Die Zahl der in einem Wirtsindividuum vereinigten Krankheitsanfälligkeiten ist unterschiedlich. Alle Pflanzen werden von Infektionskrankheiten heimgesucht, sind also für irgendwelche Erreger empfänglich. Doch ist das Spektrum der zugelassenen Parasiten bei den verschiedenen Arten verschieden breit. Getreide und Kartoffeln werden je von einigen Hundert heterogenen Krankheitserreger-Arten befallen, die Roßkastanie (*Aesculus hippocastanum* L.), die Buche (*Fagus silvatica* L.) und die Moose dagegen nur von ganz wenigen; das Anfälligkeitsspektrum ist somit bei den erstern weit, bei den letztern eng.

Die Beziehungen zwischen der Krankheitsbereitschaft und der systematischen Verwandtschaft der Wirte gestalten sich ähnlich wie, mit umgekehrten Vorzeichen, bei der Aggressivität der Erreger (S. 261). In gewissen Fällen herrscht Beziehungslosigkeit, so daß nächste Verwandtschaft (zum Beispiel von Getreidesorten) noch keineswegs dieselbe Anfälligkeit bedingt. In andern Beispielen besteht dagegen eine enge systemsgemäße Bindung der Anfälligkeit zum Beispiel an bestimmte Reihen oder Familien: in Mitteleuropa sind nur Farne, Quercifloren und Rosaceen für die Pilzgattung *Taphrina* anfällig – oder an bestimmte Gattungen: nur der Weizen (*Triticum*), nicht der Reis (*Oryza*), obschon beides intensivst genutzte einjährige Kulturpflanzen, ist den Rostkrankheiten unterworfen – oder an bestimmte Arten, Rassen, Züchtungen usw., entspricht doch der Verfeinerung der Wirtswahl der Erreger (S. 269) stets auch eine adäquate Verfeinerung der Anfälligkeit der Wirte.

Die Krankheitsbereitschaft mancher Pflanzengruppen ist deshalb in ihrer feinsten Ausprägung (zum Beispiel Apfelsorten gegenüber dem Apfelschorf, S. 270; Getreide gegen Rost, S. 272) weit schärfer spezialisiert als beim Menschen; während bei diesem eine rassengebundene Krankheitsanfälligkeit kaum besteht (die Neger mögen vielleicht eine geringere und kürzere Pockenimmunität erwerben als die Weißen), geht im Pflanzenreich die Spezifität der erblich, genotypisch umschriebenen Anfälligkeit des Wirtes bis in die letzten Verzweigungen mit der Spezifität der Erregerbiotypen (S. 270) parallel.

Das vorliegende Kapitel stellt sich die Frage nach der Natur, nach den stofflichen Grundlagen der unterschiedlichen Krankheitsbereitschaft der Wirte. Es scheidet sich in zwei Teile:

A. Die angeborene Krankheitsbereitschaft; sie umfaßt die ererbten, genotypischen, konstitutionellen Voraussetzungen des anfälligen oder refraktären Verhaltens eines Wirtes. Und

B. Die Veränderungen der Krankheitsbereitschaft durch die Umwelt, die Disposition des Wirtes einschließlich der ontogenetischen Verschiebungen derselben; sie umfaßt den erworbenen, modifizierbaren Anteil der Krankheitsbereitschaft.

Genaugenommen müßte auch die durch das Überstehen einer Krankheit erworbene Immunität zur Disposition gestellt werden; denn sie wurde nicht angeboren, sondern im Laufe des individuellen Lebens erworben; angeboren ist nur die Fähigkeit zur Immunreaktion. Doch ist der Inhalt der Immunreaktionen und der Immunität völlig verschieden von jener Veränderung der Krankheitsbereitschaft durch die Umwelt, an die man gemeinhin beim Wort «Disposition» denkt; die immunologische Krankheitswiderstandsfähigkeit wurde nämlich auf spezifischem Wege erworben, durch die Reaktion des Organismus auf den betreffenden Krankheitserreger selbst, während unter Disposition nur die meist unspezifischen Veränderungen der Krankheitsbereitschaft durch Ernährung, Temperatur usw. verstanden werden.

A. DIE ANGEBORENE KRANKHEITSBEREITSCHAFT DER WIRTE

Das Schicksal eines Infektes wird auf zwei Ebenen entschieden. Auf einer primitiven Ebene gibt das Nährstoffbedürfnis des Erregers den Ausschlag: er muß im Wirte mindestens das finden, was er unbedingt zu seiner Entwicklung braucht; infolge Ungenügens des Wirtes kann deshalb der Infekt zum Stillstand kommen. Auf einer höhern Ebene erfolgt zwischen Erreger und Wirt eine funktionelle Auseinandersetzung, wobei der letztere versucht, den invadierten Keim abzudrängen und zu eliminieren. Die angeborene Krankheitsbereitschaft setzt sich deshalb aus zwei Komponenten zusammen:

1. aus der Eignung des Organismus, als Wirt zu dienen, das ist seine Fähigkeit, den Erreger zu beherbergen und zu ernähren; und

2. aus seiner Geneigtheit, als Wirt zu dienen, das ist seine Fähigkeit zur funktionellen Abwehr; so sind sämtliche Warmblüter irgendwie als Wirte für Mikroorganismen «geeignet»; dies beweist das optimale Gedeihen derselben auf Bouillon; aber sie sind hierzu nicht geneigt: sie eliminieren die meisten Infekte spontan durch ihre Abwehr.

Aus Gründen, die wohl in tiefen Schichten des menschlichen Unterbewußtseins wurzeln, pflegt man jedoch die Krankheitsbereitschaft eines Wirtes nicht in erster Linie von der positiven Seite her zu betrachten, als Eignung und Geneigtheit seines Organismus, Wirtsdienste zu leisten («Was läßt seinen Organismus dem Erreger als sympathisch erscheinen?»), sondern vorwiegend von der negativen Seite her, als Nichteignung und Nichtgeneigtheit: «Welche Mittel stehen dem Organismus zur Verfügung, um die Entwicklung des Erregers zu erschweren oder zu verunmöglichen?»

Dieses refraktäre Verhalten beruht nur selten auf einem Faktor, sondern ist meist das Ergebnis des Zusammenspiels einer ganzen Reihe verschiedenartiger Besonderheiten und Fähigkeiten des betreffenden Wirtes. Das Gewicht dieser Faktoren und Faktorengruppen ist verschieden, obschon wir darüber wenig wissen; neben den entscheidenden Hauptwiderstandsfaktoren helfen auch solche von untergeordneter Bedeutung (Faktoren zweiter Ordnung) mit; wenn sich Erreger und Wirt in einem labilen Gleichgewichtszustand befinden und einander fast ebenbürtig sind, so können diese Nebenfaktoren, die sonst eine geringe Rolle spielen, sogar den Ausschlag geben.

Sodann ist die zeitliche Aufeinanderfolge, in der diese Faktoren in Funktion treten, verschieden. Ein Beispiel mag dies veranschaulichen.

Die Keimschläuche der Basidiosporen der meisten Rostpilze, so auch des Schwarzrostes, *Puccinia graminis* Pers. (S. 120), dringen nach dem *Botrytis*-

Tabelle 47

Die Beziehungen zwischen der Struktur von 2–3 Tage alten Blättern einiger *Berberis*arten und ihrer Widerstandsfähigkeit gegen *Puccinia graminis* Pers. (Nach MELANDER und CRAIGIE, 1927.)

Art	Dicke von Epidermisaußenwand + Kutikula μ
Stark anfällig	
Berberis canadensis Mill.	0,88
Berberis dictyophylla Franch.	0,82
Berberis vulgaris L.	1,10
Schwach anfällig	
Berberis brachypoda Maxim.	1,43
Berberis Lycium Royle	1,23
Berberis pruinosa Franch.	1,16
Mahonia aquifolium Nutt.	1,30
Nicht anfällig	
Berberis Thunbergii DC.	1,57
Odostemon repens (Lindl.) Rydb.	1,75

Typus (Abb. 1) durch die Kutikula in das Blattinnere ein. Die kräftige Epidermisaußenwand + Kutikula, die sich auf den Blättern der nicht-anfälligen *Berberis*arten (Tab. 47) schon in frühester Jugend entwickelt, hält sie jedoch kurzerhand mechanisch fern: wegen dieser strukturellen Besonderheit sind die betreffenden Blätter gar nicht geeignet, als Wirt des Schwarzrostes zu dienen.

Bei den Arten mit zarteren Blättern vermögen dagegen die Keimschläuche in das Blattinnere einzudringen; die erste Barriere versagt somit bei ihnen. Die stark anfälligen Vertreter dieser Gruppe (zum Beispiel *Berberis vulgaris*) haben hinter dieser ersten Barriere keine entscheidende Widerstandsmöglichkeit mehr; eben darum sind sie hochanfällig. Bei andern Arten, so bei *Berberis pruinosa* und *Berb. Lycium*, tritt dagegen hinter der ersten Barriere noch eine Gruppe von wahrscheinlich plasmatischen Widerstandsfaktoren in Funktion, die den eingedrungenen Parasiten hemmen; diese Arten werden deshalb weniger häufig und weniger heftig befallen als die *Berberis vulgaris*-Gruppe: sie sind zwar (was die peripheren Blattschichten anbelangt) geeignet, als Wirt zu dienen, aber (um es anthropozentrisch auszudrücken) nicht hiezu geneigt.

In Wirklichkeit beginnt freilich nicht zunächst der erste Faktorenkomplex, der Perforationswiderstand der peripheren Blattschichten, zu spielen und dann, wenn dieser versagt hat, unabhängig von ihm der zweite Faktorenkomplex, die plasmatische Abwehr der invadierten Zellen; sondern die verschiedenen Faktoren ergänzen sich und entscheiden den Ausgang des Infektes durch ihre Ganzheit, durch ihr Zusammenwirken, wobei offenbar der erstgenannte Komplex den Erreger hemmt, so daß er «ermüdet» und geschwächt im Zellinnern anlangt, wo ihn dann der zweite Faktorenkomplex vollends vernichtet. Nicht der einzelne Hemmungsstoff für sich und nicht die einzelne Abwehrreaktion für sich ist entscheidend und spezifisch für einen bestimmten Wirt, sondern entscheidend und spezifisch ist das Zusammenspiel dieser Faktoren.

Wenn wir also im folgenden die angeborene Krankheitsbereitschaft in einzelne Faktoren zerlegen und diese gesondert betrachten, so hat diese Analyse nur einen methodisch-didaktischen Sinn; im Leben entscheidet ihre Ganzheit.

Die mangelnde Eignung eines Organismus, als Wirt zu dienen, bezeichnen wir als Axenie, als Ungastlichkeit, Unwirtlichkeit, Inhospitalität, Untauglichkeit oder als passive Resistenz. Die griechische Wurzel des Wortes Axenie kennen wir bereits in den Ausdrücken «autoxen» und «heteroxen» auf dem Gebiete des Wirtswechsels und der «Xenien» in der Vererbungslehre.

Die mangelnde Geneigtheit eines Organismus, als Wirt zu dienen, beurteilen wir auf Grund seiner Abwehrreaktionen; sie sind ein Ausdruck seines Abwehrwillens, seiner aktiven Resistenz.

Der Unterschied zwischen diesen beiden Aspekten läßt sich an Hand der folgenden Gesichtspunkte herausarbeiten:

1. Die Genese. Die Axenie bestand schon präinfektionell, schon bevor das Individuum zum Wirt wurde. Sie existiert also gewissermaßen auf Vorrat gegen irgendeinen Erreger, der vielleicht einmal in den Lebenskreis des betreffenden Individuums tritt und sich dann an seinen Kanten stößt; aber diese Kanten wären auch dagewesen, wenn der Erreger nicht bestanden hätte, und sie wurden erst zu Faktoren der Axenie, weil sich der Erreger an ihnen stieß. Die Abwehrreaktionen treten dagegen erst postinfektionell in Funktion, nachdem das Individuum zum Wirt geworden ist.

2. Der Charakter. Die Axenie ist in ihrem Wesen passiv, statisch; sie erschwert die Infektion auf Grund von strukturellen (morphologischen, anatomischen usw.) Hindernissen; sie steht ihr im Wege und führt dadurch zu einem Geschütztsein des Wirtskörpers hinter einer Barrikade. Eine axenische Pflanze ist also im strengen Sinne des Wortes nicht «widerstandsfähig», sondern bloß «nicht anfällig», nicht zugänglich. Die Abwehrreaktionen sind dagegen in ihrem Wesen aktiv, dynamisch, wirklich funktionelle Abwehr.

3. Der Erbgang. Die Axenie beruht auf körperlichen oder entwicklungsgeschichtlichen Besonderheiten, die als solche vererbt werden und deshalb über einen gewissen Schwankungsbereich hinaus (Disposition) unveränderlich sind. Die Abwehrreaktionen werden dagegen nicht als solche vererbt, sondern vererbbar (und artgebunden) ist die Fähigkeit zur Abwehr. Die Ungastlichkeit ist also, gleich den Artmerkmalen, von Natur aus angeboren, die Abwehr dagegen ein durch den Erreger induzierter Zustand.

4. Die Zielsetzung. Die Axenie beruht auf Besonderheiten, die aus andern Gründen, unabhängig von den Krankheitserregern, in der Pflanze bestehen; nur als zufällige Nebenwirkung erschweren oder verunmöglichen sie allen Erregern, die in einer bestimmten Weise eindringen möchten, den Zugang oder die Ausbreitung; so liegt die Bedeutung einer kräftigen Kutikula primär auf dem Gebiete des Wasserhaushaltes und der Strahlenabsorption; wenn jedoch ein Erreger nach dem *Botrytis*typus in die betreffenden Laubblätter eindringen möchte, so wird er an ihr scheitern. Bei den Abwehrreaktionen ist dagegen das Fernhalten des Erregers unmittelbar «gewollt»; es beruht somit nicht auf einer Nebenwirkung, sondern es macht den Inhalt der betreffenden Reaktionen aus; diese sind deshalb mehr oder weniger «zielgerichtet».

5. Der Geltungsbereich. Die Faktoren der Axenie sind unspezifisch und gelten von Haus aus nicht einem bestimmten Erreger. Die Wirksamkeit der Abwehrreaktionen beschränkt sich dagegen mehr oder weniger spezifisch auf den Erreger, der sie auslöste, und eventuell noch auf seine unmittelbaren Verwandten. Die Axenie bedeutet deshalb eine allgemeine Ungastlichkeit des Körpers; die Abwehrreaktionen «bezwecken» dagegen seine Beschirmung gegen eine bestimmte Krankheit.

Eine weitere Frage wird sein, in welcher Weise die Axenie und die Fähigkeit zur Abwehrreaktion von den Eltern auf die Nachkommen übergehen.

Wir gliedern dementsprechend den Abschnitt über die angeborene Krankheitsbereitschaft des Wirtes in drei Unterabschnitte: I. Die stofflichen Grundlagen der Axenie; II. Die Abwehrreaktionen des Wirtes (S. 375); und III. Die Vererbung der Krankheitsbereitschaft (S. 466).

I. *Die stofflichen Grundlagen der Axenie*

Der pflanzliche Körper ist zweifelsohne von Natur aus sehr ungastlich; dafür spricht seine Keimarmut.

Intakte pflanzliche Gewebe sind zwar nicht unbedingt steril (SCHANDERL, 1944); sondern vor allem aus Früchten und Samen, dann auch aus dem Gefäßbündelring der Kartoffelknollen (S. 15), lassen sich mannigfaltige Pilze, Hefen und Bakterien isolieren; so fand MARCUS (1942) in 91% der untersuchten Kürbisse (*Cucurbita Pepo* L.) den *Bacillus vulgatus* Trev., der als Parasit der Blütennarben bekannt ist und offenbar von da in die Zwischenzellräume der Früchte eindringt, ohne sich aber in diesen stark zu vermehren. Es handelt sich vielmehr um einen Grenzfall zwischen einer bloßen Kontamination und einer verzögerten oder unterdrückten Infektion. Jedenfalls gelangen diese Infekte unter normalen Verhältnissen nicht zur Entfaltung, sondern bleiben wegen der allgemeinen Axenie des Wirtsorganismus kümmerlich und stumm («Raumparasitismus»).

Je nach der Art und dem Ort der Wirksamkeit der Axeniefaktoren unterscheiden wir die Befallsresistenz (§ 1), die Eindringungsresistenz (§ 2; S. 353), die Ausbreitungsresistenz (§ 3; S. 355) und die Toxinresistenz (§ 4; S. 375).

§ 1. Die Befallsresistenz

Befallsresistenz ist alles, was auf seiten des Wirtes die Befallswahrscheinlichkeit herabsetzt, also den Erreger nicht an den Wirt herankommen läßt. Der Organismus kann zwar innerhalb des Wirtskreises liegen und somit anfällig sein; aber er entwischt, entrinnt dem Erreger, ungefähr wie ein Mensch nicht ausgeht, wenn eine Seuche grassiert, um sich nicht in die Infektkette einzuschalten. Eine befallsresistente Pflanze ist somit anfällig, aber für den Erreger nicht (oder nur in beschränktem Ausmaß) erreichbar.

Die Befallsresistenz setzt also nicht die Krankheitsbereitschaft herab, sondern bloß die Befallswahrscheinlichkeit, die Infektionschance. Sie beruht vorwiegend auf einer Verkürzung der Expositionszeit, entweder 1. durch eine Verkürzung der Entwicklungsdauer anfälliger Gewebe oder 2. durch eine Verkürzung des Entwicklungsablaufes anfälliger Organe (zum Beispiel der Blühdauer bei Infekten, die ihren Weg durch die Blüte nehmen). In einem dritten Fall wird durch eine entsprechende Wuchsform vermieden, daß mikroklimatisch günstige Infektionsbedingungen entstehen.

Im Englischen wird dieses zeitliche und räumliche Entwachsen treffend als disease escape bezeichnet: die Pflanze ist noch einmal davongekommen. Griechisch würde man von Apodrasis sprechen.

1. Die Verkürzung der Expositionszeit der anfälligen Gewebe als Faktor der Befallsresistenz.

Eine Verkürzung der Expositionszeit der anfälligen Gewebe und damit eine Erhöhung der Befallsresistenz tritt ein: 1. wenn auf seiten des Erregers erst von einem bestimmten Zeitpunkt an ein Angebot von Sporenmaterial erfolgt, oder 2. wenn auf seiten des Wirtes der anfällige Entwicklungsabschnitt zeitlich begrenzt ist, so daß die Chancen für das Zusammentreffen von Erreger und Wirt entsprechend vermindert werden.

Im erstgenannten Fall, wenn auf seiten des Erregers erst von einem bestimmten Zeitpunkt an ein Angebot von Infektionsmaterial besteht, sucht der praktische Pflanzenbau die Entwicklung der gefährdeten Kulturen durch eine entsprechende Sortenwahl oder durch besondere Kulturmaßnahmen derart zu legen, daß sie möglichst vor das Sporenangebot des Erregers zu liegen kommt und dadurch der Infektion entrinnt.

So sind die Kartoffelstauden erst von einem bestimmten Lebensalter an in einem wirtschaftlichen Ausmaß für die Krautfäule, *Phytophthora infestans*, anfällig; dieses Stadium (Pfeil «Phyt.» in Abb. 266) wird naturgemäß von den Frühsorten früher im Jahr erreicht als von den Spätsorten, und zwar fällt es mit jener Periode der individuellen Entwicklung zusammen, in der der Ertrag am steilsten ansteigt. Ein epidemiologisch wirksames Angebot von *Phytophthora*sporen besteht in Mitteleuropa erst anfangs Juli. Gelingt es somit, die Entwicklungskurve der Frühsorte in Abb. 266 um zwei Wochen vorzuschieben, so gehen nur noch wenige Infektionsschübe über den Acker weg, und der Schaden bleibt gering.

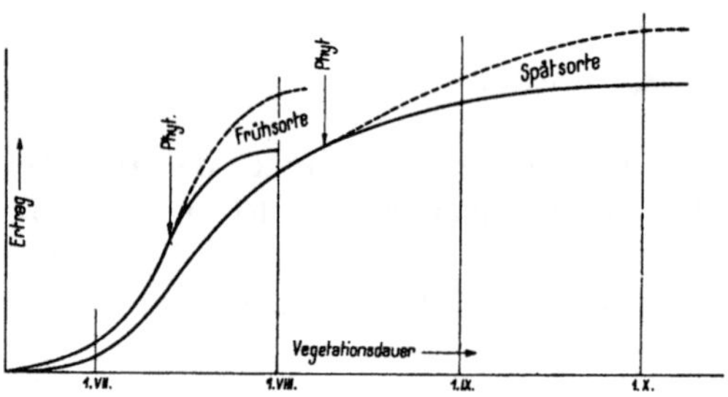

Abb. 266

Der Ernteanstieg einer früh und einer spät reifenden Kartoffelsorte und der Zeitpunkt des spontanen *Phytophthora*befalls. Ausgezogene Kurve: Tatsächlicher Verlauf des Ernteanstieges. Gestrichelte Kurve: Zu erwartender Verlauf, wenn keine Krautfäule auftreten würde. (Nach K. O. Müller, 1928.)

Der Landwirt greift deshalb zum Vorkeimen der Kartoffeln. Er läßt die Knollen vor der Pflanzzeit in Harrassen am Licht Keime bilden und pflanzt sie erst dann aus; sie kommen also bei Beginn der Pflanzzeit mit einem Entwicklungsvorsprung in den Boden, wodurch zwei entscheidende Wochen gewonnen werden. Ihre Anfälligkeit bleibt sich gleich; aber der Acker ist früher reif und entrinnt durch diesen Entwicklungsvorsprung den hochsommerlichen Infektionswellen.

Auf ähnlichen Voraussetzungen beruht der Brauch, Stoppeln von fußkrankem Getreide tief unterzupflügen; bevor nämlich die betreffenden Pilze wieder in die höhern Bodenschichten zurückgelangt sind, hat im folgenden Frühjahr das Saatgut des Sommergetreides gekeimt und muß deshalb zum mindesten die ersten Entwicklungsstadien nicht in verseuchter Erde durchlaufen: es entrinnt der Infektion.

Häufiger als dieser erste ist der zweite Fall, daß auf seiten des Wirtes der anfällige Entwicklungsabschnitt zeitlich begrenzt ist, wogegen auf seiten des Erregers dauernd ein Angebot von Infektionsmaterial besteht. Der praktische Pflanzenbau sucht deshalb der Infektionsgefährdung durch eine Verkürzung der Auflaufzeit entgegenzuwirken, zum Beispiel wieder durch ein Vorkeimen der Kartoffeln, oder durch eine hohe Triebkraft des Saatgutes oder durch eine entsprechende Saattiefe.

Der erdbodenbewohnende Wurzeltöter der Kartoffeln, *Corticium vagum* (*Rhizoctonia solani*), löst bei frühzeitiger Infektion ein Wipfelrollen der befallenen Stauden aus. Lichtkeime befällt er nur schwach. Werden somit vorgekeimte (S. 348) Knollen ausgepflanzt, so verkürzt sich der hochanfällige Entwicklungsabschnitt im verseuchten Erdreich auf einen Bruchteil.

Hinsichtlich der Triebkraft wird in der Praxis empfohlen, bei Gefährdung der Gerste durch die Streifenkrankheit, *Helminthosporium gramineum*

Tabelle 48

Beziehungen zwischen der Saatkorngröße bei der vierzeiligen Gerste und dem Befall durch *Helminthosporium gramineum* Rabh. (Nach GENAU, 1928.)

Größe der Körner (Breite des Schlitzes im Schlitzsieb) mm	Prozentualer Befall bei einer Probe aus	
	Italien	Dobrudscha
2,5	22,7	27,3
2,2	34,0	35,3
unter 2,2	65,9	57,1

Rabh. (S. 134), die schwachen Körner auszusieben. In Tab. 48 liefern die kleinsten Körner den größten Krankheitsbefall: sie laufen langsam und unregelmäßig auf und bleiben deshalb lange der Infektion ausgesetzt; bei den größern Körnern wächst dagegen der Keimling mit seiner größern Triebkraft rascher durch das empfängliche Entwicklungsstadium hin. Dies ist auch der Grund, warum die kräftigen Körner von der Mitte der Gerstenähre einen fast um die Hälfte geringern Krankheitsbefall liefern als die schwächern Körner von der Ährenbasis und der Ährenspitze.

Den Einfluß der Saattiefe auf den Befall von Keimlingen durch einen allgegenwärtigen Erreger veranschaulicht Abb. 267; gleichgültig, ob der Erreger vor der Aussaat auf die Körner oder in den Boden gebracht wird: bei einem räumlich und zeitlich langen Weg durch das Erdreich (die 6 cm tief ausgelegten Körner laufen gegenüber den 1 und 2 cm tiefen zwei Tage später auf) steigt der *Fusarium*befall um ein Mehrfaches.

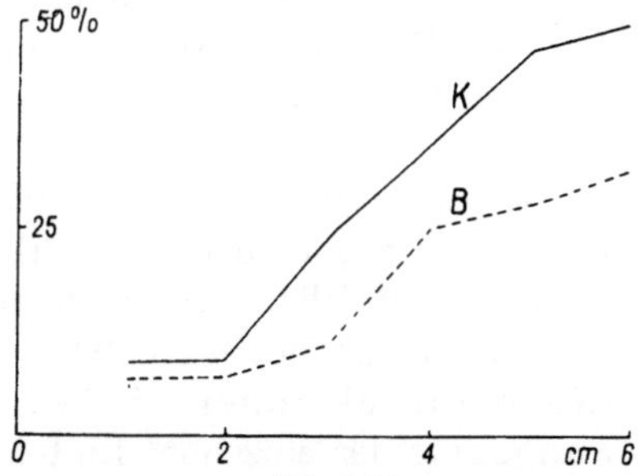

Abb. 267

Der Einfluß der Saattiefe auf den Befall des Roggens durch einen Erreger der Fusariose, *Fusarium culmorum* (W. G. Smith) Sacc. Kurve *K*: Körnerinfektion. Kurve *B*: Bodeninfektion. Abszisse: Saattiefe. Ordinate: Krankheitsbefall. (Nach BALTZER, 1930.)

2. Die Verkürzung der Expositionszeit der anfälligen Organe als Faktor der Befallsresistenz

Erreger und Wirt müssen ungefähr dieselben ökologischen Ansprüche und denselben Lebensrhythmus besitzen, wenn die Infektkette trotz ihrer beidseitigen Stenözie (S. 41) weitergehen soll. Im Tertiär und Quartär ist offenbar eine ungeheure

Selektion erfolgt, in deren Verlauf nur jene Erreger übrigblieben, die zum Vegetationsrhythmus des Wirtes einigermaßen paßten, d. h. auf ihn abgestimmt, mit ihm synchron waren.

Die Teleutosporen des Schwarzrostes, *Puccinia graminis*, keimen vom Februar bis weit in den Hochsommer hinein und senden einen Streuregen von Basidiosporen aus, durch den die jungen *Berberis*blätter hindurchwachsen müssen (S. 120); was vor der Entfaltung der *Berberis*blätter oder nach ihrer Verhärtung keimt, ist hinfällig. Unendlich viele Basidiosporen werden also viel zu früh oder lange zu spät ausgestreut; aber eine von ihnen trifft unter geeigneten Außenbedingungen den richtigen Zeitpunkt, löst Primärinfektionen aus und beginnt zu streuen. Wegen dieser geringen Trefferwahrscheinlichkeit sind ja die epidemiologisch wichtigen Primärinfektionen so selten zu beobachten.

Tabelle 49

Der Einfluß der Expositionszeit auf den Befall des Weizens durch die Ährenfusariose, verursacht durch *Gibberella Saubinetii* bei der Lufttemperatur von 25°. (Nach ANDERSEN, 1948.)

Expositionszeit h	Infizierte Ährchen %	Getötete Ährchen %
18	2,4	6,6
24	5,5	2,5
36	18,5	19,0
48	77,1	64,0
60	83,0	76,2
72	95,6	84,9

*Berberis*blätter, die lange exponiert bleiben, haben somit eine größere Chance zu erkranken als andere, die rasch durch das anfällige Alter hindurchwachsen. Wie sehr diese Expositionszeit ceteris paribus für die Stärke des Krankheitsbefalls den Ausschlag geben kann, zeigt Tab. 49.

Besonders augenfällig tritt die Bedeutung der Expositionszeit der anfälligen Organe bei der Blühdauer zutage; sie ist ein auschlaggebender Faktor der Befallswahrscheinlichkeit für jene Infektionskrankheiten, die ihren Weg durch die geöffnete Blüte, zum Beispiel durch die Narben, nehmen (Narbeninfektionen, S. 74). Sie setzt sich zusammen: 1. aus der Öffnungszeit der einzelnen Blüten, 2. aus der Abblühgeschwindigkeit der Blütenstände und 3. aus der Blühzeit des ganzen Feldes. Je kürzer die Blühdauer, um so größer ist die Aussicht für die Blüten, der Infektion zu entrinnen.

Beispiel: das Mutterkorn der Gramineen, *Claviceps purpurea* (Fr.) Tul. (S. 109). Unter unsern Getreidearten ist sein Hauptwirt der Roggen; Weizen und Gerste sind Nebenwirte und als solche nur sporadisch und meist schwächer befallen. Wir wollen diese Befallsunterschiede auf Grund der Öffnungszeit der Einzelblüte, der Abblühgeschwindigkeit der Blütenstände und der Blühzeit des ganzen Feldes zu verstehen suchen.

Die Öffnungszeit der Einzelblüte. Diese ist bei Roggen und bei Weizen ungefähr gleich lang, beim erstern etwa 20–35 Minuten, beim letztern 8–35 Minuten; die Blüten beider Arten sind also den *Claviceps*sporen gleich lang exponiert (nur bei streng kleistogamen Gerstenrassen, deren Blüten zeitlebens geschlossen bleiben, fällt die Exposition und mit ihr die Infektionschance gänzlich dahin). Verschieden sind jedoch der innere Zustand der sich exponierenden Blüten und die Möglichkeit der Beeinflussung der Blühdauer durch äußere Umstände.

Was zunächst den innern Zustand der sich öffnenden Blüten betrifft, so muß der Roggen als Fremdbefruchter beim Spreizen der Spelzen wirklich befruchtet werden; seine Narben sind deshalb voll empfängnisfähig. Der Weizen und die Gerste haben sich dagegen als Selbstbestäuber normalerweise schon selbst bestäubt, wenn sie ihre Blüten öffnen; sie haben deshalb schon begonnen, ihre Entwicklung fortzusetzen, und man muß sich vorstellen, daß die *Claviceps*infektion bei derartigen Blüten weniger leicht haftet.

Was sodann die Beeinflussung der Blühdauer durch die äußern Umstände anbelangt, so gelten die oben genannten Öffnungszeiten des Roggens und Weizens nur für den idealen Fall, nämlich beim Roggen nur dann, wenn Bestäubung eintritt; sonst verlängert sich die Öffnungszeit auf ein Vielfaches und so bleiben die Spelzen tagelang gespreizt und die Narben der Infektion zugänglich. Beim Weizen wirken dagegen die äußern Umstände meist auf eine Verkürzung der Expositionszeit hin; die genannte Öffnungszeit gilt nur für schöne Witterung; bei kühlem und feuchtem Wetter (bei welchem der Roggen lange blüht) ist das Öffnen der Weizenblüte gehemmt oder unterbleibt ganz und mit ihm auch die Infektion.

Die Abblühgeschwindigkeit der Blütenstände. Eine Roggenähre blüht bei normalem Gang der Befruchtung in 3–4 Tagen ab. Bei den Randpflanzen der Felder ist jedoch auf der Luvseite des Windes die zur Verfügung stehende Pollenmenge gering, so daß die Bestäubung lange auf sich warten läßt oder gänzlich ausbleibt; die Ähren stehen deshalb der Infektion durch kontaminierte Fliegen usw. länger offen als in der Mitte des Feldes (dazu kommen noch die Spontaninfektionen von Wildgräsern her). Die Randpflanzen der Roggenfelder zeigen infolgedessen oft einen besonders starken Mutterkornbefall. Beim Weizen fehlt dagegen diese induzierte Dehnung der Blühdauer, weil ja seine Blüten beim Öffnen schon bestäubt sind.

Die Blühdauer des Feldes. Diese beträgt beim Roggen normalerweise 8–14 Tage, ist jedoch stark von der Bestandesdichte und vom Wetter abhängig. Bei dichten Beständen, in denen die Einzelpflanzen wenig bestockt sind, befinden sich alle Ähren in ungefähr demselben Entwicklungsstadium; ein solches Feld blüht verhältnismäßig rasch ab, so daß Sekundärinfektionen durch Honigtaukonidien (S. 114) zu spätkommen. In lockern Beständen und bei besonders dafür veranlagten Sorten setzt dagegen eine starke Bestockung ein, die sich bei kühlem, feuchtem Wetter lange hinzieht; dies hat ein ungleichmäßiges Schossen und damit eine lange Blühdauer des ganzen Feldes zur Folge. Nachschosser

Tabelle 50

Der Einfluß der Saattiefe auf den Mutterkornbefall des Roggens. (Nach WOLLNY aus BRAUN, 1937.)

Saattiefe cm	Roggenertrag Körner in g	Mutterkornertrag	
		Anzahl	Gewicht in g
2,5	1391	200	5,3
5,0	1359	214	8,9
7,5	1054	575	23,6
10,0	954	947	33,3

zeigen häufig einen stärkern Mutterkornbefall; denn ihre Befruchtung bleibt wegen der schwächlichen Ähren und der verhältnismäßig geringen Pollenmenge oft aus, und so sind die Blüten lange Zeit der Sekundärinfektion durch Honigtaukonidien von Nachbarähren her ausgesetzt.

Tabelle 51

Der Einfluß der Standweite auf den Mutterkornbefall des Winterroggens. (Nach KREBS, 1936.)

Standweite	Anzahl befallene Ähren je Parzelle von 9 m²	Anzahl Sklerotien je Parzelle von 9 m²	Mutterkornertrag kg/ha
Vollsaat (unverdünnt)	69,2 ± 1,5	134,5 ± 6,7	5,6
Drillreihe auf 10 cm Abstand . .	115,4 ± 2,2	251,2 ± 3,1	11,2
Drillreihe auf 20 cm Abstand . .	207,6 ± 4,4	494,0 ± 3,8	21,7
Drillreihe auf 30 cm Abstand . .	307,0 ± 8,0	956,2 ± 14,4	34,6

In derselben Richtung wirken gewisse pflanzenbauliche Maßnahmen: Je größer die Saattiefe (Tab. 50) und die Standweite (Tab. 51), desto länger ist deshalb ceteris paribus die Blühdauer und um so größer der Mutterkornbefall, alles Beeinflussungen, die beim Weizen und bei der Gerste wegfallen.

Die somatische Anfälligkeit für Mutterkorn ist somit bei Roggen, Weizen und Gerste ungefähr gleich groß; die unterschiedliche Befallshäufigkeit beruht nur auf den unterschiedlichen Befallschancen wegen der blütenbiologischen Besonderheiten, vor allem der Blühdauer.

3. Die Wuchsform als Faktor der Befallsresistenz

Der Habitus einer Sorte oder die Schnittform eines Baumes beeinflussen den Krankheitsbefall insofern, als bei krautigem Wuchs durch Überschattung des Bodens usw. ein feuchtes, infektionsbegünstigendes Binnenklima (S. 35) geschaffen wird, wogegen ein offener Wuchs die Verdunstung des Regens und des Taues erleichtert und dadurch eine wichtige Voraussetzung der Infektion beseitigt; so sind Buschbohnen mit einem hohen, straffen Wuchs und luftig hängenden Hülsen (und selbstverständlich erst recht Stangenbohnen) ceteris paribus der Infektion durch den Erreger der Brennfleckenkrankheit, *Glomerella Lindemuthiana* (Sacc. et Magn.) Shear = *Colletotrichum Lindemuthianum* (Sacc. et Magn.) Bri. et Cav. = *Gloeosporium Lindemuthianum* Sacc. et Magn. weniger ausgesetzt als gedrängte, niederliegende Sorten, Hochstammrosen dem Sternrußtau, *Diplocarpon rosae*, weniger zugänglich als Buschrosen, Kartoffelsorten mit offenem Wuchs der Krautfäule weniger zugänglich als buschiggeschlossene Sorten usw.

§ 2. Die Eindringungsresistenz

Eindringungs- oder Infektionsresistenz ist alles, was auf seiten des Wirtes das Eindringen des Erregers erschwert oder verunmöglicht. Eindringungsresistenz bedeutet somit Infektionsschutz. Eine eindringungsresistente Pflanze ist anfällig, aber nicht zugänglich.

Diese Differenzierung wird zum Beispiel im Italienischen auch sprachlich angedeutet. Eine Pflanze mit einer dicken Kutikula wird von einem bestimmten Erreger auf dem direkten Wege nicht befallen; sie ist gegen ihn eindringungsresistent, sie besitzt für ihn keine «recettività». Ihr Körperinneres kann dennoch anfällig sein; nimmt somit der betreffende Erreger seinen Weg durch eine Wunde, so zeigt sie für ihn eine hohe «suscettibilità» (Baldacci, 1942).

Die Faktoren der Eindringungsresistenz bilden eine Barrikade, die den Erreger schon an der Peripherie aufhält. Im allgemeinen wirken sie, wie die Faktoren der Befallsresistenz, unspezifisch: sie richten sich wahllos gegen alle Erreger, die unmittelbar von der Körperoberfläche her in die betreffende Pflanze eindringen möchten. Wir besprechen hier zwei derartige Faktorengruppen: 1. den Bau der Oberhaut und 2. den Bau der Spaltöffnungen.

1. Der Bau der Oberhaut als Faktor der Eindringungsresistenz

Wie der menschliche Körper durch seine Haut, so ist auch der pflanzliche Körper durch seine peripheren Abdichtungsschichten gegen eine große

Zahl von Mikroorganismen passiv geschützt. Diese Schichten dichten ihn also nicht nur nach innen ab (Herabsetzung der Transpiration), sondern auch nach außen (Fernhalten der Krankheitserreger). Die Bedeutung dieser peripheren Eindringungsresistenz ergibt sich negativ aus jenen Fällen, wo ihr Schutz nicht mehr besteht: aus den Wundinfektionen (S. 81).

Drei verschiedene periphere Gebilde des pflanzlichen Körpers können als Nebenwirkung das Eindringen von Erregern hemmen und dadurch zu Faktoren der Eindringungsresistenz werden: die Wachsschicht, die Kutinschicht (Kutikula) und die Korkschichten (Periderm).

Der Wachsbelag erhöht mittelbar die Eindringungsresistenz, indem er bei jungen Getreideblättern, *Prunus*früchten usw. das Haften der Infektionstropfen erschwert; deshalb pflegt man bei Laboratoriumsinfektionen die Blätter junger Getreidepflanzen zwischen den Fingern abzureiben oder die Oberflächenspannung der Infektionsflüssigkeit auf chemischem Wege herabzusetzen.

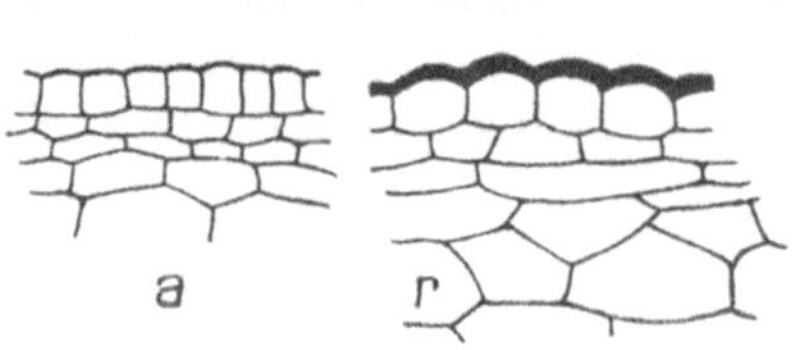

Abb. 268

Schnitt durch die peripheren Schichten einer für *Botrytis cinerea* Pers., den Erreger einer Fleckenkrankheit, anfälligen (*a*) und einer eindringungsresistenten Tomate (*r*). Die Kutikula ist schwarz gehalten. Vergr. 200. (Nach Ainsworth, Oyler und Read, 1938.)

Die Kutikula schafft auf mechanischer Grundlage eine unmittelbare Eindringungsresistenz gegen jene Erreger, die nach dem *Botrytis*typus (Abb. 1) in die Wirtsgewebe eindringen möchten, so bei den *Berberis*blättern (Tabelle 47) gegen die Basidiosporen des Schwarzrostes, ferner auch gegen *Botrytis cinerea* selbst (Abb. 268). Besonders wichtig ist sie bei Früchten, weil hier mit steigender Reife die innere Ausbreitungsresistenz nahezu auf den Nullpunkt sinkt: fast im gleichen Verhältnis steigt, wie wir später im Abschnitt über die ontogenetischen Verschiebungen der Eindringungsresistenz sehen werden, der Schutz, der ihnen die sich verdickende oder verhärtende Kutikula gewährt. Wird deshalb der Kutinmantel der Früchte durch Hagel oder Insektenfraß oder auf dem Transport an- oder aufgerissen, wird also die Wand des Geldschrankes mechanisch aufgebrochen, so steht allen möglichen, nicht spezialisierten Mikroorganismen, deren Sporen überall herumfliegen, der Eingang offen; darum werden verletzte Früchte (und andere pflanzliche Organe) auf dem Wege über die Wunden von irgendwelchen pilzlichen und bakteriellen Ubiquisten befallen, die ihnen im intakten Zustand nichts anhaben könnten.

Ähnlich der Kutikula bildet das verkorkte Periderm der Rinden, Wurzeln, Knollen usw. einen unmittelbaren, unspezifischen Faktor der Eindringungsresistenz; doch besteht zum Beispiel bei der *Phytophthora*anfälligkeit der Kartoffelknollen keine Korrelation zwischen der Dicke der Korkschicht und der Befallshäufigkeit (Löhnis, 1925), weil hier die Infektion wohl vorwiegend durch die Augen, Wunden usw. erfolgt.

2. Der Bau der Spaltöffnungen als Faktor der Eindringungsresistenz

Der Bau der Spaltöffnungen besitzt wohl nur gegen Bakterien (S. 31) eine Bedeutung als Faktor der Eindringungsresistenz.

Alle *Citrus*arten und die meisten näher verwandten Rutaceengattungen werden vom *Xanthomonas citri* (Hasse) Dows., dem Erreger des *Citrus*krebses (S. 224), befallen, wenn man die Bakterien durch Nadelstiche in die Blattgewebe einbringt; dennoch erweisen sich gewisse Mandarinensorten (*Citrus nobilis* Lour.) als praktisch sehr widerstandsfähig, gewisse Grapefruitsorten (*Citrus grandis* Hassk.) dagegen als sehr krebsanfällig; somit muß ein Problem der bloßen Eindringungsresistenz vorliegen.

Die widerstandsfähigen Mandarinensorten besitzen vor ihren Spaltöffnungen breite Vorhofleisten (Abb. 269, *1*) und einen entsprechend schmalen, schlitzförmigen Zugang zum Vorhof, so daß die Tau- und Regentropfen und in ihnen die Bakterien kaum je in den Spaltenmund und die Atemhöhle gelangen; die Bakterien sind deshalb ausschließlich auf Wunden als Eintrittspforten angewiesen. Bei den anfälligen Grapefruitsorten sind dagegen die Vorhofleisten nur schwach entwickelt (Abb. 269, *2*); der Vorhof steht breit offen und saugt die Wassertropfen geradezu in den Spaltenmund hinab.

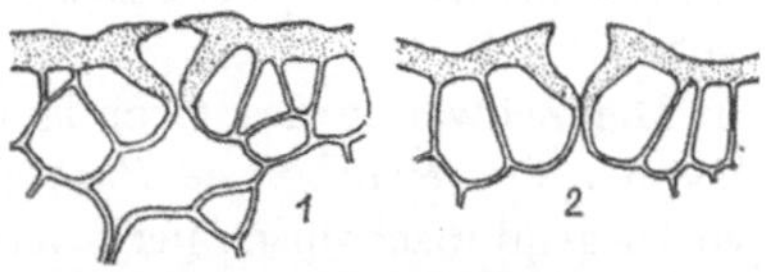

Abb. 269
Der Bau der Spaltöffnungen als Faktor der Eindringungsresistenz gegen *Xanthomonas citri*. *1 Citrus nobilis* Lour. *2 Citrus grandis* Hassk. Vergr. 570. (Nach McLean, 1921.)

§ 3. Die Ausbreitungsresistenz

Die Ausbreitungsresistenz umfaßt die präinfektionell bestehenden Hindernisse, die der Generalisation des eingedrungenen Erregers, seiner Ausbreitung im Wirtsinnern, entgegenstehen: der Organismus ist zwar infektionsanfällig, aber nicht bewohnbar. Ausbreitungsresistenz bedeutet also Ungastlichkeit par excellence: dem Erreger steht zwar die Türe offen, aber der Aufenthalt in der Stube wird ihm ohne Zutun des Wirtes, einfach durch die Art, wie er ist (nicht wie er agiert), verunmöglicht.

Obschon die Ausbreitungsresistenz schon präinfektionell besteht, kommt sie erst postinfektionell zur Auswirkung. Ihr Wirkungsgrad ist am gegebenen Objekt schwer zu schätzen; denn sie arbeitet Seite an Seite mit den zellulären Abwehrreaktionen und muß den Erfolg mit ihnen teilen.

In ihren stofflichen Grundlagen kann die Ausbreitungsresistenz auf histologischen Besonderheiten beruhen, auf dem Widerstand, den die Zellwände durch ihre mechanischen Eigenschaften oder ihren chemischen Bau dem Vordringen des Erregers entgegensetzen. Dieser Widerstand ist 1. allgemein in den Geweben vorhanden, oder 2. auf bestimmte Barrikadengewebe lokalisiert.

In andern Fällen wird die Ausbreitungsresistenz durch chemische Besonderheiten der Zellinhalte bedingt, zum Beispiel durch ein Zuwenig an Nähr- oder ein Zuviel an widrigen Stoffen; deshalb 3. der Nährstoffgehalt, 4. der Gehalt an Wuchsstoffen, 5. die Azidität, 6. der osmotische Wert des Zellsaftes, und 7. keimwidrige Zellinhaltstoffe als Faktoren der Ausbreitungsresistenz.

1. Die generelle Ausbreitungsresistenz der Zellwände

Wir besprechen je ein Beispiel von unverholzten und von verholzten Geweben.

Die Zellwände des Grundgewebes der Kartoffelknollen werden von den Hyphen des *Pythium de Baryanum* Hesse, des Erregers einer Trockenfäule, vorwiegend mechanisch perforiert, nicht chemisch aufgelöst, und so beruht die unterschiedliche Ausbreitungsresistenz der verschiedenen Kartoffelsorten zur Hauptsache auf dem Perforationswiderstand der betreffenden Zellwände (Hawkins und Harvey, 1919). Bei zwei anfälligen Sorten drangen zum Beispiel die Hyphen in 24 Stunden 366 bzw. 436 μ weit vor, bei einer widerstandsfähigen Sorte nur 102 μ; um durch eine Wirtszelle hindurchzuwachsen, brauchten sie bei den erstern Sorten 43 bzw. 50 Minuten, bei der letztern 204 Minuten. Die Zellwände der letztern werden also langsamer perforiert. Versuche zeigten nun, daß sie auch dem rein mechanischen Durchbohren einen größern Widerstand entgegensetzen. Zur Perforation der Zellwände der Schale werden bei den empfänglichen Sorten Drucke von 48,7 bzw. 42,0 kg je Quadratzentimeter benötigt, bei der widerstandsfähigen Sorte 89,4 kg; im Innern der Knollen (für das Grundgewebe) 31,3 bzw. 38,2 kg bei den anfälligen Sorten und 65,9 kg bei der widerstandsfähigen Sorte. In entsprechender Weise beträgt der Rohfasergehalt der Schalen bei den erstern 1,97% gegen 3,27% bei der letztern, und für das Grundgewebe 1,90% bei den erstern gegen 2,15% bei der letztern. Die ausbreitungsresistente Sorte zeichnet sich also vor den anfälligen durch eine stärkere sekundäre Verdickung der Zellwände aus.

Bei den verholzten Geweben schafft die Verholzung zunächst eine generelle Ausbreitungsresistenz gegen alle jene Pilze, die keine Ligninasen bilden, so gegen die Blaufäuleerreger des stehenden und des verbauten Holzes; diese nehmen deshalb ihren Weg durch Markstrahlen, Tüpfel usw. (Abb. 270).

Aber auch die echten holzzerstörenden Pilze bauen in der Regel Zellulose leichter ab als Lignin. Die Dauerhaftigkeit (Pilzwiderstandsfähigkeit) des Holzes wächst deshalb im allgemeinen mit steigender Inkrustierung des Zellulosegerüstes; so gilt das Holz von Hochgebirgslärchen ceteris paribus als besonders dauerhaft; tatsächlich nimmt der Ligningehalt des Lärchenholzes mit steigender Meereshöhe zu (Abb. 271).

Neben der Verholzung an sich spielt unter Umständen auch der Quellungszustand der verholzten Membranen eine Rolle als Faktor der Ausbreitungsresistenz. Dieser Gesichtspunkt ist für den Einfluß der Fällungszeit auf die Dauerhaftigkeit (das ist die Pilzresistenz) des Fichten- und des Tannenholzes technisch wichtig, dürfte aber auch bei der Krankheitsanfälligkeit des stehenden Holzes zu berücksichtigen sein.

Das Reifholz und der Splint (das Jungholz) der Fichte, *Picea excelsa* (Lam.) Lk., und der Weißtanne, *Abies pectinata* DC., sind nämlich, wenn die Bäume in den verschiedenen Monaten des Jahres geschlagen werden, unter konstanten äußern Bedingungen verschieden stark vermorschbar und werden in waldfeuchtem Zustande in den Fällungsmonaten Februar bis Juli deutlich stärker abgebaut als bei Winterfällung (Abb. 272, Kurve *1*).

Abb. 270
Das Wachstum der Hyphen von *Trichoderma viride* in den Markstrahlen und, den Tüpfeln folgend, in den Tracheiden von *Pinus taeda* L. Vergr. 120. (Nach SPRADLING, 1936.)

Diese unterschiedliche Ausbreitungsresistenz des «im Saft geschlagenen» Holzes geht wider Erwarten nicht in erster Linie auf einen unterschiedlichen jahreszeitlichen Nährstoffgehalt des Holzes zurück, sondern auf seinen saisonmäßigen Wuchsstoffgehalt und auf den saisonmäßigen Quellungszustand seiner Zellwände (GÄUMANN, 1930, 1932).

1. Die genannten Pilze sind, obschon in den Einzelheiten noch nicht geprüft, weitgehend wuchsstoffheterotroph, d.h. stark vom Wuchsstoffgehalt des Substrates abhängig. Wenn die Bäume im Vorfrühling «in den Saft» kommen, so erhält ihr Stamm aus den Knospen und dem Kambium Wuchsstoffe zugeführt; sein Gehalt an Heteroauxin, Aneurin, Biotin, Adermin usw. ist dementsprechend jahreszeitlichen Schwankungen unterworfen. Der höhere Wuchsstoffgehalt begünstigt seinerseits die Entwicklung der betreffenden Pilze und damit ihre Zerstörungsleistung. Wenn anderseits anfangs August die Bildung des Jahrringes zu Ende geht, nimmt auch die Stimulierung des Pilzwachstums ab; dieser Sektor des Einflusses der Fällungszeit läuft also nicht mit der Vegetationszeit, sondern mit dem Rhythmus der Jahrringbildung parallel.

2. Der Quellungszustand der Zellwände, insbesondere des Zellulosegerüstes ist offenbar in den verschiedenen Fällungsmonaten verschieden; denn die unterschiedliche Vermorschbarkeit geht hauptsächlich zu Lasten der Zellulose, liegt doch der Korrelationskoeffizient zwischen der Auflösung der Zellulose

einerseits (dagegen zum Beispiel nicht des Lignins) und der Vermorschbarkeit anderseits meist zwischen 0,7 und 0,9, also sehr hoch.

Werden die aufgeschnittenen Holzproben in einem luftigen Holzschuppen ein Jahr trocken gelagert, so erleiden sie während dieser Zeit keine Substanzverluste; sie trocknen jedoch aus, und ihre kolloiden Strukturen, insbesondere ihre Zellwände, reifen und entquellen zum Teil irreversibel (Hysteresis). Die Vermorschung dieser Proben ist unter denselben Versuchsbedingungen nur noch halb so groß wie im waldfeuchten Zustande (Abb. 272, Kurve *2*); durch die Verhornung ihrer Zellwände ist also ihre Pilzresistenz auf rund das Doppelte gewachsen. Ferner verwischt sich der Unterschied zwischen Reifholz und Splint; die stärkere Vermorschbarkeit des waldfeuchten Splintes kann also nicht nur durch seinen höhern Gehalt an Kohlehydraten, N-Verbindungen usw. bedingt gewesen sein; denn er enthält diese Stoffe auch jetzt noch; sondern die Ursache seiner geringern Ausbreitungsresistenz muß mit in der stärkern Hydratisierung seiner Zellwände liegen. Endlich sind auch die

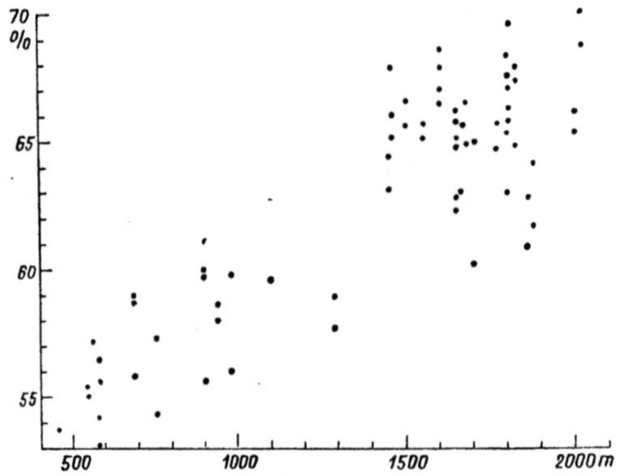

Abb. 271

Der Ligningehalt des Lärchenkernholzes in Abhängigkeit von der Meereshöhe des Standortes. Abszisse: Meereshöhe, in der die betreffenden Bäume gewachsen sind. Ordinate: Ligningehalt, bezogen auf den Zellulosegehalt. (Nach GÄUMANN, 1948.)

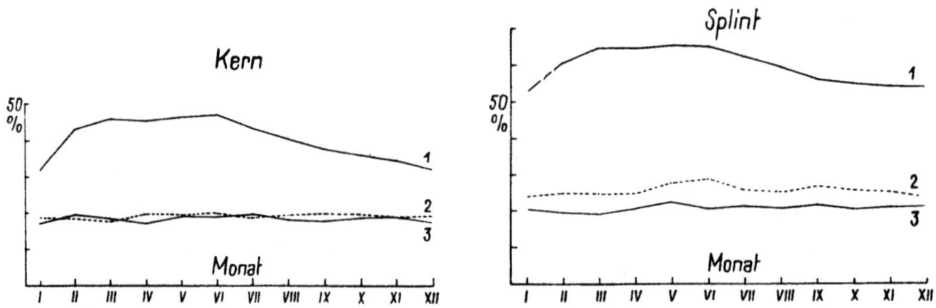

Abb. 272

Der Einfluß der Fällungszeit auf die Vermorschung des Tannenholzes durch *Lenzites abietina* (Bull.) Fr. unter konstanten äußern Bedingungen. *1* Waldfeuchtes Holz. *2* Ein Jahr trocken gelagertes Holz. *3* Ein Jahr ausgewettertes Holz. Abszisse: Fällungsmonate. Ordinate: Prozentuale Vermorschung in 6 Monaten. (Nach GÄUMANN, 1930.)

fällungszeitlichen Ausschläge der Vermorschbarkeit derart gering geworden, daß sie sich wahrscheinlich innerhalb der standortlichen Schwankungen bewegen.

Noch stärker ebnet sich die Pilzresistenz bei jenen Holzproben aus, die ein Jahr im Freien ausgewettert, also der Einwirkung von Sonne, Wind, Regen, Schnee, Frost ausgesetzt wurden; sie sind nicht nur um ein Jahr kolloidchemisch gealtert, sondern haben überdies durch Auswaschung rund die Hälfte ihrer Kohlehydrate und fast zwei Drittel ihrer N-Verbindungen verloren. Ihre Ausbreitungsresistenz ist dadurch noch größer geworden (Abb. 272, Kurve *3*), und die Unterschiede zwischen Reifholz und Splint und Sommer- und Winterfällung sind verschwunden.

Die jahreszeitlichen Schwankungen der Pilzresistenz des Fichten- und Tannenholzes (dagegen viel weniger des Buchenholzes; GÄUMANN, 1936) machen sich also nur dann in vollem Umfange geltend, wenn das Holz unmittelbar in frisch geschlagenem, waldfeuchtem Zustande verwendet wird. Läßt man dagegen das Holz, wie es bei unsern Altvordern der Brauch war, erst ein Jahr trocken lagern, so nimmt seine Ausbreitungsresistenz durch die kolloidchemische Alterung seiner Zellwände erheblich zu und die fällungszeitlichen Unterschiede gleichen sich stark aus; und läßt man das Holz vollends ein Jahr im Freien auswettern (oder wird das Holz längere Zeit geflößt), so fallen die jahreszeitlichen Unterschiede gänzlich dahin.

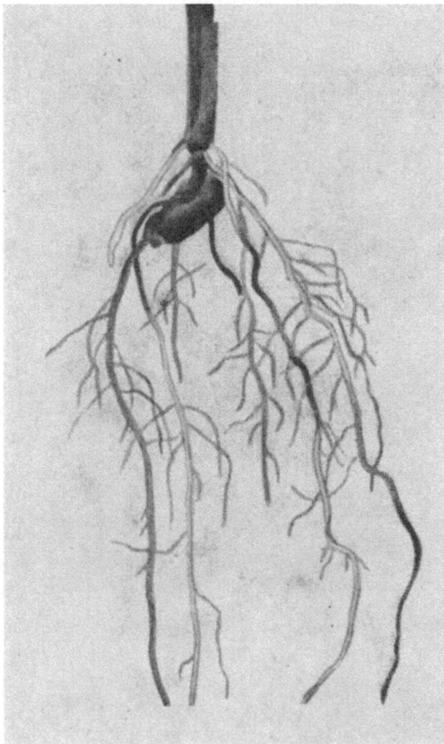

Abb. 273

Befallsbild von *Gibberella Saubinetii* auf einem Maiskeimling. Das Perikarp, das Mesokotyl und manche Wurzelpartien sind braun verfärbt. Nat. Gr. (Nach HO, 1944.)

2. Barrikadengewebe als Faktoren der Ausbreitungsresistenz

Während der im vorangehenden Abschnitt besprochene Bau und Zustand der Zellwände eine generelle Ausbreitungsresistenz der betreffenden Gewebe gegen pathogene Pilze schafft, bedingen die Barrikadengewebe bloß eine örtliche Ausbreitungsresistenz im Innern des Wirtsorganismus.

Pilzhemmende Gewebe wurden vor allem bei den Getreidearten beobachtet; so durchwuchern die Hyphen der Schneeschimmel (Abb. 273),

Fusarium nivale (Fr.) Ces., *Gibberella Saubinetii* (Mont.) Sacc. usw., in den Wurzeln häufig nur die primäre Rinde und werden von der Endodermis aufgehalten, so daß sie die lebenswichtigen Gefäße nicht zu erreichen vermögen.

In den Blättern und Halmen kann sich das Myzel der Roste und der *Helminthosporium*arten lediglich in den chlorophyllhaltigen Geweben (Parenchym und Kollenchym) ausbreiten, nicht im verholzten Sklerenchym; diese anatomische Besonderheit bedingt auf den Blättern die streifenförmige Anordnung mancher Rostlager und die «Streifenkrankheit» bei *Helminthosporium*befall.

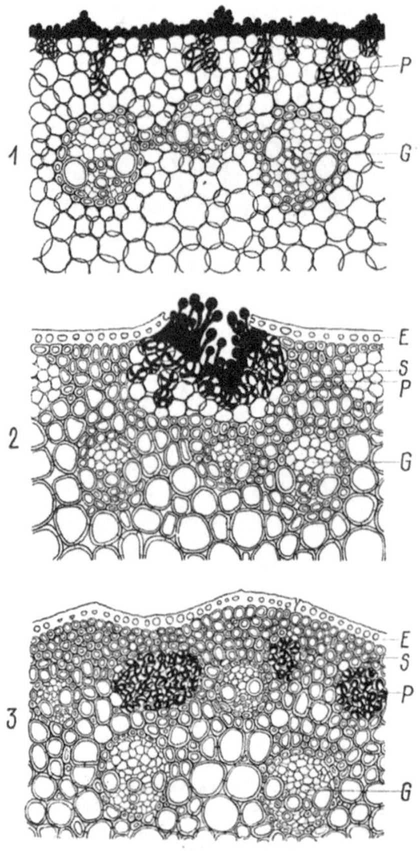

Abb. 274

Die Schwarzrostresistenz der Halme dreier Weizensorten. *1 Triticum compactum* Host. Sorte Little Club. *2 Triticum vulgare* Vill. Sorte Kota. *3 Triticum vulgare* Vill. Sorte Acme. *E* Epidermis. *S* Sklerenchym. *P* Parenchym. *G* Gefäßbündel. Die Hyphen und die Uredolager sind schwarz gehalten. Vergr. etwa 150. (Schematisch nach Hursh, 1924.)

Besonders augenfällig ist diese histologische Ausbreitungsresistenz bei der Schwarzrostwiderstandsfähigkeit der Weizenhalme (Hart, 1931). Ein starker Befall der obersten Halmpartie, welche die Ähre trägt, verursacht die größte Ertragsverminderung. Nun stehen hier das anfällige Parenchym und das resistente Sklerenchym in einem umgekehrten Verhältnis zueinander. Sorten, bei welchen sich das Parenchym ringförmig um den Halm herumzieht, sind am stärksten schwarzrostgefährdet und ermöglichen dem Parasiten die reichlichste Fruktifikation (Abb. 274, *1*). Andere Sorten, bei denen das Sklerenchym leistenförmig zur Epidermis vordringt und das Parenchym in einzelne Bündel auflöst, gestatten dem Parasiten nur eine lokalisierte Entwicklung und eine geringere Sporenbildung (Abb. 274, *2*); ihre Halme sind deshalb, bei gleicher plasmatischer Anfälligkeit, deutlich ausbreitungsresistenter. Sorten endlich mit einer noch stärkern Sklerenchymentwicklung drängen das anfällige Parenchym in die Tiefe und schließen es allseitig in das Sklerenchym ein (Abb. 274, *3*), so daß dem Parasiten nur noch eine spärliche, meist sterile Entwicklung übrigbleibt; die gefährdeten Halmstellen dieser Weizensorten bleiben deshalb praktisch schwarzrostfrei.

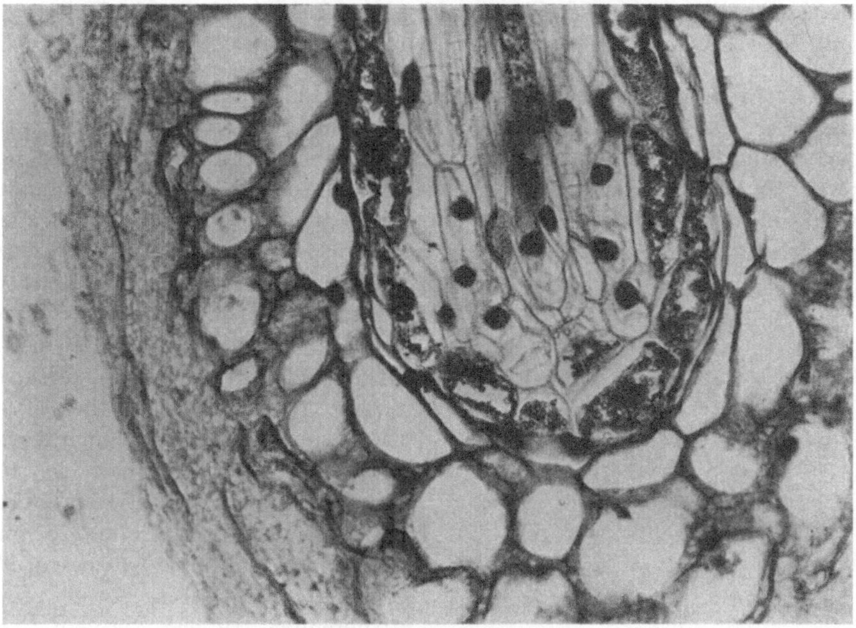

Abb. 275
Schnitt durch die Spitze einer Kurzwurzel einer Kiefer, die durch die Hyphen des *Rhizopogon roseolus* in eine Mykorrhizenwurzel umgewandelt wurde. Links der etwa 35 μ dicke Hyphenmantel, von welchem aus die Hyphen zwischen die Zellen der primären Rinde eindringen. Vergr. 300. (Nach BJÖRKMAN, 1944.)

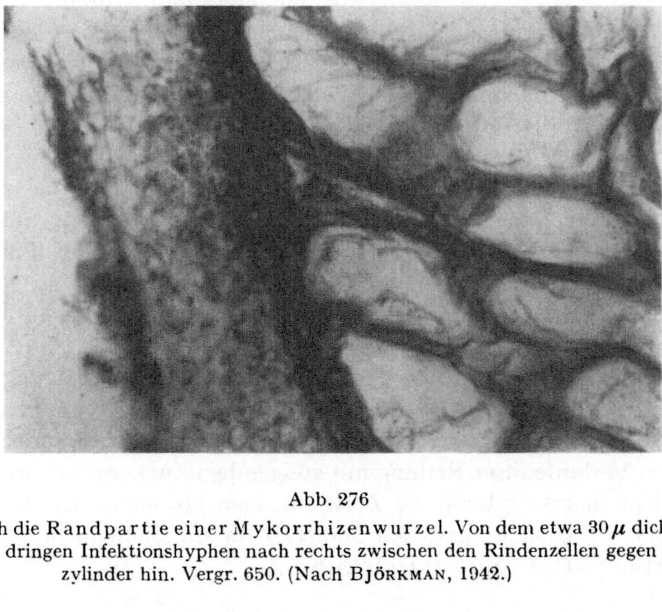

Abb. 276
Schnitt durch die Randpartie einer Mykorrhizenwurzel. Von dem etwa 30 μ dicken Hyphenmantel links dringen Infektionshyphen nach rechts zwischen den Rindenzellen gegen den Zentralzylinder hin. Vergr. 650. (Nach BJÖRKMAN, 1942.)

3. Der mangelnde Nährstoffgehalt der Gewebe als Faktor ihrer Ausbreitungsresistenz

Der Erreger muß im Wirt zum mindesten das Minimum an Nährstoffen vorfinden, das er zu seiner Entwicklung braucht; da jedoch die pflanzenpathogenen Mikroorganismen, im Gegensatz zu manchen humanpathogenen Bakterien, in dieser Hinsicht sehr anspruchslos sind, so ist dieses Existenzminimum wohl stets in den Wirtsgeweben vorhanden (S. 329). Steigende Nährstoffgehalte gestatten aber den Erregern meist eine luxuriösere Entwicklung und setzen deshalb die Ausbreitungsresistenz der Gewebe herab; so werden die Wurzeln der Koniferen von bestimmten bodenbewohnenden Pilzen («Mykorrhizenpilzen») befallen, welche die Wurzelspitzen mit einem Hyphenmantel umspinnen (Abb. 275), zwischen den Rindenzellen in die Tiefe, bis zum Zentralzylinder, wuchern (Abb. 276) und die Wurzeln zu «Mykorrhizenwurzeln» (Abb. 291) deformieren. Für die primär infizierenden Hyphen, die vom ausgelaugten, nährstoffarmen Waldboden her kommen, sind die Wurzeln zweifelsohne ein Schlaraffenland; deshalb wächst die Anfälligkeit der Kiefernwurzeln für Mykorrhizenpilze anfänglich mit ihrem Zuckergehalt (Abb. 277); alle Faktoren, die in ihnen einen Überschuß an löslichen Kohlehydraten entstehen lassen, starke Belichtung, ferner Phosphorsäure- und Stickstoffmangel (Hemmung der Eiweißsynthese), begünstigen deshalb die Mykorrhizenbildung (BJÖRKMAN, 1942).

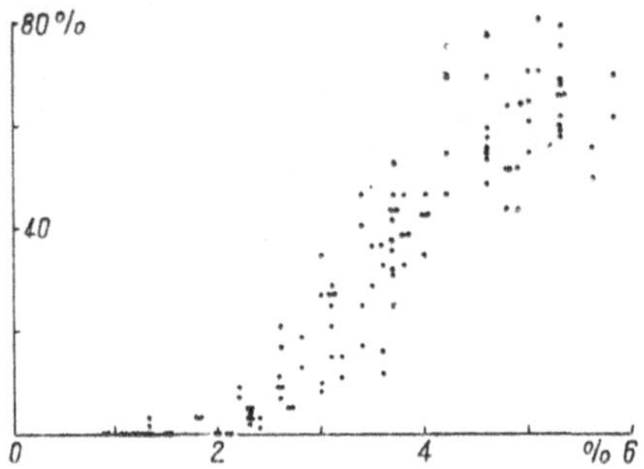

Abb. 277

Der Einfluß des Zuckergehaltes der Kiefernwurzeln auf ihre Anfälligkeit für Mykorrhizenpilze. Abszisse: Gehalt an reduzierender Substanz (hauptsächlich Zukkern). Ordinate: % Kurzwurzeln, die spontan von Mykorrhizenpilzen befallen wurden. (Nach BJÖRKMAN, 1942, aus ROMELL, 1942.)

Ist jedoch das Minimum einmal erheblich überschritten und reichen die vorhandenen Nährstoffe für die Erhaltung des Parasiten, bis er die Wirtszellen abgetötet hat, aus, so wird er durch eine weitere Steigerung des Nährstoffgehaltes nicht mehr unmittelbar begünstigt; ob Pilzhyphen im Zellsaft 5 oder 15% Zucker vorfinden, ist an sich für sie unwesentlich (Luxuskonsum).

Wohl aber können derartige Nährstoffvorräte mittelbar die Ausbreitungsresistenz der Gewebe verringern, indem sie zu einer «Verfettung» der Zellen führen und dadurch ihre Abwehrfähigkeit herabsetzen. Wenn zum Beispiel die Anfälligkeit hochgezüchteter Früchte und Zuckerrüben für manche «Fäulnis»-erreger im Verlaufe ihrer Reifung mit steigendem Zuckergehalt wächst, so sind daran nicht in erster Linie die Zuckermengen als solche schuld, sondern sie bilden nur die Ursache und den Maßstab für die zunehmende Reaktionsträgheit der Zellen (Ballastwirkung).

4. Der mangelnde Wuchsstoffgehalt der Wirtszellen als Faktor ihrer Ausbreitungsresistenz

Die Abhängigkeit vom Angebot bestimmter Wuchsstoffe, die schon im saprophytischen Keimreservoir (S. 142) die Existenzmöglichkeiten mancher Erreger einschränkte, besteht in gleicher Weise weiter beim Übergang auf den Wirt. Wir betrachten hier bloß die Wuchsstoffe der Aneuringruppe, da ihre Beziehungen zu den parasitischen Pilzen am besten bekannt sind; doch dürften die Verhältnisse beim Vitamin B_2 (Lactoflavin), ferner den Stoffen der Biosgruppe: Mesoinosit (Bios I), Biotin (Vitamin H), Pantothensäure usw., und endlich bei den spezifischen Pilzwuchsstoffen der Gruppen M, B usw. ähnlich liegen (FRIES, 1938; JANKE, 1939; SCHOPFER, 1939, 1949).

Einige parasitische Pilze, so *Ustilago zeae*, der Maisbrand (Abb. 239), ferner manche getreidebewohnende Ustilagineen, wie *Ustilago tritici* (Abb. 145), endlich *Corticium vagum* (Abb. 348), *Ophiobolus herpotrichus* (Fr.) Sacc., der Erreger einer Fußkrankheit des Getreides (Abb. 137), und *Gibberella Saubinetii*, ein Schneeschimmel des Weizens (Abb. 273), sind völlig aneurinautotroph und können die Aneurinmolekel (Vitamin B_1, Thiamin) in ausreichendem Maße selbst synthetisieren; für sie ist somit der Aneuringehalt der Wirtsgewebe gleichgültig. Bei einigen andern Pilzen, so bei *Nectria coccinea* (Pers.) Fr. (Buchen- und Pappelkrebs), *Valsa ceratophora* Tul. (sekundärer Rindenparasit auf zahlreichen Laubbäumen), *Sclerotinia cinerea* Schroet. (Blüten- und Zweigdürre und Fruchtfäule des Steinobstes) und *Lenzites sepiaria* (Wulf.) Fr. (Wundparasit auf Nadelhölzern und allgemeiner Zerstörer ihres Holzes), ist dagegen die Fähigkeit zur Aneurinbildung nur schwach entwickelt; sie gedeihen deshalb auf aneurinfreien synthetischen Nährlösungen nur langsam und werden schon durch einige Milligamma Aneurin stark stimuliert.

Wieder andere parasitische Pilze sind überhaupt nicht imstande, das für sie lebenswichtige Aneurin selbständig aufzubauen: sie sind aneurinheterotroph; der Wirt muß ihnen deshalb nicht nur die eigentlichen Nährstoffe, sondern auch die spezifischen Wuchs- und Wirkstoffe zur Verfügung stellen. Er kann sie nicht durch die allgemeinen Wuchsstoffe für das Streckungswachstum der Blütenpflanzen (Auxine und Heteroauxin) ersetzen; denn diese sind für das Wachstum der meisten Pilze und Bakterien belanglos. Für einen bestimmten Erreger anfällig sind deshalb im Falle unseres Beispieles von vorneherein nur jene Pflanzen, die ihm die speziell benötigten Wuchsstoffe aus der Aneuringruppe zu bieten vermögen; das Fehlen dieser Wuchsstoffe ist somit ein entscheidender Faktor der generellen Ausbreitungsresistenz.

Der Aneurinbedarf dieser aneurinheterotrophen Pilze ist jedoch stufenweise verschieden. *Phytophthora fagopyri* Tak. (Wurzel- und Keimlingskrankheit des Buchweizens, der Bohnen usw.), *Cercosporella herpotrichoides* Fron. (Halmbruch der Getreide; Abb. 138), *Schizophyllum commune* Fr. (Weißfäule der Buchen und anderer Laubhölzer), *Sclerotium Rolfsii* Sacc. (Wurzelhalsparasit zahlreicher Pflanzenarten in warmen Ländern) usw. sind nur teilweise aneurinheterotroph und brauchen nur die eine Komponente, das Pyrimidin, vom Substrat geliefert zu erhalten, während sie die andere Komponente, das Thiazol, selbst synthetisieren und dann bei Pyrimidinzusatz die Aneurinmolekel aufbauen.

Mucor Ramannianus Moell., ein bodenbewohnender Schimmelpilz, bedarf als Gegenstück hierzu nur des Thiazols, da er das Pyrimidin selbst herstellt (S. 143).

Um eine Stufe unselbständiger ist *Ustilago violacea* (Pers.) Fckl., der Antherenbrand der Caryophyllaceen (S. 78); er vermag keine der beiden Komponenten selbst zu bilden, ist aber imstande, die Aneurinmolekel aus ihnen zusammenzusetzen, wenn man sie ihm zur Verfügung stellt. Der Test spricht bei etwa 0,01 γ Aneurin in 25 cm^3 Nährlösung an.

Vollkommen unselbständig, also völlig aneurinheterotroph, sind endlich *Phytophthora cactorum* (Leb. et Cohn) Schroet. (Kakteenfäule, auf zahlreiche andere Pflanzen übergehend), *Phytophthora capsici* Leon. (Fleckenkrankheit der *Capsicum*früchte), *Phytophthora cinnamomi* Rands (Zimtbastfäule), *Trametes radiciperda* Hart. (syn. *Polyporus annosus* Fr., trockene Rotfäule der stehenden Fichten; Abb. 435), *Polyporus adustus* Fr. (Weißfäule der Buchen), *Ustilago scabiosae* (Sow.) Wint. (Antherenbrand der *Knautia*arten), *Tilletia tritici* (Abb. 76; Weizensteinbrand) usw.; sie müssen die Aneurinmolekel von ihrem Substrat fertig dargeboten erhalten.

Diese Beispiele der teilweisen und der vollständigen Aneurinheterotrophie beziehen sich nur auf den einfachsten Fall, daß nämlich ein pflanzenpathogener Mikroorganismus mit einem einzigen Wuchsstoff, eben dem Aneurin, auskommt. Manche Pflanzenparasiten verlangen dagegen deren mehrere; so wird für *Lophodermium pinastri* (Schrad.) Chev. (Nadelschütte der Kiefern), *Valsa pini* Alb. et Schw. (Zweigsterben der Kiefern) usw. ein synthetisches Substrat durch Zusatz von Aneurin zusammen mit Biotin assimilierbar gemacht (Synergismus).

Bei *Ophiostoma ulmi* (Buism.) Nannf., dem Erreger des Ulmensterbens (Abb. 94), erhöht Aneurin den Wirkungsgrad des spezifisch wichtigen Adermins (Vitamin B_6; FRIES, 1942). Aneurin, Biotin und Mesoinosit wirken jedes für sich allein auf *Ashbya gossypii* (A. et N.) Guill. (Streifenverfärbung der Baumwollkapseln) nur schwach ein, desgleichen die Kombination Aneurin + Biotin, wogegen die Kombination Biotin + Inosit und vor allem die Kombination aller drei Wuchsstoffe die Myzelentwicklung auf das 25fache steigert. Ein stark anfälliger Wirt besitzt vermutlich sämtliche drei Wuchsstoffe.

Bei allen Wuchsstoffproblemen bleibt für den Parasitologen die Unsicherheit bestehen, daß sich die Erfahrungen der Laboratoriumskulturen nicht ohne weiteres auf die Verhältnisse im Innern der Wirtsgewebe und insbesondere nicht ohne weiteres auf das Anfälligkeitsproblem übertragen lassen. Die Fähigkeit zur Aneurinsynthese kann nämlich durch die Ernährung beeinflußt werden; so ist *Rhodotorula Sanniei* (Cif. et Red.) Lodd., eine wilde

Hefe, mit Glukose als Kohlenstoffquelle nicht fähig zur Pyrimidinsynthese, wohl aber bei einem kleinen Zusatz von Glyzerin. *Pythium Butleri* Subr. (Wurzel- und Stengelparasit von *Zingiber officinale* Rosc.) ist auf einer Nährlösung mit einem normalen Salzgehalt (1,64 g je Liter) und Asparagin und Glukose aneurinautotroph; eine Verzehnfachung des Salzgehaltes schädigt dagegen die Fähigkeit zur Pyrimidinsynthese, so daß dieser Baustein geliefert werden muß (ROBBINS und KAVANAGH, 1938).

Man müßte also, um die Tragweite dieser verschiedenen Stufen der Wuchsstoffheterotrophie für die Frage der generellen und der spezifischen Anfälligkeit zu beurteilen, erst in einer Reihe von Beispielen sicherstellen, daß der betreffende Wirt bzw. das betreffende Organ auch wirklich im gesunden und kranken Zustande den lebenswichtigen Wuchsstoff liefern, während die nichtanfälligen verwandten Arten oder Sorten hierzu nicht imstande sind. Wegen der Jugendlichkeit der Wuchsstofforschung ist dieser Sektor noch nicht beackert worden.

Es liegt nahe, in diesem Zusammenhang an das Problem der obligat biotrophen Parasiten (S. 257) zu denken. Sind sie auf ein besonders feines Zusammenspiel von Wuchsstoffen angewiesen, das mit dem Ableben der Wirtszellen aufhört? Wir wissen es nicht.

5. Die Azidität des Zellsaftes als Faktor der Ausbreitungsresistenz

Aus Analogie zum Magensaft des Menschen, der durch seine saure Beschaffenheit eine Schutzwirkung gegen Tuberkel- und Cholerabazillen ausübt, wurde vermutet, daß bei den Pflanzen die Azidität des Zellsaftes einen Faktor der generellen Ausbreitungsresistenz darstellen könnte.

Gewiß wird der Wirkungsgrad der Erregerenzyme, wie sämtlicher Enzyme, durch die Wasserstoffionenkonzentration des Substrates gesteuert, so daß in dieser Hinsicht zweifelsohne bestimmte Optima bestehen; doch hält es schwer, diese für das Substrat des Zellsaftes zu ermitteln, hängt doch die Säureempfindlichkeit der Mikroorganismen stark von der chemischen Zusammensetzung der Nährlösung und insbesondere von der Art der vorhandenen Säure ab.

Im allgemeinen scheint die Bedeutung der aktuellen Azidität als Faktor der Ausbreitungsresistenz überschätzt worden zu sein; so gelten die Bakterien als säureempfindlich; aber gerade die pflanzenpathogenen Formen sind es nicht (Tab. 52) und können eben deshalb pflanzliche Zellen bewohnen. Nur in extrem sauren Geweben kann bei ihnen ein Säureschutz vermutet werden; so gedeiht *Xanthomonas vesicatoria*, der Erreger einer «Krebs» genannten Fleckenkrankheit der Tomaten, Kartoffeln usw., wie die Erreger in Tab. 52 nur bis pH 5,0. Die Gewebe der Tomatenkeimlinge und Blätter ergeben einen Wert von pH 6,3–6,5, grüne Früchte pH 5,0–5,4 und reifende und reife Früchte pH 4,0–4,6. Keimlinge, Blätter und grüne Früchte sind deshalb für die Krankheit anfällig, während Infektionsversuche in reifen Früchten meist erfolglos bleiben (GARDNER und KENDRICK, 1921): sie sind offenbar durch ihren stark sauren Zellsaft passiv geschützt.

Tabelle 52

Die Kardinalpunkte der Wasserstoffionenkonzentration bei vier pflanzenpathogenen Bakterien. (Nach KOTTE, 1931.)

Bakterienart	Name der Krankheit	Hauptwirt	Minimum pH	Optimum pH	Maximum pH
Pseudomonas tabaci . . .	Wildfeuer	Tabak	4,6–5,0	6,7–7,1	9,2–9,4
Pseudomonas medicaginis var. *phaseolicola*. . . .	Fettflecken-krankheit	Bohne	5,0–5,4	6,7–7,4	8,8–9,2
Pseudomonas marginalis .	Blattflecken-krankheit	Endivie	5,0–5,4	6,9–7,1	9,2–9,4
Corynebacterium michiganense	Bakterien-krebs	Tomate	5,0–5,4	7,5–7,7	8,8–9,2

Auch für die pflanzenpathogenen Pilze dürfte die Azidität des Zellsaftes, trotz mancher anderslautender Angaben, in der Regel bedeutungslos sein; denn sie sind für Wasserstoffionen noch toleranter als die Bakterien; so gedeiht das *Fusarium lycopersici* (Abb. 278) zwischen pH 1,9 und 11,1, mit guten Erträgen

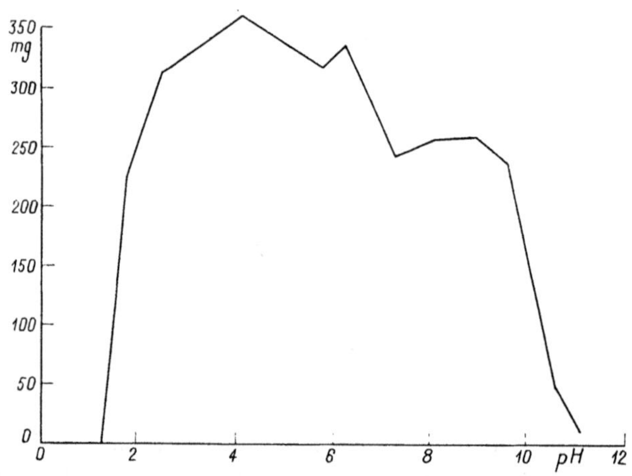

Abb. 278

Der Einfluß der Wasserstoffionenkonzentration des Substrates auf die Entwicklung des *Fusarium lycopersici*. Abszisse: Ausgangsreaktion der Nährlösung. Ordinate: Geerntetes Myzeltrockengewicht. (Nach PRITHAM und ANDERSON, 1937.)

zwischen pH 2,0 und 9,5. Es verändert, wie alle Mikroorganismen, die Ausgangsreaktion der Nährlösung von der sauren und von der alkalischen Seite her gegen einen charakteristischen Endpunkt hin, der in diesem Falle zwischen pH 4,3 und 5,0 liegt (isometabolischer Punkt).

Ferner können gewisse Pilze, die gerade auf säurereichen Wirtsgeweben parasitieren, organische Säuren in beschränktem Ausmaße zur eigenen Ernährung assimilieren; so ist zwar von den wichtigern *citrus*bewohnenden Pilzen, *Alternaria citri* Pierce und *Diplodia natalensis* Evans (Schwarzfäule), *Diaporthe citri* (Fawc.) Wolf (= *Phomopsis citri* Fawc.) und *Sclerotinia sclerotiorum* (Lagerfäulen), und *Penicillium stoloniferum* Thom und *Penicillium digitatum* Sacc. (sekundär auf gequetschten Geweben usw.), keiner imstande, mit Zitronensäure als alleiniger Kohlenstoffquelle auszukommen; doch gelingt dies bei *Penicillium stoloniferum* und bis zu einem gewissen Grade bei *Sclerotinia sclerotrorum*, wenn sie vorher auf zuckerhaltigen Substraten eine genügende Vitalität erreicht haben. *Alternaria citri* und *Diplodia natalensis* können dagegen nur bei günstigen pH-Verhältnissen Zitronensäure bis zu einem gewissen Grade verarbeiten, und nur dann, wenn daneben kleine Mengen Zucker zur Verfügung stehen; dies dürfte aber meist der Fall sein. Für die Spezialisierung dieser Parasiten und für die unterschiedliche Anfälligkeit der verschiedenen *Citrus*arten spielt daher der Säuregehalt der Wirtsgewebe eine untergeordnete Rolle (CAMP, 1923).

6. Der osmotische Wert des Zellsaftes als Faktor der Ausbreitungsresistenz

Die Saugkraft des Erregers muß derjenigen des Wirtes überlegen sein. Ein derartiges Saugkraftgefälle wurde denn auch an der Angriffsstelle phanerogamer Parasiten tatsächlich gemessen (BERGDOLT, 1927); so zeigten die Zellen des Grundgewebes von *Orobanche crenata* Forsk. var. *typica* Beck (syn. *O. speciosa* DC.) in einem bestimmten Fall eine Saugkraft von rund 14 Atm., in den Haustorien 12,7 Atm., und im Parenchym der befallenen Wurzeln von *Vicia Faba* L. 8 Atm. Es bestand somit vom Parasiten zum Wirt ein Saugkraftgefälle von rund 4 Atm. Noch größere Unterschiede wurden zwischen den Haustorien der Schuppenwurz, *Lathraea Squamaria* L., und den Wurzeln der Traubenkirsche, *Prunus Padus* L. (Abb. 279), beobachtet.

Ein Wirt wäre somit gegen einen Erreger osmotisch geschützt, wenn der osmotische Wert seiner Zellinhalte höher läge als der Parasit Saugkräfte aufwenden kann. Dieser Fall dürfte jedoch in unserem Florengebiet kaum eintreten. So beträgt die Saugkraft der Zellinhalte (kryoskopisch gemessen) bei Erdbeeren 8,3 Atm., bei Äpfeln 17,9 Atm., bei Bataten 10,3 Atm. und bei Kartoffeln 6,3 Atm. (HAWKINS, 1916). Die maximale Saugkraft, die von den auf diesen Früchten parasitierenden Pilzen in Glukoselösungen ausgehalten wird, liegt aber weit höher, so bei *Rhizopus nigricans* Ehrenb. (Fäulnis der Erdbeeren), bei *Ophiostoma fimbriatum* (Ell. et Halst.) Nannf. (syn. *Ceratostomella fimbriata* (Ell. et Halst.) Elliott; Schwarzfäule der Bataten) und bei *Physalospora obtusa* (= *Sphaeropsis malorum*, Zweigkrebs und Schwarzfäule der Äpfel) oberhalb 63 Atm., bei *Fusarium radicicola* Woll. und bei *Fusarium oxysporum* Schlecht., den Erregern einer Trockenfäule auf Kartoffelknollen, oberhalb 39 Atm.

Eine ähnliche Toleranz läßt Abb. 280 für *Alternaria solani*, dem Erreger einer Dörrfleckenkrankheit des Kartoffellaubes (Abb. 331) und einer Trockenfäule der Knollen, erkennen: die obere Grenze, wo jedes Pilzwachstum ausbleibt, wird erst bei 130 Atm. erreicht. Selbst wenn es sich also zeigen sollte, daß zwischen einer *alternaria*anfälligen und einer *alternaria*widerstandsfähigen Kartoffelsorte ein Unterschied in bezug auf die Saugkräfte der Zellen

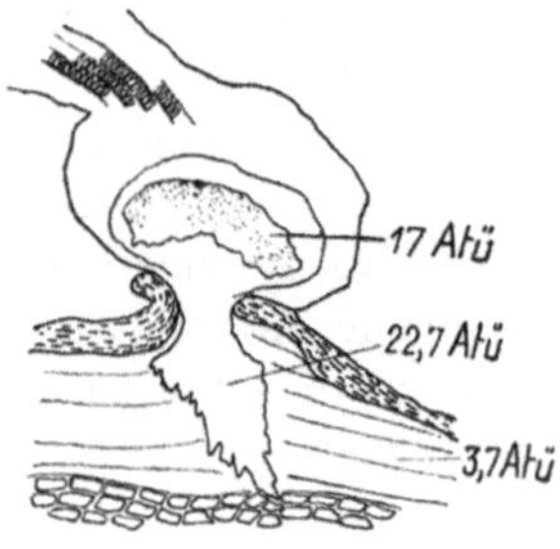

Abb. 279

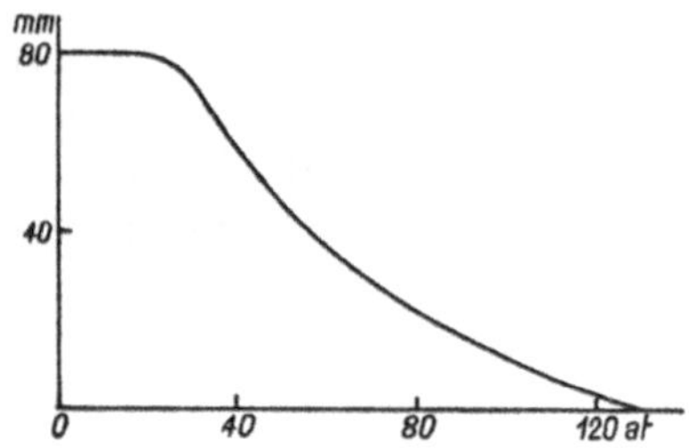

Abb. 280

Abb. 279. Die Verteilung der Saugkraft in einem Haustorium von *Lathraea Squamaria* L. auf einer Wurzel von *Prunus Padus* L. Vergr. 13. (Nach BERGDOLT, 1927.)

Abb. 280. Die Entwicklung der *Alternaria solani* (E. et M.) Jones et Grout in Abhängigkeit vom osmotischen Wert des Substrates. Abszisse: Osmotischer Wert des Nährbodens. Ordinate: Durchmesser der Kulturen nach 10 Tagen bei 17–18°. (Nach KLAUS, 1943.)

besteht, so wäre dieser Unterschied nicht unmittelbar mit der Anfälligkeit korreliert; denn die Pilze vermögen immer noch höhere Saugkräfte aufzuwenden als die Kartoffelzellen sie fordern.

7. Keimwidrige Zellinhaltsstoffe als Faktoren der Ausbreitungsresistenz

Jede Pflanze schafft um sich her eine Persönlichkeitssphäre, die auf die benachbarten Organismen fördernd oder hemmend wirken kann. Ein Beispiel einer günstigen Ausstrahlung ist die Mikroorganismenwelt der Rhizosphäre (S. 147), die durch die Ausscheidungen der Wurzeln ihre charakteristische Zusammensetzung erhält.

Im vorliegenden Abschnitt interessiert uns ihr Gegenteil, die Allelopathie (S. 143). Wurzeln und Rinde von *Juglans regia* enthalten Juglon, ein Naphthochinon von der Bruttoformel $C_{10}H_6O_3$, das schon in der Verdünnung von 10^{-6} molar plasmolysierend wirkt (GÄUMANN und VON ARX, 1947); es liegt nahe, zu vermuten, daß Juglon ins Freie gelangt und dort sensible Organismen schädigt, so daß gewisse Pflanzen «im Schatten» der Nußbäume nicht gedeihen. Das krasseste Beispiel finden wir unter den Wüstenpflanzen, die ja ohnehin den härtesten Lebenskampf zu bestehen haben: in der südkalifornischen Wüste wachsen unter den Büschen von *Encelia farinosa*, einer Komposite, im allgemeinen keine andern Pflanzen. Ihre Blätter enthalten ein Benzaldehyd (GRAY und BONNER, 1948), das bei ihrem Abfallen in den Boden gelangt und dort die Keimung und das Wachstum der Konkurrenten hemmt.

Derartige aversive Stoffe wirken naturgemäß nicht nur an der äußern, sondern auch an der innern Oberfläche der sie bildenden Pflanzen. Wenn daher ein für sie sensibler Erreger in die Wirtsgewebe eindringt, so stellen sie einen entscheidenden Faktor der chemischen Ausbreitungsresistenz dar. Wir besprechen im vorliegenden Abschnitt zunächst einige keimwidrige Zellinhaltsstoffe von chemisch definierter Zusammensetzung: a) Alkaloide, b) Phenole, Tannine usw., c) Senföle, d) Antibiotica, und e) Heteroauxin, und sodann einige keimwidrige Prinzipien von chemisch unbekannter Konstitution: f) agglutinierende, g) bakterizide, h) lytische und i) wachstumshemmende Stoffe (CARBONE und ARNAUDI, 1930; CHESTER, 1933; BALDACCI, 1942; HESS, 1949).

a) Alkaloide als Faktoren der Ausbreitungsresistenz. Die pflanzlichen Alkaloide wirken auf die spezifischen Krankheitserreger der betreffenden Wirte nicht spezifisch giftig; so hemmen Solanin und Tomatin, die beide in der Tomatenpflanze vorkommen, das Wachstum des *Fusarium lycopersici*, des Erregers einer infektiösen Tomatenwelke, noch in der Verdünnung von $1:10^{-5}$; in ähnlicher Weise hemmen sie aber auch *Fusarium conglutinans*, *Fus. lini*, *Penicillium notatum*, eine Reihe von Dermatophyten und von humanpathogenen Bakterien (FONTAINE, IRVING und DOOLITTLE, 1947; FONTAINE, IRVING, MA, POOLE und DOOLITTLE, 1948).

Für einen unspezifischen Parasiten, *Phymatotrichum omnivorum* (S. 261), wurde dagegen auf Grund der Prüfung von 62 verschiedenen Alkaloiden gezeigt, daß ein gewisser Zusammenhang zwischen dem Alkaloidgehalt der Wurzeln der verschiedenen Wirte und ihrer Widerstandsfähigkeit gegen diesen Pilz besteht (GREATHOUSE und RIGLER, 1940). Die höchste Giftigkeit wies Sanguinarin auf, das noch in der Verdünnung von $2{,}5 \cdot 10^{-6}$ das Pilzwachstum vollkommen hemmt, die geringste Aconitin, Solanin usw. (Promillegrenze). Die Wurzeln von *Mahonia trifoliata* (Mor.) Fed. und *Mahonia Swaseyi* (Buckl.) Fed., die beide in *phymatotrichum*verseuchten Böden gesund bleiben, enthalten rund 2% Berberidin (bezogen auf das Trockengewicht), was ungefähr der 70fachen Konzentration entspricht, die das Wachstum von *Phymatotrichum* völlig hemmt (GREATHOUSE und WATKINS, 1938). Das Berberidin ist, wie die mikrochemische Reaktion zeigt (Abb. 281), vorwiegend auf die extrakambialen Gewebe lokalisiert; man darf deshalb annehmen, daß der geschlossene berberidinhaltige Gewebering einen entscheidenden Faktor der Ausbreitungsresistenz gegen *Phymatotrichum* darstellt.

b) Phenole, Tannine usw. als Faktoren der Ausbreitungsresistenz. Aus Analogie zu den bekannten antiseptischen Eigenschaften der Phenolderivate in der Humanmedizin wurden alle möglichen Phenole, Tannine, Flavonole usw. als Resistenzfaktoren in Früchten, Rinden, Holz und schließlich sogar in den Blattgeweben angesprochen; doch gelang es nur in seltenen

Fällen, hierfür eine gesicherte Grundlage zu schaffen; so enthält Kiefernholz zwei fungizide phenolische Substanzen, Pinosylvin und Pinosylvinmonomethyläther; bei einem Gehalt an dem letztern von etwa 0,7–0,8% ist das Holz gegen *Lentinus squamosus* Schroet., einem saprophytischen Zerstörer des geschlagenen und verbauten Holzes, erheblich geschützt, aber nicht gegen *Trametes radiciperda* Hart., den Stockschwamm, den gefährlichsten Parasiten des stehenden Kiefernholzes (RENNERFELT, 1943); die Giftwirkung versagt also hier.

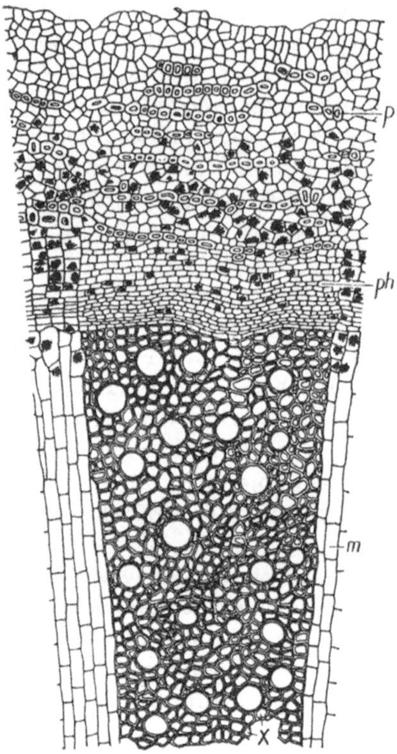

Abb. 281
Die Lokalisierung des Berberidins in den Wurzeln von *Mahonia trifoliata*. In den Zellen des Rindenparenchyms *p*, des Phloems *ph* und der Markstrahlen *m* ist das Berberidin in Gestalt von schwarzen Kristallgruppen eingezeichnet; im Xylem *x* sind die berberidinführenden Zellwände schwarz gehalten. Vergr. 85. (Nach GREATHOUSE und WATKINS, 1938.)

Ein zweites gesichertes Beispiel ist der Zwiebelrotz: Die Hausfrauen ziehen die braunschaligen Zwiebeln den weißschaligen vor, weil sie weniger an «Fäulnis» (Zwiebelrotz) erkranken. Gemeinsam mit dem braunen Farbstoff (wahrscheinlich Quercetin) kommen nämlich im Zellsaft der erstern einige fungizide Phenole vor, so Brenzkatechin und Protocatechusäure (ANGELL, WALKER und LINK, 1930). Falls nun Pilze nach dem *Botrytis*typus die braune Schale zu durchwachsen versuchen, so treffen sie auf die giftigen Zellinhaltsstoffe und werden aufgehalten, so *Colletotrichum circinans* (Berk.) Vogl. und *Fusarium cepae* Hanz., deren Keimung und Wachstum durch die eben genannten Substanzen schon in Verdünnungen von 300 bzw. 1200 Teilen auf eine Million gehemmt wird. Die Zwiebelsorten mit braunen Schalen sind deshalb in ihren äußern Schichten auf chemischer Grundlage, wie ein Kassenschrank mit gasgefüllten Wänden, gegen diese Fäulniserreger ausbreitungsresistent und leiden weniger unter ihnen als weißschalige: die Parasiten sind auf zufällige Schalenrisse und Wunden als Eintrittspforte angewiesen.

Falls dagegen ein Zwiebelparasit einen andern Eingangsweg benützt, zum Beispiel unter Umgehung der braunen Schale vom Zwiebelhals her eindringt, wie *Botrytis allii* Munn., dann versagt selbstverständlich die Giftbarriere, desgleichen, wenn ein Parasit für diese Giftstoffe in der im Zellsaft gegebenen Konzentration unempfindlich ist wie *Aspergillus niger* van Tiegh., der Erreger des Schwarzschimmels (WALKER, MORELL und FOSTER, 1937; HATFIELD, WALKER und OWEN, 1948).

Tabelle 53 zeigt die erheblichen Unterschiede in der Wirksamkeit von sechs nahe verwandten Phenolen auf die eben genannten Pilze, ferner auf *Gibberella Saubinetii*, den Erreger einer Fußkrankheit des Weizens. Ihre Empfindlichkeitsschwellen liegen, verglichen mit den Antiseptica der Humanmedizin, sehr

Tabelle 53

Die wachstumshemmende Grenze einiger Phenolderivate in CZAPEKS Nährlösung. (Nach WALKER und LINK, 1935.)

Verbindung	*Colletotrichum circinans*	*Botrytis allii*	*Aspergillus niger*	*Gibberella Saubinetii*
Phenol C_6H_5OH	1:3200	1:1600	1:1600	1:3200
Brenzkatechin $C_6H_4(OH)_2$ 1:2	1:6400	1:1600	1:400	1:3200
Resorcin $C_6H_4(OH)_2$ 1:3	1:800	1:200	1:400	1:400
Hydrochinon $C_6H_4(OH)_2$ 1:4	1:3200	1:800	< 1:200	1:800
Phlorogluzin $C_6H_3(OH)_3$ 1:3:5 . . .	1:100	< 1:100	< 1:100	< 1:100
Pyrogallol $C_6H_3(OH)_3$ 1:2:3	1:2600	1:6400	1:100	1:6400

niedrig; im allgemeinen scheint die Stellung der Hydroxylgruppen die Pilzgiftigkeit erheblich zu beeinflussen: bei Metastellung nimmt sie mit steigendem Molekulargewicht ab (Phenol, Resorcin, Phlorogluzin), bei Orthostellung mit steigendem Molekulargewicht zu (Phenol, Brenzkatechin, Pyrogallol).

Die Schwierigkeiten werden noch durch den Umstand erhöht, daß einige der in Frage stehenden Stoffe in hohen Verdünnungen (Milliontel) die Parasiten stimulieren (zum Beispiel NEWTON, LEHMANN und CLARKE, 1929); wo liegt jeweils in den Zellen die dosis stimulans und wo die dosis toxica? Wieder andere Parasiten können zum Beispiel Gerbstoffe (ähnlich wie es S. 367 für die Zitronensäure gestreift wurde) teilweise abbauen und als C-Quelle verwenden; dies trifft gerade bei den spezifischen Rinden- und Holzbewohnern zu, gegen die ja die Gewebe durch ihren Gerbstoffgehalt ganz besonders geschützt sein müßten.

Man suchte sich durch die Hypothese zu behelfen, daß die giftigen Phenole nicht als solche im Zellinhalt vorkommen, sondern erst durch die Pilzenzyme aus komplexen Verbindungen freigemacht werden (Selbstvergiftung des Parasiten; zum Beispiel NEWTON und ANDERSON, 1929). In diesem Falle müßte man annehmen, die Anfälligkeit eines bestimmten Wirtes beruhe auf Enzyminaktivatoren, die den Pilz an der Abspaltung der toxischen Phenolkomponente hindern; dies alles ist wohl möglich, aber schwer zu beweisen.

c) Senföle als Faktoren der Ausbreitungsresistenz. Freies Allylsenföl ist für die in Tabelle 53 genannten Parasiten sehr giftig und hemmt sie schon in der Konzentration von 20–40:10⁶, in der sie sich im Zellsaft zum Beispiel von Zwiebeln tatsächlich vorfinden (WALKER, MORELL und FOSTER, 1937). Auch bei den Cruciferen wird eine Korrelation zwischen dem Allylsenfölgehalt und der Widerstandsfähigkeit gegen die Kohlhernie, *Plasmodiophora brassicae* (ROCHLIN, 1933), angegeben, doch in neuerer Zeit auf Grund umfassender Untersuchungen (STAHMANN, LINK und WALKER, 1943; HOOKER, WALKER und LINK, 1945) wieder bestritten.

Tabelle 54
Die fungo- bzw. bakteriostatische Wirksamkeit einiger antibiotischer Zellinhaltsstoffe.
(Nach ETTLINGER und PLATTNER, 1951.)

Antibioticum	Bruttoformel	Vorkommen	Aktivität (Verdünnungsfaktor für totale Hemmung)	
			Bakterien	Pilze
Cheirolin	$C_5H_9O_2NS_2$	*Cheiranthus Cheiri* L. usw.	*Bacillus aroideae* Towns. 1:80000	*Phytophthora erythroseptica* Peth. 1:320000
Thujaplicin	$C_{10}H_{12}O_2$	*Thuja plicata* D. Don usw.	*Bacillus subtilis* Cohn 1:10000	*Merulius domesticus* Falck 1:200000
Unbenannt	$C_{10}H_{14}O_4$	*Aruncus silvester* Kostel.	*Bacillus aroideae* 1:20000	*Phytophthora erythroseptica* Peth. 1:320000

Gerade die Frage nach der Bedeutung des Allylsenföles für die Ausbreitungsresistenz der Wirte läßt die methodischen Schwierigkeiten erkennen, mit denen der Nachweis der toxischen Zellinhaltsstoffe zu kämpfen hat; denn Allylsenföl kommt in den Pflanzen meist glukosidisch gebunden als Sinigrin vor; dieses ist jedoch für die genannten Pilze ungiftig; sie können deshalb friedlich in sinigrinhaltigen Wirtszellen leben, wenn nicht das senfölabspaltende Enzym, Myrosin, durch eine Wunde in das Zellinnere eindringt. Bauschanalysen ganzer Gewebe führen deshalb leicht zu unrichtigen Schlüssen.

d) Antibiotische Zellinhaltsstoffe als Faktoren der Ausbreitungsresistenz. Als Antibiotica werden biogene fungo- oder bakteriostatische Stoffe bezeichnet, die noch in der Verdünnung von 1:20000 wirksam sind. Zur Zeit steht ihr therapeutischer Effekt gegen humanpathogene Keime im Mittelpunkt der Forschung (FLOREY, CHAIN c.s., 1949; ETTLINGER und PLATTNER, 1951). Doch können sie vielleicht auch im Innern von pflanzlichen Zellen die Resistenz gegen bestimmte Krankheitserreger erhöhen (GILLIVER, 1947); so enthält Tabelle 54 einige Stoffe von beachtlicher Wirkungshöhe.

e) Heteroauxin als Faktor der Ausbreitungsresistenz. Man fragt sich immer wieder, warum die Erreger nur in einem gewissen Abstand hinter dem Vegetationspunkt wachsen und diesen, wenn nicht anderweitig geschwächt, nicht unmittelbar angreifen. Die Ursache scheint zuweilen darin zu liegen, daß Heteroauxin auf die Mikroorganismen schädigend wirkt und zum Beispiel die Keimung und das Wachstum des Weizensteinbrandes, *Tilletia tritici*, schon in der Konzentration von $4 \cdot 10^{-6}$ hemmt, *Cercosporella herpotrichoides* Fron. (Abb. 138) in der Konzentration von $4 \cdot 10^{-8}$ (DÉFAGO, 1940); es sind dies niedrigere Heteroauxinkonzentrationen als sie für pflanzliche Gewebe nachgewiesen wurden; ein anderer Fußkrankheitserreger, *Ophiobolus herpotrichus* (Fr.) Sacc., ist dagegen weit weniger heteroauxinempfindlich.

Die Keimpflanzen des Weizens ermöglichen somit den erstgenannten Parasiten überhaupt erst ihre Entwicklung, indem sie ihnen ihre spezifisch wichtigen Wuchsstoffe (Aneurin für *Tilletia tritici*, Pyrimidin für *Cercosporella herpotrichoides*) zur Verfügung stellen; anderseits hemmen sie sie aber durch einen andern Wuchsstoff (Heteroauxin) und halten sie von den lebenswichtigen Wachstumsbezirken (dem Vegetationspunkt) fern.

f) Agglutinierende Zellinhaltsstoffe als Faktoren der Ausbreitungsresistenz. Die agglutinierende (ausflockende, ausfällende, geißellähmende) Wirkung pflanzlicher Stoffe auf menschliches und tierisches Blut wurde seit 1902 (KOBERT, Rizin usw.) für die verschiedenartigsten Objekte (Leguminosensamen, Reis- und Maisextrakte, Kartoffelsaft usw.) nachgewiesen (Hämagglutinine). In ähnlicher Weise enthalten die Preßsäfte mancher Pflanzen von Natur aus Agglutinine gegen die ausgefallensten Bakterien (Bakterioagglutinine), so Preßsäfte aus Kartoffelknollen und aus Blättern von *Sempervivum Hausmannii* Quersd. gegen Saprophyten wie *Bacillus vulgatus* (Flügge) Mig., *Pseudomonas putida* (Trev.) Mig. und *Bacillus asterosporus* (Mey.) Mig. (WAGNER, 1915), Preßsäfte von *Cotyledon Scheideckeri* Hort., einer mit dem Hauswurz verwandten Crassulacee, gegen *Escherichia coli* und *Vibrio comma* (KRITSCHEWSKY, 1914, 1915), Preßsäfte aus Kartoffelknollen, die in 95% Alkohol niedergeschlagen und dann mit destilliertem Wasser aufgenommen und auf die normale Wasserstoffionenkonzentration des Zellsaftes gebracht wurden (BERRIDGE, 1929), gegen *Escherichia coli* und gegen Parasiten anderer Pflanzen wie *Pseudomonas delphinii* (Schwarzfleckigkeit des Rittersporns).

Daß der Zellsaft in den Kartoffelknollen stets agglutinierende Prinzipien gegen saprophytische Bakterien enthält, hilft erklären, warum die Knollen trotz ihres Reichtums an leicht verdaulichen Nährstoffen und trotz ihrer Eignung, diesen allgegenwärtigen Bakterien gekocht als Substrat zu dienen, im lebenden Zustande auch bei Verwundungen von ihnen nicht befallen werden; die Agglutinine scheinen sie als Faktoren der Ausbreitungsresistenz generell abzuweisen. Die bakteriellen Erreger der Naßfäulen, so *Bacterium carotovorum* (Weichfäule der Möhren, auch auf Kartoffeln übergehend), sprechen dagegen auf die Agglutinine nicht oder nur wenig an; der natürliche Schutzstoff versagt somit gegen sie; eben deswegen können sie parasitisch in den Knollengeweben leben.

g) Bakterizide Zellinhaltsstoffe als Faktoren der Ausbreitungsresistenz. Worauf beruht die Ungastlichkeit des pflanzlichen Organismus (S. 355), der doch in den Interzellularen Schatten, Feuchtigkeit und wohl auch einige Nahrung bietet? Saprophyten, wie *Serratia marcescens* Bizio = *Bacterium prodigiosum* Lehm. et Neum. (Rotfärbung stärkereicher Substrate, zum Beispiel von Brot), oder Parasiten des Menschen, wie Pneumokokken und *Bact. ozaenae* Lehm. et Neum. (der vermutliche Erreger der Stinknase), entwickeln sich im Preßsaft von Schwertlilien bzw. von *Cotyledon glauca* Baker (syn. *Echeveria glauca* Hort.) recht gut, gehen dagegen in den Interzellularen dieser Pflanzen innert weniger Tage zugrunde (Söding, 1939, 1941). Die Ursache liegt in einem auswaschbaren bakteriziden (abtötenden) Stoff, der offenbar von den Blattzellen an die Interzellularen abgegeben wird.

h) Lytische Zellinhaltsstoffe als Faktoren der Ausbreitungsresistenz. Die Anwesenheit von Lysinen (auflösenden Substanzen) gegen tierisches und menschliches Blut (Hämolysinen) wurde zusammen mit den Hämagglutininen für manche Preßsäfte beobachtet. Ähnliches gilt für die Bakteriolysine; bakterienauflösende Prinzipien bestehen zum Beispiel in den oben genannten Wagnerschen Kartoffelpreßsäften.

i) Wachstumshemmende Zellinhaltsstoffe als Faktoren der Ausbreitungsresistenz. Stellt man aus den empfänglichen Organen einer anfälligen Maissorte einen sterilen Preßsaft her, so vermag der Erreger des Maisbrandes, *Ustilago zeae*, darin gut zu gedeihen; in einem entsprechenden Preßsaft aus den gleichen Organen einer widerstandsfähigen Maissorte wächst er dagegen schlecht und liefert nur etwa 1% der Normalernte (Ranker, 1930). In ähnlicher Weise wird das Wachstum von *Fusarium lini*, dem Erreger der Welkekrankheit des Flachses, stark herabgesetzt, wenn man zu der Nährlösung den Extrakt einer widerstandsfähigen Pflanze hinzufügt, während der Extrakt einer anfälligen Pflanze wirkungslos bleibt (Reynolds, 1931), oder wird beim Getreide die Infektion durch den Schwarzrost herabgesetzt, wenn man die Sporen im Zellsaft einer widerstandsfähigen Weizensorte keimen läßt, während der Zellsaft einer empfänglichen Sorte keine hemmende Wirkung ausübt (Newton, Lehmann und Clarke, 1929).

Das sehr aggressive *Phymatotrichum omnivorum* (S. 261) liefert in einer guten Nährlösung, der man 1% Preßsaft aus Baumwollwurzeln (also eines anfälligen Wirtes) zusetzt, in 38 Tagen bei 25–32° ein Myzeltrockengewicht von 249,4 mg, mit 1% Maiswurzelpreßsaft (widerstandsfähiger Wirt) 0 mg, und in der Kontrolle, ohne Preßsaft, 438,6 mg. In andern Beispielspaaren, so Karotten und Zwiebeln, ist dagegen der Unterschied weniger deutlich (Ezekiel, Taubenhaus und Fudge, 1932).

Alle diese chemisch definierten (Abschnitt a–e) oder nicht definierten (Abschnitt f–i) pilz- oder bakterienhemmenden Prinzipien sind von Natur aus, präinfektionell, «präformiert», in den Wirtszellen vorhanden; sie halten zwar in der Regel den Erreger nicht vom Angriff ab, schwächen ihn aber im Innern des Wirtes, so daß er den später zu besprechenden Abwehrreaktionen leichter erliegt.

§ 4. Die Toxinresistenz

Wie weit beruht bei toxigenen Erregern die Krankheitsfestigkeit eines Wirtes auf seiner Widerstandsfähigkeit gegen den Erreger und wie weit auf seiner Widerstandsfähigkeit gegen seine Toxine? Dieses Problem stellt sich in der Humanmedizin immer wieder im Falle der Diphtherie: inwiefern ist ein Individuum gegen die Diphtheriebakterien und inwiefern gegen ihre Toxine gefeit?

In der Pflanzenpathologie ist diese Frage erst für die *Fusarium*welke der Tomaten geprüft worden (GÄUMANN, NAEF-ROTH und MIESCHER, 1950). Die folgenden fünf Sorten

Bonny Best	stark anfällig
Pan America, Marglobe, Rutgers	intermediär anfällig
Red Current (*Lycopersicum pimpinellifolium*)	widerstandsfähig

wurden unter identischen Bedingungen herangezogen und zeigten bei Applikation derselben Toxinmenge (Lycomarasmin; S. 333) dieselbe Ausprägung der Krankheitssymptome. Ihre Toxinresistenz ist somit bei gänzlich verschiedener Krankheitsanfälligkeit gleich groß. Es gibt also bei dieser Krankheit eine doppelte Spezifität, nebeneinander und unabhängig voneinander eine Spezifität des Erregers und eine Spezifität seines Toxines. Der unterschiedliche Krankheitserfolg muß somit auf andern Faktoren als auf der Toxinfestigkeit beruhen, nämlich auf einer unterschiedlichen Generalisationswiderstandsfähigkeit gegen den Erreger.

Die stofflichen Grundlagen der Toxinresistenz sind unbekannt; einzig für ein anderes Toxin, das Patulin, wurde festgestellt (S. 335), daß die freien Sulfhydrylgruppen des Plasmas entgiftend wirken und deshalb, solange ein Vorrat an derartigen Gruppen besteht, kleinere Toxinmengen inaktivieren.

II. *Die Abwehrreaktionen*

Unter einer Abwehrreaktion verstehen wir einen Lebensvorgang, der in einem Wirt durch einen Krankheitserreger ausgelöst wird und sich mehr oder weniger spezifisch gegen diesen Erreger selbst richtet.

In den Abwehrreaktionen kommt der funktionelle Widerstand, die «aktive Resistenz» des Wirtes gegen den Krankheitserreger zum Ausdruck; sie setzen ein, nachdem die bis jetzt besprochenen statischen Abwehrfaktoren (I. Die Axenie und ihre Grundlagen) versagt haben, und umfassen alle jene Funktionen, welche der durch den Infekt hervorgerufenen Gleichgewichtsstörung entgegenwirken. In diesem Sinne bilden sie nur eine besondere Form der im nächsten Kapitel zu besprechenden allgemeinen Regulationsmaßnahmen, mit denen der pflanzliche Organismus versucht, das durch den Infekt gestörte Gleichgewicht wieder herzustellen. Von ihrer Leistungsfähigkeit hängt es nunmehr ab, ob die Infektion mit Erkrankung beantwortet wird oder nicht.

Die Abwehrreaktionen treten nur in Erscheinung, wenn der Organismus als Wirt geeignet ist, und umfassen dann das ganze Kräftefeld zwischen seiner Eignung und seiner Geneigtheit, als Wirt zu dienen (S. 343). Statt Abwehrreaktion wird häufig der Ausdruck Immunreaktion verwendet; die beiden Ausdrücke sind zwar nicht gleichbedeutend, doch wurden in der Umgangssprache die Grenzen verwischt.

Die Fähigkeit zur Abwehrreaktion verschafft dem Körper nach dem medizinischen Sprachgebrauch einen gewissen Grad der Immunität, eine gewisse Immunitätshöhe. Wenn er infolge seiner Abwehrbereitschaft gegen einen bestimmten Erreger gefeit ist, so ist er nach dem medizinischen Sprachgebrauch gegen ihn immun. Immunität bedeutet in diesem Sinne die Fähigkeit eines Organismus zur aktiven Abwehr des pathogenen Agens.

Nach ihrer Vorgeschichte sind die Abwehrreaktionen autonom (spontan) oder induziert (erworben). Die Fähigkeit zu autonomen Abwehrreaktionen ist von Natur aus in vollem Umfange im Organismus vorhanden, ihm artspezifisch angeboren; der Mediziner spricht dann von einer natürlichen Immunität von wechselnder Immunitätshöhe. Oder die betreffenden Reaktionsfähigkeiten sind im Organismus nur schlummernd, latent, vorhanden und werden erst durch eine spezifische Vorerkrankung geweckt, aktiviert; der betreffende Organismus wird durch das Überstehen dieser Vorerkrankung in seiner Reaktionsbereitschaft sensibilisiert und besitzt erst jetzt seine volle immunologische Leistungsfähigkeit; in diesem Falle spricht der Mediziner von induzierten Abwehrreaktionen und nennt die durch sie bedingte Abwehrfähigkeit erworbene Immunität; diese ist somit auf bestimmte Individuen beschränkt und bedeutet innerhalb des artgebundenen Schwankungsbereiches einen individuellen Ausnahmezustand, verursacht durch ein bestimmtes Ereignis in der betreffenden Lebensgeschichte.

Nach ihrem Wirkungsgrad sind die Abwehrreaktionen normergisch oder hyperergisch. Bei den normergischen Reaktionen stehen Ursache und Wirkung in einem «normalen», angemessenen Verhältnis zueinander; die hyperergischen Reaktionen verlaufen dagegen, gemessen an ihren Ursachen, unverhältnismäßig übersteigert.

Ferner spricht der Mediziner auch dann von Immunisierung und von Immunität, wenn nicht der erkrankende Organismus selbst die Abwehrreaktionen ausführt, sondern wenn schutzbewirkende Stoffe von einem andern Organismus im Verlaufe einer homologen Erkrankung und Heilung gebildet und dann durch klinische Maßnahmen in den zu schützenden Körper eingeführt werden (passive Immunisierung); es handelt sich ja in beiden Fällen um einen wesensgleichen Schutz, dies im Unterschied zur Chemotherapie, bei der die schutzbewirkenden Medikamente vollkommen heterolog sind. Doch beruhen die beiden Immunitäten auf unterschiedlichen biologischen Voraussetzungen; bei den Immunreaktionen s. str. ist der Körper imstande, die schutzbewirkenden Stoffe selbst zu bilden; bei der passiven Immunisierung braucht er nur in der Lage zu sein, sie in der eingeführten Form zu ertragen und eine gewisse Zeit zu beherbergen.

Wir besprechen deshalb die beiden Erscheinungen getrennt: § 1. Die Abwehrreaktionen s. str., und § 2. Die passive Immunisierung (S. 460).

Tabelle 55

Schematische Gliederung der zu besprechenden Abwehrreaktionen. (Nach GÄUMANN, 1944.)

Objekt der Reaktion	*Genese*	*Wirkungsgrad*	*Reaktionsform*
Der Erreger selbst (antiinfektionelle Abwehrreaktionen)	autonom	normergisch	Plasmatische Abwehrreaktionen (S. 379)
		hyperergisch	Nekrogene Abwehrreaktionen (S. 391)
	induziert	normergisch	Prämunität (S. 414)
Die Stoffwechselprodukte des Erregers (antitoxische Abwehrreaktionen)	autonom	normergisch	Histogene Demarkationen (S. 437)
		hyperergisch	Gummöse Demarkationen (S. 448)
Die eigene Empfindlichkeit (induzierte Toleranz)	induziert	—	Desensibilisierung (S. 451)

§ 1. Die Abwehrreaktionen s. str.

Nach dem Objekt, dem sie vorzugsweise gelten, lassen sich die pflanzlichen Abwehrreaktionen um drei Mittelpunkte (Tabelle 55) gruppieren:

1. Die antiinfektionellen Abwehrreaktionen richten sich unmittelbar gegen den Erreger selbst und suchen ihn zu schwächen und zu vernichten (Bindung oder Zerstörung der Keime); man bezeichnet sie deshalb auch als antiparasitische Abwehrreaktionen.

2. Die antitoxischen Abwehrreaktionen (S. 434) richten sich nicht in erster Linie gegen den Erreger, sondern gegen seine Stoffwechselprodukte, insbesondere seine Toxine, ferner gegen die nekrogenen Abbaustoffe der eigenen lädierten Zellen und Gewebe, und suchen sie beide unschädlich zu machen (Bindung oder Zerstörung der Gifte).

3. Die induzierte Toleranz (S. 451) richtet sich, entgegen der eingangs gegebenen Definition, weder unmittelbar gegen den Erreger noch gegen seine Stoffwechselprodukte, sondern gegen die Empfindlichkeit des eigenen Körpers auf das pathogene Agens; im Körper erfolgt eine Umstimmung, eine Desensibilisierung, so daß er auf das pathogene Agens nicht mehr anspricht, es ohne manifeste Reaktion erträgt und infolgedessen nicht erkrankt.

Diese drei Reaktionsformen verlaufen selbstverständlich im pflanzlichen Körper nicht beziehungslos neben- oder nacheinander, sondern arbeiten Hand in Hand, und es ist nur darstellungstechnisch bedingt, wenn in den folgenden Abschnitten je nach der Natur des Beispiels einer der drei Gesichtspunkte ausschließlich in den Vordergrund gestellt wird.

1. Antiinfektionelle Abwehrreaktionen

Für das Bestehen von antiinfektionellen Abwehrreaktionen spricht schon die Erfahrung, daß die meisten pflanzlichen Infektionskrankheiten ihren Wirt nicht beliebig durchziehen (Allgemeininfekt), sondern lokalisiert sind (S. 101): die Infektion kommt nach einer gewissen Zeit zum Stehen und bleibt räumlich auf einen bestimmten, für die betreffende Erkrankung oft charakteristischen Bereich beschränkt. Die Ursache kann nicht in einer Erschöpfung (zum Beispiel einem Aushungern) des Parasiten liegen; denn er geht erst nach dem Stillstand zur Fruktifikation über und gedeiht auch bei Rückisolierungen normal. Es würde schwer halten, sich vorzustellen, daß der Parasit erst durch den Wirt ausgehungert wird und sich dann auf ihm noch wochenlang mehr oder weniger üppig fortpflanzt. Auch wuchern manche Erreger von «Blattfleckenkrankheiten», die in intakten Blättern streng lokale Affekte erzeugen, in denselben Blättern ungehemmt weiter, wenn sie vorher durch Narkotika getötet wurden. Es kann also nicht Nährstoffmangel gewesen sein, der sie vorher einschränkte, sondern es müssen nach einer bestimmten Zeit in einem gewissen Umkreis um den Infektionsherd antiinfektionelle Abwehrreaktionen eingesetzt und dem Parasiten das weitere Vordringen verunmöglicht haben.

In eine ähnliche Richtung weisen die Beobachtungen von KUNKEL (1918) bei der Kohlhernie (*Plasmodiophora brassicae*; Abb. 216): nur etwa 28% der Tumorzellen enthalten die Plasmodien des Erregers. Die übrigen Zellen sind davon frei, doch nicht deshalb, weil sie durch Zufall der Infektion entronnen wären, sondern weil sie offenbar durch irgendwelche plasmatischen Abwehrkräfte den Parasiten fernhalten. In den seltenen Fällen, da beinahe sämtliche Zellen befallen sind, verläuft die Erkrankung anormal, die Plasmodien bleiben klein und vermögen die Wirtszellen nicht zu abnormem Wachstum anzuregen.

Wir gliedern das vorliegende Kapitel in drei Abschnitte:

a) Autonome antiinfektionelle Abwehrreaktionen, zu denen die Individuen von Natur aus befähigt sind;

b) Induzierte antiinfektionelle Abwehrreaktionen (S. 412), bei welchen die Befähigung zur vollwertigen Reaktion erst durch eine Vorerkrankung erworben wird; ein dritter Abschnitt,

c) Der Mechanismus der antiinfektionellen Abwehrreaktionen (S. 426), wird das wenige andeuten, das wir über die stofflichen Grundlagen der antiinfektionellen Abwehrreaktionen wissen.

a) Autonome antiinfektionelle Abwehrreaktionen

Die näher untersuchten pflanzlichen Beispiele von autonomen antiinfektionellen Abwehrreaktionen haben den Zug gemeinsam, daß sie, trotz ihres Namens, die Infektion in der Regel nicht zu verhindern, den Parasiten nicht fernzuhalten vermögen. Die Infektion kommt also meistens zum Haften. Die antiinfektionellen Abwehrreaktionen rollen jedoch weiter und bewirken bei günstigem Verlauf, daß der Erreger auf bestimmte Gewebe beschränkt bleibt und vielleicht sogar mitsamt dem lokalen Infektionsherd, dem Focus, nachträglich vernichtet und ausgestoßen wird. Die antiinfektionellen Abwehrreaktionen unterbinden somit im günstigen Fall den Schritt von der Infektion zur Generalisation und verhindern, daß der gesamte Wirtsorganismus ernsthafte Schädigungen erfährt.

Als Beispiel normergischer antiinfektioneller Reaktionen (Tabelle 55) besprechen wir (aa) die plasmatischen oder biochemischen Abwehrreaktionen, als Beispiel hyperergischer antiinfektioneller Reaktionen (bb) die nekrogenen oder abortiven Abwehrreaktionen (S. 391).

aa) Plasmatische Abwehrreaktionen

Die plasmatischen Abwehrreaktionen werden, wie ihr Name sagt, vom Zellinhalt getragen. Sie lassen sich am besten bei schwach pathogenen Erregern verfolgen, die lange Zeit mit ihrem Wirte in Kontakt bleiben und chronische Erkrankungen hervorrufen. Wir betrachten ihren Effekt an Hand der in vivo sich ergebenden Verdauungsbilder bei endophytischen Bakterien (Beispiel: Leguminosenknöllchen) und bei endophytischen Pilzen (Beispiel: Mykorrhizen).

Erstes Beispiel: Die Lokalisierung und spätere Verdauung der (meist stickstofffixierenden) Bakterien in den Wurzelknöllchen der Leguminosen (Abb. 282). Den Infektionsvorgang haben wir S. 29 betrachtet. Für seinen Verlauf bestehen je nach dem Kräfteverhältnis Parasit–Wirt drei Möglichkeiten; entweder ist der Wirt dem Parasiten gewachsen, oder der Parasit ist dem Wirt überlegen, oder sie sind sich ungefähr ebenbürtig.

1. Fall: Der Wirt ist dem Parasiten gewachsen. Dies trifft vor allem dann zu, wenn die Wirtspflanzen eine hohe Vitalität aufweisen, harmonisch ernährt und insbesondere genügend mit Stickstoff versorgt sind. In diesem Falle sind die plasmatischen Abwehrreaktionen von Erfolg begleitet, die Infektion geht nicht an und die Knöllchenbildung unterbleibt (Abb. 283). Die Knöllchenbakterien vermögen nur dann in ihren Wirtspflanzen Fuß zu fassen, d. h. diese sind nur dann für den Befall durch die Knöllchenbakterien disponiert, wenn sie partiell unterernährt, nämlich ungenügend mit N versorgt sind.

2. Fall: Der Parasit ist dem Wirt überlegen, entweder wegen einer verminderten Vitalität des Wirtes oder wegen einer erhöhten Vitalität des Parasiten.

Die Vitalität und Widerstandskraft des Wirtes wird durch allgemeine Unterernährung (Tabelle 56 und 57) herabgesetzt, ferner dann, wenn außer

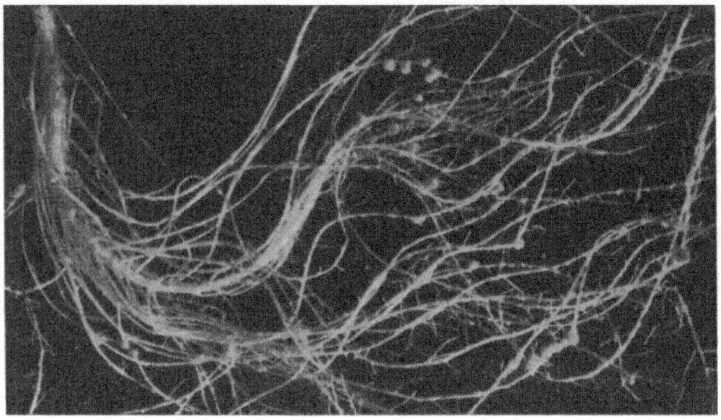

Abb. 282

Knöllchenbildung auf Erbsen in KNOPscher Nährlösung, bei der das Nitrat nur zu 1% der Normalmenge zugegen war. 2/3 nat. Gr. (Nach GÄUMANN, 1944.)

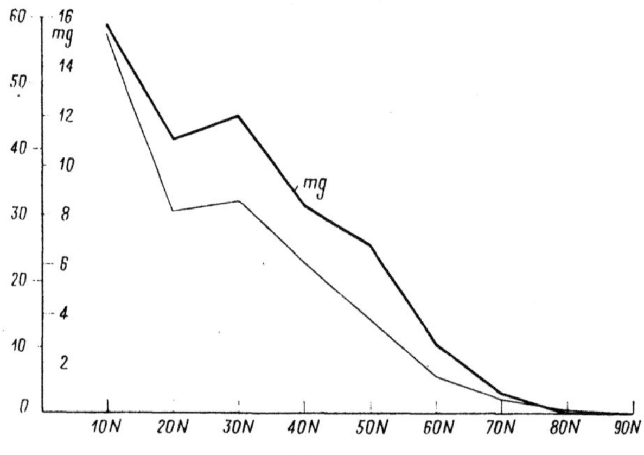

Abb. 283

Der Einfluß der N-Ernährung auf die Knöllchenbildung bei *Pisum sativum*. Abszisse: N-Gehalt der Nährlösungen in Prozenten des gesamten Salzgehaltes der Lösung (KNOP). Ordinate: Durchschnittliche Zahl bzw. durchschnittliches Gewicht der Knöllchen je Versuchspflanze. (Nach DIENER, 1950.)

dem Stickstoff noch andere Nährstoffe defizitär werden, so das Bor (BRENCHLEY und THORNTON, 1925) oder die Assimilate (Tabelle 57). Stellt man zum Beispiel infizierte Keimlinge der Luzerne, *Medicago sativa* L., ins Dunkle, so verblassen ihre Abwehrreaktionen; der endophytische Mikroorganismus überbordet, geht zur einseitig parasitischen Lebensweise über, durchbricht die Endodermis, gelangt in die lebenswichtigen zentralen Gewebe, zerstört das Zytoplasma und den Kern der Wirtszellen und dringt schließlich in die Interzellularräume und die Mittellamellen hinaus, so daß die infizierten Wurzeln zerfallen (THORNTON, 1930).

Der Gewebezerfall, der sonst beim Altern der Knöllchen spontan erfolgt, setzt also infolge der Schwächung des Wirtes und wegen des Versagens der plasmatischen Abwehrreaktionen schon bei den jungen Keimlingen ein. Es kommt deshalb wieder zu keiner Bildung von Wurzelknöllchen.

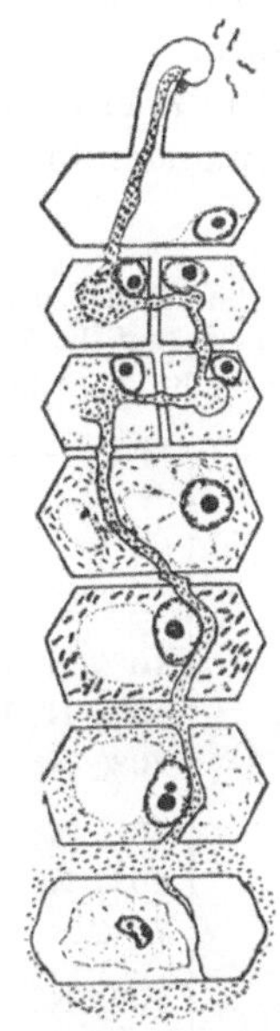

Abb. 284. Diagramm der Lebensgeschichte des *Rhizobium leguminosarum* in den Knöllchen der Luzerne, *Medicago sativa* L. *1* Ein Infektionsfaden ist durch ein Wurzelhaar eingedrungen. *2* und *3* Bakterien dringen aus dem Infektionsfaden in die Wirtszellen hinaus. *4* Vermehrung der Bakterien im Zytoplasma, wobei jedoch der Infektionsfaden weiterwächst. *5* und *6* Die intrazellulären Bakterien werden verdaut; der Infektionsfaden wird jedoch wegen seiner Schutzhülle nicht korrodiert. Die Interzellularräume und Mittellamellen werden vom Infektionsfaden her infiziert. *7* Schlußstadium. Der Zellinhalt, sowohl herrührend vom Wirte als vom Parasiten, ist aufgelöst; die Knöllchengewebe sind zerstört und die interzellularen Bakterien gelangen wieder in den Erdboden zurück. (Nach THORNTON, 1930, aus GÄUMANN, 1944.)

3. Fall: Parasit und Wirt sind sich ungefähr ebenbürtig und es resultiert eine reichliche Knöllchenbildung und Stickstoff-Fixierung. Dies ist der pflanzenbaulich ideale Fall (FRED, BALDWIN und MCCOY, 1932; WILSON, 1940), der in den Lehrbüchern steht (Abb. 282). Er hat zwei Voraussetzungen.

Tabelle 56

Der Einfluß der Unterernährung auf die Wurzelknöllchenbildung von *Pisum sativum*. Die Wurzeln der Versuchspflanzen wurden in zwei Bündel auseinandergelegt, die eine unterschiedliche Ernährung erhielten. (Nach DIENER, 1950.)

Versuchsreihe	Durchschnittliche Zahl der Knöllchen je Pflanze		Durchschnittliches Gewicht der Knöllchen je Pflanze	
	Linke Hälfte	Rechte Hälfte	Linke Hälfte mg	Rechte Hälfte mg
Beide Wurzelhälften in doppelt normaler (2 *n*) KNOP-Lösung	0	0	0	0
Beide Wurzelhälften in *n*/100 Lösung	2,6 ± 1,9	0,2 ± 0,1	0,2 ± 0,1	0,1 ± 0,06
Linke Wurzelhälfte in 2 *n*, rechte in *n*/100 Lösung .	1,7 ± 0,5	47,8 ± 9,3	0,4 ± 0,2	34,5 ± 8,7

Erstens: daß der betreffende Stamm des *Rhizobium leguminosarum* wirklich zur N-Fixierung befähigt ist. Dies trifft jedoch nicht immer zu; manche Stämme vermögen den atmosphärischen N nur schwach oder gar nicht zu assimilieren, verhalten sich aber gegenüber den Wirtspflanzen gleich wie die N-fixierenden Rassen.

Die zweite Voraussetzung ist, daß Parasit und Wirt für eine gewisse Zeit miteinander in ein harmonisches Gleichgewicht der Kräfte gelangen,

Tabelle 57

Der Einfluß der unterschiedlichen N-Ernährung und des unterschiedlichen Lichtgenusses auf die Wurzelknöllchenbildung von *Pisum sativum*. 10% N bedeutet, daß 10% des Salzgehaltes der KNOP-Lösung als Nitrat gegeben wurden. 100% *L* bedeutet vollen Lichtgenuß. (Nach DIENER, 1950.)

Versuchsreihe	Durchschnittliche Knöllchenzahl je Pflanze	Durchschnittliches Knöllchengewicht je Pflanze mg
10% N; 100% *L*	75,5 ± 6,9	15,8
40% N; 100% *L*	34,2 ± 4,7	5,3
70% N; 100% *L*	0	0
10% N; 47% *L*	74,4 ± 6,5	7,5
40% N; 47% *L*	34,7 ± 3,1	3,6
70% N; 47% *L*	0	0
10% N; 21% *L*	7,4 ± 1,6	0,3
40% N; 21% *L*	6,4 ± 1,6	0,3
70% N; 21% *L*	0,1	0

daß also Reiz und Reizantwort sich ungefähr die Waage halten. Die Vitalität der Wirtspflanzen ist wegen des Stickstoffmangels genügend herabgesetzt, daß die Infektion haftet, doch anderseits nicht so sehr, daß der Parasit überbordet; die beiden Partner bleiben deshalb bei perennierenden Leguminosen einige Jahre beisammen und es kommt zur bekannten Tumorbildung (Abb. 285).

Dieses bald so, bald etwas anders gelagerte Gleichgewicht ist nicht ein besonderer Zustand für sich, sondern entspricht einem intermediären Bereich zwischen zwei für die Knöllchenbildung ungünstigen Extremen (unsern Fällen 1 und 2). Das Parasit-Wirt-Verhältnis durchläuft dann ontogenetisch auf einer bestimmten Pflanze die folgenden drei Phasen.

In der ersten Phase des Parasit-Wirt-Verhältnisses, deren Anfangsstadien wir schon Seite 29 besprochen haben, kommen die Bakterien in den Wirtszellen zum Haften (Abb. 284, *1–4*) und gelangen mit ihnen auf dem Wege über Aktion und Reaktion zu einem vorübergehenden, labilen Gleichgewicht, gewissermaßen zu einem «bewaffneten Frieden». Einerseits vermögen sie den Widerstand der Wirtszellen nicht zu überwinden, so daß die infizierten Zellen am Leben bleiben; anderseits vermag auch der Wirt die endophytischen

Bakterien nicht mehr zu eliminieren; aber er ist immerhin imstande, sie auf die Wurzelrinde zu lokalisieren und zu verhindern, daß sie die Endodermis durchbrechen. Es ergibt sich somit das Bild eines abgebremsten Parasitismus. Unter der Reizwirkung der endophytischen Bakterien entstehen aus der Wurzelrinde innerhalb einiger Monate die bekannten kleinen Tumore, die Wurzelknöllchen.

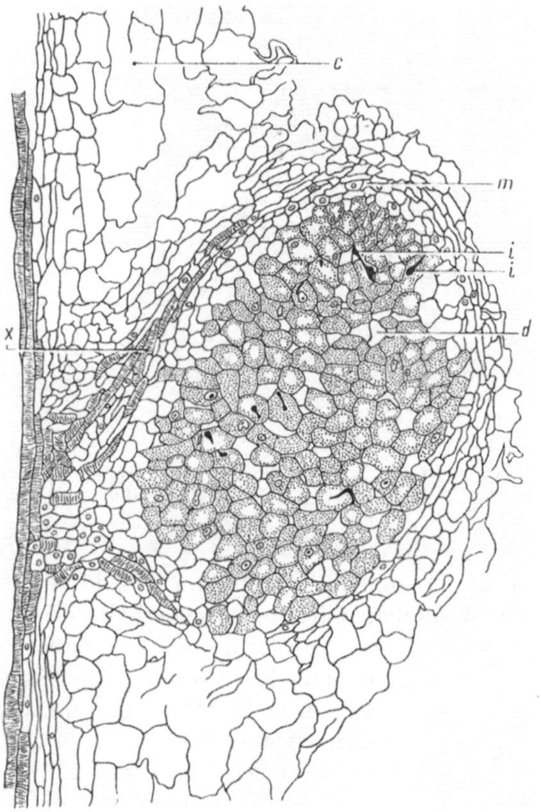

Abb. 285

Schnitt durch ein 15 Tage altes Wurzelknöllchen auf *Trifolium pratense*. *c* Wurzelrinde, die weiter unten im Bild durch das heranwachsende Tumorgewebe gedehnt wurde. *m* Nichtinfizierte meristematische Zellen in der Wachstumszone des Knöllchens. *i* Überreste der Infektionsfäden. *d* Bakterienfreie Wirtszellen. *x* Gefäßbündel, die sich am Rande des Knöllchens herausdifferenziert haben und mit den Gefäßbündeln der Wurzel in offener Kommunikation stehen. Vergr. 120. (Nach FRED, BALDWIN und McCOY, 1932.)

In dieser ersten Phase erwächst der Wirtspflanze aus der Anwesenheit der endophytischen Bakterien kein Vorteil, auch dann nicht, wenn sie zufällig zur N-Assimilation befähigt wären; denn sie üben während dieser Kampfzeit ihre höhern Fähigkeiten nicht aus. Das *Rhizobium leguminosarum* ist also während dieser Zeit ein gewöhnlicher, tumorbildender Parasit. Anderseits erleidet aber die Wirtspflanze aus der Bildung der kleinen Wurzeltumore auch keinen meßbaren Nachteil; dies kann nicht überraschen, da tumorbildende Pflanzenparasiten allgemein nur schwach pathogen sind.

Die zweite Phase des Parasit-Wirt-Verhältnisses dauert bei perennierenden Wirtspflanzen etwa 2–3 Jahre, von der Anlage der Wurzelknöllchen an gerechnet. Die Aggressivität des Endophyten und die Widerstandskraft des Wirtes sind während dieser Zeit ausreguliert und aufeinander abgestimmt (Abb. 284, *5*), ähnlich wie bei der Bakterienflora unserer Mundhöhle oder der untern Darmabschnitte, und die Bakterien werden von ihrem Wirte mühelos ertragen.

Während dieser harmonischen Zeit beziehen manche Bakterienstämme nicht mehr ihre sämtlichen Nährstoffe aus dem Wirt, sondern nur noch die Kohlehydrate usw.; sie assimilieren im übrigen den freien atmosphärischen Stickstoff und bauen aus ihm Eiweißverbindungen auf. In diesem Falle profitieren beide

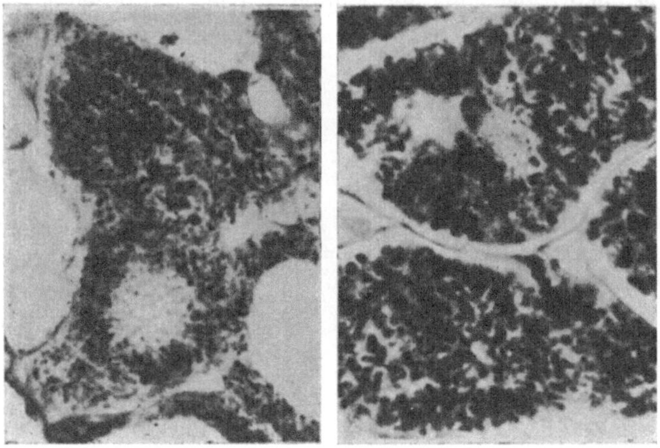

a *b*

Abb. 286

Reaktionsformen des ***Rhizobium leguminosarum*** in den Wurzelknöllchen von *Neptunia oleracea* Lour. *a* Involutionsformen. *b* Beginnende Bläschenbildung. Vergr. 900. (Nach SCHAEDE, 1940, aus GÄUMANN, 1944.)

Partner von der Lebensgemeinschaft, sowohl das Bakterium als die Wirtspflanze; das erstere, weil es von der Wirtspflanze Kohlehydrate erhält und von ihr beherbergt wird; die letztere, weil sie vom Bakterium den im Minimum befindlichen Nährstoff, dessen Fehlen ja die Disposition für den Bakterienbefall schuf, den Stickstoff, geliefert bekommt, und zwar in einer organischen Form, die ihr unter Umständen besser zusagt als der anorganische Stickstoff des Ackerbodens (VIRTANEN, 1933); dieser Vorgang ist wegen der damit verbundenen N-Anreicherung im Boden von großer volkswirtschaftlicher Bedeutung.

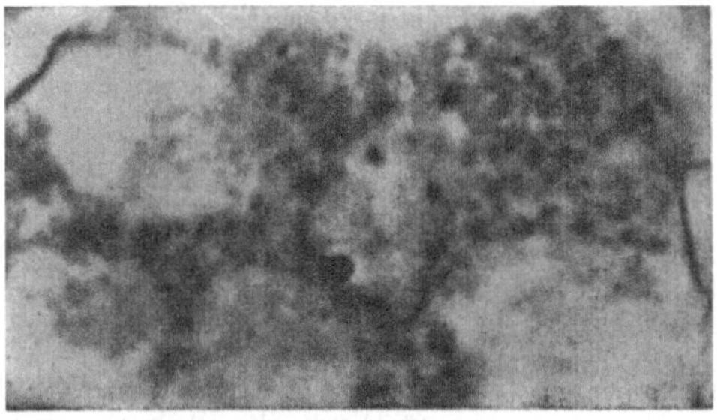

Abb. 287

Fortgeschrittene Verdauung der bläschenförmig degenerierten Bakterien («Bakterioiden») in den Wurzelknöllchen von *Lupinus albus* L. Vergr. 1500. (Nach SCHAEDE, 1932, aus GÄUMANN, 1944.)

Wegen dieser Stickstoff-Fixierung ist der parasitische Charakter der Wurzelknöllchenbildung oft angezweifelt worden; zu Unrecht. Es darf nicht übersehen werden, daß das Parasit-Wirt-Verhältnis bei Bakterienstämmen, die keinen Stickstoff fixieren, in der genau gleichen Weise abrollt; die N-Fixierung besitzt also nur beiläufigen Charakter (Nebenwirkung). Bei dem Ausdruck mutualistische Symbiose wird dieser eventuelle Nebeneffekt verallgemeinert.

Ferner ist zu beachten, daß die Bakterien spontan in der Ackererde und saprophytisch in unsern Laboratoriumskulturen keinen Stickstoff fixieren, auch nicht auf nichtkongenialen Wirten, und nicht einmal auf kongenialen Wirten in den Abschnitten 1–3 (Abb. 284); sondern sie tun dies nur in parasitischer Gefangenschaft auf kongenialen Wirten während der Phasen 4 und 5. Es handelt sich also nicht um eine freiwillige Tätigkeit ihrerseits, sondern um eine besondere Dienstleistung, die der kongeniale Wirt, der sie erträgt und beherbergt, bei ihnen auslöst. Man darf sich das parasitische Verhältnis nicht zu primitiv und einseitig vorstellen; eine Malaria bleibt auch dann eine Infektionskrankheit, wenn sie als günstige Nebenwirkung eine tertiäre Lues coupiert.

Trotz des scheinbar harmonischen Zusammenlebens von Parasit und Wirt ruht aber das zwischen ihnen waltende Kräftespiel nicht, so daß beide Partner mit der Zeit Ermüdungserscheinungen zeigen. Diese äußern sich bei den Bakterien darin, daß sie anfangen, sich zu krümmen (Involutionsformen; Abb. 286 *a*) und ihre Stäbchengestalt und ihre Teilungsfähigkeit zu verlieren, so daß sie bei Isolierungen nicht mehr auswachsen, nicht mehr angehen; schließlich schwellen sie zu bläschenförmigen Bakterioiden an (Abb. 286 *b*). Beim Wirt kommt die allmähliche Abnützung darin zum Ausdruck, daß er den Austritt von Bakterien aus den Infektionsfäden in die Mittellamellen und die Zwischenzellräume nicht mehr zu verhindern vermag (Abb. 284, *5–6*) und im Bereich der Tumore interzellulär überschwemmt wird. Da diese interzellulären Bakterien nicht unter der Einwirkung der plasmatischen Abwehrreaktionen stehen, zeigen sie die eben beschriebenen Deformationen nicht.

In der dritten Phase des Parasit-Wirt-Verhältnisses geht das Zusammenleben der beiden Partner in einer charakteristischen Weise, nämlich durch Verdauung der intrazellulären Bakterien, seinem Ende entgegen (Abb. 284, *6–7*). In den Wirtszellen setzt eine Selbstreinigung, getragen von phagozytären Reaktionen, ein, in deren Verlauf lytische Enzyme die Bakterioiden auflösen (Abb. 287). Dadurch werden wertvolle Baustoffe der Bakterien, vor allem ihre Eiweißverbindungen (falls der betreffende Bakterienstamm N-fixierend war), für die Wirtspflanze verfügbar, so daß diese von ihrem Parasiten per Saldo einen wichtigen ernährungsphysiologischen Vorteil zieht.

Das Parasit-Wirt-Verhältnis schlägt also von der ersten zur dritten Phase in das Gegenteil um, und der Wirt lebt nunmehr, wenn man das Bild gebrauchen darf, parasitisch auf Kosten der intrazellulären Bakterien, seiner ursprünglichen Parasiten, die er zu seinem eigenen Nutzen vernichtet und verdaut. Die interzellulären Bakterien behalten dagegen ihre volle Vitalität (Abb. 284, *7*), leiten den Zerfall der alternden Wurzelknöllchen ein, gelangen dabei wieder in den Erdboden hinaus und schließen damit den Kreislauf. Man wird deshalb das Parasit-Wirt-Verhältnis, statt als mutualistische Symbiose, richtiger als mutualistischen Parasitismus bezeichnen.

Die plasmatischen Abwehrreaktionen wirken sich in diesem dritten Fall zur Hauptsache nach drei Richtungen aus:

1. sie schwächen die eingedrungenen Bakterien, so daß sie die Wirtszellen nicht mehr abzutöten und zu zerstören vermögen;

2. sie lokalisieren die eingedrungenen Bakterien auf die Rindengewebe und auf die aus ihnen sich bildenden Tumore und halten sie von den Leitungsbahnen fern; und

3. sie verdauen, d. h. sie eliminieren die intrazellulären Bakterien, bei welchem Vorgang die verschiedenartigsten lähmenden, lytischen usw. Prozesse ineinanderspielen.

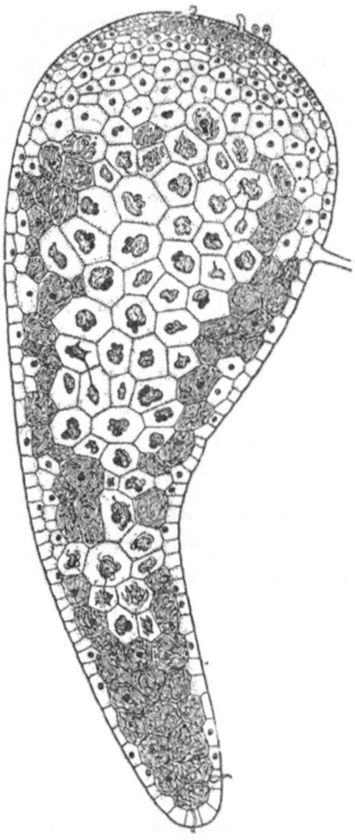

Abb. 288
Schnitt durch einen Embryo von *Phalaenopsis amabilis* Blume × *rosea* Lindl. nach 50tägiger Infektion mit *Rhizoctonia mucoroides* Bern. Vergr. 50. (Nach Bernard, 1909, aus Gäumann, 1944).

Ähnlich wie zwischen den Leguminosen und ihren Knöllchenbakterien gestaltet sich das Parasit-Wirt-Verhältnis beim zweiten Modellbeispiel, bei den Mykorrhizen, und zwar sowohl bei den vorwiegend endotrophen Mykorrhizen der Orchideen als bei den vorwiegend ektotrophen Mykorrhizen der Nadel- und Laubhölzer. Auch bei ihnen wirken die plasmatischen Abwehrreaktionen in der Richtung einer Schwächung, Lokalisierung und Eliminierung des Endophyten.

Bei den Embryonen der Orchideen bildet die Ansatzstelle des Suspensors die verwundbare Stelle, bei der die Hyphen eindringen. Die betreffenden Pilze brauchen nicht spezifisch zu sein, sondern es kommen für die meisten Orchideen eine größere Anzahl von Vertretern verschiedener systematischer Gruppen in Betracht.

Ist der eindringende Pilz zu wenig aggressiv, so wird er, wie im ersten Fall bei den Leguminosen, gleich in den ersten Zellschichten abgedämmt. Bei zu großer Aggressivität, entsprechend dem zweiten Fall bei den Leguminosen, durchwuchert er das gesamte embryonale Gewebe und tötet den Keimling akut ab. Bei Ebenbürtigkeit der beiden Partner (entsprechend dem dritten Fall bei den Leguminosen, was aber nur bei wenigen Prozenten oder Bruchteilen von Prozenten der Samen zutrifft) mündet die Auseinandersetzung zwischen Reiz und Reizantwort in ein labiles Gleichgewicht aus: die Infektion dringt weiter vor als im ersten Fall, doch weniger weit als im zweiten und endet schließlich in einem chronischen Krankheitszustand, der sich nach außen als ein harmonisches Gleichgewicht darstellt.

In den infizierten Geweben spielen sich dann mutatis mutandis ähnliche Vorgänge ab wie in den Wurzelknöllchen der Leguminosen, nur räumlich nebeneinander, statt, wie bei diesen, zeitlich nacheinander; wir sehen nämlich, daß die Hyphen nicht mehr in normaler Weise geradlinig weiterwachsen, sondern durch die Abwehrreaktionen des Wirtes in jeder Zelle deformiert werden, sich verknäueln (Abb. 288, Randschicht) und eine gewisse Zeit stationär bleiben, ehe sie die nächste Zelle angreifen. Es ist, als ob sie erst den Widerstand

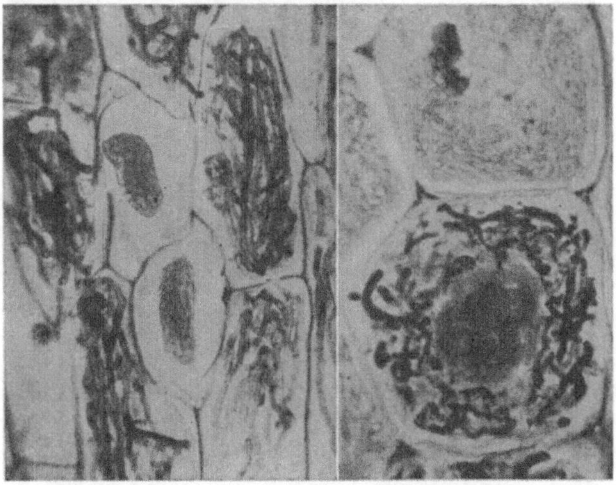

a *b*

Abb. 289

Die Verdauung des Mykorrhizenpilzes in den Wurzeln von *Platanthera chlorantha* Cust. *a* Gleichgewichtszustand zwischen Parasit und Wirt. *b* Enzymatischer Abbau des Parasiten; unten inhaltsreiche Zelle mit beginnender, oben inhaltsarme, kaum mehr färbbare Zelle mit fortgeschrittener Verdauung. Vergr. 160. (Nach BURGEFF, 1936, aus GÄUMANN, 1944.)

der Wirtszelle überwinden und aus ihren Nährstoffen neue Kräfte sammeln müßten, bevor sie die nächste anzugreifen vermögen. In den erkrankten Zellen sind also Stoffe mobilisiert worden, die ähnlich dem Agglutinationsprinzip auf den Eindringling lähmend wirken.

In dem Maße, wie der Parasit im Keimling weiterdringt, werden die alternden Knäuel aufgelöst, verdaut (Abb. 288, Mitte). Neben dem Agglutinations-Prinzip, das den Parasiten bändigt, ist also in der Widerstandszone der Keimlinge allmählich ein lytisches, phagozytäres Prinzip gebildet worden, das den Parasiten eliminiert: der Keimling vermag sich seiner zu erwehren und vermag zu vermeiden, daß lebenswichtige Wachstumsbezirke infiziert werden und erkranken.

Wenn der Keimling zur beblätterten Pflanze herangewachsen ist, werden deren Rhizome und Wurzeln sowohl bei den Orchideen als bei den Waldbäumen erneut vom Erdboden her durch Mykorrhizenpilze infiziert und führen in ihren

Rindenschichten einen ähnlichen Kampf weiter, wie wir ihn soeben für die Orchideenembryonen betrachtet haben.

Im einen Extrem, bei großer Vitalität des Wirtes, wird das eingedrungene Myzel gänzlich verdaut und beseitigt. Im Falle der Orchideen wächst hierauf die Wirtspflanze pilzfrei weiter. Im Falle der Waldbäume wird die anfänglich endotrophe (intramatrikale) Mykorrhiza durch diesen Abwehrerfolg zu

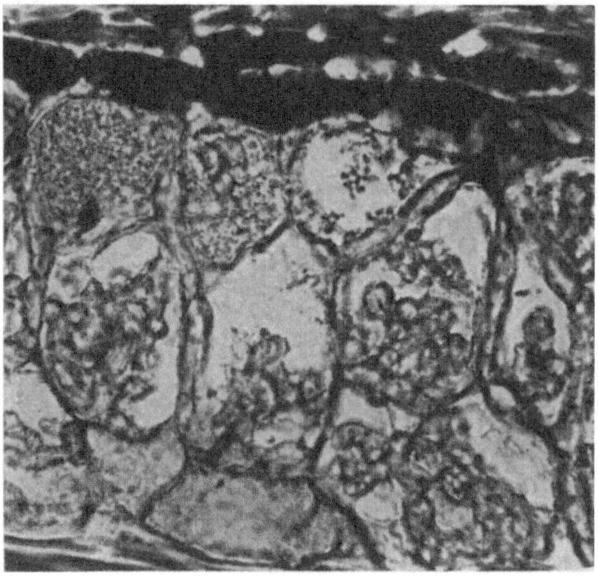

Abb. 290

Schnitt durch eine ekto-endotrophe Mykorrhiza einer Kiefernwurzel mit einem sehr dünnen Myzelmantel (oben im Bilde) und interzellularen Hyphen, die zum Zentralzylinder (unten im Bilde) hinunterwachsen. Die intrazellularen Hyphenfragmente sind in einigen Rindenzellen schon weitgehend verdaut. Vergr. 650. (Nach Björkman, 1942.)

einer ektotrophen (extramatrikalen) Mykorrhiza zurückgedämmt; so dringen die Hyphen von *Boletus elegans* Schum. auf den Lärchenwurzeln bei der ersten Infektion bis tief in die Rindenzellen vor; dann beginnen sie sich unter der Einwirkung der Abwehrreaktionen der Wirtszellen zu verknäueln (ähnlich Abb. 290); schließlich werden sie verdaut, und übrig bleibt nur der zur Hauptsache extramatrikale Pilzmantel (Melin, 1922). Die ektotrophe Mykorrhiza geht also hier auf dem Wege der Verdauung, der erfolgreichen plasmatischen Abwehr des Parasiten durch den Wirt, aus einer primär endotrophen Infektion hervor.

Im andern Extrem, bei Schwächung des Wirtes (zum Beispiel durch ungünstige Lebensbedingungen bei den Orchideen oder durch überstarke Absenkung des Grundwasserspiegels bei Waldbäumen), gewinnt unter Umständen der Mykorrhizenpilz die Oberhand, geht zur rein parasitischen Lebensweise über, durchbricht die Widerstandszone des Wirtes, dringt in den Wurzeln vor und kann dem Wirt gefährlich werden.

Zu der typischen Mykorrhizenbildung (Abb. 291) kommt es wiederum nur im intermediären dritten Fall, wenn Pilz und Wirtspflanze sich ebenbürtig sind, so daß sie beide beisammen und am Leben bleiben. In gewissen Zellen befinden sie sich in einem vorübergehenden Gleichgewichtszustand (Abb. 289 *a*, «Wirtszelle»). In andern, zum Beispiel zentraler gelegenen Zellen (Abb. 289 *b*, «Verdauungszellen»), wird dagegen der Parasit bei jedem erneuten Vordringen immer wieder abgebaut: er besitzt, wenn auf Agar zurückgebracht, keine Wachstumsfähigkeit mehr; der Inhalt seiner Hyphen wird ölig gelb, verliert die Details und verschwindet; die Kerne schrumpfen ein wenig, werden pyknotisch und unregelmäßig im Umriß; schließlich fallen die Hyphenwände zusammen. Durch diese Auflösung wird dem Parasiten bei normaler Vitalität der Wirtspflanze der Zutritt zu den tiefer gelegenen Wurzelgeweben verwehrt.

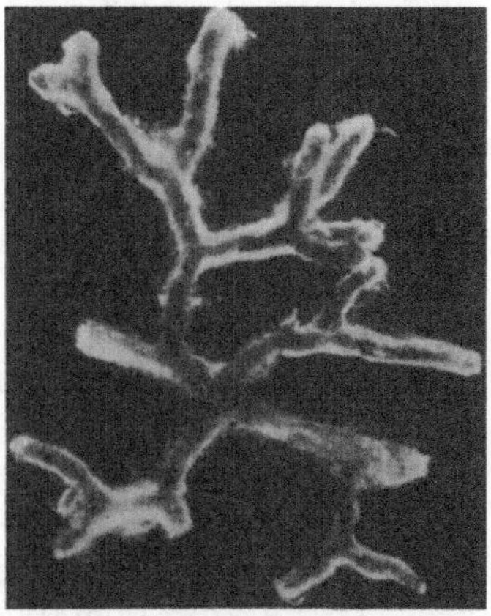

Abb. 291
Ektotrophe Gabelmykorrhiza auf Wurzeln von *Pinus silvestris* L. Vergr. 7. (Nach FRIES, 1942.)

Wie bei den Leguminosenknöllchen, so ziehen auch bei den Mykorrhizen im idealen Fall beide Partner aus der Lebensgemeinschaft einen Gewinn.

In den Wurzeln der Waldbäume findet der parasitische Pilz Kohlehydrate, um die im Erdboden eine scharfe Konkurrenz herrscht, vielleicht auch Wuchsstoffe usw.; er wächst deshalb in Verbindung mit kongenialen Baumarten unter Umständen kräftiger denn als Einzelgänger (MELIN, 1923, 1925, BJÖRKMAN, 1942). Anderseits mag auch der Baum aus der Verdauung der Hyphenknäuel einen Nutzen für seine Stickstoffbilanz ziehen; zwar ist heute erwiesen, daß die Mykorrhizenpilze (im Gegensatz zu manchen Wurzelknöllchenbakterien) keinen atmosphärischen Stickstoff assimilieren und deshalb dem Wirt nur jenen Stickstoff vermitteln, der ihnen beim Abbau der Humussubstanzen zufällt; wo sich aber dieser Nährstoff im Minimum befindet, besitzen schon geringe Mengen eine große waldbauliche Bedeutung und ermöglichen es den Bäumen, zum Beispiel auf Rohhumusböden zu stocken, die ihnen sonst unzugänglich wären.

Bei den Orchideen scheint der Nutzen noch mehr auf seiten des Wirtes zu liegen als bei den Waldbäumen; sie profitieren bei der Verdauung der Pilzknäuel nicht nur vom Stickstoff, den der Pilz aus dem Substrat aufnahm und zu Eiweißverbindungen verarbeitete (so ist der N-Gehalt verpilzter Orchideenkeimlinge unter Umständen dreimal so hoch als bei den unverpilzten; BURGEFF, 1936), sondern (vor allem bei den heterotrophen Arten) auch von den Kohlehydraten, die er aus dem Humus abbaute und aufnahm. In gewissen Fällen ist der Pilz auch der Wuchsstofflieferant der Wirtspflanze; so leiden die Vandeen, eine hochentwickelte Orchideengruppe mit extrem rückgebildeten Embryonen, auf synthetischen Nährböden unter einer Avitaminose: sie haben die Fähigkeit zur selbständigen Bildung der zu ihrer Entwicklung notwendigen Wuchsstoffe verloren und beziehen diese von ihrem Pilzpartner (SCHAFFSTEIN, 1942); dieser ist somit die unerläßliche Voraussetzung für das Gedeihen der betreffenden Orchideen auf wuchsstoffreien Substraten: er erfüllt für den Wirt lebenswichtige Ersatzfunktionen, etwa wie Milchflasche und Kindermehl bei den Kindern stillungsunfähiger Mütter.

In diesen Grenzfällen, wo der Wirt aus dem parasitischen Verhältnis einen lebenswichtigern Nutzen zieht als der Parasit, artet die Diskussion über den «Sinn der Mykorrhizenbildung» leicht in einen Streit um das Wort aus. Für unsere parasitologische Betrachtung ist wesentlich, daß auch bei den Mykorrhizen, wie in den Wurzelknöllchen der Leguminosen, plasmatische Abwehrreaktionen durch ihre lähmende, lokalisierende und eliminierende Wirkung das Zusammenleben von Parasit und Wirt steuern; wir werden später im Abschnitt über den Mechanismus der antiinfektionellen Abwehrreaktionen kurz auf diese Vorgänge zurückkommen.

Nach denselben Gesichtspunkten der Schwächung, Lokalisierung und Eliminierung des Erregers, die hier für zwei chronische Infekte geschildert wurden, arbeiten die normergischen plasmatischen Abwehrreaktionen auch bei den akuten Infektionskrankheiten; auch bei diesen löst der vordringende Parasit zweifelsohne spontane plasmatische Abwehrreaktionen gleich den eben geschilderten aus, durch die er unter Umständen plötzlich, ohne sichtbaren äußern Grund, angehalten, lokalisiert und später teilweise korrodiert und digeriert wird. Doch ist bei raschem und deshalb oft ungeordnetem Krankheitsverlauf meist nur das eine oder das andere der eben besprochenen Symptome der Wirtsreaktionen zu erkennen; es fehlt ihnen deshalb oft der innere Zusammenhang.

Wie bei den chronischen, so ist auch bei den akuten Infektionskrankheiten die Leistungsfähigkeit, die Wirkungshöhe der plasmatischen Abwehrreaktionen im allgemeinen nicht sehr groß. Daß sie die Infektion meist nicht zu verhindern vermögen, wurde schon erwähnt; es mag dies mit darauf beruhen, daß ihr Mechanismus spät ausgelöst wird und langsam abrollt.

Aber auch den eingedrungenen Parasiten vermögen sie in der Regel nur zu schwächen und zu lokalisieren, aber nicht mehr zu eliminieren; denn die Verdauungs- und Ausmerzungsvorgänge beschränken sich zur Hauptsache auf einzelne Zellen und führen nicht zu einer generellen Selbstreinigung, nicht zu einer Autosterilisation der befallenen Gewebe, also nicht zu einer generellen Heilung: sondern die befallenen Gewebe bleiben in der Regel zeitlebens befallen. Die pflanzlichen Infektionskrankheiten sind deshalb meist unheilbar, ihre Schädigungen meist irreparabel.

Dennoch sind die plasmatischen Abwehrreaktionen nicht bedeutungslos. Sie verzögern oder verhindern bei günstigem Verlauf den Übergang von der lokalen Infektion zur Generalisation: sie schwächen den Erreger, lokalisieren den Infekt auf eine (meist chronische) Herderkrankung (im Gegensatz zu einer Allgemeinerkrankung) und bewahren dadurch den Wirt vor einem tödlichen Ausgang des Infektes; aber sie eliminieren den Erreger nicht, sie heilen den Infekt in der Regel nicht aus, sie bringen den befallenen Geweben keine Gesundung.

bb) Nekrogene oder abortive Abwehrreaktionen

Mit dem Versagen der normergischen plasmatischen Abwehrreaktionen sind die Abwehrmöglichkeiten der Pflanzen noch nicht erschöpft; sondern es beginnen nunmehr bei manchen pflanzlichen Infektionskrankheiten neue, andersgeartete, hyperergische Reaktionen zu rollen, die wir hier unter dem Sammelbegriff der nekrogenen oder abortiven Abwehrreaktionen vereinigen. Dabei verstehen wir unter einer Nekrose einen lokalen Zell- oder Gewebetod unter Ausscheidung von toxischen Stoffwechsel- und Zerfallsprodukten.

Das Wesen der nekrogenen Abwehrreaktionen läßt sich am besten an einem extremen Beispiel veranschaulichen, am Verhalten bestimmter Kartoffelsorten beim Befall durch den Erreger des Kartoffelkrebses (Abb. 294), *Synchytrium endobioticum* (Schilb.) Perc.

1. Der *Synchytrium*typus. Wenn die Zoosporen des Erregers auf ihnen zusagende Gewebe (bei den Knollen die Augen oder deren unmittelbare Umgebung) gelangt sind, so ziehen sie ihre Geißel ein, umgeben sich mit einer Zellwand, lösen einen kleinen Porus in die Außenwand der Epidermis (eine Kutikula fehlt) und lassen ihren Protoplasten in das Zellinnere treten: Die Infektion kommt zum Haften.

Dieser Vorgang spielt sich bei den krebsanfälligen und den krebsfesten Kartoffelsorten in der gleichen Häufigkeit und in der gleichen Weise ab; die letzteren besitzen somit keine Eindringungsresistenz: beide Gruppen sind infektionsanfällig. Verschieden ist nur das weitere Schicksal des eingedrungenen Parasiten.

Bei den krebsanfälligen Sorten scheinen sich Parasit und Wirt zu vertragen. Die infizierten Zellen erfahren keine sichtbare Schädigung, und es erfolgt von seiten des Wirtes zunächst auch keine eindeutige Reaktion; zwar spielen sich in den befallenen Zellen pathologische Umwälzungen ab, die unter anderem in einer veränderten Struktur des Plasmas zum Ausdruck kommen; und man darf wohl annehmen, daß auch plasmatische Abwehrreaktionen abrollen; aber sie treten als solche nicht in Erscheinung und führen nicht zu einer Eliminierung des Infektes. Parasit und Wirt sind irgendwie aufeinander abgestimmt, sozusagen kongenial; sie streiten sich zwar, aber sie ertragen sich doch: sie bleiben beieinander und gehen zusammen eine parasitische Lebensgemeinschaft ein, die zur Krankheit führt, eine Lebensgemeinschaft, die ähnlich gelagert ist wie zwischen den Bakterien und Wurzeln bei den Wurzelknöllchen der Leguminosen (S. 382). Eine derartige, auf einer gewissen Toleranz beruhende Lebensgemeinschaft zwischen Parasit und Wirt nennen wir eusymbiontisch.

Bei diesen eusymbiontischen Kartoffel-*Synchytrium*-Paaren bleibt somit der Infekt bestehen, und es setzt in der Folgezeit jene Reizwirkung auf die benachbarten Gewebe ein, die zur Gallreaktion führt: die benachbarten Epidermiszellen vergrößern sich und bilden einen Kranz, der sich später an der Krebs«rosette» beteiligt. Ferner treten unter dem Einfluß des heranwachsenden Parasiten weit in den Geweben herum regellos neue Zellwände auf (Abb. 292). Die Tumore bestehen somit zur Hauptsache nicht aus infizierten Zellen, sondern sie werden von diesen bei den nichtinfizierten Nachbargeweben induziert.

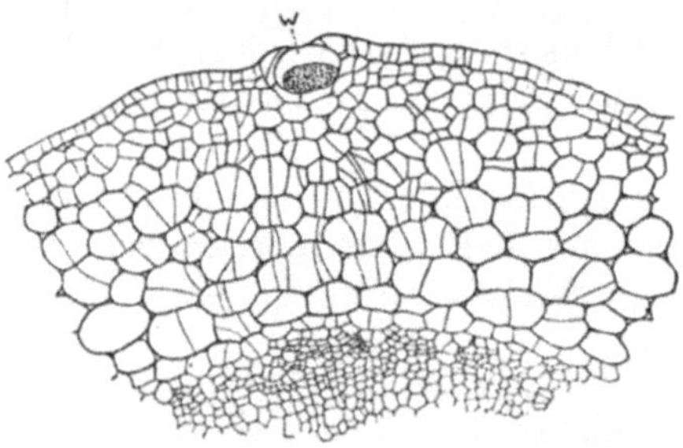

Abb. 292

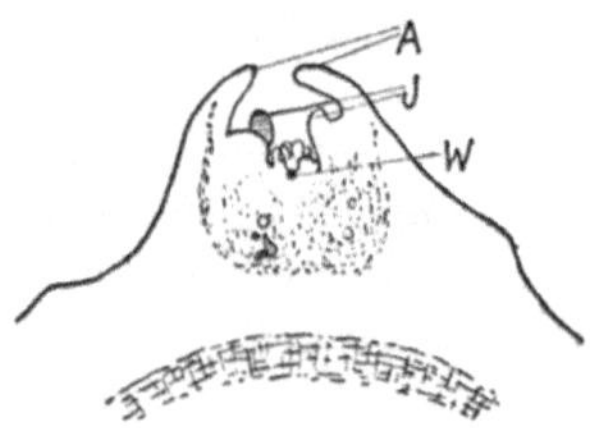

Abb. 293

Abb. 292. In der Umgebung der hypertrophierten Wirtszelle *W* treten bei der krebsanfälligen Kartoffelsorte Deodora zahlreiche Teilungswände auf. Vergr. etwa 50. (Nach Köhler, 1928, aus Gäumann, 1944.)

Abb. 293. Junge Krebsgalle an der Sproßachse der Kartoffelsorte Industrie. Erklärung im Text. Vergr. 18. (Nach Köhler, 1928.)

Bei schwach krankheitsanfälligen Sorten verläuft diese Gallreaktion sehr milde; sie führt nur zu schwachen Umwallungen, nicht zum typischen Krankheitsbild der blumenkohlartigen Wucherungen, so daß auch der wirtschaftliche Schaden gering bleibt. Bei stark krankheitsanfälligen Sorten bewirkt dagegen die Infektion eine weitgehende Deformation der Knospen und Sprosse, eben die bekannten Krebswucherungen (Abb. 294) an den Knollen, Stolonen und an der Basis der Laubtriebe und damit einen entsprechenden Ertragsausfall. Abb. 293 zeigt einen schematischen, medianen Längsschnitt durch eine derartige Galle im Jugendzustand; zuinnerst liegt als Gallenzentrum die Krebsrosette mit der Wirtszelle *W*; dann folgen als Innenhöcker *J* und als Außenhöcker *A* zwei Kreise von deformierten Laubblattanlagen; das ganze Gebilde wird durch Folgemeristeme emporgehoben und verzweigt sich kraus, korallenförmig.

Anders bei den befallsfreien Sorten. Hier vertragen sich Parasit und Wirt nicht; ihre Lebensgemeinschaft ist parabiontisch: sie reagieren quer miteinander, und so setzen neben den normergischen Abwehrreaktionen (und vor allem nach deren Versagen) am Infektionsherd krisenartig hyperergische Reaktionen von einer Heftigkeit ein, daß sie mikroskopisch verfolgt werden können.

Bei gewissen Sorten, so bei Ackersegen, äußern sie sich in den befallenen Epidermiszellen selbst und führen zu einer Nekrose derselben; sie sterben

Abb. 294

Zwei krebskranke Knollen der Sorte Deodora. Knolle links im Längsschnitt, Knolle rechts im Querschnitt. *V* Die von den Schuppenbasen ausgehenden Wucherungen. *K* Eine aus einer Knospe hervorgegangene Wucherung, an der die einzelnen Blätter 1, 2 und 3 noch zu unterscheiden sind. $^4/_5$ nat. Gr. (Nach KÖHLER, 1925.)

innert weniger Stunden oder Tage ab, und ihr Plasma verwandelt sich in eine einheitliche, stark färbbare, alveoläre Masse (Gummose); sie verlieren ihre Turgeszenz und werden von den Nachbarzellen zusammengedrückt (Abb. 295).

Diese abortive Reaktion der befallenen Epidermiszellen hat für den eingedrungenen Parasiten eine doppelte Konsequenz. Einerseits wird er durch die nekrogenen Stoffe geschädigt; anderseits wird ihm der Lebensfaden auch abgeschnitten, weil er ein obligat biotropher Parasit ist und sich nur von lebender pflanzlicher Substanz ernähren kann. Wenn deshalb die Wirtszelle auf den Befall schock- oder kollapsartig mit dem Tode antwortet, so reißt sie den eingedrungenen Parasiten mit in den Tod und die Infektion abortiert. Die Befallsfreiheit der Sorte Ackersegen beruht also darauf, daß die befallenen Zellen den eingedrungenen Parasiten einfach nicht dulden, sondern an ihm und mit ihm zugrunde gehen.

Bei gewissen andern befallsfreien Kartoffelsorten, so bei Preußen, bleibt zwar die unmittelbar befallene Epidermiszelle zunächst unverändert; dagegen werden die hyperergischen nekrogenen Reaktionen durch Reizstoffe, die von der parasitierten Zelle ausgehen, bei den nichtinfizierten Nachbarzellen ausgelöst (Abb. 292) und führen bei diesen zu einer allgemeinen Gummose (Abb. 296, 297). Durch die nekrogenen Stoffe und durch die Unterbindung der Nährstoffzufuhr geht der lokale Infektionsherd, der Focus, mitsamt dem Parasiten innert 2–3 Wochen zugrunde; er wird abgekapselt, auf einen «nekrotischen Fleck» isoliert, und der Parasit wird an der Reifung und Fortpflanzung verhindert («Subinfektion»), so daß die Infektkette abreißt und Sekundärinfektionen unterbleiben.

Medizinisch würde man in derartigen Fällen sagen, der Infektionsherd sei von einer lokalen Reaktionszone, einem Entzündungsherd, umgeben; dabei versteht man in der Medizin unter einer Entzündung eine Reaktion des Gefäßbindegewebes auf eine Schädigung, einhergehend mit Exudation (Infiltration), Proliferation und gegebenenfalls mit örtlicher Hyperthermie. Veränderungen der Permeabilität der Plasmagrenzschichten dürften bei den abortiven Infektionsherden auf den Kartoffelpflanzen ebenfalls erfolgen; dafür sprechen die im nächsten Kapitel darzustellenden Verschiebungen in der chemischen Zusammensetzung der erkrankten Gewebe. Auch thermische Reaktionen treten bei den abortiven Infektionsherden zweifelsohne ein; doch ist ihr Ausmaß nicht bekannt; nur von ausgewachsenen Tumoren wissen wir, daß sie um einige Hundertstel Grad wärmer sind als die angrenzenden gesunden Gewebe.

Im extremen Falle geht bei derartigen Kartoffelsorten überhaupt keine Infektion an, weil sämtliche eingedrungenen Parasiten durch die Intoleranz der Wirtszellen mit in den Tod gerissen werden. Bei andern Sorten reagieren dagegen nicht alle Zellen in dieser Heftigkeit; somit gehen nicht alle eingedrungenen Protoplasten zugrunde, sondern ein kleinerer oder größerer Teil bleibt vom Untergang verschont, kann fruktifizieren und die Infektion weitertragen. Diese Sorten sind deshalb nur teilweise befallsfrei.

Selbstverständlich sind die grobsinnlich wahrnehmbaren nekrotischen Prozesse nur das Endglied der antiinfektionellen Abwehrreaktionen; zwischen dem Augenblick der Infektion und dem ruinösen Ende rollt eine ganze Kette von zellularpathologischen Vorgängen ab, die im einzelnen noch erforscht werden müssen. Wesentlich ist jedoch für die vorliegende Betrachtung, daß zwar die Infektion gelingt, aber bei den befallsfreien Sorten zu keiner Erkrankung führt, weil der eingedrungene Parasit unmittelbar an der Eintrittspforte vernichtet wird.

Diese lokalen Abwehrreaktionen werden überdies durch Nebenreaktionen in den nichtinfizierten Nachbargeweben unterstützt; so können dort während der Bildung des nekrotischen Hofes perikline Teilungswände auftreten, periklin zum absterbenden Wundherd (Abb. 292), offenbar ausgelöst

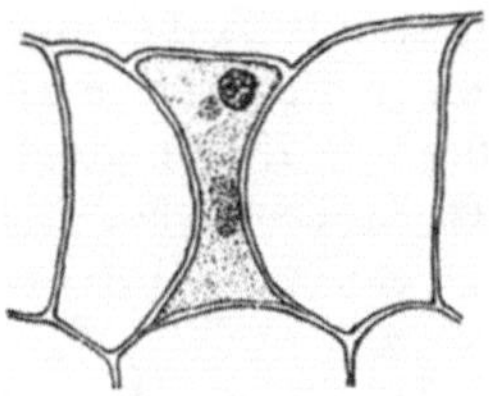

Abb. 295

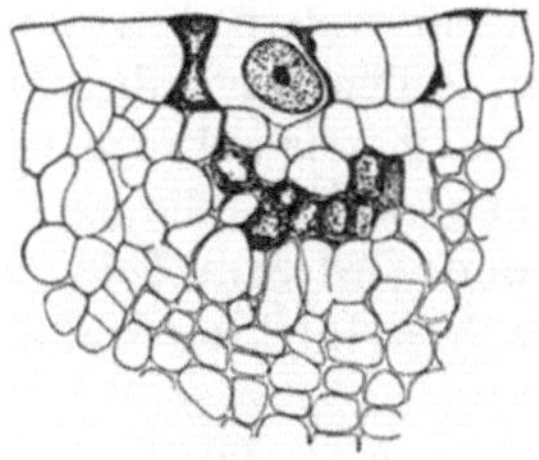

Abb. 296

Abb. 295. Hyperergische nekrogene Reaktion einer krebsinfizierten Epidermiszelle der Kartoffelsorte Ackersegen, einige Stunden nach der Infektion. Die dunkel gezeichneten Protoplasten des Parasiten sind noch gut erhalten. Vergr. 825. (Nach KÖHLER, 1931.)

Abb. 296. Beginnende Isolierung der Infektionsstelle durch einen «nekrotischen Hof», eine Zone nekrotischer Zellen bei der Kartoffelsorte Paulsens Juli. Vergr. 250. (Nach KÖHLER, 1928, aus GÄUMANN, 1944.)

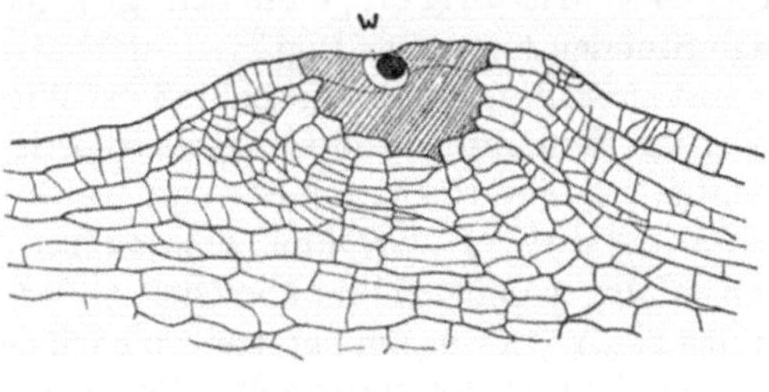

Abb. 297

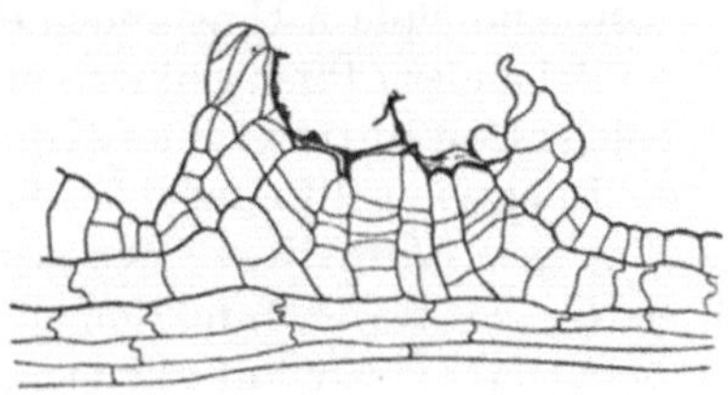

Abb. 298

Abb. 297. Abortive Zone um einen Infektionsherd bei einer krebsfesten Neuzüchtung, etwa 2 Wochen nach der Infektion. *W* Hypertrophierte Wirtszelle. Das nekrotische Gewebe ist schraffiert. Vergr. 70. (Nach KÖHLER, 1928, aus GÄUMANN, 1944.)

Abb. 298. Ausstoßung des lokalen Krebsherdes. Vergr. 66. (Nach KÖHLER, 1928, aus GÄUMANN, 1944.)

durch Nekrohormone, die aus ihm frei werden. Auf diese Weise entsteht ein verkorkender Abschnürungsgürtel, ein sekundäres Periderm, das die Infektionspustel ausstößt (Ausstoßungs- und Vernarbungsreaktion) und zu einer Heilung, einer Selbstreinigung der infizierten Gewebe, führt (Abb. 298).

Das Bild der Krebsanfälligkeit unserer Kartoffelsorten gestaltet sich also wie folgt. Sämtliche Sorten sind für den Erreger infektionsanfällig; bei sämtlichen Sorten versagen somit die Faktoren der Resistenz und die normergischen plasmatischen Abwehrreaktionen; deshalb dringt der Erreger bei allen in die Epidermiszellen ein und kommt in ihnen zum Haften. Verschieden ist jedoch die postinfektionelle Reaktion der infizierten Zellen und ihrer Nachbarzellen.

Bei einem Teil der infektionsanfälligen Sorten sind die Gewebe auch fernerhin nur zu normergischen Abwehrreaktionen befähigt; diese treten bloß mikroskopisch in Erscheinung und reichen nicht aus, um den Parasiten zu vernichten. Deshalb geht nach der Infektion auch die Krankheit an; diese Sorten sind krebsanfällig. Das Ausmaß ihrer Erkrankung wird durch die graduell verschiedene Bereitschaft zur Gallreaktion bestimmt.

Bei einem andern Teil der infektionsanfälligen Sorten sind dagegen die infizierten Zellen bzw. ihre Nachbarzellen imstande, außer mit den normergischen auch mit nekrogenen hyperergischen Reaktionen zu antworten; sie gehen am Infekt kollapsartig zugrunde, aber mit ihnen stirbt auch der Infekt und wird zum Teil später wieder ausgestoßen. Diese Sorten bleiben also trotz ihrer Infektionsanfälligkeit auf dem Felde befallsfrei.

Den Ausschlag darüber, ob die Kartoffelstauden am Kartoffelkrebs erkranken oder nicht, geben somit die nekrogenen oder abortiven Abwehrreaktionen. Sie kennzeichnen sich durch die folgenden Merkmale:

1. Sie gehen neben den normergischen Abwehrreaktionen einher und setzen erst dann in voller Schärfe ein, wenn diese versagt haben. Sie brauchen somit eine gewisse Latenz- oder Anlaufzeit; diese beträgt je nach Sorte und äußern Umständen einige Stunden bis einige Tage.

Bei andern Pflanzenkrankheiten ist sie dagegen derart kurz, daß die Wirtszelle schon beim ersten Kontakt mit dem Erreger hyperergisch abortiert; die Infektion geht infolgedessen nicht an; so sind zwar beim echten Mehltau (*Erysiphe Martii* Lév.) des roten Wiesenklees (*Trifolium pratense* L.) die ersten Schritte der Infektion auf den anfälligen und den krankheitsfesten Sorten dieselben: die Konidien keimen, bilden ein Appressorium und treiben nach dem *Botrytis*typus einen Infektionsschlauch in eine Epidermiszelle. Bei den anfälligen Sorten bildet sich der Infektionsschlauch in ein Haustorium um, und die Infektion haftet (Abb. 299, *A*). Bei den krankheitsfesten Sorten erfolgt dagegen sofort eine heftige antagonistische Reaktion der invadierten Wirtszelle; ihr Plasma wird stark färbbar und teilweise desorganisiert (manchmal schon bevor der Infektionsschlauch ins Zellinnere gelangt ist), und schließlich kollabiert die ganze Zelle und mit ihr der Infektionsschlauch (Abb. 299, *B*), so daß die Infektion abortiert; bei diesen Sorten kommt somit, im Gegensatz zum *Synchytrium*beispiel, überhaupt keine Infektion zustande.

2. Die nekrogenen Abwehrreaktionen wirken wegen des Bestehens einer Latenzzeit zur Hauptsache postinfektionell. Sie schützen also die betreffenden Individuen nicht gegen den Kartoffelkrebs als Infektion, als Erreger, sondern nur gegen den Krebs als Krankheit; der Erreger dringt zwar ein, vermag aber nicht Fuß zu fassen, vermag keine Erkrankung auszulösen und vermag sich auch nicht fortzupflanzen.

3. Die nekrogenen Abwehrreaktionen besitzen hyperergischen Charakter. Ursache und Wirkung stehen bei ihnen in keinem direkten Verhältnis zueinander, sondern die Reaktion verläuft übersteigert und beruht auf einer Idiosynkrasie der beiden Partner; sie wird deshalb auch Unverträglichkeits-, Überempfindlichkeits- oder Hypersensibilitätsreaktion genannt.

4. Die Fähigkeit zur hyperergischen Reaktion ist in vollem Umfange angeboren; die hyperergische Antwort erfolgt deshalb schon bei der Erstberührung; dadurch unterscheiden sich die nekrogenen Reaktionen der Botanik von den allergischen Reaktionen der Medizin (zum Beispiel der Anaphylaxie), mit denen sie die Schärfe der Reaktion gemeinsam haben; denn bei den allergischen Reaktionen ist die volle Reaktionsbereitschaft nicht autonom vorhanden, sondern muß erst durch eine vorangehende spezifische Sensibilisierung geweckt werden.

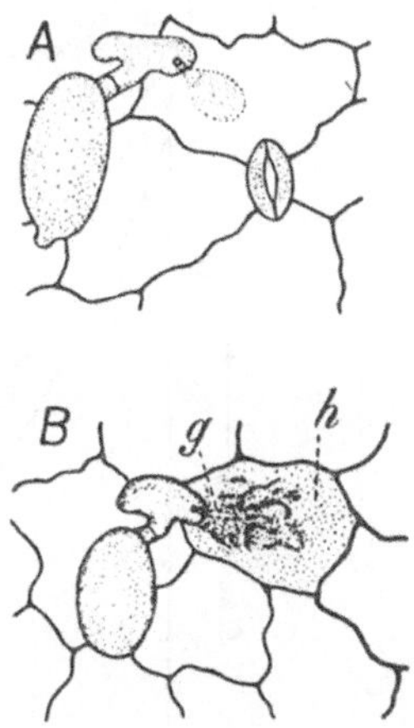

Abb. 299
Die Infektion von *Trifolium pratense* L. durch *Erysiphe Martii* Lév. *A* Eine anfällige Kleesorte, in der der Parasit ohne sichtbare Störung ein Haustorium bilden kann. *B* Eine mehltaufeste Sorte, bei welcher die invadierten Epidermiszellen nekrotisch degenerieren und den eingedrungenen Parasiten mit vernichten. *g* Infektionsschlauch. *h* Nekrotische Wirtszelle. Vergr. 385. (Nach O. F. Smith, 1938.)

5. Der hyperergische Schock vernichtet den Parasiten schon an der Eintrittspforte; deshalb entsteht im Falle unseres Beispiels nur ein mikroskopisch kleiner oder höchstens ein punktförmiger Befallsherd (Punktbefall).

6. Der Wirkungsbereich der nekrogenen Abwehrreaktion bleibt auf den Befallsherd beschränkt. Die benachbarten Gewebe erfahren keine Steigerung ihrer Abwehrbereitschaft; sie sind deshalb gegen homologe Reinfektionen nicht geschützt. Es handelt sich also um ausgesprochen lokale Abwehrreaktionen ohne Sensibilisierung des Gesamtorganismus.

7. Die nekrogenen Abwehrreaktionen sind nicht primär gegen den Parasiten gerichtet, der sie auslöste, dies im Gegensatz zu den später zu besprechenden induzierten antiinfektionellen Abwehrreaktionen; sie sind also, im Gegensatz zu diesen, nicht «zielgerichtet». Die primäre Situation ist vielmehr die, daß die betreffenden Zellen bzw. Gewebe auf den Erreger krisenhaft, abwegig, pathologisch reagieren und am Infekt überstürzt zugrunde gehen. Dadurch schädigen sie in erster Linie sich selbst, und ihre Reaktion hat nur deshalb, weil beiläufig nekrogene Stoffe entstehen, auf die der Parasit empfindlich ist, indirekt, als Nebenwirkung, den gleichzeitigen Tod des Parasiten zur Folge.

Die nekrogenen Reaktionen sind also im Grunde genommen nicht echte Abwehrreaktionen, aber sie haben gegenüber obligat biotrophen Erregern einen Abwehrerfolg. Doch nur gegen obligat biotrophe Erreger; wenn die Kartoffelpflanze zum Beispiel auf den Befall durch *Botrytis cinerea* (fakultativ biotropher Parasit bzw. Perthophyt; S. 89) hypersensitiv reagiert und rings um die Infektionsstelle schockartig abstirbt, so begünstigt sie dadurch die Ausbreitung des Erregers; denn dieser spricht auf die nekrogenen Stoffe nicht an und gedeiht auf toten Geweben üppiger als auf lebenden. Wenn sie dagegen auf eine Infektion mit *Synchytrium* (obligat biotropher Parasit) in derselben Weise reagiert, so verunmöglicht sie ihm die Entwicklung und bleibt

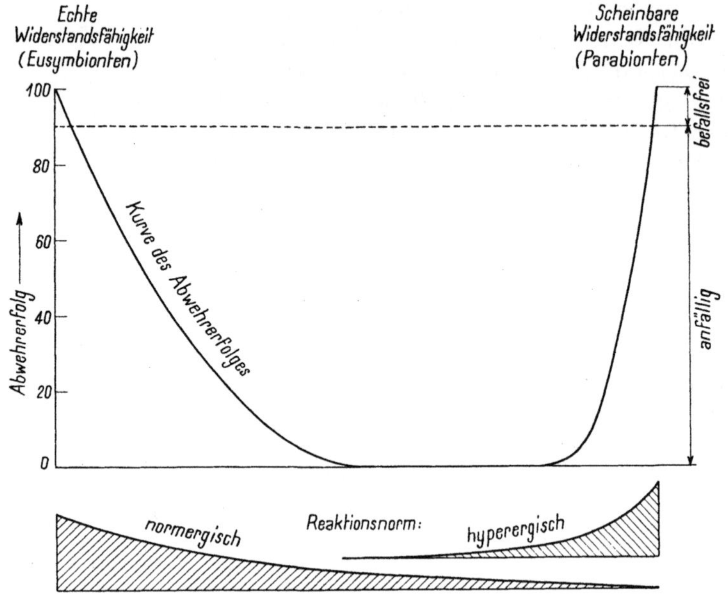

Abb. 300

Die Anfälligkeit des Wirtes als Funktion seiner Reaktionsnorm. Beispiel: Die Anfälligkeit der Kartoffeln für den Erreger des Kartoffelkrebses, *Synchytrium endobioticum*. Erklärung im Text. (Nach GÄUMANN, 1944.)

gesund («nekrogene Abwehrreaktion»). Die gleiche Überempfindlichkeit, die der robusten *Botrytis cinerea* den Befall erleichtert, wird dem sensiblern Krebserreger zum Verhängnis. «Subjektiv» ist also die Pflanze für beide Parasiten gleichermaßen höchst anfällig, und sie reagiert auf beide in der gleichen Weise; «objektiv», als Nebenwirkung, bewahrt sie sich aber durch ihre Unverträglichkeit im zweiten Fall vor Erkrankung. Als Widersinn des Lebens bleibt sie befallsfrei, weil sie überanfällig ist.

Wir haben hier erneut ein Beispiel, wo das Leben über die Systematik unseres Denkens hinausgewachsen ist. Der Fall liegt ähnlich wie im Strafrecht: soll der Rechtsbrecher nach Maßgabe seiner verbrecherischen Absicht oder nach Maßgabe seines Erfolges bestraft werden? Je nach dem Standort, ob ethisch oder praktisch, fällt der Entscheid verschieden aus.

8. Die befallsfreien Individuen sind nicht krebswiderstandsfähig, sondern krebsfest; in der Umgangssprache wird hierfür auch der Ausdruck feldimmun oder feldresistent gebraucht. Der eben geschilderte Sachverhalt fügt sich dem Begriff «widerstandsfähig» nicht ein. Widerstandsfähig ist ein Organismus, der einen Infekt ablehnt, ohne dabei entscheidenden Schaden zu nehmen. Der Begriff der Widerstandsfähigkeit wurde somit für eusymbiontische Parasit-Wirt-Paare geschaffen, bei denen sich der Wirt gegen den Parasiten ausschließlich auf Grund der früher besprochenen normergischen Reaktionen wehrt. Nur gegenüber eusymbiontischen Parasiten kann deshalb ein Wirt echt widerstandsfähig sein (linker Kurvenschenkel der Abb. 300).

Bei den krebsfreien Kartoffelsorten sind es dagegen nicht die «gesunden» normergischen Abwehrreaktionen, die über den Verlauf des parasitischen Verhältnisses entscheiden; sondern das Bild der parasitischen Lebensgemeinschaft wird durch die Unverträglichkeit der beiden Partner bestimmt: der Infektionsfaden reißt ab und der Wirt bleibt befallsfrei, weil er zu anfällig ist, weil seine Zellen überempfindlich reagieren, am Infekt zugrunde gehen und den Parasiten mit in den Tod reißen. Während bei eusymbiontischen Partnern die höchste Anfälligkeit des Wirtes auch zum stärksten Befall führt, bedingt bei parabiontischen Partnern die höchste Anfälligkeit zugleich Überempfindlichkeit, hyperergische Nekrose und damit Befallsfreiheit (scheinbare Widerstandsfähigkeit; rechter Kurvenschenkel der Abb. 300).

Abb. 300 sucht diesen Sachverhalt schematisch zu veranschaulichen. Die Abszisse enthält die Reaktionsnorm; von links nach rechts verlieren die normergischen Reaktionen an Intensität, und die Anfälligkeit nimmt dementsprechend zu. Schließlich setzen hyperergische Reaktionen ein und überlagern den normergischen Sektor in steigendem Maße. Die Anfälligkeit bleibt zunächst hoch; sowie aber die Schwelle der Hypersensibilität überschritten ist, schlägt der Verlauf des parasitischen Verhältnisses in das Gegenteil um, und die Infektionen abortieren. Befallsfrei bleiben somit die beiden Extreme: die kräftig normergisch und die kräftig hyperergisch reagierenden Individuen; mehr oder weniger anfällig sind die intermediären Typen.

Beim Reaktionstypus des Kartoffelkrebses verläuft die Infektion nach dem Alles-oder-Nichts-Schema. Entweder ist der betroffene Gewebekomplex imstande, hyperergisch zu antworten; dann stirbt er ab und mit ihm erlischt auch der Infekt. Oder er kennt nur normergische Reaktionen; dann bleibt er am Leben und mit ihm auch sein ungebetener Gast, und die Krankheit bricht aus.

Normergische und hyperergische Reaktion schließen sich deshalb beim *Synchytrium*typus in einer vorgeschrittenen Phase des Krankheitsverlaufes aus; die Problemlage läßt sich infolgedessen, wie bei jedem extremen Verhalten, auf einen einfachen Nenner bringen. Die normale biologische Wirklichkeit gehorcht jedoch nicht einem derartigen Entweder-Oder, sondern dem Sowohl-Als auch: norm- und hyperergische Reaktionen gehen während des gesamten Krankheitsgeschehens nebeneinander her und unterstützen sich gegenseitig. Dieses kompliziertere, aber biologisch «richtige» Verhalten sei an drei weitern Beispielen besprochen, nämlich am Typus (2.) der *Ustilago tritici*, (3.) der *Phytophthora infestans* und (4.) der Getreideroste.

2. Der Typus der *Ustilago tritici*, des Erregers des Weizenflugbrandes (Abb. 145). Sämtliche geprüften Weizensorten sind für sämtliche Flugbrandbiotypen in gleicher Weise infektionsanfällig: der Erreger dringt bei ihnen allen in gleicher Weise in die Narben ein (S. 153). Beim Weiterwuchern in den Wirtsgeweben treten ihm jedoch übereinander gelagert drei verschiedene Schichten (*a*, *b* und *c*) der Abwehrbereitschaft entgegen (Oort, 1944, 1947).

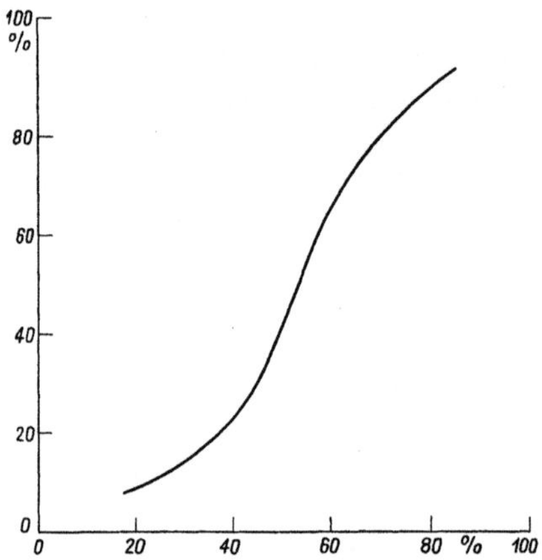

Abb. 301

Die Generalisationsanfälligkeit von 28 Sommerweizensorten für 10 Biotypen der *Ustilago tritici*. Abszisse: Zahl der erkrankten Halme. Ordinate: Zahl der erkrankten Individuen. Die ausgezogene Kurve entspricht dem arithmetischen Mittel aus 273 Kombinationen zwischen den verschiedenen Weizensorten und Brandbiotypen: Je größer die Prozentzahl der befallenen Individuen, desto größer ist auch die Zahl der je Pflanze befallenen Halme. (Nach Oort, 1947.)

a) Sorten- und biotypspezifisch verschieden ist zunächst die Ausbreitungs- (Generalisations-) Widerstandsfähigkeit. Sie entscheidet über die Geschwindigkeit, mit der sich das Myzel des Erregers in der jungen Keimpflanze ausbreitet. Diese Geschwindigkeit wird entweder gemessen an der Zahl der befallenen Individuen (das ist der auskeimenden Embryonen, die vom Myzel des Erregers eingeholt und angesteckt wurden) oder an der Zahl der befallenen Halme (das ist der Bestockungsknospen, die in den angesteckten Individuen von den Hyphen des Erregers erreicht wurden). Zwischen den beiden Werten besteht eine enge Korrelation (Abb. 301); so werden bei der Sorte Blanka durch den Brandbiotyp 2 nur wenige Individuen und auch diese nur schwach, bei Little Club dagegen zahlreiche Individuen und bei diesen fast sämtliche Halme befallen (Abb. 303).

b) Sorten- und biotypspezifisch verschieden ist ferner die Weise, in der die Weizenpflanze auf die Anwesenheit des Erregers reagiert; und zwar verlaufen diese Verschiedenheiten in der Reaktionsnorm vollkommen unabhängig von der Generalisationswiderstandsfähigkeit (dem raschen oder langsamen Vordringen der Hyphen des Erregers).

Bei nur normergischer Reaktion lassen sich die befallenen Pflanzen äußerlich von den gesunden nicht unterscheiden (Abb. 302, rechts); Erreger und Wirt vertragen sich und entwickeln sich in ihrer Bahn eigengesetzlich weiter: der Wirt gelangt zur Blühreife, und der Erreger erhält dadurch die Möglichkeit zur Organmanifestation (S. 114), nämlich zur Ausbildung der brandigen Ähren (Abb. 145). Als Beispiele von derartigen eusymbiontischen Partnern sind in Abb. 303 drei Weizensorten, infiziert mit dem Brandbiotyp 2, schematisch dargestellt.

Abb. 302
Die Reaktion einer Weizensorte gegen zwei Flugbrandbiotypen: die Kreuzung Florence × Aurora, links infiziert mit dem Flugbrandbiotyp 6 (gegen den sie hyperergisch reagiert), rechts infiziert mit dem Biotyp 5 (auf den sie normergisch anspricht). Aussaat am 27. April, Aufnahme am 2. Juni. (Nach OORT, 1944.)

Die überdies auch hyperergisch reagierenden Pflanzen erkranken dagegen schon in frühester Jugend und tragen abnorm kurze, chlorotisch gestreifte und mißbildete Blätter (Abb. 302, links). Häufig gehen sie ein: der Erreger dominiert bei ihnen und führt zum Tode. In seltenen Fällen vermag sich jedoch die Wirtspflanze durchzusetzen: sie überwindet den Erreger und bildet einen zarten Halm, der eine gesunde Ähre trägt. In der untern Hälfte der Abb. 303 sind drei Stufen dieser Parabiose schematisch dargestellt.

Die Auseinandersetzung zwischen Erreger und Wirt führt somit bei den eusymbiontischen und bei den parabiontischen Weizen-Flugbrand-Partnern zu einem ähnlich paradoxen Ergebnis wie bei den krebsanfälligen und den krebsfesten Kartoffelsorten:

Normal reagierende, äußerlich gesunde Weizenpflanzen lassen den Erreger zur Organmanifestation gelangen und tragen deshalb kranke (brandige) Ähren, wodurch sie von der Fortpflanzung ausgeschlossen werden.

Hypersensitiv reagierende, äußerlich in hohem Maße kranke Weizenpflanzen dämmen den Erreger durch ihre Unverträglichkeit ab und tragen, falls sie am Leben bleiben, gesunde Ähren und pflanzen sich fort.

Die zwei gesunden Ähren, die Little Club in der letzten Spalte der Abb. 303 trägt, haben somit in der obern und der untern Zeile einen verschiedenen Sinn. Bei Biotyp 2 sind zufällig zwei Halmanlagen der Infektion entronnen; die betreffenden Halme sind also gar nie angesteckt worden, obschon sie auf kranken Pflanzen inmitten eines brandigen Feldes stocken. Bei Biotyp 6 sind dagegen zwei in der Jugend erkrankte Pflanzen gesundet und stehen mit einem

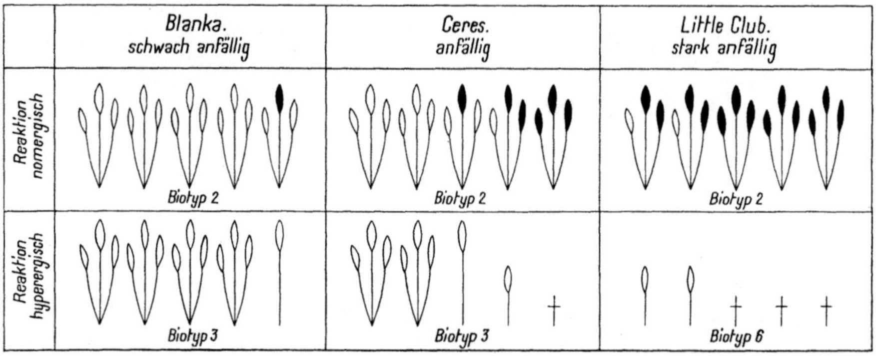

Abb. 303

Das Verhalten von drei Weizensorten gegenüber einigen Flugbrandbiotypen. Die durch ein Kreuz angedeuteten Individuen sind schon im Keimpflanzenstadium zugrunde gegangen. (Schematisch nach OORT, 1947.)

einzigen zarten Halm einsam als Überreste eines Bestandes, dessen übrige Individuen schon im Keimpflanzenstadium an der Infektion zugrunde gingen; sie sind also «feldresistent».

c) Sorten- und biotypspezifisch verschieden ist endlich die Widerstandsfähigkeit der Weizenpflanzen gegen die Organfixierung des Erregers. Bei gewissen Sorten-Biotyp-Kombinationen werden nur vereinzelte Körner einer Ähre brandig; die übrigen bleiben gesund. Hingelagert über die unter a und b besprochenen Widerstandsschichten besteht somit bei ihnen noch eine besondere Ährenresistenz, die den Erreger nicht zur Fortpflanzung gelangen läßt; ihre stofflichen Grundlagen müssen noch erforscht werden.

Für den Typus der *Ustilago tritici* ist somit kennzeichnend, daß sämtliche Weizensorten gegenüber sämtlichen Brandbiotypen dauernd normergisch reagieren, gegenüber bestimmten, aversiven Brandbiotypen dagegen im Laufe des Infektionsablaufes überdies auch hyperergisch, was entweder zum Tode des befallenen Individuums oder zu seiner Gesundung führt. Beim nunmehr zu besprechenden dritten Typus (Beispiel: Krautfäule der Kartoffeln) sind sowohl die krankheitsanfälligen als die krankheitsfesten Sorten zu normergischen und zu hyperergischen Reaktionen befähigt; verschieden (und ausschlaggebend) ist jedoch die Geschwindigkeit des Reaktionsablaufes.

3. Der Typus der *Phytophthora infestans*, des Erregers der Krautfäule (falscher Mehltau) der Kartoffeln. Sämtliche Kartoffelsorten sind in Kraut und Knollen für den Erreger infektionsanfällig. Die Infektion kommt somit, wie beim Kartoffelkrebs, bei ihnen zum Haften; aber nun setzt, im Gegensatz zum Kartoffelkrebs, bei den *phytophthora*anfälligen und den *phytophthora*festen Sorten ein artgleicher Erkrankungsprozeß ein, bei dem sich nach MÜLLER, MEYER und KLINKOWSKI (1939) fünf Phasen unterscheiden lassen (Abb. 304):

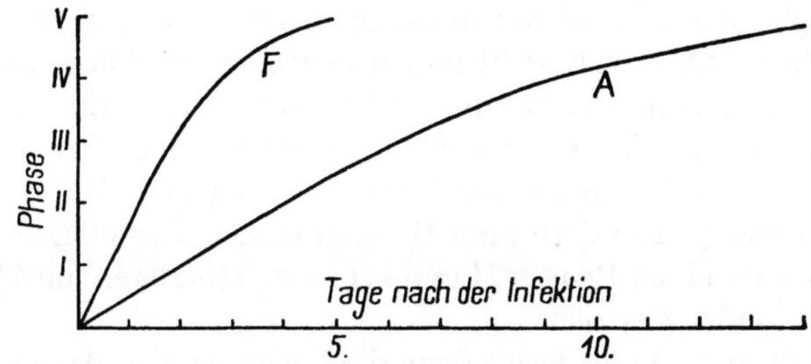

Abb. 304

Die Reaktion der Wirtsgewebe bei einer *phytophthora*anfälligen (Kurve *A*) und einer *phytophthora*festen Kartoffelsorte (Kurve *F*). Erklärung im Text. (Nach MÜLLER, MEYER und KLINKOWSKI, 1939, aus GÄUMANN, 1944.)

I. Phase. Eigentlicher Infektionsvorgang. Mikroskopisch ist noch keine Veränderung der Wirtszellen festzustellen.

II. Phase. Das Plasma nimmt eine körnige Struktur an, ist aber noch plasmolysierbar; offenbar haben normergische plasmatische Abwehrreaktionen eingesetzt. Der Kern beginnt sich zu vergrößern; doch kann er sich noch teilen, er ist also noch funktionsfähig. Wo die (interzellularen) Hyphen die Zellwände berühren, werden diese mit Vitalfarbstoffen irreversibel angefärbt. Der Parasit beginnt reichlich Sporangien zu bilden; er fühlt sich optimal.

III. Phase. Das Plasma nimmt fibrilläre Struktur an, bräunt sich und wird durch Vitalfarbstoffe irreversibel angefärbt; ferner beginnen die Zellwände an den Berührungsstellen mit dem Parasiten sich zu bräunen. Der Kern nimmt weiter an Größe zu. Der Turgor der Zellen ist noch normal. Trotz der tiefgreifenden Reaktion der Wirtszellen fühlt sich der Parasit noch immer wohl und fruktifiziert reichlich.

IV. Phase. Die Reaktion der Wirtspflanze nimmt (nach dem Versagen der normergischen Reaktionen) ausgesprochen hyperergischen Charakter an und schädigt Wirt und Parasit. Bei manchen Kernen setzt eine Schrumpfung ein. Die Zellwände beginnen, sich wegen Infiltration gerbstoffartiger Substanzen vom Plasma her in toto zu bräunen; dementsprechend fällt die Gerbstoffreaktion der Zellinhalte immer schwächer und schwächer aus. Viele Zellen sind bereits kollabiert; die Wasserabgabe der erkrankten Gewebe ist stark gestiegen.

Der Pilz vermag wegen der nekrogenen Reaktionen des Wirtes nicht mehr zu fruktifizieren; viele Hyphen sind fettig degeneriert, und es gelingt nur mit Mühe, sie beim Übertragen auf neue Substrate wieder zum Auswachsen zu bringen.

V. Phase. Allgemeine Nekrose. Ausgedehnte Zellpartien sind abgestorben und von einer gleichmäßig braunen Substanz erfüllt; mit ihnen sind auch die vegetativen Stadien des Parasiten zugrunde gegangen.

Diese Reaktionsfolge ist dadurch gekennzeichnet, daß Parasit und Wirt in den Phasen II und III miteinander in einen gewissen, wenngleich sich dauernd verschlechternden Gleichgewichtszustand gelangen; zwar haben in den Wirtszellen plasmatische Abwehrreaktionen eingesetzt; aber der Parasit ist ihnen gewachsen, fühlt sich wohl und fruktifiziert reichlich. Doch beginnt er wegen des Ungenügens der normergischen Abwehrreaktionen allmählich zu dominieren und die Wirtsgewebe übermäßig zu reizen, so daß sie hyperergisch reagieren (Phasen IV und V); die nekrogenen Reaktionen schädigen Wirt und Parasit (verhindern zum Beispiel dessen Fortpflanzung; er vermag deshalb nur während der Phasen II und III zu fruktifizieren) und führen schließlich zum Tod beider Partner.

Es ist somit nicht eine Erschöpfung des Substrates, das die *Phytophthora* eingehen läßt, sondern schuld sind die nekrogenen Reaktionen des Wirtes; diese bewirken den Schutz des Gesamtorganismus gegen *Phytophthora infestans*, nachdem die normergischen Abwehrreaktionen versagt haben. Die Natur der nekrogenen Stoffe ist noch nicht bekannt; sie sind jedoch unspezifisch und zum Beispiel auch gegen die Erreger der Weißfäule der Kartoffelknollen, *Fusarium coeruleum* (Lib.) Sacc. und *Fusarium solani* (Mart.) App. et Wr., ferner gegen Saprophyten wie *Penicillium «glaucum»* wirksam.

Diese Reaktionsfolge von I nach V rollt in den *phytophthora*anfälligen und den *phytophthora*festen Kartoffelsorten in der gleichen Weise ab. Es besteht somit zwischen ihnen kein grundsätzlicher Unterschied: sie durchlaufen beide die gleichen Krankheitsphasen und enden beim gleichen Endzustand, nämlich bei einer lokalen Nekrose. Verschieden ist nur das Tempo des Reaktionsablaufes und der Zeitpunkt der Nekrose.

Die Kurve *A* der Abb. 304 veranschaulicht den Reaktionsablauf bei einer *phytophthora*anfälligen Sorte. Sie reagiert langsam und braucht unter den betreffenden Versuchsbedingungen bis zum Abschluß der Nekrose rund 14 Tage.

Dies ist für den Parasiten von besonderer Bedeutung. Die Krankheitsphasen II und III, die ihm eine üppige Fruktifikation gestatten, werden nämlich in diesem Falle etwa am 3.–7. Tag nach der Infektion durchlaufen. Da *Phytophthora infestans* bei optimaler Temperatur schon nach 3 Tagen zu fruktifizieren beginnt, so kann sie die Spanne zwischen dem 3. und 7. Tag voll zur Sporangienbildung ausnützen und dadurch die Krankheit propagieren; hernach setzen ja die hyperergischen Reaktionen der invadierten Gewebe ein, mitsamt der Lähmung der in ihrem Bereich liegenden Hyphen. Doch sind inzwischen andere Hyphen weitergewachsen und dem nekrotischen Bereich entronnen, so daß der Infektionsherd erhalten bleibt. Er besteht dann auf den Blättern aus abgestorbenen bzw. absterbenden Geweben (Phasen V und IV; Abb. 305, oben), umgeben von einem hellgrünen Hof der Phasen III und II, der frühmorgens auf der Unterseite die Sporangienträgerrasen des Pilzes zeigt (weißes Band in Abb. 305), und zu äußerst, kaum verfärbt, aus einem schmalen Band der Phase I, der Zone, in welche die Hyphen eben erst einzudringen beginnen.

Die Reaktion der invadierten Wirtsgewebe erfolgt somit bei der Sorte *A* derart langsam, daß der Parasit vor dem Eintreten der nekrogenen Phase zu fruktifizieren und überdies der Wirtsnekrose immer wieder zu entwachsen vermag. Der Wettlauf zwischen dem Wachstum des Parasiten und der Reaktion des Wirtes fällt also zuungunsten des letzteren aus: hinter dem vorauseilenden Parasiten her stirbt das Wirtsgewebe immer wieder hyperergisch ab; aber die Reaktion vermag ihn nicht einzuholen, und so greift der Infekt stets weiter um sich und beginnt zu streuen. Die Kartoffelsorte *A* ist deshalb krankheitsanfällig.

Abb. 305
Fiederblättchen einer Kartoffelstaude, am Scheitel mit nekrotischem Gewebe aus einer *Phytophthora*infektion, gegen die gesunden Blattpartien umgeben von einem Sporangienträgerrasen. Vergr. etwa 2mal. (Nach MAAG, 1944.)

Die ideale Lösung, um *phytophthora*freie Kartoffelsorten zu schaffen, wäre die Züchtung echt widerstandsfähiger Sorten auf Grund der normergischen Abwehrreaktionen der Phasen II und III. Dieser Weg führt jedoch innert nützlicher Frist nicht zum Ziel; denn sämtliche Kartoffelsorten und verwandten *Solanum*arten sind *phytophthora*anfällig, so daß kein echt widerstandsfähiges Ausgangsmaterial zum Einkreuzen zur Verfügung steht.

Der Züchter muß deshalb vorläufig in der umgekehrten Richtung gehen und überempfindliche Sorten zu gewinnen suchen, welche die Reaktionsfolge von I nach V rascher durchlaufen als die Fruktifikationszeit des Parasiten beträgt. Dieses Ziel wurde bei der *phytophthora*festen Neuzüchtung *F* (Abb. 304) erreicht. Diese ist zwar für *Phytophthora* ebenfalls infektions- und krankheitsanfällig und durchläuft dieselben Reaktionsphasen wie die Sorte *A*; aber sie durchläuft sie schneller und hat infolgedessen die Phase III statt nach 7 Tagen schon nach 36–48 Stunden abgeschlossen, also zu einer Zeit, da die Sorte *A* noch kaum pathologische Veränderungen zeigt.

Dies ist wiederum für den Parasiten von besonderer Bedeutung. Er entwickelt sich in der Sorte *F* nur kümmerlich, dringt nur etwa 20–30 Zellagen tief im Wirtsgewebe vor und stellt dann sein Wachstum ein: der Schritt von der Infektion zur Generalisation wird ihm verunmöglicht, so daß die Infektionsstellen von bloßem Auge oft kaum zu erkennen sind (Punktinfektion). Der Parasit gelangt dementsprechend auch nicht zur Fruktifikation, und die Infektkette reißt schon mit der Primärinfektion ab: durch die raschen Abwehrreaktionen und die frühzeitige Bildung nekrogener, fungizider Stoffe wird die Fruktifikationszeit des Parasiten unterschritten. Die Kartoffelsorte F ist deshalb *phytophthora*fest.

In Wirklichkeit liegen freilich die Dinge nicht derart einfach. Zunächst kann die Reaktionsgeschwindigkeit im Kraut und in den Knollen verschieden sein, so daß die beiden einen unterschiedlichen Anfälligkeitsgrad zeigen (S. 341).

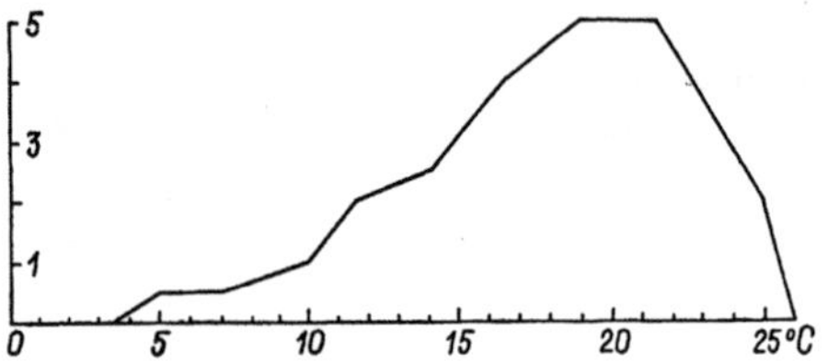

Abb. 306

Der Einfluß der Temperatur auf die Entwicklungsgeschwindigkeit der *Phytophthora infestans* (Mont.) de By., gemessen in willkürlichen Einheiten (1–5). (Nach Müller und Griesinger, 1942.)

Sodann ist der in Abb. 304 zwischen den Kurven A und F offengelassene Raum durch intermediäre, stärker oder schwächer *phytophthora*-anfällige Kartoffelsorten ausgefüllt, bei denen sich Parasit und Wirt in ihrer Aktions- und Reaktionsgeschwindigkeit nahekommen. Bei diesen Sorten wird deshalb die stärkere oder schwächere Erkrankung noch durch andere Faktoren mitbedingt als bloß durch den Zeitfaktor des Reaktionsablaufes von I nach V, so durch Resistenzfaktoren (zum Beispiel durch den unterschiedlichen Perforationswiderstand der Zellwände). Die Deutung des Abwehrverhaltens an einem gegebenen Objekt stößt in derartigen Fällen auf Schwierigkeiten.

Und endlich gilt die Abb. 304 nur für eine bestimmte Außentemperatur, nämlich nur im Bereich des Optimums für das Pilzwachstum (etwa 19°); hier vermag der Pilz bei den anfälligen Sorten immer wieder über die reagierenden Gewebe hinauszuwachsen und dadurch dem nekrogenen Effekt zu entrinnen. Senkt man jedoch die Außentemperatur auf 3–4°, so stellt der Pilz im Gegensatz zu *Gloeosporium album* (Abb. 262) sein Wachstum nahezu ein (Abb. 306), ohne daß die Reaktionsfähigkeit der Wirtsgewebe entsprechend vermindert wird. Jetzt erleidet der Parasit in den feldmäßig anfälligen Sorten das gleiche Schicksal wie (bei optimalen Temperaturen) in den feldmäßig krankheitsfesten: die Kartoffelgewebe kommen nun mit ihrer Reaktion nach, fangen den Pilz ab, und die Infektion bleibt stecken. Dies ist die biologische Grundlage der kühlen Lagerung der Vorratskartoffeln im Winter (in Kellern, Mieten usw.). – Steigt dagegen die Außentemperatur dauernd auf 25°, so wird die Abwehrfähigkeit des Wirtes entscheidend geschwächt; dies ist eine der Schwierigkeiten des Kartoffelbaues in den Tropen.

4. Der Typus der Getreideroste. Dieser kennzeichnet sich durch die Besonderheit, daß nicht sämtliche in die Wirkungssphäre des Parasiten

gelangenden Zellen hyperergisch reagieren, sondern es sprechen je nach Sorte und äußern Umständen mehr oder weniger (oder nur bestimmte) Zellen hyperergisch auf den Infekt an, so daß die Erkrankung milder oder heftiger, örtlich beschränkt oder umfassender verläuft. Wir betrachten zunächst das Verhalten einer hochanfälligen und einer überempfindlichen (und deshalb krankheitsfesten) Weizensorte gegenüber dem Biotyp XI des Weizenbraunrostes, *Puccinia triticina* Erikss.

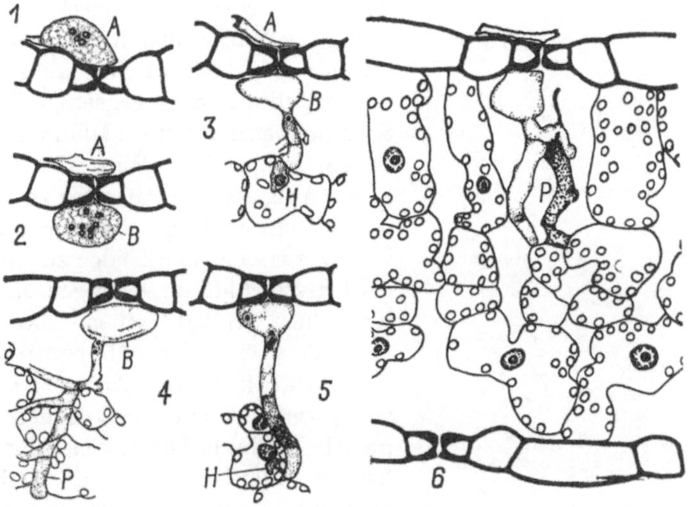

Abb. 307

Das Eindringen der Keimschläuche der Uredosporen des Braunrostes, *Puccinia triticina* Erikss., Biotyp XI, in eine anfällige (*1–4*) und in eine überempfindliche Weizensorte (*5–6*). *A* Appressorium. *B* Substomatäre Blase. *P* Pilzhyphen, *H* Haustorien, beide in *5* und *6* abortierend. Vergr. rund 365. (Leicht schematisiert, nach ALLEN, 1926, 1927, aus GÄUMANN, 1944.)

Hochanfällig im eusymbiontischen Sinne ist für diesen Biotyp die Sorte Little Club von *Triticum compactum* Host. Die Appressorien der Keimschläuche der Uredosporen entwickeln sich auf ihren Blättern optimal (Abb. 307, *1*, *A*) und lassen in 82% der Fälle die Infektionshyphe durch den Spaltenmund eintreten, wo sich ihre Seitenäste von der kräftigen substomatären Blase *B* aus zwischen die Mesophyllzellen eindrängen, große, bis 50 μ lange Haustorien bilden, sich rasch nach allen Seiten hin ausbreiten (Abb. 307, *3* und *4*) und später reichlich fruktifizieren. Der Parasit wird somit durch die normergischen Abwehrreaktionen des Wirtes wenig gehemmt; der letztere ist eben für ihn hochanfällig. Umgekehrt ist auch der Wirt für die Ausscheidungen und übrigen Einwirkungen des Parasiten wenig empfindlich; er spricht erst spät und auch dann nur schwach auf sie an. Seine Zellen erfahren, mit Ausnahme der Membran der Schließzellen, nur eine minimale Schädigung. Selbst die von Haustorien befallenen Zellen lassen bis zum 6. Tag keine Benachteiligung erkennen; sie sind weder plasmolysiert noch kollabieren sie. Die einzige Störung ist bei ihrem Kern zu bemerken, der zum Haustorium hinwandert und manchmal um ein geringes anschwillt. Auch die Plastiden verändern sich kaum, wenn man die mit dem Altern der Blätter ohnehin eintretende Verkleinerung berücksichtigt; sie sind oft mit Stärke vollgepfropft, zuweilen noch mehr als in den gesunden Zellen. So bleiben denn die Wirtszellen in normaler Weise am Leben; manchmal ist noch am 12. Tage nach der Infektion keine einzige Zelle abgestorben, und auch in alten Infektionsstellen (mehr als 16 Tage, d.h. schon nach der Bildung der neuen Uredolager) sind höchstens 1–2% der Wirtszellen tot. Parasit und Wirt zeigen somit das Bild einer ausgesprochenen Kongenialität. Die gegenseitige Störung und Schädigung sinkt auf ein Minimum. Der Parasit lebt frei, und der Wirt erleidet, gemessen an der Aufgabe, den Parasiten zu beherbergen und zu ernähren, nur geringe Nachteile; es kommt zwischen den beiden zu einem Gleichgewichtszustand, sie vertragen sich, und die Krankheit gelangt «schön» zum Ausbruch.

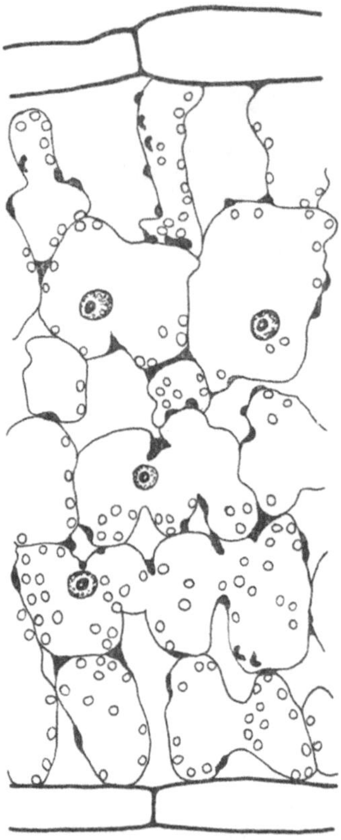

Abb. 308
Die Reaktion einer überempfindlichen Weizensorte auf eine Braunrostinfektion. Erklärung im Text. Die abgebildete Stelle liegt etwa 150 μ von einem 11 Tage alten Herd entfernt. Vergr. rund 365. (Nach ALLEN, 1927.)

Anders bei der überempfindlichen Sorte Malakoff von *Triticum vulgare erythrospermum*. Hier ist die Lebensgemeinschaft parabiontisch. Die ersten Schritte der Infektion verlaufen zwar gleich wie beim hochanfälligen Little Club, nur daß die Schließzellen an der Kontaktstelle mit den Pilzhyphen stärker Schaden nehmen und oft absterben. Wenn sich aber die Hyphen nicht mehr aus ihren Vorräten zu ernähren vermögen und Haustorien in die Mesophyllzellen entsenden, so reagieren diese oft mit äußerster Intoleranz, degenerieren und sterben unter den Symptomen der Gummose ab. Abb. 309 stellt diese Phase für eine andere Rostkrankheit (Schwarzrost) dar.

Diese Unverträglichkeit (Inkompatibilität) gereicht, parasitologisch betrachtet, beiden Partnern zum Nachteil. Für den Parasiten: Seine Haustorien bleiben klein und werden höchstens 16 μ lang; ihr Kern und ihr Plasma zerfällt in 1–2 Tagen zu einer nahezu homogenen, stark färbbaren Masse (Abb. 307, *5*, *H*); die Mehrzahl der eingedrungenen Rostmyzelien geht deshalb schon in diesem Stadium an Erschöpfung zugrunde (Abb. 307, *6*), sie verhungern. Andere vermögen dagegen durchzuhalten und einige neue Zellen zu befallen; bei diesen ist die Reaktion weniger heftig als zu Beginn der Infektion, so daß die Wirtszellen und die Haustorien zum mindesten einige Tage beisammen bleiben und den Parasiten kärglich ernähren; doch sind die Hyphen inhaltsarm; die ältern Partien entleeren sich und werden oft gedunsen und mißförmig; nur die peripheren Abschnitte bleiben am Leben; aber ihr Plasma ist selbst an der Spitze vakuolisiert: sie kämpfen offensichtlich um ihre Existenz. Die Myzelien erreichen entsprechend diesen ungünstigen Existenzbedingungen nur einen Durchmesser von etwa 100–300 μ und gelangen nur in besonders günstigen Fällen zur Ausbildung einiger weniger Uredosporen.

Ebenso nachteilig ist diese Unverträglichkeit, lokal betrachtet, für den Wirt; denn die befallenen Zellen sterben im extremen Falle, wie oben angedeutet, sogleich ab. Doch ist der Wirkungsbereich des Parasiten anfänglich sehr eng; schon die der Befallsstelle unmittelbar benachbarten Zellen werden während der ersten 8 Tage nur wenig in Mitleidenschaft gezogen; erst später, wenn sich die Inkubationszeit dem Ende nähert, beginnen die Pektinschichten der Zellwände unter und neben dem Infektionsherd lappen- oder warzenförmig anzuschwellen (Abb. 308); die Fernwirkung des Parasiten wird also in diesem Falle überraschenderweise nur bei den Zellwänden sichtbar, nicht in den Protoplasten; diese lassen zytologisch keine Veränderung erkennen.

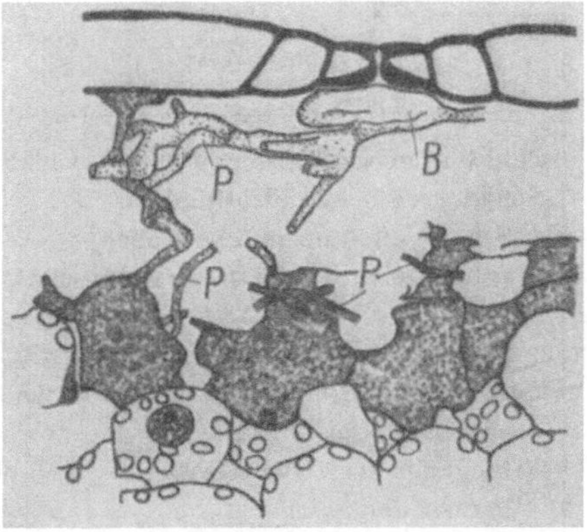

Abb. 309
Hyperergische Reaktion von Kanredweizen auf eine Infektion durch *Puccinia graminis tritici* Erikss., Biotyp I. *B* Substomatäre Infektionsblase. *P* Pilzhyphen, zum Teil abortierend. Vergr. rund 350. (Nach ALLEN, 1923, aus GÄUMANN, 1944.)

So abträglich sich diese Überempfindlichkeit für die hyperergisch reagierenden Zellen selbst auswirkt, so günstig ist sie für die Pflanze als Ganzes: der Krankheitsherd wird lokalisiert und der Parasit, praktisch gesprochen, an der Fortpflanzung verhindert. Die Überempfindlichkeitsreaktion unterbindet oder verlangsamt somit den Schritt von der Infektion zur Generalisation. Es kommt zwar zur Ansiedlung des Keimes, aber dieser wird unschädlich gemacht, bevor er seine pathogenen Eigenschaften zu entfalten vermag.

Im Prinzip deckt sich der Sachverhalt mit dem Beispiel der *Ustilago tritici*: Beide Weizensorten sind für den Erreger infektionsanfällig; denn bei beiden reichen die plasmatischen Abwehrreaktionen nicht aus, um ihn schon während des Eindringens zu vernichten: er kommt mit ihnen zum Haften. Und bei beiden gehen die plasmatischen Abwehrreaktionen nach der Infektion weiter, schwächen und schädigen den Erreger und bewirken auf jeden Fall, daß er sich nicht unbegrenzt in den Wirtsgeweben ausbreiten kann.

Und wie im *Ustilago*beispiel unterscheiden sich die beiden Weizensorten nur durch ihr nebenhergehendes Verhalten. Die kongeniale, normal empfindliche, nur normergisch reagierende Sorte erträgt den Parasiten, beherbergt ihn, gestattet ihm die Fortpflanzung und erkrankt dabei; sie ist deshalb krankheitsanfällig. Die nichtkongeniale, überempfindliche Sorte

Tabelle 58

Übersicht über das Parasit-Wirt-Verhältnis der Biotypen IX, XXI und XXVII der *Puccinia graminis tritici* Erikss. auf *Triticum dicoccum* Schrank (Khapli Emmer). (Nach ALLEN, 1926.)

Vergleichsmerkmal	Biotyp IX	Biotyp XXI	Biotyp XXVII
Zahl der eingedrungenen Infektionsschläuche	52%	42%	21%
Schädigung der Spaltöffnungen	sehr gering	mittel	extrem stark
Schließzellen normal geblieben	90%	53%	23%
Schließzellen leicht in Mitleidenschaft gezogen	10%	19%	18%
Schließzellen getötet	0	28%	59%
Benachbarte Epidermiszellen in Mitleidenschaft gezogen	0	0	12%
Erlangung des Gleichgewichtes zwischen Parasit und Wirt	mittel	langsam	rasch
Veränderung der Haustorialmutterzellen .	sehr stark	gering	fehlend
Inkubationszeit	4–5 Tage	4 Tage	5–6 Tage
Endgültiger Durchmesser des Infektionsherdes	2–3 mm	2 mm	3–7 mm
Verhalten der Wirtszellen außerhalb der Myzelzone	Verarmung	Kollaps	Verarmung
Reproduktionsfähigkeit des Parasiten . . .	± winzige Uredolager	Uredolager etw. häufiger	steril (keine Sporenlager)

erträgt den Parasiten nicht; sie zeigt gegen seine Exkrete eine Idiosynkrasie, reagiert auf sie mit einem hyperergischen Schock, erschwert oder unterbricht dadurch die Generalisation und schließt deshalb den Erreger von der Fortpflanzung aus.

Nur erfolgt, im Gegensatz zum *Ustilago*beispiel, die hyperergische Reaktion der Gewebe in der Regel nicht gesamthaft und gleichsinnig, sondern die Sensibilität der verschiedenen Zellen ist offenbar individuell verschieden, so daß innerhalb einer aufgelockerten Kampfzone hier diese, dort jene Zelle hyperergisch anspricht.

Noch deutlicher kommen diese individuellen Sensibilitätsunterschiede der einzelnen Zellen in dem Schwarzrostbeispiel der Tabelle 58 zum Ausdruck. Die normergischen plasmatischen und die hyperergischen nekrogenen Reaktionen der einzelnen Zellen oder Zellgruppen verweben sich hier derart eng, daß gar nicht mehr zu entwirren ist, welcher Teil des Endeffektes auf die erstern und welcher auf die letztern zurückgeht; sie bilden zusammen (und verknüpft mit den strukturellen Resistenzfaktoren) eine Ganzheit, eben die Widerstandsfähigkeit der betreffenden Weizensorte gegen die betreffende Parasitenrasse unter den gegebenen Umständen.

Rückblickend sehen wir, daß es auch bei den Pflanzen unter bestimmten Voraussetzungen, nämlich bei den verhältnismäßig zahlreichen parabiontischen Erreger-Wirt-Kombinationen, eine erfolgreiche aktive Abwehr des Parasiten gibt: Die Infektionskrankheiten spielen deshalb im Rahmen des pflanzlichen Lebens nicht eine größere Rolle als im Rahmen des menschlichen Lebens.

Verschieden ist nur der Weg, auf dem dieses Ziel erreicht wird. Da bei den Pflanzen die normergischen plasmatischen Abwehrreaktionen im allgemeinen wenig leistungsfähig sind und den Erreger nur in günstigen Fällen zu lokalisieren, geschweige denn zu eliminieren vermögen, treten bei den parabiontischen Kombinationen die pathologischen hyperergischen Reaktionen in die Lücke, kompensieren das Ungenügen der normergischen Abwehrreaktionen und lassen die befallenen Gewebe mitsamt dem Infekt abortieren. Der Mensch hat dagegen wegen seiner vollwertigen normergischen Abwehrreaktionen die spontanen hyperergischen Reaktionen gar nicht nötig; sie spielen deshalb in der menschlichen Immunitätslehre nur eine geringe Rolle.

Entsprechend ihrer zentralen Bedeutung für das pflanzliche Krankheitsgeschehen bilden die nekrogenen Abwehrreaktionen eine wichtige Grundlage für die Züchtung befallsfreier landwirtschaftlicher Kulturpflanzen (Züchtung krankheitsfester statt krankheitswiderstandsfähiger Sorten; S. 399): Da die Züchtung auf echte Widerstandsfähigkeit (linker Kurvenschenkel der Abb. 300) erst auf sehr lange Sicht zu einem Ziel führt, so geht der Züchter in manchen Fällen vorläufig in das andere Extrem und sucht auf Grund des schmalen rechten Kurvenschenkels der Abb. 300 scheinwiderstandsfähige Sorten zu schaffen, die befallsfrei bleiben, weil sie auf den Krankheitserreger überempfindlich reagieren. Dieses Züchtungsziel wird gegenwärtig, wie in dem Buch von ROEMER, FUCHS und ISENBECK (1938) nachzulesen ist, bei zahlreichen landwirtschaftlichen und gärtnerischen Kulturpflanzen angestrebt, so bei der Züchtung der Reben auf Festigkeit gegen den falschen Mehltau, *Plasmopara viticola* (Punktbefall wegen lokaler Abortivreaktionen; HUSFELD, 1933; auch hier sind beim Myzel keine Verhungerungssymptome festzustellen; LEPIK, 1931), bei der Züchtung der Apfelbäume gegen den Apfelschorf, *Endostigme inaequalis* (M. SCHMIDT, 1938) und bei der Züchtung der Gerste gegen den echten Mehltau, *Erysiphe graminis hordei* (HONECKER, 1934): die befallenen Epidermiszellen der Gerste sterben nach dem Schema der Abb. 299 um so rascher nekrotisch ab, je krankheitsfester die Sorte ist; durch diesen vorzeitigen Tod wird dem Erreger als obligatem Parasiten die Ernährungsgrundlage entzogen und ihm die Ausbreitung und Fortpflanzung verunmöglicht.

b) Induzierte antiinfektionelle Abwehrreaktionen

Bei den bis jetzt besprochenen autonomen antiinfektionellen Abwehrreaktionen war die volle Reaktionsbereitschaft und die volle immunologische Leistungsfähigkeit von Natur aus im Wirte vorhanden, ihm artspezifisch angeboren. Unter den mannigfachen Reaktionen, die der Krankheitserreger in den befallenen Individuen auslöst und die meistens auf eine Schädigung derselben hinauslaufen, führen jedoch einige auch zum Gegenteil: statt den Wirt zu schwächen, stimulieren sie ihn und wecken oder aktivieren in ihm eine Abwehrbereitschaft, die vorher nur schlummernd oder nur in ungenügendem Ausmaße vorhanden war (S. 376), mit dem Erfolg, daß er nun Dinge zu leisten vermag, zu denen früher seine Kräfte nicht ausreichten. Die neu in Erscheinung tretenden Abwehrreaktionen nennt man induzierte antiinfektionelle Abwehrreaktionen.

Die Erkrankung bedingt also in diesem Falle bei den betroffenen Individuen eine Umstimmung, eine Sensibilisierung, eine erhöhte Reaktivität bestimmter Gewebe oder des ganzen Organismus. Der Erscheinungskomplex besitzt somit allergischen Charakter; er ist eines der wenigen Beispiele von Allergie, die die Botanik kennt.

Soweit von dieser Steigerung normergische Abwehrreaktionen betroffen werden, scheinen sie ihren normergischen Charakter zu bewahren. Ein Umschlagen in den hyperergischen Sektor (induzierter anaphylaktischer Schock) wurde noch nicht mit Sicherheit nachgewiesen.

In der Humanmedizin erfolgt die Sensibilisierung, die zu einer Ablehnung der Reinfektion führt, entweder durch den Erreger selbst oder durch seine Stoffwechselprodukte.

Die Sensibilisierung durch den Erreger selbst erfahren wir Menschen spontan durch das Überstehen der Kinderkrankheiten; die meisten von uns machen in den Kinderjahren die Masern, die Röteln, die Diphtherie und den Keuchhusten durch, heilen auf Grund ihrer spontanen Abwehrreaktionen aus und sind hernach für ihr späteres Leben in ihrer Abwehrbereitschaft sensibilisiert und deshalb gegen Neuinfektionen gefeit. Klinisch wird dieser Vorgang (Sensibilisierung bzw. aktive Immunisierung durch den Erreger) zum Beispiel bei der Pockenschutzimpfung nachgeahmt: ein durch Tierpassagen verändertes Pockenvirus wird in unsern Körper eingebracht, löst in ihm ein Übermaß an Schutzstoffen aus («Abwehrstoffe auf Vorrat») und schafft zudem durch Sensibilisierung eine erhöhte Abwehrbereitschaft, so daß der Körper später einer vollvirulenten Infektion besser standhält.

Auf der zweiten Möglichkeit, Sensibilisierung bzw. aktive Immunisierung durch die Stoffwechselprodukte des Erregers, beruht in der Medizin die prophylaktische Tetanus- und Diphtherieimpfung, bei der ein Toxin bzw. ein mit Formaldehyd entgiftetes «Anatoxin» in den Körper injiziert wird und ihn zu spezifischen antiinfektionellen Abwehrreaktionen anregt.

Beide Formen der induzierten Abwehrreaktion, aa) Sensibilisierung durch den Erreger, und bb) Sensibilisierung durch seine Stoffwechselprodukte, sind auch im Pflanzenreich bekannt.

aa) Die Sensibilisierung des Wirtes durch den Erreger selbst (infektionsgebundene Abwehrreaktionen)

Für diese erste Form der induzierten Abwehrbereitschaft liegen die Voraussetzungen im Pflanzenreich erheblich anders als in der Human- und Veterinärmedizin. Bei den zwei eben genannten medizinischen Beispielen, den spontanen «Kinder»krankheiten und der Pockenschutzimpfung, ist es die Heilung vom Infekt, die Autosterilisation, welche die veränderte Reaktionsnorm des Organismus schafft. Das pathogene Agens verschwindet aus dem Körper; dieser behält jedoch eine erhöhte Abwehrbereitschaft gegen eine spätere Reinfektion.

Diese Form der erworbenen Abwehrbereitschaft dürfen wir im Pflanzenreich kaum erwarten; der pflanzliche Körper wird ja in der Regel seine Infekte nicht mehr los, die pflanzlichen Infektionskrankheiten sind im Prinzip unheilbar. Was die Pflanzen leisten können, ist eine andere Form der induzierten Immunität, die zwar ebenfalls aus dem Gedankengut der Humanmedizin stammt, doch bei dieser eine geringe Rolle spielt, nämlich die infektionsgebundene Immunität oder Prämunität (franz. prémunition, meist «Infektionsimmunität» genannt), das ist die Erscheinung, daß ein Organismus oder daß bestimmte Gewebe desselben so lange nicht durch einen zweiten Infekt erfolgreich superinfiziert werden können, als der erste Infekt währt. Bei der erworbenen Immunität feit die Heilung von einem Infekt gegen eine Reinfektion, bei der Prämunität feit der noch bestehende Infekt gegen eine Superinfektion.

Die Prämunität beruht also, wie die erworbene Immunität, auf einer Umstimmung des Wirtes durch eine Vorinfektion: der Organismus ist wegen dieser zu Leistungen befähigt, zu denen er früher noch nicht imstande war; im Gegensatz zur erworbenen Immunität währt jedoch die Umstimmung bei der Prämunität nur so lange, als der Vorinfekt besteht.

Nach ihrer topologischen Reichweite unterscheiden wir eine humorale Prämunität, bei der der lokale Infekt den ganzen Organismus feit, und eine lokale Prämunität, bei der der lokale Infekt nur die unmittelbar invadierten Gewebe und ihre nächste Umgebung gegen eine Superinfektion zu feien vermag.

Ein Musterbeispiel der humoralen Prämunität in der Humanmedizin ist das Kochsche Phänomen bei der Tuberkulose. Wenn in einem Körper ein lokaler primärer Tuberkuloseherd besteht, so wird der Körper durch ihn sensibilisiert; er ist zwar gegen eine Superinfektion mit Tuberkulosebazillen nicht gefeit; falls somit an einer entfernten Stelle des Körpers ein zweiter Tuberkuloseinfekt gesetzt wird, so kommt dieser zum Haften; aber der Körper reagiert anders als vorher. Statt eines Geschwüres, das anhält und Fernherde bildet, erfolgt am Infektionsherd eine allergische Reaktion, die den zweiten Infekt wieder ausstößt. Durch die bestehende Vorerkrankung ist somit der Schritt von der Infektion zur Generalisation unterbunden worden: der gesamte Körper ist durch die bestehende lokale Vorinfektion gegen die Superinfektion als Krankheit gefeit. Derartige Umstimmungen des gesamten Körpersdurch lokale Infekte sind in der Pflanzenpathologie noch nicht mit Sicherheit beobachtet worden.

Die lokale Prämunität (franz. préséance, «Vorrang») beruht darauf, daß der erste Infekt in seinem Bereich das Substrat, die Wirtsgewebe, umstimmt, sensibilisiert, und dadurch an dieser Stelle oder in ihrer unmittelbarsten Umgebung einem nachfolgenden zweiten Infekt den Weg versperrt. Es ist somit nicht der erste Krankheitserreger selbst, der dem nachfolgenden Konkurrenten im Wege steht, sondern es ist der Wirt, der durch den ersten Infekt veranlaßt wird, dessen Prioritätsrechte zu verteidigen. Dieser induzierte Schutz kann artspezifisch nur für denselben Erreger oder gruppenspezifisch auch für verwandte Erreger gelten.

Die Vorstellungen der préséance sind vor allem durch die Dermatologen entwickelt worden; so geht im Sekundärstadium der Lues ein leichter neuer Luesinfekt nicht mehr an: der Körper ist durch die schon bestehende generelle Infektion gegen ihn gefeit. Nur eine schwere Superinfektion schlägt durch, vermag aber die primären Symptome auch nicht mehr auszulösen: der Körper ist durch die schon bestehende generelle Infektion umgestimmt und kennt die Reaktionsnorm des Primärinfektes nicht mehr. Dieser Schutz und diese Umstimmung währen jedoch nur so lange, als die Primärinfektion besteht, und verschwinden mit der Heilung.

Nach ihrem Wirkungsbereich kann die lokale Prämunität bei den Pflanzen entweder eine Infektionsimmunität schaffen (dies vor allem bei den Pilzkrankheiten, den Mykosen) oder eine Erkrankungsimmunität (vorwiegend bei Viruskrankheiten, den Virosen).

Ein klassisches Beispiel einer lokalen Infektionsimmunität bilden die Versuche von BERNARD (1909) mit Orchideenmykorrhizen. Werden junge Orchideenembryonen (Abb. 288) mit einem wenig aggressiven Mykorrhizenstamm infiziert, so dringen die Hyphen an der Ansatzstelle des Suspensors einige Zelllagen tief ein und werden dann abgedämmt. Bringt man einige Tage später einen aggressiven Pilzstamm zu den betreffenden Embryonen, derart aggressiv, daß er normalerweise den Keimling abtöten würde, so ist es ihm nicht mehr möglich, die genannte Infektionspforte zu benützen; die Infektion kommt also nicht mehr zum Haften. Wohl aber kann er später, wenn die Keimlinge Haare (Borsten; Abb. 288, rechts) gebildet haben, durch diese eindringen und in einiger Entfernung vom lokalen ersten Krankheitsherd eine letale Infektion einleiten. Die Embryonen sind somit durch die milde Vorerkrankung in ihrer Abwehrfähigkeit lokal sensibilisiert worden. Diese lokale Prämunität ist gruppenspezifisch und gilt, wenn zum Beispiel durch einen schwachen Stamm von *Rhizoctonia repens* Bern. ausgelöst, auch gegen aggressive Stämme von *Rhizoctonia mucoroides* Bern. und *Rhizoctonia lanuginosa* Bern.

Auf dem gleichen Prinzip beruhen die Prämunisierungsversuche von MÜLLER und BÖRGER (1941) mit der Kartoffel*phytophthora*. Die *Phytophthora*festigkeit der Kartoffeln beruht ja (S. 403) darauf, daß in den befallenen Geweben nach dem Versagen der plasmatischen Abwehrreaktionen außerordentlich rasch hyperergische nekrogene Reaktionen einsetzen, die den Parasiten vernichten. In Abb. 310 wurde die eine Hälfte einer Knolle in Gestalt eines Kreuzes, die andere in Gestalt eines quer über die Wundfläche gelegten Bandes mit dem parabiontischen Pilzstamm *A*, gegen den die Knollen nach dem *F*-Typus (Abb. 304) krankheitsfest sind, beimpft; nach 16 Stunden wurde die ganze Wundfläche mit den Sporangien des eusymbiontischen Pilzstammes *S* besät, der in den Knollen zunächst nur normergische Reaktionen auslöst und sie deshalb kräftig befällt. Nach 5 Tagen (bei 19°) hatte sich auf den nicht vorbehandelten Flächen ein üppiges weißes Myzel des Stammes *S* entwickelt, während an den vorbehandelten Stellen die Superinfektion nicht anging.

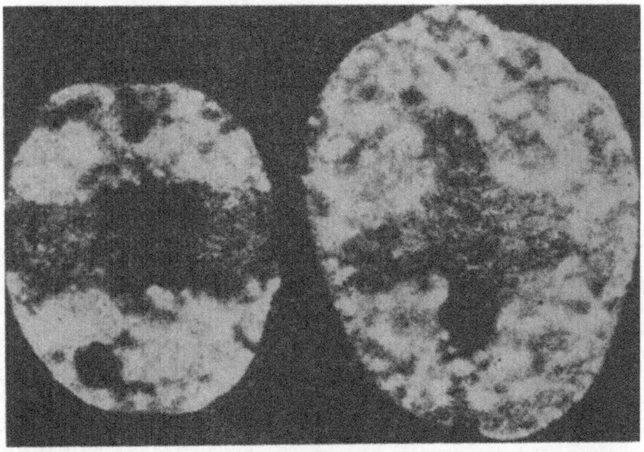

Abb. 310
Prämunitätserscheinungen bei *Phytophthora infestans* (Mont.) de By. auf Kartoffelknollen. Erklärung im Text. Etwa $^2/_3$ nat. Gr. (Nach MÜLLER und BÖRGER, 1941, aus GÄUMANN, 1944.)

Auch unter der Nekroseschicht blieb das Knollenparenchym ein Stück weit hyphenarm (Abb. 311). Man wird sich kaum vorstellen dürfen, daß nekrogene Stoffe in genügender Menge, um einen Schutz gegen den Pilz zu gewährleisten, in diese Gewebe hinunterdiffundierten; denn sie werden zweifelsohne durch die Semipermeabilität der Protoplasten größtenteils ferngehalten; sondern die wenigen, vom lokalen Krankheitsherd ausgehenden und von den Plasmamembranen durchgelassenen Stoffwechselprodukte des Parasiten und nekrogenen Stoffe der abortierenden Gewebe haben offenbar die in Frage stehenden Parenchymzellen sensibilisiert und in ihnen eine erhöhte Abwehrbereitschaft ausgelöst, so daß sie nunmehr imstande sind, die Entwicklung des Parasiten zu hemmen.

Bei den zwei bis jetzt besprochenen Beispielen (ausschließlich Mykosen) feit die Prämunisierung (soweit sich heute erkennen läßt) unmittelbar gegen die Superinfektion: diese kommt nicht zum Haften; die betreffenden Individuen werden somit durch die Vorerkrankung lokal infektionswiderstandsfähig; sie besitzen eine erworbene Infektionsimmunität.

Anders liegen die Prämunisierungsverhältnisse bei den Virosen. Das Bild weicht schon deshalb von dem der Mykosen ab, weil bei den hier zu besprechenden Virosen der Infektionsstoff den ganzen Körper überschwemmt, überall lokale, zelluläre Abwehrreaktionen auslöst und dadurch eine humorale Immunisierung vortäuscht. Wie sehr es sich aber bloß um einen zellulären

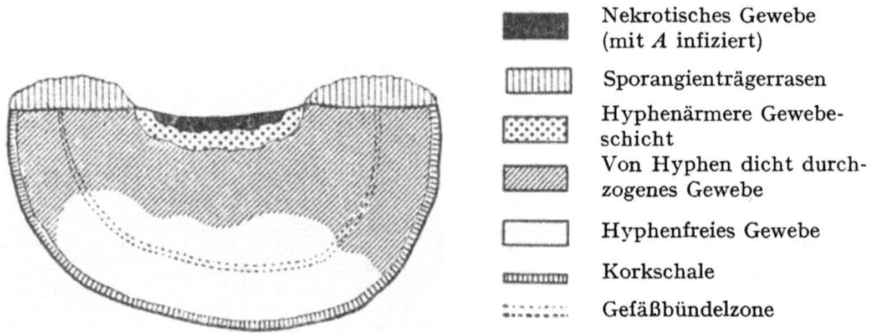

Abb. 311
Verbreitung der interzellularen *Phytophthora*hyphen in einer vorbehandelten Kartoffelknolle. Erklärung im Text. (Schematisch nach MÜLLER und BÖRGER, 1941.)

bzw. Gewebeeffekt handelt, zeigen schon die Durchbrechungsinfektionen. Das primäre, schutzbringende Virus ist nämlich nicht immer gleichmäßig im pflanzlichen Körper verteilt; deshalb ist auch der induzierte Schutz nicht überall vollkommen, so daß gelegentlich an irgendeiner Stelle die Superinfektion in einem beschränkten Ausmaß zur Entwicklung gelangt.

Abb. 312
Durch ein *X*-Virus verursachte Fleckung an einem Blatt der Kartoffelsorte Preußen. Etwa 2/3 nat. Gr. (Nach KÖHLER, 1940, aus GÄUMANN, 1944.)

Eine artspezifische lokale Erkrankungsimmunität (daß also eine noch bestehende Vorerkrankung nur gegen eine Neuerkrankung durch einen andern Stamm desselben Virus feit) wurde zum Beispiel für die *X*-Virusgruppe der Solanaceen nachgewiesen. Die *X*-Viren kennzeichnen sich unter anderem dadurch, daß sie dieselbe Teilchengröße und eine ähnliche thermische Tötungsgrenze (zwischen 68 und 75°) besitzen, sich wohl direkt durch den Saft der Wirtspflanzen (Wundinfektion durch Einreiben, Nadelstiche, Pfropfung), aber nicht indirekt durch die Pfirsichblattlaus (*Myzodes persicae*) auf andere Individuen übertragen lassen und in den Interkostalfeldern der Wirtsblätter eine

Zerstörung des Chlorophylls, so daß die Nerven als dunkle Gerippe hervortreten (Abb. 312), in schweren Fällen lokale Nekrosen verursachen.

Als schützender Stamm wurde in den hier zu besprechenden Prämunisierungsversuchen von SALAMAN (1933, 1938) der milde *G*-Stamm verwendet, der häufig symptomlos bleibt (apathogen ist), doch an den Blattspitzen geeigneter Testpflanzen eine blasse, kaum wahrnehmbare Sprenkelung hervorruft. Als

Abb. 313
Prämunisierung von *Datura Stramonium* gegen ein virulentes *X*-Virus. Erklärung im Text. (Nach BAWDEN, 1946.)

pathogener Stamm wurde das eine Mal ein *L*-Stamm superinfiziert, ein mittelheftiges Virus, das leuchtendgelbe Flecken und Zwergwuchs hervorruft, das andere Mal ein *S*-Stamm, ein heftiges Virus des klassischen Kartoffelmosaiks mit hellgrüner Verfärbung der Interkostalfelder, so daß die Blattnerven in dunkelgrünen Bändern eingebettet liegen.

Die Versuche wurden an Tabakpflanzen ausgeführt, weil diese das Gewächshausklima besser ertragen als Kartoffeln. Die Versuchsanordnung war die folgende. Eine Anzahl Tabakpflanzen wurde mit dem mildesten *G*-Stamm, dessen Symptome so schwach sind, daß sie nur den Verdacht einer Sprenkelung erwecken, als schützendem Virus vorinfiziert. In Intervallen von 24 Stunden wurde je eine Gruppe von ihnen mit einem heftigen *L*- oder *S*-Stamm als pathogenem Virus superinfiziert.

Bei den Gruppen, die nach 1, 2, 3 oder 4 Tagen superinfiziert wurden, hatte die Präinfektion durch *G* keine Wirkung: sie erkrankten heftig durch *L*- oder *S*-Symptome. Die Gruppe, die am 5. Tag superinfiziert wurde, zeigte dagegen einen teilweisen Schutz; so waren die leuchtendgelben Flecken des *L*-Virus auf vereinzelte kleine Blattpartien beschränkt. Und die Gruppen, die am 8. Tag oder später superinfiziert wurden, erkrankten überhaupt nicht mehr nach *L* oder *S* hin, sondern reagierten nur noch nach dem *G*-Typus. Das *L*- oder

Abb. 314

Prämunisierung von Tabak. Links: An gewöhnlichem Tabakmosaik vorerkranktes Tabakblatt; rechts: gesundes Tabakblatt, beide nachträglich mit Aucubamosaik infiziert. Die Krankheit bricht nur im gesunden Blatt rechts aus. Etwa ½ nat. Gr. (Nach KUNKEL, 1934.)

S-Virus konnte sich in ihnen nicht mehr entwickeln und blieb auf die Infektionsstelle beschränkt. Die Pflanzen waren somit durch die Primärinfektion durch das apathogene *G*-Virus gegen eine Erkrankung durch die beiden hochpathogenen *L*- und *S*-Viren gefeit.

Noch drastischer ist der Erfolg beim Stechapfel, *Datura Stramonium* L. Erhält dieser eine erste Dosis von *G*-Virus, so ist er gegen das *L*-Virus und gegen eine andere, nekrotische Form des *X*-Virus, die sonst beide auf ihn tödlich wirken, gefeit: ihr Virus kann sich wiederum nicht mehr in ihm ausbreiten. Abb. 313 veranschaulicht eine ähnliche Feiung des Stechapfels durch ein mildes *X*-Virus. Das Blatt links war, als es durch ein virulentes *X*-Virus infiziert wurde, gesund und zeigt deshalb nach 6 Tagen heftige Nekrosen. Das Blatt rechts war dagegen zur Zeit der Superinfektion durch einen sozusagen avirulenten *X*-Stamm vorinfiziert und dadurch gegen das nachfolgende virulente Virus geschützt.

Bei diesen Ergebnissen scheinen die folgenden Gesichtspunkte wesentlich zu sein.

1. Das Bestehen einer Latenzzeit. Die Pflanze braucht rund 8 Tage, bis sie ihre Umstimmung durch das apathogene *G*-Virus vollendet und ihre volle immunologische Leistungsfähigkeit erreicht hat. Ungefähr dieselbe Zeit braucht unter ähnlichen Verhältnissen auch unser Körper; die Pflanzen sind also in dieser Hinsicht ungefähr so leistungsfähig wie wir Menschen.

2. Die Bedeutung des induzierten Schutzes. Die vorerkrankten Individuen bleiben für die Superinfektion infektionsanfällig, dies im Gegensatz zu den eben besprochenen Mykosen. Die Superinfektion kommt deshalb zum Haften, aber vermag sich nicht auszubreiten. Durch die Sensibilisierung wurde also der Wirt befähigt, den Schritt von der Infektion zur Generalisation zu unterbinden (wozu er vorher nicht imstande war): er lokalisiert den Infekt, er besitzt keine Krankheitsbereitschaft mehr und ist dadurch, trotz seiner Infektionsanfälligkeit, krankheitswiderstandsfähig geworden (erworbene Erkrankungsimmunität).

Die Sachlage gestaltet sich somit ähnlich wie in der Humanmedizin bei der Diphtherie, wo wir Menschen nach dem Überstehen der Vorerkrankung ebenfalls infektionsanfällig bleiben, aber wegen unserer veränderten Reaktivität nicht mehr erkranken, also durch die Vorerkrankung eine Erkrankungsimmunität erworben haben. Nur ist das weitere Schicksal des zweiten Infektes bei der Diphtherie und bei den pflanzlichen Virosen verschieden. Bei der Diphtherie wird sowohl der erste als der zweite Infekt, entsprechend unserer großen Heilungsenergie, mit der Zeit wieder ausgelöscht, und unser Körper wird wieder diphtheriesteril; bei den pflanzlichen Virosen kann dagegen, entsprechend dem geringen pflanzlichen Heilungsvermögen, weder die Primär- noch die Superinfektion ausgemerzt werden, sondern das superinfizierte Virus bleibt dauernd in voller Infektiosität an der Infektionsstelle neben dem Primärinfekt bestehen; es wird durch den Wirt weder zerstört noch inaktiviert. Wenn die superinfizierten Gewebe herausgeschnitten und auf nicht vorerkrankte Pflanzen gebracht werden, so erkranken diese in typischer Weise; nur im vorerkrankten Wirt kann sich das superinfizierte Virus nicht vermehren und sich nicht ausbreiten. Nicht die Heilungsbereitschaft, sondern die Lokalisierungsenergie ist somit bei den Versuchspflanzen durch die Vorerkrankung gesteigert worden.

3. Die Spezifität des induzierten Schutzes. Der durch das *G*-Virus induzierte Schutz ist artspezifisch auf die *X*-Viren beschränkt und gilt weder gegen das *Y*-Virus der Kartoffeln noch gegen das gewöhnliche Tabakmosaik noch gegen das Virus der Ringfleckennekrose (Abb. 339).

Bei andern Virosen wirkt dagegen die lokale Prämunisierung gruppenspezifisch: die noch bestehende Vorerkrankung durch eine bestimmte Virose feit nicht nur gegen eine Neuerkrankung durch einen andern Stamm desselben

Virus, sondern überdies auch gegen eine Erkrankung durch verwandte Viren (THUNG, 1932; KUNKEL, 1934; CALDWELL, 1935; u.a.).

Werden ausgewachsene, gesunde Tabakblätter mit Aucubamosaik infiziert, so zeigen sie im Primäraffekt nekrotische Flecken (Abb. 314, rechts); sind sie dagegen an gewöhnlichem Tabakmosaik vorerkrankt (Abb. 314, links) oder mindestens 2 Tage vorher mit dessen Virus infiziert worden, so bleibt zwar das eingebrachte Aucubavirus an der Infektionsstelle vorhanden, es «haftet» und

Abb. 315
Die Lokalisierung des Schutzeffektes auf die vorerkrankten Gewebe. Erklärung im Text. Etwa $^3/_4$ nat. Gr. (Nach KUNKEL, 1934.)

wird durch die Abwehrreaktionen des Wirtes weder zerstört noch eliminiert; aber es kann sich nicht mehr oder nur noch unbedeutend vermehren und ausbreiten.

Die Prämunisierung beschränkt sich im wesentlichen auf die infizierte Zone; so wurden in Abb. 315 bestimmte Blattpartien mit gewöhnlichem Tabakmosaik eingerieben; 5 Tage später wurde die ganze Blattfläche mit Aucubavirus behandelt: das Aucubamosaik trat nur in den nicht vorinfizierten Partien auf. Doch sind nicht nur die unmittelbar infizierten Zellen geschützt, sondern etwa 7 Zellagen weit auch die benachbarten nichtinfizierten Zellen. Die Prämunisierung ist also nicht scharf auf die vorerkrankten Zellen beschränkt, sondern greift (als Andeutung der S. 413 besprochenen humoralen Prämunisierung) auf die nichtinfizierten Nachbarzellen über und schafft dadurch den Beginn einer infektionsgebundenen Gewebeimmunität.

Ferner gilt die schützende Wirkung gruppenspezifisch für das Aucubamosaik, dagegen zum Beispiel nicht gegen eine besondere, nekrogene Form des gewöhnlichen Tabakmosaiks. Auf Grund derartiger kreuzweiser Prämunisierungsversuche ist es möglich, innere Verwandtschaften zwischen den Viren festzustellen, gewissermaßen als Ersatz für den serologischen Verwandtschaftsnachweis im Tierversuch. Wir werden bei der Besprechung der induzierten Toleranz auf diese Frage zurückkommen.

In andern Fällen besteht sogar die Möglichkeit einer Kumulierung des Sensibilisierungseffektes: Tabakpflanzen, die entweder mit «schwerem Mosaik» plus Ringfleckennekrose (Abb. 339) oder mit Ringfleckennekrose plus «deformierendem Mosaik» vorinfiziert sind, erkranken nicht mehr an «weißem Mosaik», während keines der drei Viren für sich allein gegen das weiße Mosaik feit (Thung, 1936).

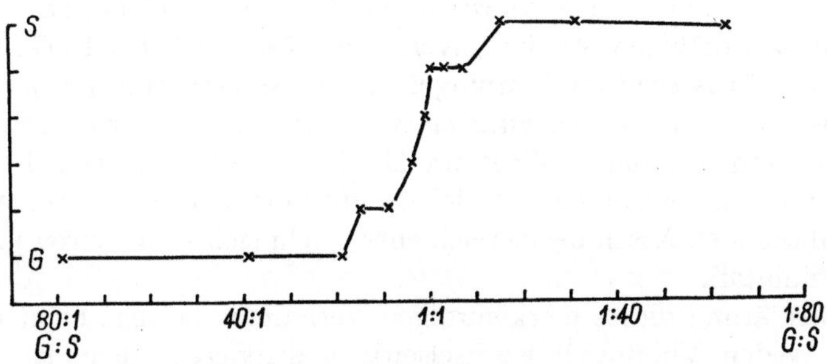

Abb. 316

Die immunisierende Wirkung verschiedener Mischungsverhältnisse des milden *G*-Stammes und des heftigen *S*-Stammes der Kartoffel-*X*-Virusgruppe. Erklärung im Text. Abszisse: Mischungsverhältnisse des *G*- oder *S*-virushaltigen Zellsaftes. Ordinate: Ausprägung des Krankheitsbildes von *G* nach *S* hin. (Nach Salaman, 1938, aus Gäumann, 1944.)

Bei allen bis jetzt bekannten Prämunisierungen muß zwischen der schutzbringenden Primärinfektion und der abzulehnenden pathogenen Superinfektion ein zeitlicher Minimalabstand liegen. Es braucht somit für die Sensibilisierung der vorerkrankenden Gewebe eine gewisse Latenzzeit, etwa 16 Stunden bei der Kartoffelkrautfäule (S. 415), etwa 2 Tage beim gewöhnlichen Tabakmosaikvirus und etwa 8 Tage bei den Kartoffel-*X*-Viren. Wird diese Zeitspanne unterschritten, so schafft der primäre Infekt keinen oder nur einen ungenügenden Schutz gegen die Superinfektion.

Man kann sich deshalb fragen: Was geschieht, wenn die Latenzzeit auf Null reduziert und das schutzbewirkende Virus zusammen mit dem pathogenen Virus in Gestalt einer Mischinfektion in den betreffenden Organismus eingebracht wird, nur in unterschiedlichen Mischungsverhältnissen?

Hierüber gibt ein Versuch von Salaman (1938) eine Antwort. Er mischte Tabakzellsaft, der entweder das S. 417 besprochene *G*- oder *S*-Virus enthielt, in steigenden Proportionen und impfte das Gemisch auf Tabakblätter. Die Ergebnisse sind schematisch in Abb. 316 dargestellt.

In der Mischung von 79 Teilen *G*-Virus-haltigem Zellsaft mit 1 Teil *S*-Virushaltigem Zellsaft vermochte das mengenmäßig dominierende *G*-Virus die Wirtsgewebe derart zu sensibilisieren, daß sie das mengenmäßig schwächere *S*-Virus blockierten (es gelangte in ihnen nicht zur Entwicklung); es trat deshalb nur die milde *G*-Wirkung auf; dasselbe war in den Mischungen 39 *G* : 1 *S* und 19 *G* : 1 *S* der Fall.

Bei der Mischung 15 *G*:1 *S* war die Hemmung nur noch unvollständig; das *S*-Virus konnte sich in einem geringen Ausmaße entwickeln, und die Sprenkelung der Blätter wurde intensiver (Krankheitsbild intermediär zwischen *G* und *S*). Bei der Mischung 2 *G* : 1 *S* begannen die *S*-Symptome durchzuschlagen; doch vermochte das *G*-Virus auch in den Mischungen 1 *G*:1 *S* bis 1 *G*:7 *S* noch eine gewisse Schutzwirkung auszulösen, so daß sich das *S*-Virus noch nicht voll entwickeln und die *S*-Symptome noch nicht optimal zum Ausdruck bringen konnte. Erst in den Mischungen von 1 *G*:15 *S* bis 1 *G*:63 *S* blieb die *G*-Beimischung wirkungslos und wurde durch das *S*-Virus blockiert.

Im mengenmäßigen Mischungsverhältnis 79 *G* : 1 *S* bis 19 *G* : 1 *S* vermag somit das *G*-Virus auf dem Umweg über die Sensibilisierung des Wirtes die Entwicklung des gleichzeitig eingebrachten *S*-Virus zu verhindern, und umgekehrt schließt das *S*-Virus im Mischungsverhältnis von 1 *G* : 15 *S* bis 1 *G* : 63 *S* die Entwicklung des gleichzeitig inokulierten *G*-Virus aus. Im dazwischenliegenden Mischungsbereich entwickeln sich beide Viren in der Wirtspflanze simultan.

Die Erklärung dieses merkwürdigen Verhaltens besteht nicht etwa darin, daß die beiden Viren sich wechselseitig inaktivieren; denn sie sind, wenn mechanisch oder durch Differentialwirte voneinander getrennt, voll infektiös. Die Blockierung rührt vielmehr davon her, daß der mengenmäßig erheblich stärkere Partner die Abwehrbereitschaft der Wirtspflanze sensibilisiert, durch die mengenmäßige Präpotenz das Fehlen der Latenzzeit überdeckt und durch die erhöhte Abwehrkörperbildung des Wirtes die Weiterentwicklung des mengenmäßig schwächeren Partners verhindert.

bb) Die Sensibilisierung des Wirtes durch die Stoffwechselprodukte des Erregers

Im Gegensatz zu der Sensibilisierung durch den Erreger selbst kann diese zweite Sensibilisierungsart nicht spontan im Freien erfolgen, sondern sie beruht ausschließlich auf klinischen bzw. Laboratoriumsmethoden; bei positivem Ausfall würde sie aber einen wichtigen Beitrag zum Problem der antiinfektionellen Abwehrreaktionen liefern.

Doch sind diesem Sensibilisierungsmodus im Pflanzenreich methodisch enge Grenzen gesetzt. Da den Pflanzen ein geschlossenes Zirkulationssystem fehlt, können die als Antigen gedachten Stoffwechselprodukte des Parasiten nur mit großen Schwierigkeiten in den zu sensibilisierenden Körper eingebracht und in ihm verteilt werden. Führt man die Infektion an genau der gleichen Stelle durch wie vorher die Vakzination, so wird sie durch die Vernarbungsreaktion der letzteren gestört; und setzt man sie in einigen Zentimetern Abstand von ihr, so besteht der Einwand, daß die Sensibilisierung überhaupt nicht (oder jedenfalls nicht in der gegebenen Zeit) so weit habe vordringen können.

Sodann stellt sich die grundsätzliche Frage, ob die Pflanzen überhaupt auf eingebrachte körperfremde Substanzen in einer mehr oder weniger spezifischen Weise zu reagieren vermögen. Betrachten wir zunächst die Modellversuche mit andern Stoffen, als die Pflanzenparasiten sie bilden, so kennt der Verfasser leider unter den zahlreichen positiven Angaben der Literatur nicht eine, die unter genau definierten Voraussetzungen einwandfrei und reproduzierbar eine spezifische Gegenwirkung nachweist. Um nur einige Beispiele herauszugreifen: LUMIÈRE (1921) und LUMIÈRE und COUTURIER (1921) glaubten *Rumex*- und Hyazinthenblätter und Zwiebelschalen durch Pferdeserum usw. sensibilisiert zu haben, so daß bei der zweiten Injektion eine anaphylaktische Schockreaktion eintrat; doch wurden ihre Befunde durch NOBÉCOURT (1925), OTTO und HERRIG (1927) usw. nicht bestätigt. PICADO (1921) injizierte Maispollen in *Opuntia*kladodien und glaubte im Preßsaft neue spezifische Agglutinine und Lysine beobachtet zu haben; doch erhielt CARBONE (1925) bei der Wiederholung dieser Versuche negative Ergebnisse. In lebende Tomaten usw. eingeimpfte Tuberkulosebazillen werden nach zwei und mehr Wochen in vivo agglutiniert und eventuell aufgelöst, während die entsprechende Reaktion in vitro (im Preßsaft) ausbleibt (MUCH und NYRÉN, 1930; MUCH, 1931); bei der Komplexheit der von den zwei Autoren beschriebenen Verhältnisse ist es jedoch möglich, daß präexistierende Pseudoantikörper statt erworbener Agglutinine vorlagen. Derselbe Einwand bleibt bei den Untersuchungen von STICKL (1927) bestehen, der Typhusbazillen in Tulpenblätter einbrachte, später rückisolierte und sie in ihrer Gestalt und ihrer serologischen Reaktion verändert fand. Persönlich zweifle ich nicht daran, daß der pflanzliche Körper, ähnlich dem tierischen, zu mehr oder weniger spezifischen Gegenreaktionen fähig ist; nur wurde bisher, wegen der großen methodischen Schwierigkeiten, der schlüssige Beweis hierfür nicht erbracht.

Die Auspizien für die Versuche, Pflanzen mit den Stoffwechselprodukten ihrer Parasiten zu vakzinieren, sind also nicht sehr günstig; dennoch – oder gerade deshalb – haben sich zahlreiche Forscher mit diesem Problem beschäftigt und als Antigen entweder abgetötete Kulturen oder Extrakte von Kulturen oder, bei gemeinsamer Kultur auf künstlichen Nährböden, die unmittelbaren Ausscheidungen des Parasiten selbst verwendet.

Bei der ersten Methode, Sensibilisierung durch abgetötete Kulturen, besprechen wir einige Versuche mit *Bacterium tumefaciens.* BROWN (1923) tötete Kulturen dieses Bakteriums durch zehnminutigen Aufenthalt bei 60° ab und injizierte sie sodann in die Gefäßbündel von Chrysanthemen und Rosen; die derart vorbehandelten Pflanzen wurden hernach an der Injektionsstelle oder im nächstobern Internodium mit dem betreffenden Bakterienstamm infiziert. Während die Kontrollen schon nach 14 Tagen kleine Tumore aufwiesen, begann bei den vakzinierten Pflanzen die Reaktion in den Internodien erst nach 3 Wochen einzusetzen; bei unmittelbarer Infektion an der Injektionsstelle gingen auf 9 Pflanzen nur 2 kleine Tumore an (Vernarbungsreaktion?). Eine gewisse krankheitshemmende Wirkung der Vakzine scheint also vorhanden zu sein.

GHEORGHIU (1932, 1933) entfernte an Geranienstengeln (*Pelargonium zonale* Willd.) 2–3 cm weit die Epidermis und legte auf das Rindenparenchym während 12–18 Tagen sterile Watte, die mit (bei 60°) abgetöteten Bakterienkulturen getränkt war. Nach einem Monat wurden junge Sproßteile mit dem betreffenden Bakterienstamm erfolglos infiziert, während auf den Kontrollen die üblichen Tumore angingen. Der induzierte Schutz scheint volle drei Monate anzuhalten. Doch konnte KALAJEW (1935; zit. nach SAVULESCU, 1936) bei der Wiederholung dieser Versuche keine schützende Wirkung der Vakzine beobachten, ebensowenig MANIL (1936) bei einer andern Arbeitsmethode.

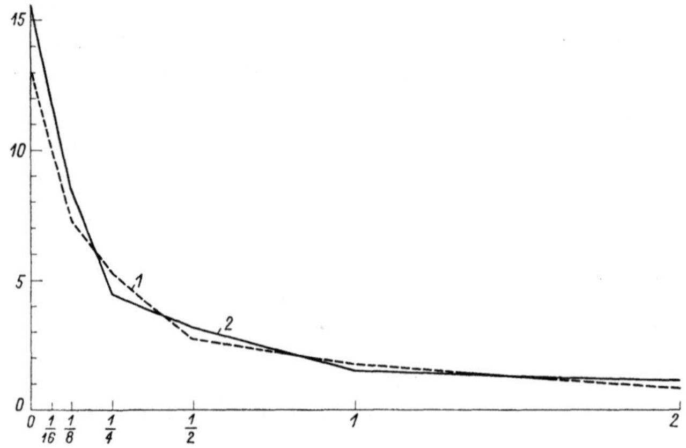

Abb. 317

Der Einfluß der Reaktionslage des Wirtes auf die Befallshäufigkeit durch *Helminthosporium sativum*. Abszisse: Konzentration der Nährlösung, in der die Weizen- (*1*) bzw. Gerstenkörner (*2*) keimen. *0* = Wasser. Ordinate: Durchschnittliche Zahl der Infektionsstellen je Weizen- oder Gerstenblatt. Erklärung im Text. (Nach HESS, 1949.)

Der Weg, um Pflanzen durch abgetötete Kulturen ihrer Parasiten zu vakzinieren, scheint also noch nicht mit sicherem Erfolg beschritten worden zu sein.

Die zweite Methode, die Sensibilisierung des Wirtes durch Kulturextrakte des Erregers, führt tatsächlich in gewissen Fällen zu einer Abnahme der Befallsstärke. Läßt man zum Beispiel Weizen oder Gerste in einem Kulturfiltrat von *Helminthosporium sativum* (S. 160) keimen und infiziert nachher die Keimpflanzen mit einer Sporensuspension des *Helminthosporium sativum*, so geht die durchschnittliche Zahl der Infektionsstellen je Blatt von 15 auf 5 zurück (HESS, 1949).

Diese Abnahme der Befallsstärke beruht jedoch nicht auf einer spezifischen immunologischen Antwort auf einen spezifischen Antigenreiz, sondern auf einer unspezifischen Störung der Reaktionslage des Wirtes durch die im Kulturfiltrat vorhandenen toxischen Stoffwechselprodukte des Erregers. Weizen und Gerste reagieren nämlich gegen *Helminthosporium* nach dem hyperergischen Typus; jede Störung der Wirtspflanzen, welche ihre Vitalität schwächt und ihre Überempfindlichkeit steigert, führt deshalb zu einer Abnahme der Befallsstärke; so keimen Weizen und Gerste am besten in Wasser und zeigen dort den größten Krankheitsbefall. Läßt man nun die Körner in KNOPscher Nährlösung von steigender Konzentration keimen (Abb. 317), so sinkt die Befallsstärke durch *Helminthosporium* mit zunehmender Störung des Wirtes und endet schließlich, wie bei allen parabiontischen Partnern, in Befallsfreiheit.

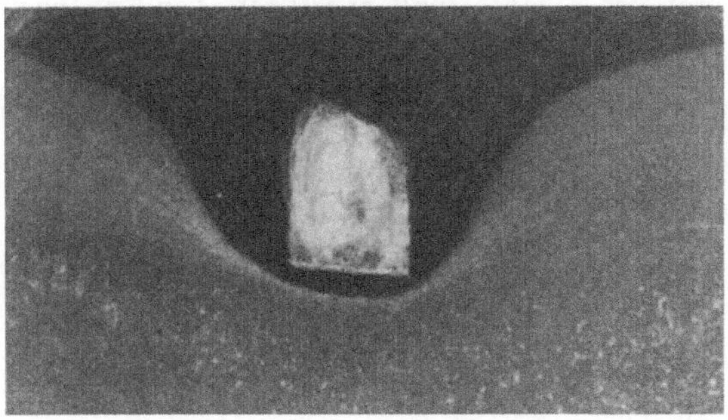

Abb. 318
Charakteristischer Hemmungshof, ausgelöst durch *Rhizoctonia repens* bei einer Knolle von *Orchis militaris*. $^2/_3$ nat. Gr. (Nach GÄUMANN, BRAUN und BAZZIGHER, 1950.)

Das Kulturfiltrat des Erregers löst deshalb im Falle des *Helminthosporium sativum* nicht ein spezifisch-immunologisches, sondern ein unspezifisch-stoffwechselphysiologisches Phänomen aus, das in gleicher Weise durch irgendeine andere Störung der Reaktionslage des Wirtes erzeugt werden kann. Nach den gleichen Gesichtspunkten wird man auch die übrigen einschlägigen Erfahrungen der Literatur neu durchdenken müssen.

Für die dritte Methode, die unmittelbare Antigenwirkung des lebenden Parasiten, haben sich die Orchideenknollen als bestes Beispiel erwiesen (S. 386). Bei der Unterfamilie der Ophrydeen werden regelmäßig die Wurzeln, dagegen selten die Knollen von einem Mykorrhizenpilz, meist *Rhizoctonia repens* Bern., befallen. Die Ursache des Nichtbefalles der Knollen und der Lokalisierung des Pilzes auf die Wurzeln scheint in Abwehrreaktionen der Knollengewebe zu liegen. Läßt man nämlich den Pilz auf Agar wachsen und legt ein hinreichend großes Stück einer Orchideenknolle aseptisch vor den Pilz, so wird dieser in einigem Abstand vor dem Knollenstück aufgehalten (Abb. 318). Nur lebende Knollen sind zu

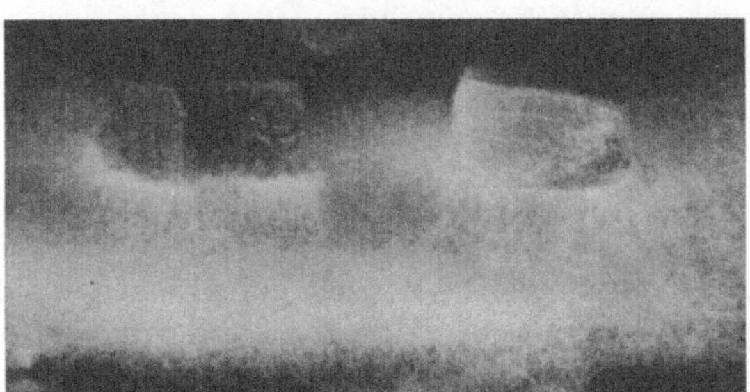

Abb. 319
Die Überwachsung abgetöteter Knollen von *Orchis militaris* durch den Mykorrhizenpilz *Rhizoctonia repens*. Nat. Gr. (Nach GÄUMANN, BRAUN und BAZZIGHER, 1950.)

dieser Abwehrreaktion befähigt; tote Knollen werden vom Pilze überwuchert (Abb. 319). Es handelt sich also nicht um einen präformierten pilzwidrigen Stoff, sondern um das Produkt einer echten antiinfektionellen Abwehrreaktion, die schon nach zwei Tagen ihre volle Intensität erreicht (Abb. 320) und ein deutliches Temperaturoptimum bei 27° besitzt (Abb. 321). Der Abwehrstoff ist nicht streng spezifisch, sondern wirkt zum Beispiel auch gegen die Konidien von *Fusarium solani* (Abb. 322).

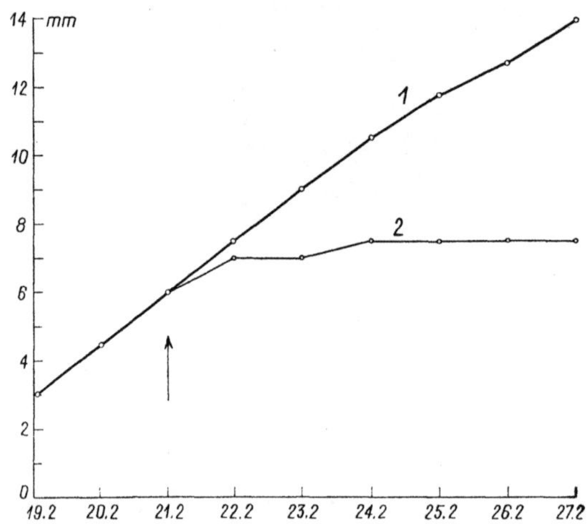

Abb. 320

Die Reaktionszeit der Orchideenknollen für das Einsetzen der antiinfektionellen Abwehrreaktionen; als Maßstab dient die Zuwachsgeschwindigkeit des Myzels von *Rhizoctonia repens*, wenn es unter den Einfluß einer reagierenden Knolle von *Orchis militaris* gerät. Abszisse: Versuchsdatum. Ordinate: Breite des Pilzstreifens außerhalb der Reaktionszone (Kurve 1) und im Bereich der Reaktionszone (Kurve 2). Beim Pfeil wurde die Knolle im Abstand von 10 mm vor den Pilzstreifen gelegt. (Nach Gäumann, Braun und Bazzigher, 1950.)

Auch in den Knollen der wildwachsenden Individuen besteht (offenbar infolge spontaner Infektionen) schon eine gewisse Reaktionshöhe (etwa entsprechend dem linken Kurvenschenkel in Abb. 321); im Laboratoriumsversuch wird jedoch die Reaktionsintensität, gemessen an der Fläche des Hemmungshofes, durch die Ausscheidungen des herannahenden Erregers auf rund das Vierfache gesteigert. An dieser Reaktion nehmen die Gewebe der Knollen bis auf mindestens 1 cm Abstand von der Einwirkungsstelle des Antigens entfernt teil; doch fällt die Reaktionsintensität mit dem Abstand von der einwirkenden Pilzsubstanz bis auf etwa die Hälfte ab (Abb. 323).

Diese antiinfektionellen Abwehrreaktionen sind offenbar der Grund, warum die Knollen in der Regel von den Mykorrhizenpilzen nicht befallen werden. Doch werden sich diese Reaktionen kaum auf die Knollen beschränken; wahrscheinlich rollen sie auch in den Wurzelgeweben ab, nur in geringerem Maße, so daß sie zwar mithelfen, den Parasiten auf bestimmte periphere Partien zu beschränken (S. 387), aber anderseits doch nicht ausreichen, um ihn, wie in den Knollen, gänzlich fernzuhalten.

c) Der Mechanismus der antiinfektionellen Abwehrreaktionen

Im tierisch-menschlichen Körper werden die eingedrungenen Keime einerseits durch spezialisierte Abwehrzellen bekämpft, welche sie enzymatisch auflösen oder aufnehmen und vernichten (Phagozytose), anderseits auf biochemischem Wege durch Agglutinine, Lysine und ähnliche Abwehrstoffe im Blutserum. Für die Phagozytose stehen die mobilen Freßzellen (Leukophagozyten) und das ortsgebundene retikuloendotheliale System (bestimmte Stütz- und Gefäßwandzellen in Knochenmark, Leber und Milz) zur Verfügung; vor allem die mobilen Zellen gestatten es dem Wirt, innert kurzer Frist an einem gefährdeten Punkt Hunderttausende von Kampfzellen zu versammeln und

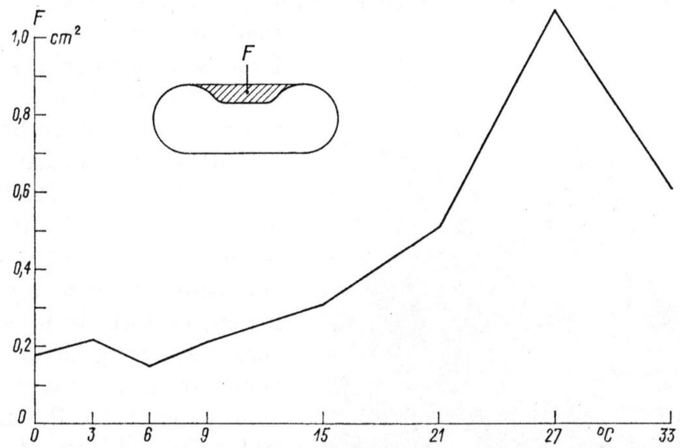

Abb. 321

Der Einfluß der Temperatur auf die Reaktionsintensität der Knollen von *Orchis militaris* gegenüber *Rhizoctonia repens*. Abszisse: Reaktionstemperatur. Ordinate: Durchschnittliche Fläche des Hemmungshofes *F* in Quadratzentimetern, der innerhalb 5 Tagen bei der Pilzkolonie ausgelöst wurde. (Nach GÄUMANN, BRAUN und BAZZIGHER, 1950.)

durch diesen hohen Einsatz, im Kampf von Zelle gegen Zelle, die Krankheitskeime zu eliminieren. Gegenüber dieser machtvollen Schutztruppe spielt die biochemische antiinfektionelle Abwehr nur eine nachgeordnete Rolle.

Der pflanzliche Körper kennt diese spezialisierten Abwehrzellen in der Regel nicht; nur die Freßzellen der Orchideen (S. 387) erinnern entfernt an eine derartige funktionelle Ausprägung; und vor allem die mobilen Kampfzellen sind dem pflanzlichen Körper wegen seines starren Gerüstes von Zellulosewänden von vornherein versagt. Es ist ihm deshalb nicht möglich, die Abwehrpotenz ganzer Gewebe oder Organe am Ort des Infektes schlagartig einzusetzen; sondern jede einzelne infizierte Zelle oder Zellgruppe führt die Abwehr selbständig durch, ohne Unterstützung durch mobile Kampfzellen von fernher.

Somit bleibt der Pflanze, als schmaler Ausschnitt aus den komplexen Möglichkeiten unseres Körpers, nur die biochemische Abwehr übrig; da aber diese auch im menschlichen Körper nur eine nachgeordnete Rolle mit verhältnismäßig geringem Nutzeffekt spielt, kann ihr geringer Erfolg bei den Pflanzen (nur Lokalisierung, nicht Heilung des Infektes) nicht überraschen.

Die biochemischen Stoffe, die diese Abwehr tragen, sind die gleichen, die in geringerem Ausmaße schon vor der Infektion, präformiert (S. 368), in den

Zellen vorhanden waren. Die Pflanze lernt ja während der Invasion des Erregers nicht in der Eile etwas Neues hinzu, das sie nicht schon früher konnte; sondern sie agiert nur kräftiger als ehedem; deshalb besteht zwischen den postinfektionell und den präinfektionell gebildeten Abwehrstoffen, Agglutininen, Lysinen usw. kein grundsätzlicher, sondern nur ein quantitativer Unterschied.

Nicht nur in funktioneller Hinsicht ist die antiinfektionelle Abwehr im pflanzlichen Körper weit kärglicher entwickelt als im tierisch-menschlichen, sondern auch die methodische Erforschung ihrer stofflichen Grundlagen stößt bei den Pflanzen auf weit größere Schwierigkeiten als in der Human- und Veterinärmedizin. Der Mediziner kann in fast unbeschränktem Ausmaß Serum gewinnen und in vitro die Wirksamkeit seiner Antikörper verfolgen; er hat sie in seinem Reagenzglas. Demgegenüber sind wir Botaniker in einer trostlosen Lage; denn es fehlt der Pflanze ein zentrales Zirkulationssystem mit dem Blut als Träger der Abwehrstoffe; deshalb fehlt dem Botaniker auch die Möglichkeit, analog dem Serum größere Mengen reaktiver Substanz zu gewinnen; mühevoll versucht er bei Versuchen in vitro die Zellulosewände der in Frage kommenden Zellen und Gewebe zu zerquetschen und einen Tropfen Preßsaft herauszubringen, und muß froh sein, wenn dieser nicht gleich oxydiert. Er bekommt deshalb die pflanzlichen Antikörper nur in ganz besonderen Fällen im Reagenzglas zu fassen und muß im übrigen indirekt, auf Grund der mikroskopischen Beobachtungen in vivo, auf ihr Vorhandensein und ihre Wirksamkeit schließen. Die Beobachtungen und Experimente sind dementsprechend schwer zu reproduzieren; daher die vielen Widersprüche in der Literatur. Es ist ein geringer Trost, daß auch die Medizin über diese Fragen noch nicht alles weiß.

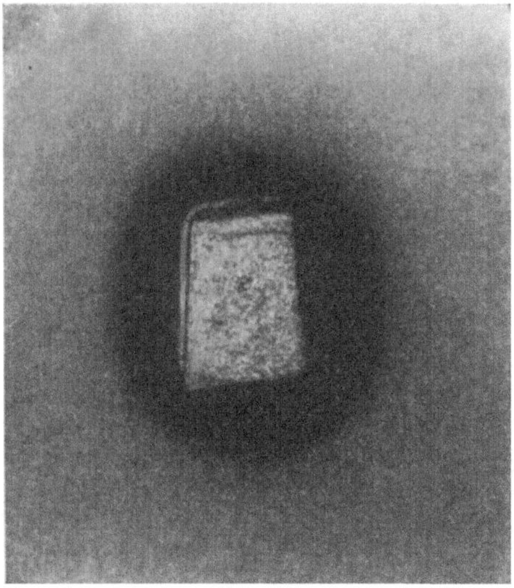

Abb. 322
Die Ausbildung eines Hemmungshofes um eine Knolle von *Orchis militaris*, die zunächst mittels *Rhizoctonia repens* aktiviert und hernach mit einer Konidiensuspension des *Fusarium solani* übersprüht wurde. $^2/_3$ nat. Gr. (Nach GÄUMANN, BRAUN und BAZZIGHER, 1950.)

Entsprechend diesen sachlichen und methodischen Schwierigkeiten haftet unsere Betrachtung der antiinfektionellen Abwehrreaktionen vorläufig noch an der Oberfläche; weder wissen wir etwas über die spezifische Wirkungsweise des Antigens (der Pilze, Bakterien, Viren usw.) noch etwas über den Mechanismus der Bildung der antiinfektionellen Abwehrstoffe (welche Organe der

Zelle bilden sie und wie?) noch etwas über den Mechanismus ihrer chemischen Wirkung (da wir ja auch ihre stoffliche Natur nicht kennen); sondern wir kennen vorläufig nur die grobsinnliche Art ihrer Auswirkung; nach dieser lassen sich die wirksamen Prinzipien in vier Gruppen scheiden, in 1. Agglutinine, 2. Lysine, 3. Bakteriophagen, und 4. Antikörper gegen Viren.

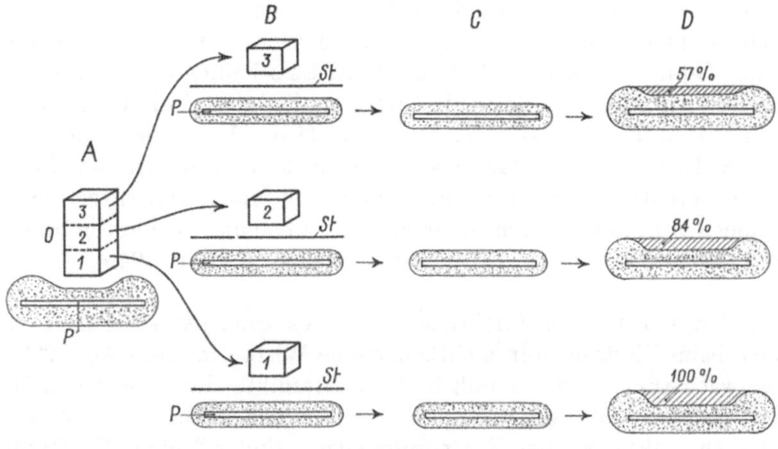

Abb. 323

Die Reaktionshöhe der verschiedenen Partien einer Knolle von *Orchis militaris*. Bei *A* wurde ein prismatisch zurechtgeschnittenes Knollenstück *O* vor die heranwachsende Pilzkolonie *P* von *Rhizoctonia repens* gelegt; es reagierte, d.h. löste den üblichen Hemmungshof aus. Unterdessen war in den Petrischalen *B* der Pilzstreifen *P* herangewachsen; die Aluminiumfolie *St* verhinderte von Anfang an, daß Ausscheidungsprodukte des Pilzes gegen die obere Bildhälfte diffundierten. Vier Tage nach Versuchsbeginn wurde das Knollenprisma in die drei Fragmente 1–3 zerlegt; diese wurden hinter die Aluminiumfolie auf den Agar gelegt und 3 Tage bei 27° belassen, damit der Hemmungsstoff in den Agar hinausdiffundieren konnte. Hernach wurden Aluminiumfolie und Knollenfragment weggenommen (*C*). Nach weitern 4 Tagen wurde als Mittel aus 10 Parallelen die Fläche des Hemmungshofes planimetriert (*D*). ½ nat. Gr. (Nach Gäumann, Braun und Bazzigher, 1950.)

aa) Erworbene Agglutinine als Faktoren der antiinfektionellen Abwehr

Manche pflanzenpathogene Bakterien sind imstande, im tierischen Körper, zum Beispiel in Kaninchen oder Meerschweinchen, die Bildung von Agglutininen zu veranlassen (zum Beispiel Goldsworthy, 1928, für *Pseudomonas cerasi* Griff., dem Erreger des bakteriellen Gummiflusses der Süßkirschen in Nordamerika, und für *Pseudomonas maculicola*, dem Erreger einer Blattfleckenkrankheit des Blumenkohls; Carbone und Arnaudi, 1930, für *Bacterium tumefaciens* usw.). Doch ist damit noch nicht bewiesen, daß sie derartige Reaktionen auch im pflanzlichen Körper auszulösen vermögen bzw. daß die Blütenpflanzen überhaupt fähig sind, gleich den Säugetieren auf den von einem Fremdkörper, insbesondere einem Parasiten, ausgehenden Reiz mit der Bildung von Abwehragglutininen zu antworten.

Die mikroskopischen Beobachtungen in vivo lassen bei den pflanzlichen Bakteriosen unzweifelhaft erkennen, daß in den infizierten Zellen agglutininähnliche Reaktionen abrollen. Wenn nämlich der Erreger die Wirtszellen nicht schon zum voraus oder gleich nach dem Eindringen abtötet, sondern einige Tage oder Wochen in ihnen lebt, so erfährt er oft Veränderungen, Deformationen, die sich nur durch die Einwirkung von Agglutininen erklären lassen. So wurden von DUYFJES (1935) in den Tumoren des *Bacterium tumefaciens* ähnliche Degenerationserscheinungen der Bakterien wie in den Wurzelknöllchen der Leguminosen (S. 384) festgestellt. Es scheint, daß auch hier nur die intrazellulären Bakterien deformiert werden, die interzellulären nicht.

Umstritten ist nur, ob hier präinfektionell gebildete antibakterielle Stoffe (S. 373) den Ausschlag geben oder ob die betroffenen Gewebe im Verlaufe der Infektion wirklich mehr Agglutinine bilden und enthalten als präinfektionell vorhanden waren; diese Frage ist noch nicht endgültig beantwortet (RIKER, 1926; SAVULESCU, 1936; MAGROU, 1938; RYBAK, 1949).

Bei den pilzlichen Infektionen kann es zunächst geschehen, daß die Hyphen beim Eindringen in nichtkongeniale Wirte platzen (Abb. 299). Beim Spitzenwachstum werden nämlich die Haftpunkte der Zellulosemizellen gelockert, und es müßte eine Einlagerung von Zwischensubstanz erfolgen; wegen der Abwehrreaktionen der Wirtsprotoplasten sind offenbar die Hyphen gelähmt, so daß die Einlagerung unterbleibt, und deshalb platzen die Hyphen.

Sodann sind die Deformationen des intrazellulären Parasiten, die wir S. 387 für das Beispiel der Mykorrhizen besprochen haben, bei den Mykosen fast allgemein verbreitet. Solange die Hyphen die Wirtsgewebe bloß interzellular durchziehen, gedeihen sie normal; sobald sie jedoch Seitenäste in das Zellinnere dringen lassen, werden diese zu Haustorien (Abb. 83) oder zu Knäueln (Abb. 288) deformiert und stellen ihr Wachstum ein. Die Haustorien dienen zwar der Nahrungsaufnahme und werden deshalb oft für ad hoc gebildete Organe, Saugzellen, gehalten. Zu Unrecht; in künstlichen Kulturen nehmen die Seitenäste der Hyphen auch Nährstoffe auf und werden trotzdem nicht zu «Haustorien» verstümmelt; deshalb fehlen sie auf künstlichen Nährböden, und ebenso fehlen sie, wenn der Pilz nach dem Absterben des Wirtes saprophytisch in den toten Geweben ungehemmt weiterwächst. Nur unter der Reaktion der lebenden Wirtszelle tritt die Deformation ein. Daß derartige Verstümmelungen der Pilzhyphen durch biogene Stoffe möglich sind, beweist das Griseofulvin, der curling factor des *Penicillium Janczewskii* Zal. usw. (BRIAN, CURTIS und HEMMING, 1946). Nichts spricht gegen die Annahme, daß derselbe oder ein ähnlicher Stoff auch von höhern Pflanzen gebildet werden kann.

Auch ist die Lebensdauer der Haustorien kürzer als die der interzellulären Hyphen: sie werden sukzessive korrodiert und digeriert. Sie sind also nicht vom Pilz gewollte Organe, sondern ein ihm durch die Abwehrreaktionen der Wirtszellen aufgezwungenes Verstümmelungsprodukt, Artefakte im Kampf des Wirtes gegen den Parasiten, ähnlich den Bakterioiden in den Wurzelknöllchen. Unbeantwortet bleibt aber auch hier die Frage nach dem Ausmaß der prä- und der postinfektionellen Bildung dieser biogenen Deformationsstoffe. Persönlich zweifle ich nicht daran, daß die Wirtszellen sie unter dem Einflusse des Infektes intensiver bilden als vorher; aber bewiesen ist diese Auffassung noch nicht.

bb) Erworbene Lysine als Faktoren der antiinfektionellen Abwehr

Obschon, wie S. 427 ausgeführt, der Mechanismus der tierisch-menschlichen Phagozytose im pflanzlichen Körper wegen seiner abweichenden Organisation gar nicht erwartet werden kann, so sind doch die Blütenpflanzen in manchen Fällen zu einer enzymatischen Auflösung der eingedrungenen Parasiten befähigt, die funktionell der Phagozytose zur Seite steht.

Die Situation liegt jedoch ähnlich wie soeben für die erworbenen Agglutinine geschildert wurde: daß lytische Prinzipien in den erkrankten Geweben wirksam sind, läßt sich an Hand der mikroskopischen Beobachtungen in vivo, so der Verdauung der Hyphenknäuel bei den Mykorrhizen (S. 387), der intrazellulären Haustorien (S. 24) und der Bakterioiden in den Wurzelknöllchen (S. 384), eindrücklich zeigen. Doch hält es schwer, das wirksame Prinzip in vitro zu isolieren, und naturgemäß noch schwerer, seine chemische Natur zu bestimmen; so glaubte FRÉMONT (1933) bei der Vakzination von Bohnen mit *Bacillus proteus* Trév. neu geschaffene Lysine gegen dieses Bakterium gefunden zu haben; doch konnten CARBONE und ALEXANDRI (1935) diesen Befund nicht bestätigen. Es ist deshalb noch nicht bewiesen, daß sie als Antwort auf den vom Erreger ausgehenden Reiz reichlicher gebildet werden als vorher.

cc) Erworbene Bakteriophagen als Faktoren der antiinfektionellen Abwehr

Die Bakteriophagen bewirken bei den für sie sensibeln Bakterien einen Verlust der Beweglichkeit und deshalb in Suspensionen ein Sedimentieren (Agglutination), ferner während des Wachstums eine Gestaltsveränderung und eine Auflösung (Lysis); wahrscheinlich gehen eine Reihe älterer Beobachtungen über Agglutinine und Lysine als Faktoren der pflanzlichen Krankheitswiderstandsfähigkeit in Wirklichkeit auf Bakteriophagen zurück. Doch ist wegen der großen methodischen Schwierigkeiten die Bedeutung der Bakteriophagen für die pflanzliche Immunitätslehre auch heute noch unklar.

Unbestritten dürfte sein, daß die Phage in bestimmten Fällen auf freiem Felde, nicht nur in vitro, die Entwicklung pflanzenpathogener Bakterien hemmen können; so wird die Luzernemüdigkeit mancher Böden durch einen Bakteriophagen verursacht, der die Bildung der Wurzelknöllchen und damit die *N*-Fixierung verhindert (zum Beispiel DEMOLON und DUNEZ, 1935); dieser Phag ist sowohl in den Knöllchen (jedoch nur bei etwa drei Jahre alten Pflanzen) als im Erdboden nachzuweisen.

Unbestritten ist ferner, daß ältere erkrankte Gewebe bei manchen Bakteriosen einen für das betreffende Bakterium mehr oder weniger spezifischen Phag enthalten (zum Beispiel CHESTER, 1933; DUYFJES, 1935; KENT, 1937, für die Tumore von *Bacterium tumefaciens*). COONS und KOTILA (1925) isolierten aus faulenden Karotten sogar einen polyvalenten Phag gegen *Bacterium carotovorum* (Rübenfäule, Schwarzbeinigkeit der Kartoffeln) und *Bacterium tumefaciens*.

Unbestritten ist endlich, daß dieser Phag auch in den gesunden Geweben rund um Pelargonien- und Zuckerrübentumore, ferner in den gesunden Teilen tumortragender Tomatenpflanzen und endlich zu einem kleinen Prozentsatz in gesunden Zuckerrüben, die in *tumefaciens*infiziertem Boden wachsen, vorkommt, dagegen nie in Pflanzen, die mit dem betreffenden pathogenen Bakterium noch in keiner Weise in Berührung gelangt sind (CHESTER, 1933; KENT, 1937).

Unsicher ist dagegen, wer den Phag bildet. Hier bestehen drei Möglichkeiten. 1. Der Phag kann in Spuren mit der Ausgangskultur in die Wirtspflanze hineingelangt sein. In diesem Falle muß er im Innern der erkrankten Gewebe angereichert worden sein; dies scheint tatsächlich zu geschehen; injiziert man zum Beispiel eine phaghaltige *tumefaciens*kultur in Pelargonien, *Ricinus* usw. und isoliert aus den jungen Tumoren den Phag zurück, so übt er nach derselben Zahl von Passagen eine stärkere Wirkung auf die Ausgangskultur aus als der ursprüngliche Phag (DUYFJES, 1935); also muß er in größeren Mengen vorkommen, oder seine Virulenz muß durch die Pflanze erhöht worden sein. Oder 2. der Phag wird durch die betreffenden Bakterien unter der Einwirkung des durch die Wirtspflanzen verursachten Zerfalls selbst gebildet; in diesem Falle könnten Phagstämme aus verschieden anfälligen Wirten verschieden virulent sein; diese Frage ist meines Wissens noch nicht näher geprüft worden. Oder 3. der Phag wird durch die Wirtspflanze als Abwehrstoff gebildet. Die größte Wahrscheinlichkeit besitzt die erstgenannte Eventualität; doch hält es schwer, sie zu beweisen; man müßte mit sicher phagfreien Kulturen arbeiten, falls es solche gibt, oder müßte vorhandene Phage durch Behandlung der Kulturen mit einem Phagantiserum zuverlässig eliminieren.

Und unsicher ist endlich, ob der Phag im Innern der Pflanzen überhaupt eine Wirkung auszuüben vermag. Läßt man nämlich einen *tumefaciens*phag durch abgeschnittene Zweige aufziehen oder führt ihn mittels einer Spritze hypodermal ein, so ist die Krebsanfälligkeit der betreffenden Gewebe nicht kleiner als vorher (KENT, 1937). Ähnliche Beobachtungen wurden mit den obengenannten Karotten gemacht. Der Phag muß also vor der Infektion mit den Bakterien in unmittelbaren Kontakt kommen und als solcher von ihnen adsorbiert werden, um wirksam zu sein; im Innern der pflanzlichen Gewebe scheint er auf ihnen nicht mehr zu haften.

Somit steht für die Bakteriophagen als Faktoren der pflanzlichen Immunitätslehre im Grunde genommen nichts fest, weder ob sie im Zellinnern noch wirksam sind noch ob sie während des Infektionsverlaufes, im Zusammenhang mit diesem, von den Bakterien unter dem Einflusse des Wirtes oder vom Wirte selbst gebildet wurden, oder ob sie nicht vielmehr körperfremde Stoffe darstellen, die nur durch Verunreinigung in das System Wirt-Parasit gelangten.

dd) Erworbene Antikörper gegen Viren als Faktoren der antiinfektionellen Abwehr

Die Virusforschung hat durch ihre besondern methodischen Möglichkeiten der pflanzlichen Immunitätslehre einen neuen Auftrieb gegeben; so ist denn auch in mosaikkrankem Tabak zum erstenmal in der Pflanzenpathologie ein echter, erworbener Antikörper in vitro nachgewiesen und in seinen chemischen Eigenschaften näherungsweise charakterisiert worden.

Dabei waren folgende Überlegungen maßgebend. Das Tabakmosaikvirus ist im Preßsaft widerstandsfähiger Tabaksorten in geringerer Konzentration vorhanden als im Preßsaft anfälliger Sorten; also wird seine Vermehrung in den widerstandsfähigen Sorten gehemmt. Diese Hemmung nimmt im Verlauf einer individuellen Erkrankung zu; so steigt die Viruskonzentration in einer anfälligen Tabaksorte während der ersten 44 Tage nach der Infektion an und nimmt dann in den folgenden 29 Tagen wieder ab; somit kann eine allmählich einsetzende Neubildung von virusneutralisierenden Abwehrstoffen vorliegen. Das Bestehen eines derartigen Hemmungsstoffes wurde von MELCHERS und SCHRAMM (1940) in der folgenden Weise nachgewiesen: Wird Preßsaft aus gesunden Tabakpflanzen und Preßsaft aus kranken Exemplaren, bei welchem das Virusprotein auf der Ultrazentrifuge ausgeschleudert worden ist, mit derselben Menge Virusprotein versetzt (zum Beispiel 10 γ Virusprotein auf 1 cm^3 Preßsaft), so ist der Preßsaft aus kranken Pflanzen nur halb so wirksam wie der aus gesunden; die Hälfte des Virusproteins ist somit durch die in den erkrankten Pflanzen gebildeten Antikörper inaktiviert worden. Seiner chemischen Natur nach ist der absättigende Stoff, im Gegensatz zu den Antikörpern des Tierreiches, nicht ein Eiweiß, sondern eine kochbeständige, niedermolekulare, in Butanol lösliche Verbindung.

Neben diesem direkten Nachweis sprechen auch mittelbare Anhaltspunkte für das Bestehen von erworbenen Antikörpern gegen pflanzenpathogene Viren. Wie soll man zum Beispiel die Tatsache erklären, daß Tabakmosaik gegen Aucubamosaik immunisiert (S. 420)? Die nächstliegende Vorstellung wäre, daß durch das primäre Virus in den Wirtszellen alle Virushaftpunkte besetzt und für das nachfolgende sekundäre Virus gesperrt werden, oder daß durch das primäre Virus die erforderlichen Virusbausteine schon aufgebraucht sind. Zweifelsohne ist eine derartige Futterkonkurrenz zwischen Viren möglich (KÖHLER und HAUSCHILD, 1947); doch reicht sie zur Erklärung des Tatsachenmaterials nicht aus; infiziert man nämlich ein Gemisch der zwei Viren in Tabakpflanzen, so wird es in den Wirtszellen entmischt, so daß in einem bestimmten Gewebefleck immer nur das eine der beiden Viren vorkommt; eine bestimmte Wirtszelle oder Zellgruppe enthält somit immer nur ein Virus. Es spielen sich also in den Wirtszellen weit komplexere Vorgänge ab als das bloße Absättigen von Haftpunkten oder das Aufbrauchen des nativen Eiweißes.

Ferner ist ja die prämunisierende Wirkung art- oder gruppenspezifisch beschränkt, also nicht generell gegen alle Viren gültig, und sie reicht einige Zellagen weit über die unmittelbar infizierte Zone hinaus und erfaßt Zellen, deren «Haftpunkte» nicht abgesättigt oder deren Eiweiße nicht verbraucht sein können. Dabei steht jedoch die Frage noch offen, ob die in den unmittelbar erkrankten Zellen gebildeten Antikörper 7 Zellagen weit in die gesund gebliebenen Gewebe hinausdiffundieren oder ob pathologische Stoffwechselprodukte 7 Zellagen weit hinausdiffundieren und dort die Bildung neuer Antikörper auslösen.

Ein zweites indirektes Beispiel für die Bildung antiinfektioneller Schutzstoffe gegen Viren liefert die kalifornische Kräuselkrankheit der Zuckerrüben (WALLACE, 1939). Wird Tabak mit dem Virus dieser Krankheit infiziert, so «heilt» er nach einiger Zeit aus, bleibt jedoch Virusträger. Wird nun das Virus aus einer geheilten Pflanze durch die Zikade *Eutettix tenellus* auf gesunde Tabakpflanzen übertragen, so tritt die Krankheit heftiger auf, als wenn gesunde Schosse auf «geheilte» virustragende Pflanzen gepfropft werden. Dies läßt sich durch die Annahme erklären, daß beim Pfropfen neben dem Virus auch Antikörper von der Unterlage auf das Reis übergingen, während das Insekt nur das Virus überträgt.

2. Antitoxische Abwehrreaktionen

Die antiinfektionellen Abwehrreaktionen vermögen, wie wir soeben gesehen haben, den Erreger nur bei hyperergischer Empfindlichkeit des Wirtes zu eliminieren; durch die normergischen Reaktionen wird er dagegen auch im günstigsten Falle bloß geschwächt und lokalisiert, dagegen nicht eliminiert; es entsteht deshalb ein lokaler Infekt. Neben dem unmittelbaren Kampf gegen den Erreger erwächst hieraus der Wirtspflanze die neue Aufgabe, den Organismus gegen die vom Focus ausgehenden pathogenen Stoffwechselprodukte, insbesondere gegen die Toxine des Erregers und die nekrogenen Abbaustoffe der eigenen lädierten Zellen und Gewebe, zu schützen. Dies geschieht durch die antitoxischen Abwehrreaktionen (S. 377). Im Gegensatz zu den antiinfektionellen Abwehrreaktionen ist ihr «Ziel» nicht die Infektionsverhütung, sondern die Krankheitsverhütung. Wie beim Menschen, so vermögen auch bei der Pflanze nicht alle körperfremden Stoffe derartige Reaktionen auszulösen, sondern nur jene, die Antigenwirkung haben; die übrigen Stoffe überschwemmen den Organismus, ohne Gegenreaktionen zu veranlassen.

Waren die antiinfektionellen Abwehrreaktionen in der Humanmedizin mit dem Namen von PASTEUR und METSCHNIKOFF verknüpft, so sind es die antitoxischen mit demjenigen von EHRLICH. Dieser Forscher ging von der Vorstellung aus, daß der menschliche Körper den Reiz des pathogenen Agens durch die Bildung von spezifischen Antitoxinen («Rezeptoren») beantworte, die analog den Seitengruppen des Benzolkernes «Seitenketten» besitzen und durch diese das pathogene Agens entgiften, neutralisieren, das ist unlöslich und dadurch unschädlich machen. Ein Körper ist deshalb so lange gegen eine erneute Erkrankung gefeit, als sein Antitoxinspiegel im Blut nicht unter ein bestimmtes Maß sinkt.

Neben diesem biochemischen Schutz durch Antitoxine, die das pathogene Agens entgiften (also funktionell vernichten), kennt der menschliche Organismus noch den histogenen Schutz durch Demarkationsgewebe, die das pathogene Agens, nebenbei oft auch den Erreger selbst, lokalisieren; dieser antiinfektionelle Nebeneffekt wird dann augenfällig, wenn zum Beispiel eine abgekapselte Tuberkuloseinfektion nach Monaten oder Jahren wieder aufflammt und ausbricht. Die zwei uns hier interessierenden Gruppen von menschlichen Demarkationsreaktionen führen entweder zu einer Lokalisierung und Ausstoßung des Schädigungsherdes (Beispiel: Eitrige Metastasen) oder bloß zu einer Lokalisierung desselben durch Anlage eines dauernden Schutzwalles (Beispiel: Tuberkelbildung).

Bei einem auf dem Blutweg entstandenen Eiterherd (eitrige Metastase) ist in unserem Körper als erster Ausdruck der Bakterienwirkung eine Schädigung der Gewebszellen mit rasch folgendem Austritt von Leukozyten (weißen Blutkörperchen) aus den erweiterten Kapillaren zu beobachten. Diese Blutzellen wirken vermutlich vorwiegend durch ihre Fermente, durch welche sie die Bakterien und die zerstörten Gewebsbestandteile auflösen. Um den Leukozytenwall herum wird ein Kranz von andern Blutzellen (Lymphozyten und Plasmazellen) ausgeschieden, die vermutlich die von den Leukozyten in Lösung gebrachten Stoffe aufnehmen und abtransportieren.

Diese beiden ersten Zonen, die leukozytäre und die lympho-plasmozytäre, dienen somit der Zerstörung des schädigenden Agens und können deshalb als ein dynamischer Schutzwall aufgefaßt werden (Phagozytose); sie entsprechen den in der Front stehenden Kämpfern. Verhältnismäßig bald stellt sich, einem Festungswall vergleichbar, um diese beiden Zonen ein Bindegewebsring aus Fibroblasten ein, der sich schließlich in eine kernarme, fibrillenreiche Kapsel umwandelt. Dieses unspezifische Trennungsgewebe grenzt den Herd gegen das gesunde Organgewebe ab und schützt dieses vor dem Austritt schädigender Stoffe. Im weitern Verlauf verdickt sich der Ring, bis als ideales Endergebnis ein homogener Bindegewebsfleck (die Narbe) übrigbleibt.

Im besondern Fall der Tuberkulose lösen die Tuberkelbazillen die Bildung eines für die Tuberkulose spezifischen Granulationsgewebes aus, d.h. einer nach Pathogenität und Widerstandskraft verschieden breiten Zone aus eigenartigen Bindegewebszellen, sogenannten Epitheloidzellen, die offenbar die Abwehr der Tuberkeltoxine und der Tuberkelbazillen besorgen und demnach sowohl antitoxischen als antiinfektionellen Charakter haben. Beide zusammen, der zentrale Zerfallsherd und die als Abwehrschicht dienenden Epitheloidzellen, bilden die «Tuberkel». Das tote zentrale Zerfallsgebiet verkalkt in den günstigen Fällen; aber erst nach Jahren bilden sich keine neuen Epitheloidzellen mehr, weil offenbar keine Reizung durch herandiffundierende Bakteriengifte mehr stattfindet; erst dann grenzt der Bindegewebsring unmittelbar an die Kalkmasse, ein Zeichen, daß der Herd aufgehört hat, infektiös zu sein.

Der Abwehrerfolg des Organismus hängt also in beiden Fällen von der Möglichkeit der rechtzeitigen Abkapselung des Infektionsherdes ab (Zeitfaktor); es entspinnt sich gewissermaßen ein Wettlauf zwischen der Abkapselungstendenz des Körpers und der Ausbreitungs- und Schädigungsstärke des pathogenen Agens. Gewinnt der Makroorganismus, so wird der Herd in Schutzhaft genommen und im Fall der eitrigen Metastasen wieder ausgestoßen, im Fall der Tuberkulose einfach isoliert; unterliegt aber der Makroorganismus, so breitet sich der Prozeß weiter aus, bricht in die Gefäße ein und setzt Fernherde.

Auch bei den pflanzlichen Infektionskrankheiten geht die Antigenwirkung sowohl von den Stoffwechselprodukten des Erregers als von den körpereigenen Zerfallsprodukten aus. Eine unmittelbare Antigenwirkung des Erregers besteht zum Beispiel bei jenen Pilzen und Bakterien, welche Welkekrankheiten, Apoplexieerscheinungen, Tumore usw. auslösen (S. 332). Ebenso häufig dürfte aber die Antigenwirkung, wie in der Humanmedizin, nicht vom Erreger ausgehen, sondern von der Nekrose, die er erzeugt.

In beiden Fällen müssen wir annehmen, daß sich die Protoplasten der Wirtsgewebe irgendwie gegen die pathogenen Substanzen zur Wehr setzen und sie auszulöschen und zu beseitigen suchen. Es würde unserer Vorstellung des Lebendigen widersprechen, wenn sie sich reaktionslos schädigen ließen. Leider wissen wir über das Schicksal der in die Protoplasten ausgegossenen Erregertoxine nur wenig; einzig für das Patulin ist wahrscheinlich, daß es durch freie Sulfhydrylgruppen inaktiviert, entgiftet, neutralisiert wird (S. 335). Die SH-Gruppen besitzen somit einen antitoxischen Effekt und schaffen eine gewisse Krankheitswiderstandsfähigkeit. Doch ist unbekannt, ob die im Laufe einer Infektion reagierenden SH-Gruppen schon präinfektionell in den Wirtszellen vorhanden waren oder ob ein Teil von ihnen nach Art der adaptiven Enzyme (S. 306) unter der stimulierenden Einwirkung des Erregers zusätzlich neu gebildet oder freigelegt wurde; erst diese postinfektionell gesteigerte Neubildung von SH-Gruppen würde eine echte, direkte biochemische antitoxische Abwehrreaktion bedeuten und eine Parallele zu den Antitoxinen der Humanmedizin darstellen.

Unser Wissen beschränkt sich somit vorläufig auf den zweiten Sektor, auf die indirekte Abwehr der Toxine durch die zahlreichen Demarkations- oder Abgrenzungsreaktionen, die neben den mutmaßlichen plasmatischen Abwehrreaktionen einhergehen und häufig das schädigende Agens, zum Wohle des Ganzen, lokalisieren. Der Effekt dieser Demarkationsreaktionen deckt sich mit dem der antiinfektionellen Abwehrreaktionen (S. 434): nicht Vernichtung des pathogenen Agens, sondern bloß Lokalisierung desselben. Der pflanzliche Organismus stößt seine erkrankten Gewebe aus oder kapselt sie ab; er sorgt nicht für sie. Er hat nicht die Fähigkeit zur

Regeneration; denn die starren Zellwände machen eine Einwanderung neuer Zellen unmöglich.

Diese Ähnlichkeit in der Auswirkung der antiinfektionellen und der antitoxischen Demarkationsreaktionen erschwert es bei manchen pflanzlichen Infektionskrankheiten, zwischen den beiden Reaktionsgruppen eine scharfe Grenze zu ziehen. Zudem kennt die Natur die von uns durchgeführte Trennung ihrer Reaktionen in einen antitoxischen und einen antiinfektionellen Sektor nicht; analytische Aufspaltungen sind Abstraktionen unseres Geistes. Eine bestimmte Demarkationsreaktion kann deshalb, wie in der Humanmedizin, neben dem (vorwiegend) antitoxischen Charakter (zum Beispiel der Abkapselung des Giftes durch eine besondere Zellbarriere) überdies beiläufig eine antiinfektionelle Nebenwirkung haben (zum Beispiel dem Parasiten selbst die weitere Ausdehnung erschweren).

Nach ihrem Wirkungsgrad sind die pflanzlichen Demarkationsreaktionen, ähnlich den antiinfektionellen Prozessen, normergisch oder hyperergisch (S. 377); als Beispiel der ersteren besprechen wir die vorwiegend histogenen, als Beispiel der letzteren die vorwiegend gummösen Demarkationen (S. 448).

aa) Histogene Demarkationen als Faktoren der antitoxischen Abwehr

Abgrenzungsgewebe mit vorwiegend antitoxischem Charakter können sowohl in Laubblättern als auf Zweigen und Wurzeln (S. 443) angelegt werden.

Beispiel der Laubblätter: der Schrotschußeffekt beim Steinobst (Naef-Roth, 1948). Werden die Laubblätter einer *Prunus*art durch die Konidien von *Clasterosporium carpophilum* (Lév.) Aderh., dem Erreger der Schrotschußkrankheit des Steinobstes, infiziert, so dringen die Keimschläuche durch die Epidermis oder durch die Spaltöffnungen in das Blattinnere, verzweigen sich und wachsen inter- und intrazellulär nach allen Richtungen hin. 38 Stunden nach der Infektion ist makroskopisch noch keine Veränderung zu erkennen; mikroskopisch sind dagegen in Abb. 325, *1*, die Schließzellen der Spaltöffnung, durch die der Parasit eindrang, schwer geschädigt und schon am Kollabieren; ihre Wände sind verdickt und gebräunt. Durch Fernwirkung der Toxine des Parasiten ist in Abb. 325, *1*, auch die nächste Zelle der Hypodermis, obschon nicht unmittelbar vom Pilze befallen, braun gefärbt (hyperergischer Effekt); ferner sind in den übrigen Nachbarzellen die Chloroplasten bereits verschwunden und in noch größerer Entfernung geschrumpft und heller grün. Im Schwammgewebe sind dagegen noch keine Veränderungen zu erkennen außer (wiederum als Fernwirkung) einer Dunkelfärbung zweier Zellen.

Nach 56 Stunden ist der Erkrankungsherd bereits 1–2 mm groß und deshalb makroskopisch sichtbar. Das Myzel ist in das Schwammgewebe (Abb. 325, *2*) und in das benachbarte Leitbündel gedrungen und hat dessen Phloemparenchym obliteriert. Einige Epidermiszellen sind gebräunt und kollabiert. Die Hypodermis ist zerstört und eingefallen, so daß sich der Infektionsfleck an der

Blattoberfläche als kleine Vertiefung einbiegt. Zahlreiche Zellen des Schwammgewebes sind in Degeneration begriffen; die Toxine des Parasiten lassen die Chloroplasten bis in das Palissadengewebe hinauf zerfallen.

Nach 4 Tagen sind die Hyphen bis zum Palissadengewebe gelangt (Abb. 325, *3*). Makroskopisch bilden die nekrotischen Zellen in der Mitte des Infektionsherdes einen braunen Fleck, der von einem heller grünen Hof (den Zellen mit zerstörten Chloroplasten) umgeben ist.

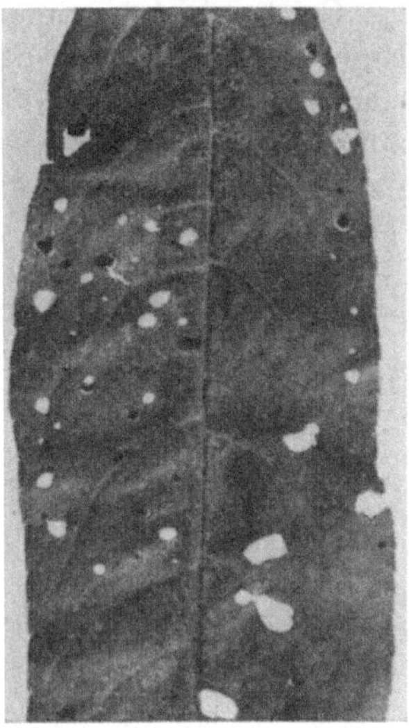

Abb. 324
Schrotschußeffekt auf Pfirsichblättern, hervorgerufen durch *Clasterosporium carpophilum* (Lév.) Aderh. Einige dunkel gefärbte Infektionsherde stehen im Begriffe, ausgestoßen zu werden. Nat. Gr. Original.

Zwischen dem 4. und 8. Tag setzen die histogenen Abwehrreaktionen ein. In einem Abstand von bis 20 Zellen von der braunen, nekrotischen Zone beginnt ein schmales Zellband in der ganzen Breite des Blattes, also in sämtlichen Blattschichten, leicht anzuschwellen; die Zellen pressen sich dicht aneinander, so daß die Interzellularen verschwinden; desgleichen verschwinden die Chloroplasten; das Plasma wird dichter, die Kerne nehmen leicht an Größe zu und die Zellen erhalten meristematischen Charakter. Unter dem Einfluß der Erkrankung sind somit Gewebe, die schon fixiert waren, wieder verjüngt und teilungsfähig geworden; ihre Korrelation wurde aufgebrochen; also sind die entsprechenden Wuchshormone gebildet oder mobilisiert worden (vielleicht Nekrohormone im Sinne HABERLANDTS). Abb. 326, *1*, zeigt ein derartiges sekundäres Meristem in einer 8 Tage alten Infektion; seine Zellwände sind dünn, im Gegensatz zu der Verdickung und Verholzung aller Zellwände in der Infektionszone. Es setzt sich auch durch die Leitbündel hindurch fort, deren Parenchymzellen verjüngt werden, sich stark teilen und die Xylemelemente an den Bündelrand drängen.

Durch dieses Trennungsgewebe wird einerseits die Nährstoffzufuhr aus den gesunden Geweben in den Krankheitsherd unterbunden (so daß dieser allmählich verdorrt) und anderseits eine Schädigung der erstern durch die Toxine des Parasiten und durch die nekrogenen Stoffe des absterbenden Herdes vermieden.

Bei jugendlichen Blättern beginnen sich von der untern Epidermis her die Mittellamellen in einer bestimmten Zone aufzulösen, und zwar meist dergestalt, daß eine Zellreihe zum Focus kommt, während die drei bis vier andern beim gesunden Blatt verbleiben; dadurch wird der Focus räumlich von den gesunden Geweben getrennt und hernach von diesen gegen die Blattunterseite hin aktiv ausgestoßen.

Nun setzt beim zurückbleibenden Wundrand die Vernarbung durch die Anlage eines Wundperiderms ein. Eine mittlere Zellreihe, das Phellogen, bildet nach außen die zwei bis drei langsam verholzenden und dann verkorkenden Zellschichten des Phellems und nach innen die drei bis vier Reihen des nur zellulosisch verdickten Phelloderms (Abb. 326, *2* und *3*). Damit ist die histogene Demarkationsreaktion abgeschlossen.

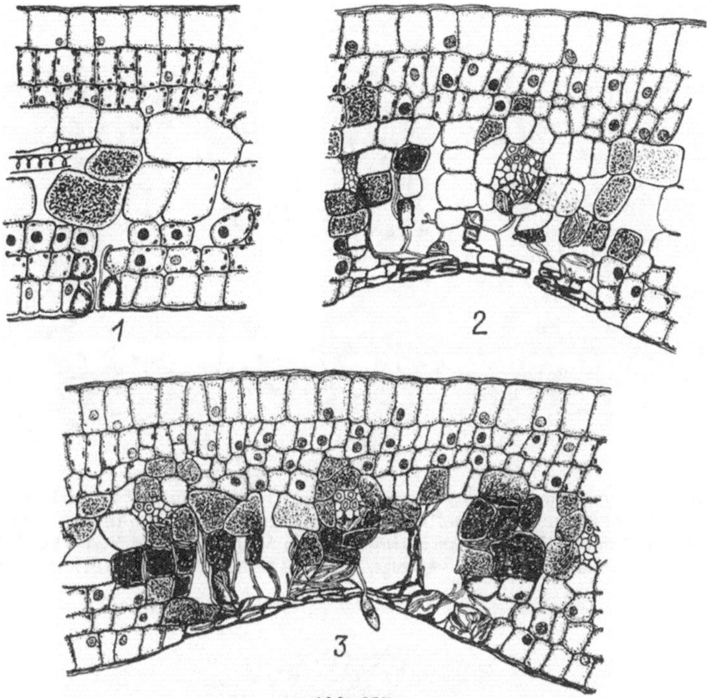

Abb. 325

Die Infektion der Blätter des Kirschlorbeers, ***Prunus Laurocerasus*** L., durch den Erreger der Schrotschußkrankheit, *Clasterosporium carpophilum* (Lév.) Aderh. *1* Infektionsherd nach 38 Stunden, *2* nach 56 Stunden, *3* nach 4 Tagen. Vergr. 215. (Nach Naef-Roth, aus Gäumann, 1944.)

Ähnliche sekundäre Trennungsgewebe, die den lokalen Krankheitsherd abgrenzen und abschuppen, werden unter dem Einfluß des Parasiten auch auf den Zweigen (Abb. 327) und Früchten angelegt.

Die Abwehrreaktionen gegen *Clasterosporium carpophilum* rollen somit in den *Prunus*arten sorgfältig geregelt, «planmäßig», ab, im Sinne der Erhaltung des Ganzen. Der Schrotschußeffekt ist in unserer vereinfachenden Darstellung die Resultante aus zwei Komponenten, einer Abgrenzungs- und einer Ausstoßungsreaktion. Die Abgrenzungsreaktion führt zur Anlage eines Folgemeristems, und durch dieses zur Ausbildung einer Trennungsschicht, die in den Blättern von Epidermis zu Epidermis reicht und den Krankheitsherd mitsamt den Stoffwechselprodukten des Parasiten und den Abbauprodukten der sterbenden Wirtszellen abriegelt. Die Ausstoßungsreaktion endet bei den Blättern mit einer Ausstoßung, bei den Zweigen mit einer Abschuppung des lokalen Krankheitsherdes. Die Laubblätter zum Beispiel der Kirschbäume sehen wegen dieser ausfallenden Infektionsherde wie mit Schrot durchlöchert aus; von da der Name der Krankheit. Hierauf folgt eine Vernarbungsreaktion.

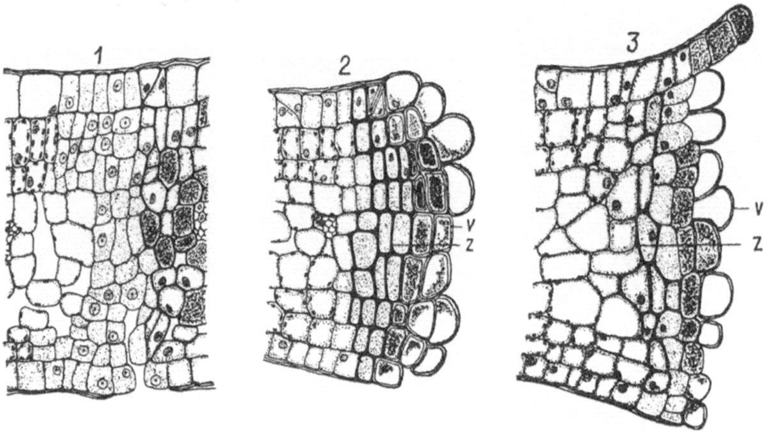

Abb. 326

Die Demarkations- und Ausstoßungsreaktion bei der Schrotschußkrankheit. *1* Induziertes Meristem in einem Abstand von etwa 20 Zellen von der nekrotischen Zone (diese immer rechter Hand). *2* und *3* Vernarbungsreaktionen durch Verholzung und Verkorkung der äußersten Zellreihen. *z* Zellulosisch verdickt, *v* verholzt. Vergr. 215. (Nach NAEF-ROTH, aus GÄUMANN, 1944).

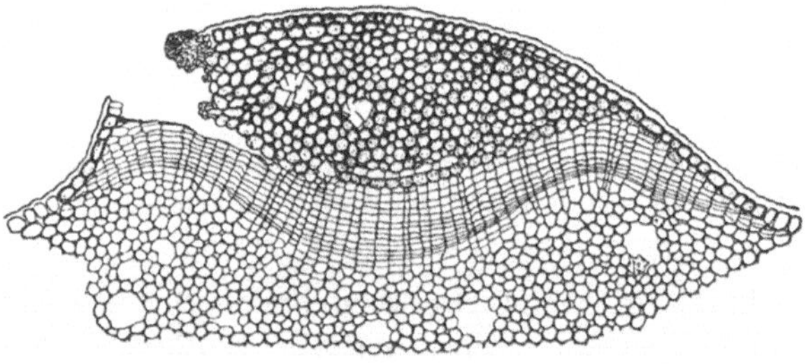

Abb. 327

Schnitt durch eine Schorfpartie auf einem Zweige der Mandel, *Prunus amygdalus* Stok., verursacht durch *Clasterosporium carpophilum* (Lév.) Aderh. Vergr. 60. (Nach SAMUEL, 1927, aus GÄUMANN, 1944.)

Diese Reaktionsketten werden nicht unmittelbar vom Parasiten ausgelöst, sondern von der Nekrose, die er erzeugt. Die Demarkationsreaktion ist insofern unspezifisch, als es gleichgültig ist, wer die Nekrose einleitet, ob nekrogene Stoffe aus körpereigenen Wunden, Toxine von Parasiten (Abb. 328) oder irgendwelche andern organischen oder anorganischen körperfremden Gifte (zum Beispiel Fungizide).

Da der Schrotschußeffekt nicht in erster Linie gegen den eingedrungenen Erreger, sondern gegen seine Toxine und gegen die körpereigenen nekrogenen Stoffe gerichtet ist, so stellt er primär eine antitoxische Abwehrreaktion dar. Die Demarkationsschicht gewährt infolgedessen keinen unbedingten Schutz gegen den Erreger; dieser vermag in gewissen Fällen durch die Barriere hindurchzuwachsen. In der Regel ist aber das Hindernis groß genug, um nicht nur die parasitären und die nekrogenen Toxine abzudämmen, sondern um überdies (in Gestalt einer neugeschaffenen Hemmungszone) auch den Erreger aufzuhalten und dadurch den Krankheitsherd zu lokalisieren; die antitoxische Immunreaktion hat dann eine antiinfektionelle Nebenwirkung.

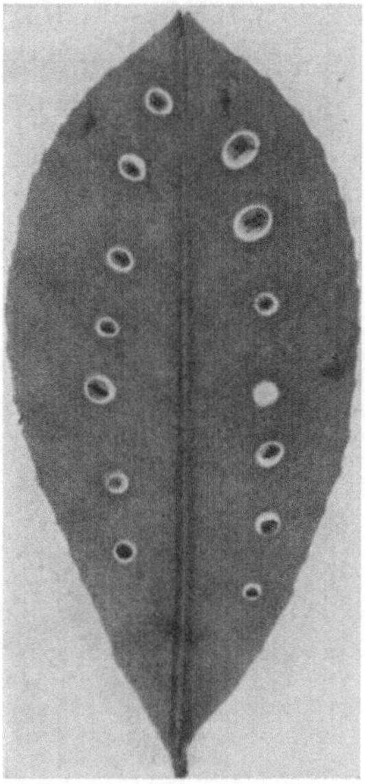

Abb. 328
Schrotschußeffekt auf einem Blatt des Kirschlorbeers, *Prunus Laurocerasus* L., ausgelöst durch Injektion von Myzelextrakt von *Clasterosporium carpophilum* (Lév.) Ad. Nat. Gr. Original NAEF-ROTH.

Unspezifisch wie die Ursache ist auch der Mechanismus der Abgrenzungsreaktion; er entspricht der im Pflanzenreich weitverbreiteten Erscheinung, daß durch lokale Schädigungen ein trennendes oder abgrenzendes Meristem (Dehiszenzgewebe, Vernarbungsreaktionen usw.) induziert wird. Im vorliegenden Falle bewirkt der Erreger die Nekrose, diese löst die Bildung von nekrogenen Stoffen aus, und diese induzieren in der üblichen Weise die Bildung des Wundperiderms.

Trotz dieser Unspezifität in der Ursache und den Mitteln ist die Schrotschußreaktion doch für *Clasterosporium carpophilum* insofern spezifisch, als eben dieser Pilz auf *Prunus*gewebe ausgesprochen toxisch wirkt und lokale Nekrosen auslöst, die dann ihrerseits die geschilderte Reaktionsfolge mit der narbigen Abgrenzung des Krankheitsherdes einleiten. Das Krankheitsbild mit den lokalen, abgekapselten und ausfallenden Infektionsherden ist deshalb in Mitteleuropa diagnostisch als Schrotschußkrankheit umschrieben und wiederzuerkennen.

Andere Pilze, zum Beispiel der Zwetschgenrost, *Tranzschelia pruni spinosae* (Pers.) Diet., besitzen keine derartige Antigenwirkung und lösen daher auf den *Prunus*blättern keine Abgrenzungsgewebe aus. Noch andere Pilze, so der Erreger der Bitterfäule, *Glomerella rufomaculans*, besitzen zwar vollwertige Antigeneigenschaften (Effekt ihrer Myzelextrakte wie in Abb. 328); aber sie wachsen rascher vorwärts als die Demarkationsreaktion erfolgt, so daß diese nachhinkt: der S. 436 geschilderte Wettlauf zwischen Erreger und Wirt fällt hier zugunsten des Erregers aus. Die Folge ist in beiden Fällen, daß der Parasit sukzessive das ganze Blatt besiedelt (BÖHNI, 1949). Nicht die einzelnen Elemente und Komponenten des Reaktionsablaufes sind somit für den Schrotschußeffekt als antitoxischer Abwehrreaktion kennzeichnend, spezifisch, sondern ihr Neben- und Nacheinander, ihre Ganzheit.

Bei andern Pflanzenkrankheiten reicht das Demarkationsgewebe in den Blättern nicht von Epidermis zu Epidermis, sondern verläuft periklin zum lokalisierten Infektionsherd (Abb. 329) und führt zu einer Abschorfung desselben.

Diese Abgrenzungs- und Ausstoßungsreaktionen entsprechen mutatis mutandis dem eingangs geschilderten Verhalten des menschlichen Körpers gegenüber eitrigen Metastasen. Noch häufiger kommt jedoch im Pflanzenreich das

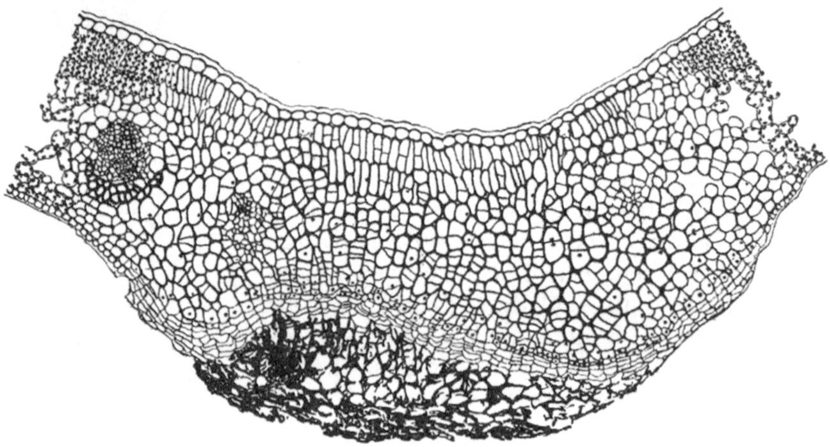

Abb. 329
Abschorfung eines lokalisierten Infektionsherdes von *Sphaceloma Fawcettii* Jenk. auf einem Blatt von *Citrus limonia* Osb. Vergr. 115. (Nach CUNNINGHAM, 1928.)

Analogon zur Tuberkelbildung vor, daß nämlich nur der erste Teil des Schrotschußeffektes, nur die Abgrenzungsreaktion, abrollt, nicht aber die Ausstoßungs- oder Abschorfungsreaktion; der Zusammenhang der nekrotischen, abgekapselten, ausdorrenden Gewebe mit den gesunden Partien bleibt dann gewahrt, und es erfolgt keine Durchlöcherung der Laubblätter; dies ist bei zahlreichen Blattfleckenkrankheiten der Fall, wo jeder «Blattfleck» einem Infektionsherd entspricht, der durch die Lokalisierungsreaktionen des Wirtes abgekapselt wurde.

Wenn zum Beispiel das Tabakmosaikvirus (Abb. 61) auf *Nicotiana glutinosa* verimpft wird, so bildet sich um den Infektionsherd eine nekrotische Barriere. Die Zellen ringsum sterben ab, das Virus wird durch einen Ring aus toten Zellen isoliert und bleibt infolgedessen in den lokalen Läsionen gefangen. Dies hat zur Folge, daß keine allgemeine Ausbreitung des Virus in der Pflanze stattfindet, diese bleibt gesund.

Bei der Blattfleckenkrankheit des Efeus, *Hedera helix* L., verursacht durch *Phyllosticta hedericola* Dur. et Mont. (Abb. 330), ist jeweils das verkorkte Abgrenzungsgewebe, gegen das Licht betrachtet, als eine feine, dunkelbraune Linie um den lokalen Krankheitsherd herum zu erkennen; durch diese charakteristischen Demarkationsgewebe unterscheiden sich parasitogene Blattflecken gelegentlich von chronischen Schädigungen durch Fabrikgase, die, sofern nicht eigentliche Verbrennungen eintraten, nicht derartige Demarkationen auslösen, sondern mehr diffuse chlorotische Effekte ohne ausgesprochene Abwehrreaktionen des Wirtes.

Abb. 330

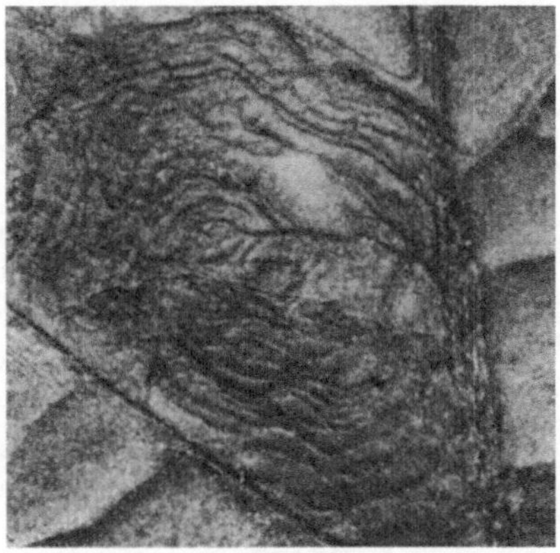

Abb. 331

Abb. 330. *Phyllosticta hedericola* Dur. et Mont. Abgekapselte, abgestorbene und zum Teil schon ausgeblichene Infektionsherde auf Efeublättern. Das verkorkte Demarkationsgewebe ist dunkelbraun gefärbt. Nat. Gr. Original.

Abb. 331. Dörrfleckenkrankheit der Kartoffelblätter, verursacht durch *Alternaria solani* (Ell. et Mart.) Jones et Grout, mit konzentrischen antitoxischen Demarkationszonen. Vergr. etwa 8fach. (Nach Maag, 1944.)

Wie gering aber unter Umständen der parasitenhemmende (nicht toxinhemmende) Erfolg der Demarkationsgewebe sein kann, zeigen zwei Kartoffelkrankheiten; sowohl bei der Dörrfleckenkrankheit der Blätter (Abb. 331) als beim Buckelschorf der Knollen (Abb. 332) werden die verkorkten Barrieren immer wieder vom Erreger durchbrochen und kommen deshalb konzentrisch hintereinander zu liegen.

Beispiele von Demarkationsreaktionen auf Zweigen und Wurzeln, zum Teil begleitet von einer Ausstoßungs- oder Abschuppungsreaktion, traten uns schon bei der Schrotschußkrankheit (Abb. 327) und beim Kartoffelkrebs (Abb. 298) entgegen. Wir besprechen nun drei weitere Beispiele, die Wurzelbräune des Tabaks, den Hallimaschbefall der Laub- und Nadelhölzer und die natürliche Astreinigung der Waldbäume, etwas eingehender.

Das Auftreten der Wurzelfäule, Fußkrankheit oder Wurzelbräune des Tabaks (Abb. 333), hervorgerufen durch *Thielavia basicola* (B. et Br.) Zopf, wird weitgehend durch die Bodentemperatur beeinflußt; im Bereich von 17–23° ist sie häufig, während sie zwischen 26 und 32° auch bei intensivster Bodeninfektion praktisch gesprochen fehlt; da aber das Temperaturoptimum sowohl des Pilzes als der Wirtspflanze bei 28–32° liegt und der Parasit unterhalb 23° nur geringes Wachstum zeigt, so muß der starke Krankheitsbefall bei niedern und der geringere Krankheitsbefall bei den hohen Bodentemperaturen durch ein besonderes thermisch bedingtes Verhalten des Wirtes verursacht sein. Dies kommt histologisch in den Verkorkungsvorgängen zum Ausdruck (CONANT, 1927).

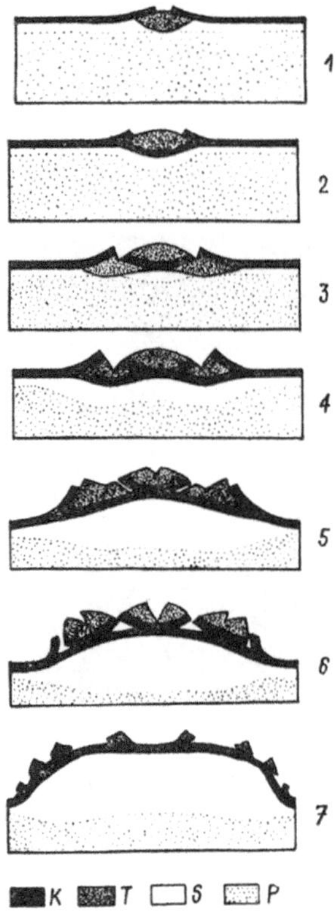

Abb. 332
Schema der Entwicklung einer Schorfwarze (Buckelschorf) auf einer Kartoffelknolle. Der Erreger, *Actinomyces scabies* (Thaxt.) Güss., ist im Stadium *1* durch eine Lentizelle (S. 73) eingedrungen. *K* Knollenschale und Wundkorkgewebe. *T* Abgetötetes Parenchym. *S* Stärkefreies Parenchym. *P* Stärkeparenchym. (Nach NOLL, 1939.)

Thielavia basicola ist ein ausgesprochen toxinbildender Parasit; die Korkschichten haben gegen ihn in erster Linie antitoxische und erst in zweiter Linie antiinfektionelle Bedeutung. Der Wirkungsgrad der verkorkten Schichten gegenüber den Pilzhyphen ist dementsprechend beschränkt; vereinzelt wachsende Hyphen vermögen zwar verkorkte Zellen nicht zu durchdringen; bei Masseninfektionen durchbricht dagegen der Pilz die Korkschichten und bahnt sich einen Weg in das Wurzelinnere. Der Zeitpunkt der Anlage dieser Korkschichten und das sie auslösende Moment sind nun verschieden.

Unter den präinfektionellen Verkorkungsvorgängen, die von Natur aus, ohne Zutun des Parasiten, abrollen, ist zunächst die Bildung des Periderms durch den Perizykel entscheidend, wodurch um den lebenswichtigen Zentralzylinder ein geschlossener Korkmantel entsteht; am stärksten infektionsgefährdet sind nämlich die Wurzeln in dem Entwicklungsabschnitt, da die verkorkte Epidermis bereits abgestoßen, die Verkorkung des Perizykels aber noch nicht im Gange oder noch nicht genügend fortgeschritten ist; diese Gefahr ist bei den resistenten Sorten (zum Beispiel Little Dutch) klein, weil bei ihnen die Zellteilungen im Korkkambium auch bei niedern Temperaturen (20°) schon frühzeitig, zusammen mit dem sekundären Dickenwachstum der Wurzeln (durch welches die verkorkte Epidermis gesprengt und abgestoßen wird) einsetzt, während sie bei den anfälligen Sorten (zum Beispiel Maryland Broadleaf und Susceptible Burley) erst nach der Abstoßung der Epidermis erfolgt.

Dieser Umstand, daß das Periderm bei den anfälligen Sorten bei niedern Bodentemperaturen verhältnismäßig spät angelegt wird, wirkt sich auch bei der Anlage der Seitenwurzeln aus; sie entspringen im Perizykel und durchstoßen die primäre Rinde, so daß diese in ihrem Bereich aufgerissen und für eine gewisse Zeit der Infektion leicht zugänglich wird. Bei den hohen Bodentemperaturen besteht dagegen auch bei den anfälligen Sorten auf der Innenseite der primären Rinde stets ein geschlossener, schützender Korkmantel, weil in diesem Temperaturbereich das Periderm auch bei ihnen sehr früh, gleichzeitig mit den Nebenwurzeln, angelegt wird.

Abb. 333
Befallsbild von *Thielavia basicola* (B. et Br.) Zopf an Tabak. (Nach SATTLER, 1936.)

Wenn diese präinfektionellen Resistenzbarrieren und die übrigen, angeborenen Hemmungsmöglichkeiten versagen, so dringt der Parasit in die Rindengewebe ein und läßt seine Toxine vor sich her diffundieren. Als Reaktion werden von den widerstandsfähigen Tabaksorten im Rindengewebe oder im Perizykel bei allen Bodentemperaturen sogleich neue Korkschichten angelegt, die den Infektionsherd abriegeln. Bei den anfälligen Sorten erscheinen dagegen diese neuen, postinfektionellen Korkschichten, wie das normale Periderm, bei der Bodentemperatur von 20° nur langsam, so daß dem Vordringen des Pilzes und seiner Toxine anfänglich kein histologischer Widerstand entgegensteht; erst bei 25 und 30° bildet sich auch bei diesen Sorten die neue Korkschicht unter den Infektionsstellen rascher und führt zu einer rechtzeitigen Abkapselung derselben und infolgedessen zu einem verringerten Befall.

Bei den niedern Bodentemperaturen verläuft also bei den anfälligen Tabaksorten sowohl die natürliche präinfektionelle Verkorkung (Resistenzfaktor) als die induzierte postinfektionelle Verkorkung (antitoxische Abwehrreaktion) zu langsam; die Pflanzen erhalten deshalb, trotz der für den Parasiten ungünstigen Temperaturlage, nur einen ungenügenden Schutz und erkranken; die widerstandsfähigen Sorten agieren und reagieren dagegen auch in diesem Temperaturbereich mit jener Schnelligkeit, welche die anfälligen Sorten erst bei hohen Bodentemperaturen erreichen.

Wie in den *Prunus*blättern, so stellen auch in den Tabakwurzeln die induzierten histogenen Demarkationen nicht etwas grundsätzlich Neues dar. Es werden also auch bei ihnen nicht neue Fähigkeiten des Individuums betätigt; sondern die spontanen präinfektionellen und die induzierten postinfektionellen Peridermbildungen sind sich histologisch gleich, und auch ihre antitoxischen und antiinfektionellen Eigenschaften werden sich wahrscheinlich entsprechen.

Verschieden ist jedoch ihre Einordnung in die Ganzheit des Individuums. Die präinfektionellen Peridermbildungen entstehen in sortentypischer Weise an ontogenetisch vorbestimmten Orten in einem ontogenetisch vorbestimmten Zeitpunkt. Bei den postinfektionellen Peridermbildungen ist dagegen die natürliche Regulation des Individuums aufgebrochen: Gewebe, die schon ausgewachsen waren, werden als Reaktion auf die herandiffundierenden Toxine des Parasiten wieder verjüngt und bilden außertourlich an einer unorganischen Stelle in einem unorganischen Zeitpunkt neue Periderme. Diese besitzen zwar im wesentlichen den gleichen Bau wie die natürlich angelegten; während aber die Fähigkeit zum Fernhalten von Toxinen bei den natürlichen Peridermen nur den Charakter einer Nebenwirkung besaß (primär haben diese Wurzelperiderme ganz andere physiologische und mechanische Funktionen), rückt sie jetzt bei den induzierten Peridermen teleologisch in den Mittelpunkt (denn zum Beispiel die mechanischen Funktionen fallen bei ihnen weg) und stellt gewissermaßen den einzigen vernünftigen Grund ihrer Anlage dar: sie sind eigentlich nur gegen die Toxine des Erregers wirksam, also ausschließlich gegen diese «gerichtet».

Histologisch sind somit die primären und die induzierten Periderme einander gleichwertig; verschoben sind dagegen Ort und Zeit ihrer Anlage und der Schwerpunkt ihrer Bedeutung für das betreffende Individuum.

1

2

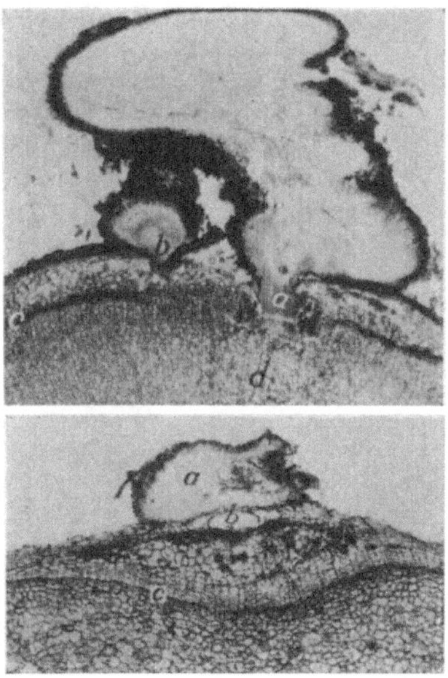

Abb. 334

Antitoxische Abwehrreaktionen gegen den Hallimasch, *Armillaria mellea* (Vahl) Quél. *1* Der Myzelstrang *a* ist auf einer Wurzel des Birnbaumes, *Pirus communis* L., bis in den Holzteil vorgedrungen und hat bei *d* einen lokalen Krankheitsherd geschaffen. Der Myzelstrang *b* steht im Begriff, das ursprüngliche Periderm zu durchbrechen und in die primäre Rinde einzudringen. Die Schicht *c* stellt das neu gebildete sekundäre Periderm dar, welches das mitgenommene Rindenparenchym abgrenzt. *2* Wurzel einer kalifornischen Walnuß, *Juglans Hindsii* Jeps., welche die durch die Rhizomorphen *a* und *b* geschaffene Infektionsstelle durch die neue Korkschicht *c* abgekapselt hat. Vergr. rund 28. (Nach THOMAS, 1934.)

Beim zweiten hier zu besprechenden Beispiel, dem Befall junger Wurzeln von Laub- und Nadelhölzern durch den Hallimasch, *Armillaria mellea* (Vahl) Quél., rollt eine ähnliche Kette von Abgrenzungs- und Abschuppungsreaktionen ab wie bei der Wurzelbräune des Tabaks. Widerstandsfähige Bäume bilden beim Angriff durch die Rhizomorphen ein sekundäres Korkkambium (Abb. 334, *c*) und vermögen dadurch den Krankheitsherd zu lokalisieren und auszustoßen. Dieses sekundäre Korkkambium stellt wiederum nichts grundsätzlich Neues dar, sondern seine Anlage entspricht im wesentlichen der Abstoßung der primären Rinde, die sonst einige Jahre später erfolgt wäre, jetzt aber unter dem Einflusse des Parasiten vorzeitig einsetzt.

Das sekundäre Periderm dient, wie die Periderme beim Tabak, erst in zweiter Linie als mechanische Abwehrschicht; denn es kann, wie das primäre Periderm (Abb. 64), von den Rhizomorphen unter Umständen aktiv durchbrochen werden. Seine primäre Bedeutung liegt vielmehr auf antitoxischem Gebiet; der Hallimasch wirkt ja äußerst giftig und vermag oft schon von einem lokalen Krankheitsherd aus (zum Beispiel an Wurzeln) den ganzen Baum zu schädigen oder zum Absterben zu bringen. Das induzierte Periderm bildet deshalb in erster Linie eine chemische Barriere gegen die herandiffundierenden Toxine des Parasiten und verhindert, daß die dahinterliegenden Gewebe von diesen vergiftet und in ihrer Widerstandskraft geschwächt werden.

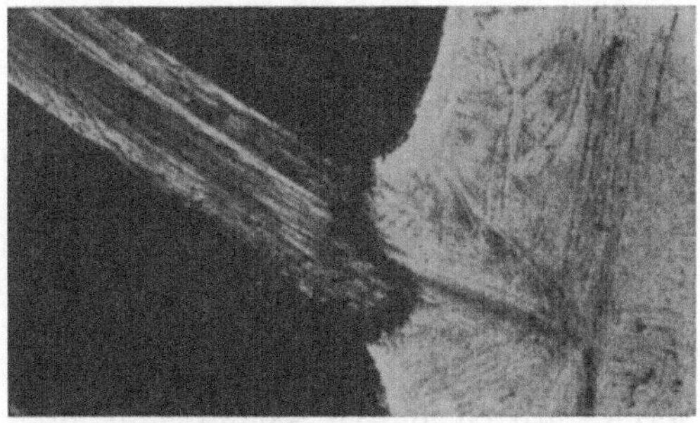

Abb. 335
Schnitt durch die Ansatzstelle eines abgestorbenen Buchenastes, die dunkelbraune Demarkationsschicht zeigend; sie verläuft in der Regel vom Kambium der Astoberseite quer durch den Ast bis zum Mark, steigt dann im Mark ein Stück astabwärts und geht von hier in einem Bogen zum Kambium der Astunterseite. Etwa $^1/_{10}$ nat. Gr. (Nach GELINSKY, 1933, aus GÄUMANN, 1944.)

Ähnlich dürften die Verhältnisse beim Befall der Kastanien durch *Endothia parasitica* (Murr.) A. et A. liegen (BRAMBLE, 1936).

Von besonderer wirtschaftlicher Bedeutung sind endlich die histogenen antitoxischen Demarkationsreaktionen beim dritten Beispiel, bei der natürlichen Astreinigung der Waldbäume. Um Qualitätsholz zu produzieren, sucht man ja im Waldbau den Bestand derart zu erziehen, daß sich die Bäume ihrer überständigen, unterdrückten Äste selbsttätig entledigen; die absterbenden Äste werden dabei durch holzzerstörende Pilze (zum Teil Schwächeparasiten), wie *Polystictus versicolor* L., *Stereum purpureum* Pers., *Polyporus vaporarius* Pers. und *Coniophora cerebella* (Pers.) Schroet., befallen und allmählich abgebaut. Als Reaktion auf die herandiffundierenden nekrogenen Stoffe schließt sich die Astbasis in den günstigen Fällen durch ein vergummendes Schutzgewebe nach außen ab (Abb. 335) und wird später, nach dem Abfallen des Astes, von den Seiten her narbenlos überwallt, d.h. die Wunde heilt glatt aus.

Die Antigenwirkung geht auch hier nicht in erster Linie von den Pilzen aus, obschon zum Beispiel Kulturfiltrate von *Stereum purpureum* stark toxisch wirken (BROOKS und MOORE, 1926), sondern von den nekrogenen Stoffen der infizierten Äste; es handelt sich also vorwiegend um einen Schutz vor Selbstvergiftung von den lokalen Nekrosen her. Daneben kommt freilich diesen Demarkationsgeweben auch wieder eine antiinfektionelle Bedeutung zu, ähnlich dem früher besprochenen Gewebewall in der Humanmedizin: die parasitischen Pilze vermögen sie in der Regel nur während ihrer Entstehungszeit zu durchdringen, später nicht mehr.

bb) Gummöse Demarkationen als Faktoren der antitoxischen Abwehr

Nach dem Versagen der normergischen plasmatischen Abwehrreaktionen setzen bei gewissen Infekten hyperergische gummöse (statt der bis jetzt besprochenen histogenen) Demarkationsreaktionen ein und dämmen im günstigen Fall die vom Focus ausgehenden Toxine und nekrogenen Stoffe ab. Wir besprechen drei Beispiele, die Blattdürre des Mohns, die lokale Verkernung der Buche und den Silberglanz der Pflaumenbäume.

Abb. 336 zeigt ein Mohnblatt, infiziert mit dem Erreger der Blattdürre, *Pyrenophora calvescens* (Fr.) Sacc. An der Blattspitze hat eine Infektion stattgefunden; sie ist längs den peripheren Blattpartien gegen die Basis fortgeschritten und ist sodann samt ihren Toxinen durch die 10–30 Zellagen breite Demarkationszone *d* aufgefangen worden. In dieser Demarkationszone sind die Zellwände verdickt (1–1,7 statt 0,2–0,5 μ) und mit einer gummösen, braunen, gerbstoffhaltigen Substanz imprägniert. Gelegentlich sind auch die Zellinhalte in gebräunte tanninhaltige Klumpen verwandelt (Zogg, 1946).

Diese Demarkationen gelangen nur zur Ausbildung, wenn der Wettlauf zwischen Erreger und Wirt zugunsten des Wirtes ausfällt, nämlich bei niedern Temperaturen (unterhalb 16°, wo der Pilz sich nur langsam ausbreitet), und bei hohen Temperaturen (über 30°, wo der Pilz in seiner Vitalität außerordentlich geschwächt ist). Bei den intermediären, für den Erreger optimalen Temperaturen, insbesondere zwischen 22 und 29° (Abb. 337), wuchert er derart rasch durch die Blattgewebe hin, daß er die Reaktionszeit für die gummöse Demarkation unterschreitet. Die Situation wird dann ähnlich wie bei *Glomerella rufomaculans* (S. 441): die Demarkationsreaktion hinkt hinter der Zuwachsgeschwindigkeit des Erregers nach, der Wirt wird vom Erreger überrannt, die Demarkationsreaktion kommt nicht zur Auswirkung, und das gesamte Blatt wird vom Erreger besiedelt.

Beim zweiten Beispiel, der lokalen Verkernung der Buchen, geht der Reiz, der die Demarkationsreaktion auslöst, meist von einem infizierten, absterbenden, eingewachsenen Aste aus, der nicht oder nicht genügend durch die histogene Demarkation (Abb. 335) abgeriegelt wurde. Die nekrogenen Stoffe gelangen deshalb in den Stamm hinunter, und dieser beantwortet den von ihnen ausgehenden Reiz von einem gewissen Lebensalter (mindestens 40 Jahren) an in seinem Reifholz extrem unverträglich mit einer pathologischen Verkernungsreaktion, dem roten oder falschen Kern (dies im Gegensatz zum spontan entstehenden natürlichen, «echten» Kern, zum Beispiel der Eichen). Dieselbe krankhafte Verkernungsreaktion wird bei den Buchen und bei zahlreichen andern Laubhölzern durch lokale Infekte am Stamm usw. (Abb. 338) ausgelöst.

Abb. 336

Befallsbild von *Pyrenophora calvescens* auf einem Blatt von *Papaver somniferum*. *i* Erkrankte Partien. *d* Demarkationszone. *g* Gesunde Partien. ½ nat. Gr. (Nach ZOGG, 1946.)

Der rote Kern stellt ein Gemisch aus hyperergischen histogenen und gummösen Demarkationsreaktionen dar. Bei den ersteren entstehen mehrere Meter weit aus den Markstrahlzellen Thyllen, die in die Gefäße vorstoßen, dadurch die Zirkulationswege im Reifholz absperren und das gesamte Reaktionsgebiet langsam absterben lassen. Bei den gummösen Reaktionen werden in diesem vorgezeichneten Bereich auf den Zellwänden und in den Markstrahl- und Holzparenchymzellen im Übermaß phlobaphenartige Verkernungsstoffe ausgeschieden, das sind oxydierende Gerbstoffverbindungen, die bei der Schwefelsäuremethode in die Ligninfraktion gehen, aber im Gegensatz zu diesen nicht methoxyliert sind. Die auf diesem Wege geschaffene histogene und gummöse Barriere grenzt den Krankheitsherd gegen die gesunden Gewebe hin ab und schützt den Organismus vor Überschwemmung durch toxische nekrogene Stoffe (Schutz vor Selbstvergiftung).

Diese hyperergischen antitoxischen Demarkationsreaktionen sind, gleich den normergischen, insofern unspezifisch, als es gleichgültig ist, wer die Bildung der nekrogenen Stoffe veranlaßt. Ähnliche Reaktionsketten können bei Buchen zum Beispiel durch Frostschäden (durch Temperaturen unter –30°) ausgelöst werden (Frostkern; JAHN, 1931; LARSEN, 1943).

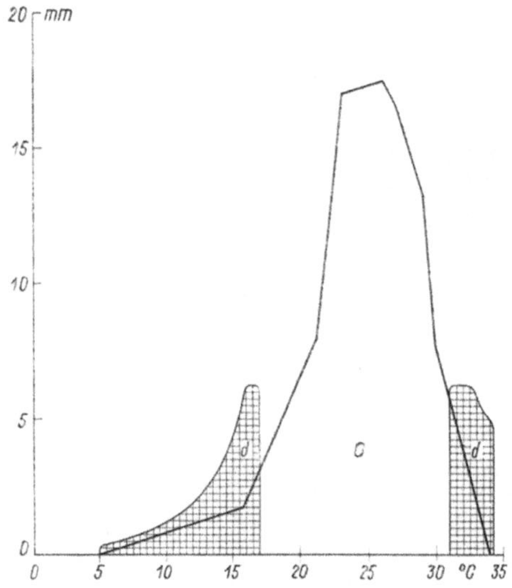

Abb. 337

Der Einfluß der Umwelttemperatur auf die gummöse Demarkationsreaktion der Mohnblätter, befallen durch *Pyrenophora calvescens*. Abszisse: Temperatur. Ordinate: Durchmesser der Infektionsstellen nach 6 Tagen. *d* Demarkationszonen. *0* Keine Demarkation. (Schematisch nach ZOGG, 1946.)

Desgleichen sind die hyperergischen antitoxischen Demarkationsreaktionen in ihren Elementen unspezifisch. Gummöse Reaktionen kommen auch anderweitig vor; so haben wir sie bereits bei Kartoffelkrebs (Abb. 297), Getreiderosten (Abb. 309) und Astvernarbungen (Abb. 335) angetroffen. Und auch die Thyllenbildung kann unabhängig von Pilzinfektion und nekrogenen Stoffen durch das bloße Eindringen von Luft in die Gefäße ausgelöst werden (EBES, 1937).

Endlich sind die hyperergischen antitoxischen Demarkationsreaktionen auch in ihrer Wirkung insofern unspezifisch, als die neugeschaffene Barriere nicht nur die Ausbreitung der Toxine und der nekrogenen Stoffe hemmt, sondern auf dem Höhepunkt der Verkernung auch die betreffenden Pilze selbst (antiinfektionelle Nebenwirkung). Die pathologisch verkernten Gewebe sind deshalb unter Umständen pilzwiderstandsfähiger, dauerhafter als unverkerntes Reifholz (GÄUMANN, 1946).

Trotz ihrer Unspezifität in der Ursache, den Mitteln und der Wirkung ergeben aber alle diese Reaktionen in ihrer Gesamtheit, ihrem Zusammenspiel und ihrer räumlichen Verteilung doch ein charakteristisches, spezifisches Krankheitsbild, eben das Bild des roten Buchenkernes als dem Produkt von hyperergischen antitoxischen Abwehrreaktionen des noch lebenden Buchenreifholzes gegen nekrogene Stoffe aus lokalen Infekten.

Noch deutlicher prägt sich der antitoxische Effekt der hyperergischen Gummose beim Silberglanz der Pflaumenbäume (Abb. 103) aus.

Bei gewissen Pflaumensorten hängt die Krankheitswiderstandsfähigkeit von der Bereitschaft der Holzgewebe zur hyperergischen Gummose ab (BROOKS, 1928). Die Pflaumensorte Victoria reagiert nur schwach und fällt deshalb der Krankheit zum Opfer. Die Stämme der Sorte Pershore erkranken dagegen nicht: sie antworten auf den Reiz der pathogenen Agentien mit einer heftigen lokalen Gummose und bilden um den Infektionsherd eine Phlobaphen- und Thyllenbarrikade, welche die Giftstoffe abkapselt, ähnlich dem pathologischen Verkernungshof der Buchen in Abb. 338; die regelmäßige Anlage einer derartigen antitoxischen Abwehrzone bei den Buchen mag vielleicht auch der Grund sein, warum sie trotz ihres häufigen Befalls durch *Stereum purpureum* («Weißfäule») das Krankheitsbild des Silberglanzes nicht kennen.

Beide Pflaumensorten sind somit infektionsanfällig, und es kommt bei beiden zur Bildung eines lokalen Krankheitsherdes; aber die Sorte Pershore ist krankheitsfest, weil sie durch ihre antitoxische Abwehrreaktion, die hyperergische Gummose, die Überschwemmung und Vergiftung ihres Organismus durch die pathogenen Stoffe aus dem lokalen Krankheitsherd zu verhindern vermag.

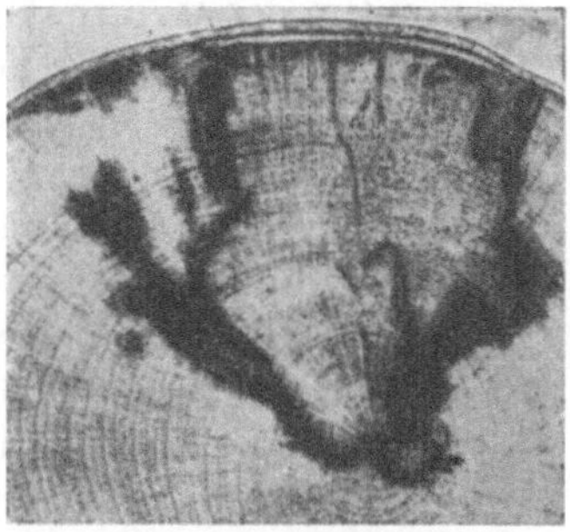

Abb. 338
Antitoxische Abwehrreaktion eines Buchenstammes bei einer künstlichen Infektion durch *Stereum purpureum* Pers., 3½ Jahre nach der Infektion, 60 cm über der Infektionsstelle. In der Mitte weißfauler Krankheitsherd, um ihn herum die dunkle gummöse Reaktionszone. Das Kambium ist intakt geblieben und in seiner Tätigkeit leicht stimuliert worden. Rund ½ nat. Gr. (Nach MÜNCH, 1910, aus GÄUMANN, 1944.)

Rückblickend läßt sich der Effekt der antitoxischen Abwehrreaktionen bei Mensch und Pflanze wie folgt umschreiben: Der Mensch neutralisiert (entgiftet) im günstigen Falle die Toxine und die nekrogenen Stoffe oder lokalisiert sie durch histogene Demarkationsreaktionen, die Pflanze hat nur diese letztere Möglichkeit (Lokalisierung des pathogenen Agens) zur Verfügung. In dieser Hinsicht deckt sich ihre geringe antitoxische Begabung mit ihrem Ungenügen im antiinfektionellen Sektor, wo der Mensch den Erreger ebenfalls bei manchen Infektionskrankheiten zu vernichten vermag, während ihn die Pflanze bloß lokalisiert.

3. Induzierte Toleranz

Wenn die Pflanze das pathogene Agens (den Erreger oder seine Toxine) bei ungünstigem Verlauf nicht zu lokalisieren vermag und deshalb von ihm überschwemmt wird, so ist sie ihrem Schicksal noch nicht unter allen Umständen rettungslos ausgeliefert; sondern sie kann in gewissen Fällen, als eine neue Form der Krankheitsverhütung, eine «Flucht in das Nichtwissen» antreten: ihr Organismus wird zwar vom pathogenen Agens (gleichgültig ob vom Erreger oder von seinen Toxinen) überschwemmt, aber er nimmt dies nicht (oder nicht mehr) zur Kenntnis; er erträgt das Agens, reagiert nicht mehr darauf: er ist tolerant geworden (induzierte Toleranz; S. 377).

Die induzierte Toleranz hat also mit den antitoxischen Abwehrreaktionen den Zug gemeinsam, daß sie die Folgen der Infektion auslöscht, aber nicht, wie diese, durch Neutralisierung oder Lokalisierung der schädigenden Substanzen, sondern, als entgegengesetztes Extrem des Verhaltens, durch eine Desensibilisierung des Körpers, so daß er auf das pathogene Agens nicht mehr in sichtbarer Weise anspricht und deshalb nicht erkrankt.

In früheren Zeiten beschäftigte dieser biologische Vorgang die Menschheit im Problem der Giftfestigkeit (Gewöhnung an das Gift oder Umstimmung zur Duldung des Giftes). Von MITHRIDATES VI., 123 v.Chr. König von Pontus, erzählt die Legende, er habe seinen Körper mit Giften gesättigt und sei deshalb gegen sie immun gewesen; von da der Ausdruck Mithridatismus. In einer ähnlichen Richtung bewegt sich die Erziehung des jungen akademischen Bürgers zur Trinkfestigkeit.

Die heutige Medizin kennt eine Andeutung von induzierter Toleranz in den Bazillenträgern beim Typhus. Die klinische «Heilung» (das Verschwinden der Symptome, also der manifesten Erkrankung) bedeutet ja beim Typhus in manchen Fällen nicht eine echte, ätiologische, mikrobiologische Heilung, nicht eine Beseitigung des Erregers aus dem Körper, sondern der Parasit bleibt in voller Vitalität und voller Ansteckungsfähigkeit für andere Individuen an gewissen Körperstellen (zum Beispiel in der Gallenblase) zurück; aber der Körper reagiert nicht mehr auf ihn, wie früher, mit den typischen Symptomen (oder hat nie reagiert), er duldet ihn. Nicht der Parasit verschwindet also aus dem Körper, sondern nur die Krankheitssymptome verschwinden: die Heilung wird gewissermaßen nur vorgetäuscht. Diesen symptomlosen, scheingeheilten Dauerausscheidern kommt epidemiologisch eine große Bedeutung zu; denn sie werden durch ihre Umstimmung zur Toleranz zu symptomlosen Zwischenträgern der Krankheitskeime.

Ihre «Heilung» beruht auf zwei Komponenten:

1. auf echten, antiinfektionellen Immunreaktionen, die das Residuum des Infektes im Schach halten und verhüten, daß es wieder ausbricht; und

2. auf einer Umstimmung des Körpers, auf einer Veränderung seiner Reaktionsnorm, so daß er den zurückbleibenden Herd samt seinen Stoffwechselprodukten symptomlos erträgt.

Der Mediziner legt den Nachdruck seiner Betrachtung auf die erste Gruppe dieser Reaktionen; denn die Hauptleistung des menschlichen Körpers besteht in der Lokalisierung des Erregers an einer ungefährlichen Stelle; wenn er dann schließlich den chronischen Infektionsrest ohne manifeste Symptome erträgt, so bedeutet das keine große Überwindung mehr. Aus diesem Grunde klassifiziert der Mediziner das Typhus-Beispiel (und ähnliche Fälle) bei der erworbenen antiinfektionellen Immunität.

Die Beispiele des Botanikers liegen jedoch etwas anders. Die antiinfektionellen Abwehrreaktionen bringen bei ihnen, im Gegensatz zum Typhus, keinen durchschlagenden Erfolg; die Lokalisierung des Infektes gelingt also bei ihnen nicht, sondern der Erreger überschwemmt dauernd den ganzen Organismus, wird aber trotzdem von diesem ohne manifeste Symptome ertragen. Deshalb legt der Botaniker den Nachdruck seiner Betrachtung auf den zweiten Reaktionskomplex, auf die Desensibilisierung des Körpers bis zur symptomlosen Duldung des allgegenwärtigen pathogenen Agens. Im Dulden ist also die Pflanze größer als der Mensch.

Wird zum Beispiel das Virus der nordamerikanischen Ringfleckigkeit des Tabaks durch Einreiben auf neue Tabakpflanzen übertragen, so erscheinen nach drei Tagen auf den infizierten Blättern die typischen Krankheitssymptome (Abb. 339), konzentrische, blasse, zum Teil nekrotische Ringe, die mit grünem Gewebe abwechseln (PRICE, 1932, 1940).

Abb. 339
Ringfleckigkeit des Tabaks (*Nicotiana tabacum* L.). $^2/_3$ nat. Gr. (Nach WINGARD, 1928, aus GÄUMANN, 1944.)

Das Virus dringt von den infizierten Blättern in sämtliche jüngern Teile der Pflanze mit Ausnahme des Vegetationskegels hinauf. Doch beginnen die Symptome der Ringfleckigkeit allmählich zu verblassen; die neu sich bildenden Blätter bzw. Seitentriebe zeigen immer fadere und schließlich nach einigen Wochen überhaupt keine deutlichen Krankheitssymptome mehr und sind nur etwas dunkler grün und etwas dicker und ledriger als bei virusfreien Pflanzen. Die ursprünglich erkrankten Blätter sind inzwischen abgefallen: die Pflanzen haben «sich erholt», sie sind klinisch geheilt, bleiben aber Virusträger; das Ringfleckenvirus bleibt unabgeschwächt in ihren sämtlichen Teilen vorhanden und wirkt auf nicht vorerkrankte Pflanzen weiterhin voll pathogen, nur die Symptome sind auf den «geheilten» Individuen ausgelöscht.

Die heftigen Symptome der Primärinfektion (Abb. 340*a*) nennt man den Primäraffekt oder die Primärläsionen, die milden Symptome der

Folgezeit (Abb. 340 *b*) den Sekundäraffekt oder die Sekundärläsionen. Diese klinische «Heilung» beruht auf zwei Komponenten:

1. auf echten antiinfektionellen Abwehrreaktionen (Bildung von Virusantikörpern), die bewirken, daß die genesenen Blätter nur etwa 10 bis 20% der Virusmenge der primär erkrankten Blätter enthalten; und

2. auf einer Desensibilisierung des Organismus, einer Umstimmung desselben zur Toleranz, so daß er den Virusrest, der doch einen erheblichen Teil der nativen Proteine für sich assimiliert, ohne manifeste Symptome erträgt.

a

b

Abb. 340

Primär- und Sekundärläsionen auf einer Tabakpflanze, ausgelöst durch ein Kartoffel-*X*-Virus. *a* Heftige nekrotische Anfangssymptome auf dem primärinfizierten Blatt. *b* Milde Folgesymptome auf einem später erkrankten Blatt derselben Pflanze. Nat. Gr. (Nach Köhler, 1940.)

Die erworbene Toleranz erhält sich durch mindestens zehn Generationen von Stecklingen; diese bleiben symptomlose Virusträger; dagegen wird die Toleranz nicht durch Samen übertragen. Sie geht, wenn man gesunde Zweige aufpfropft, auch nicht von der Unterlage auf das Reis über: dieses zeigt anfänglich wieder die Symptome der Ringfleckigkeit, hervorgerufen durch das Virus, das von der Unterlage her eindrang, und mausert sich dann in seinem weitern Wachstum von neuem zur Toleranz durch. Die Virusantikörper und die erworbene Toleranz sind also, im Gegensatz zum Virus selbst, nicht imstande, zu wandern, zu zirkulieren; nur das Virus wandert.

Was geschieht, wenn die klinisch geheilten Virusträger erneut mit dem Virus der Ringfleckigkeit massiv infiziert werden? Dann zeigen sie keine Symptome mehr; die ausgeheilten Pflanzen sind also auch gegen eine massive Superinfektion durch dasselbe Virus tolerant geworden. Doch erschöpfen sich hier die Vorgänge nicht im Tolerieren des neu eingebrachten Virus; denn auch durch eine massive Superinfektion läßt sich die Virusmenge in den Blättern nicht mehr steigern; also arbeitet in den genesenen Blättern irgend etwas der

Vermehrung des Virus entgegen. Durch geeignete Versuchsbedingungen läßt sich sogar erreichen, daß der Primärinfekt symptomlos verläuft, so daß die Umstimmung ohne manifeste Vorerkrankung erfolgt.

Die erworbene Toleranz gilt gruppenspezifisch für die Ringfleckigkeitsviren; die Pflanzen bleiben deshalb anfällig für Tabakmosaik und

Abb. 341

Kräuselkrankheit (curly top) der Zuckerrüben auf freiem Felde. Etwa ½ nat. Gr. Orig. C. W. Bennett.

wahrscheinlich für alle Virosen, die auf Tabak übergehen, aber mit dem Ringfleckenmosaik nicht verwandt sind; dagegen sind die vorerkrankten Pflanzen tolerant (also scheinbar widerstandsfähig, weil sie keine Symptome zeigen) für das Virus des gelben und des grünen Ringfleckenmosaik. Diese Viren können sich somit in voller Pathogenität für andere Pflanzen in ihnen entwickeln; nur diese genesenen Individuen nehmen sie nicht zur Kenntnis und reagieren nicht.

Kennzeichnend für den Erscheinungskomplex der «induzierten» Toleranz ist somit,

1. daß ein pflanzlicher Organismus im Verlaufe einer Infektion (oder durch eine noch bestehende Vorinfektion) eine Änderung seiner Reaktionsnorm

erfährt, die mutmaßlicherweise nur so lange dauert, als der Primäraffekt besteht. Es handelt sich also um eine infektionsgebundene Toleranz, ähnlich wie die Prämunität (S. 413) eine infektionsgebundene Immunität darstellte;

2. daß die noch bestehende Vorinfektion, wie die Prämunität, keinen Schutz gegen eine Superinfektion schafft und (im Gegensatz zur Prämunität) auch

Abb. 342

Experimentell ausgelöste Kräuselkrankheit bei einer Zuckerrübe. Die Pflanze zeigt den charakteristischen Zwergwuchs, das Ausschlagen von Seitenknospen, das Einrollen der Blätter und das Anschwellen der Blattnerven. Etwa ½ nat. Gr. Orig. C. W. Bennett.

keinen Schutz gegen die Generalisation des Virus, sondern nur einen Schutz gegen die Folgen der neuen generellen Infektion; und

3. daß die Änderung der Reaktionsnorm eine Desensibilisierung, gewissermaßen eine Abstumpfung des Organismus bewirkt, so daß er auf den generellen Infekt nicht mehr mit einer symptomhaften Erkrankung antwortet, dies im Gegensatz zur Prämunität, die eine Sensibilisierung desselben (nämlich seiner Abwehrbereitschaft) hervorrief.

Über den Mechanismus aller dieser Vorgänge wissen wir nichts, da uns auch der Mechanismus der Viruswirkung noch unbekannt ist.

Im Beispiel des Ringfleckenvirus wandert bei Transplantationen (Pfropfungen) nur das Virus, nicht aber die erworbene Toleranz von der Unterlage in das Reis hinauf. Bei andern Virosen wandert aber merkwürdigerweise mit dem Virus auch die Toleranz.

Wird zum Beispiel das Virus der Kräuselkrankheit (curly top, Abb. 341 und 342) der Zuckerrüben auf junge Tabakpflanzen übertragen, so geht ein Teil von ihnen zugrunde; die übrigen kümmern und entwickeln statt eines Haupttriebes nur eine gestauchte und gekräuselte Rosette («Salatblättrigkeit»). Doch können sich aus Seitenknospen neue Sprosse bilden; diese enthalten das Virus in voller Infektiosität, zeigen aber nur ganz milde Krankheitssymptome;

Abb. 343

Erworbene Toleranz vorerkrankter Tabakstecklinge gegen das Kräuselvirus der Zuckerrüben. Links Stecklinge von nicht vorerkrankten, rechts von vorerkrankten Mutterpflanzen, erneut infiziert mit demselben Virus. Erklärung im Text. (Nach WALLACE, 1939.)

sie sind wie die Mutterpflanze gegen das Virus tolerant und behalten diese Toleranz während mindestens vier Stecklingsgenerationen bei. Werden diese symptomlosen Virusträger wieder mit dem ursprünglichen Virus der Zuckerrüben infiziert (Abb. 343), so verstärken sie ihre Symptome nicht mehr (WALLACE, 1939); sie tolerieren also auch eine massive Superinfektion.

Werden Reiser von derartigen «genesenen» Pflanzen auf gesunde Unterlagen gepfropft, so erkranken diese, aber nur mit milden Symptomen; sie haben also, gleichzeitig mit der Virusinvasion, eine Umstimmung zur Toleranz erfahren. Dasselbe ist bei Pfropfung gesunder Reiser auf «geheilte» Unterlagen der Fall. Vom geheilten Partner geht also immer eine krankheitsmildernde Wirkung aus; diese bewährt sich auch dann, wenn der ursprünglich gesunde Partner mit dem Virus massiv superinfiziert wird.

Dieselbe krankheitsmildernde Wirkung vermögen aber auch primärinfizierte Pflanzen auszuüben, doch erst nach einer längern Erkrankung. WALLACE (1940, 1944) infizierte gesunde Tabakpflanzen in Abständen von 5 zu

5 Tagen mit dem Kräuselvirus. An einem bestimmten Stichtag zeigten die Pflanzen mit 5 Tage alten Infekten noch keine Symptome, die 10 und 15 Tage alten Pflanzen dagegen Symptome von mäßiger Heftigkeit und die 20 Tage alten eine schwere Erkrankung. Von allen vier Gruppen wurden Reiser genommen und auf gesunde Pflanzen gepfropft. Die Pflanzen, welche Reiser mit 5 Tage alten Infekten erhalten hatten, erkrankten schwer; diejenigen, welche Reiser mit 10 und 15 Tage alten Infekten erhalten hatten, zeigten Symptome von mittlerer Stärke, und diejenigen, welche Reiser mit 20 Tage alten Infekten erhalten hatten, zeigten nur milde Symptome. Da es rund 7 Tage dauert, bis zwischen der Unterlage und dem Reis die Phloemverbindungen durch die Pfropfstelle hergestellt sind, so braucht es nahezu einen Monat, bis die primärinfizierte Tabakpflanze ihre krankheitsmildernde Fähigkeit voll entwickelt hat.

Die Erscheinung der induzierten Toleranz wird in der Virusforschung, neben der Erscheinung der Prämunität, verwendet, um Verwandtschaftsverhältnisse unter den phytopathogenen Viren festzulegen. So verursacht das Streakvirus (Abb. 120) auf Tomatenblättern in heftigen Fällen streifen- oder strichförmige Nekrosen; daher der Name. Werden streakkranke Tomaten mit Aucubamosaik infiziert, so entwickelt sich zwar das Virus des letzteren in den betreffenden Pflanzen und kann, neben dem Streakvirus, in entfernten jüngern Sproßpartien nachgewiesen werden; aber es ruft keine Symptome, zum Beispiel keine Gelbfleckigkeit mehr hervor (CALDWELL, 1935). Die Erkrankung durch Streak hat somit die Individuen gegen die Aucubainfektion tolerant werden lassen.

Man schließt aus dieser wechselseitigen Umstimmung zur Toleranz, daß die beiden Viren miteinander verwandt sind, d.h. derselben «Gruppe» angehören; dagegen läßt sich aus dem negativen Ausfall nicht der negative Schluß ziehen, daß sie nicht miteinander verwandt sind (KÖHLER, 1943). Diese Methode wird durch eine zweite serologische ergänzt, bei der man nicht die Pflanzensäfte in vivo, sondern nach den üblichen medizinischen Präzipitinmethoden die Kaninchenantisera in vitro reagieren läßt (PURDY-BEALE, 1934; SPOONER und BAWDEN, 1935; STAPP, 1943). Doch haben auch diese serologischen Tests ihre Grenzen; so müssen das Gurkenmosaik III und IV und das Tabakmosaik auf Grund ihrer serologischen Reaktion als verwandt betrachtet werden, wobei aber das Tabakmosaik die Gurken und das Gurkenmosaik den Tabak nicht infiziert (AINSWORTH, 1935; BAWDEN, 1937, 1942).

Es stellt sich nun auch noch eine praktische Frage: Ist es möglich, die Erscheinungen der Prämunität und der induzierten Toleranz, analog der Pockenschutzimpfung, zur praktischen Krankheitsbekämpfung zu verwenden, indem man Kartoffelfelder mit einem apathogenen Virus verseucht, um sie gegen pathogene Viren zu immunisieren?

Dieser Weg ist in der Tat an sich gangbar. Kartoffelstauden können zum Beispiel mit dem apathogenen *H*-Stamm der *X*-Virus-Gruppe vorinfiziert werden, ohne irgendwelche Krankheitssymptome zu zeigen; sie übertragen das apathogene Virus durch die Knollen auch auf ihre vegetativen Nachkommen. Werden sie nun mit einem andern Virus der X-Gruppe superinfiziert, zum Beispiel dem heftigen N-Stamm (der dem Seite 417 genannten S-Stamm nahesteht, doch in schweren Fällen statt einer hellgrünen Verfärbung eine Nekrose der Interkostalfelder verursacht), so nehmen sie das N-Virus nicht auf: sie sind gegen sämtliche X-Viren gefeit (Prämunität). Durch diesen Infektionsschutz wurde man überhaupt erst auf die symptomlose H-Infektion aufmerksam. Wenn es also nur X-Viren gäbe, so wäre die Bekämpfung der Kartoffelvirosen gelöst.

Leider liegen die Verhältnisse nicht so einfach. Zunächst ist der Vergleich mit der Pockenschutzimpfung nur bedingt richtig: denn bei dieser heilt die künstlich geschaffene Vorerkrankung in unserem Körper aus, das primäre Virus verschwindet wieder, und erst die Heilung induziert den Schutz gegen eine Reinfektion. Die pflanzlichen Virosen heilen dagegen nicht; die befallenen Stauden werden nie wieder «gesund», sondern bleiben chronische Virusträger mit allen latenten Gefahren von solchen; so ist möglicherweise (als physiologische Nebenwirkung des symptomlosen Infektes) die Widerstandsfähigkeit der Stauden gegen Kälterückfälle geringer, oder das apathogene Virus kann durch äußere Einwirkungen (zum Beispiel durch Temperaturen oberhalb 35° C) zum Mutieren gebracht werden und hochpathogenen Stämmen den Ursprung geben.

Abb. 344
Die Aktivatorwirkung apathogener Viren. Links: Tabakblatt, vorinfiziert mit dem apathogenen H-Stamm der Kartoffel-X-Virus-Gruppe und superinfiziert mit dem milden, gewöhnlichen Tabakmosaik. Rechts: Tabakblatt, nur mit dem milden, gewöhnlichen Tabakmosaik infiziert. (Nach SALAMAN, 1938, aus GÄUMANN, 1944.)

Eine weitere Schwierigkeit liegt darin, daß die symptomlose Erkrankung die Stauden nur gegen die X-Viren, aber nicht gegen die Viren anderer Gruppen feit, zum Beispiel nicht gegen die malignen Viren der Y-Gruppe und der Blattrollkrankheit. Es kann im Gegenteil geschehen, daß bestimmte superinfizierte Viren auf den vorinfizierten Individuen heftigere Erkrankungen auslösen als für sich allein, sei es deshalb, weil die Vorinfektion die Anfälligkeit des Organismus für diese andern Viren erhöhte oder weil durch Komplexbildung (Aktivatorwirkung; S. 316) die Pathogenität des superinfizierten Virus um ein Vielfaches gesteigert wurde.

So ist, um bei unserem Beispiel zu bleiben, der H-Stamm der Kartoffel-X-Virus-Gruppe auch für Tabak apathogen (erzeugt also keine Symptome), feit ihn aber gegen die andern Virusstämme der X-Gruppe. Das gewöhnliche Tabakmosaik, das einer andern Gruppe angehört, ist für Tabak ebenfalls nur schwach pathogen (Abb. 344, rechts) und ruft auf den Blättern nur eine fade Sprenkelung der Zwischenrippenfelder hervor. Wird aber dieses (an sich schwach pathogene) Tabakmosaik in *H*-tragende Pflanzen eingebracht, so entstehen schwere Schädigungen, Nekrosen usw. (Abb. 344, links). Man würde also bei einer Prämunisierung durch das *H*-Virus den Schutz vor den *X*-Viren um den Preis einer erhöhten Krankheitsgefährdung durch andere Virosen erkaufen. Wenn die Pockenschutzimpfung uns Menschen für Masern und Poliomyelitis um ein Vielfaches anfälliger werden ließe, so käme sie als generelle prophylaktische Maßnahme kaum in Frage.

Das praktische Ausmaß der Gefährdung der Kartoffelkulturen durch komplexbildende Viren kann freilich am grünen Tisch nicht abschließend beurteilt werden und mag in den verschiedenen Anbaugebieten verschieden groß sein; so läßt sich mit Recht auf die Kartoffelsorte King Edward hinweisen, bei der sich die chronische *Z*-Infektion (S. 157) unter englischen Verhältnissen nicht als ein wesentlicher Hemmungsfaktor ausgewirkt hat.

Der Gedanke einer prophylaktischen Infektion der Kartoffelkulturen durch apathogene Viren verdient also zweifelsohne eine weitere Prüfung, und er läßt sich vielleicht auf dem Wege der polyvalenten Prämunisierung verwirklichen; aber er ist noch lange nicht reif, um zur praktischen Durchführung empfohlen zu werden.

§ 2. Die passive Immunisierung

Während bei der aktiven Immunisierung das Antigen in den zu schützenden Körper eingeführt wird und ihn zu den gewünschten Reaktionen, insbesondere zur Bildung von Antikörpern, anregt (S. 376), wird bei der passiven Immunisierung nicht das Antigen, sondern der fertige Antikörper in den zu schützenden Körper eingebracht (Antikörperimpfung im Gegensatz zur Antigenimpfung); er bildet also die schutzbewirkenden Stoffe nicht selbst, sondern erhält sie in fertigem Zustande von einem andern, vorerkrankten oder geheilten Körper übertragen. Ist das einverleibte antikörperhaltige Serum artfremd (so bei der Bekämpfung der akuten Diphtherie durch antitoxisches Pferdeserum), so nennt man die passive Immunisierung heterolog; ist dagegen das Serum artgleich (so bei der Bekämpfung von Scharlach durch Rekonvaleszentenserum), so nennt man sie homolog. In beiden Fällen wird der Körper nicht gegen den Parasiten geschützt, sondern nur gegen seine Toxine (Absättigung derselben).

Für das Gebiet der Pflanzenpathologie sei die Arbeit von CARBONE und ARNAUDI (1930) erwähnt, die ein für *Bacterium tumefaciens* hochagglutinierendes Kaninchenserum herstellten, dasselbe von abgeschnittenen Pelargoniumtrieben aufsaugen ließen und bei diesen einen Krebsschutz erzielten. Auch KALJAEV (1935; zitiert nach SAVULESCU, 1936) beobachtete eine schützende

Wirkung von Kaninchen-Antiserum gegen *tumefaciens*infektionen und eine heilende Wirkung bei schon bestehenden Tumoren. Es scheint also, daß in gewissen Fällen eine passive Immunisierung von Pflanzen durch tierische Antisera möglich ist.

§ 3. Abwehrreaktionen und Immunität

Aus der bisherigen Darstellung geht hervor, daß die pflanzliche Zelle, gleich der tierisch-menschlichen, neben den üblichen vegetativen Funktionen der Stoffassimilation, des Wachstums, der Teilung usw. auch die Fähigkeit besitzt, sich gegen Krankheitserreger zur Wehr zu setzen (Abwehrreaktionen).

Es wäre müßig, darüber zu streiten, welche der beiden Komponenten für die Pflanzen wichtiger sei, die Axenie oder die Fähigkeit zur Abwehrreaktion; sie sind beide lebenswichtig. Nur im Vergleich zur Humanmedizin läßt sich sagen, daß die Probleme der Axenie in der pflanzlichen Infektionslehre zur Zeit noch eine größere Rolle spielen als in der tierisch-menschlichen; doch verlagert sich auch in der Pflanzenpathologie das wissenschaftliche Interesse von den präinfektionellen Axenieproblemen immer mehr zum postinfektionellen Verhalten hin; die Frage lautet immer weniger, ob und warum ein Individuum infiziert wird oder nicht, sondern wie es im Verlaufe seiner Erkrankung auf den Infekt reagiert.

Soweit diese Reaktionen Abwehrcharakter haben, verlaufen sie im Prinzip ähnlich wie im menschlichen Körper. Alles das, was die Pflanze kann, kann der Mensch auch; aber er kann noch mehr. Vier Gesichtspunkte stehen hier zum Vergleich im Vordergrund: 1. Der Mechanismus der Abwehrreaktionen; 2. ihre topologische Reichweite; 3. ihre Wirkungshöhe (ihr Nutzeffekt) und 4. die Dauer des induzierten Schutzes.

1. Der Mechanismus der Abwehrreaktionen. Wesensgleich bei Pflanze und Mensch sind gewisse plasmatische, biochemische Abwehrreaktionen (die Bildung von Agglutininen, Lysinen, Virusantikörpern usw.) und einige histogene Demarkationsreaktionen; aber darüber hinaus besitzt der Mensch im antiinfektionellen Sektor noch die Phagozytose und im antitoxischen Sektor die Fähigkeit zur Bildung von spezifischen Antitoxinen, welche Fähigkeiten der Pflanze in diesem Ausmaß abgehen. Dafür kommt ihr, stärker als dem Menschen, die Fähigkeit zu, den Infekt durch lokale Nekrosen abortieren zu lassen (nekrogene Abortion).

2. Die topologische Reichweite der Abwehrreaktionen. Wesensgleich bei Pflanze und Mensch sind die lokalen, zellulären Abwehrreaktionen; aber darüber hinaus besitzt der Mensch noch die humoralen Immunreaktionen mit dem Blut als Träger der Abwehr oder mit dem ganzen Körper als sensibilisiertem Substrat.

Ein Versuch, den GRUMBACH (1928) im Anschluß an BESREDKA (1921) ausführte, mag die dem Botaniker weniger bekannten lokalen Abwehrreaktionen der Warmblüter veranschaulichen. GRUMBACH injizierte das Filtrat alter Streptokokkenkulturen in markierte Stellen der Bauchhaut des Meerschweinchens und impfte nach 48 Stunden tödliche Dosen derselben hochvirulenten Streptokokkenkultur in Abständen von 1, 2, 3 und 5 cm von der ursprünglichen Injektionsstelle in die Bauchhaut ein. In einem Bereich von bis ungefähr 1 cm von der Injektionsstelle war durch die Vorbehandlung eine derart gesteigerte

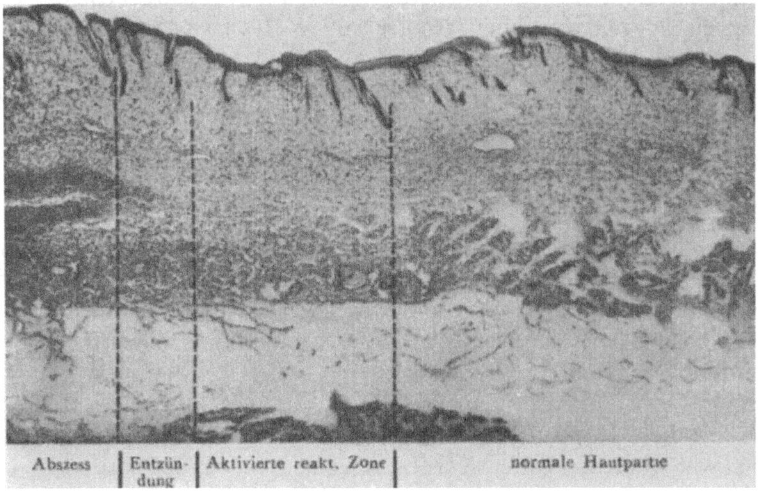

Abb. 345
Lokale Streptokokkeninfektion in der vakzinierten Bauchhaut eines Meerschweinchens. Erklärung im Text. Vergr. 40. (Nach GRUMBACH, 1929.)

Abwehrbereitschaft entstanden, daß die tödliche Dosis ohne weiteres ertragen wurde (Abb. 345). Schon im Bereich von 2 cm war nur noch eine hemmende Wirkung zu erkennen, die jedoch nicht ausreichte, um das Tier vor dem Tode zu retten. Und in 3 und 5 cm Abstand von der Injektionsstelle war keine Schutzwirkung mehr vorhanden, und die Tiere gingen ein.

Durch die intrakutane Vakzination mit dem Streptokokkenfiltrat sind also die betreffenden Zellen und Gewebe sensibilisiert worden; sie zeigen infolgedessen eine erhöhte Reaktionsbereitschaft, wodurch die eindringenden Mikroorganismen schon nahe dem Infektionsherd aufgehalten und vernichtet werden; es kommt deshalb nur zu einem lokalen Entzündungsherd. Diese erhöhte Reaktionsbereitschaft beschränkt sich ausschließlich auf die unmittelbarst benachbarten Gewebe und hat keine frei kreisenden Antikörper im Blut, also auch keine erhöhte Abwehrbereitschaft des übrigen Körpers, zur Folge. Nicht das Blut ist somit der Träger dieser lokalen Abwehrreaktionen, sondern es handelt sich um rein zelluläre, plasmatische Vorgänge, die sich einzig durch

Infiltration von den reagierenden Zellgruppen auf die unmittelbar benachbarten Gewebe, und nur auf diese, ausdehnen.

Neben diesen lokalen, zellulären Abwehrreaktionen besitzt der Mensch noch die allgemein bekannten humoralen Immunreaktionen, die den ganzen Körper feien und die lokalen Reaktionen meist innert kurzer Zeit überdecken oder übertönen. Die pflanzlichen Abwehrreaktionen haben dagegen nur lokalen Charakter; sie verteidigen nur die unmittelbar in Mitleidenschaft gezogenen Zellen und Gewebe und führen deshalb nicht zu einem generellen Schutz und auch nicht zu einer erhöhten Abwehrbereitschaft des ganzen Organismus; d.h. sie schaffen keine Immunität. Wegen dieser Beschränkung der Reaktionsbereitschaft auf den Infektionsherd und seine unmittelbare Umgebung kennt die Pflanze wohl lokale Abwehrreaktionen, aber keine humorale Immunität.

Eine spätere Neuinfektion an einer entfernten Stelle des Körpers verläuft deshalb in der Regel unabhängig von anderweitigen frühern Infekten. Es ist darum auch ungewiß, ob sich die pflanzlichen Abwehrreaktionen, wie die humoralen tierisch-menschlichen, dereinst (außer bei den Seite 458 besprochenen Virosen) prophylaktisch oder therapeutisch werden auswerten lassen.

Dieser graduelle Unterschied in der topologischen Reichweite der pflanzlichen und der tierisch-menschlichen Abwehrreaktionen wird durch die unterschiedliche Organisation des pflanzlichen und des tierisch-menschlichen Körpers bedingt. Die Pflanze steht einerseits nach außen (Infektion; S. 15) viel weiter offen und ist anderseits nach innen viel weniger eine Ganzheit als der Mensch; sie ist ja auch nie ausgewachsen. Ihre Organisation und Koordination stehen niedriger; so kann man einem Baum den Wipfel abschneiden und doch pumpen die Wurzeln von unten Wasser nach, weil ihnen der Verlust des Wipfels nicht gemeldet wurde oder sie auf diese Meldung hin ihre Tätigkeit nicht einschränken können. Deshalb dürfen wir vom pflanzlichen Körper von vorneherein nicht Ganzheitsreaktionen in der Ausprägung der humoralen Immunreaktionen des menschlichen Körpers erwarten.

Sodann fehlt der Pflanze für den Ferntransport ihrer Stoffe ein zentrales Zirkulationssystem entsprechend dem Blut- und Lymphkreislauf, und ein Transportmittel entsprechend dem Blut; an die Stelle der raschen Zirkulation tritt im pflanzlichen Körper die langsame, wenig leistungsfähige Diffusion durch die Leitungsbahnen und von Zelle zu Zelle. Die humorale, gesamthafte Immunisierung des pflanzlichen Körpers stößt deshalb von vorneherein auf große Schwierigkeiten.

3. Die Wirkungshöhe der Abwehrreaktionen. Wesensgleich bei Pflanze und Mensch ist die Schwächung und Lokalisierung des pathogenen Agens; aber darüber hinaus vermag der Mensch bei manchen Infektionskrankheiten das pathogene Agens noch zu eliminieren, also eine Heilung

einzuleiten, was der Pflanze nur selten gelingt. Die Immunitätshöhe der Pflanzen ist somit gering.

Einen hundertprozentigen Erfolg bringen zum Beispiel die menschlichen Immunreaktionen bei jenen landläufigen Infektionskrankheiten, die im günstigen Falle mit einer spontanen Heilung enden, der eine Genesung des Organismus und eventuell eine Regeneration der zerstörten Gewebe folgt. Eine erheblich geringere Wirkungshöhe besitzen sie gegen die Lues; sie vermögen die Spirochäten nur einzudämmen, aber nicht zu eliminieren; deshalb heilt diese Krankheit in der Regel spontan (d.h. ohne chemotherapeutische Maßnahmen des Arztes) nicht aus. Und nahezu null ist endlich ihre Wirkungshöhe bei massiven Tetanus- und Milzbrandinfektionen, wo sie das schlimme Ende höchstens etwas verzögern.

Die Wirkungshöhe der pflanzlichen Abwehrreaktionen entspricht meist nur dem Lues-Tetanus-Niveau. Zwar kann es auch bei Pflanzen geschehen, daß der Infektionsherd durch hyperergische Reaktionen wieder ausgestoßen wird (so bei den krebsfesten Kartoffelsorten) und daß somit der Infekt echt ausheilt. Doch sind diese Beispiele in der Minderzahl.

Üblich ist bei den Pflanzen vielmehr der andere Fall: Wenn die Axeniefaktoren und die ersten Abwehrreaktionen versagen und die Infektion zum Haften kommt, dann heilt der Infekt in der Regel nicht mehr aus, sondern bleibt in den einmal befallenen Geweben bestehen; aber er wird bei günstigem Verlauf lokalisiert. Seine Generalisation wird also verzögert oder verhindert.

Diese geringe Leistungsfähigkeit der pflanzlichen Abwehrreaktionen hängt wohl damit zusammen, daß die Pflanze überhaupt viel weniger vital ist als der Mensch. Die Eigentemperatur einer Kartoffelknolle beträgt etwa 0,005°; sie ist also um rund fünf Tausendstelsgrad wärmer als die sie umgebende Luft (Abb. 442). Die Körpertemperatur des Menschen beträgt 37°; gemessen an der Wärme, die wir durch Abbau frei werden lassen, leben wir also rund 7000mal intensiver als eine Kartoffelknolle. Diese funktionelle Trägheit der Kartoffelknollen ist für uns ein Glück; deshalb haben wir sie im Frühjahr noch in unserem Keller; bei unserem rund 7000mal größern Stoffumsatz hätten sie sich im Laufe des Winters längst veratmet. Für die Kartoffeln hat jedoch diese geringe Lebensintensität zur Folge, daß sich auch ihre funktionelle Abwehr nur schwach entfalten kann.

Diese geringe Reaktionsfähigkeit des pflanzlichen Organismus ist wohl durch die besondere Gestaltung seiner Zellinhalte bedingt. Während nämlich die tierischen Zellen satt mit Plasma erfüllt sind, enthalten die ausgewachsenen pflanzlichen Zellen nur einen schmalen, wandständigen Plasmabelag und im übrigen zu vielleicht neun Zehntel ihres Volumens Vakuolen mit einer wässerigen Salzlösung. Nur der Plasmaschlauch kann mit dem Erreger reagieren. Die reaktionsfähige Masse macht deshalb im pflanzlichen Körper nur einen kleinen Bruchteil der Gesamtmasse aus. Dementsprechend dürfen wir vom pflanzlichen Körper von vorneherein nicht eine Reaktionsintensität vom Ausmaß der tierisch-menschlichen Reaktionen erwarten; die Wirkungshöhe der pflanzlichen Abwehrreaktionen kann nur gering sein.

Im Rahmen des pflanzlichen Lebens bedeutet jedoch dieses Ungenügen keine Schicksalsfrage. Die meisten Pflanzen leben ohnehin weniger lang als der Mensch, sind bloß ein- oder mehrjährig und schließen deshalb ihr Dasein ab, ehe ein langsam fortschreitender Infekt ihnen gefährlich wird. Überdies stoßen sie jeden Herbst oder alle paar Jahre ihre Blätter, Nadeln und selbst Zweige ab und mit ihnen, falls sie inzwischen infiziert wurden, auch die lokalisierten Infekte. Die neu sich bildenden Organe beginnen in der Regel das Leben gesund von vorne.

4. Die Dauer des induzierten Schutzes. Wesensgleich bei Pflanze und Mensch ist die angeborene Bereitschaft zur Abwehr und die Steigerung der Leistungsfähigkeit durch Sensibilisierung. Beim Menschen kann diese Sensibilisierung unter Umständen, so bei den «Kinder»krankheiten, ein Leben lang vorhalten, bei den Pocken etwa 10 Jahre, bei Erysipel (Streptokokkeninfektion der Unterhaut) vielleicht einige Wochen, und kein meßbarer nachhaltiger Schutz gegen Reinfektionen (höchstens eine Umstimmung der Reaktionsnorm) entsteht durch die Heilung zum Beispiel von Tetanus, Tuberkulose und gewissen Hautkrankheiten (Mikrosporie, Favus).

Die Pflanze kennt nur diesen letzteren Fall; die Sensibilisierung löscht bei ihr, mit dem Infekt, wieder aus; denn sie besitzt nur ein geringes Erinnerungsvermögen. Ihre Abwehrreaktionen dienen, wie bei Tetanus und Tuberkulose, nur gegen den bestehenden Infekt, aber sie wirken nicht nach als Schutz gegen eine künftige Ansteckung.

Wegen dieser Bindung an die Gegenwart sind die infektionsgebundene Immunität (Prämunität) und die infektionsgebundene Toleranz die spezifischen Formen der pflanzlichen Krankheitsabwehr. Die Bereitschaft zu erhöhter Leistung kann somit bei den Pflanzen geweckt werden; aber die gesteigerte Bereitschaft währt nur so lange, als der Reiz besteht (ähnlich dem Problem der Depotimpfstoffe bei der Diphtherie). Mit dem Reiz verschwindet auch die Sensibilisierung; denn die Pflanze ist ahistorisch. Wegen dieses geringen Erinnerungsvermögens kennt die Pflanze wohl angeborene Abwehrreaktionen, aber keine erworbene Immunität.

Für die besondere Lebensform der Pflanzen mögen diese unzureichenden Abwehrreaktionen genügen; aber für den Botaniker sind sie bedauerlich. Er muß sich bescheiden: es gibt zwar im pflanzlichen Organismus Abwehrreaktionen; aber sie stehen sowohl quantitativ hinsichtlich ihrer Intensität als qualitativ in ihrer Ausprägung und ihrer Wirkungsdauer weit hinter denen der Warmblüter und des Menschen zurück; einzig die Betrachtung ihrer phylogenetischen Entwicklung im Bereich der Metazoen (Rössle, 1923; Baer, 1944) vermag die Kluft zu überbrücken.

III. *Die Vererbung der Krankheitsbereitschaft*

Die angeborene Infektions- und Erkrankungswiderstandsfähigkeit beruhen, wie die vorangehenden Abschnitte zeigten, auf ganz verschiedenartigen Voraussetzungen. Sie werden nur selten von einem Faktor getragen, sondern stellen meist das Ergebnis aus dem Zusammenspiel heterogener Elemente dar, so der Befalls-, der Eindringungs- und der Ausbreitungsresistenz, der antiinfektionellen und der antitoxischen Abwehrreaktionen und der induzierten Toleranz. Dementsprechend ist ihr Erbgang sehr komplex; bei den Faktoren der Resistenz werden bestimmte Zustände vererbt, bei den Abwehrreaktionen bestimmte funktionelle Fertigkeiten und beim Endergebnis (bei der im Laboratoriums- oder Feldversuch experimentell gemessenen Erkrankungswiderstandsfähigkeit) das räumliche und zeitliche Zusammenwirken aller dieser Faktoren (Hansen, 1934; Roemer, Fuchs und Isenbeck, 1938).

Als grundlegend darf die Erkenntnis gelten,

1. daß die Widerstandsfähigkeit gegen jede einzelne Krankheit meist als ein selbständiger, genetischer Komplex, im wesentlichen unabhängig von den Widerstandsfähigkeiten gegenüber andern Krankheitserregern, vererbt wird, und

2. daß bei spezialisierten Erregern (und diese bilden ja die überwiegende Mehrzahl) die Widerstandsfähigkeit gegen jede einzelne Erregerrasse in der Regel einen selbständigen, monovalenten, genetischen Komplex bildet, der mehr oder weniger unabhängig von den Widerstandsfähigkeitskomplexen gegenüber den andern Rassen des betreffenden Erregers vererbt wird. Es gibt somit bei einer bestimmten Weizensorte nicht einen genetischen Komplex «Schwarzrostwiderstandsfähigkeit», sondern zahlreiche Komplexe einer größern oder geringern Widerstandsfähigkeit gegen die verschiedenen Schwarzrostbiotypen. Nur in verhältnismäßig wenigen Fällen schützt derselbe Widerstandsfähigkeitskomplex gegen mehrere Erregerrassen (gruppenweise Widerstandsfähigkeit; polyvalente Widerstandsfähigkeitskomplexe); so hat Aamodt (1927) in einem Fall beobachtet, daß die Widerstandsfähigkeit gegen nicht weniger als 12 Biotypen des Weizenschwarzrostes auf einem Faktor beruht, und Straib (1934) dasselbe für 9 Biotypen des Weizengelbrostes.

Im allgemeinen lassen sich um so leichter Sorten, die gegen bestimmte Rassen eines Erregers widerstandsfähig sind, züchten, je schärfer der Erreger spezialisiert ist. Der Kleekrebs, *Sclerotinia ciborioides* (Hofm.) Eriks. (= *Scl. trifoliorum* Eriks.) ist polyphag und greift außer *Trifolium*- auch *Medicago*-, *Onobrychis*- usw. Arten an; deshalb kennt man keine widerstandsfähigen Kleesorten und wird auch nicht leicht solche züchten können. Beim scharf spezialisierten Schwarzrost des Weizens gilt dagegen die Widerstandsfähigkeit immer nur gegen bestimmte Biotypen des Parasiten; deshalb können züchterisch Weizensorten mit einer eingeengten, partiellen Widerstandsfähigkeit geschaffen werden.

Hinsichtlich der Zahl der in Rechnung zu stellenden Erbfaktoren können die Widerstandsfähigkeitskomplexe grosso modo nach dem mono-, di- oder polyhybriden Schema aufspalten. Ein monohybrider Erbgang wurde zum

Beispiel von SCHREIBER (1932) für die Widerstandsfähigkeit der Bohnen gegen drei Stämme des Erregers der Brennfleckenkrankheit, *Colletotrichum Lindemuthianum*, festgestellt, ein dihybrider Erbgang von MAINS, LEIGHTY und JOHNSTON (1926) für die Widerstandsfähigkeit bestimmter Weizenzüchtungen gegen die Biotypen 5 und 12 des Braunrostes, *Puccinia triticina*, und ein polyhybrider Erbgang von SEELIGER (1925) und KOBEL (1929) für die *Plasmopara*widerstandsfähigkeit der Rebe. Hierzu kommen unter Umständen noch Intensitätsgene und Transgressionserscheinungen.

Bei andern Krankheiten folgt jedoch der Erbgang der Widerstandsfähigkeitskomplexe nicht den einfachen MENDELschen Regeln; so sind die Kartoffeln wahrscheinlich tetraploid. K. O. MÜLLER (1930) nimmt für ihre *Phytophthora*widerstandsfähigkeit vier allele Gene an, die, um eine hinreichende Widerstandsfähigkeit zu schaffen, gleichzeitig in einer bestimmten Sorte vorhanden sein müssen.

Endlich sind auch günstige Mutationen möglich; so haben FREISLEBEN und LEIN (1942) bei mehltauanfälliger Sommergerste (*Hordeum distichum*) durch Röntgenbestrahlung Individuen erhalten, die ohne erkennbare Änderung ihrer übrigen Konstitution gegen die drei wichtigsten Biotypen des Gerstenmehltaues, *Erysiphe graminis hordei*, widerstandsfähig waren.

Zuweilen sind die Widerstandsfähigkeitskomplexe gekoppelt; diese Faktorenkoppelung kann zwischen den Widerstandsfähigkeitskomplexen gegenüber den verschiedenen Rassen desselben Erregers bestehen oder zwischen den Widerstandsfähigkeitskomplexen gegenüber verschiedenen Erregern oder zwischen bestimmten Widerstandsfähigkeitskomplexen einerseits und bestimmten morphologischen oder physiologischen Besonderheiten der Wirtspflanze anderseits.

Faktorenkoppelung zwischen den Widerstandsfähigkeitskomplexen gegenüber verschiedenen Rassen desselben Erregers wurde zum Beispiel von STRAIB (1934) bei einer bestimmten Weizenzüchtung gegen die Gelbrostbiotypen 15 und 17 beobachtet. Derartige Widerstandsfähigkeitsgruppen gegen möglichst zahlreiche Biotypen zu schaffen, gleichgültig ob sie auf polyvalenten Komplexen oder auf Faktorenkoppelung beruhen, ist eines der vornehmsten Ziele der Kombinationszüchtung.

Lockere Koppelungen zwischen der Widerstandsfähigkeit gegen verschiedene Erreger wurden zum Beispiel in gewissen Haferzüchtungen zwischen der Flug- und der Hartbrandwiderstandsfähigkeit (REED, 1935) und in gewissen Kartoffelzüchtungen zwischen der Krebs- und der *Phytophthora*widerstandsfähigkeit (K. O. MÜLLER, 1930) festgestellt. Naturgemäß sind derartige Faktorenkoppelungen dann unerwünscht, wenn sie die Widerstandsfähigkeit gegen die eine Krankheit mit einer hohen Anfälligkeit für eine andere verknüpfen.

Beim Zusammengehen bestimmter Widerstandsfähigkeitskomplexe mit bestimmten morphologischen oder physiologischen Besonderheiten der Wirtspflanze ist zu unterscheiden zwischen kausalen Bindungen und echten Koppelungen. Wo eine bestimmte Krankheitswiderstandsfähigkeit zur Hauptsache auf bestimmten Faktoren der Befallsresistenz beruht (so die *Claviceps*widerstandsfähigkeit auf dem Spelzenschluß bei Weizen und Gerste; S. 351) oder auf bestimmten Faktoren der Eindringungsresistenz (so die Schwarzrostwiderstandsfähigkeit der *Berberis*blätter auf der Dicke der Kutikula; Tab. 47), da ist die Beziehung zwischen der Krankheitswiderstandsfähigkeit und den baulichen Besonderheiten des Wirtes von selbst sachlich gegeben; es gelingt dann auch nicht, widerstandsfähige Sorten zu züchten, die das entscheidende Merkmal nicht besitzen.

In andern Fällen liegt jedoch echte Koppelung vor, bedingt durch die räumliche Anordnung der betreffenden Gene in demselben Chromosom; so beruht bei der Kreuzung bestimmter Stämme von *Hordeum distichum* L. und *Hordeum vulgare* L. die Widerstandsfähigkeit des ersten Elters gegen die Rassen 1 und 4 der *Erysiphe graminis hordei* auf ein und demselben Faktor, der mit den Faktoren für Kapuzenbildung und für die Spindelstufenzahl lose gekoppelt ist (FREISLEBEN und METZGER, 1941). Bei Svanhalsgerste wird die Widerstandsfähigkeit gegen die Streifenkrankheit (*Helminthosporium gramineum*) durch drei Gene bedingt, von denen jedes einer andern Koppelungsgruppe angehört: Gen 1 ist mit Zweizeiligkeit, Gen 2 mit Weißspelzigkeit und Gen 3 mit Rauhgrannigkeit gekoppelt (GRIFFÉE, 1925).

Im allgemeinen erweist sich die Krankheitswiderstandsfähigkeit im Erbgang als dominant; die Erklärung liegt wohl in der spontanen Ausmerzung der Individuen mit dominanter Krankheitsanfälligkeit im Laufe der Jahrtausende. Dennoch ist bei der züchterischen Arbeit die Wahrscheinlichkeit eines idealen Treffers wegen der großen Zahl der Gesichtspunkte, die in das Züchtungsziel aufgenommen werden müssen, sehr gering. Beim Weizen muß eine gute Anbaufähigkeit (Ansprüche an Boden und Klima, Standfestigkeit, Reifezeit) und eine gute technische Verwertbarkeit (Ertrag, Backqualität) kombiniert werden mit der Widerstandsfähigkeit für die in einem bestimmten Anbaugebiet wichtigen Rassen von Schwarzrost, Braunrost, Gelbrost, Steinbrand, Flugbrand, Ährenfusariose, Fußkrankheiten, Auswintern, Mutterkorn, Streifenkrankheit usw.

Über das Züchtungsziel bei Kartoffeln geben wir ROEMER, FUCHS und ISENBECK (1938, S. 156) das Wort: «Gewiß muß jede Neuzüchtung unbedingt krebsfest sein, sie braucht jedoch nicht schorffest zu sein, sie muß auch nicht von Anfang an eine gute Speisekartoffel oder überhaupt eine Speisekartoffel sein, sondern wichtiger ist, daß sie ein guter Stärkeproduzent (Futterkartoffel oder Fabrikkartoffel) ist, denn der weitaus größte Teil der Kartoffelernte wird für diesen Zweck verwertet. Gelingt es, den Anbau der Nichtspeisekartoffeln in *phytophthora*festen Sorten auszuführen, so werden auch die Felder, welche Speisekartoffelbestände tragen, weniger von *Phytophthora* bedroht, da die ausgedehnten andern Kartoffelfelder keine Infektionsquellen mehr bilden. So ist es völlig klar, daß die ersten *phytophthora*festen Kartoffelsorten nur folgende

Eigenschaften aufweisen müssen: mittelspät bis spät, Massenkartoffel, stärkereich, krebsfest, abbaufest. Dagegen sollten wir an solche *phytophthora*feste Neuzüchtungen zunächst nicht Anforderungen auf bestimmte Fleischfarbe, Schalenfarbe, Knollenfarbe, Augentiefenlage, Schorfwiderstandsfähigkeit stellen. Das sind Anforderungen, die wir später stellen und erfüllen können.»

Neben diesen enormen sachlichen Schwierigkeiten bleibt zu bedenken, daß die züchterische Arbeit auch von der Seite des Erregers her nie zu Ende ist; denn eine gegen bestimmte Rassen eines Erregers widerstandsfähige Kultursorte bleibt nicht auf die Dauer widerstandsfähig. Der Wind und der Weltverkehr schleppen immer wieder neue Rassen ein, gegen welche die eingekreuzten Widerstandsfähigkeitskomplexe nicht mehr ausreichen; andere neue Erregerrassen entstehen spontan durch Bastardierung, Mutation usw. Widerstandsfähige Neuzüchtungen sammeln die Erregerindividuen, welche sie zu besiedeln vermögen, und gestatten ihnen die Vermehrung. Es ist, als ob sie die Erregerpopulationen filtrieren und unter ihnen die aggressiven Individuen anziehen würden: plötzlich sind sie da und streuen.

Die geistige Haltung des Züchters entspricht deshalb einem hochgemuten Pessimismus: er wird zwar nie ans Ziel gelangen (denn dieses schiebt sich immer weiter hinaus), sondern er ist zufrieden, wenn er seinen parasitischen Verfolgern um einige Jahre oder Jahrzehnte vorausbleibt.

B. DIE VERÄNDERUNGEN DER KRANKHEITSBEREITSCHAFT DURCH DIE UMWELT

(Die Disposition des Wirtes)

Die Kulturpflanzen sind durch den erwerbsmäßigen Anbau aus ihrer angestammten Umwelt herausgerissen und in einen für sie neuen Lebensraum gestellt worden, dem sie sich im Rahmen ihrer Anpassungsfähigkeit einfügen müssen. Diese künstliche Daseinsform schafft für sie ähnliche Gefährdungen wie bei den Zivilisationsschäden der Human- und den Domestikationsschäden der Veterinärmedizin (Umweltpathologie).

Lange Zeit wurden die Schwankungen in der Heftigkeit, mit der eine bestimmte pflanzliche Infektionskrankheit in den verschiedenen Gegenden und Jahren auftritt, durch eine unterschiedliche klimatische oder meteorologische Begünstigung des Erregers erklärt, indem dieser zum Beispiel in feuchtwarmen Gegenden oder Sommern bessere Entwicklungsbedingungen findet als in heißtrockenen. Erst später drang die Erkenntnis durch, daß die Milieufaktoren nicht nur das Wachstum und den Bau der Wirtspflanzen beeinflussen, sondern unter Umständen auch ihre Krankheitsbereitschaft. Die Umwelt schafft also nicht nur die Voraussetzungen, damit überhaupt eine Infektion stattfinden kann (S. 34) und sie verändert nicht nur die parasitische Disposition (die Aggressivität) des Erregers (S. 274), sondern sie verschiebt auch die Krankheitsbereitschaft des Wirtes.

Die im vorangehenden Kapitel besprochene konstitutionelle Anfälligkeit und Widerstandsfähigkeit ist deshalb in den meisten Fällen nicht eine starre, konstante Größe, sondern ein Rahmen, ein erblich festgelegter Schwankungsbereich, eine genetisch fixierte Variationsbreite, innerhalb der sich die jeweilige Infektions- und Erkrankungsbereitschaft eines bestimmten Individuums nach der positiven oder der negativen Seite hin reversibel ändern kann. Diesen jeweiligen Grad der Bereitschaft eines bestimmten Individuums für eine bestimmte Krankheit nennt man seine Disposition: es ist für den betreffenden Infekt verschieden disponiert.

Die Humanmedizin verwendet den Ausdruck Disposition zuweilen in einem weitern Sinne als Synonym zu Anfälligkeit schlechthin und spricht dann von einer angeborenen und einer erworbenen Disposition. Der Pflanzenpathologe zieht eine engere Umgrenzung des Ausdruckes vor: Disposition ist für ihn, im Rahmen des angeborenen, genotypischen Schwankungsbereiches, der phänotypische, vorübergehende, reversible Empfänglichkeitszustand; die angeborene Disposition nennt er die konstitutionelle Anfälligkeit.

Bei Individuen mit einer derartigen labilen Krankheitsbereitschaft wird also die Erkrankung nicht bloß durch den Erreger «verursacht», sondern mit durch den augenblicklichen Zustand des Individuums. Unter Umständen kann also schon die Tatsache der Krankheitsbereitschaft für sich selbst der Ausdruck einer innern Störung des Organismus sein, der Ausdruck dafür, daß die innere Anpassung den äußern Einflüssen nicht mehr zu folgen vermochte (Störung des innern Gleichgewichtes).

In derartigen Fällen wird ein ungeeigneter Wirt durch die Lebensumstände in einen geeigneten verwandelt. Die Umweltfaktoren ermöglichen die Erkrankung, der Erreger löst sie bloß aus. Der Erreger ist also in diesem Falle nicht die eigentliche Ursache, sondern nur die conditio sine qua non der Erkrankung.

Ein Blick auf nachbarrechtliche Auseinandersetzungen zeigt die praktische Tragweite dieses Problems. Fabrikgase können die Erkrankungsdisposition bestimmter Kulturen verstärken; fehlt der Erreger in der betreffenden Gegend, so wird die gesteigerte Disposition nicht manifest; ist dagegen die Krankheit schon spontan vorhanden, so wird ihre Entwicklung durch die äußern Einwirkungen begünstigt. Welcher Teil des Schadens fällt zu Lasten des Klägers und welcher zu Lasten des Beklagten? Hier steht dem Ermessen des Biologen ein weiter Spielraum offen.

Der Rahmen, die Weite des angeborenen Schwankungsbereiches der Krankheitsbereitschaft ist je nach Wirtsart und Erreger verschieden, doch bis zu einem gewissen Grade für eine bestimmte Krankheit charakteristisch. Vollkommen anfällige Pflanzen werden bei jeder Konstellation der äußern Umstände erkranken, vollkommen widerstandsfähige nie; beide zeigen keine «Disposition»; es sind vor allem die Typen mit intermediärer Krankheitsbereitschaft, bei welchen die äußern Einflüsse modifizierend eingreifen.

Als Faustregel mag gelten, daß der labile, plastische Schwankungsbereich meist etwa so breit ist wie der genetisch, züchterisch verschiebbare Empfänglichkeitsbereich. Bei Formen, deren Anfälligkeit dispositionell nur wenig vermindert werden kann, sind deshalb die züchterischen Aussichten in der Regel gering.

Wie die Weite des Schwankungsbereiches, so ist auch die Labilität, der Grad der Beeinflußbarkeit der Krankheitsbereitschaft, bei den verschiedenen Krankheiten verschieden und wieder bis zu einem gewissen Grade für

Tabelle 59

Der Einfluß der Stickstoffernährung auf die Infektions- und die Erkrankungsdisposition der Tomaten für die Tomatenwelke, verursacht durch *Fusarium lycopersici* Sacc. (Nach Cook, 1937.)

Tomatensorte	Infektionsdisposition (% infizierte Individuen)		Erkrankungsdisposition (% erkrankte Individuen)	
	Spuren N %	Reichlich N %	Spuren N %	Reichlich N %
Bonny Best (anfällig) . . .	45	67	45	56
Marglobe (widerstandsfähig)	10	70	10	0

sie charakteristisch. Die Mutterkornanfälligkeit des Roggens kann zum Beispiel nur mühsam verschoben werden: äußere Einflüsse vermögen die hundertprozentige Anfälligkeit einer bestimmten Roggensorte nur wenig zu vermindern; dagegen spricht, wie wir im Verlaufe dieses Kapitels sehen werden, die Rostanfälligkeit des Roggens schon auf geringfügige Veränderungen der äußern Umstände (Ernährung, Temperatur, Licht usw.) an.

Der Inhalt dessen, was als «Disposition» schwanken kann, ist komplex. Zunächst muß unterschieden werden zwischen dem Einfluß der äußern Umstände auf das Zustandekommen des parasitischen Verhältnisses (i. e. die Infektionsdisposition) und dem Einfluß der äußern Umstände auf den Verlauf des parasitischen Verhältnisses (i. e. die Erkrankungsdisposition).

Unter der Infektionsdisposition verstehen wir die Bereitschaft des Wirtsorganismus, den Krankheitskeimen den Eintritt und die Fixierung zu ermöglichen.

Unter der Erkrankungsdisposition verstehen wir die Bereitschaft des Wirtsorganismus, auf den von den Krankheitskeimen oder von den lädierten Zellen ausgehenden Reiz zu reagieren.

Infektionsdisposition und Erkrankungsdisposition lassen sich nicht immer befriedigend auseinanderhalten, brauchen sich aber nicht zu decken. Bei der Diphtherie ist die Zahl der symptomlosen Infekte rund 30mal höher als die Zahl der Diphtheriekranken. Die Infektionsdisposition ist also zahlenmäßig rund 30mal größer als die Erkrankungsdisposition. Ähnlich liegen die Verhältnisse bei den pflanzlichen Infektionskrankheiten. In Tab. 59 wurden Exemplare einer für die Welkekrankheit anfälligen und einer gegen sie widerstandsfähigen Tomatensorte bei konstanter Bodentemperatur und bei gleicher Ernährung, abgesehen von unterschiedlichen Stickstoffgaben, in Sand gezogen, der mit den Konidien des *Fusarium lycopersici* infiziert war. Bei reichlichen Stickstoffgaben erwiesen sich rund 70% der Individuen sowohl der anfälligen als der widerstandsfähigen Tomatensorte als spontan infiziert; die Infektionsdisposition der Tomaten wird somit in diesem Falle durch die Stickstoffernährung gefördert. Anders die Erkrankungsdisposition; bei der krankheitsanfälligen Sorte Bonny Best erkrankten gleich viel Individuen wie infiziert wurden; bei der krankheitswiderstandsfähigen Sorte Marglobe verliefen dagegen bei reichlicher Stickstoffdüngung sämtliche Infektionen abortiv und die Krankheitssymptome gelangten nicht zur Entwicklung. Die Erkrankungsdisposition der Tomaten für die Welkekrankheit ist somit ein selbständiger Komplex des Verhaltens und wird durch unterschiedliche Stickstoffgaben im entgegengesetzten Sinne beeinflußt wie die Infektionsdisposition.

Wie sehr die Ebenen der Erkrankungsdisposition und der Infektionsdisposition auseinanderklaffen können, zeigen jene Fälle, wo auf Grund einer Infektionsdisposition ein dauernder latenter Infekt entsteht, der mangels Erkrankungsbereitschaft nicht auszubrechen und keine Erkrankung auszulösen vermag (Fehlen der Erkrankungsdisposition bei Bestehen einer Infektionsdisposition). Als ein derartiges Beispiel haben wir S. 16 eine Naßfäule der Kartoffeln besprochen, ausgelöst durch *Bacillus vulgatus* und *Bac. subtilis;* beide Bakterien sind an sich harmlos und werden erst bei einer Störung der innern Verfassung des Wirtes pathogen.

Doch ist die Zahl der pflanzlichen Infektionskrankheiten, welche derartige latente innere Infekte bilden, gering; dagegen spielt die Diskongruenz zwischen Infektions- und Erkrankungsdisposition in der Humanmedizin eine große Rolle; denn bei unsern häufigsten Infektionskrankheiten, Pneumonie, Typhus, Tuberkulose, können die Krankheitskeime lange Zeit als mehr oder weniger harmlose Endophyten gewisse Partien unseres Körpers bewohnen, und sie werden ihm erst bei Eintritt einer Erkrankungsdisposition gefährlich, nämlich wenn er seine Abwehrbereitschaft und seine Toleranz einbüßt.

Die Erkrankungsbereitschaft kann also im allgemeinen bei den Pflanzen durch äußere Einwirkungen weniger tiefgehend verschoben werden als beim Menschen; deshalb dominiert im pflanzenpathologischen Denken der Erreger, während in der Humanmedizin weit mehr die augenblickliche Abwehrlage des Wirtsorganismus im Vordergrund steht.

Mit dieser Zerlegung der «Disposition» in eine Infektions- und eine Erkrankungsdisposition sind jedoch die sachlichen Schwierigkeiten des Dispositionsbegriffes noch nicht behoben; denn der Inhalt der «Infektionsdisposition» und der «Erkrankungsdisposition» ist seinerseits wieder sehr heterogen. Bei der Infektionsdisposition können sowohl die Faktoren der Befalls- und der

Eindringungsresistenz (S. 353ff.) als auch die Möglichkeiten der funktionellen Abwehr (S. 375ff.) variieren, und zwar unter Umständen bei denselben äußern Einflüssen in unterschiedlicher Richtung; so wirkt sich eine Schwächung des Wirtsorganismus auf den linken und den rechten Kurvenschenkel der Abb. 300 in entgegengesetztem Sinne aus.

Bei dem geringen Lebensalter der Pflanzenpathologie und bei der großen Zahl ihrer Objekte ist eine gründliche Analyse dieser Sachverhalte erst bei wenigen Beispielen versucht worden.

Hinsichtlich der Lokalisierung der einzelnen Faktoren, welche die Disposition des Wirtes verschieben, ist zwischen innern Ursachen und äußern Einwirkungen zu unterscheiden.

Die erstern bewirken jene Dispositionsänderungen, die zwangsläufig beim Abrollen des individuellen Lebens eintreten, zum Beispiel Jugendanfälligkeit–Alterswiderstandsfähigkeit. Wegen dieser schicksalshaften innern Bedingtheit kann diese Dispositionsgruppe (unser Abschnitt 1) mit gleichem Recht bei der konstitutionellen Widerstandsfähigkeit besprochen werden; es ist bloß eine Ermessensfrage, ob man sagen will: die «konstitutionelle Widerstandsfähigkeit» eines Individuums oder seine «Disposition» verschiebt sich im Verlaufe der ontogenetischen Entwicklung.

Bei den äußern Einwirkungen werden alle jene Faktoren von Boden, Klima, Witterung usw. zu betrachten sein, die in ihrer Gesamtheit den Standort und die Umwelt ausmachen (Braun, 1937). Die Forschung beschäftigt sich hier zur Hauptsache mit zwei Problemgruppen, 1. mit der Analyse der einzelnen Faktoren und ihres Geltungsbereiches, also mit der Verselbständigung und Abgrenzung der einzelnen Faktoren, und 2. mit der Erfassung ihres Gewichtes; denn das Gewicht jedes Faktors wechselt mit der Faktorenkonstellation; so kann der Einfluß der Umwelttemperatur oder der Lichtmenge je nach dem Ausmaß der Stickstoffversorgung verschieden sein. Während die Isolierung der einzelnen Einwirkungselemente schon verhältnismäßig weit gediehen ist, muß die Erforschung ihres Zusammenwirkens (ihrer Interferenz) und ihres von Fall zu Fall verschiedenen Gewichtes noch vertieft werden.

1. Die ontogenetischen Verschiebungen der Krankheitsbereitschaft des Wirtes

Das Problem der ontogenetisch bedingten Verschiebung der Disposition stellt sich in der Botanik etwas anders als in der Human- und Veterinärmedizin. Der Mensch ist einmal jung und altert einmal; seine Glieder und Organe werden ungefähr zur selben Zeit angelegt; sein Körper durchläuft im allgemeinen, trotz der dauernden Zellerneuerung, gesamthaft die Stadien von Kindheit, Jugend, Reife und Alter.

Die Pflanze unterliegt dagegen diesem Gesetz nur teilweise; denn sie ist nicht ein einheitlicher Organismus. Zwar sind auch ihr bestimmte, oft charakteristische Altersgrenzen gesetzt; ein Baum erreicht nur ein bestimmtes Alter, wird dann überständig und verschwindet; aber das Laubwerk eines alternden Baumes ist alljährlich wieder jung und reift in jeder Vegetationszeit aufs neue; die Vegetationspunkte wachsen vollends nach dem Laubausbruch noch bis spät in den Sommer hinein weiter; die Schosse tragen deshalb in einem bestimmten Zeitpunkt an ihrer Basis reife, an ihrem Scheitel jugendliche Blätter: am gleichen Individuum bestehen Teile und Organe in embryonaler Anlage und solche in prämortaler Auflösung harmonisch nebeneinander.

Im pflanzlichen Organismus überlagern sich somit zwei Altersabläufe, derjenige des Individuums und derjenige der einzelnen Organe und Teile (Zweige, Blätter, Wurzeln, Früchte usw.). Die beiden Abläufe sind sich in gewissem Sinne entgegengesetzt; denn die vom gealterten Vegetationspunkt gebildeten Blätter sind jeweils die jüngsten. Das Leben entfernt sich deshalb immer mehr vom Vegetationspunkt, es schieben sich immer neue Blätter davor, und die frühern Blätter sterben ab (PAECH, 1940; SMIRNOV, 1928).

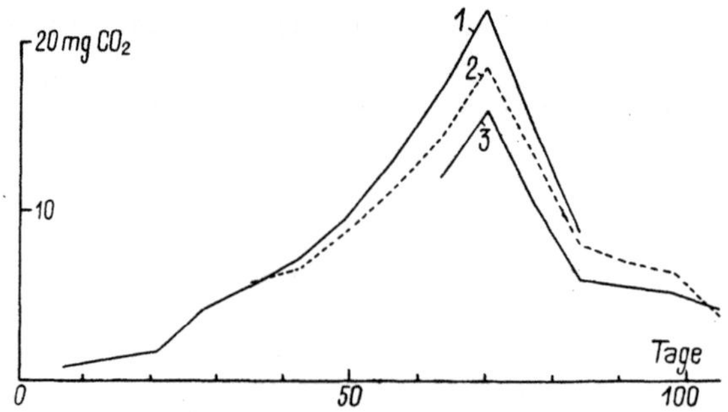

Abb. 346

Die Assimilationsintensität junger Blätter (Kurve 1), ausgewachsener Blätter (Kurve 2) und alter Blätter (Kurve 3) bei Weizen. Abszisse: Lebensalter der Pflanzen. Ordinate: Assimilationsintensität. Erklärung im Text. (Nach SINGH und LAL, 1935.)

Abb. 346 sucht die durch das gestaffelte Altern bedingte Sachlage zu veranschaulichen. Pflanzen der indischen Weizensorte Pusa 4 wurden bei der konstanten Lufttemperatur von 27,5–28° bei konstanter Belichtung und bei einem konstanten Kohlensäuregehalt der Luft (0,33–0,38%) gezogen. In bestimmten Intervallen nach Beginn der Keimung (Abszisse) wurde die bei der Assimilation verbrauchte Kohlensäure in Milligramm je 100 cm^2 Blattfläche je Stunde bestimmt (Ordinate), und zwar immer bei jungen Blättern (Kurve 1), bei ausgewachsenen Blättern (Kurve 2) und bei alten Blättern (Kurve 3). Am 70. Tag begannen die Pflanzen zu blühen; am 84. Tag begann das Vergilben und am 112. Tag das Vertrocknen der Blätter.

Somit überlagern sich in Abb. 346 zwei Altersabläufe, 1. das absolute Alter, das Lebensalter des Individuums, ausgedrückt in der Abszisse, und 2. das relative Alter, das Entwicklungsstadium der einzelnen Blätter, ausgedrückt in den Kurven 1–3.

1. Der Einfluß des Lebensalters des Individuums. Die Assimilationsintensität gleich alter Blätter folgt auch unter konstanten äußern Bedingungen einer Optimumkurve, wobei der euphorische Höhepunkt zur Zeit des Blühens erreicht wird. Junge Blätter alter Pflanzen assimilieren weniger intensiv als junge Blätter junger Pflanzen; somit altert auch das

Meristem, der Vegetationspunkt; die jungen Blätter eines bestimmten Individuums entstehen infolgedessen im Verlaufe einer Vegetationszeit nicht alle unter denselben Bedingungen.

2. Der Einfluß des Entwicklungsstadiums der Blätter. Mit wachsender Reife nimmt die Assimilationsintensität der Blätter ab, alte Blätter (Kurve 3) assimilieren ceteris paribus weniger intensiv als junge (Kurve 1).

Derartige, sich überlagernde Kurven bestehen zum Beispiel auch für den Eiweiß-, den Kohlehydrat- usw. Gehalt. Es unterliegt daher kaum einem Zweifel, daß diese physiologischen Verschiebungen unter Umständen auch zu einer unterschiedlichen Krankheitsbereitschaft führen können.

Die unterschiedliche Anfälligkeit verschiedener Lebensalter und Entwicklungsstadien wird als Phasendisposition bezeichnet. Weil sich zwei Altersabläufe überlagern, dürfen in Fällen, wo die individuelle Disposition der einzelnen Organe besonders sorgfältig überwacht werden muß (so bei den Getreiderosten), immer nur 1. gleich alte Blätter miteinander verglichen werden (also Blätter im gleichen Entwicklungsstadium), und 2. nur Blätter gleicher Insertionshöhe (also Blätter, die im gleichen Lebensalter der betreffenden Individuen angelegt wurden).

Da die pflanzlichen Individuen während der gesamten Vegetationszeit nebeneinander jugendliche und alte Teile und Gewebe tragen, spielt das Problem der ontogenetisch bedingten Verschiebung der Disposition in der Pflanzenpathologie eine ungleich wichtigere Rolle als in der Human- und Veterinärmedizin.

Doch besteht es selbstverständlich auch dort. Säuglinge pflegen keine croupöse Pneumonie zu bekommen. Rauschbrand ist eine spezifische Kinderkrankheit des Rindes; 92% der Krankheitsfälle betreffen Individuen bis und mit dem dritten Lebensjahr; beim nahe verwandten Pararauschbrand besteht dagegen keine derartige Phasendisposition. – Das *Ankylostoma duodenale* des Menschen befällt nur ganz junge Hunde; erwachsene Hunde sind refraktär. – Hühner werden nur im Embryonalstadium von gewissen Spirochäten und Trypanosomen befallen, ausgeschlüpft nicht mehr (Doerr, 1941). Doch sind dies Ausnahmen; denn gerade die landläufigen «Kinder»krankheiten des Menschen (Masern, Scharlach, Keuchhusten) beruhen nicht auf einer Jugenddisposition (sind also nicht phasenspezifische Kinderkrankheiten), sondern sie treten bei uns nur deshalb schon im Kindesalter regelmäßig auf, weil wir, soziologisch bedingt, frühzeitig angesteckt werden, erkranken und hernach eine Immunität erwerben; in nicht durchseuchten Gebieten befallen sie auch den Erwachsenen. Umgekehrt äußert sich die Altersdisposition des Menschen mehr in nichtinfektiösen Erkrankungen, so in einer Bereitschaft für Krebs und für funktionelle Herz- und Gefäßstörungen.

Je nach dem Ort, an dem die ontogenetisch bedingte Verschiebung der Disposition meßbar in das Widerstandsgefüge der Pflanze eingreift, unterscheiden wir Verschiebungen a) der Befalls-, b) der Eindringungs-, c) der Ausbreitungsresistenz und d) der Abwehrbereitschaft.

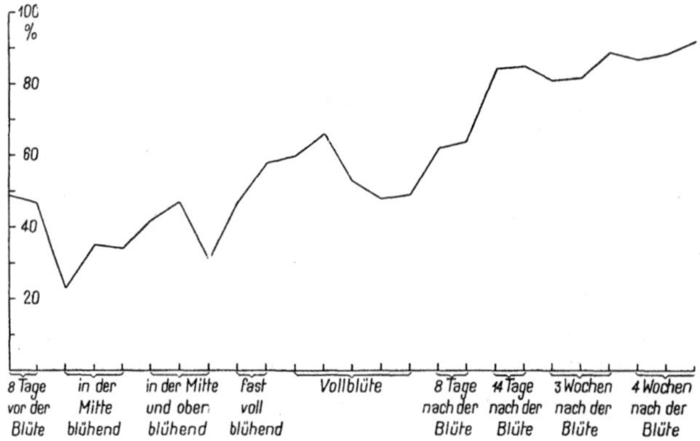

Abb. 347

Der Einfluß der Altersstufe der Roggenähre auf ihre Anfälligkeit für die Ährenfusariose, verursacht durch *Fusarium culmorum* (W. G. Smith) Sacc. Abszisse: Entwicklungsstufe der Ähre. Ordinate: Kornansatz in % der Blütenzahl. (Nach BALTZER, 1930.)

a) Ontogenetische Verschiebungen der Befallsresistenz

Bei der Ährenfusariose des Getreides besteht ein enger Zusammenhang zwischen der Entwicklungsstufe der Ähre und dem Krankheitsbefall, doch bei den verschiedenen Fusariosen im gegenläufigen Sinne. Bei einer Ährenfusariose des Roggens (Abb. 347) nimmt die Befallshäufigkeit mit zunehmender Entwicklung der Ähren ab; denn die lebenswichtigen Organe sind nur in

Tabelle 60

Der Einfluß des Entwicklungsalters der Weizenähre auf den Infektionserfolg von *Gibberella Saubinetii*, dem Erreger der Ährenfusariose. (Nach ANDERSEN, 1948.)

Entwicklungsstadium zur Zeit der Infektion	Zahl der infizierten Ährchen %	Zahl der getöteten Ährchen %
Ähre noch vom Stengelblatt umschlossen . . .	0	0
Vor dem Aufblühen	6	4
Während der Blüte	84	79
Nach dem Abblühen (kleine Körner)	98	87
Milchreife	100	100

frühester Jugend zugänglich. Frühinfektionen während der Jugendstadien des Kornes (zwischen Blütezeit und beginnender Gelbreife) befallen die Koleoptilanlagen und insbesondere den Nabel (das Hilum, die Ansatzstelle des Funiculus); die Nährstoffzufuhr durch das Hilum wird dadurch gehemmt, die befallenen Körner entwickeln sich mangelhaft (schartige Ähren) und zeigen eine starke Schwächung ihrer Triebkraft. Bei Spätinfektion zwischen Gelb- und Vollreife vermögen dagegen die Keimschläuche der auf dem Korn keimenden Konidien nur noch bis in die Samenschale vorzudringen; das Korn entwickelt sich normal, ein Befall ist ihm nicht anzusehen, und eine Abnahme der Triebkraft ist nicht immer nachweisbar. Bei einer Ährenfusariose des Weizens wächst dagegen der Befallserfolg mit steigendem Alter (Tabelle 60).

Weitere Beispiele von ontogenetischen Verschiebungen der Befallsresistenz ergeben sich von selbst aus S. 347ff.

b) Ontogenetische Verschiebungen der Eindringungsresistenz

Entwicklungsgeschichtliche Verschiebungen der Eindringungsresistenz sind im Pflanzenreich außerordentlich häufig; manche Pflanzenparasiten vermögen ja kutinisierte, verkorkte usw. Außenschichten oder ausgewachsene, zellulosische oder gar verholzte Zellwände nicht oder nur schlecht zu durchbohren und sind deshalb auf jugendliche, meristematische Gewebe angewiesen; dementsprechend führen die ontogenetischen Verschiebungen der Eindringungsresistenz im Pflanzenreich meist von einer Jugendanfälligkeit zu einer Alterswiderstandsfähigkeit. Da ferner die Reifung der peripheren Schichten oft gleichsinnig mit derjenigen der Grundgewebe verläuft, so geht die ontogenetische Steigerung der Eindringungsresistenz meist mit einer solchen der Ausbreitungsresistenz parallel und ist nur schwer von ihr zu trennen.

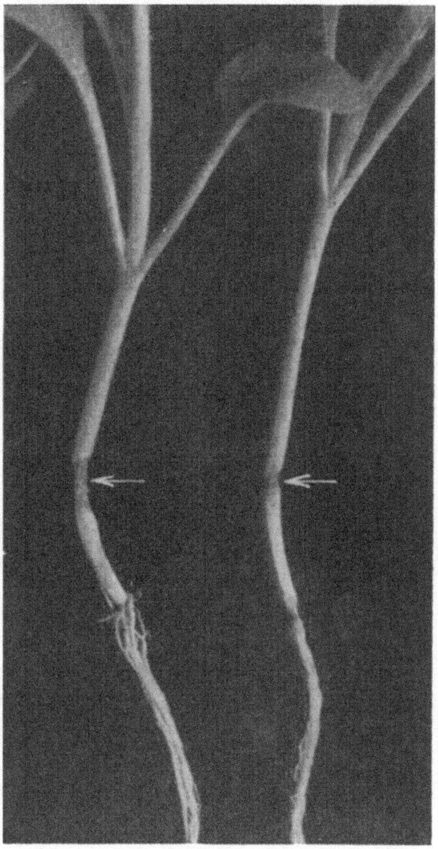

Abb. 348
Wurzelbrand (Einschnürungskrankheit) bei ungefähr zwei Wochen alten Keimpflanzen des Blumenkohles, verursacht durch *Corticium vagum*. Nat. Gr. (Nach BOSCH, 1948.)

Vorwiegend vier Organ- bzw. Gewebegruppen werden von dieser ontogenetischen Steigerung der Eindringungsresistenz erfaßt, Keimlingsgewebe, Blätter, Rinden und Früchte.

Bei den Keimlingen führt die hochgradige Krankheitsanfälligkeit der jugendlichen bzw. meristematischen Gewebe zu besondern Keimlingskrankheiten, so bei den Keimpflanzen von Zuckerrüben, Spinat, Kresse und Koniferen zum Wurzelbrand (*Pythium de Baryanum, Corticium vagum;* Abb. 348), bei den Keimpflanzen von Buche und Ahorn zum falschen Mehltau (*Phytophthora fagi*), bei den Keimpflanzen des Getreides zum Schneeschimmel (*Fusarium culmorum, Gibberella Saubinetii*) usw. Diese Keimlingskrankheiten treten vorwiegend bei Keimlingen auf, weil hier embryonale Gewebe und meist günstige äußere Infektionsbedingungen zur Verfügung stehen; doch bilden sie nicht echte, phasenspezifische Kinderkrankheiten im Sinne der eben besprochenen privilegierten Jugendanfälligkeit der Rinder, Hunde und Hühner; denn sie befallen unter günstigen äußern Umständen auch jugendliche Gewebe erwachsener Individuen, so *Phytophthora palmivora* Butl. das «Herz» (die jungen, noch eingefalteten Blätter) der Kokospalmen usw., *Phytophthora cinnamomi* Rands den jungen Bast der Zimtbäume, und die oben genannten Getreidefusarien die jungen Ähren (Ährenfusariose, Verkümmerung der Körner). Auch beim Weizensteinbrand (Abb. 76) haftet die Infektion nur in den ersten zehn Tagen nach Beginn der Keimung (Abb. 349); nachher sind die Pflanzen dem Pilze entwachsen.

Abb. 349

Die Beziehungen zwischen dem Alter des Weizenkeimlings und der Häufigkeit des Befalls durch den Steinbrand, *Tilletia tritici*. Die Abszisse gibt an, am wievielten Tage nach Beginn der Keimung die Brandsporen auf den Keimling gebracht wurden (also der Erreger zum Wirt gelangte). Ordinate: Zahl der erkrankten Weizenpflanzen. (Nach SARTORIS, 1924.)

Bei den Blattkrankheiten werden naturgemäß jene Erreger, deren Keimschläuche nach dem *Botrytis*typus unmittelbar die Kutikula und die Epidermisaußenwand durchbohren, durch die zunehmende Verdickung und Verfestigung der Kutikula allmählich abgewiesen; so können nur junge *Berberis*blätter für Infektionsversuche mit dem Schwarzrost des Getreides (S. 344) und nur junge Pfirsichblätter für Infektionen mit dem Erreger der Kräuselkrankheit (S. 132) verwendet werden.

Doch besteht eine gleichsinnige ontogenetische Steigerung der Eindringungsresistenz auch bei einigen Blattkrankheiten, deren Erreger vorwiegend die Spaltöffnungen benützen; so lassen sich nach MÜLLER und SLEUMER (1934) an einem Rebstock die obersten, jüngsten, etwa 20–25 cm^2 messenden Blätter am leichtesten mit *Plasmopara viticola* infizieren; je tiefer die Blätter am Stocke stehen, um so schwerer ist ein Befall zu erzielen. Neben der ontogenetischen Zunahme der Eindringungsresistenz (so durch den unterschiedlichen Öffnungszustand der Stomata) spielt aber hier auch noch eine ontogenetische Steigerung der allgemeinen Abwehrbereitschaft der Blätter hinein; denn auf jungen Blättern brechen die Konidienträger des falschen Mehltaues schon bei der verhältnismäßig niedern relativen Luftfeuchtigkeit von etwa 70–85% hervor, auf alten Blättern dagegen nur unter optimalen äußern Bedingungen, nämlich bei der Luftfeuchtigkeit von 80–100%. Derartige vergleichende Beobachtungen lassen sich selbstverständlich nur an Blättern desselben Stockes durchführen; wollte man sie an ein und demselben Blatt über die ganze Vegetationszeit hin ausdehnen, so würde die ontogenetische Abnahme der Anfälligkeit durch die hochsommerliche klimatische Begünstigung des Pilzwachstums überdeckt.

Abb. 350
Etwa 7 Jahre alter Hexenbesen einer Weißtanne, verursacht durch *Melampsorella caryophyllacearum* (Lk.) Schroet. (Original; $^1/_{10}$ nat. Gr.)

Als Beispiel einer ontogenetischen Steigerung der Eindringungsresistenz von Rindengeweben diene der Weißtannenhexenbesen, verursacht durch *Melampsorella caryophyllacearum* (Lk.) Schroet. Die Primärinfektion erfolgt, entgegen manchen Angaben der Literatur, nicht in den später zu deformierenden Knospen selbst, sondern in ihrer unmittelbaren Nähe in der jugendlichen Rinde: Die Keimschläuche der Basidiosporen wachsen im Frühjahr in die Epidermis eines sich eben entfaltenden Triebes hinein, wuchern dann bis zum Herbst eine kleine Strecke weit in der Rinde und bewirken eine kleine Anschwellung der Sproßachse, die im Laufe der Jahre zu einer dicken Krebsbeule auswachsen kann. Falls sich innerhalb der infizierten Zone Knospen befinden, so zeigen diese im folgenden Frühjahr beim Ausschlagen die charakteristische Mißbildung: statt sich, wie die normalen Triebe, waagrecht auszubreiten, richten sie sich auf, und ihre Benadelung ist, wie beim Haupttrieb der Weißtanne, radiär statt gescheitelt. In den folgenden Jahren verzweigen sie sich, und da die Zweige wiederum nicht waagrecht, sondern mehr oder weniger aufgerichtet sind, so entsteht ein buschiges Gebilde (Abb. 350), das an die 60 Jahre alt werden kann und eben einem Hexenbesen ähnlich sieht.

Der Entwicklungsabschnitt, in welchem während des Längenwachstums der Zweige eine ontogenetisch bedingte Eindringungsanfälligkeit für die Keimschläuche der *Melampsorella* besteht, ist somit kurz und die Trefferwahrscheinlichkeit für die Basidiosporen des Weißtannenhexenbesenrostes entsprechend gering; vergegenwärtigt man sich inmitten eines Waldes die räumliche Begrenztheit des anfälligen Rindenabschnittes der jungen Triebe, so wird man überrascht sein, daß überhaupt noch so viele Hexenbesen angehen.

Beispiele von Früchten, deren Eindringungsresistenz (im Gegensatz zu der gleich zu besprechenden Ausbreitungsresistenz) mit dem Alter wächst, bestehen in großer Zahl. So können nur junge Beeren der Weinrebe unmittelbar durch die Zoosporen der *Plasmopara viticola* infiziert werden. Später besitzen die Beeren eine nahezu vollständige Alters-Eindringungsresistenz; der

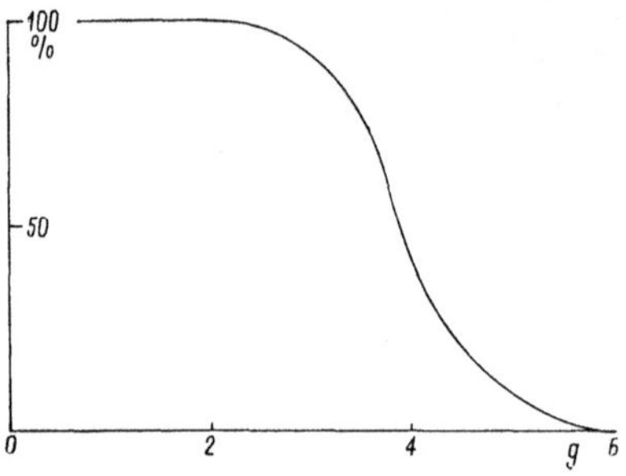

Abb. 351

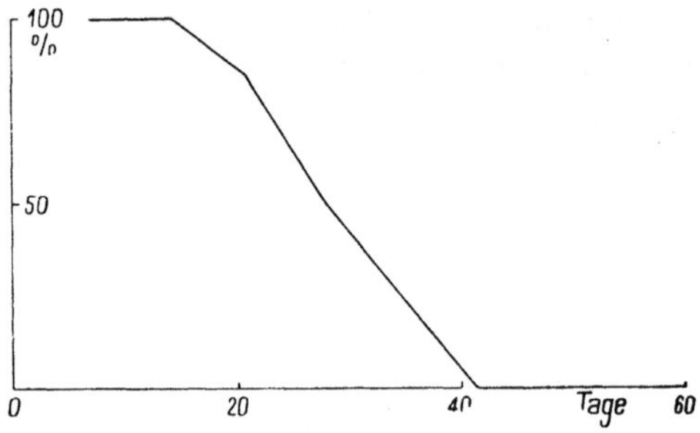

Abb. 352

Abb. 351. Beziehungen zwischen dem Perforationswiderstand der Kutikula der Tomaten und der Anfälligkeit der Früchte für *Macrosporium tomato* Cke. Abszisse: Perforationswiderstand. Ordinate: Krankheitsbefall. (Nach ROSENBAUM und SANDO, 1920.)

Abb. 352. Beziehungen zwischen dem Alter der Tomaten und ihrer Anfälligkeit für das *Macrosporium tomato* Cke. Abszisse: Alter der Früchte in Tagen. Ordinate: % erkrankte Früchte. (Nach ROSENBAUM und SANDO, 1920.)

Pilz wächst dann nur noch vom Stiel her in sie hinein und läßt sie wie einen Tabakbeutel zusammenschrumpfen: Lederbeeren.

Beim Befall der Tomaten durch *Macrosporium tomato*, dem Erreger einer Fleckenkrankheit und Fruchtfäule der Tomaten, ist diese ontogenetisch bedingte Zunahme der Eindringungsresistenz zahlenmäßig verfolgt worden. Junge Tomaten besitzen eine zarte Fruchthaut und insbesondere eine dünne Kutikula; mit fortschreitender Reife nimmt die Dicke und die mechanische Verfestigung der Kutikula zu; Hand in Hand damit wächst auch der Druck, der aufgewendet werden muß, um sie mit einer Glasnadel von einem Durchmesser von 78 μ zu durchbohren. Er steigt in Abb. 351 von 2,7 g (bei jungen Früchten mit einem durchschnittlichen Gewicht von 7 g) auf 5,9 g bei ausgewachsenen Früchten (durchschnittliches Gewicht 254 g), also auf mehr als das Doppelte. Zerstäubt man nun über den Früchten eine Sporensuspension von *Macrosporium tomato*, so werden die jüngsten Früchte zu 100% befallen; mit zunehmendem Alter und wachsendem Perforationswiderstand der Kutikula sinkt die Befallshäufigkeit und erreicht bei einem Perforationswiderstand von 5,5 g je 78 μ Nadeldurchmesser den Wert 0: die Kutikula kann von den Keimschläuchen nicht mehr durchbrochen werden.

Die Tomaten erlangen somit im Verlaufe ihrer Entwicklung eine ausgesprochene Eindringungsresistenz, die sie (in unverletztem Zustande) von vollkommener Jugendanfälligkeit zu ebenso vollkommener Alterswiderstandsfähigkeit führt (Abb. 352). Das Körperinnere, das Fruchtfleisch, bleibt dagegen (wie bei den Weinbeeren für *Plasmopara*) die ganze Zeit über für *Macrosporium tomato* gleich anfällig; die Ausbreitungsresistenz gegen den eingedrungenen Parasiten ist also unverändert gering; der praktische Unterschied beruht nur darauf, daß die Früchte im Laufe ihres Lebens eine «dicke Haut» bekommen und sich dadurch den Parasiten fernhalten: sie liegen in ihren Kutinmantel gehüllt wie das Gold im Geldschrank.

c) Ontogenetische Verschiebungen der Ausbreitungsresistenz

Die Ausbreitungsresistenz kann sich ontogenetisch nach der positiven oder der negativen Seite hin verschieben.

Eine ontogenetische Steigerung der Ausbreitungsresistenz erfolgt vor allem bei jenen Widerstandsfähigkeiten, die mit dem Bau der Zellwände zusammenhängen; hier kann die Verhärtung, Versteifung oder gar Verholzung bis zu einem Ausmaß zunehmen, daß jede einzelne ausgewachsene Zelle allein schon durch ihre Wand gegen zahlreiche Erreger geschützt ist (S. 356).

Wohl das schlagendste Beispiel für diese ontogenetische Reifung und für die damit verknüpfte Zunahme der Ausbreitungsresistenz ist die unterschiedliche Pilzwiderstandsfähigkeit des Jung- und des Reifholzes bei der Fichte (*Picea excelsa*) und der Tanne (*Abies pectinata*). Ihr Reifholz wird nämlich unter konstanten Feuchtigkeits- und Temperaturverhältnissen fast nur halb so rasch abgebaut wie das Jungholz derselben Stämme (Tabelle 61). Freilich enthält es etwas weniger Nährstoffe als dieses; so betragen bei den in Frage stehenden Proben (GÄUMANN, 1928b) die gesamten disponiblen Kohlehydrate (Zucker, Stärke, Hemizellulosen) beim Fichtenreifholz durchschnittlich nur etwa 9,9% (gegen 13,1% beim Jungholz) und beim Tannenreifholz nur etwa 8,3% (gegen 13,2% beim Jungholz). Die Kohlehydratmenge von rund 9,9 bzw. 8,3% wäre aber zweifelsohne an sich groß genug, um den genannten Pilzen ein reichliches Wachstum zu ermöglichen; wenn dennoch der enzymatische Abbau des Reifholzes so viel langsamer erfolgt als beim Jungholz, so muß dies mit daran liegen, daß das Zellulosegerüst mit zunehmender Reife dichter verfilzt und irreversibel entquillt und dadurch den Pilzenzymen eine geringere Angriffsfläche darbietet.

Beim Reifholz gewisser anderer Baumarten (Kiefer, Lärche, Eiche usw.) wird die Ausbreitungsresistenz ontogenetisch noch dadurch erhöht, daß mit den Jahren eine Verkernung einsetzt, eine Ablagerung von Phlobaphenen usw., wodurch das Reifholz dem unmittelbaren Abbau durch die landläufigen Holzzerstörer noch mehr entzogen wird und nur den echten Kernspezialisten zugänglich bleibt.

Bei manchen Früchten (Beeren, Stein-, Kernobst usw.) geht die ontogenetische Verschiebung der Ausbreitungsresistenz den umgekehrten Weg, von Jugendwiderstandsfähigkeit zu Altersanfälligkeit, insbesondere

Tabelle 61

Die durchschnittliche Vermorschung von frisch geschlagenem Fichten- und Tannenholz unter konstanten Laboratoriumsbedingungen in 3 Monaten. (Nach GÄUMANN, 1930.)

Holzart		*Merulius domesticus* %	*Polyporus vaporarius* %	*Coniophora cerebella* %	*Lenzites abietina* %
Fichte:	Jungholz. . . .	40,3	36,6	23,8	45,6
	Reifholz	25,7	25,8	14,5	29,8
Tanne:	Jungholz. . . .	27,4	33,6	17,3	47,4
	Reifholz	18,4	18,8	11,5	25,4

für jene Infektionskrankheiten, die gemeinhin als «Fäulen» zusammengefaßt werden. Vor allem während des Reifens (das ist der Zeitabschnitt zwischen dem Erreichen des maximalen Volumens und der Genußreife) und Alterns nimmt die Ausbreitungswiderstandsfähigkeit ihres Fleisches gegen die betreffenden Pilze oft bedeutend ab. Doch lassen sich die Ursachen dieser Verschiebungen schwer fassen; so wurde vermutet, daß zum Beispiel bei Äpfeln eine unmittelbare Beziehung zwischen ihrer Ausbreitungsresistenz gegen die Erreger von Lagerfäulen (zum Beispiel Abb. 353) und den entwicklungsgeschichtlichen Veränderungen in der Azidität und im Trockensubstanz-, Zucker-, Stickstoff-, Gerbstoff-, Pektin-, Rohfaser-, Aschengehalt usw. bestehe. Doch haben die Analysenserien wider Erwarten zu keinem allgemeingültigen Ergebnis geführt (ASKEW, 1935; EGGENBERGER, 1949).

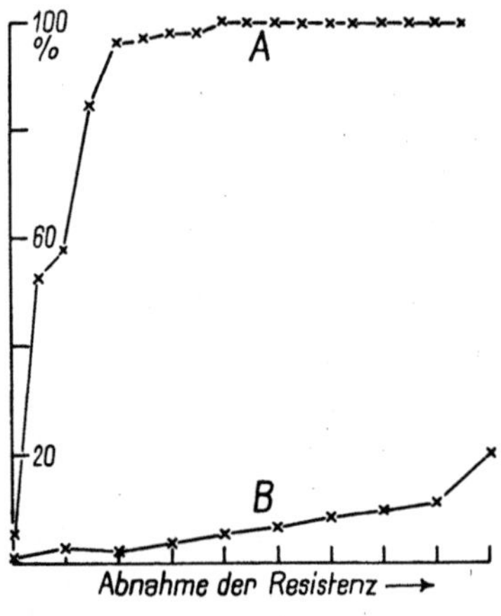

Abb. 353

Die Ausbreitungsgeschwindigkeit eines *Botrytis*stammes (Kurve *A*) und eines *Fusarium*stammes (Kurve *B*) in Äpfeln von unterschiedlicher Reife (Sorte Cox's Orange Pippin) bei der Lagerungstemperatur von 12°. Abszisse: Abnahme der Ausbreitungswiderstandsfähigkeit. Ordinate: % verfaultes Gewebe. (Nach GREGORY und HORNE, 1927.)

Gewiß ist grundsätzlich eine Beziehung zum Beispiel zwischen dem Zucker- und Säuregehalt des Substrates und dem Pilzwachstum vorhanden; aber sie ist nicht zweidimensional; denn je nach dem Zuckergehalt ist die Säurewirkung und je nach dem Säuregehalt die Wirkung des Zuckers verschieden. Ähnlich komplexe Wechselwirkungen bestehen zwischen dem Stickstoff- und dem Säuregehalt des Substrates. Bei sehr geringem Säuregehalt (weniger als 0,1% Apfelsäure) ist in synthetischen Nährmedien die Wachstumsgeschwindigkeit am größten bei niederem Stickstoff-(Asparagin-)gehalt; im Intervall von 0,15–0,3% Säure kehren sich jedoch die Beziehungen um (SETH, 1934; CARTER, 1934; COLHOUN, 1948).

Das Gewicht des einzelnen Faktors wechselt also je nach der Konstellation der übrigen Faktoren (S. 473); es ist deshalb zur Zeit noch nicht gelungen, die Ergebnisse von Laboratoriumskulturen auf lebende Früchte zu übertragen.

Dazu kommt, daß im Verlauf des Heranwachsens und des Reifens der Früchte neben den Verschiebungen der Ausbreitungsresistenz zweifelsohne auch Verschiebungen in der Abwehrbereitschaft einhergehen, gesteuert von

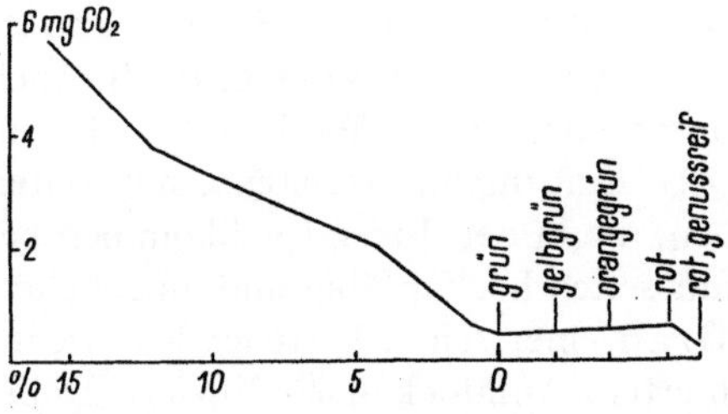

Abb. 354

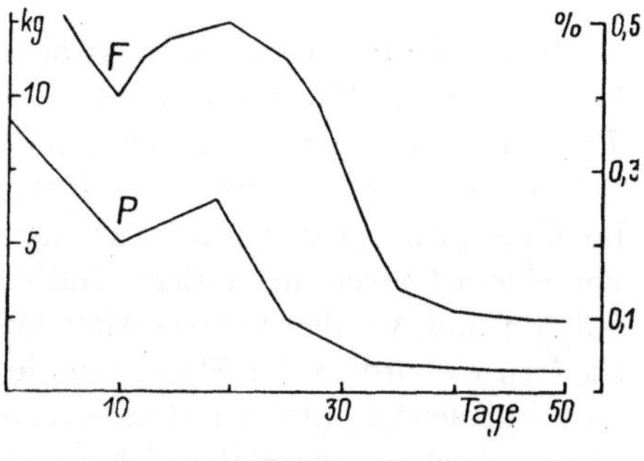

Abb. 355

Abb. 354. Die Atmungsintensität von Tomaten in den verschiedenen physiologischen Altern. Abszisse: Prozentuale Zunahme des Durchmessers der Früchte je Tag; nachdem ausgewachsen, dienen als Maßstab die Farbveränderungen. Ordinate: mg ausgeschiedene Kohlensäure je kg Lebendgewicht je h. (Nach GUSTAFSON, 1929.)

Abb. 355. Das Weichwerden und die Pektinspaltung bei Birnen während der Lagerung bei 4,5°. Kurve *F* (Festigkeit): Kraft in kg, die zum Einpressen eines bestimmten Stempels in die Früchte aufgewendet werden muß. Kurve *P*: Gehalt an Protopektin, in % des Frischgewichtes. Abszisse: Lagerungszeit in Tagen. (Nach KIDD, WEST und EMMET aus PAECH, 1940.)

allgemeinen stoffwechselphysiologischen Umstellungen; so fällt bei Tomaten die Atmungsintensität (Abb. 354), bis sie ausgewachsen sind, dauernd ab, steigt dann während des Reifens nochmals schwach an, um bei der Erntereife endgültig abzufallen.

Diese Umstellungen setzen sich bei lagerfähigen Früchten auch nach dem Pflücken, also während der Nachreife und des Alterns, in charakteristischer Weise fort; so sinkt die Atmungsintensität von Birnen nach der Ernte, während einer ersten Phase, in der noch immer Stärke gespeichert wird, zunächst ab, durchläuft ein Minimum und steigt dann unter starker Hydrolyse des Reservematerials und der abbaufähigen Wandbestandteile, zum Beispiel der Pektine, zu einem Maximum an, das unter Umständen den doppelten Betrag des Minimums erreichen kann. Hernach fällt sie bis zum Tode der Frucht endgültig ab. Dieser letzte, klimakterische Anstieg der Kohlensäureausscheidung kennzeichnet offenbar den Beginn des eigentlichen «Alterns» der Frucht. Eine unmittelbare Beziehung zu andern wahrnehmbaren Prozessen, so zur Färbung oder zum Pektinabbau und zum Weichwerden (Abb. 355), besteht aber nicht, sondern diese gehorchen wieder ihren eigenen Gesetzmäßigkeiten.

Bei der ontogenetischen Verschiebung der Erkrankungsbereitschaft der Früchte überlagern sich also, wie bei der *Plasmopara*anfälligkeit der Rebenblätter (S. 478), wahrscheinlich zwei Ursachenkomplexe, nämlich eine ontogenetische Abnahme der Ausbreitungsresistenz infolge der chemischen Reifung, und zu gleicher Zeit eine ontogenetische Abnahme der Abwehrpotenz der Zellen, auf die wir nun gleich im folgenden Abschnitt eintreten werden.

d) Ontogenetische Verschiebungen der Reaktionslage

Nicht alle Pflanzen zeigen ontogenetische Verschiebungen ihrer Reaktionsbereitschaft; so bleibt *Dactylis glomerata* L. zeitlebens für den Schwarzrost, *Puccinia graminis* Pers., gleich anfällig (Stakman und Piemeisel, 1917). Auch führen die Verschiebungen der Reaktionspotenz, wo sie überhaupt bestehen, im Gegensatz zu den Verschiebungen der Eindringungsresistenz, nur selten von einem Extrem ins andere; Individuen, die in der Jugend vollkommen befallsfrei sind, werden auf das Alter hin nur selten hochanfällig und umgekehrt; sondern es wird in der Regel nur der Grad einer schon bestehenden (wenngleich vielleicht unter Umständen kaschierten) Anfälligkeit modifiziert. Dabei ist es oft schwer, zum Beispiel zwischen einer Steigerung der Abwehrbereitschaft (der Ungeneigtheit des Organismus, als Wirt zu dienen) und einer Abnahme der Erkrankungsbereitschaft (der Geneigtheit des Organismus, auf den Infekt pathologisch zu reagieren) zu unterscheiden; beide Erscheinungen können nebeneinander hergehen oder sich überkreuzen.

Bei den mannigfaltigen Wirtspflanzen und Parasitenarten der Pflanzenpathologie finden sich alle vier Möglichkeiten der ontogenetischen Verschiebung der Reaktionsbereitschaft vertreten:

aa) Jugendwiderstandsfähigkeit – Altersanfälligkeit.
bb) Jugendanfälligkeit – Alterswiderstandsfähigkeit.
cc) Jugend- und Alterswiderstandsfähigkeit mit Anfälligkeit im mittleren Lebensabschnitt; und
dd) Jugend- und Altersanfälligkeit mit Widerstandsfähigkeit im mittleren Lebensabschnitt.

aa) Jugendwiderstandsfähigkeit – Altersanfälligkeit. Dieser Typus: Absinken der Wirkungshöhe der Abwehrreaktionen mit zunehmendem Alter, dürfte bei den krautigen Pflanzen der häufigste sein. Schon S. 453 wurde angedeutet, daß gewisse Viren den Vegetationskegel nicht zu befallen vermögen; eine ähnliche Jugendwiderstandsfähigkeit besteht bei Keimlingen; diese lehnen, solange sie noch kein Chlorophyll gebildet haben, das eingebrachte Virus ab.

Im praktischen Pflanzenbau drückt sich diese ontogenetische Steigerung der Erkrankungsbereitschaft in einer annuellen Zunahme der Häufigkeit und der Heftigkeit der Erkrankungen aus: der Zeitpunkt, in welchem bestimmte Infektionskrankheiten alljährlich epidemisch auftreten, liegt bei einigen von ihnen später, als aus parasitologischen Gründen zu erwarten wäre, nämlich

Tabelle 62

Beziehungen zwischen dem Entwicklungsstadium der Kartoffelstauden (Sorte Eclips) und ihrer Anfälligkeit für *Phytophthora infestans* (Mont.) de By. (Nach DE BRUIJN, 1926.)

Pflanzdatum	Befallsstärke am									
	August			September				Oktober		
	10	17	25	3	10	17	24	1	8	16
Mitte März	0	0	5							
Mitte April	0	0	5	9						
Mitte Mai	0	2	6	9	9	9				
Mitte Juni	0	0	1	4	6	9	9			
Mitte Juli		0	0	3	4	7	8	9		
Mitte August						3	4	6	8	8

dann, wenn die ontogenetische Krankheitsbereitschaft der Kulturen erreicht ist; so sind in Tabelle 62 einige Ergebnisse von Feldversuchen über die phasenspezifische Steigerung der Anfälligkeit von Kartoffelstauden für den falschen Mehltau zusammengestellt. Die Anpflanzung erfolgte kontinuierlich von Mitte März bis Mitte August. Die erste Kolonne enthält das Pflanzdatum; die folgenden Kolonnen geben die Befallstärke wieder, in der Skala von 0 (kein Befall) bis 9 (tödlicher Befall). Obschon beispielsweise vom 10. August weg die Krankheit allgemein auf den Feldern vorhanden war, wurden die im Juli gepflanzten Parzellen erst Mitte September in erheblichem Maße angegriffen; in der Zeitspanne von Mitte August bis Mitte September, also noch im zweiten Monat ihrer Entwicklung, befanden sich demnach die Kartoffelstauden in einem Zustand der entwicklungsgeschichtlich bedingten, innern Widerstandsfähigkeit. Die *Phytophthora* stellt somit bei der geprüften Sorte eine Alterskrankheit der Kartoffelstauden dar. Bei andern Sorten scheinen dagegen keine derartigen Verschiebungen der Immunitätshöhe zu bestehen (BEAUMONT, 1934; HÄNNI, 1949).

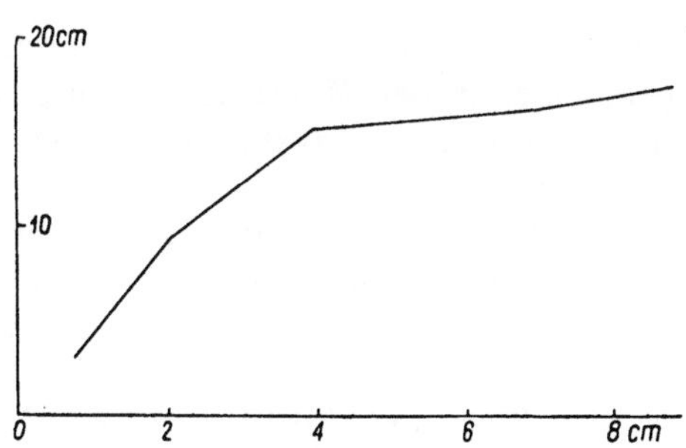

Abb. 356

Die phasenspezifische Zunahme der Blasenrostanfälligkeit der Weymouthskiefern. Abszisse: Stammdurchmesser. Ordinate: Wachstum des Myzels in 133 Tagen. Die Immunitätshöhe nimmt bis zu einem Brusthöhendurchmesser von 10–15 cm, das ist bis zu einem Alter von etwa 20–30 Jahren, asymptotisch ab. (Nach RHOADS, 1920.)

Eine ähnliche phasenspezifische Steigerung der Krankheitsbereitschaft besteht bei Zwetschgenblättern für den Zwetschgenrost, *Tranzschelia pruni spinosae*, der aus diesem Grunde in Mitteleuropa erst im September und Oktober epidemisch auftritt, bei den Rosenblättern für den Sternrußtau, *Diplocarpon rosae*, dessen Häufigkeit infolgedessen auch wieder gegen den Herbst hin wächst, bei der Blattfleckenkrankheit der Zuckerrüben (Abb. 201), deren Infektionsdichte gleichfalls im Herbst steil ansteigt, beim

Tabelle 63

Der Einfluß des Entwicklungsstadiums auf die Reaktionsnorm dreier Weizensorten gegenüber drei Biotypen des Weizengelbrostes, *Puccinia glumarum tritici* Erikss., bei der Lufttemperatur von 15°. (Nach KÜDERLING, 1936.)

Weizensorte	Biotyp	Entwicklungsstadium des Wirtes		
		Keimblattstadium	4. Blattstadium	Halmschossen
Ridit	Kitzeberg 31/2	3-4	0-1	0
	Kitzeberg 32	3-4	0	0
	Langenstein	3-4	3-4	3-4
Garnet	Kitzeberg 31/2	2-3	0-i	0-i
	Kitzeberg 32	2-3	i	0-i
	Langenstein	3	0-i	0-i
Hörnings Dickkopf	Kitzeberg 31/2	3-4	3-4	3-4
	Kitzeberg 32	4	4	4
	Langenstein	3-4	0-3	2-3

Befall der Weymouthskiefern durch den Blasenrost, *Cronartium ribicola* (Abb. 356), dessen Myzel sich bis zu einer gewissen Altersstufe in der Stammrinde um so rascher ausbreitet, je dicker, d.h. je älter die Stämme sind.

bb) Jugendanfälligkeit – Alterswiderstandsfähigkeit. Ein altersbedingter Verlust einer im jugendlichen Organismus bestehenden Krankheitsbereitschaft wurde zuweilen beim Getreide gegenüber dem Gelbrost, *Puccinia glumarum* (Schmidt) Erikss. et Henn. beobachtet. Doch sind die Verhältnisse je nach Züchtung, Rostbiotyp und Entwicklungstemperatur sehr uneinheitlich; so nimmt in Tabelle 63 bei Riditweizen der Reaktionstypus gegenüber dem Biotyp 31/2 mit dem Alter ab, gegenüber dem Biotyp Langenstein dagegen nicht.

Der Unterschied zwischen Jugendanfälligkeit und Alterswiderstandsfähigkeit kann derart weit gehen, daß junge Getreidepflanzen oder jugendliche Gewebe erwachsener Pflanzen für Roste anfällig sind, deren sie sich in erwachsenem Zustand zu erwehren vermögen; so werden Keimpflanzen gewisser Hafer- und Roggenzüchtungen vom Weizenschwarzrost, *Puccinia graminis tritici*, Form 9, 21 und 36, befallen, ältere Pflanzen dagegen nicht, ferner Keimpflanzen von Gerste (nicht aber von Weizen) vom Haferschwarzrost, *Puccinia graminis avenae*, Form 6, 7 und 8 (NEWTON und BROWN, 1934).

cc) Jugend- und Alterswiderstandsfähigkeit mit Anfälligkeit im mittleren Lebensabschnitt. Auch diesen entwicklungsgeschichtlichen Ablauf finden wir bei manchen Rostanfälligkeiten. In Tabelle 64 wurden Bohnenblätter in Intervallen von 3 zu 3 Tagen unter bestimmten äußern Bedingungen mit den Uredosporen des Bohnenrostes infiziert; sie zeigen zunächst eine Zunahme der Anfälligkeit, sich äußernd in einer Verschiebung des Reaktionstypus von vorwiegend 0b nach vorwiegend Typus 3 hin, wobei die

Tabelle 64

Der Einfluß des Alters der Blattgewebe auf den Reaktionstypus der Bohnensorte Red Valentine gegenüber einem bestimmten Stamm des Bohnenrostes, *Uromyces phaseoli*. (Nach WEI, 1937.)

Alter der Blätter nach dem Entfalten in Tagen	% Blätter des Infektionstypus		
	0b	1b	3
0	54,6	44,7	0,7
3	56,5	43,0	0,5
6	23,8	36,6	39,6
9	21,3	40,6	38,1
12	3,0	13,5	83,5
15	0,6	0,5	98,9
18	0,2	0,2	99,6
21	0,4	0,5	99,1

Umstellung zwischen dem 9. und dem 12. Alterstag fast sprunghaft erfolgt. Bei noch höherem Lebensalter der Wirtsgewebe, wenn der Rost Teleutosporen zu bilden beginnt, können die Blätter mit den frühern Sporenformen, den Aecidio- und Uredosporen, nicht mehr infiziert werden: sobald die Gewebe das Stadium der «Teleutosporenreife» erreichen, verlieren sie wieder ihre Rostanfälligkeit.

In ähnlicher Weise nimmt zuweilen beim Getreide die Reaktionsbereitschaft gegenüber dem Schwarzrost, *Puccinia graminis* Pers., und in geringerem Maße auch gegenüber dem Kronenrost, *Puccinia lolii* Niels. (syn. *Puccinia coronifera* Kleb.), während eines gewissen Lebensalters ab: Die Jugend- (Keimlings-)widerstandsfähigkeit macht einer gewissen Anfälligkeit Platz, die dann in jenem Reifezustand der Gewebe, in welchem die Teleutosporenbildung einzusetzen pflegt, zu einer erneuten Widerstandsfähigkeit überleitet (GASSNER, 1915, 1932). Da die Keimschläuche durch die Spaltöffnungen eindringen, so liegt nicht in erster Linie eine Abnahme der Eindringungs- und der Ausbreitungsresistenz vor, sondern eine Abnahme der physiologischen Abwehrpotenz.

Doch sind die Verhältnisse, wie immer bei den Rostpilzen, in Wirklichkeit sehr kompliziert. Unsere Angaben gelten deshalb nur als allgemeine Regel; Weizen wird nicht als botanische Art (bzw. Artengruppe) während seines Heranwachsens summarisch für Schwarzrost anfälliger, sondern diese Aussage gilt nur für bestimmte Weizenzüchtungen in Verbindung mit bestimmten

Schwarzrostbiotypen; so haben wir eben unter bb) ein Beispiel kennengelernt, das sich umgekehrt verhält. Dazu kommt, daß manchmal die Beurteilung der Empfänglichkeit verschieden ausfällt, je nachdem man als Maßstab den Befallsgrad (die Infektionshäufigkeit, die Zahl und Größe der Infektionsstellen bzw. Rostpusteln) oder den Infektionstypus (den Reaktionstypus der Wirtspflanze; S. 339) verwendet.

dd) Jugend- und Altersanfälligkeit mit Widerstandsfähigkeit im mittlern Lebensabschnitt. Eine ontogenetisch bedingte Anfälligkeit

Tabelle 65
Die ontogenetischen Verschiebungen der Anfälligkeit einiger Weizensorten für den Biotyp XV des Weizenbraunrostes, *Puccinia triticina* Erikss. (Nach VOHL, 1938.)

Entwicklungsstadium	Marquis	Marquillo	Thatcher	Hope
Gelbreife	1	2	2	1
Milchreife	1	1	1	0
Ährenschieben	0	0	0	0
Halmschossen	1	1	1	2
Bestockung	3	3	3	4
Keimpflanze.	4	4	4	4

in der Jugend und im Alter, verbunden mit einer erhöhten Widerstandsfähigkeit «in der Vollkraft der Jahre», besteht gelegentlich bei Weizensorten gegen bestimmte Biotypen des Braunrostes, *Puccinia triticina* Erikss. Die hohe Jugendanfälligkeit (Befallstyp 4 in Tabelle 65) macht bei ihnen, wenn die Pflanzen zum Schossen und Blühen schreiten, unter Umständen einer ausgesprochenen Widerstandsfähigkeit (Befallstypus 0) Platz; alternde Blätter weisen dann, bis zur «Teleutosporenreife», wieder eine Zunahme ihrer Anfälligkeit auf.

Der Umstand, daß sich die Widerstandsfähigkeit gegen die verschiedenen Roste und Rostbiotypen in der Entwicklung ein und derselben Getreidepflanze unterschiedlich ändert, gegen den einen Rost oder Rostbiotyp nach Typus aa) abnimmt, gegen einen andern Rost nach Typus bb) wächst und gegen einen dritten nach Typus cc) schwankt, läßt erkennen, wie sehr hier Verschiebungen der Reaktionsnorm, nicht Verschiebungen der Resistenzfaktoren, in Frage stehen. Wirtspflanzen mit derartigen ontogenetischen Verschiebungen ihrer Reaktionspotenz pflegen auch gegen die gleich zu besprechenden äußern Einwirkungen (Ernährung, Temperatur usw.) in einem ähnlichen Rahmen empfindlich zu sein.

Diese ontogenetischen Verschiebungen der Reaktionspotenz stellen den Züchter vor schwierige Probleme. Auf welche Rostfestigkeit soll er, angesichts der klimatischen Verhältnisse und der Rostrassen eines bestimmten Anbaugebietes, züchten: auf Widerstandsfähigkeit während der Bestockung (das ist bei Winterweizen zum Teil im Herbst des Vorjahres) oder während des Ährenschiebens oder während der Milchreife?

Auch die laboratoriumsmäßige Prüfung der Rostfestigkeit von Neuzüchtungen wird durch diese Verschiebungen außerordentlich erschwert; denn es genügt nicht, die Aussaaten im Keimlingsstadium im Gewächshaus mit einer Anzahl Rostbiotypen durchzutesten; sondern es muß eine kostspielige, feldmäßige Anbauprüfung durchgeführt werden; bei dieser wird aber die ontogenetische Verschiebung der Reaktionslage von den Dispositionsverschiebungen überlagert, die durch die gleich zu besprechenden jahreszeitlichen Temperatur- usw. Schwankungen ausgelöst werden, so daß die Ergebnisse von einem Anbaugebiet zum andern schwanken.

2. Der Einfluß der Vitalität auf die Krankheitsbereitschaft des Wirtes

Unter Vitalität, Lebensenergie oder élan vital verstehen wir die Intensität, mit der ein Organismus gesamthaft auf die Umwelt anspricht, reagiert. Sie bestimmt seine Reaktionslage.

Sämtliche Faktoren, welche die Krankheitsbereitschaft einer Wirtspflanze verschieben, wirken sich im Grunde genommen über ihre Vitalität aus. Soweit sie schon isoliert, verselbständigt sind (Umwelttemperatur, Lichtgenuß, bestimmte Nährstoffe usw.), sollen sie in den folgenden Kapiteln einzeln besprochen werden. Bei ihnen kennen wir das Anfangsglied der Reaktionskette (den bestimmten variablen Umweltfaktor), das vorletzte Glied (die sich ändernde Vitalität) und das Endglied (die sich ebenfalls ändernde Krankheitsbereitschaft); unzugänglich sind uns dagegen vorläufig die dazwischen liegenden Glieder.

Bei andern Verschiebungen der Vitalität gelang es dagegen noch nicht, das Anfangsglied, den Umweltkomplex, in seine Komponenten aufzulösen; faßbar sind deshalb nur das vorletzte Glied, die sich ändernde Vitalität und das Endglied, die sich ebenfalls ändernde Krankheitsbereitschaft. Von diesen Beispielen, bei welchen wir die ausschlaggebenden Umweltfaktoren noch nicht zu definieren vermögen, soll im vorliegenden Abschnitt die Rede sein.

Die Richtung, in der die Krankheitsbereitschaft des Wirtes verschoben wird, ist je nach dem Charakter des Parasit-Wirt-Verhältnisses, ob eusymbiontisch oder parabiontisch, verschieden, und zwar meist entgegengesetzt. Bei Eusymbionten führt eine Abnahme der Vitalität des Wirtes zu einer erhöhten, eine Stärkung des Wirtes zu einer verminderten Anfälligkeit; bei Parabionten führt dagegen eine Schwächung des Wirtes zu einer verminderten, eine Stärkung des Wirtes zu einer erhöhten Anfälligkeit. Geringe Vitalität bedeutet also bei Eusymbionten hohen Befall, bei Parabionten Befallsfreiheit (S. 398).

Für den ersten Fall, Erhöhung der Krankheitsbereitschaft durch Verminderung der Vitalität des Wirtes, sind sowohl der Medizin als der Pflanzenpathologie sattsam Beispiele bekannt. Parasiten, die einen Wirt überhaupt nur dann zu besiedeln vermögen, wenn seine Vitalität krankhaft herabgesetzt ist, nennt man Schwächeparasiten (*Botrytis cinerea, Macrosporium-, Cladosporium-* usw. Arten; Schwärzepilze der landwirtschaftlichen Kulturpflanzen); sie gehören ihrer Natur nach zu den fakultativen Parasiten.

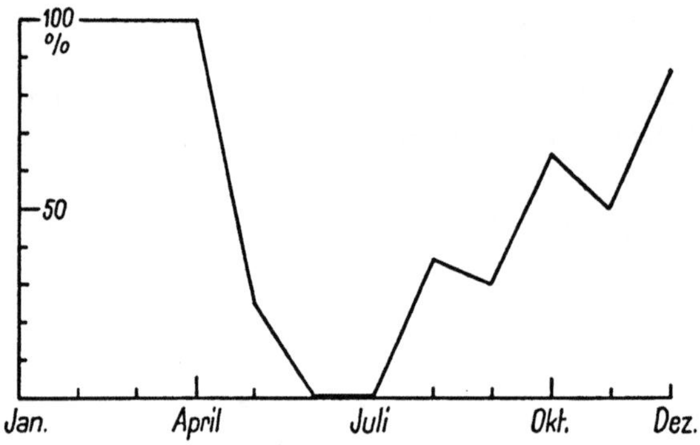

Abb. 357

Die Erkrankungshäufigkeit der Pflaumenbäume bei serienweiser Infektion durch *Stereum purpureum* Pers. im Laufe eines Jahres. Abszisse: Infektionszeit. Ordinate: Zahl der Erkrankungen. (Nach Brooks und Moore, 1926.)

Je intensiver die Kultur, um so labiler ist das Lebensgleichgewicht der betreffenden Pflanzen und um so größer ihre Gefährdung durch eine induzierte Disposition; deshalb hat der Gärtner weit mehr mit Schwächungsanfälligkeit zu rechnen als der Landwirt. Das Gewächshaus schafft vollends derart besondere Dispositionsverhältnisse, daß eigentliche Gewächshauskrankheiten (Bewley, 1928) entstehen.

Eine weitere augenfällige Gruppe dieser imponderabeln Umweltkomplexe bildet das Großstadtklima, das die Laubbäume der Alleen vorzeitig für *Nectria*befall, die Nadelhölzer für Schüttepilze anfällig werden läßt. Die Verbrennungsgase der Explosionsmotoren, der Straßenbeleuchtung, der Schornsteine und der extrem xerische Standort (intensivste Einstrahlung, verbunden mit Wasser- und Luftmangel der Wurzeln wegen Abdeckung durch den Hartbelag) schaffen ein künstliches Lokalklima, dem die innere Anpassung der Bäume nicht mehr zu folgen vermag. Asphaltpflanzen werden nicht alt.

Wie in der Gärtnerei wird die Lebensenergie der einzelnen Individuen im Obst- und Waldbau sorgfältig gepflegt, weil hier Maßnahmen und Beobachtungen auf Jahrzehnte hinaus möglich sind. Wie sehr zum Beispiel die Erkrankungsdisposition der Pflaumenbäume für den Bleiglanz mit der vegetationszeitlichen Lebensenergie schwankt, zeigt Abb. 357: In der Ruhezeit der Monate Februar–April führen 100% der Zweiginfektionen zum charakteristischen Krankheitsausbruch; mit der Lebenstätigkeit erwacht im Mai auch die Abwehrkraft (S. 451); sie erreicht in den Monaten Juni und Juli ihren Höhepunkt und nimmt gegen den Herbst hin wieder ab. In einem ähnlichen Sinne, nur schwerer zu fassen, wirkt eine Veränderung der allgemeinen Lebenslage der Bäume durch Kulturmaßnahmen.

Dasselbe gilt für das Provenienzproblem im Waldbau. Da die genetische Qualitätszüchtung bei forstlichen Holzgewächsen erst nach Jahrhunderten einen Erfolg bringt, muß man sich in der Zwischenzeit bei Aufforstungen mit Saatgut von qualitativ hochwertigen Lokalrassen aus klimatisch und edaphisch ähnlichen Gebieten behelfen. Doch zeigen manche Waldbäume eine erstaunlich geringe Fähigkeit, sich ernährungsphysiologisch und in ihrem Entwicklungsrhythmus auf die neue Lebenslage umzustellen; ihre Vitalität wird deshalb geschwächt und sie neigen dementsprechend in der neuen Umgebung zu Infektionskrankheiten, denen sie in ihrer Heimat gewachsen sind:

Von den im Versuchsgarten Eberswalde ausgepflanzten einjährigen Kiefern verschiedener Saatgutprovenienz waren nach zwei Jahren an der Nadelschütte (Ritzenschorf, *Lophodermium pinastri* (Schrad.) Chev.) zugrunde gegangen 87% bei Saatgut aus der Rheinpfalz, 86% bei Saatgut aus der Auvergne, 85% bei Saatgut aus Belgien, 78% bei Saatgut aus der Mark, 57% bei Saatgut aus der Johannisburger Heide, 52% bei Saatgut aus Schottland, 35% bei Saatgut aus Kurland und 25% bei Saatgut aus dem Ural (HAACK, 1911). Bei analogen Provenienzversuchen in der Nordschweiz (Eglisau; BURGER, 1931) litten gerade die Föhren aus den benachbarten Schweizer Alpen stark unter der Nadelschütte, dagegen mäßig bis wenig die Föhren aus Südwestdeutschland und aus Südfrankreich und nur sehr wenig bis gar nicht die Föhren aus Ostpreußen, Schweden, Norwegen und dem Ural. Ähnliche Erfahrungen wurden in Schweden mit der Schneeschütte der Kiefern, *Phacidium infestans* Karst., gemacht (SCHOTTE, 1923).

Der Forstmann drückt sich dahin aus, das ostpreußische Saatgut sei «standortsgemäßer» als das alpine und deshalb schüttewiderstandsfähiger; auch der Botaniker wird die Ursachen dieser großen Anfälligkeitsverschiebungen noch lange Zeit nur allgemein über eine Depression der Vitalität erfassen können.

Im Gegensatz zu den bis jetzt besprochenen Infektionskrankheiten führt bei den parabiontischen Parasit-Wirt-Paaren eine Verminderung der Lebensenergie zu einer Abnahme, eine Steigerung der Lebensenergie zu einer Zunahme der Infektions- und der Krankheitsanfälligkeit.

Auch die Medizin vermutet in gewissen Fällen, so für die Grippeepidemie von 1918, derartige Beziehungen; sie lassen sich aber naturgemäß nicht experimentell beweisen, sondern nur an Hand der unterschiedlichen Sterblichkeit bei körperlich starken und bei körperlich meist zartern Berufsklassen statistisch verfolgen; dabei bleibt jedoch der Einwand offen, daß sich körperlich kräftige Männer meist zu spät in ärztliche Behandlung begeben und dann den Komplikationen erliegen.

In der Botanik besteht eine Konkordanz zwischen der erhöhten Vitalität des Wirtes und seiner gesteigerten Krankheitsbereitschaft zunächst bei gewissen Infektionskrankheiten der Knollen, Früchte usw.; so fällt bei den Kartoffeln das thermische Ertragsoptimum (Abb. 368) weitgehend mit dem thermischen Optimum für den Schorfbefall (Abb. 372) zusammen. Es ist ja letzten Endes der Wirt, der auf den pathogenen Reiz mit krankhaften Wucherungen antwortet. Je größer seine Vitalität, um so nachhaltiger ist in diesem Falle seine pathologische Reaktion.

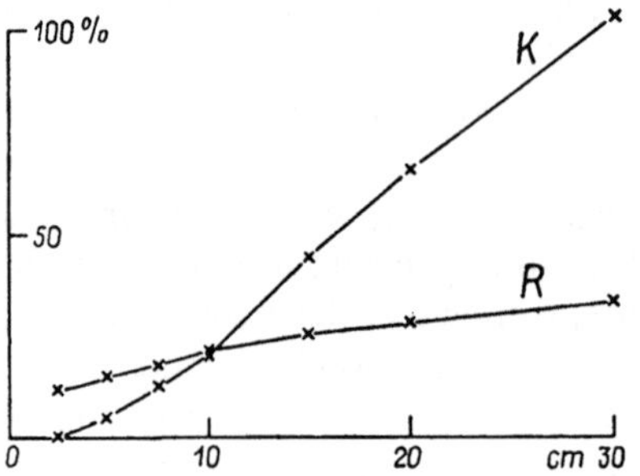

Abb. 358
Die Steigerung des Körnerertrages (Kurve *K*) und des Rostbefalls (Kurve *R*) bei zunehmender Standweite des Hafers. (Nach RAINES, 1922.)

Ähnliches gilt für gewisse Infekte der Laubblätter, insbesondere für ihre Rostkrankheiten; eine der wenigen Ausnahmen bildet der Fichtennadelrost, *Chrysomyxa abietis* (Wallr.) Ung., der vorzugsweise unterdrückte Fichten befällt.

In Tabelle 66 und Abb. 358 sind als Mittel aus 32 Versuchen die Beziehungen zwischen Standweite und Rostbefall (Schwarz- und Gelbrost) bei Hafer dargestellt. Mit zunehmender Standweite erhält jede einzelne Pflanze mehr Erdreich, Luft und Licht; sie bestockt sich reichlicher (Zahl der Rispen) und gedeiht kräftiger (Stroh- und Körner-

Tabelle 66
Beziehungen zwischen Standweite und Rostbefall bei Hafer. (Nach RAINES, 1922.)

Standweite in cm	Zahl der Rispen je Pflanze	Relativer Ertrag je Pflanze		Rostbefallene Blattfläche %
		Stroh	Körner	
2,5	1,0	1	1	11,8
5,0	1,1	3,6	4,6	15,0
7,5	1,3	7,8	12,3	17,8
10	2,0	11,8	20,3	20,9
15	4,2	28,2	44,0	25,4
20	6,5	43,9	66,5	27,7
30	11,2	84,8	103,2	33,2

ertrag); zu gleicher Zeit wächst aber auch ihre Rostanfälligkeit: der rostinfizierte Anteil der Blattfläche steigt von 11,8 auf 33,2%.

Selbstverständlich lohnt es sich für den Betriebsleiter doch, seinen Hafer durch angemessene, harmonische Düngergaben üppiger gedeihen zu lassen; denn die Ertragskurve verläuft in Abb. 358 weit steiler als die Kurve des Rostbefalls: der Rostbefall erreicht den rund dreifachen, der Körnerertrag je Pflanze den rund hundertfachen Wert. Wirtschaftlich spielt deshalb der stärkere Rostbefall keine Rolle; aber vom theoretisch-biologischen Standpunkte aus ist die Erkenntnis wichtig, daß bei gewissen Krankheiten eine gesteigerte Vitalität eine erhöhte Anfälligkeit bedingt. Dieser Umstand ist auch bei künstlichen Infektionsversuchen mit Uredineen zu berücksichtigen; wenn die Versuchspflanzen (Topfpflanzen!) nicht optimal gedeihen, so fallen oft die Ergebnisse, zu Unrecht, negativ aus.

In derselben Richtung erklären sich vielleicht die Versuche über die Beeinflussung der Krankheitsdisposition durch die Jarowisation des Getreides

Tabelle 67

Der Einfluß der Jarowisation auf den Steinbrandbefall des Weizens. (Nach LASSER, 1937.)

Weizensorte	jarowisiert %	nicht jarowisiert %
Ridit	3,4	5,7
Heils Dickkopf . . .	11,7	38,2
Carsten V	7,1	54,9
Panzer III	20,2	66,2

(LASSER, 1937). Es ist dies eine Methode zur Umstimmung des Wintergetreides im Keimlingsstadium: das Saatgut wird in einer bestimmten Weise befeuchtet, bei 12–15° zum Keimen angesetzt und, sobald der Keimling die Schale durchbricht, bei Wintergerste während drei Wochen, bei Winterweizen während fünf Wochen, bei rund 3° gehalten. Dadurch wird seine Keimstimmung entscheidend verschoben, so daß Wintergetreide auch bei Frühjahrsaussaat schoßt; zu gleicher Zeit wird aber (Tabelle 67) auch seine Brandanfälligkeit stark herabgesetzt. Doch ist ungewiß, ob es sich hier um eine echte Steigerung der Widerstandsfähigkeit handelt oder bloß um die Erscheinung, daß der Keimling wegen seiner beschleunigten Entwicklung dem Pilzmyzel enteilt.

3. Der Einfluß der Ernährung auf die Krankheitsbereitschaft des Wirtes

Unter Ernährung verstehen wir hier ausschließlich die Mineralsalz- und Stickstoffernährung; die übrigen Aufbaufaktoren, Wasserversorgung, Photosynthese usw., werden wir gesondert betrachten.

Die Prüfung des Einflusses der Ernährung (und auch der Temperatur usw.) auf die Reaktionslage des Wirtes stößt methodisch auf erhebliche Schwierigkeiten. Läßt man die Versuchspflanzen während der ganzen Versuchsdauer unter der Einwirkung eines bestimmten Faktors, z. B. einer niedern Stickstoffgabe oder einer hohen Bodentemperatur, stehen, so setzt sich das Endergebnis aus der präinfektionellen Verschiebung der Anfälligkeit für den Erreger und aus der postinfektionellen Beeinflussung des Krankheitsverlaufes zusammen; dadurch leidet seine Klarheit und Auswertbarkeit; aber der Versuch vermittelt, da er die Gegebenheiten der freien Natur nachahmt, dem Praktiker wertvolle Einsichten. Und variiert man einen bestimmten Faktor nur präinfektionell und schaltet ihn dann postinfektionell aus (oder umgekehrt), so gewinnt zunächst bloß der Biologe theoretische Einblicke. Beide Arten der Versuchsanordnung sind deshalb notwendig und müssen sich ergänzen. Doch liegt zur Zeit das Schwergewicht der Forschung noch immer auf dem praktischen Sektor.

Wir gliedern den vorliegenden Abschnitt nach sechs Gesichtspunkten:

a) Die Spezifität der Verschiebung der Disposition.
b) Das Ausmaß der Verschiebbarkeit der Disposition.
c) Die Labilität der Disposition.
d) Die Richtung der Verschiebung der Disposition.
e) Die verschiebbaren Elemente der Disposition, und
f) Die Wirkung der einzelnen Nährstoffe.

a) Die Spezifität der ernährungsphysiologischen Verschiebung der Disposition. Die Krankheitsanfälligkeit der Pflanzen wird durch die Ernährung im allgemeinen unspezifisch verschoben: nicht bloß die Anfälligkeit für eine bestimmte Infektionskrankheit ändert sich, sondern zu gleicher Zeit und gleichsinnig auch die Anfälligkeit für eine Reihe von andern Erkrankungen; diese werden dadurch, in bezug auf den betreffenden Einwirkungsfaktor, gewissermaßen zu einer Gemeinschaftsgruppe zusammengeschlossen.

b) Das Ausmaß der ernährungsphysiologischen Verschiebbarkeit der Disposition. Beim Menschen sind die ernährungsphysiologisch bedingten Ausschläge der Krankheitsdisposition außerordentlich groß, weil auch seine Nährstoffaufnahme aus psychologischen und soziologischen Gründen extremen Schwankungen unterliegt; man denke an die starke Infektionsgefährdung bei totaler Unterernährung (Hungersnot) oder bei partieller Unterernährung (zum Beispiel C-Avitaminose, Skorbut) oder bei extremer Überernährung (zum Beispiel habitueller Schlemmerei). Derartige Ernährungssünden können selbstverständlich auch bei Pflanzen begangen werden; aber sie interessieren den Pflanzenpathologen vorläufig nicht. Es handelt sich für ihn nicht darum, ungeeignete Wirte durch Ernährungsmaßnahmen in geeignete zu verwandeln, sondern im Rahmen einer einigermaßen normalen (nicht pathologischen) Nährstoffversorgung die Verschiebung der Anfälligkeit durch unharmonische, einseitige Nährstoffgaben zu verfolgen. Entsprechend dieser Einschränkung des kausalen Schwankungsbereiches sind bei seinen Versuchspflanzen auch die induzierten Ausschläge erheblich geringer als in der Humanmedizin.

c) Die Labilität der ernährungsphysiologisch bedingten Disposition. Wie das Ausmaß, so ist auch die Leichtigkeit, mit der sich die Krankheitsdisposition ernährungsphysiologisch verschieben läßt, je nach Erreger und Wirt verschieden. Die Krebsanfälligkeit der Kartoffeln läßt sich durch Düngung nur wenig beeinflussen, wohl aber ihre *Phytophthora*anfälligkeit. Der Brandbefall des Getreides wird durch die Ernährung nur wenig verschoben, wohl aber sein Befall durch Rostpilze, echten Mehltau (Erysiphaceen) und durch die Streifenkrankheit (*Helminthosporium*arten).

Tabelle 68
Häufige Verschiebungen der Krankheitsbereitschaft durch einseitige Ernährung. (Zur Hauptsache nach ROEMER, FUCHS und ISENBECK, 1938.)

Funktion	Stickstoff		Kali		Phosphorsäure	
	Mangel	Überschuß	Mangel	Überschuß	Mangel	Überschuß
Ausbau der Resistenzfaktoren	erhöht	vermindert	vermindert	erhöht	wechselnd	
Fähigkeit zur Abwehrreaktion	erhöht	vermindert	vermindert	erhöht	wechselnd	
Wassergehalt . . .	gering	sehr hoch	gering	sehr hoch	hoch	gering
Gehalt an Zuckern .	hoch	gering	hoch	gering	sehr gering	sehr hoch
Gehalt an Stärke. .	unregelmäßig		gering	sehr hoch	hoch	gering
Osmotischer Wert des Zellsaftes	niedrig	hoch	sehr niedrig	sehr hoch	hoch	niedrig
Ausbildung der Festigungsgewebe . .	ziemlich gut	gering	gering	sehr gut	gering	sehr gut

d) Die Richtung der ernährungsphysiologischen Verschiebung der Disposition. Diese erfolgt je nach dem Erreger-Wirt-Paar verschieden, und zwar entgegengesetzt: eine Schwächung der Wirtspflanzen begünstigt den Befall durch eusymbiontische, eine Stärkung den Befall durch parabiontische Parasiten (S. 489); kümmerlich oder einseitig gedüngtes Getreide erkrankt heftiger an *Helminthosporium gramineum*, kräftig ernährtes heftiger an Rostpilzen. Mangelpflanzen sind allgemein gegen Rostpilze widerstandsfähiger als kräftig ernährte bzw. überernährte; deshalb steigt mit der Intensivierung der Landwirtschaft (zum Beispiel der stärkern Düngung zur Erzielung höherer Erträge) auch die Gefährdung der Kulturen zum Beispiel durch Rostbefall (Tabelle 66).

e) Die verschiebbaren Elemente der ernährungsphysiologisch bedingten Disposition. Eine unharmonische Ernährung kann entweder die Anfälligkeit des Wirtes für den Erreger oder, bei toxigenen Erregern, seine Empfindlichkeit für die Toxine des Erregers verschieben; dementsprechend ist der Ort, an dem die unharmonische Ernährung in das Widerstandsgefüge des Wirtes eingreift, verschieden.

Der Einfluß der unharmonischen Ernährung auf die Widerstandsfähigkeit gegen den Erreger macht sich entweder vorwiegend strukturell (bei den Faktoren der Axenie) oder vorwiegend funktionell (bei der Nachhaltigkeit der Abwehrreaktionen) geltend; die beiden Auswirkungsbereiche gehen jedoch manchmal, so bei Störungen der Stickstoff- und der Kaliversorgung, auffallend parallel (Tabelle 68).

Tabelle 69

Der Einfluß der Ernährung auf den Naßfäulebefall der Lagerkartoffeln, Sorte Industrie. (Nach FEHMI, 1933.)

Düngung	Auflösung der Mittellamellen in Stunden	Spontan faulende Kartoffeln %
Normaldüngung	9	5,9
Stickstoff		
Überschuß als Kalkstickstoff	8	17,5
Überschuß als Ammonsulfat	8	20,8
Mangel	9	2,8
Kali		
Überschuß als Kainit	9	8,4
Überschuß als 40% Kalisalz	8	11,4
Mangel	8	12,1
Phosphorsäure		
Überschuß als Superphosphat	8	7,1
Überschuß als Thomasmehl	7	6,8
Mangel	7	6,9

Eine Verschiebung der strukturellen Axenie (nämlich des Baues der Gerüstsubstanz) erfolgt zum Beispiel bei den Kartoffelknollen gegenüber den Naßfäulebakterien; diese zerstören ja in erster Linie die Mittellamellen (Abb. 412), worauf die aus dem Zellverband gelösten Einzelzellen unter Bildung einer faulen, breiigen Masse zugrunde gehen; Tabelle 69 zeigt, daß wohl bei Störungen der Stickstoff- und der Kaliversorgung eine gewisse Beziehung zwischen der Auflösbarkeit der Mittellamellen durch *Bacterium carotovorum* einerseits und der Zahl der in Mieten spontan faulenden Knollen anderseits besteht, nicht aber bei Störungen der Phosphorsäureversorgung; bei dieser muß also die (trotz starker Auflösbarkeit der Mittellamellen) hohe Haltbarkeit funktionell bedingt sein.

Eine Verschiebung der funktionellen Widerstandskraft des Wirtes wurde zum Beispiel von BÖNING (1930, 1933) für die Wildfeueranfälligkeit des Tabaks (S. 32) verfolgt: Stickstoffüberdüngung und Kalihunger erhöhen den Befall, geringe Stickstoffgaben oder hohe Kaligaben vermindern ihn; Phosphorsäuremangel wirkt ähnlich wie Stickstoffüberernährung, Phosphorsäureüberschuß beeinflußt dagegen das Befallsbild nur wenig. Doch bestehen zum Beispiel zwischen dem Stickstoffgehalt der Blätter und ihrer Widerstandsfähigkeit keine eindeutigen Beziehungen, sondern ausschlaggebend ist offenbar ihre Fähigkeit zur funktionellen Abwehr.

Ein Beispiel für den Einfluß der unterschiedlichen Ernährung auf die Toxinempfindlichkeit des Wirtes bildet die *Fusarium*welke der Tomaten. Die Krankheitsanfälligkeit der Tomaten wird durch die Ernährung erheblich verschoben (WALKER und FOSTER, 1946; STODDARD und DIMOND, 1948); so erkrankten in einer bestimmten Nährlösung (x) bei der Konzentration 0,1 x (Unterernährung) 40%, bei 1 x (normale Ernährung) 95% und bei 10 x (Überernährung) 5% der Individuen; die Krankheitsanfälligkeit durchläuft somit bei normaler Ernährung einen Höhepunkt. Die Empfindlichkeit für das Welkegift, Lycomarasmin, ist dagegen in allen drei Versuchsgruppen gleich groß: dieselbe Toxinmenge erzeugt bei allen drei dieselbe Ausprägung der Symptome (GÄUMANN, NAEF-ROTH und MIESCHER, 1950). Die unterschiedliche Krankheitsanfälligkeit der verschieden ernährten Tomatenpflanzen beruht also nicht auf einer ernährungsphysiologisch gesteuerten unterschiedlichen Empfindlichkeit für das Toxin des Erregers, sondern auf einer ernährungsphysiologisch gesteuerten unterschiedlichen Widerstandsfähigkeit gegen den Erreger: Die verschiedenen Teilfunktionen des Wirtes im Krankheitsgeschehen werden durch die unterschiedliche Ernährung verschieden beeinflußt.

f) Die Wirkung der einzelnen Nährstoffe. Unter den Nährstoffen, welche die Krankheitsdisposition des Wirtes wesentlich verschieben, nimmt der Stickstoff eine zentrale Stellung ein. Sein Überwiegen gegenüber Phosphorsäure und insbesondere Kali (RICHARDS und TEMPLEMAN, 1936) beschleunigt die Entwicklung, «verweichlicht» die Gewebe, verspätet ihre Ausreifung, verlängert also ihre Lebensdauer (während N-Mangel das physiologische Altern der Laubblätter beschleunigt: zeitlich gleich alte Blätter besitzen also bei unterschiedlicher N-Ernährung ein unterschiedliches physiologisches Alter), «treibt» die Kulturen (so spricht man im Obst- und im Waldbau von krankheitsanfälligem, «mastig» gewachsenem Holz) und setzt im allgemeinen die Krankheitswiderstandsfähigkeit herab (Tabelle 68).

Diese gegenläufige Wirkung der Stickstoffüberdüngung auf die Entwicklungsgeschwindigkeit und auf die Krankheitswiderstandsfähigkeit kommt bildhaft in Abb. 359 zum Ausdruck. Die Versuchspflanze links hatte in Sandkultur eine Grunddüngung von Phosphorsäure und Kali erhalten, die Versuchspflanze rechts überdies noch 2 g Ammonsulfat; beide waren im Stengel mit den Sporen des Wirtelpilzes, *Verticillium albo-atrum* R. et B., beimpft worden. In Abb. 359*A* ist zwar die mit Stickstoff überdüngte Pflanze rechts in ihrer Entwicklung der Mangelpflanze links weit vorausgeeilt; dafür zeigt sie aber auch schon deutliche Welkesymptome, und in Abb. 359*B* ist sie vollends an der Welkekrankheit zusammengebrochen, während die Infektion in der Mangelpflanze links überhaupt nicht anging.

A *B*

Abb. 359

Der Einfluß der N-Ernährung auf die Widerstandsfähigkeit der Tomatenpflanzen gegen die Welkekrankheit, verursacht durch *Verticillium albo-atrum* R. et B. *A* Pflanzen ohne Stickstoff (—) und mit starker Stickstoffdüngung (NN), 4 Wochen nach der Infektion. *B* Dieselben Pflanzen 8 Wochen nach der Infektion. Erklärung im Text. (Nach DONANDT, 1932.)

Tabelle 70

Der mittlere Kohlehydrat- und Stickstoffgehalt (in % der Trockensubstanz) bei gesunden und *phytophthora*kranken Kartoffelknollen. (Kombiniert aus zwei Versuchen von LEPIK, 1929, 1939.)

Substanz	Gesunde Knollenviertel %	Kranke Knollenviertel %
Stärke	70,3	64,8
Saccharose	1,7	3,0
Invertzucker	0,04	0,11
Gesamtstickstoff . . .	1,17	0,91
Rohprotein	7,0	5,5

Doch ist diese krankheitsfördernde Wirkung der Stickstoffüberdüngung nicht allgemeingültig; bei den Wurzelknöllchen der Leguminosen (S. 380 und 382) wird die Anfälligkeit durch Stickstoffmangel ausgelöst.

Zwei Beispiele, die *Phytophthora*anfälligkeit der Kartoffeln und die Rostanfälligkeit des Getreides, mögen die Bedeutung und die Auswirkung des Stickstoff-Faktors näher beleuchten.

Phytophthora infestans verwendet als Hauptenergiequelle nicht die Kohlehydrate, sondern die stickstoffhaltigen Bestandteile der Wirtsgewebe, insbesondere ihre Aminosäuren (LEPIK, 1939; HAGENGUTH und GRIESINGER,

1943); die Stärke, die in den Kartoffelknollen im Verlauf der Erkrankung verschwindet, wird nur zum geringern Teile vom Pilze verbraucht, zum größern Teil veratmet oder durch sekundäre Prozesse verzuckert (Tabelle 70). Es ist deshalb wahrscheinlich, daß der Stickstoffhaushalt der Kartoffelpflanzen nicht nur ihre Reaktionsbereitschaft (S. 403) beeinflußt, sondern in ganz besonderem Maße auch ihre Eignung, dem Parasiten als Substrat zu dienen.

Tabelle 71

Der Einfluß der Kali- und der Stickstoffernährung auf den Stickstoffhaushalt der Kartoffelstauden. N und Arginin in % der Trockensubstanz. (Nach ALTEN und ORTH, 1941.)

mg K_2O im Liter Nährlösung	100 mg N im Liter Nährlösung					400 mg N im Liter Nährlösung				
	% Gesamt-N	% Eiweiß-N	% Nichteiweiß-N	% α-Aminosäure-N	% Arginin	% Gesamt-N	% Eiweiß-N	% Nichteiweiß-N	% α-Aminosäure-N	% Arginin
25	3,9	2,5	1,4	1,0	1,4	3,9	2,5	1,4	0,8	1,9
50	3,4	2,1	1,3	0,9	1,5	3,9	2,5	1,4	0,8	1,9
100	3,1	2,0	1,1	0,7	1,6	4,0	2,5	1,5	0,7	2,0
200	2,7	1,8	0,9	0,6	1,8	4,2	2,6	1,6	0,7	2,1
400	2,3	1,5	0,8	0,5	1,9	4,4	2,6	1,8	0,7	2,2
800	2,4	1,6	0,8	0,4	1,9	4,2	2,6	1,6	0,7	2,3

ALTEN und ORTH (1941) zogen Kartoffelpflanzen der Sorte Voran in synthetischen Nährlösungen bei wechselnden Stickstoff- und Kaligaben. Mit dem gegenseitigen Verhältnis K:N verschiebt sich in den Pflanzen zum Beispiel der Gehalt an Gesamtstickstoff (Tabelle 71). Enthält die Nährlösung wenig Stickstoff (100 mg je Liter), so geht der Gesamtstickstoffgehalt der Pflanzen mit steigender Kalizufuhr zurück; in gleicher Weise sinken auch die Werte des Eiweiß-, des Nichteiweiß- und des α-Aminosäurestickstoffs. Wird dagegen die Stickstoffgabe erhöht, so wächst die Produktion der stickstoffhaltigen Substanzen mit steigenden Kaligaben nicht mehr, sondern bleibt auffallend konstant: die Erhöhung der Stickstoffgaben führt somit bei gleichzeitiger Erhöhung der Kaligaben zu einem obern Wert der stickstoffhaltigen Substanzen in den Kartoffelpflanzen. Deshalb kann eine eindeutige Antwort auf die Frage, ob die Stickstoff- oder die Kalidüngung die Erzeugung stickstoffhaltiger Verbindungen in den Kartoffelpflanzen und damit im allgemeinen ihre *Phytophthora*-anfälligkeit fördere oder hemme, nicht gegeben werden, sondern die Auswirkung der Stickstoffdüngung hängt von der zur Verfügung stehenden Kalimenge ab und umgekehrt.

Doch ist die Beziehung zwischen dem steigenden Stickstoffgehalt und der steigenden *Phytophthora*anfälligkeit nicht einseitig quantitativ gebunden, sondern es bleibt noch die Qualität der einzelnen Stickstoffverbindungen zu berücksichtigen. Während nämlich die meisten Aminosäuren für *Phytophthora*

Tabelle 72

Der Einfluß der Stickstoffernährung auf die Braunrostanfälligkeit von zwei mäßig widerstandsfähigen Weizensorten. (Nach GASSNER und HASSEBRAUK, 1931.)

Weizensorte und Rostverhalten	Ohne Stickstoff	Normale Stickstoffgabe	Fünffache Stickstoffgabe
Rümkers früher Sommerdickkopf:			
Inkubationszeit in Tagen . . .	4	—	4
Fruktifikationszeit in Tagen .	7–8	—	9–10
Befallsbild 7 Tage nach der Infektion	Starke Chlorose mit nekrotischen Zonen; lockere Pustelbildung	Wie bei Stickstoffmangel	Hellgrüne schwache Chlorose; Pusteln erst durchscheinend
Reaktionstypus 12 Tage nach der Infektion	3–2	3	4
Berkners Continental:			
Inkubationszeit in Tagen . . .	3	—	4
Fruktifikationszeit in Tagen .	7	—	9
Befallsbild 7 Tage nach der Infektion	Starke gelbe Marmorierung mit beginnenden Nekrosen; lockerer Pustelausbruch	Wie bei Stickstoffmangel	Gelbgrüne weiche Marmorierung, keine Nekrosen; Pusteln erst durchschimmernd
Reaktionstypus 12 Tage nach der Infektion	3	3–4	3–4

infestans vorzügliche Nährstoffquellen darstellen, wirkt eine der häufigst vorkommenden, das Arginin (δ-Guanidino-α-amino-valeriansäure), für *Phytophthora* (dagegen zum Beispiel nicht für Fusarien) schon in der Konzentration von 1‰ sehr giftig. Gerade der Arginingehalt der Kartoffelpflanzen nimmt jedoch sowohl im Kraut als – in geringerem Maße – in den Knollen mit steigenden Stickstoff- und Kaligaben stark zu (Tabelle 71). Es erfolgt somit innerhalb des gesamten Stickstoffhaushaltes der Kartoffelpflanzen eine qualitative Verschlechterung der stickstoffhaltigen Komponenten, die der quantitativen Begünstigung des *Phytophthora*wachstums entgegenwirkt; deshalb ist jene Düngung für eine Verminderung der *Phytophthora*anfälligkeit der Kartoffeln geeignet, die den Gesamt-, Eiweiß-, Nichteiweiß- und Aminosäurestickstoffgehalt der Pflanzen herabsetzt, dagegen den Argininngehalt erhöht.

Zweifelsohne ist Arginin nicht der Hemmungsstoff, dessen mengenmäßiges Vorkommen schon für sich allein über die *Phytophthora*anfälligkeit der Kartoffeln entscheidet; aber das Beispiel zeigt, wie ein und dieselbe Ernährungsmaßnahme (zum Beispiel Verschiebung des Stickstoffhaushaltes der Wirtspflanze) schon auf dem Gebiet der parasitischen Eignung des Wirtes vollkommen gegenläufige Wirkungen auslösen kann, so daß sich eine einfache Korrelation Stickstoffgabe-*Phytophthora*anfälligkeit von selbst verbietet.

Wie beim Stickstoffhaushalt der Kartoffelpflanzen und ihrer *Phytophthora*anfälligkeit, so wirkt auch beim zweiten Beispiel, bei den Getreiderosten, der Stickstoff nicht isoliert als solcher, sondern in seinem Verhältnis zu den übrigen Nährstoffen und zur Assimilation.

Er fördert, falls die Pflanzen ausreichend mit Kali versorgt sind, den aufbauenden Stoffwechsel, den Chlorophyllgehalt, die Assimilation, die Transpiration und den Eiweißgehalt der Blätter. Parallel dazu steigt im allgemeinen auch die Rostanfälligkeit, und zwar um so stärker, je mehr der Stickstoff im Überschuß zu Kali und zu Phosphorsäure geboten wird; außerdem hängt seine Wirkung vom gegenseitigen Verhältnis des Kalis zur Phosphorsäure ab (GASSNER und GOEZE, 1934; GASSNER und FRANKE, 1934).

Die erhöhte Rostanfälligkeit beruht auf einer Abnahme der Reaktionsbereitschaft und der Reaktionsfähigkeit der Wirtspflanzen; die spontanen nekrogenen Abwehrreaktionen unterbleiben und statt ihrer tritt eine diffuse, hellgrüne, chlorotische Panaschierung der Infektionsstellen ein (Tabelle 72); freilich kann später auch noch eine nekrogene Abortion der Gewebe erfolgen, aber nicht in dem Ausmaß wie spontan bei den Stickstoffmangelpflanzen. Entsprechend dieser Abschwächung der schutzbringenden nekrogenen Reaktionen steigt im Bonitierungsschema der Reaktionstypus (Tabelle 72).

Diese Verschiebungen des Reaktionstypus gelten jedoch nur für Getreidezüchtungen mit intermediärer Anfälligkeit; hochanfällige Sorten bleiben bei jeder Stickstoffgabe hochanfällig, befallsfreie Sorten bleiben befallsfrei. Ferner sind diese Verschiebungen nur bei Sorten mit einem labilen Befallstypus möglich; Sorten mit einem stabilen Befallstypus verhalten sich gegenüber einer Veränderung der Stickstoffernährung indifferent; hieraus erklären sich zahlreiche Widersprüche der Literatur.

Die übrigen Merkmale, auf Grund derer sich die Rostdisposition der Wirtspflanzen beurteilen läßt, werden durch die unterschiedliche Stickstoffversorgung zum Teil gar nicht, zum Teil in gleichem Sinne und zum Teil entgegengesetzt wie der Reaktionstypus verschoben; so steigert zwar die intensivere Stickstoffversorgung im allgemeinen die Befallshäufigkeit in einer ähnlichen Weise wie den Reaktionstypus; doch kann sie ihn unter Umständen auch gegenläufig verändern, ihn ab- statt zunehmen lassen. Die unterschiedliche Stickstoffversorgung beeinflußt somit in diesem letzteren Falle das Widerstandsvermögen der Wirtspflanzen in den verschiedenen Stadien des Infektionsverlaufes in entgegengesetztem Sinne.

Auch die Inkubations- und die Fruktifikationszeit kann durch die verbesserte Stickstoffversorgung in einem unterschiedlichen Ausmaß verschoben werden. Während in Tabelle 72 die Inkubationszeit gar nicht oder nur um einen Tag zunimmt, wächst die Fruktifikationszeit regelmäßig um mindestens zwei Tage. Und selbst über den Sinn dieser Dehnung läßt sich streiten. Nach dem *Erysiphe*beispiel von Seite 340 müßte man annehmen, die Widerstandskraft der Wirtspflanze sei größer geworden, weil ja der Parasit länger braucht, um zu fruktifizieren. Man kann aber auch umgekehrt argumentieren: die Wirtspflanze reagiert nicht hypersensitiv und zwingt dadurch den Parasiten nicht zu einer vorzeitigen Anlage der Uredolager, d.h. sie ist anfälliger geworden. Dieser Hinweis läßt erneut die Schwierigkeiten erkennen, die bei der Deutung eines bestimmten Sachverhaltes entstehen: je nachdem ein Autor auf die Befallshäufigkeit oder auf den Reaktionstypus oder auf die Inkubationszeit oder auf die Fruktifikationszeit abstellt, können seine Schlußfolgerungen über die Wirkung steigender Stickstoffgaben entgegengesetzt lauten.

Diese Schwierigkeiten werden noch dadurch erhöht, daß die bis jetzt besprochene rostfördernde Wirkung steigender Stickstoffgaben nur als allgemeine Richtlinie zutreffend ist, aber nicht immer (oder jedenfalls nicht immer in gleicher Weise) gegenüber sämtlichen Rassen derselben Rostart gilt; so nimmt bei den Weizensorten Carina und Brevit die Anfälligkeit für die Braunrostbiotypen 14 und 20 entsprechend der allgemeinen Erfahrung der Tabelle 72 mit steigender Stickstoffversorgung zu, gegenüber den Braunrostbiotypen 13, 19 und 31 dagegen ab (HASSEBRAUK, 1939).

Eine ähnliche Abnahme der Rostanfälligkeit bei steigenden Stickstoffgaben besteht zum Beispiel bei gewissen Bohnensorten in Verbindung mit bestimmten Rostbiotypen: Bei der Sorte Red Valentine (Tabelle 64), die gegenüber einem bestimmten Rostbiotyp dem intermediären Reaktionstypus Xb angehört, wird wohl die Befallshäufigkeit durch steigende Stickstoffgaben erhöht, der Reaktionstypus dagegen herabgesetzt; bei Stickstoffmangel und Kaliüberschuß nimmt der relative Anteil der Typus-3-Infektionen zu, wogegen diese bei Stickstoffüberschuß und Kalimangel zugunsten des Typus 1b zurücktreten (WEI, 1937).

Über die stofflichen Grundlagen der innern Beziehungen zwischen dem Stickstoffhaushalt und der Rostanfälligkeit der Wirtspflanzen wissen wir nichts. Wiederholt wurde vermutet, daß die eiweißartigen Verbindungen ganz simpel entgiftend oder sonstwie abwehrend wirken; doch führt diese Auffassung zu einer Vergröberung des Problems. Zweifelsohne spielen die stickstoffhaltigen Verbindungen des Plasmas eine doppelte Rolle, eine passive bei der unmittelbaren Ernährung des Parasiten (falls ihm ihre Form zusagt), und eine aktive als ein Glied in der Kette der antiinfektionellen und antitoxischen Abwehrreaktionen. Die parasitische Lebensgemeinschaft wird aber gerade bei den

Rostpilzen durch ein derart feines, unendlich kompliziertes Zusammenspiel von Erreger und Wirt gesteuert, daß an eine einfache Korrelation Eiweißgehalt-Rostanfälligkeit nicht zu denken ist. Die quantitativen und grobchemisch qualitativen Analysen der stickstoffhaltigen Verbindungen erklären weder die unterschiedliche Anfälligkeit verschiedener Sorten gegenüber ein und derselben Rostrasse (das ist die Sortenanfälligkeit) noch das Verhalten einer bestimmten Sorte gegenüber verschiedenen Rostrassen (das sind die spezifischen Anfälligkeiten einer bestimmten Sorte).

Der Einfluß der unterschiedlichen Stickstoffversorgung auf die Rostanfälligkeit des Getreides läßt sich daher nicht auf einen einfachen Nenner bringen; es wird noch Menschenleben eingehender zellularpathologischer Forschungen bedürfen, bis wir hier etwas klarer sehen.

Den übrigen mineralischen Nährstoffen kommt im Vergleich zum Stickstoff nur eine untergeordnete Bedeutung für das Anfälligkeitsproblem zu.

Das Kali wirkt im allgemeinen gegenläufig zum Stickstoff: geringe Kaligaben haben dieselbe Wirkung wie ein relativer Stickstoffüberschuß, Kaliüberschuß die gleiche Wirkung wie relativer Stickstoffmangel. Getreidepflanzen, die nur mäßig mit Stickstoff versorgt sind, zeigen bei Kaliarmut ein Maximum des Chlorophyllgehaltes, der Assimilation, der Transpiration und des Eiweißgehaltes (GASSNER und GOEZE, 1933); mit steigenden Kaligaben nehmen alle diese Werte ab. Doch besitzt der Stickstoff-Faktor ein größeres Gewicht als das Kali; denn Stickstoffüberschuß hebt die Kaliwirkung auf: hier liegt das Maximum der Assimilationstätigkeit und des Eiweißgehaltes sowohl beim Getreide als bei den Kartoffeln (Tabelle 71) nicht mehr bei geringen, sondern bei hohen Kaligaben.

Ebenso gegenläufig wie in stoffwechselphysiologischer Beziehung ist die Wirkung des Kalis auf die Krankheitsanfälligkeit: steigende Kaligaben erhöhen im allgemeinen, im Gegensatz zum Stickstoff, die Krankheitswiderstandsfähigkeit (Tabelle 68). Bei gleichzeitiger Änderung der Stickstoff- und der Phosphorsäureernährung wirkt es um so stärker krankheitshemmend, je mehr es, bis zu einem gewissen Grenzwert, im Überschuß zum Stickstoff oder zur Phosphorsäure geboten wird. Außerdem ist seine Wirkung vom gegenseitigen Mengenverhältnis von Stickstoff zu Phosphorsäure abhängig.

Im Gegensatz zum Stickstoff und zum Kali ist die Wirkung der Phosphorsäure auf die Krankheitsanfälligkeit nicht grosso modo eindeutig, sondern stark von der gleichzeitigen Kali- und Stickstoffernährung abhängig. Bei relativem Phosphorsäuremangel tritt meist eine Schwächung der Wirtspflanzen ein, die sie gegen eusymbiontische Parasiten anfälliger werden läßt. Gegenüber parabiontischen Rostpilzrassen kann jedoch der entgegengesetzte Effekt entstehen: die Gewebe können für den Parasiten überempfindlich werden, rasch nekrotisch reagieren und dadurch befallsfrei bleiben.

Wenn die Phosphorsäure im Vergleich zum Kali und zum Stickstoff im Überschuß geboten wird, so erhöht sie im allgemeinen die Krankheitswiderstandsfähigkeit. Bei den Rostpilzen kann dagegen wiederum der entgegengesetzte Effekt herausschauen, eine Erhöhung der Anfälligkeit durch reichliche Phosphorsäuredüngung bei gleichzeitig reichlichen Kali- und Stickstoffgaben. Dieser Effekt geht so weit, daß die durch Kaliüberschuß bedingte Erhöhung der Rostwiderstandsfähigkeit durch reichliche Phosphorsäuredüngung wieder aufgehoben wird; es ist deshalb nicht möglich, den rosthemmenden Einfluß des Kalis mit demjenigen der Phosphorsäure zu vereinigen, da sich die beiden bei gleichzeitiger reichlicher Anwendung antagonistisch verhalten.

Von den übrigen mineralischen Nährstoffen wirkt Kalk entweder direkt als Ca-Ion oder indirekt über die Bodenreaktion. Kalküberschuß begünstigt die Ausbreitungsresistenz, da er zur Festigung der Gewebe beiträgt. Kieselsäure erhöht ebenfalls im allgemeinen die Widerstandsfähigkeit, so bei Gerste, Hafer und Gurken gegen echten Mehltau (WAGNER, 1940). Über die Wirkung der Anionen ist BECKER-DILLINGENS Handbuch der Pflanzenernährung (1934, 1943) nachzusehen, über die Wirkung der Spurenelemente das Werk von SCHARRER (1941).

Selbstverständlich sind diese kurzen Angaben über den Einfluß der Ernährung auf die Disposition aller unserer Kultur- und Wirtschaftspflanzen für alle möglichen Infektionskrankheiten nur bedingt richtig; denn die Reaktionslage auch nur eines Wirtes, zum Beispiel einer Weizensorte gegenüber allen Rassen ihrer Krankheitserreger, ist derart komplex und die möglichen Kombinationen der variablen Ernährungsfaktoren sind derart zahlreich, daß sich für jedes Beispiel gleich ein Gegenbeispiel finden läßt. Dazu kommt, daß sich die Reaktionsweise des Wirtsorganismus im Verlaufe der individuellen Entwicklung ändert, indem er zum Beispiel auf Stickstoffüberschuß zuerst wie auf Phosphorsäuremangel, später wie auf Kalimangel reagiert (BÖNING, 1930, für *Pseudomonas tabaci* und *Cercospora nicotianae*).

Jede Sorte einer Kulturpflanze besitzt also gegenüber jeder einzelnen Infektionskrankheit und gegenüber jeder einzelnen Erregerrasse bis zu einem gewissen Grade ihre eigene ernährungsphysiologisch bedingte Disposition. In manchen Fällen hat der Praktiker bereits empirisch mit ihr rechnen gelernt; für den Biologen bildet sie dagegen ein fast unabsehbares Forschungsgebiet.

4. Der Einfluß der Umwelttemperatur auf die Krankheitsbereitschaft des Wirtes

Der menschliche Organismus besitzt eine autonome Temperaturregulierung und lebt deshalb unter einer praktisch gesprochen konstanten Binnentemperatur. Aber auch den Temperatureinwirkungen der Umwelt hat sich der Kulturmensch weitgehend entzogen; er kleidet sich, heizt oder kühlt seine Wohnräume und schafft sich das ihm zusagende Mikroklima. Die Temperaturverhältnisse der Umwelt beeinflussen deshalb wohl seine Gesamtstimmung, erhöhen bei harmonischem Wechsel seine Vitalität, erschlaffen ihn in tropischen Niederungen; aber sie verändern seinen chemischen Aufbau und seine Funktionen nur in einem engen Rahmen. Dementsprechend bleibt auch seine Krankheitsbereitschaft in einem weiten Bereich der Außentemperatur grundsätzlich gleich. Erst auf dem Umweg über die Vitalität (zum Beispiel Hinfälligkeit im Klima der tropischen Niederungen) oder über eigentliche Schädigungen (Erkältungen usw.) greift die Außentemperatur unmittelbar in das Krankheitsgeschehen des Menschen ein.

Anders bei den Pflanzen. Der pflanzliche Körper besitzt keine charakteristische Eigentemperatur, sondern folgt dem Temperaturgang der Umwelt; sein vegetationszeitlicher Rhythmus wird zyklisch durch den Rhythmus der Jahreszeiten gesteuert. Sonne und Schatten, Tag und Nacht, Standort, Lokalklima, Meereshöhe lassen seine chemischen Umsetzungen unter einer unterschiedlichen Wärmetönung ablaufen. Sein chemischer Aufbau, seine Reaktionslage und seine Krankheitsbereitschaft werden deshalb durch die Umwelttemperatur ungleich stärker beeinflußt als beim Menschen.

Wegen dieses Fehlens einer Eigentemperatur wird bei den pflanzlichen Infektionskrankheiten (im Gegensatz zu den menschlichen) auch der Mikroorganismus (jedenfalls postinfektionell) in die thermischen Umweltbedingungen eingespannt, unter denen der Makroorganismus lebt. Wir sind deshalb genötigt, die Gesamtheit der zwischen den zwei Partnern gegen- und wechselseitig bestehenden, thermisch gesteuerten Beziehungen, Aktionen und Reaktionen, mehr oder weniger willkürlich in Teilprobleme zu zerlegen, die sich ihrerseits mannigfach überschneiden.

Dazu kommt, daß in der freien Natur der Temperaturwechsel den normalen Fall darstellt; charakteristisch sind Rhythmus und Schwankungsbereich dieses Wechsels. Im Laboratoriumsversuch arbeiten wir dagegen meistens mit konstanten Temperaturen, also unter künstlichen Voraussetzungen, um von da aus einen ersten Einblick zu gewinnen.

Wir zerlegen in der nachfolgenden Darstellung die thermisch modifizierte Krankheitswiderstandsfähigkeit des Wirtes wieder in ihre vier Komponenten, a) die Befalls-, b) die Eindringungs-, c) die Ausbreitungsresistenz und d) die Reaktionslage. Doch verschiebt selbstverständlich die Umwelttemperatur jeweils nicht nur einen dieser vier Sektoren, sondern gleichzeitig auch die übrigen und zwar vielleicht sogar in entgegengesetztem Sinne, und es geschieht nur aus Gründen der Ökonomie, wenn wir, ohne diesen Vorbehalt immer zu wiederholen, im folgenden stets nur einen Sektor als den hauptsächlich betroffenen herausgreifen und die übrigen stillschweigend vernachlässigen.

a) Der Einfluß der Umwelttemperatur auf die Befallsresistenz

Die Umwelttemperatur verschiebt die Befallsresistenz meist in der Weise, daß sie anfällige Individuen längere oder kürzere Zeit im infizierbaren Entwicklungsstadium verharren läßt. Deshalb setzen im allgemeinen niedere Außentemperaturen die Befallsresistenz herab; so lag in einem bestimmten

Versuch (Abb. 360) das Optimum für den Steinbrandbefall bei 5°, also stark suboptimal sowohl für die Keimung der Brandsporen (S. 46) als für die Entwicklungsgeschwindigkeit der Weizenkeimlinge (Abb. 361). Seine Lage erklärt sich daraus, daß bei 5° optimale Verhältnisse für das Zusammentreffen von Erreger und Wirt bestehen: diese Temperatur ist noch nicht derart niedrig, daß die Brandsporen nicht mehr hinreichend häufig und genügend rasch keimen würden, und anderseits doch niedrig genug, um die Weizenkeimlinge lange Zeit im infizierbaren Entwicklungsabschnitt verharren zu lassen; so brauchen sie bei einer andern Weizensorte (Abb. 361) bei 27° durchschnittlich fünf Tage, um die Länge von 5 cm zu erreichen, bei 5° dagegen volle 27 Tage; in einem ähnlichen Verhältnis mag sich auch die thermisch bedingte Expositionszeit und mit ihr die Infektionschance verschieben.

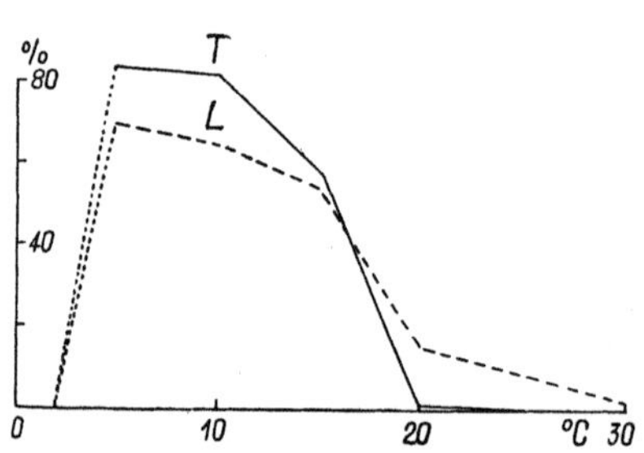

Abb. 360

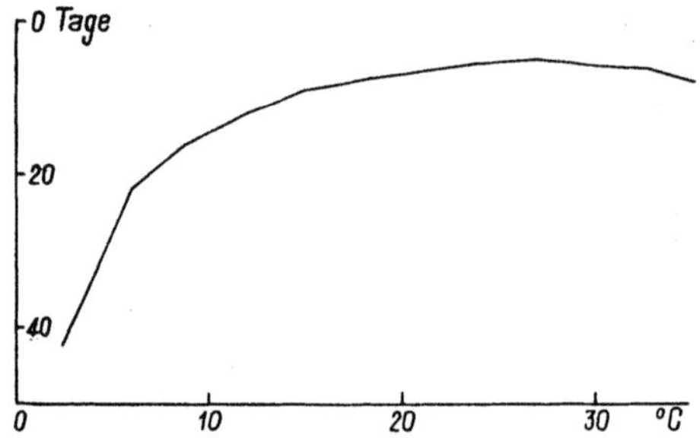

Abb. 361

Abb. 360. Der Einfluß der Bodentemperatur auf den Steinbrandbefall der Weizensorte Dawson. Abszisse: Bodentemperatur. Ordinate: Zahl der erkrankten Individuen. Kurve *L*: *Tilletia laevis* Kühn. Kurve *T*: *Tilletia tritici* (Bjerk.) Wint. (Nach Faris, 1924.)

Abb. 361. Der Einfluß der Temperatur auf die Keimungsgeschwindigkeit bei Plantahofweizen. Abszisse: Keimungstemperatur. Ordinate: Anzahl Tage, welche die Keimlinge, vom Augenblick der Befeuchtung der Körner an gerechnet, brauchen, um die Länge von 5 cm zu erreichen, also das Erdreich zu durchbrechen. (Nach Gäumann, 1932.)

Doch ist mit 5° die untere Temperaturgrenze für den Steinbrandbefall nahezu erreicht; das Temperaturoptimum liegt also unmittelbar über dem Temperaturminimum; falls sich noch ein anderer Umweltfaktor (zum Beispiel die Bodenfeuchtigkeit) suboptimal verhält, so geht die Entwicklung des Erregers rasch zurück und mit ihr sinkt, trotz der langen Dauer des anfälligen Entwicklungsabschnittes, auch der Krankheitsbefall. Dieser läßt sich also nicht als ein arithmetisches Mittel aus den Lebensansprüchen des Erregers und denjenigen des Wirtes errechnen, sondern er ist gerade in diesen Grenzbereichen sehr labil und eigenen Gesetzmäßigkeiten verpflichtet.

Auf dem Wege über den Einfluß der Außentemperatur auf die Befallsresistenz erklärt sich zum Teil der Einfluß der Saatzeit auf den Steinbrandbefall (Abb. 362).

Ebenso ausgeprägt wie beim Weizensteinbrand ist die thermisch bedingte Befallsaxenie beim Zwiebelbrand, verursacht durch *Urocystis cepulae* Frost.

Die Umweltbedingungen vermögen hier den Entwicklungsrhythmus von Erreger und Wirt derart auseinanderzuschieben, daß sie den Grenzfaktor für die geographische Verbreitung der Krankheit bilden.

Sobald der Zwiebelsame keimt, kann der Keimling infiziert werden, am sichersten innerhalb der ersten fünf Tage nach dem Auflaufen. Nach der Anlage des ersten Laubblattes kommt kaum mehr eine Infektion zustande; deshalb sind die Bodentemperaturen während der kurzen kritischen Periode entscheidend.

Unterhalb 10° wird die Entwicklung des Wirtes verlangsamt und dadurch sein infizierbares Stadium verlängert. Auch der Erreger erfährt zwar eine Verzögerung; sie betrifft aber nicht die Keimung der Brandsporen und das Haften der Infektion, sondern bloß ihr Fortschreiten; sobald später

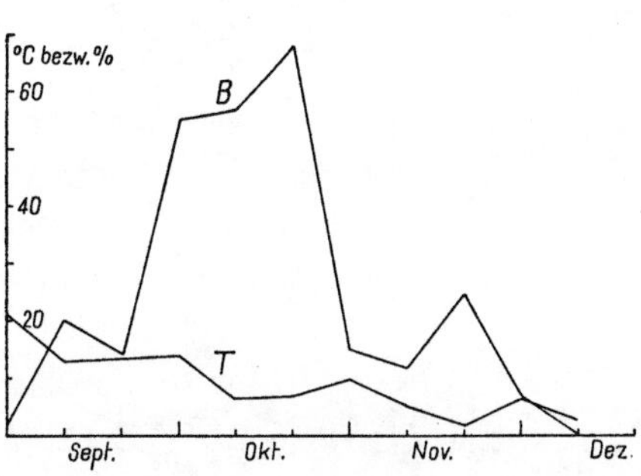

Abb. 362

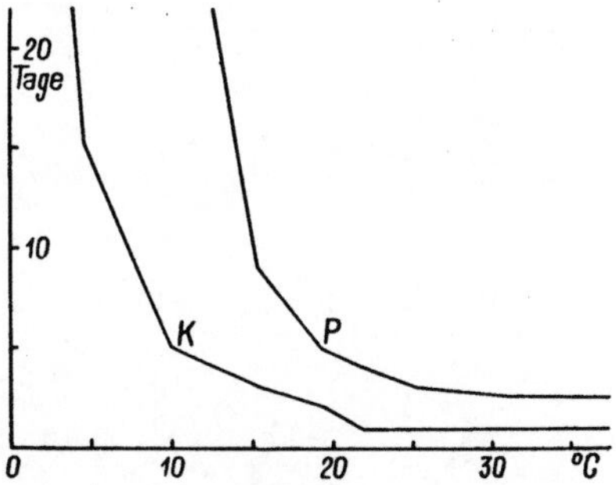

Abb. 363

Abb. 362. Der Einfluß der Saatzeit auf den Steinbrandbefall bei Winterweizen. Abszisse: Datum der Aussaat. Kurve *T*: Fünftägige meteorologische Temperaturmittel. Kurve *B*: Brandbefall. (Nach HAHNE, 1925.)

Abb. 363. Der Einfluß der Temperatur auf die Geschwindigkeit der Verkorkung (Kurve *K*) und der Wundperidermbildung (Kurve *P*) bei Gladiolen. Ordinate: Tage nach dem Anschneiden. Abszisse: Temperatur. (Schematisiert nach ARTSCHWAGER und STARRETT, 1931.)

wärmere Tage folgen, kann der eingedrungene Erreger sein Wachstum wieder aufnehmen; unterhalb 10° ist der Krankheitsbefall dementsprechend hoch.

Bei Temperaturen zwischen 10 und 25° werden Wirt und Erreger gleichermaßen gefördert und die Befallshäufigkeit geht eher zurück.

Oberhalb 25° wird der Wirt zu noch rascherer Entwicklung angeregt; aber der Erreger beginnt Schaden zu nehmen und zurückzubleiben. Schon bei 27° fällt die Krankheitshäufigkeit rapid ab und bei 29° erfolgt überhaupt kein Befall mehr (WALKER und WELLMAN, 1926).

Wegen dieses mikroklimatisch bedingten Auseinanderklaffens des Entwicklungsrhythmus von Wirt und Erreger vermag der letztere den erstern in warmen Böden praktisch kaum mehr zu erreichen. Der Zwiebelbrand ist deshalb in Europa und Nordamerika auf die kühlern, nördlichen Gebiete beschränkt; er wird zwar durch den Welthandel sicherlich fortwährend in die wärmern Gebiete eingeschleppt, geht aber hier immer wieder zugrunde.

b) Der Einfluß der Umwelttemperatur auf die Eindringungsresistenz

Schon Seite 444 haben wir in der *Thielavia*fäule des Tabaks ein Beispiel besprochen, bei welchem die Bodentemperatur die Eindringungsresistenz weit-

Abb. 364

Der Einfluß der präinfektionellen Luft- und Bodentemperatur auf die Krankheitsbereitschaft der Tomatenpflanzen für die Tomatenwelke, verursacht durch *Fusarium lycopersici*. Erklärung im Text. (Nach FOSTER und WALKER, 1947.)

gehend modifiziert: bei niedern Bodentemperaturen wird in den Wurzeln der anfälligen Tabaksorten das Periderm verhältnismäßig spät angelegt, so daß sie der Infektion lange Zeit zugänglich bleiben, bei hohen Bodentemperaturen dagegen früh, mit der Folge, daß sich der Schutzmantel rasch schließt.

In gewissen Fällen mag die Umwelttemperatur die Eindringungsresistenz auch auf dem Wege über die Geschwindigkeit der Wundheilung verschieben; denn je rascher sich die Wunden, die zum Beispiel im Erdboden durch Schnekken, Nagetiere usw. geschaffen werden, schließen, um so kürzer stehen sie der

Infektion durch Wundparasiten offen; so erfolgt in den Rhizomen von Gladiolen bei 0° weder eine Verkorkung noch eine Wundperidermbildung. Die erstere setzt bei 4,5° ein und erreicht bei 21,9° ein Maximum, die letztere beginnt dagegen erst bei 15,3° und erreicht ihren Höhepunkt bei 30,9° (Abb. 363).

c) Der Einfluß der Umwelttemperatur auf die Ausbreitungsresistenz

Der Einfluß der Umwelttemperatur auf die Ausbreitungsresistenz macht sich wohl zur Hauptsache über die unterschiedliche Ausbildung der Zellwände geltend, so beim Ausreifen der Triebe der Fruchtbäume, ferner der Waldbäume im Bereich ihrer obern Höhengrenze. Man darf annehmen, daß schlecht ausgereifte Triebe, deren Lignine zum Beispiel noch ungenügend methoxyliert sind, eine verminderte Ausbreitungsresistenz gegen Parasiten (und dazu eine erhöhte Frostanfälligkeit) besitzen. Doch wird zu gleicher Zeit auch ihre Reaktionslage verschoben, und es hält zur Stunde bei dem primitiven Stand unserer Kenntnisse oft schwer, ein bestimmtes Beispiel richtig zu klassifizieren; so wurden in der obern Reihe der Abb. 364 Pflanzen der Tomatensorte Bonny Best während 50 Tagen bei den Luft- und Bodentemperaturen von 16–28° herangezogen, dann mit dem *Fusarium lycopersici* infiziert und hernach sämtlich bei der für die Erkrankung leicht suboptimalen Luft- und Bodentemperatur von 24° gehalten. Die untere Reihe der Abb. 364 zeigt den Infektionserfolg nach 24 Tagen. Abb. 365 veranschaulicht einen ähnlichen Versuch bei der für die Erkrankung optimalen Luft- und Bodentemperatur von 28°. Wie weit hat die präinfektionelle Entwicklungstemperatur den chemischen Aufbau der Gewebe und wie weit ihre Reaktionslage verschoben? Wir wissen es nicht.

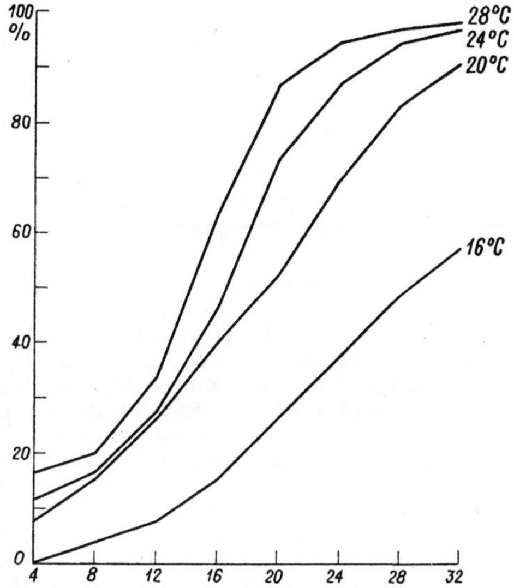

Abb. 365

Der Einfluß der präinfektionellen Luft- und Bodentemperatur auf die Krankheitsbereitschaft von Tomatenpflanzen der Sorte Bonny Best für die Tomatenwelke, verursacht durch *Fusarium lycopersici*. Die vier Gruppen von Versuchspflanzen wurden vor der Infektion während 50 Tagen bei den Luft- und Bodentemperaturen von 16–28° gehalten, dann infiziert und nachher sämtlich bei der Luft- und Bodentemperatur von 28° weitergezogen. Abszisse: Tage nach der Infektion. Ordinate: Krankheitsindex. (Nach FOSTER und WALKER, 1947.)

Am eingehendsten wurden die Fragen der thermisch verschobenen Ausbreitungsresistenz bei den Getreidekeimlingen verfolgt. Die Erreger ihrer Keimlingskrankheiten vermögen nämlich Hemizellulosen und Protopektine leicht abzubauen, nicht aber Zellulose und Lignine. Man hätte deshalb erwarten dürfen, daß der mit der Wachstumstemperatur sich ändernde Gehalt der Zellwände an den erstgenannten Stoffen einen wichtigen Faktor der Ausbreitungsresistenz darstellt.

Eine unmittelbare Beziehung zwischen der Temperatur, unter der die Keimlinge herangewachsen sind, und der Auflösbarkeit ihrer Zellwände durch Pilzenzyme ist zwar vorhanden; so werden in Abb. 366 die Zellwände der bei 33° gewachsenen Weizenkeimlinge ceteris paribus rund um die Hälfte stärker aufgelöst als bei Keimlingen, die bei 3° heranwuchsen, und bei Roggenkeimlingen ist die Auflösbarkeit fast doppelt so hoch: mit der Geschwindigkeit des Aufschießens der Keimlinge (Abb. 361) nimmt also die Konsistenz ihrer Zellwände ab. Die Ursache dieser größern Auflösbarkeit mag zum Teil in der unterschiedlichen chemischen Zusammensetzung der Zellwände, zum Teil in ihrer unterschiedlichen submikroskopischen Struktur liegen.

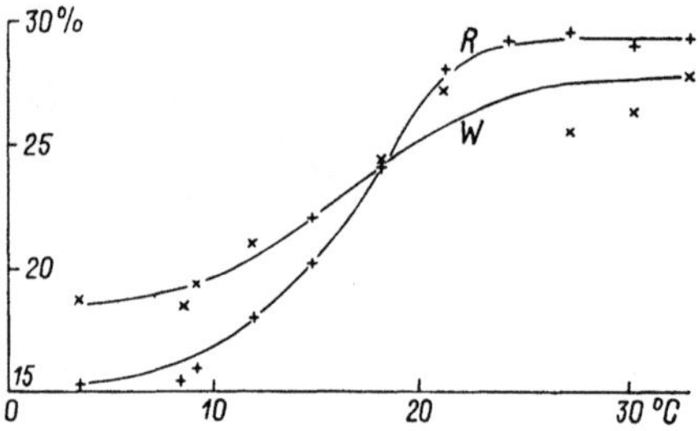

Abb. 366

Die Auflösbarkeit der Zellwandsubstanz der bei verschiedenen Temperaturen gewachsenen Getreidekeimlinge durch die Enzyme des *Fusarium avenaceum*. Kurve *R*: Roggenkeimlinge (Schweizer Landroggen). Kurve *W*: Weizenkeimlinge (Plantahofweizen). Abszisse: Wachstumstemperatur der Keimlinge. Ordinate: Prozentuale Auflösung durch das Enzymgemisch. (Nach GÄUMANN, 1932, 1946.)

Bei einigen Keimlingskrankheiten scheint mit der größern Auflösbarkeit der Zellwände tatsächlich eine Zunahme der Krankheitsanfälligkeit einherzugehen; so steigt die Temperaturkurve der Weizenfusariose (Abb. 367, Kurven *G* und *C*) im großen und ganzen gleichsinnig mit der Auflösbarkeit der Zellwände (Abb. 366) an.

In andern Beispielen, so bei der Fußkrankheit (Schwarzbeinigkeit) des Weizens, verursacht durch *Ophiobolus graminis* Sacc., wird dagegen das Bild der thermisch gesteuerten Krankheitshäufigkeit (Abb. 367, Kurve *O*) vorwiegend durch die thermisch bedingte Vitalität des Erregers (Optimum zwischen 21 und 24°) geprägt, jedenfalls viel stärker als zum Beispiel durch die unterschiedliche Auflösbarkeit der Zellwände des Wirtes (Abb. 366). Trotzdem liegt das thermische Optimum der Krankheitshäufigkeit (12–15°) bei stark suboptimalen Temperaturen des Erregers. Somit müssen noch andere Faktoren mitbestimmend hinzutreten, vor allem die bei tiefen Temperaturen ungünstige Reaktionslage des Wirtes.

d) Der Einfluß der Umwelttemperatur auf die Reaktionslage des Wirtes

Ein unmittelbarer Einfluß der Umwelttemperatur auf die Reaktionslage des Wirtes steht dort zu vermuten, wo sich der thermisch gesteuerte Krankheitsverlauf anders gestaltet als die Temperaturkurve des Erregers; so haben wir schon in Abb. 337 für die gummöse Demarkationsreaktion der Mohnblätter ein Beispiel einer thermisch verschobenen Reaktionslage des Wirtes gestreift. Aus der großen Zahl der hier in Betracht fallenden pflanzlichen Infektionskrankheiten (FUCHS, 1933) greifen wir vier Beispiele heraus, zwei Infektionskrankheiten der Kartoffelknollen und zwei des Getreides.

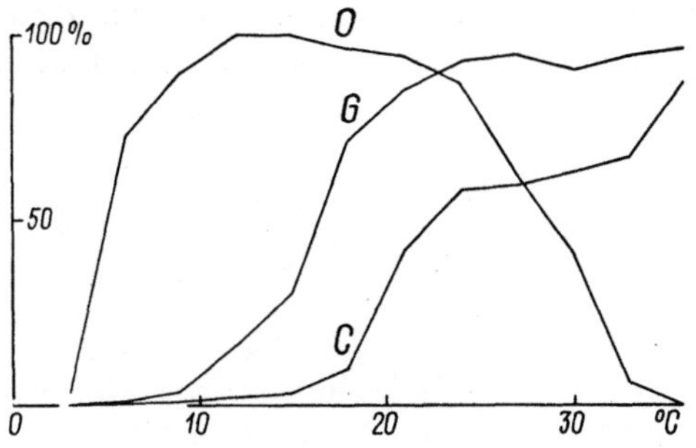

Abb. 367

Der Einfluß der Bodentemperatur auf das Auftreten der Keimlingskrankheiten bei Weizen. Kurve *G*: *Gibberella Saubinetii* (Dur. et Mont.) Sacc. Kurve *C*: *Fusarium culmorum* (W. G. Smith) Sacc. Kurve *O*: *Ophiobolus graminis* Sacc. Abszisse: Bodentemperatur. Ordinate: Zahl der erkrankten Pflanzen in % der aufgelaufenen Pflanzen. (Nach TANJA, 1933, und KREBS, 1933.)

Die Kartoffelknollen sprechen in ihrem Stoffwechsel überraschend stark auf die Bodentemperatur an. Dies zeigt schon ihre quantitative Ausbildung (Abb. 368): obgleich sich das Kraut in einem breiten Bodentemperaturbereich ungefähr gleich kräftig entwickelt, wird bei den Bodentemperaturen unterhalb 13° und oberhalb 26° nur ein kleiner Anteil der Assimilate für die Nährstoffspeicherung in den Knollen abgezweigt, und der Knollenertrag sinkt dementsprechend außerhalb dieser Grenzen steil ab. Trotz gleicher assimilatorischer Leistung des Laubes ist also der wirtschaftliche Ertrag an Knollen außerhalb des genannten Temperaturbereiches gering.

Abb. 369 zeigt, daß die stärkefreie Randschicht der primären Rinde nur bei Wachstumstemperaturen bis etwa 26° die normale Breite (rund 50–90 μ) aufweist, hernach rasch an Dicke zunimmt und bei 34° unter Umständen die ganze Knolle erfaßt: diese ist hier zum Beispiel bei der Sorte Ideal praktisch gesprochen stärkefrei. Sodann wird auch die Qualität, insbesondere die submikroskopische Struktur der Stärke, durch die Wachstumstemperatur der Knollen entscheidend verändert (Abb. 370).

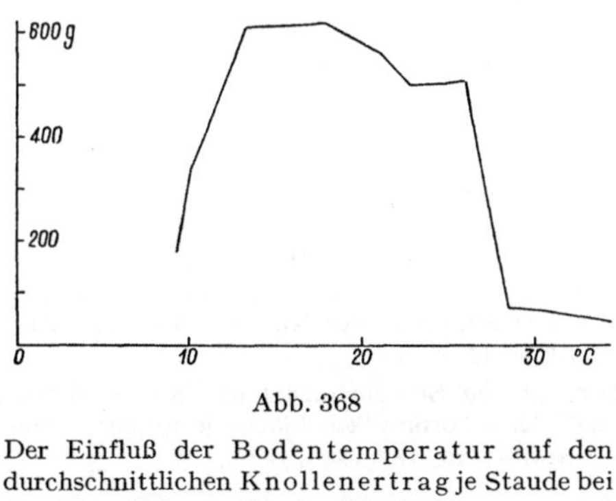

Abb. 368

Der Einfluß der Bodentemperatur auf den durchschnittlichen Knollenertrag je Staude bei der Kartoffelsorte Bintje. (Nach GÄUMANN und HÄFLIGER, 1949.)

Entsprechend diesen Verschiebungen des physiologischen Zustandes muß auch die Reaktionslage der Kartoffelknollen bei den verschiedenen Außentemperaturen verschieden sein. Ihr Verhalten gegenüber einem Ektoparasiten (*Actinomyces scabies*) und einem Endoparasiten (*Phytophthora infestans*) mag dies veranschaulichen.

Actinomyces scabies (Thaxt.) Güss., der Erreger des Kartoffelschorfes, dringt durch die Lentizellen (Abb. 72) und durch Wunden in die heranwachsenden Knollen ein. Sein Wachstumsminimum liegt bei 3°, das Optimum bei

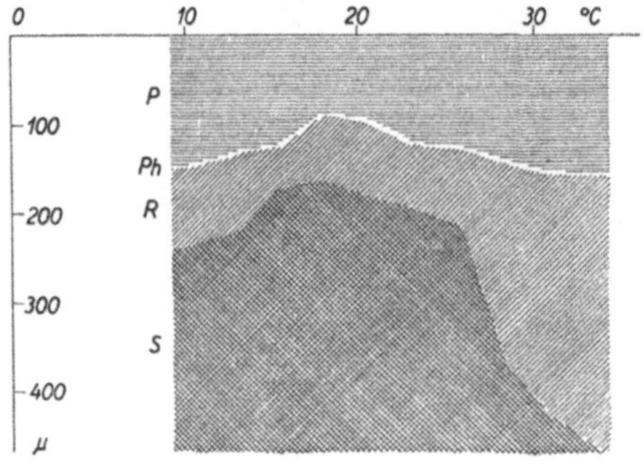

Abb. 369

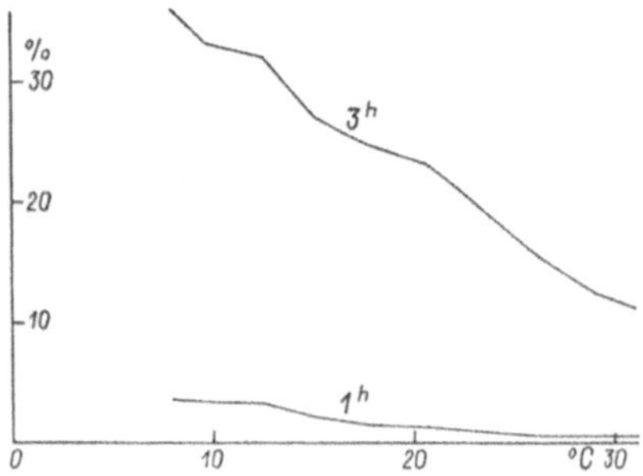

Abb. 370

Abb. 369. Der Einfluß der Bodentemperatur auf die Beschaffenheit der peripheren Schichten der Knollen der Kartoffelsorte Bintje. *P* Periderm. *Ph* Phellogen. *R* stärkefreie und *S* stärkeführende primäre Rinde. (Nach GÄUMANN und HÄFLIGER, 1949.)

Abb. 370. Der Einfluß der Bodentemperatur auf die Widerstandsfähigkeit der Stärke gegen Salzsäure, gemessen an ihrer Auflösbarkeit innert 1 bzw. 3 Stunden (Sorte Ideal). (Nach GÄUMANN und HÄFLIGER, 1949.)

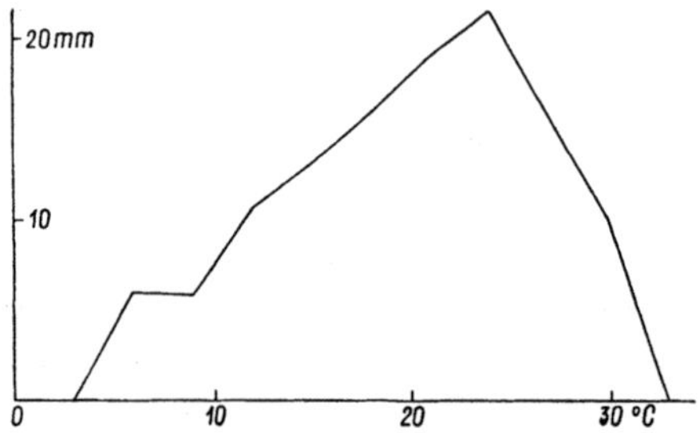

Abb. 371

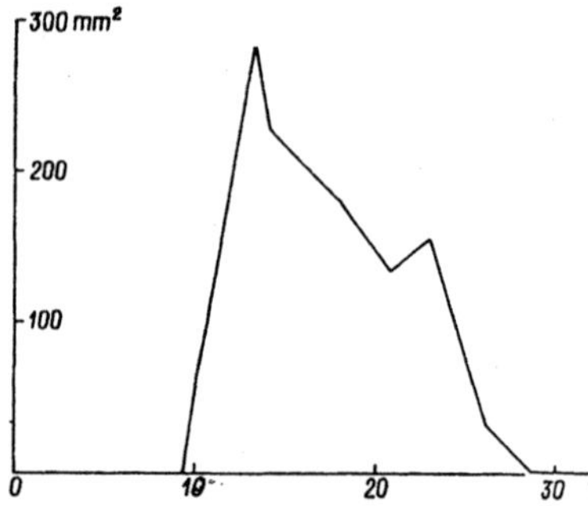

Abb. 372

Abb. 371. Der Einfluß der Temperatur auf die Wachstumsgeschwindigkeit eines Stammes von *Actinomyces scabies* (Thaxt.) Güss. Ordinate: Durchmesser der Kulturen nach 117 Tagen. (Nach GÄUMANN und HÄFLIGER, 1949.)

Abb. 372. Der Einfluß der Bodentemperatur auf den Schorfbefall der Kartoffelknollen. Abszisse: Bodentemperatur. Ordinate: Ausmaß der schorfkranken Fläche je Staude; Summe von drei Versuchsreihen. (Nach GÄUMANN und HÄFLIGER, 1949.)

24° und das Maximum bei 33° (Abb. 371). Der Schorfbefall setzt dagegen erst bei der Bodentemperatur von rund 10° ein (Abb. 372), erreicht bei 13–15° einen Höhepunkt und sinkt dann allmählich ab. Oberhalb der Bodentemperatur von 26° erfolgt praktisch gesprochen kein Schorfbefall mehr. Das Krankheitsoptimum liegt also bei einer für den Erreger (Abb. 371) suboptimalen Bodentemperatur; dagegen deckt es sich weitgehend mit dem thermisch bedingten Ertragsoptimum des Wirtes (Abb. 368).

Wir dürfen annehmen, daß die Infektionen durch die Lentizellen der jungen Kartoffelknollen unter den für den Erreger optimalen Temperaturen mindestens so häufig, wenn nicht häufiger erfolgen als unter suboptimalen Bedingungen. Wenn also die Krankheit nur im letzteren Falle angeht, so liegt dies an der unterschiedlichen Reaktionsbereitschaft des Wirtes: je lebenskräftiger der Wirt, um so intensiver seine pathologische Reaktionsbereitschaft (S. 492) und um so stärker das Auftreten der als Schorf bezeichneten Schalenkrankheit.

Warum sich dagegen die Infektionen oberhalb 26° nicht mehr entwickeln, ist noch unbekannt; entweder ist der Wirt tolerant, so daß die Infektionen symptomlos verpuffen, oder er zeigt umgekehrt nekrogene Hypersensibilitätsreaktionen, so daß der Erreger, ohne makroskopischen Schaden zu stiften, schon in den Lentizellen abgekapselt wird; jedenfalls ist auffallend, daß die Temperaturgrenze von 26° mit dem Knickpunkt der nicht stärkespeichernden Zone der primären Rinde in Abb. 369 zusammenfällt.

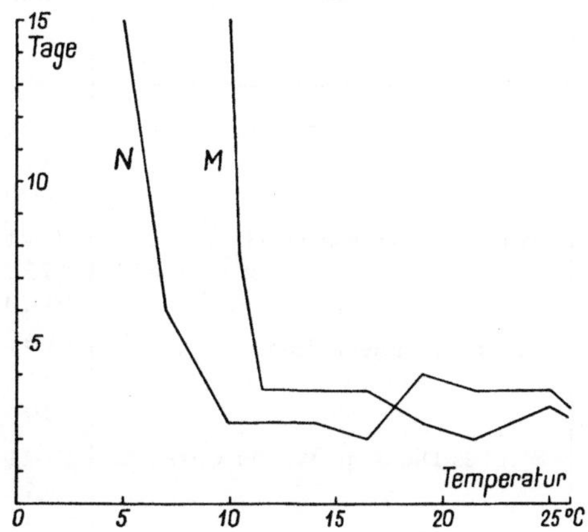

Abb. 373
Der Einfluß der Temperatur auf die Reaktion der Kartoffelgewebe (Sorte Erdgold) gegen den Erreger der Trockenfäule, *Phytophthora infestans* (Mont.) de By. Kurve *N:* Beginn der Nekrotisierung. Kurve *M:* Beginn der Myzelentwicklung im Innern der Knollengewebe. (Nach Müller und Griesinger, 1942.)

Erheblich anders äußert sich die thermisch bedingte Reaktionslage gegenüber dem Erreger der Trokkenfäule (Abb. 385), *Phytophthora infestans* (Mont.) de By. Aus praktischen Gründen, weil vor allem bei eingelagerten Kartoffeln der Einfluß der Temperatur auf die Abwehrkraft der Gewebe interessiert, wurde in den hier zu besprechenden Versuchen nicht die Temperatur, unter der die Knollen herangewachsen sind, variiert, sondern (bei Knollen, die unter denselben Bedingungen heranwuchsen) die Lagerungstemperatur.

Nach Abb. 306 liegt das Temperaturminimum des Erregers bei 4°, das Optimum bei 19–20° und das Maximum schon bei 25–26°.

Über die Abwehrreaktionen der Kartoffelgewebe gegen *Phytophthora infestans* haben wir Seite 406 gesprochen, desgleichen über ihre Temperaturempfindlichkeit; Abb. 373 stellt diese letztere graphisch dar. Unterhalb 10° nimmt die Bereitschaft der Zellen zu nekrogenen Abortivreaktionen mit steigender Temperatur zu; oberhalb 12° wird sie dagegen durch die Außentemperatur nur noch wenig beeinflußt. Noch stärker als die Reaktionsbereitschaft des Wirtes wird jedoch bei niedern Temperaturen die Vitalität des Erregers gehemmt: er entwickelt sich langsam, wohl auch schwächlich, und vermag den nekrogenen Reaktionen des Wirtes nicht zu entwachsen, sondern wird durch

Tabelle 73
Der Einfluß der Temperatur auf die Anfälligkeit einiger Weizensorten für *Puccinia glumarum tritici* Erikss., Biotyp 4. (Nach GASSNER und STRAIB, 1929.)

Sorte	Temperatur °C	Prozentsatz von Pflanzen mit dem Infektionstypus					
		i %	0 %	1 %	2 %	3 %	4 %
v. Rümkers Sommerdickkopfweizen	10–11	52,7	18,5	0	0	28,8	0
	15	96,2	0	0	0	3,8	0
	19–20	96,3	2,2	0	0	1,5	0
Svalöfs Panzerweizen III	10–11	0	0	0	100	0	0
	15	13,4	0	0	86,6	0	0
	19–20	82,4	9,1	0	8,4	0	0
Aurore Sommerweizen	10–11	0	13,7	12,3	0	68,5	5,5
	15	4,6	10,6	0	0	83,4	1,3
	19	44,7	9,9	0	0	45,4	0
Strubes Dickkopf Winterweizen .	10–11	0	0	0	0	0	100
	15	0	0	0	0	0	100
	19	0	0	0	0	0	100

sie zum Absterben gebracht; deshalb gelangt er unterhalb 10° auf den Kartoffelknollen nicht zur Fruktifikation, also auch nicht zur Propagation, und der Kartoffelvorrat bleibt gesund; deshalb die Kühllagerung der Vorratskartoffeln.

Beim dritten Beispiel der thermischen Verschiebung der Reaktionsnorm, bei den Rostkrankheiten des Getreides, liegen die Verhältnisse, wie beim Einfluß der Mineralstoffernährung (S. 501), außerordentlich komplex; denn je feiner sich das Erreger-Wirt-Verhältnis differenziert, um so empfindlicher spricht es auf äußere Einwirkungen an; und wie dort, so vermag die Außentemperatur die Reaktionslage nur bei intermediären, nicht bei extremen Erreger-Wirt-Paaren zu verschieben; so bleibt in Tab. 73 der hochwiderstandsfähige Rümkers Sommerdickkopfweizen bei fast allen Außentemperaturen hochwiderstandsfähig, der hochanfällige Strubes Winterdickkopfweizen immer hochanfällig, in Tabelle 74 die ägyptische Gerste bei allen Außentemperaturen für den Biotyp 19 des Zwergrostes hochwiderstandsfähig, Berggerste gegen denselben Biotyp bei allen Temperaturen hochanfällig.

Bei den intermediären Typen verändert die Umwelttemperatur die Reaktionsgeschwindigkeit, den Reaktionstypus und die Richtung der Reaktionsverschiebung.

Die Veränderung der Reaktionsgeschwindigkeit drückt sich meist in einer Abnahme der Inkubations- und Fruktifikationszeit bei steigender Temperatur aus: bei niedern Temperaturen verlaufen die Rostinfektionen meist langsamer, bei höhern Temperaturen rascher.

Beispiele einer Veränderung des Reaktionstypus sind den Tabellen 73 und 74 zu entnehmen. Svalöfs Panzerweizen (Tabelle 73) ist bei der Außentemperatur von 10–11° zu 100% mittelstark anfällig, bei 19–20° praktisch

Tabelle 74

Der Einfluß der Temperatur auf die durchschnittliche Anfälligkeit einiger Gerstensorten für einige Biotypen des Zwergrostes, *Puccinia hordei* Otth. (Nach Straib, 1936.)

Gerstensorte	Temperatur °C	Biotyp 1	Biotyp 10	Biotyp 16	Biotyp 19
Berg	11,9	00	00–i	4	4
	16,1	0	0	4	4
	21,5	1	1	4	4
Ägyptische	11,9	0	4	4–3	0
	16,1	0–1	4–3	4–3	0
	21,5	0	4	3–4	0
Cruzat	11,9	0	0	3–4	0
	16,1	2	0	4	2
	21,6	3–2	2–3	3–4	2–3

gesprochen immun. Die Antwort auf die Frage, ob eine Sorte rostanfällig sei oder nicht, fällt somit je nach der Umwelttemperatur verschieden aus: Svalöfs Panzerweizen wird man bei kühler Witterung (oder in einem entsprechenden Anbaugebiet) als mittelanfällig bezeichnen, bei warmer Witterung (oder in einem entsprechenden Anbaugebiet) dagegen als hochwiderstandsfähig. Schon eine Temperaturverschiebung um 10°, wie sie im täglichen Wechsel von Tag und Nacht stets vorkommt, genügt also unter Umständen, um die Rostfestigkeit einer bestimmten Züchtung in einem andern Lichte erscheinen zu lassen.

Die kritische Temperatur, bei der die Reaktionsnorm umschlägt, ist sortenspezifisch; so liegt sie in Tabelle 73 für Rümkers Sommerdickkopfweizen zwischen 10 und 15°, für Svalöfs Panzerweizen zwischen 15 und 20°. Oberhalb 20° dürfen die Ergebnisse von Infektionsversuchen mit Rostpilzen fast stets als unsicher gelten.

Neben dem Ausmaß ist auch die Richtung der thermischen Verschiebung der Reaktionslage (wie beim Einfluß der Mineralsalzernährung) je nach dem Erreger-Wirt-Paar verschieden; so nimmt im allgemeinen die Widerstandsfähigkeit des Getreides gegen den Schwarzrost, *Puccinia graminis*, mit steigender Temperatur ab (Abb. 374), die Widerstandsfähigkeit gegen den Gelbrost, *Puccinia glumarum* (und weniger deutlich gegen den Braunrost,

Puccinia triticina), mit steigender Temperatur zu. Die beiden Roste zeigen somit in ihrer Temperaturreaktion dieselbe Gegensätzlichkeit wie bei den ontogenetisch bedingten Verschiebungen der Reaktionsbereitschaft: Jugendwiderstandsfähigkeit-Altersanfälligkeit bei manchen Schwarzrostbiotypen, Jugendanfälligkeit-Alterswiderstandsfähigkeit bei gewissen Gelbrostbiotypen (S. 488).

Wie bei den Ernährungs-, so gelten aber auch bei den Temperatureinflüssen die Aussagen über generelle Verschiebungen der Reaktionslage nur als Faustregel: sie treffen immer nur für eine gewisse Zahl von Biotypen zu, versagen aber gegenüber andern; so ist, um aus Tabelle 74 nur ein Beispiel herauszugreifen, die Gerstensorte Cruzat für Biotyp 16 des Zwergrostes, *Puccinia hordei* Otth. = *Puccinia simplex* (Kcke.) Erikss. et Henn. = *Puccinia anomala* Rostr., bei allen Versuchstemperaturen hochanfällig, in ihrer Reaktion gegen die Biotypen 1 und 10 dagegen sehr temperaturempfindlich.

Bei fein differenzierten Erreger-Wirt-Paaren spricht also jede Lebensgemeinschaft einer bestimmten Wirtssorte mit einer bestimmten Erregerrasse eigengesetzlich auf die Umwelttemperatur an: es gibt keine allgemein optimale Infektionstemperatur, die für sämtliche Erregerrassen und alle Wirtssorten gleichermaßen gilt.

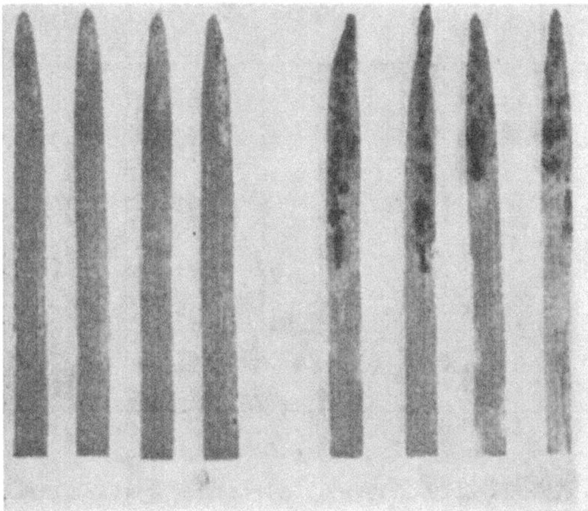

a *b*

Abb. 374

Der Einfluß der Lufttemperatur auf die Reaktion von Keimpflanzen von *Triticum Spelta* L. (Spelz, Sorte März) gegen Biotyp 29 des Weizenschwarzrostes, *Puccinia graminis tritici* Erikss. *a* Lufttemperatur 14,4°. *b* 24,0°. (Nach Newton und Johnson, 1932.)

Die Tabellen 75 und 76 bestätigen diese Erfahrung für das vierte Beispiel, die Streifenkrankheit der Gerste. Das thermische Minimum des Erregers liegt etwa bei 0°, das Optimum bei etwa 25° und das Maximum bei rund 33°. Auch das Zustandekommen und der Verlauf des parasitischen Verhältnisses sind stark temperaturgebunden, jedoch nach Sorte und Biotyp verschieden und zum Teil sogar gegensinnig. Es handelt sich also nicht bloß um einen Wettlauf zwischen Erreger und Wirt, zum Beispiel um ein Entwachsen oder um eine generelle Schwächung des letzteren, sondern der Entscheid, wieviele von den infizierten Individuen später bei den verschiedenen Aufzuchttemperaturen erkranken, wird offensichtlich durch jenen Komplex getroffen, den wir gesamthaft als die Reaktionslage und als die Auseinandersetzung zwischen Erreger und Wirt bezeichnen.

Mit diesen kurzen Andeutungen sind selbstverständlich die Möglichkeiten der thermisch bedingten Verschiebung der Krankheitsanfälligkeit bei weitem nicht ausgeschöpft. Doch geht, was uns hier interessiert, aus den bisher besprochenen Beispielen sattsam hervor, daß nämlich der Infektionstypus bei labilen Formen nicht eine Sorteneigentümlichkeit darstellt,

Tabelle 75

Der Einfluß der Infektionstemperatur auf den Befall einiger Gerstensorten durch drei Biotypen des Erregers der Streifenkrankheit, *Helminthosporium gramineum* Rabh. (Nach ISENBECK, 1937.)

Sorte	Biotyp	Prozentualer Befall bei der Temperatur von				
		5° %	10° %	15° %	20° %	25° %
Velvet	3501–11	79,3	93,1	65,5	24,5	30,6
	68– 1	78,7	93,6	63,6	65,6	54,4
	118– 2	9,6	5,1	4,7	0	0
Morgenrot.	3501–11	58,8	39,5	7,3	5,0	12,9
	68– 1	18,9	36,6	10,2	6,0	2,7
	118– 2	9,4	2,8	0	0	1,3
Heines Hanna . . .	3501–11	68,4	81,1	52,7	42,3	66,2
	68– 1	12,0	32,8	14,7	8,4	2,6
	118– 2	29,0	13,1	14,8	5,2	1,5
Heines vierzeilig . .	3501–11	41,0	59,6	14,2	0	4,2
	68– 1	44,9	26,5	55,8	20,0	18,3
	118– 2	82,7	79,5	46,9	13,2	5,4

also nicht konstant und endgültig, sondern plastisch ist; kennzeichnend und sortenspezifisch sind in diesen Fällen nicht ein bestimmter Zustand, sondern die Schwankungsbereitschaft und der Schwankungsbereich der Abwehrreaktionen.

Der Reaktionstypus wird überdies auf dem Felde nicht nur durch die Lufttemperatur beeinflußt, sondern zu gleicher Zeit auch durch das Entwicklungsstadium, die Ernährung, die Wasserversorgung, die Assimilation usw., alles Faktoren, die zum Teil mit-, zum Teil gegeneinander wirken. Gewiß sind sie nicht alle gleich gewichtig; aber man denke nur einmal das Kräftepaar «Wechselnde Stickstoffernährung» contra «Wechselnde Temperatur» für die verschiedenen Erreger-Wirt-Kombinationen durch; ohne einen großen Bogen Papier wird man nicht zurechtkommen.

Auf Grund dieses Zusammenspiels verschiedenartiger und verschieden gewichtiger Faktoren wird man die Schwierigkeiten ermessen, die in der freien Natur der Deutung von Feldversuchen entgegenstehen. Hier sind wohl stets mehrere Biotypen vermischt, die vielleicht auf bestimmte Umweltfaktoren gegensätzlich ansprechen; sodann wirken die mannigfachen Faktoren nicht konstant auf den Verlauf des parasitischen Verhältnisses ein, sondern sie schwanken je nach Witterung und Tageszeit.

Freilich werden innerhalb dieser Fülle von Einzelfaktoren stets einige Hauptfaktoren (zum Beispiel die Temperaturverhältnisse) über die Nebenumstände dominieren, so daß sich doch zuweilen im Endeffekt gewisse Gesetzmäßigkeiten ergeben. Beim Schwarzrost summiert sich beispielsweise im Laufe der Vegetationszeit die phasenspezifische Zunahme der Anfälligkeit (S. 487) mit der Erhöhung der Anfälligkeit durch die steigende Temperatur (S. 515); deshalb pflegt der Schwarzrost in der warmen Jahreszeit und in warmen Klimaten besonders heftig aufzutreten (Abb. 207).

Tabelle 76

Der Einfluß verschiedener Infektions- und Aufzuchttemperaturen auf den prozentualen Befall von Heines Hannagerste durch den Erreger der Streifenkrankheit, *Helminthosporium gramineum* Rabh. (Nach ISENBECK, 1937.)

Biotyp	Infektionstemperatur 10°, dann aufgezogen bei		Infektionstemperatur 20°, dann aufgezogen bei	
	10° %	15–22° %	10° %	15–22° %
3501–11	4,7	40,9	25,0	7,6
59–3	0	13,8	0	5,2
68–1	4,7	15,6	5,2	0

Im Gegensatz hierzu erreicht der Gelbrostbefall unter den klimatischen Bedingungen Mitteleuropas in den Frühjahrs- und in kühlen Vorsommermonaten im allgemeinen einen Höhepunkt und geht dann mit dem Eintreten warmer, sommerlicher Temperaturen meist zurück: die Ausbrüche der Uredopusteln werden durch nekrotische Verfärbungen ersetzt, und Neuinfektionen erfolgen dementsprechend nur noch spärlich. Die Pflanzen zeigen somit einen hochsommerlichen Rückgang ihres Rostbefalles, der in der Praxis als Feldresistenz oder Sommerresistenz bezeichnet wird; er beruht teilweise auf einer thermischen Steigerung der Widerstandsfähigkeit des Wirtes, zum Teil auf einer thermischen Hemmung der Vitalität des Erregers (KÜDERLING, 1936).

5. Der Einfluß des Wasserhaushaltes auf die Krankheitsbereitschaft des Wirtes

Während die Feuchtigkeitsverhältnisse der Umwelt die Disposition des Menschen für Infektionskrankheiten nur selten unmittelbar beeinflussen (eine Ausnahme bilden die rheumatischen Erkrankungen in feuchten Klimaten), vermögen sie in einigen Fällen die Krankheitsbereitschaft der Pflanzen erheblich zu verändern, und zwar sowohl bei chthonogenen als bei aerogenen Infekten. Nicht zur Diskussion steht hier der Einfluß der Feuchtigkeitsverhältnisse auf das Zustandekommen der Infektion (S. 42).

a) Der Einfluß des Wasserhaushaltes auf die Anfälligkeit des Wirtes für chthonogene Infekte

Bei den chthonogenen Infekten beeinflussen die Feuchtigkeitsverhältnisse des Bodens präinfektionell sowohl den Wirt als den Erreger, so daß es zuweilen schwer hält, die beiden Komponenten reinlich zu scheiden. Beim Wirt verschiebt überdies die Bodenfeuchtigkeit nicht nur die Infektions-, sondern auch die Erkrankungsdisposition.

Tabelle 77

Der Einfluß der Bodenfeuchtigkeit und der Bodentemperatur auf das Auftreten der Naßfäule bei Kartoffelknollen, Sorte Modrows Industrie. (Nach FEHMI, 1933.)

Wassergehalt %	Bodentemperatur					
	6–10°		15°		20°	
	Erkrankte Knollen %	Erkrankte Gewebe %	Erkrankte Knollen %	Erkrankte Gewebe %	Erkrankte Knollen %	Erkrankte Gewebe %
25	0	0	0	0	0	0
50	0	0	10	1	20	1
75	0	0	50	20	60	23
100	0	0	100	60	100	73
125	100	50	100	40	100	73

Bei einer ersten Gruppe wird die Krankheitsdisposition mit steigender Bodenfeuchtigkeit erhöht. Einige dieser Krankheiten, so die Naßfäule der Kartoffeln, lassen diese Steigerung der Krankheitsbereitschaft unmittelbar am Ertrag ablesen. In Tabelle 77 wurden gesunde, unverletzte Kartoffelknollen in Erde gepflanzt, die mit *Bacterium carotovorum* verseucht war und in ihrem Wassergehalt, bezogen auf die Wasserkapazität, in fünf Intervallen von 25 auf 125% anstieg. Bei niedern Bodentemperaturen (6–10°) wurden die Knollen nur dann vom Erdboden her spontan infiziert, wenn die Bodenfeuchtigkeit mehr als 100% betrug. Bei den Bodentemperaturen von 15 und 20° fand dagegen eine hundertprozentige Ansteckung auch noch statt, wenn der Boden bloß wassergesättigt war. Bei niedrigerem Wassergehalt sank der Prozentsatz der Infektionen rasch ab, und bei einem Wassergehalt unter 50% blieben alle Knollen gesund. Neben dem Krankheitsbefall (der Zahl der spontan infizierten Knollen) wird auch der Krankheitsverlauf (die «Fäule», das ist der prozentuale Anteil der zerstörten Gewebe) durch die Bodenfeuchtigkeit stark beeinflußt.

Bei einer zweiten Gruppe von chthonogenen Infekten wird die Krankheitsbereitschaft des Wirtes durch abnehmende Bodenfeuchtigkeit erhöht (Abb. 375).

Bei einer dritten Gruppe von chthonogenen Infekten verläuft die Beziehung zwischen Bodenfeuchtigkeit und Krankheitsbereitschaft zweischenkelig, und zwar entweder konkav oder konvex zur x-Achse.

Den ersten Fall, wenig Erkrankung bei niedriger und bei hoher, und starke Erkrankung bei mittlerer Bodenfeuchtigkeit, finden wir zum Beispiel bei der Keimlingsfusariose des Weizens, verursacht durch *Gibberella Saubinetii*, realisiert. Bei einem Wassergehalt des Bodens von 30% (bezogen auf die Wasserkapazität) traten in einem bestimmten Versuch (DICKSON, 1923) 60% Erkrankungen an Weizenfusariose auf, bei 45% Wassergehalt 84% Erkrankungen und bei 60% Wassergehalt 48% Erkrankungen; der *Gibberella*befall des Weizens wird somit durch mittlere Bodenfeuchtigkeiten begünstigt, der *Ophiobolus*befall durch hohe. Doch gilt diese Aussage nur für die *Gibberella*-optimale Bodentemperatur von 23° (Abb. 367, Kurve *G*); bei der Bodentemperatur von 8° erkrankten bei einem Wassergehalt von 30% im Mittel volle 72% der Weizenkeimlinge, bei einem Wassergehalt von 45% nur 44% und bei einem Wassergehalt von 60% 0%. Bodentemperatur und Bodenfeuchtigkeit können sich also unterstützen oder aufheben: sämtliche Ergebnisse gelten stets nur für eine bestimmte Bodenfeuchtigkeit.

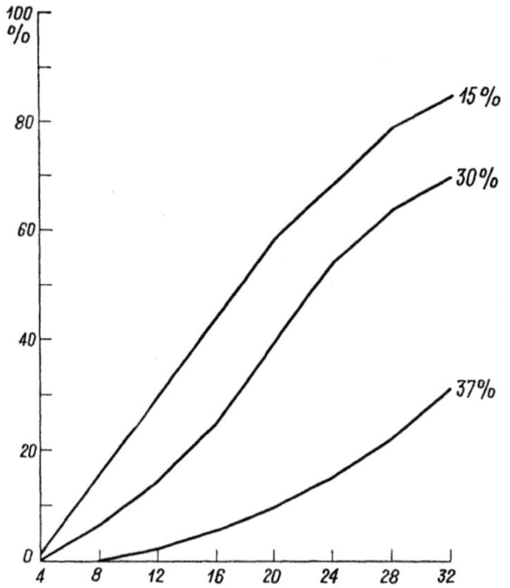

Abb. 375

Der Einfluß der präinfektionellen Bodenfeuchtigkeit auf die Krankheitsbereitschaft von Tomatenpflanzen der Sorte Marglobe für die Tomatenwelke, verursacht durch *Fusarium lycopersici*. Die Versuchspflanzen wurden zunächst während 30 Tagen unter sonst optimalen Bedingungen in trockenem (15% Wassergehalt, bezogen auf das Gesamtgewicht), optimal feuchtem (30%) und nassem (37%) Boden herangezogen, dann infiziert und hernach bei optimaler Bodenfeuchtigkeit weiterkultiviert. Abszisse: Tage nach der Infektion. Ordinate: Krankheitsindex. (Nach FOSTER und WALKER, 1947.)

Den umgekehrten Fall, heftige Erkrankung bei niedriger und bei hoher, geringere Erkrankung bei mittlerer Bodenfeuchtigkeit, finden wir bei der Wurzelfäule des Tabaks, verursacht durch *Thielavia basicola* (Berk. et Br.) Zopf, realisiert (Tabelle 78).

b) Der Einfluss des Wasserhaushaltes auf die Anfälligkeit des Wirtes für aerogene Infekte

Bei den chthonogenen Infekten war es vorwiegend die Bodenfeuchtigkeit, welche die Anfälligkeit des Wirtes verschob. Bei den aerogenen Infekten arbeiten dagegen Boden- und Luftfeuchtigkeit zusammen, wodurch sich die

Problemlage kompliziert. Dazu kommt, daß die Luftfeuchtigkeit zu gleicher Zeit auch die Fruktifikationsintensität des Erregers (S. 241) und die Umweltbedingungen für das Gelingen der Infektion (S. 42) verändert, so daß es oft schwer hält, die verschiedenen Faktorengruppen voneinander zu trennen.

Wenn zum Beispiel in einem regenreichen Sommer eine *Phytophthora*epidemie der Kartoffeln ausbricht, so hat sich die hohe Luftfeuchtigkeit wohl in erster Linie in einer Begünstigung des Erregers ausgewirkt. Sicherlich wurde zu gleicher Zeit auch der Wirt beeinflußt: überreiche Wasserversorgung

Tabelle 78

Der Einfluß der Bodenfeuchtigkeit auf die Wurzelfäule des Tabaks. (Nach JOHNSON und HARTMAN, 1919.)

Wassergehalt des Bodens in % der Wasserkapazität %	Geerntete Blattfläche je Pflanze	
	nicht infizierte Reihe cm^2	infizierte Reihe cm^2
25	34	9
50	81	22
75	301	89
100	239	7

und geringe Transpirationsintensität ließen die Empfänglichkeit des Kartoffelkrautes größer werden. Doch wird man in diesem Falle dem Einfluß der Luftfeuchtigkeit auf die Entwicklung des Erregers die ausschlaggebende Bedeutung beimessen; denn eine *Phytophthora*epidemie kann auch schon durch reichliche Luftfeuchtigkeit ohne Niederschläge, so durch Nebel oder starke Taubildung, ausgelöst werden; es genügt somit, daß die Feuchtigkeitsansprüche des Erregers optimal erfüllt sind, ohne daß eine besondere Schwächung des Wirtes durch überreichliche Wasserversorgung hinzuzukommen braucht.

Ähnlich liegen die methodischen Schwierigkeiten bei der *Monilia*erkrankung der Äpfel, Birnen usw. Zweifelsohne sind die Lentizellen bei hoher Luftfeuchtigkeit stärker geöffnet und deshalb der Infektion leichter zugänglich als in einer trockenen Atmosphäre (erhöhte Infektionsdisposition); aber zu gleicher Zeit werden durch die hohe Luftfeuchtigkeit auch die Infektionsbedingungen verbessert.

Wie bei chthonogenen, so kann die Disposition auch bei aerogenen Infekten je nach der Art der Krankheit durch Störungen im Wasserhaushalt nach der positiven oder negativen Seite verschoben werden.

aa) Reichliche Wasserversorgung erhöht die Anfälligkeit. Der entscheidende Vorgang ist hierbei die Wasserstauung im Innern der Wirtsgewebe (J. JOHNSON, 1947). Die Wurzeln pumpen ja dauernd Wasser nach, auch wenn die Transpiration infolge Zunahme der Luftfeuchtigkeit zurückgeht; dies kann im extremen Falle, wenn die Bodentemperatur höher ist als die Luft temperatur, zur zwangsläufigen Ausstoßung von Wasser, eben zur Guttation, führen (GÄUMANN, 1938).

Bei gewissen Infektionskrankheiten, so beim fire blight der Apfel- und Birnbäume, äußert sich die Wasserstauung unmittelbar in einem Feuchtigkeitsüberschuß in den Interzellularen. In Abb. 376 wurden die Versuchsbäume bei einer Bodenfeuchtigkeit von 80–90 %, 60–70% und 40–50%, bezogen auf die Wasserkapazität, gezogen. In der ersten Reihe betrug die mittlere Trieblänge 30 cm, in der zweiten 22 cm und in der dritten 11 cm; hernach wurden sie durch Wunden mit *Bacterium amylovorum* infiziert. Mit abnehmender Wasserversorgung sank auch die durchschnittliche Länge der erkrankenden Triebabschnitte von rund 84% bei hoher auf rund 4% bei niederer Bodenfeuchtigkeit. Doch fragt man sich ob durch die trockenere Aufzucht wirklich nur die Ausbreitungsresistenz und nicht zu gleicher Zeit auch die Abwehrkraft der Gewebe gegen die Bakterien und ihre Toxine erhöht wurde.

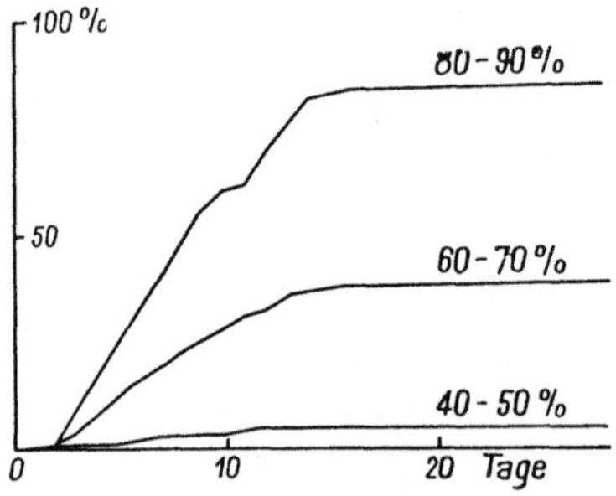

Abb. 376

Der Einfluß der Wasserversorgung auf die Ausbreitung des *Bacterium amylovorum* in den Zweigen der Birnsorte Bartlett. Erklärung im Text. (Nach SHAW, 1935.)

Bei andern Infektionskrankheiten, so bei einer Blattfleckenkrankheit der Tomaten, verursacht durch *Cladosporium fulvum*, verändert die Wasserstauung offenbar den Chemismus und die Textur der Laubblätter; diese werden zarter und dadurch für *Cladosporium* anfälliger (Tabelle 79). Dieselbe Steigerung der Bodenfeuchtigkeit, welche die Tomatenpflanzen gegen die Fusariumwelke widerstandsfähiger werden ließ (Abb. 375), erhöhte somit ihre Krankheitsbereitschaft für *Cladosporium*.

Tabelle 79

Der Einfluß des Wasserhaushaltes auf die Anfälligkeit der Tomatenblätter, Sorte Lukullus, für *Cladosporium fulvum* Cke. (Nach VOLK, 1931.)

Wassergehalt des Bodens %	Mittlere Inkubationszeit in Tagen	Durchschnittliche Größe der Blattflecken nach 20 Tagen cm^2	Auftreten von Nekrosen nach Tagen
80	12	1,8	51
50	12	1,5	58
20–25	14	1,0	71

Bei noch andern Infektionskrankheiten, so bei den Getreiderosten, wirkt sich die Wasserstauung mittelbar über die Reaktionslage des Wirtes aus; denn sie kann in extremis, wenn sie über 48 Stunden dauert, schon für sich allein nekrotische Degenerationen der Wirtsgewebe auslösen (Abb. 377). Bevor jedoch dieser pathologische Schwellenwert erreicht ist, fördert eine gute Wasserversorgung die Vitalität des Wirtes und führt dadurch bei parabiontischen Erreger-Wirt-Paaren zu einer Steigerung des Befalls (Tabelle 80).

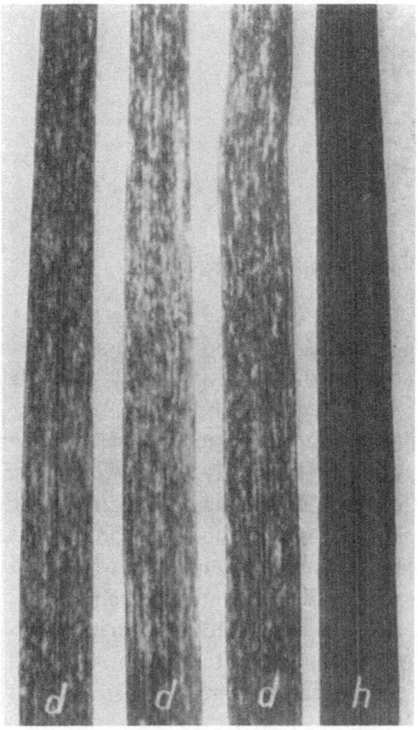

Abb. 377
Lokale Nekrosen auf Weizenblättern nach mehr als 48stündiger Wasserstauung auf freiem Felde. *d* Erkrankte Blätter. *h* Gesundes Blatt (Kontrolle). Nat. Gr. (Nach J. JOHNSON, 1947.)

bb) Reichliche Wasserversorgung setzt die Anfälligkeit herab. Eine Zunahme des Krankheitsbefalls bei einer Drosselung der Wasserversorgung erfolgt zum Beispiel bei gewissen Pilzkrankheiten stehender Bäume.

Der natürliche Wassergehalt von 25jährigen Kiefern beträgt durchschnittlich 145% im äußern Splint, 152% im innern Splint und 44% im Kern. Der Splint ist deshalb am unversehrten stehenden Baum infolge seines hohen Wassergehaltes gegen den Angriff gewisser toxigener Blaufäuleerreger, so *Discula pinicola* (Wachstumsoptimum bei einem Wassergehalt von 34%; Abb. 378), *Ophiostoma coerulea* (55%) und *Leptographium Lundbergii* (62%) geschützt. Die Verhältnisse liegen also gerade umgekehrt wie beim Kernobst gegenüber *Bacterium amylovorum*.

Wird nun der Stamm in seinem Wurzelwerk beschädigt, so dauert dieser Schutz (jedenfalls gegen *Ophiostoma coerulea*) nur so lange, bis der Luftraum 15% des Volumens des frischen Holzes einnimmt. Sinkt der Wassergehalt noch mehr und erhöht sich der Luftraum auf 42% des Holzvolumens, so ist das Wachstum des Pilzes optimal. Flüssiges Wasser ist somit im Holz für das Blaufäulemyzel nicht notwendig; es gedeiht noch, wenn nur die Zellwände mit Wasser imbibiert sind. Schwindet auch noch ein Teil des Imbibitionswassers, so wird das Pilzwachstum wegen Wassermangel eingestellt.

In einem ähnlichen Sinne wirkt eine Verschlechterung der Wasserversorgung beim Befall der Rinde von *Ulmus scabra* Mill. (= *Ulmus montana* With.)

durch den Erreger der Rotpustelkrankheit, *Nectria cinnabarina* (Tode) Fr. Bei normalen, frühjahrlich wassersatten Ulmenzweigen dringt eine *Nectria*-infektion in der Rinde je Monat 0,3–1 cm vor. Eine Herabsetzung des Wasser-

Tabelle 80

Der Einfluß des Wasserhaushaltes auf die Anfälligkeit von Petkuser Roggen für den Braunrost *Puccinia dispersa* Erikss. et Henn. (Nach VOLK, 1931.)

Wassergehalt des Bodens %	Inkubationszeit in Tagen	Befallshäufigkeit (% Infektionen)	Reaktionstypus
80	9	100	4
60	10	95	4
40	11	68	2–3
20	18	42	2
welkende Pflanzen	20	12	1

gehaltes durch Verletzungen beschleunigt das Pilzwachstum: bei einer Gewichtsabnahme von 12% wächst das Myzel je Monat 4 cm, bei 16% 5 cm, bei 18% 6 cm und bei 32% 10 cm. In ähnlicher Weise vermag *Nectria ditissima* Tul. lebende Buchenrinde von einem spezifischen Gewicht von 1,11–1,10 in sechs Wochen 1–3 mm weit zu bräunen, bei einem spezifischen Gewicht von 1,05–0,92 7 mm, bei einem spezifischen Gewicht von 0,91 16–20 mm und bei einem solchen von 0,88 30 mm (MÜNCH, 1909, 1910).

Da Wassergehaltsschwankungen in diesem Rahmen auch unter natürlichen Verhältnissen im Laufe eines Jahres auftreten, so wird verständlich, warum diese beiden Bäume, ferner *Aesculus* und andere Alleebäume gegen *Nectria cinnabarina*, desgleichen Pappeln gegen *Valsa sordida* Nit., den Erreger eines plötzlichen Absterbens (Apoplexie), während ihrer vollen Vegetationszeit widerstandsfähig, im Herbst und Winter dagegen hochanfällig sind (jahreszeitliche bzw. Saisonresistenz). Desgleichen wird klar, warum im Walde die unterdrückten, schlecht ernährten und schlecht vom Wasser durchströmten Bäume diesen Pilzen leichter zum Opfer fallen als die dominierenden Exemplare.

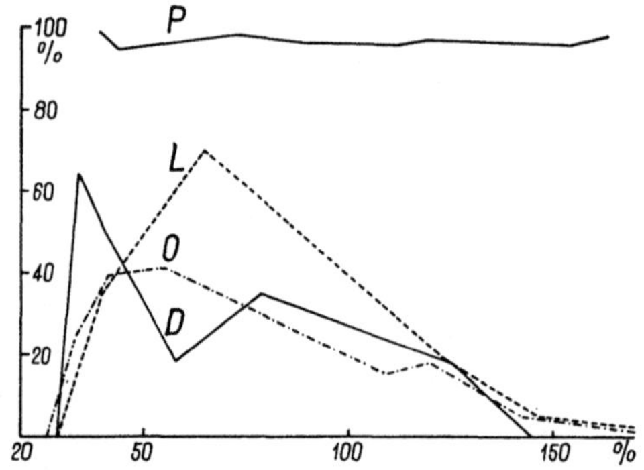

Abb. 378

Beziehungen zwischen dem Wassergehalt des Kiefernsplintes und seiner Ausbreitungsresistenz gegen vier Blaufäuleerreger. Kurve *L: Leptographium Lundbergii* Nannf. Kurve *O: Ophiostoma coerulea* (Münch) Syd. (= *Ceratostomella coerulea* Münch). Kurve *D: Discula pinicola* (Naoum.). Petr. Kurve *P: Ophiostoma pini* (Münch) Syd. (= *Ceratostomella pini* Münch). Abszisse: Wassergehalt, bezogen auf das Trockengewicht. Ordinate: Volumprozent verfärbte Holzmasse. (Nach LAGERBERG, LUNDBERG und MELIN, 1927.)

Der erhöhte Wassergehalt schützt jedoch die Gewebe zweifelsohne nicht nur unmittelbar durch die Verdrängung der für die Pilze lebensnotwendigen Luft, sondern auch mittelbar durch eine Steigerung der Lebensenergie der Zellen. Wenn der Wassergehalt der Stämme durch die natürliche Winterruhe oder durch Wunden oder (bei Alleebäumen) durch die Asphaltbedeckung des Wurzelwerkes herabgesetzt wird, so sinkt zu gleicher Zeit auch die Widerstandskraft der Zellen: im Sommer ist nicht nur der Wassergehalt des Holzes am größten, sondern auch die Reaktionsfähigkeit der Gewebe; die erhöhte Ausbreitungsresistenz und die erhöhte Reaktionsbereitschaft unterstützen sich gegenseitig. Wenn also *Trametes radiciperda* Hart., der Erreger der Stockfäule oder trockenen Rotfäule der Fichten, und *Stereum frustulosum* (Pers.) Fr., der Erreger des «Rebhuhnholzes» der Eichen, normalerweise nur im Kern, nicht im Splint zu finden sind (Abb. 436), so dürfte daran nicht nur der niedrigere Wassergehalt des erstern, sondern auch seine geringere Abwehrbereitschaft schuld sein; denn beide Pilze vermögen bei völligem Luftentzug noch mindestens 10 Wochen lang zu gedeihen (Bavendamm, 1928).

6. Der Einfluß des Lichtes auf die Krankheitsbereitschaft des Wirtes

Im Gegensatz zur Temperatur, die den Wirt und den Parasiten gleichzeitig beeinflußt, wirkt das Licht in der Regel (eine Ausnahme bilden die Erysiphaceen, S. 244) fast ausschließlich auf den Wirt, insbesondere auf seinen Kohlehydrat- und Eiweißstoffwechsel, ein, wodurch präinfektionell seine Disposition und postinfektionell der Verlauf des parasitischen Verhältnisses verschoben wird.

Wir unterscheiden a) die Intensität der Belichtung, b) ihre Dauer und c) die Qualität des eingestrahlten Lichtes.

a) Die Intensität der Belichtung. Rostinfektionen gehen nicht an, wenn während der Infektion und in den darauffolgenden 48 Stunden das Licht fehlt (vollkommene Dunkelheit); die Ursache liegt wahrscheinlich in lokalen hyperergischen Nekrosen der dem Infektionsherd benachbarten Wirtszellen.

Lichtmangel schwächt den Wirt und läßt ihn anfälliger für eusymbiontische und widerstandsfähiger gegen parabiontische Parasiten werden; lichtarm, zum Beispiel in dunkeln Gewächshäusern gezogene Tomatenpflanzen sind anfälliger für die Tomatenwelke (Abb. 379 und 380), vergeilende (etiolierte) Getreidekeimlinge besonders anfällig für Fusariosen; auch bei gewissen Virosen, so bei Tabakmosaik, Tabaknekrose und Aucubamosaik, steigt die Zahl der Nekrosen bei abnehmendem Lichtgenuß auf das 5–10fache; doch kann hier die Reaktionsnorm in den verschiedenen Stadien der Infektion verschieden sein (Bawden und Roberts, 1947, 1948). Umgekehrt sind Getreidepflanzen bei Lichtmangel widerstandsfähiger gegen *Helminthosporium*- und

Rostbefall: wegen der Neigung der Gewebe zu Nekrosen nähern sich die Befallsbilder dem nekrogenen, eben in diesem Falle dem widerstandsfähigen Typus.

Wird von diesem Mangelniveau aus die Belichtungsstärke gesteigert, so nimmt im allgemeinen die Widerstandsfähigkeit gegen Eusymbionten und die Anfälligkeit für Parabionten bis zu einem bestimmten Optimum zu. Doch sprechen die verschiedenen Parasit-Wirt-Paare auf denselben Belichtungswechsel in unterschiedlicher Weise an; sie besitzen also eine charakteristische Lichtreaktion, wie es Seite 517 Erreger-Wirt-Paare mit einer

Abb. 379

Der Einfluß der Lichtintensität auf die Entwicklung von Tomatenpflanzen unter sonst optimalen Bedingungen. 100% = volles Sonnenlicht, verstärkt durch künstliche Belichtung. 11% = Lichtmenge durch Abschirmung auf 11% herabgesetzt. (Nach FOSTER und WALKER, 1947.)

charakteristischen Temperaturreaktion gab. In Tabelle 81 ist Nacktgerste für den *Helminthosporium*biotyp 3501–11 bei allen Lichtintensitäten zu 100% anfällig und gegen den Biotyp H–15 bei allen Lichtintensitäten voll widerstandsfähig; gegenüber beiden Biotypen reagiert sie also auf eine Steigerung der Lichtintensität nicht, wohl aber gegenüber Biotyp 118–2. Heines Hannagerste spricht dagegen bei steigender Belichtung auf diese Biotypen abweichend an.

Eine ähnliche Beziehung besteht bei den Rostpilzen: je mehr Licht ihre Wirtspflanzen erhalten, um so mehr nähert sich im allgemeinen das Befallsbild dem eusymbiontischen Typus (Reaktionstypus 4), desto größer ist die Zahl der Uredolager und der in ihnen gebildeten Sporen und um so kürzer die Inkubations- und Fruktifikationszeit (zum Beispiel Tabelle 82). Doch gilt dies, wie bei *Helminthosporium*, nur als Faustregel; es lassen sich immer wieder

Erreger-Wirt-Paare finden, die auf Licht gar nicht oder im entgegengesetzten Sinne ansprechen.

Der Einfluß steigender Lichtmengen auf die Anfälligkeit des Wirtes läßt sich deshalb nicht summarisch auf Grund globaler Verschiebungen im Eiweiß- und Kohlehydratstoffwechsel erklären, sondern es müssen zweifelsohne weit kompliziertere Vorgänge zu Hilfe gezogen werden, die sich in der Reaktionslage, im Zusammenspiel jeder einzelnen Wirtssorte mit jeder besondern Erregerrasse, auswirken. Dementsprechend kann bei verfeinerter Betrachtung der Einfluß des Lichtes auf die verschiedenen Phasen des parasitischen Verhältnisses, 1.–3. Tag, 4.–6. Tag usw., verschieden sein (SEMPIO, 1939).

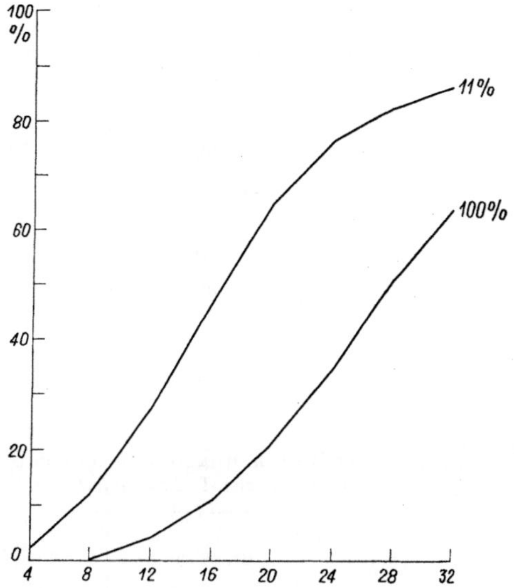

Abb. 380

Der Einfluß des präinfektionellen Lichtgenusses auf die Anfälligkeit von Tomatenpflanzen der Sorte Marglobe für die Tomatenwelke, verursacht durch *Fusarium lycopersici*. Die Pflanzen wurden erst 30 Tage bei vollem (100%) bzw. reduziertem (11%) Lichtgenuß herangezogen, dann infiziert und hernach unter denselben optimalen Bedingungen weiterkultiviert. Abszisse: Tage nach der Infektion. Ordinate: Krankheitsindex. (Nach FOSTER und WALKER, 1947.)

b) Die zweite Faktorengruppe, die Belichtungsdauer, beeinflußt unter natürlichen Verhältnissen als Tageslänge den Photoperiodismus des Wirtes. Unsere Getreidearten, mit Ausnahme von Mais und Hirse, sind Langtagspflanzen; doch reagieren bei ihnen die verschiedenen

Tabelle 81

Der Einfluß zusätzlicher Belichtung durch Osram-Klarglaslampen auf die Anfälligkeit (Befall in %) von Gerste für *Helminthosporium gramineum* Rabh. Gewächshausversuch Februar-März. Lufttemperatur 10°. (Nach ISENBECK, 1937.)

Gerstensorte	Biotyp	Zusätzliche Belichtung		
		0 %	40 Watt %	75 Watt %
Nacktgerste	3501–11	100	100	100
	H–15	0	0	0
	118– 2	57,6	81,2	100
Heines Hanna . . .	3501–11	30,6	40,0	56,7
	H–15	0	1,7	0
	118– 2	5,4	33,3	44,8

Erreger-Wirt-Kombinationen auf eine noch weiter gehende Verlängerung des Lichtgenusses unterschiedlich. Die unter natürlichen Verhältnissen fast befalls-

Tabelle 82

Der Einfluß der Lichtintensität auf den Befall von Panniergerste durch den Gelbrost, *Puccinia glumarum hordei* Erikss. Durchschnittliche Lufttemperatur 8,6°. (Nach BEVER, 1934.)

Lichtmenge in Kerzen	Inkubationszeit Tage	Befallshäufigkeit (% infizierte Pflanzen)
960	11	88
576	12	100
384	13	80
192	13	80
96	16	72

Tabelle 83

Der Einfluß der Belichtungsdauer auf den prozentualen Befall der Weizensorte Canus durch den Steinbrand, *Tilletia tritici*. (Nach RODENHISER und TAYLOR, 1943.)

Brandrasse	11-Stunden-Tag %	Durchgehende Belichtung (24 h) %
12	0	12
9	1	4
1	1	22
4	4	59

Tabelle 84

Der Einfluß der Belichtungsdauer («Tages»länge) auf den Befall von Panniergerste durch *Puccinia glumarum hordei* Erikss. Durchschnittliche Lufttemperatur 8,6°. (Nach BEVER, 1934.)

Tageslänge h	Inkubationszeit Tage	Befallshäufigkeit (% infizierte Pflanzen)	Reaktionstypus
6	20	84	4
8	16	80	4
10	13	96	4
12	9–11	96	4
15	12	76	0
24	12	60	0

freie Weizensorte Canus wird bei dauernder Belichtung hochgradig steinbrandanfällig (Tabelle 83). In Tabelle 84 zeigt die Inkubationszeit des Gerstengelbrostes ein Optimum bei 12stündiger Belichtung, während der Reaktionstypus bei langdauernder (15stündiger) oder durchgehender (24stündiger)

Abb. 381. Habitusbilder von 30 Tage alten Tomatenpflanzen der Sorte Bonny Best bei Langtagsbelichtung (*A*; 18 Stunden) bzw. Kurztagsbelichtung (*B*; 6 Stunden) unter sonst optimalen äußern Bedingungen. (Nach FOSTER und WALKER, 1947.)

Belichtung sprunghaft zur höchsten Widerstandsfähigkeit (Abortion der Infektionsstellen unter Fleckenbildung; parabiontischer Typus) übergeht.

Unter künstlichen (Gewächshaus-) Verhältnissen, so bei der Frühtreiberei der Tomaten, erhöht ein verlängerter Lichtgenuß die Krankheitswiderstandsfähigkeit sowohl gegen die Fusariumwelke (Abb. 381 und 382) als gegen die Blattfleckenkrankheit (Tabelle 85).

c) Hinsichtlich der Qualität des eingestrahlten Lichtes sind die Dispositionsverhältnisse des Wirtes, wie bei der Temperatur und der Lichtintensität, je nach dem Erreger-Wirt-Paar verschieden. In Tabelle 86 zeigt Nacktgerste bei Infektion durch Biotyp 68–1 den stärksten Befall in rotem und weißem Licht und keinen Befall in blauem Licht, bei Infektion durch Biotyp 118–2 den stärksten Befall in blauem Licht und keinen Befall in weißem Licht, während

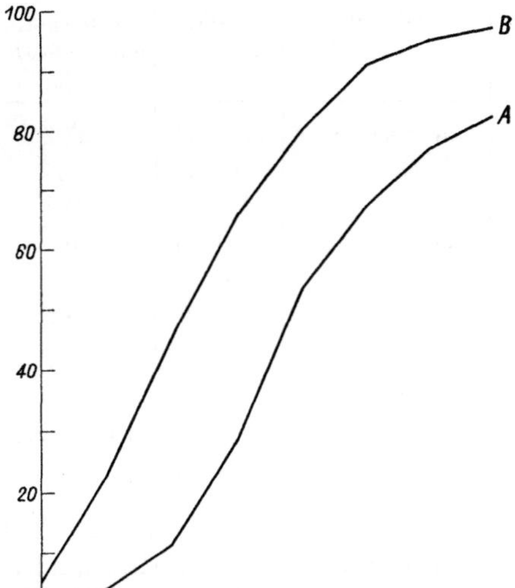

Abb. 382. Der Einfluß der präinfektionellen Belichtungsdauer auf die Anfälligkeit von Tomatenpflanzen der Sorte Bonny Best für die Welkekrankheit, verursacht durch *Fusarium lycopersici*. Die Pflanzen wurden unter sonst optimalen Bedingungen während 30 Tagen bei 18stündiger Belichtung (*A*) bzw. 6stündiger Belichtung (*B*) herangezogen, dann infiziert und hernach bei 12stündiger Belichtung weiterkultiviert. Abszisse: Tage nach der Infektion. Ordinate: Krankheitsindex. (Nach FOSTER und WALKER, 1947.)

Heines Hannagerste zum Teil abweichend reagiert und durch die drei in Frage stehenden Biotypen in blauem Licht überhaupt nicht erkrankt.

Tabelle 85

Der Einfluß der Belichtungsdauer auf die Anfälligkeit von Tomatenblättern für *Cladosporium fulvum* Cke. (Nach Volk, 1931.)

Belichtungsdauer je Tag in Stunden	Auftreten von Nekrosen nach Tagen	Erkrankte Fläche nach 30 Tagen in cm^2
3½	30	1,8
9	35	1,3
24	45	0,9

Tabelle 86

Der Einfluß verschiedenfarbigen Lichtes auf den Befall von Gerste durch *Helminthosporium gramineum* Rabh. (Nach Isenbeck, 1937.)

Gerstensorte	Biotyp	Befallshäufigkeit bei der Lichtart			
		Rot (Intensitäts-max. b. 625 $\mu\mu$) %	Grün (Intensitäts-max. b. 525 $\mu\mu$) %	Blau (Intensitäts-max. b. 460 $\mu\mu$) %	Weiß %
Nacktgerste . .	3501–11	27,2	10,2	0	52,6
	68–1	61,5	2,7	0	78,5
	118–2	25,7	2,9	43,4	0
Heines Hanna .	3501–11	20,0	1,8	0	27,2
	68–1	0	0	0	1,4
	118–2	4,6	3,2	0	7,0

7. Der Einfluß des Kohlensäuregehaltes der Luft auf die Krankheitsbereitschaft des Wirtes

Innerhalb der lebensüblichen Kohlensäurekonzentrationen wirken steigende Kohlensäuregehalte der atmosphärischen Luft in ähnlicher Weise auf die Assimilation und auf die Krankheitsdisposition des Wirtes ein wie steigende Lichtmengen: sie fördern die Widerstandsfähigkeit gegen eusymbiontische und die Anfälligkeit für parabiontische Erreger.

Bei einer Steigerung des CO_2-Gehaltes der Luft von 0,03 auf 0,5% sinkt zum Beispiel die Anfälligkeit der Tomaten für *Cladosporium fulvum* (Volk, 1931). Die Kohlensäuredüngung in Gewächshäusern wirkt also in diesem Falle zu gleicher Zeit ertragssteigernd und dispositionsvermindernd.

Anderseits verlängert CO_2-Mangel bei Rostkrankheiten die Inkubationszeit und verschlechtert das Infektionsergebnis. Der normale CO_2-Gehalt der Luft reicht zwar zur Erzielung guter Infektionen aus, doch läßt sich der Infektionserfolg durch eine künstliche Steigerung des CO_2-Gehaltes verbessern; so liegt die optimale Kohlensäurekonzentration, gemessen an der Fruktifikationsintensität des Parasiten, für die wichtigsten Getreideroste zwischen 0,2 und 0,7% (GASSNER und STRAIB, 1929). Bei noch weiterer Steigerung der Kohlensäurekonzentration (auf 3–6%) verschlechtert sich das Infektionsergebnis wieder; es werden keine Uredolager mehr angelegt und die Wirtsgewebe reagieren auf die Infektion nur noch durch hellgrüne Verfärbungen.

Oberhalb der lebensüblichen Kohlensäurekonzentrationen treten sowohl beim Wirt als beim Erreger Kohlensäurevergiftungen auf. Doch liegen die Grenzkonzentrationen für die beiden Partner verschieden hoch. Wachsende Pflanzen sind im allgemeinen für hohe CO_2-Gehalte empfindlicher als die landläufigen parasitischen Pilze; dieser Umstand spielt eine entscheidende Rolle beim Schneeschimmel des Getreides, der zur Hauptsache durch Fusarien verursacht wird und, wie der Name sagt, mit Vorliebe bei langer Schneebedeckung auftritt (Abb. 383). Unter der verharsteten Schneedecke erfolgt nämlich eine Stauung der Bodenkohlensäure, die sich auf den Wirt und den Erreger unterschiedlich auswirkt (LUNDEGÅRDH, 1923).

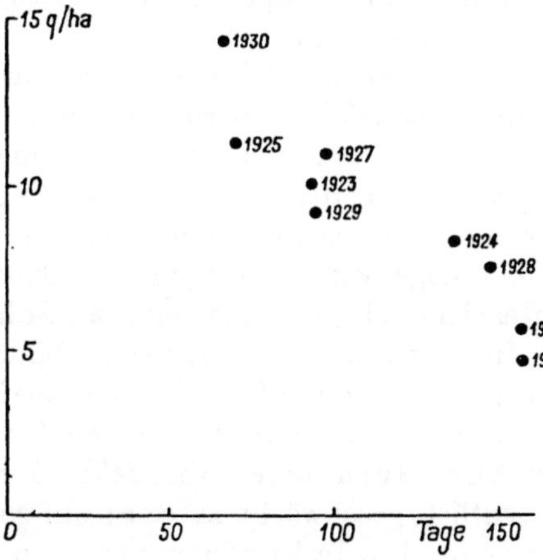

Abb. 383

Beziehungen zwischen der Dauer der Schneebedeckung und den durch den Schneeschimmel verursachten Schäden bei Winterroggen in Lettland. Abszisse: Dauer der Schneebedeckung in Tagen. Ordinate: Mittlere Erträge in q je ha. (Nach EGLITS, 1931.)

Die Wirtspflanzen werden durch den überhöhten Kohlensäuregehalt geschädigt. Weizen keimt am besten bei normalem Kohlensäuregehalt der Luft, also bei 0,03%. Schon bei 1–1,5% nimmt die Keimfähigkeit und über 2% auch die Länge der Koleoptile und der Wurzeln merklich ab. Derartige Gehalte über 1% kommen jedoch im Freien unter der langsam wegschmelzenden Schneedecke tatsächlich vor, desgleichen ohne Schneedecke und bei normaler Saattiefe infolge schlechter Durchlüftung und hohem Wassergehalt des Bodens.

Anders ist die Wirkung der Kohlensäure auf die in Frage kommenden Pilze (BRAUN, 1932; KLAUS, 1943; HOLLIS, 1948). *Gibberella Saubinetii* und *Fusarium culmorum* werden durch Kohlensäuregehalte von 2–7% in ihrem Wachstum angeregt, während *Fusarium avenaceum* auf Gehalte bis 5% nicht anspricht. Durch die übernormalen Kohlensäurekonzentrationen wird also einerseits die Vitalität der Wirtspflanzen vermindert und anderseits die Wachstumsintensität und wahrscheinlich auch die Aggressivität jedenfalls von zwei der wichtigern Erreger gesteigert. Dementsprechend erkrankten zum Beispiel Weizenkeimlinge, die in *Gibberella*-haltiger Erde aufgingen und während der ersten

9–12 Tage in einer 2–8%igen Kohlensäureatmosphäre standen, zu 100% an Schneeschimmel gegen 0% in gewöhnlicher Atmosphäre.

Auf seiten des Erregers decken sich somit die Voraussetzungen für ein starkes Auftreten der Krankheit mit denjenigen der *Herpotrichia nigra* (Abb. 258): der Pilz zieht zwar die niedern Temperaturen nicht vor, aber er vermag sie, wenn die Frühjahrssonne auf die langsam wegschmelzende und sich verkrustende Schneedecke brennt, noch auszunützen, dies um so mehr, als ihm hier optimale Feuchtigkeit zur Verfügung steht (sobald der Schnee schmilzt, fallen die beim Ausapern noch sichtbaren spinngewebeartigen extramatrikalen Myzelien rasch zusammen).

Auf seiten des Wirtes liegen dagegen die Verhältnisse anders als beim *Herpotrichia*befall: dieser erfolgt unter dem Schnee auch auf normal vitalen Pflanzen, wogegen der Schneeschimmel auf stark geschwächte Individuen angewiesen ist; denn er vermag, im Gegensatz zu *Herpotrichia*, bei tiefen Temperaturen nur noch mit Mühe zu gedeihen und würde in diesem Zustande kaum in der Lage sein, normal vitale Pflanzen zu überwinden. Seine Lebensform unter dem Schnee grenzt somit an Schwächeparasitismus.

Im Gegensatz zur *Herpotrichia* bildet jedoch der Schneeschimmel nicht die einzige Erscheinungsform der Getreidefusariose, sondern diese kann auch ohne Schneebedeckung auftreten, so als Fußkrankheit bei jungen Pflanzen und als Ährenfusariose (Abb. 347). Der Wirt braucht in diesem Falle nicht wesentlich geschwächt zu sein; um so mehr muß der Erreger auf seiner Seite optimale Voraussetzungen antreffen: der Boden muß stark verseucht sein (Abb. 56) und die Bodenfeuchtigkeit und die Bodentemperatur (Abb. 367) müssen optimale Werte erreichen, damit ein nachhaltiger Krankheitsbefall erfolgt.

8. Der Einfluß der Bodeneigenschaften auf die Krankheitsbereitschaft des Wirtes

Der Boden mit seinen physikalischen, kolloidchemischen, chemischen usw. Eigenschaften umschließt zu gleicher Zeit die Existenzbedingungen der in ihm lebenden Erreger (Eignung als Keimreservoir für die Erhaltung der Erreger; S. 135) als der in ihm wurzelnden Wirtspflanzen. Seine Bedeutung für die Wuchsfreudigkeit und damit indirekt für die physiologische Krankheitswiderstandsfähigkeit der Wirtspflanzen ist im praktischen Pflanzenbau bekannt und zum Beispiel von Braun (1937) umfassend dargestellt worden.

Doch gehen manchmal vor einem gegebenen Objekt die Meinungen weit auseinander. Nicht einmal darüber, was «gute» Böden sind, läßt sich allgemeingültig befinden; so steigt die Disposition der Fichte für die trockene Rotfäule mit der «Bonität» der Standorte. In Tabelle 87 wurden einige hundert Fichtenbestände auf Grund ihrer Zuwachsleistung (Massenleistung) in fünf Standortsklassen, I die beste, V die geringste, gegliedert. Die erste Zeile gibt an, wie viele

Prozent der untersuchten Bestände 1–30% erkrankte Stämme (also einen geringen Krankheitsbefall), die zweite Zeile, wie viele Prozent der Bestände einen hohen Krankheitsbefall aufweisen: mit der Bonität der Standorte nimmt die Häufigkeit der Erkrankungen zu. Dagegen spricht die je Bestand geerntete Masse des Faulholzes auf die Standortsgüte nicht an; daraus folgt, daß die Infektion in den Stämmen der guten Standortsklassen weniger hoch steigt.

Tabelle 87

Beziehungen zwischen der Bestandesbonität und dem Befall der Fichten durch die trockene Rotfäule, verursacht durch *Trametes radiciperda* Hart. (Nach FALCK, 1930.)

Krankheitsbefall	Standortsklassen						
	I/II %	II %	II/III %	III %	III/IV %	IV %	IV/V %
Anzahl rotfauler Stämme							
1–30%	20	45	57	75	88	100	100
mehr als 30%	80	55	43	25	12	0	0
Masse des Faulholzes							
1–10%	67	23	45	68	64	67	
mehr als 10%	33	77	55	32	36	33	

Die Bestandesbonität beeinflußt somit die Häufigkeit des Krankheitsbefalles umgekehrt wie die Heftigkeit des Krankheitsverlaufes: je besser der Boden, um so größer die Zahl der erkrankten Stämme, dagegen um so geringer die Ausdehnung der Krankheit im Innern des einzelnen Stammes.

Dieses Beispiel läßt erneut die Schwierigkeiten des Dispositionsproblems erkennen: je nach der Wahl des Maßstabes fällt unter Umständen das Urteil verschieden aus. Dazu kommt, daß der Forstmann, wie der Landwirt, die Güte eines Standortes vom menschlichen Nützlichkeitsstandpunkt aus (Größe des Zuwachses, der Produktion) beurteilen muß; doch kann es wohl geschehen, daß weniger rasch wachsende Pflanzen kräftiger sind als vorwüchsige Exemplare.

Die Wirkung jeder einzelnen Bodeneigenschaft auf die Krankheitsdisposition der Wirtspflanzen wechselt naturgemäß je nach dem Erreger-Wirt-Paar. JONES, GIDDINGS und LUTMAN (1912) prüften den Einfluß der physikalischen Bodenstruktur auf die *Phytophthora*anfälligkeit der Kartoffelknollen, indem sie gesunde Knollen in Lehm bzw. Sandboden in ungleicher Tiefe vergruben, hernach auf die Erde krankes Kraut legten und während mehrerer Tage tüchtig begossen. Da die Infektion der Knollen durch Konidien erfolgt, die von den Blättern herabgeschwemmt werden, so würde man vermuten, daß unter den gegebenen Versuchsbedingungen im Sandboden wegen seiner größeren Porosität mehr Infektionen stattfinden als im kompaktern Lehmboden. Nach Tabelle 88 ist das Gegenteil der Fall; also hat der Lehmboden durch seine physikalischen Eigenschaften entweder günstigere Infektionsbedingungen geschaffen oder durch eine schwächere Ausbildung der Korkschicht (LÖHNIS, 1925) oder durch Verringerung der Atmung der Knollen ihre *Phytophthora*disposition erhöht.

Auch die Bodenreaktion vermag in einzelnen Fällen auf dem Weg über die Ernährung und den Quellungszustand der Membranen die Disposition des

Tabelle 88

Der Einfluß der physikalischen Bodeneigenschaften auf das Auftreten der *Phytophthora*-fäule der Kartoffelknollen. (Nach JONES, GIDDINGS und LUTMAN, 1912.)

Dicke der Erdschicht cm	Zahl der erkrankten Knollen	
	Lehmboden %	Sandboden %
1,25	100	57
7,5	96	48
15,0	61	30

Wirtes zu verschieben; da sie aber zu gleicher Zeit und in gleicher Weise auch den Erreger beeinflußt, so ist der Anteil der beiden Partner oft kaum zu trennen. Auf Seite 54 haben wir den Rückgang des Kohlherniebefalls mit steigender Alkalinität der Bodenlösung vorwiegend durch eine Hemmung des Erregers zu erklären versucht; in Abb. 384 wird man dagegen neben der unterschiedlichen Begünstigung der Keimung und der Entwicklung des Erregers auch eine unterschiedliche Disposition des Wirtes selbst in Erwägung ziehen müssen.

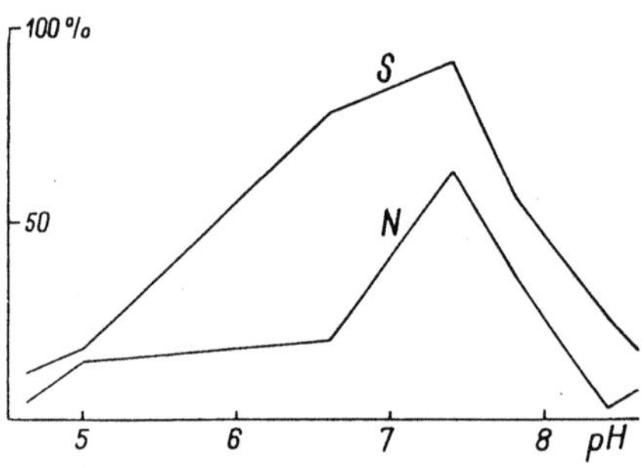

Abb. 384

Der Einfluß der Bodenreaktion auf den Befall zweier Hafersorten durch den Hartbrand, *Ustilago laevis* (K. et S.) Magn. Kurve *S: Avena sativa* L. (Sorte Viktor). Kurve *N: Avena nuda* L. (var. *inermis*). (Nach REED und FARIS, 1924.)

Eine verbesserte Bodendurchlüftung begünstigt den Befall des Getreides durch Fuß- und Halmbruchkrankheiten, hemmt dagegen die Fusariosen; steigender Humusgehalt des Bodens scheint im Intervall von 0–5% den Wurzelbrand der Zuckerrübenkeimlinge zu begünstigen, dagegen bis zu einem gewissen Optimum die Disposition der Fichten für die trockene Rotfäule zu verringern; auch die «Erdstrahlen» (das sind physikalisch noch nicht definierte Reizzonen, auf welche die Rutengänger physiologisch ansprechen) wurden mangels anderer Deutungsmöglichkeiten zu Hilfe gezogen, um lokale Krankheitsdispositionen in gewissen Pflanzenbeständen zu erklären; doch haben die Nachprüfungen (zum Beispiel GÄUMANN, 1935, 1936; ROHMEDER, 1937) die vermuteten Zusammenhänge nicht bestätigt.

9. Der Einfluß der Pfropfung auf die Krankheitsbereitschaft des Wirtes

Unterlage und Reis werden durch den Vorgang der Pfropfung zu einer neuen Lebensgemeinschaft, gewissermaßen zu einem neuen Individuum vereinigt. Wie weit beeinflußt dabei die Unterlage die Reaktionsnorm des Reises und umgekehrt?

Eine Veränderung der Reaktionsnorm der Unterlage durch das Reis wurde noch nicht mit Sicherheit festgestellt; sie ist aber durchaus möglich, da ja die Unterlage im Kohlehydrat- und Wuchsstoffsektor durch das Reis versorgt wird. WORMALD und GRUBB (1924) beobachteten, daß bei Apfelbäumen eine für *Bacterium tumefaciens* empfängliche Unterlage widerstandsfähig wird, wenn sie Reiser einer widerstandsfähigen Sorte aufgepfropft erhält, und erklären dies durch Zirkulation von Antikörpern. Bei andern Krankheiten, so beim Kartoffelkrebs (*Synchytrium endobioticum;* ROACH, 1923, 1927) und beim falschen Mehltau der Kartoffeln (*Phytophthora infestans;* K.O. MÜLLER, 1931), wurde dagegen keine Feiung eines der beiden Pfropfpartner erreicht. Dies spricht selbstverständlich nicht gegen die Möglichkeit, daß in den befallenen Zellen schutzbringende Stoffe gebildet werden, sondern nur dafür, daß diese Stoffe nicht oder nicht auf genügend weite Strecken hinwandern und auch nicht in Preßsäften übertragen werden können.

Umgekehrt ist eine Verschiebung der Krankheitsbereitschaft des Reises durch die Unterlage mehrfach beobachtet worden. Sie ist auf verschiedene Weise möglich:

1. durch eine Veränderung seines Stoffwechsels, wird doch das Reis durch die Unterlage mit Wasser, Mineralstoffen und einem Teil der Eiweißverbindungen versorgt. Auch Alkaloide wandern aus der Unterlage in das Reis hinauf; so wird das Nikotin in den Wurzeln des Tabaks gebildet und dann durch den Transpirationsstrom im Xylem emporgetragen; pfropft man deshalb ein Tomatenreis auf eine Tabakunterlage, so wird das Tomatenreis nikotinhaltig (SCHMID, 1948); in Fällen, wo ein Alkaloid als Faktor der Resistenz mitwirkt, könnte somit die Unterlage die Krankheitsbereitschaft des Reises unmittelbar beeinflussen.

Falls nun zwischen Unterlage und Reis eine Disharmonie besteht, so leidet der Stoffwechsel und die Vitalität des letzteren; das «Altern der Sorten» beruht ja bei den Obstbäumen zur Hauptsache (neben dem Einwandern neuer Rassen von Krankheitserregern) darauf, daß die betreffenden Sorten auf nichtkongeniale Unterlagen gepfropft wurden.

Derartige Disharmonien zwischen Unterlage und Reis wirken sich unmittelbar auf die Reaktionslage des Reises aus; so neigen gewisse Birnsorten, auf nicht geeignete Quittenunterlagen veredelt, zu Chlorose und werden, weil hyperergisch reagierend, befallsfrei für den Gitterrost, *Gymnosporangium*

Sabinae. Dagegen erfährt die Anfälligkeit des Tomaten- und Kartoffellaubes für den falschen Mehltau, *Phytophthora infestans* (Mont.) de By., und der Tomatenblätter für *Cladosporium fulvum* Cke. bei Verwendung verschiedener Solanaceen als Unterlage keine meßbare Verschiebung (BOND, 1936), ausgenommen Tomaten mit *Datura Stramonium* L. als Unterlage, wo die Inkubationszeit für *Cladosporium fulvum* von 9 auf 11 Tage steigt und wo statt des gewöhnlichen Krankheitsbildes heftige, dunkle Nekrosen auftreten (VOLK, 1931).

2. kann die Unterlage die Krankheitsdisposition des Reises dadurch beeinflussen, daß sie in ihm eine induzierte Toleranz gegen bestimmte Virosen (S. 453) auslöst.

3. kann die Unterlage die Krankheitsdisposition des Reises mittelbar durch eine Verschiebung seiner Wüchsigkeit und der Verfestigung seiner Gewebe beeinflussen; so reift das Holz von Kern- und Steinobst auf starkwüchsigen Unterlagen schlechter aus; damit sinkt seine Frosthärte (LOEWEL und SCHUBERT, 1941; HILKENBÄUMER, 1942) und wächst die Anfälligkeit der Bäume für Wundparasiten (bei Apfelbäumen zum Beispiel für *Nectria galligena*).

4. kann die Unterlage das Reis dadurch erkranken lassen, daß sie für einen Erreger anfällig ist, ihn aufnimmt und dann seine Toxine an das Reis weitergibt.

HEINZE und ANDRUS (1945) pfropften Reiser der für die Fusariumwelke stark anfälligen Tomatensorte Bonny Best auf Unterlagen der verhältnismäßig widerstandsfähigen Sorte Pan America, ferner Reiser der verhältnismäßig widerstandsfähigen Sorte Pan America auf Unterlagen der stark anfälligen Sorte Bonny Best und verglichen im Infektionsversuch das Verhalten dieser Pfropfpflanzen untereinander und mit reinen (wurzelechten) Individuen von Bonny Best und von Pan America.

Die Reiser der hochanfälligen Bonny Best, gepfropft auf die verhältnismäßig widerstandsfähige Pan America, zeigten in über 90% der Fälle keine Erkrankung.

Die Reiser der verhältnismäßig widerstandsfähigen Pan America, gepfropft auf die hochanfällige Bonny Best, erkrankten ungefähr ebenso häufig wie die Bonny Best-Pflanzen für sich allein.

Die Bonny Best-Reiser hatten keinen meßbaren Einfluß auf die Widerstandsfähigkeit der Pan America-Unterlage, und die Pan America-Reiser teilten der Bonny Best-Unterlage ihre Abwehrkraft nicht mit.

Wir stellen uns den Sachverhalt folgendermaßen vor (GÄUMANN, NAEF und MIESCHER, 1950). Beide Sorten sind gleich toxinempfindlich; denn die dosis minima für Lycomarasmin (S. 334) liegt bei beiden Sorten gleich hoch. Ferner sind beide Sorten gleich infektionsanfällig; dagegen ist Pan America verhältnismäßig generalisationswiderstandsfähig, läßt das *Fusarium lycopersici* nicht zur Entwicklung und zur Toxinbildung gelangen, und deshalb (weil das Toxin fehlt und weil der Erreger von der Unterlage abgedämmt wird) bleiben die Bonny Best-Reiser, gepfropft auf Pan America, gesund.

In der generalisationsanfälligen Sorte Bonny Best kann sich dagegen der Pilz entfalten und kann hinreichend Welketoxin bilden und es in den Leitungsbahnen emporsteigen lassen. Aus der Unterlage Bonny Best gelangt deshalb das Toxin in das Pfropfreis Pan America hinauf; und da beide Tomatensorten

Tabelle 89
Die Anfälligkeit einiger *Solanum*-Periklinalchimären für *Septoria lycopersici* Speg.
(Nach KLEBAHN, 1918.)

Art	Haut	Innengewebe	Krankheitsverlauf
Sol. Lycopersicum L. Tomate	Tomate	Tomate	Anfällig
Sol. nigrum L., Nachtschatten	Nachtschatten	Nachtschatten	Widerstandsfähig
Sol. Koelreuterianum hort.	Epidermis Nachtschatten	Tomate	Starker Befall mit Pyknidienbildung; die unempfängliche Epidermis hat das empfängliche Innere nicht geschützt.
Sol. Gaertnerianum hort.	Zwei Schichten Nachtschatten, die sich durch nachträgliche Teilungen unregelmäßig vermehren können	Tomate	Wechselnd; die mindestens zweischichtige widerstandsfähige Oberfläche vermag also den Parasiten gelegentlich am Eindringen zu verhindern.
Sol. tübingense hort.	Epidermis Tomate	Nachtschatten	Schwache Fleckenbildung ohne Pyknidien.
Sol. proteus hort.	Zwei Schichten Tomate	Nachtschatten	Fast so starke Infektion mit Pyknidienbildung wie bei reinen Tomaten.

gleich toxinempfindlich sind, so erkrankt Pan America, auf Bonny Best gepfropft, ebensosehr wie Bonny Best für sich allein.

Wegen dieser unterschiedlichen Erregerwiderstandsfähigkeit bei gleicher Toxinempfindlichkeit erkrankt Pan America als Pfropfreis an einem Infekt, den sie, wenn wurzelecht, abgewiesen hätte. Bei chthonogenen Infekten durch toxinbildende Erreger kann somit eine Pflanze als Pfropfreis an einem Infekt erkranken, den sie, wenn wurzelecht, abzuwehren vermag.

5. kann bei Periklinalchimären, sofern eine simple Eindringungsresistenz vorliegt, eine widerstandsfähige Haut einer anfälligen Unterlage zur Resistenz verhelfen. Auch bei Spaltöffnungsinfektion wie bei der Septoriose der Tomaten stimmen die Versuchsergebnisse mit der Annahme der

Periklinalchimärennatur der betreffenden Pfropfbastarde gut überein und lassen erkennen, daß der eine Partner, trotz der innigen Verbindung, die Empfänglichkeit des andern nicht beeinflußt (Tabelle 89). Ähnliches trifft für die entsprechenden Sektorialchimären zu (JÖRGENSEN, 1928). Wo dagegen der Charakter der Pfropfbastarde unklar ist: ob Burdonenbildung (Kernverschmelzung der beiden Partner an der Pfropfstelle) oder echte Periklinalchimären, wie bei den Crataegomespili und den Pirocydonien, da sind auch die Dispositionsverhältnisse für Roste (Gymnosporangien) und für echten Mehltau, *Podosphaera oxyacanthae* (DC.) de By., undurchsichtig (SAHLI, 1916; MAURIZIO, 1927).

10. Der Einfluß von Primärerkrankungen auf die Krankheitsbereitschaft des Wirtes

In manchen Fällen besteht zwischen dem Erstlingsbefall eines Wirtes durch bestimmte Erreger und der Superinfektion durch andere Erreger keine manifeste Beziehung; so können Gelbrost (*Puccinia glumarum*) und echter Mehltau (*Erysiphe graminis*) zu gleicher Zeit und ohne erkennbare gegenseitige Beeinflussung auf dem Getreide vorkommen. Andere Krankheitserreger verschieben dagegen die Reaktionsnorm des Wirtes gegenüber einer Superinfektion; so liefern die Prämunität (S. 413) und die infektionsgebundene Toleranz (S. 451) Beispiele, in welchen eine bestimmte Vorerkrankung die Reaktionsnorm des Wirtes gegenüber einer Superinfektion durch denselben oder durch einen verwandten Erreger verändert. Der vorliegende Abschnitt betrachtet nunmehr die parasitogenen Verschiebungen der Anfälligkeit für nichtverwandte Erreger.

Diese Verschiebungen erfolgen bei manchen pflanzlichen Infektionskrankheiten derart regelmäßig, daß im Verlaufe einer bestimmten Erkrankung fast immer dieselbe Sukzession von primären Erregern und von Folgeparasiten auftritt; da die letzteren oft im Krankheitsbild dominieren und die primären Erreger zum Verschwinden bringen, so findet man bei globaler Untersuchung überhaupt nur die sekundären Konparasiten und läuft dann Gefahr, sie für die eigentlichen Erreger zu halten.

Eine Krankheit, die bis in die neueste Zeit in den Lehr- und Handbüchern unrichtig dargestellt wurde, mag dies veranschaulichen. Im Mittelmeergebiet verursacht ein Phycomycet, *Phytophthora cambivora* Petri, die Tintenkrankheit der Kastanien usw.; er wächst vom Erdboden her in die Wurzeln und von hier unter der Rinde in das Kambium des Stammes und schwächt die Bäume durch die Zerstörung des Bastes oder tötet sie ab (PETRI, 1917). Dieser Primärinfekt wird fast regelmäßig durch sekundäre parasitische Pilze weitergeführt, die sich als Folgeparasiten in die Pathogenese einschalten; sie wachsen mehr oder weniger weit in das Holz hinein und durch den Stamm hinauf, befallen auch die Äste und tragen sehr wesentlich zum raschen Zerfall der Bäume bei, unter ihnen *Melanconis perniciosa* Br. et Farn. (= *Coryneum perniciosum* Br. et Farn.), *Sporotrichum laxum* Mart. und *Torula nivea* Fckl. Diese drei Folgeparasiten sind für das Krankheitsbild derart charakteristisch, daß sie reihum als die Erreger der Tintenkrankheit angesprochen wurden und auch heute in manchen Darstellungen noch als solche gelten.

Nach dem Ort, wo bei Primärerkrankungen die Verschiebung der Disposition einsetzt, unterscheiden wir Verschiebungen der Infektions- und Verschiebungen der Erkrankungsdisposition.

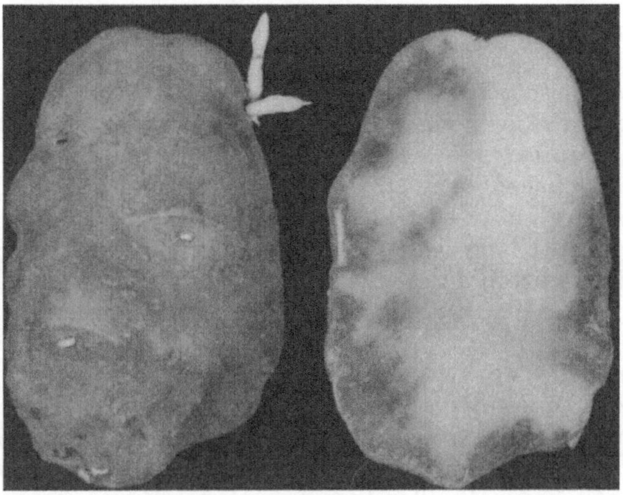

Abb. 385

*Phytophthora*kranke Kartoffelknollen. Links: Außenansicht; die trockenfaulen Stellen sind eingefallen; die Knolle hat Notkeime gebildet. Rechts: Längsschnitt, die braunen Trockenfäulenester zeigend. Etwa 3/4 nat. Gr. (Nach MAAG, 1944.)

Die Infektionsdisposition für eusymbiontische Erreger wird durch eine Vorerkrankung wohl stets erhöht; so kann der Primärerreger die Barriere der Eindringungsresistenz aufbrechen und dadurch den Folgeparasiten nach Art der Leitschiene den Weg in das Wirtsinnere freilegen (S. 85): *Endostigme inaequalis* schafft auf Apfelbäumen als Zweigschorf die Eintrittspforte für den Erreger des Apfelkrebses, *Nectria galligena*, und als Fruchtschorf (Spätschorf, Abb. 128) die Eintrittspforte für fäuleerregende Fusarien und Penicillien; *Melampsorella caryophyllacearum* schafft als Erreger des Stammkrebses der Weißtannen durch die allmählich sich einstellenden Rindenrisse die Eintrittspforte für Holzparasiten wie *Polyporus Hartigii* (S. 85) usw.

Bei andern pflanzlichen Infektionskrankheiten durchbricht der Primärinfizient nicht nur die Eindringungs-, sondern auch die Ausbreitungsresistenz des Wirtes und ermöglicht dem Folgeparasiten sowohl das Eindringen als – durch eine örtliche Veränderung des Substrates – auch noch den Start für die weitere Ausdehnung; so vermag *Fusarium coeruleum* (Lib.) Sacc.

gesunde Gewebe von Kartoffelknollen (selbst wenn die Schale verletzt ist) unter normalen äußern Bedingungen nicht wesentlich anzugreifen; wenn jedoch *Phytophthora infestans* eine lokale Trockenfäule (Abb. 385) einleitet, so schafft sie dadurch die Eintrittspforte und eine lokale Disposition für halbsaprophytische Mikroorganismen wie das genannte Fusarium: dieses erlangt auf dem trockenfaulen Gewebe die nötige Vitalität, um auf die gesund gebliebenen Gewebe überzugehen und dort während der winterlichen Einlagerung eine Weißfäule zu verursachen (GRADINAROFF, 1943).

Während die Verschiebung der Infektionsdisposition durch einen Primärinfekt vorwiegend ein pflanzliches Problem darstellt (weil die Eindringungs- und die Ausbreitungsresistenz überhaupt vorwiegend botanische Probleme sind), wurden die durch einen Primärinfizienten ausgelösten Verschiebungen der Erkrankungsdisposition zuerst in der Human- und Veterinärmedizin verfolgt. Die Beziehungen zwischen dem Primär- und dem Sekundärinfizienten können hier unspezifisch oder spezifisch sein.

Meist unspezifisch sind sie zum Beispiel dann, wenn die Primärerkrankung die Disposition des Organismus für irgendwelche Folgeerkrankungen erhöht, so Masern die Disposition des Menschen für Pneumonie, Tuberkulose usw.

Eine spezifische Verschiebung der Erkrankungsdisposition durch den Primärinfizienten liegt dagegen bei der Schweinepest vor. Die Primärerkrankung ist eine Virose; aber den Ausgang der Erkrankung bestimmt die Superinfektion durch einen Konparasiten, nämlich durch die *Salmonella suipestifer* Cast. et Chal. Dieser Bacillus kann zwar unter Umständen schon vor der Virose im Körper vorhanden gewesen sein, vermag aber erst pathogen zu werden, nach dem die Virose die entsprechende Erkrankungsdisposition des Körpers schuf. Die *Salmonella suipestifer* ist somit als «microbe de sortie» für die Endstadien der Schweinepest charakteristisch; deshalb darf, sobald sie nachgewiesen ist, mit großer Wahrscheinlichkeit vermutet werden, daß ihrem Auftreten die spezifische Virose voranging: das mutmaßliche Bestehen einer bestimmten, nicht entdeckten Primärerkrankung ergibt sich in diesem Falle auf Grund der spezifischen, manifesten Folgeerkrankung.

Dieselben Möglichkeiten der unspezifischen und der spezifischen Verschiebung der Erkrankungsdisposition durch einen Primärinfekt bestehen bei den pflanzlichen Infektionskrankheiten; und wie in der Medizin, so sind auch in der Pflanzenpathologie die unspezifischen Verschiebungen der Erkrankungsdisposition weitaus häufiger. Sie gehen (im Gegensatz zur Steigerung der Abwehrpotenz durch eine spezifische Sensibilisierung; S. 413) meist in der Richtung einer Erhöhung der Anfälligkeit. Weizenpflanzen, die das Myzel des Steinbrandes, *Tilletia tritici,* in sich tragen, zeigen nach Beginn des Ährenschiebens und besonders nach der Blüte (dagegen nicht im Keimlings- und Jugendstadium) eine erhöhte Anfälligkeit für den Gelbrost, *Puccinia glumarum,* jedoch nur dann, wenn sie einer Sorte mit einem labilen intermediären Reaktionstypus angehören (Tabelle 90); hochanfällige Sorten bleiben dagegen hochanfällig (Reaktionstypus 4), widerstandsfähige Sorten bleiben meist widerstandsfähig (Reaktionstypus 0).

Tabelle 90

Der Einfluß der Steinbrandinfektion auf das Gelbrostverhalten des Weizens zwischen Ährenschieben und Blüte. (Nach STRAIB, 1938.)

Weizensorte	Biotyp 2		Biotyp 7	
	ohne Steinbrand-infektion	mit Steinbrand-infektion	ohne Steinbrand-infektion	mit Steinbrand-infektion
Michigan Amber	4	4	4	4
Strubes Dickkopf	0	3–4	2	4
Carstens V	0	0	3	3

Seltener wird die Erkrankungsdisposition durch einen Primärinfekt unspezifisch herabgesetzt. Ein derartiger Antagonismus besteht unter Umständen zwischen dem Steinbrand und dem echten Mehltau: Pflanzen der Wei-

Abb. 386

Die Federbuschsporenkrankheit des Weizens. Links: Partielle Verkümmerung der Ähre unter Bildung einer sklerotienartigen Kruste. Mitte und rechts: Ährenverbildungen infolge Steckenbleibens der Ährenspitzen in der Blattscheide. Original. $^3/_4$ nat. Gr.

zensorte Mentana, die das Myzel des Steinbrandes in sich tragen, werden widerstandsfähig gegen den echten Mehltau, *Erysiphe graminis tritici* Marchal

(SEMPIO, 1938). Ihre Erkrankungsdisposition wird also gerade umgekehrt wie für den Gelbrost verschoben.

Daneben besitzt die Botanik zwei instruktive Beispiele von spezifischen Verschiebungen der Erkrankungsdisposition durch einen Primärinfekt, nämlich die Federbuschsporenkrankheit des Weizens und das Wundtumorvirus.

Die Federbuschsporenkrankheit des Weizens (Abb. 386, benannt wegen der Borstenbüschel an den beiden Enden der Pyknosporen), wird verursacht durch *Dilophospora alopecuri* Fr. = *Dilophospora graminis* Desm. Der Pilz vermag weder gesunde (intakte) noch verletzte Weizenpflanzen zu besiedeln (ATANASOFF, 1925), wohl aber intakte Roggenkeimlinge (SCHAFFNIT und WIEBEN, 1928). Der Weizen wird erst durch eine Vorerkrankung an Gicht, verursacht durch die Weizenälchen, *Tylenchus tritici* (Steinb.) Bast., für ihn empfänglich; die Älchen machen jedoch die Pflanzen nicht nur für den Pilz anfällig, sondern sie übertragen ihn auch (Abb. 387) und bringen ihn zum Vegetationspunkt des Wirtes; das Vordringen zum Vegetationspunkt, das für eine erfolgreiche Infektion notwendig ist, kann ohne Nematoden nicht erfolgen. Umgekehrt besteht die Empfänglichkeit der Weizenpflanzen für den Pilz nur so lange, als sie von Nematoden bewohnt werden; sobald diese auswandern, sterben oder sich einkapseln, hört die weitere Ausbreitung des Pilzes auf. Bekämpfung der Nematoden bedeutet deshalb auch Bekämpfung der Federbuschsporenkrankheit. Beim Auftreten der Federbuschsporenkrankheit auf Weizen darf somit, da sie eine typische Folgeerkrankung darstellt, wie bei der Schweinepest mit großer Wahrscheinlichkeit auch der Rückschluß auf das Bestehen der entsprechenden Primärerkrankung, nämlich der Nematodenverseuchung, gezogen werden.

Abb. 387
Larve von *Tylenchus tritici* (Steinb.) Bast., an die sich Sporen der *Dilophospora alopecuri* Fr. geheftet haben. (Schematisch nach ATANASOFF, 1925.)

Doch sind bei der Federbuschsporenkrankheit die Beziehungen zwischen dem sekundären und dem primären Erreger weniger harmonisch als bei der Schweinepest. Die Nematoden ermöglichen zwar, wie das Schweinepestvirus, den Befall des Wirtes durch die *Dilophospora*. Dieser Konparasit zerstört aber nunmehr, was die Nematoden noch nicht zerstört haben, und wird dadurch seinen Schrittmachern, den Nematoden selbst, schädlich, indem er sie an ihrer weitern Ausbreitung und an der Gallenbildung hindert: der Konparasit hängt zwar für die Besiedlung des Wirtes vom primären Erreger ab, rottet ihn dann aber nachträglich aus, bzw. verdrängt ihn.

Das zweite Beispiel einer Verschiebung der Erkrankungsdisposition durch einen Primärinfekt, das Wundtumorvirus, reicht an die Grundfragen der Biologie heran (BLACK, 1945, 1947; KELLY und BLACK, 1949). Über 50 Arten von Blütenpflanzen aus mehr als 20 Familien können symptomlos ein systemisches Virus beherbergen, das durch Zwergzikaden, zum Beispiel *Agalliopsis novella* Say und *Agallia constricta* v.D., übertragen wird. Es verändert die Reaktionslage der Wirtszellen derart, daß eine kleine Verwundung, zum Beispiel ein 250 μ breiter Nadelstich oder das Benagen durch ein Insekt oder eine

Abb. 388

Wundvirustumore an einem Stengel von *Melilotus albus*. Der Pfeil deutet die Stelle an, wo sich ein Stengel am Topfrand gerieben hat und dadurch einen Tumor auslöste. Nat. Gr. (Nach Black, 1947.)

kleine Schürfwunde, wenn eine Versuchspflanze sich am Topfrand reibt, genügt, um die Bildung eines bis 1 cm großen Tumors auszulösen (Abb. 388–392); das Gewebe des Tumors bleibt auch bei Transplantation echtes, aus der Bahn geworfenes Tumorgewebe. Bei sensibeln Wirten wie *Rumex Acetosa* genügen zur Auslösung der Tumore schon die kleinen natürlichen Wunden, welche die Seitenwurzeln (die ja im Perizykel angelegt werden) beim Durchbrechen der Endodermis und der Wurzelrinde verursachen (Abb. 389); bei diesen Pflanzen sind also die Wurzeltumore, nachdem das Virus zum Haften kam, gewissermaßen schicksalsbedingt.

Das Wundtumorvirus bildet mutatis mutandis eine Parallele zu den sarkomauslösenden Viren der Human- und Veterinärmedizin. Es stellt nachdenkliche Fragen zum Determinationsproblem. Gesunde pflanzliche Zellen, die sich

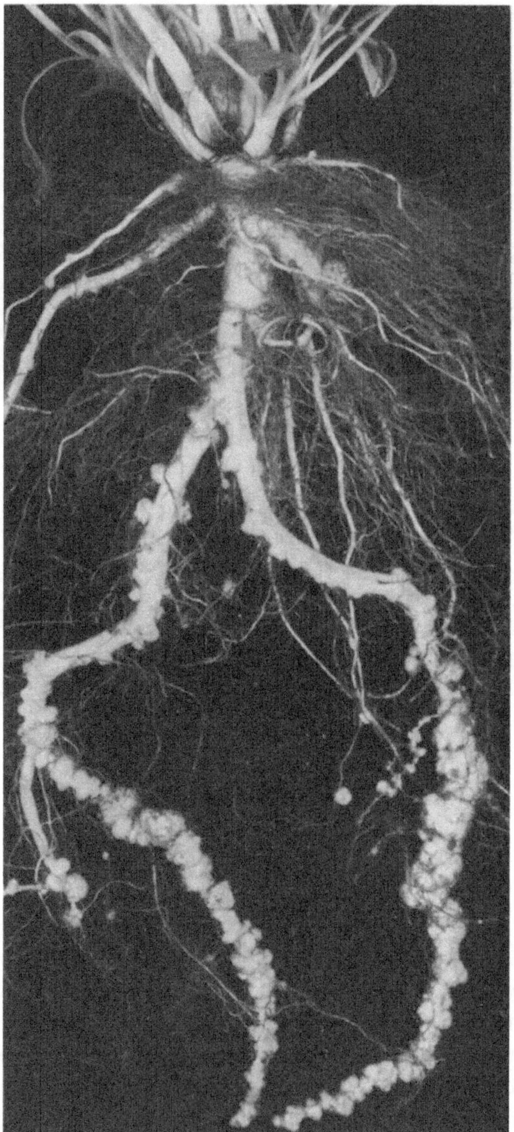

Abb. 389
Wurzeln von *Rumex Acetosa* mit Wundvirustumoren. $^2/_3$ nat. Gr. (Nach BLACK, 1945.)

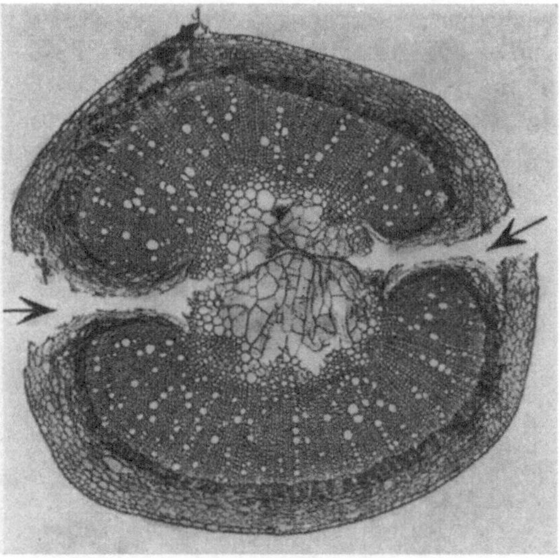

Abb. 390

Schnitt durch einen gesunden Stengel von *Melilotus albus* mit zwei Nadelstichwunden (durch die Pfeile angedeutet). Vergr. 42. (Nach Kelly und Black, 1949.)

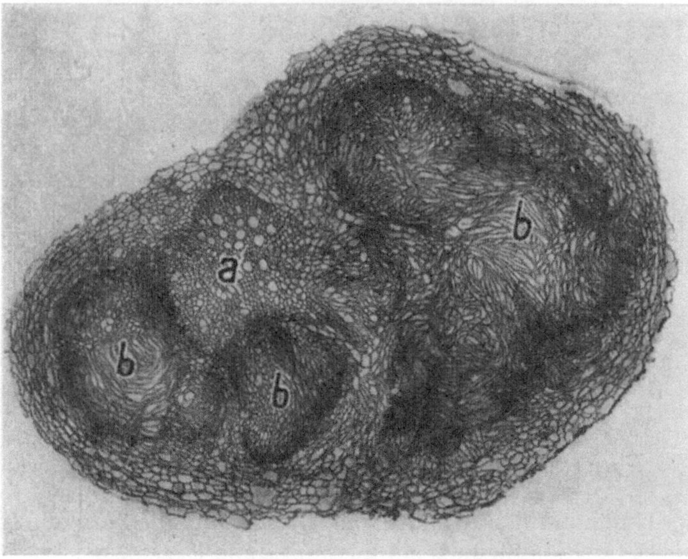

Abb. 391

Schnitt durch eine mit dem Wundtumorvirus vorinfizierte Wurzel von *Chrysanthemum Leucanthemum*. Rund um die gesunde Partie *a* haben sich mehrere Tumore *b* mit einem zentralen Xylem und einem peripheren Phloem gebildet. Vergr. 42. (Nach Kelly und Black, 1949.)

im harmonischen Gleichgewicht befinden, antworten auf eine mechanische Verletzung mit der üblichen Vernarbungsreaktion (Abb. 390). Das Wundtumorvirus läßt dieses innere Gleichgewicht derart labil werden, daß eine geringfügige traumatische Störung genügt, um die lädierten Zellen aus der Ganzheit herauszulösen und sie autonom einen pathologischen, jedoch spezifischen Entwicklungsweg einschlagen zu lassen. Worin besteht dieses innere Gleichgewicht, das

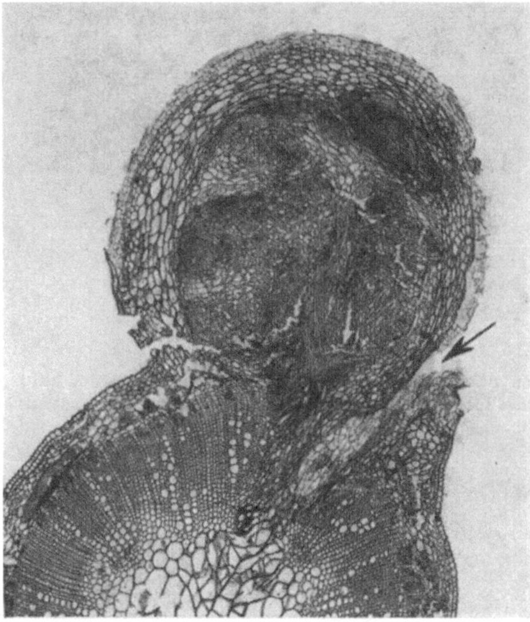

Abb. 392
Schnitt durch einen mit dem Wundtumorvirus vorinfizierten Stengel von *Melilotus albus* mit einer Nadelstichwunde (durch den Pfeil angedeutet); die Wunde hat die Bildung des Tumors ausgelöst. Vergr. 42. (Nach KELLY und BLACK, 1949.)

durch den Virusinfekt gelockert wird? Ähnliche Fragen werden im nächsten Kapitel durch die «Umstimmungsphase» der bakteriellen Tumore aufgeworfen.

11. Der Einfluß von Schädigungen auf die Krankheitsbereitschaft des Wirtes

In der Humanmedizin erhöhen zum Beispiel Stauberkrankungen bei Bergleuten die Disposition für Lungentuberkulose und Ekzeme bei Teer- und Paraffinarbeitern die Disposition für spezifische Krebse; in ähnlicher Weise kennt auch die Botanik eine Reihe von Beispielen, in denen akute oder chronische Schädigungen die Bereitschaft des Wirtes für bestimmte Infektionskrankheiten verändern. Einige derartige Einwirkungsmöglichkeiten wurden schon früher besprochen, so Verletzungen als Voraussetzungen für Wundinfektionen (S. 81) und Depression der Vitalität als Ursache einer Verschiebung der Krankheitsbereitschaft (S. 490); der vorliegende Abschnitt fügt noch einige Ursachengruppen bei: Sonnenbrand, Frost, elektrische Entladungen, Gifte und Narkotika.

Sonnenbrandschäden finden sich vor allem an der Süd- und der Westseite von Waldbäumen, die durch überstürztes Abdecken des Waldmantels

Abb. 393
Sonnenbrandgeschädigte Buche, nachträglich durch *Polyporus squamosus* Huds. infiziert. 1/5 nat. Gr. (Original. Photo C. A. BURCKHARDT-ZWICKY.)

abrupt freigestellt wurden und der örtlichen Hitzeeinwirkung nicht reaktiv zu begegnen vermochten. Halbsaprophytische Holzzerstörer wie *Lenzites sepiaria* (Wulf.) Fr., der Erreger einer Rotfäule auf Nadelhölzern, und *Polyporus squamosus* Huds., der Erreger einer Weißfäule auf Laubholz (Abb. 393), dringen dann durch die Rindenrisse ein, fassen in den geschädigten Geweben Fuß und gehen hernach auf das intakte Reifholz über. Derartige Infekte stehen unmittelbar an der Grenze des Wundparasitismus.

Frostschäden, vor allem ausgelöst durch Frühfröste bei nicht ausgereiften Trieben und durch Spätfröste bei vorzeitigem Austreiben, erhöhen die Disposition der Alleebäume für die Rotpustelkrankheit, *Nectria cinnabarina* (Tode) Fr., der Buchen für den Buchenkrebs, *Nectria ditissima* Tul., und der Fichten für die Gipfeldürre, verursacht durch *Nectria cucurbitula* (Tode) Fr. Diese frostbegünstigten Infektionskrankheiten treten in gewissen Gebieten derart gehäuft auf, daß der Forstmann von eigentlichen Frostlagen spricht.

Gelegentlich erhöhen harte Winter die Disposition der Waldbäume auch für andere *Nectria*arten, die normalerweise nicht in einem praktischen Ausmaße pathogen sind und dann in überraschender Weise eine vorübergehende örtliche Epidemie auslösen; so zeigten ostschweizerische Wälder im Sommer 1940 ein beängstigendes Buchensterben, das in den folgenden Jahren weiter um sich griff (Leibundgut und Frick, 1943). Der Jahrring 1939 war in allen untersuchten Stämmen noch normal gebildet; erst im Jahr 1940 traten, als Folge des strengen Winters 1939/40 mit Temperaturen bis −35°, Kambiumschädigungen und auskeilende Jahrringe auf, gefolgt von einer Infektion durch die toxigene *Nectria coccinea* Fr., welche die Bäume innert weniger Wochen nach dem Austreiben zum Verdorren brachte, aber sonst in den betreffenden Gebieten als Krankheitserreger keine Rolle spielt. Die lokalen Kälteschäden des harten Winters 1939/40 hatten somit die Disposition der Buchen für diesen Pilz entscheidend erhöht.

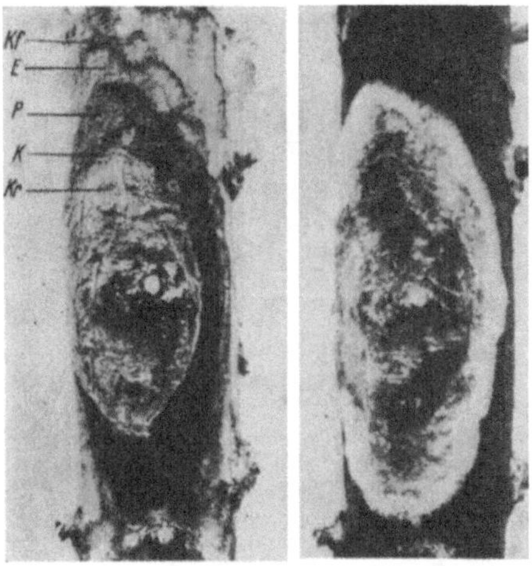

a *b*

Abb. 394

Lärchenkrebs, verursacht durch *Dasyscypha Willkommii* (Hart.) Rehm. *a* Unmittelbar nach Entfernung der Epidermis. *Kf* Kampfzone zwischen den Toxinen des Erregers und den nekrogenen Stoffen der lädierten Wirtszellen einerseits und den intakten Rindengeweben anderseits. *E* Zone, in der die Rindengewebe glasig verändert wurden. *P* Zone mit aktivem, lebendem Myzel des Parasiten. *K* Letztjährige verkorkte Demarkationszone. *Kr* Letztjähriges verpilztes Rindengewebe. *b* Derselbe Krebs nach mehrtägiger Aufbewahrung im Feuchtraum. Das vitale Pilzmyzel ist aus der Zone *P* an die Oberfläche hinausgewachsen. Etwa ¾ nat. Gr. (Nach Langner, 1936.)

Noch allgemeiner als bei diesem Buchenbeispiel spielen Kälteschäden beim Lärchenkrebs mit, verursacht durch *Dasyscypha Willkommii* (Hart.) Rehm. Als primäre Eintrittspforte an Stämmen und Ästen dienen Frostrisse, Wunden, Fraßstellen usw. Der Pilz ist in den Alpen als Saprophyt auf abgefallenen Ästen gemein, jedoch den stehenden Bäumen aus klimatischen Gründen meist ungefährlich: solange sie im Safte sind, vermögen sie sich seiner zu erwehren, und außerhalb der Vegetationsperiode sind die Lufttemperaturen auch für ihn zu niedrig, so daß er sich nicht zu entwickeln vermag.

Im Vorland dringt er dagegen während milder Perioden der Vegetationsruhe (also im Spätherbst und im Vorfrühling) halb parasitisch, halb saprophytisch durch die Rinde bis in das Kambium vor und läßt seine Stoffwechselprodukte einige Millimeter weit in die gesunden Gewebe hinausdiffundieren. Hier stimulieren sie, unterstützt von nekrogenen Stoffen, einerseits das Kambium zur Bildung von Überwallungswülsten. Anderseits schädigen sie die intakten, chlorophyllhaltigen Rindengewebe (was zum Beispiel in einer eigentümlich glasigen Verfärbung der Rinde zum Ausdruck kommt), töten sie aber in der Regel nicht ab, sondern durchbrechen bloß ihren Vegetationsrhythmus, so daß sie sich im Herbst nicht mehr zur Winterruhe umstellen. Dieser umgestimmte Gewebestreifen erfriert im Laufe des Winters; dadurch entsteht eine schwer lädierte pilzfreie Zone *E* (Abb. 394), in die der Erreger im folgenden Vorfrühling bei Wiedereintritt milder Witterung mehr oder weniger saprophytisch eindringt, und zwar meist auf dem Umweg über das Kambium; in dieser alljährlich neuen Zone läßt er den Krankheitszyklus jedes Frühjahr von neuem beginnen (LANGNER, 1936). Ähnliche Krankheitsbilder entstehen zuweilen an Laubbäumen bei *Nectria*infektionen vom Typus der *Nectria galligena* (Abb. 395).

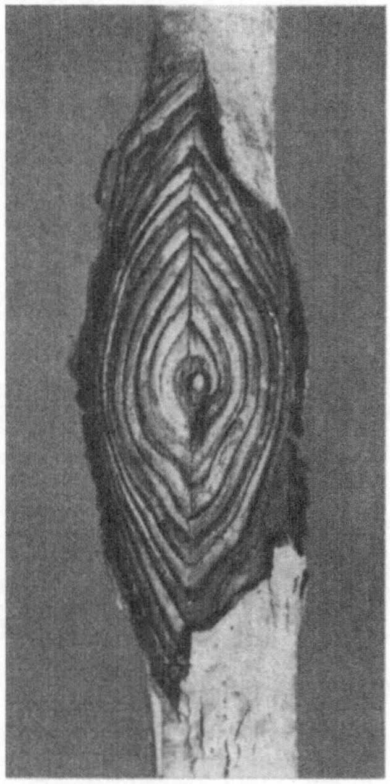

Abb. 395

Stammkrebs an einer jungen Esche, *Fraxinus excelsior*, verursacht durch eine *Nectria*infektion. ¼ nat. Gr. Orig.

Dieser Krebstypus mit seiner rhythmischen Aufeinanderfolge von nekrotischen Einsenkungen, umschlossen von konzentrischen Überwallungsrändern, entsteht somit durch eine stete Wechselwirkung von Pilz und Frost: der Pilz stimuliert lokal die meristematische Aktivität des Wirtes, tötet geschwächte Zellen ab, löst Wundreaktionen aus und hemmt das Ausreifen der benachbarten Rindengewebe zur vollen Frosthärte; der Frost schafft seinerseits in manchen Fällen die primäre Eintrittspforte für den Erreger und räumt später mit den Wirtsgeweben auf, die durch den Erreger verweichlicht und aus dem Vegetationsrhythmus herausgelöst wurden.

Die epidemiologischen Voraussetzungen des Lärchenkrebses, verglichen mit denen des Triebsterbens in den alpinen Aufforstungen und der *Herpotrichia*, sind somit die folgenden. Alle drei bilden chronische Infekte, deren typischer Ablauf zum mindesten einige Jahre beansprucht.

Der Erreger des Lärchenkrebses vermag sich nur während der Vegetationsruhe im Wirte auszubreiten; in der Vegetationszeit wird er durch die Abwehrreaktionen der Wirtsgewebe aufgehalten. In den Alpen sind jedoch die winterlichen Lufttemperaturen über der Schneedecke auch für ihn zu niedrig; deshalb fehlt er dort in der Regel als Parasit; dagegen ist er ein

Ubiquist als Saprophyt, der Sommer und Winter (unter dem Schnee!) auf abgestorbenen Zweigen wuchert. Im mildern Vorland vermag er sich hingegen epidemisch zu entwickeln, weil dort außerhalb der Vegetationszeit wochen- und monatelang Lufttemperaturen oberhalb 3–4° herrschen: diese sind noch nicht so hoch, daß sie die Bäume aus der Winterruhe erwecken würden; ihre zellulären Abwehrreaktionen schlummern deshalb noch; anderseits sind sie hoch genug, um dem Erreger schon das Wachstum und die Ausbreitung zu gestatten.

Fast identisch sind die Voraussetzungen beim epidemischen Triebsterben der *Pinus*arten in den alpinen Aufforstungen (S. 212). Auch sein Erreger, *Crumenula abietina* Lagerb., vermag sich nur während der Vegetationsruhe in erheblichem Maße in den reaktionslosen Zweigen und Stämmen auszubreiten. Die in den Alpen über die Schneedecke emporragenden Kronen sind deshalb auch ihm unzugänglich; da er aber sogar noch kälteresistenter (Abb. 396) ist als *Herpotrichia* (Abb. 258), so entwickelt er sich in den Alpen während der langen Wintermonate unter dem und im Schnee in den niederliegenden Ästen oder in jungen Bäumen (Aufforstungen!). Überdies besiedelt er, aus denselben Gründen wie der Lärchenkrebs, im Vorland während der mildern Monate der Vegetationsruhe auch die Kronen stehender Bäume.

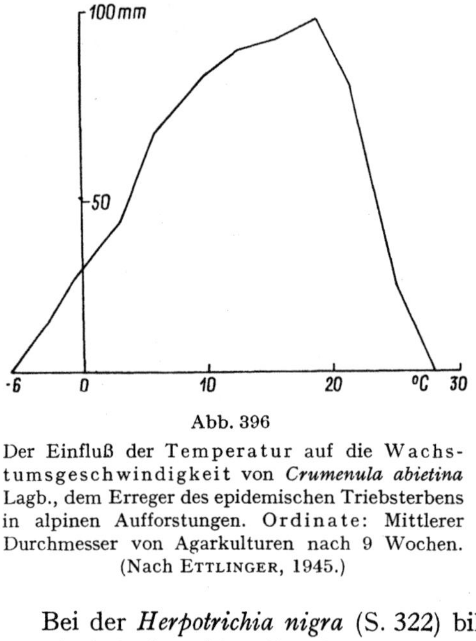

Abb. 396

Der Einfluß der Temperatur auf die Wachstumsgeschwindigkeit von *Crumenula abietina* Lagb., dem Erreger des epidemischen Triebsterbens in alpinen Aufforstungen. Ordinate: Mittlerer Durchmesser von Agarkulturen nach 9 Wochen. (Nach Ettlinger, 1945.)

Bei der *Herpotrichia nigra* (S. 322) bildet endlich die dauernd hohe Luftfeuchtigkeit, nicht die Umwelttemperatur, den entscheidenden Grenzfaktor. Der Befall der Bäume unter dem Schnee wird deshalb, im Gegensatz zum epidemischen Triebsterben, nicht durch eine saisonmäßige Depression ihrer Reaktionslage bedingt, sondern rein physikalisch durch die hohe Luftfeuchtigkeit unter der Schneedecke, die der Erreger wegen seiner Kältetoleranz auszunützen vermag.

Wie die Frostschäden, so sind auch die Schädigungen durch elektrische Entladungen oft nicht unmittelbar als solche zu erkennen, sondern nur mittelbar an Hand einer auffälligen lokalen Häufung anormaler Infektionskrankheiten; dies gilt insbesondere für jene Entladungen, die als «Kugelblitz» zum Beispiel in Wäldern in 50 oder 100 m weiten Nestern wahllos alle Holzarten treffen und ungewöhnlichen Infektionen zugänglich machen. Doch liegt es in der Natur der Sache, daß sich der schlüssige Beweis durch das experimentum crucis bei dieser Gruppe von pathologischen Dispositionen nicht erbringen läßt, so daß die elektrischen Entladungen immer nur mit einem größern oder geringern Grad der Wahrscheinlichkeit als die Ursache der gesteigerten Disposition angesprochen werden können.

Gewisse Bestände der Weißtanne (*Abies pectinata* DC.) und der Fichte (*Picea excelsa* (Lam.) Lk.), die im schweizerischen Mittelland im Gebiet eines Hagelzuges stocken und nach den örtlichen Verhältnissen zweifelsohne starken

Abb. 397

Abb. 398

Abb. 397. *Pleurotus*erkrankung blitzgeschädigter Tannen. Fortgeschrittenes Stadium mit tiefen Schwundstreifen. Etwa $^1/_{10}$ nat. Gr. (Nach GÄUMANN und JAAG, 1937.)

Abb. 398. *Pleurotus*erkrankung blitzgeschädigter Tannen. Schnitt durch eine 2–3 Jahre alte Erkrankung. Schwach verkleinert. (Nach GÄUMANN und JAAG, 1937.)

elektrischen Entladungen ausgesetzt sind, zeigen längs ihrer Stämme ein auffälliges Einsinken der Rinde, gefolgt von einer Infektion durch *Pleurotus mitis* (Pers.) Fr. (Abb. 397–399). Durch die elektrischen Entladungen wurde offenbar das Kambium streifenweise geschädigt oder abgetötet und dadurch der *Pleurotus*infektion zugänglich gemacht; freilich vermag *Pleurotus mitis* auch auf intakte Bäume überzugehen; die Häufung der Erkrankungen in gewitterexponierten Beständen und ihr charakteristischer Verlauf lassen sich aber nur auf dem Umweg über primäre Schädigung durch elektrische Entladungen erklären.

Die vierte Gruppe von Verschiebungen der Krankheitsbereitschaft, nämlich die Schädigungen durch körperfremde Gifte, besitzen ein Interesse für die Bekämpfung, insbesondere für die Therapie der Pflanzenkrankheiten: Ist es möglich, die Reaktionslage einer Wirtspflanze entscheidend zu verändern, indem man sie durch die Wurzeln bestimmte Giftstoffe aufnehmen läßt? Bei einem Beispiel, nämlich bei der Anfälligkeit bestimmter Weizensorten für *Erysiphe graminis tritici* (Abb. 54), ist dies tatsächlich der Fall (MEYER, 1950).

Abb. 399

*Pleurotus*erkrankung blitzgeschädigter Tannen. Spätes, über 15 Jahre altes Krankheitsstadium. Das Kambium ist in einzelnen Streifen abgestorben, wächst aber dazwischen mit unglaublicher Zähigkeit weiter und führt dadurch zum Krankheitsbild der Abb. 397. Die Rotfäule hat tief in den Holzkörper übergegriffen. Etwa ¼ nat. Gr. (Nach GÄUMANN und JAAG, 1937.)

Tabelle 91

Der Einfluß der Cadmiumernährung (10^{-3} molar Cadmiumnitrat) auf die Erkrankungshäufigkeit von Alphaweizen durch *Erysiphe graminis tritici* bei verschiedener Infektionsdichte (Konidienzahl je 0,05 cm^3 Lösung). (Nach MEYER, 1950.)

Nährlösung	% gelungene Infektionen bei einer Sporendichte von					
	Kontrolle	75	750	7500	75000	750000
Knop	0	4	46	96	100	2
Knop + Cadmiumnitrat	0	1	0	8	54	0

Cadmium setzt bei bestimmten Weizensorten, so bei Alpha und Huron, dagegen nicht bei Mont Calme und bei Plantahofweizen, die Häufigkeit des Befalles durch *Erysiphe graminis tritici* stark herab (Tabelle 91); der Effekt ist also sortenspezifisch. Wenn dagegen trotz des Cadmiums eine Infektion zum Haften kommt, so wird der Reaktionstypus des Wirtes nicht verändert. Der induzierte Schutz wird erst allmählich, erst nachdem eine hinreichende Menge Cadmium aufgenommen ist, erreicht (Tabelle 92); doch ist er unvollkommen; nur die numerische Infektionsschwelle wird verschoben; bei der Infektionsdichte von 75000 Sporen schlägt doch eine erhebliche Zahl von Infektionen durch (Tabelle 91).

Der induzierte Schutz wird nicht direkt dadurch erzielt, daß der Cadmiumgehalt des Zellsaftes den Erreger fernhält; denn dazu ist er nicht genügend hoch, und es wäre auch nicht verständlich, warum der Krankheitsbefall verschiedener Weizensorten bei gleicher Cadmiumaufnahme verschieden

Tabelle 92

Der Einfluß der Dauer der Cadmiumnitratbehandlung (10^{-3} molar) auf den Befall von Alphaweizen durch *Erysiphe graminis tritici*. (Nach MEYER, 1950.)

Nährlösung	Zahl der Infektionsstellen je Pflanze, wenn die Infektion .... Tage nach der Aussaat erfolgt			
	10	20	30	35
Knop	11,8	55,7	45,8	70,3
Knop + Cadmiumnitrat .	14,3	6,6	0,4	0,7

stark verschoben wird. Sondern man muß sich vorstellen, daß die Cadmiumernährung die Reaktionslage bestimmter Weizensorten in der Richtung einer Sensibilisierung verschiebt, so daß die Infektion nicht mehr zum Haften kommt (Abb. 299). Im Gegensatz zum *Helminthosporium*beispiel (S. 424) wird jedoch diese Verschiebung der Reaktionslage nicht durch irgendeine Wachstumshemmung erreicht, sondern in spezifischer Weise nur bei bestimmten Weizensorten und nur durch bestimmte, spezifische Giftstoffe, nämlich durch Cadmium, nicht durch Quecksilber und nicht durch Zink.

Tabelle 93

Der Einfluß von Äthylalkohol auf die *Phytophthora*anfälligkeit einer widerstandsfähigen Kartoffelsorte. Die Knollen wurden während 20 Minuten unter Vakuum in das genannte Alkohol-Wasser-Gemisch eingetaucht. (Nach K. O. MÜLLER und BEHR, 1949.)

Konzentration (Volum %)	Reaktion der lädierten Wirtsgewebe		
	Nekrose		Phlobaphenbildung nach 120 h
	nach 48 h	nach 120 h	
0 (Kontrolle)	sehr stark	sehr stark	sehr stark, jedoch auf 2–3 Zelllagen beschränkt
3	schwach	stark	schwach, diffus, etwa 10 mm tief
10	sehr schwach	sehr stark	sehr schwach und diffus
12	sehr schwach	sehr stark	äußerst schwach und diffus

Auch bei der fünften und letzten Gruppe der Verschiebungen der Krankheitsbereitschaft, nämlich durch Narkotika, führt der Weg zum Effekt über eine Verschiebung der Reaktionslage des Wirtes. Beim menschlichen Körper scheint eine meßbare Erhöhung der Infektions- und Erkrankungsdisposition während oder nach der Narkose nicht zu bestehen. Bei manchen Pflanzen wird dagegen der Stoffwechsel durch eine kräftige Narkose tiefgreifend beeinflußt;

dies kommt physiologisch in einer Steigerung ihres Stickstoff- bzw. Eiweißgehaltes zum Ausdruck, parasitologisch in einer Verschiebung ihrer Krankheitsbereitschaft, und zwar grundsätzlich in der Richtung einer Erhöhung der Anfälligkeit. Nur äußert sich diese Erhöhung der Anfälligkeit je nach dem Erreger-Wirt-Paar, ob eusymbiontisch oder parabiontisch, zum Teil in entgegengesetztem Sinne.

Bei der Kartoffel*phytophthora* (S. 403) nimmt der Krankheitsbefall ab, wenn die Geschwindigkeit der nekrogenen Reaktion der Wirtsgewebe steigt; Äthylalkohol verzögert die Nekrose der lädierten Gewebe und erhöht dadurch ihre *Phytophthora*anfälligkeit (Tabelle 93 und Abb. 400). Nach etwa 120 Stunden erlischt die Nachwirkung der Alkoholnarkose. Eine ähnliche Steigerung der Anfälligkeit wird durch Äthernarkose bei Zuckerrübenblättern ausgelöst (Abb. 401).

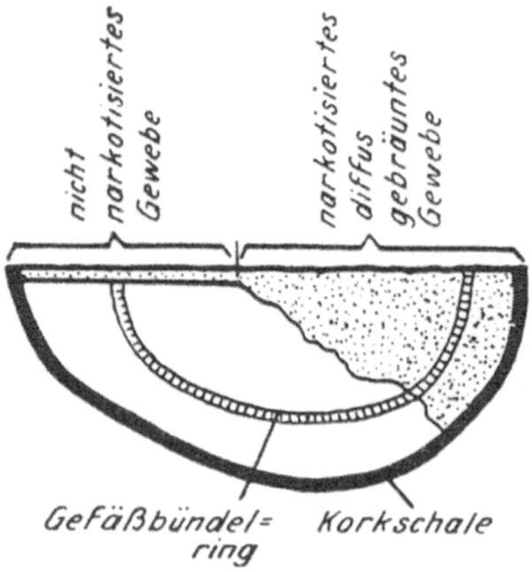

Abb. 400

Der Einfluß einer 3%-Alkoholnarkose auf die *Phytophthora*anfälligkeit einer Kartoffelknolle. Linke Hälfte: Kontrolle, nur infiziert. Rechte Hälfte: Erst narkotisiert, dann infiziert. Die vom Pilz durchwucherte Zone ist punktiert. (Nach BEHR, 1949.)

Auch bei den Rostkrankheiten kann die durch die Narkose bedingte Steigerung der Krankheitsanfälligkeit zunächst eine entsprechende Verschiebung des Reaktionstypus bewirken: bei Rümkers Sommerdickkopfweizen,

Abb. 401

Der Einfluß einer vor der Infektion durchgeführten Äthernarkose auf die Erkrankungsdisposition der Zuckerrübenblätter für *Phoma betae* Frank. Links: 0,2 cm^3 Äther auf 1 l Luft. Einwirkung 24 Stunden. Mitte: 0,01 cm^3 Äther auf 1 l Luft. Einwirkung 8 Tage. Rechts: Kontrolle (Infektion ohne Narkose). Etwa ¾ nat. Gr. (Nach VOLK, 1931.)

infiziert mit *Puccinia triticina*, Biotyp 14, wird er unter der Einwirkung einer präinfektionellen Chloroformnarkose von meist 3 auf meist 4 erhöht, bei Mediterraneanweizen von meist 0 auf meist 2–3 (GASSNER und HASSEBRAUK, 1938).

Tabelle 94

Der Einfluß der 12stündigen Äthernarkose auf den Befall von Bohnen durch den Bohnenrost, *Uromyces phaseoli*. (Nach MINKEVICIUS, 1932.)

Verfahren	Narkose vor der Infektion		Narkose nach der Infektion	
	Zunahme der Blattfläche in %	Zahl der Infektionsstellen je cm²	Zunahme der Blattfläche in %	Zahl der Infektionsstellen je cm²
1. Ohne Narkose, ohne Infektion	835 ± 91,0	0	429 ± 32,0	0
2. Narkose mit 386 cm³ Äther*), ohne Infektion	789 ± 56,3	0	416 ± 43,6	0
3. Ohne Narkose, infiziert	700 ± 77,6	5,6 ± 0,59	426 ± 40,9	3,7 ± 1,04
4. Narkose mit 193 cm³ Äther*), infiziert	597 ± 33,9	6,3 ± 0,62	351 ± 29,0	3,4 ± 0,98
5. Narkose mit 386 cm³ Äther*), infiziert	615 ± 53,3	6,1 ± 0,51	309 ± 19,0	2,4 ± 0,69
6. Narkose mit 580 cm³ Äther*), infiziert	535 ± 43,5	3,8 ± 0,34	267 ± 27,3	1,5 ± 0,65

*) Auf einen Luftraum von 800 dm³.

In andern Fällen führt dagegen die Steigerung der Anfälligkeit zur Überempfindlichkeit und damit zur hyperergischen Abweisung des Parasiten; so nimmt in Tabelle 94 die Befallshäufigkeit der Bohnen durch den Bohnenrost mit der Intensivierung der Narkose ab, und zwar gleichgültig, ob die Behandlung vor oder nach der Infektion stattfand: die Schädigung des Wirtes, die in der Wachstumshemmung der Laubblätter zum Ausdruck kommt, führte offenbar zu einer überhöhten nekrogenen Reaktionsbereitschaft und damit zu einem Rückgang der Infektionsdisposition.

5. KAPITEL

Die Erkrankung

Die vorangehenden Kapitel haben das Zustandekommen der Infektion und die Aktionsmöglichkeit der Erreger betrachtet; wir wenden uns nunmehr den Gegenäußerungen der Wirte zu.

Die körperlichen Funktionen eines Organismus machen nicht sein Leben aus, sondern sie sind bloß Voraussetzung und Folge seines Lebens; dieses steht über ihnen. Sie bilden in ihrer Ganzheit die innern Lebensbedingungen des Organismus. Gesund ist ein Organismus, solange sich seine innern Lebensbedingungen harmonisch auf die Einwirkungen der Umwelt einzustellen vermögen. Wird dieses innere Gleichgewicht gestört, so tritt eine Erkrankung des Körpers ein.

Jede Erkrankung beruht somit primär auf einer funktionellen Störung des Organismus. Auf Grund seines Regulationsvermögens sucht er zunächst seine Entwicklungsnorm und seinen Stoffwechsel beizubehalten und durchzusetzen; im Falle einer Störung strebt er eine Rückkehr zur Norm und eine Wiederherstellung der gefährdeten Gleichgewichtslage an. Diese Rückkehr zur Norm bezeichnet man als Heilung.

Nur jene Individuen erkranken demnach, die auf die von außen kommenden Einwirkungen reagieren, also von ihrem normalen funktionellen Ablauf abweichen; Maikäferfraß löst keine derartigen Reaktionen aus und bewirkt deshalb nicht eine Erkrankung, sondern bloß eine Beschädigung des Organismus. Der Organismus muß also für das Zustandekommen einer Erkrankung aktiv mitarbeiten.

Innerhalb der durch äußere Ursachen ausgelösten Störungen nehmen die Infektionskrankheiten eine Sonderstellung ein, weil bei ihnen nicht nur der Wirt, sondern auch das krankmachende (pathogene) Agens ein lebender Organismus mit einem plastischen Schwankungsbereich von Lebensansprüchen, Aktionen und Reaktionen ist. Es handelt sich also um einen Kampf von zwei Seiten her.

Wie weit prägt hierbei der Erreger dem Wirt seinen «Willen» auf und wie weit der Wirt dem Erreger?

Nach dem allgemeinen Denkbild ist es der Erreger, der handelt, agiert, und der Wirt, der antwortet, sich mit dem Erreger auseinandersetzt, reagiert:

die Infektionskrankheit gilt als die Reaktion des Wirtsorganismus auf die Infektion. Mit jeder Aktion verändert jedoch der Erreger sein eigenes Substrat, schafft dadurch eine neue Sachlage und wird damit einen Schritt weiter gedrängt; denn der Wirt, der reagiert, wird durch eben diese Reaktion biologisch ein anderer als er vorher war: sein Leben spielt sich nunmehr unter den durch den Infekt geänderten Bedingungen ab. Die Reaktion des Wirtes bedeutet deshalb zu gleicher Zeit eine Aktion gegenüber dem Erreger; dieser muß sich auf die neuen reaktiven Gegebenheiten einstellen, muß sie also seinerseits mit Reaktionen beantworten, die den Wirt wieder zu neuen Reaktionsaktionen veranlassen usw., so daß das Kausalitätspendel in ununterbrochener Folge hin und her schwingt. Nicht nur der Wirt ist also im Verlauf der Erkrankung dauernd ein anderer als vorher, und insbesondere ein anderer als vor der Erkrankung, sondern auch der Erreger: Die «Krankheitsursache» ändert sich dauernd im Laufe der Erkrankung.

Während aber beim Wirt diese stete Wandlung im Verlauf der Pathogenese augenfällig und unbestritten ist, kann sie beim Erreger nur in besondern Fällen grobsinnlich bewiesen werden, nämlich morphologisch in der Deformation der Hyphenäste zu Haustorien (S. 430) und physiologisch an Hand chemischer Leistungen, die der Erreger nur während der parasitischen, nicht aber während der saprophytischen Phase vollbringt. So vermag das *Rhizobium leguminosarum* nur im Innern des Wirtes atmosphärischen Stickstoff zu assimilieren (S. 384) oder vermag das Mutterkorn des Roggens, *Claviceps purpurea* (Abb. 117), nur während seiner parasitischen Phase auf und in den Fruchtknoten der Gräser Ergotamin und ähnliche Alkaloide zu bilden, dagegen nicht unter den bis jetzt geprüften Bedingungen der saprophytischen Kultur. Der kongeniale Wirt löst also bei beiden Erregern während der parasitischen Gefangenschaft neue, spezifische Vorgänge aus, d.h. er induziert bei den Erregern bestimmte chemische Reaktionen.

Ähnliche Veränderungen des Erregers durch den Wirt sind auch in der Humanmedizin bekannt; so verlieren die Pneumokokken im Verlauf der Erkrankung die anfänglich ausgeprägte Fähigkeit zur Kapselbildung und zur Zersetzung des Blutfarbstoffes und nähern sich den saprophytischen Mundstreptokokken. Die Diphtheriebazillen gleichen sich beim Abklingen der Krankheit den harmlosen Pseudodiphtheriebazillen an, und schließlich findet man überhaupt nur noch solche.

Da Gast und Wirt in einer dauernden Wechselwirkung stehen und stetsfort unter andern Bedingungen leben als vorher, läßt sich der Mechanismus der Pathogenese auf Grund von Modellversuchen im Laboratorium, losgelöst vom dauernden Zusammenwirken der beiden lebendigen Partner, nicht (oder nur in den primitivsten Grundzügen) rekonstruieren; so können wir durch die laboratoriumsmäßig gewonnenen Stoffwechselprodukte des Erregers wohl gewisse Symptome oder Symptomkomplexe, zum Beispiel Welke- oder

Nekroseerscheinungen, hervorrufen, aber nicht das Krankheitsbild in seinen zellularpathologischen Besonderheiten.

Noch weniger vermögen wir den Krankheitsablauf, die fortwährende Wandlung nachzuahmen, die das Krankheitsbild im Verlaufe der Erkrankung erfährt; denn diese Wandlung beruht ja gerade darauf, daß Aktion und Reaktion des Erregers und des Wirtes sich im Verlaufe der Erkrankung dauernd weiterentwickeln. Das charakteristische Krankheitsbild und der charakteristische Krankheitsverlauf entstehen somit nur durch die stete gegenseitige Beeinflussung und Umstimmung von Erreger und Wirt.

Wegen dieser engen und wechselseitigen Verflechtung der Kräfte ist die Infektionskrankheit mehr als nur die Reaktion des Wirtes auf den Infekt: sie bildet einen selbständigen Prozeß, einen selbständigen biologischen Komplex mit eigenen Gesetzmäßigkeiten; Erreger und Wirt vereinigen sich, nachdem die Infektion zum Haften kam, zu einer Lebensgemeinschaft höherer Ordnung, die mehr ist als bloß ihre Summation. Ein Analogon zu dieser Lebensgemeinschaft höherer Ordnung stellt zum Beispiel der Flechtenkörper dar.

Es liegt in unserer wissenschaftlichen Schulung begründet, daß wir diese neue Lebensgemeinschaft noch nicht als solche, losgelöst von den beiden Partnern, die sie bilden, zu betrachten vermögen, sondern sie analytisch zu verstehen suchen, als Aktion des Erregers und als Reaktion des Wirtes.

Dieses Vorgehen führt leicht zu einer Vergröberung des Sachverhaltes. Der Kartoffelkrebs wird nicht durch den Pilz *Synchytrium endobioticum* verursacht, wie wir im Verlaufe der vorangehenden Kapitel der Kürze halber wiederholt sagten, sondern er wird durch ihn lediglich ausgelöst: der Pilz bringt die angeborene Krebsbereitschaft, die bei den anfälligen Sorten besteht, ins Rollen; es sind ja auch nicht die unmittelbar infizierten Zellen, die mit der Tumorbildung reagieren, sondern die nichtinfizierten Nachbarzellen. Der Pilz ist also nicht die Ursache, sondern bloß der Erreger, der Auslöser des Krebses; erregen kann man nur, was schon besteht. Hier ist das deutsche Wort Erreger dem französischen und englischen cause weit überlegen.

Diese Funktion des pathogenen Agens als Erreger von selbständig ablaufenden Lebensprozessen kommt am stärksten beim bakteriellen Pflanzenkrebs zum Ausdruck, bei dem das Krankheitsgeschehen eigengesetzlich weiterrollt, nachdem der Erreger ausgeschieden ist. In den Sekundärtumoren, die durch Proliferationsstränge in größerem Abstand von den Primärtumoren gesetzt werden (Abb. 99), ist nämlich in manchen Fällen das *Bacterium tumefaciens* nicht mehr nachzuweisen. Werden nun die bakterienfreien Gewebe der Sekundärtumore explantiert und in vitro weitergezüchtet, so behalten sie ihr pathologisches Wachstum bei; und werden sie später wieder in junge Wirtssprosse eingebracht, so wachsen sie hier zu typischen Krebstumoren aus (White und Braun, 1941). Der Erreger, *Bacterium tumefaciens*, besorgt somit gewissermaßen nur die Initialzündung; ist die Krebsreaktion einmal im Gange, so wird der Krebs zu einer selbständigen biologischen Gegebenheit, die auch in Abwesenheit des Erregers eigengesetzlich abrollt und weder vom ursprünglichen Wirt noch vom ursprünglichen Erreger weiterhin gesteuert zu werden braucht. Doch handelt es sich hier um eine seltene, extreme Ausnahme; in der Regel müssen Erreger und Wirt miteinander in dauerndem Kontakt stehen, damit die Erkrankung ihren Fortgang nimmt; scheidet der Erreger aus, so bricht der Krankheitsprozeß in der Regel vorzeitig ab.

Nach der Phasenlehre (S. 15) stellt die Erkrankung den Kulminationspunkt des Krankheitsgeschehens dar, auf den als absteigender Ast die Heilung und der Ausgleich folgen. Da aber die infektiösen Erkrankungen der Pflanzen meist irreversibel sind (es erfolgt bloß eine Lokalisation des Infektes; S. 436), so fehlt ihnen meistens der absteigende Ast, der zur Heilung führt; die Erkrankung schließt deshalb als solche das Krankheitsgeschehen und damit auch dieses Buch zur Hauptsache ab.

Das vorliegende Kapitel betrachtet in einem ersten Abschnitt einige allgemeine Gegebenheiten und hernach in zwei weitern Abschnitten die morphologisch-anatomischen und die physiologischen Manifestationen der Erkrankung.

§ 1. Allgemeine Gegebenheiten

Das «Krankheitsbild» und die «Krankheit» sind nicht reale Gegebenheiten, sondern gedachte Abstraktionen, über deren Inhalt man sich streiten kann. Es gibt in Wirklichkeit keine «Krankheiten», sondern nur kranke Pflanzen, oder es gibt so viele Krankheiten als kranke Individuen. Mit dieser Einschränkung werden uns im vorliegenden Abschnitt die folgenden Fragen beschäftigen:

1. Symptomhafte und symptomlose Erkrankung.
2. Der Bereich der Infektion und der Bereich der Erkrankung (S. 561).
3. Das Gewicht von Erreger und Wirt bei der Symptombildung (S. 566) und
4. Der Einfluß der Umwelt auf das Krankheitsbild und den Krankheitsverlauf (S. 572).

1. Symptomhafte und symptomlose Erkrankung

Die Frage, wann eine Erkrankung beginnt, wird je nach dem Standort des Beobachters verschieden beantwortet. Biologisch beginnt sie, sobald die ersten zellulären Abwehrreaktionen einsetzen. Klinisch wird sie aber erst manifest, wenn die Reaktionen des Wirtes für uns Menschen wahrnehmbar werden; die «Erkrankung» im landläufigen Sprachgebrauch ist deshalb ein klinischer, nicht ein biologischer Begriff.

Die manifesten Reaktionen des Wirtes werden die Symptome der Erkrankung genannt. War somit die Infektion die Voraussetzung der

Infektionskrankheit und die Inkubation die Vorbereitung derselben, so sind die Krankheitssymptome der Ausdruck der erfolgten Erkrankung. Sie fügen sich in einer bestimmten Reihenfolge und einer bestimmten Intensität zum Krankheitsbild und zum Krankheitsablauf zusammen. Für die Differentialdiagnose werden die Krankheitssymptome normiert (Symptomatologie). Nach der Regelmäßigkeit ihres Auftretens werden sie in typische und atypische Symptome geschieden, nach ihrem Gewicht in führende und in nebenhergehende, bzw. Allgemeinsymptome; führend ist zum Beispiel beim Weizensteinbrand die brandige Zerstörung des Korninnern (Abb. 76), nebenhergehend der leicht gestauchte Wuchs und die schwache Vergilbung der Blätter.

Ferner können sich die Störungen, die der Infekt auslöst, im Ablauf der Erkrankung verschieden stark ausprägen; so stechen die ersten Krankheitssymptome, die unmittelbar im Anschluß an die Inkubation auftreten, zuweilen hervor und werden dann als Primäraffekt den spätern Folgesymptomen gegenübergestellt (Abb. 340). Endlich ist den meisten pflanzlichen Infektionskrankheiten eine rasche postmortale Bräunung der invadierten Gewebe gemeinsam.

Bleiben bei einem Infekt manifeste Reaktionen aus, so nennt man ihn stumm, inapparent oder symptomlos und die betreffenden Individuen Keimträger oder carriers. Auf seiten des Erregers kann die Ursache der Inapparenz in einer Apathogenität liegen (zum Beispiel beim *Z*-Virus der Kartoffeln, Tabelle 45, und beim Wundtumorvirus, S. 542), auf seiten des Wirtes in einer mangelnden Bereitschaft zur Mitarbeit (Indolenz, Trägheit, so bei erscheinungsarmen Lebensgemeinschaften wie beim *Lolium*pilz, S. 153) oder in einer ererbten oder erworbenen Toleranz (zum Beispiel Ringnekrose des Tabaks, S. 453).

Naturgemäß ist die Grenze zwischen einem sehr milden Krankheitsverlauf und einer symptomlosen Erkrankung bzw. einer symptomlosen Infektion oft schwer zu ziehen. Der Ausdruck «symptomlose Erkrankung» mag als ein Widerspruch in sich selbst erscheinen; biologisch ist er jedoch zutreffend; denn biologisch beginnt die Erkrankung mit dem Einsetzen der nichtmanifesten zellulären Abwehrreaktionen (S. 559).

Je nach der zeitlichen Einordnung der inapparenten Phase in das Krankheitsgeschehen wird sie verschieden benannt. Wenn ein Infekt zunächst manifeste Symptome auslöst und wenn diese nachträglich unter bestimmten äußern Einflüssen, so in heißen Sommern, vorübergehend verschwinden, ausgelöscht werden (zum Beispiel beim Mosaik und ähnlichen Virosen), so nennt man sie maskiert; mit der Rückkehr der Pflanzen unter die ursprünglichen Lebensbedingungen kehren auch die Symptome wieder zurück; sie sind also reversibel.

Wenn dagegen ein Infekt zunächst symptomlos einsetzt und später ausbricht, so nennt man ihn latent, ruhend oder schlummernd. Es gibt in diesem Sinne zwei Formen der Latenz:

1. Latenz als Phase einer Infektionskrankheit; hierher gehört die Inkubation als symptomloser Vorläufer der eigentlichen Erkrankung. Und

2. Latenz als selbständiger Prozeß: eine Stein- oder Flugbrandinfektion auf einer Weizenpflanze ist während des vegetativen Wachstums des Wirtes latent, weil sie hier in der Regel noch keine durchschlagenden Symptome auslöst; diese treten erst später beim Aufblühen als Organmanifestation zutage. – Flackert eine Krankheit, die eine Zeitlang latent ruhte, wieder auf, so spricht man von einem Rezidiv.

Der Unterschied zwischen Inapparenz und Latenz ersteht ohne weiteres aus den Beispielen des *Z*-Virus und des Steinbrandes. Eine Infektion der Kartoffelstauden mit dem *Z*-Virus ist inapparent, weil sie von selbst überhaupt nicht apparent, nicht symptomhaft werden kann. Eine Steinbrandinfektion beim Weizen ist dagegen latent, weil sie nur temporär inapparent ist und später manifest wird, ausbricht, also für den Wirt wirklich eine schlummernde Katastrophe darstellt.

Wegen der anders gearteten Reaktionsnorm ihrer Objekte wird somit der Latenzbegriff in der Pflanzenpathologie enger gefaßt als in der Humanmedizin. Der Pflanzenpathologe stellt ausschließlich auf das Fehlen von grobsinnlich, objektiv wahrnehmbaren krankhaften Erscheinungen ab, während der Mediziner überdies das subjektive Allgemeinbefinden des Patienten (zum Beispiel das Gefühl des Krankseins) mit berücksichtigt: die Latenzzeit kann beim Menschen mit dem Einsetzen des subjektiven Unwohlseins zu Ende gehen, lange bevor objektive Störungen manifest werden.

2. Der Bereich der Infektion und der Bereich der Erkrankung

Hinsichtlich der örtlichen Beziehungen zwischen Infektion und Erkrankung sind bei den pflanzlichen Infektionskrankheiten drei Fälle möglich:

1. Der Ort der pathogenen Wirkung fällt mit der Ansiedlungsstätte des Erregers zusammen.
2. Ein lokaler Infekt löst eine Allgemeinerkrankung aus.
3. Eine Allgemeinerkrankung manifestiert sich bloß lokal.

Der erste Fall wird im Pflanzenreich am häufigsten realisiert: die meisten Erreger wirken im wesentlichen bloß auf die Gewebe ein, die sie unmittelbar besiedelt haben. Lokale Krankheitssymptome entsprechen somit bei den pflanzlichen Infektionskrankheiten in der Regel auch einem lokalisierten Infekt, Allgemeinerkrankungen einer allgemeinen Infektion (S. 104). Die Pflanzen reagieren auf einen lokalen Infekt meist nicht als Ganzheit, nicht mit Allgemeinsymptomen (zum Beispiel einer erhöhten Temperatur des ganzen Körpers). Auch die Seite 420 besprochenen zellulären Abwehrreaktionen erwiesen sich ja als örtlich beschränkt.

Der zweite Fall, Allgemeinerkrankung als Folge einer Herdinfektion, findet sich bei den pflanzlichen Infektionskrankheiten nur bei gewissen toxigenen Erregern (S. 333) verwirklicht, so bei der *Valsa*erkrankung des Steinobstes, beim Hallimasch und bei einigen Welkefusariosen (S. 96): von einem lokalen Krankheitsherd aus läßt der Erreger seine krankmachenden Substanzen in die Leitungsbahnen des Wirtes übertreten und leitet dadurch

Fig. 402

Fig. 403

Abb. 402. Führende Symptome der Lycomarasmin-Welke: Nekrose der Interkostalfelder der Laubblätter von Tomatenpflanzen; die Blattnerven bleiben dagegen symptomlos. $\frac{3}{4}$ nat. Gr. (Nach GÄUMANN, 1950.)

Abb. 403. Schädigungen des Patulins auf einem Tomatenblatt: Nekrose der Blattnerven, wogegen die Interkostalfelder symptomlos bleiben. (Nach MIESCHER, 1950.)

als Fernwirkung eine Vergiftung des ganzen Organismus ein, so daß seine Lebensfähigkeit unmittelbar nach dem frühjährlichen Austreiben oder beim Einsetzen der sommerlichen Hitze schlagartig zusammenbricht.

Dieser besondere Krankheitsverlauf wurde bei der *Valsa*erkrankung der Aprikosen (DÉFAGO, 1935) treffend als Hitzschlag, Apoplexie, bezeichnet: ein schleichender Infekt des toxigenen Erregers wuchert jahrelang im Stamm, wird aber durch die Abwehrkräfte des Baumes im Gleichgewicht gehalten. Wenn nun der Baum beim Austreiben seine Reserven verausgabt, so ist er plötzlich den Giftwirkungen nicht mehr gewachsen; sein Laubwerk welkt als Fernsymptom innerhalb eines Tages dahin, und der Baum geht ein.

Ein Parallelbeispiel aus der Humanmedizin ist der Starrkrampf (Tetanus), bei dem ebenfalls ein Herdinfekt sein Gift in den Wirtskörper ausgießt und Fernsymptome auslöst. Und wie beim Tetanus bestimmte Gewebe (Lymphscheiden der Nervenbahnen?) das Toxin leiten und bestimmte andere Gewebe (Zentralnervensystem, vor allem die motorische Vorderhornzelle) es anreichern und später die führenden Krankheitssymptome steuern, so bestehen auch bei den pflanzlichen Welketoxinen bestimmte Leitungsbahnen und später, trotz der Allgemeinintoxikation und der Allgemeinerkrankung, bestimmte Prädilektionen des Giftes für bestimmte Gewebe.

Abb. 404
Welkezusammenbruch einer Tomatenpflanze unter der Einwirkung des Lycomarasmins. Die Blätter sind verdorrt, die Blattstiele und Stengel dagegen noch turgeszent. $^{1}/_{5}$ nat. Gr. (Nach Gäumann und Jaag, 1946.)

Die Leitungsbahn für die bis jetzt untersuchten Welketoxine ist das Xylem (Miescher, 1950). Das Erfolgsorgan ist dagegen je nach dem Gift verschieden. Lycomarasmin (S. 333) wirkt sowohl bei kleinen als bei hohen Giftmengen einzig auf die Interkostalfelder der Blätter (Abb. 402) ein; Blattstiele und Stengel bleiben dagegen frisch, auch wenn die Blattspreiten längst verdorrt sind (Abb. 404). Die Symptome des Lycomarasmins sind somit trotz der Allgemeinintoxikation gewebespezifisch: das Toxin besitzt ein bestimmtes Gewebespektrum, so wie es ein bestimmtes Wirtsspektrum besitzt (S. 336).

Patulin (S. 145) wirkt dagegen unspezifisch, wahllos, wo es zuerst hinkommt. In kleiner Menge (30 mg je Kilogramm Lebendgewicht, das ist rund die doppelte dosis minima) löst es hauptsächlich ein Welken der Stengel und Blattstiele (Abb. 405) aus, eventuell noch eine Schädigung der Blattnervatur (Abb. 403); dagegen zeigen die Interkostalfelder keine manifesten Symptome. Erst bei Verabreichung großer Giftmengen (100 mg und mehr je Kilogramm Lebendgewicht) fallen auch die Blattspreiten und die peripheren Stengelgewebe über den Gefäßbündeln zusammen (Rillenbildung; Abb. 406 und 407).

Abb. 405. Führende Symptome der Patulinwelke: Die Stengel und Blattstiele der Tomatenpflanzen verlieren ihre Turgeszenz, wogegen die Blattspreiten zunächst noch unbeschädigt bleiben. ¼ nat. Gr. Orig.

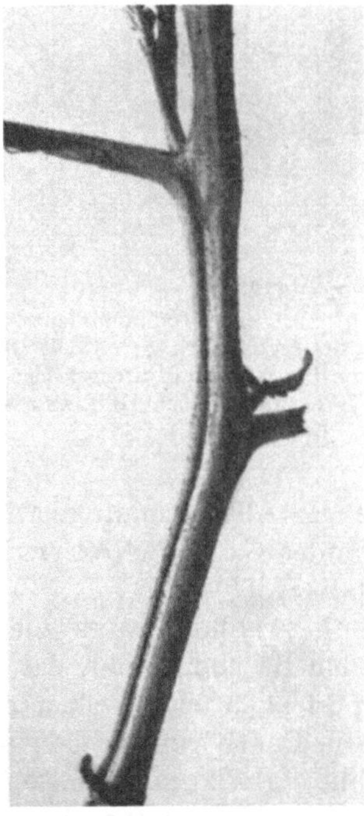

Abb. 406. Rillenbildung an einem Tomatenstengel unter der Einwirkung des Patulins. Nat. Gr. Orig.

Die Ursache, warum gewisse Erregertoxine trotz der Allgemeinintoxikation gewebespezifische Symptome auslösen, ist unbekannt. Sicherlich liegt nicht nur ein Transportproblem vor, sondern es besteht überdies irgendeine elektive Affinität bestimmter Gewebe für das Toxin, ähnlich wie beim Tetanusbeispiel.

Der dritte Fall, Allgemeininfektion mit späterer Organmanifestation, wird bei den pflanzlichen Infektionskrankheiten durch die organotropen und histotropen Erreger (S. 112) vertreten. Bei ihnen ist der Krankheitsablauf zyklisch; denn die Generalisation (die Allgemeininfektion) ist für sie nur ein Durchgangsstadium, auf das später eine spezifische lokale Manifestation folgt. Bei manchen Brandkrankheiten des Getreides (Abb. 145) durchzieht das Myzel den gesamten Organismus; aber nur die Ähre ist das Erfolgsorgan; hier erfolgt die Organfixation; nur hier werden beim Abschluß des Individualdaseins manifeste Symptome ausgelöst.

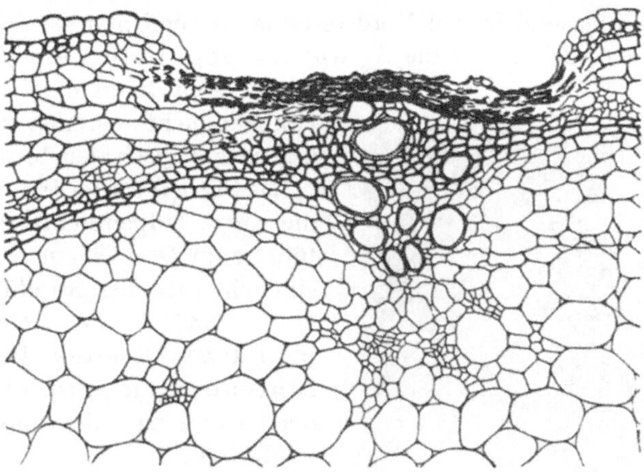

Abb. 407
Schnitt durch einen Tomatenstengel im Bereich einer Rille. Die Rindengewebe über dem Gefäßbündel wurden durch das Patulin zerstört. Vergr. 100. (Nach MIESCHER, 1950.)

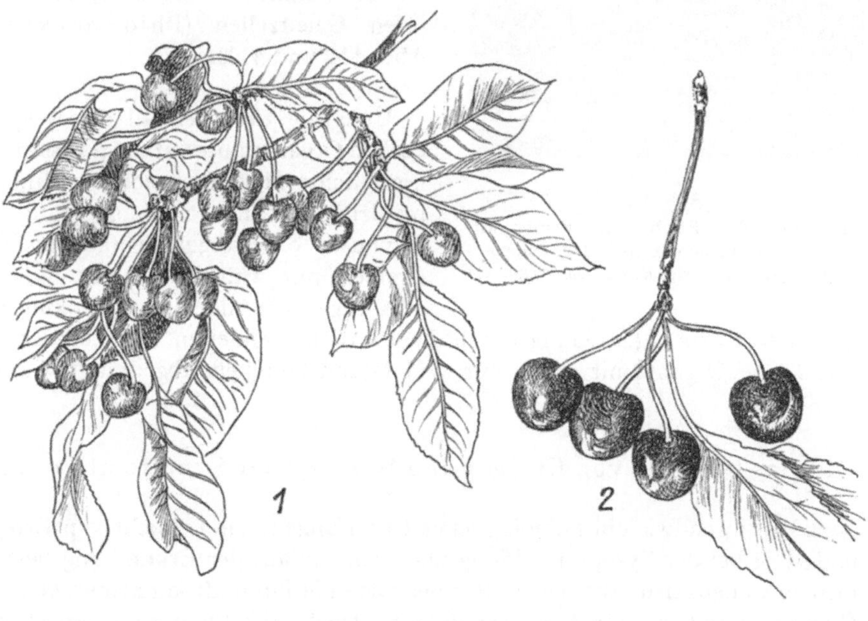

Abb. 408
Kleinfrüchtigkeit der Süßkirschen (Little cherry), hervorgerufen als Organmanifestation einer systemischen Virose. *1* Früchte eines kranken, *2* Früchte eines gesunden Baumes. ½ nat. Gr. (Nach BLODGETT und WRIGHT, 1948.)

Bei der Little cherry-Krankheit der Süßkirschen (*Prunus avium*) in British Columbia und in den Nordweststaaten der Union ist der ganze Baum vom Virus verseucht; aber die Symptomausprägung erfolgt nur in einem bestimmten Organ, nämlich den Früchten, die nicht ausreifen, sondern hellrot und pathologisch klein bleiben (Abb. 408).

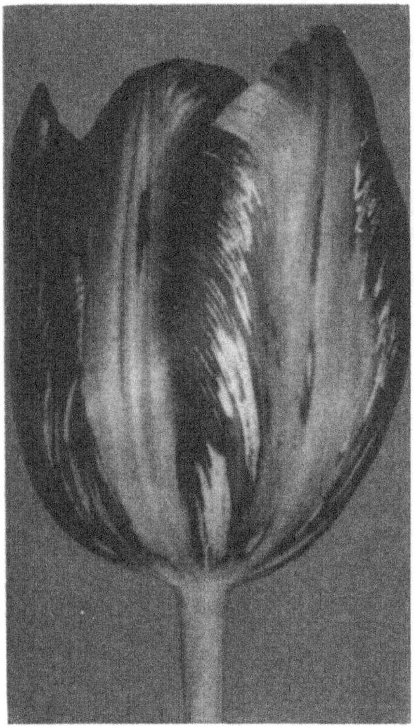

Abb. 409
«Brechen der Farbe» bei Rembrandt-Tulpen, verursacht durch das Tulpen-*I*-Virus. Nat. Gr. Orig. E. VAN SLOGTEREN.

Das Tulpen-*I*-Virus ist zwar durch die ganze Tulpenpflanze verbreitet und führt zum Beispiel an den Blättern zu einer chlorotischen Streifung (Mc WHORTER, 1938; VAN SLOGTEREN und DE BRUYN OUBOTER, 1941); aber das führende Symptom ist das «Brechen der Farbe», die Scheckung im Perigon (Abb. 409).

Die Viren der Blattrollkrankheit der Kartoffeln (Abb. 194) und der Kräuselkrankheit der Zuckerrüben (Abb. 342) überschwemmen zwar die gesamten Stauden, verursachen aber einen örtlichen Zelltod nur in bestimmten Geweben, nämlich in den Siebröhren und ihren Geleitzellen (Phloemnekrose; Abb. 410 und 411).

Über die Ursachen all dieser spezifischen Organmanifestationen wissen wir noch nichts. Modellbeispiele der Humanmedizin sind die Pneumonie und der Typhus, deren Erreger ebenfalls zunächst (freilich nur während einiger Stunden oder Tage) eine Allgemeinerkrankung des gesamten Körpers (Streuung durch die Blutbahn) einleiten und hernach auf spezifische Organe mit geringerer Widerstandsfähigkeit abgedrängt werden.

3. Das Gewicht von Erreger und Wirt bei der Symptombildung

Es ist irgendwie ein unbiologisches Unterfangen, das Gewicht von Erreger und Wirt bei der Symptombildung und beim Ablauf der Erkrankung bestimmen zu wollen; denn die beiden Partner bilden in ihrem Zusammenwirken eine Ganzheit mit eigenen Gesetzen (S. 558). Doch tritt für unsere menschliche Betrachtungsweise der eine oder andere Partner zuweilen stärker hervor; wir nehmen deshalb an, daß der Wirt dominiere, wenn verschiedene Organe desselben Wirtes auf denselben Infekt verschieden ansprechen, und daß der

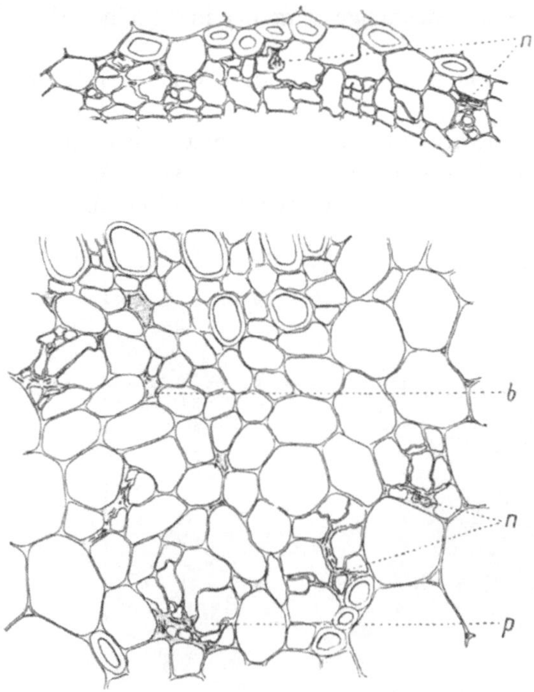

Abb. 410. Phloemnekrose im Stengel einer blattrollkranken Kartoffelstaude. Oben: Extraxyläres Phloem, mit seinem Scheitel an die Perizykelfasern anstoßend. Unten: Intraxyläres Phloem. Die nekrotischen Phloemstränge *n* sind dunkel gehalten. *b* Indifferente Bräunungen, die nicht zum Krankheitsbild gehören. *p* Obliterierende Parenchymzellen. Vergr. 200. (Nach QUANJER, 1913.)

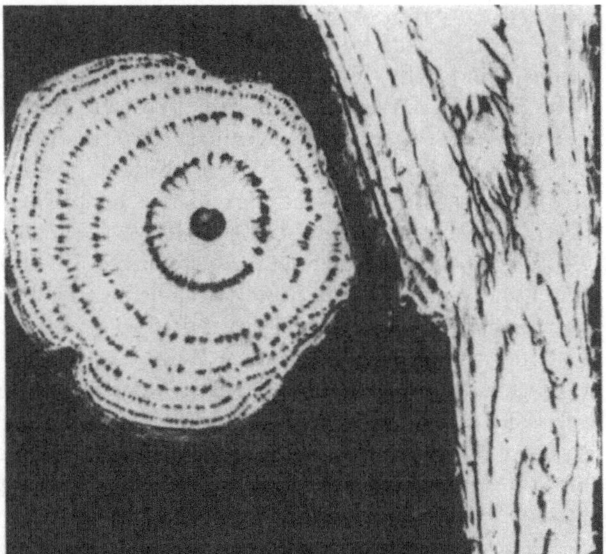

Abb. 411. Phloemnekrose (dunkle Gewebe) bei Zuckerrüben, verursacht durch das Virus der Kräuselkrankheit. Links Quer-, rechts Längsschnitt. Vergr. 1,5. (Nach CARSNER und STAHL, 1924.)

Erreger dominiere, wenn er in verschiedenartigen Organen in derselben Weise durchschlägt.

Bei der Getreidefusariose dominiert offenbar der Wirt; bei Keimpflanzen manifestiert sie sich als Schneeschimmel, in spätern Entwicklungsstadien als Fußkrankheit (Erkrankungen der Halmbasis usw.) und in den Ähren als Ährenfusariose (Taubwerden der Körner usw.). Alle diese Krankheitsbilder sind also, mit unterschiedlicher Verteilung des Gewichtes von

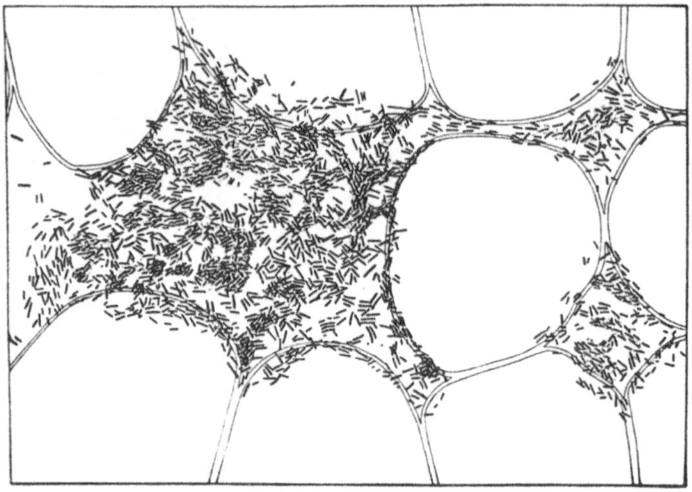

Abb. 412
Auflösung der Mittellamellen und Mazeration der Gewebe einer Karotte durch das *Bacterium carotovorum*. Vergr. rund 660. (Nach E. F. SMITH, 1905.)

Erreger und Wirt, Manifestationen desselben Erregers und derselben Krankheit. Ein Infekt kann sich somit in den verschiedenen Organen desselben Wirtes verschieden manifestieren.

Der Wirt dominiert offenbar auch dann, wenn er je nach der Eintrittspforte desselben Infektes verschieden anspricht; so erzeugt das Virus der Tabaknekrose, wenn in die Blattgewebe eingebracht, örtliche Läsionen (Abb. 104), dagegen eine letale systemische Infektion, wenn der Eintrittsweg durch die Wurzeln führt. Eine Parallele aus der Humanmedizin ist der Tuberkelbazillus, der im allgemeinen auf dem Respirationsweg schwerere Infektionen einleitet als auf dem intestinalen Weg.

Der Erreger dominiert dagegen, wenn er jedem Wirtsorgan (Blatt, Stengel, Wurzel) und jeder Wirtsart schlußendlich seinen Formwillen aufzwingt; so führt das *Bacterium tumefaciens* wohl auf jedem Organ und auf jeder Wirtsart, sofern die Infektion haftet, zu mehr oder weniger charakteristischen Tumoren (Abb. 99 und 421).

In noch andern Beispielen kann endlich die Präpotenz von Erreger und Wirt je nach der Menge des Inoculums wechseln. *Bacterium carotovorum*, der

Erreger der Schwarzbeinigkeit der Kartoffelstauden (Abb. 441), erzeugt bei Masseninfektion die bekannte Nekrose der Zellen und Auflösung (Naßfäule; Abb. 412) der Knollen; bei Masseninfektion übernimmt er somit die Führung im Krankheitsprozeß. Bei schwacher Infektion reizt er dagegen die Knollengewebe bloß zu Hypertrophien; hier dominiert also der Wirt bei der Ausprägung des Krankheitsbildes.

Noch größer wird die Spannweite zwischen den «Wirkungen des Erregers auf den Wirt» und den «Reaktionen des Wirtes» bei der Kombination verschiedenartiger Erreger mit unterschiedlichen Wirtsarten. Im Extrem bestehen hier zwei Möglichkeiten: 1. derselbe Erreger löst auf verschiedenen Wirtsarten verschiedene Krankheitsbilder aus, und 2. verschiedenartige Erreger bewirken auf demselben Wirt ähnliche oder identische Krankheitsbilder.

1. Derselbe Erreger löst auf verschiedenen Wirtsarten verschiedene Krankheitsbilder aus, bzw. verschiedene Wirte beantworten dieselbe Infektion mit einem andern Krankheitsbild. Als Beispiel diene das Seite 259 besprochene *Corticium vagum* B. et C., ein äußerst polyphager Pilz, der im landwirtschaftlichen Schrifttum meist als *Rhizoctonia solani* Kühn bekannt ist (Braun, 1930).

Zunächst verursacht er auf ein und demselben Wirt unterschiedliche Krankheitsbilder, so an den Kartoffelstauden als Allgemeinsymptom einen Kümmerwuchs, an der Basis der Stauden eine Fußvermorschung, an den Wurzeln und Stolonen Faulstellen und an den Knollen die Pockenkrankheit (den Grind).

Sodann löst er auf verschiedenartigen Wirten völlig heterogene Erkrankungen aus, an den Keimlingen einen Wurzelbrand (Abb. 348), an Nelken, Bohnen, Tomaten usw. eine Stengelfäule, an Zuckerrüben eine Trokkenfäule, auf den Laubblättern von Kohl, Salat usw. eine Blattfleckenkrankheit (Nekrose), an Tomaten und Bohnenhülsen eine trockene Fruchtfäule, auf Erdbeeren eine Braunfäule usw.

Alle diese Erkrankungen haben trotz ihres verschiedenen Aussehens und trotz ihres unterschiedlichen Verlaufes denselben Erreger. Man faßt sie deshalb nach ihrem Erreger, also ätiologisch, parasitologisch, in eine Gruppe zusammen und bezeichnet sie als *Rhizoctonia*erkrankungen. Ähnliches geschieht bei den Fusariosen (Erreger *Fusarium*arten), *Verticilliosen* (Erreger *Verticillium albo-atrum* und verwandte Arten) usw.

Diese mikrobiologische Identität des Erregers ist zunächst epidemiologisch mit Rücksicht auf die Fruchtfolge wichtig; im Gartenbau kann zum Beispiel die *Corticium*erkrankung der Bohnen im folgenden Jahr auf die Tomaten und noch später auf den Kohl usw. übergehen und auf jedem dieser Gewächse verschiedenartig aussehende Erkrankungen auslösen, deren innerer Zusammenhang dem Praktiker nicht ohne weiteres offenbar wird.

Sie ist auch parasitologisch wichtig: Aus einer Verschiedenheit der Krankheitsbilder darf nicht auf eine Verschiedenheit der Erreger geschlossen werden. Eine sichere Diagnose kann deshalb nur durch den mikrobiologischen Nachweis des Erregers gestellt werden.

Und endlich ist sie biologisch wichtig. Da die verschiedenen Krankheitsaspekte auf den verschiedenen Wirten und Organen durch denselben Erreger, *Corticium vagum*, ausgelöst werden, so stellen sie bis zu einem gewissen Grade einen Ausdruck des spezifischen Reaktionsvermögens, der Reaktionspotenz, der betreffenden Wirtsgewebe dar. Doch dürfte das Problem in Wirklichkeit sehr kompliziert liegen. Der Erreger, *Corticium vagum*, ist ja in allen diesen Situationen nur juristisch «der gleiche», nicht aber biologisch; denn jede Reaktion des Wirtes löst ja bei ihm Gegenreaktionen aus (S. 557), weckt neue Fähigkeiten usw. Er ist also nicht eine Konstante, sondern im Rahmen des ihm angeborenen Schwankungsbereiches auf jedem Wirt und auf jedem Organ immer wieder «ein anderer». Der Anteil des Erregers an den unterschiedlichen Symptomausprägungen dürfte also wahrscheinlich doch größer sein, als man auf den ersten Blick vermuten würde.

2. Verschiedenartige Erreger bewirken auf demselben Wirt dasselbe Krankheitsbild (sogenannte Phaenokopien: gleiches Krankheitsbild bei verschiedener Ursache). Wegen der weitgehenden Spezifität der Erreger und der sehr spezifischen Anfälligkeit der Wirte würde man auch eine entsprechende Spezifität der Reaktionen erwarten, die beim Wirte ausgelöst werden. Diese hohe Spezifität trifft jedoch in der Regel nur für die zellularen Abwehrreaktionen zu, nicht aber für die manifesten Anzeichen der Schädigung, für die eigentlichen klinischen Krankheitssymptome; so wird der Schrotschußeffekt (Abb. 324) auf *Prunus*blättern auf dem europäischen Kontinent durch einen Pilz, *Clasterosporium carpophilum*, ausgelöst, in England durch ein Bakterium, *Pseudomonas mors-prunorum* (Abb. 198) und in Nordamerika durch ein Virus (das necrotic-ringspot-Virus). Differenziert und hochspezifisch ist somit bloß die Abwehr, nicht der Ausdruck des Leidens. Für dieses letztere ist vielmehr die Zahl der Reaktionsmöglichkeiten der Pflanzen, gemessen an der großen Zahl der spezialisierten Krankheitserreger, überraschend beschränkt.

Die einzelnen Krankheitssymptome, Verfärbungen, Anschwellungen, Nekrosen usw., sind deshalb in der Regel nicht für sich selbst, isoliert, aus dem Zusammenhang herausgerissen, spezifisch, für eine bestimmte Erkrankung kennzeichnend, sondern sie wiederholen und überschneiden sich bei allen möglichen Krankheiten, ähnlich wie in der Humanmedizin der Schmerz, die erhöhte Temperatur, der beschleunigte Puls. Kennzeichnend ist also nicht das einzelne Symptom, sondern die Kombination der Symptome, die Art ihrer Koppelung, ihr Neben- und Nacheinander.

Aber auch diese Kombinationsmöglichkeiten erschöpfen sich in Wirklichkeit recht bald, so daß sich gewisse Symptomkomplexe oder Symptomgruppen auf den verschiedensten Wirten und bei verschiedenartigen Erregern wiederholen. Deshalb wurden im praktischen Sprachgebrauch der Land- und Forstwirtschaft und der Pflanzenpathologie eine Anzahl charakteristischer

Krankheitsbilder herausgegriffen und, unabhängig vom Erreger und vom Wirt, mit besonderen Namen belegt (APPEL und WESTERDIJK, 1919; RIVERA, 1942), so

die Fäule (Abb. 385): Zerstörung von Geweben, bei den Früchten meist verbunden mit einem Weichwerden und einer Verfärbung des Fruchtfleisches (Abb. 75) und einer Verschlechterung des Geschmackes, beim Holz (Abb. 436) verbunden mit einer Verfärbung und einer Lockerung des Zellgefüges, im einzelnen geschieden in Naß-, Trocken-, Weiß-, Rot-, Blau-, Grün-, Braunfäule usw.;

die Fleckenkrankheit (Abb. 330): örtliche Erkrankung und Verfärbung einiger Gewebeschichten, im einzelnen zum Beispiel geschieden in Dörrflecken, wo die erkrankten Gewebe absterben und lederig oder brüchig werden, und in den Brenner (Anthraknose), bei dem bloß die tieferliegenden Gewebe invadiert werden und absterben, so daß die peripheren Schichten, die Epidermis oder die Rinde, einsinken; bei Keimpflanzen in besonderer Form als Wurzelbrand (Abb. 348);

der Schorf (Abb. 127): eine Krustenbildung der verletzten Haut, wobei zum Beispiel auf Früchten die hypodermalen Zellen verkorken, infolgedessen dem Wachstum der jungen Früchte nicht mehr zu folgen vermögen, reißen oder Verkrümmungen und Verkrüppelungen einleiten, seinerseits geschieden in Flach-, Tief-, Pustel-, Buckel-, Pulverschorf usw.,

ferner die Welkekrankheiten (Abb. 359), die Einschnürungskrankheiten (Abb. 419), der Krebs (Abb. 294) usw. Am Ende dieser Reihe von unspezifischen Krankheitsbildern steht als ebenfalls unspezifischer Abschluß der Tod, die Nekrobiose.

Diese sämtlichen Krankheiten sind bloß symptomatologisch, phänomenologisch, umschrieben, und deshalb hinsichtlich ihrer Ätiologie vollkommen heterogen: gleiche Pathogenese, verschiedene Ätiologie. Schorfartige Erkrankungen (Abb. 127) können durch Strahlenpilze (*Actinomyces*arten), Archimyceten (*Spongospora subterranea*), Ascomyceten (*Endostigme*arten) und Basidiomyceten (*Corticium vagum*) hervorgerufen werden. Überwallungen und Tumore, die der Volksmund als Pflanzenkrebs bezeichnet, können durch Bakterien (*Bacterium tumefaciens*, Abb. 99; *Pseudomonas Savastanoi*, Abb. 185), Archimyceten (*Synchytrium endobioticum*, Abb. 294), Ascomyceten (*Nectria galligena*, Abb. 395), Basidiomyceten (*Melampsorella caryophyllacearum*), Viren (Abb. 388) als auch rein physiologisch durch Frostwirkung auf schlafende Knospen ausgelöst sein. Aus einer Identität der Krankheitsbilder darf deshalb nicht auf eine Identität der Erreger geschlossen werden: spezifisch ist nicht das Krankheitsbild, spezifisch ist nur der Erreger.

Wegen dieser weitgehenden Konvergenz der Krankheitsbilder bei ätiologisch heterogenen Infektionskrankheiten (man denke nur an die endlose Zahl der Blattfleckenkrankheiten), ist die klinische Diagnostik, welche die Krankheitsursache indirekt aus der Reaktionsweise des infizierten Organismus zu erschließen sucht, in der Pflanzenpathologie mit einer größern Unsicherheit behaftet als in der Humanmedizin. Zuverlässig ist einzig die ätiologische Diagnostik: der direkte mikrobiologische (parasitologische) Nachweis des Erregers oder der spezifischen Reaktionsprodukte. Dieser Nachweis wird bei Mykosen durch den Umstand erleichtert, daß der Erreger oft schon bald nach der Inkubation auf den erkrankten Geweben zu fruktifizieren beginnt und sich an Hand seiner Sporenformen leicht identifizieren läßt.

Aus demselben Grunde besteht auch keine unmittelbare Beziehung zwischen dem Krankheitsbild (bzw. den parasitologischen Eigenschaften der Erreger) und ihrer Phylogenie, ihrer stammesgeschichtlichen Stellung. Biologisch niedere Erreger desorganisieren und töten ihren Wirt; biologisch hochstehende verfahren mit ihm schonend, lassen ihn seine Lebenstätigkeit weiter ausüben und stimulieren, reizen ihn bloß zu besondern Leistungen (Tumore, erhöhte Atmung usw.).

Doch wird die biologisch niedere Form des Parasitismus sowohl von stammesgeschichtlich tiefstehenden (*Pythium de Baryanum*) als von stammesgeschichtlich hochstehenden Erregern (*Corticium vagum*) geübt, desgleichen die biologisch hochstehende Form des Parasitismus sowohl von den erstern (*Synchytrium endobioticum:* Kartoffelkrebs) als von den letztern (*Melampsorella caryophyllacearum:* Weißtannenhexenbesen). Immerhin erzeugen Rost- und Brandpilze keine Fäulen.

4. Der Einfluß der Umweltbedingungen auf das Krankheitsbild und den Krankheitsverlauf

Der Ablauf einer Infektionskrankheit ähnelt von Individuum zu Individuum; erst dadurch wird es ja möglich, die betreffende Krankheit wieder zu erkennen. Analog zur Konstanz des Erregers (S. 274) und zur Konstanz des Wirtes (S. 470) gibt es somit eine Konstanz ihres Zusammenwirkens, eine Konstanz der Erkrankung; sie äußert sich im sogenannten typischen Ablauf der betreffenden Erkrankung.

Bei gewissen pflanzlichen Infektionskrankheiten vermögen jedoch die Umweltfaktoren, vor allem die Temperatur, nicht nur präinfektionell die Vitalität des Erregers (S. 317) und die Krankheitsbereitschaft des Wirtes (S. 504), sondern auch postinfektionell den Krankheitsverlauf erheblich zu beeinflussen. In dieser Hinsicht liegen die Verhältnisse bei den Pflanzen anders als bei Mensch und Tier. In der Human- und Veterinärmedizin spielt sich die Auseinandersetzung zwischen Gast und Wirt, unabhängig von der Umwelttemperatur, wegen der Eigenwärme des Körpers stets unter denselben konstanten, charakteristischen Temperaturverhältnissen ab; eine Pneumonie verläuft deshalb im Sommer und im Winter ungefähr gleich. Bei den pflanzlichen Infektionskrankheiten bestimmt dagegen die Umwelttemperatur die Wärmetönung beim Verlauf des parasitischen Verhältnisses. Pflanzliche Infektionskrankheiten können deshalb je nach der Jahreszeit und je nach der Landesgegend unterschiedlich verlaufen. Zwei Beispiele, das toxigene Welken und einige Virosen, mögen dies veranschaulichen.

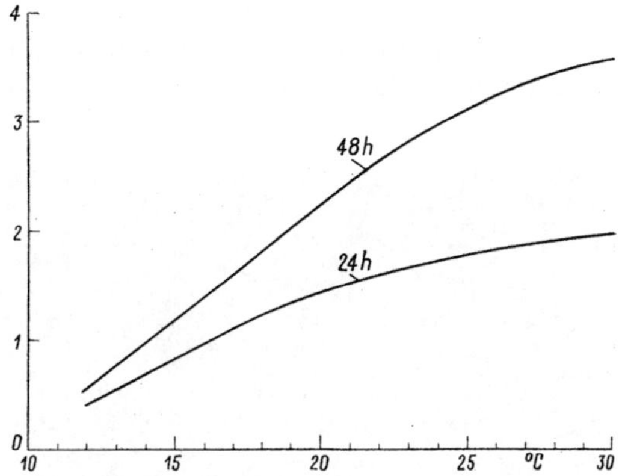

Abb. 413

Der Einfluß der Umwelttemperatur auf die Symptomausprägung des Lycomarasmins bei Tomatensprossen. Sämtliche Sprosse erhielten die dosis minima und wurden dann bei gleicher relativer Luftfeuchtigkeit in die verschiedenen Thermostaten gestellt (Abszisse). Ordinate: Wirkungsgrad des Lycomarasmins (Krankheitsindex). Ablesung nach 24 und 48 Stunden. (Nach GÄUMANN und NAEF-ROTH, 1950.)

Mehrere infektiöse Welkekrankheiten, vor allem der Bäume, schlummern lange Zeit in den infizierten Individuen und führen dann im Frühsommer, beim Anstieg der Temperatur, zu einem plötzlichen Zusammenbruch (Apoplexie; S. 562). Bei diesem Kollaps wirken drei Faktoren zusammen: 1. eine vorangehende Schwächung des Wirtes, der beim frühjahrlichen Austreiben und Blühen seine Nährstoffreserven verausgabte; 2. eine thermisch bedingte Steigerung des

Tabelle 95

Der Einfluß der Lufttemperatur auf die Ausprägung der Symptome des Tabakmosaikvirus auf vier *Nicotiana*-Arten. (Nach MCKINNEY und CLAYTON, 1945.)

Wirt	Temperatur		
	17°	36°	39°
Nicotiana glutinosa L.	Lokale Nekrosen	Keine Nekrosen; Aufhellen der Nerven; diffuse Chlorose	Keine Nekrosen; Aufhellen der Nerven; Sprenkelung
Nicotiana rustica L.	Lokale Nekrosen	Keine Nekrosen; Aufhellen der Nerven; Sprenkelung	Keine Nekrosen; Aufhellen der Nerven; Sprenkelung
Nicotiana Benthemiana Dom.	Lokale Nekrosen	Sprenkelung; sekundäre Nekrosen	Sprenkelung; sekundäre Nekrosen
Nicotiana repanda Lehm.	Lokale Nekrosen	Sprenkelung; sekundäre Nekrosen	Keine Nekrosen; Sprenkelung

Wachstums und der Toxinproduktion des Erregers (Abb. 255), und 3. eine thermisch bedingte Steigerung des Wirkungsgrades des ausgeschütteten Toxins; so wirkt Lycomarasmin (S. 333) bei der Umwelttemperatur von 30° ungefähr zehnmal stärker als bei 12° (Abb. 413), weil bei dieser Temperatur seine Umsetzung in den zehnmal giftigeren Lycomarasmin-Eisen-Komplex rascher erfolgt (GÄUMANN und NAEF-ROTH, 1950).

Abb. 414

Die Heilung des Pfirsich-Gelbmosaiks durch Wärmebehandlung. Die auf die Sämlinge aufgepfropften Knospen waren vor der Inokulation während 2, 4, 6, 8 bzw. 10 Minuten in Wasser von 50° eingetaucht worden. *C* = Kontrolle: eine kranke Pflanze, erwachsen aus einer nicht behandelten Knospe. Eine Wärmebehandlung während 2 Minuten genügte noch nicht, um das Virus in der Knospe zu zerstören, erst eine solche von 4 Minuten. (Nach KUNKEL, 1947.)

Die Schwere der Erkrankung hängt somit in diesem Falle nicht nur von der Menge des ausgeschütteten Toxins ab, sondern überdies von der Umwelttemperatur: toxigene Welkekrankheiten können ceteris paribus bei hoher Lufttemperatur und starker Sonnenbestrahlung ungleich akuter verlaufen als bei niederer. Eine Parallele aus der Humanmedizin bildet das Colchicin (S. 336).

Im Gegensatz zu dieser Steigerung der Schwere der Erkrankung mit steigender Temperatur nimmt bei manchen Virosen die Penetranz der Symptome mit steigender Lufttemperatur ab; so tritt beim Tabakmosaik (Tabelle 95) oberhalb 34° statt der lokalen Nekrosen (Abb. 104) meist eine mosaikartige Sprenkelung (ähnlich Abb. 243) ein, und bei der *X*-Virus-Gruppe der Solanaceen (Abb. 243) können die Symptome schon bei Lufttemperaturen oberhalb 25° verschwinden, ausgelöscht, maskiert werden (LARSON, 1943). Die Kartoffelstauden erwecken deshalb unter Umständen im Hochsommer den Eindruck, als ob sie geheilt wären; denn sie sind symptomlos geworden. In Wirklichkeit sind sie jedoch nicht geheilt, sondern bleiben Virusträger.

Bei noch andern Virosen, so beim Aster-Gelbmosaik und beim Pfirsich-Gelbmosaik, kann jedoch tatsächlich eine thermische Heilung des Virusinfektes stattfinden. Werden beblätterte Pfirsichbäume während 3 Wochen bei 35° gehalten, so verschwindet in ihnen das Virus: es ist zerstört worden, die Bäume sind geheilt, wachsen gesund, virusfrei und symptomlos weiter und können, wie primär gesunde Bäume, aufs neue infiziert werden. Dasselbe geschieht, wenn die Bäume zur Zeit der Winterruhe während 4–5 Tagen in Wasser von 34°, während 11 Stunden in Wasser von 38°, während 40 Minuten in Wasser von 42°, während 15 Minuten in Wasser von 46°, während 3–4 Minuten in Wasser von 50° (Abb. 414) oder während 15 Sekunden in Wasser von 56° getaucht werden (KUNKEL, 1936).

Der Mechanismus des Heilungsvorganges ist noch unklar. Handelt es sich bloß um «zerbrechliche», «zarte» Viren? Dafür spricht die Tatsache, daß das Aster-Gelbmosaik-Virus auch in seinem Vektor *Macrosteles divisus* bei der Lufttemperatur von 32°, wie sie an einem warmen Julitag herrscht, schon innerhalb 8 Stunden zerstört wird. Oder sind Reaktionen der Wirtszellen wesentlich mitbeteiligt? Wir wissen es nicht.

§ 2. Morphologisch-anatomische Manifestationen der Erkrankung

Jede Infektionskrankheit führt zu einer chemischen Auseinandersetzung zwischen Mikro- und Makroorganismus, die in einer funktionellen Störung des Wirtes mündet; diese äußert sich ihrerseits in Störungen der Organisation (Gestalt) oder in Störungen der Funktion (Leistung). Selbstverständlich sind Gestalt und Leistung verknüpft; aber wir müssen, um überhaupt zu einer Darstellung zu gelangen, die einzelnen Teilfunktionen des Wirtes herausbrechen und verselbständigen.

Die von der Gleichgewichtsstörung erfaßten morphologischen, geweblichen und zellulären Teilfunktionen des Wirtes bilden den Gegenstand der pathologischen Morphologie (Teratologie) und der pathologischen Anatomie.

Die von der Gleichgewichtsstörung erfaßten physiologischen Teilfunktionen des Wirtes werden in der pathologischen Physiologie betrachtet. Diese Scheidung der Symptome entspricht auch der akademischen Aufteilung der Fachdisziplinen.

Das vorliegende Kapitel beschäftigt sich mit den morphologisch-anatomischen Manifestationen der funktionellen Störung des Wirtes: 1. Störungen im Wachstum und in der Formbildung des Wirtes (Teratologie), und 2. Störungen in seinem anatomisch-histologischen Aufbau (Pathologische Anatomie). Eine detaillierte Darstellung dieser Störungen, soweit sie durch Pilze ausgelöst werden, findet sich bei FISCHER und GÄUMANN (1929).

1. Störungen im Wachstum und in der Formbildung des Wirtes (Teratologie)

Bildungsabweichungen oder Mißbildungen, das sind Störungen im Wachstum und in der Formbildung des Wirtes, werden Morphosen

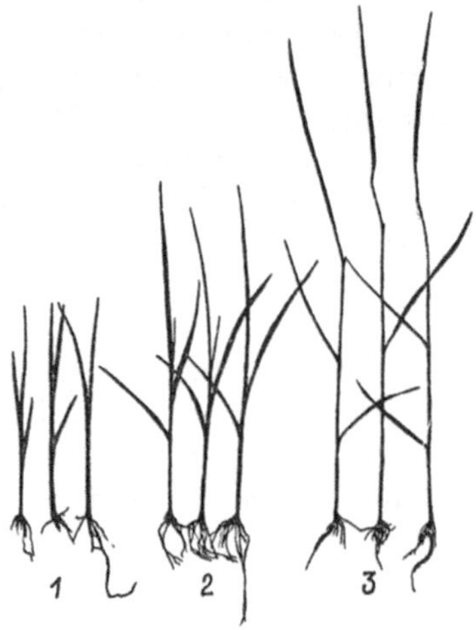

Abb.415

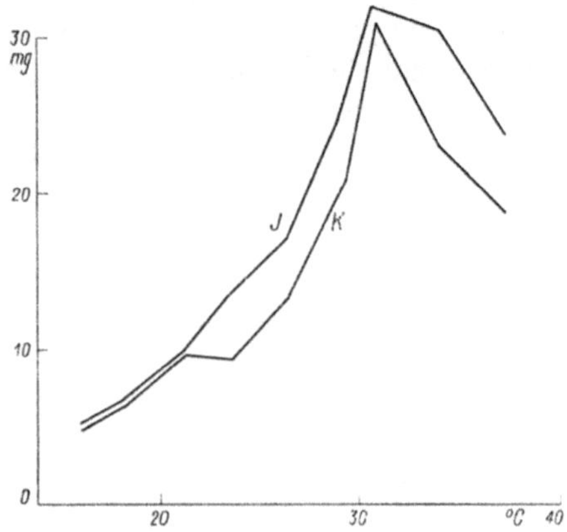

Abb.416

Abb. 415. Der Einfluß der *Gibberella Fujikuroi* (Saw.) Woll. auf das Längenwachstum der Reiskeimlinge. *1* Schwache Keimlinge, durch die Infektion in ihrer Entwicklung gehemmt. *2* Kontrolle; nicht infizierte Keimlinge. *3* Kräftige Keimlinge, durch die Infektion in ihrem Längenwachstum übersteigert (Bakanaë-Effekt). (Nach SETO, 1935.)

Abb. 416. Der stimulierende Einfluß von *Fusarium moniliforme* Sheld. auf die Trockensubstanzproduktion junger Reispflanzen. Abszisse: Bodentemperatur. Ordinate: Durchschnittlicher Trockensubstanzertrag je Pflanze. Kurve *J*: Infizierte Reihe. Kurve *K*: Kontrolle. (Nach DE HAAN, 1937.)

genannt. Wenn sie, wie im vorliegenden Falle, durch lebende Agentien (nicht durch Hitze, Frost usw.) ausgelöst werden, so heißen sie Biomorphosen.

Diese formative Beeinflussung des Wirtes kann sich zunächst in Allgemeinsymptomen äußern, so in einem gesamthaft gesteigerten oder einem gesamthaft gehemmten Wachstum der befallenen Individuen; doch ist die Grenze zwischen typischem, atypischem und pathologischem Wachstum oft schwer zu erkennen.

Eine allgemein stimulierende Wirkung können gewisse Fusarien, so *Gibberella Fujikuroi* (Saw.) Woll. und *Fusarium moniliforme* Sheld., auf kräftige junge Pflanzen von Reis, Hafer, Mais usw. ausüben. Schwache Individuen werden durch diese Pilze in ihrer Entwicklung gehemmt und bleiben zurück

(Abb. 415, *1*); kräftige Pflanzen werden dagegen in ihrem Längenwachstum gesteigert (Abb. 415, *3*), so daß sie gewissermaßen etiolieren und auf dem Felde schon äußerlich durch ihre Länge hervorstechen (Bakanaë-Krankheit des Reises). Auch die Trockensubstanzproduktion ist bei den infizierten Individuen, vor allem bei Bodentemperaturen über 22°, etwas höher (Abb. 416).

Tabelle 96

Morphologische Allgemeinsymptome des Steinbrandbefalles auf Winterweizen, Sorte Hohenheimer 77 behaart. (Nach GIESEKE, 1929.)

Eigenschaft	infiziert	Kontrolle
Länge des längsten Halmes	106,2	120,3
Zahl der Halme je Pflanze	3,7	4,4
Spindellänge	7,4	8,0
Ährchenzahl	23,5	23,8
Tausendkorngewicht.	50,3	54,0

Tabelle 97

Morphologische Allgemeinsymptome des Steinbrandbefalles auf Sommerweizen, Sorte Hen Gymro. (Nach SAMPSON und DAVIES, 1927.)

Eigenschaft	infiziert	Kontrolle
Durchschnittliche Länge der Halme .	80,2	98,8
Zahl der Halme je Pflanze	8,9	7,7
Spindellänge	9,6	10,6
Strohertrag je Pflanze in Gramm . .	11,9	16,9

Das aktive Prinzip, Gibberellin, ist noch in der Verdünnung von $1:10^{-7}$ wirksam (YABUTA und HAYASHI, 1939); dies entspricht einer Menge von 2γ je Keimpflanze, bzw. von 10 mg je Kilogramm lebende Pflanzensubstanz. Ein zweiter Stoff, Fusariumsäure, löst dagegen schon in der Verdünnung von $1:10^{-6}$ Schädigungen aus (YABUTA und HAYASHI, 1940).

Häufiger als die allgemeine Stimulation ist die allgemeine Hemmung oder Verkümmerung des Wirtes. Steinbrandkranke Pflanzen sind durchwegs kürzer als gesunde und besitzen ein geringeres Produktionsvermögen, gemessen am Tausendkorngewicht und am Strohertrag (Tabelle 96 und 97); ferner ist ihr Wurzelsystem geschwächt, so daß als häufige Nebenwirkung der latenten Infektion eine stärkere Auswinterung der befallenen Individuen erfolgt (Tabelle 98). Andere Auswirkungen, wie der Einfluß auf die Bestockung, wechseln dagegen von Sorte zu Sorte (und vielleicht auch von einer *Tilletia*rasse zur andern); so wurde sie in Tabelle 96 bei Winterweizen gehemmt, in Tabelle 97 bei Sommerweizen gefördert; vielleicht spielen hier auch mittelbare Umstimmungen (zum Beispiel erhöhte Frostempfindlichkeit; TAPKE, 1929) hinein.

Diese allgemein hemmenden Einwirkungen des Infektes können auf einen unmittelbaren Nahrungsentzug durch den Erreger oder auf eine funktionelle Störung des Ernährungsstoffwechsels oder des Wuchsstoffhaushaltes zurückgehen.

Tabelle 98

Die Auswinterung (in % der aufgelaufenen Pflanzen) bei Weizen, infiziert mit dem Steinbrand, *Tilletia tritici* (Bjerk.) Wint., und bei Gerste, infiziert mit der Streifenkrankheit, *Helminthosporium gramineum* Rabh. (Nach ZADE, 1932.)

Sorte	infiziert %	nicht infiziert %
Heils Dickkopfweizen	34,0	9,0
Eckendorfer Mammuth Wintergerste	31,6	14,0
Friedrichswerther Wintergerste . .	47,6	26,8
Groninger Wintergerste	54,4	23,2
Strengs Wintergerste	56,4	28,4
Kalkreuther Universal Wintergerste	62,0	32,0

Doch braucht ein bestimmter Erreger nicht nur hemmend oder nur stimulierend zu wirken, sondern er kann hemmende Einwirkungen beim einen Merkmalskomplex mit stimulierenden bei einem andern vereinen; so ist beim Brandbefall der Rispenhirse eine Hemmung des Längenwachstums mit einer Förderung der Blattentwicklung gepaart (Abb. 417): die latent infizierten Individuen sind gedrungener im Wuchs, dafür buschig beblättert.

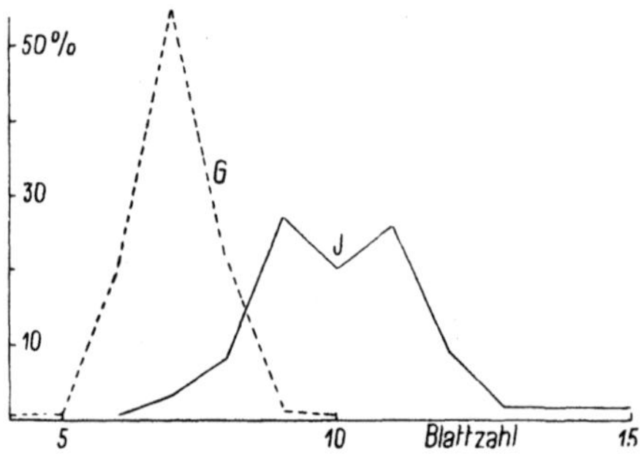

Abb. 417

Die Zahl der Blätter bei einer reinen Linie der Rispenhirse ohne und mit Befall durch den Hirsebrand, *Ustilago panici-miliacei* (Pers.) Wint. Abszisse: Zahl der Blätter. Ordinate: Prozentuale Anzahl der Individuen, die die betreffende Blattzahl aufweisen. Kurve *G:* Gesunde Pflanzen. Kurve *J:* Brandige Pflanzen. (Nach BUCHHEIM, 1930.)

Im Extrem führt die Wachstumshemmung der Individuen zum Kümmerwuchs (Nanismus; Abb. 418); ein derartiges Allgemeinbild ist naturgemäß unspezifisch und kann ebenso gut auf eine Fußkrankheit (*Corticium vagum*) oder eine Schwarzbeinigkeit (*Bacterium carotovorum*) oder eine Mischvirose zurückgehen.

Im Gegensatz zu diesen Allgemeinsymptomen sind bei den meisten pflanzlichen Infektionskrankheiten die eigentlichen morphogenen Störungen lokalisiert. Hemmungsfaktoren führen (meist verbunden mit einer parasitogenen Auflösung der Gewebe) zu Atrophien (Gewebeschwund), stimulierende Einflüsse zu Hypertrophien.

Ein Beispiel von lokaler Atrophie, verbunden mit lokalen Nekrosen, ist die Einschnürungskrankheit der Nadelhölzer (Abb. 419). – Bei der Blattbräune der Kirschen, verursacht durch *Gnomonia erythrostoma* (Pers.) Auersw., wird im Herbst an der Basis der Blattstiele die Differenzierung der Abtrennungs- (Dehiszenz-) Gewebe unterdrückt, so daß die absterbenden Blätter den Winter über am Baum hängenbleiben.

Abb. 418
Kartoffelstaude der Sorte Up to date, links an *Verticillium albo-atrum* R. et B., dem Erreger einer Tracheomykose, erkrankt; rechts Kontrolle. (Nach DONANDT, 1932.)

Art und Ausmaß der lokalen Hypertrophien hängen (außer vom Erreger) von der Reaktionsbereitschaft der betroffenen Gewebe ab, insbesondere von ihrer Fähigkeit zur Zellneubildung, zur induzierten meristematischen Aktivität, wobei die neu sich bildenden Gewebe meist auch physiologisch eine Umstimmung erfahren; auch die Seite 438 besprochenen histogenen Demarkationen sind gewissermaßen «innere Hypertrophien». Wir betrachten kurz vier Gruppen von hypertrophierenden parasitogenen Morphosen: Gallbildungen, Tumore, Hexenbesen und die Erweckung verkümmerter Geschlechtsorgane.

Im einfachsten Falle, bei den Gallbildungen, wird die interzellulare Organisation nur bei einzelnen Zellen und Gewebepartien gestört: Zellen oder Zellgruppen, die in ihrer Gestalt schon fixiert schienen, werden unter dem Einflusse des Erregers aus ihrem Verband herausgelöst, schwellen an, teilen sich und beginnen eine selbständige Entwicklung, als ob sie ein besonderes Organ wären. Diese Morphosen (meist Pilzgallen, Mykozezidien) reichen in allen

Abstufungen von einfachen Anschwellungen, Verdickungen, Schwielen usw. bis zu den kindskopfgroßen Brandbeulen des Maisbrandes (Abb. 239). Sie sind meist wasserreicher als intakte Gewebe; so besitzen gesunde Blätter der Preiselbeere, *Vaccinium Vitis idaea* L., einen Trockensubstanzgehalt von 43,6%, bei Befall durch *Exobasidium vaccinii* (Fckl.) Wor. nur einen solchen von 21,0% (KÜSTER, 1911).

Abb. 419

Abb. 420

Abb. 419. Lokale Atrophie (Einschnürungskrankheit) am Stamm einer vierjährigen Douglasie, verursacht durch *Phomopsis pseudotsugae* Wils. Original. Nat. Gr. Photo MALCOLM WILSON.

Abb. 420. Lokale Hypertrophie, verbunden mit lokalen Nekrosen und Frostschäden (Zweigkrebs) auf Landsberger Reinette, verursacht durch *Nectria galligena* Bres. Original. ½ nat. Gr. Photo R. MAAG.

In komplizierteren Fällen organisieren sich die Gallbildungen selbständig durch neue Gefäßbündel usw., führen bis zu einem gewissen Grade ein Eigenleben und werden dann Tumore, im Volksmund «Krebse», genannt (zum Beispiel Wurzelknöllchen der Leguminosen, Abb. 285; Kartoffelkrebs, Abb. 294, und bakterieller Krebs, Abb. 421). Sie gehen meist aus Kambial- oder Rindenparenchymzellen hervor, die den Bindegewebszellen des tierischen Organismus vergleichbar sind, und entsprechen deshalb histologisch dem Sarkom der Humanmedizin (BLACK, 1949).

Wegen ihrer vermuteten Analogie zum Karzinom des Menschen haben die Tumore des *Bacterium tumefaciens* Smith et Towns. eine besondere biologische Bedeutung erlangt. Spontan treten sie als Folge von Wundinfektionen am Wurzelhals und an den Wurzeln aller möglichen Kultur-, Zier- und wildwachsenden Pflanzen auf, meist in Gestalt von knolligen oder kropfförmigen (Wurzelkropf), oft blumenkohlartig zerklüfteten Wucherungen, die zuweilen Kindskopfgröße erreichen. Experimentell lassen sie sich durch Nadelstichinfektion auch an Stengeln und Blattrippen auslösen, die dann oft, außer mit dem eigentlichen Tumor, mit einer starken Wurzelbildung (Abb. 422) antworten.

In den primären Voraussetzungen der Geschwulst stimmen somit Pflanze und Mensch überein: in beiden Reichen müssen die Individuen von

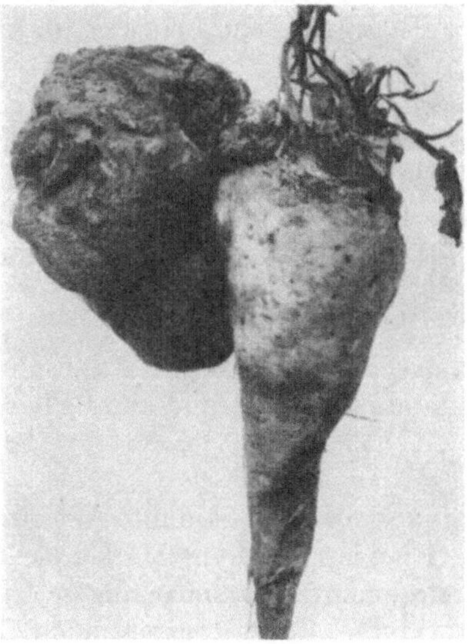

Abb. 421

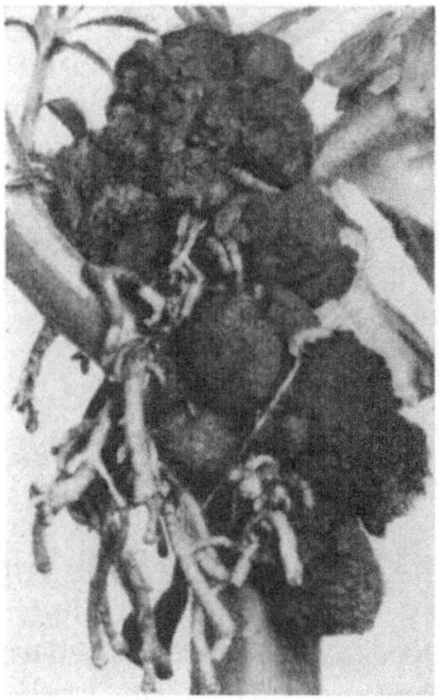

Abb. 422

Abb. 421. Bakterieller Tumor («Krebs», «Wurzelkropf») auf einer Rübe, verursacht durch das *Bacterium tumefaciens* Sm. et T. Etwa $^1/_4$ nat. Gr. (Nach STAPP, 1928.)

Abb. 422. Tumor mit Wurzelbildung an einem Stengel von *Impatiens Balsamina* L., ausgelöst durch das *Bacterium tumefaciens* Sm. et T. $^3/_4$ nat. Gr. (Nach BROWN, 1929.)

vorneherein eine latente Reaktionsbereitschaft mitbringen. Verschieden ist jedoch das auslösende Agens. Beim Tumor des *Bacterium tumefaciens* ist es ein Mikroorganismus; beim tierisch-menschlichen Krebs kommen dagegen vorwiegend vegetative Mutationen, chemische Reize und (bei Sarkomen) pathogene Viren in Betracht.

Zwar vermögen auch Pflanzen auf chemische Reize (darunter auch auf Extrakte aus dem *Bacterium tumefaciens* selbst; BOIVIN, MESROBEANU, MARBÉ, JUSTER und SAVULESCU, 1937) mit Gewebewucherungen und -neubildungen anzusprechen; doch sind bei ihnen andere Stoffe aktiv als im Tierreich. Unter den 50 oder mehr karzinogenen Substanzen des letztern ragen aromatische Kohlenwasserstoffe (zum Beispiel das 3,4-Benzpyren), Azofarbstoffe (zum Beispiel das o-Amido-azotoluol) und ein Farbstoff der Chinolinreihe, das Styryl, als besonders wirksam hervor (SCHINZ, 1949). Soweit geprüft, sind einzelne Stoffe aus diesen Gruppen, zum Beispiel höhersiedende Fraktionen (Kp. 330 bis 360°) des Steinkohlen- und Buchenholzteers, ferner das 1,2-Benzpyren, auch bei Pflanzen wirksam, aber bloß als allgemeine Reizstoffe, nicht als tumorauslösende Stoffe; so löst eine entsprechend dosierte Behandlung mit diesen Substanzen bei *Solanum Lycopersicum* und *Nicotiana suaveolens* die Bildung von zahlreichen Adventivwurzeln aus (KISSER und LINDENBERG, 1940). Die Möglichkeit der chemischen Reizung der Gewebe ist somit bei Pflanze und Tier vorhanden; aber der Angriffspunkt in den Zellen ist ein anderer oder die betreffenden Organismen reagieren anders: die Pflanze antwortet unspezifisch durch Wurzel- oder Kallusbildung, das Tier spezifisch durch Krebsbildung.

Tumorbildend sind dagegen im Pflanzenreich vor allem die Wuchsstoffe, die hinwieder beim tierischen Körper keine Reizantwort auslösen, insbesondere die Indolylessigsäure (Heteroauxin); mit dieser wurden zum Beispiel an Bohnen Wucherungen ausgelöst, die den bakteriellen Tumoren histologisch weitgehend ähnlich sehen (KRAUS, BROWN und HAMNER, 1936; HAMNER und KRAUS, 1937).

Im besondern Falle des *Bacterium tumefaciens* erfolgt die Auslösung des Tumors in zwei Schritten, einer Umstimmungsphase und einer Phase des neoplastischen Wachstums.

1. Während der Umstimmungsphase werden bestimmte Wirtszellen, und zwar beliebige Zellen von Kambium, Rindenparenchym, Mark oder Markstrahlen, seltener der Epidermis, aus ihrem innern Zusammenhang gelöst und in potentielle Tumorzellen (neoplastische Zellen) umgewandelt. Diese Umstimmung beginnt einen Tag nach der Infektion und ist in vier Tagen beendet. Tötet man nämlich bei *Vinca rosea* das Bacterium einen Tag nach der Infektion durch Wärmebehandlung (46–47°) ab, so entstehen keine Tumore; bei Abtötung nach 2–3 Tagen entstehen kleine, langsam wachsende Tumore, und bei Abtötung nach 4 oder mehr Tagen entstehen bakterienfreie Tumore, die von bakterienhaltigen nicht zu unterscheiden sind, ja bei Pfropfung sogar noch größer werden als diese (BRAUN, 1943; WHITE, 1945). Vier Tage nach der Infektion ist somit die Umstimmung der vom Reiz getroffenen Zellen in potentielle Tumorzellen beendet; hernach ist die Anwesenheit des Erregers für das Wachstum und die Erhaltung des Tumors nicht mehr notwendig; die Tumore können nunmehr bakteriologisch steril sein (BRAUN und WHITE, 1943).

Der Träger des Reizes, der die Wirtszellen aus der Bahn wirft, ist offenbar thermolabil. Wird nämlich eine Pflanze bei 25° infiziert, so entsteht in normaler Weise ein Tumor. Wird dagegen die Infektion bei 32° ausgeführt, so entsteht kein Tumor, obschon die Infektion haftet. Wird eine Pflanze bei 25° infiziert und während der Umstimmungsphase zu 32° gebracht, so entsteht wieder kein Tumor, obschon die Infektion haftet (Tabelle 99); und wird eine Pflanze bei 32° infiziert, aber rechtzeitig, d.h. noch während der Umstimmungsphase, zu 25° zurückgebracht, so entstehen Tumore (Tabelle 100). Man darf deshalb vermuten, daß die Umwandlung der Wirtszellen in potentielle Tumorzellen durch einen von den Bakterien abgegebenen Stoff erfolgt, der bei 32° inaktiviert wird (BRAUN, 1947; BRAUN und MANDLE, 1948).

Tabelle 99

Der Einfluß des Temperaturwechsels auf die Ausbildung der Tumore des *Bacterium tumefaciens* bei *Kalanchoë daigremontiana* Ham. et Per. Die Versuchspflanzen wurden nach der Infektion eine gewisse Zeit bei 25° gehalten und dann zu 32° gestellt. (Nach BRAUN und MANDLE, 1948.)

Dauer des Aufenthaltes bei 25° h	Größe der Tumore
24	0
32	0 oder sehr klein
36	sehr klein
48	klein
72	mittel
96	groß

Tabelle 100

Der Einfluß des Temperaturwechsels auf die Ausbildung der Tumore des *Bacterium tumefaciens* bei *Kalanchoë daigremontiana*. Die Versuchspflanzen wurden nach der Infektion eine gewisse Zeit bei 32° gehalten und dann zu 25° gestellt. (Nach BRAUN und MANDLE, 1948.)

Dauer des Aufenthaltes bei 32° h	Größe der Tumore
24	100% groß
48	100% groß
72	67% mittel, 33% klein
96	82% sehr klein, 18% 0
120	15% sehr klein, 85% 0

2. Die Phase des neoplastischen Wachstums. Die umgestimmten potentiellen Tumorzellen sind an sich noch nicht imstande, sich außerhalb ihres Zellverbandes selbständig weiter zu entwickeln; sondern hierzu ist ein zweiter Schritt notwendig, in welchem ihr Wuchsstoffspiegel erhöht wird. Die zusätzliche Wuchsstoffmenge wird nicht vom Erreger beigesteuert, sondern von diesem beim Wirt induziert. Virulente und avirulente Stämme des *Bacterium tumefaciens* produzieren nämlich in vitro gleich viel Wuchsstoff (LOCKE, RIKER und DUGGAR, 1939); anderseits kann man auch mit avirulenten Bakterienstämmen Tumore auslösen, sofern an die Infektion eine Wuchsstoffbehandlung angeschlossen wird (LOCKE, RIKER und DUGGAR, 1938; BRAUN und LASKARIS, 1942). Dies erklärt auch, warum Wuchsstoff für sich allein noch keine Tumore auslöst: dies kann er erst, nachdem die Umstimmung der Wirtszellen erfolgt ist.

Virulente und avirulente Stämme des *Bacterium tumefaciens* decken sich somit in ihrer Fähigkeit, die Initialzündung auszulösen und normale Zellen in potentielle Tumorzellen umzustimmen; sie unterscheiden sich dagegen in der Fähigkeit, den zweiten Schritt der Tumorbildung einzuleiten, nämlich den Wirt zu abnormer Wuchsstoffproduktion zu veranlassen (Abb. 423).

Ausgangspunkt eines bakteriellen Tumors sind also immer bestimmte, vom Reiz getroffene Zellen, die sich infolge ihrer innern Umstimmung und infolge der Erhöhung ihres Wuchsstoffspiegels atypisch zu teilen beginnen (Abb. 424 und 425). Ist aber das neoplastische Wachstum einmal im Gange, so sind die

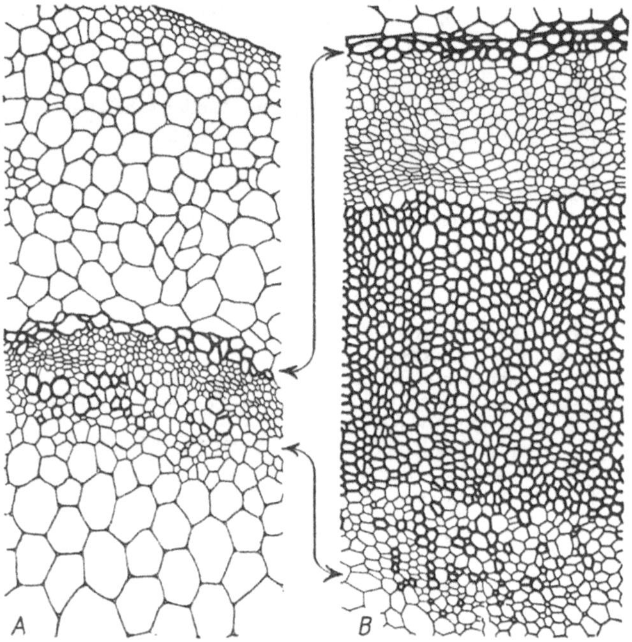

Abb. 423

Die stimulierende Fernwirkung eines avirulenten (A) und eines virulenten (B) Stammes des *Bacterium tumefaciens*. Triebe von *Kalanchoë daigremontiana* wurden dekapitiert und auf der Schnittfläche mit einem avirulenten bzw. virulenten Bakterienstamm infiziert; letzterer erzeugte auf der Schnittfläche einen Tumor und löste auch im darunter liegenden Internodium eine starke Steigerung der Kambialtätigkeit (Zunahme des sekundären Xylems) aus. (Nach Locke, Riker und Duggar, 1938.)

Tumorzellen als solche stabilisiert, wachsen auch in Abwesenheit des Erregers in vivo und in vitro als Tumorzellen weiter und erzeugen, wenn auf intakte Pflanzen transplantiert, wieder neue Tumore (Hildebrandt, Riker und Duggar, 1945, 1946; Hildebrandt und Riker, 1949; Gautheret, 1947, 1948; de Ropp, 1948).

Die folgenden Eigenschaften unterscheiden die durch das *Bacterium tumefaciens* ausgelösten Tumorgewebe von Normalgeweben:

a) Zellularpathologische Erscheinungen (Stapp, 1927; Riker und Berge, 1935). Die Grundgewebezellen des Tumors sind stark färbbar, isodiametrisch oder spindelförmig (Abb. 426), ein- oder viel- (bis 30) kernig. Die Kerne sind vergrößert, sternförmig gelappt, gespalten usw., zuweilen polyploid (Abb. 427) und imstande, sich amitotisch zu fragmentieren. In diesen degenerativen Merkmalen stimmen die bakteriellen Pflanzentumore mit den tierisch-menschlichen Krebsen überein.

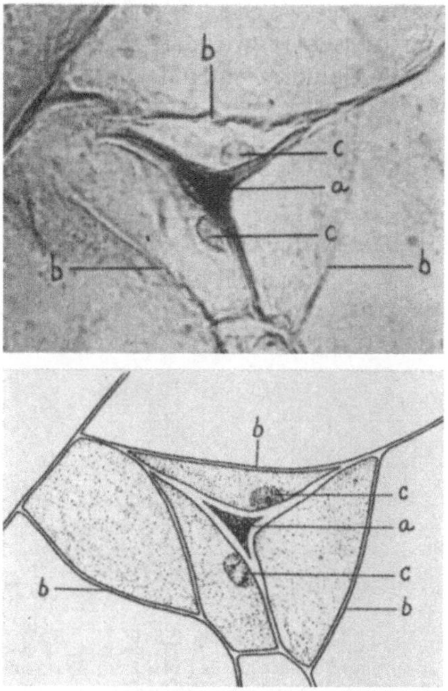

Abb. 424

Schnitt durch den Ausgangspunkt eines bakteriellen Tumors auf Tomate, 8 Tage nach der Infektion durch das *Bacterium tumefaciens* Sm. et T. Oben Mikrophoto, unten schematische Zeichnung. Der bakterienführende Interzellularraum *a* hat die Kerne *c* der benachbarten Wirtszellen angezogen und durch atypische Zellteilung die Anlage der periklinen Querwände *b* ausgelöst. Vergr. rund 900. (Nach Riker, 1923, aus Riker und Berge, 1935.)

b) Histologische Erscheinungen. In histologischer Hinsicht kennzeichnen sich die Tumorgewebe durch ihr funktionsloses Wachstum (Abb. 428), durch ihre atypische Anordnung (Verlust der Polarität), durch ihr mangelhaftes Differenzierungsvermögen, durch ihre ungenügende Vaskularisation (es bilden sich zwar zwischen den Grundgewebezellen regellose Gefäßbündel – Abb. 429 und 430 –, die jedoch meist mit den Gefäßbündeln des Organes, aus dem der Tumor entstand, nicht in Verbindung stehen, obwohl die Tumore bei tiefliegenden Infektionen weit in das Wirtsinnere hineinragen), und durch ihr autonomes Verhalten nach der Transplantation: sie sind als Tumorgewebe stabilisiert und bleiben in vitro durch alle Übertragungen hindurch jahrzehntelang irreversibel Tumorgewebe. Sie sind aber auch stabil in vivo und wachsen bei Einimpfung auf einen neuen Wirt als ob sie selbst Parasiten wären.

Alle diese Merkmale haben die pflanzlichen Tumore mit den tierisch-menschlichen Krebsen gemeinsam.

c) Die Fähigkeit zur Metastasierung. Dadurch erinnern die pflanzlichen Tumore an die malignen Krebse des Menschen; nur ist, entsprechend der andern Organisationsform des pflanzlichen Körpers (starres Gerüst von Zellulosewänden), der Mechanismus der Metastasie ein anderer: beim Menschen sind es frei bewegliche Krebszellen, die durch die Lymphbahn usw. auswandern und neue Herde setzen; bei der Pflanze wachsen dagegen kompakte

Zellsträhnen, Proliferationsstränge, vom Krebsherd gleitend aus und geben in einem gewissen Abstand einem neuen Herd den Ursprung (Abb. 99). Ferner fehlt den pflanzlichen Tumoren das spezifische Merkmal der Bösartigkeit, das Verdrängen der Nachbargewebe bzw. das Infiltrieren (Auswuchern) in dieselben.

d) Der Organisatoreffekt. Der junge, dicht geschlossene (interzellularenfreie) Tumor vermag durch «Apposition» zu wachsen, d.h. durch Umwandlung angrenzender normaler Parenchymzellen in Tumorzellen; desgleichen nehmen, wenn Tumorgewebe auf gesunde Stengel transplantiert werden, die benachbarten Stengelgewebe dauernd Tumorcharakter an: der Tumoreffekt wird bei ihnen induziert (DE ROPP, 1947; CAMUS und GAUTHERET, 1948).

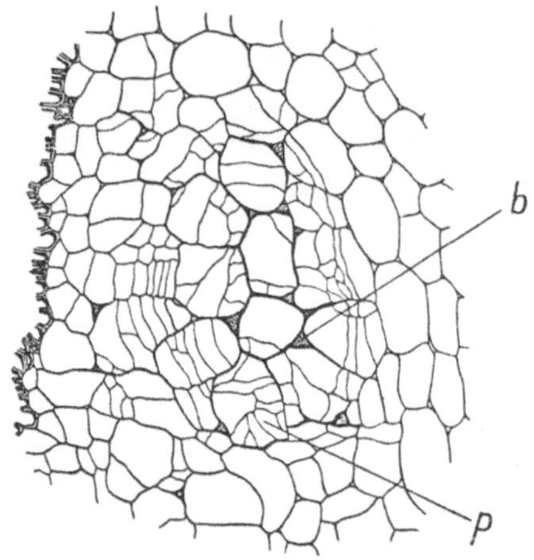

Abb. 425
Experimentell erzeugter primärer Tumorherd in einem Stengel von *Pelargonium zonale*. Im Bereich der Infiltration *b* des *Bacterium tumefaciens* wurden die Parenchymzellen *p* wieder teilungsfähig und haben bereits begonnen, sich periklin zum Herd zu teilen. Vergr. etwa 100. (Nach NOËL, 1946.)

e) Der übersteigerte Wuchsstoffgehalt. Tumorgewebe besitzen gegenüber Normalgeweben einen überhöhten Wuchsstoffspiegel; sie sprechen deshalb auf Wuchsstoffgaben nur wenig an und sind ihrerseits imstande, das Wachstum und die Wurzelbildung bei normalen Geweben zu stimulieren und die Anlage und das Wachstum von Sproßknospen bei derartigen Geweben zu hemmen (LOCKE, RIKER und DUGGAR, 1938; LINK und EGGERS, 1941; HENRY, RIKER und DUGGAR, 1943; DE ROPP, 1947, 1948; GAUTHERET, 1947, 1948; CAMUS und GAUTHERET, 1948).

Der Mechanismus der physiologischen Störung liegt also bei den pflanzlichen Tumoren in einem andern Sektor als bei den tierisch-menschlichen Geschwülsten: bei den pflanzlichen Tumoren sind es Störungen im Wuchsstoffhaushalt, bei den tierisch-menschlichen Krebsen mehr Störungen des proteolytischen Fermentsystemes (Gehalt der Gewebe an d-Aminosäuren usw.).

Bis hierher sind sich die Fachleute ungefähr einig. Problematisch bleibt jedoch die causa primaria der Initialzündung (der «Umstimmung» der vom Reize getroffenen Zellen). Wird sie wirklich durch das Bacterium selbst ausgelöst, oder nicht vielmehr durch ein mit dem Bacterium vergesellschaftetes Tumorvirus, ähnlich dem Wundtumorvirus (S. 542), nur daß es, im Gegensatz zu diesem, streng lokalisiert wäre? Eine derartige inhaerente Vergesellschaftung eines Bacteriums mit einem Virus ist denkbar; das *Bacterium tumefaciens* kann ja auch chronisch mit seinem Phag vergesellschaftet sein (S. 432).

Problematisch bleibt ferner der Charakter der Umstimmung. Ähnliche Umstimmungen normaler in Tumorzellen können nämlich auch spontan erfolgen: werden normale Gewebe in vitro kultiviert, so muß ihnen anfänglich Wuchsstoff zugeführt werden; später können sie zur eigenen Wuchsstoffproduktion übergehen (CAMUS und GAUTHERET, 1948; MOREL, 1948); sie machen also autonom (wahrscheinlich mutativ) die Wandlung durch, die das *Bacterium tumefaciens* bei ihnen induziert (Abb. 431). Was in künstlicher Kultur abrollt, kann auch im lebenden Organismus geschehen; damit ist die Möglichkeit eröffnet, daß pflanzliche Tumore auch ohne Initialzündung von außen durch eine spontane Lockerung der innern Regulation aus normalen Geweben entstehen könnten.

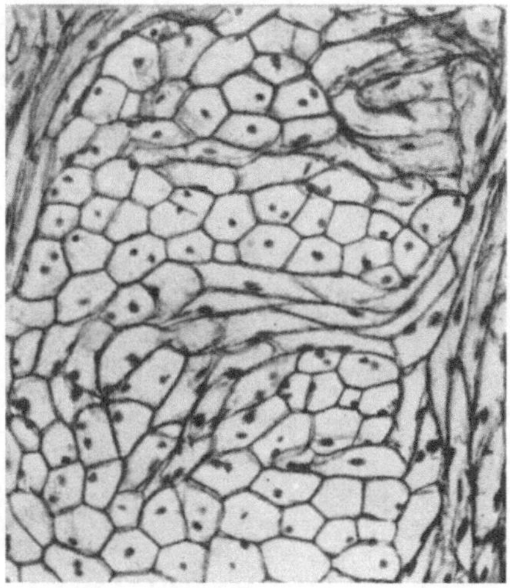

Abb. 426

Parenchym aus einem experimentell erzeugten bakteriellen Tumor auf *Chrysanthemum indicum* L. Die zum Teil zweikernigen Zellen teilen sich wirr nach allen Richtungen. Vergr. rund 400. (Nach SMITH, BROWN und McCULLOCH, 1912.)

Das Problem der bakteriellen pflanzlichen Tumore ist also zweifelsohne von weittragender biologischer Bedeutung, und seine Erforschung kann, da alles Leben artgleiches Leben ist, auch medizinisch gewisse Einsichten vermitteln. Doch handelt es sich mehr um Analogien als um kausale Homologien: verschiedene Ursachen, jedoch konvergente Wirkungen, konvergente Symptome.

Bei den bis jetzt besprochenen Morphosen, Gallen, Tumoren usw. traf der morphogene Reiz nur einzelne Zellen oder Gewebepartien; erfaßt er dagegen ganze Knospen, so entstehen meist Hexenbesen (Abb. 350). Doch gehen im Pflanzenreich die «Krebse» und «Hexenbesen» trotz ihres verschiedenartigen Aussehens ineinander über; so ist der Kartoffelkrebs (Abb. 294) ein Gemisch aus Parenchymwucherungen (krebsigen Tumorbildungen) und deformierten Sproßsystemen (Hexenbesen).

In den meisten Fällen wird die Knospe durch den Infekt ihrem ursprünglichen Zwecke, einen zugunsten des ganzen Individuums assimilierenden Zweig auszubilden, der Blüten und Früchte trägt, entfremdet und aus dem Zusammenleben mit dem übrigen Individuum herausgelöst. Der Hexenbesen stellt ein selbständiges Individuum dar, einen Parasiten, der auf der Mutterpflanze ein Eigenleben führt: pfropft man Zweige eines durch *Taphrina cerasi* (Fckl.) Sadeb. ausgelösten Hexenbesens der Süßkirsche auf gesunde

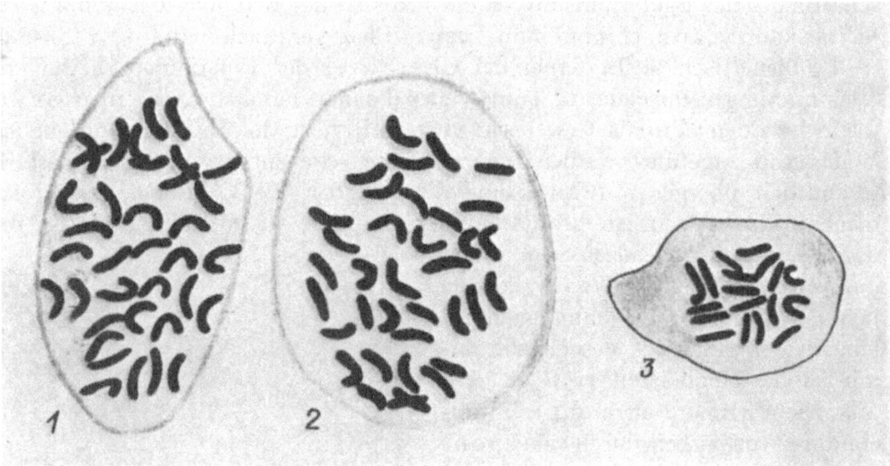

Abb. 427
Kernplatten aus bakteriellem Tumorgewebe von Zuckerrüben in der Metaphase. *1* und *2* sind tetraploid, *3* normal (diploid, 18 Chromosomen). Vergr. 3000. (Nach WINGE, 1927.)

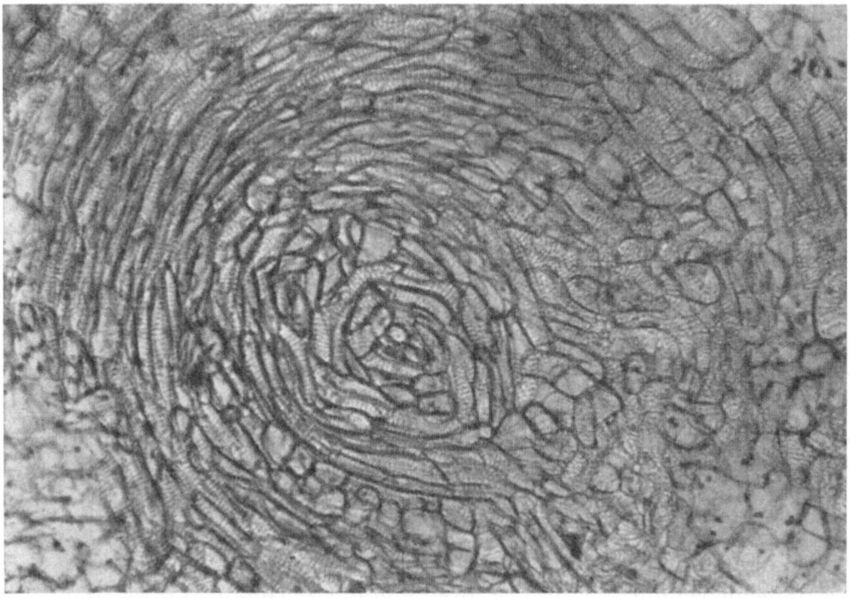

Abb. 428
Desorganisiert wachsendes Gefäßbündelgewebe aus der Kultur eines bakterienfrei gewordenen Tumors von *Helianthus annuus*. Vergr. 125. (Nach WHITE, 1943.)

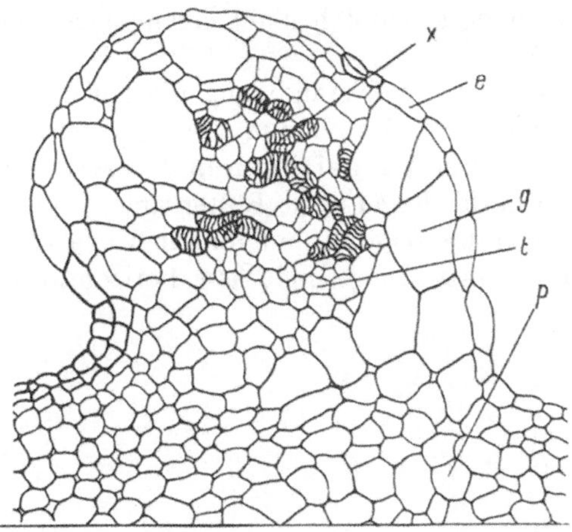

Abb. 429. Schnitt durch einen 25 Tage alten Tumor von *Bacterium tumefaciens* auf einem Stengel von *Pelargonium zonale*. Aus dem Tumorparenchym *t* haben sich wirre Gefäße *x* herausdifferenziert. Unter der Epidermis *e* einige Riesenzellen *g*, die pathologisch angeschwollen sind, ohne Teilungen zu erfahren. *p* Ursprüngliches Parenchym. Vergr. etwa 100. (Nach Noël, 1946.)

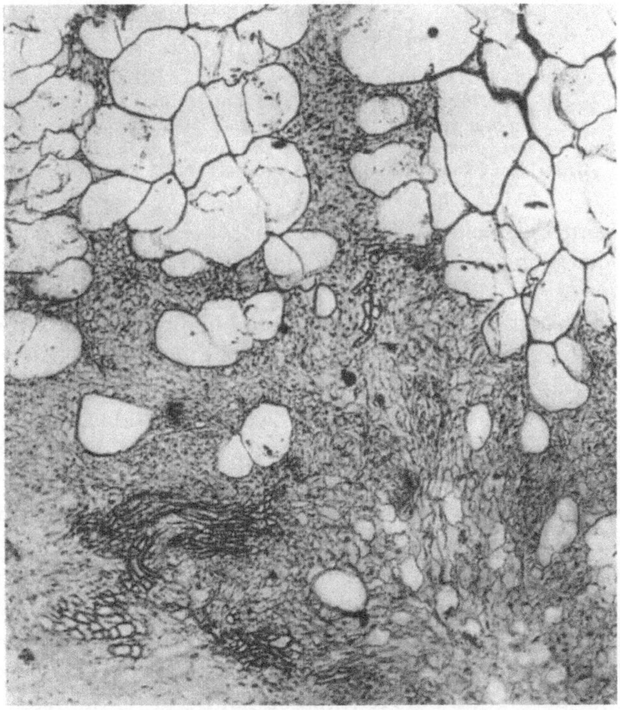

Abb. 430. Oben hypertrophisches, unten hyperplastisches Parenchym mit aberranten Leitbündeln (links unten) aus einem auf Tomaten durch *Bacterium tumefaciens* Sm. et T. ausgelösten Tumor. Vergr. 94. (Nach Riker, 1927, aus Riker und Berge, 1935.)

Süßkirschenbäume über, so entstehen aus ihnen wieder «normale» Hexenbesen (HEINRICHER, 1915).

Entsprechend dieser Verselbständigung pflegen die Hexenbesen die Korrelationen des mütterlichen Individuums weitgehend zu durchbrechen. Dies kommt zunächst in ihrer parasitogenen Sterilisation zum Ausdruck: Hexenbesen setzen in der Regel keine Blüten an.

Ferner äußert sich die Verselbständigung in Veränderungen des tropischen Verhaltens: statt, wie gesunde Äste, horizontal sich auszubreiten, sind

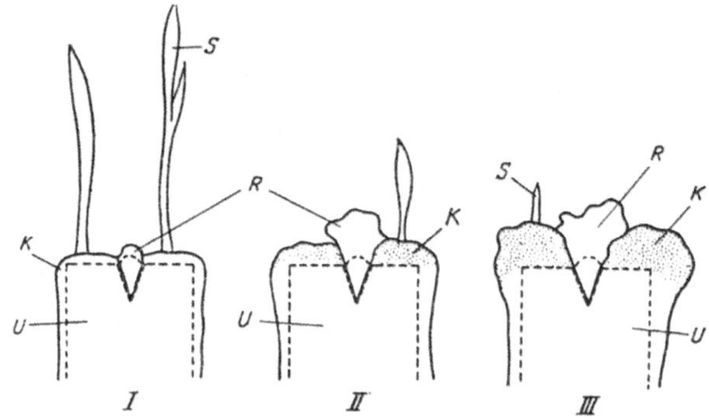

Abb. 431

Die morphogenetische Wirksamkeit der Gewebe von *Scorzonera* spec. bei Pfropfung auf ein lebendes Rhizomstück. *I* Normales Gewebe. *II* Spontan umgestimmtes, wuchsstoffbildendes Gewebe. *III* Echtes Tumorgewebe, ausgelöst durch *Bacterium tumefaciens*. *U* Unterlage. *R* Reis (transplantiertes Gewebe; seine Anfangsgröße ist gestrichelt). *K* Kallus. *S* Adventivsprosse der Unterlage. (Nach CAMUS und GAUTHERET, 1948, aus LANG, 1949.

die Triebe zum Beispiel des Weißtannenhexenbesens (Abb. 350) aufgerichtet, und ihre Benadelung ist, wie beim Gipfeltrieb der Weißtanne, radiär statt gescheitelt.

Und endlich äußert sich die Verselbständigung des Hexenbesens in einer Lockerung der Periodizität. Bei den eben genannten Kirschbaumhexenbesen treiben die Knospen etwa 2 Wochen, bei den Weißtannenhexenbesen 3–6 Wochen früher aus als an gesunden Zweigen (SCHELLENBERG, 1915). Dieses verfrühte Austreiben hängt offenbar damit zusammen, daß die befallenen Partien (wie die S. 580 genannten Sprosse) überhaupt nie zur eigentlichen autogenen Winterruhe gelangen; denn die sie durchwuchernden Pilzmyzelien befinden sich ebenfalls nicht in einem besondern Ruhezustand, sondern nur in einem Zustand verlangsamten Wachstums mit starker Plasmaanhäufung. Die Wechselwirkung zwischen Erreger und Wirt erfährt somit zur Winterszeit keinen Unterbruch, sondern dauert in geschwächtem Maße fort. Sie findet ihren Ausdruck in einer gesteigerten winterlichen Atmung der befallenen Zweige, ferner darin, daß bei Hexenbesen häufig die einjährigen Zweige durch Winterfröste überrascht werden und abfrieren.

Da die Hexenbesen nur einen erzwungenen, aitiogenen Ruhezustand durchmachen, so gelingt es ohne weiteres, sie schon anfangs November zum Austreiben zu veranlassen. In diesem Falle verbrauchen sie zunächst die reichen, in ihren Geweben gespeicherten Nährstoffvorräte; sie treiben also anfänglich aus eigener Kraft aus, ohne Nachschub vom Wirte her. Dies ist jedoch auf längere Zeit hin nur für Kohlehydrate möglich, nicht für das Wasser, für das die eigenen Reserven nicht ausreichen. Stellt man deshalb zum Beispiel einen Weißtannenhexenbesen mit einem langen Stück des gesunden Astes, der ihn trägt, ins Wasser, so schwellen zwar die Knospen des Hexenbesens an, verdorren aber nach kurzer Zeit: das im Hexenbesen vorhandene Wasser reichte zur Aufrechterhaltung der gesteigerten Lebenstätigkeit nicht aus, und anderseits befindet sich die Wasserzirkulation im gesunden Ast wegen der Winterruhe noch im Stillstand. Schneidet man dagegen den Hexenbesen kurz ab, so daß seine Gewebe unmittelbar mit dem Wasser in Berührung kommen, so erfolgt das Austreiben ohne Störung.

Man darf deshalb vermuten, daß die Winterruhe der Hexenbesen außer durch die klimatischen Verhältnisse durch die Einstellung der Saftzirkulation im Stamme erzwungen wurde; sobald diese gegen das Frühjahr hin wieder einsetzt, vermag der Hexenbesen mit Hilfe seiner eigenen Vorräte sein Wachstum schon zu einer Zeit aufzunehmen, da die gesunden Knospen des Wirtes noch in der Nachruhe verharren.

Eine besondere Gruppe von parasitogenen Morphosen umfaßt endlich die Erweckung verkümmerter Geschlechtsorgane. Werden weibliche Individuen der weißen und der zweihäusigen Waldnelke, *Melandrium album* (Mill.) Garcke und *Mel. dioecum* (L.) Sim. (= *Mel. rubrum* Garcke), durch den Erreger des Antherenbrandes, *Ustilago violacea* (Pers.) Fckl., befallen, der ja seine Brandsporen nur in den Antheren, also in den männlichen Geschlechtsorganen, ausbildet (S. 114), so hebt der Parasit in den weiblichen Blüten die Verkümmerung der Staubblätter auf, läßt die zu kleinen Höckerchen rückgebildeten Staubblattanlagen im Sinne einer fremddienlichen Zweckmäßigkeit zur vollen Entwicklung gelangen und schreitet dann in ihnen zur Anlage seiner Brandsporen. Der Fruchtknoten wird äußerlich nur wenig reduziert, ist aber funktionsuntüchtig. Ähnliches geschieht bei der gynodioecischen (neben zwittrigen Exemplaren sind weibliche vorhanden) *Knautia arvensis* (L.) Duby und *Knautia silvatica* (L.) Duby durch *Ustilago scabiosae* (Sow.) Wint.

Die stofflichen Grundlagen der morphogenen Reize, welche in den weiblichen Blüten die Abortierung der männlichen Geschlechtsorgane aufheben, sind noch unbekannt.

2. Störungen im anatomisch-histologischen Aufbau des Wirtes (pathologische Anatomie)

Die Störungen im anatomisch-histologischen Aufbau der Zellen und Gewebe stellen gewissermaßen die innern Symptome der Erkrankung dar. Ihre unabsehbare Fülle wurde von Küster (1911, 1916, 1929, 1930) bearbeitet, so daß wir uns hier auf einige Stichworte beschränken. Ihrer Natur nach können die anatomisch-histologischen Manifestationen der Erkrankung stimulierend, hemmend oder zerstörend sein.

Stimulierungen der Zellgröße führen zu einer Hypertrophie der Zellen und Gewebe (Abb. 434), Stimulierungen der Zellenzahl (Neubildung durch Teilung) zu Hyperplasie (Abb. 430). Eine besondere Gruppe von Neubildungen umfaßt die Wund- und Regenerationsgewebe, die zunächst einen Wundverschluß herbeiführen (Abb. 327) und hernach die zerstörten Gewebegruppen ergänzen (restituieren). Außer den Zellen können auch einzelne ihrer Organe, so der Kern (Abb. 7) oder die Chloroplasten (S. 408), anschwellen und hypertrophieren, die Zellwand kann sich verdicken usw. Endlich können Metaplasien (Umdifferenzierungen) auftreten; so beginnen die Staub- und Blütenblätter der Cruciferen unter der Einwirkung des Weißrostes, *Albugo candida* (Pers.) Ktze., zahlreiche Chloroplasten zu bilden (Vergrünung); bei manchen Virosen entstehen in den infizierten Zellen sogenannte *x*-Körper (Abb. 432), das sind körnige, selten vakuoläre, stark färbbare Einschlüsse von unbekannter Funktion, offenbar Aggregate von erkranktem Plasma, die gelegentlich stärker färbbare Teilchen ähnlich den Nukleolen erkennen lassen (SHEFFIELD, 1931; BALD, 1949).

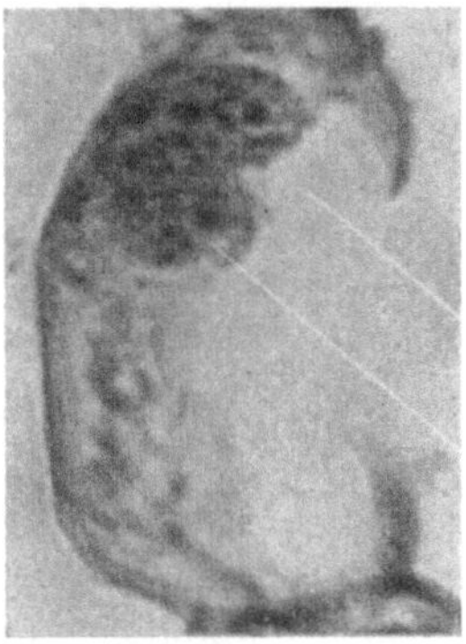

Abb. 432
x-Körper (intrazellulare Einschlüsse) in der Epidermiszelle eines Tabakblattes, infiziert mit dem *L*-Stamm der *X*-Virus-Gruppe. *a* Kern. *b* *x*-Körper. Vergr. etwa 1500. (Nach SALAMAN, 1938.)

Die hemmenden Einwirkungen führen zu einem Zurückbleiben in der Entwicklung bestimmter Zellen, Gewebe oder Organe; so bewirken manche Virosen eine Schädigung der Chloroplasten (Abb. 433) und dadurch eine oft charakteristische örtliche Chlorose (Mosaik, Sprenkelung usw.). In extremis führen die hemmenden Wirkungen zu Atrophien (S. 579). Doch können sich im selben Organ hemmende und stimulierende Einwirkungen kombinieren, so in Abb. 434 eine Hypertrophie der befallenen Palisaden- und Schwammparenchymzellen (daher die Kräuselung der infizierten Blätter) mit einer Unterdrückung der Chloroplasten (deshalb die hellgrüne Färbung der befallenen Blattpartien).

Die zerstörenden Wirkungen des Erregers sind im primitivsten Falle rein mechanischer Natur: der Erreger ißt den Wirt auf. *Synchytrium endobioticum* und ähnliche intrazelluläre Parasiten verzehren bloß seinen Zellinhalt (Zytolyse), andere, zum Beispiel *Phytophthora infestans*, überdies auch seine Mittellamellen (Pektine); dieser Fall ist besonders wichtig bei der Zerstörung des Bauholzes, weil dort die Auflösung der Mittellamellen zum Beispiel durch *Coniophora cerebella*, den Erreger der «Trockenfäule», eine Abnahme der Gewebefestigkeit bewirkt (Korrosionsfäule). Noch andere

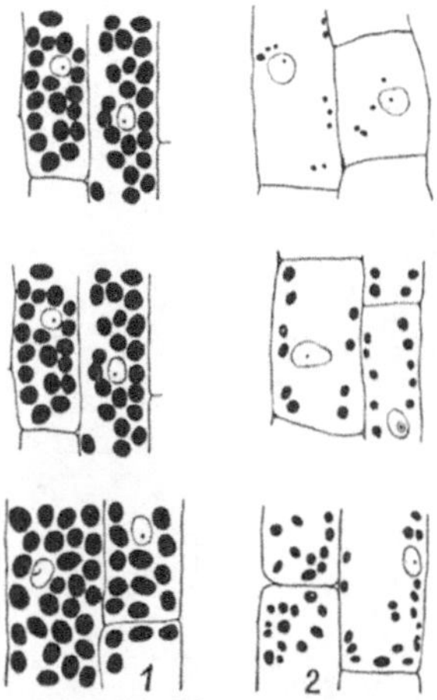

Abb. 433

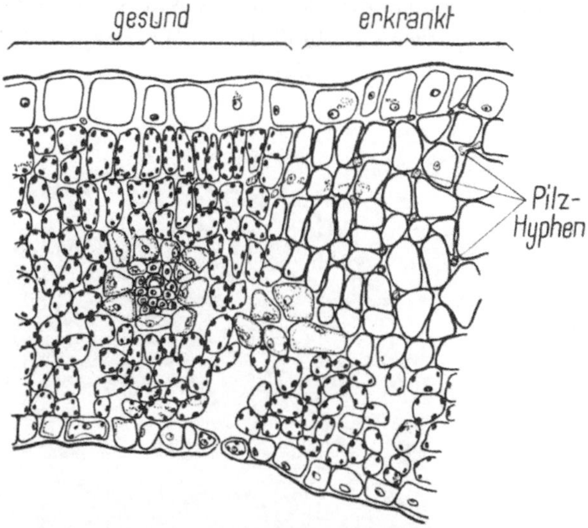

Abb. 434

Abb. 433. Die Schädigung der Chloroplasten in den Blättern des Zuckerrohrs durch die Mosaikkrankheit. *1* gesunde, *2* kranke Blätter. (Nach Cook, 1947.)

Abb. 434. Schnitt durch ein Pfirsichblatt, partiell infiziert durch die Kräuselkrankheit, *Taphrina deformans* (Fckl.) Tul. Im erkrankten Gewebe sind die Zellen hypertrophiert und die Chloroplasten zerstört. Vergr. etwa 300. (Nach Wallace und Whetzel, 1910.)

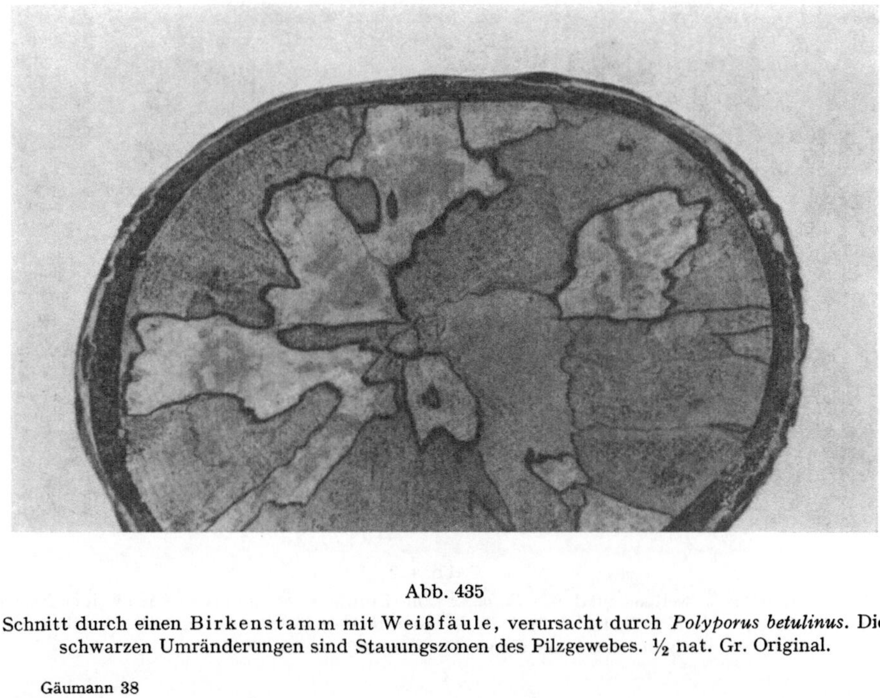

Abb. 435

Schnitt durch einen Birkenstamm mit Weißfäule, verursacht durch *Polyporus betulinus*. Die schwarzen Umränderungen sind Stauungszonen des Pilzgewebes. ½ nat. Gr. Original.

Erreger bauen überdies auch die Substanz der Zellwände ab (Destruktionsfäulen); wenn sie bloß das Zellulosegerüst herauslösen und das Lignin als unverdaulich zurücklassen, so erzeugen sie eine Rotfäule (zum Beispiel

Abb. 436
Schnitt durch einen Fichtenstamm mit Rotfäule des Reifholzes, verursacht durch *Trametes radiciperda*. 2/5 nat. Gr. (Nach BJÖRKMAN, SAMUELSON c.s., 1949.)

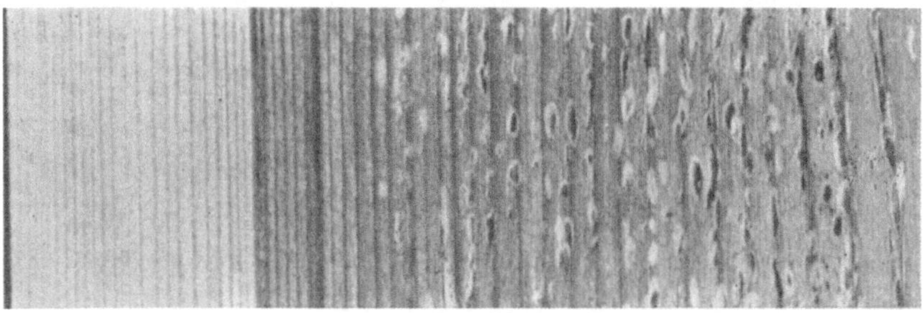

Abb. 437
Fichtenreifholz, weitgehend durch *Trametes pini* (Brot.) Fr. vermorscht. In den weißen Nestern hat der Erreger die Mittellamellen und die Lignine herausgelöst, so daß nur die Zellulosefasern übrigblieben; daher die weiße Färbung. Nat. Gr. Original.

Trametes radiciperda auf Fichten; Abb. 82 und 436); wenn sie dagegen die Inkrusten (das Lignin) herauslösen und die weiße Zellulose zurücklassen, so entsteht eine Weißfäule (zum Beispiel *Polyporus betulinus* auf Birken, Abb. 435). Sowohl bei Rot- als bei Weißfäule nimmt das spezifische Gewicht des Holzes entsprechend dem Grad der Vermorschung stark ab.

Zum Schluß führen diese grobmechanischen Zerstörungen zur Bildung eigentlicher Kavitäten, so bei der Schleimkrankheit der Solanaceen (*Pseudomonas solanacearum*, Abb. 95 und 96). Bei den Waldbäumen wurde das entsprechende Krankheitsbild (Abb. 437) mit dem charakteristischen Ausdruck «Rebhuhnholz» belegt; es ist, wie die meisten Krankheitsbilder, unspezifisch und wird auf Eichen durch *Stereum frustulosum*, auf Fichten durch *Trametes pini* und auf Weißtannen durch *Polyporus Hartigii* usw. ausgelöst.

§ 3. Physiologische Manifestationen der Erkrankung (pathologische Physiologie)

Die physiologischen Reaktionen des infizierten Wirtes können spezifisch oder unspezifisch sein. Mehr oder weniger spezifisch sind die Abwehrreaktionen, die wir schon S. 375ff. vorweggenommen haben, unspezifisch die nunmehr noch verbleibenden Störungen der Stoffwechsel- und der reizphysiologischen usw. Funktionen. Das vorliegende Kapitel beschränkt sich auf die stoffwechselphysiologischen Störungen, da der pathologischen Reizphysiologie in der Botanik nur eine geringe Bedeutung zukommt.

Die stoffwechselphysiologischen Störungen bilden, wir wiederholen es, nur einen Aspekt des Krankheitsgeschehens; neben ihnen geht unzertrennbar der morphologisch-anatomische Aspekt einher: dieselbe Erkrankung kann sich bei den Chloroplasten anatomisch in einer Korrosion oder einer Entfärbung, physiologisch (funktionell) in einem Rückgang der Leistung – der Assimilation – manifestieren. Zusammen vereinigen sich die beiden Aspekte zum klinischen Bild der betreffenden Krankheit.

Wie im morphologisch-anatomischen, so sucht die Wirtspflanze auch im physiologischen Funktionsbereich jede Gleichgewichtsstörung zunächst auszugleichen: Schädigungen (Betriebsstörungen) und Wiederherstellungsmaßnahmen (regulatorische Bestrebungen) gehen Hand in Hand. Wegen der Jugendlichkeit der pathologischen Stoffwechselphysiologie vermögen wir jedoch die Verzahnung der beiden Aktionsbereiche noch nicht nachzuzeichnen; daß aber dieses Spiel und Widerspiel der Kräfte nicht nur im tierisch-menschlichen, sondern auch im pflanzlichen Organismus besteht, läßt sich zum Beispiel auf Grund der Umstimmung zur Prämunität (S. 413) und zur erworbenen Toleranz (S. 451) vermuten: der Stoffwechsel des Wirtes hat sich hier, während die neuen Abwehrfähigkeiten erworben wurden, umgestellt und ist durch funktionelle Anpassung an den Infekt (Regulation) ein anderer geworden als er vorher war; eben dadurch führte er zur Änderung der Reaktionslage.

Auf dem stoffwechselphysiologischen Gebiet im engern Sinne wird dieser durch den Infekt ausgelöste Kampf um ein neues biologisches Gleichgewicht erst offenbar, wenn der funktionelle Ausgleich, die innere Kompensation, den Anforderungen nicht mehr zu folgen vermag, so daß grobsinnlich manifeste Störungen einsetzen; diese können progressiv in der

Abb. 438
Die Stimulationswirkung eines ektoparasitischen Erregers: der echte Mehltau *Uncinula aceris* hat Teile eines Ahornblattes befallen; unter der stimulierenden Einwirkung des Erregers bleiben sie im Spätherbst noch lange dunkelgrün, während die intakten Partien längst vergilbt sind. Nat. Gr. Original.

Richtung einer funktionellen Steigerung (Stimulation) oder regressiv einer funktionellen Hemmung (Rückgang der Leistung) verlaufen. Im extremen Falle führt das Versagen des Ausgleiches zum Tod des Wirtes.

Wir dürfen vermuten, daß jeder Infekt anfänglich steigernd, stimulierend, wirkt. Diese Reizwirkung führt in der Humanpathologie zunächst zu einer Entzündung (S. 394), gefolgt von einer lokalen Infiltration. Der Pflanzenpathologie fehlt ein derart charakteristisches Primärstadium; die Tatsache der Reizwirkung läßt sich jedoch aus dem Verlauf der Infektion selbst (zum Beispiel aus der traumatotaktischen Wanderung der Zellkerne; Abb. 8) und aus den zellulären Abwehrreaktionen erschließen.

Ein unspezifisches funktionelles Allgemeinsymptom dieser parasitogenen Reizwirkung ist die Steigerung des Grundumsatzes der erkrankten Individuen oder Gewebe; sie kann zum Beispiel an Hand der noch zu besprechenden Steigerung der Atmung ermittelt werden. Sie führt in extremis zu einer Störung der Periodizität; diese läßt sich zum Beispiel während des herbstlichen Vergilbens der Laubblätter schon äußerlich erkennen; so bleiben die Infektionsherde mancher Rostpilze, im Gegensatz zur Vergilbung der nichtbefallenen Blattpartien, lange Zeit von einem grünen Hof umgeben; desgleichen leuchten die Infektionsstellen des Ahornmehltaues (*Uncinula aceris* (DC.) Sacc.) und des Ahornrunzelschorfes (*Rhytisma acerinum* (Pers.) Fr.) meist als grüne Inseln aus den herbstlich verfärbten Blättern heraus: die befallenen Blattgewebe machen den herbstlichen Rückgang der Lebenstätigkeit zunächst nicht mit (Abb. 438): der Parasit hält sie gewissermaßen in einem Erregungszustand und läßt sie nicht zur Winterruhe eingehen. Wohl aus ähnlichen Gründen setzt Brand- und starker Rostbefall (MURPHY, 1939) die Winterhärte des Getreides herab: es erfriert leichter. Astern, infiziert mit dem Astern-Gelbmosaik, wachsen im Herbst weiter, wenn die gesunden Pflanzen ihren Vegetationsrhythmus längst abgeschlossen haben, und hören erst auf, wenn der Frost sie abtötet. Dasselbe war in anderer Form beim Lärchenkrebs (S. 548) und bei den Hexenbesen (S. 590) der Fall: das mangelnde Ausreifen des Holzes zur vollen Frosthärte addiert sich bei ihnen zum üblichen visuellen Krankheitsbild und überlagert es, so daß die S. 549 geschilderte Kombination von lokalen Hypertrophien, verbunden mit parasitogenen Nekrosen und mit exogen bedingten Frostschäden entsteht.

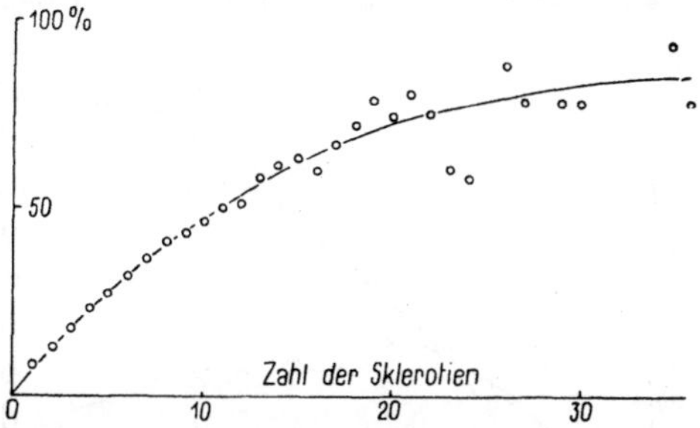

Abb. 439

Die Beziehung zwischen Mutterkorngewicht und Gesamtkorngewicht als Beispiel des durch den Erreger beim Wirt getätigten Nährstoffentzuges. Abszisse: Zahl der Mutterkörner je Ähre. Ordinate: Mutterkorngewicht in % des Gesamtkorngewichtes (Roggenkörner plus Mutterkornsklerotien) je Ähre. (Nach KREBS, 1936.)

Die stimulierenden Einwirkungen des Erregers halten in der Regel bis zum Höhepunkt der Erkrankung, bis zur Krise, an; diese ist bei manchen Blattkrankheiten makroskopisch am Farbumschlag der erkrankten Gewebe (von hellgrün nach gelbbraun hin) zu erkennen. Mit der Krise setzen manifeste physiologische Schädigungen des Wirtsorganismus ein, die zu einem Funktionsausfall und damit zu einem Leistungsabfall des Wirtes führen.

Die Abnahme des Ernteertrages nach Menge und Güte, die bei den meisten Kulturpflanzen im Gefolge der Infektionskrankheiten eintritt, setzt sich somit aus drei Komponenten zusammen: 1. aus dem unmittelbaren Nährstoffentzug durch den Erreger, 2. aus dem parasitogen erhöhten Grundumsatz des Wirtes, und 3. aus der Hemmung des Aufbaustoffwechsels des Wirtes.

1. Der durch den Erreger zugunsten seiner eigenen Ernährung getätigte Nährstoffentzug läßt sich nur in den wenigen Fällen abschätzen, wo die von ihm produzierte Stoffmenge, sein Körpergewicht, gewogen werden kann, so beim Mutterkorn des Roggens. In Abb. 439 wurde als Abszisse die Zahl der Mutterkörner je Roggenähre aufgetragen, als Ordinaten das durchschnittliche Gewicht der Mutterkornernte je Roggenähre in Prozenten des Gesamtgewichtes der je Ähre produzierten Substanz (Roggenkörner plus Mutterkornsklerotien). Die Reziprozität der beiden Partner kommt hier deutlich zum Ausdruck: je größer die Zahl der Mutterkörner je Ähre, um so größer ist (trotz der allmählichen Abnahme der Größe des einzelnen Mutterkornes) ihr Gesamtgewicht und um so geringer die Nährstoffmenge, die noch für die Ausbildung der Roggenkörner zur Verfügung steht. Bei mehr als 20 *Claviceps*infektionen je Ähre werden nur noch rund 20% der in die Ähre transportierten Reservestoffe für die eigentliche Vorratsablagerung in den Körnern abgezweigt.

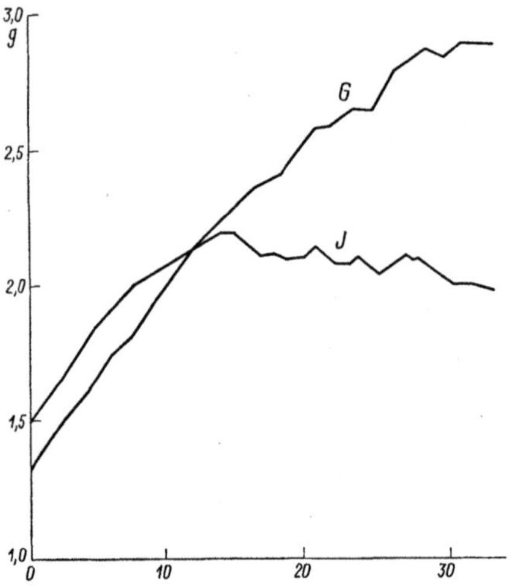

Abb. 440

Der Einfluß der Braunrostinfektion (*Puccinia triticina* Erikss.) auf die Zuwachsrate von zwei jungen Weizenpflanzen (Sorte Carina, gegen die verwendeten Biotypen nach Typus 3 anfällig). Abszisse: Tage nach der Infektion. Ordinate: Körperfrischgewicht. Kurve *G*: Gesunde Pflanze. Kurve *J*: Infizierte Pflanze. (Nach WERNER und STEINER, 1933.)

2. Der übersteigerte Grundumsatz, der parasitogen erhöhte Betriebs- oder Erhaltungsstoffwechsel des Wirtes. Bei flugbrandkrankem Weizen (*Ustilago tritici*, S. 153) scheiden schon die infizierten Körner während ihrer Keimung vom 4. Tag an rund 20% mehr Kohlensäure, bezogen auf das Trockengewicht, ab als gesunde Körner. Auch bei der heranwachsenden Pflanze bleibt die Atmung der latent infizierten Individuen, immer bezogen auf das Trockengewicht, dauernd um rund 20% höher als bei den gesunden und steigt dann zur Zeit des Paroxysmus, beim Erscheinen der brandigen Ähren, auf rund 40% (KURSSANOW, 1928). Ähnliche Beziehungen bestehen beim Weizensteinbrand. Beim Flugbrand wird zwar zufällig auch die Assimilation parasitogen gesteigert; als allgemeine Regel darf jedoch gelten, daß die zusätzlich veratmeten Kohlehydrate dem Aufbaustoffwechsel entzogen oder dem Reservestoffwechsel (Endosperm) vorenthalten werden.

Derart intensiv atmende, also intensiv abbauende Individuen können deshalb gar nicht soviel Trockensubstanz, Stroh und Körner, produzieren wie gesunde Individuen mit einem harmonischen Stoffwechsel. Ihr Minderertrag (Abb. 440, Tabelle 102) ist also nicht nur ein Ausdruck der unmittelbaren parasitogenen Hemmung des Aufbaues, der Stoffproduktion (zum Beispiel der Assimilation), sondern auch ein Ausdruck der parasitogenen Übersteigerung des Grundumsatzes. Freilich ist das Äquivalent der Atmungsenergie Arbeit, aber in diesem Falle unwirtschaftliche Arbeit. Auch kranke Menschen magern ja oft, trotz reichlicher Ernährung, wegen ihres erhöhten Grundumsatzes ab.

3. Die Hemmung der Stoffproduktion des Wirtes wird meist durch eine unmittelbare Vernichtung eines Teils der assimilierenden Blattfläche (zum Beispiel Krautfäule der Kartoffeln, verursacht durch *Phytophthora infestans*) oder durch funktionelle Störungen des Produktionsapparates (zum Beispiel durch die noch zu besprechende Depression der Assimilation oder durch eine Störung des Wuchsstoffhaushaltes) oder durch mechanische oder funktionelle Störungen der Stoffleitung (zum Beispiel Phloemnekrose, Abb. 410, Fußkrankheiten der Getreide, Basterkrankungen der Bäume) bedingt.

Der Anteil dieser drei Komponenten am Leistungsabfall des Wirtes wurde noch bei keiner pflanzlichen Infektionskrankheit mit hinlänglicher Genauigkeit ermittelt. Desgleichen ist noch ungenügend bekannt, in welcher Weise bei der Übersteigerung des Grundumsatzes und bei der Hemmung der Produktionsleistung die einzelnen physiologischen Teilfunktionen durch den Infekt verschoben werden und wie die Verschiebungen ineinandergreifen. Die Biochemie der Krankheit ist in der Pflanzenpathologie noch wenig entwickelt. Wir besprechen deshalb die wichtigeren Manifestationen für sich getrennt: Störungen 1. des Energiestoffwechsels, 2. des Kohlehydratstoffwechsels, 3. des Eiweißstoffwechsels, 4. des Mineralstoffwechsels, 5. des Wasserhaushaltes und 6. des Chemismus der Zellen.

1. Störungen des Energiestoffwechsels

Der Energiestoffwechsel eines Organismus liefert zunächst die Erhaltungsenergie (Betriebsenergie, Grundumsatz) und, sofern darüber hinaus noch Kräfte zur Verfügung stehen, die Produktionsenergie (Wachstum, Stoffproduktion). Im Verlauf der Pathogenese kann (insbesondere durch Morphosen) neben der Erhaltungsenergie auch die Produktionsenergie gestört bzw. mißleitet werden; man denke an die Brandbeulen beim Maisbrand (Abb. 239). Im vorliegenden Zusammenhang interessiert uns nur die Erhaltungsenergie; ihr Umsatz wird summarisch auf Grund der Atmung (Respiration) und der dabei freigesetzten Wärme, der Körpertemperatur, ermittelt.

Im progressiven Ast einer Erkrankung erfolgt meistens eine Steigerung des Energiestoffwechsels, also eine Erhöhung der Atmung und der Gewebetemperatur, im degressiven Ast meist eine Depression derselben.

Als einfaches und einheitliches Bild diene die Kartoffelknolle, infiziert durch *Bacterium carotovorum*, dem Erreger der Schwarzbeinigkeit (Abb. 441, 442).

Die normale Körpertemperatur der intakten Kartoffelknolle beträgt ungefähr 0,005°; um diese fünf Tausendstelgrade ist also die Kartoffelknolle wärmer als die sie umgebende Luft. Naturgemäß spielen Sorte, Vorkultur und Jahreszeit eine Rolle; auch ist die Umgebung der Knospen (der «Augen») etwas wärmer als die Zwischenfelder; das Kronenende ist gegen das Frühjahr hin etwas wärmer als das Nabelende usw. Diese durchschnittliche Körpertemperatur von 0,005° ist in Abb. 442 schematisch als Gerade *KT* eingezeichnet.

Abb. 441
Schwarzbeinigkeit der Kartoffelstauden, verursacht durch *Bacterium carotovorum*. (Nach STAPP, 1932.)

Wird die Knolle mechanisch verletzt, so setzt als Wundreaktion eine gesteigerte Enzym- und Wachstumstätigkeit der in Mitleidenschaft gezogenen Gewebe ein, und die Temperatur der Wundstelle steigt innerhalb einer Stunde auf ungefähr das 14fache der normalen Körpertemperatur (traumatische Temperatursteigerung; Kurve *WR*). Dann beginnt die Vernarbung, die Verkorkung, und die Wundtemperatur fällt erst steil, dann langsam ab und klingt nach ungefähr zwei Tagen aus: die Wunde ist vernarbt.

Wird die Wundstelle mit *Bacterium carotovorum* infiziert, so wird der Vernarbungsprozeß unterbrochen und statt seiner hebt eine immer weiter um sich greifende Infektionskrankheit der benachbarten Gewebe an. Sie führt zu einer lokalen Erhöhung des Stoffumsatzes: die erkrankten Gewebe scheiden in der Zeit- und Oberflächeneinheit bis 9mal mehr Kohlensäure aus als die entsprechenden gesunden Gewebe (parasitogene Steigerung der Atmung; Kurve CO_2 in Abb. 442). Durch diesen gesteigerten Abbau wird mehr Wärme freigesetzt als unmittelbar abgegeben werden kann; die Temperatur der verwundeten und nunmehr infizierten Gewebe sinkt dementsprechend nicht weiter ab, sondern steigt erneut an (unmittelbare parasitogene Temperatursteigerung; Kurve *Inf.* der Abb. 442) und erreicht nach ungefähr 170 Stunden, also nach einer Woche, ihren Höhepunkt mit rund dem 30–35fachen Betrag der normalen Körpertemperatur. Dann setzte im Falle des Beispieles der Abb. 442 der Tod der infizierten Gewebe ein und Gewebetemperatur und Atmung sanken allmählich auf den Nullpunkt.

Diese Erhöhung des Stoffumsatzes ist nicht auf die unmittelbar infizierten Gewebe beschränkt, sondern erfaßt als Fernwirkung auch die intakten Gewebe der Knolle; so steigt in Abb. 442 die Temperatur der nichtinfizierten,

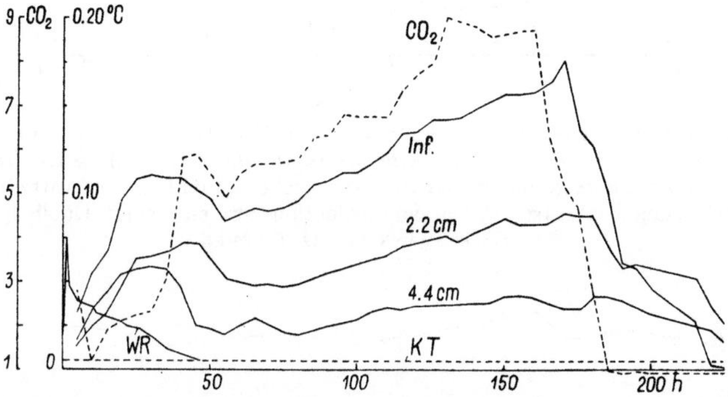

Abb. 442

Die Steigerung der Gewebetemperatur und der Atmungsintensität bei einer Kartoffelknolle der Sorte Paulsens Juli im Verlaufe einer Infektion mit *Bacterium carotovorum*. *KT* Normale Körpertemperatur der intakten Knolle. *WR* Traumatische Temperatursteigerung (Temperaturkurve der Wundreaktion). *Inf* Unmittelbare parasitogene Temperatursteigerung (Temperaturkurve der unmittelbar infizierten Gewebe). 2,2 cm und 4,4 cm: Mittelbare parasitogene Temperatursteigerung (Temperaturkurve der 2,2 bzw. 4,4 cm vom Infektionsherd entfernten gesunden Gewebe). CO_2 Parasitogene Steigerung der Atmung. Die Verhältniszahlen geben an, wieviel mal mehr Kohlensäure je Oberflächeneinheit im erkrankten Bereich ausgeschieden wird als von gesunden Geweben. Abszisse: Stunden nach Versuchsbeginn. (Nach Eglits aus Gäumann, 1933.)

2,2 cm von der Infektionsstelle entfernten Gewebe (Kurve 2,2 cm) auf rund den 16fachen Betrag der normalen Körpertemperatur, und im Abstand von 4,4 cm von der Infektionsstelle noch auf rund den 8fachen Betrag. Diese mittelbare parasitogene Temperatursteigerung kann als gewebliches Fieber bezeichnet werden; denn Fieber ist die pathologische Temperaturerhöhung nicht unmittelbar erkrankter Gewebe.

In Abb. 442 sind somit zwei Dinge wesentlich. Erstens, daß die gesamte Knolle durch den lokalen Infekt eine Steigerung ihres Stoffumsatzes erfährt und demnach als Ganzes einen Krankheitsprozeß durchmacht. Da diese Steigerung des Energieumsatzes erst nach Erschöpfung der zellulären Ausgleichsmöglichkeiten manifest wird, so muß auch im intakten Knollengewebe eine ganze Kette zellularpathologischer Vorgänge abgerollt sein, e h e die parasitogene Störung seines Stoffwechsels in den meßbaren Bereich emporrückte. Einige dieser zellularpathologischen Vorgänge in den intakten Geweben werden vermutlich gegen den Erreger oder seine Toxine wirksam sein und deshalb den Charakter von antiinfektionellen oder antitoxischen Abwehrreaktionen tragen, ähnlich wie dies bei den Orchideenknollen (Abb. 318) der Fall war.

Zweitens ist in Abb. 442 wesentlich, daß die Intensität der Reizantwort mit zunehmender Entfernung vom lokalen Infektionsherd abnimmt, weil

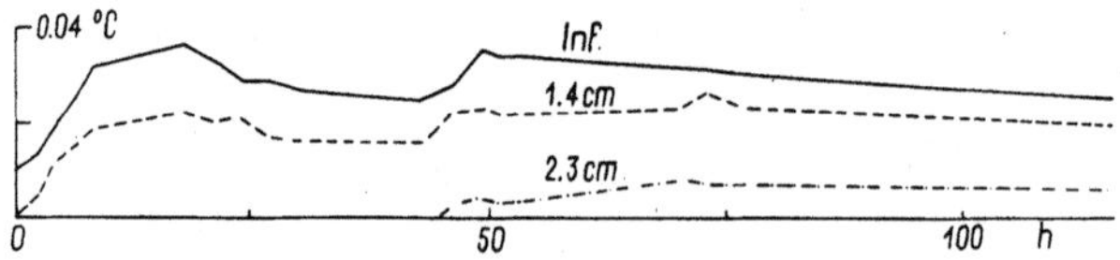

Abb. 443

Die gewebliche Hyperthermie bei einer Kartoffelknolle der Sorte Bintje nach Infektion durch den Erreger der Krautfäule, *Phytophthora infestans* (Mont.) de By. *Inf* Unmittelbare parasitogene Temperatursteigerung an der Infektionsstelle. 1,4 und 2,3 cm: Mittelbare parasitogene Temperatursteigerung der 1,4 bzw. 2,3 cm vom Infektionsherd entfernten Knollengewebe. (Original E. Gäumann und H. Fischer.)

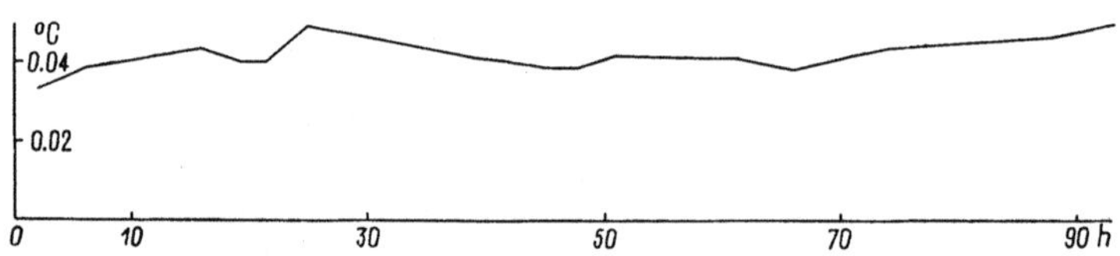

Abb. 444

Die gewebliche Hyperthermie bei einer Kartoffelknolle der Sorte Bintje an der Infektionsstelle mit einem *Fusarium* vom Typus des *Fusarium solani* Mart. (Original E. Gäumann und H. Fischer.)

offenbar auch die Intensität des Reizes mit wachsender Entfernung ausklingt. Dasselbe war in Abb. 323 bei der antiinfektionellen Reaktion der Orchideenknollen der Fall. Im Gegensatz zum landläufigen «Fieber» des menschlichen Körpers ist also bei der Kartoffelknolle die Temperatursteigerung, die Hyperthermie, nicht in allen Geweben gleich groß, sondern offensichtlich abhängig von der Stärke des Reizes, durch den sie unmittelbar getroffen werden. Dieses abweichende Verhalten von Pflanze und Mensch geht auf eine andere Organisationsform der beiden Organismen zurück. Der menschliche Körper kennt zwei Arten der pathologischen Temperatursteigerung, die gewebliche und die zentrale.

Eine gewebliche Hyperthermie (calor) besteht u.a. bei einem Karfunkel in der nächsten Umgebung des Lokalisationsherdes; sie nimmt mit der Entfernung von diesem rasch ab. Medizinisch ist sie nicht von Bedeutung, wohl aber biologisch, weil sie das Homologon zu den geweblichen Temperatursteigerungen bei den pflanzlichen Infektionskrankheiten darstellt.

Bei der zentral gesteuerten Hyperthermie bewirken die Toxine des Parasiten, bzw. die körpereigenen Zerfallsprodukte, eine Erregung der Wärmeregulationszentren im Zwischenhirn und im Großhirn und führen dadurch mittelbar zu jener gleichmäßigen thermischen Allgemeinreaktion des gesamten Organismus, die wir als «Fieber» bezeichnen. Das «Fieber» des menschlichen Organismus geht somit neben der geweblichen Hyperthermie des Infektionsherdes einher, überlagert sie und muß, weil es auf einer parasitogenen Entzündung bestimmter Teile des Zentralnervensystems beruht, dem Pflanzenreich von vorneherein fehlen.

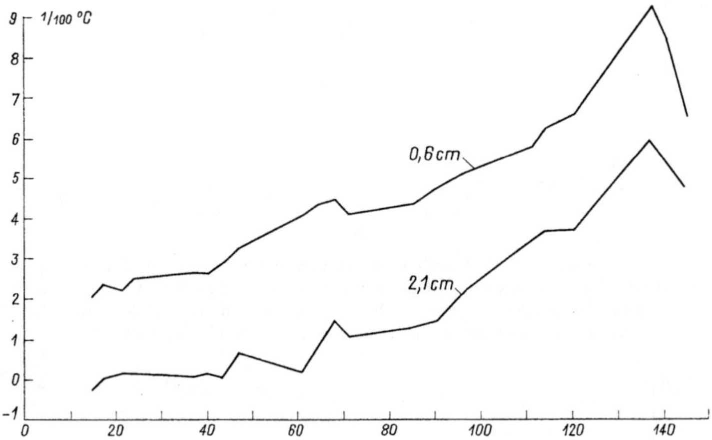

Abb. 445

Temperaturdiagramm der nichtinfizierten Gewebe eines Apfels (Champagner Reinette), ausgelöst durch eine lokale Infektion mit *Botrytis cinerea* in 0,6 bzw. 2,1 cm Abstand von der Infektionsstelle. Der Nullpunkt (0°) entspricht der Temperatur der nicht infizierten Apfelhälfte. Abszisse: Stunden nach Versuchsbeginn. (Nach FISCHER, 1950.)

Ähnliche gewebliche Hyperthermien in den infizierten und in den benachbarten nichtinfizierten Kartoffelgeweben werden durch die Infektion von Kartoffelknollen zum Beispiel mit dem Erreger der Krautfäule, *Phytophthora infestans* (Abb. 443), und einer Weißfäule, *Fusarium solani* (Abb. 444), ausgelöst. Entsprechend dem mildern Verlauf dieser Infekte ist auch ihr Temperaturgang weniger stürmisch als beim *Bacterium carotovorum*. Überraschend hohe Temperatursteigerungen werden ferner durch *Botrytis cinerea* und *Sclerotinia fructigena* auf Äpfeln ausgelöst (Abb. 445 und 446). Chronische Infekte bewirken dauernde Temperatursteigerungen, jedoch von geringerem Ausmaß; so beträgt die nachhaltige Temperatursteigerung in *Bacterium tumefaciens*-Tumoren auf Stengeln von *Chrysanthemum indicum* 0,065°, auf *Pelargonium zonale* 0,045° (FISCHER, 1950).

Bei den Blättern lassen sich die Gewebetemperaturen aus methodischen Gründen nicht genau messen; der Energieumsatz muß deshalb auf Grund der

Atmung ermittelt werden. In Abb. 447 wurde das als *1* bezeichnete Blatt einer Tabakpflanze mit dem Tabakmosaikvirus (Abb. 61) infiziert; sein Energieumsatz, gemessen am Sauerstoffverbrauch, stieg vorübergehend an, erreichte am 4. Tag einen Höhepunkt und sank dann unter den Normalwert; die

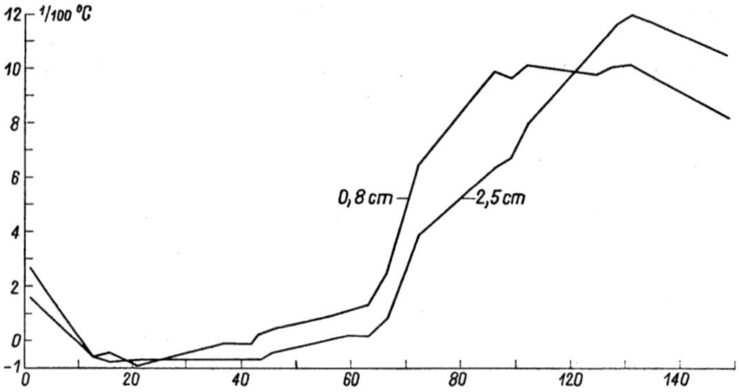

Abb. 446

Temperatursteigerung der nichtinfizierten Gewebe eines Apfels (Champagner Reinette), ausgelöst durch eine lokale Infektion mit *Sclerotinia fructigena* in 0,8 bzw. 2,5 cm Abstand von der Infektionsstelle. Der Nullpunkt (0°) entspricht der Temperatur der nicht infizierten Apfelhälfte. Abszisse: Stunden nach Versuchsbeginn. (Nach FISCHER, 1950.)

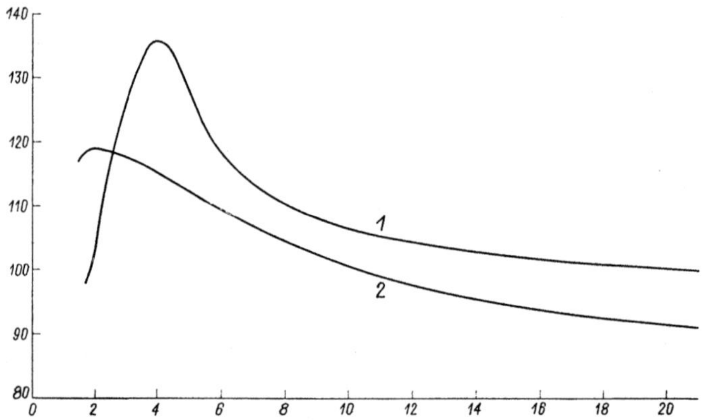

Abb. 447

Der Einfluß des Tabakmosaikvirus auf den Energieumsatz einer Tabakpflanze. Kurve 1: Unmittelbar infiziertes Blatt. Kurve 2: Nächstoberes Blatt. Abszisse: Tage nach der Infektion. Ordinate: Sauerstoffverbrauch je Oberflächeneinheit. Der O_2-Konsum normaler Gewebe wurde zu 100% gesetzt. (Nach WYND, 1943.)

Krankheitssymptome erschienen ihrerseits erst 10 Tage später. Im Blatt *1* breitete sich das Virus zunächst langsam im Grundgewebe aus, erreichte am 4. Tag das Phloem und überschwemmte dann rasch die gesamte Pflanze (S. 97). Unabhängig von der Invasion des pathogenen Agens und diesem vorauseilend zeigten jedoch auch die drei höherstehenden, noch nicht infizierten

Blätter unmittelbar nach der Infektion des Blattes *1* eine gleichzeitige und artgleiche Steigerung des Sauerstoffverbrauches mit einem Paroxysmus, wie in Blatt *1*, am 4. Tag nach Versuchsbeginn (WYND, 1943). Die Stimulationswirkung des lokalen Infektes eilt somit, wie beim Temperatureffekt, der unmittelbaren Infektion weit (im vorliegenden Falle 4 Tage) voraus. Bei der Generalisation dringt also das Virus in Gewebe ein, die schon tagelang vor ihm her in ihrem Stoffwechsel gestört worden sind.

Was das Ausmaß der parasitogenen Störung des Energieumsatzes der Blätter anlangt, so bewegt sich die Steigerung der Atmung im allgemeinen

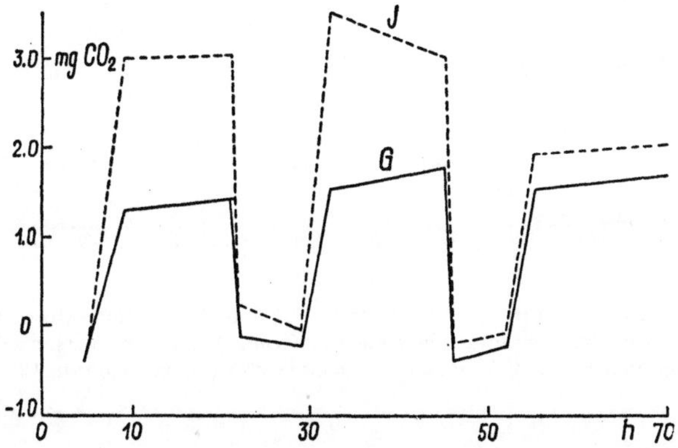

Abb. 448

Die Atmung gesunder und blattrollkranker Kartoffelstauden bei Wechsel von Licht (Kurvenminima) und Dunkelheit (Kurvenmaxima). Abszisse: Versuchsdauer in Stunden. Ordinate: mg Kohlensäureabgabe je Stunde und je g Trockengewicht. Kurve *G*: Gesunde Pflanze. Kurve *J*: Viruskranke Pflanze. (Nach WHITEHEAD, 1934.)

bloß zwischen etwa 20 und 100% (zum Beispiel Abb. 448); bei mehltaukranken Weizenblättern (Abb. 450) kann sie jedoch bis 650% betragen (ALLEN und GODDARD, 1938). Sie ist also in der Regel relativ geringer als bei den Früchten und Knollen, was kaum überrascht, weil ja bei diesen letztern als physiologisch trägen Speicherorganen die als Vergleichsmaßstab dienende normale Atmung sehr geringfügig ist.

Wie weit beruht die parasitogene Atmungssteigerung auf der eigenen Atmung des Erregers und wie weit auf einer parasitogenen Stimulation der Atmung des Wirtes? In Abb. 449 wurde ein lebender (Kurve *1*) und ein durch Kälte (−20°) abgetöteter (Kurve *2*) Glockenapfel mit *Sclerotinia fructigena* infiziert; der Betrag der Kurve *1*, der über die Kurve *2* hinausragt, stellt den ungefähren Wert der beim Wirte induzierten Atmungsstimulation dar. Für diese Auffassung spricht auch, daß der Atmungshöhepunkt in Abb. 449 zeitlich mit dem Temperaturparoxysmus der nichtinfizierten Gewebe in Abb. 446 zusammenfällt.

Zum selben Ergebnis führen die Messungen bei mehltaukranken Pflanzen; die Erysiphaceen sind ja Ektoparasiten, entsenden ihre Haustorien meist nur in die Epidermiszellen (Abb. 112) und können deshalb mittels einer feinen Bürste entfernt oder auf chemischem Wege vernichtet werden.

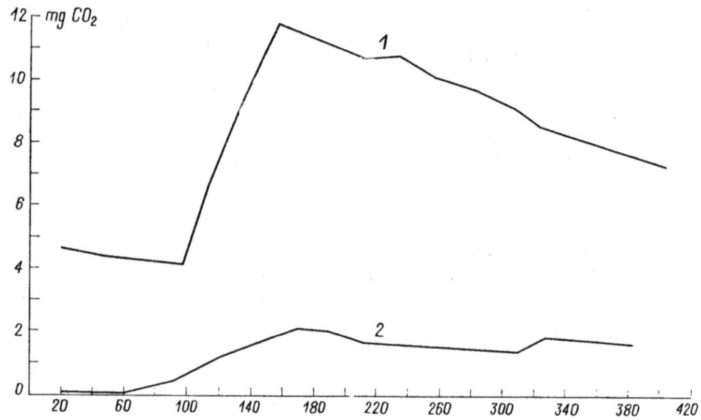

Abb. 449

Atmungsdiagramm eines lebenden (Kurve 1) und eines durch Kälte abgetöteten (Kurve 2) Glockenapfels, beide infiziert mit *Sclerotinia fructigena*. Abszisse: Versuchsdauer. Ordinate: mg abgegebene CO_2 je 100 g Frischgewicht. (Nach FISCHER, 1950.)

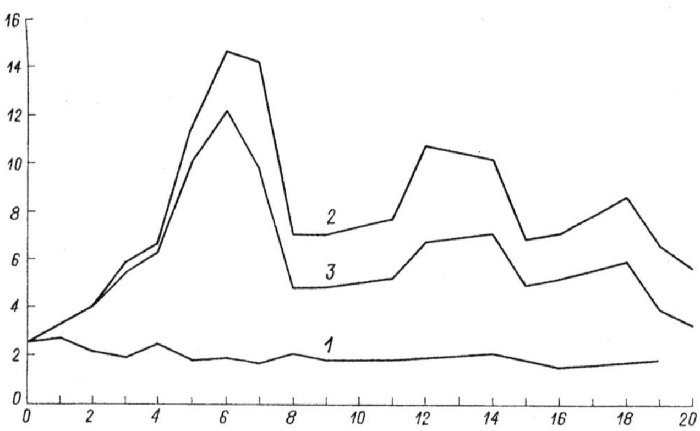

Abb. 450

Der Einfluß der Mehltauinfektion (*Erysiphe graminis tritici*) auf die Atmungsintensität von Weizenpflanzen bei der Lufttemperatur von 22°. Kurve 1: gesunde, Kurve 2: mehltaukranke Weizenpflanzen. Kurve 3: Ausmaß der Atmung der mehltaukranken Blätter nach Abzug des Atmungsbetrages der unmittelbar infizierten Epidermis. Abszisse: Tage nach der Infektion. Ordinate: mm^3 verbrauchter O_2 je cm^2 Blattfläche und je h. (Nach ALLEN und GODDARD, 1938.)

Bei jungen, von *Erysiphe graminis tritici* befallenen Weizenpflanzen beträgt der Sauerstoffkonsum 7,9 mm^3 je Quadratzentimeter Blattfläche und je Stunde, gegen bloß 1,7 mm^3 bei intakten Blättern. Die pathologische Steigerung des Sauerstoffkonsums beträgt somit 6,2 mm^3. Wird nun das Pilzmyzel auf den erkrankten Blättern mechanisch entfernt, so sinkt der Sauerstoffkonsum nur von 7,9 auf 6,4 mm³ je Quadratzentimeter Blattfläche. Daraus ergeben sich zwei Schlußfolgerungen: 1. Von der pathologischen Steigerung des Sauerstoffkonsums (6,2 mm³) können höchstens 1,5 mm³ auf die Atmung des Pilzmyzels entfallen; die übrigen 4,7 mm³ werden vom Wirte getragen. 2. Es besteht auch dann noch eine erhöhte Atmung der Blattgewebe, wenn der Erreger mechanisch entfernt worden ist; der parasitogen induzierte Erregungszustand des Wirtes wirkt somit nach.

Für das Vorhandensein eines besondern, vom Erreger ausgehenden atmungssteigernden Effektes spricht auch die Art, wie der pathologische Sauerstoff-

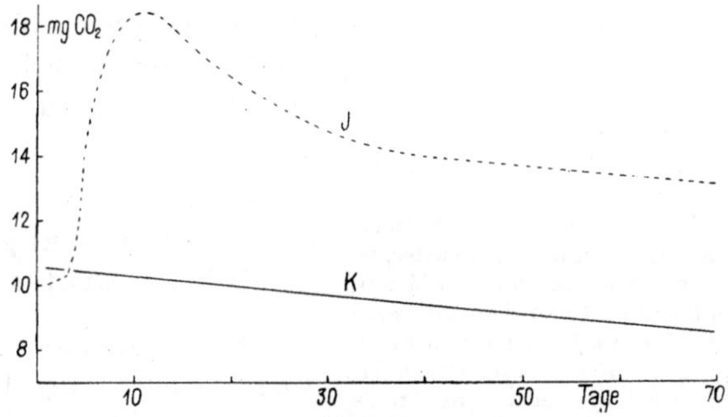

Abb. 451

Der stimulierende Einfluß einer mit *Penicillium digitatum* Sacc. infizierten Zitrone auf die Atmung von 50 gesunden Zitronen. Abszisse: Tage nach Versuchsbeginn. Ordinate: Milligramm ausgeschiedene Kohlensäure je kg Früchte und je Stunde. Kurve *J:* Kohlensäureabgabe in Gegenwart der gasförmigen Emanation. Kurve *K:* Kontrolle; Kohlensäureabgabe einer Parallelreihe in Abwesenheit des Erregers. (Nach BIALE und SHEPHERD, 1941.)

konsum auf die Blattgewebe verteilt ist. Die unmittelbar infizierte Epidermis verbraucht nämlich nur 0,14 mm³ Sauerstoff; die Hauptlast der parasitogenen Steigerung des Stoffumsatzes entfällt somit auf das nichtinfizierte, nur mittelbar stimulierte Mesophyll (Abb. 450; ALLEN und GODDARD, 1938).

In einer ähnlichen Richtung weisen die Beobachtungen bei Wiesenklee, *Trifolium pratense* L., der mit echtem Mehltau, *Erysiphe Martii* Lév., infiziert wurde. Im Verlauf von 9–11 Tagen stieg die Atmung seiner Blätter um rund 40% (bei Infektion mit dem Kleerost, *Uromyces fallens* (Desm.) Kern, sogar um 123%) und behauptete sich auf dieser Höhe, auch nachdem das Mehltaumyzel auf chemischem Wege abgetötet war (YARWOOD, 1934). Die Atmungssteigerung wird also auch hier beim Wirte durch eine chemische Reizwirkung von seiten des Erregers ausgelöst.

Die chemische Natur der atmungsaktivierenden Stoffe ist verschieden. Bei *Gibberella Saubinetii* (Mont.) Sacc., dem Erreger einer Weizenfusariose, handelt es sich um eine feste, wasserlösliche, vielleicht der Pantothensäure nahestehende Substanz (HELLINGA, 1941); sie ist in ihrer Entstehung unspezifisch und wird zum Beispiel auch von saprophytischen Pilzen wie *Trichoderma viride* und von Hefen gebildet, und ist überdies unspezifisch in ihrer Wirkung, indem sie zum Beispiel auch die Atmung von Kartoffelgeweben stimuliert. – *Penicillium digitatum* Sacc., der grüne Schimmelpilz auf Zitronen, scheidet dagegen einen gasförmigen atmungsstimulierenden Stoff aus (Abb. 451), so daß die Anwesenheit einiger infizierter Früchte in einem Vorratsraum genügt, um bei sämtlichen Früchten einen erhöhten Abbau zu veranlassen; dieser Gesichtspunkt ist bei der Winterlagerung der Äpfel zu beachten.

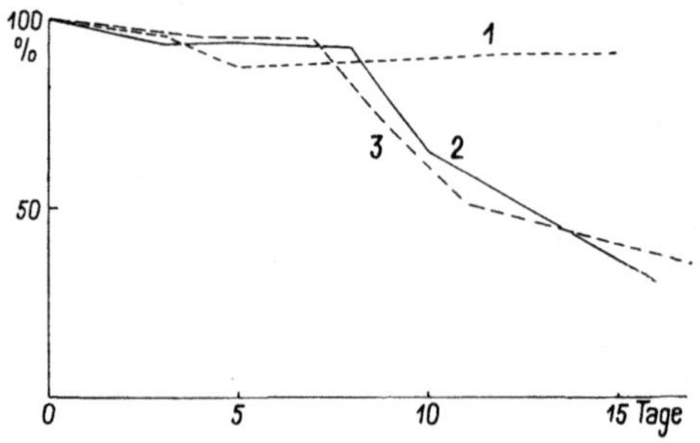

Abb. 452

Der Einfluß des Gelbrostbefalles auf die Assimilationsintensität des Weizens. Abszisse: Tage nach der Infektion. Ordinate: Assimilationsintensität der infizierten Blätter, bezogen auf diejenige von gesunden Blättern. Kurve 1: Hochwiderstandsfähige Sorte (Reaktionstypus i). Kurve 2: Sorte von mittlerer Anfälligkeit (Reaktionstypus 0–II). Kurve 3: Hochanfällige Sorte (Reaktionstypus IV). (Nach GASSNER und GOEZE, 1936.)

2. Störungen des Kohlehydratstoffwechsels

Die parasitogenen Störungen des Kohlehydratstoffwechsels manifestieren sich in einer Verschiebung der Assimilationsintensität oder in einer abnormen Verteilung der Kohlehydrate und Fette in den Wirtsgeweben.

Die Assimilation kann auf ein und demselben Wirt durch den einen Parasiten gefördert, durch einen andern gehemmt werden; so wird sie bei Weizen durch das Myzel des Flugbrandes, *Ustilago tritici*, um 20–30% gesteigert (KURSSANOW, 1928), durch Rostbefall dagegen unter Umständen bis auf einen Drittel vermindert (Abb. 452); während der Inkubationszeit (etwa 8 Tage) erfolgt jedoch bezeichnenderweise bei Rostbefall keine wesentliche Störung der Assimilation; die Umbiegung der Kurven in Abb. 452 fällt ungefähr mit dem Manifestwerden der Schädigungen in den Wirtsgeweben zusammen; ihr Rückgang setzt sich dann während der Fruktifikation des Erregers, die etwa am 10. oder 12. Tag beginnt, noch fort.

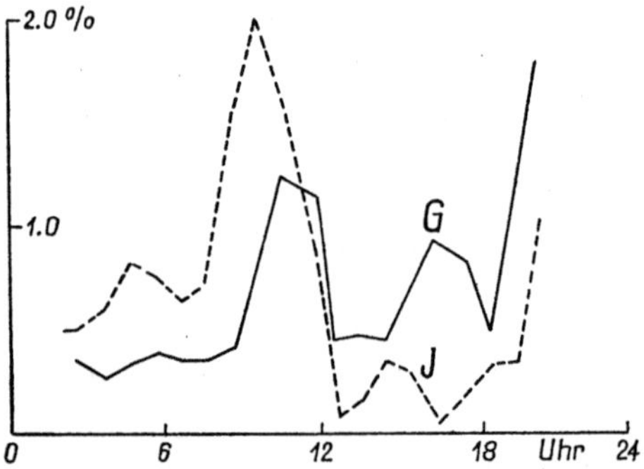

Abb. 453

Der Einfluß einer Virose (Crinkle, S. 316) auf den Kohlehydrathaushalt der Kartoffelstauden (Sorte Arran Victory). Abszisse: Tageszeit. Ordinate: Durchschnittlicher Saccharosegehalt der Blattstiele. Kurve *G:* Gesunde Pflanzen. Kurve *J:* Erkrankte Pflanzen. (Nach BARTON-WRIGHT und MCBAIN, 1933.)

Wegen der geringen Zahl der durchgearbeiteten Beispiele sind heute noch keine allgemeinen Schlußfolgerungen über die parasitogenen Verschiebungen der Assimilation möglich.

Tabelle 101

Der Einfluß des Befalls durch den Kronenrost, *Puccinia coronata avenae*, auf die chemische Zusammensetzung grüner Haferpflanzen, bezogen auf die Trockensubstanz. (Nach MURPHY, 1936.)

Sorte	Zustand der Pflanzen	Asche %	Gesamt-N %	Rohprotein %	Gesamtzucker %	Polysaccharide %	Gesamte Kohlehydrate %
Markton (anfällig) . .	infiziert	15,0	3,30	20,6	4,5	17,7	22,2
	rostfrei	8,4	1,81	11,3	30,9	16,1	47,0
Victoria (widerstandsfähig)	infiziert	14,7	2,83	17,7	10,7	14,9	25,6
	rostfrei	11,8	2,08	13,0	28,2	14,5	42,7
Bond (nahezu immun).	infiziert	10,7	2,36	14,8	31,7	16,6	48,3
	rostfrei	9,6	2,00	12,5	41,4	16,4	57,8

Tabelle 102

Der Einfluß des Befalls durch den Kronenrost, *Puccinia coronata avenae*, auf die chemische Zusammensetzung grüner Haferpflanzen, bezogen auf die Trockensubstanz. (Nach MURPHY, 1936.)

Sorte	Zustand der Pflanzen	Trockensubstanzertrag je Pflanze	N-Verbindungen			Zucker		
			Amide	Nitrate und Nitrite	Gesamtlösliche N-Verbindungen	Saccharose	Glukose	Lävulose
		g	%	%	%	%	%	%
Markton (anfällig)	infiziert	0,34	0,25	1,13	1,71	2,1	2,1	0,2
	rostfrei	1,04	0,06	0,28	0,47	13,8	10,6	6,6
Victoria (widerstandsfähig)	infiziert	0,64	0,17	0,30	1,11	5,7	2,7	2,3
	rostfrei	0,85	0,06	0,19	0,51	13,8	7,8	6,6
Bond (nahezu immun)	infiziert	0,79	0,09	0,17	0,70	17,0	9,4	5,3
	rostfrei	0,94	0,07	0,16	0,44	20,6	13,2	7,6

Die abnorme Verteilung der Kohlehydrate in den Wirtsgeweben äußert sich entweder 1. in einer Veränderung des allgemeinen Kohlehydratspiegels oder 2. in einer qualitativen Überführung in eine andere Form, oder 3. in einer lokalen Häufung der Kohlehydrate.

1. Die quantitativen Verschiebungen der Kohlehydratgehalte können alternierend nach der positiven oder der negativen Richtung hin erfolgen (zum

Beispiel Abb. 453). In der Regel führen sie wegen des Eigenkonsums des Erregers und wegen der gesteigerten Atmung der Wirtsgewebe zu einer mengenmäßigen Abnahme; ihr Ausmaß wechselt mit der Schwere des Befalles (Tabellen 101 und 102).

Bei Kulturpflanzen, die wegen eben ihres Kohlehydratgehaltes angepflanzt werden (zum Beispiel Kartoffeln und Zuckerrüben), können hierbei wirtschaftliche Schäden entstehen. In andern Fällen wird dagegen der Zuckerverlust um besonderer Vorteile willen in Kauf genommen; so bewirkt zwar die Edelfäule der Trauben, verursacht durch *Botrytis cinerea*, eine starke Abnahme des Zuckers, indem zum Beispiel in einem bestimmten Versuch am 15. Oktober 11,7% und am 30. November 19,6% des ursprünglichen Zuckers aus den Beeren verschwunden waren (MÜLLER-THURGAU, 1888). Da aber der Wassergehalt der Beeren noch stärker sinkt als ihr Zuckergehalt, so ist bei der Spätlese der Most edelfauler Trauben doch zuckerreicher, also wertvoller, als derjenige von gewöhnlichen vollreifen Beeren.

2. Die qualitative Verschiebung der Kohlehydrate (die Überführung in eine andere Form) wird entweder unmittelbar durch den Erreger oder mittelbar durch eine Umstellung des Stoffwechsels des Wirtes ausgelöst.

Die durch den Erreger selbst eingeleiteten enzymatischen Umsetzungen stehen im Zusammenhang mit dem soeben besprochenen Stoffentzug zugunsten seiner Ernährung. Er scheidet Enzyme aus, welche die polymeren Kohlehydrate abbauen und in eine für ihn leichter assimilierbare Form überführen. Naturgemäß sind diese Enzyme nicht dermaßen dosiert, daß sie nur genau jenes Material aufarbeiten, dessen er augenblicklich bedarf; sondern es besteht normalerweise (sonst müßte er ja hungern) eine Überproduktion an Enzymen und dementsprechend ein Überangebot an Spaltprodukten. In pilzbefallenen Geweben erfolgt deshalb zuweilen ein vorübergehender Anstieg des Invertzuckergehaltes auf Kosten der Saccharose oder des Invertzucker- und Saccharosegehaltes auf Kosten der Stärke.

Eine vorübergehende Steigerung des Invertzuckergehaltes auf Kosten der Saccharose finden wir bei Zuckerrüben und bei manchen Früchten. Bei den Zuckerrüben ist der durch *Botrytis*arten abgespaltene Invertzucker technisch geringwertig, so daß eine wirtschaftlich wertvolle Zuckerart, die Saccharose, parasitogen in eine wirtschaftlich minderwertige umgewandelt wird. Bei Pfirsichen invertiert der Grauschimmel, *Sclerotinia cinerea*, die Saccharose bis zum fast völligen Verschwinden: sie ging in einem bestimmten Beispiel von 2,51% auf 0,16% zurück; gleichzeitig stieg der Gehalt an geschmacklich wertlosen reduzierenden Zuckern (berechnet als Glukose) von 1,65 auf 3,82% (HAWKINS, 1915). Die invertierten Zucker wurden also vom Parasiten zunächst nur in geringem Maße für den eigenen Bedarf verwendet; sie blieben vorhanden, nur in einer andern Form.

Eine vorübergehende Steigerung des Gesamtzuckergehaltes der Gewebe auf Kosten der Stärke wird durch *Phytophthora infestans* in den

Kartoffelknollen eingeleitet; hier stieg der Saccharosegehalt in einem bestimmten Beispiel von 0,54 auf 2,55% und der Invertzuckergehalt von 0,40 auf 0,65% (LEPIK, 1929).

Ähnliche Luxusaufspaltungen erfolgen zuweilen beim biologischen Abbau des Holzes: gewisse Korrosionspilze schließen mehr Wandsubstanzen auf als sie im Augenblick selbst benötigen, so daß sie die in ihrem Gefolge auftretenden sekundären Mikroorganismen miternähren helfen.

Tabelle 103

Der Einfluß des Rostbefalles auf das örtliche Trockengewicht der Blattgewebe. (Nach YARWOOD und CHILDS, 1938.)

Parasit	Wirtspflanze	Trockengewicht der Blattgewebe je cm²		Steigerung in
		gesundes Blatt mg	krankes Blatt mg	%
Tranzschelia pruni spinosae (Pers.) Diet.	*Prunus domestica* L.	840	853	1,5
Uromyces phaseoli (Pers.) Wint.	*Phaseolus vulgaris* L.	815	968	18,8
Puccinia helianthi Schw.	*Helianthus annuus* L.	227	273	20,5
Uromyces betae (Pers.) Tul.	*Beta vulgaris* L.	955	1219	27,7
Puccinia antirrhini Diet. et Holw.	*Antirrhinum majus* L.	1346	1809	34,4

Die zweite Form der qualitativen Verschiebung der Kohlehydrate: durch Umstellung des Stoffwechsels des Wirtes, wird beispielsweise durch den Zuckerrübenrost, *Uromyces betae* (Pers.) Tul., in den Blättern der Zuckerrübe ausgelöst: statt Stärke wird in den befallenen Geweben Fett gebildet, und zwar in derartigen Mengen, daß der Pilz erst nach besonderer Vorbehandlung mikroskopisch wieder erkannt werden kann (SCHMIDT, 1932).

3. Eine lokale Häufung der Kohlehydrate erfolgt vor allem bei lokalisierten Infekten in der Kampfzone um den Infektionsherd herum (bzw. in den Pilzgallen usw.), und zwar zuweilen in einem Ausmaß, daß sie nicht nur mikroskopisch bzw. mikrochemisch, sondern unmittelbar gewichtsanalytisch festgestellt werden kann; so bleibt zwar bei rostbefallenen Sonnenblumen (*Puccinia helianthi* Schw.) das Trockengewicht der gesamten Pflanze mit dem Umsichgreifen der Erkrankung immer weiter hinter demjenigen der nichtinfizierten Kontrollen zurück, 11 Tage nach der Infektion um durchschnittlich 3,4%, 20 Tage nach der Infektion um 13,9% und 28 Tage nach der Infektion um 41,1% (YARWOOD und CHILDS, 1938); vergleicht man jedoch die entsprechenden Gewebeausschnitte von gepaarten Blättern, bei denen jeweils nur das eine infiziert wurde, miteinander, so erweist sich bei manchen Rostkrankheiten das Trockengewicht je Quadratzentimeter in den sichtbar erkrankten Zonen als höher (Tabelle 103).

Im allgemeinen werden in der Kampfzone die nämlichen Stoffe eingelagert, die der Wirt auch in seinen Reservestoffbehältern speichert: Zucker in den Pfirsichblättern bei der Kräuselkrankheit (*Taphrina deformans*) und in den Birnblättern bei der Blasenkrankheit (*Taphrina bullata* (Berk. et Br.) Tul.), Inulin in den Blättern von *Tussilago Farfara* L. nach Befall durch *Puccinia poarum* Niels., Schleime und Dextrine in den Blättern von *Sempervivum*-arten nach Befall durch den Hauswurzrost, *Endophyllum sempervivi* Lév. (SCHELLENBERG, 1911).

Diese Kohlehydrate stammen nicht aus einer parasitogenen Steigerung der Assimilation, sondern werden den gesunden Geweben entzogen: der Erreger verändert in seinem Wirkungsbereich die selektive Permeabilität der Plasmamembranen und die osmotischen usw. Eigenschaften der Zellen und schafft dadurch die Voraussetzungen für das Heranschaffen der Assimilationsprodukte zum Infektionsherd; so erhöht der Erbsenrost, *Uromyces fabae* (Pers.) de By., in den Erbsenblättern die Permeabilität für Saccharose (THATCHER, 1939, 1943).

Am Infektionsherd alimentieren die Assimilate zunächst den gesteigerten Energiehaushalt des Wirtes und des Erregers; denn eine erhöhte Zuckerkonzentration ist die Voraussetzung für die S. 604 besprochene dauernde parasitogene Steigerung der Atmung; sodann liefern sie wohl auch die stoffliche Grundlage für den zellulären Abwehrkampf der Wirtsgewebe; später bilden sie aber, im Sinne einer fremddienlichen Zweckmäßigkeit, die stofflichen Grundlagen für die Fruktifikation des Erregers; sie werden deshalb von den parasitischen Pilzen erst während der Ausbildung ihrer Fruktifikationen verbraucht. Immerhin erfolgt die Entleerung dieser parasitogenen Speichergewebe nie so vollständig wie bei den normalen Reservestoffbehältern; und wenn der lokale Infektionsherd abstirbt, so kehren die vom Pilze nicht verbrauchten Stoffe auch nicht mehr in die gesunden Teile des Wirtes zurück. Es findet also eine Verschleuderung von Assimilaten durch den Erreger statt.

Eine besondere kausale Gruppe der lokalen Häufung von Kohlehydraten findet sich endlich bei gewissen Virosen, so bei der Blattrollkrankheit der Kartoffeln. Hier werden die Assimilationsprodukte wegen enzymatischer Störungen und wegen Abtransportschwierigkeiten infolge Degeneration des Phloems in fester Form (Stärke) unmittelbar in die assimilierenden Blattgewebe eingelagert, so daß sich die Laubblätter trotz erhöhter Atmung (Abb. 448) und reduzierter Photosynthese mit Stärkekörnern vollpfropfen. Die Chloroplasten können derart mit Stärke vollgepfropft sein, daß sie platzen.

3. Störungen des Eiweißstoffwechsels

Der Stickstoffhaushalt der erkrankten Gewebe und Individuen unterliegt denselben Gesetzmäßigkeiten wie die soeben besprochene Störung des Kohlehydratstoffwechsels: die Erkrankung kann von einer Verschiebung der Menge oder von einer qualitativen Verschiebung der stickstoffhaltigen Komponenten in eine andere Form oder von einer örtlichen Anreicherung der stickstoffhaltigen Verbindungen begleitet sein; dementsprechend variiert auch das Stickstoff-Kohlehydrat-Verhältnis der erkrankten Gewebe und Individuen in der mannigfaltigsten Weise.

Die Verschiebung der Menge der nativen (wirtseigenen) Stickstoffverbindungen kann nach der positiven (Tabellen 101 und 102) oder nach der negativen

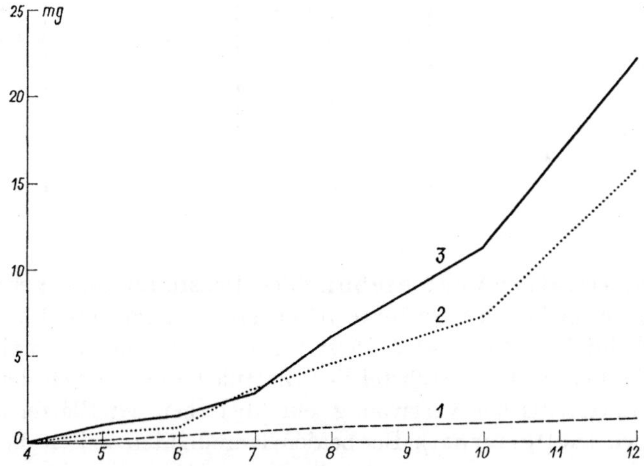

Abb. 454

Der Einfluß der N-Ernährung der Tabakpflanze auf ihren Gehalt an Tabakmosaikvirus. Abszisse: Tage nach der Infektion. Ordinate: mg Virusprotein je Versuchspflanze. Kurve 1: N-Mangel. Kurve 2: Normale N-Ernährung. Kurve 3: N-Überernährung. (Nach SPENCER, 1941.)

Seite hin erfolgen; der letztere Fall ist wahrscheinlich häufiger, da die pathogenen Pilze und Bakterien den invadierten Geweben stickstoffhaltige Verbindungen entziehen und sie für den Aufbau ihrer eigenen Körpersubstanz verwenden. Doch können naturgemäß die beiden wesensfremden Anteile, die wirtseigenen und die vom Erreger dem Wirt entzogenen und im eigenen Körper eingebauten, nur dort durch Bauschanalysen differenziert werden, wo sich ihre Beheimatung auf Grund anderer Merkmale vermuten läßt; so baut *Phytophthora infestans* die Aminosäuren usw. der befallenen Kartoffelknollen ab und speichert ihr Äquivalent im eigenen Myzel (S. 498).

Eine mengenmäßige Abnahme der nativen Stickstoffverbindungen erfolgt wohl auch bei sämtlichen Virosen (WYND, 1943). Der als Virose bezeichnete Krankheitszustand besteht ja zum Teil darin, daß sich der Organismus durch den Infekt in einen abwegigen N-Metabolismus drängen ließ. Rein mengenmäßig kann zwar der Gesamtproteingehalt zum Beispiel mosaikkranker Tabakpflanzen rund das Doppelte desjenigen der gesunden Individuen betragen, wobei aber das Virusprotein bis zu 80% ausmacht (WOODS und DU BUY, 1941). Da anderseits die Wirtspflanze dem Virus die Bausteine für den Aufbau weiterer Virusteilchen bereitstellt, so hängt die mengenmäßige Entwicklung des Virus weitgehend von der N-Ernährung des Wirtes ab (Abb. 454).

Tabelle 104

Die Verschiebungen im Stickstoffhaushalt von Tomatenstengeln unter dem Einfluß des bakteriellen Pflanzenkrebses. (Nach KLEIN und KEYSSNER, 1932.)

N-Verbindung	100 g Trockensubstanz enthalten mg		
	über dem Tumor	im Tumor	unter dem Tumor
Eiweiß-N	475	1290	422
Löslicher N	185	711	268
Ammoniak-N	11	18	6
Amid-N.	20	46	33
Amino-N	88	228	85

Eine qualitative Verschiebung der stickstoffhaltigen Verbindungen erfolgt zum Beispiel in den Sellerieblättern bei Befall durch *Cercospora apii* Fres. und durch *Septoria apii* Chest.; erstere verursacht vorwiegend Blattflecken, die bis rund ein Sechstel der Blattfläche einnehmen, letztere häufig, unter charakteristischer Verfärbung, ein Absterben der Blätter oder größerer Blattpartien (Sellerierost). Bei beiden Krankheiten weisen die kranken Individuen einen niedrigeren Stickstoffgehalt auf als die gesunden; bei *Cercospora*befall betrug er in dem untersuchten Beispiel vergleichsweise nur 61%, bei *Septoria*befall nur 83%.

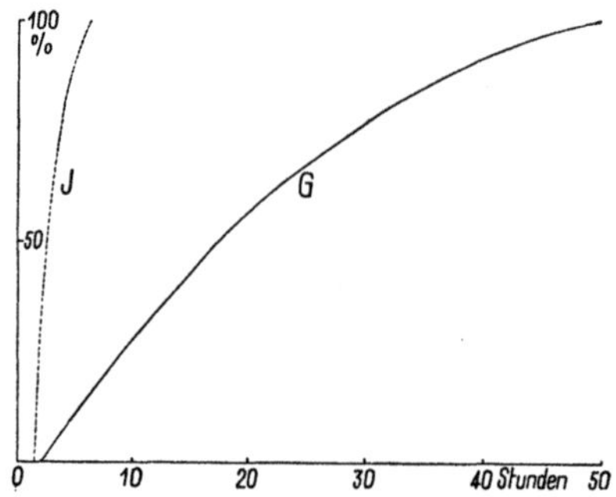

Abb. 455

Die pathologische Steigerung der Permeabilität für Harnstoff bei Nelken nach Infektion durch den Nelkenrost, *Uromyces dianthi*. Abszisse: Deplasmolysierungszeit in Stunden in einer 1,5 mol. Lösung. Ordinate: Zahl der deplasmolysierten Zellen. Kurve *G*: Nichtinfizierte Gewebe. Kurve *J*: Infizierte Gewebe. (Nach THATCHER, 1939.)

Die verschiedenen Stickstoffverbindungen werden durch die beiden Erreger nicht gleichsinnig verschoben (COONS und KLOTZ, 1925), so daß die jeweilige Störung der Stickstoffbilanz bis zu einem gewissen Grade für den betreffenden Parasiten spezifisch ist; die Abnahme an Nitratstickstoff beträgt bei *Cercospora*befall 3,4%, bezogen auf den Gesamtstickstoff, bei *Septoria*befall nur 0,1%. Beim gesamten, durch Salzsäure spaltbaren Stickstoff beträgt die Abnahme bei *Cercospora*befall 2,6%, bei *Septoria*befall 3,6%. Ammoniakstickstoff und Proteinstickstoff erfahren dagegen, bezogen auf den Gesamtstickstoff, eine Zunahme, nämlich um 1,3 bzw. 6,1% bei *Cercospora*befall und um 1,0 bzw. 4,8% bei *Septoria*befall. Der Sinn dieser Verschiebungen ist noch dunkel.

Eine starke örtliche Anreicherung stickstoffhaltiger Verbindungen wurde wiederholt beim bakteriellen Pflanzenkrebs beobachtet, wo die Tumorgewebe unter Umständen fast den dreifachen Stickstoffgehalt, bezogen auf das Trockengewicht, aufweisen wie die benachbarten gesunden Gewebe (Tabelle 104). Eine ähnliche selektive Stickstoffspeicherung zum Nachteil des Wirtes

Tabelle 105

Der Aschengehalt phanerogamischer Parasiten, verglichen mit demjenigen ihrer Unterlage. Stickstoff und Asche sind bezogen auf die Trockensubstanz, die Aschenbestandteile auf die Gesamtasche. (Nach NICOLOFF, 1923.)

Untersuchter Teil	Stickstoff ‰	Asche %	P_2O_5 %	K_2O %	CaO %	MgO %
Mistel (*Viscum album* L.) auf *Pirus Malus* L.						
Mistelbusch	26,4	6,1	14,5	36,0	10,9	5,2
Ast unmittelbar unter dem Parasiten	3,5	1,9	7,5	11,1	43,9	5,3
Astpartie distal vom Parasiten	3,5	2,8	3,7	8,4	78,6	3,8
Astpartie proximal zum Parasiten	4,7	4,4	3,1	6,7	52,1	2,9
Orobanche ramosa L. auf *Nicotiana Tabacum* L.						
Orobanche	15,8	9,3	6,5	37,2	1,4	2,0
Wurzeln der befallenen Tabakpflanzen	21,6	16,3	2,2	18,2	20,4	5,1
Wurzeln der nicht befallenen Tabakpflanzen	21,8	16,7	3,2	22,7	14,3	4,2
Cuscuta europea L. auf *Sambucus Ebulus* L.						
Cuscuta	20,0	5,1	15,4	51,7	1,3	4,1
Befallene *Sambucus*blätter	21,4	9,7	5,0	15,6	29,2	11,5

erfolgt in den Mistelbüschen (Tabelle 105), die zum Beispiel in Frankreich wegen ihres Eiweißreichtums zuweilen dem Vieh verfüttert werden. Neben der technischen Entwertung des Stammes durch die Senker (das Holz kann nicht mehr zu Fournieren bzw. Brettern verarbeitet werden) besteht die Schädigung, welche die Mistel ihrem Wirte zufügt, eben gerade in diesem Entzug enormer Stickstoffmengen.

Dieser Stickstoffentzug aus den gesunden Geweben wird durch den Umstand erleichtert, daß gewisse Erreger in ihrem Wirkungsbereich die selektive Permeabilität der Plasmamembranen für Stickstoffverbindungen, ähnlich wie für Kohlehydrate (S. 612), erheblich steigern; so erhöht der Nelkenrost, *Uromyces dianthi* (Pers.) Nießl = *Ur. caryophyllinus* (Schr.) Wint., bei Nelken die Permeabilität für Harnstoff (Abb. 455).

4. Störungen des Mineralstoffwechsels

Ähnlich wie der Erreger in gewissen Fällen die selektive Permeabilität der Plasmamembranen für Kohlehydrate verändert, so verschiebt er sie zuweilen auch für gewisse Mineralsalze, wodurch in den erkrankten Geweben eine Anreicherung oder eine Verarmung an bestimmten Aschenbestandteilen zustande kommt. In diesem Gebiet bestehen viele wertvolle Einzelangaben (zum Beispiel SALGUES, 1947), die aber noch keine vereinfachende Darstellung zulassen. Wahrscheinlich erfolgen auch hier spezifische Umstimmungen; so scheinen die *tumefaciens*tumore auf Kartoffeln einen höhern Aschengehalt (vor allem an Kali und Phosphorsäure, bei unverändertem Kalziumgehalt) zu besitzen als gesunde Gewebe, die *Synchytrium*tumore dagegen einen niedrigeren Aschengehalt (insbesondere an Kali und Phosphorsäure, bei leicht erhöhtem Kalziumgehalt).

Naturgemäß wurde ein Teil der in den Tumoren nachgewiesenen Aschenbestandteile durch den Erreger selbst aufgenommen und in seinem Körper gespeichert, also dem Mineralstoffhaushalt des Wirtes entzogen; doch läßt sich dieser Anteil analytisch kaum erfassen; nur bei extramatrikalen phanerogamischen Parasiten läßt sich zeigen, daß ihre Haustorien ein elektives Resorptionsvermögen besitzen, da ihre Asche zum Beispiel kali- und phosphorsäurereicher und kalziumärmer ist als diejenige ihres Wirtes (Tabelle 105).

5. Störungen des Wasserhaushaltes

Der Wasserumsatz der erkrankten Gewebe bzw. Individuen kann durch die Erkrankung auf mechanisch-physikalischem oder auf physiologischem Wege beeinflußt werden.

Die mechanisch-physikalische Störung des Wasserhaushaltes führt zu einer Steigerung der Wasserabgabe, wenn die verdunstungshemmenden Außenschichten, so die Kutikula und Epidermis der Früchte (zum Beispiel bei Schorfbefall, Abb. 128) oder das Periderm der Kartoffeln, durch den Infekt geschädigt werden. Da der Wassernachschub nicht ausreicht, um die wegtranspirierte Wassermenge voll zu ersetzen, so nimmt der Wassergehalt der Gewebe mit der Zeit ab (Gewichtsverlust der Früchte!) und der Trockensubstanzgehalt entsprechend zu. Schließlich setzt eine Schrumpfung ein; diese kann bei *monilia*befallenem Kern- und Steinobst und bei edelfaulen Weinbeeren (*Botrytis cinerea*) schon frühzeitig an der Mutterpflanze erfolgen, bei Lagerobst (Äpfeln) und bei Kartoffeln dagegen erst im Verlauf der winterlichen Lagerung.

Eine mechanisch-physikalische Drosselung des Wasserhaushaltes durch eine Hemmung des Wassernachschubes erfolgt dagegen bei gewissen Welkekrankheiten; so zerstört das *Fusarium orthoceras* App. et Wr., der Erreger der Welkekrankheit der Erbsen, den Wurzelhals und die Wurzeln der befallenen Individuen; ferner löst es in den Gefäßen pathologische Degenerationen aus (Abb. 456) und führt dadurch an warmen Tagen, trotz genügenden Wasservorrates im Boden, notgedrungen zu einer Wasserunterbilanz. Bei der *Endothia*krankheit der Kastanien erfolgt die Drosselung des Wassernachschubes nicht derart grobmechanisch, sondern indirekt auf histologischem Wege: die Exsudate des Erregers reizen den Wirt zur Anlage zahlreicher

Thyllen (Abb. 457); diese verstopfen die Gefäße, so daß die Krone unter Wassermangel zu leiden beginnt.

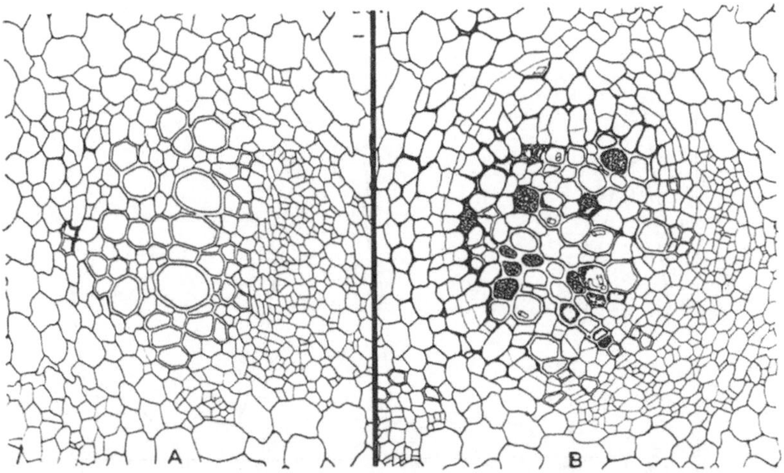

Abb. 456
Histologische Manifestationen der Welkekrankheit bei Erbsen (*Pisum sativum* L.), hervorgerufen durch das *Fusarium orthoceras* App. et Wr. var. *pisi* Linf. *A* Schnitt durch ein gesundes, *B* durch ein infiziertes Gefäßbündel. In den Tracheen haben sich gummöse und körnige, tief färbbare Substanzen abgelagert; die Zellwände vor allem am Rande des Gefäßbündels sind stark färbbar geworden; um das Xylem hat sich sekundär eine peridermartige Zellschicht gebildet. Vergr. 203. (Nach LINFORD, 1931.)

Die physiologischen Störungen des Wasserhaushaltes führen wohl bei sämtlichen pflanzlichen Infektionskrankheiten im progressiven Ast – im Zusammenhang mit dem erhöhten Stoffumsatz – zunächst zu einer Steigerung der Transpiration. Bei allen dürften die infizierten und die dem Infektionsherd unmittelbar benachbarten Gewebe zunächst stärker transpirieren als die intakten Gewebe (Abb. 458). Das Ausmaß dieser Transpirationssteigerung hängt ceteris paribus von der Anfälligkeit bzw. von der Stärke des Befalles ab.

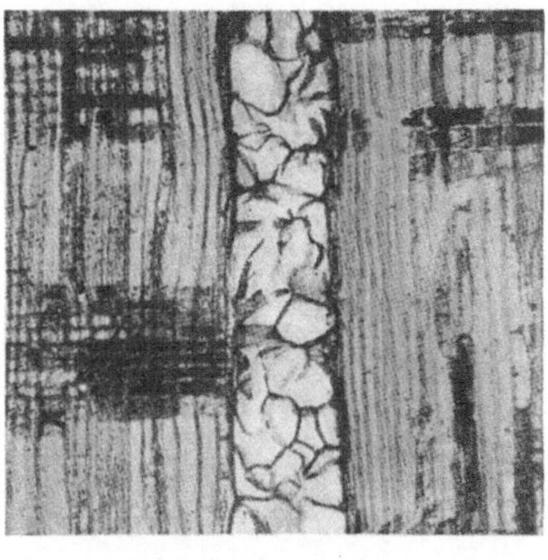

Abb. 457
Durch parasitogen ausgelöste Thyllen verstopftes Gefäß aus dem jüngsten Jahrring einer durch *Endothia parasitica* (Murr.) A. et A. erkrankten Kastanie. Die Markstrahlen sind unmittelbar infiziert; ihre Gerbstoffe sind oxydiert. Vergr. 94. (Nach BRAMBLE, 1938.)

Diese Steigerung der Wasserabgabe kann jedoch nur dann nachhaltig sein, wenn die Wasserleitfähigkeit der zuleitenden Gewebe parasitogen erhöht wird. Dieser Effekt wurde bei

Erbsenblättern (*Pisum sativum* L.) nach Infektion durch den Erbsenrost, *Uromyces fabae* (Pers.) de By., und bei Selleriewurzeln nach Infektion durch *Botrytis cinerea* bzw. durch *Sclerotinia sclerotiorum* tatsächlich auch nachgewiesen (THATCHER, 1939). Da die beiden letztgenannten Pilze stark toxigen

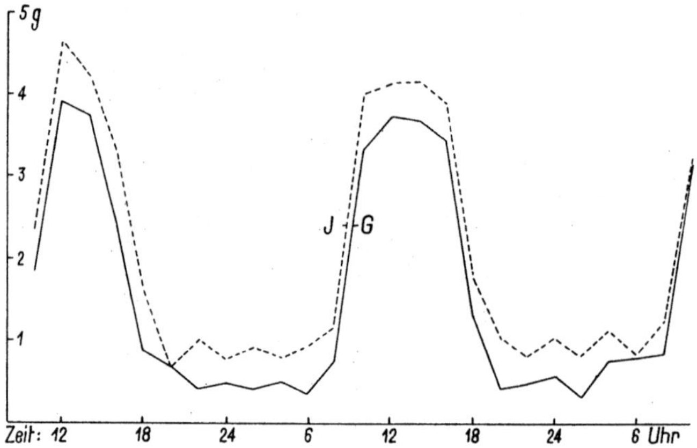

Abb. 458

Der Einfluß des Braunrostbefalles (*Puccinia triticina* Erikss.) auf den täglichen Gang der Transpiration bei erwachsenen Individuen der stark anfälligen Weizensorte Pusa Nr. 4. Kurve *G:* Gesunde Pflanzen. Kurve *J:* Erkrankte Pflanzen. Abszisse: Tageszeit während 48 Stunden. Ordinate: Durchschnittliche Wasserabgabe je Pflanze und je Stunde. (Nach JOHNSTON und MILLER, 1940.)

Tabelle 106

Die pathologische Erhöhung der Wasserpermeabilität von Selleriegeweben (*Apium graveolens* L.) nach Infektion mit *Botrytis cinerea* Pers. bzw. mit *Sclerotinia sclerotiorum* (Lib.) Sacc. et Trott., gemessen an der durchschnittlichen Deplasmolysierungszeit gegenüber Kalziumchlorid. (Nach THATCHER, 1939.)

Abstand von der nekrotischen Zone mm	Lokalinfektion mit *Botrytis cinerea* sec	Lokalinfektion mit *Sclerotinia sclerotiorum* sec
7,5	94	118
30	149	139
60	—	148
120	323	390
Nichtinfizierter Blattstiel	477	

sind, so steigern sie die Wasserpermeabilität der Selleriegewebe bis auf einen Abstand von rund 12 cm (Tabelle 106).

Noch weitergehende toxigene Störungen des Wasserhaushaltes erfolgen bei gewissen Welkekrankheiten, die summarisch betrachtet (Abb. 459) in einer ersten Phase mit einer Übersteigerung und in einer zweiten, letalen

Phase mit einer Lähmung der Transpiration verlaufen. Ihre Erreger, meist Pilze aus den Gattungen *Fusarium* und *Verticillium*, dringen vom Erdboden her in die Wurzeln und die Stengelbasis ein, durchwuchern die Gefäße (Tracheomykosen) und lösen dort unter Umständen histologische Reaktionen aus (Abb. 456), die ihrerseits den Wassernachschub erschweren; den Ausschlag geben jedoch die toxigenen Schädigungen des Wirtes, die vom Erreger als Fernwirkung verursacht werden (S. 334).

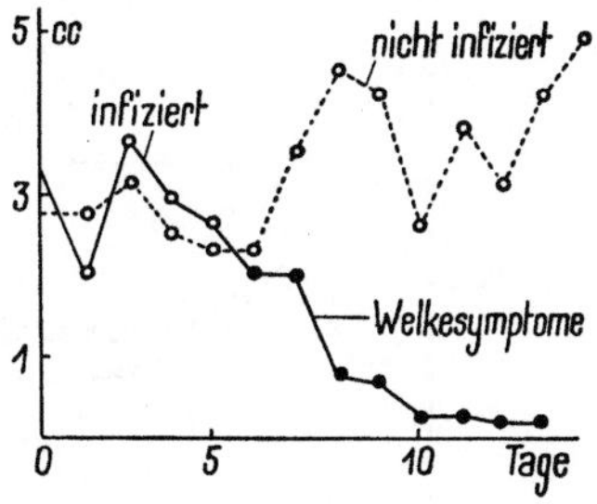

Abb. 459

Die durchschnittliche tägliche Transpiration gesunder und mit *Fusarium bulbigenum* Cke. et Mass. infizierter Gurkenpflanzen (*Cucumis sativus* L.). Abszisse: Tage nach der Infektion. Ordinate: Täglicher Wasserverlust je Pflanze. (Nach HARRIS, 1940.)

Der Mechanismus des toxigenen Welkens sei am Beispiel der Tomatenwelke, verursacht durch das *Fusarium lycopersici*, verfolgt. Der Erreger läßt mindestens zwei pathogene Stoffe in den Saftstrom des Wirtes hinaustreten, das Lycomarasmin und ein noch nicht identifiziertes Glukosan (S. 334).

Das Lycomarasmin wirkt nach Art einer Koagulase und schädigt einerseits die wasserhaltende Kraft des Plasmas und anderseits die Semipermeabilität der Plasmagrenzschichten (GÄUMANN, 1950). Wird einem Tomatensproß Lycomarasmin zugeführt, so gehen die Wasseraufnahme und -abgabe während der Verteilung des Giftes über die Pflanze vorübergehend zurück (Abb. 460). Auf diese Schockperiode folgt eine pathologische Übersteigerung der Wasserabgabe um etwa 50% über die gleichzeitige Wasseraufnahme hinaus: das Plasma läßt infolge des Koagulaseeffektes Wasser los;

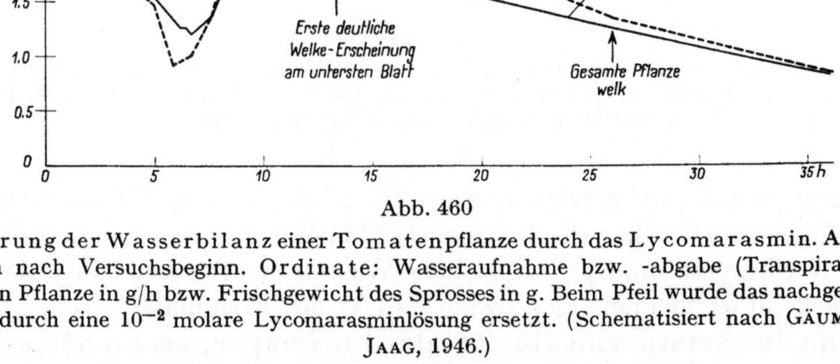

Abb. 460

Die Störung der Wasserbilanz einer Tomatenpflanze durch das Lycomarasmin. Abszisse: Stunden nach Versuchsbeginn. Ordinate: Wasseraufnahme bzw. -abgabe (Transpiration) der gesamten Pflanze in g/h bzw. Frischgewicht des Sprosses in g. Beim Pfeil wurde das nachgeschobene Wasser durch eine 10^{-2} molare Lycomarasminlösung ersetzt. (Schematisiert nach GÄUMANN und JAAG, 1946.)

dieses tritt in den Transpirationsstrom der Zellwände hinaus, so daß die Interkostalfelder zuweilen wie mit Wasser getränkt aussehen. Dieses Überangebot an Transpirationsfeuchtigkeit führt zu der eben erwähnten Übersteigerung der Transpiration und dadurch zu einem Wasserverlust der Pflanze: sie transpiriert ihre eigene Körperflüssigkeit weg.

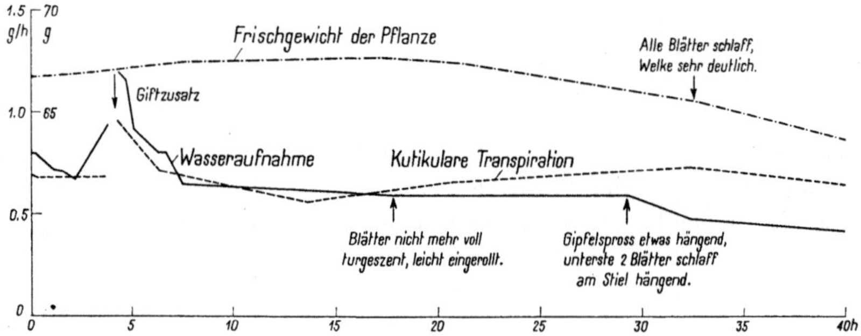

Abb. 461

T o x i g e n e s W e l k e n o h n e W a s s e r v e r l u s t; dieses tritt ein, wenn der Welkeversuch in nahezu feuchtigkeitsgesättigter Luft (relative Feuchtigkeit 94–95%) in Dunkelheit durchgeführt wird. Abszisse und Ordinate wie in Abb. 460. (Nach GÄUMANN und JAAG, 1947.)

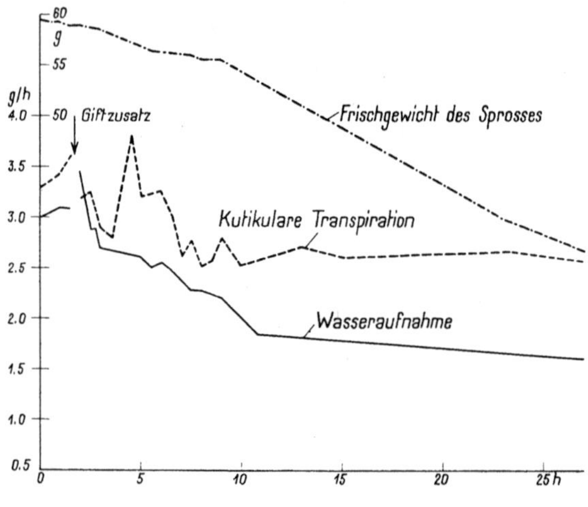

Abb. 462

T o x i g e n e r W a s s e r v e r l u s t o h n e p a t h o l o g i s c h e s W e l k e n; dieser tritt ein, wenn das Lycomarasmin in der Konzentration von 10^{-5} molar verabreicht wird. Abszisse und Ordinate wie in Abb. 460. (Nach GÄUMANN und JAAG, 1947.)

Dieser pathologische Wasserverlust ist jedoch für den Welkevorgang nicht ausschlaggebend; so hat die Pflanze in Abb. 460 zur Zeit des Auftretens der ersten Welkesymptome erst 6% ihres Wasservorrates wegtranspiriert. Ausschlaggebend ist vielmehr der zweite Aspekt der Koagulasewirkung: die Zerstörung der Semipermeabilität der Plasmagrenzschichten.

Durch die Schädigung der Plasmagrenzschichten (der Plasmamembran und der Vakuolenwand) werden nämlich die Voraussetzungen des osmotischen Druckes und dadurch des Turgors zerstört. Die Turgeszenz der Blattgewebe beruht ja darauf, daß der Transpirationsstrom der Zellwände durch eine semipermeable Grenzschicht vom osmotisch wirksamen Zellinhalt, dem Plasma, geschieden ist. Wird nun diese Semipermeabilität in einem Ausmaß geschädigt, daß Zucker, Salze usw. in den Transpirationsstrom der Zellwände hinaustreten, dann ist eben kein Turgor mehr möglich.

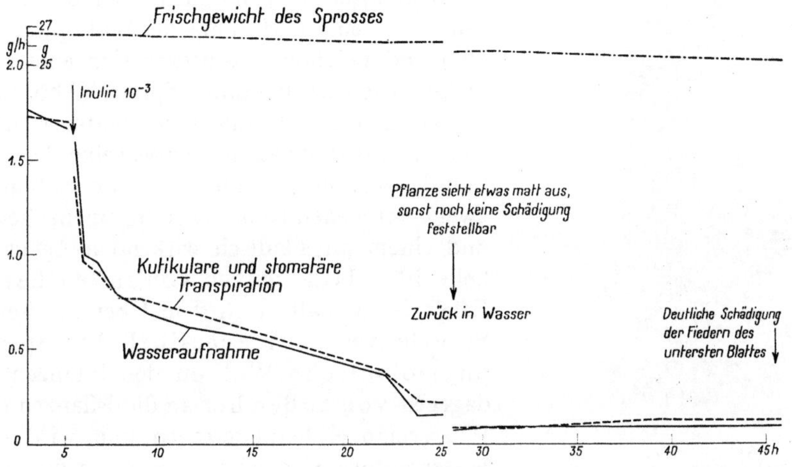

Abb. 463

Die Störung des Wasserhaushaltes einer Tomatenpflanze durch ein Glukosan (Modellsubstanz: Inulin). Abszisse und Ordinate wie in Abb. 460. (Nach GÄUMANN und JAAG, 1950.)

Das toxigene Welken erfolgt somit unabhängig vom Wasserverlust der Pflanzen. Beweis: es wird ohne Wasserverlust ausgelöst, wenn die Versuchspflanze das Welkegift in einer feuchtigkeitsgesättigten Atmosphäre, wo sie nur minimal transpiriert, aufnimmt (Abb. 461); umgekehrt tritt ein pathologischer Wasserverlust ohne toxigenes Welken ein, wenn die Versuchspflanze das Welkegift in sehr verdünnter Form, 1000mal stärker verdünnt als in Abb. 461, zugeführt erhält; in diesem Falle wird bloß die wasserhaltende Kraft des Plasmas, aber nicht die Semipermeabilität der Plasmagrenzschichten manifest geschädigt und die Pflanze verdunstet bis 50% ihres Wassers weg, ohne toxigene Welkesymptome zu zeigen (Abb. 462).

Das zweite pathogene Agens des Erregers, die parasitogenen Glukosane (HODGSON, RIKER und PETERSON, 1945, 1947; HODGSON, PETERSON und RIKER, 1949) überlagern den Welkeeffekt des Lycomarasmins, verstopfen mechanisch die Interzellularräume der Zellwände und die letzten Verzweigungen der Gefäße und drosseln dadurch die Wasserzufuhr und Wasserabgabe, d.h. die gesamte Wasserzirkulation; deshalb bleibt sich das Gesamtfrischgewicht des Sprosses ungefähr gleich (Abb. 463).

Die durch die Glukosane induzierte physikalische Komponente des parasitogenen Welkeeffektes setzt somit an ganz anderer Stelle ein als die toxigene Komponente, nämlich in den Zellwänden, während die toxigene Komponente das Plasma schädigt. Dementsprechend erzeugt sie auch ein anderes Krankheitsbild (Abb. 402 und 403), nämlich bei niederer Konzentration eine Verfärbung der Blattspitze (Abb. 464) und bei hoher Konzentration eine krause Deformation der gesamten Spreite (Abb. 465).

Krankheitsbild und Krankheitsverlauf der spontan auftretenden *Fusarium*welke der Tomatenpflanzen sind somit eine Summation von zwei heterogenen Komponenten, einem chemisch und einem physikalisch wirkenden Agens (Tabelle 107); beide wirken von innen her; ihr Effekt ist deshalb nach dem Überschreiten des Schwellenwertes irreversibel. Das spontane physiologische Welken der Pflanzen wird dagegen von außen her an die Pflanzen durch Wassermangel herangetragen und wird durch Wasserzufuhr wieder behoben; es ist deshalb im Prinzip reversibel.

Abb. 464
Das Schädigungsbild der Glukosan-Welke bei einem Tomatenblatt nach Einwirkung geringer Inulinmengen (612 mg je kg Lebendgewicht). *a* Verdorrte Blattspitze. *b* Vergilbte Zone. Nat. Gr. (Nach Gäumann und Jaag, 1950.)

6. Störungen im Chemismus der Zellen

Neben den bis jetzt betrachteten makrochemischen Effekten löst der jeweilige Erreger eine große Zahl von stoffwechselphysiologischen Umstimmungen aus, die sich nur in den einzelnen Zellen manifestieren. Einige von ihnen, so die Verschiebungen im Wuchsstoffhaushalt, in der enzymatischen Aktivität, der Azidität des Zellsaftes und der Saugkraft, bilden die unmittelbare Voraussetzung der bis jetzt besprochenen funktionellen Störungen; andere dagegen, so die pathologische Farbstoffbildung und die Exkretion von Harzen und Gummi, sind die Folge von solchen und zeigen zuweilen das Bestehen von funktionellen Störungen überhaupt erst an.

Eine Steigerung des Wuchsstoffgehaltes erfolgt zum Beispiel beim bakteriellen Pflanzenkrebs (S. 582), eine Abnahme bei einigen Virosen

(Abb. 466); so kann der Wuchsstoffgehalt abbaukranker, also meist X-Virus-infizierter Kartoffelstauden und Knollen bis auf die Hälfte sinken (SÖDING, 1942; SÖDING, KÖHLER und FUNKE, 1944).

Tabelle 107

Die Merkmale des pathologischen Wasserhaushaltes bei drei Welketypen. (Nach GÄUMANN und JAAG, 1950.)

Welketypus	Dauer des Welkevorganges	Natur des pathogenen Agens	Art der Schädigung
Toxigenes Welken	irreversibel	Parasitogene Toxine	Koagulationswirkung. Schädigung der Semipermeabilität der Plasmagrenzschichten und der wasserhaltenden Kraft des Plasmas
Physikalisch induziertes Welken	irreversibel	Parasitogene Glukosane	Mechanisches Verstopfen der Intermizellarräume der Zellwände und der letzten Verzweigungen der Gefäße
Physiologisches Welken	reversibel	Fehlen des Wasservorrates in der Außenwelt	Wasserdefizit

Welketypus	Wassernachschub	Wasserabgabe (kutikulare und stomatäre Transpiration)	Gesamtfrischgewicht der Pflanzen
Toxigenes Welken	Leicht sinkend infolge Vergiftung der Leitungsbahnen, doch an sich hinreichend	Vorübergehend übersteigert	Fallend
Physikalisch induziertes Welken	Bis auf 10% gedrosselt	Bis auf 10% gedrosselt	Unverändert, da Wasseraufnahme und -abgabe gleichermaßen gedrosselt werden
Physiologisches Welken	Von seiten der Pflanze nicht behindert	Nicht behindert	Fallend

Die Verschiebung der enzymatischen Aktivität wurde vor allem bei bakteriellen Tumoren verfolgt; bezogen auf das Frischgewicht, ist die Katalaseaktivität von Reibsäften aus Tumoren von Tomatenstengeln um 160%, die Oxydaseaktivität um 130% und die Peroxydaseaktivität um 120% höher als bei entsprechendem Material aus gesunden Stengeln. Ferner enthalten die

Tumorgewebe reichlich Tyrosinase, die den gesunden Geweben fehlt (NAGY, RIKER und PETERSON, 1938; LEVI, MICHAELIS und HIBBERT, 1944; NEISH und HIBBERT, 1944). Noch größer sind die Ausschläge der Katalaseaktivität bei Tumoren auf roten Rüben (Abb. 467).

Abb. 465
Schweres Schädigungsbild der Glukosan-Welke bei einem Tomatenblatt, hervorgerufen durch große Inulinmengen (etwa 2 g je kg Lebendgewicht). ½ nat. Gr. Orig.

Durch entsprechende Versuchsanordnung läßt es sich zeigen, daß zum Beispiel die gesteigerte Katalaseaktivität eine spezifische Erscheinung der Tumorgewebe, nicht von Wundgeweben schlechthin, ist und daß sie auf einer erhöhten Enzymbildung des Wirtes beruht (KLEIN und ZIESE, 1932).

Falls die Azidität des Zellsaftes der erkrankten Gewebe parasitogen verschoben wird, dann meist in der Größenordnung von etwa pH 0,2–0,3 nach der sauren Seite hin; nur bei bakteriellen Tumoren erfolgt eine starke Verschiebung nach der alkalischen Seite, von pH 6,3–6,5 auf etwa 7,0–7,6 (STAPP und PFEIL, 1939). In beiden Fällen wird das Substrat für das gesamte physiologische Getriebe wesentlich verändert.

Daß die Saugkraft des Erregers höher sein muß als diejenige des Wirtes, wurde schon S. 367 besprochen. Durch den Erreger wird aber auch die Saugkraft der befallenen Gewebe selbst verschoben, wobei freilich die Ausschläge im Verlaufe der jährlichen Periodizität verschieden groß sein können.

Eine Erhöhung der Saugkraft erfolgt in Pfirsichblättern durch die Kräuselkrankheit (*Taphrina deformans*). Im Frühjahr sind die Unterschiede zwischen gesunden und infizierten Blättern noch unbedeutend (HEUSSER, 1917). Gegen den Zeitpunkt des Auftretens des Kräuselns steigt der osmotische Wert der kranken Gewebe, gemessen mit der Methode der Grenzplasmolyse, stark an und erfährt schließlich eine Erhöhung um 5,5 Atmosphären. Im Stadium der Sporenbildung beginnen gesunde und kranke Gewebe sich wieder anzugleichen; während nämlich der osmotische Druck in den gesunden Blättern mit ihrer Entwicklung stetig steigt, nimmt er in den erkrankten Geweben wieder ab, so daß sich die beiden Kurven schließlich nähern.

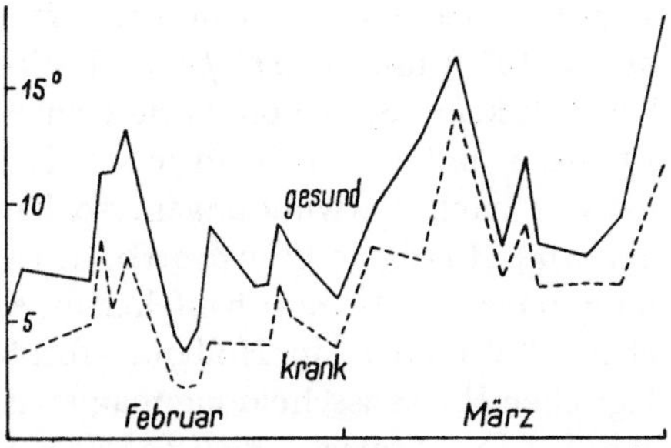

Abb. 466
Wuchsstoffwerte gesunder und abbaukranker Kartoffelknollen im Verlaufe des Vorfrühlings. Ordinate: Krümmungswinkel beim Haferkoleoptiltest. (Nach SÖDING und FUNKE, 1941.)

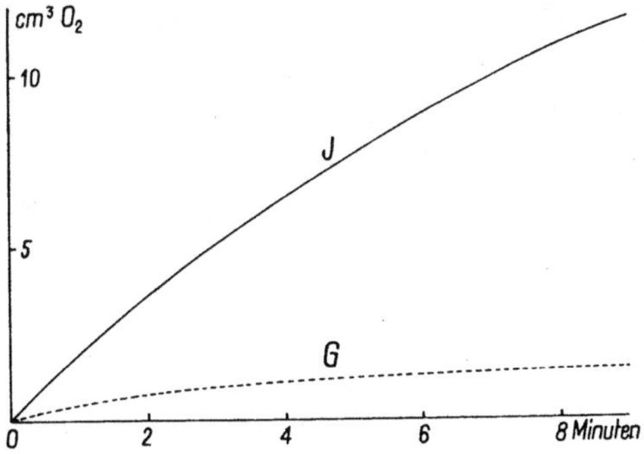

Abb. 467
Die Katalase-Aktivität von Gewebebrei aus roten Rüben (Kurve *G*) und aus ihren bakteriellen Tumoren (Kurve *J*). (Nach KLEIN und ZIESE, 1932.)

Eine Herabsetzung der Saugkraft von 9–11 auf 6–8 Atmosphären wird dagegen in Erbsenblättern (*Pisum sativum* L.) durch den Erbsenrost, *Uromyces fabae* (Pers.) de By., ausgelöst (THATCHER, 1939).

Als äußerlich sichtbares Endglied führen abwegig verlaufende Reaktionsketten in den befallenen Geweben oder in ihrer Umgebung gelegentlich zu einer pathologischen Pigmentbildung, die schon durch ihr Erscheinen das Bestehen der Erkrankung vermuten läßt (zum Beispiel Rotbrenner der Reben; S. 72). Die dabei entstehenden roten und violetten Farbstoffe werden in der pflanzenpathologischen Literatur summarisch als Anthocyane angesprochen; soweit sie jedoch chemisch untersucht sind, so in Eichengallen (NIERENSTEIN, 1919) und in *Eriophyes*flecken auf *Eucalyptus stricta* (PETRIE, 1924), ließ sich keine Spur von Anthocyanen finden; die roten Pigmente der kranken Pflanzen sind also nicht in jedem Fall mit Anthocyanen identisch.

Wie nach Verwundungen, so kann endlich auch bei Erkrankungen eine abnorme Harz- und Gummibildung einsetzen. Das Harzsticken der Koniferen nach Hallimaschinfektion (*Armillaria mellea*) ist oft derart ausgesprochen, daß man es in Holland «totbluten» nennt. Mit einer ähnlichen pathologischen Harzausscheidung reagieren Fichten auf den Befall durch die trockene Rotfäule, *Trametes radiciperda*, Weymouthskiefern auf den Blasenrost, *Cronartium ribicola* usw. Entgegen einer oft geäußerten Vermutung kommt diesen Ausscheidungen kein Abwehrcharakter zu, da die betreffenden Erreger durch den Harzfluß nicht behindert werden.

6. KAPITEL

Die Bekämpfung der pflanzlichen Infektionskrankheiten

Um die Bekämpfung der pflanzlichen Infektionskrankheiten müht sich der Pflanzenschutz; er ist ein angewandtes Teilgebiet der Pflanzenpathologie, entsprechend der praktischen Medizin. Dieselbe sprachliche Differenzierung besteht im Französischen und Englischen; der «Pflanzenpathologie» entsprechen die Ausdrücke pathologie végétale bzw. plant pathology, dem «Pflanzenschutz» die Ausdrücke phytopharmacie bzw. plant protection.

Die Bekämpfung erfolgt entweder: a) durch die Züchtung widerstandsfähiger Sorten (S. 466), b) durch die Infektionsprophylaxe, c) durch die Dispositionsprophylaxe und d) durch die Therapie. Die Züchtung und die Dispositionsprophylaxe stellen indirekte, die Therapie direkte Bekämpfungsmaßnahmen dar; die Infektionsprophylaxe kombiniert beide Arbeitsmethoden. Gewisse Krankheiten, so der Kartoffelkrebs und die Getreideroste, können vorläufig überhaupt nur auf genetischem Wege bekämpft werden, andere Krankheiten, so die Kartoffelvirosen, bloß durch stete Erneuerung des Pflanzgutes (d.h. durch Eliminierung der verseuchten Bestände).

§ 1. Die Infektionsprophylaxe

Das Ziel der Infektionsprophylaxe ist der Schutz vor Ansteckung: sie sucht die Infektkette vor der Infektion des anfälligen Wirtes abreißen zu lassen. Sie entspricht somit der Hygiene in der Medizin und besitzt, wie diese, vorbeugenden Charakter. Ihre Methoden wurden von verschiedenen Verfassern in Sorauers Handbuch der Pflanzenkrankheiten (6. Band, 1939 und 1941) erschöpfend dargestellt; wir beschränken uns deshalb auf einige Stichworte.

Es stehen der Infektionsprophylaxe zwei Wege offen:

A. zu verhindern, daß der Erreger und der Wirt überhaupt zusammenkommen; und

B. falls dies doch geschieht, den Erreger vor oder während der Keimung zu vernichten.

A. Die Maßnahmen, um das Zusammentreffen von Erreger und Wirt zu erschweren (Braun, 1937), sind entweder indirekter Natur

(Vorbeugung, Punkt 1–4, 7) oder direkter Natur (aktive Bekämpfung, Punkt 5–6):

1. Die Wahl der Saatzeit. Diese ist dann richtig getroffen, wenn sie eine kräftige Entwicklung der jungen Pflanzen und ein schnelles Durchlaufen des infektionsanfälligen Lebensabschnittes begünstigt (Expositionsprophylaxe; S. 347). Da sich jedoch die biologischen Voraussetzungen der zu berücksichtigenden Infektionskrankheiten oft zuwiderlaufen (zum Beispiel bei Weizen für den Steinbrandbefall, S. 506, und für den *Gibberella*befall, S. 511), und der tatsächliche Gang der Witterung oft von den Erwartungen abweicht, so sind hier Enttäuschungen unvermeidlich. Die Wahl der Saatzeit kann zum Beispiel bei Kartoffeln durch Vorkeimen unterstützt werden (S. 348).

2. Die richtige Saat- bzw. Pflanztiefe. Flache Saat beschleunigt bei günstiger Witterung das Auflaufen und verkürzt somit den anfälligen Entwicklungsabschnitt (S. 347), tiefe Saat bewirkt das Gegenteil.

3. Die richtige Pflanzweite. Zu dichte Pflanzung erhöht die Luftfeuchtigkeit im Innern des Bestandes und begünstigt bei parasitischen Pilzen die Anlage der Fruktifikationen und die Ausstreuung derselben; eine weite Pflanzung, zum Beispiel von Reben und Kartoffeln, fördert die Durchlüftung des Bestandes und ein rasches Abtrocknen des Laubwerkes und erleichtert das Durchfahren mit dem Spritzwagen.

4. Die biologische Bodenentseuchung. Durch Fruchtwechsel und durch eine regelmäßige Unterbrechung der Ackernutzung werden die anfälligen Wirte vorübergehend ausgeschaltet; dadurch wird den im Erdboden zurückbleibenden Erregern die Grundlage für ihre Erhaltung entzogen (S. 136).

5. Die physikalische und chemische Bodendesinfektion, zum Beispiel durch überhitzten Dampf oder durch Formaldehyd; sie steht erst am Anfang ihrer Entwicklung und kommt wegen der hohen Kosten für Material und Arbeit vorläufig nur für den Gartenbau in Betracht. Sie stellt auch biologisch schwierige Probleme; durch die Desinfektion eliminieren wir auch die übrigen Glieder der Biocönose und stören dadurch das biologische Gleichgewicht des Bodens. Unsere Bekämpfungsmaßnahme schafft ja nicht «Gesundheit», sondern nur einen von Konkurrenten freien Raum, in welchen resistente Organismen einströmen.

6. Die Ausrottung des Zwischenwirtes. Wegen der steilen Abnahme der Trefferwahrscheinlichkeit mit steigender Entfernung vom Streuherd kann die Infektkette vor allem bei Infektionskrankheiten mit obligatem Wirtswechsel durch eine Beseitigung des Zwischenwirtes rasch zum Abreißen gebracht werden, so beim Gitterrost der Birnbäume durch ein Ausrotten des Sevibaumes (S. 215).

Bei Infektionskrankheiten mit fakultativem Wirtswechsel, so beim Schwarzrost der Getreide, wird durch die Ausrottung des Zwischenwirtes (der *Berberis*sträucher) das Auftreten der Krankheit nur verspätet, nicht aber unterbunden (S. 215); die zeitliche Verschiebung der Infektkette um einige Kettenglieder genügt jedoch in manchen Fällen, um den größten wirtschaftlichen Schäden vorzubeugen.

7. Absperrmaßnahmen (Quarantäne) auf Grund der Pflanzenschutzgesetzgebung, im Innern des Landes auch durch Flurgesetze usw. Bei Erregern mit schwach propagativem Charakter, so beim Kartoffelkrebs, wird die Verschleppung durch Gesundheits- und Ursprungszeugnisse verlangsamt; bei stark streuenden Erregern wie dem falschen Mehltau der Reben und der Kartoffeln kann naturgemäß niemand die Konidien daran hindern, über die Landesgrenzen zu fliegen. Die Wirksamkeit der zwischenstaatlichen seuchenpolizeilichen Maßnahmen hängt deshalb stark vom biologischen Charakter des Erregers ab.

B. Die Vernichtung des Erregers, der mit seinem Wirt schon in Berührung gelangt ist, kann je nach den biologischen Voraussetzungen auf drei Arten erfolgen (Martin, 1940; Horsfall, 1945; Frear, 1947, 1948; Fabre und Raoul, 1948):

1. Physikalische Desinfektion des Saat- und Pflanzgutes, zum Beispiel durch Heißluft- oder Warmwasserbehandlung gegen den Weizen- und Gerstenflugbrand (S. 47).

2. Chemische Desinfektion des Saat- und Pflanzgutes, die sogenannte Beizung. Das chemische Agens, meist eine Quecksilberverbindung, gelangt in gelöster Form (Naßbeize) oder in Pulverform (Trockenbeize) zur Anwendung. Bei primärer Beizwirkung tritt die fungizide Wirkung schon während des Beizens oder während des Trocknungsvorganges ein, bei sekundärer Beizwirkung kommt sie erst nachträglich, nach der Aussaat, zur Entfaltung; so besitzen Quecksilberchloride auf Steinbrandsporen eine primäre Beizwirkung, weil sie sie unmittelbar abtöten; Kupfersulfat besitzt dagegen bloß eine sekundäre Beizwirkung, weil es von den Brandsporen nur oberflächlich adsorbiert wird und seine toxische Wirkung erst bei Beginn der Keimung entfaltet: es tötet also die ruhenden Brandsporen nicht ab, verhindert jedoch ihre Keimung, bzw. vernichtet sie schon in den ersten Keimungsstadien. Da jedoch bei sekundär wirkenden Beizmitteln im Erdboden ein Ionenaustausch oder eine Überführung in eine unlösliche Form erfolgen kann, so bieten primär wirkende eine größere Sicherheit.

In Anlehnung an die Pharmakologie wurde versucht, die Wertigkeit der chemischen Desinfektionsmittel durch den chemotherapeutischen Index (Index = dosis curativa dividiert durch dosis tolerata) zu charakterisieren. Die dosis curativa ist die geringste Konzentration, die gerade noch ausreicht, um den Erreger unschädlich zu machen. Die dosis tolerata ist die höchste Konzentration, die der Wirt noch ohne Schädigung erträgt. Das ideale Desinfektionsmittel müßte somit einen sehr geringen chemotherapeutischen Index, niedere dosis curativa bei hoher dosis tolerata, besitzen: höchste Schädigung des Erregers unter möglichster Schonung des Wirtes. Bei den Quecksilberverbindungen, die zum Beispiel für die Beizung von Weizen gegen Steinbrand verwendet werden, bewegt sich der Index um 0,3 herum; Schädigungen des Kornes treten somit schon ein, wenn das Präparat dreimal zu konzentriert verwendet oder unsorgfältig aufgelöst wird.

Doch läßt sich die Wertigkeit eines Beizmittels durch diesen Index nicht immer allgemeingültig erfassen; so wechselt zuweilen die dosis tolerata bzw. toxica je nach Sorte, Qualität der Ernte und Art der Lagerung. Überdies ist die Wirkungsbreite, Haltbarkeit, Haftbarkeit usw. des Präparates mit zu berücksichtigen.

3. Der chemische Schutz der heranwachsenden Pflanzen. Da sich die Keimschläuche der pilzlichen Erreger aktiv in den pflanzlichen Körper einbohren, so muß bei aerogenen Infekten die gesamte Körperoberfläche der zu schützenden Pflanzen vorsorglich, prophylaktisch mit einem Giftstoff überzogen werden (S. 25). Dieser wirkt entweder schon in trockener Luft in gasförmigem Zustande unmittelbar auf den Erreger und seine Sporen (zum Beispiel Abspaltung von Schwefelwasserstoff in der blattnahen Luftschicht bei Schwefel, der zur Bekämpfung des echten Mehltaues auf die Reben und Rosen gestäubt wurde) oder erst in Lösung während der Keimung der Sporen des Erregers (zum Beispiel Kupferverbindungen als Spritzmittel im Wein- und Obstbau).

Bei den Spritzmitteln müssen zwei gegensätzliche Ansprüche gegeneinander ausgewogen werden: 1. müssen sie in Regenwasser oder in den Ausscheidungen der Keimschläuche löslich sein; denn nur gelöste Stoffe sind giftig; 2. müssen sie trotz ihrer Löslichkeit haftfest, also nicht abwaschbar, sein, damit der aufgetragene Salzvorrat möglichst lange vorhält. Deshalb wird angestrebt, das Haften an den Kutin- bzw. Wachsmizellen kolloidchemisch mit Hilfe der Oberflächenaktivität zu erreichen; durch Benetzungsmittel (Herabsetzung der Oberflächenspannung) oder durch entgegengesetzte elektrische Ladung wird der Kontakt zwischen dem Schutzstoff und der Blattoberfläche möglichst eng gestaltet.

Die Zukunft wird zweifelsohne an Stelle der bisherigen unspezifischen Schutzmittel (zum Beispiel Schwefel-, Quecksilber- und Kupferverbindungen) organische Stoffe von weit höherer spezifischer Toxizität für bestimmte Erreger bringen. Doch wächst mit der steigenden Spezifität die Gefahr, daß die Giftbarriere durch vereinzelte giftresistente oder gifttolerante Erregerindividuen durchbrochen wird, die sich dann im konkurrentenfreien Raum ungebührlich vermehren. Die Humanmedizin kennt derartige Beispiele bei Sulfonamiden, bei Penicillin und Streptomycin. Sämtliche Chemotherapeutica und innerhalb gewisser Grenzen auch sämtliche Desinfektionsmittel haben nämlich eine Tendenz, die Erregerpopulationen auf giftfeste Individuen bzw. Stämme hin zu selektionieren: Penicillin wählt penicillinfeste Kokken aus, Streptomycin streptomycinfeste Tuberkelbazillen usw.; dadurch verlieren die betreffenden Therapeutica sukzessive ihre Wirksamkeit.

Bei den pflanzlichen Krankheitserregern stellt sich dieses Problem zur Zeit noch nicht in einer derart drastischen Form; dagegen droht es bei den vermorschungserregenden Pilzen, obschon sie mit vollkommen unspezifischen Mitteln bekämpft werden, zu einer großen Belastung auszuwachsen. Leitungsmaste werden in der Schweiz seit bald 100 Jahren im Saftverdrängungsverfahren mit Kupfersulfat getränkt (Boucherisierung). In den vergangenen 20 Jahren breitet sich jedoch auf den Freilandleitungen immer mehr ein kupferfester Pilz, *Polyporus vaporarius* = *Poria Vaillantii*, aus: das Kupfer hält ihm seine Konkurrenten vom Leib und er kann sich deswegen ungehemmt entfalten (GÄUMANN, 1950).

Würde aber die Kupfer- durch eine Teeröltränkung ersetzt, so begänne eine entsprechende Neuselektionierung auf Teerölfestigkeit zu laufen: teerölimprägnierte Eisenbahnschwellen sind nämlich in analoger Weise dem zunehmenden Angriff durch den teerölfesten *Lentinus lepideus* ausgesetzt (vor allem in den Vereinigten Staaten): er besitzt eine spezifische Kreosottoleranz, wird deshalb vom konkurrentenfreien Raum «angezogen» und kann sich hier ungehemmt entwickeln.

§ 2. Die Dispositionsprophylaxe

Die Dispositionsprophylaxe sucht die Abwehrbereitschaft des Wirtes zu fördern. Sie wirkt sich erst aus, nachdem die Infektionsprophylaxe versagt hat. Ihre Grundlagen wurden weiter vorn im 4. Kapitel (Die Krankheitsbereitschaft des Wirtes) geschildert. Sie erreicht ihr Ziel insbesondere durch

1. züchterische Maßnahmen: durch die Schaffung genetisch krankheitsfester bzw. krankheitswiderstandsfähiger Sorten (ROEMER, FUCHS und ISENBECK, 1938); und

2. pflanzen- und waldbauliche Maßnahmen: Verringerung der individuellen Krankheitsbereitschaft durch richtige Sortenwahl (S. 466), Bodenverbesserung, Bodenbearbeitung (S. 532), geeignete Düngung (S. 494) usw. (BRAUN, 1937).

§ 3. Die Therapie

Die Therapie sucht den erkrankten Organismus zu desinfizieren oder seine Reaktionsnorm günstig zu beeinflussen, so daß im idealen Falle eine Heilung des Infektes erfolgt (kurative, heilende Behandlung). Bei den pflanzlichen Infektionskrankheiten sind die therapeutischen Maßnahmen entweder allgemein biologischer oder physikalisch-chemischer Natur.

Die allgemein biologischen Maßnahmen erstreben eine möglichst günstige Gestaltung der Reaktionslage des erkrankten Organismus, um den Lokalisierungs- und Heilungsprozeß zu unterstützen; sie werden in der praktischen Land- und Forstwirtschaft allgemein berücksichtigt und decken sich in der Regel mit den soeben bei der Dispositionsprophylaxe angedeuteten pflanzen- und waldbaulichen Maßnahmen.

Das Schwergewicht der physikalisch-chemischen Maßnahmen liegt im chemischen Sektor, obschon bei den pflanzlichen Infektionskrankheiten auch physikalisch-therapeutische Maßnahmen möglich sind: so besitzen die Tumore des *Bacterium tumefaciens* (Abb. 421) eine besondere Sensibilität für Röntgenstrahlen und können durch geeignet dosierte Bestrahlung, ohne Schädigung der intakten Nachbargewebe, zur Rückbildung veranlaßt werden (RIVERA, 1935, 1942).

Im Gegensatz zu ihren großen Erfolgen in der Human- und Veterinärmedizin ist jedoch die pflanzliche Chemotherapie aus vier Gründen vorläufig erst ein wissenschaftliches Problem ohne praktische Anwendung.

1. Die Enge des chemotherapeutischen Index. Die uns hier interessierenden menschlichen Infektionskrankheiten werden durch pathogene Bakterien und Pilze verursacht, also durch pflanzliche Lebewesen; der chemotherapeutische Index, die Spanne zwischen der dosis curativa und der dosis toxica, umfaßt deshalb die gesamte Spanne zwischen tierischem und pflanzlichem Leben, und da ist es wohl möglich, Stoffe zu finden, die zum Beispiel für pflanzliches Plasma sehr giftig, für menschliches Plasma wenig oder gar nicht schädlich sind. Bei den pflanzlichen Infektionskrankheiten kämpfen dagegen hohe Pflanzen gegen niedere, also Gleiches mit Gleichem, und da wird der chemotherapeutische Index in den meisten Fällen nahezu 1 sein. Es müßten somit hochspezifische Substanzen gefunden werden, die bei Unschädlichkeit für den phanerogamischen Wirt nur auf den kryptogamischen Erreger wirken.

Derartige Stoffe sind vor allem aus dem Gebiete der Antibiotica bekannt; so vermag Penicillin in wirtsunschädlicher Konzentration *Bacterium tumefaciens, Bact. amylovorum* und *Xanthomonas juglandis* zu hemmen (BROWN und BOYLE, 1945; RUDOLPH, 1946), desgleichen Streptomycin *Bacterium tumefaciens* und *Xanthomonas pruni* (BROWN und HEEP, 1946; DE ROPP, 1948).

2. Die Schwierigkeiten der Einverleibung: Wie bringen wir den therapeutisch wirksamen Stoff gleichmäßig in die zu schützende Pflanze hinein? Der Arzt kann, drastisch ausgedrückt, den Patienten die Medizin schlucken lassen oder sie andernfalls parenteral in seine Blutbahn einführen. Der Botaniker muß dagegen seine Medikamente in den Erdboden einbringen und sie von dort durch die Wurzeln aufnehmen lassen; da jedoch die pflanzlichen Plasmamembranen semipermeabel sind, so müßte die therapeutisch wirksame Substanz in erster Linie die Eigenschaft haben, von der Pflanze freiwillig und unverändert durch die Wurzeln aufgenommen zu werden (KRENKE, 1933, S. 841ff.).

Doch unterliegt es keinem Zweifel, daß es derartige Stoffe gibt; so steigert Cadmium (S. 552) spezifisch die Reaktionsbereitschaft gewisser Weizensorten gegenüber dem echten Mehltau und läßt dadurch die Infektionen abortieren.

Ferner dämmt Oxychinolin das Ulmensterben, verursacht durch *Ophiostoma ulmi* (Abb. 94) ein, wenn es mit der Düngerlanze in die Wurzelzone gebracht wird; die Pflanze nimmt es auf und leitet es in die Gefäßbündel weiter, wo es offenbar einen chemotherapeutischen Effekt entfaltet (ZENTMYER, HORSFALL und WALLACE, 1946; DIMOND, HORSFALL und STODDARD, 1947).

Unter den Insektiziden wird das I.-G.-Präparat E 605 bei zahlreichen Pflanzenarten in wirksamer Konzentration unverändert von den Wurzeln und den übrigen Geweben aufgenommen (FROHBERGER, 1949); d.h. sie nehmen es in Wirklichkeit wegen seiner elektrischen Indifferenz nicht wie Nährsalzionen aktiv auf, sondern können nur nicht verhindern, daß sie von dem Präparat durchdrungen werden.

Auf dieser Grundlage stehen wahrscheinlich noch überraschende Ergebnisse bevor.

3. Die geringe Heilungsbereitschaft. Der Arzt unterstützt beim Patienten den selbsttätig einsetzenden Heilungsvorgang. Im pflanzlichen Körper ist jedoch die Heilungstendenz derart gering (S. 390), daß der Pflanzenpathologe bei einem außerordentlich niedern Ausgangspunkt einsetzen müßte.

4. Die wirtschaftlichen Schranken. Die Pflanzenpathologie erfüllt nicht eine ideale Aufgabe wie die Humanmedizin (menschliches Leben zu erhalten), sondern eine rein wirtschaftliche: die Rentabilität der Urproduktion zu steigern. Ihr Kostenansatz (Chemikalien plus Arbeitsaufwand) muß deshalb niedriger sein als der Handelswert des erzielten Mehrertrages; sonst «lohnt es sich nicht». Nicht nur die chemotherapeutische, sondern auch die wirtschaftliche Spanne ist daher bei der Bekämpfung der pflanzlichen Infektionskrankheiten sehr eng. Wegen des geringen Handelswertes des einzelnen pflanzlichen Individuums (S. 13) kommt es für den Pflanzenpathologen außer bei Obstbäumen auch nicht in Frage, einzelne Individuen zu behandeln, wie der Mediziner es tut (zum Beispiel jede einzelne Weizenpflanze zu injizieren, selbst wenn man es könnte), sondern er wird den Acker als Ganzes behandeln.

Die Aussichten für die innere Therapie der Pflanzen sind somit wenig günstig (MONTEMARTINI, 1937). Deshalb muß sich die Abwehr vorläufig mehr gegen den Erreger als gegen die Krankheit richten; sie sucht nicht individualmedizinisch den einzelnen Erkrankungsfall zu heilen, sondern gruppenmedizinisch (epidemiologisch) die Infektkette vorzeitig abreißen zu lassen: sie erstrebt in erster Linie einen Schutz vor Infektion; ihr Arbeitsgebiet heißt denn auch ganz richtig Pflanzenschutz, Schutz vor Ansteckung, nicht Pflanzenheilung. Sie folgt also vorläufig mehr den Methoden des Hygienikers als denen des praktischen Arztes.

ZITIERTE LITERATUR

Mit Rücksicht auf den Raum werden im allgemeinen nur die neuern Arbeiten zitiert; in ihren Schriftenverzeichnissen können die früheren Veröffentlichungen nachgesehen werden.

AAMODT, O. S., J. Amer. Soc. Agr. *19*, 206–218 (1927).

ADERHOLD, R., und RUHLAND, W., Arb. Biol. Reichsanst. *4*, 427–442 (1905).

AFANASIEV, M. M., and MORRIS, H. E., Amer. Potato J. *25*, 17–23 (1948).

AGERBERG, L. S., SCHICK, R., SCHMIDT, M., und SENGBUSCH, R. v., Züchter *5*, 272–280 (1933).

AINSWORTH, G. C., Ann. appl. Biol. *22*, 55–67 (1935).

AINSWORTH, G. C., OYLER, E., and READ, W. H., Ann. appl. Biol. *25*, 308–321 (1938).

ALLEN, P. J., and GODDARD, D. R., Amer. J. Bot. *25*, 613–621 (1938).

ALLEN, R. F., J. Agr. Res. *23*, 131–152 (1923); *26*, 571–604 (1923); *32*, 701–725 (1926); *33*, 201–222 (1926); *34*, 697–714 (1927).

ALTEN, F., and ORTH, H., Phytopath. Z. *13*, 243–271 (1941).

ANDERSEN, A. L., Phytopath. *38*, 595–611 (1948).

ANGELL, H. R., WALKER, J. C., and LINK, K. P., Phytopath. *20*, 431–438 (1930).

ANLIKER, J., Beitr. Krypt.-Flora Schweiz *8*, H. 4, 1–115 (1935).

ANONYMUS, Trans. Brit. Myc. Soc. *31*, 343–345 (1948).

APPEL, O., und WESTERDIJK, J., Z. Pflanzenkrankh. *29*, 176–186 (1919).

ARATA, M., Boll. Ist. Sieroterap. Milanese *14*, 3–38 (1935).

ARENS, K., Jb. wiss. Bot. *70*, 57–157 (1929); Phytopath. Z. *1*, 169–193 (1930); Jb. wiss. Bot. *80*, 248–300 (1934).

ARNAUDI, C., Atti Soc. ital. Sci. nat. Milano *64*, 230–238 (1925); Riv. Patol. veg. *18*, 161–168 (1928).

ARTSCHWAGER, E., and STARRETT, R. C., J. Agr. Res. *43*, 353–364 (1931).

ASKEW, H. O., J. Pomol. Hort. Sci. *13*, 232–246 (1935).

ATANASOFF, D., Mycologia *11*, 125–128 (1919); Phytopath. *15*, 11–40 (1925).

AUERBACH, C., ROBSON, J. M., and CARR, J. G., Science *105*, 243–247 (1947).

BAER, J. G., Schweiz. Z. Pathol. Bakt. *7*, 442–462 (1944).

BAKER, K. F., Phytopath. *37*, 912–924 (1947).

BALD, J. G., Amer. J. Bot. *36*, 335–342 (1949).

BALDACCI, E., Atti Ist. Bot. Univ. Pavia [IV] *10*, 3–19 (1937); *La resistenza delle piante alle malattie* (Genua 1942), 261 S.

BALDACCI, E., e CABRINI, E., Atti Ist. Bot. Univ. Pavia [IV] *11*, 23–73 (1939).

BALTZER, U., Phytopath. Z. *2*, 377–441 (1930).

BANFIELD, W. M., J. Agr. Res. *62*, 637–681 (1941).

BARNES, B., Ann. Bot. *44*, 825–858 (1930).

BARTON-WRIGHT, E., and MCBAIN, A., Ann. appl. Biol. *20*, 525–548 (1933).

BAVENDAMM, W., Cbl. Bact., II. Abt., *75*, 426–533 (1928); *76*, 172–227 (1928).

BAWDEN, F. C., Brit. J. exp. Path. *18*, 275–291 (1937); *23*, 314–328 (1943); J. Roy. Soc. Arts, London *94*, 136–168 (1946); *Plant viruses and virus diseases* (Leiden 1939), 272 S.

BAWDEN, F. C., and ROBERTS, F. M., Ann. appl. Biol. *34*, 286–296 (1947); *35*, 418–428 (1948).

BAXTER, D. V., and WADSWORTH, F. H., Univ. Michigan School Forest. Bull. *9*, 1–52 (1939).

BEADLE, G. W., Sci. Progress *6*, 184–249 (1949).

BEAUMONT, A., Ann. appl. Biol. *21*, 23–47 (1934).

BEAUVERIE, J., C. r. Acad. Sci., Paris *133*, 107–110 (1901).

BECKER, JOHANNA, Kühn-Archiv *19*, 353–411 (1928).
BECKER-DILLINGEN, J., *Handbuch der Ernährung der landwirtschaftlichen Nutzpflanzen* (Parey, Berlin 1934), 531 S.; *Handbuch der Ernährung der gärtnerischen Kulturpflanzen* (Parey, Berlin 1943), 526 S.
BEHR, L., Phytopath. Z. *15*, 407–446 (1949).
BENNET, C. W., J. Agr. Res. *48*, 665–701 (1934); *60*, 361–390 (1940); Bot. Rev. *6*, 427–473 (1940); Phytopath. *34*, 905–932 (1944).
BENNET, C. W., CARSNER, E., COONS, G. H., and BRANDES, E. W., J. Agr. Res. *72*, 19–48 (1946).
BENNET, C. W., and WALLACE, H. E., J. Agr. Res. *56*, 31–51 (1938).
BERGDOLT, E., Ber. dtsch. bot. Ges. *45*, 293–301 (1927).
BERKELEY, G. H., and WILLISON, R. S., Phytopath. *38*, 509–518 (1948).
BERNARD, N., Ann. Sci. nat., Bot. [9] *9*, 1–196 (1909); *14*, 221–234 (1911).
BERRIDGE, E. M., Ann. appl. Biol. *16*, 567–577 (1929).
BESREDKA, A., Ann. Inst. Pasteur *35*, 421–430 (1921); *Immunisation locale* (Masson, Paris 1925), 252 S.; *Etudes sur l'immunité dans les maladies infectieuses* (Masson, Paris 1928), 414 S.
BEVER, W. M., Phytopath. *24*, 507–516 (1934).
BEWLEY, W. F., *Diseases of glasshouse plants* (Benn Ltd., London 1928), 208 S.
BIALE, J. B., and SHEPHERD, A. D., Amer. J. Bot. *28*, 263–270 (1941).
BJÖRKMAN, E., Symb. Bot. Upsala *6*, H. 2 (1942), 191 S.; Svensk Bot. Tidskr. *38*, 1–13 (1944); Svenska Skogsvårdsför. Tidskr., 333–355 (1944); Meddel. Stat. Skogsforskningsinst. Stockholm *37*, Nr. 2 (1948), 136 S.
BJÖRKMAN, E., SAMUELSON, O., RINGSTRÖM, E., BERGEK, T., och MALM, E., Kungl. Skogshögskol. Skrift., Stockholm *4*, 1–73 (1949).
BLACK, L. M., Phytopath. *31*, 120–135 (1941); Proc. Amer. Phil. Soc. *88*, 132–144 (1944); Amer. J. Bot. *32*, 408–415 (1945); Sixth Growth Symposium, 79–84 (1947); Surv. Biol. Progress *1*, 155–231 (1949).
BLACKMAN, V. H., and WELSFORD, E. J., Ann. Bot. *30*, 389–398 (1916).
BLAIR, I. D., Ann. appl. Biol. *30*, 118–127 (1943).
BLODGETT, E. C., and WRIGHT, CH. M., Washington State Dept. Agr. Circ. *1* (1948), 4 S.
BLUMER, S., Beitr. Krypt.-Flora Schweiz *7*, H. 1, 1–483 (1933); Phytopath. Z. *13*, 375–400 (1941).
BÖHNI, E., Phytopath. Z. *15*, 333–375 (1949).
BOIVIN, A., MESROBEANU, L., MARBÉ, M., JUSTER, P., und SAVULESCU, T., Arch. roumaines Path. expér. Microbiol. *10*, 67–78 (1937).
BOND, T. E. T., Ann. appl. Biol. *23*, 11–29 (1936); Biol. Rev. *11*, 269–285 (1936).
BONDE, R., and SCHULTZ, E. S., Maine Agr. Exper. Stat. Bull. *416*, 229–246 (1943).
BÖNING, K., Z. angew. Entomol. *15*, 181–206 (1929); Z. Parasitenkde. *2*, 645–755 (1930).
BÖNING, K., und BÖNING-SEUBERT, E., Cbl. Bact., II. Abt., *89*, 85–106 (1933).
BORTELS, H., Cbl. Bact., II. Abt., *102*, 129–153 (1940); Phytopath. Z. *15*, 376–393 (1949).
BOSCH, E., Landw. Jb. Schweiz *62*, 791–825 (1948).
BOSE, S. R., Ergebn. Enzymforsch. *8*, 267–276 (1939).
BOYCE, J. S., *Forest pathology* (McGraw-Hill, New York 1948), 550 S.
BRAMBLE, W. C., Amer. J. Bot. *23*, 89–94 (1936); *25*, 61–65 (1938).
BRAUN, A. C., Phytopath. *31*, 135–149 (1941); Amer. J. Bot. *30*, 674–677 (1943); Growth *11*, 325–337 (1947); Amer. J. Bot. *34*, 234–240 (1947).
BRAUN, A. C., and LASKARIS, TH., Proc. nat. Acad. Sci. *28*, 468–477 (1942).
BRAUN, A. C., and MANDLE, R. J., Growth *12*, 255–269 (1948).
BRAUN, A. C., and WHITE, PH. R., Phytopath. *33*, 85–100 (1943).
BRAUN, H., *Der Wurzeltöter der Kartoffel* (Springer, Berlin 1930), 136 S.; Arb. Biol. Reichsanst. *19*, 17–93 (1932); *Pflanzenhygiene* (Parey, Berlin 1937), 98 S.
BRAUN, H., und RIEHM, E., *Krankheiten und Schädlinge der landwirtschaftlichen und gärtnerischen Kulturpflanzen* (Berlin 1945), 325 S.
BRENCHLEY, W. E., and THORNTON, H. G., Proc. Roy. Soc. London [B] *98*, 373–399 (1925).
BRIAN, P. W., Chemistry and Industry, 391–393 (1949).
BRIAN, P. W., CURTIS, P. J., und HEMMING, H. G., Trans. Brit. Myc. Soc. *29*, 173–187 (1946).
BRIAN, P. W., CURTIS, P. J., HEMMING, H. G., and MCGOWAN, J. C., Ann. appl. Biol. *33*, 190–200 (1946).
BRIERLEY, W. B., Ann. appl. Biol. *18*, 420–434 (1931).

BROOKS, CH., and COOLEY, J. S., J. Agr. Res. *37*, 507–543 (1928).
BROOKS, F. T., New Phytologist *27*, 85–91 (1928).
BROOKS, F. T., and BRENCHLEY, G. H., New Phytologist *30*, 128–135 (1931).
BROOKS, F. T., and MOORE, W. C., J. Pomol. hortic. Sci. *5*, 61–97 (1926).
BROWN, J. G., and BOYLE, A. M., Phytopath. *35*, 521–524 (1945).
BROWN, J. G., and HEEP, D. M., Science *104*, 208 (1946).
BROWN, N. A., Phytopath. *13*, 87–99 (1923); J. Agr. Res. *39*, 747–766 (1929).
BROWN, N. A., and QUIRK, A. J., J. Agr. Res. *39*, 503–530 (1929).
BROWN, W., Ann. Bot. *36*, 101–119, 257–300 (1922); *40*, 223–243 (1926).
BROWN, W., and HARVEY, C. C., Ann. Bot. *41*, 643–662 (1927).
BUCHANAN, T. S., and KIMMEY, J. W., J. Agr. Res. *56*, 9–30 (1938).
BUCHHEIM, A., Z. Bot. *23*, 245–250 (1930).
BUCHNER, P., *Tier und Pflanze in Symbiose* (Berlin 1930), 900 S.; Nova Acta Leopoldina [N. F.] *8*, 257–374 (1940).
BUCHWALD, N. F., Friesia *2*, 42–69 (1938).
BUHR, H., Englers bot. Jb. *68*, 142–198 (1937).
BUISMAN, CH. J., Inauguraldissertation (Utrecht 1927), 51 S.
BULLER, A. H. R., *Researches on Fungi*, Bd. 3 und 6 (London 1924 und 1934), 611 und 513 S.
BULLER, A. H. R., and VANTERPOOL, T. C., *Researches on Fungi*, Bd. 5 (London 1933), S. 207–278.
BUNSCHOTEN, G. E., Dissertation (Utrecht 1933), 63 S.
BURGEFF, H., Flora *108*, 353–453 (1915); Ber. dtsch. bot. Ges. *38*, 318–327 (1920); *52*, 384–390 (1934); *Samenkeimung der Orchideen* (G. Fischer, Jena 1936), 312 S.
BURGER, H., Mitt. schweiz. Zentralanst. forstl. Versuchswesen *16*, 153–230 (1931).
BURGES, A., New Phytologist *38*, 273–283 (1939).
BURKHOLDER, W. H., Ecology *1*, 113–123 (1920); *5*, 179–187 (1924).
BURKHOLDER, W. H., and SMITH, W. L., Phytopath. *39*, 887–897 (1949).
BURRI, R., Cbl. Bact., II. Abt., *10*, 756–763 (1903).

CALAVAN, E. C., and KEITT, G. W., Phytopath. *38*, 857–882 (1948).
CALDWELL, J., Proc. Roy. Soc. London [B] *117*, 120–139 (1935).
CAMP, A. F., Ann. Missouri Bot. Gard. *10*, 213–298 (1923).
CAMUS, G., et GAUTHERET, R. J., C. r. Soc. Biol., Paris *142*, 15–16, 769–773 (1948).
CAPOOR, S. P., Ann. appl. Biol. *36*, 307–319 (1949).
CAPPELLETTI, C., Annali. Bot. *17*, 211–297 (1928).
CARBONE, D., Boll. Soc. Bot. ital., 63–71 (1925).
CARBONE, D., e ALEXANDRI, A. V., Boll. Sez. ital. Soc. int. Microbiol. *6*, 3–5 (1935).
CARBONE, D., e ARNAUDI, C., *L'immunità nelle piante* (Mailand 1930), 274 S.
CARBONE, D., and KALAJEV, A., Phytopath. Z. *5*, 91–98 (1932).
CARSNER, E., Phytopath. *15*, 745–757 (1925).
CARSNER, E., and STAHL, C. F., J. Agr. Res. *28*, 297–320 (1924).
CARTER, F. M., Ann. Bot. *48*, 363–394 (1934).
CHEREWICK, W. J., Canad. J. Res. [C] *22*, 52–86 (1944).
CHESTER, K. ST., Quart. Rev. Biol. *8*, 129–154, 275–324 (1933); *12*, 19–46, 165–190, 294–321 (1937).
CHESTER, K. ST., *The cereal rusts* (Chronica Botanica, Waltham 1946), 269 S.
CHILDS, J. F. L., Phytopath. *30*, 65–73 (1940).
CHRISTENSEN, J. J., Univ. Minnesota Agr. Exp. Stat. Techn. Bull. *37*, 1–101 (1926); *65*, 89–108 (1929); Phytopath. *16*, 353–357 (1926).
CHRISTENSEN, J. J., and DAVIES, F. R., Phytopath. *30*, 1017–1033 (1940).
CHRISTENSEN, J. J., and GRAHAM, T. W., Univ. Minnesota Agr. Exp. Stat. Techn. Bull. *95*, 1–40 (1934).
CHUPP, CH., Phytopath. *18*, 301–306 (1928).
CLAUSON-KAAS, N., PLATTNER, PL. A., und GÄUMANN, E., Ber. schweiz. bot. Ges. *54*, 523–528 (1944).
CLAYTON, C. N., Phytopath. *32*, 921–943 (1942).
CLAYTON, E. E., Amer. J. Bot. *10*, 133–147 (1923); J. Agr. Res. *52*, 239–269 (1936); *55*, 883–889 (1937).
COLHOUN, J., Ann. appl. Biol. *35*, 638–647 (1948).
COLHOUN, J., and MUSKETT, A. E., Ann. appl. Biol. *35*, 429–434 (1948).
COLLEY, R. H., J. Agr. Res. *15*, 619–660 (1918).

CONANT, G. H., Amer. J. Bot. *14*, 457–480 (1927).
COOK, M. TH., *Viruses and virus diseases of plants* (Burgess, Minneapolis 1947), 244 S.
COOK, W. S., Bot. Gaz. *98*, 647–669 (1937).
COONS, G. H., and KLOTZ, L. J., J. Agr. Res. *31*, 287–300 (1925).
COONS, G. H., and KOTILA, J. E., Phytopath. *15*, 357–370 (1925).
COSTA, A. S., Phytopath. *34*, 151–162 (1944).
COUCH, J. N., *The genus Septobasidium* (Chapel Hill, N. C., 1938), 480 S.
CROSIER, W., Cornell Univ. Agr. Exp. Stat. Memoir 155 (1934), 40 S.
CUNNINGHAM, H. S., Phytopath. *18*, 539–545 (1928).
CURTIS, J. T., Amer. J. Bot. *26*, 390–399 (1939).

DARPOUX, H., Ann. Epiphyties *9*, 177–205 (1943).
DAS GUPTA, S. N., Ann. Bot. *44*, 349–384 (1930); *47*, 197–226 (1933); Phil. Trans. Roy. Soc. London [B] *223*, 121–161 (1934); *Saltation in Fungi*, Lucknow Univ. Ser. *5*, 1–83 (1936).
DE BRUIJN, H. L. G., Mededeel. Landbouwhoogeschool Wageningen *24*, 1–38 (1922); Tijdskr. over Plantenziekten *32*, 29 S. (1926).
DÉFAGO, G., Matériaux pour la flore cryptogamique de la Suisse, Bd. 8, Fasz. 3 (Büchler, Bern 1935), 109 S.; Phytopath. Z. *13*, 293–315 (1940).
DE HAAN, J. TH., Phytopath. Z. *10*, 235–305 (1937).
DEMOLON, A., et DUNEZ, A., Ann. Agron. [nouv. sér.] *5*, 89–111 (1935).
DENNIS, R. W. G., West Scotland Agr. Coll. Dept. of Plant Husbandry, Res. Bull. *3*, 1–74 (1933).
DE ROPP, R. S., Phytopath. *37*, 201–206 (1947); Amer. J. Bot. *34*, 53–62, 248–261 (1947); *35*, 372–377 (1948); Bull. Torrey Bot. Club *75*, 45–50 (1948); Phytopath. *38*, 993–998 (1948); Nature *162*, 459–460 (1948).
DESCOUR, L., *Pasteur et son Œuvre* (Paris 1921), 296 S.
DIACHUN, ST., and VALLEAU, W. D., Amer. J. Bot. *26*, 347–351 (1939).
DICKINSON, S., Univ. Minnesota Agr. Exp. Stat. Techn. Bull. *88*, 1–42 (1932); Ann. Bot [N. S.] *13*, 89–104, 219–236, 337–343, 345–353 (1949).
DICKSON, F., and FISHER, W. R., Phytopath. *13*, 30–32 (1923).
DICKSON, J. G., J. Agr. Res. *23*, 837–870 (1923).
DIENER, TH., Phytopath. Z. *16*, 129–170 (1950).
DIETEL, P., Cbl. Bact., II. Abt., *48*, 470–500 (1918).
DILLON-WESTON, W. A. R., Phytopath. Z. *4*, 229–246 (1932).
DIMOCK, A. W., Cbl. Bact., II. Abt., *95*, 341–347 (1936).
DIMOND, A. E., HORSFALL, J. G., and STODDARD, E. M., 23rd Proc. Nat. Shade Tree Conference (1947), S. 130–143.
DODGE, B. O., Bull. Torrey Bot. Club *69*, 75–91 (1942).
DOERR, R., Arch. ges. Virusforsch. *2*, 87–155 (1941); *Die Lehre von den Infektionskrankheiten*, in: *Lehrbuch der inneren Medizin*, 5. Aufl. (Springer, Berlin 1942), S. 68–169.
DONANDT, S., Z. Parasitenkde. *4*, 653–711 (1932).
DONCASTER, J. P., and GREGORY, P. H., *The spread of virus diseases in the potato crop* (Stat. Office, London 1948), 189 S.
DORAN, W. L., Phytopath. *9*, 391–402 (1919).
DOWSON, W. J., Ann. appl. Biol. *8*, 83–100 (1921); *Manual of bacterial plant diseases* (Black, London 1949), 183 S.
DOYER, L. C., *Leitfaden zur Untersuchung des Saatgutes auf seinen Gesundheitszustand* (Wageningen 1938), 44 S., 33 Taf.
DUBOS, R. J., Bacter. Rev. *4*, 1–16 (1940).
DUFRÉNOY, J., Ann. Inst. Pasteur *54*, 1–52 (1935); Amer. J. Bot. *23*, 70–79 (1936).
DÜGGELI, M., Cbl. Bact., II. Abt., *12*, 602–614, 695–712 (1904); *13*, 56–63, 198–207 (1904).
DUNHAM, D. H., and BALDWIN, I. L., Soil Sci. *32*, 235–248 (1931).
DUYFJES, H. G. P., Inauguraldissertation (Utrecht 1935), 100 S.
DYKSTRA, T. P., and WHITAKER, W. C., J. Agr. Res. *57*, 319–334 (1938).

EBES, K., Inauguraldissertation (Wageningen 1937), S. 1–56.
EDGECOMBE, A. E., Bot. Gaz. *91*, 1–21 (1931).
EGGENBERGER, W., Ber. schweiz. bot. Ges. *59*, 91–154 (1949).
EGLITS, M., *Mißernten des Winterroggens in Lettland usw.* (Riga 1931), 40 S.
ELLIOTT, CH., *Manual of bacterial plant pathogens* (London 1930), 349 S.
ENGEL, H., Jb. wiss. Bot. *88*, 816–861 (1939).
ERIKSSON, J., und HENNING, E., *Die Getreideroste* (Stockholm 1896), 464 S.

Ettlinger, L., Beitr. Krypt.-Flora Schweiz *10*, H. 1 (1945).
Ettlinger, L., und Plattner, Pl. A., *Antibiotica* (Springer, Wien 1951), im Druck.
Ezekiel, W. N., and Fudge, J. F., J. Agr. Res. *56*, 773–786 (1938).
Ezekiel, W. N., Taubenhaus, J. J., and Fudge, J. F., Phytopath. *22*, 459–474 (1932).
Faber, F. C. von, Jb. wiss. Bot. *51*, 283–375 (1912).
Fabre, R., et Raoul, Y., *Les produits utilisés en phytopharmacie*, Bd. 3 (Masson, Paris 1948–49), 409 S.
Falck, R., Mitt. Forstwirtsch. u. Forstwiss. *1*, 1–42 (1930).
Faris, J. A., Mycologia *16*, 259–282 (1924).
Faulwetter, R. C., J. Agr. Res. *8*, 457–648 (1917); *10*, 639–648 (1917).
Fehmi, S., Phytopath. Z. *6*, 543–588 (1933).
Fellows, H., J. Agr. Res. *37*, 647–661 (1928).
Fellows, H., and Ficke, C. H., J. Agr. Res. *49*, 871–880 (1934).
Ferguson, M. C., U. S. Bur. Plant Ind. Bull. *16*, 1–43 (1902).
Fischer, Alfr., *Vorlesungen über Bakterien* (G. Fischer, Jena 1897), 186 S.
Fischer, Ed., und Gäumann, E., *Biologie der pflanzenbewohnenden parasitischen Pilze* (G. Fischer, Jena 1929), 428 S.
Fischer, G. W., and Holton, C. S., Mycologia *33*, 555–567 (1941).
Fischer, H., Phytopath. Z. *16*, 171–202 (1950).
Flor, H. H., Phytopath. *31*, 852–854 (1941).
Florey, H. W., Chain, E., Heatley, N. G., Jennings, M. A., Sanders, A. G., Abraham, E. P., and Florey, M. E., *Antibiotics* (Oxford University Press, London 1949), 1774 S.
Fontaine, Th. D., Irving, G. W., and Doolittle, S. P., Arch. Biochem. *12*, 395–404 (1947).
Fontaine, Th. D., Ma, R., Poole, J. B., and Doolittle, S. P., Arch. Biochem. *18*, 467–475 (1948).
Foster, R. E., and Walker, J. C., J. Agr. Res. *74*, 165–185 (1947).
Fransen, J. J., *Iepenziekte usw.*, Inauguraldissertation (Wageningen 1939), S. 1–118.
Fraser, W. P., and Ledingham, G. A., Sci. Agr. *13*, 313–323 (1933).
Frazer, H. L., Ann. appl. Biol. *31*, 271–290 (1944).
Frear, D. E. H., *A catalogue of insecticides and fungicides*, Bd. 1 und 2 (Chronica Botanica, Waltham 1947–48), 203 und 153 S.
Fred, E. B., Baldwin, I. L., and McCoy, E., Univ. Wisconsin Stud. Sci. *5*, 1–343 (1932).
Frei, W., und Riedmüller, L., Cbl. Bact., I. Abt., *119*, 282–288 (1930).
Freisleben, R., und Lein, A., Naturwiss. *30*, 608 (1942).
Freisleben, R., und Metzger, I., Z. Pflanzenzüchtung *24*, 507–522 (1941).
Frémont, Th., C. r. Soc. Biol., Paris *112*, 998–1000 (1933); *113*, 775–776, 777–778 (1933).
Frey, C. N., and Keitt, G. W., J. Agr. Res. *30*, 529–540 (1925).
Frick, L., Phytopath. Z. *14*, 525–591 (1943).
Friedemann, U., Bendix, Hassel, und Magnus, W., Z. Hyg. u. Infektionskrankh. *80*, 114–144 (1915).
Friedemann, U., und Magnus, W., Ber. dtsch. bot. Ges. *33*, 96–107 (1915).
Fries, N., Symb. Bot. Upsala *3*, H. 2, 1–188 (1938); Svensk Bot. Tidskr. *36*, 151–156, 451–466 (1942).
Frohberger, P. E., Höfchenbriefe Bayer Leverkusen *2*, 10–92 (1949).
Fuchs, W. H., Kühn-Archiv *38*, 232–286 (1933).
Führer, H., und Breipohl, W., Arch. exp. Path. *173*, 146–158 (1933).
Funke, G. L., *Experimentele Plantensociologie* (Gorinchem 1943), 224 S.

Gardner, M. W., and Kendrick, J. B., J. Agr. Res. *21*, 123–156 (1921).
Garren, K. H., Phytopath. *28*, 839–845 (1938).
Garrett, S. D., J. Agr. Sci. Australia *37*, 664–674, 799–805, 976–983 (1934); Ann. appl. Biol. *23*, 667–699 (1936); *25*, 742–766 (1938); Biol. Rev. *13*, 159–185 (1938); Imp. Bureau Soil Sci., Harpenden Techn. Commun. *38*, 1–54 (1939); *Root disease fungi* (Chronica Botanica, Waltham 1944), 177 S.
Gassner, G., Cbl. Bact., II. Abt., *44*, 305–381, 512–617 (1915); Phytopath. Z. *4*, 549–596 (1932).
Gassner, G., und Appel, G. O., Arb. Biol. Reichsanst. *15*, 417–436 (1927).
Gassner, G., and Franke, W., Phytopath. Z. *7*, 187–222 (1934).
Gassner, G., und Goeze, G., Planta *20*, 391–406 (1933); Z. Pflanzenernähr. u. Düng. [A] *36*, 61–85 (1934); Phytopath. Z. *9*, 371–386 (1936).

Gassner, G., und Hassebrauk, K., Phytopath. Z. *3*, 535–617 (1931); *7*, 63–72 (1934); *11*, 47–97 (1938).
Gassner, G., und Straib, W., Arb. Biol. Reichsanst. *16*, 609–629 (1928); Phytopath. Z. *1*, 1–30, 215–275 (1929); Z. indukt. Abstamm. u. Vererbungslehre *63*, 154–180 (1932).
Gäumann, E., Ann. Myc. *20*, 160–173 (1922); Beitr. Krypt.-Flora Schweiz *5*, H. 4, 1–360 (1923); *Vergleichende Morphologie der Pilze* (G. Fischer, Jena 1926), 626 S.; Vjschr. naturf. Ges. Zürich *73*, Beibl. 15, 450–468 (1928); Svensk Bot. Tidskr. *22*, 33–48 (1928); Flora [N. F.] *23*, 344–385 (1928); Z. Schweiz. Forstver., Beih. 6, 1–155 (1930); Angew. Bot. *14*, 387–411 (1932); *Handwörterbuch der Naturwissenschaften*, 2. Aufl., Bd. 7 (G. Fischer, Jena 1932), S. 720–733; Z. Bot. *25*, 385–461 (1932); Verh. Schweiz. naturf. Ges. *114*, 197–219 (1933); Vjschr. naturf. Ges. Zürich *79*, 83–154 (1934); Phytopath. Z. *8*, 183–196 (1935); *9*, 325–336 (1936); Mitt. Schweiz. Anstalt forstl. Versuchsw. *19*, 382–456 (1936); IIIe Congr. int. Pathol. comp., Rapp., Bd. 1, 2. Teil, 39–63 (Athen 1936); Ber. dtsch. bot. Ges. *56*, 396–405 (1938); Angew. Bot. *21*, 59–69 (1939); Z. Bot. *35*, 433–513 (1940); *38*, 225–327 (1942); Schweiz. Z. Pathol. u. Bakt. *7*, 407–441 (1944); Experientia *1*, 18–20 (1945); Schweiz. Z. Forstwesen *97*, 24–33 (1946); *Pflanzliche Infektionslehre*, 1. Aufl. (Birkhäuser, Basel 1946), 611 S.; Mitt. Schweiz. Anst. forstl. Versuchsw. *25*, 327–393 (1948); *Die Pilze. Grundzüge ihrer Entwicklungsgeschichte und Morphologie* (Birkhäuser, Basel 1949), 382 S.; Advanc. Enzymology *11* (1950), im Druck; Schweiz. Z. Forstwesen *101*, 401–418 (1950).
Gäumann, E., und von Arx, A., Ber. schweiz. bot. Ges. *57*, 174–183 (1947).
Gäumann, E., und Böhni, E., Helv. Chim. Acta *30*, 24–38, 1591–1595 (1947).
Gäumann, E., Braun, R., und Bazzigher, G., Phytopath. *17*, 36–62 (1950).
Gäumann, E., und Häfliger, E., Phytopath. Z. *15*, 1–23 (1944); *16*, 85–105 (1949).
Gäumann, E., und Jaag, O., Phytopath. Z. *10*, 1–16 (1937); Experientia *1*, 21–22 (1945); *2*, 215–220 (1946); Ber. schweiz. bot. Ges. *57*, 3–34, 132–148, 227–241 (1947); Phytopath. Z. *16*, 226–256 (1950).
Gäumann, E., und Naef-Roth, St., C. r. Acad. Sci. Paris *230*, 258–260 (1950).
Gäumann, E., Naef-Roth, St., und Ettlinger, L., Phytopath. Z. *16*, 289–299 (1950).
Gäumann, E., Naef-Roth, St., und Miescher, G., Phytopath. Z. *16*, 257–288 (1950).
Gäumann, E., und Nef, U., Ber. schweiz. bot. Ges. *57*, 258–271 (1947).
Gäumann, E., Roth, C., und Anliker, J., Z. Pflanzenkrankh. *44*, 97–116 (1934).
Gautheret, R., C. r. Soc. biol. Paris, *142*, 774–775 (1948); C. r. Acad. Sci. Paris *224*, 1728–1730 (1947); *226*, 270–271 (1948).
Geiger, R., *Das Klima der bodennahen Luftschicht*, 2. Aufl. (Braunschweig 1942), 435 S.
Gelinsky, H., Z. Forst- u. Jagdwesen *65*, 289–322 (1933).
Genau, A., Kühn-Archiv *19*, 303–351 (1928).
Gheorgiu, I., C. r. Séances Soc. Biol. Paris *109*, 1387–1389 (1932); Ann. Inst. Pasteur *51*, 535–544 (1933).
Gieseke, A., Z. Pflanzenzüchtung *14*, 311–363 (1929).
Gilliver, K., Ann. Bot. [N. S.] *10*, 271–282 (1946); Ann. appl. Biol. *34*, 136–143 (1947).
Glynne, M. D., Ann. appl. Biol. *12*, 34–60 (1925).
Goddard, D. R., and Smith, P. E., Plant Physiol. *13*, 241–264 (1938).
Goldsworthy, M. C., Phytopath. *18*, 277–288 (1928).
Good, H. M., Canadian J. Res. [C] *25*, 137–154 (1947).
Gossop, G. H., Yuill, E., and Yuill, J. L., Trans. Brit. Myc. Soc. *24*, 337–344 (1940).
Gradinaroff, L., Arb. Biol. Reichsanst. *23*, 405–428 (1943).
Graham, T. W., Phytopath. *25*, 284–286 (1934).
Grainger, J., Trans. Brit. Myc. Soc. *31*, 54–65 (1947).
Gray, R., and Bonner, J., J. Amer. Chem. Soc. *70*, 1249–1253 (1948).
Greaney, F. J., Canad. J. Res. [C] *18*, 27–37 (1938).
Greathouse, G. A., and Rigler, N. E., Phytopath. *30*, 475–485 (1940).
Greathouse, G. A., and Watkins, G. M., Amer. J. Bot. *25*, 743–748 (1938).
Gregory, F. G., and Horne, A. S., Proc. Roy. Soc. London [B] *102*, 427–466 (1927).
Gregory, P. H., Trans. Brit. Myc. Soc. *28*, 26–72 (1945); Ann. appl. Biol. *35*, 412–417 (1948).
Greis, H., Jb. wiss. Bot. *86*, 81–106 (1938).
Grevel, F. K., Phytopath. Z. *2*, 209–234 (1930).
Grieve, B. J., Proc. Roy. Soc. Victoria [N. S.] *55*, 13–40 (1943).
Griffée, F., J. Agr. Res. *30*, 915–933 (1925).
Grosjean, J., Dissertation (Amsterdam 1942), 96 S.
Grosmann, H., Z. Parasitenkde. *3*, 56–102 (1931).
Grossbard, E., Nature *161*, 614–615 (1948).

GROVES, J. W., and SKOLKO, A. J., Canad. J. Res. [C] *22*, 190–199, 217–234 (1944); *23*, 94–104 (1945); *24*, 74–80 (1946).
GRUMBACH, A., Z. Immunitätsforsch. u. exp. Ther. *57*, 1–57 (1928); Cbl. Bact., I. Abt., *110*, Beih. 146*–150* (1929).
GÜNNEWIG, J., Beitr. Biol. Pflanzen *20*, 227–254 (1933).
GUSTAFSON, F. G., Plant Physiol. *4*, 349–356 (1929).
GUYOT, A. L., *Les Urédinées*, I: *Genre Uromyces* (Lechevalier, Paris 1938), 438 S.

HAACK, O., Z. Forst- u. Jagdwesen *43*, 329–357, 402–423, 481–505 (1911).
HABERLANDT, G., Sitz.-Ber. Preuss. Akad. Wiss., phys.-math. Kl. *28*, 480–499 (1935); Abh. Preuss. Akad. Wiss., math.-naturw. Kl., Nr. 1, 3–10 (1941).
HAGENGUTH, K., and GRIESINGER, R., Phytopath. Z. *13*, 517–529 (1943).
HAHNE, J., Kühn-Archiv *9*, 157–263 (1925).
HALL, C. J. J. VAN, Cbl. Bact., II. Abt., *9*, 642–652 (1902).
HALLAUER, C., Schweiz. med. Wschr. *74*, 611–617 (1944).
HAMMARLUND, C., Hereditas *6*, 1–126 (1925).
HAMNER, K. C., and KRAUS, E. J., Bot. Gaz. *98*, 735–807 (1937).
HÄNNI, H., Phytopath. Z. *15*, 209–332 (1949).
HANSEN, H. N., Mycologia *30*, 442–455 (1938).
HANSEN, H. N., and SMITH, R. E., Phytopath. *22*, 953–964 (1932); Cbl. Bact., II. Abt., *92*, 272–279 (1935).
HANSEN, H. P., Nordisk Jordbrugsforskning, 191–200 (1932); Yearbook Roy. Veterinary and Agr. College Copenhagen, 1–74 (1934).
HARLEY, J. L., Biol. Rev. *23*, 127–158 (1948).
HARRIS, H. A., Phytopath. *30*, 625–638 (1940).
HARRISON, A. L., New York State Agr. Exp. Stat. Techn. Bull. *236*, 1–19 (1935); Phytopath. *37*, 533–538 (1947).
HART, H., U. S. Dept. Agr. Techn. Bull. *266*, 1–75 (1931).
HARTER, L. L., Amer. J. Bot. *26*, 234–243 (1939); J. Agr. Res. *62*, 97–107 (1941).
HASSEBRAUK, K., Arb. Biol. Reichsanst. *20*, 165–182 (1932); Phytopath. Z. *12*, 233–276 (1939); *12*, 509–510 (1940).
HATFIELD, W. C., WALKER, C. J., and OWEN, J. H., J. Agr. Res. *77*, 115–135 (1948).
HAWKER, L. E., Trans. Brit. Myc. Soc. *30*, 135–140 (1948).
HAWKINS, L. A., Amer. J. Bot. *2*, 71–81 (1915); J. Agr. Res. *7*, 255–260 (1916).
HAWKINS, L. A., and HARVEY, R., J. Agr. Res. *18*, 275–297 (1919).
HAYMAKER, H. H., J. Agr. Res. *36*, 675–695 (1928).
HEALD, F. D., Phytopath. *11*, 269–278 (1921); *Introduction to plant pathology* (New York 1937), 579 S.
HEALD, F. D., and STUDHALTER, R. A., J. Agr. Res. *2*, 405–422 (1914).
HEALD, F. D., and WALTON, R. C., Amer. J. Bot. *1*, 499–521 (1914).
HEINRICHER, E., Ber. dtsch. bot. Ges. *33*, 245–253 (1915); Denkschr. Akad. Wiss. Wien, math.-naturw. Kl. *93*, 501–534 (1917); Planta *7*, 165–173 (1929); Beitr. Biol. Pflanzen *18*, 1–16 (1930).
HEINZE, P. H., and ANDRUS, C. F., Amer. J. Bot. *32*, 62–66 (1945).
HELLINGA, J. J. A., Rec. Trav. bot. Néerland. *38*, 151–286 (1941).
HENDERSON-SMITH, J., Ann. appl. Biol. *10*, 335–347 (1923).
HENRY, B. W., RIKER, A. J., and DUGGAR, B. M., J. Agr. Res. *67*, 89–110 (1943).
HERBST, W., Forschungsdienst *11*, 553–565 (1941).
HESS, H., Phytopath. Z. *16*, 41–70 (1949).
HEUSSER, K., Vjschr. naturf. Ges. Zürich *62*, 565–588 (1917).
HILDEBRAND, E. M., Cornell Univ. Agr. Exp. Stat. Mem. *207*, 2–40 (1937); Phytopath. *29*, 142–156 (1939).
HILDEBRANDT, A. C., and RIKER, A. J., Amer. J. Bot. *34*, 421–427 (1947); *36*, 74–85 (1949).
HILDEBRANDT, A. C., RIKER, A. J., and DUGGAR, B. M., Amer. J. Bot. *32*, 357–361 (1945); *33*, 591–597 (1946); Cancer Res. *6*, 368–377 (1946).
HILKENBÄUMER, F., Kühn-Archiv *56*, 1–24 (1942).
HILL, J. B., Phytopath. *18*, 553–564 (1928).
HIROE, I. (syn. MATSUURA, I.), Mem. Tottori Agr. College *5*, 241–272 (1937).
HO, W. CH., Iowa State Coll. Agr. Exp. Stat. Res. Bull. *332*, 401–446 (1944).
HODGSON, R. A., PETERSON, W. H., and RIKER, A. J., Phytopath. *39*, 47–62 (1949).
HODGSON, R. A., RIKER, A. J., and PETERSON, W. H., J. biol. Chem. *158*, 89–100 (1945); Phytopath. *37*, 301–318 (1947).

HOLLIS, J. P., Phytopath. *38*, 761–775 (1948).
HOLMES, F. O., Contr. Boyce Thompson Inst. *4*, 323–357 (1932).
HOLTON, C. S., Phytopath. *21*, 835–842 (1931); J. Agr. Res. *62*, 229–240 (1941).
HOLTON, C. S., and HEALD, F. D., Washington Agr. Exp. Stat. Pullman, Bull. *339*, 3–34 (1936).
HONECKER, L., Z. Züchtung [A] *19*, 577–602 (1934).
HOOKER, W. J., WALKER, J. C., and LINK, K. P., J. Agr. Res. *70*, 63–78 (1945).
HOPPE, P. E., J. Agr. Res. *53*, 671–680 (1936).
HORSFALL, J. G., *Fungicides and their action* (Chronica Botanica, Waltham 1945), 239 S.
HOUSTON, B. R., ESAU, K., and HEWITT, WM. B., Phytopath. *37*, 247–253 (1947).
HUBER, BR., Biologia Generalis *16*, 310–343 (1942).
HURD, A. M., and HASSELBRING, H., J. Agr. Res. *34*, 191–195 (1927).
HURSH, C. R., J. Agr. Res. *27*, 381–412 (1924).
HUSFELD, B., Gartenbauwiss. *7*, 15–92 (1933).

INGOLD, C. T., Trans. Brit. Myc. Soc. *29*, 43–51 (1946); *31*, 277–280 (1948).
ISENBECK, K., Kühn-Archiv *44*, 1–54 (1937).

JAAG, O., Verh. schweiz. naturf. Ges. *117*, 56–59 (1936); Mitt. naturf. Ges. Schaffhausen *18*, 205–257 (1939); Verh. schweiz. naturf. Ges. *123*, 52–62 (1943); Beitr. Krypt.-Flora Schweiz *9*, H. 4, 1–560 (1945).
JAAG, O., und THOMAS, E., Ber. schweiz. bot. Ges. *43*, 77–89 (1934).
JAARSVELD, A., Phytopath. Z. *14*, 1–75 (1942).
JAHN, E., Z. Forst- u. Jagdwesen *63*, 429–443 (1931).
JANKE, A., Cbl. Bact., II. Abt., *100*, 409–459 (1939).
JARACH, M., Phytopath. Z. *4*, 315–327 (1932).
JOHNSON, F., Phytopath. *31*, 649–656 (1941).
JOHNSON, J., J. Agr. Res. *55*, 599–618 (1937); Univ. Wisconsin Agr. Res. Bull. *160*, 35 S. (1947); Phytopath. *37*, 403–417, 822–837 (1947).
JOHNSON, J., and HARTMAN, R. E., J. Agr. Res. *17*, 41–86 (1919).
JOHNSON, T., Phytopath. *31*, 197–198 (1941); Cold Spring Harbor Symposia Quant. Biol. *11*, 85–93 (1946).
JOHNSON, T., and BROWN, A. M., Scient. Agr. *13*, 141–153 (1932).
JOHNSON, T., and NEWTON, M., Canad. J. Res. [C] *16*, 38–52 (1938); *18*, 54–67 (1940).
JOHNSTON, C. O., and MILLER, E. C., J. Agr. Res. *61*, 427–444 (1940).
JONES, A. P., Ann. appl. Biol. *18*, 313–333 (1931).
JONES, L. R., GIDDINGS, N. J., and LUTMAN, B. F., Vermont Agr. Exp. Stat. Bull. *168*, 1–100 (1912).
JONES, S. G., Ann. Bot. *49*, 699–728 (1935).
JÖRGENSEN, C. A., Hereditas *10*, 293–302 (1928).

KALIAEW, A., KRAWTSCHENKO, A., und SMIRNOWA, N., Cbl. Bact., II. Abt., *92*, 209–220 (1935).
KARSTRÖM, H., Ergebn. Enzymforsch. *7*, 350–376 (1938).
KATSER, A., Boll. Reale Staz. Patol. veget. [N. S.] *18*, 195–330 (1938).
KATZ, I., Phytopath. Z. *15*, 495–534 (1949).
KATZNELSON, H., LOCHHEAD, A. G., and TIMONIN, M. I., Bot. Rev. *14*, 543–587 (1948).
KAUSCHE, G. A., *Viruskrankheiten bei Mensch, Tier und Pflanze* (Berlin 1942), 111 S.
KAUSCHE, G. A., PFANKUCH, E., und RUSKA, H., Naturwiss. *27*, 292–299 (1939).
KEITT, G. W., and JONES, L. K., Univ. Wisconsin Agr. Exp. Stat. Res. Bull. *73*, 104 S. (1926).
KEITT, G. W., LANGFORD, M. H., and SHAY, J. R., Amer. J. Bot. *30*, 491–500 (1943).
KEITT, G. W., and PALMITER, D. H., Amer. J. Bot. *25*, 338–345 (1938).
KELLY, S. M., and BLACK, L. M., Amer. J. Bot. *36*, 65–73 (1949).
KENT, G. C., Phytopath. *27*, 871–902 (1937).
KERLING, L. C. P., Inauguraldissertation (Utrecht 1928), 107 S.
KING, C. J., and BRINKERHOFF, L. A., Phytopath. *39*, 88–90 (1949).
KISSER, J., und LINDENBERG, L., Jb. wiss. Bot. *89*, 89–155 (1940).
KLAUS, H., Phytopath. Z. *13*, 126–195 (1943).
KLEBAHN, H., Z. Pflanzenkrankh. *22*, 321–350 (1912); Flora *111*, 418–430 (1918); Z. Pflanzenkrankh. *48*, 369–410 (1938).
KLEIN, G., und KEYSSNER, E., Biochem. Z. *254*, 251–255 (1932).

KLEIN, G., und ZIESE, W., Biochem. Z. *254*, 264–285 (1932).
KOBEL, F., Landwirtsch. Jb. Schweiz *43*, 232–272 (1929).
KOEHLER, B., and WOODWORTH, C. M., Phytopath. *28*, 811–823 (1938).
KOELLREUTER, J., Phytopath. Z. *17*, 129–160 (1950).
KÖGL, F., und FRIES, N., Z. physiol. Chem. *249*, 93–110 (1937).
KÖHLER, E., Arb. Biol. Reichsanst. *13*, 385–411 (1925); *15*, 135–176, 401–416 (1928); Cbl. Bact., II. Abt., *78*, 222–241 (1929); Arb. Biol. Reichsanst. *19*, 263–284 (1931); Phytopath. Z. *10*, 467–479 (1937); Arch. ges. Virusforsch. *1*, 46–69 (1939); Mitt. Biol. Reichsanst. *61*, 1–11, 53 Abb. (1940); Biol. Zbl. *61*, 298–328 (1941); *62*, 203–220 (1942); Mitt. Biol. Reichsanst. *67*, 31–46 (1943); Z. Naturforsch. *2b*, 29–34 (1947).
KÖHLER, E., und HAUSCHILD, I., Züchter *17/18*, 97–105 (1947).
KOLK, L. A., Bull. Torrey Bot. Club *57*, 443–507 (1930).
KÖLPIN-RAVN, F., Dansk Bot. Tidskr. *23*, 101–322 (1900).
KOTTE, W., Rapp. 2e Congr. Pathol. comp., Paris, *1*, 304–305 (1931).
KRAUS, E. J., BROWN, N. A., and HAMNER, K. C., Bot. Gaz. *98*, 370–420 (1936).
KREBS, J., Schweiz. landwirtsch. Mh., 7 S. (1933); Ber. schweiz. bot. Ges. *45*, 71–165 (1936).
KRENKE, N. P., Monogr. Gesamtgeb. Physiol. *29*, 1–934 (1933).
KRITSCHEWSKY, J. L., Z. Immunitätsforsch., I. Teil, *22*, 381–395 (1914); *23*, 331–357 (1915).
KRÜGER, E., Arb. Biol. Reichsanst. *23*, 51–95 (1939).
KÜDERLING, O. E., Z. Pflanzenzüchtung *21*, 1–40 (1936).
KUNKEL, L. O., J. Agr. Res. *14*, 543–572 (1918); Phytopath. *24*, 437–466 (1934); *26*, 809–830 (1936); *29*, 684–700 (1939); *Virus diseases*, by members of the Rockefeller Institute for medical Research (Ithaca, N. Y., 1943), S. 63–82; Michigan State Coll. Agr. Exp. Stat. Circ. Bull. *208*, 19 S. (1947).
KURSSANOW, A. L., Rev. gén. Bot. *40*, 277–302, 343–371 (1928).
KÜSTER, E., *Die Gallen der Pflanzen* (Hirzel, Leipzig 1911), 437 S.; *Pathologische Pflanzenanatomie*, 2. Aufl. (Fischer, Jena 1916), 447 S.; *Pathologie der Pflanzenzelle*, Bd. 1 (Bornträger, Berlin 1929), 200 S.; *Anatomie der Gallen*, in: LINSBAUER, *Handbuch der Pflanzenanatomie*, Bd. 5, 1, 197 S. (1930).
KÜTHE, K., Z. Pflanzenkrankh. *47*, 193–211 (1937).

LACKEY, C. F., Phytopath. *21*, 123–124 (1931); *39*, 562–567 (1949).
LAGERBERG, T., LUNDBERG, A., och MELIN, E., Svenska Skogsvårdsför. Tidskr. *25*, 561–739 (1927).
LAL, A., Ann. appl. Biol. *26*, 247–261 (1939).
LAMBERT, E. B., Phytopath. *19*, 1–71 (1929).
LANG, A., Fortschr. Bot. *12*, 340–441 (1949).
LANG, W., Cbl. Bact., II. Abt., *25*, 86–101 (1910); Jber. Ver. angew. Bot. *10*, 172–180 (1913).
LANGNER, W., Phytopath. Z. *9*, 111–145 (1936).
LARSEN, P., Schweiz. Z. Forstwesen *94*, 265–272 (1943).
LARSON, R. H., Phytopath. *33*, 1216–1217 (1943).
LA RUE, C. D., Genetics *7*, 142–183 (1922).
LASSER, E., Kühn-Archiv *44*, 161–211 (1937).
LAURITZEN, J. I., Phytopath. *9*, 7–35 (1919).
LEACH, J. G., *Insect transmission of plant diseases* (London 1940), 615 S.
LEACH, J. G., ORR, L. W., and CHRISTENSEN, C., J. Agr. Res. *49*, 315–342 (1934).
LEDERBERG, J., Heredity *2*, 145–198 (1948).
LEEMANN, A. C., Cbl. Bact., II. Abt., *85*, 360–376 (1932).
LEHMANN, E., KUMMER, H., und DANNEMANN, H., *Der Schwarzrost* (Lehmann, München 1937), 584 S.
LEIBUNDGUT, H., und FRICK, L., Schweiz. Z. Forstwesen *94*, 297–306 (1943).
LEICK, E., Ber. dtsch. bot. Ges. *51*, 409–442 (1934).
LEONIAN, L. H., Phytopath. *19*, 753–868 (1929).
LEPIK, E., Phytopath. Z. *1*, 49–109 (1929); Z. Pflanzenkrankh. *41*, 228–240 (1931); Phytopath. Z. *12*, 292–311 (1939).
LEVI, I., MICHAELIS, M., and HIBBERT, H., Arch. Biochem. *3*, 167–174 (1944).
LEVINE, M. N., Phytopath. *18*, 7–123 (1928).
LEWIS, I. M., J. Bact. *28*, 619–638 (1934).
LINCOLN, R. E., J. Agr. Res. *60*, 217–239 (1940).

LINDEGREN, C. C., Ann. Missouri Bot. Gard. *32*, 107–123 (1945); Bacter. Rev. *9*, 111–170 (1945); Proc. nat. Acad. Sci. Washington *32*, 68–70 (1946).
LINFORD, M. B., Phytopath. *21*, 791–833 (1931).
LINK, G. K. K., and EGGERS, V., Bot. Gaz. *103*, 87–106 (1941).
LINK, G. K. K., and SHARP, C. G., Bot. Gaz. *83*, 145–160 (1927).
LINK, G. K. K., and TALIAFERRO, W. H., Bot. Gaz. *85*, 198–207 (1928).
LOCKE, S. B., RIKER, A. J., and DUGGAR, B. M., J. Agr. Res. *57*, 21–39 (1938); *59*, 519–525, 535–539 (1939).
LOEWEL, E. L., und SCHUBERT, W., Gartenbauwiss. *15*, 453–462 (1941).
LÖHNIS, M. P., *Onderzoek naar het verband tusschen de weersgesteldheid en de aardappelziekte* (Baarn 1925), 129 S.; Cbl. Bact., II. Abt., *80*, 342–368 (1930).
LONGRÉE, K., Cornell Univ. Agr. Exp. Stat. Memoir *223*, 1–43 (1938).
LOUGHNANE, J. B., and MURPHY, P. A., Sci. Proc. Roy. Dublin Soc. *22*, 1–15 (1938).
LÜDTKE, M., und AHMET, H., Biochem. Z. *257*, 256–266 (1933).
LUMIÈRE, A., *Rôle des colloïdes chez les êtres vivants* (Masson, Paris 1921), 311 S.
LUMIÈRE, A., et COUTURIER, H., C. r. Acad. Sci. Paris *172*, 1313–1315 (1921).
LUNDEGÅRDH, H., Bot. Notiser, 25–52 (1923).

MAAG, R., *Schädlinge und Krankheiten im Feldbau* (Selbstverlag, Dielsdorf-Zürich 1944), 78 S.
MAGROU, J., C. r. Acad. Sci. Paris *201*, 986–988 (1935); Ann. Inst. Pasteur *60*, 565–600 (1938).
MAGROU, J., et MARIAT, FR., C. r. Acad. Sci. Paris *226*, 981–983 (1948).
MAGROU, J., et MARNEFFE, H., Bull. Soc. Myc. France *61*, 5–13 (1945).
MAI, W. F., Amer. Potato J. *24*, 341–351 (1947).
MAIER, W., Wein u. Rebe *23*, 25–38, 61–64 (1941).
MAINS, E. B., and JACKSON, H. S., Phytopath. *16*, 89–120 (1926).
MAINS, E. B., LEIGHTY, C. E., and JOHNSTON, C. O., J. Agr. Res. *32*, 931–972 (1926).
MANIL, P., Mém. Acad. Roy. Belgique, Cl. Sci. *15*, H. 2, 3–50 (1936).
MARCUS, O., Z. Mikrobiol. *13*, 1–44 (1942).
MARKHAM, R., and SMITH, KENNETH M., Parasitology *39*, 330–342 (1949).
MARTIN, H., *The scientific principles of plant protection* (New York 1940), 385 S.
MAURIZIO, A., Cbl. Bact., II. Abt., *72*, 129–148 (1927).
MAYO, J. K., New Phytolog. *24*, 162–171 (1925).
MAYOR, E., Bull. Soc. neuchâteloise Sci. nat. *51*, 53–76 (1927).
MCCREA, A., Amer. J. Bot. *18*, 50–78 (1931).
MCCUBBIN, W. A., Bot. Rev. *12*, 101–139 (1946).
MCKINNEY, H. H., and CLAYTON, E. E., J. Heredity *36*, 323–331 (1945).
MCKINNEY, H. H., and DAVIS, R. J., J. Agr. Res. *31*, 827–840 (1925).
MCLACHLAN, J. D., J. Arnold Arboret. *17*, 1–25 (1936).
MCLEAN, F. T., Bull. Torrey Bot. Club *48*, 101–106 (1921).
MCWHORTER, F. P., Ann. appl. Biol. *25*, 254–270 (1938).
MEAD, H. W., Canad. J. Res. [C] *20*, 501–538 (1942).
MELANDER, L. W., and CRAIGIE, J. H., Phytopath. *17*, 95–114 (1927).
MELCHERS, G., und SCHRAMM, G., Naturwiss. *28*, 476–478 (1940).
MELIN, E., Svensk Bot. Tidskr. *16*, 161–196 (1922); *17*, 479–520 (1923); *Untersuchungen über die Bedeutung der Baummykorrhiza* (Jena 1925), 152 S.
METZGER, I., Kühn-Archiv *56*, 163–172 (1942).
MEYER, G., Arb. Biol. Reichsanst. *23*, 97–132 (1940).
MEYER, H., Phytopath. Z. *17*, 63–80 (1950).
MIELKE, J. L., Yale Univ. School Forestry Bull. *52*, 155 S. (1943).
MIESCHER, G., Phytopath. Z. *16*, 369–397 (1950).
MILLARD, W. A., and TAYLOR, C. B., Ann. appl. Biol. *14*, 202–216 (1927).
MILLS, W. R., Phytopath. *30*, 830–839 (1940).
MINKEVICIUS, A., Phytopath. Z. *5*, 99–152 (1932).
MITRA, M., Trans. Brit. Myc. Soc. *15*, 254–293 (1930); *16*, 115–127 (1931).
MIX, A. J., Phytopath. *14*, 217–233 (1924); *25*, 41–66 (1935).
MIYOSHI, M., Jb. wiss. Bot. *28*, 269–289 (1895).
MONTEMARTINI, L., Boll. Soc. int. Microbiol., Sez. ital. *2* (8), 349–350 (1930); Riv. Biol. *22*, 3–12 (1937).
MOREL, G., Ann. Epiphyties. [N. S.] *14*, 123–234 (1948).
MORGENTHALER, O., Beih. Schweiz. Bienenztg. *1*, 285–336 (1944).

MORITZ, O., Planta *15*, 647–696 (1932).
MUCH, H., Münchener med. Wschr. *78*, 137–139 (1931).
MUCH, H., und NYRÉN, T., Cbl. Bact., I. Abt., *116*, 3–6 (1930).
MÜLLER, K., *Rebschädlinge und ihre neuzeitliche Bekämpfung* (Karlsruhe 1918), 203 S.; Jber. Ver. angew. Bot. *16*, 21–28 (1919); Angew. Bot. *19*, 110–118 (1937).
MÜLLER, K., und SLEUMER, H., Landwirtsch. Jb. *79*, 509–576 (1934).
MÜLLER, K. O., Arb. Biol. Reichsanst. *13*, 197–262 (1924); Z. Pflanzenzüchtung *13*, 143–156 (1928); Angew. Bot. *12*, 299–324 (1930); Arb. Biol. Reichsanst. *18*, 465–505 (1931); Naturwiss. *24*, 552–557 (1936).
MÜLLER, K. O., und BEHR, L., Nature *163*, 498 (1949).
MÜLLER, K. O., und BÖRGER, H., Arb. Biol. Reichsanst. *23*, 189–231 (1941).
MÜLLER, K. O., und GRIESINGER, R., Angew. Bot. *24*, 130–149 (1942).
MÜLLER, K. O., MEYER, G., und KLINKOWSKI, M., Naturwiss. *46*, 765–768 (1939).
MÜLLER-THURGAU, H., Landwirtsch. Jb. *17*, 83–160 (1888).
MÜNCH, E., Naturwiss. Z. Forst- u. Landwirtsch. *7*, 54–75, 87–114, 129–160 (1909); *8*, 389–408, 425–447, 533–547, 553–569 (1910); Z. Pflanzenkrankh. *39*, 276–286 (1929); *Hymenomycetineae*, in: SORAUER, *Handbuch der Pflanzenkrankheiten*, 5. Aufl. Bd. 3, II. Teil, 297–404 (1932).
MUNSON, R. G., Ann. appl. Biol. *26*, 440–457 (1939).
MURPHY, H. C., Phytopath. *26*, 220–234 (1936); *29*, 763–782 (1939).

NAEF-ROTH, ST., Phytopath. Z. *15*, 1–38 (1948).
NAGY, R., RIKER, A. J., and PETERSON, W. H., J. Agr. Res. *57*, 545–555 (1938).
NEERGAARD, P., C. r. Ass. int. d'Essais de Semences, Stockholm *12*, 47–71 (1940).
NEGER, F. W., *Die Krankheiten unserer Waldbäume* (Stuttgart 1924), 296 S.
NEISH, A. CH., and HIBBERT, H., Arch. Biochem. *3*, 141–166 (1944).
NEWTON, M., and BROWN, A. M., Canad. J. Res. *11*, 564–581 (1934).
NEWTON, M., and JOHNSON, T., Domin. Canada Dept. Agr. Bull. [N. S.] *160*, 1–60 (1932); Nature (London) *139*, 800 (1937).
NEWTON, R., and ANDERSON, J. A., Canad. J. Res. *1*, 86–99 (1929).
NEWTON, R., LEHMANN, J. V., und CLARKE, A. E., Canad. J. Res. *1*, 5–35 (1929).
NICOLOFF, TH., Rev. gén. Bot. *35*, 545–552, 593–601 (1923).
NIERENSTEIN, M., J. Chem. Soc. *115*, 1328–1332 (1919).
NOBÉCOURT, P., Bull. Sci. bot. France [5e sér.]*1*, 1094–1098 (1925); *Contribution à l'étude de l'immunité chez les végétaux*, Dissertation, 2. Aufl. (Lyon 1928), 176 S.
NOBLE, R. J., Phytopath. *13*, 127–139 (1923); J. Agr. Res. *27*, 451–489 (1924).
NOËL, CHR., Ann. Sci. nat. bot. *7*, 87–146 (1946).
NOLL, A., Landwirtsch. Jb. *89*, 41–113 (1939).
NUSBAUM, CH. J., and KEITT, G. W., J. Agr. Res. *56*, 595–618 (1938).

OORT, A. J. P., Tijdschr. Plantenziekt. *42*, 179–234 (1936); *46*, 1–18 (1940); *50*, 73–106 (1944); *53*, 25–43 (1947).
ORSENICO, G., Riv. Pat. veget. *29*, 367–374 (1939).
ORTH, H., und LEHMANN, H., Züchter *7*, 12–16 (1935).
OSBORN, E. M., Brit. J. exp. Pathol. *24*, 227–231 (1943).
OTTO, R., und HERRIG, O., Z. Immunitätsforsch. *53*, 487–492 (1927).

PADWICK, G. W., Scient. Agr. *16*, 365–372 (1936).
PAECH, K., Z. Altersforsch. *2*, 183–205 (1940).
PAPE, H., und RADEMACHER, B., Angew. Bot. *16*, 225–250 (1934).
PAUL, W. R. C., Trans. Brit. Myc. Soc. *14*, 118–135 (1929).
PAXTON, G. E., Phytopath. *12*, 446–447 (1922).
PEACE, T. R., *Elm disease*, Brit. Forestry Comm. Leaflet *19*, 7 S. (1947).
PEARSON, N. L., J. Agr. Res. *43*, 569–596 (1931).
PELTIER, G. L., Univ. Nebraska Agr. Exp. Stat. Res. Bull. *22*, 1–15 (1922); *25*, 1–52 (1923); *35*, 11 S. (1925).
PERROT, E., *Manuel de phytopharmacie*, Bd. 1 (Masson, Paris 1948), 618 S.
PERSOON, CH. H., *Tentamen dispositionis methodicae fungorum* (Leipzig 1797), 76 S.
PETCH, T., *The diseases and pests of the Rubber tree* (McMillan, London 1921), 278 S.
PETRI, L., Mem. Reale Staz. Patol. veget. Roma, 1–130 (1909); Ann. Reale Ist. sup. Forest. naz. *2*, 1–181 (1917).
PETRIE, J. M., Proc. Linn. Soc. New South Wales *49*, 386–394 (1924).

PETURSON, B., Sci. Agr. *29*, 230–236 (1949).
PICADO, C., Ann. Inst. Pasteur *35*, 893–901 (1921).
PIEKENBROCK, P., Kühn-Archiv *15*, 411–456 (1927).
PLATTNER, PL. A., und CLAUSON-KAAS, N., Helv. Chim. Acta *28*, Fasz. 1, 188–195 (1944.)
PLATZ, G. A., DURRELL, L. W., and HOWE, M. F., J. Agr. Res. *34*, 137–147 (1927).
POOL, V. W., and MCKAY, M. B., J. Agr. Res. *5*, 1011–1038 (1916).
PORTER, C. L., and CARTER, J. C., Bot. Rev. *4*, 165–182 (1938).
PRICE, W. C., Amer. J. Bot. *17*, 694–702 (1930); Contrib. Boyce Thompson Inst. *4*, 359–403 (1932); Amer. J. Bot. *25*, 603–612 (1938); Amer. Naturalist *74*, 117–128 (1940).
PRICE, W. C., and HOLT, B. R., Phytopath. *38*, 213–217 (1948).
PRITHAM, G. H., and ANDERSON, A. K., J. Agr. Res. *55*, 937–949 (1937).
PURDY-BEALE, H. A., Contrib. Boyce Thompson Inst. *6*, 407–435 (1934).

QUANJER, H. M., Mededeel. Rijks Hoogeschool Wageningen *6*, 41–80 (1913); Tijdschr. Plantenziekt. *48*, 1–16 (1942).

RABIEN, H., Arb. Biol. Reichsanst. *15*, 297–353 (1927).
RAINES, M. A., Amer. J. Bot. *9*, 83–238 (1922).
RANKER, E. R., J. Agr. Res. *41*, 613–619 (1930).
RATHBUN, A. E., J. Agr. Res. *30*, 327–339 (1925).
RAWLINS, T. E., ROBERTS, C., and UTECH, N. M., Amer. J. Bot. *33*, 356–363 (1946).
RAY, J., Rev. gén. Bot. *13*, 145–151 (1901).
REED, G. M., Bull. Torrey Bot. Club *62*, 177–186 (1935).
REED, G. M., and FARIS, J. A., Amer. J. Bot. *11*, 518–534, 579–599 (1924).
RENNERFELT, E., Svensk Bot. Tidskr. *32*, 332–345 (1938); *37*, 83–93 (1943).
REYNOLDS, E. S., Ann. Missouri Bot. Gard. *18*, 57–95 (1931).
RHOADS, A. S., Phytopath. *10*, 513–527 (1920).
RICHARDS, F. J., and TEMPLEMAN, W. G., Ann. Bot. *50*, 367–402 (1936).
RIEHM, E., *Peronosporineae*, in: SORAUER, *Handbuch der Pflanzenkrankheiten*, 5. Aufl., Bd. 2, I. Teil, 368–448 (1928); *Pflanzenschutz-Praktikum* (Berlin 1931), 100 S.; Z. Pflanzenkrankh. *53*, 3–12 (1943).
RIKER, A. J., J. Agr. Res. *32*, 83–96 (1926); Amer. J. Bot. *14*, 25–37 (1927); *26*, 159–162 (1939); Proc. 3rd int. Congr. Microbiol. New York, 546–548 (1940).
RIKER, A. J., BERCH, H., and DUGGAR, B. M., J. Agr. Res. *63*, 395–405 (1941).
RIKER, A. J., and BERGE, T. O., Amer. J. Cancer *25*, 310–357 (1935).
RIPPEL, K., Arch. Mikrobiol. *4*, 530–542 (1933).
RIVERA, V., *Radiobiologia vegetale* (Bardi, Roma 1935), 445 S.; Monit. int. Protect. Plantes, Rome, *16*, 136–141 (1942); *Malattie delle piante*, Bd. 1 (Amatrice, Rieti 1942). S. 1–270.
ROACH, W. A., Ann. appl. Biol. *10*, 142–146 (1923); *14*, 181–192 (1927).
ROBBINS, W. J., and KAVANAGH, FR., Bull. Torrey Bot. Club *65*, 453–461 (1938).
ROBERTS, F. M., Ann. appl. Biol. *35*, 266–278 (1948).
ROCHLIN, E., Phytopath. Z. *5*, 381–406 (1933).
RODENHISER, H. A., Phytopath. *18*, 955–1003 (1928).
RODENHISER, H. A., and MAXWELL, L. R., Phytopath. *31*, 175–181 (1941).
RODENHISER, H. A., and TAYLOR, J. W., Phytopath. *33*, 240–244 (1943).
RÖDER, K., Phytopath. Z. *8*, 589–614 (1935).
ROEMER, TH., FUCHS, W. H., und ISENBECK, K., *Die Züchtung resistenter Rassen der Kulturpflanzen* (Parey, Berlin 1938), 427 S.
ROHDE, TH., Mitt. Forstwirtsch. u. Forstwissensch. *8*, 1–28 (1937).
ROHMEDER, E., Mitt. Landesforstverw. Bayern *23*, 1–166 (1937).
ROMELL, L. G., Svenska Skogsvårdsför. Tidskr., H. 4, 1–6 (1942).
ROSENBAUM, J., and SANDO, CH. E., Amer. J. Bot. *7*, 78–82 (1920).
RÖSSLE, R., Verh. dtsch. pathol. Ges. *19*, 18–68 (1923).
ROTH, C., Phytopath. Z. *8*, 1–110 (1935).
RUDLOFF, C. F., Gartenbauwiss. *9*, 65–91, 105–119 (1935).
RUDOLPH, B. A., Hilgardia *5*, 197–353 (1931); Phytopath. *36*, 717–725 (1946).
RUDORF, W., Phytopath. Z. *1*, 465–525 (1929).
RUTTLE, M. B., and FRASER, W. P., Univ. Calif. Publ. Bot. *14*, 21–72 (1927).
RYBAK, B., Ann. Inst. Pasteur *77*, 688–703 (1949).

SACCAS, A., *Etude morphologique et biologique des Fusicladium des Rosacées* (Paris 1944), 317 S.

SAHLI, G., Cbl. Bact., II. Abt., *45,* 264–301 (1916).
SALAMAN, R. N., Proc. Roy. Soc. London [B] *106,* 50–83 (1930); *110,* 186–224 (1932); Nature *131,* 468 (1933); Phil. Trans. Roy. Soc. London [B] *229,* 137–218 (1938); *The history and social influence of the potato* (Cambridge University Press, Cambridge 1949), 685 S.
SALAMAN, R. N., and LE PELLEY, R. H., Proc. Roy. Soc. London [B] *106,* 140–175 (1930).
SALGUES, R., Bull. Soc. Sci. Dauphiné *61,* 419–543 (1947).
SALMON, E. S., Ann. Myc. *2,* 255–267, 307–343 (1904).
SAMPSON, K., and DAVIES, D. W., Ann. appl. Biol. *14,* 83–104 (1927).
SAMUEL, G., Ann. Bot. *41,* 375–404 (1927); Ann. appl. Biol. *21,* 90–111 (1934).
SAMUEL, G., and BALD, J. G., Ann. appl. Biol. *20,* 70–99 (1933).
SARTORIS, G. B., Amer. J. Bot. *11,* 617–647 (1924).
SATTLER, F., Phytopath. Z. *9,* 1–51 (1936).
SAVAGE, A., and ISA, J. M., Sci. Agr. *13,* 341 (1933).
SAVASTANO, G., and FAWCETT, H. S., J. Agr. Res. *39,* 163–198 (1929).
SAVULESCU, TR., Rapp. 3e Congr. int. Pathol. comp., Bd. 1, 2. Teil, 183–250 (Athen 1936); *Contribution à la classification des bactériacées phytopathogènes,* Anal. Acad. Romane, Mem. Sect. Stint. [sér. III] *22,* Nr. 4 (1947), 26 S.
SCHAEDE, R., Cbl. Bact., II. Abt., *85,* 416–425 (1932); Planta *31,* 1–21 (1940).
SCHAFFNIT, E., und WIEBEN, M., Forsch. Geb. Pflanzenkrankh. *5,* 5–38 (1928).
SCHAFFSTEIN, G., Jb. wiss. Bot. *90,* 141–198 (1942).
SCHANDERL, H., Biologia Generalis *17,* 311–337 (1944).
SCHARRER, K., *Biochemie der Spurenelemente* (Parey, Berlin 1941), 272 S.
SCHELLENBERG, H. C., Verh. schweiz. naturf. Ges. *94,* I, 277–279 (1911); Ber. dtsch. bot. Ges. *33,* 118–126 (1915).
SCHIFF-GIORGINI, R., Cbl. Bact., II. Abt., *15,* 200–211 (1906).
SCHINZ, H. R., Dtsch. med. Wschr. *74,* 1353–1356, 1394–1398 (1949).
SCHMID, H., Ber. schweiz. bot. Ges. *58,* 5–44 (1948).
SCHMIDT, E. W., Z. Parasitenkde. *1,* 100–137 (1928); Ber. dtsch. bot. Ges. *50,* 472–474 (1932).
SCHMIDT, M., Gartenbauwiss. *9,* 364–389 (1935); *10,* 422–427, 478–499 (1937); *11,* 167–182, 221–230 (1938).
SCHMIDT, W., *Der Massenaustausch in freier Luft* (Hamburg 1925), 118 S.
SCHOPFER, W. H., Ergebn. Biol. *16,* 1–172 (1939); Actes Soc. helvét. Sci. nat., Sion, *122,* 122–123 (1942); *Plants and vitamins* (Chronica Botanica, Waltham 1949), 293 S.
SCHOPFER, W. H., und BLUMER, S., Arch. Mikrobiol. *9,* 305–367 (1938).
SCHOTTE, G., Meddel. Stat. Skogsförsöksanst. *20,* 305–400 (1923).
SCHREIBER, FR., Phytopath. Z. *4,* 415–454 (1932).
SCHULZE, BR., and THEDEN, G., Phytopath. Z. *15,* 482–494 (1949).
SCHUMACHER, W., und HABSGUTH, W., Jb. wiss. Bot. *87,* 324–355 (1939).
SCHWARTZ, W., und KAESS, G., Arch. Mikrobiol. *5,* 157–184 (1934).
SCHWERDTFEGER, FR., *Die Waldkrankheiten* (Parey, Berlin 1944), 479 S.
SEELIGER, R., Z. Abstammungslehre *39,* 31–163 (1925).
SEMPIO, C., Riv. Patol. veget. *28,* 5–12 (1938); *29,* 5–73 (1939).
SETH, L. N., Ann. Bot. *48,* 69–107 (1934).
SETO, F., Mem. Coll. Agr. Kyoto Imp. Univ. *36,* 1–81 (1935).
SHAW, L., Cornell Univ. Agr. Exp. Stat. Memoir *181,* 1–40 (1935).
SHAY, J. R., and KEITT, G. W., J. Agr. Res. *70,* 31–41 (1945).
SHEFFIELD, F. M. L., Ann. appl. Biol. *18,* 471–493 (1931); *23,* 498–505, 506–508 (1936).
SIMON, THOMAS K., Dissertation (Utrecht 1925), S. 1–98.
SINGH, B. N., and LAL, K. N., Ann. Bot. *49,* 291–307 (1935).
SLEUMER, H. O., Z. Bot. *25,* 209–263 (1932).
SLOGTEREN, E. VAN, en DE BRUYN OUBOTER, M. P., Mededeel. Landbouwhoogeschool Wageningen *45,* 4–54 (1941).
SMALL, T., Ann. appl. Biol. *17,* 71–80 (1930).
SMIRNOW, A. I., Planta *6,* 687–766 (1928).
SMITH, E. F., Cbl. Bact., II. Abt., *5,* 271–278 (1899); *Bacteria in relation to plant diseases,* Bde. 1, 2 und 3 (Carnegie Institute, Washington 1905, 1911 und 1914), 285, 368 und 309 S.
SMITH, E. F., BROWN, N. A., and MCCULLOCH, L., U. S. Dept. Agr. Bur. Plant Ind. Bull. *255,* 1–60 (1912).
SMITH, E. F., BROWN, N. A., and TOWNSEND, C. O., U. S. Dept. Agr. Bur. Plant Ind. Bull. *213,* 5–200 (1911).

SMITH, G., Trans. Brit. Myc. Soc. *31*, 136–139 (1947).
SMITH KENNETH, M., Parasitol. *27*, 450–460 (1935); *29*, 70–95 (1937); Nature *139*, 370 (1937); *A textbook of plant virus diseases* (London 1937), 615 S.; *The virus* (Cambridge 1940), 176 S.; *Plant viruses* (Methuen, London 1948), 78 S.
SMITH KENNETH, M., and BALD, J. G., Parasitol. *27*, 231–245 (1935).
SMITH, M. A., and RAMSEY, G. B., Phytopath. *37*, 225–242 (1947).
SMITH, O. F., J. Agr. Res. *57*, 671–682 (1938).
SMITH, R. E., and HANSEN, H. N., Univ. California Agr. Exp. Stat. Bull. *506*, 84 S. (1931).
SMITH, T. E., J. Agr. Res. *59*, 429–440 (1939).
SNYDER, W. C., and HANSEN, H. N., Amer. J. Bot. *32*, 657–666 (1945).
SÖDING, H., Ber. dtsch. bot. Ges. *57*, 465–477 (1939); *59*, 458–466 (1941); Angew. Bot. *24*, 114–117 (1942).
SÖDING, H., and FUNKE, H., Phytopath. Z. *13*, 351–368 (1941).
SÖDING, H., KÖHLER, E., and FUNKE, H., Phytopath. Z. *14*, 427–441 (1944).
SORAUER, P., *Handbuch der Pflanzenkrankheiten*, hg. von O. APPEL, 6. Aufl., 6 Bde. (Berlin 1934–41).
SPEEMANN, H., *Experimentelle Beiträge zu einer Theorie der Entwicklung* (Springer, Berlin 1936), 296 S.
SPENCER, E. L., Plant Physiol. *16*, 227–239, 663–675 (1941).
SPITZER, G., and DIEHM, M. M., J. Agr. Res. *43*, 223–229 (1931).
SPOONER, E. T. C., and BAWDEN, F. C., Brit. J. exp. Pathol. *16*, 218–230 (1935).
SPRADLING, M., J. Agr. Res. *52*, 541–546 (1936).
SPRAGUE, R., and FELLOWS, H., U. S. Dept. Agr. Techn. Bull. *428*, 1–24 (1934).
STÄGER, R., Myk. Cbl. *1*, 198–201 (1912); Cbl. Bact., II. Abt., *56*, 329–339 (1922).
STAHMANN, M. A., LINK, K. P., and WALKER, J. C., J. Agr. Res. *67*, 49–63 (1943).
STAKMAN, E. C., Proc. Amer. Phil. Soc. *91*, 95–111 (1947).
STAKMAN, E. C., and CHRISTENSEN, CL. M., Bot. Rev. *12*, 205–253 (1946).
STAKMAN, E. C., CHRISTENSEN, J. J., EIDE, C. J., and PETURSON, B., Univ. Minnesota Agr. Exp. Stat. Techn. Bull. *65*, 1–66 (1929).
STAKMAN, E. C., HENRY, A. C., c. s. J. Agr. Res. *24*, 599–605 (1923).
STAKMAN, E. C., KEMPTON, F. E., and HUTTON, L. D., U. S. Dept. Agr. Farmers Bull. *1544*, 1–28 (1927).
STAKMAN, E. C., and LEVINE, M. N., Univ. Minnesota Agr. Exp. Stat. Techn. Bull. *8*, 1–10 (1922).
STAKMAN, E. C., LEVINE, M. N., CHRISTENSEN, J. J., and ISENBECK, K., Nova Acta Leopoldina [N. F.] *3*, 281–336 (1935).
STAKMAN, E. C., LEVINE, M. N., and COTTER, R. U., Sci. Agr. *10*, 707–720 (1930).
STAKMAN, E. C., LEVINE, M. N., COTTER, R. U., and HINES, L., J. Agr. Res. *48*, 953–969 (1934).
STAKMAN, E. C., LOEGERING, W. Q., CASSELL, R. C., and HINES, L., Phytopath. *33*, 884–898 (1943).
STAKMAN, E. C., and PIEMEISEL, F. J., J. Agr. Res. *10*, 429–495 (1917).
STAKMAN, E. C., PIEMEISEL, F. J., and LEVINE, M. N., J. Agr. Res. *15*, 221–250 (1918).
STAPP, C., Ber. dtsch. bot. Ges. *45*, 480–504 (1927); in: SORAUER, *Handbuch der Pflanzenkrankheiten*, 5. Aufl., Bd. 2, 1. Teil, 1–295 (1928); Biol. Reichsanst., Flugblatt *28*, 1–4 (1932); *36*, 1–4 (1933); Cbl. Bact., I. Abt., *144*, Beih. 94*–108* (1939); Mitt. Biol. Reichsanst. *67*, 6–30 (1943); Phytopath. Z. *15*, 79–87 (1950).
STAPP, C., und MARCUS, O., Cbl. Bact., II. Abt., *105*, 369–405 (1943).
STAPP, C., und MÜLLER, H., Cbl. Bact., II. Abt., *99*, 210–276 (1938).
STAPP, C., und PFEIL, E., Cbl. Bact., II. Abt., *101*, 261–286 (1939).
STEINHAUS, E. A., *Insect microbiology* (Compstock, Ithaca, N. Y., 1947), 763 S.
STELZNER, G., Züchter *14*, 225–234 (1942).
STEVENS, F. L., and DOWELL, R. I., Phytopath. *13*, 247–250 (1923).
STEVENS, N. E., and STEVENS, R. B., Bot. Rev. *7*, 714–736 (1941).
STEVENS, N. E., and WOOD, J. I., Bot. Rev. *3*, 277–306 (1937).
STICKL, O., Krankheitsforsch. *5*, 25–56 (1927).
STOCK, FR., Phytopath. Z. *3*, 231–279 (1931).
STODDARD, E. M., and DIMOND, A. E., Phytopath. *38*, 670–671 (1948).
STOLL, A., Mitt. naturf. Ges. Bern 1942, 45–80 (1943).
STOLL, A., und BRACK, A., Ber. schweiz. bot. Ges. *54*, 252–254 (1944).
STOREY, H. H., Ann. appl. Biol. *15*, 1–25 (1928); Proc. Roy. Soc. London [B] *112*, 46–60 (1932); *113*, 463–485 (1933); *127*, 526–543 (1939); Bot. Rev. *5*, 240–272 (1939).

STRAIB, W., Phytopath. Z. *7*, 427–477 (1934); Arb. Biol. Reichsanst. *22*, 43–63 (1936); Phytopath. Z. *11*, 571–587 (1938); *12*, 113–168 (1940); Gartenbauwiss. *17*, 397–445 (1943).

TANJA, A. E., Phytopath. Z. *6*, 375–428 (1933).
TAPKE, F. V., J. Agr. Res. *39*, 313–339 (1929).
TAYLOR, M. W., Phytopath. *12*, 298–300 (1922).
TERRIER, CH., Schweiz. Z. Forstwesen *93*, 14–18 (1942); Bull. Murithienne, Sion, *62*, 71–84 (1945).
TERVET, I. W., and HOLLIS, J. P., Phytopath. *38*, 960–967 (1948).
TETLEY, U., Ann. Bot. *46*, 633–652 (1932).
THATCHER, F. S., Amer. J. Bot. *26*, 449–458 (1939); Canad. J. Res. [C] *21*, 151–172 (1943).
THOMAS, H. E., J. Agr. Res. *48*, 187–218 (1934).
THOMAS, H. E., and ARK, P. A., Univ. California Agr. Exp. Stat. Bull. *586*, 43 S. (1934).
THORNTON, H. G., Proc. Roy. Soc. London [B] *106*, 110–122 (1930).
THREN, R., Arch. Mikrobiol. *12*, 192–228 (1941).
THUNG, T. H., Handeling, 6. Nederlandsch-Indisch natuurwet. Congr., biol. Sect., *6*, 450–463 (1931); *7*, 496–507 (1936); Mededeel. Landbouwhogeschool, Wageningen *49*, 27–156 (1949).
TIMONIN, M. I., Soil Sci. *52*, 395–408 (1941).
TISDALE, W. H., J. Agr. Res. *11*, 573–606 (1917).
TRAPPMANN, W., *Schädlingsbekämpfung* (Leipzig 1927), 440 S.
TUBEUF, K. VON, *Monographie der Mistel* (München 1923), 832 S.
TULASNE, L. R., Ann. Sci. nat., Bot. [3e sér.] *20*, 5–56 (1853).
TUMANOW, J. J., Planta *3*, 391–480 (1927).
TUZSON, J., *Anatomische und mykologische Untersuchungen usw. Rotbuchenholz* (Springer, Berlin 1905), 90 S.

UKKELBERG, H. G., Bull. Torrey Bot. Club *60*, 211–228 (1933).
ULLSTRUP, A. J., J. Agr. Res. *51*, 145–162 (1935).
URI, J., *Het parasitisme van Nectria cinnabarina*, Inauguraldissertation (Utrecht 1948), 88 S.
UTIGER, H., Ber. schweiz. bot. Ges. *52*, 537–582 (1942).

VALETTE, G., CAVIER, R., et LUTZ, L., *Manuel de Phytopharmacie*, Bd. 2 (Masson, Paris 1948), 368 S.
VIENNOT-BOURGIN, G., *Les déformations parasitaires provoquées par les Ustilaginées* (Paris 1937), 189 S.
VIRTANEN, A., Ann. Acad. Sci. Fenn. [A] *36*, Nr. 12, 1–27 (1933).
VOGT, E., Arb. Biol. Reichsanst. *11*, 387–397 (1923).
VOHL, G. J., Z. Pflanzenzüchtung *22*, 233–270 (1938).
VOLK, A., Phytopath. Z. *3*, 1–88 (1931).
VOLKART, A., Landwirtsch. Jb. Schweiz *20*, 445–490 (1906).

WAGNER, FR., Phytopath. Z. *12*, 427–479 (1940).
WAGNER, R. J., Cbl. Bact., II. Abt., *42*, 613–624 (1915); *44*, 708–719 (1916).
WAKKER, J. H., Bot. Cbl. *14*, 315–317 (1883).
WAKSMAN, S. A., *Microbial antagonisms and antibiotic substances* (Commonwealth-Fund, New York 1947), 415 S.
WALKER, J. C., and FOSTER, R. E., Amer. J. Bot. *33*, 259–264 (1946).
WALKER, J. C., and LINK, K. P., Bot. Gaz. *96*, 468–484 (1935).
WALKER, J. C., MORELL, S., and FOSTER, H. H., Amer. J. Bot. *24*, 536–541 (1937).
WALKER, J. C., and WELLMAN, F. L., J. Agr. Res. *32*, 133–146 (1926).
WALLACE, E., and WHETZEL, H. H., Cornell Univ. Agr. Exp. Stat. Bull. *276*, 157–178 (1910).
WALLACE, J. M., Phytopath. *22*, 105–142 (1932); *29*, 743–749, 828 (1939); *30*, 673–679 (1940); J. Agr. Res. *69*, 187–214 (1944).
WALLACE, J. M., and MURPHY, A. M., U. S. Dept. Agr. Techn. Bull. *624*, 46 S. (1938).
WALTER, J. M., J. Agr. Res. *54*, 509–523 (1937).
WATKINS, G. M., Amer. J. Bot. *25*, 118–124 (1938).
WATSON, M. A., Phil. Trans. Roy. Soc. London [B] *226*, 457–489 (1936); Proc. Roy. Soc. London [B] *125*, 144–170, 305–307 (1938); *128*, 535–552 (1940).

WEHNELT, B., *Die Pflanzenpathologie der deutschen Romantik* (Bonn 1943), 237 S.
WEI, C. T., Phytopath. *27*, 1090–1105 (1937).
WEIMER, J. L., J. Agr. Res. *32*, 97–132 (1926).
WEINDLING, R., Phytopath. *24*, 1153–1179 (1934).
WELLMAN, F. L., and BLAISDELL, D. J., Phytopath. *31*, 103–120 (1941).
WERNER, O., and STEINER, H., Biologia Generalis *9*, 337–354 (1933).
WESTON, W. H., J. Agr. Res. *23*, 239–278 (1923).
WETTSTEIN, A., Schweiz. med. Wschr. *74*, 617–625 (1944).
WHITE, N. H., and MCINTYRE, G. A., J. Counc. sci. ind. Res., Australia, *16*, 93–94 (1943).
WHITE, PH. R., *A handbook of plant tissue culture* (Catell Press, Lancaster, Pa., 1943), 277 S.; Amer. J. Bot. *32*, 237–241 (1945).
WHITE, PH. R., and BRAUN, A. C., Science *94*, 239–241 (1941).
WHITEHEAD, T., Ann. appl. Biol. *21*, 48–77 (1934).
WILBRINK, G., Phytopath. *30*, 365–366 (1940).
WILD, N., Phytopath. Z. *1*, 367–452 (1929).
WILSON, E. E., Phytopath. *18*, 375–418 (1928).
WILSON, E. E., and BAKER, G. A., J. Agr. Res. *72*, 301–327 (1946).
WILSON, J. K., Cornell Univ. Agr. Exp. Stat. Memoirs *221*, 1–48 (1939).
WILSON, P. W., *The biochemistry of symbiotic nitrogen fixation* (University of Wisconsin Press, Madison 1940), 302 S.
WINGARD, S. A., J. Agr. Res. *37*, 127–153 (1928).
WINGE, O., Z. Zellforsch. *6*, 397–423 (1927).
WINTER, A. G., Z. Pflanzenkrankh. *49*, 513–559 (1939); Arch. Mikrobiol. *14*, 240–270 (1948); Z. Pflanzenkrankh. *56*, 93–95 (1949).
WOLF, FR. T., Bull. Torrey Bot. Club *70*, 1–14 (1943).
WOLLENWEBER, H. W., *Fusaria autographice delineata* (Berlin 1926–35), 1200 Tafeln; Z. Parasitenkde. *3*, 269–516 (1931).
WOODS, M. W., and DU BUY, H. G., Phytopath. *31*, 978–990 (1941).
WOOLMAN, H. M., Phytopath. *20*, 637–652 (1930).
WORMALD, H., and GRUBB, N. H., Ann. appl. Biol. *11*, 278–291 (1924).
WUNSCHIK, H., Cbl. Bact., II. Abt., *64*, 395–445 (1925).
WYND, F. L., Bot. Rev. *9*, 395–465 (1943); Plant Physiol. *18*, 90–98 (1943).

YABUTA, T., and HAYASHI, T., J. Agr. Chem. Soc. Japan *15*, 257–266 (1939); zitiert nach Rev. appl. Myc. *18*, 707–708 (1939); J. Imp. Agr. Exp. Stat. *3*, 365–400 (1940); zitiert nach Rev. appl. Myc. *20*, 491 (1941).
YARWOOD, C. E., J. Agr. Res. *49*, 549–558 (1934); Amer. J. Bot. *28*, 355–357 (1941).
YARWOOD, C. E., and CHILDS, J. F. L., Phytopath. *28*, 723–733 (1938).
YOUDEN, W. J., BEALE, H. P., and GUTHRIE, J. D., Contr. Boyce Thompson Inst. *7*, 37–53 (1935).
YOUNG, P. A., Amer. J. Bot. *13*, 502–520 (1926).

ZADE, A., Fortschr. Landwirtsch. *7*, 529–532 (1932).
ZATTLER, FR., Phytopath. Z. *3*, 281–302 (1931); Arch. Pflanzenbau *8*, 371–404 (1932).
ZENDER, J., Bull. Soc. bot. Genève [2e sér.] *16*, 189–264 (1924).
ZENTMYER, G. A., HORSFALL, J. G., and WALLACE, PH. P., Connecticut Agr. Exp. Stat. Bull. *498*, 70 S. (1946).
ZILLIG, H., Z. Pflanzenkrankh. *52*, 83–91 (1942).
ZINSSER, H., ENDERS, J. F., and FOTHERGILL, L. D., *Immunity*, 5. Aufl. (Macmillan, New York 1939), 801 S.
ZOGG, H., Phytopath. Z. *14*, 310–384 (1943); Ber. schweiz. bot. Ges. *56*, 507–522 (1946); Phytopath. Z. *15*, 143–192 (1948).
ZOJA, A., Atti Ist. Bot. Univ. Pavia [ser. 3] *2*, 15–47 (1925).

REGISTER

Die mit * versehenen Seitenzahlen verweisen auf Tabellen oder Abbildungen

[1]) Nach Dowson (1949), den wir in sämtlichen bakteriologischen Nomenklaturfragen gefolgt sind; nach Burkholder und Smith (1949) ist jedoch der Erreger der Schwarzbeinigkeit der Kartoffeln mit dem *Bacterium carotovorum* nicht identisch, sondern eine eigene Art, *Bacillus atrosepticus* van Hall.

GPSR Compliance

The European Union's (EU) General Product Safety Regulation (GPSR) is a set of rules that requires consumer products to be safe and our obligations to ensure this.

If you have any concerns about our products, you can contact us on ProductSafety@springernature.com

In case Publisher is established outside the EU, the EU authorized representative is:

Springer Nature Customer Service Center GmbH
Europaplatz 3
69115 Heidelberg, Germany

Batch number: 10584556

Printed by Printforce, the Netherlands